绿色-低碳经济科技纵横

LUSE-DITAN JINGJI KEJI ZONGHENG

张启人 著

经济科学出版社
Economic Science Press

图书在版编目（CIP）数据

绿色－低碳经济科技纵横/张启人著 . —北京：

经济科学出版社，2015. 10

ISBN 978 - 7 - 5141 - 6027 - 7

Ⅰ. ①绿… Ⅱ. ①张… Ⅲ. ①节能 - 技术 Ⅳ. ①TK01

中国版本图书馆 CIP 数据核字（2015）第 206208 号

责任编辑：周秀霞
责任校对：杨晓莹
版式设计：齐　杰
责任印制：李　鹏

绿色－低碳经济科技纵横

张启人　著

经济科学出版社出版、发行　新华书店经销

社址：北京市海淀区阜成路甲 28 号　邮编：100142

总编部电话：010 - 88191217　发行部电话：010 - 88191522

网址：www. esp. com. cn

电子邮件：esp@ esp. com. cn

天猫网店：经济科学出版社旗舰店

网址：http：//jjkxcbs. tmall. com

北京汉德鼎印刷有限公司印刷

三河市华玉装订厂装订

880 × 1230　16 开　39. 25 印张　1270000 字

2015 年 11 月第 1 版　2015 年 11 月第 1 次印刷

ISBN 978 - 7 - 5141 - 6027 - 7　定价：98. 00 元

（图书出现印装问题，本社负责调换。电话：010 - 88191502）

（版权所有　侵权必究　举报电话：010 - 88191586

电子邮箱：dbts@ esp. com. cn）

序

在全球气候日见执着变暖，生态、环境日临左支右绌，能源、资源日益捉襟见肘，人口结构日趋老龄攀高，城镇交通建筑日形堵塞拥挤等挑战面前，可持续发展绿色－低碳经济的呼声一浪高过一浪。值兹政通人和、顽廉懦立之际，谨不揣谫陋，拟从经纬万端、纵横交错的国内外现实机缘，探寻寸长片善的细微末节和博大精深的累累硕果中可能有的瑕瑜互见，或许能从拾遗补阙中领悟某些不足，以佐刍荛之见。《礼记·中庸》中，子曰"好学近乎知，力行近乎仁，知耻近乎勇"，可否借来描绘写本书的初始心情，但愿不致受吹影镂尘之讥！

习近平同志 2014 年 4 月 1 日在比利时布鲁日欧洲学院发表演讲时语重心长的一段话，代表着中华民族当代人民的心声，沦肌浃髓，感人肺腑。他说："观察和认识中国，历史和现实都要看，物质和精神也都要看。中华民族 5000 多年文明史，中国人民近代以来 170 多年斗争史，中国共产党 90 多年奋斗史，中华人民共和国 60 多年发展史，改革开放 30 多年探索史，这些历史一脉相承，不可割裂。脱离了中国的历史，脱离了中国的文化，脱离了中国人的精神世界，脱离了当代中国的深刻变革，是难以正确认识中国的"。这段金玉良言足以用来透视写本书的基本出发点。

1937 年 7 月 7 日丧心病狂的日寇发动卢沟桥事变，我国抗日战起。当时我尚年幼，跟兄姊躲在北平城内。通过窗缝看得见日军铁蹄在全城横冲直闯、穷凶极恶搜捕爱国人士，重点迫害参加过"一二九"反日运动的北大、清华、北师大、燕京和辅仁等大学的师生。母亲郭懿君是北师大教育系的老师，参加过爱国游行和抵制日货。当嘱咐儿女免遭残忍屠杀的逃逸之策后，每每声泪俱下抱着骨肉亲情，忖度她若不幸惨遭杀害，告诫我们长大后要为国家、为母亲报仇。后来抗战重心南移，全家化装成乞丐逃出北平，辗转途经已沦陷但仍能躲进英法租界的天津，搭乘英国人提供的免费难民船乘夜大雨逃逸渤海湾，徙离日寇虎口。当时在天津曾目睹日寇血腥屠杀同胞亲人，至今历历在目，判若昨天。母亲带着五姊妹从平津战火里靠一路乞讨逃到湘西，后在湖南益阳信义中学女生部谋得枝栖，任教务主任，偏复遭日寇转战常德、益阳、衡阳，她顾不上自己儿女们的安危，独自连夜率全校女生西遁资江上游避难，我因走失被迫辍学放牛为生。当时能理解国难当头，母亲正在用救助女学生的大爱代替了骨肉情深的母爱！失散半年后，我已 9 岁，只身沿资江西觅靠乞讨风餐露宿跋涉约 200 多公里寻母，虽然染上需要跟死亡搏斗的重病，终于奇迹般找到了母亲！伟大的母爱是我在成长岁月里带病勤奋学习的原动力，是那抗日战火痛定思痛义愤填膺的赤子之心！是写本书蕴蓄心中的思亲力量！

遵循上述三个立论基准，全书贯穿着四个基本观点。谨在此陈其梗概，就正于大家：

其一，唐代名相魏征的《谏太宗十思疏》云："求木之长者，必固其根本；欲流之远者，必浚其泉源……不念居安思危，戒奢以俭，斯亦伐根以求木茂，塞源而欲流长也"。杜牧所作

《阿房宫赋》则深刻揭露秦始皇大兴土木、荒淫无耻，"盘盘焉，囷囷焉，蜂房水涡，矗不知其几千万落"。其结果：从俭入奢易，从奢返俭难！"秦爱纷奢，人亦念其家……"吾辈发展绿色－低碳经济科技创新，当节用裕民，力争国富仓实为上。

其二，苏轼《晁错论》："昔禹之治水，凿龙门，决大河，而放之海。方其功之未成也，盖亦有溃冒冲突可畏之患。惟能前知其当然，事至不惧，而徐为之图，是以得至于成功"。相传鲧治水，专工筑坝堵截，导致洪水泛滥成灾。其子大禹聪颖绝伦，专事疏浚，预测可能变生水路，事先采取有效化解措施，致水路畅通，渔舟兴旺。绿色－低碳经济发展依从的科技手段和管理方式也应以疏导为主，戒却靠限制、靠主观臆测维持虚构政绩的旧式官僚作风。交通要重疏导、轻拦截，重视人行道建设就能少开车、少耗能、少堵车、少污染！绿色并非单纯指环保，更重要的是推进社会包容和谐，官民共庆、上下齐心、有法同依，有规同守，"上有好者，下必有甚焉者也"才是疏导为怀，以民为本。有的超级城市把小区马路全让给走车，人行道仅仅留下十来厘米宽，这样的"疏导"事实上适得其反！

其三，关心弱势群体：2015年2月初，习近平同志不辞辛劳，在云南贫困地区和地震灾害后重建地区视察和访贫问苦，鼓舞着全国多年来支援老少边穷地区的积极扶贫行动。据2011年中国制定的新的农村贫困标准（农村居民年人均纯收入2300元），扶贫对象尚有1.22亿，多生活在自然条件较差的山区或荒原。据UNDP按世界银行定义的贫困线，即赤贫人口是人均日消费水平低于1.25美元；但亚洲开发银行进行广泛调研后认为亚洲人口贫困线应为人均日消费1.51美元。据2014年8月30日《经济学人》，以2010年的人口数据和以2005年购买力平价指数（PPP）测算，则孟加拉国的赤贫人口占总人口的58%，0.86亿人；印度占48%，5.84亿人；中国占16.31%，2.21亿人，斯里兰卡仅占10%，200万人。我国"十二五"期间，农村贫困人口生活状况已明显改善，特别是近年大力改进农村基础教育系统和积极推进农村社保，加速推行现代城镇化。然而我国还有8600万残疾人群，在推行绿色－低碳经济和普及相应的科学技术时更不要忘记他/她们！

其四，值得崇拜的四类人：

第一，以模范共产党员帅妈妈——帅孟奇为代表。她是1926年的老党员，1932年10月在上海被国民党特务抓捕，酷刑逼供，右腿压断，五官淌血，左眼被殴致残。面对敌人的严刑拷打，妈妈坚持斗争，严守党的秘密。1936年12月西安事变后，经组织积极营救，妈妈于1937年初出狱回湘，带着伤痛坚持工作。新中国成立后一直勤恳耕耘在党的第一线组织工作。"文革"浩劫中，竟被"四人帮"等叛逆关押7年和放逐2年。1977年回京操劳于正本清源、拨乱反正。20世纪80年代初我任职湖南科委领导，几次约见我，苦口婆心地晓以坚持不懈为党献身的磨砺品格；后在京每次祝贺年迈的帅妈妈过生日，更了解到她那为党为革命出生入死、坚贞不屈的高山景行。她是一位永远值得人们景仰的、为党的事业奋斗终生的好妈妈（1988年11月中央文献出版社出版《模范共产党员帅孟奇》）。

第二，以中国人才科学研究院针术所所长、中国海军总医院特聘医学专家刘合群为代表。他通过多年来在医疗战线上的深厉浅揭不断开拓，形成了医学界独辟蹊径的"宇宙力网理论"基本思路，在临床实践中获得意想不到的妙手回春效果。刘合群科技创新独具匠心，从理论基盘上殚精毕力（《科技日报》2014年12月25日报道）。

第三，以中国社科院数经所研究员、原全国政协委员、挚友周方教授为代表。他敢于挑战权威，从伽利略变换到牛顿力学，从洛伦兹变换到爱因斯坦的狭义相对论，更新哈勃光学理论，体现在专著《牛顿力学的新时空变换——Z变换（广义的伽利略变换）》和《现代牛顿力学的运动观测理论——兼评狭义相对论之洛伦兹变换》中。这种以往鉴来、冲刺经典高论的严谨创新值得颂扬光大。

第四，湖南省长沙市兼资文武、才略超群的幼儿教育家谢庆先生。世纪之初创办"诺贝尔摇篮世界之窗幼儿园"先后已为国家培养了7000多名社会主义优秀接班人。他的辉煌教育思想、培育过得硬的中华智力后继已经名闻遐迩、有口皆碑。谢庆董事长本人是湖南省教育学会副会长、中国王阳明思想践习会常务副会长。2013年4月，所办幼儿园在京被评为"中国最具特色优秀民办幼儿园"，他本人被评为"中国民办幼儿园卓越领军人物"。2014年10月，在"中华优秀传统文化教育2014年度人物"评选中获"中华优秀传统文化教育2014年度人物·卓越贡献奖"。他从披肝沥胆创办、精心开创新型幼教到适应新形势培育国家未来栋梁之才，曾得到中央充分肯定和表彰。目前诺贝尔摇篮教育集团拥有小学1所、幼儿园12所。教职工中不乏幼教领域许多后起之秀，如担任集团副总的章洪即当地教育界幼教领域十分活跃的创新领军人物。毋庸讳言，共圆光辉灿烂的中国梦需要更多先进幼教领域培养出来的出类拔萃科技人才！

虽然四类在不同岗位令人崇敬的人表现出性质不同、坚定不移的高风亮节，其共同点却是追求真理和锲而不舍地弘扬造福人类的党的光辉、贡献人类的基元技术和丰富人类的基础理论！都在披肝沥胆共圆中国梦！以她/他们为代表的感人事迹成为撰写本书依从的精神支柱！

为本书题写书名的汪浩教授，是中国著名的数学家、教育家、系统科学家，一位有口皆碑的良师益友，中国人民解放军国防科学技术大学原政委。谨在此向他致谢、致候、致礼！

最后，向支持本书面世的广东工业大学党政领导，如先后任党委书记的陈年强和苏一凡、校长陈新、副校长章云、张光宇、王成勇、郝志峰等教授。还有给予过具体指导的易露霞教授、张成科和陈原教授以及下列副教授或博士（按姓氏笔画）：刘蓉、刘巍、李锦霖、闵惜琳、何军红、张延林、岳鹄、周扬、周海英、宾宁、奚菁、陶雷、韩小花等，以及绘制全书大部分插图的电脑专家、女儿张征。其中还有张延林博士承担广东省哲学社科项目"IT与业务匹配理论下云计算对提升广东制造业低碳竞争优势的机理研究"（GD12CGL12），有关成果也反映在本书个别章节。特别要感谢我任湖南科技大学兼职校长期间指导过九个科学系的后起之秀给了我情冠师生的有力支援！

诚恳地谢谢他/她们！谢谢关心本书的读者们和朋友们！

张启人

2015年10月10日

几 点 说 明

1. 报刊和网传中文文字附在各章章末，提示参考文献序号放在行文的右上角，书末参考文献在正文中标注时中文用［—］，外文用（—）。

（1）为节约版面，书末所附参考文献一般仅出现一次，个别具指导意义的文献也可能在不同章重复引用。

（2）文献中有的序号后附有内容相关或出处相似或作者相同的其他文献，标注时除紧接序号的文献外，均在文献序号后加上"!"号或"↓"号以示区别，后者表示较重点参考。

（3）引入文献时，同一序号内后一文献与前一文献出处相同则不再重复该报刊名；报刊版序相同时在后一文献末注明"均x版"。

（4）个别参考文献是作为同一命题的有价值辅助资料，供读者必要时参考之用。

2. 书末所附缩写词一般均不加注解，除非需提示内容的个别关键用词，如 OECD 的成员国名单等。但如 CNY、RMB、USD 等常用习见缩写词均未收入。

3. 常用、多用英文缩写词如 GDP、GHG、UNEP、IEA、IPCC、KP、UNFCCC 等，除第一次出现时用中文译义或加中文解释，一般在行文时直接用缩写词。

4. 常用、多用化学名词如二氧化碳、二氧化硫、甲烷、氮氧化物一般直接用化学符号如 CO_2、SO_2、CH_4、NO_x 等。

5. 常用、常见单位如米（厘米、毫米、微米）、公斤、公里、公顷、电度等，均直接用英文词冠如 m（cm、mm、μm）、kg、km、hm^2、kWh 等。

6. 文中提及资金数据涉及对应货币时，所有提及人民币的资金额后不再加注"人民币"三字；其他外币均注明货币种类，如美元、欧元、英镑等。

7. 图中所附图表均在引用时为了本书的版面协调做过修改或重绘处理，标注来源时改用"据"字以示尊重，谨在此向出图文献致以衷心感谢。正文所依据的部分内容亦循此做法，包括因出处未显原作者名而仅能用"佚名"二字代替的文献，特向所有被参考过文献的作者致以学界最诚挚的谢忱。

8. 每章所附参考文献绝大部分列入国内著名经济、科技报刊，特别是令人折服、及时传播和分析科技新闻的《科技日报》、精义入微论述时下经济热题的《中国经济时报》。其他还有《世界科学》杂志、跨学科综议的《中国社会科学报》等，恕未能一一提及，这里谨向有关报刊的编辑们、记者们和作者们致谢和致敬！

目　录

附录

写 在 前 面

　　抑制气候变暖：据联合国政府间气候变化专门委员会（IPCC）和世界银行提供的数据，20世纪经历两次世界大战以及随后经济复苏的100年里，人类共消耗煤炭2650亿吨、石油1420亿吨；消耗钢铁380亿吨、铝7.6亿吨、铜4.8亿吨，同时排放出巨量温室气体，使大气中CO_2浓度在20世纪初不到300ppm（百万分率）上升到世纪末的390ppm左右（2015年的今天甚至越过了400ppm），而且明显威胁着全球的生态平衡，包括岌岌可危的生物多样。据预测：到2050年世界经济规模可能比现在要高出2~3倍，而目前全球能源消费结构中，碳基能源（煤炭、石油、天然气）在总能源中所占的比重高达80%，未来的发展如果仍然采用高碳模式，到本世纪中期地球将不堪重负，人类将吐丝自缚。面对每况愈下的环境、灾难频仍的生态、捉襟见肘的能源、资源、淡水、土地，与其徒唤奈何，卜问伊于胡底？不如奋发图强，依靠聪明睿智开拓日新月异的科学技术，力图掌控气候变暖颠踬可持续发展的纵横恣尤。在信息化、数字化、网络化、智能化的综合背景下，21世纪初低碳经济发展模式应运而生。随后更有明智之士，在加强生态文明建设声中，发展维护生态平衡和包容性共享福祉为主要目标的绿色经济博得全球广泛响应。就科学意义而言，发展绿色－低碳经济为主要战略方向的生态文明建设已成为全人类"大道之行也，天下为公"的共享理念。

　　据《中国新闻网》报道：2014年6月11日，全国低碳日深圳市主题活动开幕式上国家发改委的领导说："积极应对气候变化，既是中国国内可持续发展的内在要求，也是发挥负责任大国作用的必然选择"。"作为一个资源禀赋较差、人均GDP略超1万美元、还有上亿贫困人口的发展中国家，中国在发展经济同时，面临消除贫困、改善民生、保护环境、应对气候变化等多重挑战。这就要求把生态文明建设摆在更加突出的位置，走一条新型工业化和城镇化的道路，加快转变发展方式，积极优化产业结构和能源结构，实现经济效益和生态效益双丰收"。我国"'十二五'前三年累计单位GDP能耗下降9.03%，碳排量下降10.68%。水电装机容量、风电装机容量、太阳能热水器集热面积、农村沼气用户量、人工造林面积均居世界第一"。"当前，中国正处于工业化、城镇化快速发展阶段，能源资源需求和碳排放还将保持刚性增长，应对气候变化任务艰巨。但中国将积极探索一条绿色－低碳发展的新道路"。中国已向全世界庄严承诺：到2020年中国单位GDP的CO_2排放将比2005年下降40%~45%；2014年11月12日在《中美气候变化联合声明》中也已首次正式宣告中国在2030年的碳排放有望达到峰值，届时一次能源里非化石能源占比将提高到20%。

　　中国能源系统锦绣前程：2014年6月13日在中央财经领导小组第六次会议上，习近平同志指示：要抓紧制定2030年能源生产和消费革命战略，研究"十三五"能源规划。继续建设以电力外送为主的千万千瓦级大型煤电基地，提高煤电机组准入标准，对达不到节能减排标准的现役机组限期实施改造升级，继续发展远距离大容量输电技术。在采取国际最高安全标准、确保安全的前提下，抓紧启动东部沿海地区新的核电项目建设。务实推进"一带一路"能源合作，加大中亚、中东、美洲、非洲等油气的合作力度。加大油气资源勘探开发力度，加强油气管线、油气储备设施建设，完善能源应急体系和能力建设，完善能源统计制度。积极推进能源体制改革，抓紧制定电力体制改革和石油天然气体制改革总体方案，启动能源领域法律法规立改废工作。可以预期，中国的能源系统将在抑制气候变暖征途中展现举世瞩目的群芳竞艳！

　　化解气候变暖遭遇的挑战，须经披荆斩棘，需要蛮拼，悉力以赴！2014年5月下旬，习近平同志在上海考察时强调，谁牵住了科技创新这个牛鼻子，谁走好了科技创新这步先手棋，谁就能占领先机、赢得优势。随后不久，在面向两院院士发表讲话时再指出：我国科技发展的方向就是创新、创新、再创新。

据联合国开发规划署（UNDP）发布的《2014年人类发展报告》（HDR2014），较深刻地揭示目前全球存在的各种公开或隐蔽的危机造成全人类行动协调统一步伐的不确定性：所形成的主要原因及掣肘全球治理机制的各种行为因素如图1所示。这也是相关国际会议上和国际间相互支持行动中对全人类生存和发

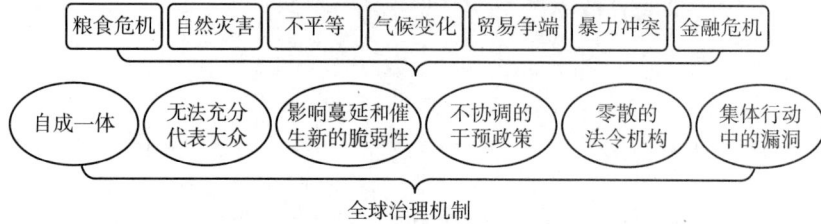

图1　全球危机挑战和全球治理机制之间存在不匹配现象

（据：Khalid Malik（主编）.2014年人类发展报告，UNDP，2014－07，图5.1改绘）

展如此举足轻重的绿色－低碳经济可持续发展仍然存在某种形式的争论不休或遇责推诿现象。唯有中国虽然因人口大国面临的挑战远比其他任何国家都来得凌乱复杂，却始终在国际上发挥着负责任大国的风范，为各国树立了全球和衷共济抑制气候变暖的榜样。读完以后章节就能明白，在国际论坛上和交往中我国各阶层人物一直在为协调全球遏暖降碳正能量活动而不遗余力。

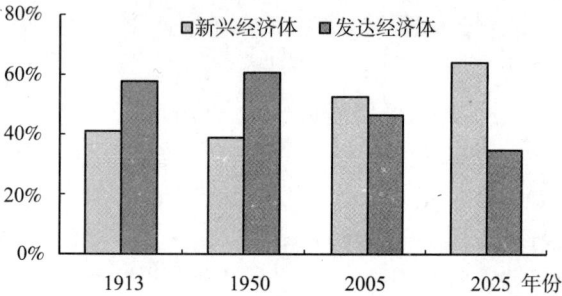

图2　世界财富正逐渐向发展中非OECD国家转移

（据：世界银行、OECD有关资料综合）

财富转移趋势：20世纪后半叶至今，各国的经济发展规模和速度各具匠心，但总体趋势是世界增长核心和财富总量正在逐渐向以中国、印度为首的发展中国家等非OECD新兴经济体转移（图2）。从数据看，2011年中国和印度的GDP已分列于全球GDP排序中的第二和第三位（表1），日本已从全球第二降为第四位！

表1　　　　　　　　　　　　　2011年部分国家/世界GDP总额和人均GDP

国名	2011年GDP	人均GDP	2012年GDP	人均GDP
美国	13238.3	42486	15965.5	50859
中国	9970.6	7418	14548.6	10771
印度	3976.5	3203	6245.4	5050
日本	3918.4	30660	4465.4	35006
德国	2814.4	34437	3375.2	41966
俄罗斯	2101.8	14808	3327.7	23184
英国	2034.2	32474	2207.0	34694
巴西	2021.3	10278	2840.9	14301
法国	1951.2	29819	2369.9	36074
韩国	1371.0	27541	1474.9	29495
世界	69016.4	10103	92869.8	13169

注：2011年数据按2006年购买力平价（PPP）换算，2012年按2011年PPP换算，造成两年的数值相差甚远。GDP单位：10亿美元；人均GDP单位：美元。2011年按GDP排序。美国占全球19.18%；中国占全球14.45%，排名第二。又按UNDP的HDR2013，世界人口数：2012年7052.1×10万人，预测2030年8321.3×10万人；2013年7162.1×10万人，预测2030年8424.9×10万人。

（据：UNDP.HDR2013；HDR2014）

中国人民生活水平日就月将：据 UNDP 历年《人类发展报告》可知全球社会经济发展速度和规模前各国（图3）。1990～2012 年人类发展指数（HDI）提高最快前三国是韩国、伊朗和中国。韩国提高 54%；中国提高 41%。韩国、伊朗人口数均不及中国 1/10，HDI 评定指标受人口数制约，故中国泱泱大国的发展指数走在全球最前列已让全人类心折首肯。若从图中右边矩形框内的数字看，更能让人惊喜交加。原来 1990 年以来人均收入年均增长率，中国作为人口大国竟能稳居全球第一，达 9.4%。2014 年始，中国成为全球最大对外投资国和吸资国。在新形势下，中国在资金、医疗、物资、技术、淡水甚至救助抢险均力所能及地支援其他国家；国内则提倡自强不息，厚德载物，厉行清廉从政、勤勉奉公；俭约自守、力戒奢华。官民融洽、踔厉风发；弊绝风清，此乐何极！全民携手发展绿色－低碳经济，正当其时。百姓热潮如响斯应，科技创新如日中天。追求太平盛世、捍卫世界和平，迎向中华民族伟大复兴，发奋图强弘扬正能量；心驰神往共圆中国梦！

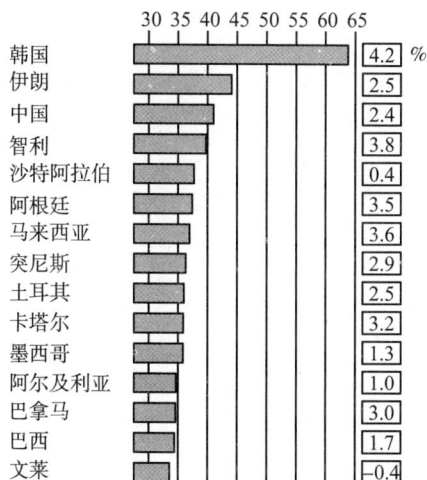

图3　1990～2012 年人类发展指数（HDI）中提高最快的一些国家及对应人均收入年均增长

（据：The Economist，2013 - 03 - 16，p. 62 UNDP）

第1章

全球气候渐升温

1-1 古往今来 气候追踪

1-1-1 年淹代远的气候变迁

根据天文、物理测算，宇宙年龄约为139亿年，地球的年龄也有50亿年。自地球诞生，表面气候变化始终没有停歇过，只是有时铄石流金，有时冰天雪窖。地质史上，气候变化幅度大且周期长[1]。气候最冷时期称为大冰期（或称大冰川期/大冰河期），两个大冰期之间气候逐渐变暖直至炎热，称为间冰期。在大冰期，地球年均气温远低于15℃，常在零下 –1℃ ~ –2℃甚至更低；而间冰期的年均气温则常在30℃以上，有的年份甚至高达45℃~50℃，海平面温度略低于大陆。地质年代气候波动剧烈，曾经历9次大冰期。最近的3次发生在距今8亿年之后。地球的地质年代包括：

1. 太古代——25亿年前，延续至少10亿年。地球表面变化剧烈，未发现动植物化石。

2. 元古代——25亿~5.7亿年前（其中8亿~5.7亿年称震旦纪）：地壳强烈变动，大量出现含碳岩石，后期地层中发现过生物踪迹化石。

3. 古生代（5.7亿~2.5亿年前）——延续3.25亿年，生物始兴，海生无脊椎动物为主，出现鱼和两栖脊椎动物，已有蕨类、石松等植物，出现松柏。古生代分为：

（1）寒武纪：延续8000万年，陆地下沉，北半球大部淹没，动物多为三叶虫，植物仅有藻类。从震旦纪到寒武纪大半时期，地球处于大冰期，年均气温远低于15℃。

（2）奥陶纪：延续5500万年，岩石为石灰岩和页岩，海生无脊椎动物笔石、三叶虫居多，同时有藻类、珊瑚类等。地球温度逐渐变暖，年均气温超过15℃并随后持续上升。

（3）志留纪：延续4000万年，地壳稳定，末期造山运动强烈，笔石、三叶虫发达，出现鱼类。年均气温上升至25℃或以上。

（4）泥盆纪：延续5000万年，海水先退后漫涌，形成砂岩、页岩，出现菊石类动物，腕足类和鱼类发达。气温曾一度下滑，但年均仍高于15℃，并随后继续升温。

（5）石炭纪：延续7500万年，气候温暖湿润，深埋植物形成煤层，岩石有石灰岩、页岩、砂岩等，出现两栖动物，羊齿和松柏植物。升温达到顶值约45~50℃和海面水温达40℃后急剧下滑，到本纪后期年均气温开始降至15℃以下，进入新一轮大冰期。从上一次大冰期到本次大冰期中的间冰期共历时约1.8亿~2.0亿年。

（6）二叠纪：延续2500万年，前500万年仍处于大冰期，然后迅速跃出年均15℃气温而急速上升。纪末陆地温度可能高达50℃，海面水温达40℃[4]。此时出现生物大灭绝。地壳构造强烈，菊石类、两栖类、原始爬虫类动物和松柏、苏铁等植物兴。

4. 中生代（2.5亿~0.67亿年前）——爬行类脊椎动物为主，恐龙繁衍，出现哺乳类和鸟类，也有菊石类、剑石类无脊椎动物，植物仍有苏铁、银杏和松柏。

（1）三叠纪：延续 3000 万年。在早三叠纪持续近 500 万年期间生物进化几乎停顿，较多头足类、甲壳类、鱼类、两栖类和爬行动物；植物多苏铁、松柏、银杏、木贼、蕨类等。气温居高不下，但波动较大。

（2）侏罗纪：延续 3000 万年，有造山运动、剧烈火山爆发，爬行动物盛行，出现巨大恐龙、空中飞龙、始祖鸟，苏铁、银杏繁茂。气候基本上与三叠纪相似，亦时有起伏。

（3）白垩纪（1.37 亿年至 0.67 亿年）：延续 7000 万年，形成白垩岩造山，恐龙由盛至衰，鱼鸟多，哺乳动物兴，显花植物茂盛，出现热带植物、阔叶林。气温早期异常炎热，北冰洋到本纪末根本没有冰。当时大气中 CO_2 的含量是今天的 3 ~ 6 倍![9] 整个白垩纪的气温年均高于 15℃。在加拿大高纬度北极圈内曾在地层沉积物中发现热带植物和巨鳄化石。

5. 新生代（0.65 亿 ~ 160 万年前至今）——延续 6300 万年。地壳造山强烈，中生代曾繁衍的爬行动物已经绝迹，哺乳动物盛行，后期出现人类。其中：

（1）第三纪：延续 6200 万年。造山盛行，海陆不定，哺乳动物、鸟类、被子植物繁盛。地球气温仍甚暖，处于年均高于 30℃ 的水平。

（2）第四纪：延续 100 万年。人类进化阶段，地球进入新一轮大冰期，年均气温保持摄氏几度。阿拉斯加、加拿大和美国的北部被冰覆盖，冰层厚度近 1000m。在欧洲，冰层推进到了今天的汉堡和柏林。

从 530 万年前到 160 万年前即上新世时期，出现过冰火交替年代。例如 300 万年前的地球要比现在热得多，格陵兰岛的北冰洋沿岸直至北极均极少见冰，且森林密布，高温的海洋平面比今天高出 30 ~ 35m。我们正在经历约 160 万年前就已开始的大冰期，目前正处于大冰期尾声，气温将顺势逐渐回升。这一趋势将不可避免地由于人类自身造成的生态失衡和温室气体超速排放而变得难以忍受地加速推高气温。第四纪分为两个阶段：前一阶段叫更新世，延续到 1.2 万年前；距今 1.2 万年起，便是人类文明滥觞的全新世，光阴荏苒到如今。

描述和调研地球气候变化的全过程以便更有把握地了解和推进当前人类所遇到的对付全球气温上升严酷现实的形形色色科技攻略，一般把地球的气候变化阶段区分为三个部分：只能依据古生物化石、岩石变迁、树的年轮、冰川、海底珊瑚和沉积物等，借助电脑仿真可大致推测各地质时期地球气候的"巨观变化"，被称为"地质年代分析"，这种粗略估测据说能追溯到 38 亿年前[7]，但较有把握的估测约为 25 亿年（或 22 亿年）前，即元古代的初始年代。图 1-1 粗略地描绘了元古代后地球气候冰炭两重天的"急剧"

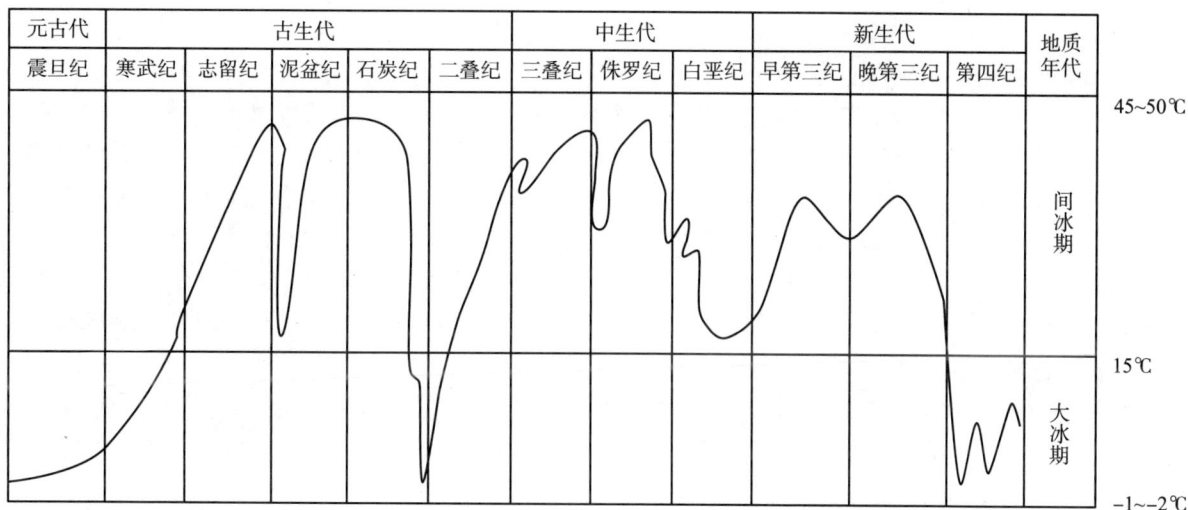

图 1-1　按地质年代地球各时期气候温度变化起伏情景

（据：多份有关文献改绘）

跌宕起伏状态。当演变到第四纪 1.2 万年后进入全新世，出现人类文明，研究内容和依据较丰富，进入"宏观变化"的"历史年代分析"；第四纪大冰川（或大冰河）后期一直延续至今进入尾声，正在按照地球由寒冷变温暖的规律转移之中，这就是迫使我们最严重关切和最需要深入探索的目前涉及"微观变化"的"近现代分析"，其关键研究时段一般指公元 1000 年至今，其间特别是后期有了越来越翔实和客观的统计、观测数据，足以令人信服地了解当前地球变暖的现状和趋势，希冀倾人类的科技智慧和能力遏制地球变暖的幅度和速度。美国弗吉尼亚大学的古气候学家威廉·拉迪曼（William Ruddiman）把气候变暖的原因推前到 8000 年前人类从事农业活动就已经排放温室气体了[3]。他研究发现 8000 年前地球大气中的 CO_2 含量开始增加；5000 年前甲烷也加入增量群；农业耕耘和灌溉都能助长这些气体增加而使大气温度上扬。

1-1-2　时移代近　冷暖自知

在距今 1 万年左右的历史时期，世界气候出现过两次大波动：一次是公元前 5000 年到公元前 1500 年的"气候最适期"，当时气温比现在高 3~4℃；另一次是 15 世纪以来的寒冷气候，历史上称为"小冰期"，当时年均气温比现在低 1~2℃。随后的年代是地球逐渐升温，例如至少有纪录的海洋温度上升已有百年以上[6]，地球气温在整个 20 世纪已上升 0.74℃[2]。

最近一次气候变暖发生在公元 1000~1300 年间[8]，恰值我国宋朝年代（960~1279 年），难怪诗人骚客吟出"暖风吹得游人醉"的诗句来！随后进入"小冰期"，延续不足 200 年；随后再次气温逐渐变暖，但 600 年来的年均气温变化仅约 2~3℃，呈波浪式上升。2013 年初一个由瑞士和美国科学基金联合支持的来自 24 个国家 78 位科学家组成的科研集体宣布：通过对大量气候数据的分析研究得出结论：眼下的全球气候变暖始于 19 世纪末[5]。

一个十分有趣且值得深究的论题是气候能否影响人类历史进程？或者其反问题是历史上人类是否曾对地球气候产生主观能动式的干预？众所周知，自从 1972 年夏联合国在瑞典斯德哥尔摩召开空前规模的人类环境大会唤起人们为积极保护共同家园的觉醒和 1992 年在巴西里约热内卢召开更大规模的地球环境—气候大会，由被动防范上升为主动干预已经在行动上证明了人类自信通过当前"历史"影响气候。美国科学院院士许靖华则从中外古今的人类文明史论证气候对历史的"无可厚非"的作用力。他所著《气候创造历史》（Climate Made History）[6]引述了若干中国历史上的改朝换代曾经在很大程度上是气候变化造成的后果。或者，中国的 80 多个朝代和 800 多个皇帝，谁也没有想到"人定胜天"去干预气候，充其量在干旱年借机兴师动众地爬到泰山顶上去求雨！他特别认为明朝的终结源于那时倒霉的气候条件：神宗万历年间（1573~1619 年）基本上风调雨顺，气候宜人；后续的两个短命皇帝光宗（在位 1 年）和熹宗（在位 7 年）虽无所作为甚至胡作非为，因气候正常而相安无事；唯独思宗崇祯上台后，本来是个想要励精图治的好皇帝，偏偏"时运不齐，命途多舛"，连续 6 年大旱，民不聊生，饿殍遍野，被李自成攻陷北京后含恨吊死在媒山。许院士由此论证是气候断送了明代帝祚。此外，当今气候变暖对人类文化的影响和冲击虽然多年来在潜移默化之中，但对世界文化遗产、人类文明进程、文艺作品归属和指向、文化教育内容的刷新乃至人类的文明生活都将或正在起到深刻影响[59,131]。2013 年 8 月 1 日美国《科学》杂志发表的一项新研究成果，也断言气候变暖可能加剧社会冲突与动荡。结果显示：气温或降水量发生一个标准差变化，个人暴力行为发生率提高 4%，发生群体冲突的风险增加 14%；到 2050 年全球因气候变暖所导致的个人暴力和群体冲突风险将分别增加 16% 和 56%，其中没有计入制度等社会环境以及地域差异影响[66]。

世界气象组织（WMO）2014 年 12 月初发布报告，2014 年可能是有纪录以来全球最炎热的"年份"[1]。在全球变暖大背景下，我国气候变暖的状况是全球变暖的一面镜子，也发生过明显变化。20 世纪 20~40 年代我国平均气温持续偏高，50~80 年代初气温有所下降，80 年代中期开始又持续增温，90 年代是近百年来最暖时期之一。据气象部门统计，近 50 年来中国陆地表面平均温度上升 1.38℃，变暖速率为 0.23℃/10 年。

然而，按气候变化前瞻，不容乐观。作者早在 2002 年就对气候变暖问题作了系统论述，指出不能低估地球气候变暖将给城市/区域社会经济发展带来严重阻力甚至窒碍，深刻影响地球村的人际关系、社会结构、劳动效率……[33]2007 年 6 月国务院发布《中国应对气候变化国家方案》的预测结果表明：中国未来气候变暖趋势将进一步加剧。与 2000 年相比，2020 年中国年平均气温将升高 1.3 ~ 2.1℃，到 2050 年将升高 2.3 ~ 3.3℃。全国温度升高的幅度由南向北递增，西北和东北地区温度上升将愈益明显。

1-2　气候渐次变暖　温室气体作祟[①]

1-2-1　温室气体（GHG）潜凌大气

大气成分千变万化，唯较稳定的成分是氧气和氮气，共约占 99%。剩下的 1% 除包含氩、氦等稀有气体外，对地球气候影响最大的是所谓温室气体。这类气体不吸收太阳光的短波辐射，却能强烈吸收地面反射的致暖的长波（红外线）辐射，导致大气温度升高。根据联合国 1988 年成立的政府间气候变化专门委员会（IPCC）的研究结论：全球气候变暖的主要人为因素是这些气体在地球表面形成了温室效应，故命名为温室气体（GHG），含：二氧化碳（CO_2）、甲烷（CH_4）、氮氧化合物或氧化亚氮（N_2O）、氢氟碳化物（hydrofluorocarbons HFCs）、全氟化碳（perfluorocarbons PFCs）、六氟化硫（sulfur hexafluoride SF6）。后 3 种均为含氟化物，可简作 F - 气体。美国麦肯锡公司构建的温室气体数据库还囊括了 200 多种微量或痕量气体，甚至有人估计还有分布在地球表面不同角落的近千种痕量气体也存在温室效应[46]。如氯氟烃（Chlorofluoro carbons CFCs）不仅损害平流层中的臭氧层，还能对气候变暖推波助澜，甚至加拿大学者研究认为气候变暖的主犯并非 CO_2，而是 CFCs[16]；水蒸汽也有温室作用；但或是时空分布与上述 6 种 GHG 相比，差别迥异，没有全球性普遍意义；或是无关宏旨、微不足道。所以一般提到 GHG 特指 6 种。GHG 的综合效应可通过"等效二氧化碳"（记为 CO_2e）计量，或称"CO_2 当量"。

不宁唯是。造成气候变暖的 GHG 中占比首屈一指的是 CO_2。文献中以"碳"冠名的名词，如无特别声明，一般就是指 CO_2e 或直指 CO_2 之所为。根据联合国环境规划署（UNEP）2004 年研究结果，全球 GHG 中由化石燃料燃烧所生 CO_2 占 56.6%，林木采伐、生物质退化所生 CO_2 占 17.3%；其他如甲烷 CH_4 占 14.4%，氮氧化合物 N_2O 占 7.9%，较强潜在致暖气体（F - 气体）占 1.1%。产生温室效应的主要来源有：非再生能源（化石燃料）如煤炭、石油、天然气；生物质能如秸秆、林木；化学品产生 F - 气、N_2O 等；甲烷主要来自煤层气、沼气、油田伴生气、垃圾填埋气、融化的冻土带和极地冰川等。零碳排放的能源主要有太阳能、风能、水能、核能。其中风能、水能本身也是太阳能。但注意这些能源在研制、构建、运输、装配和管理过程中并非"零碳"，如果筹划不当，也有可能"得不偿失"！2014 年发现，深土层所含 CO_2 也对气候造成潜在影响[24]！不过，有研究指出全球变暖并不统一，不同地区有的升、有的降，也许与其他非常复杂的地域因素有关[59]！

GHG 各成分生成渠道，其温室效应强弱和在大气中停留时间颇有天壤之别，见表 1-1。

表 1-1　　　　　　　　　　GHG 的来源、温室效应强弱和大气中停留时间

温室气体	生成来源	促使地球大气升温的相对能耐（以 CO_2 为 1）	大气中停留时间
二氧化碳 CO_2	化石燃料燃烧、森林砍伐堆积和大火、腐烂植物、火山喷发、一切生物呼吸、土壤破坏、钢铁/水泥/化工/造纸/冶炼/制造业生产、烟花爆竹燃放、汽车尾气、生活垃圾	1	~500 年

---

① 地球能继续承载生命的时间已通过电脑精密预测得知约 17.5 亿年（见《自然杂志》2013 - 12（6），p. 460 引自《天体物理学》杂志 2013 - 09 - 18 发表的一份研究报告）。

温室气体	生成来源	促使地球大气升温的相对能耐（以 CO_2 为1）	大气中停留时间
甲烷 CH_4	稻田、采矿、工业废水、白蚁、奶牛或反刍动物打嗝、牲畜粪便、垃圾填埋、沼泽、生物质秸秆、煤层气、油田伴生气	22~23	7~10 年
氧化亚氮 N_2O	化石燃料燃烧如燃煤发电烟囱排气、土壤耕作、森林砍伐、汽车排气管排出尾气	296	140~190 年
一般氢氟碳化物（氯氟烃 CFCs）	致冷剂、旧式空调、气溶胶、部分溶剂	120~12000	65~110 年
臭氧 O_3 和其他痕量气体	光化学过程、汽车、发电装置、化学溶剂	从略	在上界平流层长期存在，对流层存在几小时到几天

（据：UN 各机构发布资料综合）

炭黑（化石燃料燃烧时排入大气的悬浮颗粒）、甲烷、对流层臭氧和"某些"氢氟碳化合物合称"短寿命气候污染物"[122]，但在减排时很难区分寿命长短，应该兼顾该气体的温室效应强弱。

1－2－2　GHG 寻踪　CO_2 毕露

过去 80 万年，大气 CO_2 含量的自然波动值是 180~300ppm。按 UNEP 提供的数据，从工业革命 1764 年到 2005 年：

$CO_2$278~379ppm（1.56 W/cm^2）；$CH_4$715~1774ppb（0.48 W/cm^2）；

N_2O 270~319ppb（0.16 W/cm^2）；Halocarbon（卤化碳）（0.337 W/cm^2）。

相当于 CO_2e 增加了 160ppm（2.45W/cm^2）。美国世界资源研究所测算：1850~2005 年全球共排放 CO_2 11222 亿吨，其中 72%以上来自发达国家。美国一位化学家大卫·基林（David Keeling）在夏威夷长期坚持测量大气中的 CO_2 含量：1958 年 315ppm，2011 年 6 月上升为 394ppm[2]。这样急剧上升的主因归结为人类自身的活动，主要包括矿物燃料燃烧、土地过度开发和不适当的农业作业等。人类活动导致其他温室气体的浓度也在增加。

全球地表平均气温在有仪器记录的 1860 年以来表现出上升趋势。1861~2000 年，全球地表平均气温上升了约 0.7℃，过去 50 年升温率几乎是过去 100 年的 2 倍。IPCC 在 2007 年 2 月 2 日发表的第四份气候变化评估报告揭示全球大气平均温度、海洋平均温度、冰川和积雪融化的观测以及对全球海平面的测量结果，用无可争辩的数据证实全球气候正在无腔而行地变暖。该报告预测到 2100 年，全球平均气温最可能升高的幅度是 1.8~4℃，海平面升高幅度是 0.18~0.59m[33]。实际上，进入 21 世纪以来，地球气温升高趋势更加明显。IPCC 评估报告宣称：即使人类千方百计加以遏制，地球平均气温仍将每 10 年至少上升 0.2℃。该组织 2008 年 6 月提供给 8 国集团首脑会议的评估报告《打破气候变化僵局——构建低碳未来的全球协议》中，预计全球温室气体排放将在 2020 年前达到最高峰，认为到 2050 年至少应在 1990 年的排放水平上减少 50%。据世界银行前首席经济学家斯特恩（Nicolars Stern）2006 年 10 月发布的关于气候变化的《斯特恩报告》估计，全球现在以每年占 GDP 约 1%的投入，可避免将来占每年 GDP 5%~20%的温室气体减排成本，这相当于两次世界大战和经济大萧条损失的总和。若是闭目塞听、无所作为，则到 21 世纪末全球气温将渐次升高 4~7℃。为了防患未然，人类必须当机立断，负起保护子孙后代生存安全的责任，尽一切可能将直到 2050 年的温升幅度控制在 2℃范围内[10]。虽情见势屈，但明智之士的共识是：视未雨绸缪为上策，越早采取行动，损失就会越小！目前的实际情景是：GHG 仍似乎在肆无忌惮地持续攀升中：2010 年 WMO 发布公报说，地球自 1750 年以来，大气中 CO_2 浓度增加了 38%，甲烷浓度增加了 158%，氧化亚氮浓度增加了 19%；目前这些 GHG 的浓度仍在有增无已[11]。该组织 2012 年底公布 2011 年的实测数据，这一年 CO_2 浓度达到 390.9ppm，是工业革命前的 140%，而甲烷是 259%，氧化亚氮是

120%[30]。UNEP 和欧洲气候基金（ECF）2012 年联合发布的《气体排放差距报告》透露：从 2000 年至今，全球 GHG 排放量增加了 20%，比国际上共同努力遏制的目标高出 14%[12]。据 IPCC 的 2014 年《第五次气候评估报告》的《综合报告》，2014 年地球表面大气中的 CO_2 浓度已增加到 400ppm 以上，是 80 万年来的最高水平。报告还指出：本世纪末全球地表温度可能比现在升高 $1.5\sim4.5℃$，但各国公认的极限值是 $2℃$[23!]！然而 WMO 2013 年底发布的《温室气体公报》证实 2012 年全球 CO_2 浓度同比增加了 2.2ppm；其 2014 年报告：2013 年实测全球平均水平为 396ppm，约为工业化前平均水平的 142%，北半球多地观测最高纪录已高于 400ppm；甲烷浓度 1824ppb，约为工业化前水平的 253%；氧化亚氮浓度约为 325ppb，为工业化前水平的 121%[1]。且海洋酸化速度也是过去 3 亿年来最高的[23↓]。美国商务部国家海洋和大气管理局下属的夏威夷冒纳罗亚观测站甚至已观测到日均 CO_2 浓度超过了 400ppm[13]。2015 年 1 月伊始，《科学美国人》杂志披露元旦在夏威夷测得 CO_2 浓度已超过 400ppm[30!]。美国国家航空航天局（NASA）与美国国家海洋和大气管理局（NOAA）2015 年 1 月 17 日宣布，2014 年是有记录的 135 年以来最热的一年；也就是中国气象局国家气候中心 2015 年 1 月 26 日透露，2014 年是 1880 年以来最暖的一年[14]。该局在年初发布的《2013 年中国温室气体公报》透露，3 种主要 GHG（CO_2、CH_4 和 NO_x）浓度再创新高[42!]。据英国气象局预测，2015 年全球平均气温将超过 $1961\sim1990$ 年平均温度 $0.64℃$，将使 2015 年成为有纪录以来最热的一年[14!]。

全球散发 CO_2e 的各种来源在不同人均收入的国家所占百分比见表 1-2。据国际能源署的调研，2010 年美、中、俄、日四国的 GHG 排放量将近占全球总量的一半。2008 年前，美国碳排量居世界首位，年人均约排碳 20 吨，总量占全球 23.7%；其间中国年人均排碳约 2.51 吨，总量占全球 13.6%。《2011 年中国温室气体公报》指出我国大气中 3 种主成分温室气体 CO_2、CH_4、N_2O 的年均浓度分别攀升至 392.2ppm、1861ppb 和 324.7ppb，均高于同期全球年均值[42]。

表 1-2 　　　　　　　　　不同收入国家不同部门的排碳规模大相径庭 （%）

	传统工业	传统交通	旧住宅和商业建筑	传统电力	土地利用改变和林业地	传统农业	废弃物污水等	其他来源
高收入国家	15	23	—	36	—	8	—	18
中等收入国	16	7	—	26	23	14	—	14
低收入国家	7	4	—	5	50	20	—	14
全世界平均	19	13	8	26	17	14	3	—

1990 年和 2005 年不同国家组的人均 GHG 排放（兆吨 CO_2e），其中显见亚太地区发展中国家排碳量比经济合作与发展组织（OECD）中的发达国家低很多（图 1-2）。

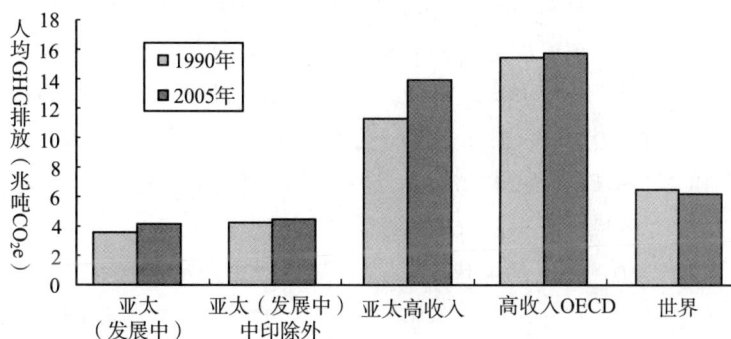

图 1-2 　亚太地区的发展中国家有相对低的人均碳排放量

（据：世界资源研究所，2011）

2010 年处于现代生产和生活八大领域中碳排放平均占比的粗略估计如图 1-3 所示。可见从整体观测，目前发电和工业生产的排碳量仍流连忘返地居于首位。据国际学术界的多数共识，这一比例直到本世纪中叶都不会出现根本性转变。

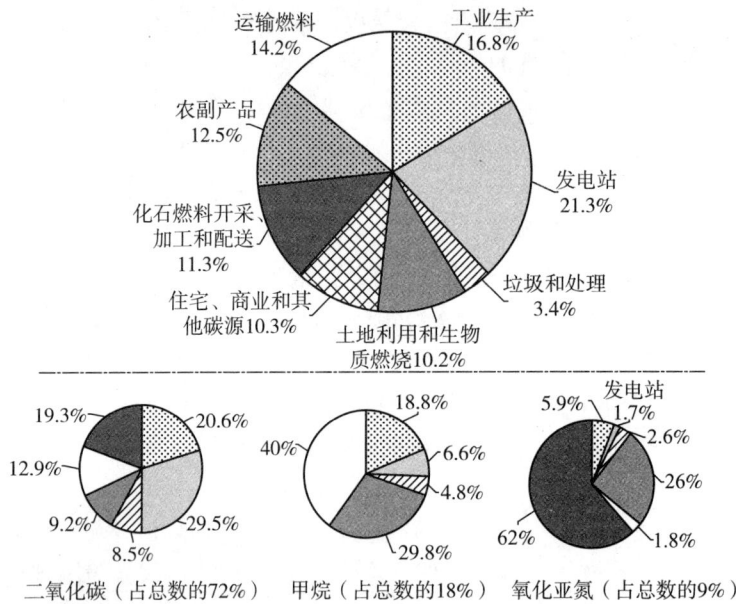

图1－3 不同部门年均GHG排放占比和3种主要GHG从不同部门排放的差别占比

（据：IPCC）

另外，2010年全球各地碳排放占比见图1－4，可以看出各地碳排放的强弱程度。

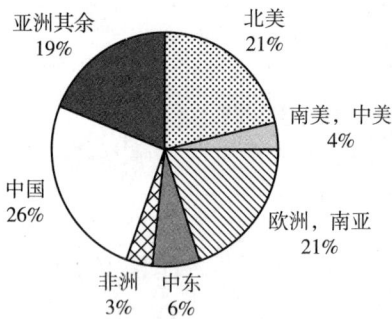

图1－4 2010年全球各地排放温室气体占比估计

（据：IEA）

1－2－3 气候趋暖 冰川告急

寒暑易节、裘葛屡更，却能春夏秋冬，维持相对平衡，理应归功于地球三大生态基石：海洋、森林和冰川。然而，20世纪以来，特别是最近50年，全球冰川却在急剧变暖的气候面前全线退缩，冰川融化带来的最直接后果是海平面上升。过去100年海平面已平均上升10～20cm；200年以来冰川面积减少约25%，令人揪心！如：

1. 2007年4月发布的《中国冰川分布及资源调查》指出：我国近40年来冰川面积缩小了3248km²。新疆天山一号冰川年缩8m。青藏高原上的冰川，40年来已退缩7%，且消融速度还在有增无已[65]。我国西部冰川融化的后果中，还应虑及各条内河造成的泥沙淤积。长江流域就有148座大坝，给西边冰川消融顺流而下的江水陡然增加了那么多泥沙聚结盆。中科院寒旱研究所2014年12月13日发表的《中国第二次冰川编目》指明，我国西部冰川面积50多年来约缩小了18%，年均缩小243.7km²。[451]中科院祁连山冰川所2014年的最新数据显示，祁连山最大山谷冰川1960～2013年退缩390.7m，年均退缩7m以上[58]！

2. 喜马拉雅冰川正以每年10～15m的速度消退，而部分位于印度的冰川更以每年30m的速度消融，这一速度超越地球上任何其他地区[26]。据2015年年初报道，1950年以来，我国西部冰川面积总体萎缩了18%左右[25]！

3. 北冰洋海冰面积缩减至有观测史以来最小纪录。2012年下半年，北极海冰的总量已下降到有纪录以来的最低水平。卫星测出海冰覆盖面约为158万km²，不足北冰洋面积的30%。那里一方面因气候变暖使海冰迅速消融，一方面矿藏丰富诱人又给人类提出了进一步开发的愿景[39]。同年8月到9月中，北冰洋海冰面积可能创最小记录[44]。由于这里海水所含热量比 20 世纪 90 年代高出 2 倍以上，估计海冰面积还将进一步缩小[45]。我国科学家 2012 年对北极进行了第五次科学考察，印证了自 1951 年以来北极气候变暖趋势约为全球平均水平的 2 倍；其次海冰厚度变薄明显；认为大气环流和大西洋/太平洋洋流对北极海冰的影响不能忽视[36]。特别重要的一环是我国科学家确认北冰洋中心海区储存着巨量甲烷。气候变暖将促使甲烷释放，甲烷浓度增进又将促使气温进一步提升[29]。海冰减少会极大地影响大气平衡[18]。海冰融化速度也许将愈益猛烈[40]。相应地，北极森林扩张也能促使冻土下的 CO_2 或甚至 CH_4 释放[21]，从而有可能加剧气候变暖。

4. 600 年前南极半岛已开始变暖。2006 年 3 月确知：南极大陆每年融冰 152 km^3；从 2002 年起，导致全球海平面年升 0.4mm（南半球 90% 是海洋）。新证实：南极洲东部冰体融化从 2006 年起加快，融化速度为每年 50 亿吨至 1090 亿吨[20]。西部冰原的升温速度远超预期，从 1958 年至 2010 年该处平均气温增加了 2.4℃[23]。已经证实南极暗藏着巨量甲烷，随着南极冰川融化释放到大气中无异于给气候变暖厝火积薪，不可不慎[28]。何况一旦碳浓度增加，反过来将显著减少冰层的物质强度和断裂韧性，冰盖和冰川容易脆裂而形成恶性循环。冰盖和冰川覆盖地球表面面积的 7%，能反射进入大气层 80% 到 90% 的阳光，起稳定地球温度作用。在易于破裂的冰川面前，这种反射功能将变得无能为力[21]。

5. 2006 年 8 月证实，格陵兰岛冰盖自 2004 年以来每年消融 240 km^3，融速是 5 年前的 3 倍。逐渐融化的格陵兰冰盖正迫使全球海洋水位年均上涨 3mm 左右。据卫星观测数据分析，南极和格陵兰冰盖正在加速融化，当前融化速度是 20 世纪 90 年代的 3 倍多，已使海平面年升约 0.95mm。而那时仅约 0.27mm[25]。两冰盖占全球冰川总面积 97%，总冰量 99%，2003 年到现在，南极、美国阿拉斯加和格陵兰岛的冰川已总计融化 2 万亿吨以上。格陵兰南部冰川也正在不断融化和移动，从 1996 年到 2005 年，其中一支冰川以每年 14km 移向海洋。如果格陵兰冰盖在不到一千年内已销形遁迹，全球海平面将会上升 7m，如不及时采取紧急措置，将来伦敦、孟加拉国、日本列岛、马尔代夫等都将陷身海底[23]。不过值得庆幸的是：12 万年前岛上的气温比现在高 8℃，冰盖仅缩小而不会很快消融[140]。

6. 2006 年 3 月确定，非洲第一高峰——乞力马扎罗峰的雪盖面积近年缩小了近 80%。到 2015 年至 2020 年间，这座海拔 5895m 的赤道雪峰也许会消失。《广州日报》的记者于 2013 年亲临这个著名的赤道雪山考察，结论是：冰层正以每年 0.5m 的速度消融，可能最快将在 10 年后冰雪绝迹[58]。

7. 秘鲁帕斯托鲁里雪山上覆盖的冰川面积从 1995 年起从原 1.8km^2 缩小了约 40%，目前小于 1.1km^2。

8. 全球大型湖泊连续 25 年变暖，每 10 年平均温度上升 0.45℃[14]。

1-2-4　碳源碳汇　一吐一吞

1. 基本概念——自然界任何能向大气释放碳素的过程、活动或母体叫碳源（Carbon Sources），而从空气中清除或吸收碳素的过程、活动、机制则叫碳汇（Carbon Sinks）。碳源和碳汇都是以大气圈为参照系，以是否向大气输出碳或从大气中吸入碳作为判断标准。决定一个体系究竟是源还是汇，只能看碳的净收支结果。人类最为关心的莫过于几年到几百年短时间尺度上地球生态圈中各种碳源和碳汇的变化。人类燃烧煤炭、石油的过程和自然界的生物通过呼吸代谢向大气排放 CO_2 气体形成集中的或分布的碳源。据已有统计资料，工业生产过程中水泥、钢铁、石灰、电解冶炼生产等行业集中产生的碳源量几乎占工业生产过程温室气体排放量的 90% 以上。其他一些碳源如土壤呼吸、人畜呼吸、生物质转化的碳排放则是分布式的，排放量估测和计算难度较大。不同化石能源形成的碳源结果见表 1-3。

表 1-3　　　　　　　　　　不同能源使用/运行中形成的碳源（g/kg）

燃料种类	CO_2 排放量 ≈	燃烧效率
煤炭	2280	0.15~0.35
石油	3130	0.45

续表

燃料种类	CO_2 排放量 ≈	燃烧效率
液化石油气	3075	0.55
天然气	117500	0.57
煤气	92500	0.46

从前面表1－2看出，传统工业、传统交通模式和城市旧式建筑是释放 GHG 助纣为虐的罪魁祸首。但工业生产是"柔性碳源"，因为可以用科技手段使之节能减排，降低碳耗；交通和建筑属于"刚性碳源"，较难降碳，但电动汽车或新能源汽车能部分地"软化"交通系统的"刚性"。大气中散布的 SO_2 和 N_xO 气体造成酸雨跨境转移、土壤和水域形成大面积面源污染、有毒垃圾散发的气体同样是使气候变暖的魑魅魍魉。

因为森林和草原植被的生长可通过光合作用吸收并固定 CO_2，是 CO_2 的汇集所、储存库和缓冲器。可是森林植被在呼吸过程中还要向大气呼出一定量的 CO_2，森林遭到砍伐、火灾、毁林开荒等破坏又会变成碳源了。

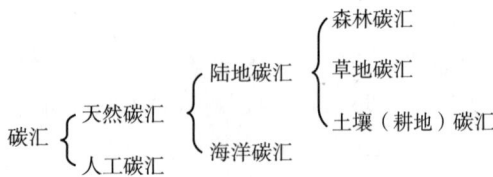

$$碳汇 \begin{cases} 天然碳汇 \begin{cases} 陆地碳汇 \begin{cases} 森林碳汇 \\ 草地碳汇 \\ 土壤（耕地）碳汇 \end{cases} \\ 海洋碳汇 \end{cases} \\ 人工碳汇 \end{cases}$$

图1－5 碳汇结构分类

2. 绿色和蓝色碳汇——绿色植物通过光合作用吸收 CO_2，特称为"绿色碳汇"，如森林、草地、耕地等都是绿色碳汇。海洋碳汇主要通过多种物化及生物过程吸收 CO_2，称为"蓝色碳汇"。人工碳汇则包括垃圾填埋场、碳捕集与封存（CCS）等项目，从规模上讲远小于天然碳汇，且部分技术尚未成熟。碳汇的关联结构如图1－5所示。

1－2－5 陆地碳库 大力培育

全球陆地生态系统碳储量在2000年估计约为24770亿吨，其中植被4660亿吨，土壤20110亿吨。研究表明目前土壤的实际碳储量约为1.2万亿～2.5万亿吨，是大气碳储量的2～3.3倍。据有关科学家调研，我国平均土壤碳储量为15340吨/km^2，但平均碳密度略低于欧美。森林为陆地生态系统中最大的碳库，森林植被的碳储量约占全球植被的77%，森林土壤的碳储量约占全球土壤的39%。不同地域、不同树种的森林碳汇并不相同，因而需要对相对集中的类似原始的森林碳库展开测算。科学家开发出一种高分辨率地图，对封存在40%的哥伦比亚—亚马逊森林（16.5万 km^2，大约相当于瑞士国土面积的4倍）的热带植被中的碳储量进行过准确定位。

农业生态系统中最大的碳库是土壤，土壤圈是碳素的重要储存库和转换器，所含有机碳量占整个生物圈总碳量的3/4。土壤碳库（1500Pg）是大气碳库（780Pg）的两倍或植被碳库（550Pg）的3倍。土壤碳库减少1%，大气 CO_2 浓度将增加7ppm。其浓度升高将促进植被生长，相应增加了输入土壤的碳，但碳的品质下降。土壤呼吸是土壤与大气碳交换的主要途径，每年通过植被输入土壤碳约为60Pg，通过土壤呼吸输出58Pg。然而，目前土壤和森林仅吸收人类燃烧化石燃料所排放 CO_2 量的1/4，但随着气温升高，土壤中有机物质分解和释放的速度也在加快，达到某一临界线，CO_2 释放速度与吸收速度扯平，此时土壤和森林的碳汇增进能力就会趋近于零。仿真实验表明，大气 CO_2 水平达 400～500ppm 时就临近该阈值，这时地球进入特定的危险气温变化[122]。2013年11月末中外科学家首次证实盐碱土能大量吸收 CO_2，发现干旱区地下咸水是个巨大的无机碳库[45]。

人类活动散发的温室气体里，来自农业系统的约占 1/15～1/5（CO_2、CH_4、N_2O 等）。据估计，全球范围内农业排放 CH_4 占由于人类活动造成的 CH_4 排放总量的50%，N_2O 占60%。土地利用方式改变是大气碳含量增加的第二大要因，其作用仅次于化石燃料燃烧。

1-2-6　穷原竟委　变暖探因

温室气体肆虐而致地球气候升温，从科技研发角度自当探赜索隐地从两大方向入手：找出可能存在的形形色色碳源；找出可能推涛作浪的其他变暖要因。

1. 动植物呼吸——动植物在进化过程中势必进行新陈代谢，动物呼吸时吸入含氧的空气，排出含碳的废气。地球上除了年增 7000 余万人口、总数已超过 70 亿人外，还有星罗棋布的牧场、饲养场以及野生动物都需要靠呼吸维持生命。可见这是一个排放 CO_2 的庞大而分散的碳源。可是森林、植被所作贡献却是通过光合作用吸入 CO_2 而呼出氧气，虽然在植物呼吸时有可能呼出 CO_2，但总体综合效应则是氧的净输出[47]。

2. 土壤微生物——科学家们发现土壤在吸收碳的过程中促使释放甲烷和氧化亚氮，其间玩弄转化手段的是土壤中特有的微生物，吸入 CO_2 的同时，释放出温室效应远大于 CO_2 的甲烷和氧化亚氮，抵消了土壤的碳汇效能[43]。

3. 天空积云和微小海洋生物影响—— CO_2 浓度越高，天空积云越少，阳光透射率增大，地面由此增温[21]；海水变暖，海洋中微小浮游植物将分布不均，极地增多而热带减少，形成的反差也能对气候变暖产生不利影响[22]。

4. 冻土融化——地球北半球的冻土层面积占 1/4，其中含有巨量 CO_2 和 CH_4，冻土融化将释放出大量温室气体，使得气温将显著升高[13]。

5. 植物生态堪忧——美国麻省理工学院的研究人员分析整个北美地区多种不同森林和生态系统的各类数据，发现气候变暖，几乎所有的植物叶片在秋冬季节飘落地面后的腐烂速率加快，其中腐烂分解过程势必将所含 CO_2 排入大气而形成碳源。实际上，随着温度上升，所有植物都在加快腐烂。这样得出的结论是：植树可能反其道而行之，参与了让地球升温的叛逆行径[144]。2014 年上半年英国《自然》杂志刊载的最新研究指出：大气中的 CO_2 含量增加将使粮食作物所含营养成分下降[69!]。

6. GHG 非碳作祟——据美国每日科学网报道，刊登在《自然》杂志的一项研究成果称大气中的 CO_2 会促进土壤微生物繁殖，释放出更多甲烷（ CH_4 ）和氧化亚氮（ N_2O ），这说明大自然在减缓全球变暖上并没有像过去所想的高效率[43]。此外，例如在印度雨季的季风给印度次大陆带来强降雨，导致 CH_4 和 N_2O 大量扩散，从表 1-1 可知，短时 GHG 对大气温升推涛作浪的本领实际不亚于 CO_2 [68]。

7. 热带碳源——物理学家组织网 2014 年初报道一个国际科研小组研究成果：过去 50 年热带碳循环增加了对温度变化的敏感性，证实热带地区温度每升高 1℃，每年从热带生态系统释放的碳比原来多出 20 亿吨左右。这一现象无疑为全球变暖火上喷油[71]。

8. 千头万绪——其实地球气候变化的原因何止一端？自然因素的影响中，既有地球的外来因素，也有来自地球的内部因素。内部因素主要包括气候系统内部相互作用和影响的各种因素，如地面反照率的变化可以影响气候的变化，而气候变化了，冰雪覆盖面积变了，又可能影响地面反照率；海水温度的变化可以反过来影响两极冰川和格陵兰冰库。外部原因主要是指天文因素和地文因素的影响。天文因素如：（1）太阳辐射强度的变化；（2）太阳黑子和磁暴强度的变化；（3）地球轨道参数（轨道偏心率，地轴岁差，黄道交角）的变化；（4）地球旋转速率的变化。地文因素如：（1）大陆地块漂移，造山运动以及极轴移动等；（2）地质板块运动状况和发生地震；（3）火山爆发以及人类活动引起的大气物质成分的改变，如 CO_2、臭氧和悬浮颗粒物含量的改变、云的变化；（4）土地利用导致的陆地表面（大气下垫面）的变化，包括砍伐森林、沙漠化、水土流失、开垦荒地、燃烧大量化石燃料、开发工业区、无限制扩大城市范围、高速城市化等活动；（5）地热通量的变化等。

2011 年以来，国务院发布的各年《中国应对气候变化的政策与行动》白皮书，论述过近年来我国在所有经济社会领域推动应对气候变化的各种卓有成效的政策举措。

1-3 全球升温 后患无穷

1-3-1 升温遗患 昭然若揭

1. 历史回溯——恩格斯笔下十分惋惜的美索不达米亚平原，本来有依托碧波澎湃流经叙利亚和伊拉克等"富庶之区"的幼发拉底河和底格里斯河及其周围茂密的原始森林构建的中东史前文明，由于森林滥砍滥伐而蜕变为不毛之地的无垠荒漠，实际上是气候炎热干旱造成的灾难性后果。这就是公元前6000年到公元前538年衰微的巴比伦文明；其次，公元前5000年到公元642年的尼罗河流域埃及文明也毁于酷热气候下的荒漠化、后来印度河沿岸的古印度文明也紧步后尘。只有源远流长的黄河流域孕育的中华民族文明，因特殊的人文地理和优异的文化背景而保证了几千年冷暖交加、冰炭相随却仍能兴旺更迭而历久不衰，其他古代文明早已星移斗转、面目全非了！史前文明消失，与地球气候巨变相关的论断无可厚非[5]。无怪乎有的学者认为气候变迁对人文系统、对战争都有无可争辩的负面作用[10]。

2. 远虑近忧——国际上著名的旅游胜地岛国马尔代夫；著名的高海拔山国尼泊尔也参与了呼吁全球重视气候变暖带来的无穷灾难：2009年10月17日，马尔代夫首脑人物在水下召开内阁会议，呼吁全球关注气候变暖，特别是海平面上升，有可能30年后使许多岛国消失，淹没在海底；2009年12月4日，尼泊尔总理和22位内阁成员在喜马拉雅山海拔5262m高度举行会议，呼吁遏制气候变暖，关注高山冰盖消融。开会的地方因发现喜马拉雅山雪线上移，足以"九天揽月"的海拔高度上已经冰消雪遁了。

1996年，印度哈恰拉岛被海水淹没，是全球首个从地图上消失的住人小岛；2010年，印度跟孟加拉国为主权归属争执了30年的新穆尔岛也惨遭灭顶[70]。

1-3-2 气候变暖 险象环生

1. 一般险象——地球气候变暖：如前述北极冰川急剧融化，北移20km以上；西伯利亚冻土带逐渐解冻，发散出来的甲烷促气候变暖的效果是CO_2的23倍！格陵兰岛冰盖变薄；西部南极冰床崩塌，大西洋一些特定环流消失；印度洋夏季季风消失；西非季风中断；亚马逊热带雨林枯萎、消退；全球原始森林大幅度减少，人造林、次生林抗病虫害、抗外来侵袭能力十分孱弱；降水分配不均，洪涝、干旱增加；病虫害增加，粮食作物产量下降[73]。

2. 随全球变暖而来的各种气象/地质/生态灾害纷至沓来——台风飓风旋风龙卷风肆虐、地震和海啸猖獗、海洋酸化、湿地消失、农作物减产、生物多样性锐减和有害生物乘虚而入、环境劣化和热带雨林退化……人类正经受着工业革命后最严酷的生存考验。近50年北方大部降水量减少10%，干旱加剧；近20年每年气象灾害损失相当于GDP的3%～6%[76]。

3. 十个"意想不到"的暖化后果——有记者曾"意想到"人体过敏病症加重、动物躲向高处、北极植物繁茂、北极125处湖泊消失、大面积冻土消融、季节变化提前、太空浓郁CO_2使卫星越转越快、某些高山有长高趋向、古迹受到破坏和森林易罹火灾[70]。

1-3-3 粮农增困 穷国多灾

1. 粮产丰歉不匀，自然灾害频仍——专家预测，到2050年全球平均气温将上升1℃以上，全球粮食将减产5%左右。更多的有关报告主要关心粮价上扬[53]或气候变暖导致农业成本大幅提高[69]，这一状况来自对粮食产能的正反两面估计[57]。实际上，就粮食生产的实际而言，气候变暖有助于粮食增产。据中科院南京土壤所将近 7 年 (2003～2009 年) 的田间定位试验 (FACE), 证明大气 CO_2 浓度对小麦与水稻产量均具有明显的正向影响, 分别年增产 14%～17% 与 14%～18%。然而在庆幸我国某些地区的粮食生产可能因气候变暖而在几年间获得丰收的同时, 别忘记在地球的另一些地方, 正如 IPCC 指出的那样, 因气候变暖引发的水源枯竭、洪涝泛滥、害虫肆虐、农业劳动量陡增等造成的抵消作用[33]。水资源益发短缺的威胁不能用风调雨顺的数据去品评[54]。物理学家组织网 2013 年末公布的一项研究成果发现气候变暖将导致土壤养分失衡, 庄稼产量将受到减产威胁[59]。我国《第二次气候变化国家评估报告》指出: 我国所受不利影响重于全球平均水平[72]。

2. 害虫乘机捣乱, 治理亟待加强——由于气候变暖, 害虫世代数增加, 害虫发育起点温度每年时间提前出现, 秋季害虫滞育温度出现延迟, 实际害虫一年内生长时间延长; 遇到暖冬更增大害虫数质规模。尤其是气温升高后增大了害虫发育速度, 每世代发育所需时间缩短, 每年世代数陡增。例如随着气温升高, 北美的棉铃虫、芬兰的麦秆蝇、麦叶蝉、新西兰的苹全爪螨, 它们的世代数都增加了。褐飞虱在年均气温升高 1.5℃ 情况下, 年发生世代增加 1 代, 在我国的分布范围向北扩大了一个纬度。2005 年由于褐飞虱大爆发, 浙江省晚稻减产 40%, 歉收 120 万吨。瑞典南边原已绝迹的吸血传病害虫扁虱, 因气候变暖不但卷土重来, 而且北上寒冷地区为非作歹[50]! 有害物种的分布与气候变化是一致的, 遇持续不断的暖冬, 物种分布范围也随之北扩。若夏季季风增强, 迁飞性害虫春天向北迁出时间就会提前, 迁入的范围也会更广。我国主要水稻害虫如稻飞虱和稻纵卷叶螟是迁飞性害虫, 气候变化会助其迁飞, 从而影响大范围水稻受灾。通过分析过去气候变化引起的农业害虫发生的原因和机理, 有助于对未来农业害虫的有效防治。

气候变化会严重影响物种间的相互作用, 气候变化使天敌和害虫之间固有的平衡关系受到破坏, 从而摧毁了原来进化过程形成的同步遏制机理。自然条件下寄主、害虫、天敌有逻辑关系, 随着气温上升, 原有种间关系变化, 扰乱了天敌的自然控制, 害虫得以"逍遥法外"迅速繁殖, 甚至出现有害种群暴发。

3. 穷国穷人, 首当其冲——气候变暖加剧饥荒、干旱缺水、病害流行, 自然是穷人乃至穷国很难对付[61]。由于气温动荡影响经济稳定, 穷国工农劳动者往往因此遭受工资收入跟不上物价上涨之苦; 穷国科技文化知识相对较弱, 应对因气候变暖引发的诸多突发事件往往缺乏技术手段。富国教授也有同感[52]。这一结论事实上 20 年前就在富国中得出来了[66]。

1-3-4　生物多样　草薙禽狝

1. 全球变暖将严重影响生物群落正常生长繁衍——如变暖将特别干扰山区植物的授粉时机并威胁参与授粉的动物, 破坏了原生态的固有时空关联。相应地, 鸟类栖息的生活格局遭到摧残, 温度上升足以使部分鸟类无法生存[48]。

2. 变暖生态不可逆转——如波多黎各热带雨林和附近岛屿原有的 17 种细趾蟾科动物中已有 3 种灭绝; 澳大利亚海域周围色彩斑斓的珊瑚礁已在褪色; 生活在加拿大境内原处于北极圈的 2 万多只北极熊目前仅存 60%, 而且面临饥饿死亡绝境; 北欧的北海鳕鱼正遭到空前的升温灾难[50]。

3. 联合国专家小组的研究报告——气候变暖最大的受害者是栖息在地球最寒冷地方的动植物, 例如上述北极熊; 而海水酸化的第一受害者是浮游生物的生存和珊瑚礁褪色[63]。虽然海洋中珊瑚礁所占面积不足 0.25%, 但超过 1/4 的海洋鱼类依靠珊瑚礁生存。目前, 全球珊瑚礁的 10% 已被酸化和升温的海水以及严重的海洋污染破坏, 几乎 80% 处于死亡边缘。南太平洋汤加王国北部, 陆地面积达 115km² 的瓦瓦乌岛等 54 个岛屿均面临珊瑚灭绝[70]。

4. 升温 2℃ 的可能后果——争取世纪末年均气温仅仅升高 2℃ 已成各国共识, 但若地球直面升温 2℃, 海洋及其生物将发生空前变故。而今海洋鱼类特别是大型鱼类正在急剧减少, 海洋温度上升将影响带鱼等的迁徙路线, 就会影响若干国家的捕鱼业[64]。科学家们揭示气候变暖将引发海洋生物向两极迁徙, 直接影响海洋生态系统平衡。到 2100 年, 大海里的鱼产将大幅度削减[59]。

5. 已得结论——气候变暖导致南极企鹅数量锐减。南极最大企鹅聚集地贝利头 1986 年有企鹅 50408 对，现在竟锐减了 50%[56]。

6. 禽类疾病多发——发现禽类疟疾因气温变暖北移，禽类疾病也因气候变暖而在蔓延之中[58]。

1－3－5　预测预言　惊心悼胆

1. IPCC 预测——IPCC 2007 年发布第四次气候报告《2007 年气候变化：气候变化的影响、适应和脆弱性问题》，其中包括《科学基础》、《影响、适应和脆弱性》、《减缓气候变化》和《综合报告》四部分。在第二部分预言了许多令人胆战心惊的变暖后患，如本世纪末，全球气温可能比 20 世纪 90 年代上升 1.1 ~ 6.4℃，海平面就将上升 18 ~ 59cm。若气温上升 1.5℃，全球 20% ~ 30% 的动植物物种面临灭绝；上升 3.5℃ 以上，40% ~ 70% 的物种将面临灭绝。非洲至少有 2.5 亿人将遭受因气候变化所致水短缺，因需水量大的农作物减产 50% 而挨饿；亚洲将因海平面上升而令许多沿海地区沦为泽国，东亚和东南亚的粮食生产产量虽有可能上升 20%，但洪涝灾害不断将引发消化道疾病流行[49],(33)。报告中提示：若年均气温上升 3.6℃，中国的水稻产量将减少 5% ~ 12%。报告同时指出 2020 年因水稻产量下降和人口上升将让 5000 万人挨饿[67]。2020 年欧洲地区突发洪水的可能性增加；干旱甚至使世界某些地区的谷物产量下降 50%[74]。科学家警告：全球变暖风险比人们感受到的更严重，反映在气候现象不稳、人口/能源/资源压力与日俱增[51]！

2. 科学家预言——全球变暖对某些树种带来不利影响，生长分布区域发生变化，生长量将大幅下降。对人类健康的威胁更不能掉以轻心[79]。

3. 气候变暖使冻土带融化——随之发生大面积的热融下沉与斜坡热融坍塌，造成已经开发建成的广大区域的冻土公路、铁路及民用建筑的破坏。

4. 美国科学家马克·莱纳斯（Mark Lynas）几年前写过一本书叫《6 度：我们在一个更热星球上的前途》——书中说："到 21 世纪末，全球气温将可能比 1990 年的平均气温最高达到 6.4℃。届时海平面上升 20m（？），海水升温膨胀促成海底的可燃冰逸出海面引发大规模爆炸，威力不亚于核武器。还可能引发的一系列灾难性后果，除非现在就充分、全面遏止 GHG 排放"[55]。

5. 2012 年上半年，德国、荷兰科学家组成的研究小组宣布——即使 21 世纪末大气年均温升被限制在 2℃，到 2300 年海平面仍将升高 1.5 ~ 4m，理想情况是 2.7m[71]。

6. 火山和海浪——气候变化可能反过来促进火山的频繁活动[60]；或将引发南半球更大规模海浪，但北半球海浪将有所降低，从而预告北大西洋的渔民能有更安全的捕捞机会[62]。

7. 海平面上升将对我国造成很大损失——根据大气环流模式，并按 2 倍 CO_2 前提条件，预测出海平面上升 20cm，我国东南沿海现有的盐场和海水养殖场将基本被淹没或被破坏。2001 年 IPCC 预测全球海平面年均上升 2mm，但 2007 年宣布的实测数据，1993 ~ 2006 年间年均上升了 3.3mm。其实，海平面上升远非今日始，澳大利亚和英国科研结论是：自工业革命以来海平面上升速度持续加快。按已测得的上升速率估算，2100 年海平面比现在将高 0.8m，2200 年可能会高出 2.5m[71]。广东近 20 年海平面上升速度为全国之最，为全球百年平均上升速率的 1.7 倍。海平面加速上升不但招致更多风灾洪灾，且将淹没沿海岸大量经济财富。目前，珠三角已有 13% 的土地处于海平面之下[71]↓。

8. 东亚之殃——2013 年，亚洲开发银行发布《东亚区域气候变化经济分析》警示：23 座城市约 1200 万人将面临海平面上升、暴风雨袭击、严重干旱等不同灾害，预计每年造成的直接经济损失高达 8640 亿美元。预测给中、日、韩、蒙古等东亚 4 国每 20 年出现的洪水威胁将变成平均 4 年一次[113]。

9. 上海和江浙受累——上海市区平均海拔高度仅为 1.8m，最低处仅 0.9m，预计到 2030 年上海海平面将升高 18cm 以上，到 2090 年上升 58cm 以上，而长江口海平面可能上升超过 70cm。此外，我国江浙沿海遭受热带气旋（台风）侵袭的可能性将增大[126]。

1-4　恶劣天气　灾害旋踵

1-4-1　天气恶劣①　频频告急

1. 恶劣天气因果——全球气候变暖，导致恶劣天气夺魄追魂而至，已经让人类的每一分子，感同身受。许多突发的恶劣天气，直让人忍气吞声，奈何不得。请看：

（1）南非暴雪：2010年南非遭遇15年来最严重降雪，当地的冬季8月7日受一股强冷风影响降下大雪，街道房屋全被大雪淹没。

（2）欧洲高温：欧洲在2003年7～8月和2006年7月下旬曾遭受两次高温侵袭，每逢酷暑均造成数以万计的平民死亡。2012年欧洲又遭遇罕见高温蒸腾，8月17～20日的气温一度超过40℃[83]。其实受到前所未有高温煎熬的地球村居民还包括亚非拉许多国家和地区。2013年暴雨洪灾席卷西欧各国，此起彼伏，断港绝潢。

（3）拉美天气肆虐：南美亚马逊雨林是地球最湿润的地方。2005年，巴西亚马逊河流域遭遇数十年来最严重干旱，数以百万计的鱼类死亡。2006年7月，亚马逊连续第二年干旱，遭沙漠化威胁，天气若持续恶劣，将对全球气候带来灾难性影响。

（4）酷热熏蒸：近些年美国和世界其他一些地区遭遇罕见的酷热炙烤，除了归咎于人为造成的全球变暖外没有其他解释。2011年年中干旱少雨，美国中西部的一些河流水温突然变得反常高企，但水面温度却随后降到很低水平。这种反常环境令数以万计的鲟鱼等珍稀鱼类死亡。同时，像玉米、大豆等农作物也因此遭到严重打击。幸亏后来中西部地区喜得甘霖，灾情方始缓解。2012年上半年，美国持续高温使得一些高速公路路面变形、铁路轨道扭曲、飞机跑道融化[100]；2013年初，美国东北地带被超级风暴"尼莫"（Nemo）袭击（尼莫是希腊文中男童的名字，意即"不知来自何处的村童"）。这次暴风雪造成交通一片紊乱，数千次航班停飞。归根结底，还是气候变暖惹的祸。2012年夏美国大旱引发全球担忧，主要是唯恐造成粮价上扬，接着引发包括我国在内的发展中缺粮国的巨大压力[88,89]。

2. 恶劣气候，纷至沓来——2012年末到2013年初，全世界陷入更加难以忍受的恶劣天气之中：莫斯科零下40℃或更低；欧洲出现极寒天气[96]，低温暴雪造成600多人罹难[100]；悉尼零上40℃或更高，南美的儿童整天泡在喷水池里躲避酷热；纽约暖冬令人惊诧；我国京畿雾霾匪夷所思[98]。人们很不情愿地迎来了"极端天气时代"[94]。几年来的恶劣天气使人不得不把罪责主要归于人类活动所致气候变暖[99,101]和下文将提到的厄尔尼诺和拉尼娜事件[90]，舍此无他！当然，人类行为的后果并不直接限于地球变暖，间接地因扰乱了北半球大气环流模式，阻碍了冷热空气的自然流动，导致冰火两重天的恶劣天气[102]。2014年3月WMO发布《2013年气候状况报告》，因全球变暖导致2013极端气候事件频发[93!]。IPCC曾预言全球极端高温事件将增加[103]，为了及时遏制这一恶化趋势，唯一可行的对策是必须尽一切可能加速改变发展模式，减缓气候变暖[97]。研究表明：若气温上升2℃，风暴潮的频率就会激增10倍[86]。若平均升温1℃就会促使雷电增加10%；森林火灾发生的概率也随之跟进。有专家甚至认为这类天气演变恐无法进行人工干预加以遏制[85]。果如此，人类至少能利用先进科技，预防天气造成的灾害，借助准确预报，恶劣天气到来前"枕戈待旦"，"未雨绸缪"，有备少患，减少损伤。波茨坦气候影响研究所科学家的近期研究结论是：迎向未来

---

① 用"恶劣"天气标题而不用"极端"或"反常"、"异常"，一则因如今距离"极端天气"尚远[92]，二则对"正常天气"并无一致感受，也许老农认为"春雨贵如油"的时候，酷爱"傍花随柳过前川"的情侣最怕下雨！有的专业人士认为恶劣天气事件，至少有一半与全球气候变暖有关。然而2014年3月世界气象组织的《2013年气候状况报告》说，2013年全球陆地和海洋表面平均温度为14.5℃，比1961至1990年平均温度高出0.5℃，从而2013年成为有纪录以来第六个酷热年份，与2007年并列。该报告认为2013年造成极端气候事件的罪魁祸首就是全球气候变暖，而不是一半[93]。

30 年的火伞高张、铄石流金，俨然祝融赤帝再世。研究表明：10% 的地区将在 2020 年前遭受两次异常热浪袭击，有 20% 的地区将在 2040 年前受到波及[90]。

1-4-2 中国天气 风霜雨雪

1. 天气前虎后狼——近百年来，我国年降水呈现明显的年际振荡。其中，20 世纪最初 10 年、30~40 年代和 80~90 年代降水偏多，其他年份偏少。近 50 年中国年平均降水量呈微弱减少趋势，每 10 年平均减少 2.9mm。

未来 50 年中国年平均降水量将呈增加趋势，预计到 2020 年，全国年平均降水量将增加 2%~3%，到 2050 年可能增加 5%~7%。其中东南沿海增幅最大。

未来 100 年中国境内的恶劣天气与气候事件发生的频率可能增大，干旱区范围可能扩大、荒漠化可能性加重，沿海海平面仍将继续上升，青藏高原和天山冰川将加速退缩，一些小型冰川将消失。

2. 近期恶劣天气。

（1）2013 年前：2008 年初一场暴风雪，让中国森林的 10% 受到不同程度的损害[93]。2010 年，秋冬特大干旱横扫西南省市；新疆北暴雪；华南 14 次强暴雨；东北、华北冬春持续低温；海南 10 月罕见强降水；东北初夏酷热至 40℃ 等气象灾害铺天盖地而来[103]，无怪乎《中国气候公报》宣称 2010 年是 21 世纪以来我国气候最异常的一年；2012 年的公报不再用"最"字形容，而认为气象灾害"偏轻"[104]。可是国家发改委 2012 年末指出：中国是受气候变化不利影响最为脆弱的国家之一。2011 年以来，中国相继发生了南方低温雨雪冰冻灾害、长江中下游地区春夏连旱、南方暴雨洪涝灾害、沿海地区台风灾害、华西秋雨灾害和北京严重内涝等诸多极端天气气候事件，给经济社会发展和人民生命财产安全带来较大影响。2011 年全年共有 4.3 亿人次不同程度地受灾，直接经济损失高达 3096 亿元[133]。水利部门认为我国气候变化应特别关注水资源保护。我国水资源南丰北缺趋势将因气候变暖而更为凸显[91]。其中如加强防洪薄弱环节建设、加快夯实农田水利基础、推进节水型农业、强化水土保持和生态保护等，字字铿锵有力！目前我国恶劣天气事件的监测诊断预测系统早已基本确立，正在为我国未来防灾减灾发挥积极作用[104]。

（2）2013 年及以后：2013 年 3 月 19 日起，长江以南 8 省数十市县连续受到近年来罕见的恶劣天气突袭，狂风、龙卷风、暴雨、冰雹、夹带震天价惊雷从天而降。两天里累计 25 人遇难、4 人失踪、造成 22.4 万居民转移，经济损失超过 13 亿元，农作物受灾 100000hm²，其中绝收占 20%，并造成大批房屋倒塌。湖南 9 县市遭遇冰雹，大的犹如家禽蛋，大量房屋和露天停放的汽车受损；贵州、江西均同受冰雹侵袭；广东东莞一天内遭狂风、暴雨、惊雷、冰雹轮番袭击，致居民 9 人死、272 人伤；同时，广东虎门白沙一工地突起狂风，冰雹大如鸡蛋，韶关市 14 级大风夹冰雹；惠州市遭冰雹突袭，最大冰雹直径 3 厘米。紧接着，2013 年 5~6 月中国西南、东南诸省市又遭特大暴雨几十次霹雳列缺、劈头盖脸横扫长江、珠江流域！7 月初，全国许多地区突降罕见的特大暴雨，四川甚至造成舟倾樯折、地坼山崩，灾情尤甚。2014 年 3 月 30 日，罕见的鹅卵般冰雹突袭包括广州在内的珠三角多座繁华城镇，给个别超市屋顶造成令人痛心的损害。2014 年、2015 年夏，特大暴雨席卷华南各省，接着在内蒙古自治区、陕西、河南、湖北等省出现近年罕见的干旱并引发大面积虫灾。

1-4-3 厄尔尼诺和拉尼娜现象

1. 沃克环流——由英国气象学家沃克（Sir Gibert Walker）在 20 世纪 20 年代首先发现，是热带太平洋上空大气循环的主要动力之一。

正常情况下较干燥的空气在东太平洋较冷的洋面上下沉，然后沿赤道向西运动，当信风到达西太平洋时，受到较暖洋面的影响而上升再向东运行，形成一个封闭环流。

2. 厄尔尼诺现象（El Niño Phenomenon）——厄尔尼诺是西班牙语中"圣婴"或"上帝之子"的意思。大约每隔 2~7 年，太平洋东岸、南美处于赤道 0 纬度上的厄瓜多尔、秘鲁及其帕里尼亚斯角以南海域的东南信风会突然减弱，乃至变为西风，促使太平洋表层热流向东流，赤道附近太平洋中东部海面温度随之异常升高（偏高 1～3℃或更高）。此时的秘鲁、厄瓜多尔的气候由干旱突变为多雨，出现洪涝，而在赤道上隔洋相望的印度尼西亚、巴布亚新几内亚、马来西亚和新加坡等雨量骤减，形成旱灾，即所谓厄尔尼诺现象（图1-6）。国际上为了研究厄尔尼诺的产生机理，试图搞清生成的来龙去脉后予以有效掌控，曾经有许多气象学家、气候学家、地

东南信风突然减弱，甚至转为西风 → 赤道逆流增强，温暖海水覆盖赤道附近太平洋东岸海面 → 上升流消失，南美洲西岸寒流被暖流取代 → 赤道附近太平洋表层水温东岸升高，西岸降低，东西温差缩小 → 沃克环流减弱 → 厄尔尼诺

图1-6　形成厄尔尼诺现象的大致过程

球物理学家、海洋学家和地质学家参与这一影响地球整体气候怪异现象的研究，开过多次国际研讨会和出版过汗牛充栋的论文集和著作。遗憾的是，至今尚未彻底揭开谜底，因而没有找到怎样掌控这一殊不友好的自然怪胎的答案。

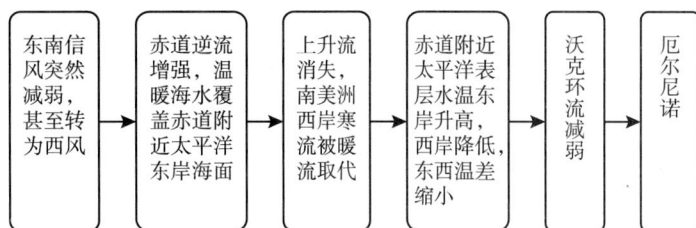

1982～1983年间出现的一次较严重厄尔尼诺现象，引起的全球灾害性气候：澳大利亚和北非干旱、曾造成农业收成滑坡的美国西部水灾；以盛产黑珍珠闻名、人口不足50万的法属波利尼西亚群岛刮起的旋风曾造成1300多人丧生，经济损失80多亿美元[7]；秘鲁、厄瓜多尔、智利和阿根廷北部因大雨引发洪水致数百人丧生。1987年上半年，秘鲁、玻利维亚大降暴雨，夏秋之交智利因大雨造成洪水、泥石流灾害。1997年智利、厄瓜多尔、巴西、阿根廷和巴拉圭暴雨成灾。1998年我国遭遇特大洪水，厄尔尼诺就是主要影响因素之一。

有科学家估计：在全球变暖条件下，厄尔尼诺事件出现的频率和强度有增加的趋势。澳大利亚气象局的科学家前不久的研究证实了这一估计[86]。厄尔尼诺现象发生，一般将造成当年主要农作物减产2%，其影响常持续4年左右[95]↓

3. 拉尼娜现象（La Niña Phenomenon）——拉尼娜是西班牙语"小女孩"的意思，也叫反厄尔尼诺现象，指赤道附近太平洋中东部的海面温度异常降低的现象，表现恰好与厄尔尼诺相反，海面温度持续6个月以上低于气候均值0.5℃以上。随之而来的反映就是飓风、暴雨、严寒。拉尼娜现象一般出现在厄尔尼诺现象之后，二者交替出现。拉尼娜现象对赤道附近太平洋东西部的影响是：西部多洪灾，东部多旱灾。对我国的影响因环境劣化而日趋严峻。新中国成立后气候已多次受到拉尼娜的影响（如1954年的洪水、1963年的严寒）。2008年对我国曾影响华南早稻播种、北方沙尘暴天气增多、全国干旱少雨和夏季台风活跃[81]。最近的一次拉尼娜事件是2011年9月开始，到2012年3月结束。之后，赤道中东太平洋海温逐渐恢复正常，并开始升温偏暖，到7月份该区域海面均温较常年偏高0.6℃，表明热带太平洋又进入厄尔尼诺状态（图1-7）。

太平洋赤道附近 ⇄ 海洋 / 大气 热量交换，水分交换

正常 → 沃克环流
异常 → 温度低处升高，高处降低 → 厄尔尼诺 ← 减弱
　　　 温度较低处降低 → 拉尼娜 ← 增强

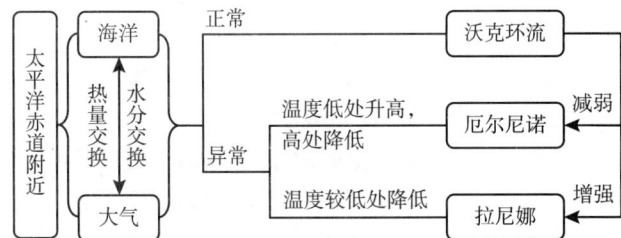

图1-7　赤道周围太平洋环流形成的气候"杀手潜踪"

遇到厄尔尼诺逞威年与拉尼娜肆虐年对中国降水的影响十分明显，尤其是发生后的第二年影响更加明显。特别表现为厄尔尼诺猖狂的第二年长江流域以南多雨，北方少雨；而拉尼娜作孽的第二年恰好颠倒过来：北方多雨而南方干旱。2012年3～7月，月亮近地点与日月大潮相差只有3天，这种强潮汐时段易促进厄尔尼诺事件的形成。

由于厄尔尼诺与拉尼娜两事件转换时期，东西太平洋海面高度反向升降0.4～0.6m，易形成太平洋地壳跷跷板运动，导致环太平洋地震火山活跃，也是发生厄尔尼诺事件的前兆。2012年4月11日以来，印度尼西亚发生两次8级地震，智利、日本、墨西哥、菲律宾等环太平洋地震带也频发强震[95]。

气候变暖灾难背后的元凶基本上是水气循环出现问题，比如2010年和2011年的拉尼娜现象，该现象造成美国北部地区的大面积干旱，而且高气压带也流连美国迟迟不肯离去。相比1970年，全球气温平均

上升了 0.5℃。美国国家海洋与大气管理局（NOAA）和美国航天局戈达德航天研究所分别在 2013 年年初发布各自的最新气候数据：2012 年全球全年平均温度为 14.47℃（58.03 ℉），比 20 世纪全球平均温度高出 0.57℃（1.03 ℉），证明 2012 年是 1880 年以来第九个最热年份，也是迄今为止最热的拉尼娜年[84,87]。

随着海洋温度升高，海洋向大气输送了更多的水蒸汽，这个数值从 1970 年以来大约上升了 4%。大气中更多的水蒸汽意味着出现暴雨的机会增多，就像北京在 2012 年 7 月 21 日的遭遇一样。北京的那场暴雨一天下完常年一年的降雨量，据称是 60 年一遇[82]。这场暴雨损失上百亿元，77 人遇难。归因于城市热岛效应之外[100]，无疑是拉尼娜作怪！

1-5 挖掘科技潜力 正视变暖挑战

1-5-1 科技研发 磨砺以须

1. 决策原则和刍议——气候变化研究领域要鼓励跨学科综合取胜，反对一家之言、一鳞半爪，或是小试锋芒、浅尝辄止，而应当深厉浅揭、磨砺以须，不窥其堂奥，永不言弃。

（1）强化规划：2014 年 9 月国务院正式发布《国家应对气候变化规划（2014～2020 年）》，提出要确保实现到 2020 年单位 GDP 排放 CO_2 比 2005 年下降 40%～45%，非化石能源占一次能源消费的比重达到 15% 左右，森林面积和蓄积量分别比 2005 年增加 4000 万 hm^2 和 13 亿 m^3 的目标。到 2020 年，低碳试点示范要取得新进展，支持低碳发展实验试点的配套政策和评价指标体系逐步完善，形成一批各具特色的低碳省区、低碳城市和低碳城镇，建成一批具有典型示范意义的低碳城区，低碳园区和低碳社区，推广一批具有良好减排效果的低碳技术和产品，实施一批碳捕集、利用和封存（CCUS）示范项目[133!]。

（2）强化中美合作：2014 年 11 月 12 日，中美发布《应对气候变化联合声明》，美国首次提出到 2025 年 GHG 排放比 2005 年整体下降 26%～28%，刷新之前承诺的 2020 年碳排放比 2005 年减少 17%；我国也首次正式提出 2030 年碳排放有望达到峰值，于 2030 年在一次能源中将非化石能源占比提高到 20%。同时，双方计划继续加强在先进煤炭技术、核能、页岩气和可再生能源方面的合作[114]。其他各种国际合作留待第 4 章再作说明。

（3）强化监测：气候变化、降水、碳排放量、自然灾害特别如地震、泥石流、山体滑坡、崩塌、地陷、龙卷风、沙尘暴、特大冰雹袭击、悬浮颗粒污染等都是气候变暖警示的大范围区域性监测和预报内容。我国除大城市和部分中等城市构建了有关非综合监测设施，没有普遍推广和升级[107]。

（4）知识普及：古气候研究和有关知识的普及，至今在许多名为先进的城市尚属阙如。2013 年 IPCC《第五次评估报告》后续各工作组报告和综合报告内容极为丰富，2014 年 5 月中国气象局曾召开宣讲会请业内专家详加解读，其中须解答的问题焦点乃是本世纪内全球控温目标 2℃ 能否实现和怎样实现？应对的策略主要有哪些[121↓]？这些知识应当做到家喻户晓！尤其是最近 15 年地球变暖速度明显放缓，有科学家指出是未来气温持续上升的前兆[137]。

（5）"气候门"事件让科学精神"蒙羞"：2009 年 12 月联合国第 15 次气候变化大会前夕，一名电脑黑客侵入英国东英吉利大学气候研究中心（CRU）的电子邮件服务器，偷看了英国气象学家之间上千封私下信息交流的电子邮件。这名黑客将这些邮件在网上公开，发现这些气象学家交流的研究数据有篡改、杜撰行为，把十分严肃的科学园地掺杂成鱼目混珠的垃圾堆，欺骗了世人，让本来气候变暖这一不争的客观事实蒙上了阴影，被媒体讥为"气候门"事件。当然，宛如盛饭不小心带进两粒沙子无伤大雅，却也值得强调在气候科技研究中始终应坚持高风亮节、正心诚意、实事求是和一丝不苟的学术风貌[111,155,169,173]。

2009 年初，IPPC 曾承认所用"喜马拉雅冰川可能在 2035 年消失"的预言是根据世界自然基金会（WWF）的报告，而原数据仅仅是 10 年前冰川学家的口头估计，这就被讥为"冰川门"；该组织第四次气候报告说"气候变化将威胁到 40% 的亚马逊雨林"也是援引 WWF 的误传灰色信息，原报告引自《自然》杂志，原文是说雨林被砍伐而非气候变暖，这就被讹为"亚马逊门"。也许作为学者们学术研讨提示这些数据无可厚非，如果放到联合国权威机构的政策指导报告上难免会以讹传讹、谬种流传[125]。因此，中国专家们应当当仁不让地挺身维护国际学坛上的尊严，发出中国秉公持正、追求真理的话语权[120]！

（6）提倡仿真分析：对气候问题的计算机仿真研究，就作者管窥蠡测，至今尚未形成独立的学科分支。作者 1993 年在葡萄牙讲学时，曾讲授过国内水利建设中的仿真范例。如今事过境迁，遇到涉及气候变暖这种千丝万缕因素结构的复杂巨系统只能是剥茧抽丝地研究局部子系统的行为，然后才能综合起来找到切近实际的结论[112]。目前对全球变暖问题的研究往往带点盲人摸象的味道，识其一点，不及其余。例如经煤烟污染的云吸收热量大于一般白云，对喜马拉雅山上的冰川消融起到加速剂的作用，这种云跟过去的认知相反：不会让地球变冷而是变暖！其次，地面 CO_2 浓度增大固然会催树速长，但与此同时周围成长的农作物营养价值将下降，尤其是在富集 CO_2 的环境里收获的庄稼也许是不适合食用的[115]。应当看到：我国 2012 年以来正在建设"地球系统仿真装置"、开发"地球演化与全球变暖新模型"[130]以及中科院大气物理研究所在探寻气候变化奥秘的学术高峰领域[124]均正向纵深发展中。

（7）加速发展新能源：联合国基金会气候科学特别顾问受科技日报记者采访时指出：鉴于截至 2011 年全人类碳排放已超过 5000 亿吨，今后各国应尽快向 100% 清洁可再生能源转变，同时通过新模型获得更精准的跟踪气候变暖状况的背景数据[113]。

2. 动员科技力量，专攻薄弱环节——毋庸讳言，在我们赖以生存的生态环境，必然存在着这样或那样的薄弱环节。这些环节，有的是多年来有意无意地留下的残缺，亟须补偏救弊；有的是一意孤行地发展"剜肉补疮"式的经济造成的生态危机，急需"刮骨疗毒"。人类活动对气候的影响因素主要通过：改变可以施加影响的环境基础物质条件；改变大气物质成分和降减人为的化石燃料热排放等。

（1）分清薄弱所在，修建防护林带；防沙治沙；封山育林；调整适应新气候格局的城市规划与布局；控制城市发展和人口增长；降减乃至切断化石燃料消耗；山区开发和山地有效利用；人工营造小气候，如视条件许可修建适应生态条件的水库。一般大型水库可调节热量平衡，减小日夜气温差，并能增加库区云量和降水量，对库区气候有一定的调节作用。

（2）植树造林；发展节水基本农田；疏导沼泽区积水；为防风固沙、保持水土、抑制沙尘暴灾害，须在干旱区大力发展适配林业。

（3）依靠加强气候变化检测和预报研究。特别对我国永续保证的 18 亿亩基本农田更应按照生产需要，开展旱年、涝年、常年的天气气候年型预报，以及未来 5～10 年的气候变化趋势预报，使农业生产趋利避害，合理布局，力争丰产稳产。

（4）选用适应气候变暖的优良品种，重视选育耐高温、抗旱和抗病虫害的高产品种。充分挖掘我国丰富的品种资源；尤其要加强生物工程研究，扩大作物杂交优势，深化发展基因工程，明显提高农作物抗高温、抗干旱、抗病虫害的本领。

（5）由于气候变暖，水、旱灾害频繁发生，我国继续加强农田水利建设和节水、抗旱技术研究。东部沿海地区特别应多管齐下地提高抗洪能力。西部则应大力推广滴灌、喷灌、条灌和传感自动启动节水灌溉等技术以及开展实用抗旱技术、覆盖栽培技术等的试验研究，总体目的在于提高大西北和西南各省区的抗旱能力。

（6）研发新的节能环保化肥和农药。化肥生产和物流运输诸环节要研究把节能环保意向贯彻全过程，因此氮磷钾肥的科学施肥规范还应该因时因地制宜地即事穷理、跃上新阶。农药的不合理和过量使用也是农业害虫产生抗性而导致虫害大爆发的原因之一，气候变暖时代赋予农业科技专家们的重要任务乃是积极开发替代的绿色环保农药。

1-5-2　科技创新　立竿见影

1. 调研显示——碳排状况的信息收集、GHG 引发变暖后果的及时掌握，是当前应对气候变暖的重要一环。美国环境保护署（EPA）的专家设计的一种高约 21m 的碳计数器已于 2009 年 6 月安装在纽约麦迪逊广场花园附近，供随时了解 GHG 排放情况。当时计数器指示人类已排放到大气层的 GHG 超过 3.6 万亿吨[106]。

2. 加强管理——节能减排技术已经在全球先进工业国家广泛研发之中，但在考虑采用某项技术的同时，必不可免地要首先虑及经济问题，例如成本问题、效率问题、后续原材料问题、人力付出问题等。荷兰早在 1994 年就建成投产的整体煤气化联合循环（IGCC）和纯氧燃烧的燃煤电厂，能源转换效率可达43.2%，可是一直到 2008 年，该厂才在增加碳捕集设备的问题上研究其中成本加技术问题[110]。当然问题一旦解决，节能效果就会立即浮出水面。

1-5-3　大胆设想　巧不可阶

翻开报刊杂志、浏览新版图书、扫寻网上高见，总能发现各种独出心裁、别有见地的对策方案、窍门、灵感甚至玄想，吐属不凡，脱口而出。下面引述其中荦荦大端，以备一格：

1. 水上家园和水上农业——荷兰、孟加拉国离水太近，于是发展水上家园和水上宾馆，以应付未来海水涨过陆地的局面。建筑师们已为马尔代夫设计了水上会议中心，为孟加拉国设计了在水上培育蔬菜的木筏，差强人意。

2. 微型智慧能源网——发达国家设计了小巧玲珑的可移动智慧能源网，供边远地区在节能环保前提下制冷、致暖和生活用电。

3. 多层垂直农场——美国、瑞典、日本等国正在实验这种节水、节能、省地、避盐碱的新型农场。据说此项目 2010 年即已获 1600 多件专利[105]。

4. 巧用卫星——利用卫星上携带的可转动反射镜或向高层大气注入可反射太阳光的粒子，能减少阳光直射地表以降低近地温度，计算机仿真证实能用此法减少太阳 8% 的近地辐射就能有效降低温室效应[113]。这种办法其实 20 多年前即想到了，但目前还在纸上谈兵[136]。

5. 地球工程学技术——英国皇家学会 2009 年秋天评出较有潜力的迎战气候变暖九项地球工程学技术，但有的随后就被否定，有的还在争议之中，有的进入计算机仿真阶段，有的至今仍"按兵不动"：（1）碳捕集与封存（CCS），被认为是当前较有效但成本甚高的固碳降温良法，本书留待 13-5 节略论其详；（2）强化风蚀法，即通过化学反应过程促岩石/矿物质吸附 CO_2，但成本高昂、反应时间过长，估计人们不屑一顾；（3）造林法，没有超出传统造林法的范畴；（4）平流层喷雾法，用火箭、航天器、人造火山等将 SO_2 微粒送入平流层通过反射以降减燋金烁石的阳光。虽成本较低，但有破坏平流层的臭氧层等副作用；（5）空基反射法，类似前面第 4 项的反射镜法，只是用了不同的镜子安装网格。认为结构复杂、成本过高和很难掌握运转方式；（6）造云反射法：局部地域海水蒸发变为云，起反射太阳光的作用。但局限性很大、云本身可能被污染、易受洋流、信风影响，可能得不偿失；（7）生物碳（活性炭）法：用于改良土壤、提高食品安全性、局部有利环保。但有效性和安全性被质疑；（8）海洋撒铁粉法：这在美国叫 Geritol 方案。Geritol 是一种治疗缺铁性贫血的营养补充剂。往大海里抛洒铁粉，能促进浮游生物的生长，间接繁殖大量可以吸收 CO_2 的海藻。这个方法在 20 世纪 90 年代小规模尝试多次，得失参半。美国浮游生物公司用名为"天气鸟 2 号"的一艘船在太平洋倾卸 50 顿铁粉。该公司说：1 吨铁可促成浮游生物大规模繁殖，在海上形成厚厚的一层海藻，可以从大气吸入 10 万吨 CO_2，如果如愿以偿，可以用此法吸掉 30 亿吨 CO_2，这是全球梦寐以求从大气吸走碳量的一半！不过海上长满了海藻，远洋油轮货轮要当心卷进轮机；IPCC 的报告也对海洋大面积灌输铁质存疑，警告可能造成难于逆料的生态恶果。我国科学家也在国际研讨会上多次提出异议。（9）地表反射法：即将地面、房顶等白天向阳的平面上涂成白色以反射炙热的太阳光。这个办法有点像幼儿园的小朋友在智力测试时提出的建议，没有估计到地面的车水马龙在白色天地间可能"所向披靡"了[108]！以上这些方案，何者占优，据英国权威杂志《自然》说"渐获认可"[168]。

6. 别具只眼数例：

（1）人造火山法：原理与上面平流层喷雾相似。20 年前菲律宾的皮纳图博山火山爆发后，在大气层所累积的硫粒子能反射部分阳光，使地球温度下降许多。事后多位著名科学家都曾提议使用人造火山以减缓气候变暖。但美国国家大气研究中心在使用电脑仿真后发现，这样的操作成本相当高，每月需在空气中注入几万吨硫酸盐，否则将收效甚微甚至污染环境或可能引发酸雨[117]。加拿大的科学家提议以可压缩蒸汽形式释放人工纳米粒子，反射太阳辐射的效果比 SO_2 更有效[118]。

（2）人工树林法：目的是为吸收大气中的 CO_2。计划用人工树通过空气过滤片靠化学品吸附 CO_2，然后将 CO_2 压缩或压成液体，最后送到工厂处理。人工树安装在高达 61m 的塔顶，顶端设置过滤器。人工树吸附的 CO_2 转化成浓缩气体或液体后，经由管道运往工厂。每个过滤器面积并不大，但每年仍可清除 25 吨 CO_2，相当于在美国一个人一年耗散的 CO_2。但处理经费和劳务量都相当高[117]。

（3）太空遮阳伞：美国亚利桑那大学的天文学家提出"太空遮阳伞"计划——由多片外形像飞盘状的微型太空船组成的云朵，放置在太阳与地球中间，可以减少 2% 的太阳辐射。这些微型飞船近乎扁平，每个直径 0.9m 上下，重量 30g 弱，带有 3 个起控制作用的"小耳朵"，必要时可伸展。计划需要 16 万亿个这种圆盘，需要 2000 万次火箭发射。所需材料多达 2000 万吨。实现计划需 30 年，耗资约 4 万亿美元。

（4）建立大气屏蔽层：美国科学家提出在平流层铺设一层屏蔽层以阻挡太阳光热。为此需用空间气球携带数百万吨 TiO_2 物质扩散到平流层形成大面积阳光反射层发挥屏蔽作用。TiO_2 质轻、无毒、刚性韧性均优，广泛用于遮光剂、墨水、涂料、眼镜架等，用作大气屏蔽层应无问题，但太阳光又是地球上万物生长的源泉，屏蔽层怎样控制是个关键问题[128]。

（5）干水吸储 CO_2 构想：干水是一种像细盐粉的干性水合物，包裹在一层改良硅石中，形成能吸附气体的精细粉末。干水吸附 CO_2 的量是没有与水结合的普通硅石吸附量的 3 倍多。但要真正能成为大规模吸收 CO_2 的商业应用，尚待静观后效[131]。

以上方法群的大多数并非致力于减少大气 GHG 总量，而是设法躲开因温室效应造成的酷热。对 GHG 间接造成的海水酸化，并无改善[117]；海洋调节功能也未获充分利用[134]。所以最有效的对策莫过于设法把大气中的 CO_2 清除、利用、转化、封存，变废为宝，转祸为福。通过以后各章，相信能略稔梗概[127]。

1-6　追求真理　科坛活跃

1-6-1　科学态度　实事求是

1. 学术界 5 种观点对待气候变暖。

（1）通过大量不争的事实证实地球气候越来越变暖，大气温度越来越升高：多数科技界、学术界和政府决策人大都支持这一正面观念，即斩钉截铁地断言地球气候温度正在确定无疑地节节爬高。

（2）持怀疑态度：认为从地球的地质年代判断，无法根据如此短暂的气温纪录就能断言地球气候正在持续升温；

（3）地球气温上升：但人类活动造成的温室效应仅处于次要地位，引起持续升温的主要原因是来自自然界本身的、不随人类主观文明意志转移的活动。

（4）持反对意见者：认为不但不能仅以百余年来的气象数据判断地球持续升温，而且最近十多年实际上气温没有显著变化。

（5）气候白云苍狗，变化多端：往往在短期内和同在地球空间内，冰火两重天，反复无常规，而有时计算机仿真的结果与实际大相径庭，致使部分学者在莫衷一是情景下采取似是而非的论断方式。有学者争辩道，因为太阳黑子活动、地球上火山喷发、厄尔尼诺和拉尼娜的作祟造成的温室效应也许远大于人类自身的碳排放。人类活动产生的大气污染物远不及 1883 年印尼卡拉卡托、1912 年美国阿拉斯加州的凯特迈山和 1947 年冰岛海克拉等 3 次火山爆发喷出的有害物质和气体。美国华盛顿州的圣·海伦斯山 1982 年半年中喷出 91 万吨 CO_2，尚不计喷发之初的巨量其他气体。可见，自然界本身自我修复的能力和对气候变暖的自然力不宜低估[152]。当然，充分利用森林在保护人类生存方面所起的积极作用以及尽可能减少向大气和水域排放足以促成气候变暖的诸多负面因素总是可取的一面。

2. 持科学态度对待气候变暖和 GHG 排放。

（1）"承认地球气温上升，但未超过历史最高温度，目前变暖可能属于正常波动"[119]：这是非常理智的论争。但若接近历史最高温度的 1/10，地球上的大部分生机将面临毁灭！事实上，根据全球气候预测网（climateprediction. net）气候建模预测：全球大气 CO_2 浓度增大 1 倍，气温上升幅度将达 1.9 ～ 11.5℃[163]。假如升高 11.5℃，相当于历史最高气温 50℃ 的 20% 以上，所有生物均将濒临死亡。英国广播公司网站报道，到 2050 年全球气温最大可能升高 3℃，果真如此，须早作应对准备[162]。倒是有人散布乐观空气，说本世纪末最多升温 0.6℃[146]，这等于说而今兴师动众、千军万马发展的降温战略战术岂不被人讥为"天下本无事，庸人自扰之"了？其实升得过高也罢，维持原状也罢，终归"与其临阵磨枪，不如严阵以待"[121,122]。

（2）"气候变暖真的有害吗？"和"气候变暖不超过 3℃ 对中国有利吗？"[119]：有的专家通过自身的科研经历，认为气候变暖并非都是负效应。主要论点是大气的 CO_2 肥效（CO_2 浓度增高对大豆、小麦、水稻等作物有增产作用）将增大[138]。但专家没有从气候变暖的系统综合效应考虑，特别是若猜测大气温升接近 3℃ 也不要紧就未免言过其实了[119]。

（3）有的文献给温室效应的罪魁祸首 CO_2 大加赞赏，其根据一目了然：可作碳基肥料（如温室大棚内的 CO_2 浓度提高 2 ～ 3 倍，所种蔬菜产量可提高 1 倍）[153]；实际上人们早已发现增大 CO_2 浓度特别有利于植物生长和预防病虫害[154]；红树林湿地能大量吸收 CO_2 有利于延缓气候变暖[115]。

CO_2 浓度升高虽可增加返回地面的热辐射，但同时也减少了大地吸收的太阳能辐射，不宜厚彼薄此；大气中的 CO_2 是防止水分蒸发的最佳物质之一，若大气 CO_2 浓度增 1 倍，河川流量可望增加 40% ～ 90%[153]；科技界一百多年来实验结果证明了 CO_2 浓度增加所获积极生物效应（见表 1 - 4），可见 CO_2 "功劳"一斑[153]。遗憾的是：科学家发现，CO_2 对农业的"贡献"被高估了[167]。原来高浓度 CO_2 封闭式试验结果是：小麦产量提高 31%、大豆提高 34%、玉米提高 18%，而新的研究确定的提高比例却分别是 13%、14% 和 0。另一方面：像森林植被或大田农作物虽然在高碳的开放环境下生长繁茂[140]或增加产量，但无助于减碳。这是因为落叶、树皮和树枝以及田间秸秆等能够刺激原先储存在土壤中的碳发生分解和释放，抵消了树木、庄稼生长时吸进的 CO_2[137]。当然，植物的呼吸总体上能够减缓全球变暖却是客观存在的事实[143]，而气候变化对我国粮食生产的直接或间接影响却无论如何不能掉以轻心，因为我国的粮食安全牵动着近 14 亿人的身心啊[150]！

表 1 - 4　　　　　　　　　　　在一定条件下 CO_2 浓度增加后的生物效果

植物、作物表现	效果之一	效果之二
叶的面积加大	叶的单位面积干重增加	提高了光合作用效果
分枝数目增多	果实数目增多	果实变大、变重
每棵生成种子增多	种子/胚种发育改善	植物提早开花
作物提早成熟	蔬菜旺收	粮食作物易丰收
块茎增大	豆科菌根发达	协同固碳作用明显

（据：有关文献整理[153]）

3. 气候变化趋势。真理愈辩愈明——在温室气体尚未获得共识之前，气候究竟是在变暖还是变冷？或者有的学者索性模棱两可地两得其中；有的学者则用数据有力地捍卫着既成观念[156 - 158、160、164]。经过集中了上千位著名科学家的 IPCC 长年累月、连篇累牍地大声疾呼强调气候变暖趋势，含混不清的论述少了许多，坚持气候变冷的论调几乎绝迹，但认为气温仍在原有水平上踯躅踟蹰、流连忘返的学者却大有人在[160]。英国《每日邮报》突发奇想，说地球气候变暖已在 16 年前"刹车"了，但引发了铺天盖地的质疑声[141,147]。有人明智地提醒人们不要因见到短暂的寒潮侵袭就以为变暖趋势发生了逆转[170,171]。近些年似乎全球气候变暖有放缓趋势，但物理学家组织网报道，这仅仅是暂时现象，其中应虑及海洋的巨大作用和冰川消失造成的后果，不能因暂时放缓升温就盲目认为地球气候升温被退缩或停止了[117]。科学家们明白，21世纪的公众需要确切知道气温的发展前途，不能仅仅宣传变暖、吆喝他们去减碳环保。深知孔孟之道所谓"民可使由之，不可使知之"的时代已经一去不复返了！人们尊重事实、相信数据，这就是几十年来全世界逐渐地几乎异口同声认可气候变暖的结论而为之大张旗鼓、力挽狂澜的智慧源泉[164,165]。当然，争议是免不了的，而且可能变得越来越尖锐。有人借助部分数据失实而煞有介事地讥笑全球变暖是个"大神话"[166]！有的认为现在抑制温室气体为时过早[174]；有的把学术争论跟政治问题或党派关系挂钩[172]；有科学家曾经质疑某些经济学家凭借对地表气温的估测数据就通过仿真预警未来的经济因变暖而式微[175]；有的科学家索性举出今天非洲平沙无垠、迥不见人的撒哈拉大沙漠几万年前气候温暖、绿草如茵、动物成群、风调雨顺的景象，断言变暖何畏之有[176]？其实最近的消息令人鼓舞：撒哈拉沙漠南部植被生长状况明显改善，到处有成片灌木丛和乔木绿色涌动[148]。这说明气候变暖造成的生态效应并不总是万劫不复的。只是随后的变化与变暖间的有机联系和吉凶祸福尚待科学界穷理尽性。

4. 其他论点——也许与人们习以为常的概念较难吻合，例如：

（1）植树也会让地球"升温"论点：大部分地区森林覆盖对全球气温并不具备任何整体影响，只有热带雨林才有助延缓全球变暖。中高纬度地区，与不种树木相比，森林的存在到本世纪末反而可能导致那里的气温高出 3℃。美国科学家利用计算机仿真实验发现在赤道附近地带，森林吸收的 CO_2 足以缓解温室效应使地球"变凉"。而在高出赤道 50 纬度的地域植树，因森林覆盖的颜色较深绿，阳光大部分能被吸收，从而导致周围地表温度上升。不植树的开阔雪地反而能反射阳光而保持较低温度[144]。

（2）炭黑促气温上升的作用被夸大了：化石燃料、生物燃料和生物质不完全燃烧产生的炭黑以烟尘形式散发到大气中有暖化大气的作用。若炭黑沉积在冰雪上，能够吸收大气热量，减少反射太阳光的能力，导致地球变暖。过去认为炭黑的暖化效应仅次于 CO_2，前不久研究表明其致暖作用没有原来那么严重[142]。可是另外发表的文献却认为炭黑致暖效应甚至超过甲烷。这里显然存在需进一步研究的歧义[24]。

（3）每年气候变暖损失 3 万亿美元、遏制变暖费用 40 万亿美元的论点：欧洲气候学家认为气候治理走入了死胡同，气候变暖的病不重而治病的方法五花八门，要在发达国家征收碳税无异于造成全世界巨额经济损失。可惜他们提示的美元数字却明显地类似我国艺术大师们表演时脱口而出的"顺口溜"，其严肃性值得人们深思罢了[151]。

（4）全球变暖促生物多样性不缩反增：英国研究结果显示，从长远看因变暖可能导致生物多样性向上增长，但又同时宣称，若升温太快就会使生物多样性蒙受损失[149]。这样的结论也许不一定出自高级研究人员之口，因为何谓"太快"并无定义。

（5）"要保护环境吗？请使用木材"：此话出自联合国森林论坛秘书长之口。她的话是经过深思熟虑说出来的[145]。仔细推敲一下，虽然与传统教科书教导的截然相反，却说出了遏制 GHG 排放、放缓气候变暖进程的要害。森林是自觉吸收 CO_2 反射太阳光的天然碳库，用来盖房子比采用高碳投入生产的钢材、水泥、玻璃，其节能减碳的特质不言自喻。何况森林植被每年都在向上长高，生态效益自不待言。多用点靠天吃饭的木材，少用些化石燃料"供养"出来的预制件、焊接件于飞阁流丹、勾心斗角，何乐而不为？笔者去日本之际，曾到民居考察，见一般居民多住在用木材精心建造的住宅里，冬暖夏凉，节能环保！

1-6-2　全人类悉力为地球降温　责无旁贷

1. 守住 2℃升温红线——物理学家组织网 2013 年 5 月 12 日报道，英国东英吉利大学科学家发表的科研报告称：本世纪因气候变暖将有近 2/3 的一般植物和 1/2 动物种群数量急剧下降，但若采取强有力措施，当机立断，保证全球气温至多比工业化时代升高 2℃，则生物多样性损失将降低 60%，还可以采取举措为那些艰难应对升温环境的物种争取到额外的 40 年时间去适应气候变暖，相关论文发表在《自然·气候变化》杂志上。如果到世纪末温升超过2℃，后果将不堪设想。为了保证生物多样性提供的地球生态平衡，全人类应当悉力以赴守住2℃升温红线[131]。

2. 升温4℃，伊于胡底——《自然》杂志2013年12月31日在线刊登的研究报告说：考虑到眼下全球抑制气候变暖行动步伐的参差不齐，到2100年地球升温幅度将超出预定红线，可能升温4℃，结果自然将使人类面临灾难性的境遇。但该文认为不需要因此盲目恐慌，虽然恶劣气候事件发生的概率将不可避免地随温度上升而增加，但应相信人类的智慧和科学技术的力量，有办法给地球人工"退烧"，但需要依靠科学，评估可能出现的各种风险[129]。

3. IPCC报告——IPCC于2013年9月27日发布的《第五次全球气候评估报告》预计，若未采取积极有效措施抑制碳排的基准红线，21世纪全球变暖趋势将持续下去，包括中国南方在内的东南亚地区的年平均气温将在2046~2065年间上升2~3℃；2081~2100年上升3~5℃，到2100年大气中CO_2浓度将达900ppm；若经过协调一致努力快速人工削减碳排，则2100年的CO_2浓度可控制在550ppm的水平上，届时年均气候升温2℃，海平面高度可能上升1m。如果升温超过2℃乃至迫使海平面上升2m，则可能淹没全球1.87亿人的居住场所[59]。

参考文献

[1] 王心见.2014年全球气温可能再创新高.科技日报，2014－12－05，2版；附－方陵生（编译）.地球气候变化的另类视角——罗伯特·劳克林认为－看待气候问题应与整个地质时间概念相关联.世界科学，2010（9），5－8.

[2] 邓雪梅（编译）.气候变化、变化地球.世界科学，2012（5），31－35.

[3] 刘珈辰（编译）.存在8000年之久的气候疑云.世界科学，2011（6），55－56.

[4] 刘曙甲等.2.5亿年前地球曾出现致命高温　陆地高达50℃使绝大多数物种消失.科技日报，2012－10－29，1版.

[5] 田学科.全球气候变暖开始于19世纪末.科技日报，2013－04－26，2版.

[6] 华凌.史前文明消失与气候快速变化有关.科技日报，2012－12－26；全球海洋变暖趋势至少已逾百年，2012－04－07，均2版.

[7] 何妙福，华惠伦.全球变化.世界科学，1992（1），29－33.

[8] 陈晋阳（编译）.全球气温变化的千年回顾.世界科学，2001（2），36－37.

[9] 国家发改委等29个部委迎接Rio+20国际会议成立的编写组.中国可持续发展国家报告——提交联合国"里约+20"可持续发展会议，2012－05－20.

[10] 葛全胜等.中国过去2000年气候变化与社会发展.自然杂志，2013（1），9－21.

[11] 卞晨光.世界气象组织发布公报称　大气中的温室气体浓度再创新高.科技日报，2010－11－20，2版.

[12] 卞晨光.联合国发布报告强调　全球温室气体排放量仍在增加.科技日报，2012－11－23；冻土融化可使全球气温显著上升，2012－11－29，均2版.

[13] 王心见.大气中二氧化碳含量创历史新高　联合国敦促各国加强应对气候变化行动.科技日报，2013－05－15；2012年全球温室气体浓度创新高，2013－11－08，均2版.

[14] 王小龙.全球大型湖泊连续25年变暖　平均每10年上升0.45摄氏度.科技日报，2010－11－25；2014年成有记录以来最热一年，2015－01－20，均2版；附－林晖.1880年以来，2014年最暖，2015－01－27，1版；张文韬（编译）.《科学》2015科学新热点.世界科学，2015（2），6－7.

[15] 毛黎.直接证据验证了以往推测——早期动物进化与气候剧变相关.科技日报，2012－09－28，1版.

[16] 冯卫东.二氧化碳被"冤枉"？加学者提出气候变暖主因是氯氟烃.科技日报，2013－06－01，1版.

[17] 田学科.地球气候系统功能变化导致二氧化碳与气候关联性增大.科技日报，2012－06－11，2版.

[18] 史诗.海冰减少极大影响温室气体平衡.科技日报，2013－02－26，2版.

[19] 刘海英.对地球变暖阶段性影响与二氧化碳的作用相当.科技日报，2010－10－09，2版.

[20] 记者.南极洲东部冰体融化从2006年起加快.中国经济时报，2009－11－26，9版.

[21] 华凌.北极森林扩张或致冻土上下CO_2释放.科技日报，2012－06－19；二氧化碳浓度越高天空积云越少　阳光直射地表加剧气候变化，2012－09－08；二氧化碳浓度增加对冰融有直接影响，2012－10－18，均2版.

[22] 华凌.微小海洋生物可能极大影响气候变化.科技日报，2012－10－30，2版.

[23] 华凌.假如格陵兰冰盖永远消逝.科技日报，2012－11－23；南极西部冰原升温速度远超预期，2012－12－26；附－张淼、刘美辰.2013年全球温室气体浓度创新高，2014－09－10，均2版；刘晓莹.IPCC发布第五评估报告确认——二氧化碳浓度已升至八十万年来最高水平，2014－11－09，1～3版.

[24] 华凌.黑碳对气候变暖的影响超过甲烷　致暖效应约是头号温室气体二氧化碳的三分之二.科技日报，2013－01－17；对地球碳

循环的认识再添新维度　含碳深土层也是气候潜在影响因素, 2014 – 05 – 29, 均 2 版.

[25] 任海军: 南极和格陵兰冰盖加速融化. 科技日报, 2012 – 12 – 01, 2 版; 附 – 刘晓莹. 全球变暖正在融化我们的冰川, 2015 – 01 – 04, 1 – 3 版.

[26] 严江 (编译). 喜马拉雅冰川消融加剧. 世界科学, 2007 (2), 19 – 20.

[27] 杜悦英. 企业应成为温室气体核算先行者. 中国经济时报, 2012 – 12 – 08, 9 版.

[28] 杨砚文. 南极暗藏巨量甲烷或加剧全球变暖? 科技日报, 2012 – 09 – 06, 5 版.

[29] 杨保国、吴长锋. 北冰洋中心海区储存大量甲烷　我科学家认为海冰消融将导致温室气体浓度增大. 科技日报, 2012 – 12 – 05, 1 版.

[30] 吴陈、杨京德. 世界气象组织发布报告称——2011 年大气温室气体浓度创新高. 科技日报, 2012 – 11 – 22; 附 – 房琳琳. 今年第一天 CO_2 浓度已超 400PPM, 2015 – 01 – 20, 均 2 版.

[31] 佚名. 二氧化碳浓度升高　海螺外壳溶解. 科技文摘报, 2012 – 12 – 06, 11 版.

[32] 张安华. 全球碳排放的历史和现状. 中国经济时报, 2010 – 01 – 05, 4 版.

[33] 张启人. 全球气候变暖的系统思考. 系统工程, 2002, 20 (1), 1 – 9.

[34] 张长青 (编译). 天气冷热变幻多　北极融冰探究竟. 世界科学, 2012 (6), 34 – 35.

[35] 张巍巍. 全球变暖给人类又出难题——冻土、冰川消融接踵而至. 科技日报, 2008 – 09 – 13, 2 版.

[36] 宗禾. 第五次北极科考　为我国气候变化寻找 "注解". 科技日报, 2012 – 09 – 13, 5 版.

[37] 林晖. 全球气候变暖趋势发生转变了吗. 科技日报, 2012 – 02 – 09, 8 版.

[38] 范建、何志勇. 高海拔低温区植物对二氧化碳升高更敏感. 科技日报, 2012 – 12 – 06, 12 版.

[39] 姜晨怡. 北极, 冰川融化后我们怎么办. 科技日报, 2012 – 08 – 30, 5 版.

[40] 郭洋. 北极海冰融化速度超出预期. 科技日报, 2012 – 02 – 25, 2 版.

[41] 郭锦辉. 无统计基础的温室气体排放核算时最大难题. 中国经济时报, 2011 – 05 – 05, 7 版.

[42] 游雪晴.《2011 年中国温室气体公报》显示我国温室气体浓度再攀升. 科技日报, 2013 – 01 – 16, 1 版;《2013 年中国温室气体公报》显示 3 种主要温室气体浓度再创新高, 2015 – 01 – 14, 8 版.

[43] 程凤. 土壤微生物或加速全球变暖. 科技日报, 2011 – 07 – 26, 2 版.

[44] 蓝建中. 北冰洋海冰面积可能创最小记录　9 月中到下旬会缩到最小值. 科技日报, 2012 – 08 – 22; 北冰洋海水中所含有的热量达上世纪 90 年代三倍, 2012 – 11 – 12, 均 2 版.

[45] 李大庆. 20% 的碳排放哪去了? 中外科学家首次证实盐碱土吸收了二氧化碳. 科技日报, 2013 – 11 – 27; 我国西部冰川面积五十年缩小两成, 2014 – 12 – 14, 均 1 版.

[46] C&EN (顾伟浩译). 全球气候变暖——除了 CO_2 以外, 更有痕量气体在作祟. 世界科学, 1986 (5), 13.

[47] Fred Pearce (徐俊培摘译). 动植物呼吸——地球气候变化的原因. 世界科学, 2001 (11), 33 – 35.

[48] 卞晨光. 科学家发现全球变暖新危害——会严重影响生物群落的正常生长繁衍. 科技日报, 2006 – 08 – 17, 2 版.

[49] 卞晨光. 爱我, 就请拯救我——联合国发布气候变化对地球的影响报告. 科技日报, 2007 – 04 – 09, 2 版.

[50] 王俊鸣. 全球变暖正使大批生物物种销声匿迹. 科技日报, 2007 – 04 – 09, 2 版.

[51] 王湘江. 全球变暖风险比人们感受更严重——访诺贝尔物理学奖得主卡罗·鲁比亚. 科技日报, 2012 – 06 – 23, 2 版.

[52] 毛黎. 气候影响也 "贫富不均"——气温升高对贫穷国家的影响远超富国. 科技日报, 2012 – 08 – 17, 2 版; 附 – 罗朝华 (译). 全球转暖, 穷国遭殃. 世界科学, 1993 (1), 49 – 50.

[53] 毛黎. 失衡的粮食供求天平——美国未来学家布朗分析粮价上涨因素. 科技日报, 2011 – 03 – 28, 2 版.

[54] 石磊. 气候变化怎样影响水安全? 科技日报, 2008 – 06 – 19, 4 版.

[55] 石左虎 (编译). 本世纪地球变暖及其灾难性后果预测. 世界科学, 2007 (6), 36 – 38.

[56] 田学科. 现场采集的数据分析结果表明　气温变暖导致南极企鹅数量锐减. 科技日报, 2012 – 11 – 10, 2 版.

[57] 任海军. 气候变暖影响全球粮食产能. 科技日报, 2011 – 05 – 07; 全球变暖导致禽疟疾北移, 2012 – 09 – 21, 均 2 版.

[58] 全杰. 乞力马扎罗的雪　最快 10 年内绝迹. 广州日报, 2013 – 12 – 10, A6 版; 附 – 刘园园. 气候变化让冰川融水 "透支". 科技日报, 2014 – 09 – 28, 1 版.

[59] 华凌. 气候变化对人类文化的影响和冲击. 科技日报, 2012 – 09 – 16; 气候变暖引发海洋生物向两极迁徙, 2013 – 08 – 06; 到那时, 大海里还有多少鱼——2100 年气候变化将影响海洋的每个角落, 2013 – 11 – 30; 气候变化可导致土壤养分失衡　种植产量将受其影响下降, 2013 – 12 – 03, 均 2 版; 研究发现全球变暖不均有升有降, 2014 – 05 – 06, 1 版.

[60] 李山. 气候变化会反过来影响火山活动——火山活动频繁期略迟于全球变暖时间. 科技日报, 2012 – 12 – 17, 2 版.

[61] 杜悦英. 全球九成人口每天挣扎求生存——气候变化威胁贫困人群. 中国经济时报, 2009 – 07 – 09, 9 版.

[62] 吴佳坤. 气候变化或引发南半球更大规模海浪　北半球海洋浪高则会有所下降. 科技日报, 2013 – 01 – 16, 2 版.

[63] 余家驹 (编译). 谁是气候变暖的最大受害者. 世界科学, 2007 (11), 23 – 24.

[64] 张新生. 地球升温 2℃ 对海洋及其生物十分有害. 科技日报, 2012 – 06 – 23, 2 版.

[65] 易家康（编译）. 亚洲冰川正以惊人的速度消融，并引发从洪灾到疾病等一系列的环境问题. 世界科学，2005（8），25－26.

[66] 林小春. 气候变化或加剧社会冲突与动荡. 科技日报，2013－08－03，2 版.

[67] 胡德良（编译）. 气候变化将造成亿万人挨饿. 世界科学，2007（8），26.

[68] 顾钢. 季风致甲烷一氧化二氮大量扩散 对大气的影响不亚于二氧化碳温室气体. 科技日报，2010－06－05，2 版.

[69] 贾晓东、张征. 辽宁气象专家指出：全球气候变暖将导致农业成本大幅提高. 中国经济时报，2011－04－13，8 版；附－刘石磊. 二氧化碳排放使农作物减少养分. 科技日报，2014－05－10，2 版.

[70] 徐玢. 来自大自然的抱怨——全球变暖的 10 个意想不到的后果. 科技日报，2008－01－12，2 版；附－徐冰. 珊瑚若消失，海洋会咋样？2013－07－19，5 版.

[71] 常丽君. 全球变暖 2℃海平面升 1.5 米到 4 米. 科技日报，2012－06－27；气候变暖导致热带储碳能力下降 温升 1℃，多释放 20 亿吨，2014－01－28；附－徐海静. 工业革命以来海平面快速上升，2013－12－14，均 2 版；刘幸. 广东近 20 年海平面上升速度全国最快 为全球百年平均速率的 1.7 倍 海平面加速上升 将招更多风灾洪灾. 广州日报，2014－07－14，A4 版.

[72] 游雪晴. 《第二次气候变化国家评估报告》发布 中国受气候变化不利影响重于全球平均水平. 科技日报，2011－11－16，1 版.

[73] 葛秋芳. 多国科学家提出 九大因素可能引发地球进入危险状态. 科技日报，2008－02－14，2 版.

[74] 蒋永超（编译）. 地球未来变化的大事年表. 世界科学，2007（6），39－40.

[75] 编辑部. 气候变化让南非陷入四大窘境. 科技日报，2011－12－07，7 版.

[76] 编辑部. 全球气候变化恶果已经出现——生物习性以及栖息地的改变、海洋的酸化、湿地的消失、珊瑚礁的变白以及过敏性花粉的增多等. 广州日报，2007－03－12，A7 版.

[77] 新华社. 全球变暖将导致许多鸟类灭绝. 科技日报，2008－02－20，2 版.

[78] Alex Bowen et al. 气候变化与全球市场失灵密切相关，必须将之与政府债务以及全球经济失衡问题共同加以解决. 金融与发展，2010（3），24－25.

[79] George F. Sanderson（荀露玲译）. 气候变化对人类健康的威胁. 世界科学，1993（5），33－34.

[80] Jorge Sarmiento（冯诗齐编译）. 全球变暖 阻碍了对二氧化碳的吸收. 世界科学，2001（9），29－30.

[81] 于文静. 拉尼娜对我国今年春夏气候有何影响. 科技日报，2008－02－21，1 版.

[82] 方晨. 极端天气与北京暴雨. 科学世界，2012（9），4－7.

[83] 王寰鹰. 欧洲罕见高温或是气候变化信号. 科技日报，2012－08－31，2 版.

[84] 关毅. 大科学的春天——2012 成最热拉尼娜年. 自然杂志，2013（2），145.

[85] 闫凯. 暴雨的气象成因. 科学世界，2012（9），8－9；附－华凌. 暴风骤雨将来得更加猛烈 科学家研究气候变化对极端天气的影响. 科技日报，2012－07－13，2 版.

[86] 华凌. 还是气候变暖惹的祸. 科技日报，2013－02－21；气温每上升 2℃飓风频率激增 10 倍，2013－03－25；"蝴蝶效应"呈现残酷的美——局部极端天气就可让全球经济为之"共振"，2013－06－26，均 2 版；澳科学家研究发现全球变暖将加剧厄尔尼诺强度，2013－10－20，1 版.

[87] 任海军. 2012 年为有纪录以来全球第九热年份. 科技日报，2013－01－17，2 版.

[88] 阳建、王宗凯. 美国严重旱灾引发全球担忧. 科技日报，2012－08－03，2 版.

[89] 纪翔. 美国大旱 全球"受灾". 中国经济时报，2012－08－14，4 版.

[90] 李宏策. 全球异常高温天气 30 年内或更为频繁. 科技日报，2013－08－20，1 版.

[91] 贾婧. 全球气候变化致我国极端气候事件增多. 科技日报，2011－04－23，3 版；附－杨骏等. 极端天气缘何全球泛滥，2011－01－18，2 版.

[92] 吴正华. 所谓"极端"并无明确定义 气候变暖和海洋变化都有影响. 科技日报，2012－08－17，7 版.

[93] 林小春. 2012 年极端天气事件半数与全球变暖有关. 科技日报，2013－09－07；附张淼、刘美辰. 世界气象组织年度报告称 全球变暖致 2013 极端气候事件频发，2014－03－25，均 2 版.

[94] 姜晨怡. 我们迎来了"极端天气"时代吗. 科技日报，2012－08－17，7 版.

[95] 姜晨怡. 注意！厄尔尼诺状态再度来袭. 科技日报，2012－08－29，7 版；附－康楠. "厄尔尼诺"或卷土重来. 科技文摘报，2012－08－09，9 版，自中国科技网；蓝建中. 厄尔尼诺现象和拉尼娜现象会使全球谷物减产. 科技日报，2014－05－25，2 版；刘羊旸、于文静. 厄尔尼诺今年来袭？2014－06－19，8 版.

[96] 郭洋. 今年夏季北极海冰面积创新低 欧洲出现极寒天气可能性随之增加. 科技日报，2012－09－21，2 版.

[97] 栾海. 极端气候呼唤改变发展模式. 科技日报，2013－01－20，2 版.

[98] 栾海等. 冰、火、雾的警示. 科技日报，2013－01－20，2 版.

[99] 袁于飞、彬彬. 全球变暖——极端天气的幕后元凶？科技日报，2012－09－07，5 版.

[100] 徐冰. 岁末盘点之 2012 极端气候. 科技日报，2012－12－21，5 版.

[101] 梁鑫峰. 专家解读极端天气频发 人类活动或是背后推手. 科技日报，2012－11－21，7 版.

[102] 常丽君. 新模型可解释极端天气形成原因 人为造成的气候变化扰乱了北半球大气流动模式. 科技日报，2013－02－27，2 版.

[103] 游雪晴. 2010年国内外十大天气气候事件评选揭晓. 科技日报, 2010 – 12 – 31, 3版; IPCC报告称全球极端高温事件将增加, 2011 – 12 – 07, 8版.

[104] 游雪晴.《2010年中国气候公报》发布　去年是本世纪以来中国气候最异常的一年. 科技日报, 2011 – 01 – 14, 3版; 我国极端天气气候事件监测诊断预测系统基本确立, 2012 – 09 – 22, 1版; 2012年《中国气候公报》——降水偏多局地气象灾情严重, 2013 – 01 – 23, 8版.

[105] 马晓舫. 助力人类应对气候变化的六大奇思妙想. 人民网 – 环保频道, 2012 – 08 – 15.

[106] 方陵生（编译）. 跟踪气候变化的新技术和新理念. 世界科学, 2009 (12), 21 – 22.

[107] 方陵生（编译）. 为了真实反映全球气候变化的趋势——气候研究领域有待突破的四个专题. 世界科学, 2010 (3), 13 – 16.

[108] 王小龙. 解决全球变暖的"终极"手段　英国皇家学会评出9项较有潜力的地球工程学技术. 科技日报, 2009 – 09 – 08, 8版.

[109] 王东京."气候问题"的经济学视角. 中国经济时报, 2010 – 02 – 03, 7版.

[110] 王润（编译）. 抑制全球变暖新思路. 世界科学, 2008 (6), 14 – 15.

[111] 王键（编译）. 气候科学——信任的侵蚀? 世界科学, 2010 (8), 13 – 15.

[112] 王乃粒（译）. 对气候变化的模拟研究. 世界科学, 1995 (8), 16 – 18.

[113] 王怡（主持）. 气候变化: 我们还能做些什么. 科技日报, 2013 – 10 – 25, 7版.

[114] 记者. 中美发布应对气候变化联合声明. 中国日报, 2014 – 11 – 12, 1版; 附 – 邓雪梅（编译）. 人类必须戒掉化石燃料的"毒瘾". 世界科学, 2012 (5), 36 – 37; 技术能否"修复"地球气候? 2009 (7), 22.

[115] 刘垠. 红树林湿地减缓气候变暖进程　900公顷红树林每年可吸收二氧化碳23100吨. 科技日报, 2012 – 12 – 04, 3版.

[116] 吕吉尔（编译）. 关于全球变暖——目前的研究具有局部性. 世界科学, 2007 (10), 16.

[117] 华凌. 全球变暖放缓是暂时的. 科技日报, 2013 – 08 – 31, 2版.

[118] 杜华斌. 地球防变暖　两招可制胜　加科学家提出应对气候变化新设想. 科技日报, 2010 – 09 – 09; 科学也"疯狂"——解决全球气候变暖问题的另类设想, 2007 – 04 – 09, 均2版.

[119] 苏杨. 关于气候变暖的三个话题. 中国经济时报, 2010 – 07 – 15, 10版.

[120] 李大庆. 多位专家呼吁我国应尽快启动"地球系统模拟装置"的建议. 科技日报, 2012 – 04 – 09, 1版.

[121] 郑讴（编译）. 应对气候变化——社会行动更能化解政策僵局. 中国社会科学报, 2013 – 02 – 20, A03版; 附 – 刘晓莹. 2℃, 全球控温目标能否实现? 科技日报, 2014 – 05 – 14, 7版; 刘晓莹、游雪晴. 专家建言全球气候变化下的应对策略　致我们终将适应的"未来地球", 2014 – 05 – 25, 1 – 3版.

[122] 易家康（编译）. 防止气候变暖刻不容缓. 世界科学, 2005 (5), 23 – 24 ~ 10; 附 – 林小春、任海军. 4种"短寿命气候污染物"亟待减排. 科技日报, 2013 – 04 – 16, 2版.

[123] 姜红（编译）. 应对气候变化危机须依靠经济政策. 中国社会科学报: 2012 – 09 – 14: A03版.

[124] 唐婷. 探寻气候变化的奥秘——走进大气科学和地球流体力学数值模拟国家重点实验室. 科技日报, 2012 – 10 – 18, 1 ~ 3版.

[125] 钱炜. 气候变化研究, 中国应有效发声. 科技日报, 2010 – 03 – 14, 1 – 2版.

[126] 钱志春. 全球气候变暖及其战略对策研究. 世界科学, 1991 (7), 28 – 31.

[127] 倪永华. 让冷静的科技为狂热的大气降温. 科技日报, 2006 – 08 – 17, 12版.

[128] 徐冰. 大气屏蔽层何以抗温室效应? 科技日报, 2012 – 07 – 13, 5版.

[129] 贾婧. 温度升高4℃地球将会如何? 科技日报, 2014 – 01 – 09, 5版.

[130] 谢宏. 地球演化与全球变暖新模型. 科技日报, 2012 – 10 – 24, 8版.

[131] 常丽君."干水"可吸收存储二氧化碳　在控制全球变暖领域有巨大应用前景. 科技日报, 2010 – 08 – 28; 科学家呼吁守住本世纪末全球升温2℃线, 2013 – 05 – 15, 均2版.

[132] 葛全胜. 人文视角下的气候变化. 科技日报, 2008 – 04 – 20, 3版.

[133] 国家发改委. 中国应对气候变化的政策与行动2012年度报告. 发改委网站, 2012 – 11; 刘晓慧. 我国首部应对气候变化中长期规划诞生. 中央政府网站, 2014 – 09 – 23.

[134] Curt Covey（刘贵勤译）. 气候变化——海洋调节的功能? 世界科学, 1992 (3), 32 – 33.

[135] David G. Victor（王乃粒摘译）. 如何减缓全球变暖. 世界科学, 1991 (10), 51 – 55.

[136] 蕾切尔·凯特（张栎文译）."备份"作物种子, 应对气候变化. 科技日报, 2014 – 09 – 26, 7版.

[137] 王小龙. 此次全球变暖"暂停"或是最后一次. 科技日报, 2014 – 09 – 04; 气候变暖导致植物繁茂无助减碳, 2011 – 08 – 23; 附 – 林小春. 全球变暖缘何放缓, 2014 – 08 – 23, 均2版.

[138] 王婷婷. 莫兴国: 气候变化并非都是负效应. 科技日报, 2010 – 09 – 01, 5版.

[139] 华凌. 气候变暖对植被"拔苗助长". 科技日报, 2012 – 04 – 12, 2版.

[140] 李山. 格陵兰冰盖很快消融的说法不正确　大约12万年前岛上的气温比现在高8摄氏度. 科技日报, 2013 – 01 – 26, 2版.

[141] 何屹. 全球气候变暖已终止了16年? 英《每日邮报》报道引发激辩. 科技日报, 2012 – 10 – 17, 2版; 附佚名."全球已停止变暖16年"引热议. 科技文摘报, 2012 – 10 – 25, 12版, 自人民网.

[142] 佚名. 炭黑粒子的暖化效应被夸大. 人民网－环保频道, 2012－09－10, 介绍《科学》杂志新研究.

[143] 佚名. 植物"呼吸"减缓全球变暖. 科技文摘报, 2012－05－03, 11 版, 摘自光明日报, 2012－04－17.

[144] 陈丹. 植树也会让地球"升温". 科技日报, 2007－04－13, 2 版；附：气候变暖导致植物腐烂速度加快, 人民网－环保频道, 2012－10－15.

[145] 张新生. 联合国森林论坛秘书长提出保护森林新概念"要保护环境吗？请使用木材". 科技日报, 2011－06－08, 2 版.

[146] 胡浩. 世纪末全球升温最多 0.6℃. 科技日报, 2010－02－24, 4 版.

[147] 顾钢. 气候 10 年并无变化？部分科学家认为整个地球未明显变暖. 科技日报, 2009－11－26, 2 版.

[148] 顾钢. 气候变暖, 撒哈拉沙漠却多了绿色　全球森林面积重现增长态势. 科技日报, 2009－09－10, 2 版.

[149] 黄堃. 全球变暖或导致生物多样性增加. 科技日报, 2012－09－06, 2 版.

[150] 蒋秀娟、张晶. 中国农科院环发所所长梅旭荣提出——气候变化对粮食安全影响不能一概而论. 科技日报, 2011－03－31, 3 版.

[151] 熙怡. 欧洲气候经济学家发表"另类"观点——气候变暖损失：每年 3 万亿；遏制气候变暖：每年 40 万亿. 广州日报, 2009－12－11, AⅢ2 版.

[152] Dixy Lee Ray (闫小培译). 对地球变暖之说保持冷静. 世界科学, 1991 (2), 38－40.

[153] Sherwood B. Idso (葛惠平译). CO_2——敌人还是朋友？世界科学, 1986 (5), 14－16。附－毛海峰. 变废为宝　二氧化碳可作"碳基肥料". 科技日报, 2009－12－24, 5 版.

[154] S. H. Wittwer (朱徐富译). 精华极品——增加二氧化碳对植物大有裨益. 世界科学, 1993 (9), 46－49.

[155] 方陵生 (编译). 美国《科学》杂志网站评点"气候门"引发的争论——IPCC 怎么了？世界科学, 2010 (3), 7－8.

[156] 方陵生 (编译). 气候变化趋势之争——变冷抑或变热？世界科学, 2009 (12), 19－20.

[157] 王润 (编译). 关于全球变暖争论的转变. 世界科学, 2008 (6), 16－17.

[158] 王绍武. 当前气候是变冷还是变暖？自然杂志, 1981 (7), 527－528－535.

[159] 王乃粒 (编译). 关于全球变暖的最新信息. 世界科学, 2007 (4), 12.

[160] 冯玲玲. 全球气候——变暖还是变冷？科技日报, 2010－01－15, 4 版.

[161] 石左虎 (编译). 温室气体下的世界会热到何等程度？世界科学, 2005 (12), 25.

[162] 刘霞. 全球气温上升幅度或高于以往预测. 科技日报, 2012－03－27, 2 版.

[163] 吕吉尔 (编译). 来自全球气候预测网站的预报——全球气温可能上升 11℃. 世界科学, 2005 (3), 19.

[164] 吕吉尔 (编译). 舆论争议公众对气候变化的看法. 世界科学, 2010 (9), 11.

[165] 吕吉尔 (编译). 全球气候真的在变暖吗？世界科学, 2007 (10), 17－18.

[166] 李有观 (编译). 全球变暖是一个"大神话". 世界科学, 2005 (5), 25.

[167] 杜华斌. 二氧化碳对农业的正面影响被高估. 科技日报, 2006－07－04, 2 版.

[168] 陈丹. 左手进展　右手争议——《自然》杂志盘点 2009 年气候科学. 科技日报, 2010－01－16, 2 版.

[169] 郑景云等. "气候门"与 20 世纪增暖的千年历史地位之争. 自然杂志, 2013 (1), 22－29.

[170] 林晖. 全球气候变暖趋势发生转变了吗？科技日报, 2012－02－09, 8 版.

[171] 姜晨怡. 寻找评估全球变暖的标准模型. 科技日报, 2012－10－17, 7 版.

[172] 胡德良 (编译). 热议中的气候变化论怀疑者. 世界科学, 2009 (11), 12－13.

[173] 顾钢. "气候门"让学术研究蒙羞. 科技日报, 2009－12－09, 2 版.

[174] Ari Patrinos (郭廷芳译). 温室效应——真的值得我们忧虑吗？世界科学, 1992 (2), 10－13.

[175] William D. Nordhaus (王乃粒译). 专家们对气候变化的看法. 世界科学, 1994 (12), 20－23.

[176] A. Yanshin (张学勇、谢会兰译). 温室效应真的那么危险吗？世界科学, 1991 (5), 14－15.

第2章

生态失衡灾害增

2-1 全球环境 遍体鳞伤

2-1-1 人类文明发展 环境予取予夺

自1850年工业革命至今，人类赖以生存和发展的唯一星球被哀敛无厌、巧取豪夺地任意糟蹋、挥霍、蹂躏、宰割，直把个好端端供人类休养生息、赏心乐事的家园弄得伤痕累累，百孔千疮，而那些竭泽而渔、焚林而猎的野蛮行径尽管警笛长鸣，仍然有人肆无忌惮，一意孤行，宁可为茧自缚，不知萧蔷、不择手段地肆意践踏生态环境、锦绣山河。环境污染层出不穷，环境灾难罄竹难书。1968年4月成立、1972年70多位国际知名专家在意大利组成的罗马俱乐部（Club of the Rome），携手探讨科学技术对人类发展的影响，呼吁保护环境、拯救地球。其中以美国麻省理工学院（MIT）多内拉·米笃斯（Donella H. Meadows）为首的一批科学家写成名著《增长的极限：罗马俱乐部关于人类困境的报告》（后译成34种文字）警示人们由于自然资源供给数量和地球环境承载能力的有限性，如不采取补偏救弊的有效措施，后果可能就是人类社会的崩溃和自身的毁灭。

1972年，联合国在斯德哥尔摩召开了空前规模的世界环境大会。会上，生态学家们异口同声地指出埃及20世纪50年代在尼罗河出海口上建设的阿斯旺水坝是个"生态败笔"。这里只是要强调指出：1972年联合国环境大会的意义与20年后1992年的里约热内卢气候与环境大会相比毫不逊色，因为1972年的大会标志着人类认识环境保护意义的当代觉醒，生态文明开始走向可持续发展的意识形态！

2-1-2 全球环境 劣化掠影

1. 土壤污染——土壤是生态系统物质交换和物质循环的中心，承担各种废弃物天然收纳和净化处理任务。其污染特指所收纳的有机或含毒废弃物超载，超过其自净能力。此外，由于酸雨肆虐，深部重金属被氧化浮出表土，造成农作物二次污染，大大影响人类健康而引发各种疑难致死病症。加之氮磷循环失衡，大气固氮量严重超标；土地使用率将达极限：用于耕种的非冻土比例将从目前的12%到21世纪中叶达到极限15%。

2. 化学品污染——全球有近10万种各种人工化合物、百万计的各种用途化学品和不计其数的副产品，全球市售化学品多达248000种；2009年世界上销售化学品最多的国家是中国，多达5800亿美元，其次是美国，也有约4800亿美元[8]。许多化学品种正在使人类走入不能自拔的死胡同！尤其是威胁人类繁衍生殖能力。研究证实，由于化学污染，男子的性功能普遍衰退。20世纪末，男性睾丸癌、前列腺癌发病率增加；部分男性的体征、发音有女性化倾向，导致阴盛阳衰[9]。因滥用化学品（激素、杀虫剂、避孕药物）及生产废水等，导致环境激素（内分泌干扰物）泛滥成灾，有可能引发胚胎分裂产下连体儿、促使女性呈现明显的性早熟[12]。

据国家卫生部《中国出生缺陷防治报告2012》，中国目前出生缺陷率约5.6%左右，每年新增90万例，其中25万例畸形。2007~2011年出生缺陷增加了75%。当然我们不能武断地说都是化学品惹的祸，但却能肯定化学品污染难辞其咎。

3. 空气污染——世界卫生组织（WHO）世纪初的报告中指出：全球大气烟尘和有害化学物质每年杀死300万人；不卫生生活环境每年导致超过500万人非正常死亡。另据统计，全球因空气污染每年夺去约400万儿童生命[18]。值得警惕英国研究结论：原来以为交通运输、能源消耗和工业三废排放是污染空气导致死亡的刽子手，实际上却是汽车尾气的暗箭伤人。英国每年有近5000人因吸入汽车尾气死于非命，而2010年死于交通事故的只有1850人。公路污染猛于虎并未夸张，全世界都深受其害，除非车辆全用新能源动力[9]。

4. 森林锐减——地球上的森林正以年均1800万hm²的速度消失。森林的减少使其涵养水源的功能受到破坏，造成物种的减少和水土流失，对CO_2的吸收减少进而又加剧了温室效应。每年有600万hm²土地沦为沙漠，250亿吨表土流失。如果照现在这样不加以控制地发展下去，估计不出20年，世界沙漠面积将进一步扩大，耕地面积将减少1/3。特别是号称地球"肺脏"的热带雨林近50年已缩小1/3，若再不加控制而导致消损殆尽，抑制气候变暖的其他"消防"举措宛如杯水车薪，于事无济。

5. 饮水污染——WHO调查认为，全球80%疾病与饮用被污染的水有关；50%儿童死亡缘于同一原因；全球12亿人因饮用被污染的水患上多种疾病。水污染主要引发癌症、霍乱、痢疾、疟疾乃至心血管、高血压、脑血栓、神经中毒等。全球40%人口喝水成问题，20%的人处于常年饥渴状态，因缺水导致的许多疑难顽症仍然在吞噬着那些脆弱的躯体，环境特别是洁净水源每况愈下消灭了无数对人类有益的天敌。例如澳大利亚一种青蛙绝迹，失去了治疗胃溃疡的灵丹；鸸鹋油止痛特效，而鸸鹋亟待保护。

6. 海洋污染和酸化——地球海洋面积占地球表面的70.8%，主要给人类提供食品（鱼、虾、海带等），海盐、矿物资源（如铀、银、金、铜等）。海洋能调节气候（吸收CO_2）、蒸发水分有利降雨、供给海洋能源。海洋污染包括原油泄漏污染、废弃物污染、非溶性塑料污染、工业废水污染和核泄漏放射性污染。后者如日本东京电力公司向太平洋中排放福岛第一核电厂区内保管的放射性物质浓度较低，约为1.15万吨的废水，这些废水中放射性物质的浓度约为法定标准的1000倍。工业废水污染引发近海水域发生能使一些海洋生物窒息死亡或引起人类肢体麻痹甚至中毒死亡的"赤潮"；石油泄漏海面仅几小时，即可发生光氧化学反应，所生成的过氧化物如醌、酮、醇、酚、羧、酸和硫的氧化物等，都对海洋生物有极大伤害。2014年8月英《自然》杂志的论文披露，部分地区海洋表面有毒甲基汞悬浮量已达原水平3倍以上[36]！

正常海水应呈弱碱性，浅层海水的pH值平均约在8.20上下[1]。1984年后年均酸化速度是过去250年年均速度的5倍，日本近海正在急速酸化。目前测得北纬10~30度的日本近海pH值已变到8.07~8.12。海水酸化与大气中CO_2加速溶入海洋有关。酸化加剧不但大范围威胁海洋生物生存和繁衍，造成生态系统退化，也将弱化海洋承担的碳汇功能[10]。

IPCC的2007年报告中指出：到2030年，气候变化引起的环境压力，将使世界珊瑚礁损失18%，亚洲沿海水域甚至损失达30%[33]。联合国教科文组织（UNESCO）等2011年11月1日发布的《海洋及沿海地区可持续发展蓝图》报告指出：虽然海洋面积超过地球表面70%，但只有1%的海洋得到了确切保护。过去50年，红树林覆盖面积减少了30%~50%，珊瑚礁减少了20%[10]。海洋污染尤其令人揪心：据法国《国际信使》周刊报道，在夏威夷海岸与北美洲海岸间因垃圾集聚形成了一个343万km²的"新大陆"（原文称"第七大洲"，实际上应称为"第八大陆"，因原来的地理学已把亚、非、拉、北美、欧、大洋、南极合称七大洲），几乎都是人类发明的塑料之类无法被微生物降解的"高技术垃圾"组合而成的。美国一个科学家队伍到这个新的"第八大陆"进行了考察。他们实地测量这片海洋垃圾新大陆的幅员较小些，但仍有140万km²，聚集的垃圾超过700万吨。当然，随着那些垃圾进入海洋的还有十分复杂且不排除对海洋生态、气候变暖、海洋生物乃至全人类造成无法弥补且长期存在的损害甚至毒害的污染物。毒素将通过海产生物进入人类的食物链，某些毒素有可能在人体内潜伏下来最终破坏人类的繁衍机能。美国科学家进行了 4 年的一项研究报告说，目前全球 41% 的海洋已被人类活动破坏，完全没有受到侵害和污染的海洋仅仅剩下 4%[36]。1998 年世界气象组织推出全球海洋观测试验计划"地转海洋学实时观测阵列（ARGO）"，我国于 2001 年加入该计划，从 2002 年实施以来，到 2013 年已在太平洋和印度洋等海域投放了 161 个海洋局域探测浮标。目前有 30 多个沿海国家在全球各大洋投放了上万浮标，形成了全球海洋观测网络，为全球气候把脉[43]！UNEP 的《2014 年年鉴》认为塑料已严重威胁海洋生态环境[10]！

7. 河水盐化——与海水酸化对应，全球河水盐化（如各种重金属盐）也是一个不能忽视的新进入环保的议题。水的净化处理往往足以加重河水盐化程度，不可不慎。通常用氯气净化水的副作用是可能产生多种对环境和健康不利的有毒化学盐类物质，如硼酸盐、氯酸盐等。采用目前最先进、最节能的高新技术如逆渗透设备净化水等，最能有效分离河水盐类、重金属、化学残留物质，可惜目前成本仍较高[5]。

8. 生物多样性急剧退化——世界自然基金会认为：世界上每年至少有 5 万种生物物种灭绝，平均每天灭绝的物种达 140 个，20 世纪 70 年代的生命科学家曾估计到 21 世纪初，全世界野生生物的损失可达其总数的 15%～30%，50 年后将有超过 30% 的物种灭绝。

2 - 2　中国环境污染严重　力增碳汇平衡生态

2 - 2 - 1　中国环境　有喜有忧

1. 宏观污染状况　生态系统失衡——

（1）概况：我国主要污染物排放量已超过环境自净能力。到前一个五年规划末的 2010 年，工业固体废物产生量已由 1990 年 5.8 亿吨升至 8.16 亿吨；日均排放污水 1.6 亿吨左右，七大水系近一半河段污染严重。全国每年 600 亿吨污水，一半是较难处理的生活污水。酸雨面积超过国土面积 1/3；全国 1/4 人口无洁净饮用水；城市垃圾仅 20% 按环保要求处理；全球 10 座污染最严重城市有 5 座在中国；1/3 的城市人口呼吸在未达标空气中。全国水土流失面积达 3.6 亿 hm^2，约占国土面积的 37.2%，每年新增 150 万 hm^2；2002 年前沙漠化面积达 174 万 km^2，占国土面积的 18.2%，而且每年新增 $3436km^2$。北方河流资源开发利用率大大超过了国际警戒线（30%～40%），其中黄河、淮河、辽河达 60%，海河达 90%。流域生态功能严重失调。华北平原出现了世界上最大的地下水位下降漏斗。

据世界银行 2009 年统计，我国仅空气和水污染造成的损失就相当于 GDP 的 8%～10%。大城市因各种污染，每年约有 75 万居民夭折。我国土壤污染状况尤其令人忧心如焚。据媒体报道，有 2000 万 hm^2 耕地遭受重金属污染，占耕地总面积约 1/5，其中因矿区污染占 1/10；石油污染占 1/4；垃圾污染占 1/40；"工业三废"污染则占近 1/2；污水灌溉农田 330 多万 hm^2，其中尚未计及严重酸雨区所致重金属面源污染。2013 年 9 月美国《科学》杂志发表的一篇论文揭示，我国地下水砷污染超标高风险地区的人口有 1958 万人之多[29]。2014 年 1 季度湖南石门雄黄矿区土壤和水源严重砷污染引起国内专家学者的高度重视，特别是铅、汞、镉、砷、铬等重金属污染事件，此起彼伏，令人惊恐。2013 年《全国环境质量报告》指出：12 个国控地表水监测断面共出现 22 次重金属超标，长江和黄河流域尤重。须大力发展从源头上提高资源利用率、提高再生循环利用、提高绿色生产质量，同时推广新技术减少以至杜绝重金属元素向土壤排放[18]。

（2）气候：据中国气象局发布的 2013 年《中国气候公报》显示，2013 年，中国气温总体偏高，为 1961 年以来第 4 暖年；降水再现"北多南少"格局，雨带北移趋势明显；全年平均霾日数为 36 天，较常年偏多 27 天，创 52 年来最多，其中，江苏、安徽、浙江、河南、河北、北京、天津等地的部分地区霾日数超过 100 天。在全球气候变暖的大趋势下，暴雨日数偏多，生成和登陆台风多，且北方雪灾多发。高温热浪刷新了南方许多城市的极端高温纪录。例如 2013 年 8 月，我国中东部地区有 337 个县最高气温超过 40℃，浙江新昌高温 44.1℃、奉化 43.5℃、湖南慈利 43.2℃[62]！

（3）城市噪声污染：城市中机动车噪声污染严重，特别在交通管理中从未将降低噪声作为整体规划的主要条件之一，而是让机动车绕道行驶美其名为"安全"考虑？其次，偶见炫鬻豪华车在大街小巷连珠鸣笛惊诧四里、公共场所的高谈阔论、公园里播放自我陶醉的音乐和沾沾自喜的引吭高歌、餐馆里旁若无人的大呼小叫乃至高层建筑里因物业转手兴灭继绝地弄得鸡犬不宁的装修改造属于另类噪声（noise）污染。图 2－1 和图 2－2 描述了 2012 年我国城市总体噪声水平，所幸两年间声环境有所改善，但不显著。

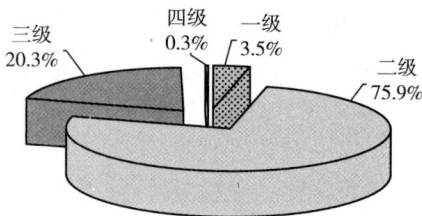

图 2－1　2012 年全国城市区域声环境质量级别比例

注：2011 年城市区域噪声总体水平一级 4.8%；二级 73.1%；三级 21.5%；四级 0.6%。

（据：国家环保部. 2012 中国环境状况公报：29 页改绘）

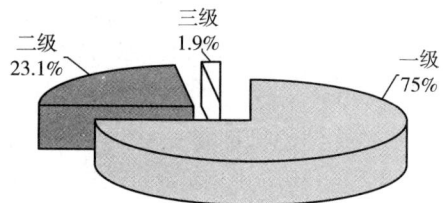

图 2－2　2012 年全国城市道路交通声环境质量级别比例

注：2011 年全国城市道路交通噪声水平一级 75.0%；二级 23.1%；三级 1.3%；五级 0.6%。

（据：国家环保部. 2012 中国环境状况公报：29 页改绘）

（4）城市光污染和热污染：城市过量光辐射和玻璃幕墙、电焊弧光、汽车远视灯等造成的光污染可能导致人体视力损害、造成交通事故等[30]。由于高楼林立、鳞次栉比，规划建设时不留休闲地块，没有参差错落建筑群，造成高温少风，酷热天气，铄石流金，形成热岛。尤其是东南沿海城市特别忌讳高楼建筑整齐划一，否则遭台风侵袭时生成夺命街道风。

2. 警钟长鸣　人心震慑——

（1）舆论导引：中国环境文化促进会组织编写的《中国公众环保民生指数（2007）》特别指明我国环境质量急降已严重影响公众衣食住行和健康生活[18]！2011 年 8 月 17 日人民日报图文并茂的一篇文章，标题是："环境时评：中国环境问题到了集中爆发期？事故频发是一记棒喝"，义正词严地声讨云南 5000 吨剧毒铬渣倒入水库[54]；曲靖将受污染水排入珠江源头南盘江；渤海溢油不止；恒山过度开采置生态于不顾；陕西榆林沙漠中出现未经论证审批的高耗水高尔夫球场……文中痛心疾首地提醒：有百年采煤史的山西孝义，目前 1/5 的面积已被"采空"，地质灾害多发；而整个山西，因采煤造成的生态环境损失高达4000 亿元！文章蒿目时艰地指出我国"十二五"规划要求，必须破解资源环境约束、保障群众身心健康、实现人与自然和谐相处，要求各地不仅要继续清偿环境生态欠账，更要努力做到不欠新账。沿海和大江大河沿岸化工企业布局的过于集中、重金属行业废渣的堆放与无害化处理、水资源的过度利用与污染、草地的过载放牧以及毁林开荒的工程建设等问题，事关可持续发展和人民群众切身利益，都需要高度重视。诚然，读完这篇富含时代气息而深谋远虑的文字，是否应该产生同仇敌忾的心态，让丧心病狂地破坏生态环境的犯罪行为群起而攻之！可是文章发表不到半年，广西龙江河又惊现重金属镉污染，重蹈 20 世纪日本镉污染引发骨痛欲裂的水俣病覆辙[53]。此外，更要警惕污染防治中的弄虚作假、以假乱真行为[17]。污染引发社会问题，必须加强法制建设和在新机制下实行严格管控[20]！

（2）改革体制和加强法治：令人感到特别受鼓舞的是：我国环境信息公开已用法规形式于 2008 年 5月开始试行。环境休戚已不再街谈巷议而招致以讹传讹，不再被别有用心的人造谣传谣[22]。国家环保部门近年组织了全国范围大规模的污染源普查，收效巨大，反应良好[31]。目前我国民间自发组成的环保组织已逾 3000 家，标志着中国人民为优美环境悉力以赴的决心！近年加大专项治理力度，收效甚宏，如防控汞污染等[20]。与环保相关事件的司法诉讼判环保方胜诉赢得百姓庆幸相告[23]。2013 年上半年，公安系统侦破环境污染刑事案件 112 起，7 月 8 日公安部通报昆明牛奶河、廊坊电镀液等 4 起恶性污染事件，立将犯罪嫌疑人绳之以法，大快人心！

（3）有待加强生产安全：国际环保机构自然资源防护协会（NRDC）2014 年 11 月 4 日发布研究报

告，煤炭和涉煤相关行业对大气污染造成的影响占各种来源组合效应的 50% ~ 60%。我国能源系统中的化石能源占 85% 以上，煤炭在我国现阶段经济发展中仍占据举足轻重地位，约占化石能源的 70%。据统计，我国每采 1 万吨煤，地表沉陷可达 2666.67m²，按年产 30 亿吨计，每年就有 800km² 的土地受到一定程度的环境损害[62]。其他如建筑工地、制造工业车间，也常年发生各种安全事故。须知每次事故的后果分析除经济损失外，都毫无例外地造成环境损害、生态遭殃。

3. 江河湖海　环保情结——

（1）淡水资源污染：2013 年，我国十大水系水质监测断面中，Ⅰ - Ⅲ类水质断面比例占 71.7%、Ⅳ ~ Ⅴ类占 19.3%、劣Ⅴ类占 9.0%，见图 2 - 3。"十一五"重点流域水污染防治专项规划项目完成率 87%，解决 2.15 亿农村人口饮水不洁问题。

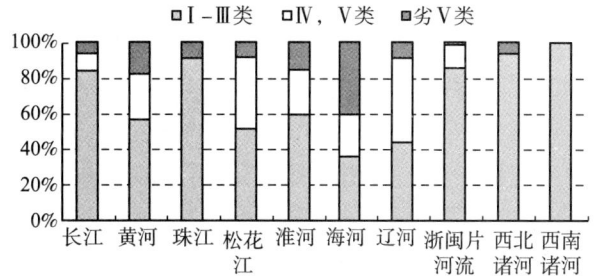

图 2 - 3　2013 年我国十大流域水质
类别比例，西南诸河污染较轻

（据：国家环保部《2013 中国环境状况公报》3 页的图改绘）

我国水源污染事件接二连三，灾情不断。例如 2006 年 8 月甘肃徽县血铅污染；9 月湖南岳阳县水源砷含量超标；11 月 15 日四川泸州河段大量柴油泄漏，直奔长江；11 月 21 日兰州黄河段锅炉循环水污染等[18]。与此同时，中国的环境污染有向农村蔓延趋势，而农村的环保条件和环保意识更远逊于城市[18]。农村的污染也特别突出在水源污染，其后果是因危险化学品流入水域而导致人体癌变，"癌症村""侵淫立至"[26]。UNEP 在 2012 年 6 月面向全世界发布的《全球环境展望第 5 集——我们未来想要的环境》，报告中译本有 528 页。整本报告极少提到世界各国各地具体的环境污染实例，除非从正面提醒某些地区注意防洪、防灾、节水、护林和遏制水土流失等。可是非常遗憾，该报告竟两次提到珠江流域、珠三角的环境污染和由于发达的电子技术带来的负面效应。请看其中的专栏 1.4 标题："信息和通讯技术：一个恶性循环？"文中直言不讳地说："2008 年，全世界 1/4 的电子器材在中国珠江流域生产。2009 年中国 GDP 增长率为 9%，珠江流域的广东省，其增长率超过全国 2 ~ 3 个百分点。在过去 10 年里，该区域占中国总面积的 1/5，容纳了 1/3 的人口，并贡献了全国 40% 的 GDP。对经济增长带来的环境影响监测堪忧，估测每年有成百上千吨未经处理的重金属、氮化物、燃料被倾倒至大海。水处理方面缺乏协调，农民因使用重度污染的水来灌溉作物而遭受重大损失。人们把大部分倾倒于该区域的重金属归咎于信息技术行业，珠江流域在 2004 年和 2005 年也被称为全国污染最严重的水系"。无独有偶，同一份报告的第 78 页图 3.8 标注 1990 ~ 2009 年中国珠江三角洲地区的城市扩张两张图："左手边的三角洲区域指的是 1990 年拥有 700 多万人口，现在人口数量超过 2500 万，已经增加了 3 倍以上，东莞、佛山、广州和深圳开始融合为一个连续性城市。这种剧烈的城市化导致生产性农田和自然区域损失，并带来了一系列环境问题。"毋庸置疑，珠三角的环境问题正受到国际关注，理当特别突出生态服务的重要地位。2013 年我国水环境污染形势依然严峻，化学需氧量（COD）排放 2352.7 万吨，比上年下降 2.9%；氨氮排放量 245.7 万吨，比上年下降 3.1%，但仍均远超环境容量。专家测算须削减 30% ~ 50%，水环境才能有根本性转变[3]。因为我国水环境容量承受力约 740 万吨，实际排污量已达 3000 万吨；氨氮环境容量小于 30 万吨，实际排放量已达 179 万吨[20]。

（2）湖泊：中国的湖泊水质污染情况一直十分严重。如 2007 年 5 月，太湖因污染导致蓝藻暴发，靠太湖引水生活的无锡人不得不远涉长江取水。不过国家环保部《2011 年环境状况公报》已鼓舞人心地宣称，我国的重点湖泊已不存在因污染所致重度富营养水质。近两年全国 62 个重点湖泊（水库）的污染等级及营养状态见表 2 - 1。可见全国重点湖泊的环境状况已在迅速改善之中。然而，我国原有面积超过 1km² 的湖泊近 2700 个，2011 年全国第二次湖泊调查证实，其中 50 年来已消失 243 个。营养过剩问题近年正在加力改善之中。长江流域对洪水吞吐能力甚强的洞庭湖，因不顾生态平衡需要而围湖造田和多年缺乏疏浚维护，面积已比新中国成立初期缩小约近一半。

表 2－1   我国 62 个重点湖泊（水库）污染等级分类和营养状态占比（%）

污染等级	2011 年	2012 年	营养状态	2011 年	2012 年
Ⅰ～Ⅲ类	42.3	61.3	中度富营养	7.7	6.7
Ⅳ～Ⅴ类	50.0	27.4	轻度营养	36.1	18.3
劣Ⅴ类	7.7	11.3	中营养	46.2	61.7
			贫营养	—	13.3

（据：环保部 2011～2012 年中国环境状况公报）

（3）海洋：据《2011 年中国海洋环境状况公报》（简称《公报》），我国海洋环境状况总体较好，但江河污染物入海量上升，445 个入海排污口邻近海域水质有 60% 为第四类或劣于第四类，污染总体呈加重趋势。2011 年 6 月蓬莱 19－3 油田溢油事故对渤海湾生态环境造成严重损害，至今影响犹存。《公报》透露，我国近海海域污染仍在扩大。如海水水质为劣四类标准的海域面积 67880km²，较上年增加 24080km²；渤海、黄海、东海和南海劣四类海域面积分别增大了 8870、6990、6700 和 1520km²，其中黄海北、辽东湾、渤海湾、莱州湾、江苏省沿岸、长江口、杭州湾和珠江口近岸海域，污染物主要是无机氮、活性磷酸盐和石油类。近海海域污染严重，赤潮灾害多发，局部地区海水入侵，造成土地盐渍化，海岸侵蚀严重[32]。近海工业污染严重，殃及沿海养殖业，也造成近海海洋动物大量罹病死亡，甚至危及海带、紫菜、浒苔、龙须菜等海洋藻类食品繁殖[46]。2012 年近岸海域、2011 年四大海区近岸海域、重要海湾等的水质类别比例分别如图 2－4、图 2－5、图 2－6 所示。

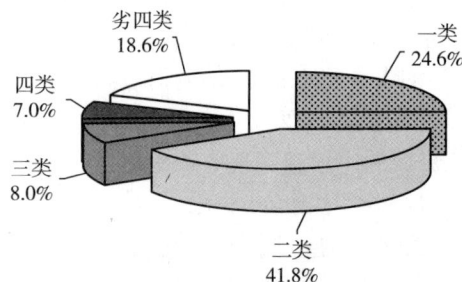

图 2－4　2013 年全国近岸海域水质类别比例

注：2011 年一类 25.2%；二类 37.6%；三类 12.0%；四类 8.3%；劣四类 16.9%。

（据：国家环保部.2013 中国环境状况公报：15 改绘）

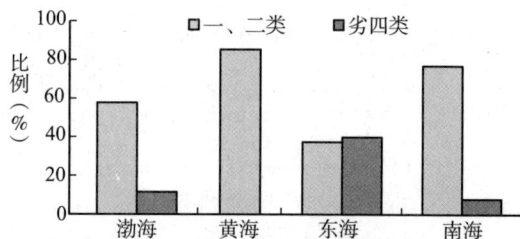

图 2－5　2011 年我国四大海区近岸海域水质类别占比

（据：国家环保部.2011 中国环境状况公报：20 改绘）

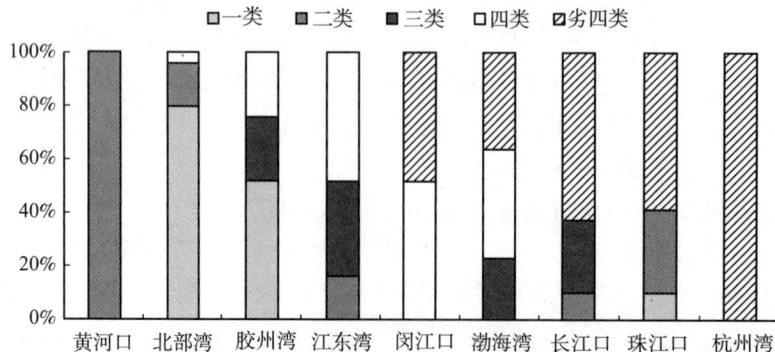

图 2－6　2013 年我国重要海湾水质状况

（据：国家环保部.2013 中国环境状况公报：17 改绘）

2 - 2 - 2　森林碳汇　功能拓展

1. 森林家底——森林碳汇指森林植物吸收大气中 CO_2 并固定在植被或土壤中，从而减少其大气中的含量。森林是陆地生态系统中最大碳库，扩大森林覆盖面积是未来 30 ~ 50 年经济上可行、成本较低的重要减缓气温上升措施[56]。不同植株的碳汇效果虽然不同，但平均地估算，林木 1 m^3 蓄积量能吸收 1.83 吨 CO_2，释放 1.62 吨氧气。

据《2009 中国环境状况公报》：我国有森林、灌丛、草原、稀树草原、草甸、荒漠、湿地等陆地生态系统的各种类型，按群系分，森林 212 类、竹林 36 类、灌丛 113 类、草丛约 13 类、草甸 77 类、草原 55 类、荒漠 52 类。冻原、高山垫状植被和高山流石滩植被主要有 17 类。自然湿地包括沼泽 19 类，草本沼泽约 14 类，木本沼泽 4 类，泥炭沼泽 1 类。中国近海有黄海、东海、南海和黑潮流域 4 大海洋生态系，近岸海域分布滨海湿地、红树林、珊瑚礁、河口、海湾、泻湖、岛屿、上升流、海草床等典型海洋生态系统，以及古贝壳堤、海底古森林、海蚀与海积地貌等自然景观和自然遗迹。

《2011 中国环境状况公报》中依据《第七次全国森林资源清查（2004 ~ 2008）》提供的森林资源概况，全国森林面积 19545.22 万 hm^2。活立木总蓄积 149.13 亿 m^3，森林蓄积 137.21 亿 m^3。乔木林平均每公顷蓄积量 85.88 m^3。林木年均净生长量 5.72 亿 m^3，年均采伐消耗量为 3.79 亿 m^3。林业用地 2.6 亿 hm^2；森林总面积 1.5 亿 hm^2；人均 0.12 hm^2；2008 年森林覆盖率 16.55%（全球平均水平 31.4%，占陆地面积约 40 亿 hm^2）。人均森林蓄积量 12.5 m^3（世界人均 72 m^3）。与《第六次全国森林资源清查》（1999 ~ 2003）相比，森林面积净增 2054.30 万 hm^2，人均森林面积增加 0.013 hm^2，森林覆盖率增长 2.15%，有林地中公益林面积比例上升 15.64%。森林面积列世界第 5 位，森林蓄积列世界第 6 位，人工林面积继续保持世界首位。但仍存在总量不足、质量不高、分布不匀等问题。我国人均占有森林面积不及世界人均占有量 0.62 hm^2 的 1/4；乔木林每 hm^2 蓄积量只有 85.88 m^3，为世界均值的 78%；人工林每公顷平均蓄积量 31.8 m^3，仅及世界均量 110 m^3 的 29%。因森林生长一般分幼龄、中龄、成熟龄和过熟龄四阶段，我国森林均龄为 40.6 年，稍长于中龄。东南地区均龄 20 ~ 30 年，多为幼龄林，因幼龄林比重大，森林植被的碳储量只有最大可能储量的 44.3%。当然这一现实表明我国森林的碳汇潜力较大。林龄大于 120 年的森林分布在四川中部、新疆西北部和少量在东北大兴安岭，属于原始森林。全国平均而言，林龄主要介于 10 ~ 80 年，占总面积 85.4%；其中 20 ~ 40 年的占总面积 35.3%。应当看到：虽然林龄较短对增加碳汇有利，但成熟林、过熟林和良种林抗病虫害的能力较强，蓄积根基巩固而不易受到天灾侵袭。我国造林良种使用率只有 51%，大大低于林业发达国家的 80%。2011 年，主要林业生物灾害发生面积为 1168 万 hm^2。其中虫害（如松材线虫病、美国白蛾、钻蛀性有害生物）845 万 hm^2，病害 120 万 hm^2，鼠（兔）害 203 万 hm^2，有害植物（如薇甘菊）16 万 hm^2 等（已得到有效控制）。这一年，森林火灾共发生 5550 起，受害森林面积 2.7 万 hm^2，因灾伤亡 91 人，但分别比上年下降 28%、41% 和 16%，连续三年实现"三下降"[25]。到 2012 年，我国森林覆盖率已上升为 20.36%，森林面积达 1.96 亿 hm^2[27,40]，但森林生态系统总量不足、质量不高。水土流失面积占国土总面积的 37%，沙化土地占国土总面积的 18%。矿产开发、乱砍滥伐等造成的生态破坏十分严重。据 2015 年 6 月 9 日中央电视 1 台转介当期我国森林覆盖率已上升到 21.63%。

2. 森林维护生态功能——许多国家和国际组织都在积极利用森林碳汇应对气候变化。联合国粮农组织（FAO）2012 年 9 月发布最新的《世界森林状况报告》，重点指出为保证经济可持续发展而应发挥森林、林业、林产品的特有功能和影响。上面提及，目前全球森林覆盖面积约 40 亿 hm^2，相当于地球陆地面积的 31%；木材仍是最关键可再生能源之一，占全球一次能源总供给量的 9% 以上，是 20 多亿人主要生活能源保证。世上最穷 3.5 亿人（含 6000 万土著人）几乎全靠森林生存。非常遗憾，2000 ~ 2010 年森林面积正以每年 520 万 hm^2 的速度通过毁林、砍伐、林火在缩减。报告指出，2050 年世界人口将突破 90 亿，森林资源的需求量势必更大，应该动员全人类积极植树；加强生态服务；提高森林质量；优化森林管理、监测、评估和经营，以增进森林碳汇功能、适应可持续发展要求[34]。森林碳汇还具有多种附加效应，如涵养水源、保持水土、调节气候、保护生物多样性等生态功能；以耐用木质林产品替代能源密集型材料；生物质能源及采伐剩余物回收利用，可减少能耗和工业部门 GHG 排放。林地多处于发展水平相对较低的贫困山区，通过森林碳汇可以帮助当地社区发展可持续森林管理经营，加强对气候变化的适应能力，经营生态旅游，脱贫致富。

2010 年 6 月，国家林业局和中国林业科学研究院首次对外公布了《中国森林生态服务功能评估》和《中国森林植被生物量和碳储量评估》。结果表明：每一年我国森林涵养水源量近 5000 亿 m^3、固持土壤量 70 亿吨、固碳 3.59 亿吨（折算吸收 CO_2 13.16 亿吨，其中土壤固碳 0.58 亿吨）、释氧量 12.24 亿吨、吸收 SO_2 近 0.3 亿吨、F－气体 108 万吨、NO_2 151 万吨、滞尘 50 亿吨，8 项森林生态效果价值合计超过 10 万亿元，恰相当 2010 年我国 GDP 40.15 万亿元的 1/4[37,44,51]。近年政府积极组织森林资源家底普查。占全国森林面积 1/4 的东北森林资源也从 2008～2014 年初彻底摸清[44!]。

至于耕地虽亦具碳汇功能，但耕地固碳仅涉及农作物秸秆还田，原因在于耕地生产的粮食每年都通过收获而消耗掉碳汇，所固定的 CO_2 又会排放到大气中。部分秸秆在农村烧掉了，只有作为农业有机肥的部分将 CO_2 固定到耕地土壤中。植物、树木在一定季节猛长、一定条件下对减碳降温有利，但若落叶堆集腐烂释放 CO_2，有时可能在碳－氧呼吸过程中取得暂时平衡[39]。

3. 增大森林碳汇一般举措——扩大森林面积，进军我国 4000 多万 hm^2 宜林荒山荒地、大量边沿性土地，"十二五"规划每年造林 600 万 hm^2 左右；提高森林质量、培育和扩大良种；发展生物质能源，加大森林废弃物循环利用、培育能源林；加强速丰林建设，提倡木材使用，增加木质林产品、推广"以木代塑"、"以木代钢"，充分发挥取自太阳能的林木能源替代功能；气候变暖大趋势下加速研究积极应对森林适应性经营措施[47]；强化森林生态服务功能，严格森林生态管控，普及管控信息化手段和林业病虫防治手段；大幅度提高林业从业人员和工人的生活待遇、技术进修培训待遇。加强专业人才培养，强化资金投入和扩大民间投资渠道，尤其须加强对林业紧密相关的地方政府官员的训导，促进他或她们明确服务第一的思想，寓管理于服务之中[44]。国际合作和森林碳汇优势互补谈判中发挥耐心周旋、询事考言的本领也是必要的[45]。有关研究还证明，退耕还林比还草更能提高土壤碳汇[35]。

在国家林业局支持下成立多年的"中国绿色碳汇基金会"为推动造林植树活动立下了汗马功劳。2007 年起鼓励企业和个人捐资，到 2011 年 6 月已获捐资 4 亿多元，在全国开展了颇具规模的造林活动以及意义更加重大的林业生态服务[40]。当时在北京行驶的许多汽车车身贴着车主人捐资造林实践"碳补偿"增进碳汇的款额标识就是该基金会给予的核证。到 13－1 节还将进一步阐明借助碳补偿实现碳汇交易的生态意义[40,56]。

4. 林业专题一隅——有关森林、林业的很多现实抓手都有着促使气候降温、遏制 GHG 进入大气的打算，至少部分地涉及有关目标。（1）非洲正在与我国合作发展原来没有的竹林，以阻断原来用森林树木用作生活燃料的习惯。人们注意到竹林的生长期约比一般树木缩短 5～15 倍，而碳汇功能仅略小于一般树木[38]。这一理念是否能同样应用于中国大范围农田边沿地带？不久前，禾本科植物毛竹的基因组计划取得根本性突破，对我国率先推动林业生命科学发展搭建了优势平台。同时还突破了竹质工程材料制造、竹基增强材料及纳米改性新材料制造、竹炭加工副产品循环利用等竹类资源综合利用技术瓶颈，大幅提高竹材工业化、规模化利用水平，带动了竹产业年增值 200 亿元，出口额和产品种类均居世界第一[58]。（2）广州市决心到 2015 年达到森林覆盖率 40% 的生态要求。关键在于什么样的树种才能满足高覆盖率对提高生态水平的初衷。乔木的生态效益远高于灌木，但在城市广种乔木是否会影响建筑光照、交通视角和助长高层建筑构成的热岛效应等[51]。（3）2011 年，我国共有各级森林公园 2458 处，总规划面积 1652.5 万 hm^2；其中国家级 730 处，规划面积 1151.9 万 hm^2；到 2015 年，规划的森林公园达 3000 处，总面积 2000 万 hm^2，其中国家级 800 处，规划面积 1300 万 hm^2。目前当务之急是开展生态服务、发展休闲、度假、丰富健身、文化活动等，严格管理公园范围花团锦簇的生态环境和山明水秀的怡情仙境，杜绝侵扰[52]。（4）三北防护林是全球规模最大、范围最广、受益最大的跨世纪生态工程。2012 年与 2004 年相比，全国沙化土地减少 8587km^2，靠三北工程就减少了 1500km^2，2248 万 hm^2 农田因此得到有效庇护，每年粮食因此增产 100 亿

kg，并趁势建成一批用材林、经济林、薪炭林和饲料林基地[60]。但要特别注意保护三北防护林免受人为的或天灾的破坏。（5）国家大力推进森林可持续经营，力争 2015 年末的森林覆盖率超过 21.66%[33]。不过，预测未来如此浩瀚且在很大程度上受公众行为影响的森林生态占比数据精确到小数点后两位？（6）可喜的是：分布在长江/黄河和澜沧江的三江源森林已于近期恢复增长[34!]。（7）2006～2012 年，世界银行与广西政府合作，通过扩大人工用材林培育、恢复植被、示范生态管理、开展林业碳汇和碳交易试点，促成森林面积增加 232000 多 hm²，减少了碳排放，加强了生物多样性保护，提高了 21.5 万多农户收入[37]。（8）据西藏环保厅介绍，西藏森林、草地和能源每年产生的碳汇价值约为 1329.7 亿元，其中西藏森林植被总碳储量 9.5 亿吨，占全国的 12.2%。据统计，西藏森林固碳速率为 5064.8 万吨/年[38]。

2-2-3　草原生态　亟待维护

1. 草原碳汇——一般农业草地的碳汇多属非持久性，容易衰变，但随着退耕还林、还草工程实施和沙化土地推广种植耐旱草种，其碳汇功能亦不可小觑。这里说的草原碳汇，主要针对内蒙古、青海和新疆等地的广袤大草原，其草原土壤的固碳能力应当随科学管控畜牧业发展的同时与日俱增。

2. 草原资源——我国天然草原面积近 4 亿 hm²（400 万 km²），约占国土面积的 41.7%，超过国土面积的 2/5，超过耕地与森林面积之和，是耕地的 3.2 倍，森林的 2.5 倍。但人均占有量 0.33hm²，为世界平均的一半。可见草原是全国面积最大的陆地生态系统和生态安全屏障。可惜原有草原面积的 1/4 已经消失，现有草原的 90% 生态环境恶化[42]，面临水资源短缺、沙尘暴侵袭、虫鼠害等多种隐患[14]。内蒙古、新疆、青海、西藏、四川、甘肃、云南、宁夏、河北、山西、黑龙江、吉林、辽宁等 13 个牧区省、自治区共有草原面积 3.37 亿 hm²，占全国草原总面积的 85.8%；其他省份有草原面积 0.56 亿 hm²，占全国草原总面积的 14.2%[25]。目前草原过载严重，牧区超载 36%；草地载畜量合 5 亿～6 亿绵羊单位，超过全年合理载畜量约 20%；草原退化成灾，50%～60% 或更多天然草场出现不同程度的退化，大西北尤为严重，长江泥沙的 35% 来自草原。目前西北可用符合生态要求的草场面积仅 34 万 hm²，占世界总量的 7.1%，人均仅为世界的 1/6。

3. 草原生产力——2011 年，全国草原植被总体长势属偏好年份。全国天然草原鲜草总产量达 100248.26 万吨，较上年增加 2.68%；折合干草约 31322.01 万吨，载畜能力约为 24619.93 万绵羊单位，均较上年增加 2.53%。其中全国 23 个重点省（自治区、直辖市）鲜草总产量达 93043.29 万吨，占全国总产量的 92.81%，折合干草约 29105.10 万吨，载畜能力约为 22877.38 万绵羊单位[24]。专家认为，内蒙古 13 亿亩天然草原的固碳能力达 1.3 亿吨，相当于减少碳排放 6 亿吨。应当加意发挥草原的碳汇功能，优化草原管理，提倡合理放牧、灌溉、施肥、改良品种，务使草原承担放牧量的同时有休养生息的机会[50]。

4. 草原灾害——2011 年，全国共发生草原火灾 83 起，受害草原面积有 17473.5hm²，无人员伤亡和牲畜损失。与上年相比，草原火灾次数减少 26 起，但受害草原面积反而增加 12315.1hm²。草原火灾发生次数和火灾损失均处于历史低位水平。草原鼠害危害面积为 3872.4 万 hm²，约占全国草原总面积的 10%；草原害虫危害面积 1765.8 万 hm²，占全国草原总面积的 4.4%[25]。内蒙古、青海、西藏、新疆等地草原上的生物多样性保护也当常抓不懈。

2-2-4　海洋碳汇　大有作为

1. 海洋碳汇功能——占地球表面积近 71% 的海洋能在广延水域中大量吸收 GHG。如果粗略估计人类活动每年向大气排放 CO_2 55 亿吨，陆地的生态系统吸收了约 7 亿吨，占 12.7%；海洋能吸收 20 亿吨，超过 36%。地球上一部分碳元素以碳酸盐形式存于岩石圈，但这种地质碳库长期处于静止状态，很少参与碳循环。反之，海洋碳库与大气圈和生物圈存在的碳经常处于碳循环活动之中。海洋的固碳能力约为 4000 万亿吨，每年可能新增的储碳能力约为 5 亿～6 亿吨[43]。

2. 海洋的"碳呼吸"——赤道太平洋因温度升高，原所存储的碳向大气释放，形成碳源。因此，碳汇功能较强的海域主要在较冷的区域，如北大西洋、北太平洋和南大洋洲等处。特别是后者，因常年持续的强劲海风所致降温效果明显，虽面积仅占海洋总面积的6%，吸碳量却占海洋全部吸碳量的40%。

3. 中国近海海域碳汇功能——中国近海包括渤海、黄海、东海和南海按自然疆界共有473万 km^2。近海海域的碳汇功能经我国海洋科技界专家们的测算：每年吸收 CO_2 的能力分别是渤海284万吨、黄海约900万吨、东海2500万吨、南海约可达2亿吨[43]。

4. 增加海洋碳汇能力——海洋吸碳储碳能力并非一成不变，取决于气温、污染程度、恶劣天气频度。因此，减缓气候变暖、严控近海人为污染、发展近海海洋渔业扩大海水养殖、加固近海产业设施严防天灾（如台风、热带气旋等）来袭，均有助于维持海洋碳汇功能。我国学者率先提出"渔业碳汇"概念，例如按贝藻产量估算，每年能从近海移走130万吨碳。预计我国到2030年海水养殖产量达2500万吨，2050年达3500万吨，则届时海水养殖碳汇总量将达400多万吨[57]。

2－3　悬浮颗粒　大气污染

2－3－1　悬浮颗粒　污染魔踪

1. 大气污染——世界卫生组织（WHO）报告，目前城市中有6.25亿人生活在含硫烟气的恶劣环境之中。WHO公布的《空气质量标准》中，确定下列11种污染物对人体构成不同程度的危害：臭氧、悬浮颗粒物（PM10、PM2.5）、SO_2、NO_2、CO、挥发性有机污染物、铅、苯并[a]芘、汞和二恶英。

在大气环境科学研究领域里，人们把大气中的悬浮、滞留的物质粒子，称为大气粒子（Atmospheric particles），大气颗粒物（Atmospheric particulates），悬浮颗粒物（Suspending particulates），或有时统称悬浮颗粒。文献上经常提到"大气气溶胶"（Atmospheric aerosol）。气溶胶一词源自胶体化学，但研究对象的粒径不同，胶体化学研究的微粒是纳米（nm）级的，而悬浮颗粒研究的粒径是微米（μm）级。不过两者在文献中并未严格区分。

大气悬浮颗粒物的形状、密度、粒径大小、光、电、磁学等物理性质和化学组成，随其形成过程和来源的不同而异。大气中颗粒物粒径谱的范围很宽，从0.1μm到100μm。不同粒径的颗粒物在大气中滞留的时间不同，一般大于50μm的颗粒物，在大气中滞留的时间为几分钟到几小时，在重力作用下沉落地面；小于50μm而大于1μm的颗粒物，可能在大气中滞留数日到数月；粒径0.1～1μm的颗粒物则能在大气中滞留数年，并能远距迁移，分布在整个区域，甚至跨越国境。

人类及其他各种生命赖以生存的大气环境，实际上就是由各种固体粒子或者液态物滴均匀地分散在空气里形成的一个巨大的物质散布体系。大气悬浮颗粒，包括烟尘、烟灰、沙尘、扬尘、浮尘、飘尘、霾、雾滴等，其天然源主要有分化的岩石、风致扬尘、波涛汹涌的海浪、火山喷发的岩浆、来自宇宙的不速之客、森林大火的灰烬、植物的花粉、孢子等。在地球上，天然源每天产生的一次性悬浮颗粒数量约为 4.41×10^6 吨，二次性悬浮颗粒有 5.60×10^6 吨。现已查明，汽车尾气排放到大气中的悬浮颗粒也是经常性来源[9,15]。

2. 城市蓝天　姗姗来迟——许多城市空气污染严重，中国近60%的城市空气污染水平超过WHO推荐标准的5倍。空气污染物的成分很复杂，城市的汽车尾气排放的污染物包括CO、氮氧化合物 NO_x、碳氢化合物。氮氧化合物是酸雨、酸雾等的主要成分。人受到铅污染损害影响人的神经系统和泌尿系统，对儿童智力影响尤重。虽过去燃油内含铅量较多而目前已基本消除，但生产铅蓄电池的企业仍然遍布各省市。中国城市大气污染的主要污染源是汽车尾气、工业生产废气（非洁净煤火电、工业锅炉等）和家庭燃煤污染（液化气、天然气除外）。扬尘也是污染原因[66]，但扬尘本身取决于环境卫生条件、清道水平，特别是建筑工地管控和建筑物装修。2002年空气质量达标城市的人口比例仅占统计城市人口总数的26.3%；暴露于空气质量未达标的城市人口占统计城市人口的近3/4。到2011年，325个地级以上城市空气质量达二级及以上的比例共 89%。前些年京沪穗宁等 33 个城市已开展新增 PM2.5 指标研究性监测，并首先逐步向省会城市推广，2015 年覆盖所有地级以上城市。据国家原环保总局与 OECD 于 2007 年在京召开的《中国环境绩效评估》报告会上指出：我国城市约 60 万人因污染夭折；每年 2000 万人患上呼吸道疾病、550 万人患慢性支气管炎，总健康损失占 GDP 的 13%。据研究，每 m^3 大气中悬浮颗粒增加 $10\mu g$，肺癌死亡率增加 8%[72]；重金属、多环芳烃等有机化学物吸附在悬浮颗粒上，吸入人体也能引起癌变。大气中铅、苯并(a)芘等有害物质 70% 以上集中在可吸入悬浮微粒中，严重威胁人体健康。每 $100m^3$ 空气增加 $0.1\mu g$ 以苯并(a)芘为代表的多环芳烃，肺癌死亡率即增多 5%。专家预测，到 2025 年仍未有效控制吸烟和空气污染，我国将成第一肺癌大国[18]。我国总悬浮颗粒（TSP）和 SO_2 的浓度分布规律是：北方高于南方，冬季高于其他季节，居住区、商业区高于工业区，且早晚出现两个高峰。2012 年我国地级以上城市环境空气质量级别比例和环保重点城市空气质量级别比例分别按原标准如图 2-7 和图 2-8 所示。2013 年我国仅海口、舟山和拉萨三市空气质量达标，占 74 个新标准监测重点城市的 4.1%[65]；其他 256 个城市执行空气质量旧标准，达标城市占比 69.5%。且土壤持续恶化，耕地环境质量堪忧[25!]。2014 年 7 月底，国家环保部发布 2014 年上半年全国 161 个重点监测城市的大气污染状况，仍仅有深圳等九市达标。据《2013 中国环境状况公报》，2013 年废气中 SO_2 排放量 2043.9 万吨，比上年下降 3.5%；氮氧化物排放量 2227.3 万吨，比上年下降 4.7%[25]。燃煤电厂烟囱传播的污染物对人体毒害尤甚于机动车废气。2014 年 12 月，英国议会机构发布报告称，因空气污染对易感人群造成极大伤害，指出新建学校应远离交通干道[157!]；英国的燃煤电厂污染甚至每年导致 1600 人死亡[74↓]。

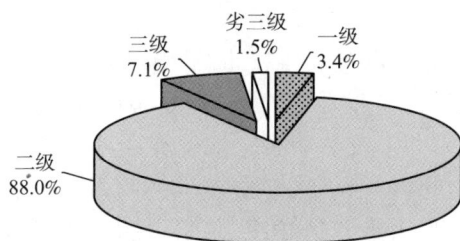

图 2-7　2012 年地级以上城市环境空气质量级别比例

注：2011 年一级 3.1%；二级 85.9%；三级 9.8%；劣三级 1.2%。

（据：国家环保部．2012 中国环境状况公报：22 改绘）

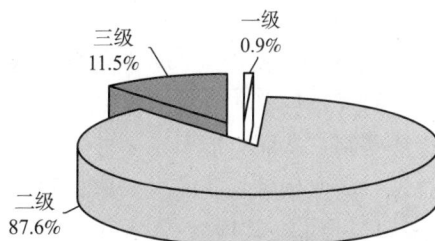

图 2-8　2012 年我国环保重点城市空气质量级别比例

注：2011 年一级 0.9%；二级 83.2%；三级 15.9%。

（据：国家环保部．2012 中国环境状况公报：24 改绘）

有毒的二恶英气体主要在城市垃圾焚烧时向大气排放。我国环保部门 2007 年公布的二恶英排放清单，全国每辆机动车平均一年排放 2.97 克，而城市 1 万吨垃圾焚烧平均排放二恶英 338 克[16]。可见关键在于垃圾焚烧过程须经过特殊处理或严格限制在封闭管道内燃烧。

2-3-2　环境污染　隐形杀手

1. 污染物寻踪——2006 年，中国对 559 个主要城市进行的监测显示，有 37.6% 的城市大气质量未达到国家标准，悬浮颗粒物、SO_2、NO_x 是主要污染物。2009 年世界银行估计，中国有 6 亿人生活在 SO_2 超过 WHO 标准的环境中，而生活在总悬浮颗粒超过 WHO 标准环境中的人数达到 10 亿。每年因城市空气污染和室内空气污染导致的死于非命分别是 17.8 万人和 11 万人。大气污染造成的环境与健康损失占中国 GDP 的 7%（前面报告会上估计的更高，即占 GDP 的 13%）。早在 2005 年，我国向大气排放的各种常见污染物除 CO_2 外已全部居世界首位（见表 2-2）。例如其中 SO_2 排放量世界第一，且已远高于环境承载能力。SO_2 每年的环境容量是 1200 万吨，但 2006 年已达 2700 万吨、2010 年更达 3200 万吨，预计 2020 年将高达 3500 万吨，届时 80% 的人口处于严重的空气污染之中。

表 2 – 2　　　　　　　　2005 年我国排放温室气体/悬浮颗粒世界排名（百万吨 CO_2e）

	CO_2	$CH_4 \approx$	$N_2O \approx$	沙尘	炭黑	SO_2
中国	3051	959	538	800	1.19	19.95
世界总量	23172	6340	3570	3000	6.63	105
中国位次	2	1	1	1	1	1

（据：IPPC 气候报告、UNEP 全球环境展望 GEO – 3 综合）

2014 年 3 月 25 日 WHO 发布报告说，2012 年全世界有约 700 万人死于大气污染[80]。该组织呼吁全球为珍惜生命而努力净化生存空间。国家发改委报道，由于我国制定了节能减排的约束性指标，大力加强重点流域水污染防治、大气污染防治和工业废弃物综合治理，2010 年，SO_2 和 COD 排放总量分别较 2005 年下降 14.29% 和 12.45%，城市空气质量、地表水水质均较前有了明显提高。

2. 机动车排放——国家环保部于 2011 年 12 月公布了 2010 年中国机动车排放污染物情况，共排放污染物 5226.8 万吨，其中 CO 4080.4 万吨、NO_x 599.4 万吨、碳氢化合物（HC）487.2 万吨、悬浮颗粒（PM）59.8 万吨。在 NO_x 和 PM 排放中，货车占 85% 以上；HC 和 CO 排放中，客车占 70% 以上。未达国 I 标准的汽油车和达不到国 III 标准的柴油车均为高污染高排放的黄标车，污染物排放量为车族之首[15]。2013 年初公布 2011 年机动车排放污染物 4607.9 万吨，其中 CO 3467.1 万吨、NO_x 637.5 万吨、HC 441.2 万吨、PM 62.1 万吨，虽总量有所下降，但 NO_x 和 PM 仍有上升，说明机动车尾气已是大气污染来源之罪魁祸首，亟待治理。新华社记者传递的信息是：我国机动车的排放标准限额将进一步提高[75!]。

3. 雾霾天气——雾和霾有本质区别：雾的成分是水滴或冰晶，霾则主要是烟尘粒或化学品微粒；而且有雾时相对湿度一般大于 90%，而被霾笼罩时则相对湿度常低于 80%。空气未被污染时，单纯的雾霭朦胧是正常的气象现象，可是大气受到污染加上气候变暖，又遇上起雾天气，则往往令人呼吸受阻、活动受累、感觉受制，从而可能引发多种病痛。轻度的雾霾能引发鼻炎、支气管炎；重度雾霾可能诱发癌症、加重心血管、高血压等疾病的发病率，对许多慢性病增大不适感[72]。著名医学杂志《柳叶刀》周刊 2012 年 12 月一期警告说：2010 年全球死于空气污染者达创纪录的 320 万人，是 10 年前的 4 倍，其中东亚约占 1/3[78]。因此专家们特别强调不能再像过去那样"先污染后治理"[62]，当然更不能推行"谁污染谁治理"，治理是政府策动、全民跟进的大事。各方专家特别关注华北强霾天气的成因[73]。雾霾天气说到底是化石能源煤和油过量使用种下的祸根[63]，但归根结蒂可能还是气候变暖、GHG 作祟惹的祸。近年来我国加紧了雾霾气象的科学研究，特别是大气污染对人类健康的深层影响正在一一揭露，如提醒人们正视癌症发病概率加大[72]。有专家论及"霾"伏是否致癌？该文献标题说向大气污染致癌说"不"，立意主要在冲破"霾"伏[72!]。不过，霾从何来？至今仍在穷原竟委之中，国际间尚无一致结论[88]。然而，读过柴静抗争我国雾霾作孽的公益作品《柴静雾霾调查——穹顶之下》，激起了全中国公众的共鸣，人们因而顺蔓摸瓜地找到了灰霾之所从来，唤起了公众觉悟共同对付灰霾[87!]，但要彻底整治灰霾，关键还在政府一丝不苟的管理、一字褒贬的法制、一轨同风的法治，真正震慑霾源制造者，动员群众力量置霾于肆虐之前。

（1）悬浮颗粒 PM：PM10 即直径小于或等于 $10\mu m$ 的悬浮颗粒；PM2.5 则是直径小于或等于 $2.5\mu m$。两者均为可吸入肺部的悬浮颗粒，尤以 PM2.5 对环境污染和人体健康影响更甚。研究结果显示：每 m^3 空气中 PM2.5 增加 $10\mu g$，医院接诊心血管疾患的急诊和死亡人数就增加 6% ~7%，高血压的急诊病例增加 5%。原因是 PM2.5 能在呼吸中顺利进入人的肺部。造成肺部直接病变则要看吸入的颗粒性质[71]。美国心脏协会估计，PM2.5 污染在美国每年使 6 万人死于非命[84]。我国 2010 年已开始在 7 城市试点检测悬浮颗粒物，但我国城市在 2011 年前尚未引起足够重视，当时无一市发布有关 PM2.5 的监测、治理数据[65]。2011 年底，我国开始了城市 PM2.5 监测并逐步试行污染情况发布的攻坚战[88]。PM2.5 导致的呼吸系统病变、心血管疾患、对癌症的诱发功能已经在临床反复验证了[80]。

（2）PM2.5：研究表明，PM2.5 约有一半来自燃煤、机动车、扬尘、生物质燃烧等的直接排放，另一半是空气中的 SO_2、NO_x、挥发性有机物、氨等气态污染物经化学反应形成的挥发性有机二次悬浮颗粒，

也就是 SO_2 等挥发性物质经 NO_x 氧化形成的可吸入微小颗粒。两者共占大气颗粒物的 50%～80%。它们有很广泛的排放源，如火电、钢铁生产、水泥生产、锅炉、机动车、船舶、飞机、各种工程机械如推土机、起重机、盾构机械、农业机械、餐饮油烟、装修装潢、建设工程、垃圾处理等，一般均有跨地区、跨市域特点。限制一时一地的排放往往难于收到遏制 PM2.5 浓度及其随风飘移的效果[67]。另外，炭黑对增进 PM2.5 的作用也不可忽略[91]。

2-3-3　治理对策　物望所归

1. 对付雾霾，强化体制机制——

（1）降减大气中 PM2.5 浓度：在难熬的雾霾天气纠缠不休之际，首先应号召明智之士献计献策。标本兼治，加强体制机制和提升科技治霾水平才能冲出"霾"伏[92]。为此，2013 年 6 月 14 日，国务院常务会议部署大气污染防治 10 条措施，包括减排、控耗、绿色生产、结构节能、强化约束、加强激励、加强标准化和考核等[91]。同年 9 月 10 日，国务院发布《大气污染防治行动计划》[89]，作为当前和今后一个时期全国大气污染防治工作的行动指南。该行动计划提出，力争 5 年内全国空气质量全面改观，重污染天气较大幅度减少；京津冀、长三角、珠三角等区域空气质量明显好转[69]。紧接着于同年 9 月 13 日，国家环保部非常细腻地制定了《环境空气细颗粒物污染综合防治技术政策》，规定了有关的政策框架和相关体制机制。9 月 18 日，在北京召开的京津冀及周边地区大气污染防治工作会议上，环境保护部与京、津、冀、晋、内蒙古、鲁等六个省区市政府签订大气污染防治目标责任书。科技部 2014 年上半年也宣布国家科技计划将优先安排大气污染防治项目[82!]。

（2）完善科学规划：近几年，我国国务院批复的有关规划如 2011 年 6 月公布《国家环境保护"十二五"科技发展规划》、2011 年 12 月公布《国家环境保护"十二五"规划》和 2012 年 12 月发布《重点区域大气污染防治"十二五"规划》等，均对大气污染和治理做了重点安排。特别是《重点区域大气污染防治"十二五"规划》是我国首部综合性防治大气污染规划，要求"十二五"期间环境空气质量逐年有所改善：PM10、SO_2、NO_2、PM2.5 年均浓度分别下降 10%、10%、7%、5%；污染排放负荷较大的京津冀、长三角、珠三角地区，PM2.5 年均浓度下降 6%。该《规划》还指出：重点区域 SO_2、NO_x、工业烟粉尘排放量将分别下降 12%、13% 和 10%；要全面开展挥发性有机物污染防治，初步使臭氧污染、酸雨污染有所减轻；同时建立区域大气联防联控机制，明显提高区域大气环境管理能力[68]。

（3）加强管理：例如公共场所禁烟，WHO、世界肺健基金会和无烟草青少年运动 2010 年 6 月在上海举行名为"烟草：负担和解决办法"展览会上提供的数据表明：全球每 10 例成年人死亡，就有 1 例源于烟草。每年总计有 500 万人因吸烟罹病死亡。预计 21 世纪烟草将夺走 10 亿人的生命。WHO 组织签署的国际《烟草控制框架公约》已于 2005 年生效，其中含控制和禁止烟草扩散的一些条款[80]。二手烟在室内可以造成 PM2.5 严重超标[76]，被动吸烟的人也许致癌的概率甚至高于主动吸烟者！可是令人遗憾地看到，许多"先进"城市、"幸福"城市的公共场所、餐馆、甚至政府部门的会议室，依然烟雾痼疾，屡禁不止。学校青少年中的烟民颇不乏人，有的资深学者在学术报告中大谈吸烟危害，刚结束报告仍然要躲在休息室"话后一支烟，快活如神仙"。据 2007/2008 年 UNDP 的 HDI 统计，在全球人口大国中，中国的女性烟民占比最少，而男性吸烟族在成年人中占比最高。中国难禁烟草的主因被认为与环保意识不强和地方经济利益驱动有关[82]。据说 2013 年 7 月有科学家发明了戒烟良药。其实最佳药物莫过于用"环保责任心"激励那些自诩"天下兴亡，舍我其谁"的抽烟者！

加强管理的重点是否应突出各级领导的考核内容，评价其为清洁空气质量所作贡献[90!]。还有学者提出法治手段和经济手段并举，如通过税收作为 PM2.5 的主要治理途径[86,87]。

2. 清减"霾"伏，科技跟进[82↓]——

（1）油品升级：机动车排放污染物标准过低，且高品质油品迟未到位。燃油含硫量过高，行车时生成的 SO_2 就会生成硫酸盐颗粒进入大气，助长 PM2.5 上升，而且与 NO_x "合谋"增加酸雨概率。目前全国大部分地区使用汽油"国三"标准，即含硫量上限仍高达 150ppm，车用柴油硫含量上限更是高达

350ppm，大大高于欧盟和日本限制汽油和柴油中硫含量最高 10ppm 和美国的 30ppm。据悉，采用燃油的颗粒过滤器（DPF）还能有效降低悬浮颗粒排放。当燃油硫含量达 10ppm 标准状态再使用 DPF，削减 PM2.5 能力可提高 95% 以上[70]。有专家提出，大气治污应尽快统一油品相关标准[70!]。

（2）加速发展和使用新能源汽车：提高电动汽车生产质量和加速解决标准化充电站建设的同时，帮助用户掌握操作技术知识和加大政策支持，鼓励人们多用电动车是有效降减悬浮颗粒排放的关键。可是，目前新能源汽车现状尚难适应需求：高效蓄能电池尚在旰食宵衣研发中；电动汽车续驶里程尚停留在示范阶段；有关部门对电动汽车的基础设施准备滞后；充电时间远不如加油来得立马可待；而且电动汽车运输能力暂时仍弱于传统机动车；价格昂贵又是一般工薪人员心余力绌之事[75,89]。此外，小排量传统汽车在内燃机结构设计方面还有潜力可挖；加装汽车起停系统也能一定程度上当汽车处于急速时减少污染物排放，而且能兼收节油效果[79]。此外，还有专家提议采用生物天然气驱动机动车，能收到减排和节能一箭双雕的效果。不过这一方案还需要深厉浅揭地研发开拓，不可能毕其功于一役[90]。

新近研发的新技术可以使机动车尾气 PM2.5 减排 30% 以上[65↓]。

（3）转变能源利用方式：大力推进新能源研发与应用的同时，重点清理、改造燃煤电厂和工业锅炉，对燃料煤实行清洗之外，脱硝、脱硫处理刻不容缓[81]。专家呼吁治理 PM2.5 需要全民总动员，特别在秸秆燃烧、城市烧烤、家庭取暖、驾车出行等多个渠道均有减少排放污染物的可能，推广节能减排用具的使用、改变传统供能方式都是为治理 PM2.5 做贡献。

（4）控制工业烟尘排放：其中一个重要环节就是力促火力发电迅速向使用清洁煤炭的生产格局转变，例如图 2－9 表示我国火电厂烟尘排放量和实际达到的排放绩效，显然对改善空气质量大有裨益。现代技术中一个更有效的途径乃是有重点地选择煤炭资源的地下气化。在煤转变为油、煤地面气化和煤炭地下气化（UCG）三种清洁利用方式中，后者对抑制颗粒污染物最为有效。据分析，UCG 的优势在于：①环境污染较小；②资源能高效利用；③排碳量小；④使用过程较安全；⑤应用面广，除发电外可用于储能、化工原料；⑥方便运输。但从国外经验看，UCG 的产业化初期需较大资金投入、须达到一定产业规模才能获益。为了适应我国长期以煤为能源主力格局，为了彻底治"霾"，加速发展 UCG 势在必行[66↓]。

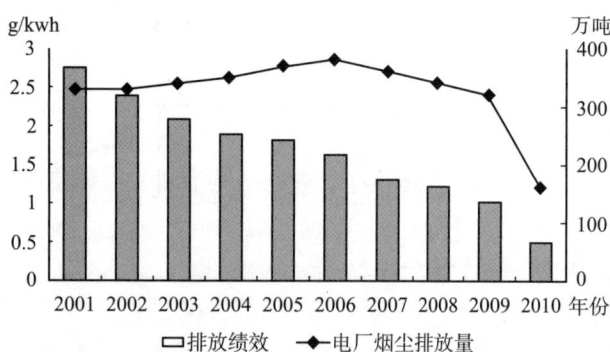

图 2－9　2001～2011 年我国火电厂烟尘排放量与排放绩效
（据：科技日报，2012－10－16 的 5 版图改绘）

（5）各地涌现的应急技术：如西安市远距离喷雾降尘车；武汉科技大学毕业生发明的高空雾化喷淋系统和兰州某公司设计的高射远程风送式喷雾机等，治"霾"功用各有所长[78]。

（6）深圳康维尔科技公司于 2014 年 11 月推出 28 种纯天然植物萃取物清除环境中细菌和化学污染物，实现自然治污。经当地权威检测中心证实，所产相应"颐和清新"对甲醛、氨、二甲苯、乙苯、硫化氢等化学污染 4 小时去除率 85.4% ~ 93.8%，对白色葡萄球菌 2 小时杀灭率 99% 以上[63!]。

（7）2007 年陕西海浪公司研发的"高效节能微排放燃煤技术"具有排放的颗粒污染物趋近于零、燃煤热效率达 88.4%、适用各种优劣煤质、运行成本低等优点，是近年来影响深远的自主创新成果，也是融合了低碳化和绿色化的典型项目。

（8）完善监测手段：据 2013 年年初统计，全国 496 个国家环境空气监测网监测点位安装的监测 PM2.5 设备，国产品仅占 15%。国家环保部安排下正加强有关仪器和采样成套设备的研发、设计和生产。工欲善其事，必先利其器，监测设备跟上形势，才能及时做好空气质量监测预警[69]。目前，我国正全力推进空气质量新标准监测。

显然，中国的治霾之道，必须是依靠多学科联合攻关和多手段谋划[70,73]。需要肯定的是中国雾霾污染有不同于发达国家的某些特殊性，但目前的科研尚未窥其堂奥[85↓]。经过几年的产学研结合攻关，效果明显。如 2014 年上半年，74 个重点城市 PM2.5 浓度已同比下降 7.9%；PM10 浓度下降 6.5%。专家认为目前我国大气污染物排放已进入转折期[77]。专家组以长篇连载方式预判我国污染物排放峰值将出现在"十三五"期间，并以翔实的数据论证了中国主要污染物排放将呈现转折下降态势[23]。最近有财务专家通过财税手段和经济杠杆从另一侧面探讨雾霾治理的可行性方案，颇富新意[87]。

3. 国外治理经验——

（1）概况：各城市空气质量的监测标准和措施大不相同，但大部分发达国家都将 PM2.5 作为新控制项目，取消了原来监测多年的总悬浮颗粒物（TSP）；英、日、欧盟将苯并[a]芘等有毒挥发性有机污染物（VOC）进入测控范围[64]。英国伦敦、德国鲁尔工业区、美国洛杉矶和纽约以及日本诸多原来十面"霾伏"的城市，大都通过强力法规和有效科技手段，加上市民的积极配合，均已宣告灰霾隐退，回归蓝天[62,74]。近些年，各国加大了针对空气污染影响人体健康的研究力度[91]。

（2）美国法规引导：美国主要靠法制完善治理空气污染。早在 1955 年即出台《空气污染控制法》，1963 年国会通过《洁净空气法》，1965 年《机动车空气污染控制法》，1990 年实施《洁净空气法》修正案，规定严格的机动车尾气排放标准，对 189 种有毒污染物制定了新控制标准。1997 年开始，对 PM 实行了严格的监测控制标准；2006 年进一步修订了该标准：规定全美每个角落 24 小时内 PM2.5 最高浓度从原定 65μg/m³ 减为 35μg/m³，年均浓度应小于或等于 15μg/m³；PM10 在 24 小时内 150μg/m³。[84]此外，美国并不满足于几纸法规，而是通过各种渠道在全国形成人人有责任保护环境、控制大气污染的风尚。美国环保署通过大力宣传和严格执法获得公众拥护。例如若发现加油站地面有油渍都会被罚款，同时进行环保教育[85]；出门开车放着自带垃圾袋。

（3）德国多管齐下：德国治理空气污染的应急措施是：空污较轻区域限行特定机动车型、较重区域禁行所有车辆，同时限制或关停大型锅炉和工业排污设备以及关停市内建筑工地。德国的长效措施包括立法和强化管理，对经常性污染源制定相应的排放标准等[7]。德国还通过推广技术设施减少车辆污染物排放，并曾在 2007 年立法补贴安装颗粒过滤装置的柴油小汽车。有的地区挂牌只准许符合排放标准的机动车通过[85]。

（4）其他：如英国"雾都"伦敦已经远离雾霾天气，主要是 1956 年议会通过的《清洁空气法案》规定了工业和民用若干具体控制事项，众擎易举，净化空气很快见效[74]。2006 年在发现用振荡天平法监测 PM10 和 PM2.5 数值偏低，马上组织科技人员研究改进，很快提出增加膜动态测量系统进行矫正。可见英国依靠科技精义人神，不放过空气污染防控中的任何蜗角微疵[77]。日本东京依靠法制强化污染治理颇见成效，特别是针对东京大气污染特点的光化学烟雾污染制定了若干具体的防治举措，尤其要求重点保护学校不受污染[11]。

2-4　护臭氧层防酸雨　全人类共同责任

2-4-1　护卫臭氧层　人类总动员

1. 保护臭氧层，全人类责任——臭氧层是地球海平面以上的 25~30km 平流层富集着臭氧（O_3）而得名，因能吸收 99% 以上射向地球伤害人类的紫外线，形成了一具天然的保护伞。通常臭氧层厚度至少应有 300 多布森以上（1 多布森 = 标准状态下千分之一厘米）。1974 年被美国加州大学（UCLA）两位学者发现南极上空臭氧层出现空洞，距地表 12.9~21.9km 的臭氧层厚度有时降到 125 多布森，最低时可测得仅为 1.2 多布森的空洞[104]。到 1998 年底，空洞面积已达 2720 万 km²；2006 年达 2745 万 km²。南极上空的臭氧空洞随所谓"极涡"活动的强弱而呈现大小变动，其间存在着复杂的空气动力学和化学过程[102]。1995 年，我国科学家发现在青藏高原上空也出现了臭氧层变薄的现象，但主要缘于高原上空上升气流的动力交换，并不像南极上空存在的严重化学过程[106]。

臭氧层变薄或出现空洞造成的危害有：（1）促使微生物死亡。（2）植物生长受阻，尤其是农作物如棉花、豆类、瓜类和一些蔬菜的生长受到伤害。（3）海洋浮游生物死亡，以这些浮游生物为食的海洋生物相继死亡。（4）海洋中鱼苗死亡，海洋生物和渔业减产。（5）使动物失明，造成人白内障蔓延，臭氧层每变薄1%，失明人数增加1万多人[94]。（6）降低人和动物的免疫力。（7）人的皮肤色斑增多，皮肤癌发病率增高（已知臭氧层每损耗1%，人类皮肤癌发病率增加5.5%）。南美洲南端的火地岛等地居民因强紫外线照射而患皮肤癌的人陡升。（8）削弱植物吸收GHG能力，可使植物的CO_2摄取量降低1/3，从而使地球变暖[115]。

研究尚在向纵深发展中。在地表附近停留并能滞留几周的臭氧则是对人类十分有害的气体成份，一般将引发呼吸道、心血管疾病，并导致呕吐[121]。欧洲环境研究所2007年的一份研究报告指出，地表臭氧污染是使欧洲2万多人早死的主因；而2000年因臭氧污染导致全球农作物减产损失高达140亿~260亿美元[98]。生物燃料、树木释放物将加大近地大气的有害臭氧浓度[93]。

2. 消耗臭氧层物质（ODS）——促使臭氧层变薄和出现空洞的原因多种多样，例如暴雨或使水蒸汽送入对流层，能加速臭氧流失并促使气候变暖[105]。值得研究的是人类本身的生产/生活活动给臭氧层造成了哪些影响？20世纪80年代中，人们开始锁定了对臭氧层造成明显破坏作用的主要化学品是氯氟烃（氟利昂CFC）和哈龙，以后又陆续发现6类96种化学品，统称为消耗臭氧层物质（ODS）。例如其中的氯氟碳化合物年增2.5%，将使全球皮肤癌患者增加百万，美国死于皮肤癌的人增加2万[109]。这些物质被人类广泛用作致冷剂、发泡剂、灭火剂、清洗剂、杀虫剂、阻燃剂、气雾剂和膨胀剂；用于冰箱、空调、保温箱、制作填充剂、甲基溴农药、塑料、发胶和包装箱等。1987年9月16日，UNEP组织170多个国家在加拿大签署了《关于消耗臭氧层物质的蒙特利尔议定书》，主要针对氯氟烃和哈龙两种主要ODS，商定除特殊必要的用途，发达国家1994年前停止使用哈龙；1996年前停止使用氯氟烃、四氯化碳和甲基氯仿；20多年来经各国共同努力，ODS确已明显减少（图2－10）；发展中国家2010年停止使用这些物质。在这些ODS中，内因缘于"氯"原子。20世纪初，氯在大气中的含量仅0.6ppb（1ppb＝10亿分之一），世纪末增加了6倍。1个氯原子能破坏约10万个臭氧分子[108]。南极上空平流层的环境使臭氧活性加强。一旦气温下降到－52℃，含氯物质开始分解，释放出氯原子将臭氧转化为分子氧，其防紫外线的能力差得多[103]。在此前臭氧层曾一度降至$1000km^2$，然后在2012年9月上旬回升至$1900km^2$，10月升至1989年以来的面积2080万km^2，但仍小于2006年水平[101]。此外，氧化亚氮（N_2O）对臭氧层的威胁也不可掉以轻心[106]。

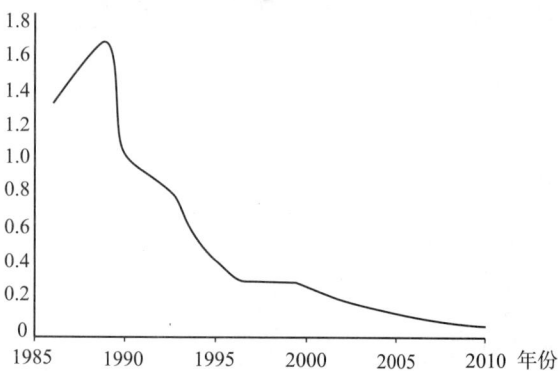

图2－10　1986~2010年在用消耗臭氧层物质明显减少

注：ODS吨数考述了不同的消耗臭氧物质的不同消耗臭氧物质。

（据：UNEP－GEO－5 p.52）

据测算，从1990年到2000年削减ODS的效果是：让全球变暖趋势推迟了10年左右。臭氧层可能在2065年恢复到20世纪80年代水平[106]。1995年联合国大会上决定每年9月16日为"国际保护臭氧层日"。2014年9月10日UNEP和WMO在纽约联合举行新闻发布会，会上断言：经过国际社会的共同努力，臭氧层有望几十年后恢复到20世纪80年代水平[94]。

冰箱、空调停用氯氟烃后的过渡性替代品是含氢氯氟烃（HCFC），因多出氢原子而易于在低层大气中被分解，对臭氧层的破坏作用小于CFC，但对气候变暖不利，因1吨HCFC相当于1.8万吨以上的CO_2；产生的副产品1吨相当于1.1万吨CO_2，而吸附热量的能力竟超过CO_2的4400倍！使用易燃易爆的碳氢化合物和难闻有毒的氨制冷剂有许多负面问题颇难推广。上述《议定书》规定2020~2040年淘汰HCFC，其中发展中国家须在2013年内将产量冻结在2009年和2010年平均水平上，2015年淘汰10%产量，2020年削减35%，2025年削减67.5%，2030~2040年用于维修仅保留2.5%。

3. 我国尽心竭力——我泱泱大国，承担国际义务，历来责无旁贷，对保护臭氧层尤其如此。2007 年 9 月，我国已全面停止生产哈龙和氟利昂，2010 年基本实现停排四氯化碳，20 年来共淘汰 ODS 生产量 10 万吨、消费量 11 万吨，约占发展中国家削减总量的 50%[96]。主要顾及淘汰 HCFC 后的责任，国家发布《消耗臭氧层物质管理条例》（以下简称《条例》）也已于 2010 年 6 月 1 日生效。《条例》规定了逐步削减并最终淘汰这些 ODS 的具体日程和途径。我国目前是世界上生产、消费和出口 HCFCs 最多的国家，早在 2008 年其产量已达 38 万吨，为发展中国家总产量的 87%；消费量 23 万吨，占发展中国家的一半。由于全国生产大户有 40 多家，主要使用 HCFCs 的空调企业 1000 多家，与生产 HCFC 有关的行业产值近 4500 亿元，从业者达百万人。2030 年前的三大任务是：按《条例》规定坚定不移地在发展中国家中做出表率，提前实现淘汰使命；在缓冲期内加强技术创新，研发新型"零破坏"替代品；突破当前冰箱业使用中效果较好，暂作权宜之计的 CFC – 11、CFC – 12。为了更上一层楼，有望近期我国具自主知识产权的替代品发明问世[95]。

2 – 4 – 2　减轻酸雨　研究对策

1. 酸雨追因——酸雨（Acid rain）常广义地包括酸雪、酸冰雹、酸雾，所以实际上应叫酸降水。众所周知，理想降雨的酸碱度应当是中性的，即 pH 值 = 7.0。但由于大气中始终存在一定浓度的 CO_2，降水过程中自然形成了弱碳酸（$CO_2 + H_2O = H_2CO_3$），所以正常情况下的物质平衡规律促成了实际降水呈弱酸性，经科学家们的认定，pH 值 = 5.6 是正常降水。所有 pH 值低于 5.6 的降水就是酸雨。研究证实：酸雨形成机理十分复杂，分析后得知降水中的致酸成分也随不同时地而异，但目前可以完全肯定的是：大气中的 SO_2 和 NO_x 是形成酸雨的主要成分，是构成硫酸根和硝酸根的离子源。重金属的硫酸盐和硝酸盐侵扰人体健康和衣着、腐蚀建筑物墙体、大面积污染土壤、农田和农作物；酸雨把土壤深层重金属通过盐化上浮而污染生产/生活环境；酸化的湖泊和海洋给水生生物、浮游动植物乃至微生物带来生存的毁灭性灾难；由于金属盐形成的颗粒增加了大气 PM 污染程度，对森林的破坏作用尤其明显。火电厂、工业生产中的三废排放、烧煤的工业锅炉和分散式取暖等是排放 SO_2 和 NO_x 的主要来源。不过，有人说酸雨也有有利一面：有利于改造盐碱地；还有可能从大气清除悬浮颗粒污染物的正面作用[92]。

2. 我国酸雨状况和对策——2011 年我国监测的 468 个市（县）中，出现酸雨的占 48.5%；酸雨频率 25% 以上的 140 个、75% 以上的 44 个。pH 年均值低于 5.0 和 4.5 的分别占 19.2% 和 6.4%。酸雨化学成分中最主要是硫酸根，占离子总当量的 28.1%，其次是硝酸根，占 7.4%。因此，硫酸盐和硝酸盐仍为我国降水主要致酸物质。酸雨区面积约占国土面积的 12.9%（未计领海面积）[25]。火电厂 SO_2 排放强度近年因坚决关停污染严重的小火电和广泛采用新技术而正在逐步下降中，如图 2 – 11 所示。这对于近年我国酸雨状况趋于好转功不可没（图 2 – 12 和图 2 – 13）。近年氮氧化物排放量呈上升趋势，酸雨中的硝酸根成分除来源于火电，机动车尾气排放排名第二。为此，首选之策是力求燃油品位升级和开展联防联控等[97]。

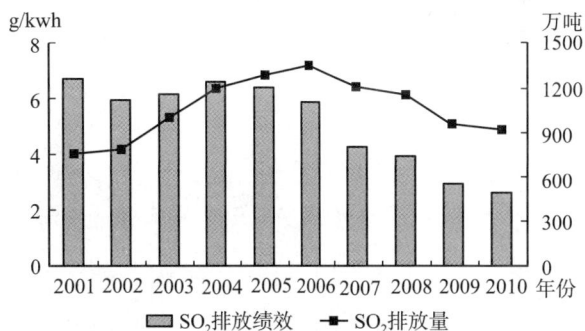

图 2 – 11　2001 ~ 2010 年我国火电厂 SO_2
排放量与绩效指标

（据：科技日报，2012 – 10 – 16，5 版的图改绘）

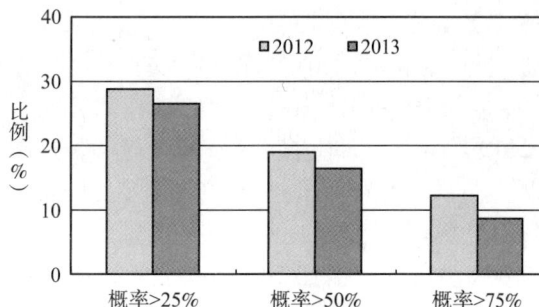

图 2－12 我国不同酸雨概率的市（县）
比例 2012～2013 年际变化

（据：国家环保部．2013 中国环境状况公报：24 页的图改绘）

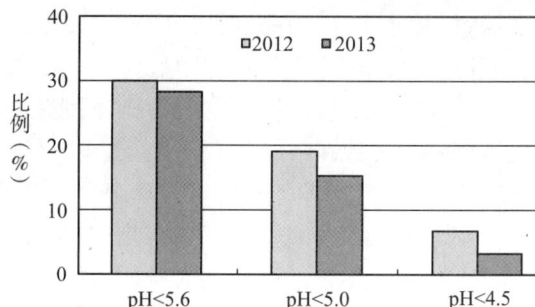

图 2－13 不同降水 pH 年均值的市（县）
比例 2012～2013 年际变化

（据：同图 2－12）

3. 展望——自 20 世纪 90 年代以来，华南经济炽热地区珠三角是个声闻四海的酸雨区，而且 21 世纪以来许多年份处于重酸雨污染地位，而且省会广州的酸度曾多年低于 4.5[100]。目前周围地区的农产品、果蔬的重金属严重超标，不能不首责酸雨之过[99]！

大气悬浮颗粒对我国的自然资源、生态系统、能见度和公众健康构成的威胁足以严重影响国民经济发展和人民生活质量。在这种背景下由 SO_2 等担任主角引发的酸雨污染每年给我国造成损失超过 1100 亿元，整个大气污染所造成的损失约占我国 GDP 的 2%～3%，而其中因酸雨污染带来的损失尚未计算在内。举例来说，中国作为历史悠久的文明古国，祖先给我们留下了多么珍贵的文化遗产、历史文物，为什么有的残缺不全，有的荡然无存？（据 2013 年 5 月 26 日中央电视一台"焦点访谈"）。须知隐形鬼蜮竟是酸雨从天而降！

文献上不无悲天悯人的估计：2020 年我国国土面积 50% 都将被酸雨覆盖，继欧洲、北美之后，如今我国青藏高原以东、长江干流以南已经成为世界第三大酸雨区，61.8% 的南方城市出现酸雨，酸雨面积占国土面积 30%，长三角、珠三角等区域性酸雨污染将相当严重[27]。然而，我们当不吝高自标置，对全心全意地发展新能源、共圆中国梦的决心行将获得"海晏河清"的环境变化，也许越过 2020 年迎来春风雨露、滋润清流，再无严重酸雨来袭了！

2－5 维护生物多样 力争生态平衡

2－5－1 保全生物圈 促生态完整

1. 生物多样性意义深远——所谓生物多样性是指地球生物圈所有生物：动物、植物、微生物，各自分门别类拥有的遗传要素和生存环境而又相互依存的生态整体。学术上分成遗传多样性、物种多样性和生态系统多样性三大研究范畴。

动物进化形成的生态结构包括食草动物、食肉动物、分解腐食的微生物，最后通过细致复杂的生物化学过程回归大自然，濡养千岩万壑的争荣草木供食草动物延年益寿之需，完成天衣无缝的生态大循环。人类自恃聪慧去破坏这种物竞天择的进化机理，在不知不觉中尝尽恶果而不自知。

维护生物多样性的意义不仅仅在于为人类本身的生存、安全、食物源和发展提供服务和便利，而应该站在可持续发展的生态平衡高度上去高识远见。有鉴于此，1992 年在巴西里约热内卢召开的联合国环境与发展大会上，通过了《生物多样性公约》；2000 年联合国"千年发展目标"将生物多样性与可持续发展同列为第七大目标；2010 年 9 月在美国纽约召开首次生物多样性峰会有将近 200 个国家和地区的政府首脑参加；2010 年 10 月在日本名古屋召开《生物多样性公约》缔约方大会更是意境深远、盛况空前。可见这一主题已经深入人心，代表着人类的理性升华！

2. 物种丰盈，无边无际——五光十色、灿烂辉煌的地球生态系统中的生物圈，人们至今并未能确切知道究竟有多少物种。孔夫子说过："不知生，焉知死？"就是说并不清楚总共有多少生物物种，说"20% 的动物物种即将消失"就无法确认是指多少物种了[115]。地质学家证明 6500 万年前地球被一颗直径约 10km 的小行星撞击造成白垩纪末期生物大灭绝，在漫无边际进化历程的劫后余生也许物竞天择、优胜劣汰而相生相伴发展至今的规模远比原始生态更加丰彩多姿[127]。科学家估计目前地球上的动植物物种约有 300 万 ~1000 万种。国际自然保护联盟（IUCN）认为现有物种只有 180 万种[122]。也许是指已拥有科学名称的物种在 150 万 ~180 万种之间，已开展生物多样性测试的核心物种约 50 万种[131]。但普遍认为这个物种估计数与实际相去甚远[117]；有的科学家认为现存生物种类有数千万种甚至达到 1 亿种[132]。生物分类学始自 18 世纪，瑞典科学家林奈（Carl Linnaeus，1707 ~1778）几十年的心血凝聚在他 1758 年出版的著作里，其中记录了 9000 多种动植物物种。以后近百年单是鸟类就增录了 4500 种[117]。

3. 生物多样性功能——生物多样性通过生态系统发挥七大功能，实际上呵护着人类繁衍和可持续发展：（1）提供有益人类健康和生存的物质，如森林木材、药用植物、水产动植物、广谱的食物等，发展中国家 80% 和发达国家 40% 的药物来源取自生物资源；（2）促进生态平衡，减缓气候变暖，阻遏水土流失，增强水体自净能力、遏制海洋酸化等；（3）为人类提供形形色色的能源和工业原料，诸如木材、纤维、橡胶、造纸原料、天然淀粉、油脂、蜂蜡、蜂蜜、蜂王浆、燃料、饲料、皮革、羽毛等；（4）生物多样性保存了物种的遗传基因，为繁殖良种创造了必要条件；（5）相伴人类的文化生活和促进旅游事业发展，如北京动物园、华南植物园、肯尼亚野生动物园、美国华盛顿的珍稀植物博物馆、国内外威风祥麟的熊猫馆、珍禽异兽的动物园、奇花异卉、古木参天的植物园等；（6）优势互补和隐形护卫，如默默保护着人类的各种害虫的天敌（如熟知的啄木鸟和猫头鹰等）、微生物对土壤形成的功绩等，从而可以特定地研究哪些动物乃至植物与微生物能够帮助或保护人类免受有害生物侵袭，例如像北京那样开展以虫治虫减少蔬菜的农药残留[123]；（7）为我们提供人所不知的另类信息源和生存技巧，例如蜻蜓的眼睛构造提示设计电子眼的思路、鹞鹏鸟的一飞冲天和美国加州胡蜂的翅膀是飞机设计师极好的模板、猫头鹰的夜视能力是红外线探测仪的天然标本、植物"猪秧秧"捕捉蚊虫的本领给自动化工程师颇多启发、摹仿"鲨鱼皮"的几近零重力的泳衣、借鉴翠鸟俯冲体型的高速低能耗"子弹列车"等等，其生物学渊源是 15 世纪诞生的《仿生学》[127!]，让人类在花花世界里从聪慧的动物乃至部分带"灵感"的植物当中吸取了天生云锦的生态本能；（8）红树林对保护水域环境有特殊功能。越南因种植和保护上万 hm² 红树林，不但降低了洪水威胁，而且节约了河坝维修费用[127]；（9）海洋上的浮游植物能大量吸收 GHG，帮助海洋增加了碳汇。由于原来估算陆上植物每年吸纳了 1000 亿吨无机碳，实际上仅吸纳了 520 亿吨无机碳。浮游植物大量吸纳碳起到了补偿陆地储碳缺额的作用，对于遏制地球气候变暖利莫大焉[134]；（10）为了保护濒临灭绝的全球约 3.4 万种植物，全世界已建设了 1750 座种子库，保存着寿命可达 50 年以上的各种经过优选的植物种子。例如，仅小麦品种即储存着 12 万多种。位于挪威的斯瓦尔巴全球种子库储藏着来自全球各地的 75 万种植物种子。中国农科院于 1986 年建成的种子库也是世界上名列前茅的高质种子银行，起到保护濒危作物品种、提供科研后备和维护遗传资源的多重作用[111]。

4. 人类健康护卫、医疗药物来源和害虫天敌——可以举出数以万计的实例说明一个丰富多彩的生物圈提供给人类生存和发展的无量功德。现已证明地球上数以百万计的物种对人类有益[133]。（1）1590 年明朝的医学巨擘李时珍（1518 ~1593）以 192 万字完成的《本草纲目》载有中医入药的动植物 1892 种，且其中有的药物又有几多分支。"一味丹参饮，功同四物汤"，就是从丹参联想到当归、地黄、芍药、川芎这"君臣佐使"的四物来！土鳖虫、守宫（壁虎）、蜈蚣、全蝎、蛇退之类的动物药是所谓"草木无情"原则指导下的爬虫、两栖类动物常用药。只可惜如今因用量过大和环境污染严重，疗效好的野生品几乎绝迹而以人工养殖品取代，甚至冬虫夏草也出现了人工变种！据统计，目前约有 2.5 万种植物被人类利用，被栽培的品种已达 1500 种（包括人参、天麻等）。我国中成药和大部分保健品原料取自生物圈[112]。（2）种群数量很小的一些珍稀植物往往有极高的医药价值。喜树富含的喜树碱对白血病、胃癌、艾滋病均有良效，但目前野生喜树已不足 100 棵；珍稀孑遗植物如水杉、银杏均有很高的药用价值（孑遗是从前分布较广而在大冰期后硕果仅存为数极少的"古化石"植物物种)[112]。（3）绝种的澳洲青蛙原对治胃溃疡特效；青蛙的医药价值估计有几十种；北极熊体内特有的体液对治疗人类骨质疏松病有特效。生物圈隐藏着巨大的特效药库还没有充分发掘出来[130]。（4）水蛭特有的抗凝血素用于治疗血栓、心肌梗塞、卒中等心脑血管病；云南紫杉和欧洲浆果紫杉、红豆杉分泌的紫杉酚用于治疗卵巢癌和肺癌有效[132]。（5）鸟类对生态平衡和人类的生存功盖天地，不但是害虫的天敌，而且能直接保护/美化环境。一只白脸山雀幼鸟每天可啄食 1800 条松毛虫、30 只蛾子；1000 只紫翅椋鸟在繁殖期能扫灭 22 吨蝗虫；与人类更亲近的燕子夏天能吃掉 50 万～100 万只苍蝇、蚊子和蚜虫；猛禽兀鹰、猫头鹰等和一般海鸥、乌鸦等均有嗜食腐肉习性，能帮助人们保护环境；更多羽毛秀丽的小体形如蜂鸟、花蜜鸟等是开花乔木、灌木"义务"传送花粉能手[117!]。（6）美洲山毛榉、铁杉林上的千足虫带抗虫气味，通过基因工程转移到禾本科植物上有明显抗虫效果；墨西哥野生豆类植物有一种基因能使储藏的豆类食品对象鼻虫产生抗性；马达加斯加长春花所含成分治愈白血病有效率达 95%；野生山药提取物有助制造避孕药；某些甲壳虫和昆虫壳中的一种物质能制成加速伤口愈合的外科缝合线[133]。综上所述，有益物种在生态系统中的作用是不可替代的[118]。

2–5–2 本是同进化 人类戒凶残

1. 多少物种将蒙受灭种之灾——由于环境污染、滥捕滥杀和食物不足，全球野生动物数量/物种持续降低；许多物种已遭绝种之灾。UNEP 于 2010 年 5 月初发布《全球生物多样性展望》第 3 版，认为生物多样性丧失速度并未得到遏制，5 万种物种中，1/3 以上存在灭绝危险。认为履行《生物多样性公约》的效果很不理想，44% 的陆地生态区域和 82% 的海洋生态区域没有达到预期的保护目标，包括大多数生物多样性保护区域[128]。

IPCC 2007 年的报告预计 2100 年地球上的 1/4（100 多万）动植物物种灭绝。国际自然保护联盟每 4 年公布一次濒于灭绝的物种红色名单。2009 年在被评估的 44838 个物种中，有 16928 个物种濒于灭绝，包括两栖动物 1/3、鸟类 1/8、哺乳动物 1/5 和珊瑚 1/4[122]。2010 年 5 月在北京举行的"国际生物多样性日"主题活动中说，目前世界生物物种每小时就灭绝 1 种[125]。实际按上文的数据，若每天灭绝物种 140 个，则每小时应消失近 6 种。

《科学》杂志 2010 年 10 月期公布的研究结果是：全球约 20% 的脊椎动物已面临灭绝威胁，包括 25% 哺乳动物、13% 鸟类、22% 爬行动物和 41% 两栖动物。联合国粮农组织 2012 年 10 月指出：全球约有 22% 的家畜品种面临灭绝危险[110]。2014 年 7 月 24 日，《科学》杂志一篇惊心动魄的文章说：地球正处于第六次生物大灭绝之中。2014 年 9 月底世界自然基金会发布最新研究报告：全球 3000 个野生动物物种总量在两年内减少了 20% 以上[128!]；1970～2010 年陆生、海生动物数量下降 39%，淡水动物数量下降 76%。40 年间，全球野生动物几乎减少了一半[128!]。2014 年 12 月 8 日召开的 2014 年中国生物多样性保护国家委员会会议上揭露，非洲长颈鹿数目近年急剧减少了 4 成；太平洋蓝鳍金枪鱼种群数量在过去 22 年减少了 19%～33%[112!]。12 月 26 日，中科院南京古生物所出版《远古的灾难——生物大灭绝》，认为地球上生物正处于快速灭绝期，灭绝速度超过以往任何一个时期[115!]。

海洋生物同样面临全球性灭绝。过度捕捞、环境污染、捕杀本应保护的重要海洋鱼种将加速这种灾难的早日到来[115]。海洋动物中濒于灭绝的有龟类 6/7；鸟类 27.5% 和近 30% 的珊瑚礁渐趋灭绝[122]；约 33% 软骨鱼（如鲨鱼、鳐鱼、灰鳐等）和 15% 硬骨鱼濒临灭绝[116]。馋涎欲滴而不惜掘室求鼠的鱼翅掳掠，每年因此有 7300 万条鲨鱼在人类刽子手凶残屠杀下退出生态圈[124]。由于海洋被多渠道人为污染，有的珍贵鱼种已濒临灭绝，如蓝鲸仅剩 15 头；长须鲸也仅剩 1000 多头；最讨人喜爱的灰鲸面临绝迹。海豚、海象、海豹的数量也在急剧减少。全球海洋渔业资源正面临枯竭危机，25% 的渔场遭到破坏，世界 17 处主要渔场，有 13 处难乎为继。我国学者则通过古生物化石研究了 2.5 亿年前二叠纪地球生命大灭绝与地球气候间的互动关系，提示海洋环境的恶化将对海洋生物的生存造成灾难性后果[119]。

2. 中国生物多样性现状——我国拥有森林、灌丛、草甸、荒漠、湿地等地球陆地生态系统，拥有高等植物 34984 种，占世界 10% 以上，居世界第三位，属中国特有的 17300 种。其中有苔藓植物 2572 种、蕨类 2273 种、裸子植物 245 种、被子植物 29816 种。此外，我国几乎拥有温带的全部木本属。祖国的大好河山，植物、森林显露灿烂光辉！

我国约有脊椎动物 7516 种，占世界 15%，其中，哺乳类 562 种、鸟类 1269 种、爬行类 403 种、两栖类 346 种、鱼类 4936 种。列入国家重点保护野生动物名录的珍稀濒危野生动物共 420 种，大熊猫、朱鹮、金丝猴、华南虎、扬子鳄、白鳍豚、中华鲟等 667 种动物为我国所特有。

按国际自然保护联盟标准，我国物种濒危比例是：无脊椎动物 34.74%，脊椎动物 35.92%，裸子植物 69.91%，被子植物 86.63%。我国植物物种约有 15%~20% 处于濒危状态，仅高等植物中，濒危植物就高达 4000~5000 种，这些均远高于世界平均水平。造成这一危象的主要原因是严重污染的环境和有法不依或法不责众[118]、明刑弼教不到位而致屡禁不止的滥捕滥猎、滥砍滥伐！《濒危野生动植物国际公约》列出 640 种世界濒危物种，中国有其中 156 种[142]。现已查明有 233 种脊椎动物面临灭绝，约 44% 的野生动物呈数量下降趋势。1990 年长江有国家 2 级保护动物江豚 2700 头，目前估计不足 2000 头，其中洞庭湖不足 200 头。洞庭湖因滥植芦苇/芦荻供低质造纸苇浆、荻浆生产，以及围湖造田，生态遭到极大破坏，湖面急剧缩小、洪汛频急、帆船匿迹、"瘟神"血吸虫魂归魔窟、大型特产鱼种告罄。我国长江和洞庭湖本来是世界珍稀鱼类休闲遨游和传宗接代的最佳去处，自 2007 年长江和洞庭湖特有的"嘉宾"白鳍豚绝迹之后，珍贵的"客鱼"白鲟、鳇鱼、拟尖头鲌、鲥鱼等也"归去来兮"多年不见情影[129]。福建第二大河流九龙江，流域总长 2000km，密布大小水电站 1000 余座，但因没有兼顾生态平衡，顾此失彼，盛产的名贵野香鱼、国家一级保护动物鼋、二级鳗鲡均告绝迹[117]。过去常年来东洞庭湖过冬的候鸟多达 312 种，约 5 万~7 万只，目前种类虽变化不大，但数量急剧下滑。据 2006 年观测站的数据，国际濒危物种东方白鹳由 2000 年 802 只减为 36 只，"天空上，队队排成行"的鸿雁由 3000 多只下降到不足 300 只[114]。中国的野生动物某些物种如华南虎几乎已经绝迹[126]。记者们呼吁拯救长江生态，拯救江豚、保护渔业已迫在眉睫。但据长江湿地网络的运行效果来看，长江流域一大批珍稀濒危物种可能有幸得到了有效保护[116]。

中国政府先后发布实施了《中国生物多样性保护行动计划》、《中国自然保护区发展规划纲要（1996~2010 年）》、《全国生态环境保护纲要》、《全国生物物种资源保护与利用规划纲要（2006~2020 年）》、《中国生物多样性保护战略与行动计划（2011~2030 年）》、《中国水生生物资源养护行动纲要》，以及农业、林业等一批行业规划，采取了一系列生物多样性保护行动。截至 2010 年，已建立各种类型、不同级别的自然保护区 2588 个，保护区总面积约 14944 万 hm^2，初步形成了布局较为合理、类型较为齐全、功能比较健全的自然保护区网络。野生动植物迁地保护和种质资源移地保存得到较快发展。全国已建动物园、植物园近 500 个，农作物种质资源国家长期库 2 座、中期库 25 座，国家牧草种质资源中期库 3 个、种质资源圃 17 个，国家级畜禽种质资源基因库 6 个，建成国家重点保护野生植物原生境保护点（区）139 个，国家水产种质资源保护区 282 个。生物多样性基础调查、科研和监测能力得到提升，生物安全管理得到加强。

2010 年，我国发布的《中国生物多样性保护战略与行动计划（2011~2030 年）》，提出未来 20 年生物多样性保护总体目标、战略任务，确定 35 个生物多样性保护优先区域，10 个优先领域，30 个优先行动和 39 个优先项目。其中 32 个内陆陆地和水域优先区涵盖了 885 个县，面积超过 230 万 km^2，约占陆地国土面积的 24%。

3. "复活"已灭绝动物——由于生命科学的纵深发展，特别是基因工程和细胞工程的全线挺进，提出了利用基因工程成果，通过干细胞发掘和基因复制，有望培育出原来已经灭绝的某些动物，特别令人心存疑虑的是可能"复活"那些食肉动物群中凶禽猛兽。美国《发现》杂志对此多有论述。我国《科技日报》也曾

图 2-14　体细胞经过生命
科学程序复原
（据：［美］Discover, 2012（02），p. 58）

客观评述[121]。图 2－14 就是用濒临灭绝异种河马的皮肤细胞复制出来的奇形怪状的新型动物。不过，与其花大量人力物力财力恢复已灭绝的生态缺位，不如事半功倍地为维护当前的生物多样性而竭心尽力。

2－5－3　外来物种入侵　谨防引鬼上门

1. 国外教训一瞥——外来物种入侵造成的危害有五：抑制本地繁茂适应的生物物种；造成农作物质和量急剧下降；侵占本地物种生存空间，传播永久破坏性毒素；对人畜健康安全造成威胁；影响出口贸易。气候变暖可能增加某些有害物种的繁殖而限制有益物种生存，这与从外界引进有害物种如出一辙。例如 20 世纪 90 年代，加拿大不列颠哥伦比亚中、北部约 1300 万 hm² 黑松树林，几乎全部被暖冬未被寒潮和冰霜限殖的山松虫所吞噬。紧接着由于气候变暖而加速繁衍的山松甲虫进一步攻击加拿大北方森林中的主要物种斑克松，导致斑克松消亡而使森林碳汇功能大减，反促 GHG 浓度上升[1,2]。因气候变暖，北冰洋加速融化，带来许多外来物种入侵北极，形成新一轮污染问题[141]。此外，生物入侵往往威胁人体健康和破坏城市生态安全[136]。

据估计，包括病毒在内的外来物种入侵，每年给美国造成约 1370 亿美元损失；给印度造成损失 1170 亿美元；给巴西造成损失 500 亿美元[137]。20 世纪欧洲人生活水平大幅度提高后，兴高采烈地从世界各地引进各种观赏性动植物，到 20 世纪末才从生物多样性理念传颂声中清醒过来，有 15% 的引进物种使欧洲"深受其害"！例如引自南美的水风信子，为它像美女般的鲜艳紫色花瓣而着迷，却发现它是新型传染病的载体；独活属大豕草的美丽叶、杆引人瞩目，引进后疯狂地蔓延遍凌全欧，人的皮肤接触即能被灼伤；苏伊士运河的钵水母借船舶压舱水来到地中海，这种能在水中蜇人致死的动物严重威胁海滨浴场安全；来自北美的灰松鼠大大增加英、意等国的护林难度[138]。

2. 勤谨守候国门，严防恶紫夺朱——截至 2013 年确定入侵我国生态系统的外来有害生物（含动植物）已达 544 种，其中严重危害的有 100 多种；近 10 年新入侵的恶劣外来物种有 24 种，常年大面积造成严重危害的物种有 120 种[142]！2014 年年底，据我国生命科学家们的调研信息，我国外来入侵植物有 72 科 285 属 515 种，在国际自然保护联盟公布的全球 100 种恶性外来物种中，中国有 50 种[139]。国家环保部曾估计因外来物种入侵每年造成经济损失 1200 亿元[25]，目前估计已超过 2000 亿元[140]！

新中国成立前盲目引进造成环境祸害的物种至今犹有余悸。如 1904 年广东为了观赏和"美化"臭水河涌而引进的水葫芦，而今因短时疯长阻塞河道和令部分水生生物窒息死亡，不得不花费大量人力和出动大批船只清理；南京 20 世纪出于观赏愿望从加拿大引入一枝黄花，2000 年后疯狂蔓延，抢夺生存地盘，其根系分泌毒素，使其周围植物中毒死亡；从南美盲目引进的福寿螺，堵塞水管、吞噬禾苗[140]，在北京因食用福寿螺染上管圆线虫病的大有人在[139]。

外来入侵物种中，水葫芦、水花生、黄顶菊、紫茎泽兰、大米草、薇甘菊等植物，美国白蛾、松材线虫、马铃薯甲虫等对我国农林渔牧业均有不同程度损害。人们也许会问，有的物种能在原生地繁殖生长而无恙，为何到了我国偏受其害？这是因为生物在当地代代相传进化中已经被当地生态结构容纳和适应，其天敌与之形成相互制约的共生环境，而在单一物种引进后失去了原来的生态平衡环境，自然会肆无忌惮，为所欲为了。亚马逊河的食人鲳如果进入我国水域，不服从"一物降一物"的客观规律就会贻害人类[135]！随意放生巴西龟可能导致本地龟灭绝、培育多肉植物可能挤占其他植被繁衍，等等[137]。又如国内发现原产南美攻击性特强的红火蚁，在南美时有天敌管着：大量的食蚁兽每天吃掉 3 万多只，多种寄生蝇在红火蚁体内产卵促其死亡，多种微孢子病原体遏制被感染的红火蚁产卵骤减，这些当地环境因素窒碍了红火蚁的大量繁殖，若毫无顾忌引进国内，这只该死的蚂蚁对人畜和益虫的破坏无对无双[141]。与上述加拿大黑松树林几乎全被山松甲虫吞噬类似，我国森林中分布至广、长势茂盛的马尾松等松树，因 1982 年突被松木线虫侵蚀，使松木罹萎蔫病，被称为"松树癌症"，导致松林成片枯死，3～5 年成片松林尽毁。从发现开始，10 年内传染面积达约 3.8 万 hm²，损失木材 5 万 m³ 以上。后经我国科技人员努力，才找到抑制良法。不过，我国有八成外来入侵植物[136]和一些入侵动物物种来自美洲，对从美洲来的货运包装、行李包裹以及用于生物科学研究的设施进口还应当在通关时倍加小心。

2-6　防灾减灾　未雨绸缪

2-6-1　生态环境恶化　灾害踵趾相接

1. 严重自然灾害——2004 年好莱坞的科幻片《后天》（The Day after Tomorrow），暗示人类不顾一切地破坏地球环境后的悲惨遭遇，特别是水漫纽约城的惊险特技镜头，看完影片的人无不为未来地球村的环境支离破碎、祸从天降而感到惶恐莫名，无以言状。曾几何时，2005 年飓风"卡特里娜"甚至造成 1800 人死亡、100 多万人流离失所；2012 年 10 月飓风"桑迪"横扫纽约及其周边地区，居然与影片描写的纽约泽国如出一辙[147]。有智者提出：受"桑迪"启示，重大自然灾害需要全方位协力应对[152]。美国常年的飓风、龙卷风地动山摇，灾害连绵，破坏力惊人，但美国参议院只在"卡特里娜"后的 2006 年通过《"卡特里娜"灾后应急管理改革法案》，似乎还没有成为公众全方位协力行动。

2. 灾害蜂舞并起——2010 年是继 1976 年唐山大地震之后全球因灾死亡人数最多的一年，达 30.4 万人。这主要因 2010 年 1 月海地的地震死亡 22.2570 万人。2010 年全年处于地震高潮期：1 月 12 日海地 7.3 级；2 月 27 日智利 8.8 级；4 月 4 日墨西哥 7.2 级；4 月 7 日印度尼西亚 7.8 级；紧接着 4 月 17 日我国西藏聂荣 5.2 级；4 月 18 日巴布亚新几内亚 6.1 级。2011 年的自然灾害夺走了 2.9 万人的生命，3 月 11 日日本福岛地震引发海啸和造成一座核电站燃料泄漏，给海洋带来大范围严重核污染，估计经济损失达 2100 亿美元（含 350 亿美元保险赔付）。7 月泰国的暴雨和洪水造成经济损失 120 亿美元。全年全球自然灾害的总经济损失达历来最高额 3620 亿美元。2011 年全球较著名的几次自然灾害，损害较严重的 5 次见图 2-15。2012 年全球又有 1.1 万人因灾罹难，经济损失 1400 亿美元。12 月初，台风"宝霞"横扫菲律宾，致 475 人罹难，377 人失踪，20 万人无家可归，是 2012 年台风带给人间又一次巨

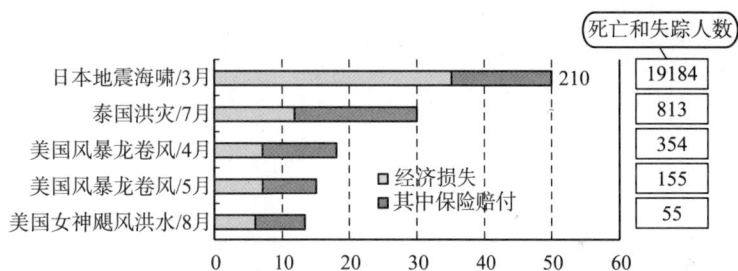

图 2-15　2011 年自然灾害（单位：10 亿美元）

（据：The Economist，2012-03-31，p.192.引自瑞士 Re 再保险公司的直方图，摘绘了其中经济损失最多的日本、泰国和美国）

大灾难。2014 年 4 月初南美智利发生 8.2 级地震伴随海啸，造成毁灭性生态破坏。2013 年年初，世界经济论坛（WEF）公布 2013 年世界风险报告，强调自然界存在许多不可预知的风险威胁：小行星撞击地球、超级火山大爆发、伽玛射线暴、真菌对动植物和人类的影响以及海底滑坡引发的地震海啸，人们须依靠现代科技加以预防、预警和设法减轻灾情[145,153]。加强灾害的社会经济防线[144]和科学技术攻关始终是摆在全人类特别是科技精英们面前责无旁贷的时代义务。

3. 力避人为灾害——2011 年 5 月 11 日西班牙洛尔卡附近发生 5.1 级地震，学者们认为这场地震是由人类活动引起的。这场悲剧为地震学家提供了地震是如何引发的新见解，或可能帮助人们在未来预测这类事件的发生，尽可能地减轻和降低地震发生的强度和规模。美国哥伦比亚大学 2013 年初的一项研究发现，近来地壳稳定地方易发地震的可能原因是能源行业采取水力液压击破岩石以开采天然气或在常规油井中注水以提高产量，因往深层注水可能诱发地震[148]。

纷纭杂沓的海洋污染源中罪魁祸首莫过于原油泄漏。我国 2011 年 6 月蓬莱 19-3 油田溢油事故对渤海湾生态环境曾造成严重损害。21 世纪以来全球最严重的两次原油泄漏事故都发生在美国。1989 年 3 月埃克森石油公司的"瓦尔迪兹"号超级油轮在阿拉斯加威廉王子海湾搁浅，泄漏原油 5 万吨，沿海 1300km 海域受到污染，给当地海洋生物带来亘古未闻的大灾难，后经调查，共有 50 万只海鸟、5000 只海獭、300 余头格陵兰海豹和 10 亿以上的鲑鱼鱼苗、幼鱼"含冤"死去。然而，2010 年 4 月 20 日发生在

美国墨西哥湾的原油泄漏事故，则是有史以来人为制造绝无仅有的大悲剧。英国石油公司在美国路易斯安那州东南约 82km、尚德卢尔群岛南边海域钻井平台爆炸起火，一天半后沉入墨西哥湾。该油井每天泄漏原油 80 万升，造成佛罗里达半岛西边的广大海域经受旷古绝伦的大灾难，在事故发生数月后，墨西哥湾的浮油面积仍有 1 万 km^2，而对海洋生态的破坏、海洋生物的死亡情况仍处调研之中[151]。

　　而今，人类须在各式各样的生产/生活活动中接触多达 14 万~20 万种化学品，其中有很大一部分严重影响人体健康和生活规律。多数 OECD 国家的企业表明：氨、硫化氢、硫酸和盐酸等无机化学品和苯乙烯、甲苯、甲醛、乙醚等有机化学品大量附存于向大气排放的污染物里；硝酸/亚硝酸盐混合物、锰一类无机化学品和甲醇、乙二醇、苯酚、甲苯、甲醛等有机物则向地表水域排放。每年约超过 100 万人因有毒的工农业化学品中毒死亡。如今化学品生产和消费量仍在以每年 3% 的速度增长，WHO 要求强化化学品无害化管理的教育、运输、基础设施和医疗保健方面的公共服务，切不可掉以轻心[143]。2015 年 8 月 12 日发生在我国天津的巨大破坏性仓储事故再次为我们敲起了安全发展、杜绝各种可能的人为灾害的警钟！

　　4. 中国的自然灾害——据了解，我国历史上那么多次大小地震，较少能提前给予准确预报。地震预测或预报不同于其他自然灾害，往往事前仅有些不动声色的蛛丝马迹，发生概率低，很难根据地质结构变迁条件和历史环境做出判断。说到底，地震预测实际上就是对人类的高新科技最严正也最紧迫的考验[146]！2008 年 5 月 12 日的 8.0 级汶川大地震、2010 年 4 月 14 日 7.1 级玉树地震；2013 年 4 月 20 日 7.0 级雅安芦山地震和 2014 年 8 月 3 日 6.5 级鲁甸因浅层 12km 下 9 级烈度损害特别严重的地震，可惜震前无法提早预示。前些年我国成功避让地质灾害起数和安全转移人数以及我国因地质灾害造成的死亡/失踪人数和经济损失分别如图 2 - 16、图 2 - 17 所示。据国家民政部统计，2014 年全国各类自然灾害受灾人次 2.4 亿以上，造成 1583 人死亡，直接经济损失 3374 亿元。这一年发生 5 级以上地震 22 次，其中 6 级以上 5 次[154]。

图 2 - 16　2007~2012 年成功避让地质
灾害起数和安全转移人数

（据：国家环保部. 2012 中国环境状况公报：56 页的图改绘）

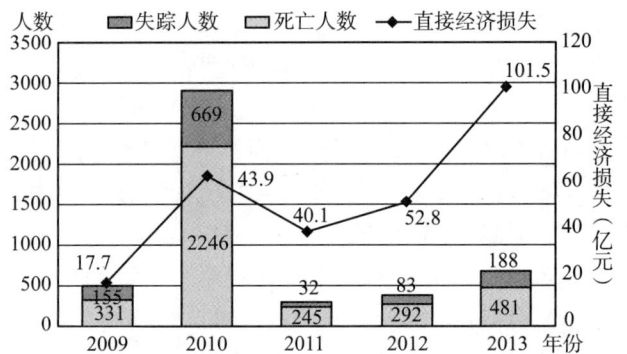

图 2 - 17　2009~2013 年地质灾害造成的
人员死亡和直接经济损失

（据：国家环保部. 2012 中国环境状况公报：52 页的图改绘）

　　我国是蒙受自然灾害最多、灾情最重国家之一。表 2 - 3 归纳了源自生态圈的各种灾害。

表 2 - 3　　　　　　　　　　　　我国主要自然灾害表现

大气圈致灾表现	干旱、台风、热带气旋、龙卷风、暴雨、冰雹、低温、霜冻、冰雪、沙尘暴、干热风、雾霾、强对流天气
水圈致灾表现	洪水、内涝、风暴潮、巨浪、海冰、海啸、赤潮
生物圈致灾表现	作物病害、作物虫害、蝗灾、鼠害、兽害、毒草害、森林病害、森林虫害、森林火灾、物种入侵
岩石圈致灾表现	地震、山体滑坡、崩塌、泥石流、地陷、地裂、地面沉降、山洪暴发、矿坑渗水
其他	天外陨石、酸雨危害、臭氧层偶变薄紫外线伤害

我国幅员广袤，农业发达，改革开放后除个别年份外，一般年景堪称风调雨顺。然而，我国总的气候条件常处于东南洪涝多雨而西北干旱少雨的格局中[154]。南水北调工程已经发挥补足效能，对偏重型水文分布将有所改善。一般年份，全国农作物受灾面积约为 4000 万 hm^2，歉收粮食 2000 万吨；倒塌房屋约 300 万间，受灾人口达 2 亿上下，其中需转移安置的约 300 万人，常年死亡约数千至万人。粗略估计，我国每年因各种自然灾害造成的经济损失约占全球对应损失总额的 1/4。我国常年因自然灾害不幸罹难的人口数几乎接近世界平均数的 3 倍！

2011 年我国全海域共发生赤潮 55 次，累计面积 $6076km^2$，次数和面积都是近 5 年来最低，说明我国近海污染状况正在改善[25]。

我国原煤生产连年发生事故，特别是矿坑透水事故时有所闻。这种灾害虽是自然灾害，却可通过科技手段化险为夷，避免人员伤亡。黑龙江省计算中心等单位发挥信息科技手段开发出防治煤矿水灾的智能控制系统，无疑是为我国的煤炭生产传来安全福音[149]。2013 年 4 月 23 日雅安芦山地震紧急救灾行动中，中科院除使用许多先进检测仪器外，所用"变形"机器人无所畏惧地在崩塌废墟中拯救生命；用旋翼无人机展开灾情搜救以及用超级"充电宝"一次充满 200 台手机等，说明在紧急救援行动中还有大量现代科技手段可以开发和应用[155]。

由于气候变暖、天气异常、火山躁动、山体滑坡、飓风台风、干旱洪水纷至沓来，人类面对着愈益严酷的天灾时日，再加上世界人口剧增，军国主义、恐怖主义、分裂主义、极端主义、霸权主义等磨刀霍霍、暗箭明枪；天灾人祸，震慑人心。唯有我酷爱和平的中华民族，高举义旗，推动世界和谐共处，才能补天浴日、天下为公。

2 - 6 - 2　面对污染恶果　救助人间恶疾

1. 环境污染的健康成本——在气候变暖和环境污染双重压力下，从上世纪后半叶到现在陆续发现若干疑难病症使许多一代名医感到棘手为难或竟至束手无策。有的疾患经过努力诊治，虽能缓解病痛但无法根治。

WHO 监测的 102 种疾病中，85 种受环境影响。环境污染往往是一些疑难怪症的始作俑者。近些年源自美国、加拿大的疯牛病、珠三角的冠状病毒引发的非典型肺炎、多次大举进犯亚洲的禽流感、英国的举国总动员向疯牛病宣战，人们记忆犹新。传统的结核病、疟疾卷土重来，药物雷米封、PAS、奎宁、青蒿素效力已渐次式微。2007 年 IPCC 的报告甚至提醒人们，到 2030 年将因气候变化，与腹泻有关疾病（痢疾、霍乱等）在全球低收入地区的发病率有可能上升 5%[33]。研究环境因素对健康的影响，确认环境污染是导致慢性病的主要原因[157]。现在不孕不育患者增多、各种侵犯人体的害虫如血吸虫、蜱虫（壁虱）、螨虫、恙虫、青腰虫（毒隐翅虫）、绦虫等乘虚而入，绝大部分都与环境污染有关。特别是 PM2.5 空气污染，使城市肺癌发病率持续上升。英国《柳叶刀》医学杂志 2013 年 3 月底刊载的《2010 年全球疾病负担评估》报告中揭示，PM2.5 形式的室外空气污染居全球 20 个关键致死风险因子的第 9 位，在中国则居第 4 位[71]。

2. 环境污染的代价——20 世纪 70 年代在中非共和国发现，后曾传播于加蓬、刚果（布）、扎伊尔、苏丹、乌干达，后又于 2014 年 7 月开始在西非 3 国（几内亚、利比里亚和塞拉利昂）流行的埃博拉（Ebola）病毒所致出血热，染病后的死亡率竟可能高达 90%，顿时世界各国均进入紧张防患，病原体是黑猩猩、猕猴等灵长类动物；流行在加拿大的军团病属于地方性的特殊病毒感染；波罗的海因气候变暖导致弧菌数量陡升，一般当海面温升 1℃，弧菌数量几乎就增加 200%。弧菌是通常生长在温暖的热带海洋环境中的细菌。这种细菌能引发人体的各种感染性疾病。人如果食用了未经加工的或未经烹煮的贝类或者直接暴露于海水中，就有可能出现类似霍乱的肠胃炎[161]。2014 年 10 月在乌干达肆虐的马尔堡（Marburg）也是从猴子身上传染的特殊病毒，染病后死亡率 88%；同时在我国广东省流行的登革热、其他国家如里夫特山谷热（Rift valley fever）、阿根廷溢血热（Argentine hemorrhagic fever）、日本脑炎（Japanese encephalities）等 20 世纪中后期出现的疑难顽疾，率皆在气候环境大变化之余各型变异病毒作祟所为。病毒性疾病治疗的困难在于病毒本身的高速突变[162]。1999 年在美国发现一种新型变异病毒叫西尼罗病毒，是鸟类感染经蚊子传播给人得病，临床表现酷似流感，少数患者出现脑炎和脊髓炎[158]。1999 年在美国爆发以来，已有 3 万多人感染这种病毒[159]；2003 年爆发疫情，曾有 9862 人感染，264 人死亡[156]；2012 年 8 月，西尼罗病毒卷土重来，肆虐美国得克萨斯州、密西西比州等，与暖冬后蚊子孳生有关。在东南亚流行过的 H7N9 甲型流感病毒（禽流感）则更是耳闻目见了。

3. 癌症村——饮用污染淡水造成的常见疾病有癌症、尿路和胆结石、心脑血管和高血压等病；含超标重金属蔬菜和食品，如铅引发肾病、神经痛、麻风病等；砷导致神经炎、急性中毒；磷引起有机磷中毒、呼吸困难；钙造成结石症、痛风；汞中毒导致神经中枢疾患、精神紊乱、痉挛致死等[3]。短期接触（24 小时内）臭氧、NO_2、CO、挥发性有机污染物可导致肺部炎症，长期接触引起心血管和中枢神经疾患；短期接触苯并$_{(a)}$芘可刺激眼睛、皮肤，长期接触可致癌、致畸和致突变；二恶英剧毒、致癌，危害尤甚[4]。2013 年 2 月，国家环保部发布的《化学品环境风险防控"十二五"规划》指明：我国生产线目前常用化学品多达 4 万余种，其中 3000 余种已列入当前《危险化学品名录》，癌症村的出现与这些有毒化学品的滥排滥用有关[26]。

环境恶化已经严重威胁人类身心健康。随着 21 世纪而来的就是中国癌症村呈现爆炸式的增长。据官方媒体报道，有准确地址的癌症村超过 200 处[157]，遍布全国各地。癌症村不是一个科学严谨的概念，但大致有当地环境污染严重、癌症患者数量高、死亡率高等特征，这些癌症村多处于城市工业园区的周边地带，河流下游或者矿山附近，受到工业废水、废弃物、废渣、生活垃圾以及重金属等多重复合性污染。人们得病延医艰难，这是被工业文明发展抛弃的村庄人群。环境的不公平已经造成了严重的社会问题。需要尽快建立一套全方位的政策机制，例如建立以财政转移支付为主要手段的生态补偿政策。

4. 艾滋病——自 20 世纪 70 年代末发现的获得性免疫缺乏（HIV）即艾滋病（AIDS），也是一类特有病毒诱发的疑难病症。30 多年来全球医学界、药学界、生命科学界以及各国政府均悉力以赴地研究对策，但至今尚无特效药物或全能治疗方案能予有效控制。WHO 和各国政府均信守保护人民的初衷，宣传预防的生理和心理知识。图 2－18 描述了 2003 年末全球艾滋病分布状况。据英国《经济学人》2014 年 7 月 26 日刊出 WHO 的全球分析结果，本世纪以来世界艾滋病患者及其死亡人数已在逐年下降（图 2－19），然而按 WHO 统计，到 2013 年底全世界感染艾滋病毒者仍有 3500 万人之多，其中 210 万为新感染者；亚太地区约有 480 万艾滋病感染者，中国约有 80 万。国家卫生计生委指出，到 2014 年 10 月底中国艾滋病患者有 49.7 万人，死亡 15.4 万例。在已知病例中，91% 源自两性渠道，来自男同性恋的较快增长[160]。这与我国 1985～2011 年艾滋病病源变化分类统计（图 2－20）的结论一致。WHO 的代表赞扬我国防治艾滋病的积极努力和全国动员取得的成绩。美国《科学》杂志提供的预测数据是：2015 年艾滋病病毒感染者中，年龄大于 50 岁的人群比例将首次超过 50%。①

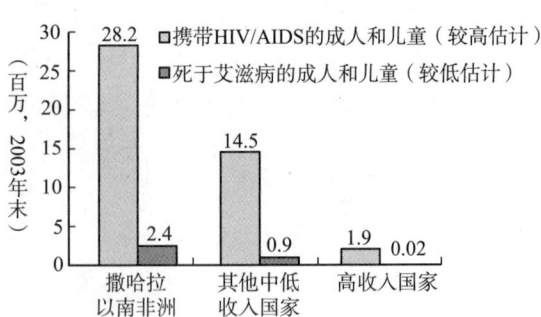

图 2－18　全球 HIV/ADIS 感染情况
（据：UNADIS，WHO）

毋庸讳言，控制艾滋病是建设绿色经济社会结构的重要一环，关键在于科技跟进。一方面已发现艾滋病病毒在进化中的毒力有减弱迹象[160!]，一方面据联合国艾滋病规划署 2014 年 11 月的一份报告，如果 2020 年能实现以科技为治疗核心辅以防控渠道的"快道"计划，则可望于 2030 年结束艾滋病流行[160!]。我国在防治艾滋病征途上采取的有效措施是：党和政府高度重视、宣传部门不遗余力、全民保持决不歧视的优良品德、深入开展中医药抗艾新途径、提出向"零"艾进军的战略口号和传播各种预防感染的知识等[160↓]。

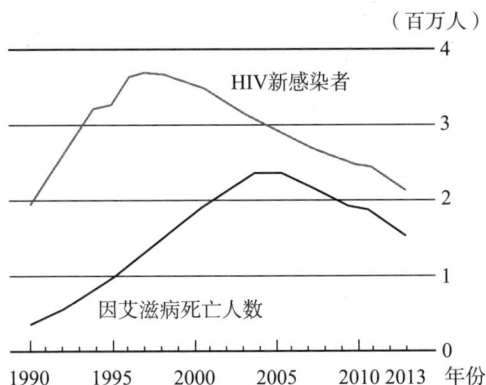

（百万人）

图 2-19　全球艾滋（AIDS）病患者一路下降

（据：The Economist, 2014-07-26, p.63）

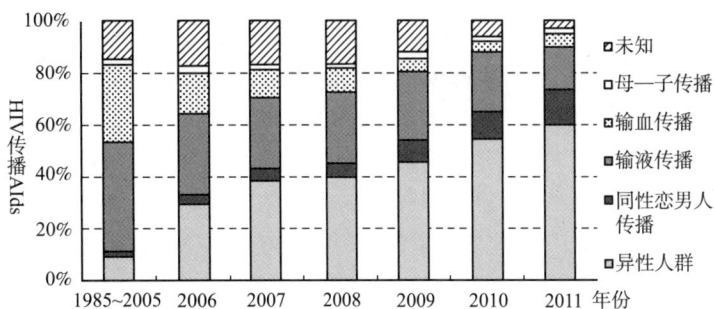

图 2-20　中国艾滋病毒在同性恋男人间比其他渠道传播快得多

（据：Nature, 2012-05-31, 575-577, 原注据中国卫生部资料, 本书据以改绘）

2-7　环境保护　旗帜鲜明

2-7-1　环保规划　弘誓大愿

1. 《国家环保"十二五"规划》高举环保大旗——《规划》的总体精神表达了国家作为基本国策的环境保护决心。确认环境状况总体恶化趋势尚未得根本遏制，要求到 2015 年主要污染物排放总量显著减少；饮用水源地得到安全有效保障，水质大幅提高；重金属污染、持久性有机污染、危险化学品、危险废物得到有效防控；扭转生态环境恶化趋势，增强核与辐射安全监管和提高其安全水平；环境监管体系得到健全。一言以蔽之："十二五"环保规划的最高纲领乃是国家带动千军万马在全国范围建设能保证永续发展的生态文明[183]。

我国把环境因素计入国民经济与宏观决策，纳入国家战略规划，生产力布局将得到符合理性要求的调整，这是当前我国在突出三大基本发展战略（科教兴国、可持续发展和环境保护）的弘济时艰之举。例如我国高污染产业的石化行业的布局，2 万多家石油化工企业有近万家位于长江沿岸，位于黄河沿岸的也有 3800 家。相比之下，英国主要河流泰晤士河沿岸的化工企业仅有 10 余家。众所周知，每吨污水约需 20 吨清水稀释，祖先留给我们这些炎黄子孙的年径流量 9200 多亿 m^3 的长江和 405 亿 m^3 的黄河已不堪重负。可见在决心改善环境、严控污染的号角声中应当宏观上综合分析传统能源和新能源、淡水资源和海洋资源、耕地和湿地、矿产和矿藏、生物多样性和森林等可持续发展基本条件在我国广袤幅员上的系统工程优化布局，让各种重大开发项目更加合理地适应国家战略部署。

据国家环保部《2013 中国环境状况公报》提示：2013 年，全国 COD、NH_3-N、SO_2 和 NO_x 均实现主要污染物总量减排年度目标。废水中主要污染物：COD 排放总量为 2352.7 万吨，比上年下降 2.9%；NH_3-N 排放总量为 245.7 万吨，比上年下降 3.1%。废气中主要污染物：SO_2 排放总量为 2043.9 万吨，比上年下降 3.5%；NO_x 排放总量为 2227.3 万吨，比上年下降 4.7%。

2. 环保危机　政府失灵——2007 年 7 月 23 日《中国经济时报》第 5 版上有一篇惊世骇俗标题《环保危机源于政府失灵》的文章[184]。该文历数 2007 年中太湖、巢湖、滇池相继爆发蓝藻污染；无锡爆发饮水危机；渭河、延河污染……指出地方政府片面追求政绩的 GDP 增长，往往置环保于次要地位，重表面文章，不求经济的实质上升。付出的环境代价往往抵消甚至超过经济建设产出。事实上透支能源资源，寅吃卯粮，靠挖肉补疮赢得短时"收益"比比皆是。2007 年后，全国又陆续发生更多更大的多起环境问题，例如 2009 年 8~9 月秦、湘、闽、粤发生的"血铅事件"[23]；2011 年 6 月云南曲靖陆良化工公司 5000 吨铬渣倾倒到周围环境造成严重污染事故[54]；接着 2012 年初广西龙江河重金属镉污染；2013 年广东市场上发现大批镉含量大幅度超标的大米；2014 年 7 月揭出上海外资福喜公司连续向麦当劳、肯德基等食品连锁店供应过期翻新肉制品……为何我国环境事故无休无止？污染当事人有恃无恐？《国家环保"十二五"规划》一语道破："环境保护法制尚不完善，投入仍然不足，执法力量薄弱，监管能力相对滞后。"[175]这段话按现代经济学原理即反映了"政府失灵"造成的诸多不足而亟待补偏救弊[168]。例如环境监测手段亟须全面完善[173]；纺织业的环境激素问题尚无法律保障[181]；电磁环境的国家标准[174]和电磁辐射有无污染问题的权威性澄清等，同样是政府有关部门该执行的职权[178,189]。环保形势严峻而环保违规多发的要害在于法规制度执行不力，等待进一步加强的机制约束[31]。

2006 年 9 月国家环保总局与国家统计局发布过我国第一份绿色 GDP 核算研究报告，指出 2004 年全国因环境污染造成的经济损失达 5118 亿元，占当年 GDP 总量 159878.3 亿元的 3.2%[168]。虽然该核算并没有计入因环境污染造成的诸多后患、后遗、民众生命财产损失，仍不失为一种对环保重要性和紧迫性的警示信号。

2－7－2 完善环保政策　发展环保产业

1. 环保政策　重点发力——英刊《柳叶刀》2010 年初刊载了为中国环境保护所应采取的重点方向提出若干较中肯的建议，其中新思路就是希望中国的环保重头文章应放在净化空气和水两个重点上。原文摘要里说："环境风险因素，尤其是空气和水的污染，是中国较高发病率和死亡率的主要渊源。几乎所有农村和部分城市家庭仍在用生物质燃料及煤炭烹饪和取暖，严重的空气污染极大增加罹病风险；一些地区无法获得安全饮用水和卫生设施，增加了水传播疾病的风险。"摘要接着指出能源消费、工业排废、随工业化进程提速而增加化学毒素，全球气候变暖将不可避免地加剧环境风险，但中国正倾力改善这种难堪局面[165]。

未来的五年规划期内，我国制定和执行环保政策的基本原则是：（1）以建设生态文明为纲，纲举才能目张；（2）在同时节约资源的前提下保护环境；（3）不忘中国特色，重点处理好大多数穷苦大众的需求，体现以民为本；（4）优先解决紧急的影响面广的环保问题；（5）在深思熟虑前提下综合地考虑环保项目的利弊休戚；（6）处理环保违法事件秉公执法，杜绝徇私舞弊[166]。在这些原则面前，必须：（1）强化污染物总量减排政策；（2）由控污逐步转向改善环境质量和防控环境风险，即变消极被动型为积极主动型环保；（3）理顺和完善环境经济政策，推进生态补偿、完善排污收费、加快环境税制改革、推行绿色金融和贸易，按行政建制实行 GDP 的环境成本统计以科学地建立当地官员的政绩考核；（4）实施环保系统专门的投融资政策，财政支持和管控的同时，广开财路，鼓励和提倡民间资本广泛介入环保[172]；（5）在基本原则上一视同仁，在具体条件上有区别地推行东、中、西和东北四大区域的环保政策；（6）坚持环境信息公开，积极吸纳公众参与环保政策制定各环节的决策程序，坚持"民可使由之，必先使知之！"坚决清算强奸民意、伪造民情的旧官僚作风[187]。为了营造一种全民参与、社会和谐的环保情景，达到物阜民康、国泰民安的中国梦境界而上下齐心，通功华夏！

2. 发展环保产业　强化环保服务——2012 年 7 月国务院发布的《"十二五"国家战略性新兴产业发展规划》中，节能环保产业纳入国家"十二五"期间发展七大战略性新兴产业中的第一位，规划中明确指出：节能环保产业须强化政策和标准的驱动作用，充分运用现代技术成果，突破能源高效与梯次利用、污染物防治与安全处置、资源回收与循环利用等关键核心技术，大力发展高效节能、先进环保和资源循环利用的新装备和产品；完善约束和激励机制，创新服务模式，优化能源管理、大力推行清洁生产和低碳技术、鼓励绿色消费，加快形成支柱产业，提高资源利用率，促进资源节约型和环境友好型社会建设。节能环保产业群主要包括高效节能产业、先进环保产业和资源循环利用产业三大类。

质言之，节能环保产业旨在发展低碳－绿色经济，促进生态平衡，建设生态文明；同时促进环境基础设施建设和推进资源循环利用和环境友好。2010 年底环保企业约有 3.5 万家，从业人员近 300 万，总产值 1.1 万亿元。按规划要求，到 2015 年末的产值将达 2.2 万亿元，同时环境治理费达 0.8 亿～1.0 万亿元。"十二五"用于环境治理的总支出将达 3.1 万亿元，占同期 GDP 总额的 1.35%，但世界银行对国际间环保投资的一般水平估计,认为我国若要求"十二五"规划期末的环境得到基本改善,用于环保的总投资必须占 GDP 的 2% ~ 3%。

按规划,我国将实施一系列重点环保工程。但我国环境科技的主攻方向为何?有专家建议重点发展先进生物技术,从生命科学中寻求正确的、快速治理的答案[169]!,诚然一语破的。

现在国内经济管理学界鼓吹发展生产服务业不遗余力,而对于如何及时有步骤发展环境服务业则不是无人问津,就是人殊意异。2007 年发表的一份调研报告,主要针对用水问题、大气污染问题和垃圾分类处理问题中的待遇和费用欠佳,已能意识到我国环境服务业的滞后状况亟待克服[167]。然而,几年过去,对环境服务业犹如环保产业兴旺发达的一剂催发酶的认识至今尚处于襁褓阶段。我们在讨论如何坚持自主创新以支撑又好又快地发展环保产业的时候,是否应当为环保产业的生产服务业大声疾呼[164]?寓环保管理于环保服务之中,此其时矣!

2-8　环境治理　除旧布新

2-8-1　环境治理的内涵和意义

1. 环境治理着力点——诚然,环境保护和环境治理要从消极被动向积极主动演化,突出科学技术在环保、治理中的主观能动性。也就是先保护,后治理,寓治理于保护之中。为此应采取的举措如:(1) 开展治理技术的分层次宣讲活动,犹如给人治病的医院一样,分级掌握各种切实可行的环保实用技术。(2) 在各级学校里开设环境保护必修课程,将通俗化的治理技术做到家喻户晓,务必鼓励和奖励民间的环保行动,尤其应重点奖励身体力行的企业家。仅仅在中央电视台的新闻节目里轻描淡写地表扬几句就抛诸脑后是远远不够的!(3) 美化环境,呵护湿地,推进生物多样性的实践活动,加强维护自然保护区、森林公园和城市静谧优美的绿色公园。公园草地所用限行牌写着"严禁践踏,否则后果自负",语尾离"格杀勿论"不远了!倒不如用和谐互勉与人为善的句子:"爱护草地,绿色就是生命"!(4) 加强森林、江河湖海、耕地、土壤固碳能力的研究,增加生态资源的碳汇能力以减缓地球气候变暖趋势,改善和遏制大气、水源和土壤的污染现状。(5) 提高人工固碳水平,如可用稀土化合物催化剂,利用 CO_2 产生 CO_2 共聚物以替代食品、药品、商品的包装塑料薄膜,可以有效吸收工业生产中排放的碳。2009 年末,山东科技大学发明微藻固碳塔式反应器技术,可将烟道中的 CO_2 固定,将生成的微藻全株化利用来制取生物油。

2. 林业固碳——(1) 增强碳汇的林业活动,包括造林、再造林、退化生态系统恢复、建立农林复合系统等措施增加陆地植被和土壤碳储量;(2) 保护和维持森林碳库,即保护现有的森林生态系统中储存的碳,因此应控制毁林、改进森林经营作业、提高木材利用效率和严格管控森林灾害(林火、洪涝、风害、病虫害);(3) 采用各种碳管理措施,减少碳排放、增加碳汇,赢得最大固碳收益;(4) 利用可更新的木质燃料(如能源人工林)和采伐剩余物回收利用作燃料,以生物能源替代化石燃料降低人类活动碳排放量。

3. 土壤固碳——1-2-5 节已说明,目前全球土壤碳储量约为 1.2 亿 ~ 2.5 万亿吨,是大气储碳量的 2 ~ 3.3 倍[169]。所以发掘土壤固碳潜力,利莫大焉!

经典生态学理论认为,与非成熟森林相比,成熟森林作为碳汇的功能较弱,甚至接近零。因而成熟森林的土壤固碳能力,几乎被人束之高阁了。中山大学周国逸教授和同事对我国首个国家级自然保护区广东鼎湖山的成熟森林(林龄大于 400 年)进行过长达 25 年的观测。结果显示,这片森林 0 ~ 20cm 土壤层的有机碳储量以平均每年每公顷 0.61 吨的速度增加。这表明成熟森林中的土壤能持续积累碳,且可能成为重要碳汇。在 2006 年 12 月 1 日的权威学刊《科学》(Science)上载文:"成熟森林土壤可持续积累有机碳";英刊《自然》(Nature)网上版也作了肯定报道,并称将"有利于发展中国家在有关环保的世界谈判中争取自己的利益"。陆地生态系统包括森林、农田、草地、湿地、荒漠、山地、山脉、岩石等，因气候变化，固碳能力势将有较大变动，原有的估算方法可能需要进一步通过较严格的观测实验提高科学量化评估质量[186]。

2-8-2 治理技术 长风破浪

1. 环保科技发展规划——2011 年 6 月国家环保部发布《国家环境保护"十二五"科技发展规划》对我国未来五年的环保科技指出了总体和具体目标，条分缕析地指明水污染、大气污染、固体废物污染、土壤污染防治以及有关生态保护和建设生态文明广阔领域的科技内涵，言简意赅，谈言微中。只可惜原则性强，没有借助表格和图形表达愿景，也许会贻局外人以不得要领之感，颇感遗憾。

2. 环境科技——"十一五"之初，中国科协组织编写的《学科发展研究系列报告（2006～2007）》曾经开门见山地指出大气新型污染、地下水由点到面污染、日益严重的固体废物污染等必得大力发展环保科技力挽狂澜，包括亟须新理论应对大气污染、采用泥炭生物屏障修复技术降解地下水有机污染物、发展"静脉产业"链控制工业固体污染物排放、利用高效微生物菌剂处理和分解城市污水中的有害成分[205]。曾经对环境科技的发展组织过有意义的讨论，但接触实质性自主创新尚待厉兵秣马，大多虑及投资入不敷出、管理技术不到位。当前的主攻方向似乎应朝着绿色化、信息化、自动化和系统化方向开拓，应发展高效节能的自动控制技术，能在低碳、循环、智慧化和物联化上取得新的突破[198]！在环保领域，我国已具备自行设计、建设大型城市污水处理厂、垃圾焚烧发电厂及大型火电厂烟气脱硫设施的能力，关键设备可自主生产，电除尘、袋式除尘技术和装备等达到国际先进水平；环保服务市场化程度不断提高，大部分烟气脱硫设施和污水处理厂采取市场化模式建设营运。

3. 大气污染治理——通过因时因地制宜的系统性方法治理空气污染，可以采取一定程度净化空气的举措，例如：活性炭吸附、负氧离子、活性氧、静电集尘、低温非对称等离子体净化、分子络合、光触媒催化分解、高效膜过滤等[190]。但这些技术只在一定范围和一定条件下才能有效发挥作用，带根本性治理方案当从治理污染源杜绝污染物特别是 PM2.5 向大气释放的源头。为此，针对城市的主要污染源汽车尾气、建筑施工、交通管控、城沿火电等宜大刀阔斧地通盘施治。例如，有专家提出治理城市汽车尾气污染需多方给力[201]："十一五"期间机动车从 1.18 亿辆增至 1.9 亿辆，黄标车仍占 20.2%；2010 年全国机动车排放各类大气污染物 5226.8 万吨，其中氮氧化物约占 1/3，而据联合国环境规划署早在《2000 年全球环境展望》中就已经告诫人们，21 世纪对人类生存构成主要威胁的三大问题是：缺水、全球变暖和全球性的氮污染。该展望中提示城市污水未处理、农业化肥施用过量、化石燃料燃烧和汽车尾气排放是四大氮源。减少尾气污染、淘汰污染严重的老旧机动车和优化新型汽车动力固为常规途径，但荷兰发明的新型水泥路砖能有效将尾气中的氮氧化物转化为硝酸盐，值得推崇[210]。此外，将固体燃料液化或汽化不失为未来城乡一体化中对农村和城市普遍适用的治污手段[209]。几年来，一批有效控制有机污染物（VOC）的新技术，如用水性溶剂涂料替代目前大量使用中的传统溶剂型涂料降低对大气的污染，效果正在逐步显现[194]。此外，应大力选种和培育各种擅长净化空气的功能性植物，包括盆栽观赏植物如滴水观音、红豆杉、吊兰、龟背竹等[190]。

4. 淡水污染治理——城市污水处理历来是城市建设和管理中牵丝扳藤的大事。巴黎下水道深藏地下 50m，然后远引处理，不使污水接近城市；东京地下排水系统深达 60m，也形成城市污水能高速大量排往近海而不让居民受到二次污染危害[208]。目前可喜的是，我国城市污水治理首当其冲的工业废水处理[199]；重点行业如造纸工业的排污治理[197]、冶金/氮肥/印染/食品/制药/化工行业的集中式氨氮废水治污[200]；污水处理后的污泥去路[196]和备用水源建设等等[195]均已提上议事日程或在日夜兼程地建设之中。

5. 生物技术治理——生物环保是利用以 DNA 分子技术为基础的微生物工程、细胞工程、酶工程、基因工程等形成的现代生物技术参与环保的全过程。酶工程中的固定化酶和固定化细胞技术能高效处理废水中的有机污染物和无机金属盐等，如德国将 9 种农药降解酶以共价键结合法固定在多孔玻璃和硅珠上形成酶柱，治理硫磷废水有效率达 95% 以上[202]。2009 年生物工程发现一种植物激素——油菜素内酯能降解蔬菜残留的农药，但至今未见市场商品化[207]。

6. 土壤污染治理——由于酸雨侵袭、各种化学品面源污染乃至非降解塑料形成的白色污染，促使我国农田土壤环境持续恶化，国家已痛下决心全面开展土壤污染防治。为此，我国须加速建设国家级长期运行的预警预测系统，及时监控农田土壤污染，采取切实可行的技术措施及时防治[191]。特别须推广应用廉价有效的生物修复技术，通过生物吸收、代谢来削减、净化重金属，增加土壤有机质含量，激发微生物活性，改善土壤生态，有利于防止水土流失，阻遏水蚀、风蚀[202]。

7. 清除白色污染——对塑料袋的付款管控或生产者加税是降解和治理白色污染的消极措施[192]，虽然有利于节能环保；改进塑料生产原料使之能被微生物分解消化（例如聚己酸内酯（PCL）、聚丁烯琥珀酸（PBS）及其聚合物等[206]）则是积极的适应性对策。可以利用生物工程技术广谱分离筛选有效降解塑料和农膜的优势微生物、构建高效降解菌族；也可以分离克隆降解基因并将该基因导入某一土壤微生物（如根瘤菌）中，使两者协同作用以迅速降解废弃塑料和农膜。专家们确知，有些微生物能产生与塑料类似的高分子化合物即聚酯，这些微生物内源性储藏物质的聚酯可以通过发酵生产。目前人们正在用重组DNA技术对相关的微生物进行改造，例如采用微生物发酵法生产聚 - β 羟基烷酸（PHAs），研究人员正设法将 PHAs 重组菌进行发酵，构建自溶性 PHAs 生产菌种，通过简化提取胞内产物 PHAs 的过程以降低成本[202]。英国科学家发现地沟油能用于生产可被微生物降解的生物塑料[193]，可国内却仍有人竟敢冒天下之大不韪将地沟油回流餐桌，令人发指。

2 - 8 - 3　生态保护　顺天应人

1.《全国生态保护"十二五"规划》——2013 年 1 月底，为贯彻落实《国民经济和社会发展第十二个五年规划纲要》、《国家环境保护"十二五"规划》和《国务院关于加强环境保护重点工作的意见》，大力推进生态文明建设，加强生态保护工作，维护国家和区域生态安全，国家环保部编制了《全国生态保护"十二五"规划》。2014 年 11 月下旬，为加快转变经济发展方式，建设生态文明，根据我国生态保护与建设面临的新形势和党中央、国务院对生态保护与建设提出的新要求以适应生态保护需要，国家发改委等十二部门共同制定了《全国生态保护与建设规划（2013～2020 年）》，要求到 2020 年全国生态环境得到显著改善[217!]。

2. 目标和任务——为实现规划目标和落实规划主要任务，"十二五"期间，要实施好生态文明示范建设重点工程、生物多样性保护重点工程、自然保护区管护重点工程和区域生态功能保护重点工程等四大工程。要充分利用市场机制，形成多元化的投入格局，确保工程投资到位。工程投入以地方各级政府和企业为主，中央将区别不同情况给予支持。

到 2010 年底，我国已建立自然保护区 2588 处（不含港澳台地区），总面积 149.4 万平方公里，其中国家级 319 处，面积约 93 万平方公里。2006 年以来，分 4 批命名了 362 个生态示范区。15 个省（区、市）开展了生态省（区、市）建设，1000 多个县（市）开展了生态县（市）建设，38 个地区获得国家生态县（市、区）命名，15 个园区获得国家生态工业示范园命名。53 个生态文明建设试点开展了生态文明建设目标模式、推进机制方面的探索。到 2015 年，我国将大大提高生态环境监管水平，遏制重点区域生物多样性下降趋势，显著提升自然保护区建设和监管水平，广泛开展生态示范建设和生态文明建设试点，有效保护国家重点生态功能区，初步扭转生态环境恶化趋势[216]。

规划具体工作目标有：建立以生态环境质量监测与评估为核心的生态监管体系；动态评估 25 个国家重点生态功能区和相应地建立其生态环境保护和管理的政策与标准体系；陆地自然保护区面积占陆地国土面积比例稳定在 15% 左右；有效保护 90% 的国家重点保护物种和典型生态系统类型、80% 以上的就地保护能力不足和野外现存种群量极小的受威胁物种；建成不少于 50 个生态县（市、区），不少于 10 个生态市，力争个别地区基本达到生态文明建设示范区的要求，2～3 个跨行政区域建成协同高效的生态文明联动机制，1～2 个行业制定实施生态文明建设示范标准；建设 50 家特色鲜明、成效显著的国家生态工业示范园区。

2－8－4　发展生态经济　坚持环境友好

1. 何谓生态经济——食物链、生产率、能量交换和物质循环是生态系统的四大特征，由于人类违背生态规律的环境污染行为日趋严重，生态特征遭到无情的打击和破坏。人们在觉醒后需要采取的理智行动和企图达到的目标乃是试图尽一切可能用最有效的手段在最可能短的时间内恢复生态平衡和发挥生态效益。依据科学发展观、运用行之有效的经济手段达到上述目的的全过程即构成生态经济运作方式。可见，生态经济就是涵盖节能环保、治理污染、应对气候变暖、净化和优化人类和生物多样性的共处环境、防灾减灾、抑制环境负面，与此同时，寻求全球的和平发展，维持人类社会的和谐共处，共享灿烂辉煌的文化底蕴。由于达到生态优化、维持生态平衡非一朝一夕之功，不可能一蹴而就，就必须循序渐进地采用各种有效的经济力措，包括投资、税收、工程项目安排、生态城市规划等，务求人尽其才、物穷其用、财赢其利、货畅其流，力争生态现代化随经济跃上新台阶[214,215]，环境美好如画，破浪乘风！

2. 生态经济系统——发展生态经济必须按系统工程原理，把生态经济的发展当作系统问题提升到理论高度，坚持系统科学的全局整体观、发展阶段观、价值评测观、信息反馈观和环境适应观。生态经济模式是以低碳节能为前提[215]，以国民福利极大化为目标[216]。生态经济发展过程中要全方位依靠科技力量，适应信息化智慧化时代要求[218]。生态经济发展与经济战略转型升级并行不悖，相得益彰[217]。发展生态经济学与科学发展理论是内在相通的[211]；生态经济的纵深发展有助于我国生态安全长效机制的建立[215]；而且能有效扭转我国生态破坏导致的功能紊乱状况[213]；甚至能扩充我们的学术视野，借助生态关怀在理念上和实践上拓宽人类学和生命科学的研究范畴[212]。

参 考 文 献

[1] 王小龙. 地球还剩几条"命"科学家称地球生态系统正逼近9大极限. 科技日报，2010－04－04，2版.

[2] 仲大军. 伤痕累累的地球. 世界科学，1995（8），18.

[3] 李禾. 去年我国污染总量减排进展顺利. 科技日报，2014－02－12，1版；污染——四成死亡事件的"罪魁祸首"，2007－08－30，6版.

[4] 李禾. 11种污染物对人体危害大. 科技日报，2011－01－30，1版.

[5] 郑焕斌. 河水盐化——一个全球性的环境问题. 科技日报，2013－01－30，2版.

[6] 周清春. 新视点诊断国家"健康". 科技日报，2008－10－10，5版.

[7] 郭洋. 德治理空气污染的应急和长效措施. 科技日报，2013－01－18，2版；附－张长青（编译）. 公路污染猛于虎. 世界科学，2012（6），28－29；明长江. 汽车排气的危害及其治理. 自然杂志，1987（10），773－777.

[8] 联合国环境规划署. 全球环境展望第5集（GEO－5）. UNEP，2012－06.

[9] 傅秀宏. 环境污染威胁人类. 科技日报，1998－01－13，4版.

[10] 舒适. 全球仅有1%的海洋得到保护. 科技日报，2011－11－03；日本近海正急速酸化，2012－11－24；附－华凌. 海洋酸化可造成生态系统退化，2013－07－12；王心见. 塑料已严重威胁海洋生态环境，2014－06－25，均2版.

[11] 蓝建中. 东京污染治理经验值得借鉴. 科技日报，2013－01－18，2版.

[12] 颜仕英. 环境激素——当今人类物质文明的危机. 人民政协报，2002－08－27，B1版.

[13] Leister Brown（陈一茗编译）. 地球环境恶化与人类粮食危机. 世界科学，1998（10），26－29.

[14] 方陵生. 湿地生态环境恶化之严峻挑战. 世界科学，2011（6），54.

[15] 中新社等. 2010年中国机动车排放污染物情况. 中国经济时报，2011－12－22，9版.

[16] 毛达. 宣战二恶英，何处是突破口. 中国经济时报，2010－06－03，10版.

[17] 刘莉. 表面上减少污染排放　实际是污染物转移. 科技日报，2010－08－29，1版.

[18] 刘树铎. 环保总局：生存环境仍在恶化中；环境污染在蔓延；农村不再是"世外桃源". 中国经济时报，2007－01－16，8版；环境质量急剧下降　严重影响公众衣食住行，公众普遍认为环境污染严重影响健康生活，2008－01－08，1－3版.

[19] 李禾. 我国污水排放量远超环境容量. 科技日报，2014－05－23，8版；附－孙秀艳. 全国有八成污水处理厂污泥导致二次污染. 人民网，2011－08－04.

[20] 李禾. 汞减排，污染防控的一道新题；艰难走来的无汞医疗；潜伏在身边的汞污染. 科技日报，2010－05－23，1－3版；燃煤成我国大气汞最大排放源，2013－04－11，3版；污染引发社会问题　管控须新机制，2014－08－05，5版；附－徐玢. 科技进步对煤矿安全生产作用巨大，2014－12－21，1版.

［21］杜悦英．世界经验助力中国环境信息公开：环境信息公开"破冰"之后．中国经济时报，2010 - 05 - 27，10 版．

［22］杜悦英，陈宏伟．（2009 年）中国十大环境事件．中国经济时报，2009 - 12 - 31，9 版．

［23］陈健鹏等．中国主要污染物排放进入转折期．中国经济时报，（一）2014 - 11 - 04；（二）2014 - 11 - 06；（三）2014 - 11 - 14；（四）2014 - 11 - 17，均 5 版；附 - 陈喆．敲响车内污染的警钟，2012 - 02 - 07，9 版．

［24］国家环境保护部．2011 中国环境状况公报，2012 - 05 - 25；2012 中国环境状况公报，2013 - 06 - 04．

［25］国家环境保护部（主持）12 个部委局参编．2013 中国环境状况公报，2014 - 05 - 27；李禾．《2013 中国环境状况公报》发布仅 3 个重点城市空气达标　三成国土被侵蚀．科技日报，2014 - 06 - 06，1 版；吴晶晶等．从环境状况公报看我国三大污染治理．新华社，2014 - 06 - 04．

［26］郄建荣．个别地区因化学污染出现"癌症村"．科技文摘报，2013 - 02 - 28，1 版；摘自法制日报，2013 - 02 - 21．

［27］胡术阁．对我国生态环境问题的思考．中国城市低碳经济网引自中华励志网，2012 - 08 - 20；附 - 胡利娟．我国湿地抢救性保护共投入 50 亿元．科技日报，2013 - 01 - 17；附 - 胡利娟、刘雄鹰．湿地——唱响人与自然和谐之声，2012 - 12 - 20，均 12 版．

［28］胡锦涛．坚定不移沿着中国特色社会主义道路前进　为全面建成小康社会而奋斗　在中国共产党第十八次全国代表大会上的报告．科技日报，2012 - 11 - 18，1～4 版．

［29］宣金学．地下水砷污染危及 2000 万国人．科技文摘报，2013 - 10 - 03，1 版，自中国青年报，2013 - 09 - 25．

［30］徐冰．拒绝光污染，到底有多难？科技日报，2013 - 01 - 25，5 版；附 - 杨新兴．环境中的光污染及其危害，2013 - 05 - 08，8 版．

［31］童彤．环保形势严峻　亟须机制约束．中国经济时报，2013 - 06 - 06，2 版；附 - 黄橙．污染源：啥是祸首——解读第一次全国污染源普查公报．科技日报，2010 - 03 - 06，9 版．

［32］新华社．我国海洋环境状况总体较好　近岸海域问题突出．科技日报，2012 - 06 - 28，5 版；附 - 陈瑜．我国近岸海洋环境问题依然突出，2012 年劣四类水质近岸海域新增 2.4 万平方公里，2013 - 03 - 21，1 版．

［33］于文静．我国推进森林可持续经营　力争 2015 年森林覆盖率达 21.66%．科技日报，2012 - 10 - 17，7 版．

［34］卞晨光．森林资源对于可持续发展至关重要．科技日报，2012 - 09 - 26，2 版；附 - 张进林、季莉．三江源森林恢复增长，2014 - 05 - 05，1 版．

［35］王怡．研究发现退耕还林比还草更能提高土壤碳含量．科技日报，2014 - 03 - 31，1 版．

［36］王小龙．海洋污染——不能忽视的"蓝色警报"．科技日报，2008 - 04 - 16，6 版；附 - 张梦然．人类活动导致海洋汞水平大幅增加，2014 - 08 - 20，2 版．

［37］世界银行．中国：林业发展与生物多样性保护和碳减排相结合的一个范例　采取综合经营方式实现森林资源管理的可持续性．世行官网，2014 - 04 - 10．

［38］记者．西藏森林植被总碳储量达 9.5 亿吨．新华社，2014 - 05 - 22．

［39］冯宗炜．中国森林植被生物量和碳储量评估结果显示——中国森林对全球碳循环及气候变化做贡献．科技日报，2010 - 06 - 08，5 版．

［40］刘霞．袅娜竹林撑大梁　竹炭科技为保护森林对抗气候变暖做贡献．科技日报，2011 - 12 - 07，2 版；附 - 朱丽．林业碳汇——"光合作用"也赚钱，2011 - 08 - 17，7 版．

［41］刘海英．大气二氧化碳增多致白杨疯长　将对生态环境产生重要影响．科技日报，2009 - 12 - 08，2 版．

［42］杨毅．草原持续恶化应引起足够重视．中国经济时报，2008 - 03 - 11，2 版．

［43］李乃胜．发展海洋低碳技术的几点思考．中国城市低碳经济网 www.cusdn.org.cn，2012 - 09 - 11，引自中华励志网 www.zhlzw.com；附 - 李宏策．为全球气候把脉——共建全球海洋观测网意义重大．科技日报，2013 - 06 - 20，2 版．

［44］李文华．森林资源清查理论和实践有重要突破．科技日报，2010 - 06 - 08，5 版；附 - 李人庆．东北森林资源家底摸清，2014 - 05 - 05，1 版．

［45］张娟．林业碳汇前景广阔　三大难题待解．中国经济时报，2011 - 01 - 20，9 版；附 - 张焱．气候谈判林业议题：有分歧但在进展中，2010 - 10 - 21，10 版．

［46］郑黎等．中国近海工业污染现状堪忧．科技文摘报，2012 - 09 - 20，2 版；摘自半月谈．

［47］范建．是毁林发展桉树导致西南大旱？科技日报，2010 - 06 - 22，10 版．

［48］林业局．林业科学和技术"十二五"发展规划．中央政府门户网站，www.gov.cn，2012 - 10 - 16；附 - 发改委．全国林纸一体化工程建设"十五"及 2010 年专项规划，2004．

［49］国务院．全国海洋经济发展"十二五"规划．国发〔2012〕50 号，2012 - 09 - 16；附 - 国家海洋局．2013 年中国海洋环境状况公报，2014 - 03 - 24；国家海洋局．2013 年中国海洋灾害公报，2014 - 03 - 19．

［50］赵杰，陶乐．专家认为：内蒙古应注重发挥草原碳汇功能．中国经济时报，2010 - 01 - 11，3 版．

［51］胡丽娟．中国森林生态系统年总价值 10 万亿元．科技日报，2010 - 05 - 25；发展城市低碳　就要提高森林生长量，2010 - 05 - 04，均 10 版．

［52］胡丽娟．2015 年森林公园将达 3000 处．科技日报，2010 - 06 - 01，11 版．

[53] 高博. 龙江镉污染，戳痛环保软肋. 科技日报，2012－02－03，3 版.

[54] 郭锦辉. 奇怪数据的背后：还不清的铬渣"毒债"？中国经济时报，2011－09－01，9 版.

[55] 常丽君. 大气二氧化碳增加或改变海洋基础细菌 蓝绿藻将变成影响海洋所有生物的重要角色. 科技日报，2013－07－04，2 版.

[56] 徐冰. 森林碳汇能否减缓全球气候变暖？科技日报，2011－12－02，5 版.

[57] 蒋寒. 我国率先提出渔业碳汇概念并倡导低碳渔业——碳汇渔业与渔业低碳技术论坛召开. 科技日报，2010－11－28，3 版.

[58] 编辑部. 这十年，林业科技新第一. 科技日报，2012－11－15，6 版.

[59] 编辑部. 巴西榜样——从正面到负面 森林家园逐渐消失. 广州日报，2008－04－06，A8 版.

[60] 编辑部. 维护国土生态安全 推动林业产业升级. 科技日报，2012－11－15，6 版.

[61] F. H. Bormann et al.（张路平摘译）. 大气污染与森林－生态系统的一种剖析. 世界科学，1988（8），46－49.

[62] 马献忠. 学者反思城市雾霾天气 以"生态共赢"推动美丽中国建设. 中国社会科学报，2013－01－28，A03 版；附－华义等. 如何科学认识雾霾天气. 科技日报，2014－01－15，4 版；于梦江. 煤 PM2.5 排放致超额死亡 67 万人. 广州日报，2014－11－05，A8 版.

[63] 石元春. 舍鸩酒而饮琼浆－也谈中国雾霾及应对. 科技日报，2013－02－28，4 版；附－吴苡婷、王春. 新型净化器对 PM2.5 去除率逾 99%，2013－12－10；刘传书. 纯天然植物制品净化空气污染，2014－11－06，4 版.

[64] 刘锋等. 发达国家治理大气污染的经验. 中国经济时报，2013－07－29，5 版；附－李禾. 各国城市空气质量监测大不相同，科技日报，2011－01－30，1 版；华凌. 人口扩张加剧大气污染，2013－09－13；王心见. 纽约治理雾霾的措施和经验，2014－01－16，均 2 版；白乐、张哲. 从多国抗霾史 看全球大气污染治理. 中国社会科学报，2013－12－25，A03 版.

[65] 李禾. 我国城市空气为何污染严重却"达标率"高？在于监测和发布指标不全面，尤其对细颗粒物（PM2.5）无一城市发布相关数据. 科技日报，2011－01－30，1－3 版；去年全国 74 个重点城市仅 3 个空气质量达标，2014－03－26，3 版；治理雾霾要有长期作战的准备，2013－10－20，2 版；新技术让机动车尾气 PM2.5 减排 30% 以上，2014－05－29，4 版.

[66] 李禾. 我国城市空气污染主要来自燃煤、交通和扬尘. 科技日报，2012－10－25，8 版；附－郑玉歆. 加快推进煤地下气化技术的产业化，2014－08－25，1－4 版.

[67] 李禾.《重点区域大气污染防治"十二五"规划》发布 我国大气治理思路更新 控制 PM2.5 城市间将协同作战. 科技日报，2012－12－18，5 版.

[68] 李禾. 我国第一部综合性大气污染防治规划发布"十二五"重点区域 PM2.5 年均浓度将下降 5%. 科技日报，2012－12－19，8 版；环保部通报上半年全国环境质量状况 城市空气污染形势严峻 地表水总体为轻度污染，2013－08－06，3 版.

[69] 李禾. 我国加快研发 PM2.5 监测仪器及采样配套设备；环保部要求做好空气质量监测预警. 科技日报，2013－01－15；环保部将出台技术政策 加大力度防治 PM2.5 等大气污染，2013－08－03，均 1 版；国务院发布大气污染防治行动计划，2013－09－13，1－3 版.

[70] 李禾. 雾霾天气逼油品升级. 科技日报，2013－02－04，11 版；附－李海楠. 大气治污：应尽快统一油品及车辆相关标准. 中国经济时报，2014－09－10，2 版；激发大气污染防治合力需多手段谋划，2014－10－31，1－2 版.

[71] 李颖. PM2.5 对人体伤害到底有多大？科技日报，2012－01－16，4 版；附：李禾. PM2.5 污染成我国第四大致死风险因子，2013－04－02，1 版；郭洋. 空气污染或增儿童患糖尿病风险，2013－05－15，2 版.

[72] 李颖. 雾霾对健康危害到底有多大？科技日报，2013－01－14，4 版；附－李禾、贾婧. 霾对健康危害究竟有多大？2013－11－10，1－3 版；吴志. 冲破"霾"伏 向大气污染致癌说"不"，2014－04－01，6 版.

[73] 金晨曦. 科学战雾霾需多方入手. 中国经济时报，2014－10－17，2 版；附－李大庆. 中科院专家认为华北强霾多因成灾. 科技日报，2013－02－04，1 版.

[74] 吴黎明."雾都"伦敦为啥无雾？科技日报，2013－01－15；附－刘海英. 从雾霾沉沉到碧空如洗，2014－01－17；郑焕斌. 英国燃煤电厂污染危及公众健康 每年约导致 1600 人死亡，2013－12－10，均 2 版；李雯等. 三个"雾都"如何走出"霾伏"，2014－01－16，4 版.

[75] 何文. 新能源汽车——驶出雾霾需先找到正确轨道. 科技日报，2013－02－25；附－佚名. 我国机动车排放标准未来将更严苛，2014－12－08，均 10 版.

[76] 何静新、李禾. 二手烟致室内 PM2.5 严重超标. 科技日报，2012－10－10，4 版.

[77] 陈婧. 我国大气污染物排放进入转折期. 中国经济时报，2014－12－01，10 版；附－余果. PM2.5 监测的被动与尴尬，2012－02－20，11 版.

[78] 佚名. 夏季雾霾十问. 科技日报，2014－07－17，5 版.

[79] 陈光祖. 新能源汽车是突破霾伏的关键. 科技日报，2013－02－04；附－陈彬. 灰霾锁大地 车将向何方？2013－02－25，均 10 版.

[80] 陈仁杰、阚海东. 雾霾污染与人体健康. 自然杂志，2013（5），342－344；附－陈蔚云、胡丽娟. 全世界每年超 500 万人死于烟草. 科技日报，2010－06－01，11 版；张田勘. 烟草在中国为何难禁？世界科学，2005（8），37－38；张旌. 2012 年全球 700 万人死于"污气". 广州日报，2014－03－26，A8 版.

[81] 张一鸣. 雾霾大考需要中国转变能源利用方式. 中国经济时报，2013－03－18，9 版.

[82] 国务院. 大气污染防治行动计划. 国发〔2013〕37 号，2013－09－10；附－环保部. 环境空气细颗粒物污染综合防治技术政策，

2013 年第 59 号公告，2013 - 09 - 13；陈磊. 国家科技计划将优先安排大气污染防治项目；科技部大气污染防治科技支撑专题服务系统上线.
科技日报，2014 - 05 - 13，1 版；李禾. 环保部：大气污染防治"初见成效". 科技日报，2015 - 07 - 21，3 版.

[83] 周宏春. 应高度重视我国的 PM2.5 污染防治问题. 中国经济时报，(上) 2012 - 11 - 09；(中) 2012 - 11 - 14；(下) 2012 - 11 -
26，均 5 版.

[84] 郭爽. 美国城市如何"云开雾散". 科技日报，2012 - 02 - 01，2 版.

[85] 郭洋等. 雾锁霾封，看他们如何突围——国外空气污染治理的措施与经验. 科技日报，2013 - 01 - 16，2 版；附 - 游雪晴. 中式
治霾之道：多学科联合攻坚，2014 - 10 - 12，1 - 3 版；雾霾致病机制还需定量化阐明，2014 - 10 - 12，1 版.

[86] 郭顺姬. PM2.5 治理需全民总动员. 中国经济时报，2013 - 01 - 16，1 - 2 版；PM2.5 应怎么治？2013 - 03 - 04，5 版；附 - 谭季
青、吴冉. 漂霾污——为 PM2.5 正名. 中国社会科学报，2013 - 06 - 24，B01 版.

[87] 贾康. 雾霾，该怎么治理. 人民日报，2015 - 01 - 22，7 版；附 - 张盖伦. 穹顶之下，并非柴静的"私人恩怨". 科技日报，
2015 - 03 - 02，1 - 3 版.

[88] 顾瑞珍. 我国全力推进空气质量新标准监测. 科技日报，2012 - 10 - 15，4 版；附 - 顾瑞珍、张辛欣. 专家详解雾霾天气成因及
对策，2013 - 01 - 14，1 - 3 版；顾瑞珍、陆文军. 谁能说得清"霾"从何来？2014 - 04 - 07，4 版.

[89] 崔莹. 国务院发布《大气污染防治行动计划》十条措施力促空气质量改善. 中央政府门户网站，www. gov. cn，2013 - 09 - 13，
自新华社；附 - 记者. 国务院常务会议　部署大气污染防治十条措施　研究促进光伏产业健康发展. 科技日报，2013 - 06 - 15；潘璐、李
禾. 加大空气污染对人体健康影响研究的力度，2013 - 08 - 07，均 1 - 3 版；陈婧. 十举措明确方向　细化政策需紧步跟上. 中国经济时报，
2013 - 06 - 19，2 版.

[90] 矫阳. 让我们找回这样的蓝天. 科技日报，2013 - 02 - 25，9 版；附 - 童彤. 以法律之名为清洁空气质量添筹码. 中国经济时报，
2014 - 09 - 17，2 版.

[91] 程序等. 治霾和减排呼唤生物天然气. 科技日报，2013 - 04 - 08，1 - 3 版.

[92] 徐蔚冰 (主持). 2014，中国能否冲出十面"霾"伏. 中国经济时报，2014 - 02 - 26，10 版；我国大气污染治理刻不容缓，2013 -
10 - 10，5 版.

[93] 华凌. 生物燃料树木释放物会加大臭氧浓度. 科技日报，2013 - 01 - 21，2 版.

[94] 王心见. 地球臭氧层几十年内有望恢复. 科技日报，2014 - 09 - 12，2 版.

[95] 李禾. 消耗臭氧层物质——面临淘汰大限. 科技日报，2010 - 05 - 27，6 版；保护臭氧层——让气候变暖延迟了十年，2007 -
07 - 04，5 版.

[96] 李禾. 我国削减消耗臭氧层物质占发展中国家一半　下一阶段削减面临严峻挑战. 科技日报，2010 - 09 - 17，3 版.

[97] 李禾. 据报道，由于酸雨侵蚀，距今已有 700 年历史的北京国子监街孔庙内的"进士题名碑林"出现了严重腐蚀剥落现象，故
宫汉白玉栏杆和石刻，卢沟桥石狮等也存在不同程度的腐蚀或剥落现象。请关注 - 天降酸雨该如何应对？科技日报，2011 - 07 - 15，4 版.

[98] 李钊. 一个被忽视了的敌人　科学家提醒重视臭氧危害. 科技日报，2010 - 02 - 09，2 版；附 - 李禾. 臭氧污染：环境的"隐形
杀手"，2013 - 06 - 30，1 - 3 版；陈萌. 警惕蓝天白云下的空气污染，2013 - 08 - 07，7 版；晏国政、王井怀. 臭氧，大气污染的又一"元
凶"，2013 - 09 - 25，4 版.

[99] 杜娟、邓慧玲. 珠三角 8 城市仍是重酸雨区. 广州日报，2008 - 09 - 04，A4 版.

[100] 佚名. 酸雨污染依然严重　珠三角 9 市 8 个是重酸雨区. 广州日报，2009 - 03 - 24，A4 版.

[101] 吴陈、王礼陈. 世界气象组织称　地球臭氧层恢复尚需时日. 科技日报，2012 - 09 - 17，2 版.

[102] 胡唯元. "这不是什么奇怪的事情"我专家另解南极臭氧空洞增大. 科技日报，2006 - 10 - 31，1 版.

[103] 胡德良 (编译). 臭氧空洞现状. 世界科学，2007 (4)，14.

[104] 康娟. 南极臭氧层空洞创纪录　科学家发现，今年南极臭氧损耗相当严重，完全修复需要 60 年. 南方都市报，2006 - 10 - 21，
A21 版.

[105] 常丽君. 暴雨或将水蒸气送入平流层加速臭氧流失——气候变化可能会对公众健康带来潜在危害. 科技日报，2012 - 07 - 28，
2 版.

[106] 董子凡. 臭氧层为何依然需要加强保护？科技日报，2009 - 10 - 03，4 版.

[107] 蓝建中. 南极臭氧空洞降至 1989 年来最小. 科技日报，2012 - 10 - 26，2 版.

[108] 樱井良子 (张东峰译). 碳氟化合物污染着地球威胁着人类. 世界科学，1990 (1)，31 - 32.

[109] R. J. Robin (张敬方、黄林译). 大气臭氧层破坏与人类患癌危险. 世界科学，1988 (8)，49 - 51.

[110] 卞晨光. 全球约 22% 的家畜品种面临灭绝危险. 科技日报，2012 - 10 - 26，2 版.

[111] 王婷婷. 全球约有 3.4 万种植物濒临灭绝　种子银行为生物多样性备份. 科技日报，2012 - 05 - 23，7 版.

[112] 王婷婷. 极小种群野生植物保护，急！科技日报，2013 - 02 - 28；濒危物种：下一个轮到谁？2014 - 12 - 11，均 5 版.

[113] 华凌. "每失去一样物种，就失去一项对未来的选择"——写在 2010 年国际生物多样性年. 科技日报，2010 - 03 - 21，2 版.

[114] 刘俊. 白鳍豚在洞庭湖已功能性灭绝　太湖蓝藻难除一度饮水困难　洞庭湖污染加速　越冬候鸟数量下降. 广州日报，2009 -
07 - 06，A5 版.

[115] 刘霞. 全球20%的动物物种即将消失 科学家担心第六次大灭绝已开始. 科技日报, 2010－10－29; 科学家最新报告警告 海洋生物面临全球性灭绝, 2011－07－05, 均2版; 附－朱文杰、张晔. 第六次"生物大灭绝"真的来临? 2014－12－30, 1－3版.

[116] 杨洪涛. 我初步构建完整的长江流域生态保护屏障 一大批珍稀濒危物种得到有效保护. 科技日报, 2013－07－22, 1版; 附－刘莉. 拯救长江生态, 真的无能为力? 2013－05－30, 1－3版.

[117] 李禾.《野生动物保护法》已难保野生动物. 科技日报, 2013－04－11, 6版; 九龙江. 水电站千座 野香鱼绝迹, 2013－05－22, 1－3版; 鸟类减少将导致生态失衡, 2014－09－21, 1版.

[118] 李宏策. 稀有物种在生态系统中作用不可替代. 科技日报, 2013－06－18, 3版; 附－杜悦英. 生物多样性保护局面不容乐观. 中国经济时报, 2010－05－20, 10版.

[119] 吴长锋. 我科学家提出地球生命灭绝新模式 对研究现代全球气候变化具有重要启示. 科技日报, 2011－02－28, 1版.

[120] 张田勘. 多样性决定生存和幸福. 世界科学, 2005 (9), 37－38; 生物大灭绝与臭氧层变薄, 2006 (4), 39－40.

[121] 张梦然. 如果"灭绝"一词并不意味着永远——"复活已灭绝动物"面临的科学争议. 科技日报, 2013－04－02, 8版.

[122] 张新生. 世界濒危物种红色名单公布. 科技日报, 2009－07－07, 2版.

[123] 范建. 以虫治虫让"菜篮子"更安全. 科技日报, 2012－07－19, 4版.

[124] 赵英淑. 鲨鱼消失了, 海洋会咋样? 科技日报, 2012－07－20, 5版.

[125] 胡丽娟. 全球3万种植物5千种动物濒临灭绝 生物物种每小时消失1种. 科技日报, 2010－05－25, 10版.

[126] 高博. 在"中国生物多样性保护"论坛上动物专家疾呼 中国野生动物绝种之快令人忧心. 科技日报, 2010－05－27, 3版.

[127] 黄堃. 相生相伴 相谐相存——生物多样性与科学发展密不可分. 科技日报, 2010－05－22, 2版; 附－刘霞: 仿生学. 偷师大自然, 2014－06－10, 8版.

[128] 编辑部. 全球保护生物多样性面临严峻挑战. 中国经济时报, 2010－05－13, 10版; 附－新华社. 全球野生动物40年减半, 广州日报, 2014－10－01, A12版; 房琳琳. 全球野生动物总量大幅下降. 科技日报, 2014－10－01, 2版.

[129] 熊金超、黄艳. 顶级物种濒临灭绝——对长江意味着什么? 科技日报, 2013－01－14, 3版.

[130] 颜晓川. 濒危物种——正在逝去的"灵丹妙药". 科技日报, 2010－07－01, 5版.

[131] Edward O. Wilson (戴雪梅译). 全球生物多样性图景测绘. 世界科学, 2001 (2), 35.

[132] Kim A. Mcdonald (葛建一译). 生物物种知多少? 世界科学, 1995 (10), 45－46.

[133] Noel Grove (朱名宏摘译). 默默地保护自然. 世界科学, 1990 (2), 32－33－10.

[134] Paul Falkowski (方陵生编译). 浮游植物的力量. 世界科学, 2012 (4), 25－29.

[135] 刘幸. 外来物种大入侵. 广州日报, 2009－07－26, B1版; 附－刘幸、柯琳. 73种"娇艳杀手"绞杀本地物种, 2008－10－30, A19版.

[136] 鞠瑞亭. 生物入侵与城市生态安全. 世界科学, 2014 (10), 42－44.

[137] 李禾. 拦截! 筑起有害生物"封锁线". 科技日报, 2009－12－11, 6版; 警惕那些隐藏在身边的"外来物种", 2014－03－20, 5版.

[138] 李钊. 请"神"容易送"神"难——欧洲盲目引进外来物种饱受其害. 科技日报, 2008－01－31, 2版.

[139] 张建松. 外来入侵植物几乎"攻陷"中国全境 最新调查显示, 目前我国已有外来入侵植物逾500种. 科技日报, 2014－12－01, 1版; 附－房琳琳. 防治外来生物入侵拖不起——写在"福寿螺致病事件"平息之后, 2006－09－12, 5版.

[140] 邱瑞贤等. 盲目引进福寿螺 吞噬稻秧猛于虎. 广州日报, 2006－08－25, A3版; 附－金叶. 外来物种入侵广东, 2009－08－02, B1版; 李大林、粤国检. 过半最具威胁物种入侵我国, 2014－09－21, A3版.

[141] 郑焕斌. 北极海冰的不速之客——北冰洋加速融化将带来物种入侵威胁. 科技日报, 2013－04－03, 2版.

[142] 姜晨怡. 生物入侵, 你了解多少. 科技日报, 2012－01－05, 5版; 附－曹晓阳. 外来物种每年"吞噬"2000亿. 广州日报, 2014－09－24, A4版.

[143] 方陵生 (编译). 警惕——来自自然界的风险. 世界科学, 2013 (5), 4－6.

[144] 卞晨光. 人类接触危险化学品的风险加剧. 科技日报, 2012－09－07, 2版.

[145] 王娜娜. 脆弱性分析为灾害研究提供新范式. 中国社会科学报, 2012－09－28, A08版.

[146] 刘莉. 地球被调成"震动"了? 科技日报, 2010－04－20, 6版.

[147] 任海军, 刘石磊. 从"桑迪"看美国的风灾. 科技日报, 2012－11－01, 2版.

[148] 华凌. 地下注入废水可能引发大地震. 科技日报, 2013－03－30, 2版.

[149] 李丽云、阚洪锦. 智能控制系统防治煤矿水灾. 科技日报, 2012－10－08, 1版.

[150] 国务院办公厅. 国家综合防灾减灾规划 (2011－2015年), 国办发〔2011〕55号, 2011－11－26; 附－张启人. 发展公共安全系统工程. 系统工程, 2005, 23 (1), 1－8.

[151] 张巍巍. 一场前所未有的环境灾难逼近美国 墨西哥湾油井泄漏原油向美4个州沿岸扩散. 科技日报, 2010－05－05; 美经济复苏进程遭遇重大挑战 漏油事件使美国经济二次衰退的可能性增大, 2010－05－07, 均2版.

[152] 张哲, 郑讴. "桑迪"过后的启示 重大自然灾害需全方位协力应对. 中国社会科学报, 2012－11－07, A03版.

［153］郑焕斌. 自然灾害预测——科学做到了什么程度？科技日报，2013 - 01 - 20，2 版.

［154］新华社. 去年全国 1583 人死于各类自然灾害. 广州日报，2015 - 01 - 06，A6 版；附 - 喻朝庆、官鹏. 我国的旱灾威胁及其战略对策. 科技日报，2010 - 04 - 08，8 版.

［155］盛利. 科技三件宝　救灾帮大忙. 科技日报，2013 - 04 - 24，1 - 3 版；附 - 贾品荣. 从防灾减灾看民生科技的独特价值，中国经济时报，（上）2013 - 05 - 24；（下）2013 - 05 - 27，均 6 版.

［156］孙国根、王春. 我研究发现极端气温可显著增加中风致死风险. 科技日报，2013 - 08 - 21，1 版.

［157］李禾（主持）. 世卫组织监测的 102 种疾病中 85 种受环境影响　如何才能减少污染捍卫健康？科技日报，2013 - 04 - 19，7 版；附 - 杨雪. 环境因素是导致慢性病的主因，2012 - 12 - 07；刘石磊. 空气污染给英带来"公共健康危机"，2014 - 12 - 10，均 2 版.

［158］李颖. 请关注——人们该如何应对西尼罗病毒？科技日报，2012 - 08 - 25，4 版.

［159］张永兴. 西尼罗病毒肆虐美国. 科技日报，2012 - 08 - 25；附 - 孙浩. 美西尼罗病毒感染病例过去一周急增 40%，2012 - 08 - 31，均 2 版.

［160］刘晓军. 世卫代表赞扬中国艾滋病防控成绩. 科技日报，2014 - 12 - 02，1 版；附 - 王心见. 联合国报告称"快道"目标可助 2030 年结束艾滋病流行，2014 - 11 - 20；林小春. 艾滋病病毒进化中毒力下降，2014 - 12 - 03，均 2 版；罗朝淑. 十年探索：开启中医药抗艾新途径，2014 - 11 - 27；张芸等. 抗击艾滋病　勇敢的人们在路上，2014 - 12 - 11，均 9 版；杨昆. 人类繁衍面临威胁，1999 - 10 - 16，3 版；张田勘. 静悄悄地，科学正在为人类掘墓，世界科学，2002（9），35 - 36.

［161］张田勘. 从疾病看文明的代价. 世界科学，2004（4），40 - 41.

［162］常丽君. 全球变暖使热带病虫害扩散. 科技日报，2013 - 09 - 04，2 版.

［163］森林. 气候变化导致北欧致病菌爆发. 人民网 - 环保频道，2012 - 07 - 27；附 - Stephen S. Morse（沈凝译）. 环境破坏促使动物病毒向人体转移. 世界科学，1991（6），40 - 43.

［164］马燕合、黄圣彪. 坚持自主创新，支撑环保产业又好又快发展. 科技日报，2012 - 01 - 16，1 - 4 版.

［165］方宇宁（编译）. 环境卫生 - 中国实施清洁空气和水的进展. 世界科学，2010（6）2 - 6.

［166］毛黎. 中国坚持节约资源和保护环境的基本国策 - 周文重应美国世界环境中心邀请发表演讲. 科技日报，2008 - 03 - 27，2 版；附 - 李义平. 经济发展与环境保护. 中国经济时报，2013 - 05 - 20，6 版.

［167］衣红、周宏春. 我国环境服务业发展滞后——城市居民环境认知调查报告. 中国经济时报，2007 - 07 - 03，5 版.

［168］刘树铎. 保护环境——政府该扮演什么角色？中国经济时报，2007 - 01 - 16，8 版.

［169］李禾. 世界地球日前夕，专家呼吁 - 我国应加强土壤固碳能力研究. 科技日报，2010 - 04 - 22，3 版；有关专家建议——我国环境科技应重点发展先进生物技术，2014 - 10 - 12，1 版.

［170］杜悦英. "绿皮书"聚焦五大环保热点. 中国经济时报，2010 - 03 - 25，9 版.

［171］杜悦英. 助力低碳经济　环保难题待解. 中国经济时报，2010 - 03 - 12，1 - 2 版.

［172］陈健鹏. 新世纪以来中国环境管制的进展、问题与改进方向. 中国经济时报，（上）2013 - 05 - 09；（下）2013 - 05 - 10，均 5 版；附 - 苏明、刘军民. 我国环保投资不足的原因分析，2008 - 07 - 18，5 版.

［173］郑焕斌. 环境好不好，鸟儿早知道——鸟类也可担当环境监测哨兵. 科技日报，2012 - 12 - 15，2 版.

［174］范思立. 我国应尽快出台电磁环境国家标准. 中国经济时报，2012 - 11 - 08，2 版.

［175］国务院. 国家环境保护"十二五"规划. 国发〔2011〕42 号，2011 - 12 - 15；附 - 环保部. 国家环境保护标准"十二五"发展规划. 环发〔2013〕22 号，2013 - 02 - 17.

［176］岳振. 周生贤——探索中国环境保护新路. 中国经济时报，2010 - 03 - 22，3 版.

［177］金淞、李金昌. 论高科技污染的环境政策. 管理世界，1996（6），182 - 187.

［178］赵雪. 电磁辐射污染怎么防. 科技日报，2002 - 10 - 28，6 版.

［179］课题组. 气候友好型大气污染防治规划研究报告. 美国能源基金会 - 环保部环境规划院，2011 - 09.

［180］课题组. 中国电力部门氮氧化物减排费用效益分析研究技术报告. 清华大学环境学院，2012 - 03.

［181］郭锦辉. 多个品牌服装被指含"环境激素"纺织业"治毒"法律急需完善. 中国经济时报，2011 - 08 - 25，9 版.

［182］夏光. "十二五"时期的环境保护与绿色发展——目标与政策. 中国经济时报，2011 - 03 - 22，7 版.

［183］夏光. "十二五"环境保护规划的理念创新. 中国经济时报，2010 - 05 - 19，5 版.

［184］贾品荣. 环保危机源于政府失灵. 中国经济时报，2007 - 07 - 23，5 版.

［185］崔凤山. 也谈现代环境生物学中的"基因污染". 中国环境，2001 - 12 - 21。www.cenews.com.cn.

［186］游雪晴. 陆地系统固碳能力需要科学量化评估. 科技日报，2010 - 05 - 20，8 版.

［187］葛察忠、董战峰. 未来十年，我国环保政策走向何方？科技日报，2012 - 09 - 23，2 版.

［188］蒋琪. 新水土保持法施行一周年　生态环境治理不断加强. 人民网，2012 - 02 - 29.

［189］编辑部. 那些有关电磁辐射的说法是真是假. 科技日报，2012 - 12 - 19，7 版.

［190］毛俊霆. 八种空气净化技术全解析. 科技日报，2013 - 02 - 08，6 版；附：蒋秀娟、范圆圆. 净化空气：功能性植物显奇效，2014 - 03 - 25，4 版.

［191］牛福莲．我国将全面开展土壤污染防治．中国经济时报，2012－11－01，1－2版．

［192］许谷渊（编译）．治理塑料袋污染简单易行．世界科学，2008（5），22－23．

［193］华凌．地沟油能用于制造可降解生物塑料．科技日报，2012－09－05，1版．

［194］李禾．我国将推广新技术控制有机污染物　预计2010年二氧化硫排放总量仍居世界第一．科技日报，2009－08－08，4版．

［195］李禾．水污染处理专家指出，备用水源建设不容忽视．科技日报，2013－01－17，6版．

［196］李禾．我国污水处理厂每年处理210.31亿吨污水，但是每年产生的污泥也有900万吨，并以每年10%以上的速度递增－污水处理了，污泥咋办？科技日报，2011－03－28，1版．

［197］李禾．"白纸黑水"面临淘汰"大限"．科技日报，2010－08－29，1版．

［198］李禾等．环境科技——能否挑起环保"大梁"？科技日报，2008－04－25，7版．

［199］李钢．工业废水——环保的优先管制对象．中国社会科学报，2012－03－12，B02版．

［200］束洪福．氨氮废水资源化技术治污增效双赢．科技日报，2012－12－06，12版．

［201］吴学安．治理城市汽车尾气污染需多方给力．中国经济时报，2012－10－08，11版．

［202］佚名．现代生物技术在环境保护中的应用和前景．中国城市低碳经济网－www.cusdn.org.cn，2012－12－18．

［203］余家驹（编译）．将环保理念"搅拌"到混凝土中．世界科学，2009（5），13－15．

［204］环境保护部．国家环境保护"十二五"科技发展规划，2011－06－09．

［205］周琼．环境科技——如何应对新挑战．科技日报，2007－05－18，7版．

［206］周乃元．生物环保——一个新兴的产业．科技日报，2002－12－06，5版．

［207］周炜、宦建新．我科学家发现一种降解农药的"天然帮手"可将农药残留降低30%～70%．科技日报，2009－10－09，1版．

［208］高峰．城市污水处理——发达国家怎么办？中国经济时报，2012－12－24，10版．

［209］徐娜．防范固体燃料污染．世界科学，2006（9），27－28；附－钱炜．B计划，拯救人类的最后一根稻草？科技日报，2009－12－24，5版．

［210］编辑部．荷兰发明减少汽车尾气污染的水泥路砖．中国经济时报，2010－07－22，9版．

［211］王松霈．生态经济学与科学发展理论内在相通．中国社会科学报，2012－12－12，A06版．

［212］邓之湄．第二届亚洲人类学民族学论坛召开　生态关怀拓宽人类学研究视野．中国社会科学报，2012－11－14，A02版．

［213］李斌、邹声文．我国生态破坏　呈功能性紊乱等三大发展态势．人民政协报，2002－03－26，B3版．

［214］佚名．中国生态现代化全球倒数19．南方都市报，2007－01－28，A15版．

［215］张焱．中国生态安全底线长效机制亟待建立．中国经济时报，2013－01－25，10版；专家呼吁　以生态经济建设促低碳发展，2011－07－21，9版．

［216］张孝德．生态经济为中国经济战略转型导航开路．中国经济时报，2010－05－06，9版；生态经济时代新科技模式——全脑科技时代，2010－05－17，5版；"国民福利最大"的生态经济模式，2010－02－02，12版．

［217］国家环保部．全国生态保护"十二五"规划．国务院办公厅，2013－01－05；附－国家发改委等12部委．全国生态保护与建设规划（2013－2020年）．中国经济时报，2014－11－21，2版．

［218］洪大用．中国实践视角下的生态现代化理论．中国社会科学报，2012－11－30，A08版．

第3章

资源短缺难持续

3-1　自然资源　铢积寸累

3-1-1　能源发展　五彩缤纷

1. 能源战线捷报频传——《中国的能源政策（2012）》指出，2011年，中国一次能源总产量达31.8亿吨标煤，已连续七年位居世界第一。这一年的原煤产量35.2亿吨，原油产量稳定在2亿吨，成品油产量2.7亿吨，天然气产量达1031亿 m^3，电力装机容量10.6亿kW，年发电量4.7万亿kWh。2012年，能源综合运输体系发展较快，石油管线长度超过7万km，天然气主干管线长度超过8万km。电网基本实现全国互联，青藏联网工程建成330kV及以上输电线路长度17.9万km。能源自给率始终保持在90%左右。

据国土资源部有关资料显示：中国常规能源（煤/油/气和水能）探明总资源量达8200亿吨标煤以上，经济技术可开采余额近1400亿吨标煤。探明总储量中，煤占87.4%、油2.8%、气0.3%、水能9.5%；经济技术可采余量中，煤占58.8%、油3.4%、气1.3%、水能36.5%。但随着我国逐年加大资源勘探力度，这些百分比每年均有所调整。

目前提到"能源系统"所包含的主要能源类型分为化石能源与新能源两类，后者包括可再生能源（图3-1）。除当前处于风口浪尖的能源类型外，我国的矿产资源、淡水资源、土地资源、生态资源同样处于举足轻重地位的资源要隘环节。国家所有的自然资源和政府投资建设的所有公共设施都必须通过税费制度有偿使用[1]。

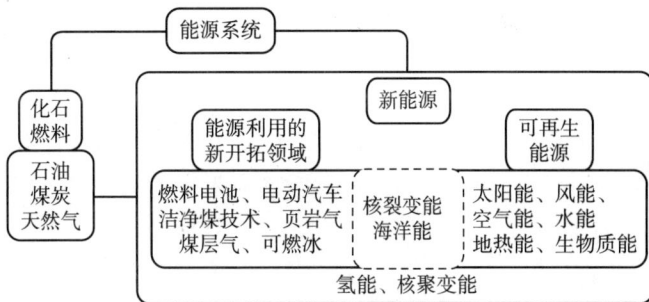

图3-1　主要能源系统组成

2. 能源科技水平迅速提高——我国建成了比较完善的石油天然气勘探开发技术体系，包括复杂区域勘探开发、提高油气田采收率等技术。成功建造3000m深海油气钻井平台。自主设计和制造千万吨炼油和百万吨乙烯装置。突破了煤炭直接液化和煤制烯烃技术。全国采煤机械化程度达到60%以上，年产600万吨煤炭综采成套装备全面国产化。百万kW超超临界、大型空冷等大容量高参数发电机组已得到广泛应用，70万kW水轮机组设计制造技术达到世界先进水平。我国中央政府职能部门近年积极行动起来，每年初均制定切实可行的资源节约和环境保护的主要目标。从而科技创新发展方向有的放矢，取得了一个个有利产业结构转型升级的科技项目突破[6]。

3. 能源发展，全民受益——与2006年相比，2011年中国人均一次能源消费量达到2.6吨标煤，提高了31%；人均天然气消费量89.6 m^3，提高了110%；人均用电量3493kWh，提高了60%。建成西气东输一线、二线工程，全国使用天然气人口超过1.8亿。实施农村电网改造升级工程，累计投入5500多亿元，使农村用电水平有了巨大改善。推进无电地区电力建设，3000多万人告别无电生活史。北方高寒地区建成7000万kW热电联产项目，4000多万城市人口的供暖得以解决[2]。

3-1-2　正视资源短缺　大兴节约之风

1. 能源的历史和生态现状——我国人均自然资源底子不厚，天灾频次和致害排在全球前列，人口规模举世无双，环境负担无与伦比，为摆脱发展危机、贫穷落后，多少年来航海梯山、奋发图强，赢得了辉煌业绩，带来中华民族扬眉吐气的新时代！为建设美丽中国，圆中华民族伟大复兴的中国梦而万众一心，悉力以赴！然而，人们觉察到发展中存在的隐患：高能耗、高投资、高污染，虽年龄预期与日俱增却因环境劣化难增健康寿命，换得的经济增长宁非漏脯充饥、鸩粮寅吃？高生态失衡、高生命代价、高住房泡沫、高基尼系数追求的社会进步宁非舍本逐末、厝火积薪？

2. 传统能源释义——传统能源或常规能源（Conventional Energy Resources），是现有科技条件下技术上较成熟且已被广泛利用的能源。煤炭、石油和天然气都是由远古生物化石演变而成，故统称为化石燃料。划分化石能源与新能源是相对的。随着科技发展，非常规能源不断转化为常规能源。在同一历史时期，因各国科技水平差异，常规能源与非常规能源范围也可能不同。以核裂变能为例，20世纪50年代初开始用来生产电力时，被认为是一种新能源；到80年代世界上不少国家已把它列为常规能源，但有的国家仍列为非常规的新能源。（20世纪70~90年代国外有时把化石能源叫做矿物能源，注意区别[61,62]）。

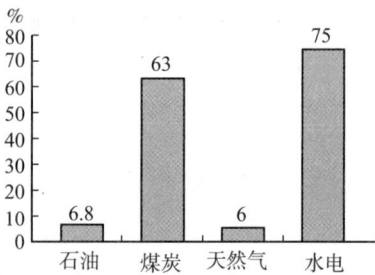

图3-2　中国能源人均占有量与
世界平均水平比较

（据：BP能源统计，国家统计局）

3. 人均占有和运用效率不足——按本世纪初的估测，我国化石能源煤炭、石油和天然气的人均占有量仅分别为世界平均水平的63%、6.8%和6.0%（图3-2）。近年虽勘探成果辉煌，日积月累，但人口也在增加，部分抵消了人均量增长势头。目前人均能源消费水平仅约为发达国家平均水平的1/3。其他一些战略性资源的人均占有量与世界人均占有量相比，我国铁矿石仅及17%、铝土矿11%、铜矿17%、可耕地43%、淡水28%、森林18%。

根据21世纪初的数据测算，我国单位能耗产出效率大大低于国际先进水平。按现行汇率计算，本世纪初我国单位能耗获得的产出水平仅相当于美国的1/6，日本的1/20，德国的1/10；万元GDP能耗为世界平均水平的3倍，是日本的7.2倍；资源利用率不高，如有色金属矿产资源利用率为60%，比发达国家低10%~20%；此外，每立方米淡水的产出效率，英国为93美元，日本55美元，德国51美元，世界平均为37美元，而我国仅2美元。钢铁、有色、建材、化工四大高耗能产业用能约占能源消费总量一半，单位产值能耗高。人均能源消费已达到世界平均水平，

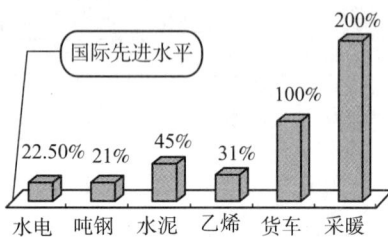

图3-4　我国主要产品能耗高于
国际先进水平（2007年）

（据：国家发改委数据）

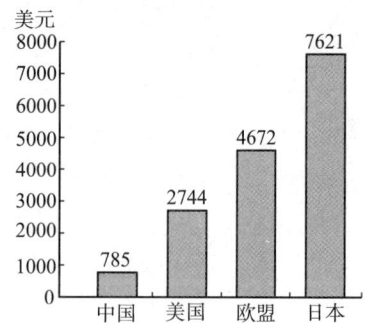

图3-3　2005年吨标煤
能耗的产出

（据：国家发改委数据）

但人均GDP仅及世界平均水平一半；单位GDP能耗不仅远高于发达国家，也高于巴西、墨西哥等发展中国家。由于科技水平掣肘，图3-3表示在2005年时我国吨标煤的产出远低于发达国家情态；图3-4更明显地提示了我国不同领域单产耗能高出世界先进水平的情势。

4. 明目达聪，克服不足——由于我国经济增长率在全球大国中一枝独秀，加上粗放式发展如影随形，致使能源需求信马由缰，石油对外依存度从世纪初的26%上升至2012年的57%，5年后估计将升至60%

以上。化石能源特别是原煤的大规模开发利用，对生态环境造成严重伤害，大量耕地被占用和破坏；水资源污染严重，CO_2、SO_2、NO_x 和有害重金属排放量大；酸雨、臭氧及悬浮颗粒物（PM2.5）等污染加剧，能源安全形势严峻。另外，我国能源储备规模相对较小，而油气进口来源相对集中，进口通道每易受制于人，远洋自主运输能力不足，金融支撑体系亟待加强，能源储备应急体系不健全，应对国际市场波动和突发性事件能力不足，能源安全保障压力较大[2,3]。2008～2013年我国一次能源产量和消费量逐年上升态势见图3-5，可见消费量还有少量不足需进口解决。

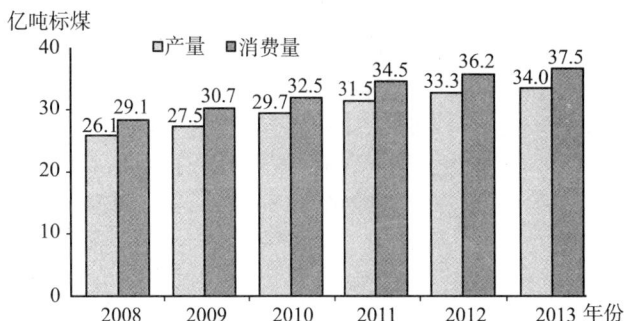

图3-5 我国一次能源产量/消费量

（据：国土资源部. 2012 中国国土资源公报，p. 10；2013 中国国土资源公报，p. 11 改绘）

5. 节能降耗，悉力以赴——近年来我国上下齐心大力推进能源节约，已卓有成效地依靠科技创新迎向全局性能效提升。1981～2011年，我国能源消费年均增长5.82%，赢得了国民经济年均增长10%。2006～2011年，万元GDP能耗累计下降20.7%，实现节能7.1亿吨标煤。实施锅炉改造、电机节能、建筑节能、绿色照明等一系列节能改造工程，主要高耗能产品的综合能耗与国际先进水平差距不断缩小，新建的有色、建材、石化等重化工业项目能源利用效率一般均能达到世界先进水平。淘汰落后小火电机组8000万kW，因此能年节原煤6000多万吨。2011年，全国火电供电煤耗较2006年降低37克标煤/kWh，降幅达10%，且脱硫机组比重持续增加。

我国煤电油气运输保障协调机制逐步完善。国家石油储备规模逐步扩大，应急保障能力不断增强，有效应对了汶川地震、玉树地震和南方雨雪冰冻等特大自然灾害，保证了北京奥运会、上海世博会、广州亚运会等国际性重大活动成功举办。能源国际合作稳步推进。境外能源资源开发取得新进展，西北、东北、西南和海上四大能源进口战略通道格局初步形成，我国在国际能源事务中的作用逐步增强。专家提议少烧煤、多买油和气，多用低碳含氧燃料，大力发展电动汽车，广泛采用新技术以化解能源短缺跟灰霾污染的矛盾[39]。不过要真正做到这些真知灼见却是个牵一发动全身的系统大事。

3-1-3 国际能源机构危言危行

1. 国际能源署——国际能源署（IEA）是成立于1974年11月的国际权威性能源领域政策筹划的咨询顾问机构，与发达国家的权威顾问咨询机构经济合作与发展组织（OECD）并驾齐驱，28个会员国也都是OECD会员国，出版物大都以两个机构的名义付梓。该机构集中了全球数百位能源科技决策和经济管理方面的权威学者，肩负当前和未来决策咨询建议和研究能源系统的当务之急。IEA具体的行动目标是[31]：（1）确保成员国获得可靠、充足的各种形式能源供应；（2）在全球推动经济增长和环境保护的可持续能源政策；（3）通过能源数据改善国际市场透明度；（4）支持全球能源技术协作；（5）与非成员国、产业界、国际组织及其他利益相关方接触和对话寻求能源问题的解决方案。

2. 气候变暖的能源对策方案——IEA在近两年组织数百位专家通过广泛调研和计算机仿真，按设定的能源与气候政策预测了3种不同对策针对将会在2035年可能出现的气候变暖后果。根据IEA《世界能源展望2012》设定的方案（情景）包括[31]：

（1）新对策方案（NPS）——此为展望的核心方案，虑及各成员国最近所作的承诺和规划，相当于4℃方案（简做4DS）。或者说得更明确些：按照各成员国目前已经做过的承诺和规划综合起来推算，到2035年的年均气温将比工业化前升高4℃。

（2）现行对策方案（CPS）——只考虑到2011年中已颁布执行的那些政策，这就相当于6℃方案（6DS）。

（3）450方案——按50%机会满足平均全球气温限于升高2℃的目标所应采取的能源政策路线，相当于估计 2035 年的全球年均气温比工业革命前提高 2℃再反推到目前直至 2035 年应该采取和调整的对策措施方案（2DS）。

2DS 当然是最优的，但却是很难满足的；6DS 因循现行对策，但前景堪忧，年均气温高企，仅仅因气候变暖促海水膨胀导致的海平面陡升和生物多样性遭受空前灾难已够人类疲于奔命了！IEA 的分析或许是立足在"尽可能争取 2DS，较可能实现 4DS，无论如何要从现在起全人类动员力避 6DS"上。

作出上述预测方案的基本假设是：

①世界 GDP 增长率年均 3.6%（2009～2035 年），非 OECD 各国对全球经济产出的增长约占 70% 以上，其在全球 GDP 的占比从目前的约 45% 到 2035 年超过 60%。中国在直至 2035 年全球 GDP 增长部分中独揽 31%，印度也分享 15%。

②人口增长问题：人口增长将持续地促进能源需求上升。世界人口假定从 2009 到 2035 年增加 26%，即从 2009 年的 68 亿增加到 2035 年的 86 亿，其中 90% 增加在非 OECD 地区。世界人口年增加额将逐渐放慢，从 2010 年增加 7800 万到 2035 年增加 5600 万。

③能源价格将连续对未来需求和供应格局起到主要影响。

在这些假定下展开 3 种对策方案的计算机仿真，并进行了反复验证，最后提出从现在开始须采取的绿色－低碳化节能环保的各种可持续发展举措。

3－2　化石能源　煤炭居首

3－2－1　工业革命　始于煤炭

1. 世界银行统计——本书"写在前面"曾引述：20 世纪人类共消耗煤炭 2650 亿吨、石油 1420 亿吨、钢铁 380 亿吨、铝 7.6 亿吨、铜 4.8 亿吨，同时排放出大量 GHG，使大气中 CO_2 浓度从 19 世纪末 295ppm（百万分率）到目前超过 400ppm（截至 2011 年 6 月底实测数据为 394ppm；2015 年初在美国夏威夷实测数超过 400ppm）。预计到 2050 年世界经济规模还要比现在高 3～4 倍，眼下全球能源总体消费结构中化石能源仍占 87% 左右！2007 年的统计结果是：全球能源结构中化石能源占 88%；而中国更高踞 94%，其中煤炭占比居首位。虽然 20 世纪耗用的大部分煤炭主供发电，可如今全球仍有约 13 亿人即占全球约 1/5 的人口还没有用上电。众所周知，没有电的生活谈现代化奚啻画饼充饥。

利用煤炭发展经济，如果不依靠科学技术趋利避害，对环境而言恰似饮鸩止渴、玩火自焚，排放的碳、硫、氮和悬浮颗粒、烟尘不亚于施放毒气弹。然而，由于在化石能源中，煤炭价廉、易得和较易掌控，在科技水平较低的年代，顺其自然地被选作主要能源形式了。

2. 中国发展能源，煤炭恬踞榜首——我国已探明和技术经济可采化石能源中，煤炭居于首位，占煤油气 3 种能源总量的近 95%。中国的能源需求量日甚一日加大，总量在 2011 年已超过美国；煤炭生产规模在全球首屈一指，也在同一年成为世界最大的电力产出国。从新中国成立到 2012 年的 63 年，全国累计生产煤炭 576.56 亿吨。其中，1990～2012 年 22 年间生产煤炭 423.44 亿吨，占全部生产总量的 73.44%。支撑了我国 GDP 以每年 10%（10.2%）以上的速度增长，煤电以 6.5 倍的速度增长，年发电量超过 3.5 万亿 kWh。钢铁以 10.9 倍的速度增长，粗钢年产突破 7.2 亿吨。

3. 生产基地建设——"十一五"时期，我国重点建设了 13 个大型煤炭基地，2010 年共产 28 亿吨，占全国总产的 87.5%。煤炭产业集中度不断提高，已形成 5 家亿吨级、9 家 0.5 亿吨级大型煤炭企业；全国千万吨级以上企业集团达 50 家，产量 17.3 亿吨，占全国总产的 58%。2012 年全国燃煤工业锅炉约 48 万台，年增 1 万多台。燃煤的大气污染物 SO_2 排放量居世界首位；CO_2 排放量居世界第二。

4. 生产与消费量——我国现在是世界上最大的煤炭生产和消费国，2012 年原煤产量 36.5 亿吨，为 2005 年的 1.7 倍；消费量 35.15 亿吨。占我国一次能源生产和消费比重 76.6% 和 67.1%；占世界煤炭生产总量的 47.5% 和消费总量的 50.2%。2012 年，我国平均每天生产原煤 1000 万吨，消费商品煤 935 万吨，人均消费煤炭 2.7 吨。2012 年底，我国煤炭资源矿区 6019 座，查明储量 10201 亿吨，人均技术可采煤炭 90 吨（石油 2.6 吨，天然气 0.1074 万 m^3）。我国有采矿许可证的煤矿 14407 处，总产能超过 40 亿吨。其中，大型煤矿 844 处，产能 23.4 亿吨，平均单井规模 280 万吨，目前产量占全国的 65% 以上（年产千万吨以上的煤矿 47 处，产能超过 6 亿吨）。规模以上企业共有 7869 家。大型企业 90 家，产量超亿吨的 8 家。行业从业人员共 526.6 万人，年营业收入约 3.4 万亿元。从资源质量看，我国煤炭储量和产量中，褐煤和长焰煤等低档煤均约占 55% 以上，2013 年查明储量达 5612 亿吨，原煤含热量往往不如进口煤。

2001 年中国燃煤需求仅约 6 亿吨油当量（约合 25 千兆焦耳），可是到 2011 年中国燃煤需求量已增加了 3 倍。全国布满了煤炭生产基地，却在 2009 年供不应求而不得不进口以弥补差额，且近两年犹在急速增加进口量。2005～2012 年我国煤炭生产量计日程功的态势见图 3-6。2012 年煤炭勘查新增资源量 5570.3 亿吨，2012 年全国煤层气产量 25.7 亿 m^3，同比增长 24%。从 2010～2011 年煤炭产销状况图示（图 3-7）更能看出产业界对煤炭产销两旺的推动效能。从这里了解到，2011 年我国煤炭经济运行总体在平稳中前进，煤炭需求旺盛，供给总量增加，市场供需基本平衡，电力、化工行业的用煤需求增幅最大，但随着中国节能减排压力增大，煤炭在能源中的消费比例上升空间有限，中国煤炭工业协会认为 2012 年煤炭需求增速已适当放缓，但这种放缓的代价是煤炭进口量 2012 年几乎超过 2011 年进口量的 30%[7]！

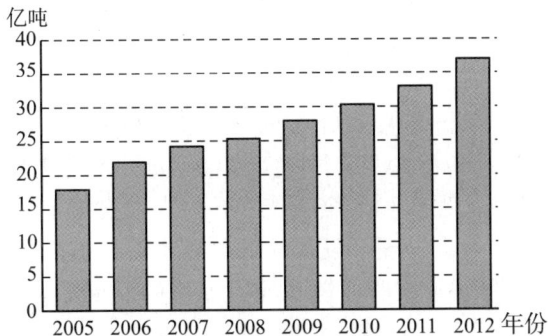

图 3-6　中国煤炭产量猛增

（据：中国经济时报，2012-03-26，9 版改绘）

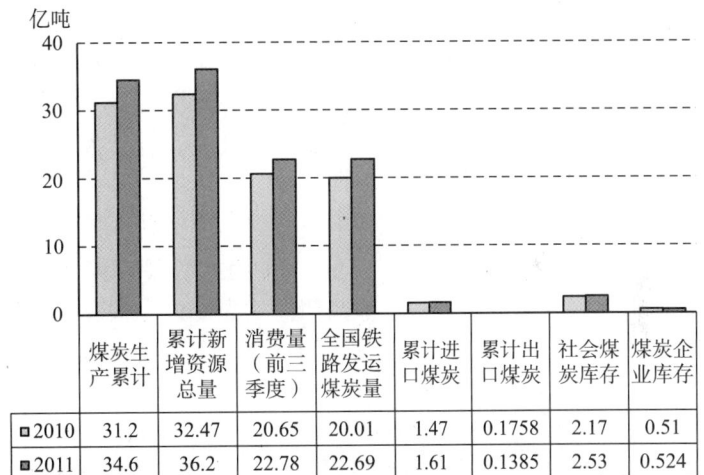

	煤炭生产累计	累计新增资源总量	消费量（前三季度）	全国铁路发运煤炭量	累计进口煤炭	累计出口煤炭	社会煤炭库存	煤炭企业库存
2010	31.2	32.47	20.65	20.01	1.47	0.1758	2.17	0.51
2011	34.6	36.2	22.78	22.69	1.61	0.1385	2.53	0.524

图 3-7　全国煤炭生产消费数据

注：消费量指前三季度发电、钢铁、建材生产耗煤量。

（据：中国经济时报，2012-03-26，9 版）

3-2-2　中外煤炭产业　产能结构调整

1. 生产安全——我国能源生产安全的症结不单纯问责科技，还有更重要的安全运行和管理问题。既然我国眼前的能源结构近 70% 还暂时离不开煤炭，则不仅在使用中应当大力推广洁净煤燃烧技术，而且对煤的开采环节必须日夜兼程地克服安全技术和管理环节上存在的薄弱环节，提高信息化、智慧化控制技术水平。"十一五"时期，全国累计关闭小煤矿 9010 处，淘汰落后产能 4.5 亿吨。国家、地方和企业先后投入 720 亿元以上用于煤矿安全改造，相应的科技攻关成果和专利授权喜报频传。2002 年我国煤炭产量 14 亿吨，事故 4344 起，死亡 6995 人，百万吨死亡率高达 4.94，2005 年降至 2.81，2009 年降至 0.892。到 2013 年，我国煤炭产量 36.8 亿吨，全国煤矿共发生透水、爆炸、塌方等事故 604 起，死亡 1067 人，百万吨死亡率进一步下降到 0.29，显然这是高速提高了科技水平的结果。由于美国煤矿分布比较集中，约有 1000 矿区，其中露天矿占 60% 以上，从业人员共约 9 万；我国煤矿分布在 12000 处，露天矿仅占 11%，从业人员共有 550 万，所以不能仅从百万吨死亡率的多少加以对比。当然也不能因此文过饰非，要不断提高科技水平、加强生产管理、打击犯罪活动和理顺审批制度，务必在 2020 年前把事故发生率和死亡率降至接近零。

2. 生产规模——传统能源仍是经济发展的支柱。中国的经济基础决定了尚无法放弃传统能源，对于煤炭的依赖在短期内难以得到缓解，在较长时间内仍将靠新能源与传统能源两条腿走路的方针，而可再生能源的利用程度有限，很难成为一次能源消耗的支柱。风能在利用时受到地域、风速、电网条件的限制，预计到 2020 年占总电力供给的 9%；核能发展受到开发地原材料、水源及环境限制，预计到 2020 年占总电力供给的 5%；小水电由于地理位置及资源有限，且对生态维护的诉求出现矛盾，难以解决城市大规模用电的需求；太阳能和生物质能的技术尚在研发升级，面临分布式大规模应用的诸多实际困难。

能源是社会经济发展的物质基础，在一定技术发展水平上，经济规模越大，能源需求越旺。世界能源消费量已超 100 亿吨标煤，其中煤炭占 1/3 弱。据初步核算，2010 年中国能源消费总量 32.5 亿吨标煤，比上年增长 5.9%。其中，煤炭消费在能源消费总量中的占比仍接近约 3/4 弱。中国富煤贫油的资源状况，决定了煤在一次能源中举足轻重的主体地位。据估测，即使到 2050 年，煤在中国一次能源中比重仍将高于 50%，何况中国原煤入洗率仅为 16% ~ 18%，而其他煤炭消费量较多的国家大都将原煤入洗后再投放市场，入洗率最低的也有 40% 以上。显然，大量未经洗选的原煤直接供应给用户，是导致能效低下和环境污染严重的主因。因此，中国煤炭清洁高效开发利用是今后能源结构调整升级的主攻方向[9,16]，同时要促进煤炭由燃料向原料转化[14]，即大力发展煤制天然气（地下气化）、煤层气等清洁能源，通过强化科技创新，力促煤炭行业转型发展[15]，沿着科学产能道路[20]和突出煤化工技术[19]达到把煤炭"变绿"的科学目的[21]。特别像焦炉气转化合成天然气技术[17]、大容量超超临界机组锅炉满负荷运行[18]等先进高效利用煤炭节能技术当及时总结经验加以推广。此外，神华集团领导 2014 年底也论证煤炭清洁发电是破解我国能源困局的有效途径之一[11]。

国家规划指出：安全高效开发煤炭，要坚持保护环境的方针。按照控制东部、稳定中部、发展西部的原则，要推进陕北、黄陇、神东等 14 个大型煤炭基地建设。"十二五"要实施煤炭资源整合和煤矿企业兼并重组，发展大型煤炭企业集团。优先建设大型现代化露天煤矿和特大型矿井。实施煤矿升级改造和淘汰落后产能，提高采煤机械化程度和安全生产水平。大力发展矿区循环经济，加大煤炭洗选比重，合理开发煤炭共伴生资源。按照能源密集、技术密集、资金密集、长产业链、高附加值的发展导向，有序建设煤炭深加工升级示范工程。鼓励建设低热值煤炭清洁利用和加工转化项目。加强煤炭矿区环境保护和生态建设，做好采煤沉陷区和影响区的生态综合治理、建立并完善煤炭开发和生态环境恢复补偿机制，例如土地复垦等作业。2011 年，原煤入洗率达到 52%、土地复垦率 40%、建设燃煤电厂脱硫和脱硝设施加快，烟气脱硫机组占全国燃煤机组的比重达 90% 左右、燃煤机组除尘设施安装率和废水排放达标率达到 100%。目前，加大煤层气（煤矿瓦斯）开发利用力度，抽采量达到 114 亿 m^3，在全球率先实施了煤层气国家排放标准。"十一五"期间，单位 GDP 能耗下降、减排 CO_2 14.6 亿吨[2]。图 3-8 ~ 图 3-11 分别表示新开工煤炭生产规模、2015 年

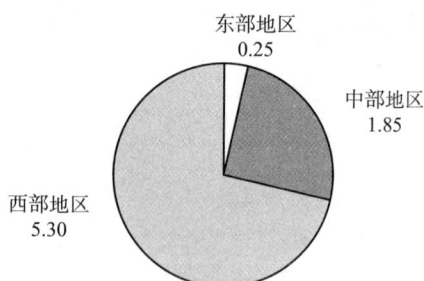

图 3-8 "十二五"新开工煤炭规模
（单位：亿吨/年）

注：内蒙古、陕西、山西、甘肃、宁夏、新疆为重点建设省区，新开工规模 6.5 亿吨/年，占全国 87%。

（据：中国经济时报，2012-03-26，9 版改绘）

规划预定煤炭产量、IEA 按新对策方案预测到 2035 年燃煤发电规模和按新对策方案中国各领域的耗煤水平。从图 3-10 可知，中国在未来 35 年里的发电用煤增量在全世界各国中一直遥遥领先。国土资源部规划表明：到 2020 年煤炭需求量 >35 亿吨和 2008 ~ 2020 年累计需求量 >430 亿吨。

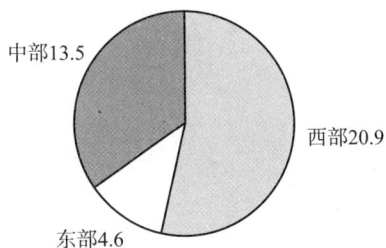

图 3-9 规划的 2015 年全国煤炭产量（单位：亿吨/年）

注：东部：黑龙江、山东产量保持稳定，其他省市下降；中部：山西产量增加，河南、安徽产量保持稳定，其他省下降；西部：内蒙古、陕西、新疆、宁夏和甘肃产量增加，贵州、云南产量略有增加，重庆和四川产量不降。

（据：中国经济时报，2012-03-26，9 版改绘）

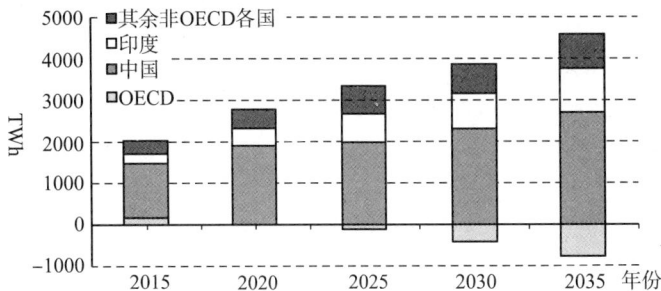

图 3-10 按 IEA 新对策方案（4DS）中、印等国燃煤发电相对 2009 年的增量

（据：IEA. World Energy Outlook 2011，IEA/OECD，2012-02，p. 183 F. 5. 4）

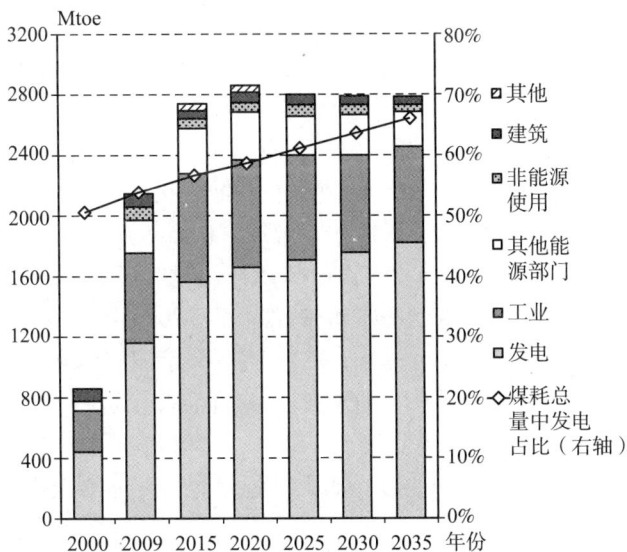

图 3-11 按 IEA 新对策方案里中国各部门的煤炭需求

注：标煤当量兆吨 Mtoe；右轴表煤耗总发电量中各用电部门占比%。

（据：IEA. World Energy Outlook 2011，IEA/OECD，2012-02，p. 382 F. 10. 18）

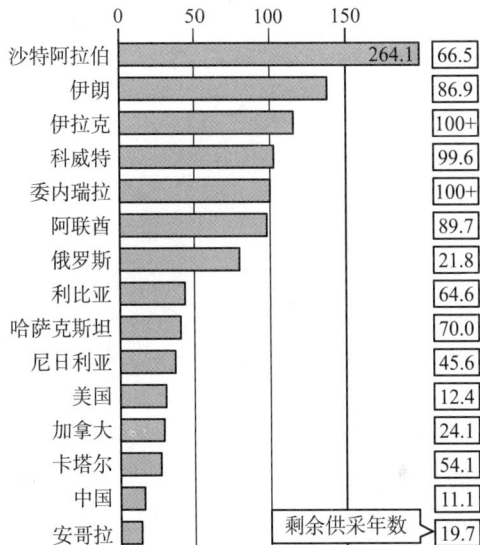

图 3-12 全球石油储量（2008 年末的储量，10 亿桶）

注：据英国石油公司（BP）提示，虽然 2008 年每桶石油售价升至 147 美元，但按现有技术探明可采石油约达 12580 亿桶，仅比 1998 年增加了 18%。石油输出国组织（欧佩克 OPEC）2008 年略减其供应量，并声称能控制探明储量的 3/4。沙特和伊朗的石油储量加起来几乎占总量的 1/3，非中东国家储量最大的委内瑞拉将近占 8%。BP 测算若世界继续以上年生产率产销石油，而并无更多探明储量，则全球的原油储量将到 42 年后用罄。

（据：The Economist，2009-06-11，引自 BP）

3. 外论煤炭地位——英国《经济学人》2013 年 4 月 6 日的一篇文章"未来煤炭的世界能源地位"，根据 IEA 的近期观点，认为美国虽已成为世界第二大煤炭消耗国，但如果美国不再突出煤炭产业的主导地位，其能源产业的未来动向势将在世界范围内产生新一轮巨大影响。值得关注的是，当前煤炭在美国的重要性正逐步下降。

燃煤的危害已如前述，所析出的气体对整个地球大气带来很大威胁。燃煤所析出的悬浮颗粒物对人体健康有害，而所产生的 CO_2 是最重要并长期驻留的 GHG。过去发展中国家更看重燃煤的优势，而发达国家的政府基于平衡利害考虑也许正在减少煤炭使用。事实上，在美国虽确实在减少煤炭使用，但并非出于其环保条例的作用，因为美国环保条例对煤炭限制相对较小，关键在于美国近些年一鼓作气地发展了页岩气电站。与此同时，欧洲各国的煤炭消耗却在不断增加。

1988 年，美国燃煤发电处于顶峰时期，提供该国 60% 的电力供应。即使是到 2010 年，美国高速发展页岩气之际，燃煤电力仍占全国电力总供应量的 42%。到了 2012 年中期，燃气发电量与燃煤发电量仍大抵持平，各占美国电力总供应量的 1/3。

3-3　传统能源　油气居中

3-3-1　我国油气生产和消费现状

1. 资源和生产量——世界产油各国 2008 年已探明技术上可采储量由英国石油公司（BP）统计的结果绘在图 3-12 中。我国可能拥有的石油资源超过 650 亿吨[30]，2012 年新增探明地质储量 15.2 亿吨，同比增长 13%，是新中国成立以来第十次也是连续第六次超过 10 亿吨；新增探明技术可采储量 2.7 亿吨，同比增长 7%。天然气可探明储量 25 万亿 m^3，2012 年全国天然气勘查新增探明地质储量 9612.2 亿 m^3，同比增长 33%，为我国历史最高水平；新增探明技术可采储量 5008 亿 m^3，同比增长 36%。2012 年全国石油产量 2.05 亿吨，同比增长 1%，稳中有增；全国天然气产量 1067.6 亿 m^3，同比增长 5.4%。鄂尔多斯、塔里木、四川盆地仍是我国天然气主产区。"十一五"期间海上原油产量突破 5000 万吨；原油一次加工能力达 5 亿吨/年。境内原油、成品油管道长于 7 万 km，天然气长输管道近 8 万 km。毋庸讳言，油气人均剩余可采储量仅为世界平均水平的 7.7%，石油年产量仅能维持在 2 亿吨左右，常规天然气新增产量仅能满足新增需求。我国的贫油状态可能最后须靠近海油源扭转。2013 年 3 月，国土资源部介绍：2012 年我国石油天然气探明储量大幅增加。石油新增探明地质储量 15.2 亿吨，新增探明技术可采储量 2.7 亿吨；天然气新增探明地质储量 9612.2 亿 m^3，新增 5008 亿 m^3 探明技术可采储量[52!]。2014 年 9 月中我国海洋石油公司宣布，在南海北部东南盆地中国海域已发现首个自营深水高产大气田，能日产天然气 56.5 百万立方英尺，即 9400 桶油当量[32!]。当然，我国学界满怀信心认为：即使 2 亿吨石油产量也将维持到 2030 年后[22]。从我国为开发陆上油气资源而加紧钻井平台建设的态势（图 3-13），已足以说明国家近年给力发掘资源潜力的决心。按照石油精炼后的利用途径来看（图 3-14），加大交通运输业节能减排和结构优化理当事不宜迟！

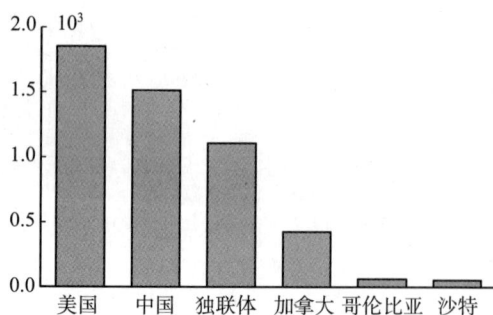

图 3-13　2011 年陆上石油和天然气钻井平台
（据：BP 2030 世界能源展望，2013-01，p.24）

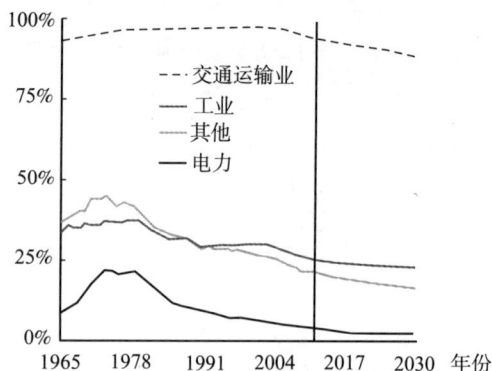

图 3-14　石油在全球几个领域中的消费地位
（据：BP 2030 世界能源展望，2013-01，p.28）

2. 未来石油进口依存度——图 3-15 是我国 2008～2013 年原油产量和消费量递增状况，因原油产量稳定在略超 2 亿吨，且因需求量逐年攀升，故对外依存度已达 56.7%，据估测，如勘探和新油田建设滞后，"十二五"末也许有可能突破能源规划要求的 61% 上限。国土资源部规划表明：到 2020 年石油需求量将 >5 亿吨和 2008～2020 年累计需求量将 >60 亿吨。

据 IEA 按新对策方案预测，我国到 2035 年石油对外依存度将超过 75%，最高可达 78%（图 3-16）。

从图看出，虽然日本经济中所用原油或成品油历来依靠进口，但由于节能替代和提高能效，进口依存度不升反降。美国在同一时段也因科技水平提升和能源品种调整而减少了进口。欧盟在此期间因北海石油接近枯竭而必须仰赖中东，依存度将增大，但进口压力将由各成员国分担。可见随后的 20 年全球承受石油供需压力最大的就是中国。中国须在科技进步、体制机制改革、原油地质勘探、新油田研发建设、电动

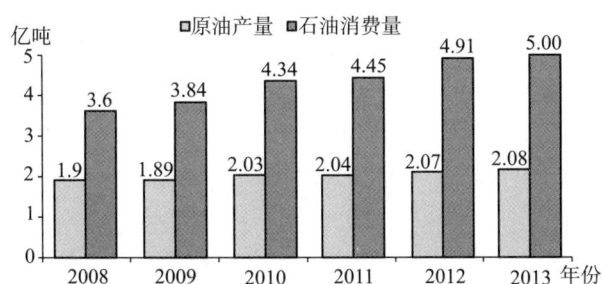

图 3 - 15　2008～2013 年我国原油产量和消费量

（据：国土资源部.2012 中国国土资源公报，p.10；2013 中国国土资源公报，p.11 合并改绘）

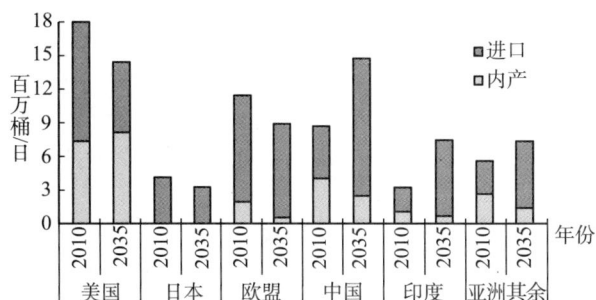

图 3 - 16　按 IEA 新对策方案各地石油需求和进口量

（据：IEA. World Energy Outlook 2011，IEA/OECD，2012 - 02 改绘）

汽车推广应用和优便充电以及能源结构调整优化等方面多管齐下，务必为降低过度依存度和提高储备而因势利导！因为从全球的石油需求结构未来趋势可知，中国经济增长除因产业结构调整升级后理性发展促进的增长放缓，能源供应的掣肘因素必然出现在石油进口来源国和油轮海运一类问题方面，不可不慎（图3 - 17）。2010 年《世界经济黄皮书》仍认为直到 2030 年石油还是重要单种燃料，新能源无法替代化石能源[24]。也许撰写黄皮书的经济学家没有看重未来近 20 年科技创新力量而做了较保守的估计？专家们可能更多地考虑开源节流，寻求石油替代以淡化对石油的依赖[29]。作者则更寄希望于我国浩瀚的领海，不相信改天换地的中华健儿们不能在未来共圆中国梦年月里开创出滚滚油气的远东"波斯湾"！

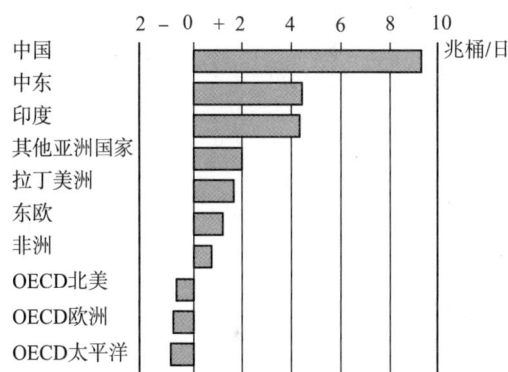

图 3 - 17　IEA 预测

注：2006～2030 年世界一次能源需求将增加 45%，石油需求将从每天 85 兆桶增至 106 兆桶。中国将增加用量 43%；印度和中东各增 20%。发达国家需求量则低于目前用量。原资料注明 IEA 断言：到 2030 年因石油消费造成的污染，有 3/4 来自中国、印度和中东。

（据：The Economist，2008 - 11 - 15，引自 OECD/IEA）

　　瑞典物理学家的仿真结论：2018 年前世界石油产量将达到顶峰；另有人认为将发生在 2020 年之后。届时石油产量下降，全球经济衰退、食物短缺和供应链失稳导致国际冲突不断。目前全球已开采原油 1600 亿吨以上，剩余可采量 1700 多亿吨，待探明的油气资源估计还有千亿吨以上。

3 - 3 - 2　油气开发前景

　　1. 油气开发前景——近年我国的天然气资源前景日益看好，十足鼓舞人心！普遍使用天然气的优越之处，不用赘述，最有战略意义的是今后即使内产不足而必须一部分依靠进口时，几乎都可以借助管道西气东输，不似石油进口隐含的海运风险。加上我国几年来天然气勘探捷报频传，确定无疑的是我国天然气应用将很快从目前 1.7 亿人口节节扩展。图 3 - 18 是 IEA 据新对策方案所作仿真预测结果。到 2035 年需要从俄罗斯、哈萨克斯坦等进口的天然气充其量只占到总需求量的 1/3 罢了[25]！但 2014 年与俄罗斯签约后，可望增量和提前。

　　据国家相关规划：今后要加大常规油气资源勘探开发力度。中国将继续实行油气并举的方针，稳定东部、加快西部、发展南方、开拓海域。推进原油增储稳产，稳步推进塔里木盆地、鄂尔多斯盆地等重点石

油规模生产区勘探开发。加强老油田稳产改造，提高采收率。加快天然气发展，加大中西部地区主力气田产能建设，抓好主力气田增产，推进海上油气田勘探开发，逐步提高天然气在一次能源结构中的比重。优化炼油工业布局，建设若干大型炼化基地，形成环渤海、长三角、珠三角三大炼油集聚区，实现上下游一体化、炼油化工一体化、炼油储备一体化集约发展。

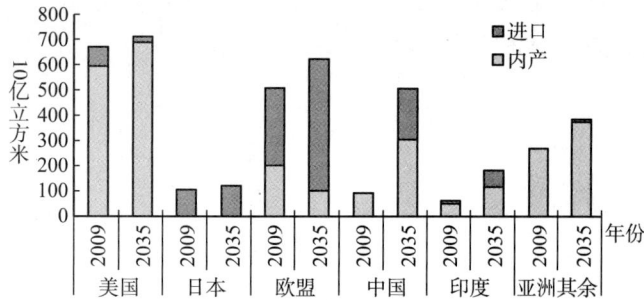

图 3 - 18　按 IEA 新对策方案各地天然气需求和进口份额（2009 和 2035 年）

注：亚洲其余地区在 2009 年已净出口天然气 560 亿 m^3。
（据：IEA. World Energy Outlook 2011，IEA/OECD，2012－02）

2. 天然气前景——依托中国境内最大的输气管网，中石油拟在"十二五"期间发展成国内最大的液化天然气（LNG）供应商，计划使天然气产量占中石油国内油气总产量的 50%，2011 年兴建 230 座、"十二五"期间共建 1000～2000 座 LNG 加气站。作为最早的 LNG 进口企业的中海油，重点针对经济发达的沿海地区，一直沿用全产业链发展模式，已在深圳、中山、惠州、珠海、潮州、天津、滨州等地建成 LNG 加注站，以"两州一湾"为核心，不断延伸和完善加注站网络；并以 LNG 项目为龙头，配套参与建设运营城市燃气、燃气发电、沿海天然气管网、小型液化厂、卫星站、加气站、LNG 加注站、冷能利用等项目，完成了 LNG 产业布局。拥有全国大半加油站的中石化则将建成包括加注成品油、销售非油品、加注天然气、电动车充换电池"四位一体"的新型加油站。2010 年 8 月，贵州石油贵阳分公司二戈寨加气站开业，标志 LNG 加气站正式登上了中国石化的大舞台。

应当乐观地估计到：我国天然气资源尚在频传勘探捷报，新储量不断上升。天然气是减碳捷径[26]，"十二五"产量可能翻番[27]，未来的油气能源结构有可能"重气轻油"，普遍推广民用和部分替代石油[31]。由于开发油气招致环境负担加重，生态遭受一定扭曲，开展生态补偿机制的研究早已提上议事日程，但须加大力度[28]。

开创天然气的采掘与应用，本身就是节能环保的第一步。早已证实：天然气和煤燃烧时的环境污染程度迥异，见表 3 - 1。在 7 - 3 节将侧重谈到作为绿色能源的页岩气/煤层气的开发现状。

表 3 - 1　　　　　　　　　　　　　煤炭—天然气燃烧向大气排放的污染成分比较

污染气体	烧煤	烧天然气
CO_2	208000	117000
CO	208	40
NO_x	457	92
SO_2	2591	1
悬浮颗粒	2744	7
汞	0.016	0

注：表中数字指每 10 亿 BTU 能源输入发生的废气磅数。
（据：EIA. Natural Gas Trends，1998）

3 - 4　能源需求　与日俱增

3 - 4 - 1　传统能源供需现状

1. 我国能源供需现状——3 - 2 节已说明，2012 年我国原煤产量约 36.5 亿吨，为 2005 年的 1.7 倍，占世界煤炭产量47%。与此同时,原油产量2.07亿吨,居世界第五;天然气1072.2亿 m³,是2005年的2.2倍;一次能源生产总量33.3亿吨标煤,比上年增4.8%。发电量49377.7亿 kWh,比上年增4.8%,其中火电38554.5亿 kWh,比上年增0.6%;水电8608.5亿 kWh,增23.2%;核电973.9亿 kWh,增12.8%。可见发电增量明显宠着可再生能源!

能源消费高于能源供应的趋势明显。20世纪90年代至今,能源消费年均增长4.2%,能源生产总量年均增长3.3%,相差约0.9个百分点。弥补途径不外乎厉行节能减排和循环利用,大刀阔斧全面加强资源勘探,积极发展新能源和稳定乃至开拓进口渠道。

我国化石能源按2012年生产规模和已探明储量,相对丰富的煤炭资源仅能维持80年有余[51];原油按现已探明储量还能正常开采15年左右,石油资源的平均探明率还只有38.9%,处于勘探中期阶段,远低于世界平均探明率(73%)和美国的探明率(75%)。我国石油资源勘探取得突破后,也许其意义不亚于哥伦布发现新大陆。按近期乐观估计石油至少还能开采半个世纪。天然气处于早期勘探阶段,世界平均探明率已达60.5%左右,我国探明率仅及24.6%,估计还能开采30年左右(图3-19)。

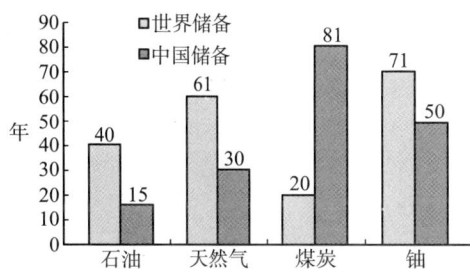

图3-19　中国与世界可采能源储备年限比
(据:BP能源统计,国家统计局)

2. 能源供需展望——据IEA对21世纪以来直至2017年的能源消费预测(图3-20),全球能源消费一路高企,其主要增速贡献者是中国。从图3-21绘出全球范围自1965到2010年的能源消费递增态势,各国增长缓速各具特色,但大都蠕蠕而动,唯独中国一马当先,衔枚疾走,能源需求量已越过所有国家,稳居全球首位。21世纪以来逐年能源消费增进的具体统计数据见图3-22。在引为自豪之余,当效化古人的"内自省"。可喜之处是近几年的能耗增速已开始放缓。若按2002~2008年能源消费增长趋势,到2050年,中国的能源消费量就会超过1000亿吨标煤,大大超过我国生态承载能力;若按1978~2008年均生产增长规律估计,则将达到能源生产总量270亿吨标煤的规模,

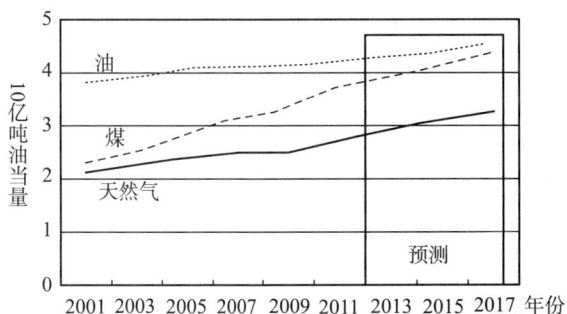

图3-20　世界一次能源中化石燃料需求预测
(据:IEA)

这一规模甚至超过2010年全球161亿吨消费总量的67%。因此,严控能源消费总量应是我国今后的长期战略方向[33]。面对能源需求结构和对应市场,要时刻跟踪可能出现的新变化[35,36,42,43],专家建议须鼓励开放和竞争[37]。世界自然基金会在2011年初发布的《能源报告》甚至认为到2050年全球绝大部分一次能源均可完全依靠可再生能源,届时仅仅需要少量的化石燃料和核能填补空白[38],但届时核能有可能已跻身可再生能源。

3. 工业节能重点产业——我国高耗能产业的产能畸大:按2010年数据,钢材产量6.96亿吨,超过世界总产量50%;水泥产量16.3亿吨,占世界份额50%;电解铝产量将近1300万吨,占世界份额的60%;煤炭产量30多亿吨,占世界份额近50%;化肥产量6600万吨,占世界份额35%;塑料产量4479.3万吨,占世界份额近50%;玻璃产

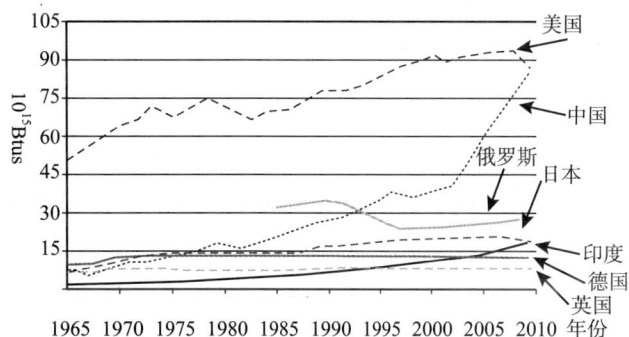

图3-21　1965~2010全球几个国家的能源消费
递增态势(1Btu = 0.293x10⁻³kWh)

(据:Ellen G. Carberry et al . The China Greentech Report 2011——China's Emergence as A Global Greentech Leader, Greetech Networks Limited in Collaboration with MangoStrategy, LLC. , 2011 -6)

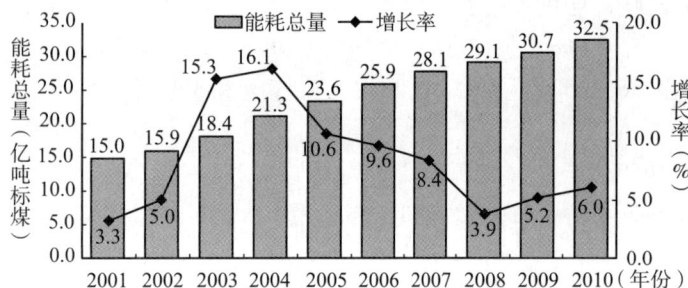

图 3 - 22　2001～2010 年我国能源消费总量增长态势
（据：IEA）

量 5.7 亿重量箱，占世界份额 50%。终用产品方面：汽车占世界份额 25%；造船占世界份额 34.8%，新接造船订单占世界份额 60%；微机产量 1.8 亿台，占世界份额 60%；彩电产量近 1 亿台，占世界份额 48%；冰箱产量近 6000 万台，占世界份额 60%；空调产量 8000 多万台，占世界份额 70%；洗衣机产量近 5000 万台，占世界份额 40%；手机产量 6 亿多部，占世界份额 50%……这些产品 40%～90% 用于出口。该经济结构若不调整，高耗能产业若再向上扩张，则能源消费速度势必加大。中国能源供给 70% 依靠煤炭，比世界平均水平高出 40%，可再生能源（含水能）仅占能源消费总量的 9.6%，而有的国家能源结构中，煤炭的比例还不到 10%。

4. "十二五"能源发展规划——到 2015 年，我国一次能源消费总量控制目标为 41 亿吨标煤，用电总量控制在 6.3 万亿 kWh；非化石能源比重提高到 11.4%，非化石能源发电装机比重达到 30%，天然气消费比重提高到 7.5%，煤炭消费比重降低到 65% 左右；国内一次能源供应能力为 43 亿吨标煤，其中国内生产能力 36.6 亿吨标煤，能源自给率 85% 左右，石油对外依存度控制在 62% 以内[3]。国家能源局拟在"十二五"期间编制 18 部能源配套专项规划及方案，包括煤炭工业、煤层气、页岩气、可再生能源、水电、风电、太阳能、生物质、能源科技、煤炭深加工示范项目、电力发展、电网建设、核电中长期（修订）、核电安全、原油和成品油管网、炼油产业、天然气和合理控制能源消费总量工作方案等，并已在陆续公布中。规划期末的具体目标有：2015 年非化石能源在一次能源中的占比将达 11.4%；单位 GDP 的能耗比 2010 年降低 16%；单位 GDP 的碳排放比 2010 年降低 17%。政府承诺到 2020 年我国非化石能源在一次能源消费总量中占比达 15% 左右；单位 GDP 碳排放比 2005 年下降 40%～45%。到"十二五"末非化石能源发电装机容量占比 30%。目前正急管繁弦地落实有关配套政策措施[34]。

3 - 4 - 2　按对策方案的能源预测

1. IEA 对策方案预测——IEA 在其 2012 年的世界能源展望中，按照所设想的 3 种升温模式预测了达到该对策方案所预定的升温目标在 2010～2035 年间必须缩减的化石能源强度。显然，要达到 450 方案即 2035 年最高升温 2℃ 的话，人类所用能源强度须逐年缩减的百分比如图 3 - 23 所示。

2. 关于碳排放——中国能源消耗总量虽在 2010 年已与美国持平，但单位 GDP（按购买力平价 PPP）碳排放却比美国高 4 倍多，由此反映出两大问题：高耗能产业在中国产业结构中占比较大，而能耗相对较小的第三产业在三次产业结构中占比过低；前二产业的能源效率又远逊于美国，除制造业外，农业中化肥、农药的嵌入式碳排放也不能低估。

中国十大发电集团 2008 年总耗煤量超过 5.9 亿吨，占全国煤炭总耗的 1/5。2008 年，华能、大唐和国电的 CO_2 排放总量比英国的总排放量还要高。值得庆幸的是，越来越多的人认识到只有把经济社会的发展同人口资源环境相协调，依靠鬼设神施的科技手段和燮理阴阳的科学管理来稳步发展绿色－低碳经济，才是中国可持续发展的康庄大道[49]！

从全球化石能源消费的进展观之，由于全世界总体上的化石能源应用仍在持续增进，因而从化石能源燃烧产生的碳排放还将持续造孽 20 多年。据 IEA 作出的估测，或许到 2035 年从化石能源排出的 GHG 将进入饱和状态（图 3 - 24）。

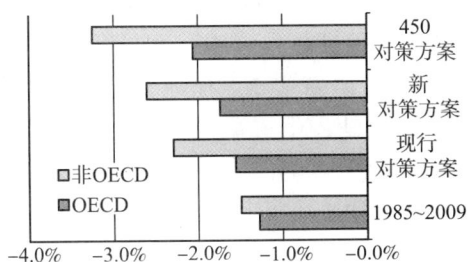

图 3－23　按不同方案 2009～2035 年全球
一次能源强度年均变化率

注：据 2010 年美元市场汇率表达的 GDP 计算。
（据：IEA. World Energy Outlook 2011，IEA/OECD，
2012－02）

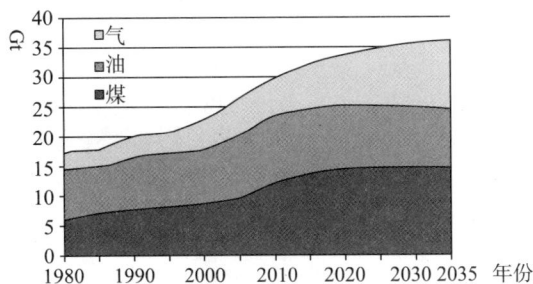

图 3－24　与能源有关的碳排放按燃
料计的变化（Gt＝10^9 吨）

（据：IEA. World Energy Outlook 2011，IEA/OECD，2012－
02 改绘）

3－5　矿产资源　积厚流广

3－5－1　我国矿产资源储产现状

1. 矿产资源一般统计数据——我国矿产资源按已发现的 171 种和已探明储量的 158 种计，总量约为世界的 12%，居世界第三位；但人均占有量仅为世界人均量的 58%，排在第 53 位；其中 45 种主要矿产资源人均占有量居世界水平的 50% 以下。铁矿石和铜均为世界人均可采储量的 17%、铝土矿为世界人均水平的 7.3%。主要非再生资源保有量人均排世界第 80 位。铁矿石、铜矿砂、镍矿砂等资源的人均拥有储量明显低于世界平均水平。而如今我国 45 种主要矿种到 2020 年后可能仅剩下 6 种。据国家发改委向世界宣布：我国人均淡水、耕地、森林资源占有量分别为世界平均水平的 28%、40% 和 25%，石油、铁矿石、铜等重要矿产资源的人均可采储量，分别为世界人均水平的 7.7%、17%、17%。而且，大部分自然资源、能源主要分布在地理、生态环境恶劣的西部地区，开采、利用与保护的成本高。中国经济依然处于重化工业比重偏高的发展阶段，经济发展短期内难以摆脱对资源环境的依赖。

矿产 171 种中，20 多种探明储量居世界前列：煤炭－3；铁矿－4；铜矿－3；铝土矿－5；铅、锌、钨、锡、锑、稀土、菱镁矿、石膏、石墨、重晶石等均居世界首位！

矿产资源平均回采率仅为 30%，比世界平均水平低 20%；采选冶综合回收率及其伴生有用矿物的综合利用率均低于世界平均水平。

前三年我国一些重要矿产品的进口量如表 3－2 所示，我国是全球煤炭储量最富国家，但自 2009 年开始进口后，进口量逐年递升，2012 年进口量比上年猛增 29.8%；原油增 6.8%；2012 年我国除石油对外依存度为 56.7% 外，其他如煤炭和铁矿石对外依存度分别为 7.9% 和 56.4%。

表 3－2　　　　　　　　　　前三年我国重要矿产品进口量递增态势（万吨）

矿产品 ＼ 年份	2011	2012	2013	矿产品	2011	2012	2013
煤炭	22228	28851	32708	铜矿砂及精矿	638	783	1007
原油	25378	27102	28195	铝矿砂及精矿	4484	3961	7070
铁矿砂及精矿	68584	74355	81941	镍矿砂及精矿	4806	6245	7129
锰矿砂及精矿	1297	1237	1661	硫磺	953	1120	1055
铬矿砂及精矿	944	929	1209	氯化钾	654	636	604

（据：2013 中国国土资源公报；国家统计局统计公报）

2. 矿种增储现状——2012 年全国铁矿、铜矿、铅矿、锌矿、铝土矿、钨矿、镍矿、锡矿、钼矿、锑矿、金矿、银矿、硫铁矿、磷矿、钾盐 15 种主要固体矿产资源中，除钾盐外，均有不同程度增长。铜矿新增 319.2 万吨，铅矿新增 338.7 万吨，锌矿新增 642.7 万吨，铝土矿新增 2.1 亿吨，钨矿新增 84.1 万吨，锡矿新增 53.4 万吨，钼矿新增 171 万吨，锑矿新增 16.4 万吨，金矿新增 518.3 吨，银矿新增 12517.6 吨，硫铁矿新增 1672.1 万吨，磷矿新增 9.6 亿吨。其中铁矿、锌矿、铝土矿、钨矿、锡矿勘查新增查明资源量增长明显，铁矿、铝土矿同比增长 2 倍以上，锡矿增长近 1 倍，其他矿产同比增长均超过50%。

3. 稀土（21 世纪黄金）——化学元素周期表中 15 个镧系元素，包括镧（La）铈（Ce）镨（Pr）钕（Nd）钷（Pm）钐（Sm）铕（Eu）钆（Gd）铽（Tb）镝（Dy）钬（Ho）铒（Er）铥（Tm）镱（Yb）镥（Lu），以及与之密切相关的钪（Sc）和钇（Y）统称为稀土元素。其中大部分元素都在高新科技领域特别是航空航天、先进武器、电子信息技术设施、新能源设备、电动汽车等现代工业和生活领域不但有极为广泛的应用，而且在许多场合是非它莫属的奇珍异宝。例如构成轻型永磁铁、参与制造风力涡轮发电机的氧化钕，彩色电视机显示屏红色调用的氧化铕[52]；手机、电脑、雷达、制导系统、节能飞机等都有稀土元素的踪迹；极少量的镝能使电机中的磁铁重量减轻 90%，微量的铽可令照明灯节能 80%；波音 787 节能效果可达 20% 得益于机身材料用上了稀土[53]。

全球已探明的稀土储藏量 9.9 亿吨，中国约占总储量的 23%，美国占 12.9%，俄罗斯和独联体占 19.5%，但 2009 年全球稀土总开采量 12.4 万吨，97% 产自中国[57]。稀土是非再生矿产资源，由于过去不注意控制出口，陷入盲目扩产，早些年在稀土国际市场上竟无定价权，廉价销售已使我国外汇损失高达数十亿美元，而有的发达国家依靠金融优势，对稀土实行战略性储藏，如美、日、韩等储备的稀土足可用上 20 年。我国只在最近几年才开始实行战略性紧缩，限制生产量和出口量。显而易见，我国储量丰富的矿产资源开采、使用和出口均须精打细算，细水长流[55]。有专家提醒当心我国寡占型矿产资源石墨又会像稀土那样成了黯然销魂的资源守护遗憾[54]。值得重视的另一隅是稀土生产过程的严重环境污染。例如池浸工艺中每开采 1 吨稀土即破坏 $200m^2$ 地表植被，剥离 $300m^2$ 表土，衍生 $2000m^3$ 尾砂，一年造成 1200 万 m^3 水土流失。后来改用机械化堆浸法虽生产率提高而环境破坏依旧；推行原地浸矿法能减少对植被的破坏，但久后易致山体滑坡，且所用硫酸铵溶液残余渗入土壤，污染水源。此外，萃取分离稀土矿工序中大量使用酸碱和萃取剂所生成的三废若处理不当，后患堪虞[53]。

3-5-2　未来矿产资源　增量节约创新

1. 矿产资源——据国土资源部提供的资料，举例而言，到 2020 年几种矿产资源需量及其 2008～2020 年累计需量分别是：铁矿石 13 亿吨，累计需量 >160 亿吨；精炼铜 730 万～760 万吨，累计需量 ≈1 亿吨；铝土矿 1300～1400 万吨，累计需量 >1.6 亿吨。

改革开放后，特别是进入 21 世纪以来，各种矿产品的地质勘探踵趾相接地在崇山峻岭、江河湖海里探赜索隐、披沙简金，资源家底正日复一日被发蒙振落。举例而言，近年累计探明铁矿资源储量近 150 亿吨，仅 2012 年新增探明储量 37.3 亿吨。本溪控制铁矿资源量已达 30 亿吨，预计远景资源量超过 70 亿吨。自 2003 年迄今，在铁矿原矿产量基础上年增探明量超过 20%。目前，我国矿产资源总回收利用率仅为 30%，而发达国家高达 50%，全国可回收而没有回收利用的再生资源价值将近 1000 亿元，每年约有 50% 以上的再生资源流失浪费。因此须积极发展资源回收利用的"静脉"产业，大幅度减少资源、能源消耗。例如我国每年产生 10 亿吨左右的工业废渣，其中钢渣、粉煤灰、电石渣、煤矸石等都可以用作建筑材料，可以大大节约建材能耗。

2. 生产需要，过度消耗——截至 2011 年初的统计，我国高能耗产业产量过高，需要的非再生资源自然频频告急。例如：钢材产量 6.96 亿吨，超过世界总产量一半；水泥 16.3 亿吨；占世界 50%；电解铝近 1300 万吨，占世界 60%；煤炭 32 亿吨，占世界一半；化肥 6600 万吨，占世界 35%；塑料 4479.3 万吨，占世界一半；玻璃 5.7 亿重量箱，占世界 50%。终端产品中，汽车占世界 25%；造船 34.8%，新接订单 60%；微电脑 1.8 亿台，占 60%；彩电近 1 亿台，占 48%；冰箱近 6000 万台，占 60%；空调 8000 多万台，占 70%；洗衣机 5000 万台，占 40%；手机 6 亿多部，占 50% 以上。不用说，这些产品的原料主要取自国内。

3. 矿产资源，开源节流——我国近年加大力度勘查和开发矿产资源，卓有成效。组织开展了国土资源大调查，基础地质调查和重点成矿区带地质勘查工作程度大幅提高，圈定了一批新的找矿靶区。10 年来，累计发现矿产地 900 余处，其中大型、特大型矿产地 152 处，铁、锰等黑色金属矿产地 70 处，铜、铅、锌等有色金属矿产地 370 处，金、银等贵金属矿产地 250 处。主要矿产资源新增储量较大，产量较快增长。2010 年，煤炭和 10 种有色金属的年产量分别达到 32.4 亿吨、3092.6 万吨，是 2000 年的 3.24 倍和 10.35 倍。石油、天然气的年产量分别达到 2.03 亿吨、967.6 亿 m^3，比 2000 年分别增加 0.4 亿吨和 695.6 亿 m^3。

为了推进矿产资源节约与综合利用，政府强化矿产资源集中统一规划与管理，鼓励和支持大中型矿山开展综合勘查、综合评价和综合开发，提高矿产资源的综合利用水平。黑色金属矿共伴生的 30 多种可用成分中有 20 多种得到了综合利用；有色金属共伴生矿产 70% 以上的成分得到了综合利用；50% 以上的钒、22% 以上的黄金、50% 以上的铂、钯、碲、镓、铟、锗等稀有金属来自选矿、冶炼、加工过程中的综合利用。

为了整顿矿山环境，近年整治工作逐步深入推进。措施有将矿山地质环境保护与恢复治理作为重要内容纳入《全国矿产资源规划（2008 ~ 2015 年）》，按照"采前预防，采中治理，采后恢复"的原则，明确减缓矿产资源开发利用负面影响的各种控制措施。建立了矿山环境恢复治理保障金制度，促进矿山地质环境恢复治理，改善矿区生产生活条件。开展绿色矿山试点单位建设，推进开采方式科学化、资源利用高效化、企业管理规范化、生产工艺环保化和矿山环境生态化的进程。

3-6　土地资源　生存基础

3-6-1　全球人均土地资源告急

1. 全球土地资源——地球表面共 5.1 亿 km^2，其中陆地 1.489 亿 km^2，海洋 3.611 亿 km^2。陆地总面积中：1/5 酷寒极地不适耕种；1/5 参差交错的群山纠纷；1/5 风悲日曛的荒漠旱地；1/5 锄犁难进的森林沼泽，剩下 1/5 略多点才适于耕种，约 3200 万 km^2。从上面 5 部分各腾出若干面积供畜牧用地。全球约一半可耕地已利用，占陆地总面积 10.8% ~ 12%。

2. 告急——1972 年联合国环境大会以来，全世界已累计水土流失约 5000 亿吨表层沃土。国际专家研究小组确认全球用于耕种的非冻土比例的临界点应当是 15%，而目前已经接近 12%，随着人口急剧增加，到 21 世纪中叶就会达到极限。紧接着就会是"民有饥色，野有饿莩"了！

据 UNEP 估计，全球自 8000 年前开始农耕种植以来已损失约 20 亿 hm^2 的耕地，主要缘于水土流失和荒漠化。目前世界上有 15 亿人直接受到土地退化的威胁，年流失肥沃土壤竟达 750 亿吨，约损失 1200 万 hm^2 可耕地。荒漠化土地和特别由于气候变暖而正受到荒漠化威胁的土地几乎占陆地面积的 40%！全球有 21 亿人居住在沙漠或旱地，90% 是发展中国家[63]。全球土地退化带来的损失相当于农业 GDP 的 5%[83]。2014 年初 UNEP 报告称：全球土地正持续加速退化，到 2050 年退化的土地面积约达 8.49 亿 hm^2，几乎与巴西国土面积相近[72]。《联合国防治荒漠化公约》揭示：全球 52 亿 hm^2 干旱地区中约 70% 已退化和受到荒漠化威胁[80]。专家呼吁必须控制全球人口与家畜增长[83]，可是目前世界规模的"宠物豢养"却呈放荡不羁之势。

举例来说：美洲大陆垦殖以来，土壤表层沃土已损失约 1/3；美国受到各种灾害和风化、过度施肥等侵蚀的土壤，20 世纪 90 年代每年达 30 亿吨，1.2 万 km^2 的土地被退化。

　　即使所有被荒漠化、毒化的土地被先进科技加以整治，而由于人口增加和全球变暖使海平面上升导致土地面积缩减，人均土地面积仍将持续下滑。1972 年人均土地面积 0.36hm²；1982 年降到 0.31hm²；1992 年再降至 0.26hm²；到 2020 年，世界人口可能达 82 亿，包括中国在内的东南亚人口密集地区的人均耕地面积将降到 0.09hm² 以下。理论上提供每个人最低饮食所需耕地最少应为 0.07hm²，人类必须抓紧采取措施保护赖以生存的宝贵土地资源[87]。

3 – 6 – 2　保护我国土地资源刻不容缓

　　1. 一般现状——我国大陆国土总面积 960 万 km²，合 144 亿亩，其中稳产农田占 18 亿亩多。因人口世界之首，我国人均耕地和森林仅占世界平均水平的 40% 和 25%。木材、造纸用木浆绝大部分依靠进口。学界认为传统工业化需要的三大自然资源——土地、淡水和矿产资源，中国为发展经济已耗损大半。引为自豪的是我国仅拥有世界 7% 的耕地却养活了 22% 的人口，这是在人类进化史和文明史上值得大书特书的奇迹[67]。然而我们为了增产粮食，不得不施用了占世界 30% 的化肥，结果使土壤贫瘠化：土壤板结、肥力下降、孳生病虫害，农地陷入"亚健康"状态。2012 年全国土地利用情况、2009～2012 年耕地增减变动和全国耕地面积年际变化状况分别如图 3 – 25～图 3 – 27 所示。

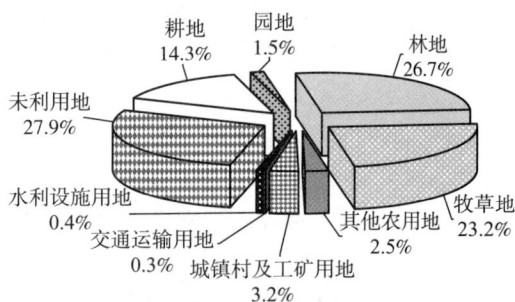

图 3 – 25　2012 年全国土地利用情况

（据：国家环保部.2013 中国环境状况公报，37 页改绘）

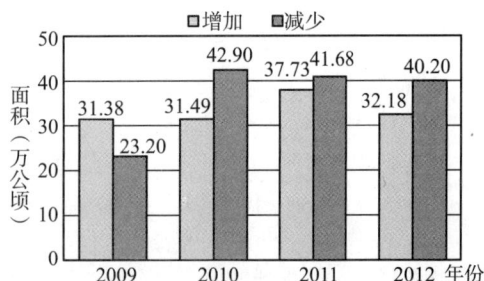

图 3 – 26　2009～2012 年耕地增减变动情况

（据：国家环保部.2013 中国环境状况公报，37 页改绘）

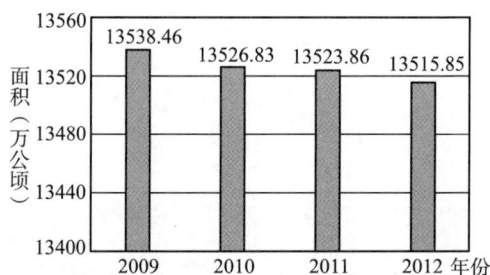

图 3 – 27　2009～2012 年全国耕地面积年际变化

（据：国家环保部.2013 中国环境状况公报，37 页改绘）

　　2010 年 12 月 21 日国务院发布了《全国主体功能区规划》，是我国史无前例精义入神的国土空间开发格局的科学规划，是体现我国构建高效、协调、可持续的国土空间利用和保护的战略性、基础性、约束性文件。《规划》根据不同区域的资源环境承载能力、现有开发强度和发展潜力，统筹谋划未来人口分布、经济布局、国土利用和城镇化格局，确定不同区域主体功能，并据此明确开发方向和政策，推进形成主体功能区。实施全国主体功能区规划，须树立新的开发理念，把以人为本、提高全体人民生活质量、增强可持续发展能力作为基本原则，坚持优化结构、保护自然、集约开发、协调开发、陆海统筹，科学开发国土空间，构建城市化战略格局、农业发展战略格局和生态安全战略格局，努力实现空间开发格局清晰、空间结构优化、空间利用效率提高、基本公共服务差距缩小、可持续发展能力增强的目标。《规划》在国家层面将国土空间划分为优化开发、重点开发、限制开发和禁止开发四类区域，并明确了各自的范围、发展目标、发展方向和开发原则。国家优化开发的城市化地区要率先加快转变经济发展方式，着力提升经济增长质量和效益，提高自主创新能力，提升参与全球分工与竞争的层次，发挥带动全国经济社会发展的龙头作用；国家重点开发的城市化地区要增强产业和要素集聚能力，加快推进城镇化和新型工业化，逐步建成区域协调发展的重要支撑点和全国经济增长的重要增长极；东北平原、黄淮海平原、长江流域等农业主产区要严格保护耕地，稳定粮食生产，保障农产品供给，努力建成社会主义新农村建设示范区；青藏高原生态屏障、黄土高原 – 云贵高原生态屏障、东北森林带、北方防沙带、南方丘陵山地带和大江大河重要水系等生态系统、关系全国或较大范围区域生态安全的国家限制开发的生态地区，要保护和修复生态环境，提高生态产品供给能力，建设全国重要的生态功能区和人与自然和谐相处的示范区；国家级自然保护区、风景名胜区、森林公园、地质公园和世界文化自然遗产等 1300 多处国家禁止开发的生态地区，要依法实施强制性保护，严禁各类开发活动，引导人口逐步有序转移，实现污染物零排放[75]。

土地沙化叫做"地球癌症"，既有自然导因，更有鲁莽灭裂的人为作茧自缚。超载滥牧是其中严重一环；滥垦滥伐也是罪不容赦。人口增长过快，土地不能扩张，使人口和耕地比例失调，无系统工程筹划实行开垦，边开垦边撂荒，沙化不断扩展；滥采滥挖，水资源的不合理利用，拦河筑坝使大片土地缺水濡养而致荒漠化以及过度开发利用地下水源，均为沙漠化主要诱因。当年围湖造田、毁林开荒，等到吃尽大自然报复的苦头，已悔之晚矣！荒漠化的主要影响是土地生产力的下降和随之而来的农牧业减产，相应带来巨大的经济损失和一系列恶果，比如沙尘暴，在极为严重的情况下，甚至会造成大量生态难民。我国荒漠化土地总面积为 263.62 万 km²，占国土总面积的 27.46%。涉及 30 个省区市近 900 个县和 4 亿人口，另外还有近 32 万 km² 土地具有明显沙化趋势，如果利用不当，极易成为新的沙化土地。我国耕地荒漠化面积已占耕地 40% 以上，草地荒漠化更占 90%，湿地水系关联问题几乎占 100%[80]。作者于 20 世纪 60 年代初在内蒙古乌兰察布盟的大青山脉南麓跟当地贫下中农同吃同住同劳动之际，眼睁睁看着过去大片森林地已嬗变为黄沙撒日，寸草不生，鸟飞不下，兽铤亡群之地。近年通过技术改良，或已在许多适应地区初见成效[87]。我国水源涵养功能退化不容忽视，黄河上游 90 年代水量比 30 年前减少 23%，黄河年宣泄泥沙 14.7 亿吨，黄土高原地区占 1/2；最大的内陆咸水湖——青海湖，湖面 4400km²，由于土地沙漠化，每年横向被沙漠侵袭 5.9～8.6m；湖床年均淤高 2m！中国最大的沙漠淡水湖陕西榆林北跨内蒙古边界的红碱淖素有"大漠明珠"之称，因附近煤矿开采加剧，地下水形成暗河，致红碱淖水系进入煤矿采空区，使地表汇水量的水面每年下降 20～30cm，面积由 1996 年的 67km² 缩小到现在的 41km²；水质碱性急速上升，pH 值从 7.4～7.8 增至 9.0～9.4。随着时间推移，很快将面临干涸[110]。

全国沙漠化面积 174 万 km²，占国土面积的 18%。《全国防沙治沙规划（2011～2020 年）》计划：2011～2020 年，我国将完成沙化土地治理任务 2000 万 hm²。到 2020 年，全国一半以上可治理沙化土地得以治理，沙区生态得到进一步改善。国家林业局说：沙化土地由 20 世纪末年均扩展 3436km² 缩减为年均减少 1717km²，沙化程度有所减轻，植被状况改善。《规划》采取沙化土地封禁保护、综合治理、发展特色沙产业、加强科研。

2. 耕地质量每况愈下——我国土地资源产出效率较低，农业土地单位面积产量尚有提高的潜力，目前有约 2/3 的耕地为中低产田。非农业建设用地效益不高，全国城镇人均用地面积已超过国家规定的 100m² 标准。但因贫富悬殊，富豪别墅廊腰缦回、檐牙高啄；穷人穷阎漏屋、筚门圭窦，按人均占地统计，宁非讥刺？

（1）水土流失：我国平均年流失耕地 100 多万亩，流失土壤 50 多亿吨（其中黄河流域即达 16 亿吨），相当于全国耕地每年剥去 1cm 肥土层，损失氮、磷、钾等养分相当于 4000 多万吨化肥。全国 200 个贫困县 87% 分布在水土流失地区。2012 年全国现有水土流失面积 294.91 万 km²，占普查范围总面积的 31.12%。其中水力侵蚀面积 129.32 万 km²，风力侵蚀面积 165.59 万 km²。按早些年的估测，全国水土流失面积 356.92 万 km²，占国土面积的 37.2%。其中水力侵蚀面积 161.22 万 km²，占国土面积的 16.8%；风力侵蚀 195.70 万 km²，占国土面积的 20.4%。可见从统计数字看，我国水土流失的总体状况已大有好转。我国水土流失的经济损失约相当于 GDP 总量的 3.5%[86]。中国正在为防治土地退化深入研讨系统性技术举措[77]。

（2）土地环境污染：土壤污染愈演愈烈，土壤通常在受到病原体和有毒物质污染后，能通过农作物、接触和呼吸等途径危害人类健康。如煤炭占我国现实能源约 70%，全国大部分煤矿开采后遗留的煤矸石堆积如山，大面积占用和污染周围土地，许多农田弃耕废用，因而煤矿等矿区污染耕地占 1/10，石油污染占 1/4，固体废弃物堆放污染 1/400，工业三废污染近 1/2，污水灌溉的农田达 330 万 hm² 以上。目前治理污灌已有广西环江县的先进经验[70]；大连易健兴农生物制剂公司采用复合型生物肥据说对降解土壤污染成分有效，但尚未见全国推广应用[85]。2014 年 4 月 17 日国家环保部和国土资源部联合发布全国土壤污染状况调查公报，报告公布 2005 年 4 月至 2013 年 12 月对我国约 630 万 km² 的全部耕地、部分林地、草地、建设用地进行了长达约 8 年的调查，揭示耕地土壤环境存在较严重质量问题，重污染企业用地、工业废弃地、工业园区、固体废物集中处理场地、采油采矿区、污灌区和干线公路两侧 150m 内均为污染重灾区。

调查结果表明，全国土壤环境状况总体不容乐观，部分地区土壤污染较重，耕地土壤环境质量问题严重，工矿业废弃地土壤环境问题突出。全国土壤总的点位超标率为 16.1%，其中轻微、轻度、中度和重度污染点位比例分别为 11.2%、2.3%、1.5% 和 1.1%；耕地土壤点位超标率为 19.4%[68]。从土地利用类型看，耕地、林地、草地土壤点位超标率分别为 19.4%、10.0%、10.4%。从污染类型看，以无机型为主，有机型次之，复合型污染比重较小，无机污染物超标点位数占全部超标点位的 82.8%。从污染物超标情况看，镉、汞、砷、铜、铅、铬、锌、镍 8 种无机污染物点位超标率分别为 7.0%、1.6%、2.7%、2.1%、1.5%、1.1%、0.9%、4.8%；六六六、滴滴涕、多环芳烃 3 类有机污染物点位超标率分别为 0.5%、1.9%、1.4%[74]。

（3）重金属污染：重金属一般指比重大于 4.0，且工业用途较广、对生物体有毒性的金属元素。重金属污染的土壤影响作物肥效，通过根系进入粮食作物和蔬菜而被人食用，久之继发中毒。目前我国有 2000 万 hm² 耕地受到重金属污染，约占耕地总面积的 20%[72]。全国十多省市的小麦和水稻均已检出重金属污染。超标的重金属主要为镉、铬、铅、砷、汞、镍、锌和铜。在某主要小麦产地的污灌区，小麦籽粒中平均镉含量 2.55mg/kg，超过国家食品卫生标准的 24.5 倍，镍、铬、锌含量也达到标准的 12.98、6.12 和 1.32 倍。某水稻主产区，矿区周围所产大米含镉、铅分别超标 100% 和 71.43%。蔬菜亦存在不同程度的重金属含量超标现象。例如西南某地 22 个蔬菜品种，铅和镉含量的超标率分别达 63.6% 和 36.3%；中部某地蔬菜含铅、锌、镉的量分别超过国家标准限量的 2.0～10.75 倍、0.9～2.5 倍和 2.2～19.8 倍。重金属污染甚至已波及水果和畜禽、水产。与 20 世纪 90 年代相比，我国农林用土壤重金属污染的分布面积已显著扩大，东部人口密集地区因污灌量大面广和集中发展重金属使用量大的电子信息产品而首受其累[64]。UNEP 的《GEO－5》特别指明珠三角地区因高速发展电子信息技术产品，汞、铅、锌、铜、镉等土壤重金属污染尤其严重。湖南的镉大米、云南曲靖的铬盐污染等均已成为可持续发展隐患[66]。环保部门估算，全国每年受重金属污染的粮食多达 1200 万吨，直接经济损失超过 200 亿元[75]。据 2012 年年底专家估算，全国仅铬渣造成土壤污染面积就高达 500 万 hm²，污染土方量约 1500 万 m³。据《2013 中国环境状况公报》，目前土壤侵蚀总面积达 2.95 亿 hm²，占国土面积的 30.7%。

总体而言，我国耕地面积 18.26 亿亩是国家严格控制保障民生的土地资源红线，但人均不足 1.4 亩。由于水土流失、贫瘠化、次生盐渍化、酸化和重金属污染造成耕地质量退化的面积已占总面积 40% 以上。加上诸多保障措施不力和治理不足，耕地质量呈逐年下降趋势。

3. 耕地质量逐年下降追因[66!]——

（1）耕地质量保障投入不足：虽然农田基本建设国家历年投入不少资金，但存在重工程轻培肥、重田外轻田间、重数量轻质量倾向。

（2）建设占用高产耕地后补充耕地质量低下，远未达原被占耕地质量水平：有时粮食产能每亩损失 200kg 以上。何况是否按质按量平衡补齐始终成谜。

（3）有机肥投入严重不足：导致作物养分总量下降。

（4）生产管理方式不科学时有发生：如发包土地只顾"公平管理"而未虑及顺应耕地质量；照顾小农具使用导致常年浅耕作业，土地质量逐年下滑。

（5）地方政府靠以地生财/寻租，违规用地现象时有发生。

4. 加强土地整治管理——城市化住宅建设用地[76]和交通水利网线用地[78]逐年增加，需要置于中央的严格监控之下。为了在我国土地管控权中央和地方双轨制结构下达到节约土地和有效管理，应当广泛听取专家们的意见[74]。毋庸讳言，目前我国 18 亿多亩耕地红线正面临巨大冲击。例如宅基地闲置增强了耕地保护压力、贪大求洋的基础设施建设占用耕地、交通和开发区建设日趋严重的土地浪费、隐蔽破坏耕地保护的以租代征以及地方官吏违规盘剥土地等，各种围着土地的邪魔外道不一而足[82]。学界近来已对耕地资源保护的政策展开深入研讨，但愿能更进一步通过广泛调研提出真知灼见[84]。另一方面须全面加强土壤农林适应质量的综合研究。目前，科学家们已证实盐碱地能大量吸收 CO_2，对抑制大气的碳浓度十分有利，但是否能同时有利于增加某些农林品种产量则应做更深入研究。

加强管控的一大举措是：2012 年，全国共验收土地整治项目 2.05 万个、整治资金 691.19 亿元，项目总规模 250.41 万 hm^2，新增农用地 54.45 万 hm^2，有 46.56 万 hm^2 新增耕地[4]。

5. 科技显灵、保护跟进——

（1）重拳出击，围剿重金属：2011 年 2 月，国务院批复环保部的《重金属污染综合防治"十二五"规划》，规定到 2015 年应建立较完善的重金属污染防治体系、事故应急体系和环境与健康风险评估体系，解决一批损害群众健康的突出问题；进一步优化重金属相关产业结构，基本遏制住突发性重金属污染事件高发态势；重点区域重点重金属污染物排放量比 2007 年减少 15%，非重点区域重点重金属污染物排放量不超过 2007 年水平，重金属污染应得到有效控制[66]。

目前普适性的耕地重金属污染治理技术暂时仍可能遭遇瓶颈[68]。事实上有效处置毒地历来是科技界的重要而艰难的课题[88]。严控污染源固然是治理土壤污染的当务之急[81]，但按目前的政策法令和技术水平较难确定污染源头和怎样施展严控举措。2014 年 4 月，我国《科技日报》组织资深记者们约访各界专家从不同科技角度即事穷理、博大精深地探讨了重金属污染的来龙去脉和防治优选方法[69]。为锁定污染源和控制源头污染、试行清洁生产以清洗污垢、严格管控固废、采用新技术新材料杜绝地下水重金属污染、开展风险评价勾画科学"红线"、针对性地推行土壤修复工程、提出重点污染地区应实行苛严的土壤标准以防执法松弛而使防治放任自流和指出应防并举，优先设防。这些约访成文的大家手笔略嫌不足的是没有触及以下几个方面：重金属污染的地区差别；造成严重重金属污染的罪魁祸首何在？华南地区属于世界三大重度酸雨区之一，酸雨在近中期对土壤重金属污染所起推波助澜甚至助纣为虐作用宁无深究？尚未进入集思广益大规模土壤改良的良策选评；受到重金属污染祸起肘腋的污染区人民的疾病追踪和典型病症治疗方案等。

（2）科技举措，聪明才智大发挥：上段多从管理控制角度归因，是否更深层次原因需在生物科技、土壤科学和农业技术基础上寻根问底，试图通过科学技术补偿和抑制弱势，特别是：

①北京三色微谷集团 2014 年秋研发的"三色原菌剂"可针对性改良因长期使用化肥、农药造成的土地板结、抑制土传病害、提高植株抗病能力；分解代谢植物表面重金属和农药残留，降解未吸收分解的化肥结晶，还原土壤生态平衡；可减少 50% 化肥施用、不用或少用农药[68!]。

②中国地质大学（武汉）/中国农科院等单位 2014 年底共同研发的"新型磁性固体螯合剂"材料技术具有固相螯合捕集、磁选分离双重功能，对土壤中多种形态的非磁性重金属元素有分离净化作用[69!]。

③合肥工业大学生物与食品工程学院科学家 2014 年 11 月揭示植物响应重金属镉胁迫信号转导的分子调控机制，为土壤重金属污染植物修复基因工程提供了新的技术途径[70!]。

④广东省地质实验测试中心于 2014 年初宣布研发出一种新型的土壤修复材料，对主要污染土壤的重金属如镉、铅、铜、锌等有强烈吸附作用，材料制备成本低廉[74!]。

（3）湿地保护：湿地、森林和海洋共同组成地球三大生态系统，森林为地球的肺、海洋为地球的心、湿地为地球的肾。我国生态资源和人口资源在世界所占地位是：森林 4%、可耕地 7%、湿地 10%、草原 14% 而人口占 22%。因此，必须用最紧迫最坚决的手段保护我国濒危的生态资源，特别是我国的湿地资源。然而，遗憾得很，据中国环境与发展国际合作委员会（CCICED 简称国合会）2011 年初的一份报告说，自 20 世纪 50 年代至今，中国沿海地区 57% 的湿地已经消失。同时红树林和珊瑚礁覆盖面积分别减少了 73% 和 80%。由于政府批准的一些开发项目，报告估计到 2020 年沿海地区还将失去 5800 km^2 湿地。报告分析了湿地锐减的几大原因是：土地开垦 30.3%、污染 26.1%、生物资源开发 24.2%、水土流失和淤积 8%、水资源违规利用 6.6% 以及其他 4.8%。我国加入国际《湿地公约》已有 30 年。目前国家前后投入 50 亿元以上对湿地进行抢救性保护，实施了 500 多个湿地保护项目，累计建立湿地自然保护区 550 处以上，国家重要湿地 41 处，新增湿地保护面积 150 多万 hm^2，恢复湿地 8 万多 $hm^{2[22,28]}$。我国湿地总面积 5360.26 万 hm^2，湿地率 5.58%。近 10 年间，我国新增重要湿地 25 处，新建湿地自然保护区 279 个，新建湿地公园 468 所。在此期间，我国湿地保护面积增加了 525.94 万 hm^2，湿地保护率由 30.49% 提高到 43.51%。我国淡水资源 96% 分布在各型湿地中，滨海湿地聚集着全国 80% 以上的水鸟，是鸟类生物多样性的宝贵栖息繁殖场所。然而，21 世纪前 10 年我国湿地已减少 339.63 万 hm^2，减少率达 8.82%。据知减少的主要原因是人为侵占，基本的生存宝地亟待强化法制保护[72]。

黄河三角洲 15.3 万 hm^2 国家级自然保护区的湿地环境，简直可称为人间"天堂"。这里保存着大量野生动植物资源，每年冬天约有 400 万只、298 种候鸟在这里栖息，有丹顶鹤、东方白鹳等十几种国家一级保护鸟类和大天鹅、灰鹤等 49 种二级保护鸟类。这样完美的保护效果是国家相关部门领导下当地政府和周围广大居民的创造的丰功伟绩！

（4）自然保护区：截至 2011 年底，我国已建立的各种类型、不同级别的自然保护区共 2640 处，占国土面积的 14.93%，其中国家级 335 处，占 12.7%。目前自然保护区的保护水平因地而异，各有特点，但存在效益开发、发展旅游、增添赢利途径和忽视生物多样性保护等倾向，必须在优先保证保护达标的前提下适度发展有关效益项目，严格遏制追求经济效益而忽视生态保护的丑陋行为[68]。

3-7　水资源—水安全　生息本—动力功

3-7-1　全球淡水资源告急

1. 淡水资源稀缺，日临捉襟见肘——地球上的水约有 10^{18} 吨，淡水仅占 2.53%，其中地下水和冰川占 99.66%，剩下的 0.34% 约有 104 万亿 m^3 遍布全球江河湖泊和云雾土壤。世界上有 200 多条河流流经/毗邻两个（如中俄边界黑龙江）或更多国家（如我国澜沧江或即湄公河流经缅甸、老挝、泰国、柬埔寨和越南，注入南海），许多湖盆和地下含水层也可能跨过国境线，世界人口的 60% 左右生活在这些国际水系周围，但联合国目前对这些国际性水资源还没有介入协议管理范畴，早在 20 世纪末就为了避免国际间共享水资源发生矛盾而探讨过有关议题[113]。目前全世界每 15 人中有 1 人生活在严重缺水状态，UNEP 的专家估计到 2025 年将上升至每 3 人就有 1 人严重缺水。1990 年全球缺水人口 3.35 亿人，到 2025 年将增加到 28 亿～33 亿人（见第 2 章参考文献 2）。

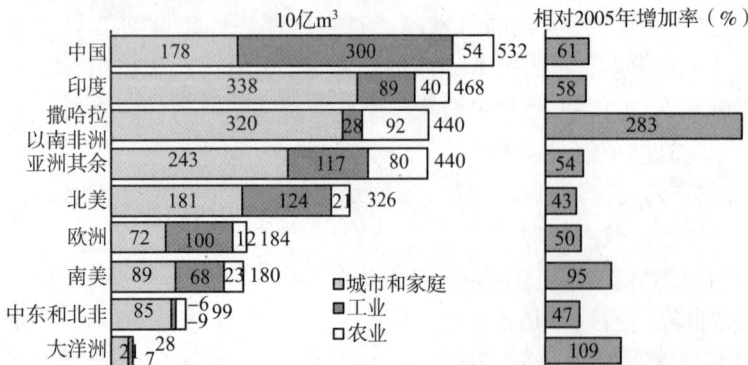

图 3-28　各国和地区年均淡水需求增长趋势（2005～2030 年）

（据：Achim Steiner. Towards a Green Economy: Pathways to Sustainable Development and Poverty Eradication, Chapt. Water—Mike D. Young; Water investing in natural capital, UNEP, 2011-06, p.23, F.10)

2. 淡水需求，有增无已——100 年来，全球淡水用量增加了 5 倍，40 年后还会翻一番。由于工业化还在世界范围持续发展，淡水消耗规模很难设法大幅缩减。100 万 kW 火电厂每秒钟可将 1 m^3 水蒸发到大气中；生产 1 吨钢平均需要 20 m^3 水；生产 1 吨纸需消耗 200 m^3 水；生产 1kg 稻米须耗用 5000 升水。世界著名科学家们相信，到 2025 年，地球将发生严重水危机[89]。图 3-28 表示从 2005 年直到 2030 年各国和地区淡水需求增量，其中中国工业的淡水需求增长态势最为猛烈。

3-7-2　中国淡水资源　有待大处落墨

1. 克服短缺，须找良方——我国是全球 13 个贫水国家之一：水资源总量 2.8 万亿 m^3，居世界第四；河川径流 2.7 万亿 m^3，居世界第六；2010 年，人均水资源 1945m^3，仅为世界平均水平的 1/4（28%），居世界第 121 位；570 座城市，364 座缺水，50 座严重缺水；7000 万人，5500 万牲畜存在严重饮水问题。据新华社发布的电讯稿：我国 364 座县级以上城市已处于严重缺水状态，日缺水量高达 1300 万 m^3 以上。特别是烟台、威海、大连、唐山、天津、保定、太原、北京……[99] 目前全国 668 个建制市有 2/3 常年处于供水不足状态；严重缺水城市有 110 多座。城市年缺水总量达 60 亿 m^3。我国城市未来淡水资源随着需量增大将更加短缺（图 3-29）。有课题组对我国 2012～2022 年间水资源需求做了精准预测，较乐观地估计到 2022 年的淡水需求量仅比 2012 年增加 11% 弱[101]，也许未顾及气候变暖？

中国水资源径流总量分布：2.8 万亿 m^3/s。其中：长江 9282 亿 m^3/s、珠江 3466 亿 m^3/s、黑龙江 1910 亿 m^3/s、雅鲁藏布江 1395 亿 m^3/s、岷江 736 亿～3569 亿 m^3/s、松花江 1699 亿～1634 亿 m^3/s、湘江 856 亿～756 亿 m^3/s、嘉陵江 1119 亿～2300 亿 m^3/s、黄河 405 亿 m^3/s、钱塘江 382 亿 m^3/s、淮河 622 亿 m^3/s、海河 264 亿 m^3/s、辽河 148 亿 m^3/s。长江和珠江平均年径流总量是黄河、钱塘江、淮河、海河和辽河总量的 7.0 倍；黄河径流量仅为长江的 1/23。

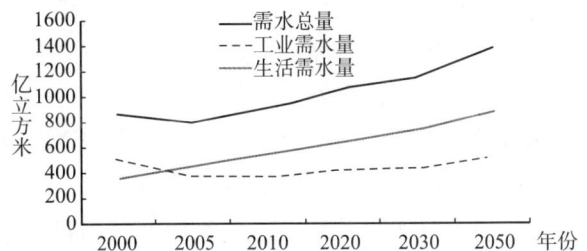

图 3-29　我国城市未来淡水资源需量增大后
将更形成短缺局面

（据：世界银行[90]）

世界水资源研究所公布的人均水资源占有量分四级评估指标：<1000m^3 为严重缺水；（1～5）×1000m^3 为一般缺水；（5～10）×1000m^3 为不缺水中等水平；>10000m^3 为人均水资源丰富。我国北方地区缺水总面积 58 万 km^2，包括京、津、冀、晋、鲁、豫北和辽中南。世界银行 2009 年的报告称：北方缺水地区人均淡水资源仅 757m^3，为世界人均淡水占有量的 1/11。目前我国已建成水库 8.5 万个，总蓄水能力 5000 亿 m^3，但正常年份仍缺水 400 亿 m^3。

我国改革开放之初，已以高瞻远瞩之识和雷霆万钧之力形成南水北调的三大移山倒海方案，目前东线巧沿古运河旧道已突破关键工程要隘，直抵京津近域；中线起自湖北丹江口水库，2014 年 12 月 27 日正式向北京供水，截至 2015 年 1 月 5 日，累计入京水量 997.96 万 m^3，其中 70% 供生活用水。初步预计全年可供 95 亿 m^3；仅西线因地质条件复杂，目前越过勘测规划阶段。估计到 2050 年，我国的天然淡水资源经过生态结构调理，已可初步形成分配均衡格局。

多年来我国实行最严格的耕地、水资源保护制度，保证了耕地面积基本稳定和国民经济与社会发展的用水需求，万元 GDP 用水量已由 2000 年的 554m^3 下降到 2010 年的 225m^3。

2. 生态萎蔫，水源污染——由于水源不足，又开发利用过度，不少江河断流，湖泊萎缩以至消失。过去 50 年间，全国消失湖泊 1000 多个，年均有 20 个湖泊干涸。2009 年 2 月全国干旱形势极为严峻，仅湖南一省就有 2800 多条大小溪河断流。我国农业是用水大户，占用水量的 63%，工业占 23%，生活用水占 12%，其他用水占 1.6%。每年农业缺水大约 300 亿～400 亿 m^3，影响粮食产量 300 亿 kg；工业由于缺水，每年损失 2300 亿元。可见水将成为继石油之后制约中国发展的资源因素，也是我国发展战略必须重点考虑的问题（见第 2 章参考文献 27）。世界银行估计：中国 1/3 的水资源短缺问题源于污染，造成的损失相当于 GDP 的 1%～3%（见第 2 章参考文献 8）。

3. 节约用水，永恒命题——目前我国水资源的利用效率和效益与国际先进水平相比存在很大差距，2002 年我国万元 GDP 用水量为 537m^3，相当于世界平均水平的 4 倍，但经过努力，到 2010 年已降至 225m^3；2002 年工业用水复用率不足 70%，远低于发达国家 75%～85% 的水平；农业灌溉水利用系数仅为 0.3，大大低于国外先进水平的 0.7～0.8。

（1）农业用水过去既占总用量63%，则节水应首先在农业系统铺开。近些年我国推广各种先进的节水灌溉方式、建设储水设施、研发耐旱农作物和开拓循环水资源等，卓有成效。但我国农业用水的生产率仍仅为 $0.87\sim1.1kg/m^3$，以色列则高达 $2.3\sim3.5kg/m^3$，可见还大有潜力可挖。以色列地处沙漠腹地，却能依靠全局节水部署，包括农业滴水灌溉。那里视水如命、水贵如油，却能通过科学技术，把节水和循环利用放在国策水平上加以推行，致使沙漠上的农业依然绿草如茵，水的利用率高达95%[103]。美国近年建造智能灌溉系统，农业年节水达数千亿升[93]。如今农业节水的基础还在于作物本身的抗旱省水能力的提高。目前我国农业用水占全国耗水量6成多，而水稻用水又几乎占农业总用水量的7成左右，因此，水稻抗旱基因的引入便是解决问题的关键，可喜的是我国农业科学家近年已取得较大突破[97]。

（2）工业用水占23%，2005年万元工业增加值用水指标全国平均 $169m^3$/万元，约为世界平均水平的4倍！2013年已降至 $68m^3$/万元，但日本仅 $18m^3$/万元（见第2章参考文献20）。可见工业节水宜合理布局、减少污水排放、提高重复利用率、采用先进工艺乃至无水工艺、开拓中水系统、挖掘循环利用新途径、设计节水新产品等多管齐下。要在产业转型升级过程中把建设节水型企业放在显要地位[108]。缓解水资源短缺还应在科技潜力上深入挖掘，例如以降低成本和扩大规模为前提发展过滤膜技术产业能较大程度上解决许多沿海城市的海水淡化问题和许多企业污水现场处理问题[105,118,124]。

（3）城市节水宜建立分质量供水系统、推广节水型器具、分级调整水价、遏制集体浪费水资源、改变传统用水习惯和反对变相转嫁水消耗的公众负担等。例如某些住宅小区靠大量喷水清扫道路、地面，美其名为"圆美丽环境梦"，殊不足取。有的城市开始实行阶梯水价，超过一定用量即加倍增收水费。可是，水表被集中管理，用户对自己的用水量却茫无所知。

1972年，黄河部分支流已不能汇入海洋；1987年后，因沿河水利设施和农业灌溉水源分流，黄河连续发生断流。1997年，年断流时间达226天！1998年，国家发改委与水利部制定年度水资源配额方案，包括季节性分配计划，1999年实施后，断流情况得到初步缓解，生态危机开始有所好转。黄河三角洲国家自然保护区的鸟类数量从2000年的187种增加到2010年的298种，在贝壳湿地系统自然保护区，稀有濒危动植物种数较5年前增加了2倍。前面已谈到，这样的效益是举国上下齐心协力履行保护责任取得的。

基本解决水资源困境须依靠科技、管控和生态调理三管齐下：推广先进适用节水技术和装备、抑制局部过量开发利用水资源、推行节水绩效考核[95]！

3－7－3 用水安全 源清流洁

1. 全球状况——据WHO的调查，全世界80%的疾病源自饮用不洁的淡水；儿童每年因病死亡的50%约2500万人也是因饮用被污染的水；全世界有12亿人因饮用不洁水染上各种疾病。专家介绍：人体体重的70%左右是水，体内的水每 $5\sim13$ 天更换一次，饮用被污染的水，人体细胞就会中毒恶变、死亡。实际上饮用水是否安全历来是个全球性问题，特别是许多发展中国家总是遭遇饮用水问题，像天作之灾，联翩而至[112]，尤其是日本福岛核污水泄漏大范围侵犯海域的灾衍不断，令人心惊胆战[118]。

2. 我国水体污染情况——我国水体污染较严重，目前有1/3淡水资源不能用作饮用水源，有1/4人口约3.3亿人饮用不合卫生标准的水。畜禽养殖业环境严重污染造成的包括动物疫病和人畜共患性疾病等生物性危害日益突出；在进入观测统计的1200条河流中，850条遭到中度或重度污染；25%以上的地下水污染严重；130座以上占75%的重点湖泊以及大部分近海海域出现不同程度的富营养化；不少湖泊出现藻类暴发，使水体缺氧，有的藻类产生霉素，长期饮用导致器官病变，甚至有致癌危险。2007年5月太湖大规模暴发蓝藻，使无锡300万人望水兴叹；后来安徽巢湖、云南滇池也相继暴发大面积蓝藻；同年6月洞庭湖更上演一场人鼠大战，原本栖息在洞庭湖区400多万亩湖泊中的近20亿只东方田鼠，随着水位上涨，部分群落蜂拥内迁，破坏防洪大堤，啃食农作物根茎，鼠群黑潮滚滚，堤岸护坡顿时百孔千疮，水稻成片枯死。我国4大重点湖泊同时灾害瞬至，反映出我国淡水资源隐伏的生态危机已相当严重。2013年7月下旬，天津附近海河又暴发更为严重的蓝藻蔓延，徒唤奈何！2010年末，我国城市污水日处理能力达 10262 万 m³，城市污水处理率达 76.9%。全国每年污水处理产生的污泥近 2200 万吨，含有大量重金属、病毒和寄生虫卵，2011 年有 80% 未得到妥善处理，后患堪忧。全国地下水往往是许多远离地面水源的城市主要饮水源。然而，全国地下水水质污染严重，且有日益加重趋势。图 3－30 描绘 2012 年全国地下水水质状况，极差级从上年的 14.7% 变为 16.8%，说明地下水水质不优反劣。从图 3－31 也看出，地下水水质变好的占比弱于水质变差，无论如何不是好事[119,132]！2012 年 5 月，媒体爆出：国家住建部全国普查自来水合格率仅 50%，公众喝水理当动心忍性[114]？但与此同时，水价反而上涨。国家住建部突又声明自来水达标率 83%[131]。2014 年 3 月，国家环保部发布"中国人群环境暴露行为模式研究"揭示：有2.5 亿居民住宅区靠近重点排污企业和交通干道，2.8 亿居民使用不安全饮用水[116]。2014 年 10 月，《广州日报》爆出抗生素悄然污染着珠江流域[121]！2014 年 11 月 19 日，国际自然保护协会（TNC）等组织联合发布《城市水蓝图》报告，指出因人口、气候、环境原因，中国有 17 个城市面临前所未有的严重水污染压力，特别是深圳、西安、成都、青岛、天津和长春更严重[132]！

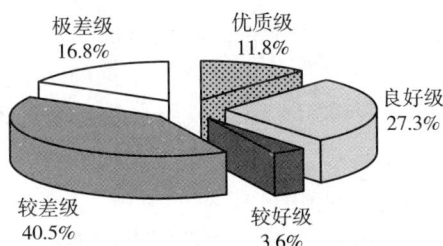

图 3－30　2012 年全国地下水水质状况

注：2011 年优质 11.0%；良好 29.3%；较好 4.7%；较差 40.3%；极差 14.7%。

（据：国家环保部 . 2012 中国环境状况公报，14 页改绘）

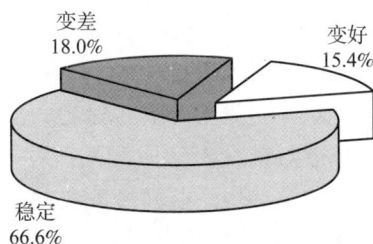

图 3－31　2013 年全国地下水水质与上年相比的变化情况

注：2013 年优质 10.4%；良好 26.9%；较好 3.1%；较差 43.9%；极差 15.7%。

（据：国家环保部 . 2013 中国环境状况公报，13 页改绘）

2014 年末，经专家多年调研得出结论：我国水污染物排放趋势是：主要流域水质已渐入"稳中向好"阶段，但湖泊水质不容乐观，富营养化问题仍较突出，水库水质呈好转趋势；地下水污染状况堪忧，且呈恶化趋势；近岸海域海水水质基本稳定。未来中国水资源状况是：废水量有上升趋势；农业源污染物快速增加，有一定控制难度。总而言之，水资源污染状况仍较复杂，需要较长时期和投入较大人力物力财力以力争水环境质量获得显著总体改善[127]。

3－7－4　城乡用水　首重安全

1. 水利发展——2012 年 3 月 21 日，国务院常务会议通过《全国农村饮水安全工程"十二五"规划》。会议指出："十一五"期间累计完成投资 1053 亿元，解决了 2.1 亿农村人口的饮水安全问题，全国农村集中式供水人口比例提高到 58%。农村饮水安全工程建设项目的实施，提高了农民健康水平，改善了农村生产生活条件，推进了基本公共服务均等化。同时总体上看，目前我国农村的供水保障水平仍然较低，饮水安全工程建设任务十分繁重。2012 年 6 月 21 日，国务院发布《水利发展规划（2011～2015年）》，"十二五"期间，我国突出加强农田水利建设，着力加强防洪薄弱环节建设，农村饮水安全工程建设，全面解决 2.98 亿农村人口（含国有农林场）和 11.4 万所农村学校的饮水安全问题。为加强农村饮水安全工程建设，《水利发展规划（2011～2015 年）》提出，扎实做好项目前期工作，加强水源可靠性论证和工程卫生学评价，优化工程建设方案，强化工程运行管理，落实管护主体，严格水源保护和水质监测，确保工程长期发挥效益，让农民喝上洁净水、放心水，使全国农村集中式供水人口比例提高到 80% 左右[117]。据 2012 年 12 月 28 日全国水利厅局长会议公示，2012 年已解决 7000 多万农村人口饮水安全问题，超额完成了年度目标任务，次年再解决 6000 多万农村人口的饮水安全问题[117]！

2. 城乡污水处理——处理率明显偏低。我国"十一五"期间，48% 的城市污水未经处理即直接排放。2005 年底的污水处理率仅为 45%，远低于发达国家 80%～90% 的水平。这一年，还有 278 个城市没有建污水处理厂，有 30 多个城市约 50 多家污水处理厂运行负荷率不足 30%。世界银行 2009 年初发布消息：中国每年有约 250 亿 m³ 水资源受到污染而废用；240 亿 m³ 地下水因超采造成地下水枯竭；水危机导致的经济损失约占中国 GDP 的 2.3%。中国无安全饮用水的农村居民超过 3 亿，因痢疾、癌症等疾病造成夭折招致的经济损失估计有 662 亿元，约占 GDP 的 0.49%[90]。较难处理的炼化污水即原油炼制、加工及油品水洗等过程产生的种类多、浓度高、危害大的废水，其治理回用技术近年已有新的发展[123]。国家卫生和水利部门调查也得出结论，农村人口的 34% 尚等待达标的饮用水。因此，防治水污染应该是当前提高全民健康体质的头等大事[116,130]。2010 年，我国新增城市污水日处理能力 1900 万 m³，污水日处理能力达到 1.25 亿 m³，城市污水处理率由 2005 年的 52% 提高到 75% 以上，充分说明近年来我国正脚踏实地大力改善环境水资源质量。

3. 利用中水——中水即再生水，是指污水经适当处理后，达到一定的水质指标，满足某种使用要求，可以进行无害应用。其水质指标低于城市给水中饮用水水质指标，但高于污染水允许排入地面水体的排放标准。与海水淡化、跨流域调水相比，再生水具有明显的优势。从经济角度看，再生水的成本较低，约为 1~3 元/吨，而海水淡化的成本约为 5~7 元/吨（国外约 1~3 美元/m³），跨流域调水的成本约为 5~20 元/吨。从环保角度论，污水再生利用有助于改善生态环境，实现水的良性生态循环，是提高水资源综合利用率、减轻水体污染的有效途径之一。在城市建筑小区采用中水系统后，居住区用水量将节省 30%~40%，同时排放量减少 35%~50%；对一般居民住宅，可节水 30% 左右。污水的再生利用和资源化具有可观的社会效益、环境效益和经济效益，已成为世界各国解决水危机的必由之路。

进入 21 世纪后，中国水资源日趋紧张，再生水利用受到政府重视。2006 年确定城市污水再生利用的目标是：到 2010 年，北方缺水城市的再生水直接利用率达到城市污水排放量的 10%~15%，南方沿海缺淡水城市达 5%~10%。北京 2008 年污水回用于绿化、河湖环境、市政杂用和农业灌溉用水等，回用率已达 50%。到 2009 年，中国污水再生利用率（污水再生利用量/污水处理量）为 15% 左右，而污水再生利用量/污水排放量之比仅为 5% 左右。据规划，到 2015 年北方地区缺水城市的再生水须达 20%~25%，南方沿海缺水城市须达 10%~15%。

4. 海水淡化——通过海水淡化可以缓解城市供水紧张，并附带减少 GHG 排放，减轻环境负担。目前全球海水淡化工程数以千计，每天有 2750 万 m³ 海水转化为淡水，占世界淡水用量的 3%。中东许多国家，包括沙特阿拉伯、以色列等都是世界有名的依靠海水淡化生活的国家[103]。利用太阳能提供的热力，可较大幅度降低成本[96]。以色列海水淡化解决喝水问题、污水净化解决灌溉问题，并希望在利用太阳能节水等方面同我国长期合作[91]。目前我国海水淡化技术有反渗透膜法和低温多效蒸馏法两种，但前者所用膜材料的国产化率较低，也亟待提高[106]！须知中国的"膜法"能在海水淡化、盐碱水净化和污染水过滤方面大有作为[128]。2012 年初，国务院办公厅发布《关于加快发展海水淡化产业的意见》，同年 12 月国家发改委发布了《海水淡化产业发展"十二五"规划》[106]。《规划》提出到 2015 年我国海水淡化产能达 220 万 m³/日以上，并大力提高苦咸水、微咸水的淡化利用能力。

5. 利用城市雨水——我国南方年均降雨量超过 2000mm，北方仅约 200~400mm，但近两年因天气反常，北方局部地区的降雨量超过年均量数倍之多，如果采取适当的科技举措和一定的基本设施加以处理和储存，能够适当改善秋冬季严重缺水局面。相应的雨水利用方式在德、日等国早已司空见惯。印度的雨水储存也有因地制宜的新招[129]。韩国首尔市倾力打造水循环利用系统，特别建设大规模雨水蓄水池把暴雨视为天降资源[94]。英国伦敦市南郊的贝丁顿镇是有名的节水典范：普遍推进屋顶雨水收集，住宅地下都装设大型蓄水池，屋顶雨水通过过滤管道流存到蓄水池中备用。蓄水池与每家厕所相连，可用雨水冲洗马桶；住宅屋顶栽种景天科植物以减缓雨水流入地池的速度，防止流速过快影响存储；另安装小型生物污水处理设备（Living Machine），可提取污水中的污染物转作肥料；冲厕后的废水经生物化学处理，一部分用作植物和草地灌溉，一部分流入蓄水池里，仍作冲洗用水；民居普遍安装水资源再利用设施，在厨房安装醒目的水表以实行主观监测；安装各种节水装置如：节水喷头（每分钟水流量为 14 升，传统 20 升）、节水龙头（每分钟流水量为 7 升，传统 20 升）、双冲马桶（一次冲水量 2~4 升，传统 9.5 升）以及小容量浴缸等。国内像山东长岛县那样较大规模储存雨水的城市为数有限，但宜向北方许多缺水严重城市推广应用[94]。

6. 优化淡水管理——从宏观决策层面看，要提倡流域的综合管理，达到衰多益寡、以丰补歉的管理格局[121]；气候变暖对水安全产生负面影响，足以缩减内陆江河径流量、发生洪灾夹泥沙污物而俱下、淡水生态恶化助长有害动植物繁衍等。因而城乡洁净水源四周应广植净化环境的草木，保证洪水宣泄途中堤埝渠道畅通；微观决策层面宜普遍应用信息化技术手段参与管理，例如采用先进算法的可智能化管理水网[125]、强化政府管理职能[127]和规范水资源收费标准[126]等无疑都是全面系统优化淡水管理的重头戏！到2014年，我国已初步建成水环境风险评估预警技术体系[116]！

3 – 7 – 5　推进水力发电　因时因地制宜

1. 积极发展水电——我国水能资源蕴藏丰富，技术上可开发量 5.42 亿 kW，居世界第一。水力资源可利用 3.78 亿 kW，折合年发电量约 1.76 万亿 kWh，相当于世界水力资源量的 12%，居世界首位。人均水电资源的占有量为世界人均量的 75%。水力开发技术水平也处于世界先进地位，水电机组技术参数世界领先。

我国水电装机规模 2010 年达到 2.2 亿 kW（统计数据为 21606 万 kW，比 2000 年增长 13671 万 kW），2011 年，我国水电装机突破 2.3 亿 kW，装机规模居世界首位；2012 年装机容量突破 2.49 亿 kW，同比增长 7.1%，21 世纪以来水电装机年均增速 10.5%，位居世界第一。2010 年水电发电量 6867.36 亿 kWh，占全国发电量的 16.2%，其中农村水电总装机容量已达 5900 多万 kW，年发电量约占全国水电的 30%。2012 年 1～9 月，全国跨省送电量 5464.5 亿 kWh，同比增 14.1%；跨区送电量 1556.2 亿 kWh，同比增 21.1%。通过跨区交易消纳水电约 969 亿 kWh，同比增长 3 成多。按能源"十二五"规划，2015 年我国非化石能源将达 4.7 亿吨标煤，占能源消费总量约 11.5%。其中水电 2.8 亿吨标煤、核电 0.9 亿吨标煤、其他可再生和新能源 1 亿吨标煤。这 3 类在 2010 年分别是 2.1 亿吨标煤、0.2 亿吨标煤和 0.3 亿吨标煤，总量为 2.6 亿吨标煤。2010 年后，如云南小湾、四川瀑布沟、青海拉西瓦、贵州构皮滩等一批水电工程陆续投产，说明我国的水能资源正在扩大利用规模，形势喜人。2013 年 8 月 30 日，创造了克服空前建设难度十项世界第一的 305m 混凝土双曲拱高坝的雅砻江锦屏一级水电站投产，全站正常运行年节原煤 770 万吨，CO_2 减排 1730 万吨，SO_2 减排 10.5 万吨[146]。2014 年 4 月我国自主研制的首台百兆瓦级抽水蓄能机组静止起动变频器（SFC）在响水涧抽水蓄能电站成功启动，拖动 4 台机组抽水调相并网一次性成功，这标志着我国水电技术深层次领域的创新水平已进入世界先进行列[142]。

2. 水电发展前瞻——按发电量计算，目前我国的水电开发程度不到 30%，仍有较大的开发潜力。到 2015 年底，中国水电装机容量将超过 2.9 亿 kW。若 2020 年实现非化石能源消费比重达到 15% 的目标，一半以上需要依靠水电来完成。在做好生态环境保护、移民安置的前提下，中国将积极借水电开发跟促进当地就业和经济发展结合起来，切实做到"开发一方资源，发展一方经济，改善一方环境，造福一方百姓"。完善水电移民安置政策，健全利益共享机制。加强生态环境保护和环境影响评价，严格落实已建水电站的生态保护措施，提高水资源综合利用水平和生态环境效益。为此须做好水电开发流域规划，加快重点流域大型水电站建设，因地制宜开发中小河流水能资源，科学规划建设抽水蓄能电站等。

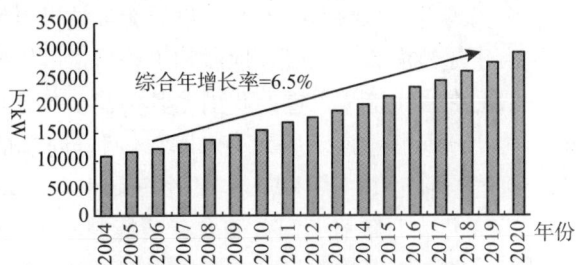

图 3 – 32　全国各有关省市区中长期发展规划里规划的水电总装机容量

（据：东方证券收集整理）

我国各有关省市的中长期发展规划中包含水电开发部分，经汇总综合后可得出图 3 – 32 的逐年与时俱进态势。如果再加上国家总体规划中确定的目标相当于加大 1 亿 kW，则到 2020 年我国水电装机容量可能突破 5.0 亿 kW。

3－7－6 水电开发 深谋远虑

1. 水电的环境负担——水电同样能够对环境造成惊人的污染和破坏。所谓水电纯属清洁能源之说，很大程度上只是"掐指一算，计上心来"而已。

（1）生态破坏不可逆转：始建于 1901 年，扩建于 1912 年和 1913 年，20 世纪 60 年代初被苏联专家精心设计和改造施工的埃及尼罗河入海口的阿斯旺大坝是个闻名遐迩的生态败笔，已在 1972 年斯德哥尔摩联合国环境大会上被多位世界知名生态学家提出质疑。全长近 4km、高 100 多米的阿斯旺高坝建成后，事与愿违，出现大量环境问题：原来尼罗河每年从上游携来 1 亿吨泥沙，泛滥时，泥沙既肥沃两岸万顷良田，又可不断补充尼罗河三角洲地区下陷的泥土。但建成大坝后，泥沙全部沉积水库，造成库区淤积，库容减少，以及下游土地质量下降、作物减产，河口三角洲也因海水倒灌而后移。由于大坝截流，尼罗河入海水量由 320 亿 m^3 左右迅速降到 60 亿 m^3，河中浮游动植物数量下降，致河里鱼类品种数量剧减，东地中海沙丁鱼产量亦降 83%；高坝建成使埃及地下水位提高，造成土壤盐碱化，并易引发山体滑坡；且其中纳赛尔水库还可能引发地震[147]。我国的三峡高坝建设从 20 世纪初邀约外国专家考察所作结论到 20 世纪 70 年代末展开的政界、学界大论争一直延续至今[133,136,139,144]。各家的立足点也许不完全一致，但对生态环境的不可逆永续负面影响、对长江上游航运可能造成的抑制作用和库区的水污染乃至有害生物的繁殖则几乎无咎无誉。2009 年 6 月 11 日环保部叫停金沙江中游的水电项目，也就是出于当时该项目未经环境评审而环境保护理当纳入水电项目优先保证的前提。可是，应当从正面看到三峡电站对经济建设提供相当电力的殊功：到 2013 年 10 月中旬，10 年总共发电量突破 7000 亿 kWh[136]！

（2）建坝截流蓄水，把流动的活水变成静止死水，自净能力大大降低，导致水库水体富营养化，很容易形成水草蔓延和适应蚊虫甚至血吸虫孳生环境，造成周边发病率上升，水质下降，以致无法饮用和用于灌溉等。由于有机物在分解过程中大量消耗水体中的氧气，产生大量 CO_2 并排放到大气中，助长温室效应。植物在水体中腐烂后，在微生物作用下，能够把水库水体中的无机汞转变为甲基汞，致使水库中鱼类体内汞浓度增加。河流中珍稀鱼类栖息环境改变、洄游和产卵通道被截断，将导致物种灭绝；流动水体变成静止水体后，淡水被大量蒸发、水体中盐分成倍上升、下游河道干涸、地下水位下降、土壤盐碱化、湿地和河口三角洲消失；为发电和灌溉需要，每天大坝放水多次，造成水位反复变化、水温急骤升降，对下游水生生物造成很大危害；且建设水库可能诱发地震等，建设在地震、泥石流、山洪等高发区的水库，则可能由于垮坝等，对下游居民和生态环境构成严重威胁。

（3）我国水能资源最丰富的地域也多为生物多样性最丰富的处所！水电的梯级开发，单纯从项目投资角度看，也许每 kW 的投资是几类发电方式中最"便宜"的，但它恰恰可能由于破坏了流域的生态环境，而导致更加巨大的经济代价和深远的、不可逆转的生态灾难。据世界大坝委员会（WCD）21 世纪初的统计，全球高于 15m 的大坝有 45000 多座，高于 150m 的主坝有 300 多座，高于 200m 的高坝有 200 多座。中国现有 22000 多座大坝，数量大致是世界所有其他国家大坝数的总和，但有的已不能发挥原设计能力。由于泥沙淤积、崩岸、地震和工程质量等因素，一般水库大坝寿命只有几十年，最多也不超过百年，这种状况在水土流失严重的我国尤其突出。据统计，四川省因泥沙淤积造成每年损失的水库库容达 1 亿 m^3，相当于每年报废一座大型水库。《南方周末报》记者统计，目前大西南河流群干流上在建和规划的水电装机容量接近 1.4 亿 kW，与 8 个三峡水电站装机容量相近。

2014 年 6 月 7 日，国务院发布《能源发展战略行动计划（2014～2020 年）》，要求"积极开发水电。在做好生态环境保护和移民安置的前提下，以西南地区金沙江、雅砻江、大渡河、澜沧江等河流为重点，积极有序推进大型水电基地建设。因地制宜发展中小型电站，开展抽水蓄能电站规划和建设，加强水资源综合利用。到 2020 年，力争常规水电装机达到 3.5 亿 kW 左右"。

（4）2010 年 6 月 29 日、2011 年 3 月 6 日两次在中国水电工程学会"绿色能源—水库大坝与环境保护论坛"上，专家学者们针对大西南水能开发展开了有意义的论争。例如专家对怒江水电建设的大环境发表了审曲面势的见解，认为怒江地质构造深部大断裂与当地的地震活动状况不容忽视，这直接关系到在怒江建筑拦江大坝的安全性。怒江断裂、澜沧江断裂、金沙江—红河大断裂是一个更大规模的地质断裂系，是康藏滇缅印尼超巨型"歹"字形构造体系的一部分，控制着我国西南、东南亚和近现代 7～8 级以上大地震的分布[141]。学者们绝不是炫耀个人的高超学识，他们为了中华锦绣山河的永续辉煌灿烂和子孙后代的安居乐业挺身而出，慷慨陈词，令人钦敬之余，值得三思而行！

2. 灿烂前景——在水电大开发的空前热潮中也有必要保持冷静清醒的头脑，摒弃全流域无节制梯级开发、低效利用、竭泽而渔的传统开发模式。绿色能源规划和建设均宜纳入系统工程研究范畴，要从全局综合考虑，要虑事常怀千岁想，失误损害在眼前[134]。人无远虑，难免近忧！可是明智之士洞若观火，水电开发决不能畏首畏尾、逡巡不前。水电建设是个多学科综合、产学研协力的系统工程，依靠科学技术是可以把所有负面效应降至最低，从而能得多失少，补短取长，发扬蹈厉，造福子孙[138]！

3-8　化解资源矛盾　着力低碳发展

3-8-1　发展低碳经济

1. 低碳经济发轫——低碳经济概念最早出现在 2003 年的英国能源白皮书《我们能源的未来：创建低碳经济》，提出以低排放、低能耗、低污染为特征的经济发展模式。实际上，提出有关低碳经济诸多内涵的焦点集中在本书前面阐述内容的三大关键系统的科学融合，即：全球气候变暖、生态—环境劣化和能源—资源短缺。其中基本概念早在 1992 年拙著《通俗控制论》中已做过较全面剖析。而今将这一控制论理念上升为国际性政府掌控层面，其意义自然非同小可。在那以后，IPCC 的历次报告均以低碳排放保证放缓地球变暖为纲，用大量数据唤醒世人特别是提高科技界对发展低碳经济的热情。工业发达、排碳占先的发达国家先后对经济发展的战略和策略做了一系列调整和创新，各地争相发展低碳城市，企业家们也在积极行动捕捉商机。在此背景下，提出建设生态文明、策动循环经济、发展低能耗、低污染、低排放为特点的经济模式，低碳概念开始足履实地地考量人间休戚，低碳理念和低碳经济构想开始风靡全球。事实上低碳经济是人类对地球生态严重失衡的一次理性觉醒，也是面向地球气候变暖采取的运筹决策，而归根结蒂是低碳科技创新面临的空前考验。至此，全球经济风樯阵马挺进低碳化（图 3-33）！2013 年 6 月 17 日，我国首个"全国低碳日"奠基。当日介绍我国 2006～2012 年低碳经济发展成果：单位 GDP 能耗下降 23.6%，等效碳排约 18 亿吨；2012 年单位 GDP 碳排 5.02%[161]。然而，据 2014 年 1 月 22 日国家发改委领导透露，我国"十

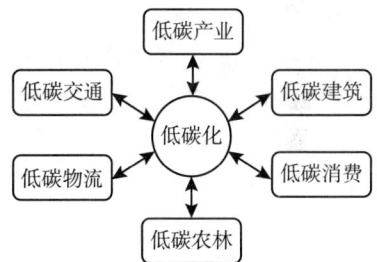

图 3-33　重点探索低碳化的主要范畴

二五"经济社会发展规划中的 24 个主要指标绝大部分均已接近完成，实施进度好于预期，但涉及低碳经济主攻方向的四个指标完成情况不够理想：NO_x 总量减排、非化石能源占一次能源消费比重、单位 GDP 能耗和 CO_2 排放水平，进度滞后于预期[168]。

2013 年 9 月，由工信部和国家发改委联合发出《关于组织开展国家低碳工业园区试点工作的通知》，力争用 3～5 年时间，创建一批特色鲜明、示范意义强劲的低碳工业园区国家试点，打造一批掌握低碳核心技术、具有先进低碳管理水平的低碳企业，形成一批园区低碳发展模式。通过试点建设，大力使用可再生能源，加快钢铁、建材、有色、石化和化工等重点耗能行业低碳化改造，培育积聚一批低碳型企业，推广一批适合我国国情的工业园区低碳管理模式，试点园区碳排放强度达到国内行业先进水平，引导和带动工业低碳发展。2013 年 6 月 18 日，由国家发改委、工信部、环保部等部门共同发起的"低碳中国行"活动正式启动，得到包括中石化、万科等 300 多家企业和民间组织的积极响应，正式宣布成立"中国低碳联盟"，联合发表了《中国低碳联盟宣言》。显然，成立"中国低碳联盟"有利于营造积极应对全球气候变暖、加强低碳发展的社会氛围。领头参与的企业向全社会郑重承诺履行的社会责任，昭示我国的低碳化

经济社会结构已步入新的发展阶段。

2014 年 6 月，国务院办公厅印发《2014～2015 年节能减排低碳发展行动方案》，提出两年间节能减排降碳的具体目标。《经济日报》记者为此采访了国家应对气候变化战略研究和国际合作中心领导，指出须从 8 方面系统推进低碳发展目标：实行目标责任管理，严控煤炭消费总量，降低煤炭消费比重，推进碳排放权交易试点，研究建立全国碳排放权交易市场，严格实施单位 GDP 能耗和 CO_2 排放强度降低目标责任考核，加强对氢氟碳化物（HFCs）排放的管理，全面控制温室气体排放[157]。

我国发展低碳经济潜力很大：排碳空间较大；排碳成本较低（UNFCCC 提示美国每吨减排成本超过 30 美元，而我国的成本大体在 15 美元）；国际技术合作潜力较大，如《中欧关于气候变化的共同宣言》等多边合作计划都高度重视低碳技术的合作；中华民族伟大复兴的激励机制和高昂斗志则是世界任何国家和地区所无法比拟的！

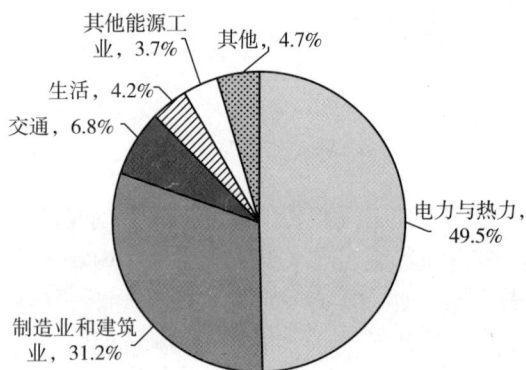

图 3－34　2010 年中国不同部门的
年均碳排放占比

（据：张龙．高碳产业与低碳发展——宝钢环境经营的必由之路，宝钢网传 ppt，2010）

2. 中国发展低碳经济，雷霆万钧——中国发展低碳经济首先面临一系列挑战。

（1）经济在全球一枝独秀地高速增长，能源需求持续飙升，以煤为主的能源结构很难短时优化，以燃煤为主要动力源的发电站是全国甚至全球排碳之首（图 3－34）。

（2）产业结构调整受地域、就业、资源和技术人才等的多重制约，通过结构调整实现节能减排的战略方向短期内不易奏效。

（3）工业特别是重化工业比重偏高，产能过剩问题突出，低能耗第三产业特别是生产服务业发展迟缓，高耗能钢铁、建材、化工等行业居于经济发展的主心骨地位难于收敛影响。

（4）虽然低碳经济的主攻方向昭昭在目，但拔犀擢象的高等学府仍步履蹒跚进入讲堂，各种低碳激励机制和决策支持难免跋前疐后。

3. 辉煌业绩，来之不易——《经济观察报》2013 年 6 月 8 日的一篇文章写得好："中国低碳产业为何超越了美国？"，这并非虚构的奇迹，而是活生生的现实。曾几何时，我国在低碳发展途中已厉世摩钝地组织千军万马纵深挺进堂奥。取得成果琳琅满目，美不胜收。对比中美两国低碳创新产业历程，很难相信 10 年前在低碳技术的开发、生产、商业化等方面尚落后于美国，而今中国竟已成为全球风能、太阳能、锂电池、电动汽车、核能发电等低碳能源领域领先的少数几个国家之一，而且在许多领域已稳居榜首。在超超高速计算机、海洋深潜和深海钻井平台技术设施、大唐 4G 水平码分多址（CDMA）网络制式、杂交水稻培育、高速铁路技术、海洋深潜技术装备、光伏和风能产业基地建设已让欧美产业界引颈相望、望尘莫及，而航天航空技术设施、建造大型油轮和航母技术、纳米材料技术和应用等正在迎头赶上。

3－8－2　发展低碳经济　依托创新推进

1. 低碳技术研发的出发点——低碳技术，广义指所有能降低人类活动碳排放的技术，分为无碳或减碳技术、捕集封存和利用 CO_2 技术两大领域，具体包括：

（1）源头控制的"无碳技术"（零碳技术），即大力开发以无碳排放为根本特征的清洁能源技术，包括风力发电、太阳能发电、水力发电、地热供暖与发电、生物质燃料、核能等，最终理想是实现对化石能源的彻底取代。

（2）过程控制的"减碳技术"，指实现生产消费使用过程的高效能、低排放。集中体现在节能减排技术方面。排在 CO_2 排放量前 5 位的工业行业（电力、热力的生产和供应业，石油加工、炼焦及核燃料加工业，黑色金属冶炼及压延加工业，非金属矿物制品业，化学原料及化学制品制造业）占工业 CO_2 排放的比重已超过 80%。因此，这五大行业应作为发展和应用减排技术的重点领域。另外，在建筑行业，通过构建先进建筑技术体系、推进可再生能源与资源渗入建筑应用、集成创新建筑节能技术等可减少电能和燃料使用。

（3）实现末端控制的"去碳技术"，特指开发以降低大气中碳含量为基本特征的 CO_2 捕集，积极利用和封存被排放碳元素的技术（CCUS）。若果，能将全球 CO_2 排放量减少 20%~40%。

2. 发展低碳经济的认识误区——低碳经济涉及广泛的产业领域和管理领域，有必要澄清一些认识上的误区：

（1）低碳化非贫困化，更非降低生活水准，目标是追求低碳化的社会进步和经济增长。

（2）发展低碳经济非限制高能耗产业，但需提高降碳减碳技术水平，切合低碳诉求。

（3）低碳经济有时不一定需要高精尖的科技，但需克服某些政策障碍。

（4）低碳经济要以民为本，优先保证公众的衣食住行玩，保护公众人身安全。靠切断民用电完成节能减排指标、巧立名目限制机动车辆以缓解拥堵，殊不足取。

（5）低碳经济是靠科技水平提高、改善生活质量。城市快速公交（BRT）站台旁的电梯"一曝十寒"苦了老弱病残，岂可标榜"低碳化"？

（6）将在章 7 展开讨论的命题——发展绿色 - 低碳经济，应探索绿色社会建设的德治模式[153]！国外发展绿色 - 低碳经济制度和法制建构值得我们借鉴、跟进[152]。

3. 低碳科技研发前景估计——

（1）麦肯锡公司 2009 年预计，2011~2015 年，全球对低碳技术的投资额将达到每年 3170 亿欧元，这一数字在 2016~2030 年将会增加到每年 8110 亿欧元。新修订的《中国节能技术政策大纲》，涉及电力、交通、建筑、冶金、化工、石化等部门以及可再生能源和新能源、煤的清洁高效利用、油气资源和煤层气的勘探开发、CCS 等研发的有效控制 GHG 排放高新技术。

（2）零碳化技术或非碳技术即改变能源结构，发展新能源，特别是可再生能源，尽量使用零排放或者是接近零排放的能源和相关技术，当前主要包括风力发电技术、太阳能集热发电技术、光伏发电技术、水力发电技术、地热供暖与发电技术、生物质燃料技术、核能技术等，其最高理想是实现釜底抽薪，即彻底取代化石燃料。在达到这一理想目的前，当务之急是充分、全面推行循环经济以降低全部生产和生活过程的重复碳排放。

3 - 8 - 3　碳生产率和碳足迹

1. 碳生产率：指国家或企业单位 CO_2 排放对应的经济产出。可用公式表达成：

国家 CO_2 生产率 = GDP（万元）/CO_2 数量（kg）；

企业 CO_2 生产率 = 产值（万元）/CO_2 数量（kg）。

2. 碳足迹："碳足迹"概念缘于"生态足迹"，学术领域目前并无统一定义，一般认为是一个人或组织在生产和消费过程中各种"碳排放"的总和，且在大部分情况下是碳排放量的粗略估算值。"碳"即以 CO_2 为主体的 GHG。与其他碳排放研究不同，碳足迹分析是从生命周期视角，破除所谓"有烟囱才有污染"的观念，分析产品生命周期或与活动直接和间接相关的碳排放过程，深度分析碳排放的本质过程，进而从源头上制定科学合理的碳减排计划。

应用碳足迹的概念可以使原本看不到的环境负荷以 CO_2e 排放量的形式变成具体的数字，即所谓 CO_2e 可视化。一般情况下直接计算 GHG 的主体 CO_2 已经足够。

产品的碳足迹数值是通过测定产品从设计、原材料采购、制造、运输、消费、废弃到再循环整个生命周期中排放的 CO_2 数量得到的，它是产品生命周期 CO_2 排放量的数值体现。

推行碳足迹声明、标识制度，一则可为国家、企事业单位等机构设定减排目标提供依据，二则消费者可根据商品或服务的碳足迹标识选择低碳商品或低碳服务，从而促进低碳化社会发展。现在部分发达国家乃至我国台湾省均实行在产品醒目处标上类似人足的图案。

　　3. 嵌入式碳排放——嵌入式碳排放即低碳化发展过程中隐藏的、与低碳产品结合比较紧密的、容易被忽视的碳排放部分。与上面谈到的碳足迹一般没有本质区别。但前者计及生产或使用全过程中对环境产生的负面影响，折算出对应的等效碳排放量，而嵌入式碳排放则涉及生产和消费过程全生命周期的碳排放。由于低碳产品常能通过传媒获得公众传颂，往往能直接影响国内城市低碳化的实际效果以及国际产业分工的话语权。例如世博零碳馆是中国第一座零碳排放的公共建筑。但零碳馆的零碳是运营过程中的零排放，并非全部生命周期的零排放。在启用前的制备、建设、安装和运营后的维修均需付出、排放大量的碳。

参 考 文 献

[1] 张序. 中国自然资源有偿使用的税费制度建设. 中国经济时报, 2010 - 06 - 04, 5 版.

[2] 国务院. 中国的能源政策（2012）白皮书, 2012 - 10 - 24.

[3] 国务院. 能源发展"十二五"规划, 2013 - 01 - 01.

[4] 国土资源部. 2012 中国国土资源公报, 2013 - 04；2013 中国国土资源公报, 2014 - 04.

[5] 周雪松. 国土资源大调查成果公布　十大新资源基地初步形成. 中国经济时报, 2010 - 10 - 14, 9 版.

[6] 编辑部. 2011 年资源节约和环境保护主要目标. 中国经济时报, 2011 - 03 - 31, 9 版.

[7] 王海芹, 李佐军. 我国主要能源生产和消费形势. 中国经济时报,（上）2012 - 12 - 19；（中）2012 - 12 - 21；（下）2012 - 12 - 23, 均 5 版.

[8] 杨靖. 创新驱动　先进能源技术发展迎来跃升期. 科技日报, 2012 - 10 - 16, 5 版.

[9] 李大庆. "中国煤炭清洁高效可持续开发利用战略研究"启动. 科技日报, 2011 - 02 - 21, 1 版.

[10] 张宁. 我国煤炭业的"绿色通道"业内人士分析：煤转化或可成为煤炭业转型方向. 中国经济时报, 2012 - 07 - 30, 11 版.

[11] 韩建国. 煤炭清洁发电是破解我国能源困局的有效途径. 科技日报, 2014 - 12 - 22, 1 - 3 版.

[12] 国家能源局. 煤炭工业发展"十二五"规划. 人民网 - 能源频道, 2012 - 03 - 22；附 - 周健奇、李佐军. 高效利用我国煤炭资源势在必行. 中国经济时报, 2012 - 02 - 16, 7 版.

[13] 赵雪. 规模小、事故多、生产粗放, 10 年前我国煤炭工业遭遇多重瓶颈. 10 年后 - 效率升　事故降　技术突破提升煤炭工业质量. 科技日报, 2010 - 12 - 14, 1 - 2 版.

[14] 侯静. 推动煤炭由燃料向原料转化. 科技日报, 2013 - 03 - 09, 10 版.

[15] 贾涛. 煤炭行业形势变化要求加快转型发展. 中国经济时报,（上）2013 - 01 - 29；（下）2013 - 01 - 30, 均 5 版.

[16] 倪维斗. 煤的清洁高效利用是中国低碳经济的关键. 科技日报, 2010 - 11 - 19, 3 版；附 - 王茹. 煤的清洁利用是调整能源结构的重点. 中国经济时报, 2013 - 04 - 26, 6 版.

[17] 盛利. 国内首套焦炉气制合成天然气工业示范装置投产　实现焦炉煤气"零"排放. 科技日报, 2011 - 03 - 28, 7 版.

[18] 盛利. 1000MW 超超临界机组锅炉通过满负荷试运行　三种投入率均达 100%. 科技日报, 2013 - 01 - 13, 1 版.

[19] 谢克昌. 煤化工与煤的清洁高效利用技术. 科技日报, 2010 - 11 - 19, 3 版.

[20] 谢和平. 中国煤炭必须走科学产能的发展道路. 科技日报, 2010 - 11 - 19, 3 版.

[21] 魏进尊（编译）. 黑色煤炭也能变绿. 世界科学, 2007（4）, 27.

[22] 王立彬. 我国石油年产量将保持稳定增长态势：2 亿吨水平——2030 年以后. 科技日报, 2011 - 12 - 02, 6 版.

[23] 刘晓慧. 我国油气及固体矿产探明储量稳增. 中国矿业报, 2013 - 03 - 28, 1 版.

[24] 束洪福. 新能源无法替代化石能源　石油是重要单种燃料. 科技日报, 2010 - 01 - 05, 10 版.

[25] 张一鸣. 西气东输三线开工　进口天然气占比增加. 中国经济时报, 2012 - 10 - 22, 9 版.

[26] 张一鸣. 中国石油的天然气"减碳"之路. 中国经济时报, 2012 - 12 - 17, 10 版；中石油多举措发展低碳能源　大力发展天然气、煤层气等清洁能源, 2010 - 04 - 15, 8 版.

[27] 张一鸣. 中国石化"十二五"天然气产量或翻番. 中国经济时报, 2013 - 01 - 28, 9 版.

[28] 张占斌、张红梅. 探索中国石油天然气开发的生态补偿机制. 中国经济时报, 2008 - 01 - 31, 5 版.

[29] 林伯强. 节流为主, 开源为辅, 积极寻找石油替代. 中国经济时报, 2010 - 04 - 15, 8 版.

[30] 新华社. 中国石油资源或逾 650 亿吨　目前资源探明率仅为 39% 左右, 资源潜力很大. 南方都市报, 2007 - 09 - 24, A13 版.

[31] 国家发改委. 天然气发展"十二五"规划. 发改能源〔2012〕3383 号, 2012 - 10 - 22；附 - 滕继濮. "哥"是天然气. 科技日报, 2013 - 04 - 19, 6 版.

[32] 瞿剑. 我国致密性油气田开发获重大突破　长庆油田年产油气当量突破 4500 万吨. 科技日报, 2012 - 12 - 27；中国海域发现首个自营深水高产大气田, 2014 - 09 - 16, 均 1 版.

[33] 王彩娜. 十八大报告要求严控能源消费总量. 中国经济时报, 2012 - 11 - 12, 9 版.

[34] 王彩娜. 期待配套政策措施落实. 中国经济时报, 2012 - 12 - 03, 9 版.

[35] 邓郁松．关注能源市场的新变化．中国经济时报，2012－10－22，7 版．

[36] 邓郁松．2013 年能源需求增速将回升．中国经济时报，2013－01－21，8 版．

[37] 刘慧．专家建议能源市场要鼓励开放和竞争．中国经济时报，2012－07－11，2 版．

[38] 华凌．世界自然基金会发布《能源报告》．科技日报，2011－02－25，2 版．

[39] 李禾（主持）；金涌、王垚（嘉宾）．能源短缺与空气污染，矛盾怎么破．科技日报，2014－04－11，7 版．

[40] 李明、舒适．新能源、新概念引领新潮流．科技日报，2011－06－28，2 版．

[41] 吴贵辉．我国能源形势及发展对策．科技日报，2010－11－19，3 版．

[42] 张一鸣．让过去告诉未来．中国经济时报，2012－01－16，9 版．

[43] 张一鸣．能源产业需加快结构调整．中国经济时报，2012－09－03，10 版．

[44] 张一鸣．政府、协会、企业预判 2013 能源趋势．中国经济时报，2013－02－18，9 版．

[45] 张一鸣、王彩娜．能源产业调整将侧重三个方向．中国经济时报，2012－12－03，9－10 版．

[46] 范思立．可持续发展应统领能源要义．中国经济时报，2012－10－25，1 版．

[47] 范思立．以战略谋划增强能源政策稳定性．中国经济时报，2012－12－06，2 版．

[48] 国务院．能源发展"十二五"规划．国发〔2013〕2 号，2013－01－01；附－林伯强．能源经济学兴起．中国社会科学报，2012－08－24，A04 版．

[49] 姜岩．安全：能源发展的核心因素．科技日报，2011－06－14；附－张晶．经济发展怎么和资源利用"脱钩"？2013－09－22，均 2 版．

[50] 郭锦辉．破解瓶颈加快能源科技创新．中国经济时报，2012－09－13，11 版．

[51] 瞿剑．我国能源发展面临六大突出矛盾．科技日报，2012－12－27，8 版；附－焦静、宋瑶．能源困境如何突围，2013－12－20，7 版．

[52] 丁全利．国土资源部数据显示：我国矿产资源储量增势喜人．中国国土资源报，2013－03－28；附－刘晓慧．国土资源部：我国油气及固体矿产探明储量稳增．中国矿业报，2013－03－28；冯诗齐（编译）．混合动力汽车和风力发电机需要稀土矿物，而开采和提炼这些矿物需要我们付出沉重的环境代价——绿色能源背后的秘密．世界科学，2009（11），11－12．

[53] 国务院新闻办公室．中国的稀土状况与政策．政府网站，2012－06－20；付毅飞．稀土大国如何变成稀土强国　提高稀土开采的环保门槛　稀土——二十一世纪黄金．科技日报，2011－02－13，1－3 版；国土资源部．矿产资源．国土资源部官网，2014－04－28．

[54] 红枫．我国稀土产业现状和发展趋势．科技日报，2003－12－05，10 版；附－陈志等．慎防石墨成为下一个稀土产业，2014－03－17，1－3 版．

[55] 林春霞．《找矿突破战略行动纲要（2011－2020 年）》发布　矿产资源的永续利用高于一切．中国经济时报，2012－06－29，2 版．

[56] 金柏松．世界资源大较量与中国战略取向．中国经济时报，（上）2009－09－22，10 版；（中）2009－09－24，4 版；（下）2009－09－29，11 版．

[57] 赵雪．跨越，从资源依附到创新驱动——我国战略性资源保护与利用再思考．科技日报，2010－12－02，1－4 版．

[58] 唐婷、操秀英．去年我国新发现矿产地 621 处　其中探获铁矿石资源量近 50 亿吨．科技日报，2010－01－21，1 版．

[59] 操秀英．我国铁矿资源供应能力明显提高　近年来累计探明铁矿资源储量近 100 亿吨．科技日报，2010－03－21，3 版．

[60] 操秀英．最新一轮国土资源大调查显示　累计新发现矿产地 900 余处　资源储量巨大．科技日报，2010－10－10，3 版．

[61] William Fulkeson et al．（田野译）．走出矿物能源的困境．世界科学，1991（9），23－25．

[62] William Fulkeson（田野译）．矿物能源．世界科学，1991（10），32－34．

[63] 王婷婷．对抗荒漠化全球在行动　专家指出中国经验值得借鉴．科技日报，2012－05－09，7 版；附－胡跃高．荒漠化把中国推到最前线，2010－06－22，10 版．

[64] 中国环保部．全国土壤污染状况调查公报．中国城市低碳经济网 www.cusdn.0rg.cn，2014－04－18．

[65] 毛黎．能源生产与减排两不误　美专家认为将休耕地用于种草更合理．科技日报，2011－08－11，2 版．

[66] 记者．国务院批复《重金属污染综合防治十二五规划》．中国工业报，2011－03－07；附－李禾．我国"毒地"占耕地两成　治理修复迫在眉睫《全国土壤环境保护"十二五"规划》将出台．科技日报，2012－06－05，1 版；重金属污染治理面临技术"瓶颈"，2012－07－05，8 版；耕地土壤质量堪忧　工矿区问题突出，2014－04－18，1 版；王立彬．我国绘制土壤重金属"人类污染图"，广州日报，2013－06－13，A2 版；杨洋．"毒地"新生——解药已备　只待铺开，2013－03－20，A7 版；王海波．农业环境中的重金属污染问题堪忧．中国经济时报，2013－06－03，6 版；周子勋．"毒土地"成中国经济发展不能承受之重，2012－06－12，1 版；江宜航、刘瑾．我国耕地质量现状堪忧，质量缘何逐年下降，2014－09－26，1 版．

[67] 叶锋等．世界 7% 的耕地用了 30% 的化肥养活 22% 的人口．广州日报，2013－05－27，A4 版．

[68] 李禾．我国自然保护区占国土面积七分之一．科技日报，2012－09－19，8 版；微生物修复土壤低碳环保，2014－11－06，4 版；附－姜晨怡．谁来保护自然保护区？2011－09－29，5 版；龙昊．中国自然保护区何去何从．中国经济时报，2010－03－25，9 版．

[69] 李禾．源头控制：慎发重金属污染的"准生证"．科技日报，2014－04－14；污染重点地区应实施更严土壤标准，2014－04－

23，均1－3版；新材料快捷"移除"土壤重金属污染，2014－12－04，1版；附－刘垠. 清洁生产：能否洗净重金属的"污垢"，2014－04－15；刘莉. 风险评价：给重金属划一条科学的"红线"，2014－04－18；尹传红. 破局重金属污染：防治并举 以防为先，2014－04－25，均1－3版.

[70] 张晶. 情仇重金属：趋利避害话固废. 科技日报，2014－04－16；土壤修复：一个需要逐步推进的系统化工程，2014－04－19，均1－3版；附－吴长锋、周慧. 新技术修复植物可吸收土壤里重金属，2014－11－14，1版.

[71] 佚名. 中国50余城市地面沉降2050年长三角或消失. 科技文摘报，2012－03－01，9版，摘自新京报，2012－02－22；附－张小明. 地面沉降愈演愈烈——过量开采地下水是主要诱因，中国环境，2002－05－22.

[72] 佚名（综合新华社）. 坚守8亿亩红线 别让湿地变"失地". 科技日报，2014－01－16，5版；全球数亿公顷土地濒临退化，2014－01－28，2版.

[73] 陈萌. 重金属污染，无法承受之"重"？科技日报. 2013－06－27，5版；附－陈丹. 法国研究表明 重金属对土壤污染不容低估，2002－12－28，2版.

[74] 刘垠、贾婧. 重金属污染：科技如何破解防治困局. 科技日报，2014－04－02，1～3版；附－王春. 新技术可减少50%重金属元素向土壤排放，2014－04－04，1版；田建川等. 广东研制出土壤修复材料. 广州日报，2014－04－19，A5版.

[75] 国务院. 全国主体功能区规划. 国发〔2010〕46号，2010－12－21；国家环保部、国土资源部. 全国土壤污染状况调查公报，2014－04－17. 见中国城市低碳经济网，www.cusdn.org.cn，2014－04－18.

[76] 周天勇. 城市化及其住宅建设需要占用的土地. 中国经济时报，2009－06－30；附－周诚. 为节约用地、合理管地献策，2011－09－06，均12版；柏晶伟. 未来30年我国土地供给缺口巨大，2010－06－14，5版.

[77] 胡丽娟. 中国为全球土地退化防治树样板. 科技日报，2010－05－11，11版.

[78] 裴敏欣. 中国土壤污染问题影响国际粮食安全. 财富，2014－04－21.

[79] 贾婧. 技术"防火墙"不足以防治地下水污染. 科技日报，2014－04－17，1～3版.

[80] 郭洋. 全球土地退化带来的损失巨大，相当于农业GDP的5%. 科技日报，2013－04－11，2版.

[81] 牛福莲. 严控污染源是治理土壤污染当务之急. 中国经济时报，2013－06－19，2版.

[82] 郭晓鸣、蒲实. 耕地保护面临"新冲击". 中国社会科学报，2012－02－01，A06版.

[83] 莱斯特·布朗. 全球正在走向土地沙漠化——必须控制人口与家畜增长. 科技日报，2006－08－17，2版.

[84] 秦中春. 耕地资源保护面临的挑战与政策建议. 中国经济时报，（上）2012－11－23；（中）2012－11－26；（下）2012－11－28；均5版.

[85] 崔悦. 土壤重金属污染问题亟待整治与反思. 中国社会科学报，2012－07－04，B08版.

[86] 满朝旭. 水土流失损失GDP总量3.5%. 科技文摘报，2012－03－08，9版.

[87] 滕继濮. 盐碱地原土改良技术－创造新土地. 科技日报，2013－07－19，6版.

[88] E. M. Bridges et al.（张勇译）. 土壤——重要却被忽视和低估的人类环境. 世界科学，1999（2），18－20；附－Winfried E. H. Blum（金剑平译）：怎样处置有毒土壤，1993（3），47－48－64.

[89] 方陵生（编译）. 2025年地球将爆发水危机. 世界科学，2008（3），14.

[90] 世界银行. 解决中国的水稀缺：关于水资源管理若干问题的建议. 世行网，2009－01－12.

[91] 冯志文. 以色列的"水秘方". 科技日报，2012－06－19，2版.

[92] 刘洁. 痕量灌溉技术，华中科技大学普泉痕量灌溉研究中心，2011－10，网传文献.

[93] 刘霞. 智能灌溉技术——节水的最佳帮手 新型节水系统为美国每年节水几千亿升. 科技日报，2009－08－09，2版.

[94] 朱贵良. 国外城市雨水利用概况 利用雨水开辟城市新水源；别让城市雨水白白流失，中国环境，2003－03－29，3版；附－薛严. 暴雨倾城，怎样为我所用——韩首尔市倾力打造水循环利用系统. 科技日报，2013－07－10，2版.

[95] 李禾. 世行发布消息称，中国每年有约250亿立方米的水受污染不能使用，240亿立方米地下水被超采－水危机造成损失约占我国GDP的2.3%. 科技日报，2009－01－13，3版；附－李禾（主持）. 中国喊"渴"如何破解水资源困境，2014－05－30，7版.

[96] 李禾、黄鸣. 用清洁能源解决缺水危机——访"HM/HD型太阳能海水淡化技术研究"课题组. 科技日报，2009－05－13，6版.

[97] 李荣. 我国水稻种植另辟节水蹊径. 科技日报，2013－03－19，5版.

[98] 李鹏. 可持续发展－求解中国水危机. 中国经济时报，2008－02－20，4版.

[99] 杜悦英. 京城水资源之忧. 中国经济时报. 2010－06－10，10版；附－曹和平、丁志可. 北京水资源危机亟须解决，2014－08－08，6版.

[100] 吴季松. 以科学发展观认识世界城市的水资源与人口. 科技日报，2011－03－27，2版.

[101] 张亮. 未来十年中国水资源需求展望. 中国经济时报，2013－07－24，5版；附－余天心、贾康. 解决我国水资源危机出路的探讨. 管理世界，1994（4），187－194.

[102] 陈瑜、游雪晴. 我国湖泊知多少；我国湖泊50年消失243个；营养过剩已成我国湖泊通病. 科技日报，2012－01－15，1－3版.

[103] 张娜. "以色列水行记"——以色列水印象；滴灌，让沙漠开满鲜花；污水、废水资源化（介绍以色列节水）；向地中海要淡水. 中国经济时报，2011－06－02，4版.

[104] 张显峰. 华北地区水资源"透支"相当于两条黄河　专家建议城市规划应该量水而定. 科技日报, 2006 - 09 - 12, 1 版.

[105] 张晔、张森. 缓解水资源短缺　膜产业大有作为　专家呼吁加强政产学研金五方合作, 提升我国膜产业自主创新能力. 科技日报, 2011 - 04 - 29, 1 版.

[106] 国家发改委. 海水淡化产业发展"十二五"规划. 发改环资〔2012〕3867 号, 2012 - 12 - 09; 国家科技部. 海水淡化科技发展"十二五"专项规划, 2012 - 08 - 14; 附 - 钱炜. 探求中国水危机解决之道. 科技日报, 2009 - 03 - 04, 8 版; 陈亭. 海水淡化设备亟待提高国产化率, 2014 - 07 - 25, 3 版.

[107] 谢雅楠. 水资源总量减少　水质提高需多方努力. 中国经济时报, 2013 - 03 - 28, 2 版.

[108] 程小旭. 工业用水形势严峻　建设节水型企业刻不容缓. 中国经济时报, 2012 - 10 - 11, 2 版.

[109] 编辑部. 中关村——科技缓解水危机. 科技日报, 2006 - 07 - 07, 12 版.

[110] 新华社. 中国最大沙漠淡水湖面临干涸危机. 科技日报, 2011 - 09 - 29, 5 版.

[111] Jan Van Schilfgaarde（杨凯译）. 水资源的前景. 世界科学, 1992 (10), 32 - 33.

[112] Juha I. Uitto et al.（江东、王建华译）. 城市用水——21 世纪的挑战. 世界科学, 1999 (5), 29 - 30.

[113] Mikiyasu Nakayama（王建华、江东译）. 水——21 世纪的石油? 世界科学, 1999 (5), 28 - 29.

[114] 马立伟. 饮水健康引全民关注. 中国经济时报, 2012 - 05 - 18, 10 版.

[115] 王浩. 城市水资源管理若干问题探讨及对深圳水资源管理几点建议. 中国水利水电科学研究院, 网传 ppt, wanghao@ iwhr. com, 2009 - 05.

[116] 王小霞. 防治水污染刻不容缓. 中国经济时报, 2013 - 04 - 18; 附 - 童彤. 确保饮水安全刻不容缓, 2014 - 03 - 19, 均 2 版; 王炜. 住建部称自来水达标率达 83%. 科技文摘报, 2012 - 05 - 17, 12 版; 华义. 饮用水安全成为全球性问题. 科技日报, 2008 - 03 - 24, 2 版; 白阳、顾瑞珍. 我构建水环境风险评估预警技术体系, 提升突发性水环境事件处理能力, 2014 - 04 - 15, 1 版.

[117] 国务院. 全国农村饮水安全工程"十二五"规划, 中央政府门户网站 www. gov. cn, 2012 - 03 - 21; 附 - 江国成. 《水利发展规划（2011—2015 年）》发布　将解决 3 亿农村人饮问题, 2012 - 06 - 21; 于文静. 2012 年全国共解决 7000 多万农村人口饮水安全问题, 2012 - 12 - 28.

[118] 华义. 福岛核污水泄漏事态急剧恶化. 科技日报, 2013 - 08 - 30, 2 版; 附 - 朱世豹. 水与水处理. 世界科学, 2003 (3), 30 - 32.

[119] 李禾. 《全国地下水污染防治规划（2011 - 2020 年）》发布 - 我国地下水水源水质达标状况堪忧. 科技日报, 2011 - 10 - 29, 1 版.

[120] 李禾. 什么样的检测能给自来水上把"安全锁"? 科技日报, 2013 - 01 - 27, 1 - 3 版.

[121] 李成刚. 多重水危机呼唤流域综合管理. 中国经济时报, 2008 - 01 - 22, 1 - 2 版; 附 - 肖欢欢. 急! 抗生素悄染珠江流域. 广州日报, 2014 - 10 - 10, A II 3 版.

[122] 吴季松. 让全国人民喝上好水——我国饮用水的战略思考. 科技日报, 2008 - 09 - 04, 8 版.

[123] 陈洪斌. 炼化污水回用技术及应用. 世界科学, 2004 (3), 28 - 29.

[124] 陆春华. 新一代膜技术助力污水再利用. 科技日报, 2012 - 04 - 26, 4 版.

[125] 陆春华. 先进算法可智能化管理水网. 科技日报, 2012 - 05 - 19, 4 版.

[126] 张亮、谷树忠. 关于规范我国水资源费征收标准的建议. 中国经济时报, 2012 - 07 - 20, 5 版.

[127] 陈健鹏等. 中国水环境质量总体显著改善将是长期过程. 中国经济时报, 2014 - 12 - 29, 5 版; 附 - 胡亮. "三条红线"扎紧我国水资源"口袋";《关于实行最严格水资源管理制度的意见》的出台将从制度上推动经济社会发展与水资源、水环境承载能力相适应, 2012 - 02 - 23, 2 版.

[128] 高博. 中国"膜法"解决缺水难题. 科技日报, 2014 - 09 - 13, 3 版; 附 - 唐婷、李禾. 饮用水, 拿什么保障你的安全? 2013 - 03 - 23, 1 - 3 版.

[129] 徐俊培（编译）. 干涸的地球. 世界科学, 2007 (2), 41 - 43.

[130] 郭锦辉. 污染是水资源利用最突出的问题. 中国经济时报, 2011 - 12 - 01, 9 版.

[131] 舒圣祥. 自来水 50% 合格与水价 100% 大涨. 科技文摘报, 2012 - 05 - 17, 1 版.

[132] 操秀英. 一半城市市区地下水污染严重. 科技日报, 2013 - 01 - 27, 1 版; 附 - 付丽丽. 我国 17 个城市面临严重水污染, 2014 - 11 - 20, 3 版.

[133] 丁学良. 关于三峡大坝的思考. 同舟共进, 2010 (11), 26 - 27.

[134] 王彩娜. 绿色水电认证谨防"走过场". 中国经济时报, 2012 - 08 - 13, 9 版.

[135] 王彩娜. 小水电需要"有娘疼". 中国经济时报, 2012 - 10 - 08, 9 版.

[136] 记者. 十问三峡工程. 广州日报, 2011 - 06 - 12, A1 版; 附 - 刘紫凌、梁建强. 三峡电站发电总量突破 7000 亿千瓦时. 科技日报, 2013 - 10 - 20, 1 版.

[137] 北京君略产业研究院. 2010 年中国水电行业研究报告, http://www. chinacir. com. cn/freereport/201111094644. shtml.

[138] 刘慧. 水电开发要协调发展　按照 2020 年消费化石能源占一次能源消费比重 15% 的目标, "十二五"期间水电新开工规模应达到 1 亿千瓦以上. 中国经济时报, 2011 - 05 - 18, 6 版.

[139] 安德烈亚斯·高滋. 长江流域代表了中国最重要的"水之树"关于中国三峡工程可持续性问题的思考. 科技日报, 2012 - 05 -

23，2 版．

[140] 吕植等．高度重视水电过度开发对长江上游特有鱼类的影响．中国经济时报，2009－05－06，7 版．

[141] 孙文鹏，徐道一．怒江建坝之争．中国低碳网，2011－03，http://www.ditan360.com.

[142] 李晓红．解决保护与开发矛盾 水电迎来新的高速发展 在风电、太阳能等发展上不去，核电暂停审批新项目的情况下，水电在"十二五"必定会有一个大的发展．科技日报，2011－05－05，5 版；附－佚名．我国抽水蓄能电站核心技术获突破，国资委网站，2014－04－14.

[143] 李希琼、李凌．五十余年江河梦 中国水电天下名．中国经济时报，2007－12－27，8 版．

[144] 陈国阶．三峡工程环境影响的再认识．世界科学，2006（6），2－8.

[145] 张旌．"靠天吃饭"——湖南水电成最不可靠能源？水电发电量占全年发电量三成多，水库来水是否丰裕对湖南省的电力供应影响极大．中国经济时报，2011－05－18，6 版．

[146] 张田勘．建造大坝孰是孰非？世界科学，2004（3），42－43；附－朱会伦．世界第一高坝水电站开始"西电东送"．科技日报，2013－08－31，1 版．

[147] 张拥军（编译）．阿斯旺的辉煌和危机．世界科学，1995（4），26－28.

[148] 国家能源局．水电发展"十二五"规划，2012－07－07；附－徐伟．慎重对待水电开发．中国经济时报，2008－05－27，1－2 版．

[149] 编辑部．中国水电将走向何方．中国经济时报，2011－09－08，9 版；附－佚名．我国抽水蓄能电站核心技术获突破．国资委网站，2014－04－14.

[150] 工信部中国电子信息产业发展研究院赛迪研究中心．我国低碳经济发展思路与若干政策建议，工业和信息化研究（内部资料），2010－05－15.

[151] 马俊如．要在整个发展思路上考虑到低碳．科技日报，2010－04－25，2 版．

[152] 王宇．世界走向低碳经济．中国经济时报，（上）2009－11－24，11 版；（中）2009－11－26，4 版；（下）2009－11－29，4 版；附－王茹．发达国家低碳经济发展的制度经验，2013－05－16，6 版．

[153] 王雪峰、黄爱宝．探索低碳社会建设德治模式．中国社会科学报，2012－11－30，B02 版．

[154] 冯之浚等．关于推行低碳经济促进科学发展的若干思考．光明日报网络版，2010－09－01.

[155] 刘霞．用尽现有技术的巨大潜能——介绍20 种切实能"呵护"地球的技术．科技日报，2009－12－27，2 版．

[156] 刘慧．低碳经济转型关键在提高能效．中国经济时报，2009－12－11，1－2 版．

[157] 李俊峰．低碳发展须系统推进．经济日报，2014－06－05；附－李文川．"低碳经济"商机值得中国企业深挖．科技日报，2010－10－11，9 版．

[158] 李金兰，郑淑蓉．低碳技术商业化潜力评价研究综述．科技管理研究，2011（10），50－53.

[159] 杜悦英．"三驾马车"驱动低碳经济引擎．中国经济时报，2010－01－28，9 版．

[160] 杜悦英．低碳经济看好20 余种关键技术．中国经济时报，2010－05－13，10 版．

[161] 闵惜琳、陈原、张启人．创新发展低碳经济系统思考．系统工程，2010（1），78－89；附－李禾．我国首设"全国低碳日"．科技日报，2013－06－18，3 版．

[162] 陈瑜．小心！别掉进这些低碳陷阱．科技日报，2010－05－13，6 版．

[163] 陈柳钦．探索实现低碳经济的中国路径．中国经济时报，2010－01－14，8 版．

[164] 陈磊、钱炜．低碳，后金融危机时代的必然选择．科技日报，2009－11－13，1－3 版．

[165] 张平、杜鹏．低碳经济的概念、内涵和研究难点分析．商业时代，2011（10），8－9.

[166] 张梦然．低碳的光芒辉映东方明珠——科技世博向世界报告·能源篇．科技日报，2010－04－22，3 版．

[167] 张孝德．低碳经济的三个悖论与局限性．中国经济时报，2009－12－21，5 版．

[168] 周锐．中国评估"十二五"规划实施情况：四指标进度滞后预期．中国新闻网载中新社电，2014－01－22.

[169] 南瑞．中国社科院预测"十二五"地区低碳竞争力 长三角或超南部沿海"夺魁"西北、西南或现"不升反降"．中国经济时报，2011－12－15，9 版．

[170] 赵文红．低碳经济的理论依据不足．前沿科学，2011（3）；科技日报，2011－11－09，8 版．

[171] 钟琪．坚持以创新技术推进低碳经济．中国经济时报，2009－11－27，5 版．

[172] 袁志彬．"低碳"不一定"环保"．光明日报，2010－12－06.

[173] 谢方．将低碳发展纳入地方顶层设计《中国低碳发展报告（2013）》发布．中国社会科学报，2013－01－11，A01 版．

[174] 葛顺奇．跨国投资与低碳经济．中国经济时报，2010－07－23，5 版．

[175] 编辑部．多因素共促发展 低碳经济将成增长新引擎．科技日报，2010－01－04，12 版．

第4章

各国机谋见智仁

4-1 国际会议 折冲樽俎

4-1-1 抑气候变暖 吁人类觉醒

1. 人类醒悟，联合国作为——

（1）1827年，法国科学家让·傅立叶（Jean Baptiste Joseph Fourier，1768～1830）首次提出温室效应对气候的影响，随后于1853年在布鲁塞尔举行了第一届国际气象大会；1873年成立了世界气象组织（WMO），人类开始关注自然界的气象渊源和外在变化。第二次世界大战后各国医治战争创伤、百废俱兴之际，环境遭到大范围破坏，国际学术界出现一批先知先觉者为保护地球环境奔走呼唤，联合国于1972年夏在瑞典召开斯德哥尔摩人类环境大会，众多气候学家、气象学家和生态学家通过大量统计数据和实地考察，提出了一系列全球气候变暖的警示。当时WMO预言，21世纪将是5万年以来最热的100年。作者在2002年已著文介绍过在那以前的学术界主要论点（见第1章参考文献33）。环境大会上通过了《人类环境宣言》，意味深长地指出："人类赖以生存的只有一个地球。"会上正式成立了联合国环境规划署（UNEP），人类终于有了专门机构领头关注地球环境和气候变化问题。

（2）1979年在WMO召开的第一届世界气候大会上，曾大张旗鼓地呼吁全球努力保护全球气候。1987年联合国大会通过保护全球气候的决议，决定在1988年由WMO和UNEP牵头筹组政府间气候变化专门委员会（IPCC），以针对全球气候变暖展开全面、深入研究和提出各种适时的政策建议。组建后逐步形成了数以千计横跨几十个科技专业领域的各国专家队伍。1990年8月，IPCC正式宣布成立。同年10月召开的第二次世界气候大会呼吁制订保护气候公约，同年联合国大会决定启动公约谈判。

（3）1992年6月3日到14日，联合国在巴西里约热内卢召开环境与发展大会（地球峰会）（即S+20），这次盛况空前的大会有108位各国领袖人物、172国代表、1400个非政府组织（NGO）的代表和1万多名记者参加。大会通过和签署了5个划时代的文件：《里约环境与发展宣言》、《21世纪议程》、《关于森林问题的原则声明》、《联合国气候变化框架公约》（UNFCCC）和《生物多样性公约》。这些文件为建设全球生态文明和保证可持续发展提供了指路碑。

2. UNFCCC作为——

（1）背景：1850～2005年的155年间，全球共排放 CO_2 11222亿吨，其中发达国家8065亿吨，占总量的72%，欧盟占其中的27.5%。从人均累计排放看，欧盟542吨，德国958吨，英国1125吨，世界人均173吨，中国仅71吨。根据世界自然资源研究所的统计，1850～2004年美国累积碳排放总量居世界第一，人均历史累积排放达1105.4吨。美国能源情报署的数据显示，截至2006年，美国占世界总排放量的累计百分比高达41%。2006年，全球人均碳排放量为4.48吨，中国为4.58吨，美国高达19.78吨。因此UNFCCC明确规定发达国家对历史上的 CO_2 等GHG的排放负有不可推卸的历史责任。

根据联合国开发规划署（UNDP）预测，到2015年，中国的年人均碳排放量约为5.2吨，只相当于届时美国人均19.3吨的1/4，或相当于整个发达国家平均水平的1/3。由于中国和印度等国的很多CO_2排放是为生产在欧美国家消费的产品而产生的，若考虑这种"外包"生产因素所附着的"碳足迹"，中国每年人均碳排放量实际上只有约3吨，而美国则高达28吨左右。不论从哪个角度看，美国等发达国家是否应加速见诸行动来承担其削减排放的责任？在过去200多年工业化过程中既积累了大量财富又排放了大量GHG的发达国家，理应向包括中国在内的发展中国家即气候变化的受害者提供必要的帮助，进行合理的"赔偿"，协助发展中国家采取减缓气候变化不利影响的行动。

（2）宗旨：UNFCCC宗旨是"将大气中温室气体浓度稳定在一个水平上，使气候系统免受危险的行为干扰"；确立了控制大气中的气体浓度上升、减少CO_2排放是国际社会"共同但有区别的责任"和义务；要求发达国家提供"新的、额外的资金"帮助发展中国家改善环境和节约能源、资源；以"优惠且非商业性"条件向发展中国家提供清洁无害的节能环保技术。会上发达国家与发展中国家在资金援助、技术转让、技术执行和管理机构设置上均存在较严重分歧，但最后仍能达成初步谅解和共识。1992年6月11日在巴西里约热内卢通过的《联合国气候变化框架公约》（下称《公约》），已有150多个国家和欧共体草签，中国当时参会的国务院总理代表中国政府签署，并在1993年1月获全国人大常委会审议和正式批准，成为《公约》最早的10个缔约方之一。UNFCCC于1994年3月21日正式生效。到2011年底已有190多个国家批准了《公约》，成为《公约》缔约方。

（3）气候大会：UNFCCC的历史意义在于：是世界上第一个全面控制GHG排放，以应对全球气候变暖给人类经济、社会带来不利影响的国际公约，是国际社会努力应对气候变化挑战、进行气候变化国际谈判制定的总体框架，得到了全球绝大多数国家的赞同。从1995年起，每年召开一次缔约方大会（COP），简称"联合国气候变化大会"。

气候问题从根本上说是发展问题，对付气候说到底是科技问题。气候变化谈判涉及世界各国，利益冲突错综复杂，一些矛盾根深蒂固。更深层次则是各国关于能源创新和经济发展空间的博弈。出于各自的不同利益，气候变化国际谈判分成三股力量——欧盟、伞形集团（美国、加拿大、澳洲和日本）和发展中国家加上部分经济转型国家。欧盟在节能减排立法、政策、行动和技术方面一直处于领先地位，并强调美国应承担减排责任。但2009年金融危机后，欧盟谈判态度一定程度上走向消极，在资金和技术转让问题方面的表现缺乏诚意。

（4）1997年12月在日本京都召开COP3，草签了《京都议定书》（Kyoto Protocol—KP）。KP于2005年正式生效前各次COP进展如下：

①1995年，柏林：通过《柏林授权书》等文件，同意立即开始谈判，就2000年后应该采取何种适当的行动来保护气候进行磋商，以期最迟于1997年签订一项议定书，明确规定在一定期限内发达国家所应限制和减少的温室气体排放量。

②1996年，日内瓦：就"柏林授权"涉及的"议定书"起草问题进行磋商，决定由"特设小组"继续研讨。通过有关发展中国家信息通报、技术转让、共同执行活动等。

③1998年，阿根廷布宜诺斯艾利斯：发展中国家集团一分为三：其一，易受气候变化影响，自身排放量很小的小岛国联盟（AOSIS），他们自愿承担减排目标；其二，期待CDM的国家，期望以此获取外汇收入；其三，中国和印度，声明目前不承诺减排义务。

④1999年，荷兰海牙：通过缔约方信息通报编制指南、温室气体清单技术审查指南、全球气候观测系统报告编写指南，协商技术开发与转让、发展中国家及经济转型国能力建设问题。

⑤2000年，海牙：谈判形成欧/美/发展中大国（中、印）三方。美国等少数发达国家执意推销"抵消排放"方案，试图以此代替减排；欧盟强调履行KP，试图通过减排取得优势；中、印坚持不承诺减排义务。

⑥2001年，摩洛哥马拉喀什：通过有关KP履约（尤其是CDM）的一揽子高级别政治决定，形成马拉喀什协议，为KP附件1缔约方批准KP并使之生效打开僵局。

⑦2002 年，新德里：通过《德里宣言》，强调减少 GHG 排放与可持续发展是今后履约的首要任务。促工业化国家在 2012 年底前把 GHG 排放量在 1990 年基础上减少 5.2%。

⑧2003 年，意大利米兰：美国退出 KP，俄罗斯仍拒绝批准 KP，致该议定书仍未能生效。为了抑制气候变化，会议通过了约 20 条具有法律约束力的环保决议。

⑨2004 年，阿根廷布宜诺斯艾利斯：讨论 UNFCCC 生效后的成就和未来挑战、气候变化导致的影响、GHG 减排政策及公约框架下的技术转让、资金机制、能力建设等。

3. 《京都议定书》（KP）——

（1）1997 年 12 月，UNFCCC 的 COP3 在日本京都召开，149 个国家和欧盟的代表包括约一万名政策制订者参加，1997 年 12 月 11 日草签了旨在限制主要工业发达国家 GHG 减排目标以抑制全球变暖的《京都议定书》。2001 年 3 月，美国总统布什宣布美国退出 KP，理由是议定书给美国经济发展带来过重负担，致使美国至今仍游离在 KP 之外。KP 生效必须得到至少 55 个《公约》缔约方的批准，经过其他国家特别是发展中国家努力，批准的国家逐年增多，到 2005 年 2 月 16 日 KP 正式生效。KP 共 25 条，附件 2 中设立了强制性减排 GHG 的目标，针对 6 种 GHG 排放（包括 CO_2、CH_4、N_2O、hydrofluorocarbons HFCs、perfluorocarbons PFCs、sulfur hexafluoride SF6），在 2008 ~ 2012 年第一承诺期内发达国家（大都为 OECD 及经济转轨国家）6 种 GHG 排放量须在 1990 年（后 3 种气体可按 1995 年）水平基础上平均减少 5.2%，其中欧盟将 6 种温室气体的排放削减 8%，美国 7%，日本 6%，但澳大利亚可增长 8%。同时确认包括中国和印度在内的发展中国家可自愿制定削减排放量目标。附件 1 所列国家包括发达国家和经济转轨国家，含欧洲 32 国、俄罗斯、日本、澳大利亚、新西兰、加拿大（2011 年末退出）、美国（2001 年初退出）。

（2）KP 中规定了三个灵活机制，即：

①清洁发展机制（CDM）：指发达国家与发展中国家通过开展项目合作向发展中国家提供资金和技术，将项目所实现的温室气体减排量用来完成发达国家的减排指标；亦即允许采用绿色开发机制，促使发达国家和发展中国家共同承担但有区别的减排温室气体的任务。这是 KP 三机制中唯一与发展中国家相关的机制。允许 KP 附件 1 所列国家为非附件 1 列出的发展中国家通过提供资金和技术援助以推动实现双方减排量计划，使附件 1 所列各发达国家可以取得"被认证的减排量"（CER）以满足 KP 规定的减排限额。于是发达国家与发展中国家通过开展项目合作，促使所达减排额度被发达国家作为履行他们所承诺的限排或减排量，用实现的 GHG 减排量来抵偿对应发达国家的减排量。

②排放交易（ET）机制：指已经达到减排目标的发达国家可以把 GHG 排放权卖给其他发达国家；亦即允许 KP 附件 1 所列两个发达国家之间进行排放额度买卖的"排放权交易"，或即难以完成削减任务的国家，可以花钱从超额完成任务的国家买进超出的额度。国家以交易方式向排放量尚未达到容许排放额度的附件 1 其他国家取得尚未使用或剩余的排放额度（Unused or surplus emission units）。

③共同履约（JI）机制：指发达国家之间可以通过共同实施温室气体减排项目，将获得的减排额度相互转让。例如采用"集团方式"，即欧盟内部的许多国家可视为一个整体，采取有的国家削减、有的国家增加的方法，在总体上完成减排任务，以取得对应的减排量单位（ERU）。

这三个灵活机制很大程度上可看作另类国际贸易协定，为催生国际"碳交易"市场奠定了基础。境外减排机制的核心在于：发达国家可以通过这三个机制，在本国以外取得减排的抵销额，从而以较低成本减少排放量。碳排放交易乃是 KP 机制的核心，境外减排机制规定了成员国一种独特的市场交易——碳贸易。2005 年 2 月协定生效后，CO_2 排放作为一种商品可以在缔约国之间进行自由买卖。市场交易中如果一国排放量低于条约规定标准，则可将剩余额度卖给完不成规定义务的国家，以冲抵后者的减排义务。CDM 合作实质上就是发达国家从发展中国家购买 GHG 减排量来完成其在 KP 下的减排义务。此外，KP 规定以"净排放量"计算 GHG 排放量，即从本国实际排放量中扣除森林所吸收的 CO_2 的数量（碳汇量），也就是净排放量 = 本国实际 CO_2e 排放量 − 森林所吸收 CO_2e 排放量。当然，碳汇量还可能来自海洋、草原、土壤和农作物，但原则上以森林碳汇量作为计算依据。

（3）意义：KP 是国际事务中一次划时代的机制突破，是人类历史上首次以国际法的形式限制 GHG

排放。KP 与 UNFCCC 的原则区别是：UNFCCC 仅鼓励发达国家减排，而 KP 则强制要求发达国家减排，具有法律约束，首次对各国特定污染物排放量作出具有法律约束力的定量限制，首次规定了 GHG 排放控制时间表，这是应对全球气候变化的一个重大突破，在国际环境事务中也是史无前例的。

随着全球变暖加剧，KP 中发达国家的第一承诺期已于 2012 年结束，从几乎所有国际性科技专深组织发出的声音看，愈益感到仅有 KP 的约束来控制全球气候变暖未免有点异想天开，从长远看谁也无法确知 21 世纪末的年均气温是否真能控制在升高 2℃ 以内，除非要求国际社会实行更为严格的减排标准，追究美国这一世界头号排放大国退出 KP 造成全球性影响的责任。可惜的是 KP 没有规定"退出承担责任"的国家将怎样受到"群起而攻之"的制裁。不过有的学者为了谴责美国退出 KP 和没有对许多枝节问题作出安排而把 KP 讥为"一纸空文"，则未免言过其实了。

4. "后京都议定书"大会——

（1）后续历次气候大会：

①2005 年，加拿大蒙特利尔：KP 正式生效后达成包括启动 KP 新二阶段 GHG 减排谈判在内的 40 多项重要决定，被称为"蒙特利尔路线图"。

②2006 年，肯尼亚内罗毕：达成包括《内罗毕工作计划》在内的几十项决定，以帮助发展中国家提高应对气候变化的能力；在管理"适应基金"（AF）的问题上取得一致，以用来支持发展中国家具体适应气候变化的举措。2012 年之后如何进一步降低 GHG 排放，所谓"后京都"问题成为内罗毕第二次 KP 缔约方会议上的主要议题。随后于 2007 年 3 月，欧盟各成员国领导人一致同意，单方面承诺到 2020 年将欧盟 GHG 排放量在 1990 年基础上至少降低 20%。

③2007 年 12 月，印尼巴厘岛：有来自 UNFCCC 的 192 个缔约方和 KP176 个批准方的 1.1 万名代表参加，讨论 KP 第一期承诺在 2012 年到期后如何继续发挥降低 GHG 排放的作用。大会近 60 项议题包括加强公约实施、开展 2012 年以后行动的谈判，即 KP 第二承诺期发达国家进一步减排承诺、IPCC 第四次评估报告、技术开发与转让、资金机制、适应基金、国家信息通报、GHG 清单、研究与系统观测、教育培训与公众意识、清洁发展机制等展开讨论。会议正式通过了一项决议，制定了"巴厘岛路线图"。"巴厘岛路线图"切实解决了 UNFCCC 遗留的部分问题。其第一款指出，要依照 UNFCCC 的原则，特别是"共同但有区别的责任"原则，在与会各方的共同行动、共同努力合作下，以实现全世界的共同愿望与减排 GHG 的全球长远目标。说明气候变化将各国经济、政治、科技、外交、环境纳入全球气候变化关系中。美国的转变、大会达成的共识表明全球齐心协力致力于解决气候变化问题的乐观态度。特别是强调加强国际长期合作，提升履行气候公约的行动，从而在全球范围内减少 GHG 排放，以实现《公约》制定的目标。重点是《巴厘行动计划》，包括减缓、调适、技术和资金，其中"减缓"主要包括发达国家的减排承诺与发展中国家的国内减排行动。"巴厘岛路线图"有效地制定了一份进程明确的时间表，确定了气候变化原则内容，有力推动了原则内容转化为具体法律语言，而且为 2009 年应对气候变化谈判的关键议题拟定了明确议程，为全球进一步迈向低碳经济之路起到了推波助澜作用，具有里程碑的意义。

④2008 年，波兰波兹南：8 国集团领导人就 GHG 长期减排目标达成一致，并声明寻求与 UNFCCC 其他缔约国共同实现到 2050 年将全球温室气体排放量减少至少一半的长期目标。通过适应决议，正式成立适应基金（AF）。

（2）历史转折点：

①2009 年 12 月，丹麦哥本哈根：通过《哥本哈根协议》（本条简作《协议》）。内容要点：减排目标、资金问题、2℃ 阈值问题、对 1.5℃ 影响的关注等。通过《协议》就是维护《公约》和 KP 确立的"共同但有区别的责任"原则，就发达国家实行强制减排和发展中国家采取自主减排行动做出安排，并就全球长期目标、资金和技术支持、透明度等焦点问题达成广泛共识，为进一步开展全球气候变化谈判开创了新起点。其间，41 个国家提出了到 2020 年的温室气体排放降减目标、35 个发展中国家制定了减排规划、就全球长期目标、资金、技术支持、透明度等焦点问题达成共识、形成了关于建立一个新的气候基金组织结构的条款、确立了升温控制目标[18]。

　　到 2010 年 3 月底，已有 112 个缔约方表态支持《协议》，其中有 75 个缔约方已提交了实际限制 GHG 排放计划，这说明哥本哈根的气候博弈已以大多数国家的拥戴取得差强人意的效果[28]。UNEP 在 2010 年 11 月 23 日发布题为《排放差距报告：哥本哈根协议能否把全球变暖限制在 2℃ 或 1.5℃ 以内？》的评估报告，认为只要全面履行《协议》，21 世纪达到这一限温目标完全可能。当然，按 UNEP 专家们的观点，这种乐观愿景是值得推崇的，虽然要达到这样的目的需要付出比目前多得多的努力[6]。有的国际组织甚至认为很难实现哥本哈根气候大会的目标[22]，英国的资深教授也认为《协议》存在三大问题：控制气温升幅在 2℃ 以下所需减排总量未定；各国间存在疑虑、误解和分歧；涉及面过宽，无法就具体细节进行实质性磋商[23]。

　　②2010 年 11 月 12 日，墨西哥坎昆：初期有的问题各持己见，莫衷一是，我国代表挺身而出，竭心尽意地提出 KP 附件 1 所列国家（大都是发达国家）应作出 2012 年后的第二承诺期减排承诺，美国虽未参加《议定书》也应按《巴厘路线图行动计划》的要求在《公约》的总框架下做出可比性承诺；发展中国家则应根据该行动计划要求，在可持续发展前提下和在得到发达国家资金技术能力建设支持情况下，采取积极行动自主自愿作出减排承诺[30]。我国的降碳承诺在会上无疑更起到表率作用[37]。后来大会取得积极成果，显然是我国秉公持正，发挥大国风范所然。会上倡议设立国际气候法庭，监督 UNFCCC 的执行情况。坚持了 UNFCCC、KP 和"巴厘路线图"，坚持了"共同但有区别的责任"原则，确保了翌年德班会议按照"巴厘路线图"确定的双轨方式进行，并就资金、技术、适应等问题取得了不同程度的进展，向国际社会发出了积极信号[19]。会议决定设立气候基金、转让技术和保护森林。通过两项决议《缔约方进一步承诺特设工作组决议》和《长期合作行动特设工作组决议》。决议指出：经济、社会发展以及减贫乃发展中国家主要优先事务，发达国家根据自己的历史责任必须带头应对气候变化及其负面影响，并应向发展中国家提供长期、可预筹划的资金、技术以及能力建设。会议还决定设立绿色气候基金（GCF），以帮助发展中国家更顺利地适应气候变化[4]。达成《坎昆协议》，但未给出完成第二承诺期的时间表。但从 2009 ~ 2010 年哥本哈根会议和坎昆会议后，完成了巴厘路线图。明确到 2050 年地球平均温升控制在 2.0℃ 以内，大气 GHG 应稳定的浓度水平为 450ppm（工业化前约 280ppm，2005 年约 379ppm）；发达国家以 1990 年为基准年，到 2020 年减排 25% ~ 40%；发展中国家采取自主、自愿行动[21]。

　　③2011 年，南非德班：190 多个国家 1.5 万人参加，会议期间各国表现的态度截然不同[26]：中国代表团积极参与谈判磋商和协调关系，发挥大国的国际责任；最大 GHG 排放国的美国却长期游离在强制减排国际公约之外，一直拒绝承诺强制减排，在会上存心设障搅局，没有诚意[5]；加拿大先在会上宣称不承认 KP 第二承诺期，会后迫不及待地宣布退出 KP；日本、澳大利亚、俄罗斯在会上表示不继续作出承诺；非洲国家集团仍呼吁发达国家提供 5000 亿 ~ 6000 亿美元基金对付气候变化；南非则历数气候变化给南非带来的生存困境：水资源短缺、农作物减产、可耕地锐减和粮价陡升[8]。

　　经中国代表团在德班会议上折冲樽俎，会议按原计划推延两天后，终于在最后达成五大重要成果[9,14,15]：第一，坚持公约、KP 和《巴厘路线图》授权，坚持"共同但有区别的责任"原则。第二，明确设定 2013 年起第二承诺期，在 2012 年 5 月 1 日前提交各自的量化排放控制和减排承诺（QELROs），并在 2012 年卡塔尔多哈第 8 次缔约方会议上正式批准。第二承诺期 2013 年 1 月 1 日至 2017 年 12 月 31 日，目标仍是发达国家到 2020 年将 GHG 排放总量在 1990 年基础上减少 25% ~ 40%，在原附件 1 签过字的 41 个国家中，有 38 个同意第二承诺期。第三，正式启动 GCF，从此该基金作为 UNFCCC 资金机制下正式运行的法律实体，将在卡塔尔会议上完成安排，以保证基金能向发展中国家的项目、计划、政策和其他活动提供资金支持。第四，在《坎昆协议》基础上明确了适应、技术、能力建设和透明度机制安排，在 UNFCCC 下设"长期合作行动特设工作组"。第五，深入讨论 2020 年后进一步加强 UNFCCC 实施细节和进程，决定开启 UNFCCC 之外的另一个法律工具的谈判安排，涵盖 UNFCCC 所有缔约方，并决定成立"德班增强行动平台特设工作组"，从 2012 年上半年开始工作，2015 年前完成谈判，以便在 2015 年第 21 次缔约方大会上获得通过，然后从 2020 年开始生效[13,20]。但值得指出，德班会议并没有完全达到发展中国家的意愿，例如发达国家的技术转让渠道并不通畅，而许多发展中国家对技术与资金支持同样如大旱盼云霓[76]。

④2012年，（Rio+20）—卡塔尔多哈：大会通过了一揽子决议，包括KP修正案，以便从法律上确保其第二承诺期在2013~2017年顺利实施。但减排量由各国自己制定。发达国家拒绝给出提供气候资金的时间表。大会还通过了有关绿色气候基金的资金（发达国家将在2013~2020年间向发展中国家每年提供1000亿美元的援助资金）、《公约》长期合作工作组、德班平台、损失损害补偿机制等决议[16,27]。基础四国（中国、印度、南非和巴西）在会上采取了一致立场，是促进多哈会议取得有利于发展中国家结果的关键[74]。

⑤2013年，波兰华沙：会议通过了进一步推进德班平台谈判的《华沙协议》，重申了德班平台谈判在公约下进行，以公约原则为指导等基本知识，同时进一步落实巴厘路线图成果，敦促发达国家提高议定书第二承诺期减排指标并向发展中国家提供资金支持，建立了应对损失与损害的国际机制。2013年11月18日，中国政府在华沙会议上发布《国家适应气候变化战略》，受到与会代表和国际社会高度评价[51]。这是中国第一部专门针对适应气候变化的战略规划，对提高国家适应气候变化综合能力意义重大。《战略》在充分评估了气候变化当前和未来对中国影响的基础上，明确了国家适应气候变化工作的指导思想和原则，提出适应目标、重点任务、区域格局和保障措施，为统筹协调开展适应工作提供指导[22!]。

尽管悲观情绪时有显现，但核心应是落实承诺，树立信心的呼声毕竟仍在此起彼伏[22↓]。

2013年，在UNEP的管理委员会上正式批准华沙会议提出的《气候变化危害、影响和适应研究规划》（PROVIA），将在UNEP组织下展开规划研究。

⑥2014年12月，秘鲁利马：会议当日，我国政府公布《中国应对气候变化的政策与行动2014年度报告》，承诺作为一个发展中国家，中国将根据国情、发展阶段和应尽义务，承担相应的国际责任，在2020年后采取更有力的行动，为抑制全球气候变化做出中国应有的贡献。

我国政府高度重视气候变化问题。2014年5月16日中国政府批准了KP第二承诺期修正案，为推动KP第二承诺期生效做出贡献[27!]。为确保到2020年前碳排放强度下降40%~45%，2013年已实现单位GDP CO_2 排放比2005年累计下降28.56%。2014年前三季度又比去年同期下降4.6%，碳强度下降5%，森林蓄积量已超额完成"十二五"规划目标。我国非化石能源占一次能源消费比重2013年年底已达到9.8%。中国为加强适应气候变化的能力，农、林、水、海洋和气象等领域的适应能力均在稳步提升。42个低碳试点省区和城市进展顺利，初步探索了各具特色的低碳发展模式。2011年以来我国累计支出27亿元帮助发展中国家提高应对气候变化的能力，培训了近2000名来自发展中国家的气候变化官员和技术人员。2014年6月，我国开展了"全国低碳日"宣传教育和知识普及活动，全社会广泛参与。2014年9月19日我国发布《国家应对气候变化规划（2014~2020）》，加强应对气候变化工作的顶层设计。2014年9月23日，我国副总理在联合国气候峰会上声明，将大力推进气候变化"南南合作"，从2015年开始把每年的资金翻一番，建立气候变化"南南合作基金"[30!]。舆论认为利马会议对全球气候谈判可能迎来转机[24!]，将为2015年在巴黎召开的《公约》COP21带来防范气候变暖的新契机，也为气候谈判注入了正能量[24!]。

2014年11月12日，中美两国发表气候变化联合声明，宣布2020年后各自应对变化的行动目标。双方还确定了在低碳、环保、清洁能源等领域开展一批合作项目，展现了我国加快低碳发展、为应对气候变化做出更大贡献的态度和决心。今后，我们还将坚定不移地本着对中华民族福祉和人类长远发展高度负责的态度，积极应对气候变化，并承担与我国发展阶段、能力和应负责任相符的国际义务，为保护全球气候环境作出积极贡献。

4-1-2　风起云涌　步履维艰

1. 可持续发展世界首脑会议——2002年8月26日至9月4日在南非约翰内斯堡召开可持续发展世界首脑会议。为纪念1992年签署UNFCCC后的10周年，也称"里约+10"会议。会议有192个国家、104位国家领导、1.5万名代表参加。会议坚持了里约会议的基本路线，重申了"共同但有区别的责任"原则（可惜个别发达国家仍拒不接受），通过了《约翰内斯堡宣言》，宣言中包括《约翰内斯堡可持续发展承诺》和《可持续发展世界首脑会议执行计划》。会议主要在于强调把消除贫困纳入可持续发展理念中。联合国可持续发展会议于 2012 年 6 月 13 ~ 22 日在里约热内卢召开（里约 + 20），有 100 多位政府领导人参加，是继 1992 年联合国环境与发展大会以来召开的又一次涉及环境、能源/资源和气候变暖与人类可持续发展战略息息相关的地球峰会。这次会议的目标是：重申对实现可持续发展的正式承诺、评估迄今为止的进展状况和应对新挑战；主题是：消除贫困问题和可持续发展背景下的绿色经济发展框架。然而在为这次会议准备政治文件《我们想要的未来》时已感到困难重重[1]。这次会议与 1972 年的环境大会、1992 年的环境与发展大会不同，特别把重点放在保证可持续发展的绿色经济框架，重点是发展绿色经济的科技创新问题。也有人认为是研讨生态与经济协调发展的问题[2]。会上中国提交的《中华人民共和国可持续发展国家报告》以波澜老成的笔调、炳炳麟麟的辞藻和汪洋恣肆的论述成为联合国历次有关气候、环境和可持续发展全球政府首脑会议以来最具文心雕龙特色的里程碑。

2014 年 6 月 23 日在肯尼亚内罗毕召开联合国环境大会，主题是联合国 193 个成员国的当前和 2015 年后可持续发展中环保、野生动物保护和绿色经济融资等议题[23]。

2. 2014 年 4 月 13 日，IPCC 在柏林发布报告称：如果将减缓气候变化的力度保持在当前水平上，没有采取更多减排 GHG 措施，则到 2100 年全球平均气温将比工业革命前高出 3.7 ~ 4.8℃，而不是 2℃！应对气候变化需要塑造新方案的呼声几乎响彻云霄[11]。

3. 2012 年 11 月 21 日，UNEP 和欧洲气候基金（ECF）协同发布《排放差距报告 2012》（计及 2010 和 2011 年两次差距报告，此为第三版），恰好是在多哈大会召开前几天。这份差距报告以铁证如山的数据和颠扑不破的论述向全人类再度发出了严格控制 GHG 排放和保护地球环境的忠告！这份由来自 20 多个国家的 55 名科学家参与撰写的报告指出：GHG 排放水平现在比 2020 年需要达到的水平还是高出约 14%。大气层中，CO_2 等气体含量并未下降，反而还在增加——自 2000 年以来已增加了大约 20%。如果各国不采取果断行动，排放量有可能在 8 年后达到 580 亿吨。说明这个差距比前两次差距评估量更大，以前的评估报告均强调排放量应在 2020 年达到平均约 440 亿吨或更少的水平。该报告指出：即使所有国家都实施信誓旦旦的承诺，甚至皈依最严格的规则，到 2020 年仍将有 80 亿吨的 CO_2e 差距。这比 2011 年的评估多出 20 亿吨，而时间又过去了一年。报告探讨了到 2020 年有可能实现必要减排的部门如工业、农业、林业、电力、建筑、包括船运和航空在内的交通以及废弃物处理领域。报告认为建筑部门需要在今后 10 年包括美国、印度、中国和欧盟等大经济体必须强制实行先进的建筑规范，采用能效更高的电器（包括照明系统）才能实现进一步的减排。今后 10 年应大力发展快速公交和低能耗汽车；加大林业投入和增加自然保护以及扩大旅游服务，严格推行生态系统保护等。2014 年 11 月 19 日发布的《排放差距报告 2014》是由 14 个国家的 22 个研究团体编写，评估了《公约》各缔约方的碳排放承诺。报告认为中国、巴西、欧盟、印度和俄罗斯有望兑现承诺，澳大利亚、加拿大、墨西哥和美国可能需要进一步行动和/或购买碳补偿才能兑现承诺，而日本、韩国、印度尼西亚和南非存在不确定性。报告发现全球 GHG 排放量已比 1990 增长 45% 以上。为避免升温超过 2℃，到 2020 年的全球 GHG 排放不应超过 440 亿吨 CO_2e。可是按目前的承诺水平计算，可能超出预期更多。因此，报告重点分析了 2020 年后应达到的排放目标，到 2030 年 GHG 排放应比 2010 年至少减低 15%；2050 年减低 50%；2055 ~ 2070 年间实现全球碳补偿平衡，即碳中性[23]↓。

4. 联合国气候变化峰会——2014 年 9 月 23 日在联合国纽约总部召开，共同商讨全球气候变化问题，为 2015 年将在法国巴黎举行的 COP21 作出实质性准备，以响应 COP17 德班会议上提出将在 COP21 大会上制定适用于所有缔约国的法律文本，以达成具有约束力和实际操作意义的气候变化公约，以弥补原来 UNFCCC 对 GHG 减排的安排失之疲软和缺乏法律效力。参加该峰会的我国政府副总理发表了讲话，介绍了中国坚定不移地为抑制气候变暖所作努力，近期出台《国家应对气候变化规划》，确保实现 2020 年碳排放强度比 2005 年下降 40% ~ 45% 的目标。从讲话中可以体会到中国应对气候变化目标明确，战略清晰，立场鲜明，态度积极[10]！峰会上联合国秘书长和各发展中国家一致敦促发达国家提高诚意共迎巴黎会议上新气候协议的诞生[24]！

5. 国际相关会议——自 21 世纪以来，可以毫不夸张地说，几乎所有的国际组织及其召开的不同层次的国际会议都在不同程度上论及有关全球气候变暖及相应生态，如"基础四国"为配合坚持 UNFCCC 和 KP 付出过大量努力，在每年适当时期举行的气候变化部长级会议，往往能在联合国气候大会上采取基本一致的政府表态[12]。每年夏秋之交在某些国际城市（如肯尼亚内罗毕、德国波恩、泰国曼谷等）召开的气候变化谈判会议，实际上是为年末前召开的《公约》缔约方大会做前期准备和借此缩减分歧[10,24,29]。其他如 UNEP、UNESCO 等常以环境保护、保护地球等名义召开国际会议，从不同侧面为世界各国可持续发展出谋划策。

6. 展望——随着全球变暖加剧，人们感到 KP 远未能囊括全面抑制气候变暖趋势的诸多要害问题。一方面全球升温的速度远超出人们的预期，这要求国际社会实行更为严格的减排标准；另一方面由于美国这一世界头号排放大国的退出而使议定书的效能大打折扣，当然也因此使这个从来自以为是的超级大国的形象黯然失色！加拿大居然不负责任地紧步其后尘。应当指出，美国政府一直对气候变暖对策问题态度暧昧，对于"共同但有区别的责任"原则更是抉瑕摘衅；后来其国策虽将抑制气候变化放到显要地位，但往往坚持一己之利而常在面对应承担的国际义务时虚与委蛇，草菅禽狝。

毋庸讳言，即使全世界所有国家都能认真地承担责任、履行承诺，实现 KP 各个愿景[22]，到 2050 年是不是不会超过科学家们所界定的地球升温在 2℃ 的红线尚难逆料，如果像今天发达国家那样躲躲闪闪、唯唯否否，不去着意弥补"工业文明"背后造成的千疮万疖，势必将自食其苦果！美国物理学家组织网 2011 年 12 月初曾报道发表在《自然·气候变化》杂志上由挪威国际气候与环境研究中心和英国廷德尔气候变化研究中心参与的国际研究小组公布的一项研究报告说：过去 20 年全球非再生能源产生的碳排放量增长了 49%；从 2000 年到 2010 年平均年增 3.1%，增长率是 1990～2000 年的 3 倍！

世界众多权威组织，包括 IPCC、UNDP、UNCTAD、UNESCO、UNDIO、UNEP 以及世界自然基金 WWF、OECD、IEA、世界经济论坛 WEF、世界可持续发展工商理事会 WBCESD、（UN 秘书长）能源和气候变化顾问组 AGECC 等几乎都异口同声地认为人类到 2050 年足以利用其时科学技术促成使地球升温和环境污染的化石燃料彻底淘汰出局，而代之以可再生能源和/或新型清洁能源。这样的乐观情绪更多地出现在发达国家。

学术界有另外一些较客观论争思虑的情绪反映，认为地球气候变暖的直接原因虽然已无可非议地归罪 CO_2e，但现实问题却并非单纯的能源所致，全球不断增长的人口、粮食短缺、能源告急、环境劣化、生态失衡、恃强凌弱、经济危机隐伏……尤其是那种妄图阉割其和平发展圭臬、梦想"靖国神社"里那些嗜杀成性、人面兽心的妖魔鬼怪卷土重来，妄想穷兵黩武、怙恶不悛地亵渎和扰乱世界和平秩序，则亟待救援的当务之急也许比 2050 年清洁能源塑造的花花世界更显得迫不及待！

4-2 中国对策 厉精更始

4-2-1 大国责任 当仁不让

1. 燮理矛盾，义不容辞——作为最大的发展中国家，我国一面承担着促世界和平发展的国际义务和遏制地球持续变暖的积极参与，一面又须充分赶趁有利时机和条件促进我国经济向绿色化、低碳化、工业化、信息化和智慧化方向发展。在参与 UNFCCC 的谈判和签署过程中，从来是高义薄云，惟精惟一，捍卫真理，表现出抑暴扶弱的大国风范，为推动人类积极应对气候变暖不遗余力。

2. 40%～45%——2009 年 11 月 25 日，国务院常务会议确定我国到 2020 年全国单位 GDP 的 CO_2 排放比 2005 年下降 40%～45%[54]，接着报刊、网络文字不知凡几[33]，有的提出中肯建议[40]，有的沿引世界银行前首席经济学家英国尼古拉斯·斯特恩（Nicolars Stern）的一席话："中国在减排目标方面展示了非常强的坚定性和决心，代表发达国家说话的人不一定了解中方做出的这种承诺。"[48]有的则认为达到这一指标并非易事，不过控制碳排放是挑战也是机遇[31]。在随后的 12 月哥本哈根气候变化大会上我国总理出席首脑会议时做了 10 分钟发言，郑重宣布了我国这一扣人心弦的降碳指标，赢得全场特别是发展中国家首脑轰动，也被媒体传为大会最终协议久议不决的转机信号，实质上为协议最后通过起到了推波助澜的效果[41]！作为约束性指标，要求制定相应的统计、监测、考核办法。在国务院会议上明确提出我国要"加快建设以低碳为特征的工业、建筑和交通体系"，并"加快形成低碳绿色的生活方式和消费模式"。为了实现国家低碳化目标，必须从经济和社会的整体出发，努力构建低碳化发展新体系，着重在七个领域实现"低碳化"：能源、交通、建筑、农业、工业、服务、消费。

3. 历次气候会议，倾听中国话语——随着中国国际地位急剧升腾，所有涉及应对地球气候变暖的国际会议，都需要倾听中国代表发出的声音。例如在 2011 年冬天的德班大会、2012 年冬的多哈大会，几乎总是在个别发达国家搅局而闹得不可开交之际，由中国代表微言大义斡旋歧异而使大会气氛缓和，最后达成协议。当然，尽管德班/多哈取得了令人鼓舞的成果，也不能不看到分歧矛盾时有发热，有时某些发达国家仍表现得襁褓触热或扭扭捏捏。如今，既然 KP 已过渡到第二承诺期，则旨在减排的灵活合作机制仍将是我国可以借势上项目、引入资金的较好渠道，绿色气候基金进入实用后则是另一可资利用的战略安排[47,49]。

4-2-2　走近绿色-低碳　发展计日程功

1. 可持续发展思路——我国政府把可持续发展作为重大战略，加强综合能源规划与管理，逐步建立低碳环保的能源供应体系和消费模式，提高能源利用效率，开发利用新能源和可再生能源。实施退耕还林还草和天然林保护，使经济建设与资源、环境相协调。

中国因气候变化造成的损失占 GDP 的 3%。目前，中国 GHG 的排放几乎占发展中国家排放总量的 50%、全球排放总量的 15%。中国目前正在由一个低能耗国家迅速转变为高耗能国家，随之而来的将是 CO_2e 的大量排放，因而成为整个世界最为关注的焦点之一。而到 2050 年，中国的能源消耗可能接近甚至超过全球能源总消耗的一半。这对中国、对世界都是重量级挑战。目前，中国是世界第一大碳减排国，2005~2010 年单位 GDP 能耗降低了 19.1%，相当于节约标煤 6.3 亿吨[51]。2006~2010 年经济年均增长 11.2%，能源消费年均增进 6.6%。能源消费弹性系数由 2004 年最高点的 1.6 降至 2010 年的 0.57[55]。目前我国清洁能源建设呈热火朝天、日就月将之势[63]。按政府承诺，我国到 2020 年非化石能源在一次能源消费总量中占比将达 15% 左右。

1992 年 8 月，中国曾发布《中国环境与发展十大对策》，强调"要逐步改变我国以煤为主的能源结构，加快水电和核电的建设，因地制宜地开发和推广太阳能、风能、地热能、潮汐能、生物能等清洁能源"。1994 年 3 月，国务院常务会议讨论通过的《中国 21 世纪议程——中国 21 世纪人口、环境与发展白皮书》强调了"可持续的能源生产和消费"。"九五"计划提出平均每年 5% 的节能率和减少主要污染排放 10% 以上。从 1990 年始相继成立了国家气候变化对策协调小组、国家应对气候变化领导小组、国家发展改革委应对气候变化司、国家气候变化专家委员会等机构。2006 年，中国首次发布了《气候变化国家评估报告》。2007 年，颁布实施了《中国应对气候变化国家方案》，明确了应对气候变化的指导思想、主要领域和重点任务。2011 年，制定并发布了《"十二五"控制温室气体排放工作方案》，对"十二五"控制温室气体排放工作做了全面部署。2011 年，中国发布了《第二次气候变化国家评估报告》。同年 11 月 22 日国务院发布《中国应对气候变化的政策与行动（2011）》白皮书；翌年 11 月国家又发布了《中国应对气候变化的政策与行动 2012 年度报告》。

近年来，中国政府在优化能源结构、提高能源利用效率、节约能源、发展可再生能源和核电、加强低碳技术研发与应用、植树造林等方面积极开展行动，在经济平稳较快发展的同时，努力减缓温室气体排放增速，取得了积极成效。前述 2005~2010 年，通过节能和提高能效累计节约 6.3 亿吨标煤，相当于减少排放 CO_2 14.6 亿吨以上；工业生产过程的 N_2O 排放基本稳定在 2005 年的水平，甲烷排放增长速度得到一定控制；森林覆盖率达到 20.36%，森林蓄积量达 137 亿 m^3。2010 年 7 月，中国政府开始在部分省市开展低碳省区和低碳城市试点，2011 年 10 月，中国政府在 7 省市启动碳排放权交易试点工作，积极探索现阶段既发展经济、改善民生，又应对气候变化、降低碳强度、推进绿色发展的做法和经验。当然也要看到我国部分地区仍有肆行排污的反绿色现象，虽大力绳愆纠谬，却有法纪未到之嫌。

在"十二五"发展规划中，中国更加按科学规律加快节能减排力度，提高能效、积极推进低碳经济、循环经济、绿色经济和智慧化经济，为提高能源使用效率，增加森林、土壤等的碳汇，为减缓全球气候变暖悉力以赴。规划要求，到 2015 年非化石能源用于发电的装机容量应占 30% 左右。值得警惕的是，我国部分省份或个别产业仍迷恋着"高碳"发展[35]。要看到我国在没有资金技术支持下积极应对气候变化、向低碳的进军号已初见成效，如 2012 年全国单位 GDP 的 CO_2 排放较 2011 年下降了 5.02%[31]。不过，2013 年全球碳排放量已达 360 亿吨，其中前五名是：中国占 29%、美国 15%、欧盟 10%、印度 7.1%、俄罗斯 5.3%。2015 年中国能源消费中燃煤用量将从 67% 降为 63.3%，为的是从根源上减碳。

2006 年初颁布《可再生能源法》以来，各种新能源中长期发展规划、财税优惠与补贴政策陆续出台。2007 年 6 月在发展中国家率先发布《中国应对气候变化国家方案》；"十一五"规划提出单位 GDP 能耗降低 20%、污染物减排 10% 等目标。2009 年 11 月发布《中国应对气候变化的政策与行动》，11 月 25 日国务院常务会议上提出到 2020 年中国单位 GDP 的 CO_2 排放要比 2005 年下降 40% ~ 45%，规划到 2020 年中国非化石能源占一次能源消费的比重达 15% 左右；通过植树造林和加强森林管理，森林面积比 2005 年增加 4000 万 hm^2，森林蓄积量比 2005 年增加 13 亿 m^3；还把节能减排、加快低碳技术研发、建立完善温室气体排放统计核算制度和碳排放交易市场、推进低碳试点示范放在突出地位。

在组织建设方面，"十一五"期间国家设立了应对气候变化及节能减排工作领导小组、国家能源委员会、国家能源局、国家能源专家咨询委员会、国家气候变化专家委员会等机构，各省、市也设立了相应机构。国家建立了自上而下的节能目标责任制，针对各级政府和主要企业实行节能绩效定期考核，明确各级政府主要领导为第一责任人，为实施责任目标考核制度，针对责任目标考核专门出台了数据收集、监测和考核方案。在中央政府主导下初步创设了节能市场，通过鼓励合同能源管理规定，使节能市场化。出台或修改相关法律法规以调整可再生能源市场：规定可再生能源发电全额收购、上网电价形成机制以及税收减免措施。

中国积极发挥行业协会、社会组织和中介机构的作用。国内外非政府组织（NGO）活跃、新型低碳发展治理机制正在逐步形成，政府、企业、市场、社会的良性互动初见端倪。前文已述及，2013 年 6 月 18 日，由国家发改委、工信部、环保部等共同发起"低碳中国行"活动，300 多家企业和非政府组织积极参与成立了"中国低碳联盟"，共同发表了《中国低碳联盟宣言》。联盟对整合社会资源、联系企业与政府的实质交流、推进低碳创新合作、推动地方和企业低碳战略调整，并进一步为推进绿色－低碳产业和市场氛围的营造参与筹划和宣传起到十分有益和有效的作用[51]。

在低碳城市建设方面，继 2008 年世界自然基金会在北京正式启动"中国低碳城市发展项目"，将上海、保定纳入首批试点城市之后，2010 年 8 月，国家发改委发布《关于开展低碳省区和低碳城市试点工作的通知》，明确在"五省八市"（广东、辽宁、湖北、陕西、云南五省和天津、重庆、深圳、厦门、杭州、南昌、贵阳、保定八市）开展低碳试点工作，是新形势下中国积极应对气候变化所采取的重大举措，对实现降低中期排碳量目标意义重大。

2. 重要里程碑——

（1）2009 年 8 月 28 日，全国人大常委会通过《关于积极应对气候变化的决议》，强调要立足国情发展绿色经济、低碳经济，把积极应对气候变化作为实现可持续发展战略的长期任务纳入国民经济和社会发展规划。各级政府预算要做出相应安排，加大支持力度。

（2）2011 年 3 月 17 日通过的《中华人民共和国国民经济和社会发展第十二个五年规划纲要》规定：到 2015 年，单位 GDP 能源消耗降低 16%、单位 GDP 的 CO_2 排放降低 17%、非化石能源占一次能源消费比重达到 11.4% 作为约束性指标，明确了未来五年中国应对气候变化的目标任务和政策导向，提出了控制温室气体排放、适应气候变化影响、加强应对气候变化国际合作等重点任务。

（3）2012 年 9 月 23 日中共中央、国务院印发《关于深化科技体制改革加快国家创新体系建设的意见》，强调创新发展节能降耗、节能环保、战略性新兴产业迅速转型升级，到2020年经济增长的科技进步贡献率达到55%。

（4）2013年7月20～21日，以"建设生态文明：绿色变革与转型——绿色产业、绿色城镇和绿色消费引领可持续发展"为主题的"生态文明贵阳国际论坛2013年年会"在贵阳开幕。国家主席习近平致贺信表示："中国将更加自觉地推动绿色发展、循环发展、低碳发展，把生态文明建设融入经济建设、政治建设、文化建设、社会建设各方面和全过程，形成节约资源、保护环境的空间格局、产业结构、生产方式、生活方式，为子孙后代留下天蓝、地绿、水清的生产生活环境。"开幕式上由国务院副总理张高丽宣读了上述贺信[5]。

（5）2014年9月19日，国务院批复《国家应对气候变化规划（2014～2020年）》。唯其是我国关于应对气候变化的首部规划，其意义不言而喻。《规划》分析了全球气候变化趋势及对我国的影响、我国应对气候变化的工作现状、面临的形势，提出了积极应对气候变化的战略要求，指出要把积极应对气候变化作为国家重大战略，作为生态文明建设的重大举措，充分发挥应对气候变化对相关工作的引领作用。

《规划》提出，要牢固树立生态文明理念，坚持节约能源和保护环境的基本国策，统筹国内与国际、当前与长远，减缓与适应并重，坚持科技创新、管理创新和体制机制创新，健全法律法规标准和政策体系，不断调整经济结构、优化能源结构、提高能源效率、增加森林碳汇，有效控制温室气体排放，努力走一条符合中国国情的发展经济与应对气候变化双赢的可持续发展之路。坚持共同但有区别的责任原则、公平原则、各自能力原则，深化国际交流与合作，同国际社会一道积极应对全球气候变化。

《规划》提出，要确保实现到2020年单位GDP的CO_2排放比2005年下降40%～45%、非化石能源占一次能源消费的比重达到15%左右、森林面积和蓄积量分别比2005年增加4000万hm^2和13亿m^3的目标。低碳试点示范要取得显著进展，适应气候变化能力要大幅提升，能力建设要取得重要成果，国际交流合作要广泛开展，并明确了控制温室气体排放、适应气候变化影响、实施试点示范工程等方面的重点任务，要求完善区域应对气候变化政策，健全激励约束机制，加快建立全国碳排放权交易市场，强化科技支撑，加强能力建设，深化气候变化领域国际交流与合作，加强组织领导，建立评价考核机制，保障规划有效实施[63]。

3. 有关法律、规划和重要文件——

（1）国家相关法律：《环境保护法》，1989-12-26，2014-04-24修正；《电力法》，1996-04-01；《矿产资源法》，1997-01-01；《大气污染防治法》，2000-09-01；《节约能源法》，2008-04-01；《水污染防治法》，2008-06-01；《可再生能源法》，2005-02-28；2009-12-26修改；《循环经济促进法》，2009-01-01；《煤炭法》，2011-07-01。

（2）宏观经济和社会规划或报告：《中华人民共和国国民经济和社会发展第十二个五年规划纲要》，2011-3-17；《国家中长期科学和技术发展规划纲要（2006～2020年）》，2006-03；《国家"十二五"科学和技术发展规划》，2011-07-14；国务院办公厅：《2006～2020国家信息化发展战略》，2006-03-19。国务院：《"十二五"国家战略性新兴产业发展规划》，2012-07-09；《生物产业发展规划》，2012-12-29；《国家"十二五"海洋经济发展规划》，2012-09-16；《国家人口发展"十二五"规划》，2011-11-23。国家发改委等：《中华人民共和国可持续发展国家报告》，2012-05-20。国家发改委：《中国低碳经济发展报告2012》，2011-12-01。

（3）应对气候变化和环境污染防治国家文件：国务院：《中国的能源状况与政策》白皮书，2007-12-26；《中国应对气候变化的政策与行动》白皮书，2008-10-29；《中国应对气候变化国家方案》，2009-11-30；《中国应对气候变化的政策与行动（2011）》白皮书，2011-11-22；《中国应对气候变化的政策与行动（2012）》白皮书，2012-11-22；《中国应对气候变化的政策与行动（2013）》白皮书，2013-11-05；《中国的能源政策（2012）》白皮书，2012-10-24；《循环经济发展战略及近期行动计划》，2013-02-07。国家科技部等部委和中科院：《气候变化国家评估报告》，2006-12-26；国家发改委：《中国应对气候变化的政策与行动2012年度报告》，2012-11。国家环保部（国家核安全局）等：

《核安全与放射性污染防治"十二五"规划及 2020 年远景目标》，2012 – 06 – 01。

（4）国家能源/资源有关规划：国务院：《"十二五"节能环保产业发展规划》，2012 – 06 – 16；《节能与新能源汽车产业发展规划（2012～2020）》，2012 – 06 – 28；《节能减排"十二五"规划》，2012 – 08 – 06；《核电中长期发展规划（2011～2020 年)》，2012 – 10 – 24；《"十二五"循环经济发展规划》，2012 – 12 – 12；《能源发展"十二五"规划》，2013 – 01 – 01；《国家应对气候变化规划（2014～2020 年)》。国家发改委：《可再生能源中长期发展规划》，2007 – 08 – 31；《煤层气（煤矿瓦斯）开发利用"十二五"规划》，2011 – 11 – 26；《页岩气发展规划（2011～2015 年)》，2012 – 03 – 13；《煤炭工业发展"十二五"规划》，2012 – 03 – 22；《可再生能源发展"十二五"规划》，2012 – 07 – 06；《天然气发展"十二五"规划》，2012 – 10 – 22；《海水淡化产业发展"十二五"规划》，2012 – 12 – 09。国家科技部、国家发改委：《海水淡化科技发展"十二五"专项规划》，2012 – 08 – 14；《现代服务业科技发展"十二五"专项规划》，2012 – 01 – 29；《智能电网重大科技产业化工程"十二五"专项规划》，2012 – 03 – 27；《太阳能发电科技发展"十二五"专项规划》，2012 – 03 – 27；《风力发电科技发展"十二五"专项规划》，2012 – 03 – 27；《电动汽车科技发展"十二五"专项规划》，2012 – 03 – 27；《智能制造科技发展"十二五"专项规划》，2012 – 03 – 27；《高速列车科技发展"十二五"专项规划》，2012 – 04 – 01；《服务机器人科技发展"十二五"专项规划》，2012 – 04 – 01；《半导体照明科技发展"十二五"专项规划》，2012 – 07 – 03；《新型显示科技发展"十二五"专项规划》，2012 – 08 – 21；《中国云科技发展"十二五"专项规划》，2012 – 09 – 03；《国家宽带网络科技发展"十二五"专项规划》，2012 – 09 – 03。国家住建部：《"十二五"绿色建筑和绿色生态城区发展规划》，2013 – 04 – 03。国家能源局：《国家能源科技"十二五"规划（2011～2015 年)》，2011 – 12 – 21；《太阳能发电发展"十二五"规划》，2012 – 07 – 07；《中国风电发展"十二五"规划》，2012 – 09 – 10；《生物质能发展"十二五"规划》，2012 – 07 – 24；《水电发展"十二五"规划（2011～2015 年)》，2012 – 07 – 07；《"十二五"电力规划》，2012 – 03 – 19。国家林业局：《全国林业生物质能源发展规划（2011～2020 年)》，2011 – 10 – 19/2013 – 05 – 28。国家工信部：《物联网"十二五"发展规划》，2012 – 02 – 14。国家发改委、工信部、科技部等：《物联网发展专项行动计划（2013～2015)》，2013 – 09 – 17。国家海洋局：《海洋可再生能源发展纲要（2013～2016 年)》，2013 – 12 – 27。国家能源局直接

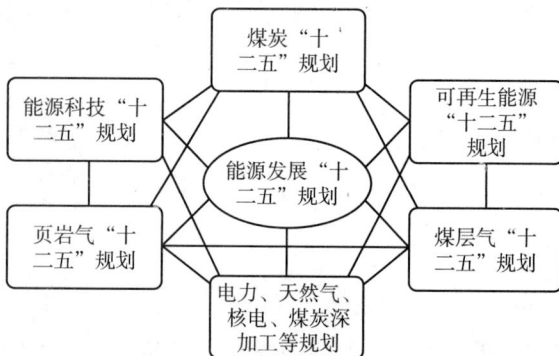

图 4 – 1 我国"十二五"能源发展规划体系构成

（据：国家能源局：能源发展规划体系基本形成，2012 – 11 – 05）

管理的能源规划结构如图 4 – 1 所示。

（5）生态平衡与环境保护规划：国务院：《全国生态保护"十二五"规划》，2013 – 01 – 01；《国家环境保护"十二五"规划》，2011 – 12 – 15；《核电安全规划（2011～2020 年)》，2012 – 10 – 24。国家环保部：《国家环境保护"十二五"科技发展规划》，2011 – 06 – 09。国家林业局：《林业科学和技术"十二五"发展规划》，2012 – 07 – 05；《林业发展"十二五"规划》，2011 – 10 – 10。

4 – 3 国际合作 兼程并进

4 – 3 – 1 与发展中国家 戮力同心

1. 平等互利，共同发展——占世界人口 80% 以上的发展中国家在发展低碳经济、实践节能环保决策时普遍存在资金不足、技术落后、能力建设不足等困难。我国一直以来按照平等互利、讲求实效、形式多

样、共同发展的原则，与所有平等相待的友好发展中国家在经济、科技、文化等各方面开展了多种形式以诚相待的合作和力所能及的技术服务。

2. 经济援助——新中国成立几十年来，始终坚持通过减免关税乃至实质性经济支援等多种途径，为发展中国家对华出口各类产品创造条件。截至 2010 年年底，中国已对 38 个最不发达国家实施了超过60% 的商品零关税待遇，已向发展中国家累计提供 2870 亿元的经济援助，免除了 50 个重债穷国和最不发达国家近 300 亿元债务；近年来，为帮助发展中国家应对国际金融危机，已向非洲国家提供 100 亿美元的优惠贷款；承诺向包括老挝、柬埔寨、缅甸等最不发达国家在内的东盟国家提供 150 亿美元信贷支持，助力多个基础设施项目建设；同墨西哥、阿根廷、委内瑞拉、哥伦比亚等拉美国家签署了《减贫合作谅解备忘录》，共同推动消除贫困工作。中国国际扶贫中心在坦桑尼亚构建减贫合作中心，通过开展减贫政策咨询、能力建设和社区发展项目，促进双方减贫经验共享。该中心于 2010 年开始组建，前期计划项目是中国特色的社区扶贫开发模式"整村推进"项目，推行高产农业栽培技术，促进农户能力和社区能力建设。此外，如前所述，我国出资帮助发展中国家共同开发绿色 - 低碳技术项目，吸纳 2000 以上人员来华培训等。我国副总理在纽约气候峰会上还曾承诺扩大这种"南南合作"的规模，以携手共同对抗全球气候变暖趋势。

3. 开展能源、环境领域合作——如成立中国—巴西气候变化与能源技术创新研究中心；签署《关于非洲环境的技术与机制合作谅解备忘录》、《非洲环境合作项目执行协议》等合作文件，推动发展中国家相关合作；中国—东盟环保合作中心于 2011 年投入运作等。

4 - 3 - 2　与发达国家　取长补短

1. 共同承担，全球责任——2014 年 7 月 8 日，联合国发布由 15 个国家共同参与撰写的报告《深度减碳出路》，主张从推广可再生能源入手，提高能效和低碳方式发电以及削减化石燃料等作为主攻方向。该报告的最终文本已在 2015 年春季发表。中国是上述 15 撰写国之一[64]。中国政府与发达国家在环境保护、气候变化、能源资源节约与可持续利用、防灾救灾等领域基本形成了长期合作、相互支持的格局。中国改革开放后成功的自主创新能力与日俱增，成果异彩纷呈，经济实力跃升为全球第二，发达国家自然一反过往侧目相视的傲慢。中国人民站起来了，曾经侵犯、掠夺和蹂躏中华民族的列强也在新的和平时期全面收敛，主动与中国交往、合作。中国作为世界最大的发展中国家和人口第一大国，更有责任通过合作推进全球和谐发展、和平共处。

2. 积极参与国际科技合作——2006 年以来，中国先后启动了中医药国际科技合作计划、可再生能源与新能源国际科技合作计划、人类基因组计划、"第三极环境"国际计划、国际空间天气子午圈计划等由中国主导的科技计划。中国科学院或两院院士积极参与了地球科学系统联盟（ESSP）下国家全球环境变化人文因素计划（IHDP）、世界气候研究计划（WCRP）等多个计划，以及政府间气候变化专门委员会的历次评估活动。此外，中国已经参加了 350 多个国际科技组织，目前有 200 多位中国科学家在其中任职，为国际科技事业发展发挥了重要作用。

3. 减灾救灾，国际合作——如在 2003 年中国防治"非典"期间及 2008 年汶川地震后，美国、德国等政府对我国提供了大量物资、资金及技术援助。2009 年，中国与欧盟就中欧应急管理合作项目达成合作意向，并于 2010 年签署了"中欧应急管理项目财政协议"。2009 年，中国与德国签署了"中德灾难保护、应急规划与危机管理项目协议"，在灾后救援、人员培训等领域开展了合作。2003 ~ 2009 年间，瑞士共投入 100 万瑞士法郎，援助中国用于救援队能力建设。我国对全球其他地方所受自然灾害，也均力所能及给予人力、物力、财力援助。特别是 2014 年秋在非洲流行埃博拉期间，中国无私的全方位支援救治，感人肺腑。

4. 气候变暖，国际合作——在多边合作方面：中国是碳收集领导论坛、甲烷市场化伙伴计划、亚太清洁发展和气候伙伴计划的正式会员，是八国集团和五个主要发展中国家气候变化对话以及主要经济体能源安全和气候变化会议的参与者，而且在历次会议上每每体现出气候问题范畴中国言必有中的风格。双边气候合作更是如响斯应，如开拓了一系列与有关国家和地区的气候变化咨询合作，与欧盟、印度、巴西、南非、日本、美国、加拿大、英国、澳大利亚等国家和地区建立了气候变化对话与合作机制，并积极参与国际性各种应对气候变化领域的研发合作，积极推动和参与《京都议定书》框架下的技术转让。多年来，中国还充分利用中国环境与发展国际合作委员会这一平台，研究中国环境与发展的重大问题，交流、传播国际成功经验。

4－3－3 发达国家 双边合作

1. 与美国——

（1）中美战略经济对话议程：自 2006 年进入实际运行以来，到 2013 年已举行过多次富有成效的热烈讨论，也开启了世界上国与国特别是大国与大国之间政府双边对话和高瞻远瞩未来和平共处的谈判契机。这种对话，把能源、环境和技术创新等两国发展战略问题和当前经济增长问题包括进来，使科技议题高度渗入到国际合作领域。2008 年，中美战略与经济对话期间，签署了《关于能源和环境 10 年合作的框架文件》；2009 年 11 月 17 日在北京发布的《中美联合声明》中的第五段"气候变化、能源与环境"寄托很大希望于两国未来在清洁能源发展中的全面合作，充分肯定《中国科技部、国家能源局与美国能源部关于中美清洁能源联合研究中心合作议定书》，要求优先研究建筑能效、洁净煤（包括 CCS）及清洁汽车。《声明》还对国家发改委与美国环保局签署的《关于应对气候变化能力建设合作备忘录》予以充分肯定[79]。2013 年 4 月美国国务卿克里访华期间发表中美气候变化联合声明，宣布在中美战略与经济对话框架下成立气候变化工作组，着意推进中美气候合作。1－5－1 节已提到，2014 年 11 月 12 日，中美双方在北京发布《中美气候变化联合声明》[65]，美国首次提出计划于 2025 年实现在 2005 年基础上减排 26%～28% 的全经济范畴减排目标，并力争减排 28% 以刷新美国之前的承诺到 2020 年要在 2005 年基础上减排 17% 的保守目标。美国这一转变，全球传媒评论认为这是中美低碳领域合作取得的丰硕成果。

中美遏制气候变暖务实合作是战略与经济对话中的主要内容。在 2013 年盛夏日举行的对话中，初步确定了 5 个领域的合作建议：即汽车节能减排、建筑节能、工业能源提效、智能电网和应对气候变暖的能力建设/统计监测和考核[67]。

（2）中美清洁能源合作：自 1979 年双方签署科技合作协定以来，能源科技合作一直是双方合作的重要内容。2006 年以来，中美清洁能源合作除推动中国向低碳经济转型的步伐和锻造经济成长新的内生动力之外，还能通过技术引进和吸收利用加快清洁能源的开发，缩短对化石能源的依赖周期[78]。2010 年第二轮中美战略与经济对话达成 26 项协议，其中 12 项涉及清洁能源领域[72]；2011 年初中美首脑会晤期间签署的 13 项协议覆盖了核电、风电、太阳能、水电、智能电网和 CCS 等广泛能源领域[73]；2011 年 5 月，在华盛顿举行的第三轮中美战略与经济对话期间签署了《中美关于促进经济强劲、可持续、平衡增长和经济合作的全面框架》，其成果清单的第 5 部分涉及的是中美两国有关气候变化、能源和环境合作[65]的内容，48 项协议中有 15 项涵盖清洁能源[71]。美国商务部为此预测中国到 2020 年的清洁能源市场规模将达到 1000 亿美元[70]。事实上，中国在 2013 年 6 月用清洁能源发电的装机容量已经扩大到总装机容量的 30% 了。

2009 年，中美签署《关于建立中美可再生能源伙伴关系的合作备忘录》，进一步在可再生能源领域建立一定的科技合作关系。2006 年，我国与美国、加拿大、欧盟、德国、英国、法国、新加坡等多个国家的有关部门签署了建筑节能、绿色建筑和低碳生态城市方面的合作谅解备忘录，并开展了多个合作项目。美国 3M 公司资助的在云南、四川实施的"森林多重效益"项目也正在发挥经济社会双重效益。

合作的双赢趋势如：廊坊新奥集团以"资金加技术"方式投资 50 亿美元于美国内华达州建立清洁能源生态中心，打造一座集绿色电力、绿色制造、智能生态城为一体的绿色新城。很明显，中心的建成将更有利于美国生态文明建设和当地的环境保护。

2. 与欧盟——

（1）中国与欧盟建立了能源合作大会机制，开展了中欧气候变化部长级对话与合作机制，启动了中欧清洁能源中心项目，与德、英、法等在燃煤近零排放、电动汽车和节能建筑、核能等领域展开了合作。

2001 年，中欧领导人会晤同意建立中欧环境政策部长级对话机制，迄今已举办过 4 次对话会议。2005 年，中国同欧盟签署《中国－欧盟能源交通战略对话谅解备忘录》。此外，中国与法国的技术合作已从交通运输和能源方面扩大到工业自动化、医疗卫生、食品安全和创新型服务等方面[74!]。

（2）2005 年，中国与英国签署《中英可持续发展高级别对话机制联合声明》，2006 年，中英两国签署《关于成立中英能源工作组的谅解备忘录》。在低碳经济领域，中英合作主要表现在两大领域，即双边政策交流项目和中英企业技术交流性合作。2011 年初，英国驻华大使向我国记者明确表态：愿与中国探讨更多低碳合作机会[75]。

3. 与日本——2007 年，中日两国政府先后签署了《关于进一步加强环境保护的联合声明》和《关于推动环境能源领域合作的联合公报》，推进了双方在环境保护政策管理、技术交流、能力建设等方面的深入合作；2008 年，中日两国签署《关于继续加强节能环保领域合作的备忘录》；在节能人才研修、节能环保商务示范项目等方面开展了卓有成效的合作；中日两国在节能环保领域的合作发展迅速，已成为中日经贸合作的新亮点。日本在解决能源和环境问题方面积累了许多先进技术和成功经验，中国经过努力形成了一定规模的节能环保产业，中日两国互补优势明显，发展以节能环保产业为重点的绿色经济，必将为两国政府和企业带来更为广阔的合作空间。在第 4 届中日节能环保综合论坛期间，双方签署了 42 个节能环保合作项目，并就领跑者政策（先进的节能减排政策）、循环经济、海水淡化和水处理、汽车、发电和煤炭、化学、中日长期贸易等 7 个议题展开了广泛深入的研讨。此外，日本庆应大学在辽宁营造防风固沙试验林项目也值得一提。2011 年 6 月 1 日在北京举行以"中日携手共创绿色未来"为主题的 2011 中日绿色博览会，是日本大地震后中日首次务实合作活动，也是双边绿色环保产业首次大规模对接协作。许多如住友化学、松下、佳能、东芝、日立、索尼、三菱重工、丰田等日本的世界知名企业参展，盛况空前[69]。可惜在那以后，因众所周知的政治逆流，多少对造福两国人民的理性合作形成冲击。

4. 与俄罗斯等——2006 年，成立中俄总理定期会晤委员会环保分委会，迄今已召开 6 次会议。2011 年 10 月俄罗斯政府首脑来访，高度评价中俄能源合作的丰硕成果，表示要继续发展能源战略伙伴关系，全面深化石油、天然气、电力、煤炭、能效、节能、新能源、核电等领域的合作[68]。荷兰、芬兰的公司及有关国际组织在河北、山西等地实施的林业项目已取得较大进展，呈现明显的生态、经济和社会效益。至于有学者断言"发达国家并不愿意合作应对气候变化"，不敢苟同[71]。

4－4　各国对策殊途同归　见仁见智各行其是

4－4－1　发达国家低碳热　各寻便捷抑碳方

1. 理念未央，法制先行——全球碳耗攀升给全球气候变化和生态失衡敲起了警钟，减少温室气体排放正逐步由科学共识转化为政治意愿和全球行动，成为推动低碳经济发展的强大动力。虽然有关低碳经济或绿色经济的许多概念和内涵在多少年来尚存若干争议，但美国、欧盟乃至俄罗斯和日本均在 21 世纪前 10 年或前或后通过了为发展低碳－绿色经济保驾护航的多项法案/法规，针对不同的能源领域制定了相应的法律/法规/管理条例。

2. 计划规划，层出不穷——发达国家在发展低碳经济、绿色经济、循环经济以及相应的工业经济、服务经济、农业经济之际，总免不了优先制定各种切实可行的行动计划或规划以及随后的实行细则。在这一方面，美国、欧盟和日本的有关规划各具特色，一般说来，日本的诸多规划较具体，可行性、可操作性较高。

3. 制定标准，无所不有——为了适应绿色－低碳经济发展，许多新出现的新技术设施、监测手段、高新技术概念、新网络结构、新能源/可再生能源各领域相关技术产品质量、生产服务机构的评估、监测体系等，均须跟进十分翔实和严格的标准体系。其中甚至包括诸如低碳排放计算标准、碳足迹计算标准、各种家电的能源降耗标准（含能耗指示标准）、安全食品标准、新能源和清洁能源轿车和轻型卡车用能标准等。标准必须跟上市场需求，跟上设计和制造过程。

4. 征收碳税，绿化财税——部分欧盟国家从21世纪初开始陆续开征碳（排放）税，新西兰、南非等国也在跃跃欲试。2012年1月1日开始，欧盟对过境航空器征收碳排放税；7月1日澳大利亚开始对约500家大型企业征收碳排放税，税率24.7美元/吨。

5. 其他共性举措——各国纷纷分门别类成立上至政府首脑主持、下至各职能部门领导参与的专门机构以加强领导和加速实体发展；大大强化技术创新和增大研发投入；推动新能源研发和产业化，设立政策性、战略性财政补贴和贸易支持；优先进入政府采购清单；策动或鼓励各个阶层特别是学术界和产业界举行不同层次的报告会、研讨会、咨询会；在各级学校举办讲座和开设专业课程；举贤任能地大力培育和引进低碳化、绿色化和智能化领军人才以及采取必要的市场经济政策措施以搞活新能源产品和技术市场（如推进电动汽车市场销售）等，见仁见智，各具匠心。特别是虑及能源/资源问题的时候，发达国家确知靠殖民时代巧取豪夺的方式已经一去不复返了，在新技术革命时期必须采取崭新的能源/资源战略。日本和欧盟的能源、资源短缺需大量进口已是不争的事实，即使美国能源、资源丰富也因需求量巨大仍须盘算产销平衡和严防遭遇饔飧不继的尴尬局面。因此，发达国家几乎无一例外地推行能源储备战略，特别是战略石油储备是作为石油消费国的欧盟国家应对石油危机的最重要手段。按照国际能源机构制定标准，当石油供应中断量达到需求量7%时，就是能源安全警戒线。20世纪70年代两次石油危机后，美国、欧洲、日本、韩国等都紧锣密鼓地建立了战略石油储备。如英、法、德等都建立了超过90天的国家石油储备。另外，发达国家的能源节约战略仍占据国民经济决策中极其重要的地位。据联合国ECE能源效率评价和计算方法，能源系统总效率由三部分组成：开采效率（储量采收率）、中间环节效率（加工转换效率和储运效率）、终端利用效率（即终端用户得到的有用能量与过程开始时输入能量之比）。为了节能和提高能效，各国纷纷出台节能立法，法规中尤其重视对建筑行业、城市公用事业、交通运输、政府机构用能的引导和规范。

最后，各国在强化排碳、环保、资源节约等管理方面，措施可谓花样翻新，各显其能。欧盟的"能源效率行动计划"用于指导欧共体节约能源立法和非立法行动；"欧洲气候计划"用于确定、分析、评估并推荐最节能措施，以便达到KP规定标准。为了优化管理举措，充分动员金融参与，设立的各种奖项有时如天女散花，花团锦簇！

4-4-2 轻重缓急 各有千秋

1. 美国——

（1）目标：2020年和2050年分别比2005年减少CO_2e排放17%和83%（值得指出的是，2020年的目标与发展中国家对发达国家的要求相去甚远，若都换算成碳强度进行比较，该目标相当于32%，远低于中国40%~45%的承诺。且17%还包含其国内碳汇、向发达国家购买减排量等。若除去这两项，仅计入与能源消费相关的碳排放，则美国到2020年排放的CO_2e量大致与2005年相当，可见基本上没有减排[93]。况且还要求到2020年对包括中国在内未实施碳减排限额的国家实行贸易限制，可是美国能源部长则宣称将征收"碳关税"）。后来在2014年11月12日的《中美气候变化联合声明》中已作了改进。或许导因于美国国家海洋与大气管理局（NOAA）2013年5月9日宣布首次测得大气CO_2平均浓度超过400ppm[83]！，这一结果至少让美国当局反躬自问：高枕无忧无异于玩火自焚！

（2）法制：2005年8月通过2005《能源政策法》；2006年1月《先进能源计划》；2006年10月《能源战略计划》；2007年7月11日参议院提出《低碳经济法案》，明确促进零碳和低碳能源技术的开发与应用，并通过制度安排为其提供经济激励机制。这预示低碳经济发展道路成为美国重要战略抉择。该法案提出要控制美国的碳排放总量，到2020年碳排放量须减至2006年的水平、到2030年减至1990年的水平，法案还提出建立限额与交易体系，鼓励CCS技术开发等多项实体举措；随后2007年12月《能源独立与安全法》；2009年1月《新能源法》，加快可再生生物质能开发；2009年2月通过7872亿美元的《美国复苏再投资法 2009》，其中约 580 亿美元投入到环境与能源等低碳领域；2009 年 6 月 26 日众议院通过《清洁能源与安全法案》后提交参议院审核。该法案除确认上面的总目标外，还包括到 2020 年，电力消费至少有 12% 来自风能、太阳能等可再生能源；到 2012 年后新建成建筑的能效要提高 30%，2016 年后要提高 50%；规定采用的主要低碳经济手段为配额交易制，85% 的排放配额将免费发放；该法案划出 10 亿吨国际碳补偿贸易空间，但在国际碳补偿贸易的"准入资格"方面作了限定；2025 年前在清洁能源技术和能效领域投资 1900 亿美元，其中能效和可再生能源方面投资 900 亿美元，在 CCS 方面投资 600 亿美元，在电动车及其他先进汽车技术方面投资 200 亿美元，在 R&D 方面投资 200 亿美元；同时颁布和执行新的建筑、家电和工业节能标准。

2011 年 3 月《未来能源安全蓝图》提出"能源独立"新主张，加大本土能源资源开发，调整石油进口来源，大力发展清洁能源[87]。

美国其他边缘性的法制建设还有 20 世纪 80 年代以来颁布施行的《国家节能政策法规》、《家用电器节能法案》、《清洁水法》、《清洁空气法》、《固体废弃物处置法》等[82]。

（3）政策：①总的战略决策是：扩大美国本土油气开发，调整石油进口来源；强化节能和提高能效，降低石油消费；加快发展清洁能源；推进北美一体化能源市场建设；发挥超级大国优势，全面保障美国能源战略利益。②按"绿色新政"构想[90]，在可再生能源、节能汽车、分布式能源供应、天然气水合物、洁净燃煤、节能建筑、智能电网等领域将取得根本性突破[92]。③到 2020 年全国电能需求降低 15%，到 2030 年所有新建房屋实现"零排放"。④限制汽车油耗，到 2020 年汽车燃油消耗标准从现在的每加仑汽油行驶 44.2km 提高到 56.3km。按新标准，2016 年美国新产轿车和轻卡每百公里耗油不得超过 6.62 升。⑤2011 年 3 月，美国能源部和内政部联合发布《国家海上风电战略：创建美国海上风电产业》，对相应的成本、技术和运营管理等作了较细致论述[100]。⑥不拘一格，利用暂时空闲的军事用地和公用土地广泛地大面积发展可再生能源[91]。

2013 年 6 月 25 日美国公布第一份气候行动计划，其重点是针对排碳大户——发电厂的碳排放。该计划宣布停止资助其他国家建设新燃煤电厂；同时加强与中、印、巴西等的气候合作[93]。

（4）投资：①美国总统在 2009 年 1 月宣布加大对绿色能源领域投资，到 2015 年生产并销售 100 万辆插电式混合动力轿车；可再生能源供电到 2012 年占比 10%，2025 年达 25%。今后 10 年每年向可再生能源、洁净煤技术、CCS、环保等绿色能源领域投资 150 亿美元，共投资 1500 亿美元，以缓解 2008 年夏秋的金融危机影响、实现经济复苏、降减 GHG 排放、强化能源系统安全、创造 500 万个就业岗位（到 2010 年 12 月，已创造绿色就业约 459000 人）、每年至少为 100 万户低收入家庭修缮居屋。②实施总量控制与排放权交易制度，从 2012 年起 10 年内该制度实施的收益投向低碳技术创新。③强调科技创新战略性投资，如 2014 年财年预算，研发预算总额比上年增加了 1.3%[85!]。

美国拒签 KP 并没有阻止人类共同的抑制气候变暖的积极行动。多哈会议开幕式上 700 多非政府组织为了讽刺给气候变化谈判巧言令色、弄鬼掉猴和重重设障的美国人授予"化石奖"，颁奖词开门见山地直指这个对缓解地球变暖节能减排责无旁贷的超级大国："美国！请抛开你的'孤立主义'，与众人同行！"[98]

（5）能源政策：美国在应对全球变暖问题上并未制定相应法律规范。但有数据显示，美国 2011 年间 CO_2 的排放量继续减少，成为 20 年来最低。2011 年美国与能源相关的碳排放比 2010 年减少了 2.4%（上次 CO_2 排放量减少是在 2009 年经济紧缩时）[89]。排碳减少的一大原因是 2011 年总发电量的 43% 来自燃煤火力发电，而在 2005 年则为 51%。2012 年前 3 个月中，美国与能源有关的碳排放与 2011 年同比又下降了 8%，为自 1992 年以来单季度最低排放量（另一份报告说是 1983 年以来最低）。美国政府部门认为，通常冬季供暖需要消耗大量的能源，但可能缘于美国经历的暖冬而减少了能耗；美国能源信息管理局的报告则认为是由于发电用煤量的减少，因为发电厂采用了成本低得多的天然气。美国官方数据显示，2011 年美国总能源消费中的 18% 来自核能、水电、风能和太阳能等无碳排放源[88]。2013 年美国光伏电池光电转化率攀高、开发晶体硅低温制造、研发新催化剂使制氢时零碳排放[85!]。2014 年 6 月，美国颁布了新的减排标准《清洁电力计划》，要求电力企业到 2030 年排放总量在 2005 年基础上减少 30%，即电力企业每

年需减排 CO_2 约 5 亿吨[99]。

其实美国天然气成本低于煤炭的现实应归功于水力压裂法开采页岩气的广泛使用，该方法使得美国天然气供应大量增加。（水力压裂法即将化学物质和大量水、泥沙的混合物通过高压注入地下井，这样能压裂四周的岩石架构，从而能收集较多量的天然气）。支持者认为水压致裂获取页岩气有潜力减少美国碳排放和减少能源进口；然而环境保护者则担心页岩气的开采过程会污染水源、空气和土壤。实测表明：附近约 82% 的饮用水井中水样含甲烷和乙烷。目前，法国及美国佛蒙特州政府已明令禁止采用水压致裂开采页岩气，南非也对原来的循例开采计划产生疑虑。这缘于 2011 年一则骇人听闻的报道：加拿大阿尔伯塔省的一位妇女声称：从页岩天然气钻井附近采取的生活用水能被点燃！此外，人们怀疑是否与周边频发的地震有内在联系[83]。

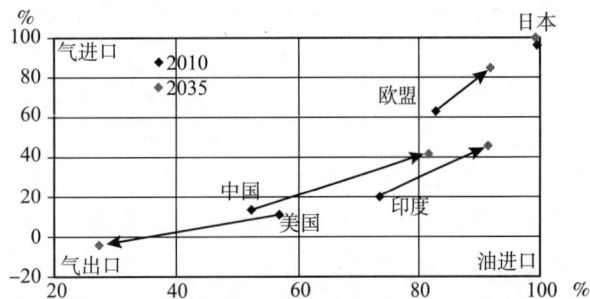

图 4－2   2010～2035 年各国油气进口量
大幅上升时，美国却能逆势反刍

（据：IEA. World Energy Outlook 2012, 2012－12－12 改绘）

2012 年 11 月 11 日，国际能源署（IEA）发布《世界能源展望 2012》[(30)]，预测美国因近年大规模开发页岩天然气、页岩油、本国和沿海石油等能源，2020 年将成为最大的油/气生产国，届时年产量将超过俄罗斯和沙特阿拉伯，到 2030 年美国将成为油/气净出口国。其国内的能源消费则主要得力于近年作为绿色能源一支劲旅的页岩气高速开拓[94]（图 4－2）。

不过，权衡世界能源格局中各种要因，美国能源也许无法遵循 IEA 勾画的孤标独步风格[99]。有人认为美国页岩气发展是"并不完美的革命"[94!]。不过解决其能源自足，似乎也无可厚非。目前，美国 82% 的能源取自化石。因钻探技术提高，化石燃料仍将是美国能源中重要组成部分。由于美国可采煤炭储量世界第一，2012 年 11 月以来，燃煤发电仍占美国发电总量的 40% 以上，而天然气发电占比为 25%。不过按图 4－2 表明的趋势，天然气发电将节节攀升。水力压裂技术和水平钻井技术提高后，原来较难开采的页岩气和石油也将不在话下。美国的水电、核电和生物质能等清洁能源是目前利用较广的清洁能源，发电量占全美总发电量的 12%，其中水电占比超过 56%，大坝大都建于 20 世纪 70 年代中期之前，已进入衰老更新期。生物质能部分来自垃圾填埋场排放的沼气和来自农业、林业的有机废物，提供可再生能源发电的 12%。美国现有 65 座核电厂里运行着 104 个商用核反应堆，供应全美约 20% 电力。美国可再生能源中占比最小的是光伏，约占 1%。随着光伏电池成本下降，光伏行业将出现可观的增长。美国太阳能产业协会说，光伏电池装机容量在 2011 至 2012 年增长了 76%。风能是仅次于水电的可再生能源，占比达 28%，估计 2013 年已增长 7%。美国海岸线很长，沿海风力发电的潜力很大。在美国可再生能源组合中，约 3% 来自地热能[96]。近些年由于开发页岩气占据压倒优势，相对于其他可再生能源有极强的竞争力，个别如美国加州棕榈泉风力发电场的风电建设已受到无可奈何的竞争冲击[90]。

（6）低碳行动：美国推行低碳产业结构，通过制定再生能源发展目标与奖励投资的方式，建立低碳发电结构；利用"再生能源组合标准"（如太阳能、风能与地热等），原打算到 2012 年再生能源发电占总发电量 10%。政府还出台了 5 年"生产租税抵减"的措施，诱导发展再生能源。政府推动全国性的"总量管制与排放交易"制度，企望到 2050 年能比 1990 年 GHG 排放量减少 80%。另外，政府计划采取 100% 拍卖排放权方式，将企业排放 GHG 外部成本内部化，政府将部分排放权收入（约 150 亿美元）助推新能源发展、补助能源提效计划、发展第二代生物质燃料及洁净能源机动车等。逐年提高燃油效率标准，到 2015 年有 100 万辆电动车上路，同时发展油电（汽）混合车。为保证目标实现，政府提供优惠购买奖励，每部油电（汽）混合车将减税 7000 美元。此外，美国政府为提高建筑物能源效率，还设定于 2030 年达到所有新建筑物"碳中和"或"零碳排放"目标。为达此长期目标，联邦政府 2013 年设定往后 10 年提升新建筑物 50% 以及旧建筑物 25% 能源效率目标。美国政府还铺垫良好的运输环境和营造投资计划，号召联邦员工改变出行方式，搭乘公共交通工具等。

2. 欧盟——

（1）目标：2009 年欧盟一次能源结构：石油占 41%，天然气占 22%，核能占 15%，固体燃料占 16%，可再生能源占 6%（包括生物质和废弃物发电 63.6%，风能 1.4%，地热能 3.6%，水力发电 31%，太阳能 0.4%）。到 2010 年各成员国把电力的 22% 和全部能源的 12% 发展为可再生能源；计划 2020 年 CO_2e 比 1990 年减排 20%；到 2050 年 CO_2e 比 1990 年减排 80%~95%。2014 年 7 月下旬，欧盟委员会宣布到 2030 年实现节能 30% 的新目标，除涉及工业能耗，还侧重建筑节能和消费电子产品节能[105!]。

（2）法制：2003 年 6 月立法委员会通过排污交易计划指令，规定自 2005 年 1 月起，电力、炼油、冶金、水泥、陶瓷、玻璃和造纸等行业 1.2 万个设施必须获准才能排放温室气体 CO_2e；2006 年制定《能源效率行动计划》，规定 70 多项具体节能措施；2007 年颁布修改的《燃料质量指令》，为用于生产和运输的燃料制定了严格的环保标准。

（3）政策：2006 年通过《欧盟未来三年能源政策行动计划》（2007~2009 年），采取综合措施确保欧盟中长期能源供应；2007 年决定继续执行《第五个可持续发展规划》，制定 CO_2 排放税，设定减排目标，提高可再生能源在能源消费中的比重等；2007 年确立《能源与运输发展战略》，在交通运输领域提高能效，支持替代能源和可再生能源研究，鼓励广泛节能与减排研究；2007 年 5 月《欧盟可再生能源发展规划》；2007 年 11 月《战略能源技术计划》；2008 年 11 月发布总额为 2000 亿欧元的经济激励计划，大力推进技术创新和积极创造就业机会；2009 年 4 月，出台《气候行动和可再生能源一揽子计划》，将减排目标和可再生能源发展紧密结合，提出更宏伟目标和更具体实施方案；2009 年欧盟一项可再生能源计划要求到 2020 年可再生能源须承担全部能耗的 20%，而其中主要靠生物质能源提供 1.21 万亿 kWh 的电力（主要靠木材燃烧取代煤炭发电），风能则只能供应 0.494 万亿 kWh；包括德英法在内的 9 个欧洲北海沿岸国家于 2010 年 1 月正式发布计划，拟整合各国风力、光伏和水能发电成超级电网[105]；2010 年 3 月发布《欧盟 2020 能源战略》；2011 年 6 月发布《欧盟能源效率新计划》；2011 年 12 月 15 日发布《欧盟 2050 能源路线图》，部署 4 种路径实现（1）提到的目标：提高能效、发展可再生能源、利用核能和采用 CCS 技术[107]；2013 年 5 月 6 日欧盟委员会通过《绿色基础设施——提高欧洲的自然资本》，旨在加强绿色基础设施的新战略，把人工设施和自然环境有机结合，形成与自然和谐共处的生态文明环境，产生新的经济增长点[106]；欧盟战略规划的主要方向在于开源节流，提倡电力能源多元化，即：①2010 年能源消费从原占世界总量 14%~15% 下降至 12%；②到 2030 年能源对外依存度稳定在 70%；③核能提供欧盟 1/3 强的电力，核电已有几十年发展历史，是一种成熟能源，如法国 80% 的能源来自核能；④2003 年启动"欧洲智能能源"（EIE）项目，支持各项能源政策落实；⑤促进工业和建筑领域提高能效，使新的可再生能源与当地环境和能源系统整合；⑥支持交通能源多元化，推动生物燃油使用等。

（4）投资：为实现欧盟应对气候变化目标投资 480 亿欧元。2009 年 3 月宣布在 2013 年前投资 1050 亿欧元支持发展绿色经济，以保持绿色技术领域的世界领先地位。

德国——

（1）目标：与欧盟目标同。自身单独提出到 2050 年全部电力由可再生能源提供的宏伟目标[108]；原承诺 2010 年和 2020 年可再生能源发电量比例分别达到 10% 和 20%。按德国新《可再生能源法》规定，到 2020 年把风能、生物质能、水能和太阳能发电量提高 10%。2014 年 3 月，德国联邦内阁批准《德国可再生能源改革计划》。面对德国可再生能源在能源总量中的占比已从 2000 年开始实施《可再生能源法》时的 6% 上升为 2013 年的约 25%，新计划将压缩对可再生能源的过度补贴，相应地改革对可再生能源产业的宏观管理[113!]。

（2）法制：20 世纪 90 年代以来，1996 年颁布《循环经济与废物管理法》，后来颁布的《可再生能源法》规定到 2030 年新能源占全国能耗须超过 50%；2009 年 3 月的《新取暖法》，扶持重点向新能源下游产业转移；联邦和各州环保法律/法规约 8000 部，加上欧盟环保法规约 400 条，涵盖了可再生能源、气候对策、水资源保护、核能安全、化学品管理、垃圾处理等[114]。

（3）政策：2009 年 1 月实行 1000 亿欧元经济激励计划；实施向低碳经济转型的战略；宣布新能源研

究计划；对可再生能源大型项目提供优惠贷款，一定条件下将 30% 贷款额作为补贴反馈[82]；2012 年 12 月 19 日政府发布"未来能源"监测报告，针对能源转换的政策措施提出未来努力方向。报告指出 2011 年碳排放已比 1990 年降低 26.4%，提前完成欧盟要求 2020 年达到的 20% 目标[113]；受日本福岛核泄漏事故影响，决定 2022 年前关闭德国全部核反应堆。核电占比从 2010 年的 22.4% 骤降至 2011 年的 17.5%。同时可再生能源发电从 2010 年的 16.4% 增至 2011 年的 19.9%，预计到 2020 年的占比将达 35%。德国通过强化能源系统中的信息化水平建造智能电网和提高能源产供智能化水平[111]，通过强有力的政策引导发展可再生能源[109]；虽然在发展光伏产业时陷入成本效益矛盾和亏损，但德国人用其较敏捷的危机处理能力很快得以缓解[112]。

（4）投资：建立总额 2500 亿欧元的环保奖励基金，鼓励购环保型机动车，对研发低碳技术和环保车提供资助。在可再生能源领域增加就业 25 万人，市场规模达 2400 亿欧元。2009 年计划在德国北部波罗的海和北海建造 40 个海上风力发电场，计划完成后可为 1200 万户家庭供电、提供 3 万就业岗位。海上风力发电到 2030 年可达 2.5 万 MW[85]。2011 年 8 月联邦内阁通过"第六能源研究计划"，决定 2011～2014 年拨款 34 亿欧元加速研发可再生能源技术和提高能效[110]。

应当看到：德国能源匮乏，是欧盟最大石油进口国，石油几乎 100% 进口。由于纬度较高，冬季较长，建筑供暖耗能是德国政府着力解决的关键领域，政府制定和改进建筑保温技术规范等措施，不断发掘建筑节能潜力。早在 1978 年，德国就修改建筑节能标准，使其后建筑能耗比 1978 年前老建筑减少 60% 以上。2005 年德国《能源节约法》生效，取代以往的《供暖保护法》和《供暖设备法》。法规制定新建建筑能耗新标准，规范锅炉等供暖设备节能技术指标和建筑材料保暖性能等；规定消费者在购买住宅时建筑开发商须出具"能源消耗证明"，清楚列出住宅每年能耗，提高建筑能源透明度；鼓励企业和个人对老建筑进行现代化节能技术改造，使用保温隔热建材；按照新法规，建筑的允许能耗比 2002 年前的能耗水平下降 30% 左右。此外，德国卓有成效地推行循环经济和充分发掘资源潜力也是举世闻名的。

英国——

（1）目标：与欧盟目标同。也如德国一样，原承诺 2010 年和 2020 年可再生能源发电量比例分别达到 10% 和 20%。2003 年政府通过《能源白皮书》提出实施低碳经济战略，建立了对应的原则和行动规范。2007 年 5 月发布新版《能源白皮书》，提出系列实际抓手：节能举措、发展清洁能源、确保能源市场稳定；在 2008 年碳排量基础上，到 2020 年削减 GHG26%～32%，到 2050 年进一步削减到 60%。

（2）法制：2008 年 11 月 26 日议会通过《气候变化法案》，确定了上述目标，成为世界上第一个立法限制碳排放的国家[121]；发表《英国气候变化战略框架》，试图对全球低碳经济发展提供远景思路；2009 年 7 月发布国家战略性文件《低碳转换计划》和《可再生能源战略》；2009 年 11 月 28 日英联邦政府首脑在西班牙港举行的会议上发表了《气候变化共识：英联邦气候变化宣言》，协调英联邦各国在参加哥本哈根气候大会时的积极步调[119]。

（3）政策：经济激励计划规模达 200 亿英镑；关停了一批严重污染环境和高能耗企业，对有污染行为的企业实行"谁污染、谁治理"原则；综合运用财税政策的调节作用，引导企业节能减排[82]。伦敦 2012 年夏季奥运会上英国推行的低碳节能奥运也是有目共睹的[118]；英国地方政府在发展低碳经济过程中做到以民为本地推行低碳经济，务求惠及公众生活[117]。

（4）投资：到 2020 年投资 1000 亿英镑，促可再生能源比 2008 年增长 10 倍。2009～2011 年预算中对低碳经济投资 500 亿英镑；到 2020 年新建 7000 个风力发电机组，新增绿色雇员 16 万人。

法国——

（1）目标：2009 年目标与欧盟同；2014 年宣布到 2050 年 CO_2e 比 1990 年减排 75%。

（2）政策：2008 年 12 月宣布总额为 260 亿欧元的经济激励计划。

（3）投资：促可再生能源产业就业人数达到 12 万人。

3. 日本——

（1）目标：2007 年决定到 2020 年 CO_2e 比 2005 年减排 15%；2050 年 CO_2e 比 2008 年减排 60%～

80%；2009 年将前者修改为到 2020 年 GHG 排放总量应比 1990 年减排 25%。2012 年 7 月实施"可再生能源发电固定价格收购制度"，大力推动光伏发电，导致 2013 年新增光伏发电装机容量 500 万 kW，与上年同比增长 150%。全年新增装机容量在世界排名第二，仅次于中国。但日本风能发电滞后，2012 年底装机总量仅 261 万 kW。其实日本风电协会估计，日本陆上拥有 144GW 风能资源，海上有 608GW 风力发电潜能。日本在生物能源研发方面正在加速开拓中[122]。

（2）法制：1992 年里约大会后，陆续出台《节能法》、《合理用能和再生资源利用法》、《废弃物处理法》、《化学物质排放管理促进法》、2000 年《促进形成循环型社会基本法》、2001 年《资源有效利用促进法》、《家电循环利用法》、《包装容器循环利用法》、《食品循环利用法》、《汽车循环利用法》、2013 年 4月《小型家电循环利用法》等[125]。

（3）政策：2007 年 5 月首相提出建设"低碳社会"；6 月内阁通过《21 世纪环境立国战略》；2008 年 3 月经济产业省发布《凉爽地球能源创新技术计划》；5 月发布《面向低碳社会 12 大行动》；7 月 29 日内阁会议通过《建设低碳社会行动计划》，其中经济激励计划规模达 75 兆日元，提出借助技术开发、降低成本和实行补贴使光伏发电量到 2010 年应达 2007 年的 10 倍，2030 年是 2007 年的 40 倍；2009 年 4 月 10日发布 15 亿兆日元"追加经济激励计划"，对低碳经济投资 6 兆日元；2009 年 4 月 20 日发布"日本绿色新政：绿色经济与社会变革计划"；发布构建低碳社会宣言；力争在低碳技术领域领先世界，实现太阳能光伏世界第一、节能世界第一、环保汽车普及世界第一、低碳物流世界最先进；对节能家电和电动车补贴，推广节能住宅，对节能环保投资企业提供无息贷款；同时通过各种补助、奖励和税收减免等财经手段推动新能源产业蓬勃发展[81]；2009 年开始 CCS 试验，2020 年进入实用，成本降至 1000 日元/吨；2020 年前推广电动汽车使用，建设半小时充电系统；加强能源相关标准化；同时特别加强和优化能源企业的日式管理模式，严格执行企业节能指标等[82]；2011 年 3 月 11 日大地震引发福岛核泄漏后推行电力新政助推新能源经济有所突破。例如要求一次能源中可再生能源占比从目前约 10% 将提高到 2030 年的 25% ~ 35%[123]；倾听美国学者为未来日本能源发展献计献策，如建议加强风能利用和开发地热能源等[122]；在迎接第三次工业革命的世界潮流中，日本科技界从不示弱，他们在智能电网、电动汽车、智能电视和机器人等领域都有比较独到的创新成果[124]；2009 财政年度，日本产业经济通商省在低碳上的投入达到 7173 亿日元（约合 66 亿美元）。

（4）投资：2020 年低碳市场规模达到 120 兆日元；就业规模 280 万个。

4-4-3　其他各国　各有所长

1. 荷兰——小城海尔许霍瓦德家家户户屋顶布满光伏电池板，是全球头一个零碳小镇[134]；荷兰尝试在公路上铺设光伏电池板供家庭用电，每 m^2 年产 50kWh 电能[144]。荷兰 4.2 万 km^2 国土面积有 1/4 低于海平面，因而十分珍惜土地资源和生态环境，政府为此曾通过各种途径宣传生态平衡的重要意义，以蔬菜为主的农产品密集型生产具全球罕见优势：2011 年拥有 1 万 hm^2 以上温室，一半种植蔬菜，另一半培育奇花异卉，与面积大许多倍的美国和法国并称世界三大果蔬花卉生产出口国，具有丰腴的生态文明物质基础[145]。

2. 丹麦——2007 年 1 月，丹麦发布了"2025 年丹麦能源政策的展望"，提出为持续发展计逐渐放弃使用石油、煤、天然气等传统化石燃料的规划；政府 2008 年组建气候变化政策委员会，同年 2 月，丹麦政府通过"能源政策协议"，2010 年一份报告宣布 2050 年将彻底摆脱化石能源，要求南部沿海大小城镇不迟于 2029 年均成为零碳地区[130]；2011 年再生能源需求量在全国总能源中占比达 20%。丹麦对节能减排的认识和积极推进产业信息化的决心均表现出对发展绿色-低碳经济的热忱不亚于欧盟其他发达国家[131,141]。为此，丹麦采取以市场为导向的激励措施。以每年节能增长 1.25% 为目标发展再生能源；境内拥有全球最大风力发电公司；丹麦风力发电规模居世界之冠。截至 2012 年初，丹麦全国拥有 5200 座风力涡轮发电站，发电量在 3100MW 以上；风电占全国总发电量的 19%。到 2020 年，交通运输行业使用的生物质燃料比重将达到 10%。丹麦为促使交通运输行业加速从化石燃料向可替代能源转换，政府对以氢能驱动的汽车免税。丹麦城市的自行车道超过 350km。

3. 芬兰——不甘示弱，在交通运输系统中推广使用生物燃料取得成效，2011 年在该系统中使用的生物燃料提高了 6%，当年芬兰的 CO_2 排放量 6680 万吨，比上年减少 770 万吨[128]。

4. 澳大利亚——2011 年 9 月发布《确保清洁能源未来——气候变化计划》，核心内容之一是引入碳价格概念，约 500 家大型耗能企业应支付碳排放费[143]；2012 年 7 月改碳排放费为碳税，污染大户每排 1 吨碳应缴纳 23 澳元税；2012 年 9 月宣布将从 2015 年 7 月 1 日起征税按固定碳价改为随行就市的浮动碳价，这样就能与全球第二大碳排放市场欧盟的碳市对接了[142]；澳大利亚曾计划于 2013 年建成南半球最大的风电场，含 140 个风力涡轮机，可供 22 万户家庭用电需求，对应地减少 170 万吨 CO_2 排放。学者们帮助政府提出的《零碳澳大利亚固定能源计划》将推动建设 12 家大规模光伏发电厂和 23 家大型风力发电厂。该计划全部可再生能源每年为澳大利亚增加 320 亿 kWh 电力，10 年执行期的总投资达 3700 亿美元[132]。2012 年初，澳大利亚设计运营的太阳能风帆船也曾在全球传为美谈[135]。

5. 韩国——

（1）法制：2009 年提交国会《绿色成长基本法》，含推进绿色金融、绿色基金、培育和支持绿色技术和产业。

（2）政策：2009 年初政府发布"绿色工程"计划，在随后的 4 年里投资约 380 亿美元，计划建设 36 个生态工程、创造约 96 万个工作岗位；2009 年 7 月政府颁布《绿色发展国家战略》和《绿色经济五年计划》，该计划拟 5 年间累计投资约 900 亿美元发展绿色经济，争取到 2020 年底跻身全球七个"绿色大国"之列；环境部还发表《绿色增长四大领域 49 项科技前沿课题》，雄心勃勃地计划 2012 年底将水处理和绿色汽车等 10 大环保技术提升到世界前 10 名[85]；2013 年初宣布：2027 年前将火电设备容量增加 1.7 倍，即从 8229 万 kW 增加到 13910 万 kW，可再生能源发电量增至 12%[147]；同时，政府大力扶持企业积极参与太阳能利用，刺激多晶硅产业链健康发展[146]。

6. 印度——

（1）目标：到 2016/2017 年度能效比 2000 年提高 20%。2009 年底印度环境部部长宣布：到 2020 年印度碳排放强度，将比 2005 年减少 20%~25%[127]。

（2）政策：2008 年 6 月 30 日发布《气候变化国家行动计划》，决定 2017 年前实现 8 个国家计划：太阳能、能效、可持续生活、水资源、维护喜马拉雅山脉生态系统、绿色印度、可持续农业、气候变化战略知识平台[84]；2013 年上半年，光伏发电已能平价介入电网[136]。

7. 非洲各国——全球气候变暖，全人类生存遭受苦难，非洲首当其冲。有研究估计，到 2020 年非洲将有 1.5 亿人面临严重缺水和饥荒，海平面上升将淹没 30% 沿海居民区，数百万人流离失所，生物多样性遭到灭绝威胁，农业受累尤甚！2009 年 5 月，30 多个非洲国家环境部长在肯尼亚内罗毕开会，会上通过《内罗毕宣言》，为迎接当年的哥本哈根联合国气候大会协调一致步伐；2009 年 7 月在利比亚苏尔特召开第 13 届非盟首脑会议，会上决定成立非洲首脑气候变化会议（CAHOSCC）以协调在联合国气候大会上的共同立场，也代表着非洲各国面对日益变暖的地球所采取的共同对策[137]。

8. 南非——在全球气候变暖导致令非洲承担的各种严重影响中，南非是深受其苦且特别敏感的一员。因此，南非也较早进入全球统一部署的降碳减排增效行列。2011 年初，南非内阁批准了《综合资源规划 2010~2030》，规定未来 20 年可再生能源发电能力占比应达到 42%，约为 17800MW。作为实施该规划第一阶段，2011 年 8 月 31 日南非能源部宣布，将在 2016 年前使可再生能源发电能力达到 3725MW，即占规划目标的 1/5 强[138]；2011 年 11 月 17 日包括政府各部、全国工会、大型企业和社会团体在开普敦共同签署了《绿色经济协议》（Green Economy Accord）几乎是全民动员，政府出面 5 年内投资 250 亿兰特（约合 31 亿美元）推动可再生能源产业发展，未来 10 年创造 30 万个绿色就业岗位[139]；南非不愧为追赶"金砖四国"的后起之秀，2013 年 3 月中为推广零碳排绿色汽车，新型电动汽车"LEAF"大张旗鼓揭幕也表明南非发展绿色－低碳经济抓住了重中之重[140]。

参考文献

[1] 王心见. 阳光风雨二十年　可持续发展峰会回顾与"里约+20"展望. 科技日报, 2012-06-20; 附-唐志强. 联合国报告称　控制全球变暖任重道远, 2014-04-15; 李山. 气候政策不是免费的午餐——联合国新报告增加全球气候谈判压力, 2014-04-16, 均2版.

[2] 王松霈. "里约+20"全球峰会: 探索生态与经济协调的具体道路. 中国社会科学报, 2012-05-28, B-02版.

[3] 毛文波, 卞晨光. 联合国教科文组织开启"国际地球年"活动. 科技日报, 2008-02-14, 2版.

[4] 记者. 坎昆决议让世界重拾信心. 科技日报, 2010-12-13, 2版.

[5] 章轲. 2013年中国应对气候变化和低碳发展十大新闻. 中国低碳网, 2014-05-02, http://www.ditan360.com.

[6] 刘海英. 坚守哥本哈根, 寄望坎昆　将全球升温限制在2℃以内的目标有望实现. 科技日报, 2010-11-25, 2版.

[7] 刘海英. 发展清洁能源是全世界共同责任　第三届清洁能源部长级会议在伦敦召开. 科技日报, 2012-04-27, 2版.

[8] 华凌. 欠账·漏账·坏账　德班联合国气候变化大会谈判急需厘清的三笔账. 科技日报, 2011-11-29, 2版; 附-记者. 德班气候大会各国"脸谱"不同, 2011-12-07, 7版.

[9] 纪翔. 妥协成就德班大会　未来谈判仍存变数. 中国经济时报, 2011-12-13, 4版.

[10] 李山. 2012联合国气候变化会议召开. 科技日报, 2012-05-15; 附-田学科. 为人类应对气候变化奋力一搏, 2014-09-09, 均2版.

[11] 李山. 传统安全会议上的"非传统"议题——从科技视角看慕尼黑安全会议. 科技日报, 2013-02-05, 2版.

[12] 李学华. 坚持《公约》和《京都议定书》记"基础四国"第七次气候变化部长级会议. 科技日报, 2011-05-31, 2版.

[13] 李学华. 德班全球气候变化大会有两大看点　会议聚焦第二承诺期和绿色气候基金. 科技日报, 2011-11-29; 应以务实方式解决现实难题　发展中国家期待气候变化谈判取得积极成果, 2011-11-30; 设立第二承诺期　启动绿色气候基金-德班气候变化大会落下帷幕, 2011-12-12, 均2版.

[14] 佚名. 最新气候报告对中国及全球意味着什么? 新华网, 2014-04-08.

[15] 常旭旻 (编译). 全球应对气候变化需要新方案. 人民网, 2014-04-18.

[16] 李志晖等. 承前启后　纷争难解——展望多哈气候变化大会. 科技日报, 2012-11-27, 2版.

[17] 李家柱等. 清洁生产和有关国际公约. 中国社会科学报, 2012-05-28, B02版.

[18] 杜悦英. 哥本哈根协议不是终点. 中国经济时报, 2009-12-24, 8版; 附-岳振. 尼古拉斯·斯特恩: "哥本哈根协议"存在三大问题, 2010-03-22, 3版.

[19] 杜悦英. 低碳发展——坎昆接力棒. 中国经济时报, 2010-07-15, 10版.

[20] 杜悦英. 德班气候大会或促产业新机来临. 中国经济时报, 2011-12-01, 9版.

[21] 杨骏等. 风雨兼程的气候谈判. 科技日报, 2010-11-30, 2版.

[22] 张焱. 应对全球气候变化需各国多方合力. 中国经济时报, 2013-10-14, 11版; 附-庄贵阳、周枕戈. 气候谈判缔约国应摈弃狭隘利己主义理念. 中国社会科学报, 2013-12-11; 田慧芳. 气候治理波折凸显机制重大缺陷, 2013-12-11, 均B01版; 缪晓娟等. 光"在乎"远不够——华沙气候大会的核心应是落实承诺. 科技日报, 2013-11-13, 2版; 张薇薇 (编译). 应对气候变化: 一种综合的减排方案. 世界科学, 2013 (11), 12-14; 佚名. 华沙气候大会落实成"落空": 打破气候谈判僵局需要领导者. 中国低碳网, http://www.ditan360.com, 2013-11-24.

[23] 陈莹莹. 聚焦环保、发展、挑战　首届联合国环境大会开幕. 科技日报, 2014-06-25; 附-林小春. 联合国呼吁2070年前实现全球碳中性, 2014-11-21; 郑焕斌. 国际组织全球碳计划称　实现哥本哈根气候大会的目标很难, 2012-12-05, 均2版.

[24] 吴小雁. 中国将根据国情为全球气候变化做出应有贡献. 中国改革报, 2014-11-27, 1版; 附-唐志强. 新一轮气候博弈平静中开场. 科技日报, 2013-05-06; 王雷等. 联合国气候峰会见证中国担当, 2014-09-25; 刘隆、陈威华. 利马大会期待　破冰——中国为气候谈判注入正能量, 2014-12-03; 刘隆. 全球气候谈判可能迎来转机, 2014-12-09; 陈威华等. 应对气候变化的"雄心"之旅, 2014-12-16, 均2版.

[25] 郭锦辉. 债务危机影响气候谈判资金议题. 中国经济时报, 2011-12-08, 9版.

[26] 高博, 李禾. 德班加时赛——京都协议存废难定. 科技日报, 2011-12-11, 1-3版.

[27] 徐晓蕾等. 多哈气候大会通过一揽子决议. 科技日报, 2012-12-10; 附-王心见. 中国向联合国秘书长交存《〈京都议定书〉多哈修正案》接受书, 2014-06-04, 均2版.

[28] 黄堃, 刘晓燕. 哥本哈根后的110天. 科技日报, 2010-04-13, 10版.

[29] 森林. 联合国重启气候变化谈判　资金机制仍是关键. 人民网-环保频道, 2012-09-04.

[30] 刘莉莉等. 展现负责任大国形象　中国为推动坎昆气候大会取得进展做出巨大努力. 科技日报, 2010-12-08; 附-陈威华等. 中国推动气候变化南南合作, 2014-12-10, 均2版.

[31] 孙明河, 王延斌. 中国控制碳排放　是挑战也是机遇. 科技日报, 2009-12-05, 1-3版; 附-王怡. 我国在没有资金技术支持下积极应对气候变化　2012年全国单位GDP CO_2 排放较2011年下降5.02%, 2013-11-06, 8版.

[32] 李佐军. 中国推进低碳发展的五个"有利于". 中国经济时报, 2011-09-29, 9版.

［33］杜悦英.中国碳减排目标释放积极信号.中国经济时报,2009－11－27,1版;厉兵秣马.中国迎接低碳时代,2010－03－11,11版;应对低碳发展的"中国挑战",2010－07－08,10版.

［34］東洪福.2011年《低碳经济报告》指出　我国人均收入距碳排放拐点有3倍差距.科技日报,2011－03－24,10版.

［35］吴晶晶.一项研究指出　我国部分省份仍在"高碳"发展.科技日报,2011－08－04,8版.

［36］陈柳钦.探索实现低碳经济的中国路径.中国经济时报,2010－01－14,8版.

［37］陈磊、游雪晴.坎昆之后,中国如何加速低碳转型.科技日报,2010－12－19,1－3版.

［38］张鹏.论低碳技术创新的知识产权制度回应.科技与法律,2010（3）,29－32.

［39］张玉雷.低碳中国论坛首届年会在京举办　低碳经济中国升温.中国经济时报,2010－01－28,9版.

［40］林东.超强决心VS紧迫形势　中国直面低碳挑战.科技日报,2009－12－07,12版.

［41］林小春、杨骏.应对气候变化　中国展现风范.科技日报,2009－12－18,1－3版.

［42］国务院.中国的能源政策（2012）白皮书,2012－10－24.

［43］国务院.《中国应对气候变化的政策与行动（2011）》白皮书——"十二五"中国推进11项工作应对气候变化.中国经济时报,2011－12－01,9版.

［44］国家发改委.中国应对气候变化国家方案.发改委网站,2009－11－30;见http：//www.stdaily.com.

［45］国家发改委.中国低碳经济发展报告2012.中国经济时报,2011－12－01,9版.

［46］国家发改委.中国应对气候变化的政策与行动2012年度报告,2012－11－20;国家发改委.中国应对气候变化的政策与行动2013年度报告,2013－11－04;程福俊.《中国应对气候变化的政策与行动2013年度报告》发布——国家发改委副主任谈改善,燕赵都市报,2013－11－06.

［47］金桃（编译）.对中国和气候变化的深度关注.世界科学,2012（1）,28－29.

［48］岳振.中国能否胜任全球减排"领导角色".中国经济时报,2010－03－22,3版.

［49］邬公弟.中国——绿色经济的"庞然大物"?科技日报,2010－02－02,2版.

［50］赵雪."十一五"即将收官,"十二五"马上开局,专家纵论——中国经济发展如何走出"三高"瓶颈.科技日报,2010－12－26,1－3版.

［51］南瑞.《中国低碳经济发展报告2012》称　中国是世界第一大碳减排国.中国经济时报.2011－12－01,9版.

［52］高博、游雪晴.天津气候大会,中国亮出低碳技术路线.科技日报,2010－10－10,1－3版.

［53］郭锦辉.中国成为全球能源结构转型主力军.中国经济时报,2011－01－13,8版.

［54］郭锦辉.中国将尽最大可能为保护全球气候做贡献.中国经济时报,2009－11－27,1版.

［55］郭锦辉.《2011中国节能减排发展报告》称　中国成为全球能源结构转型主力军.中国经济时报,2011－12－15,9版.

［56］郭锦辉."十二五"节能不可掉以轻心.中国经济时报,2011－09－15,8版.

［57］课题组.中国有信心应对气候变化问题的挑战.中国经济时报,2010－01－06,8版.

［58］钱炜.中国减排为自愿自主行动　将呼吁哥本哈根气候变化大会解决资金技术问题.科技日报,2009－11－27,3版.

［59］韩士德.我国"十一五"二氧化碳减排将达15亿吨.科技日报,2009－11－14,1版.

［60］董小君.中国低碳战略的两件大事和七项对策.中国经济时报,2010－01－15,5版.

［61］编辑部."十二五"各地区节能目标.中国经济时报,2011－09－15,8版.

［62］瞿剑.中国能源60年——成就非凡保障经济社会快速发展.科技日报,2009－09－18,4版;2010年能源经济形势报告显示我国清洁能源呈加快发展之势,2011－01－29,3版.

［63］新华社.国务院印发《国家应对气候变化规划（2014～2020年）》的批复.中央政府门户网站,www.gov.cn,2014－09－19.

［64］王雷、顾震球.联合国发布《深度减碳出路》15国联合报告.新华网,2014－07－10.

［65］杨骏.气候合作,大国关系新增长点.科技日报,2014－11－14;附－毛黎.交流合作　互利共赢　中美加强气候变化、能源和环境合作,2011－05－12;林小春、杨骏.气候合作－中美合作新增长点,2013－04－18,均2版;金晨曦.中美减排协议实现度有多大?中国经济时报,2014－11－15,1－4版.

［66］毛黎.绿色发展　呵护地球——从《美中绿色发展论坛》看清洁能源未来.科技日报,2011－06－15;可再生能源足以解忧－美学者为日本能源未来出谋划策,2011－04－16,均2版.

［67］田学科.中美将加强务实合作　共同应对气候变化挑战.科技日报,2013－07－12,2版.

［68］刘秀莲.中俄能源合作——拓展可再生能源领域.中国社会科学报,2012－05－09,B02版.

［69］朱菲娜.绿色经济将成中日合作新亮点　中国经济时报,2011－06－02,1版.

［70］张锐.清洁能源合作——中美互惠式大餐如何分享?中国经济时报,2011－06－30,8版.

［71］郑方能、封颖.清洁能源国际合作的战略思考.科技日报,2011－07－11,3版;附－蔡宏波.发达国家并不愿意合作应对气候变化.中国社会科学报,2013－04－17,A06版.

［72］林伯强.中美能源合作——光明前景与理性看待.中国经济时报,2010－11－18,9版.

［73］范思立.中美能源合作开启绿色经济国际化　清洁能源合作成为中美关系的一个重要利益交汇点.中国经济时报,2011－01－

25, 2 版.

[74] 高博."基础四国"就气候变化发表联合声明.科技日报,2012 - 11 - 21, 1 版;"我们为中国伙伴带来最先进的技术"——法中委员会主席谈中法技术合作,2014 - 11 - 27, 8 版.

[75] 郭锦辉.英国愿与中国探讨更多低碳合作机会 - 访英国驻华大使吴思田.中国经济时报,2011 - 04 - 28, 12 版.

[76] 郭锦辉.技术机制进展短期难改技术转让困局.中国经济时报,2011 - 12 - 08, 9 版.

[77] 徐雅斌.开启中美科技合作新模式　新奥 - 把清洁能源生态中心建到美国去.科技日报,2012 - 03 - 02, 1 版.

[78] 蒋旭峰、刘丽娜.中美清洁能源合作空间广阔.科技日报,2011 - 01 - 20, 2 版.

[79] 新华社.中美联合声明,2009 - 11 - 17,北京,科技日报,2009 - 11 - 18, 2 版.

[80] 王乃粒(编译).共创绿色世界从我做起.世界科学,2010 (6), 35 - 36.

[81] 朱敏.发达国家新能源产业发展经验及对我国的启示.中国经济时报,2012 - 02 - 06, 7 版.

[82] 汪巍.英、日、德、美节能减排机制启示.中国经济时报,2010 - 07 - 27, 4 版.

[83] 张梦然.绿色能源之路不平坦——美《国家地理》杂志点评 2011 年的"能源故事".科技日报,2011 - 12 - 14;附 - 林小春.美研究称页岩气开采污染饮用水,2013 - 06 - 26;刘霞.《自然》盘点 2013 年科学大事,2013 - 12 - 21,均 2 版.

[84] 周宏春.应对气候变化的国际经验及其启示.中国经济时报,2009 - 10 - 26, 10 版.

[85] 科技日报国际部.2009 年世界科技发展回顾.科技日报,2010 - 01 - 01;2013 年世界科技发展回顾——科技政策,2014 - 01 - 01;——能源环保,2014 - 01 - 07,均 2 版.

[86] 程如烟等.世界兴起新一轮农业科技革命.科技日报,2012 - 03 - 02, 8 版.

[87] 马会.美国奥巴马政府的新能源政策.中国经济时报,2009 - 02 - 26, 9 版.

[88] 王心见.美国可再生能源消耗显著增加.科技日报,2012 - 11 - 02, 2 版.

[89] 毛黎.无意识的减排——美国 2011 年碳排放为 20 年来最低.科技日报,2012 - 08 - 24, 2 版.

[90] 田学科.发展不能靠优惠支撑　美国清洁能源技术发展面临政策考验.科技日报,2012 - 04 - 25;页岩气挑战美风电建设,2013 - 06 - 22,均 2 版.

[91] 刘嘉.美国加速在军事用地和公共土地上发展可再生能源.人民网 - 环保频道,2012 - 08 - 16.

[92] 刘丽娜等.让新能源成为经济增长点——美国大力扶持新能源产业.科技日报,2010 - 10 - 12, 2 版.

[93] 任海军.美国确定温室气体减排目标　2020 年排放量为 2005 年的 17% 相当于 1990 年的 4%.科技日报,2009 - 11 - 27;林小春:美国首份气候行动计划出炉,2013 - 06 - 27,均 2 版.

[94] 杨骏.影响大　复制难 - 美"领跑"页岩气开发牵动能源变局.科技日报,2012 - 11 - 20;附 - 王心见.并不完美的"革命"——王忠民博士谈美国页岩气发展,2014 - 05 - 27,均 2 版.

[95] 何闻.美业界反思太阳能行业政策.科技日报,2011 - 01 - 31, 11 版.

[96] 佚名.美国能源发展现状.中国煤炭网,2013 - 06 - 14.

[97] 张一鸣.可再生能源发展的美国经验.中国经济时报,2012 - 11 - 26, 9 版.

[98] 郑焕斌.奥巴马能否在气候问题上有作为?科技日报,2012 - 12 - 03;附 - 郑焕斌.美国能源独立梦难圆,2012 - 12 - 05,均 2 版.

[99] 郑启航、高攀.几家欢喜几家愁——美国减排新举措激起各方截然相反评价.科技日报,2014 - 06 - 04;附 - 田学科.美颁布电力企业减排新计划　2030 年排放总量比 2005 年减少 30%,2014 - 06 - 04,均 2 版.

[100] 柯闻.美国推出　发展海上风电新方案.科技日报,2011 - 03 - 21, 11 版.

[101] 蒋旭峰.政治角力——美国新技术革命的"绊脚石".科技日报,2012 - 08 - 14, 2 版.

[102] 程如烟.美国——全面布局应对农业发展新挑战.科技日报,2012 - 03 - 02, 8 版.

[103] 池晴佳(编译).欧盟的绿色之路.世界科学,2007 (6), 33.

[104] 华金秋等.欧盟发展低碳经济的成功经验及其启示.科技管理研究,2010 (11), 45 - 47.

[105] 李山.让电不留碳"足迹"——2050 年欧洲电力可全部来自可再生能源.科技日报,2010 - 04 - 05;附 - 张晓茹、赵小娜.欧盟新目标——2030 年节能 30%,2014 - 07 - 25,均 2 版.

[106] 姜岩.欧盟新战略提倡绿色基础设施.科技日报,2013 - 05 - 08, 2 版.

[107] 崇大海.欧盟发布"2050 能源路线图".科技日报,2011 - 12 - 17, 2 版.

[108] 马爱平.2050 年德国电力全部由可再生能源提供.科技日报,2010 - 12 - 21, 4 版.

[109] 李山.德国——坚定迈向可再生能源之路.科技日报,2011 - 03 - 06, 5 版.

[110] 李山.德国宣布第六能源研究计划　可再生能源和提高能效是研究重点.科技日报,2011 - 08 - 08, 2 版.

[111] 李山.让能源搭上信息技术的快车　德国依托 E - Energy 技术创新促进计划建造智能能源网络.科技日报,2012 - 02 - 14, 2 版.

[112] 李山.德国太阳能企业陷入困境.科技日报,2012 - 04 - 11, 2 版.

[113] 李山.德发布首个"未来的能源"监测报告.科技日报,2012 - 12 - 22;可再生能源不再多多益善——德国彻底改革可再生能源政策,2014 - 03 - 24,均 2 版.

[114] 唐志强.从歪道到正途——德国的环保之路.科技日报,2012 - 12 - 27, 2 版.

［115］韦林娜．英国或将无法实现可再生能源目标．人民网 - 环保频道，2012 - 04 - 26．

［116］韦林娜．英国地热能源可满足五分之一电力需求．人民网 - 环保频道，2012 - 06 - 05．

［117］华凌．惠及民生最重要——英国地方政府的低碳实践经验．科技日报，2012 - 02 - 28，2 版．

［118］李忠东（编译）．伦敦打造"低碳"奥运．中国经济时报，2012 - 06 - 12，12 版．

［119］张笑然、林杉．英联邦政府首脑会议发表气候变化宣言　敦促发达国家对发展中国家给予资金和技术支援．科技日报，2009 - 11 - 30，2 版．

［120］易家康（编译）．海上发电：更远、更深——英国拟打造世界最大的北海风电产业园区．世界科学，2010（7），10 - 12．

［121］黄堃．英国的低碳发展"故事"．科技日报，2011 - 11 - 22，2 版．

［122］毛黎．可再生能源足以解忧——美学者为日本能源未来出谋划策．科技日报，2011 - 04 - 16；附 - 乐绍延．日本新能源产业在调整中发展，2014 - 11 - 25，均 2 版．

［123］冯武勇．日本电力新政助推新能源经济．科技日报，2012 - 07 - 03，2 版．

［124］何德功．智能驱动——日本迎接新技术革命．科技日报，2012 - 08 - 13，2 版．

［125］钱铮．精打细算促环保——日本开源节流与环境和谐相处的经验．科技日报，2012 - 12 - 18，2 版．

［126］蓝建中．"低碳经"不是靠念出来的　日本环境模范城市横滨的低碳化建设．科技日报，2010 - 11 - 15，2 版．

［127］毛晓晓．印度宣布温室气体减排目标　到 2020 年降低排放强度 20% 到 25%．科技日报，2009 - 12 - 05，2 版．

［128］记者．芬兰提高交通生物燃料使用量．科技日报，2013 - 01 - 08，2 版．

［129］石莉、张大成．加拿大限制煤电业温室气体排放．科技日报，2012 - 09 - 07，2 版．

［130］刘慧．丹麦——2050 年将摆脱化石能源．中国经济时报，2011 - 08 - 16，12 版．

［131］刘慧．丹麦将节能理念变为现实．中国经济时报，2012 - 09 - 20，8 版．

［132］刘霞．把曾经错失的机会夺回来　澳大利亚大力发展可再生能源．科技日报，2010 - 09 - 8，8 版．

［133］刘霞．"五脏俱全"的生态城　葡萄牙将建造全新智能低碳城市．科技日报，2010 - 11 - 17，2 版．

［134］闫婷．荷兰"太阳城"——全球首个二氧化碳零排放居住小区．科技日报，2012 - 06 - 28，2 版．

［135］华凌．扬起太阳能风帆——澳大利亚太阳能风帆船投入运营．科技日报，2012 - 02 - 23，2 版．

［136］华凌．中东最大太阳能发电站并网发电．科技日报，2013 - 03 - 19；太阳能发电发展速度远超业内预期　印、意已实现平价接入电网，2013 - 04 - 12，均 2 版．

［137］李学华．非洲——期待公正有效的协议．科技日报，2009 - 12 - 08，2 版．

［138］李学华．南非确定 2016 年前可再生能源发电目标．科技日报，2011 - 09 - 02，2 版．

［139］李学华．誓为绿色经济"买单"南非各界着力推动可再生能源发展和绿色就业．科技日报，2011 - 11 - 22，2 版．

［140］李学华．南非开始电动汽车推广试验．科技日报，2013 - 03 - 19，8 版．

［141］杨敬忠等．另辟蹊径——丹麦新技术革命走特色路．科技日报，2012 - 08 - 15，2 版．

［142］贺娇．澳大利亚将从 2015 年起与欧盟对接碳市场．人民网 - 环保频道，2012 - 09 - 04．

［143］郭锦辉．澳大利亚政府发布气候变化计划．中国经济时报，2011 - 09 - 08，9 版．

［144］潘治、洪天牧．那是真正的阳光大道　荷兰尝试在普通道路上铺设太阳能电池板．科技日报，2012 - 01 - 16，2 版．

［145］潘治、姜慧．在改造自然中与之和谐共处——荷兰经济建设与生态文明发展并行的成功实践．科技日报，2012 - 12 - 17，2 版．

［146］薛严．韩国企业积极涉足太阳能产业．科技日报，2011 - 05 - 17，2 版．

［147］薛严．韩国拟在 15 年内增加 70% 发电设备　可再生能源发电量比重扩至 12%．科技日报，2013 - 02 - 05，2 版．

第5章

从来上策节居首

5-1 降碳先节能 节能先提效

5-1-1 开展节能减排 首当提高能效

1. 化石能源 左支右绌——据美国物理学家组织网 2011 年 12 月 5 日报告，1990 年到 2010 年全球化石燃料碳排放总量增长 49%，从 2000 年到 2010 年均增长 3.1%，是 1990～2000 年间增长率的 3 倍。这一年大气 CO_2 浓度达到 389.6ppm，而工业革命 1764 年前，这一数值仅为 280ppm。相关论文发表在当日出版的杂志《自然·气候变化》上[2]。如果要保证 2050 年全球气温上升不超过 2℃，这种碳排放增长速率必须全人类共同谋略降低到 0% 以下！显然，节能提效是首选对策，然后才能踵势开拓所有可能利用的低碳或零碳能源。也许煤炭生产的同时，综合利用煤矿瓦斯不失为一种能够降低碳排放的来自化石能源的另类可选能源形式[1]。

英国石油公司（BP）2007 年报告，按目前全球对石油的消费需求估计已有可采储量仅能满足 40 年消费。何况按 IEA 估计，2007 年日均消耗 8500 万桶，到 2030 年将增至 1.13 亿桶[3]。全球煤的储量约有 9090 亿吨，足够采用 155 年；西伯利亚、阿拉斯加和中东的天然气储量比石油储量的寿命略长 20 年，但热量密度比石油小且在使用前需液化处理；生物燃料来源于土地产物，有可能与人争地。紧锣密鼓地研发可再生能源，就目前已知的能量密度毕竟无法与煤炭和石油平起平坐。科技界绞尽脑汁从挖掘热力学第二定律提供的契机和熵的启示[5]，到通过热泵开发地热和空气能等环境隐伏能源，借开源抵消未来的能源危机。如果人类把这些"开源"举措全都用上，依然解决不了遏制气候变暖的总体趋势，除非让化石燃料最终退出经济社会发展的历史舞台！在章 7 将论及，由于美国近年得益于科技进步使页岩气产量激增和石油渐从进口国很快变为少量出口国，使 OECD 各国相形见绌而望尘莫及。有的媒体曾提到，全球能源格局将有所改变[14]。若计入强化的节能增效因素，或许全球能源吞吐结构将面临"重新洗牌"。

据 2012 年 6 月英国石油公司发布的《BP 世界能源统计年鉴》，2011 年我国新增能源消费占世界新增能源消费的 71%。其中：石油消费较上年增长 5.5%，天然气增长 21.5%，煤炭增长 9.7%，风电增长 25.8%。数字说明，我国的能源消费增量仍集中在化石能源范畴。

2. 提高能效 等于节能——2005～2010 年 5 年间，我国工业增加值保持年均 13.5% 以上的增长速度，2010 年全国工业增加值超过 15 万亿元。全世界 500 种主要工业产品中，我国有 210 种产品的产量居世界第一。中国已经成为具有全球影响力的制造业大国，暂时还不是强国，关键在于粗放型的生产方式尚在争取全面转变。加拿大皇家科学院院士瓦茨拉夫·斯米尔（Vaclav Smil）在他的文章里断言 2010 年全球化石燃料产生的 CO_2 排放量达 320 亿吨，中国占其中 24%[4]，即约 76.8 亿吨。英国经济学家尼古拉斯·斯特恩则估计 2010 年中国的碳排放当量（CO_2e）达到 80 亿～90 亿吨。若节能提效迟未到位，单位 GDP 的碳排放量保持不变，则到 2030 年中国碳排放当量将达 300 亿～350 亿吨。根据 IEA 预测，如果争取

2030 年全球温升控制在 2℃ 以内，届时全球碳排放当量必须控制在 300 亿～320 亿吨[9]！可见与其说我国节能提效源自动力，不如说更多来自压力[20]！

不言而喻，能源的高效利用本身就是低碳化求之不得的成果。能耗高企实质就是增加环保负担：运输、废气、废渣、废水、装备……窒碍循环利用，挑战绿色诉求！2006～2011 年我国单位 GDP 能耗降低 21%，相当于减少 CO_2 排放约 16 亿吨，其中主要通过能效提升。

5-1-2　全线突破　重点提效

1. 我国产业能效现状——2008 年的数据表明：中国资源利用效率在 59 个主要国家中居倒数第六位，1 吨标煤的产出仅相当于美国的 28.6%、欧盟的 16.8%、日本的 10.3%[39]。据国家工信部统计，2009 年我国工业能耗占全社会总能耗的 71.3%。单位工业产品能耗与国际先进水平相比，存在较大差距。吨钢的综合能耗约高 15%，水泥综合能耗高 20%～25%。据 2011 年的统计数据，我国能源利用效率总体平均为 33%，比发达国家低 10%；单位 GDP 能耗是世界平均水平的 2 倍多，比美国、欧盟、日本、印度分别高 2.5 倍、4.9 倍、8.7 倍和 43%。我国建筑采暖、空调能耗均高于发达国家，其中单位建筑面积采暖能耗相当于气候条件相近的发达国家的 2～3 倍，节能型居住建筑仅占全国城市居住建筑面积的 3.5%。我国石化、电力、钢铁、有色、建材、化工、轻工、纺织等 8 大重点行业主要产品单位能耗平均比国际先进水平高 40%；烧煤的工业锅炉平均运行效率比国际先进水平低 15%～20%；机动车百公里油耗比欧洲高 25%，比日本高 20%。国家发改委领导在 2011 中日低碳发展研讨会上承认目前中国重点行业的能源利用水平与国际先进水平的差距达 14%～25%。可见重点行业节能提效，理应走在前头[24]！此外，农业化肥、农药、沼气都有潜力可挖[41]。英国《经济学人》杂志 2007 年即援引麦肯锡世界研究所的一份全球能效比较和 2020 年预测能效提高水平（图 5-1），其中特别突出地提示日本、西欧/北欧、美国等发达国家和地区的能源利用效率远超我国的现实。从这里得到的启示是：到 2020 年我国能效改善的同时，发达国家也许改善得更多！

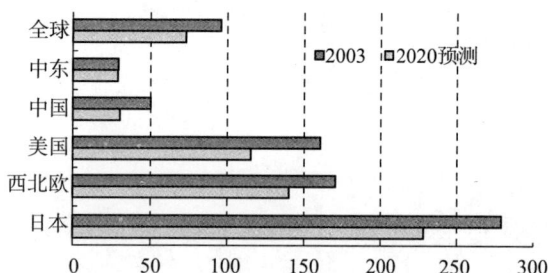

图 5-1　能源生产率比较（每 QBTU∗能耗产出的 GDP，10 亿美元）

注：∗10^{15} 英制热量单位。

（据：The Economist，2007-06-02 引自 Mckinsey Global Institute）

IEA 在 2012 年针对中、美、欧、日的经济增长速度背景下各自能耗效率从 1990 年起预测到 2030 年的年均碳排放总量增长变化态势如图 5-2 所示。显然，若随着经济增长的同时大幅提高能效、降低能耗，则 IEA 的预测也许会调整到与美国不相上下[30]。

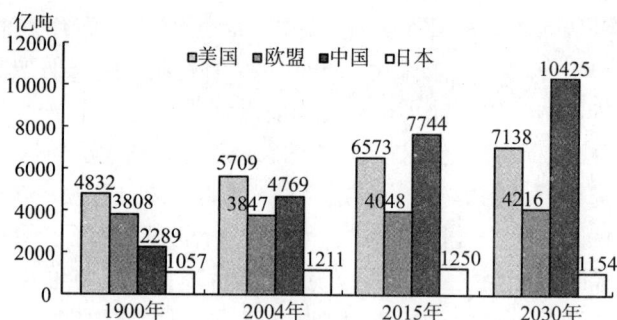

图 5-2　中日欧美年均碳排放总量比较

（据：IEA）

2. 科技主导　节能提效

按科技视野采取节能提效减碳、充分利用可再生能源和化石能源洁净化等措施，一般估计平均可减排 32%～37%（图 5-3）。图示我国 CO_2 减排的 3 项措施，惜绘制该图的背景未计入我国已紧跟发达国家开展碳捕集与封存（CCS）工程项目，并已初具规模，其中如我国首例 CCS 工程已在 2010 年开工建设[32]，在我国东部地区还有几项类似工程已经规划投资。又如我

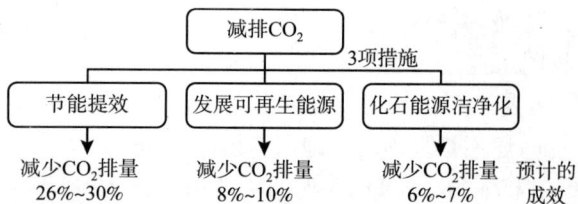

图 5-3　实行减排的 3 项低碳措施

（据：林宗虎. 低碳技术及其应用. 自然杂志，2011，33 (2)，74-80）

国在传统能源的消费利用方面近年也加强了法规约束和强制性管理。如国家环保部和质检总局 2011 年 7 月修订的《火电厂大气污染物排放标准》是史上最严的一项标准：从 2012 年 1 月 1 日开始实施的标准规定所有新建火电机组氮氧化物排放最高 100mg/m³；2014 年 7 月 1 日所有原来的火电机组也必须达到这一标准[13]。

2011 年 3 月《国民经济和社会发展第十二个五年规划纲要》明确了我国节能减排的六大约束性指标：单位工业增加值用水量降低 30%；非化石能源占一次能源消费比重达到 11.4%；单位 GDP 的碳排放降低 17%；主要污染物排放总量显著减少，化学需氧量（COD）和 SO_2 排放各减少 8%；氨氮、氮氧化物排放分别减少 10%。2011 年 8 月国务院发布的《"十二五"节能减排综合性工作方案》[32]和《节能减排"十二五"规划》[33]更要求到 2015 年全国万元 GDP 能耗下降到 0.869 吨标煤（按 2005 年价格计算），比 2010 年的 1.034 吨标煤下降 16%，比 2005 年的 1.276 吨标煤下降 32%；"十二五"期间实现能源节约 6.7 亿吨标煤。主要污染物排放总量下降 8%～10%。《规划》提出 3 项重点任务：调整优化产业结构、提高能效和强化主要污染物减排。《规划》要求的 10 个保障措施是：（1）坚持绿色低碳发展；（2）加强监测考核；（3）加强用能节能管理；（4）健全节能环保法制；（5）完善投入机制；（6）完善金融财税政策；（7）推广市场化机制；（8）推动技术创新；（9）强化监督检查和能力建设；（10）开展绿色低碳全民行动。据测算，"十二五"期间节能减排重点工程总投资 23660 亿元，其中节能 9820 亿元、驱污 8160 亿元、循环利用重点 5680 亿元[31]。

为了能达到规划目标，须发挥政策优势，推进低碳技术创新[25]。包括通过有关政策降低企业创新成本，保障和激励企业开发采用低碳新技术；完善税收制度，积极推进资源性产品价格改革，加快建立能充分反映市场供求关系、资源稀缺信号、环境损害成本的价格形成机制，以推动低碳技术的研发；特别要重视扶持和鼓励与节能增效密切相关的科技型小微企业，为之构造人才、金融、财税、科研实践的有利氛围；依托高校和科研机构现有的技术创新和研发优势，通过整合资源，组织跨学科、跨领域的研发团队，强化高水平跨学科交叉融合的科研平台建设[35,36]。从地区分担的节能指标看，一些先进省区更应走在全国前列才好[37,38]。

在政策引导和目标激励下，中国发展燃煤工业锅炉（窑炉）改造工程、区域热电联产工程、余热余压利用工程、节约和替代石油工程、电机系统节能工程、能源系统优化工程、建筑节能工程、绿色照明工程、政府机构节能工程、节能监测和技术服务体系建设工程等方面均取得了长足成效，并开始纵深发展循环经济、大力发展可再生能源和优化能源结构。

5-2　节能减排　持续发展

5-2-1　节能减排　成效斐然

1. "十一五"节能减排　吉祥止止——

（1）"十一五"期间，单位 GDP 能耗下降 19.1%；SO_2 排放量下降 14.29%；COD 排放量减少 12.45%；通过节能增效减少碳排放 14.6 亿吨[30]。

（2）节能减排效果表现在：①以能源消费年均增速 6.6% 支撑了 GDP 年均增长 11.2%。②单位 GDP 能耗下降 19.1%。③全国煤电脱硫机组容量达到 5.78 亿 kW，占装机容量比重由 2005 年的 17% 增加到 82.6%；单位电量 SO_2 排放减少 50%，燃煤电厂平均除尘效率从 98.5% 提高到 99% 以上。④火电效率达到国际先进水平，供电标准煤耗从每 kWh370g 下降到 333g，降低了 10%，累计节约标煤 3 亿吨、减排 CO_2 7.6 亿吨、SO_2 314 万吨。⑤钢铁行业 1000m³ 以上高炉占比由 21% 上升为 52%，吨钢综合能耗从 694kg 标煤降至 605kg 标煤，降低 12.8%[19]；建材行业新型干法水泥熟料产量占比从 39% 上升为 81%，水泥综合能耗下降 24.6%；乙烯综合能耗下降 11.6%；合成氨综合能耗下降 14.3%。⑥技术进步大放异彩，钢铁行业干熄焦技术普及率由不足30%提高到80%以上；

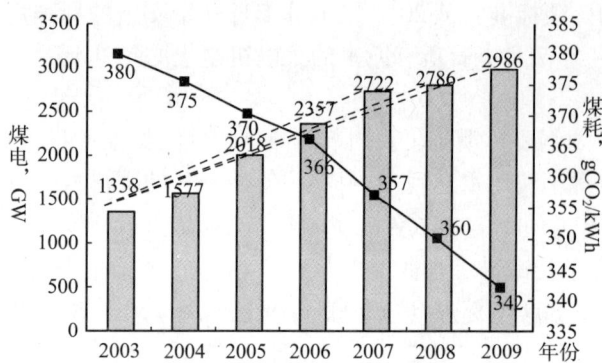

图5-4　我国每kWh燃煤发电与煤耗

注：图中虚线表煤电产能逐年增加量值吉瓦（10^9W）数；实线表每发电1度递减排放的CO_2克数。

（据：Xiaomei Tan & Deborah Seligsohn（Eds）. Scaling Up Low-carbon Technology Deployment Lessons from China, World Resources Institute, 2010, ISBN 978-1-56973-751-4）

水泥行业低温余热回收发电技术从起步到占比55%；烧碱行业离子膜法烧碱占比从29.5%提高到84.3%。⑦"十一五"因实施10项重点工程形成节能能力3.4亿吨标煤；新增城镇污水日处理能力6500万吨，处理率77%。⑧环境质量随之改善，例如重点城市COD和SO_2年均浓度下降了26.3%，地表水管控断面劣5类水质占比从27%降到16.4%；七大水系优于3类占比从41%上升为59.9%。

2. 火电节能　一马当先——无论如何，我国21世纪以来在节能减排政策激励和生产领域广泛推行的实况下已取得很好效果。以2003~2009年间我国煤电持续增长和煤耗逐年下降的情势已足以说明取得的绩效多么辉煌（图5-4）。

3. 火电节能　不忘环保——火电为改善环境，降减SO_2和烟尘排放，"十一五"期间，火电脱硫比例从14%提高到86%；21世纪前10年已做到绩效逐年提高（图5-5、图5-6）。

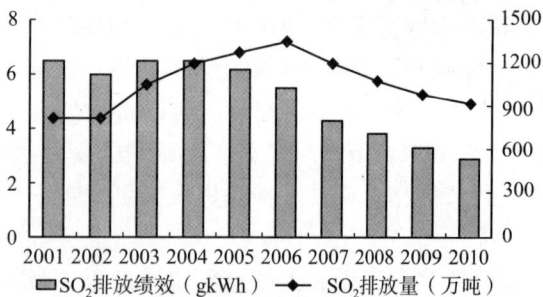

图5-5　2001~2010我国火电厂SO_2排放绩效指标和排放量变化情况

（据：中国节能环保集团公司等. 2011中国节能减排发展报告. 中国经济时报，2011-12-15，9版）

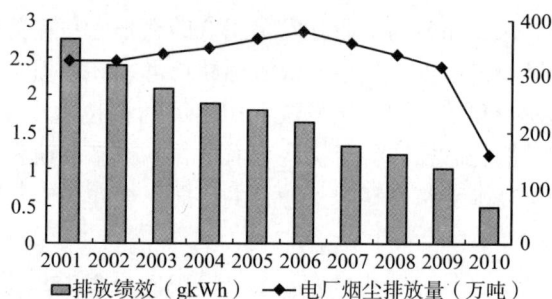

图5-6　2001~2010年我国火电厂烟尘排放绩效指标和排放量变化情况

（据：同图5-5）

2010年全国新增燃煤脱硫机组装机容量1.07亿kW，火电脱硫机组装机容量达到5.78亿kW，占全部火电机组的比例从2005年的12%提高到82.6%。

5-2-2　煤炭行业　兼程并进

1. 煤炭行业淘汰落后产能成效显著——按照"整合为主、新建为辅"的方针，2006~2011年，全国累计关闭小煤矿1万处，淘汰落后产能5.7亿吨。煤炭生产规模化、集约化水平明显提高，2011年，全国14个大型煤炭基地产量达到32亿吨，占全国煤炭总产量90%以上，亿吨级大型煤炭企业达到7家，5000万吨级以上大型煤炭企业达到18家，产量占全国煤炭总产量51%[21]。

2. 推动煤炭生产和利用方式变革——煤炭是我国的基础能源，粗放的煤炭生产和消费方式带来了高污染、高排放、低能效、低产出等许多问题。就当前世界非化石能源利用技术经济水平、开发周期及我国能源资源赋存状况来看，煤炭仍将继续保持主力能源地位。因此，高碳能源低碳利用是我国能源发展的主要内容[23]。

（1）发展煤矿充填开采：我国煤炭资源埋藏较深，95%的资源靠井工开采，沿用简单的垮落式开采方式，造成的煤矸石占压土地、地下水流失、土地塌陷、因搬迁补偿不到位引发的上访不断等种种问题，影响了矿区生态和社会和谐。充填开采是随着采煤工作面的推进，向采空区送入矸石、沙石、膏体等充填材料，并在充填体保护下采煤的技术，是煤矿生产方式的重大变革，可以提高煤矿安全生产水平和资源回收率，防止地表沉陷，保护生态环境，促进和谐矿区建设。通过实施充填开采，将大量"三下"（建筑物下、铁路下、水体下）压煤安全高效地采出来，可以使资源回收率由 30% ~ 50% 提高到 90% 以上，最大限度地延长矿井服务年限，还能做到矸石不升井、不上山，消化地面存量矸石及城市建筑垃圾，节约大量土地，有效减轻地层变动和沉陷，保护水资源，实现矿区生态环境由被动治理向主动防治的重大转变。

（2）积极开展煤炭地下气化：煤炭地下气化是将赋存于地下的煤层进行可控燃烧，通过热解作用和化学作用，产生可以有效利用的气体能源。该过程集建井、采煤、地下气化三大工艺为一体，变传统的物理采煤为化学采煤，因而具有安全性好、投资少、污染少等优点，受到世界上许多国家的重视，被誉为新一代采煤方法。从 20 世纪 30 年代起，苏联和欧美相继开展了煤炭地下气化研发。据不完全统计，目前国外已建或筹建煤炭地下气化工程约 40 余处。我国也由实验室和现场试验研究逐步向工业化生产过渡，并形成了具有自主知识产权的煤炭地下气化高新技术。

煤炭地下气化技术不仅可以回收矿井遗弃煤炭资源，而且还可用于开采井工难以开采或开采经济性、安全性低的薄煤层、"三下"压煤和深部煤层。地下气化无固体物质排放，煤气可以集中净化，燃烧后的灰渣留在地下，减少了地表沉陷，大大减少了煤炭开采和使用过程中对环境的破坏。地下气化煤气不仅可作为燃气直接民用或发电，而且还可以作为合成油、二甲醚、氨、甲醇的原料气。因此，煤炭地下气化技术具有较好的经济效益和环境效益，大大提高了煤炭资源的利用率和利用水平，是未来洁净煤技术的重要研发方向。

3. 节能科技水平一路走高——2011 年以来，400 万吨/年选煤厂洗选设备已基本实现国产化，重介质选煤等技术得到广泛应用。我国已初步形成有自主知识产权的原煤直接液化技术，目前年产百万吨直接液化生产线运行良好。大容量、高参数火电机组相继建成投产，600℃超超临界机组数处于世界首位，机组发电效率超过 45%。有自主知识产权的千 MW 级直接空冷机组已投入运行；300MW 级亚临界参数循环流化床（CFB）锅炉已大批量投入商业运行，600MW 级超临界 CFB 研发成功。用于分布式热电冷联产的 100kW 和 MW 级燃气轮机关键技术已取得研究成果突破；有自主知识产权气化技术的 250MW 级整体煤气化联合循环（IGCC）机组已建成示范项目。1000kV 高压输电试验示范工程和 ±800kV 直流示范工程均已成功投运。间歇式电源并网和储能技术研究已取得阶段性成果[20]。2011 年年底以来，国家发改委等 17 部委先后联合制定、发布"十二五"《万家企业节能低碳行动实施方案》、《万家企业节能目标责任制考核实施方案》等，形成管理范畴的强力科技手段，力争实现 5 年间万家企业节能 2.5 亿吨标煤目标。在这些新举措基础上，2012 年我国单位 GDP 能耗比上年进一步下降了 3.6%[39]。

2012 年 6 月 5 日，环保部通报 2011 年环境状况，2011 年 NO_x 排放量 2404 万吨，比 2010 年上升了 5.73%，没有完成预定下降 1.5% 目标[18]。3 - 8 - 1 节曾提到：2014 年 1 月 22 日，国家发改委领导透露，我国"十二五"经济社会发展规划中的 24 个主要指标绝大部分均已接近完成，实施进度好于预期，但涉及低碳经济主攻方向的四个指标完成情况不够理想：NO_x 总量减排、非化石能源占一次能源消费比重、单位 GDP 能耗和 CO_2 排放水平，进度滞后于预期[30]。为此，2014 年 3 月，科技部、工信部联合发布《2014 ~ 2015 年节能减排科技专项行动方案》，要求大力加强科技创新，强化国家实现节能减排目标的支撑作用，科技节能潜力亟待充分得到发挥[23]。2014 年 5 月下旬，国务院办公厅印发《2014 - 2015 年节能减排低碳发展行动方案》，提出 2014 ~ 2015 年节能降碳具体目标：单位 GDP 能耗、COD、SO_2、$NH_3 - N$、NO_x 分别逐年下降 3.9%、2%、2%、2%、5% 以上，单位 GDP 的 CO_2 排放量两年分别下降 4%、3.5% 以上。行动方案中要求加快调整产业结构，发挥科技引领作用，强化市场调节作用[15]。通知中要求加大机动车减排力度，2015 年全面供应国五标准车用汽油和柴油；2014 年底前，淘汰黄标车、老旧车 600 万辆，2015 年底全国淘汰 2005 年前注册营运的黄标车，基本淘汰京津冀、长三角和珠三角等区域内 500 万辆黄标车[24↓,32,33]。

5－2－3　节能提效　补偏救弊

1. 提高能效　仍待努力——2012 年我国 GDP 约占世界的 8.6%，而能耗却占世界的 19.3%。我国单位 GDP 能耗仍为世界平均水平的 2.5 倍，是美国的 3.3 倍、日本的 7 倍，甚至高于巴西、墨西哥等发展中国家。我国火电煤耗仍比国际先进水平高出 9.7%，电网综合线损率高出 1.5%。重点行业如我国钢铁、石化、建材、有色的能源消费即约占全社会能耗总量的 47%，占第二产业能耗总量的 65%。

表 5－1	我国三次产业结构变化		
	第一产业	第二产业	第三产业
1995	19.9	47.2	32.9
2000	15.1	45.9	39.0
2005	12.1	47.4	40.5
2010	10.3	46.3	43.4
2015	8.0	45.0	47.0
2020	6.0	42.0	52.0

（据：国家统计局，国务院发展研究中心）

2. 经济结构制约能效提高——我国三次产业结构见表 5－1。2010 年三次产业单位增加值能耗比约为 1:6:1.5，三次产业和生活用能分别占能源消费总量的 2%、73%、14% 和 11%。第二产业单位 GDP 能耗高于第一产业和第三产业。与发达国家相比，我国第二产业能源消费比重高 40% 左右。这种工业化原始积累阶段的特殊现象导致单位 GDP 降耗的难度加大。

3. 及时总结经验　随时调整方向——首先是及时归纳企业节能提效的典型经验，而且尽可能避免把归纳的经验变得虚应故事、不着边际。例如个别研究项目总结的经验空泛掠奇，却言之无物；加强科技研发、大力培育人才、着意自主创新……如此这般，不一而足。但仔细琢磨之余，却不得要领。倒不如就事论事，洞见症结[16]。

4. 借鉴先进经验为我所用——世界各国节能减排和提高能效颇具特色，值得我们抱着"不耻下问"的开拓精神汲取其中独到之处为我所用。日本以与人为善的态度给家庭安排一定的"减碳"指标[29]；法国、瑞典和英美等国家的城市垃圾纳入科学处理渠道，能大大减轻能源消耗和减少环境污染[18]；美国、欧盟的专家常来我国讲学或参加研讨座谈，他们的一些建议内容和若干节能增效经验之谈往往藏着若干真知灼见，值得按古训"三人行，必有我师焉"的教导取精用弘[17]。前清大臣魏源"师夷长技以制夷"之句，不妨将"制"换成"超"字以适应时务；若嫌"夷"含贬意，改用"洋"字也许更加贴切，亦即"师洋长技以超洋"！

5. 缩小差距　任重道远——我国在制造、建筑、交通等领域的能效仍与发达国家间存在不小差距，个别指标甚至相去甚远。例如早在 2006 年，中日能源效率存在较大轩轾：供电煤耗（gce/kWh）日本是 314，中国是 366；线路损失日本是 5.1%，中国是 7.08%，高出 38.8%；近年来虽已大幅改善，别忘了日本产业界也在马不停蹄地提效。2009 年我国单位 GDP 能耗 0.436 吨油当量/万美元，是世界平均水平的 2.263 倍，也是印度的 1.18 倍，高能耗产品单位能耗多数超过国际先进水平的 10% 强，乙烯生产甚至高达 56.4%[8]。其实说到底都是技术创新问题！

《中国低碳发展报告》[17] 认为："十二五"时期，我国的节能减碳面临四大挑战：工业化和城市化伴随能源需要的快速上升；节能减碳边际成本包括人力成本的上升；地方政府的负债扩张冲动；新能源和可再生能源发展中存在的制约因素等，将从负面妨碍"十二五"期间 16% 能源强度和 17% 碳强度下降的目标实现[38]。除此而外，作者认为：还有如影随形的四大跟进挑战不得不进入议事日程：生态环境问题；就业问题；社会财富畸形麇集问题和网络/信息安全问题。这四个附加挑战一样能以或隐或现的方式窒碍节能减排和转型增效。

5-3　纵深发展　深图密虑

5-3-1　高视阔步　多管齐下

1. 满怀希望——我国科技界越来越多的后起之秀，与老专家们一道在为节能增效献计献策、大踏步在创新路上迭出奇招。2012 年虽在世界一般专利申请量上已跃居全球首位，而有关节能增效的专利申请数却暂未高登榜首，可以乐观地估计未来 20 年我国能源领域必将迎来瑰意琦行的黄金时代！英国石油公司恰恰不约而同，预计中国在节能增效技术创新方面的规模和进度必将举世无双，能源使用效率将会在 2030 年前后跻身世界先进水平，如图 5-7 所示。

2. 节能减排　贵在提效——2014 年 9 月，IEA 报告全球节能市场规模近年均已达 3100 亿美元。根据对 18 个主要用能国家的调查，21 世纪以来能源消耗总量下降 5% 的主要动因来自 3 方面：产业结构节能，特别是工业领域；技术节能，特别是煤炭的高效化和减排化；社会生活消费节能。其实，别忘了还有第四个关键节能举措，即管理节能减排。

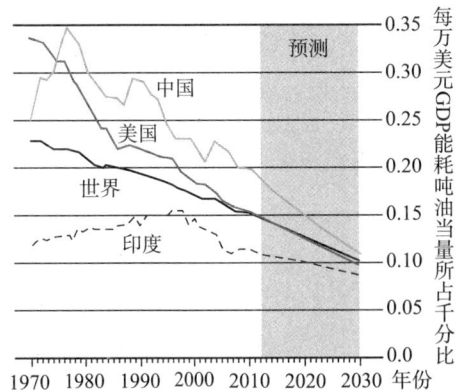

图 5-7　中、印、美和世界的能源使用效率
（据：BP：2030 能源展望）

（1）结构节能减排：产业结构优化节能是稳定地全面节能提效的关键。通过广义的结构优化实现结构节能减排的理论机制包括消费和供给两大部分，其中推行低碳消费时须顾及社会生产满足社会消费需求形成的互动格局，例如社会需要高清电视，生产格局须作出相应调整，而生产高档手机附加了智慧化功能则力图消费方迅速领悟和接受，这一供销双方的结构调整显然将影响消费结构节能。对应地，在低碳供给方面则存在从单一能源结构向多元低碳能源结构的转化过程，最终达到整个经济-社会节能减排的优化目的，如图 5-8 所示。众所周知，现代化建设初期，以第二产业为主的结构演进对国家能源消费需求增长具有明显的增速效应。后来随着产业结构多元化进程的不断加快，能源消费重点逐渐向重化工业、高端装备制造业、高速

图 5-8　结构节能减排基本逻辑框架

发展的城镇化进程转移。"十一五"期间，我国第二产业累计关停小火电机组 7683 万 kW，提前一年半完成关停 5000 万 kW 的任务；期末单机 30 万 kW 及以上机组占全部火电装机比重从 2005 年的 47% 提高到 70% 以上，火电供电煤耗下降 9.5%；钢铁、水泥、焦化及造纸、酒精、味精等高耗能行业淘汰落后产能均超额完成任务。造纸行业单位产品 COD 排污负荷下降 45%。

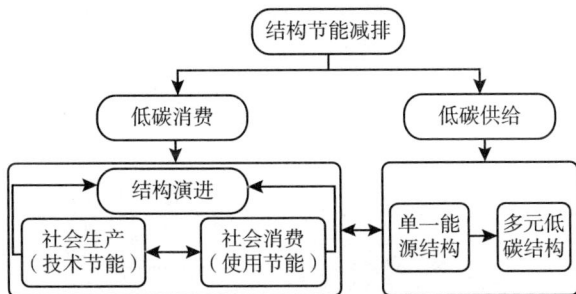

为实现 2020 年温室气体控排目标，中国还需继续淘汰落后产能。水泥行业已淘汰落后产能 1.4 亿万吨，到 2020 年之前还需进一步淘汰 1.8 亿万吨。对煤炭开采和洗选行业来说，若碳强度在 2020 年比 2005 年分别下降 40% 和 45%，产值损失分别是 1842 亿元和 3142 亿元，损失比例分别是 14.13% 和 24.12%。燃气生产和供应行业，损失比例也在 10% 以上。排在第三位的是电力热力的生产和供应业，损失比例分别是 3.84% 和 6.79%，但损失产值高达 1995 亿元和 3528 亿元，成为损失产值最高的部门。这些受损失的产业和行业可能成为中国低碳经济发展的障碍。从"十一五"规划完成的实际情况来看，中国承诺的

单位 GDP 碳排放强度相对量完成起来并不轻松。特别是 2010 年，"十一五"的最后一年，一度出现单位能耗不降反升的逆况，最终为完成指标甚至采取了拉闸限电方式。

①经济总量与结构变化：就总量而言，未来 20～30 年，中国 GDP 年增速很有可能保持在 7% 左右，由此预计中国 GDP 到 2020 年将接近 11 万亿元；2030 年则可能达到 20 万亿元（1952 年价格，下同）。在重化工业发展和城镇化带动下，中国经济的结构演进速率将明显加快。

②一次能源消费增长及结构演进趋势判断：中国未来 20～30 年的一次能源消费年递增速率可能在 3% 左右。依此预计中国一次能源消费 2020 年接近 26.0 亿吨标油（约相当 36 亿吨标煤）；2030 年时则有可能接近 28.0 亿吨标油（约相当 40 亿吨标煤）。由于煤炭绝对主导地位难以撼动，中国未来一次能源供应结构的演进仍较缓慢。

③单位产出能耗变化趋势：根据上述分析，中国单位产出能耗 2020 年有可能降至 2.3 吨标油/万元以下（3.3 吨标煤/万元），较之 2005 年下降 45%；2030 年则可能进一步降至 1.39 吨标油/万元（2.05 吨标煤/万元），较之 2005 年下降 67%。

④碳排放变化趋势：考虑经济总量与一次能源供应增长及两者结构的变化，2020 年中国碳排放总量约 23.5 亿吨；2030 年可能为 24.7 亿吨。因一次能源供应结构演进较缓慢，未来中国单位能耗碳排放水平改善空间有限，初步估计 2020 年中国单位能耗碳排放为 0.87 吨碳/吨标油；2030 年可能降至 0.86 吨碳/吨标油，较之 2005 年水平下降 12.4%。

（2）技术节能减排：发生在生产企业层次，通过提高产品综合能源使用效率实现节能减排，或可称为社会生产节能减排。根据 IEA 的预测，采用各种行之有效的节能科技手段、涓滴不漏地提高能效，限于科技发展的匪朝伊夕，难免顾此失彼，不能尽善尽美。据 IEA 估测，直到 2035 年实现各种提高能效的举措后，仍有 2/3 未能达到节能要求。

图 5-9 预测到 2035 年在产业结构中耗能最多的 4 个领域只有工业节能一马当先，在全球节能减排中起主导效应，而建筑所能贡献的节能成分则是最少的。现代能源供应不仅表现在总量增长，更表现在质量提高方面。现代能源供应新的目标追求是如火如荼的低碳能源产品（如天然气、可再生能源及其它绿色能源产品）快速取代高碳能源产品。因此，从节能减排角度看，能源供应的节能减排除总量控制外，一个重要任务就是供应技术上高效节能低碳产品。例如：煤炭的液化技术流程看起来错彩镂金，左来右去，虽需付出一定成本，但在技术上相对提升了煤炭能效，减少了环境负担（图 5-10）。

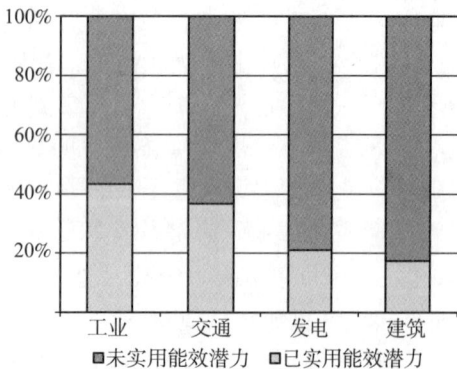

图 5-9　新对策方案中各领域能效潜力的使用（到 2035 年）

（据：IEA. World Energy Outlook 2012，2012-12-12 的图改绘）

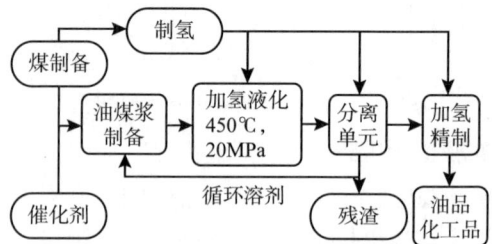

图 5-10　煤炭直接液化技术流程

（据：据国家能源局网站改绘）

（3）社会生活或社会消费节能减排：结构节能减排是集社会生产和生活于一体的节能减排综合行为，而技术与生活节能减排则是结构节能减排的具体体现，后者通过家庭、个人或社会群体行为实现。换言之，产业结构的有序演进是实现国家和地区节能减排的最基本途径和方式。例如汽车的燃料节能提效、

LED－OLED 逐步普及，以及 2014 年 10 月美日科学家因蓝色 LED 同获诺贝尔物理学奖后将更进一步降减能耗，而这是足以推广到全球 70 多亿人积微成著的节能盛事。另外，推广燃料经济利用标准也许能覆盖全球 70% 的轻型乘用车，其贡献节能的功劳也许不亚于 LED，加上节能的空调、冰箱，节能消费设施比比皆然，综合效应凸显。

　　（4）管理节能："十一五"中央财政投入 100 多亿元，用于支持全国污染减排"三大体系"和环保监管能力建设，建成污染源监控中心 343 个，对 1.5 万家企业实施自动监控，配备监测执法设备 10 万多台（套），环境监管能力显著增强。南方电网公司和多个省份开展节能减排发电调度，对燃煤脱硫机组实行投运率考核并扣减脱硫电价，投运率由 2005 年的不足 60% 提高到 2010 年的 95% 以上。国控重点污染源 SO_2 和化学需氧量达标率分别达 92% 和 94%，分别比 2005 年提高 22% 和 34%。

5-3-2　企业智圆行方　节能击鼓传花

　　1. 机械制造行业创新奇葩——近年机械制造行业屡传捷报，许多节能提效的新发明见诸报端和投入实用。河北鹿泉市的专家设计的多功能—智能动力机械发电设备，将一次性电能转换为机械能，可高效循环应用动力能量，用于各种发电、动力机械以及机动车辆，可大幅降低成本，系高效无碳科技重大常温动力机械创新成果[47]。沈阳市的专家发明多棱金属锥体管成型机也是一种实用的节能机械产品创新发明[42]。

　　2. 制冷和空调节能创新——大型制冷设备中的压缩机产生大量冷气的同时散发大量热气。广东潮州市潮安开发区的维新食品厂工程师发明的热源回收装置，能变废为宝、一石二鸟地既制冷又产高达 80℃ 的热水[59]；青岛海尔利用磁悬浮技术于中央空调，创造出能效高、寿命长、噪声小、无需重复维修等绿色－低碳经济特点的崭新空调设备[51]；珠海格力电器 2011 年底成功建成国内外首台双级高效永磁同步变频离心式冷水机组，这一中央空调的核心设备能完成 40% 的节能效果[45]。

　　3. 工业锅炉节能创新——国家能源局宣称，全国燃煤工业锅炉的热效率近年已普遍得到提高。据测算，如将全国现有 50 万台工业锅炉和 10 多万台工业窑炉的热效率从目前的 60%～70%[52] 提高 15%，则每年节煤潜力可达 1 亿吨[48]。

　　4. 发电和用电设备节能一隅——华能集团于 2013 年 4 月通过鉴定的整体煤气化联合循环发电（IGCC）的核心技术示范发电站标志我国在清洁高效煤基发电先进技术领域已进入全球前沿。该技术实现燃煤发电的高效运行和超低排放，比常规燃煤电站降减污染物排放 90%；脱硫效果达 99%；氮氧化物排放仅及常规电站的 15%～20%。借助 IGCC 技术，可同时生产替代天然气、甲醇、汽油、氢气、尿素、硫磺和供建材生产用的灰渣等，是发电与化工联产的典型技术设施[44]；2013 年大连钰霖电机公司生产的全球首台低负载下高效率/高功率因数稀土永磁直接驱动电机已投入使用，这种电动机不用机械式减速机，实现无齿轮传动，比一般电机平均节电 20%～40%[59]；传媒报道浙江的浙能集团是火电行业中著名的取得节能环保双丰收的企业[57]；发电和输配电同样是节能减排的重点领域[56]。

　　5. 冶金行业节能盛况一斑——我国《有色金属工业"十二五"发展规划》和《新材料产业"十二五"发展规划》中均特别要求发展高洁净、高均匀性合金冶炼和凝固技术。福州麦特新高温材料公司研发的"用于铝合金绿色熔炼的铝液在线除气技术装备"为跨出"绿色冶金、节能环保"的关键一步而荣获中国有色金属工业科技进步一等奖[50]；内蒙古赤峰市金峰铜业和山西垣曲华盛冶金合作研发年产 10 万吨铜的熔炼炉运行一年，节煤 3 万吨，减少 CO_2 排放 10 万吨、废渣中铜回收率提高 0.5%，被确认为高效强化熔池熔炼新工艺[54]；我国 2010 年的锌冶炼产量已占世界锌产量的 45%，中国恩菲工程技术公司与株洲冶炼集团合作研发和试行世界先进而难度很大的炼锌技术——富氧直接浸出新技术已取得阶段成果[58]。

　　除上述各节能实例外，膜分离技术的节能减排体现在能有效大量回收废润滑油[53]；中国移动多年来对业务量耗电狠抓节约门槛而获很大节能减碳效果[46]；吉林化纤综合节能减碳措施十分有力[49]；山东水泥、煤炭、玻璃等行业节能减排的综合效益也十分可观[43]。赛迪智库认为，节能减排需要金融介入、因地制宜、侧重帮助发展相对滞后的企业（如电解铝综合交流电耗从先进水平 13000kWh/吨到落后水平

16000kWh/吨）以及宜研究制定差异化工业节能减排政策[55]。

5-3-3 产业节能 事无巨细

1. 使用电动机也有节能诀窍——所有生产、生活环节都离不开电动机，从大到数十吨位的起重机，小到家用的冰箱、空调。我国台湾学者在论证低碳节能的时候，提示使用电动机应注意兼顾节能操作，值得借鉴。这里特择要选其中荦荦大端者示其梗概。

（1）保持电源电压稳定在电动机额定电压±5%以内，电压波动会增加电能消耗。

（2）最大限度减少不平衡相位：三相电源各相电压应相等并120°对称分布。不平衡相位可增大配电系统损耗，降低电动机效率。

（3）保持较高的功率因数：功率因数低将降低设备内外配电系统效率，增大发电系统无功功率空转。感应电动机非满负荷运转将造成功率因数偏低，若不得不如此运用可适当选用电力电容并联在电源端口上。

（4）选择电动机功率适配：电动机额定功率与负荷不匹配将降低效率和功率因数。

（5）在负荷经常变化的场合，应尽可能使用变速驱动（VSD）或双速系统：当负荷变化时，变速驱动或双速电机能降低离心泵和风机的电能消耗，一般能降低50%以上。

（6）选择节能型电动机：能效高的节能型电动机虽比普通电动机贵20%，但若每年使用较长时间，其成本、效益比将明显较低。

（7）35kW以下、运行15年以上的电动机能效较低，特别是重绕线圈的绕线式电动机，效率常比新节能型电动机低得多，最好换成备用的非常用电动机。

（8）适当控制环境温度，保证电动机运转时的通风散热。高温将降低电动机绝缘性能，弱化稳定性。

（9）按说明书要求定期添加高质量黄油或润滑油，免受污垢降低能效。

（10）经常检查电源接触、接地是否不良，以提升系统安全性和稳定性。

2. 余能/余热利用颇有学问——工业生产中比比皆然的高温废气余热、冷却介质余热、废汽废水余热、高温产品和炉渣余热、化学反应余热、可燃废气废液和废料余热以及高压流体余压等，应设法予以循环利用，其中高温废气余热最值得加以充分利用。因为各行业的余热总资源量约占其燃料消耗总量17%以上，有的甚至超过60%；而可回收利用的余热资源最多可达余热总资源量的60%。这类余热利用的成熟技术已普遍采用于化工及石油化工工业，硫酸、盐酸、硝酸工业，建材工业，冶金工业等领域。

2014年7月，中船重工712研究所成功研制最大功率超低温余热回收发电装置，热能利用率达18%以上，表明我国已掌握200kW～1000kW超低温余热回收发电全套装置的设计制造能力，是高效节能发电充分利用余热装置的典范[47!]。

5-4 循环经济 兼权熟计

5-4-1 循环经济 左右逢源

1. 循环经济（Circular Economy）概念——可以追溯到敲响环境警钟的60年代，发轫于英籍美国经济学家和系统科学家波尔丁（Kenneth Ewart Boulding）提出的"宇宙飞船理论"（The Economics of the Coming Spaceship Earth）。他否定了传统经济"资源→产品→排放"的开环增长模式，指出线性增长、开环发展模式将给人类带来无穷灾难。地球就像一艘宇宙飞船，如果不断消耗自身的有限资源而不能再生，就会一步步走向毁灭。因此，他提出应在人、自然资源和科学技术的复杂系统内，依靠生态型循环利用资源来发展循环经济，才能保证人类的可持续发展[69]。金涌院士认为循环经济是英国环境经济学家皮尔斯（D. Pearce）和托尔勒（R. K. Turner）在其专著《自然资源和环境经济学》（Economics of Natural Resources and the Environment，Harvestr Wheatsheaf 1990）中首先提出的经济发展模式[72]。

发展循环经济的目的在于以资源的高效利用和循环利用为核心，要求低投入、低消耗、低排放、高效益，以符合可持续发展理念，实现资源节约、环境友好和公共安全。然而要达到这种多目标决策的理想境界却不能单纯地只针对资源做文章，也许其中更重要的问题乃是自主创新、再创造和再筹划。减量化（Reduce）要求用较少而安全的物料、能源，需要包装时考虑节约实用和尽可能重复使用的前提下照顾美观；再利用（Re-use）要求综合考虑产品的功能、寿命和方便反复使用和维护；再循环（Recycle）要求在生产过程的剩余、残渣、边角余料或产品使用价值终结进入新一轮无公害生产环节践行另类利用方式。此时，优化的循环经济并没有终结，而是进入新一轮设计、规划和做出新的决策，进一步升堂入室。此时进入再筹划（Re-project）阶段。这是发展循环经济极为重要的步骤，是体现循环经济全面、动态优化发展的关键，是推陈出新、踵事增华的命脉；随后，趁形成全新循环概念，再依靠积极探索，通过再创造（Re-create）展开在更高平台上发展循环经济系统（图 5-11）[69]。

图 5-11　循环经济的 5R 系统

2. 循环经济　锱铢必较——应当看到：循环经济是一个系统概念而非独立的经济领域；有利于环境保护而不是平衡生态，亦非环境友好的唯一前提；有利于减少资源消耗，但要保证资源消耗最少仍需自主创新地认真筹划；必须统筹兼顾、综合取胜。不要重陷只见物、不见人，只着力于硬系统而忘了软系统，只关注技术创新而轻视体制、管理创新的误区。

循环经济与低碳经济都是资源节约型和环境友好型经济，根本宗旨相同，都是通过技术创新和制度创新，以转变经济发展方式作为厉世摩钝的战略目标。但循环经济的基本内涵在于资源的循环利用，统计指标侧重资源生产率，因利乘便地遏制了污染和开辟了通向洁净能源的捷径[65]；低碳经济则强调减少 GHG 排放，致力于提高能源效率、直接开发利用清洁能源，统计指标侧重碳生产率（排放 1 吨 CO_2 产出所获 GDP）。可见二者异曲同工、殊途同归，同声相应、同气相求，体现以人为本、全面协调可持续发展的远大诉求。

5-4-2　中国循环经济　如虎添翼

1. 资源背景——中国 2010 年能源消费总量 32.5 亿吨标煤，主要原材料消费：钢材 7.7 亿吨；精炼铜 792 万吨；电解铝 1526 万吨；乙烯 1419 万吨；水泥 18.6 亿吨。同年消费世界钢产的 45%，是美国的 2 倍多；世界水泥产量的 44%，铜的 40%。同时我国煤炭消费约占世界的 30%，电力占 13% 左右，能源占 18%。同年我国 GDP 只占世界的 8%。而钢材、木材、水泥消费量分别为发达国家总消费量的 5~8 倍、4~10 倍和 10~30 倍。中国几乎平均每年消费世界 38% 的铝、33% 的玻璃、30% 的化肥。贵金属消费量居世界第三，仅次于印度和美国；进口橡胶 150 万吨，销量全球最大。可是 21 世纪之初有关部门曾估计，散见于全国的上千万吨煤矸石、上百万吨废钢铁、上十万吨废有色金属、千万吨计的废纸品和纸板，乃至恒河沙数的废塑料[84]、废玻璃、废电池、废日用品、废棉丝织物、废炉渣、废润滑油、未经处理的污水、餐桌上那么多剩菜剩饭……不是给环境添乱作祟，就是让农作物染毒遭殃。若是进入再循环，得到循环利用，功在当代，利在千秋！中国祖祖辈辈留下来"勤能补拙，俭以养廉"的传世美德，"新三年、旧三年、缝缝补补再三年"和"饱时省一口，饥时添一斗"的珍衣惜食传统永远是中华民族的优良品行，对待能源物资尤当如此！

2. 心明眼亮——我国政府有鉴于此，2005 年首先发布《关于加快发展循环经济的若干意见》，出台了相关财政、税收、投融资等政策，有效引导和支持循环经济发展。2006 年，将循环经济关键技术列入《国家中长期科学与技术发展规划纲要》。2009 年 1 月 1 日实施《循环经济促进法》[70]，这是继德国、日本后世界上第三个专门的循环经济法律。2010 年 5 月中国人民银行等金融监管单位联合发布《关于支持循环经济发展的投融资政策措施意见的通知》，为循环经济积极行动的关键企业资金渠道大开方便之门[62]。2005 年以来，组织开展国家循环经济试点示范，先后确定了两批共 178 家试点单位。28 个省（市、区）

开展了省级试点，共确定 133 个市（区、县）、256 个园区、1352 家企业作为试点，总结凝练出 60 个中国特色的循环经济典范案例。2010 年，资源循环利用产业产值超过 1 万亿元，超过 2000 万从业人员；钢、有色金属、纸浆等产品 1/5～1/3 的原料来自再生资源，水泥原料 20% 来自固体废弃物，工业固体废物综合利用率达到 69%。证实 2007 年公布的《再生资源回收"十一五"发展规划》和 2010 年发布的《关于推进再制造产业发展的意见》均从一个侧面推进了循环经济发展。2012 年 2 月 27 日，国家工信部发布《工业节能"十二五"规划》，要求到 2015 年规模以上工业增加值能耗比 2010 年下降 21%，实现节能 6.7 亿吨标煤指标，亦即到 2015 年，各重点行业的单位工业增加值能耗应比 2010 年分别下降：钢铁 18%、有色金属 18%、石化 18%、化工 20%、建材 20%、机械 22%、轻工 20%、纺织 20%、电子信息 18%。如此幅度的节能水平，没有循环经济深入工业生产腹地，无异于缘木求鱼[64]！2012 年 12 月 12 日，国务院常务会议通过《"十二五"循环经济发展规划》[75]，进一步明确发展循环经济的主要目标、重点任务和保障措施，包括全面构建循环型工农业和服务业体系；开展和强化示范行动和完善财税金融支持系统等[66]。但专家们提醒：发展循环经济、节能利废，必须保证低成本运行，否则将得不偿失。例如苏南不少企业建立中水回用系统，但若水处理成本远高于自来水价格，则难以接受"用水循环"。专家们呼吁循环必须兼顾"经济"[70]！2013 年 2 月，国务院再发布《循环经济发展战略及近期行动计划》，是我国首部国家级循环经济发展战略及专项规划，提出了"十二五"及今后一段时期我国循环经济发展的总体诉求、主要任务和保障措施。其中包括到"十二五"末资源产出率提高 15%、资源循环利用产业总产值达到 1.8 万亿元等 18 项主要目标[63]，提出了"高效利用，安全循环"的基本原则[71]。该《战略》要求，到 2015 年，单位工业增加值能耗、用水量分别比 2010 年减少 21% 和 30%，工业固体废弃物综合利用率达 72%，国家级园区 50% 以上和省级园区 30% 以上实行循环化改造。届时，火电平均供电煤耗降到 325g 标煤/kWh，粉煤灰综合利用率达 70%，脱硫石膏综合利用率达 80%，生物质发电装机容量达 1300 万 kW；原油加工综合能耗降到 86kg 标煤/吨，乙烯综合能耗降到 857kg 标煤/吨，石油石化行业要求更高，单位工业增加值用水量比 2010 年应降低 30%；钢铁行业废钢回收利用量达到 1.3 亿吨，冶炼废渣综合利用率达 97%，重点钢铁企业焦炉干熄焦普及率达 95% 以上；食品行业单位工业增加值能耗、用水量分别比 2010 年降低 16% 和 30%，副产品综合利用率提高到 80% 以上[72]。原来认为落实《循环经济促进法》的要求存在缺乏配套法规、政策和技术支撑较弱和激励措施不足等三个薄弱环节，也已迎刃而解[73]。事实上，如今全世界还没有任何国家能像我国政府那样不遗余力地推进循环经济加速向纵深发展，这一特点保证了我国发展循环经济稳操胜券[74]。

循环经济战略重心在于资源综合利用，我国多年来共伴生金属矿产约 70% 的品种得到综合开发，煤层伴生的油母页岩、高岭土等矿产进入一定规模的利用阶段。2006～2010 年，综合利用粉煤灰约 10 亿吨、煤矸石约 11 亿吨、冶炼渣约 5 亿吨。另外，在修旧利废过程中推行再制造产业化：2008 年，选择 14 家企业开展汽车零部件再制造试点工作。截至 2010 年年底，已形成汽车发动机、变速箱、转向机、发电机共 25 万台套的再制造能力。2009 年启动了 33 家企业、2 个产业集聚区机电产品再制造试点[68]。至此，我国产业界已基本形成再生资源回收利用体系，便于循序渐进，扩大规模，防止半途而废。我国先后确定了 3 批共 90 个试点城市和 11 个集散市场作为再生资源回收体系建设试点，逐步形成以回收站为基础、以分拣加工集聚区（基地）为核心、以管理信息平台为支撑的城市可再生资源回收体系。2009 年以来，选择 110 家报废汽车回收拆解企业进行升级改造试点，提高资源利用水平；开展国家"城市矿产"示范基地建设，推动再生资源的规模利用、循环利用和高值利用[63,71]。

3. 资源挖潜——特别令人欢欣鼓舞的是：我国 11 家煤炭企业列入国家循环经济试点，形成了各具特色的矿区循环经济典范模式。2011 年，全国煤层气（煤矿瓦斯）抽采量 114 亿 m³，利用量 48 亿 m³；新增洗矸、煤泥等低热值煤综合利用发电装机容量 280 万 kW，发电达 2880 万 kW；利用低热值资源 1.5 亿吨，相当于回收 4800 万吨标准煤，少占压土地 300hm²；原煤入洗率提高到 52%，矿井水利用率 75%；土地复垦率达 35%[24]。在资源循环利用领域，"三废"（废水、废气、固体废弃物）综合利用技术装备广泛应用，再制造表面工程技术装备达到国际先进水平，再生铝蓄热式熔炼技术、废弃电器电子产品和包装物资源化利用技术装备等取得一定突破，无机改性利废复合材料在高速铁路上也得到积极应用[93]。

5-5　节能环保　同工异曲

5-5-1　节能不忘环保　低碳尤须绿色

1. 节能环保　务求双赢——在发展低碳经济的同时，已发现对环境保护的注意力不够而有意无意地造成环境受到不同程度的冲击和损害。例如，发展水力发电固属低碳经济脚踏实地之举，但若一意孤行造成无法弥补的生态环境破坏，也许会如 20 世纪 50 年代在四川都江堰上盲目建造水电站一样贻笑后人；又如光伏电池的晶硅芯片生产加工清洗时的洗涤液四氯化硅对环境的严重污染甚至令周边土壤成为不毛之地，等等。于是，发展低碳经济还必须升格为绿色经济（详见章 7）。近年既节能、又环保的科技成果犹渔歌互答，如响斯应。举例来说：据 2014 年 9 月传媒报道，南开大学与天津天利人烟气净化工程公司等合作研发的"燃煤尘、硫近零排放"工艺与设备，实现了除尘脱硫一体化和燃煤电厂烟尘排放污染浓度低于 $5mg/m^3$。这是名副其实的双赢成果[79]！2015 年年初，科技日报记者不辞辛苦到山西大同等地采访，发现燃煤电厂示范项目通过余热回收，不但为居民送去暖气，而且因节能减排，每年省约 67.8 万吨标煤，减少排放 $CO_2$176.3 万吨，$SO_2$5.1 万吨，氮氧化物 2.5 万吨，烟尘 46.1 万吨，可大大降低过去的大气污染水平[76]。

2. 节能环保产业　犹如旭日东升——

（1）2010 年 10 月 10 日，国务院出台《关于加快培育和发展战略性新兴产业的决定》，第一次明确提出将"节能环保产业"作为七大战略性新兴产业之一予以重点支持；2011 年 3 月 16 日，《中华人民共和国国民经济和社会发展第十二个五年规划纲要》把"节能环保产业"列为七大战略性新兴产业发展之首。紧接着于 2012 年 5 月底国务院通过《"十二五"国家战略性新兴产业发展规划》将节能环保产业继续列为七大重点产业之首；2012 年 6 月 16 日国务院发布《"十二五"节能环保产业发展规划》，将节能环保产业以中央正式战略文件形式颁布，节能环保产业在所有新兴产业中成为举足轻重的优先发展战略性产业[80]。2013 年 8 月 1 日国务院发布《关于加快发展节能环保产业的意见》，高度肯定节能环保问题是"扩内需、稳增长、调结构，打造中国经济升级版的一项重要而紧迫的任务。"提出节能环保产业产值年均增速应在 15% 以上，到 2015 年总产值达 4.5 万亿元，成为国民经济新的支柱产业。本书 15-4 节还将针对能源战略命题践行温故知新[85]。

（2）"十一五"期间，我国节能环保产业发展已呈加速状态，每年以 15% ~ 17% 的速度增长。据测算，2009 年我国节能环保产业（包括节能、环保、资源综合利用）总产值已达 1.9 万亿元，有 2700 多万从业人员。2010 年我国节能环保产业总产值达 2 万亿元，2800 万从业人员。产业领域不断扩大，技术装备迅速升级，产品种类日益丰富，服务水平显著提高，初步形成了门类较齐全的产业体系。在节能领域，干法熄焦、纯低温余热发电、高炉煤气发电、炉顶压差发电、等离子点火、变频调速等一批重大节能技术装备得到推广普及；高效节能产品推广取得较大突破，市场占有率大幅提高；2010 年底环保企业约有 3.5 万家，近 300 万从业人员，收入 1.1 万亿元；"十二五"期间，到 2015 年末，产值将达 2.2 万亿元（含环境治理 0.8 万亿 ~ 1.0 万亿元）；规划期内 5 年投资 3.1 万亿元，占同期 GDP 的 1.35%（但世界银行的一份报告认为欲彻底改善环境须投入 GDP 的 2% ~ 3%）。

5-5-2　节能环保　瑕不掩瑜

1. 节能环保　大醇小疵——

（1）自主创新不到位：产学研结合不够紧密，技术开发投入不足。一些核心技术尚未完全掌握，部分关键设备仍需进口，以企业为主体的节能环保技术创新体系不够完善，一些已能自主生产的节能环保设备成套化、系列化、标准化水平偏低，国际品牌产品少，质量亟待提高[81]。

（2）产业结构不合理：缺少领衔骨干企业，企业规模普遍偏小，固定资产在1500万元以下的企业数量约占90%；产业集中度低，全国1600座污水处理厂和700座垃圾处理场分散在上千家运营主体中，前三名企业集中度仅及6%；垃圾焚烧发电日处理能力过1万吨的企业仅有5家，行业集中度不足8%。

（3）市场机制不健全：地方保护、行业垄断、低价低质恶性竞争现象严重；污染治理设施重建设、轻管理，运行效率低；市场监管不到位，一些明令淘汰的高耗能、高污染设备仍在使用；人力资源招工招聘的市场化缺乏政府有关部门必要的干预和引导。

（4）政策机制不完善：节能环保法规和标准体系不健全，资源性产品价格改革和环保收费政策尚未到位，财税和金融政策有待进一步完善；企业融资困难，有的艰难竭蹶，难乎为继；生产者责任延伸制尚未建立；吸收民间投资的机制和法规尚在襁褓之中[82]。

（5）服务体系不成熟：合同能源管理、环保基础设施和火电厂烟气脱硫特许经营等市场化服务模式均待完善；再生资源和垃圾分类回收体系不健全，如何有效运转尚在摸索却缺乏有熟悉国外对应举措的专家参与论证，停留在类似"闭门造车"状态的管理模式；节能环保产业公共服务平台尚待建立；现代高新科技亟待渗入比较落后的服务技术体系之中。

2. 节能环保　发展前瞻——

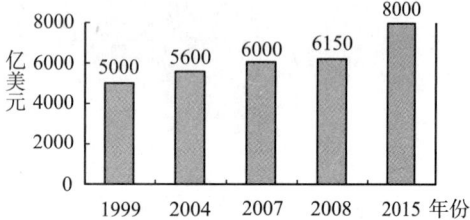

图5-12　全球节能环保与资源综合利用装备产业规模

（据：张和平[83]）

（1）国外持续发展　规模稳步上升：前已提示，全球环保产业的市场规模已从1992年的2500亿美元增至2013年的6000亿美元，年均增长8%。全球节能环保与资源综合利用装备产业规模见图5-12[83]。发达国家城市污水处理厂早已普遍建立，且行业集中度达到40%以上，运营服务业较发达的法国，污水和垃圾处理主要由3家大型运营企业经营管理；垃圾焚烧发电日处理能力过1万吨的行业集中度达30%左右。

（2）我国发展节能环保产业前瞻：节能环保产业属于典型的政策主导型、法规驱动型产业。节能环保产业领域广，产业链长，关联度大，吸纳就业能力强。我国已有严格计划、规划指引和对节能环保产业发展的整体部署，只要积极推动其高新技术自主创新，借助相应的法规、标准，使已有适用的节能环保技术发挥潜力，就能使节能环保产业在较短时间内跃上新阶。"十一五"期间，我国环保产业约保持年均15%～17%的增长速度，环保投资重点包括水环境、大气环境、固体废物、生态环境、核安全及辐射环境保护以及环保能力建设。

2013年底一次国务院常务会议提出要求：①推动节能环保产品消费，到2015年高效节能产品占有率应达50%以上；②推动高效锅炉、高效电动机等节能技术装备升级，加快研发大气、水、土壤等污染治理技术装备；③加快节能环保重点工程建设，完善污水管网等城镇环境基础设施，开展绿色建筑行动；④完善各种有利的政策法规环境；⑤加大中央预算内投资和节能减排专项资金支持力度，广泛开展国际交流与合作。据《"十二五"节能环保产业发展规划》测算，到2015年，我国技术可行、经济合理的节能潜力超过4亿吨标煤，可带动上万亿元投资，增加就业近200万人；如果节能产品市场占有率在现有基础上提高20%，可拉动需求5000亿元，再带动就业100万人；节能服务总产值可突破3000亿元；产业废物循环利用市场空间巨大；我国累计堆存的工业固体废物超过70亿吨，大量的废旧资源没有得到充分利用，如能够回收处理1亿部手机，就可提出3吨黄金，资源化利用有很大的市场空间[83]；2015年城镇污水垃圾、脱硫脱硝设施建设投资将超过8000亿元，环境运营服务规模也将超过6000亿元。

5-6　LED 照明陆离光怪　半导体显示金碧辉煌

5-6-1　歌舞升平　光芒万丈

1. 照明革命——

（1）LED 来龙去脉：自从有了电，人类结束了靠蜡烛、火把和篝火照明的历史。1879 年 10 月美国托马斯·爱迪生（Thomas Edison）发明了电灯泡。后来又于 1939 年发明荧光灯，1962 年实验成功发光二极管 LED（Light Emitting Diode）以及随后的有机物发光二极管 OLED（Organic Light Emitting Diod），经过一个多世纪科学家们焚膏继晷的努力，照明用光源更加节能、环保、结构灵活和智能化。由于彩色电视、实验室显示器和移动通信手机屏幕显示发展的需求，出现并行不悖的显示器发展方向。

"照明革命"或别称"显示革命"主要是指半个世纪以来节能的照明和显示技术呈现的突变。前些年全世界用于照明的电力就将近消耗总发电量的 20%。美国能源部认为，到 2025 年，LED 照明将使照明用电降为总电耗的 10%，仅在美国就能少建 130 多座新电站[93]。这种估测是毫不夸张的。到过纽约曼哈顿和日本东京新宿区就知道，那里为了炫耀银行业的兴旺和给大跨国企业做些高耸入云的广告，24 小时靠光彩夺目的强光烘托从不考虑用电成本。

1962 年，美国 GE 公司的尼克·何伦亚克（Nick Holonyak Jr.）开发出第一种实用的可见光发光二极管。LED 主要是指半导体Ⅲ-Ⅴ族化合物（GaP、GaAlAs、GaAs、InGaAlP、GaN…），经过加工形成半导体 P-N 结，其中 P 层含大量带正电的"空穴"和 N 层含丰富的负电子，在外加一定电流时电子和空穴就会在两层交接处集结而以光的形式释放出能量，且按所用半导体的特性发射出红外光、可见光、紫外光。高亮度 LED 作为光源进入照明领域通常称为半导体照明，比原有照明光源大大节能。1 只 60W 的白炽灯发出大约 800 流明（lm）的光，通电 1 分钟后因烫手而无法赤手操作；用现行含微量汞的荧光节能灯管，仅需电能 12~15W；用半导体照明（若发光效率为 120~150lm/W）则仅需电能 6~8W，新一代有机 LED 灯发光效率理论上可达 200lm/W，耗电量亦比普通荧光灯低一半以上[89]。一般的 LED 耗电量少于荧光灯管的 1/2，白炽灯的 1/8[105]。40W 白炽灯使用 8 小时排碳量 0.3kg；照度相当 40W 白炽灯的 LED 灯使用 8 小时排碳量仅 0.04kg。

（2）LED 照明特点：LED 产品具有节能、环保、寿命长等三大特点，还具有体积小、驱动电压低、彩色丰富可调、聚光性好、响应速度快等许多优点，又符合国家节能环保的发展政策，应用面很广。目前主要用于信息显示、交通信号灯、景观照明及部分背光源，2008 年国内 LED 应用产品的产值已达 540 亿元。2009 年重点开发功能性照明的应用产品，如道路照明、隧道灯、地铁、地下停车场等照明，以及部分室内商用照明，如筒灯、射灯等，在信息显示、背光源、汽车用灯、交通信号灯等市场份额将达上千亿元，加上照明领域的 LED 市场，甚至有数千亿元的市场潜力。早在 2010 年全国仅半导体照明规模已达 1200 亿元[101]。上海世博会中国馆内的 LED 灯节能比传统照明节能 70% 以上[103]。人民大会堂万人礼堂全部用 LED 灯换掉原来的白炽灯，平均水平照度提高 1~2 倍，节能 75% 以上[113]。广州等市已制定相应计划，有步骤地从用 LED 灯改造路灯着手，逐步普及民用。全国其他城市均在积极行动，打算创造条件，毕其功于一役，营造绿色城市[95]。据统计，我国节能灯与白炽灯产量比，2009 年为 1∶1，2013 年已升为 1.28∶1；节能灯市场占有率从 2009 年的 67% 上升为 2013 年的 85%，若不折不扣地用上，有人毛估对应的节能减排效果是：节电 320 亿 kWh，减少碳排 2400 万吨[112]。当然二者的原材料和生产过程耗能不宜忽略。

2014 年 10 月，因发明高效蓝色发光二极管（LED）带来明亮而节能的白色光源的三位科学家获本年度诺贝尔物理学奖[921]。无疑蓝色促成 LED 白色光势将引发第二次照明革命[92]，这是由于白光的三原色红、绿、蓝一直因缺蓝而无法获得纯白光。得奖的蓝色光圆了这个多年来的梦想，使得工业生产的 LED 显现白光成为可能。

（3）OLED 照明：有机半导体材料和发光材料在电场的驱动下，通过载流子注入和复合导致发光。发光物半导体不是 LED 的金属半导体，而是有机化合物-有机半导体，如有机聚合物等。在一定电压驱动下，电子和空穴分别经过传输层迁移到发光层，在发光层相遇后形成激子，使发光分子激发通过辐射发出可见光。用于普通照明的白光 OLED 产品光效理论上可达 80 lm/W 左右，显色指数约达 80，而且还在不断创新提高。

用于照明时，LED 属点发光，光线集中，用于户外环境较显眼，适合局部区域照明、广告标牌、交通警示号志等应用；OLED 属面发光，具明显大面积优势，可在天花板或墙壁上安装宽大光源，光线较柔和均匀，在室内效果更好。关于灯具结构，LED 发热集中，需要外加灯罩，散热装置，光线散射装置等，灯具设计较复杂；OLED 据有平面光源特点，适合各种类型的灯具，散热表现较佳，无须额外加装散热元件[111]。关于光学效率，LED 芯片发光效率高于 OLED，但材料不同差异也较大。关于制造成本，LED 随着产能规模的扩大和技术进步，价格逐步下降，正在逐步接近传统照明手段，进入普通家庭也许指日可待[88]；而 OLED 照明价格仍过高，主要是因为 OLED 照明材料成本居高不下，再加上主流的蒸镀制程效率未能提升，因此材料利用率不高，进而拔高其生产成本。关于产品寿命，LED 照明理论上可达到 10 万 h，但使用中因发热影响寿命和提前老化；OLED 器件寿命短得多，一般仅 5000～8000h，能达到荧光灯的平均寿命水平 20000h 就不错了，若改进材料、结构、工艺和加工处理，估计能试探 50000h。由于二者同属半导体固态照明，均具发热量低、耗电量小、反应速度快、体积小、耐震耐冲撞、易开发成轻薄短小产品等优势特性，所以在许多科技创新路线上往往能优势互补，移花接木[105]。目前我国南京第壹有机光电公司制备的 OLED 器件，能效已达 111.7 lm/W，创同类器件的世界纪录[111]。

2. 新型显示技术——众所周知，20 世纪 30 年代按原来示波器原理依靠电子枪发射的电子扫描构造的黑白电视显像管问世，当时认为是显示技术的一次飞跃；随后于 50 年代末彩色显像技术取得根本性突破，是显示技术中一鸣惊人之举；60 年代初激光原理的划时代突破和 LED 诞生，70 年代中液晶显示（Liquid Crystal Display，LCD）技术，包括薄膜晶体管液晶显示器（TFT-LCD）以及一系列其他类型的液晶显示屏横空出世，等离子体显示器（Plasma Display Panel，PDP）和为人间显示技术树起丰功伟绩里程碑的有机物发光二极管均成为近 50 年来节能环保显示技术的生力军。进入 21 世纪，由于世界各国和地区的政府纷纷主动介入投资和激励，起到了擂鼓助阵的效果，风靡一时，我国仅用 3 年即已跻身以 OLED 为首的新型显示技术世界三强，即中国（包括台湾）、韩国和日本[97]。

（1）液晶显示 LCD：即在两片平行的玻璃当中放置液态晶体，两片玻璃中间有许多垂直和水平的细小电路，按是否通电来掌控杆状水晶分子方向，将光线折射出来产生画面。LCD 优点是：适用低电压、功耗极低、平板型结构，它是被动显示型（每个像素犹如小过滤器，本身并不发光，发光靠这些像素点后面的大型背光源，故不产生眩光、对人眼无刺激性，不致眼疲劳）、因为像素能细微化而使之显示信息量很大、可十分准确复现色谱故易于彩色化、无电磁辐射故对人体安全并有利信息安全、因器件无老化问题故寿命极长（液晶背光源寿命较短，但可更换）。

（2）LED：LED 用作显示器件的优势在于：寿命长——可超过 10 万 h；稳定——没有移动部件，不用玻璃；体积小——大多数的直径只有 5mm；转换效率好——将电能转化成光能有高达 90% 的转换率，需要极少的电能供应；无毒——没有水银等有毒重金属；多功能性——可实现各种颜色变化；运行温度低——热辐射比白炽灯小得多。LED 与 LCD 是两种不同的显示技术，LCD 是由液态晶体组成的显示屏，而 LED 则是由发光二极管组成的显示屏。二者相比，在亮度、功耗、可视角度和刷新速率等方面，LED 都更具优势。LED 与 LCD 的功耗比大约为 1:10，而且更高的刷新速率使得 LED 在视频运行中有更好的性能表现，能提供宽达 160° 的视角，可以显示各种文字、数字、彩色图像、动画、行情、播放电视、录像、VCD、DVD 等彩色视频信号，多幅显示屏还可以进行联网播出。利用 LED 技术，可造出比 LCD 更薄、更亮、更清晰的显示器。通过软件与手机互联后，只需存在 LED 光源定位，就能完成预定的位置搜索，或按事先约定的特征搜索[93]。

（3）OLED：有机发光二极管用于显示时，也叫有机电激光显示（Organic Electroluminesence Display，

OELD)。OLED 的基本结构是由一薄而透明具半导体特性的铟锡氧化物（ITO）连接电源正极，再加上另一个金属阴极，形成一个整体结构，依次包括空穴传输层（HTL）、发光层（EL）和电子传输层（ETL）。当电能加到适当电压时，正极空穴与阴极电子就会在发光层中结合发光，按配方不同产生红、绿和蓝 RGB 三原色，构成基本色彩。与 LCD 不同，每个像素点都是小光源，因而不需要背光源。在某区域需要黑色时，像素点全熄让该区不消耗电能，因而更具节能效果。此外，OLED 还有很多优越的功能表现：结构优势——厚度可小于 1 毫米，仅为 LCD 屏幕的 1/3；重量更轻——系固态机构，没有液体物质，因此抗震性能更好；工艺简单——能在不同材质的基板上制造，可以做成能弯曲的柔软显示器；光学优势——通常无可视角度问题，很大视角下的画面仍不失真。此外如响应时间是 LCD 的千分之一，显示运动画面时无拖影现象；发光效率高，能耗较小；环境适应优势如低温特性好，零下 40℃ 仍能正常显示，而 LCD 则不能。OLED 的缺点是难以实现大尺寸屏幕的量产，目前多用于便携类的数码产品；存在色彩纯度不够的问题，不易显出鲜艳、浓郁色彩。本来要用稀贵金属铱，虽日本正研发以铜代铱，尚待推广[89]。

（4）等离子显示板 PDP：我国台湾叫电浆显示，是一种利用气体放电的显示技术，工作原理与荧光灯相似。PDP 采用等离子管作为发光元件，以玻璃作为基板的屏幕上每一个等离子管即一个像素，基板间隔一定距离，四周经气密性封接形成一个个放电空间。放电空间内充入氖、氙等混合惰性气体作为工作媒质。在两块玻璃基板的内侧面上涂有金属氧化物导电薄膜做激励电极。当电极加上电压，放电空间内混合气体将发生等离子体放电现象。放电产生紫外线，紫外线激发荧光屏，荧光屏放射出可见光，显现出图像。当使用涂有三原色（也称三基色）荧光粉的荧光屏时，紫外线激发荧光屏，荧光屏发出的光则呈红、绿、蓝三原色。当每一原色单元实现 256 级灰度后再进行混色时，便实现彩色显示。等离子体显示器技术按其工作方式可分为电极与气体直接接触的直流型 PDP 和电极上覆盖介质层的交流型 PDP 两大类。目前研究开发的彩色 PDP 的类型主要有 3 种：单基板式（又称表面放电式）交流 PDP、双基板式（又称对向放电式）交流 PDP 和脉冲存储直流 PDP。PDP 的特点是：结构上与直视型彩电显像管相比，PDP 显示器的体积更小、重量更轻，而且无 X 射线辐射；PDP 各个发光单元的结构完全相同，因而无显像管常见的图像几何畸变；PDP 屏幕亮度很均匀，无亮区/暗区之分，不像显像管的屏幕中心亮度比四周高；PDP 不受磁场影响，具有更好的环境适应能力；其屏幕也不存在聚焦的问题，因此，完全消除了显像管某些区域聚焦不良或年月已久开始散焦的痼疾；无显像管的色彩漂移现象，而表面平直也使大屏幕边角处的失真和色纯度变化得到彻底改善；因其高亮度、大视角、全彩色和高对比度，使 PDP 图像更清晰，色彩更鲜艳，效果更好。与 LCD 液晶显示屏相比，PDP 显示有亮度高、色彩还原性好、灰度丰富、对迅速变化的画面响应速度快等优点。屏幕亮度高达 150 勒克斯，因此可在户外阳光下观赏电视节目。PDP 的视角可达 160 度仍不失真，视角仅 40 度左右的 LCD 显示屏则更无法望其项背。此外，PDP 平而薄的外形使其优势更加明显，特别适合公共信息显示、壁挂式大屏幕电视和自动监视系统等。由于 PDP 显示器易与大规模集成电路联合适配工作，因而结构可以十分简化，零部件可随意拆卸，工艺方便易行，能大大减少电视机的体积和重量，适于大批量生产。

PDP 等离子显示屏是平面设计，屏上玻璃极薄，所以表面不能承受大气压力过大变化，也不能承受意外重压。PDP 显示屏的每一颗像素都是独立地自行发光，比装有一支电子枪的显像管电视机耗电量大增，一般均高于 300W，且因发热量大，背板上装有多组风扇散热，因此是家电中的耗电大户。PDP 价格较高，一般只用于公共场所，如飞机场、火车站、展示会场、企业研讨学术会议及远程会议等，且与低碳经济的目标乖违，不宜推广。

5-6-2　改容更貌　步步登高

1. 灯光新风格——国家相关主管部门积极支持半导体照明产业的发展，制定"十一五"发展规划时，已明确提出具体内容。2009 年 4 月，国家科技部在 21 个城市启动实施半导体照明应用工程，简称"十城万盏"。东莞、哈尔滨、宁波、杭州、扬州等先进城市闻风而动，不到一年就借半导体照明东风，迎来霞光异彩[101]！2010 年工信部有关文件提出将给予更多的优惠政策，国家各部委以科研项目、863 项目、电子发展基金及产业化项目等各种形式支持半导体照明产业的发展，另有超过 20 个省、市地方政府以 LED 示范工程及各种方式积极推进半导体照明产业发展，加快了 LED 产业的发展进程，其中特别因国家科技部和工信部大力策动、广东省等地方政府全力支持[91、94]、大批先进企业日就月将跟进，仅仅几年功夫，全国的 LED 产业如春潮涌动，万壑争流。到 2013 年上半年仅广东省就有专营 LED 的上市公司 20 多家，总市值超过 200 亿元，惠州、东莞、江门、南海和增城等 5 个省级 LED 产业基地投资总额超过 500 亿元[87]。广东在技术创新方面尤其走在全国前列，特别是为 LED 照明产品质量评价建立了"标杆体系"[109]，并由此启动首个集成封装 LED 路灯的地标，催生了多项标准的制定[112]。

中国近几年 LED 产业发展速度比国际上发展速度快得多，尤其是高亮度 LED 芯片，2006～2008 年三年分别增长 100%、75% 和 71.4%，已达 360 亿只。LED 器件封装增长率，除 2008 年受国际金融危机影响只有 13% 外，其他年度的增长速度均超过 20%。应用产品的开拓力度和应用范围也非常大。到 2011 年底，国家累计补贴推广高效照明产品 5.2 亿支以上，年可节电 210 亿 kWh，减排 CO_2 2100 万吨。实际上，我国照明用电约占全社会用电量的 13%，共用 14 亿只白炽灯，若全部替换成适配的 LED 灯，年可节约用电 480 亿 kWh，减排 CO_2 4800 万吨。《中国经济时报》记者的估算更令人耳目一新：若全国彻底淘汰白炽灯泡，全年节约的电能甚至超过 2000 亿 kWh，相当于三峡水电站年发电量的 4 倍[99]！

2. 革故鼎新　政策先行——虽然中国 LED 产业发展较快，但技术水平与国际先进水平仍有一定差距，主要是缺乏有自主知识产权的核心技术，产品以中、低档为主，约占全球 20% 以上市场份额[81]；产业化规模偏小，缺乏竞争能力。早在 2003 年，科技部等中央部门即联合成立了国家半导体照明工程协调领导小组，启动"国家半导体照明工程"，发动科技创新保证了 LED 产业高速健康发展[104]。为了加速高质发展 LED 产业，中国企业联合会等组织的课题组曾提出过 3 点建议[13]，特别是希望加大政府支持力度和调控能力，重点支持国家级半导体照明研发平台建设，对分散重复的研究机构进行整合调整，分工合作。支持有自主知识产权核心技术和创新项目的研发工作，采用政府引导和宏观调控办法，对 LED 前工序规模偏小和有条件的后工序封装企业引导投资，重点扶植，借鉴韩国和中国台湾的经验，进行整合、合资、合并，集中资源扩大产业化规模，使企业在国际上具有一定的竞争能力。

2011 年 11 月，国家发改委、商务部等联合发布《中国逐步淘汰白炽灯路线图》，确定从 2012 年 10 月 1 日起分阶段按功率大小逐步禁止进口和销售普通照明用白炽灯，2016 年 10 月 1 日起禁止进口和销售 15 瓦级以上普通照明白炽灯。我国目前为全球市场供应了 30% 以上的白炽灯和 85% 的节能灯。今后白炽灯的出口将会进一步萎缩。欧盟、加拿大和日本已于 2012 年禁用白炽灯；美国也在 2012～2014 年逐步淘汰白炽灯[92、111]。

3. 精益求精——2012 年 7 月，国家科技部制定了《半导体照明科技发展"十二五"专项规划》。制定该《规划》的出发点是有鉴于我国半导体照明技术的创新速度虽远超预期，但与理论光效相比仍有巨大的创新空间。当前竞争焦点在 GaN 基 LED 外延材料与芯片、高效高亮度大功率 LED 器件、LED 功能性照明产品、OLED 照明、创新应用以及金属有机物化学气相沉积设备（MOCVD）等重大装备的开发[102]。在国家科技计划研发投入支持和市场竞争带动下，国产功率型白光 LED 器件光效已超过 120lm/W，接近国际先进水平。具有核心自主知识产权的硅衬底功率型 LED 器件已实现产业化，光效超过 100lm/W。我国半导体照明产业与国际先进水平存在的差距主要表现在 MOCVD 等核心设备（现已有三家国产企业生产）的核心专利及部分原材料仍然依赖进口；外延芯片缺乏核心专利，亟待自主创新[80]，2012 年芯片生产企业倒闭较多，目前约仅剩 30 家；测试方法及设备保证不够；相关科技创新水平相对滞后。

上述《规划》要求到 2015 年实现从基础研究、前沿技术、应用技术到示范应用形成较完善的创新链，关键生产设备和重要原材料实现国产化；重点开发新型健康环保半导体照明标准化、规格化产品；建立国际先进水平的研发、检测和服务平台；促进国内有条件的企业迅速成为龙头企业，塑造国际知名品牌，形成强势竞争能力的产业基地。

4. 展望——

（1）一般存在问题：LED 的若干核心科技专利尚待自主创新研发；因进口 MOCVD 机台处于大面积

停工状态，国产化的 MOCVD 机台较难施展；大型 LED 封装企业获国际 LED 巨头投资扩产，中小封装企业将面临倒闭风险；LED 高速发展已有十多年，但至今未建起成熟的人才培养机制，特别是产业链上游的高端领军人才奇缺。例如，MOCVD 机台的生产是美国 VEECO 和德国 AIXTRON 两家企业占据全球市场份额的 90% ~ 95%，日本设备虽亦先进，但很少出口。我国许多国内企业以为花重金购置了美国、德国机台后就万事大吉，进入生产线后才发现缺乏内行调试和操作的高级人才，最后不得不高薪从我国台湾乃至近邻韩国费尽九牛二虎之力挖人以解燃眉之急[100]。

（2）市场运作方面：企业数量多而不强，缺乏联合攻关；国家知名品牌稀缺，产品质量瑕瑜互见；产品标准滞后于产品应用发展[108]和产业技术；产品价格过高，缺乏竞争优势；存在盲目低水平重复建设；政府激励政策与产业发展现状不够适配[110]；产品的应用面很广，在推广应用和市场开拓上，应重点加强中等尺寸和大尺寸 LED 背光源的研发工作；加大用于汽车上的各种 LED 灯和显示器的研发工作。二者市场潜力很大，应尽快进入市场；近期还要抓紧功能性照明和部分室内商用照明产品的开发和应用，并逐步向普通照明领域进军。

（3）加强 LED 技术基础研发：要有创新意识，开发出市场需求的新产品，特别是拥有自主知识产权的核心技术。例如 LED 外延芯片的研发，应提高发光的内量子效率和外量子效率，提高产品性能、稳定性、一致性和可靠性，以及转化为产业化的成品率。加强白光 LED 和功率型 LED 封装技术的研发，主要是提高出光效率、性能的均匀性、一致性，改进封装结构、提高衬底散热性能、降低热阻、提高抗光衰能力和可靠性。加强 LED 主要原材料、配套料和制造 LED 的关键设备的基础研究、开发工作，主要是衬底、有机源、环氧树脂、硅胶、荧光粉、驱动 IC 和 MOCVD 设备等。加强 LED 的光、电、色、热及照明参数的测试研究，并对 LED 光源的光色调及系统可靠性开展研究。2012 年 12 月中旬日本东芝宣布开发出用于 LED 照明的白色 GaN – on – Si（硅基氮化镓）芯片，并将大规模量产[100]。其实 2012 年 5 月德国西门子旗下子公司欧司朗光电半导体公司就已在物理学家组织网上公布研究成果：在硅衬底上产出氮化镓 LED 芯片，投产后能大幅度降低原来用昂贵的蓝宝石做基底的 LED 照明芯片[90]。2013 年 2 月物理学家组织网又报道德国和加拿大两所大学联合研制出利用硅纳米晶体和不含任何重金属的彩色高效硅基发光二极管[106]。于是，在可预见的未来，LED 照明芯片至少有 4 种基础格式：SiC、GaN – on – Si、蓝宝石和 SiLED。最后，希望我国生产的 LED 照明器件的使用寿命"更上一层楼"[107]！

5 – 7　构筑智能电网　给力节能降耗

5 – 7 – 1　世界发电能耗实况与前景预测

1. 全球电力，能耗飙升——

（1）全球电力需求与日俱增。英国石油公司（BP）描绘从 1970 年经 2010 年预测到 2030 年的全球各种能源支撑发电需求的增长态势如图 5 – 13 所示。其中揭示的理性预期就是用于发电的石油将进一步萎缩至零，而除用于发电的天然气资源量将如产业界普遍预测的那样逐年上升外，一个无可奈何的预测前景乃是释放 GHG 的罪魁祸首煤炭依然如老马恋栈般地独霸一方，有增无已。以发达国家为主的 OECD 各国、中国、印度和其他发展中国家（中、印以外非 OECD 的发展中各国）支持发电的能源投入差别很大，中国主要以煤和水为主（图 5 – 14）。IEA 以 2009 年为基年、按所设计的新对策方案预测 2015 ~

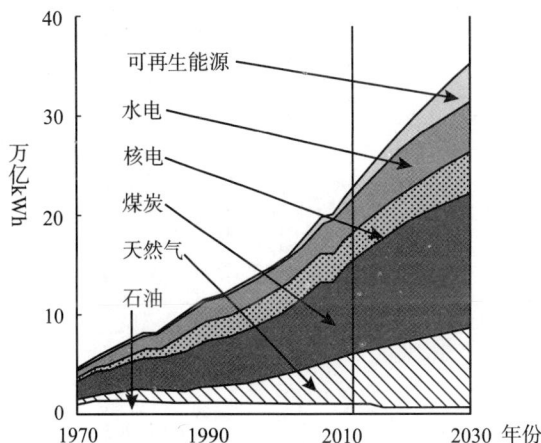

图 5 – 13　1970 ~ 2030 年世界各种发电能源持续增长

（据：BP 2030 世界能源展望，2013 – 01，p. 64）

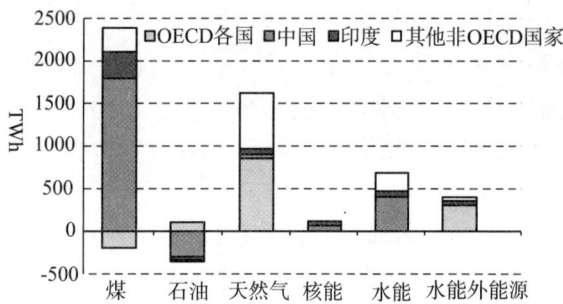

图 5 - 14 发达和发展中国家用于发电的能源投入增减（2000 ~ 2009 年）

原注：过去 10 年，煤炭仍然是全球发电站使用最多的能源和为补足电力增长需求投入占比最多的能源。天然气的份额同样增进中，特别在某些 OECD 经济体内。

（据：IEA. Tracking Clean Energy Progress - Energy Technology Perspectives 2012 excerpt as IEA input to the Clean Energy Ministerial，OECD/IEA，2012. 按原图数据重绘）

2035 年各国、地区燃煤发电相对于 2009 年的增量如图 5 - 15 所示。图中表明发达国家为主的 OECD 各国到 2020 年发电领域已停止增加燃煤消耗，2025 年起逐年缩减发电燃煤量；而特别显著继续增进煤电的国家主要是中国，其次是印度和其余非 OECD 各发展中国家。IEA 不厌其烦地于 2012 年底再从另一角度预测了 2010 ~ 2035 年间有关各国发电站能耗种类变化，如图 5 - 16 所示。我们看到，中国除继续保持一定规模的煤电外，大踏步发展可再生能源的愿景举世瞩目。目前我国在建、在运 60 万 kW 及 100 万 kW 火电机组总量仍均居世界第一，电力工业实现着跨越式发展。

（2）电力需求增速前三部门。据美国埃克森石油公司以 2010 年做基年，预测 2025 年和 2040 年的电力需求增长最快的部门是：工业生产、交通运输和住宅/商业（主要为生活用电），其中住宅/商业用电量增长最快，工业生产仍然是电力需求绝对量最多的部门，见图 5 - 17。

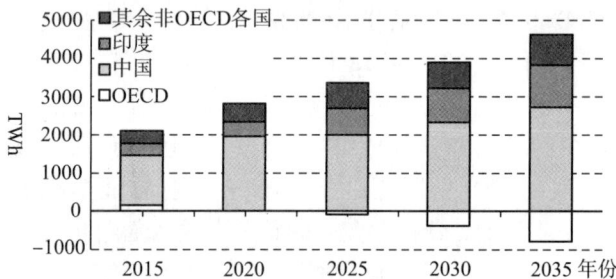

图 5 - 15   按新对策方案各地燃煤发电相对 2009 年的增量

（据：IEA. World Energy Outlook 2011，IEA/OECD，2012 - 02，p. 183，F. 5. 4）

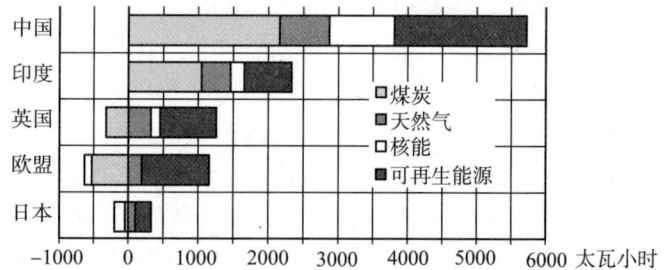

图 5 - 16   2010 ~ 2035 年有关各国用于发电的能耗种类变化预测

原注：新兴经济体所需电力增量占全球总增量 70%，全球新增能源供给中可再生能源占一半。

（据：IEA. World Energy Outlook 2012，2012 - 12 - 12. 改绘）

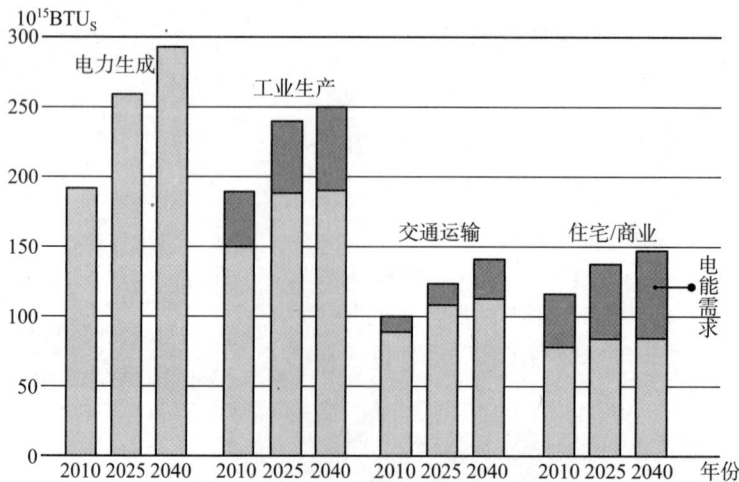

图 5 - 17   埃克森石油公司：2010 ~ 2040 年全球电力需求增长 50%，主要被工业、交通和住宅/商业所拉动

（据：ExxonMobil：The Outlook for Energy：A View to 2040，2013 - 06，p. 9）

2. 中国电力，扶摇直上——

（1）电力持续高速发展：全社会用电量"十五"时期年均增速 13%，"十一五"时期也有 11.1%；两个五年规划期内的工业用电占比约维持 75% 左右；"十五"期间年均增速 13.9%，"十一五"10.9%；第三产业用电量"十五"时期年均增速 11.4%，"十一五"时期 12.1%；居民生活用电量"十五"年均增速 11.1%，"十一五"时期更达 12.5%。

我国电力消费总量反逼发电能力提升。"十一五"期间新增电力装机容量超过 4.3 亿 kW，全国总容量达 9.5 亿 kW；电网建设规模世界第一。随着我国经济建设高速发展，我国电力消费总量逐年攀升态势见图 5-18。据中国电力企业联合会 2013 年 7 月 26 日发布的全国电力供需形势报告，到 2013 年年底全国发电装机容量达 12.3 亿 kW，可能已超过美国名列全球第一。据政府统计，2010 年我国全社会电力负荷峰值已达 6.58 亿 kW；预测 2015 年将达 9.91 亿 kW，2020 年 12.77 亿 kW，届时全社会用电量可达 7.84 万亿 kWh[128]。

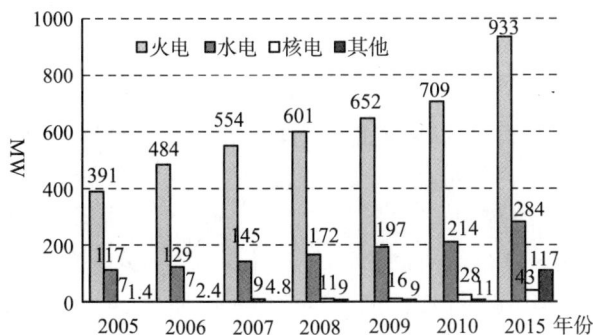

图 5-18　我国电力消费持续增加
（据：国家统计局）

（2）我国可再生电力装机规模增长：2010 年新增水电装机容量 7300 万 kW，其中抽水蓄能电站 1300 万 kW，全国水电装机容量达到 1.9 亿 kW；生物质发电装机容量达 550 万 kW，增加非粮原料的燃料乙醇年利用量 200 万吨，生物柴油年利用量 20 万吨。太阳能热水器安装量达到 1.5 亿 m²，太阳能发电装机容量达到 30 万 kW。据预测，到 2030 年我国常规水电装机容量将达 3.3 亿 kW，约占总发电装机容量的 25%。2005～2015 年我国各型能源的电网装机规模逐年攀升姿态见图 5-19。能耗结构变化百分比见表 5-2。

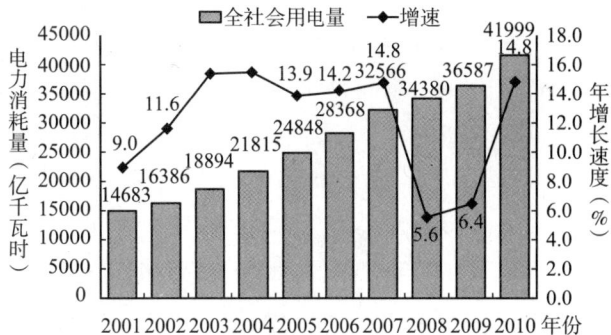

图 5-19　2005～2015 全国电网装机容量
（据：中国经济时报，2012-01-16，9 版. 改绘）

表 5-2　　　　　　　　　　　我国发电能源结构（%）

年份	火电	水电	核电	其他
2005	75.6	22.6	1.4	0.3
2010	73.7	22.2	1.1	2.9
2015 预测	64.9	19.8	3.0	12.3

注："其他"包括风电、光伏发电、生物质电等清洁能源发电。

5-7-2　节能降耗　电力先行

1. 压缩煤电，贡献节能环保——直到 2020 年以后，我国煤电仍占总量的 70% 以上。一些主要发达国家发电用能则以石油、天然气为主。据世界银行环境专刊上载文估测，中国自 1990 年开始的统计和调研数据显示，电力行业的碳排放量一直是节节上逼（图 5-20）。"十一五"期间，我国已关停高煤耗重污染的小型火电机组 7000 万 kW 以上。兴起大幅度急速降减碳排放的高新技术电力产业，此其时矣！

2. 清洁高效发展火电——中国坚持低碳、清洁、高效的原则，大力发展绿色煤电。鼓励煤电一体化开发，稳步推进大型煤电基地建设。积极应用超临界、超超临界等先进发电技术，建设清洁高效燃煤机组和节能环保电厂。继续淘汰能耗高、污染重的小火电机组。严格控制燃煤电厂污染物排放，新建煤电机组同步安装除尘、脱硫、脱硝设施，加快既有电厂烟气除尘、脱硫、脱硝改造，同时加强研究燃煤本身的洁

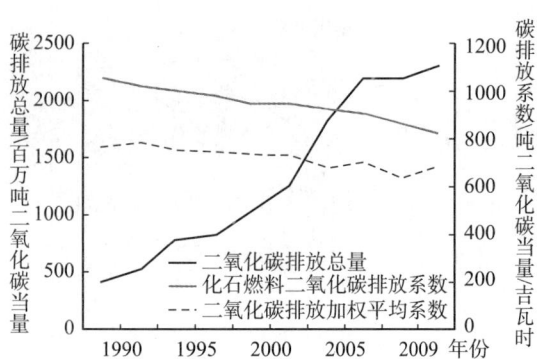

图 5-20　20 年来中国电力行业碳排放量步步升高
（据：世界银行）

净高效化的质的跨越，同时鼓励在大中型城市和工业园区等热负荷集中的地区建设热电联产机组。在条件适宜的地区，合理建设燃气蒸汽联合循环调峰机组，积极推广天然气热电冷联供。严格控制在环渤海、长三角、珠三角地区新增除"上大压小"和热电联产之外的燃煤机组。加强火电厂节水技术的推广应用。推广整体煤气化联合循环（IGCC）发电系统，以及碳捕集与利用封存等技术应用示范项目。火电机组效率前几年与先进国家仍有较大差距，先进指标一般应达 270 克/kWh，小火电机组甚至只能达到 450~500 克/kWh[138]。2010 年 100 万 kW 的超超临界发电机组，在负荷率仅 74%，同时脱硫脱硝，供电煤耗达 279.39 克/kWh 的先进水平[127]。

电力行业的节能减排技术包括超临界和超超临界火电机组、等离子点火技术、循环流化床锅炉、绿色煤电等。超临界、超超临界火电机组具有显著的节能和改善环境的效果，是未来火电建设的发展方向之一。到 2008 年末，中国已建成 120 台超临界机组，在建 600MW100 台；2009 年末，有 21 台 100MW 超超临界机组在运行，在建 24 台，100 万 kW 超超临界火电机组可靠性接近进口同类机组水平。近年来，集结中国 5 大发电集团、三大动力集团以及重点电力设计、研究单位、材料研究和冶炼单位等，由国家能源局领导牵头的创新联盟理事会正在完善 700℃超超临界机组的研发，对实现我国火电结构调整、节能降耗、电力工业可持续发展具有重要意义。等离子点火技术是电站煤粉锅炉的一种无油点火和低负荷稳燃技术，可节省燃料油和运行费用。2009 年，中国已有 440 多台大型燃煤机组（总容量超过 190GW），应用这项技术，累计节油 300 多万吨。由中国国电集团所属国电科技环保集团有限公司自主研发，具有完全自主知识产权的煤粉锅炉等离子点火技术，通过几年的电厂实际应用已全面成熟。现有火电机组如全部改造成为等离子点火，每年节约燃油 600 万吨以上，为电厂节约发电成本 300 亿元，相当于为国家节约了一处中型油田的原油。

循环流化床锅炉（CFBB）技术是近十几年来迅速发展的一项高效低污染清洁燃烧技术。国际上这项技术在电站锅炉、工业锅炉和废弃物处理利用等领域已获广泛商业应用，并向几十万 kW 级规模的大型循环流化床锅炉过渡。国内相关研究、开发和应用也逐渐铺开，已能设计制造 50MW、100MW、150MW 和 300MW 的 CFBB，2008 年已使用 130 多台 50MW 以上的 CFBB，100MW 以上 CFBB 容量达 20GW，13 台 300MW 的 CFBB 投入运行，在建拟建 50 多台。

绿色煤电是污染物和 CO_2 近零排放的煤基电厂，包括整体煤气化联合循环发电、污染物回收、碳分离、利用或封存等先进技术。在常规能源特别是化石能源继续居世界能源消费主导地位、尤其在煤电比重居 75% 的中国能源结构面前，清洁煤电最为现实可行。2004 年美国能源部正式启动了"未来电力"项目，投资 9.5 亿美元，用 10 年时间建成世界上第一座近零排放的煤电厂。同年，欧盟在"第六框架计划"中，启动名为联产氢气、电力、CO_2 分离工厂的计划项目，目标是开发以煤气化为基础的发电、制氢以及 CO_2 分离和处理的煤基发电系统，实现煤电的近零排放。2009 年开始建设的中国华能天津煤气化发电公司"绿色煤电"，容量 265MW 整体煤气化联合循环示范工程已于 2012 年 11 月初试运行成功。该 IGCC 电站脱硫效率可达 99%，氮氧化物排放仅及常规电站的 15%~20%，而且能实现零碳排放[133]。

按 2012 年美国环保局（EPA）制定的新规章要求新厂发电量至少 1000kW/h，所排放的 CO_2 必须限制在 453.6kg 以下。美国企业界的回应是：保证这一规定达标的技术还不存在。因此，舆论认为美国未来也许将让燃煤电厂退出历史舞台[135]！

5-7-3　智能电网　经纬万端

1. 发展智能电网——近年来，随着市场化加深、数字化技术不断发展、全球气候持续恶化和环境监测日趋精密化，各国纷纷调整能源政策，电力网络跟市场和用户的交互关联越来越多，对电能质量的要求越来越高，分布式发电数量不断增加，这就对电网提出了更高的要求。而传统电网由于自身特点的局限，难以适应新兴的发展需求。智能电网便应运而生。

智能电网（Smart Power Grids）亦称"电网 2.0"[128]，即由绿色化、信息化、自动化和智能化监测和控制的发电、输电、变电、配电、用电和调度综合优化组成的电力系统，目的在于应用高新科技协调、有效、安全、可靠地实现全部电网运作，达到供需双满意、节能环保双丰收、维护管理双奏效、技术用材双先进的效果。为此，须综合采用一系列适应环境的、行之有效的能源技术、传感技术、网络技术、新材料技术、电子信息技术和自动控制技术，创造电网"自我作故"功能、快速平衡供需能力和高速反应运行实况的通信机制，为经济社会发展提供优良、可靠、井井有条、丝丝入扣的电力服务。中国电力科学院则是我国电力网络技术现代化、智能化的坚强后盾[123]。

电力工业是最主要碳排放源之一，占能源相关 CO_2 排放的 41%。另外，随着数字时代的到来，用户对供电可靠性和电能质量的要求也愈来愈高。因此，引入可再生能源[119]和发展清洁火电，降低电力输送损耗，全面优化电力生产、输送、消费全过程，将有助于推动低碳电力、低碳能源乃至低碳经济的发展。在此过程中，智能电网发挥着重要作用[130]。

2. 智能电网的特点——

（1）智能电网的功能特点可归纳为 8 点：

①自愈：稳定可靠。自愈是实现电网安全可靠运行的主要功能，指无需或仅需少量人为干预，实现隔离或自动修复电力网络中故障元器件。通过进行连续的评估自测，智能电网可以检测、分析、处理乃至阻遏电力元件或局部网络的异常运行。

②安全：抗攻击性。智能电网应能有效抵御针对物理系统或计算机网络遭到的外部攻击，若发生中断，应能快速恢复运行，避免发生大停电或重大损失。电网容量充裕和网络运行安全能保证电网连续供电。安全性还包括提高电网抵御自然灾害的能力和保障人身安全。

③兼容：传统电力网络主要是面向远端集中式发电的；通过在电源互联领域引入类似于计算机中的"随插随用"（尤其是分布式发电资源），电网可以容纳包含分布式发电在内的各种不同类型电源，甚至可接纳储能装置[134]。

④交互：电网在运行中与用户设备和行为进行交互，将其视为电力系统的完整组成部分之一，可以促使电力用户发挥积极作用，实现电力运行和环境保护等多方面的收益。

⑤协调：与电力批发市场以及电力零售市场实现无缝衔接，通过有效的市场设计可以提高电力系统的调度、运行和可靠性管理水平，从而能提高电力市场的竞争能力。

⑥高效：引入最先进的信息和监控技术优化设备和资源的使用效益，可以提高单个资产的利用效率，从整体上实现网络运行和扩容的优化，降低其维护成本和投资。通过有效的技术和体制改造，减少电力生产过程中的 GHG 排放和"三废"污染，务必对控制气候变暖有着相应的作为。

⑦优质——在数字化、高科技占主导的运行方式下，能有效保障用户的电能质量，并实现电能质量和供电峰谷的差别定价。

⑧综合——在监测、控制、维护、能量管理（EMS）、配电管理（DMS）、市场运营（MOS）、企业资源计划（ERP）等和其他各类信息系统功能间进行综合，并借此实现业务集成。

（2）智能电网与传统电网的功能比较见表 5-3。传统电网存在不支持大规模间歇性电源与分布式电源接入、输电损失巨大、用户侧不能互动利用等问题，偏离低碳要求。智能电网实现的功能改进包括：

①在智能发电方面，推动可再生能源利用，减少对化石燃料依赖；减少发电环节碳排放，降低对气候变化影响；提高发电利用效率；提高清洁低碳能源供应比例，允许新能源接入。

②在智能输配电方面，提高系统的安全性和可靠性，加强对电网的实时监测和控制，降低故障频率；保障系统提供更加优质的电能；提高系统的经济性，即提高输配电资产的利用效率；确保供电稳定、高效和快速自愈。

表 5 - 3　　　　　　　　　　　　智能电网相对传统电网的特征[125、126]

特征	传统电网	智能电网
运行弹性	系刚性运作，电源接入与退出、电能量传输等缺乏弹性，多级垂直控制机制反应迟缓，不能构建实时、可配置、可重组系统	电网呈动态柔性和可组性，对电网全景信息有完整、正确的反馈，具有精确时间判断，电力流信息和业务流信息标准化。以服务生产全过程为需求，整合系统各种实时生产和运营信息，通过加强对电网业务流实时动态的分析、诊断和优化，为电网运行和管理人员提供更为全面、完整和精细的电网运营状态图基于控制论的基元构思，运行始终处于按信息反馈采取控制决策
自愈力	自恢复能力全靠实体冗余	通过完善的自动控制，可在允许时间间隔内自动恢复发电至供用电全过程的制定环节的功能
服务能力	服务简单、信息单向；系统内部存在多个信息孤岛，少信息共享	建立完整的信息流正向优控和实时反馈机制，最大程度地实现更为精细、准确、及时、绩优的电网运行、管理和服务
自动控制能力	有局部自动化设施，但局部孤立，未形成实时有机整体，智能化低	形成完整的控制论背景下的自动控制系统，电网联合、用户联合俱置于统一的综合最优控制系统管辖之下，自动化程度还能按需通过软件调整得到提高
高效性	运行数据与资产管理很少集成	运行高效：拓展电网数据采集，注意事故预防，减少对用户影响，提高运作效率。资产优化：引入先进的信息和监控技术优化设备和资源的使用效益，提高单个资产的利用效率，从整体上实现网络运行和扩容的优化，降低运行维护成本和投资
可靠性	自愈性差，应对恐怖袭击和自然灾害能力弱	自愈性好：通过进行连续的评估自测，可检测、分析、响应甚至恢复电力元件或局部网络的异常运行。安全性好：无论是物理系统还是计算机遭到外部攻击，均能有效抵御由此造成的对电力系统本身的伤害以及对其他领域的伤害
兼容性	集中发电为主，分布式电源受制约	大量可再生分布式电源方便地"随插随用"
开放性	很多设备接入受限	允许更多类型的设备接入电网，并与电网进行互动
互动性	用户不知情，不参与	激励用户在知情前提下参与需求响应和分布式电源的应用；终端用户不再被动的使用电力，消费者有自主选择用能方式的能力，以坚强、可靠、通畅的实体电网架构和信息交互平台为基础，完纯互动

③在智能售电/用电方面，加强电力公司、用户、电网、电力市场之间的协调和互动；减少能源消耗，提高能源使用效率；促进电动汽车等低碳技术产品的应用；为用户提供更多用能方式的选择，倡导节能行为和低碳生活模式。作为先进信息技术和高级物理电网的充分结合，智能电网融合了电网、通信、IT、新材料等各行业的科技成果，是解决未来能源输送的理想方案，是未来电网发展的大趋势。

3. 智能电网典型技术——智能电网基础是分布式数据传输、计算和控制技术以及多个供电单元之间数据和控制命令的有效传输技术，主要有：

（1）先进配电技术，包括电力传输，例如超高压输电或超导输电；

（2）电力储存和管理技术，例如不间断供电、电能质量调整和动态电压恢复器等；

（3）终端用户反馈，例如需求侧管理、自动读数等技术。

智能电网的技术实现手段包括：①发电环节：常规电源网厂协调关键技术，如常规机组快速调节技术、常规电源调峰技术；清洁能源发电的并网、运行控制技术；大容量储能技术和设备。②输电环节：卫星定位、智能监测与先进巡检技术；分析评估诊断与决策技术；输电线路状态检修、全寿命周期管理和智能防灾技术。③变电环节：智能变电站自动化关键技术；设备在线监测一体化和自诊断设备智能化的关键技术；智能变电站监测装置和自动化装置的检测检定。④配电环节：配电自动化系统和配网调控一体化智能技术；配电网生产指挥与运维管理的信息化系统；分布式发电/储能及微网接入与统一协调控制技术。⑤用电环节：用电信息采集系统；智能用电小区/楼宇、智能用能服务系统、用户侧分布式电源及储能系统；电动汽车充放电设施；智能用电技术研究检测平台。⑥调度环节：能量管理系统；广域相量测量系统；动态稳定监测预警系统；调度管理系统。⑦通信信息平台环节：现代通信信息技术；发电、输电、变电、配电、用电和调度环节的数据采集、传输、存储和利用技术；通信网络平台；信息共享透明、流程规范集成、功能强大的业务协同和互操作平台[121]。

5-7-4　国内外发展　争先恐后

1. 国际发展情势——智能电网是当今世界能源产业发展变革的最新进展，各国均高度重视该领域的投入和研发，按各自电力工业发展现状，有重点地发展智能电网，并视为抢占未来绿色－低碳经济制高点的一项重要战略举措。

（1）美国：其能源部自 2003 年起，每隔约两年提出一份有关智能电网发展的报告，例如《Grid 2030——电力的下一个 100 年的国家设想报告》、《智能电网系统报告》，并以《现代电网活动计划（MGI）》、《北美同步相量计划》等为依托，加大对发展智能电网相关技术的投入。2008 年科罗拉多州的波尔德宣布成为全美首个智能电网城市，家庭用户可与电网互动，了解实时电价，合理安排用电；电网还可根据实际情况进行电力实时调配，提高供电可靠性。奥巴马在上任后提出的能源计划中宣布，美国集中财力对每年须耗费 1200 亿美元电路损耗和故障维修的电网系统进行改造升级，建立横跨四个时区的统一电网；发展智能电网产业，最大限度发挥美国电网的价值和效率，并逐步实现太阳能、风能、地热能发电的统一入网管理，同时全面推进分布式能源结构，创造世界上最高的能源使用效率。2009 年 1 月，美国政府发布《复苏计划尺度报告》，计划铺设或更新超过 4800km 的输电线路，为 4000 万家庭安装智能电表。美国国家标准与技术研究院 2011 年初为智能电网研究制定了各个运行阶段所须遵循的 75 项标准[117]。2009 年 2 月，美国政府将智能电网项目作为其绿色经济振兴计划的关键支柱之一。数据显示，先进智能电网可使美国电网能耗降低 10%，GHG 排放量减少 25%，并能节约 800 亿美元新建电厂支出。

（2）欧盟：前后推出研究资助机制和框架计划项目如第五框架计划 FP5（1998~2002）、第六框架计划 FP6（2002~2006）和正在进行中的第七框架计划 FP7（2007~2013）等建设智能电网计划。2006 年，欧盟理事会的能源绿皮书《欧洲可持续的、竞争的和安全的电能策略》郑重指明：智能电网技术是保证欧盟电网电力质量的关键技术方向。其中如 2001 年意大利电力公司安装和改造了 3000 万台智能电表，建立了智能化计量网络。欧盟其他国家纷纷启动智能电网相关研究和建设规划。

（3）日本政府于 2010 年开始在孤岛进行大规模构建智能电网试验。

（4）韩国计划在 2011 年前建立"智能电网"综合性试点项目。

2. 我国进展　角立杰出——

（1）中国智能电网计划：中国国家电网公司 2009 年 5 月 21 日公布了《中国智能电网计划》，以建设坚强智能电网为总体目标。结构内容如图 5-21 所示[132]。

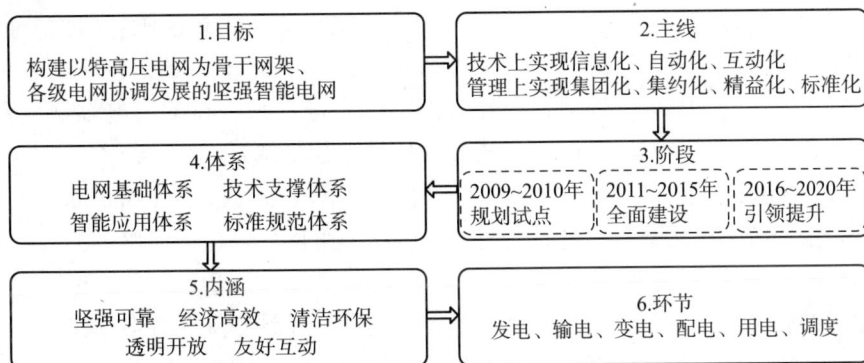

图 5-21　中国国家电网公司 2009 年 5 月公布的 2009~2020 年智能电网建设规划

（据：中国国家电网公司网站原绘的宝塔形规划图示改用矩形框和指向箭头以清晰表达）

据预测，2020 年中国可再生能源装机将达到 5.7 亿 kW，占总装机容量的 35%，每年可减少煤炭消耗 4.7 亿吨标准煤，减排 CO_2 13.8 亿吨。其中，风能、太阳能等非水电的可再生能源比例将大大提高，而这些间歇性可再生能源的大规模利用将对传统电网提出挑战，而智能电网却可以很好地解决这一问题[136、137]。

2010 年，在智能电网具体建设部署上，中国实现智能电网调度技术支持系统、智能变电站、电动汽车充放电设施、用电信息采集系统、"多网融合"等 5 项试点工程建设的突破。国内两大电网公司 2010 年投资规模超出预期，达 4000 亿元以上，智能电力设备方面的投资占电网总投资 1/3 以上。高压交流输电因高电压、强电流的电磁机构与绝缘技术难题，加之重污秽、高海拔等严酷自然环境，国外未能研发成熟适用技术，商用成套设备尤其空空如也。2011 年 12 月 16 日，国家电网公司承建的 1000kV 晋东南—南阳—荆门特高压交流示范扩建工程率先投产，在特高压输电系统的串联补偿技术、过电压控制技术、特快速暂态过电压测量与控制技术等均取得空前突破，成为世界上电压等级最高、技术水平最先进的高压交流输电工程，特别是中国因此成为全球首个建起特高压交流输电技术标准（包括 7 类 77 项）体系的国家。

2010 年，南方电网成功建成滇—粤 ±800kV 特高压直流输电工程和向家坝—上海 ±800kV 特高压直流示范工程，成为世界上电压等级最高、输送容量最大、送电距离最远、技术水平最先进的高压直流输电工程，工程自主化率达 62.9%，申报国家专利 106 项。还制定了发展智能电网的战略规划，开展 20kV 配电网试点建设。随后又建成投运亚洲首项柔性直流输电示范工程——上海南汇风电场柔性直流输电工程，说明我国已成为世界上少数几个全面掌握柔性直流输电关键技术、成功建设和运行柔性直流输电工程的国家之一。

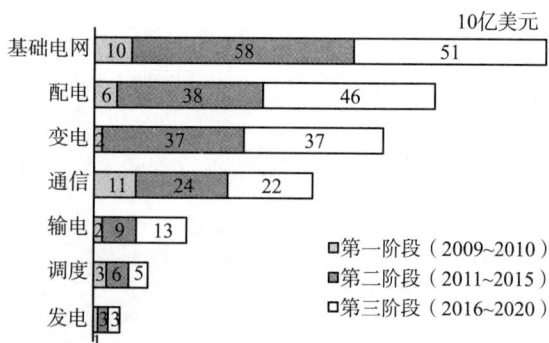

图 5 – 22 2009 ~ 2020 年国家电网公司投资智能电网规模（总额 3870 亿美元，按 2011 年中汇率）

（据：Ellen G. Carberry et al.：The China Greentech Report 2011——China's Emergence as A Global Greentech Leader, Greetech Networks Limited in Collaboration with MangoStrategy, LLC.，2011 – 6）

2011 年 5 月，国网智能电网运行集中监控试点项目工程验收组正式宣布智能电网试点项目福建龙岩工程顺利通过验收，是国网公司系统首家通过验收的试点项目。2011 年，我国坚强智能电网进入全面建设阶段，将在示范工程、电动汽车充放电设施、新能源接纳、居民智能用电等方面大力推进。"十二五"期间，国家电网将投资 5000 亿元，建成连接西部大型能源基地与东部主要电力负荷中心的"三横三纵"特高压骨干网架和长距离支流输电工程，初步建成世界一流坚强智能电网。据规划，图 5 – 22 描绘了 2009 ~ 2020 年国家对智能电网的投资部署。但实际规划规模更大于图中反映的投资额。

（2）成就声势，叱咤喑呜：国内开展智能电网的体系性研究涉及相关技术领域，在输电领域，多项研究应用达到国际先进水平，在配用电领域、智能化应用研究也正在成功地积极探索。

国家电网公司大力推进特高压电网、"SG186"工程、一体化调度支持系统、资产全寿命周期管理、电力用户用电信息采集系统和电力通信等建设，打造坚强智能电网，强化优质服务，为智能电网建设奠定了长足前提条件。目前，1000kV 交流输变电工程已正式投入运行，特高压系统和设备运行平稳，全面验证了特高压交流输电的技术可行性、设备可靠性、系统安全性、设计和施工方案的先进性以及环境的友好性，实现了我国在远距离、大容量、低损耗的特高压核心技术和设备国产化上获得了重大突破[115]。自主研发的能量管理系统（EMS）等在省级以上调度机构得到了广泛应用，全部地区级以上电力调度机构均已配置电网调度自动化系统，已引入电能量计费系统和广域测量系统，新规则下的电力市场交易技术支持系统指日可待。变电站已实现计算机监控和无人、少人值守，地理信息系统（GIS）已开始应用于输电、变电和配电管理等业务，以提高信息化水平和生产效率为目标的生产运营管理信息系统，如电网生产运行管理系统、设备检修管理、变电站建设视频监控系统等，在电网生产管理业务方面发挥了重要作用。目前，我国智能电网仍需要全面取得技术突破，特别因新能源有间歇性、波动性、分散性和单机容量小等特点，需要在新能源特质前提下充分利用时空互补特点制定相应的系统标准和每个环节应研发的节能环保适配技术[136]。发挥航天成熟技术于智能电网急需的精密测量技术，有助于加速智能电网信息流的及时反馈和准确布控[124]。

（3）互动电网：我国能源专家武建东教授提出过"互动电网"（Interactive Smart Grid）新概念。互动电网定义为：在开放和互联的信息模式基础上，通过加载系统数字设备和升级电网网络管理系统，实现发电、输电、供电、用电、客户售电、电网分级调度、综合服务等电力产业全流程的智能化、信息化、分级化互动管理，是集合了产业革命、技术革命和管理革命的综合性的效率变革。它将再造电网的信息回路，构建用户新型的反馈方式，推动电网整体转型为节能基础设施，提高能源效率，降低客户成本，减少温室气体排放，创造电网价值的最大化。互动电网还能通过电子终端将用户之间、用户和电网公司之间形成网络互动和即时连接，实现电力数据读取的实时、高速、双向的总体效果，实现电力、电讯、电视、智能家电控制和电池集成充电等的多用途开发，实现用户富裕电能的回售；可以整合系统中的数据，完善中央电力体系的集成作用，实现有效的临界负荷保护，实现各种电源和客户终端与电网的无缝互连，由此可以优化电网的管理，将电网提升为互动运转的全新模式，形成电网全新的服务功能，提高整个电网的可靠性、可用性和综合效率。

2013 年初，德国政府部门推出"未来可实现电力网络"倡议，协调可再生能源和电力网络发展步调，在某种意义上说，类似在两种能源概念间形成互动关系[125]。

（4）国家规划——2012 年 3 月，科技部发布《智能电网重大科技产业化工程"十二五"专项规划》。《规划》指出建设智能电网有助于满足许多能源与电力的战略需求，提出推动我国电网从传统电网向高效、经济、清洁、互动的现代电网的升级和跨越，须建成 20～30 项智能电网技术专项示范工程和 3～5 项智能电网综合示范工程，建设 5～10 个智能电网示范城市、50 个智能电网示范园区，并通过投资和技术辐射带动能源、交通、制造、材料、信息、传感、控制等产业的技术创新和发展，培育战略性新兴产业，带动相关产业发展，打造一批具有国际竞争力的科技型企业，建设一批拥有自主知识产权和知名品牌、核心竞争力强、主业突出、行业领先的大企业（集团）。科技研发层面要求重点开拓大规模间歇式新能源并网技术、支撑电动汽车发展的电网技术、智能配用电技术、智能输变电技术与装备等[131]。

据国家电网负责人介绍，"十二五"期间建设 110kV 及以上智能变电站 6100 座，新建电动汽车充电站 2950 多座，充电桩 54 万个，安装智能电表 2.3 亿只，以满足 2.6 亿 kW 电力大范围优化配置需要，支撑 9000 万 kW 风电和 800 万 kW 光伏发电的接入和消纳，保障 80 万辆电动汽车的使用，实现全部客户用电信息自动采集。到 2020 年全国用电量将超过 8.3 万亿 kWh，装机超过 18 亿 kW，其中风电和太阳能发电机组分别达 1.6 亿 kW 和 2400 万 kW。目前国家电网的信息化、自动化已处于国际先进水平。据国家电网发布的《关于加快推进坚强智能电网建设的意见》，2011～2015 年为智能电网全面建设阶段，其间投资可能将超过 1.5 万亿元；2016～2020 年为基本建成阶段，总投资约达 1.7 万亿元[137]。

3. 智能电网科技创新展望——

（1）云计算应用：云计算（详第 8 章）本质上就是将林林总总、东鳞西爪的信息资源聚成浑然一体，然后向公众提供服务。其理念本原与电力供应初无二致。因此，采用云计算技术，一则能实现电力行业内数据采集、挖掘、共享，提供商业智能和决策分析，二则能让电网公司将宝贵的数据资源转化为服务，从而提升智能电网的服务经济效能。

在国外，自 2005 年后，美国 IBM、因特尔、微软、谷歌、苹果等顶级 IT 企业均曾先后以各自拳头技术通过云计算渠道切入智能电网市场；在欧洲，电力发展模式向分布式发电、交互式供电等方向过渡，智能电网的应用更加强调环境保护和可再生能源发电的发展，这是引领国际电网发展的另一趋势。日本的配电网原已相当先进，但随着光伏发电、风电等涌入，需要引入智能电网云计算技术，确保供电系统稳定和可靠。由于重视开发家电对电力与能源消费的"可视化"控制体系和电力信息传送控制平台，云计算在日本智能电网发展中将更能发挥鸣锣开道的作用。

在我国，国家电网和南方电网两大公司早在 2009 年就积极开展了云计算深层次助推智能电网快速建设战略。2010 年后，国家电网建成智能电网云仿真实验室，给力智能电网云计算中心建设，通过智能电网云操作平台、云分布式数据库和云资源虚拟化管理平台等十大典型应用，其中包括云资源租赁系统、智能电网云搜索、云百科、云数字图书馆、云专利检索系统、国际合作业务云应用系统、智能用电海量信息存储与分析、电力视频云等。南方电网也高度重视新技术研发应用。例如广东电网自 2008 年以来，制定了诸如电网企业公共信息模型（ECIM）、数据资源规划、SOA 技术规范、信息安全防护技术规范等技术标准与规范；开展了"智能电网信息支持技术研究"、"智能电网的信息技术体系研究"、"智能电网与信息技术综合研究"以及"云计算在电力行业高等级应用"等研究。

赛迪智库认为，云计算具备可靠性高、数据处理量巨大、灵活可扩展以及设备利用率高等优势，特别适合智能电网建设对信息技术的要求。将云计算引入电力系统构建电力云，既是一种需要，也是一种趋势。

（2）大数据应用：智能电网采用参数量测技术，将获得的数据转换成数据信息，利用这些数据信息评估电网设备的健康状况和电网的完整性，如读取表计、消除电费估计、防止窃电、缓减电网阻塞以及与用户的沟通等。对用户来说，智能电网除了可以计量每天不同时段电力的使用和电费外，还可根据电力公司下达的高峰电力价格信号及电费费率，通知用户要实施什么样的费率政策。对电力公司来讲，智能电网可以给电力系统运行人员和规划人员提供更多的数据支持，包括功率因数、电能质量、相位关系、设备健康状况和能力、表计的损坏、故障定位、变压器和线路负荷、关键元件的温度、停电确认、电能消费和预测等数据。未来智能电网处理的数据和信息将日益复杂和面临海量，信息之间的关联也将更加紧密，而有效地从海量信息中获取、发布、共享、管理和利用知识资源，消除信息孤岛和知识孤岛，建立实现广域、多层次的知识资源共享的智能电网知识管理系统，通过知识流、电力流、信息流和业务流的高度融合，实现基于知识的高效电网智能调度运行与控制，是未来智能电网发展的必由之路。因此在智能电网建设中引入大数据分析处理技术（详见第 8 章）势在必行。事实上，准实时数据以及强大的计算机处理能力为软件分析工具提供了快速扩展和进步的能力。状态估计和应急分析将在秒级而不是分钟级水平上完成分析，这给智能电网和系统运行人员足够的时间来响应紧急问题。专家系统将数据转化成信息用于快速决策；负荷预测应用这些准实时数据以及改进的天气预报技术来准确预测负荷；概率风险分析将成为例行工作，确定电网在设备检修期间、系统压力较大期间以及不希望的供电中断时的风险的水平；电网建模和仿真使运行人员认识准确的电网可能的场景。所有的大数据研发成果均有可能在智能电网运行和管理中找到用武之地。

（3）物联网应用：物联网技术（详见第 8 章）应用于电网领域，令电网通过连续不断的自我监测和校正，实现其最重要的特征：自愈。还能监测各种扰动，实行补偿、重新分配载荷、避免事故扩大。物联网技术还可以使各种不同的智能电子设备、智能表计、控制中心、电力电子控制器、保护系统以及用户进行网络化的通信，提高对电网的驾驭能力和电网的服务水平。

智能电网中应用物联网技术，通过对电网设备及运行过程信息的采集和分析，智能电网涉猎的数据和信息将日益复杂并呈几何级增长，同时各种信息之间的关联程度也将越来越紧密。调度机构内部各职能部门间的信息关联也将越来越紧密，实时互通互动，实时信息与离线信息、动态信息与静态信息、运行信息与管理信息、技术信息与经济信息等均更加紧密关联；调度人员虽直接对电网运行实施调度控制职能，但亦需其他职能部门支持和配合，需信息互通。何况电网运行中还需要掌握其他相关信息和知识，如天气预报、雷电观测、离线计算、历史事件、专家知识以及电网运行规程和调度员经验等，均适于利用物联网技术。

2006 年，美国 IBM 公司提出的"智能电网"解决方案，主要着眼于解决电网安全运行、提高可靠性。在我国发布《建设智能电网创新运营管理——中国电力发展新思路》白皮书中，提出的方案主要包括：①通过传感器连接资产和设备，即通过物联网提高数字化水平；②强化数据整合体系和数据收集体系；③提高数据分析能力，即依据已经掌握的数据进行相关分析，促进优化运行和管理。该方案提供了一个大的框架，通过对电力生产、输送、零售的各个环节的优化管理，为相关企业推行物联网例如 M2M 技术、提高运行效率及可靠性、降低成本描绘了优化蓝图。2011 年 1 月，中国首座 220kV 智能变电站——西泾变电站在江苏无锡投运，该站通过物联网技术建立传感测控网络，实现真正意义上的"无人值守和巡检"，完全达到智能变电站建设的前期预想，设计和建设水平全国领先，对国家电网公司系统智能变电站建设起到引领和示范作用。

（4）建立坚强、灵活的智能电网拓扑结构：我国能源分布与生产力布局极不平衡，亟待建设特高压联网工程、直流联网工程、点对点或点对网输电等工程以缓解矛盾，进一步优化特高压和各级电网规划已成当务之急。随着电网规模扩大、互联电网渐次形成，电网的安全稳定性与脆弱性将随之并存，对主网架结构规划设计要求也随之提高了。只有坚强的、灵活的电网结构才能安如泰山地对付来自自然的和来自社会的各种突发性灾害。

（5）实现开放、标准、集成的通信系统：智能电网的发展对网络安全提出了更高的要求，智能电网需要具有实时监视和分析系统目前状态的能力：既包括识别故障早期征兆的预测能力，也包括对已经发生的扰动做出响应的能力，其监测范围将大范围扩展、全方位覆盖，为电网运行、综合管理等提供外延的应用支撑，而不仅局限于对电网装备的监测。

（6）配备高级的电力电子设备：电力电子设备可以实现电能质量的改善与控制，为用户提供电能质量满足其特定需求的电力，同时它们也是能量转换系统的关键部分，所以电力电子技术在发电、输电、配电和用电的全过程中均发挥着重要作用。

（7）到 2020 年，我国将全面建成统一的坚强智能电网，建立高速、双向、实时、综合的通信系统是实现智能电网的基础。通信系统的种类很多，如 RS485 总线技术、光纤收发器光纤覆盖技术、串/并口和串口网络服务器通信技术、以太网（以太网交换机）组网通信技术等。其中光纤技术能够为智能电网的建设提供全方位的宽带通信服务。信息智能化的突飞猛进，以太网宽带接入方式因此被提到了越来越重要的位置。与此同时，光纤通信以其信息容量大、保密性好、重量轻、体积小、无中继、传输距离长等优点得到了广泛的应用，光纤收发器正是利用了光纤这一高速传播介质很好地解决了以太网在传输方面的问题。特别是在一些要求信息化程度高、数据流量较大的政府机构和企业，网络建设时需要直接上连到以光纤为传输介质的骨干网，而企业内部局域网的传输介质一般为铜线，确保数据包在不同网络间通畅传输的介质转换设备成为必需品。

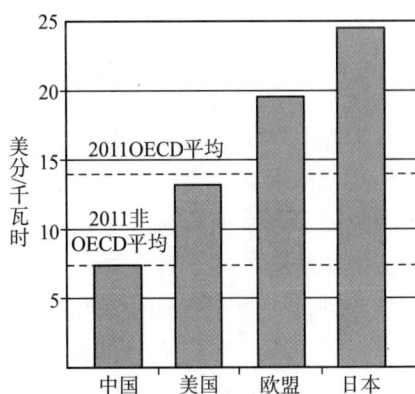

图 5 - 23　居民住宅电价比较

（据：IEA. World Energy Outlook 2012，2012 - 12 - 12. 改绘）

（8）为电网千家万户设计、安装智能电表是智能电网建设过程中的重要步骤：我国目前电费定价机制郁于用户对使用过程茫无头绪，没有选择余地，而电力供方又无法"科学收费"，致电价总体水平落后于发达国家（见图 5 - 23），倒逼发电能力扩张，也遏制了投资财力。我国智能电网自 2011 年已开始了相关研发。据预测，通过智能用电服务系统，用户可减少用电支出 5% 以上，高峰用电量可减少 10% 左右[118]。

4. 发展特高压输电——

（1）特高压输电　决胜千里外：特高压输电指电压等级交流 750kV 和直流 ±500kV 以上的输电技术。建设中除高空作业、环境安全清理保障，更多技术要求是特高压绝缘设施、安全自愈控制、智能信息保证等。我国可开发水电资源约 2/3 集中在川、滇、湘、藏等省区；煤炭资源约 2/3 分布在晋、秦、黔、内蒙等省区；工业发达和人口集中却偏于京广铁路沿线及以东沿海地区。粗略划分能源供应中心与能源需求中心之间的距离约达 2500km 左右。输电距离愈长，线损愈大，除非靠提高输电电压、降低载流强度。相应的绝缘保障和智能控制措施则可以通过已经十分成熟的特高压输电配套技术迎刃而解。采取特高压远距输送电力特别能避免受电地区分散建燃煤电厂，有利防范工业/人口集中地区的大气污染。

（2）建设提速：2014 年 11 月 4 日国家电网公司宣布，淮南—宁—沪和内蒙锡盟—山东两条交流特高压输电网和宁东—浙江直流特高压输电网同时正式启动建设。此前，国网公司已建成二交流/四直流特高压工程，因特高压交、直流技术路线之争，建设规划和进度稍有延宕。眼下"两交一直"特高压新增变电容量 4300 万 kW，新建输电线路 4740km，将全部在 2016 年竣工投产。届时新增输送能力 2600 万 kW，减少燃煤运输 6126 万吨，减排 $CO_2$1.28 亿吨、$SO_2$32.53 万吨、氮氧化物 34.15 万吨。按《大气污染防治行动计划》必须加快特高压电网建设，其中计划的 12 条重点输电通道，包括"四交四直"特高压输电工程必须到 2017 年全部建成。届时华北电网将初步形成特高压交流网架，京津冀鲁新增用电能力 3200 万 kW，华东电网将形成特高压交流环网，长三角地区新增用电能力 3500 万 kW，每年可在这些工业发达地区减少发电用煤 2 亿吨，减排 $SO_2$96 万吨，氮氧化物 53 万吨，烟尘 11 万吨，有利这些地区的节能减排和大气污染治理[140]。实际上其建设生态文明的意义不亚于南水北调工程！

中国工程院通过课题研究论证，得出一个令人深感意外的结论：1800km 以上输煤比输电更经济。可惜记者的相关报道里没有详细列举这一结论的全部数据，特别是其中经过加权的入选数据和被剔除的次要数据，从而易因此降低置信度。

5－8　能源管理　节能服务

5－8－1　完善能源管理体系

1. 能源管理体系——以降低能源消耗、提高能源利用效率为目的。针对组织活动、产品和服务中能源使用或能源消耗，利用系统工程思想和过程方法，在明确目标、职责、程序和资源要求的基础上，实行统筹兼顾，以全面策划、实施、检查和改进。以高效节能产品、实用节能技术和方法及最佳管理实践为基础，减少能源消耗，提高能源利用效率。引入持续改进的管理理念，采用切实可行的方法确保能源管理活动持续进行、能源节约的效果不断保持和改进，实现能源节约的战略目标。

能源管理体系应充分借鉴现有管理体系标准，遵循国际惯例、发展趋势和一般要求的管理体系标准；如借鉴 ISO9000、ISO14000 等成熟国际管理体系标准的理念、方法、标准构架、相关表述和要求与国际通行的管理模式相协调。其特点是持续采用方针目标、过程管理等管理体系成功经验，与质量、环境等管理体系高度兼容。同时引入标杆基准管理和能源因素识别方法，帮助组织强固节约潜力；强化信息收集工作，如法律法规、奖励政策、节能标准、节能技术等，引用先进节能技术；优化产品和生产设计、程序、设施配置、能源采购、贮存、使用、过程控制等明确规格；建立完善的能源计量和统计系统，提供组织能源管理保障。因此，务必建立组织内部激励机制，提高全员节能意识与参与节能活动。

2. 发达国家的能源管理体系——美国国家标准学会（ANSI）于 2000 年制定和颁布能源管理要求框架

MSE2000《能源管理体系》，2005 年修订为第二版，2008 年修订为第三版；丹麦和爱尔兰也均相继制定并实施各自的能源管理体系，标准号分别为 DS627750：2001，IS393：2005 等。欧盟在 2008 年制定"能源管理体系"第一版草案（prEN16001），2009 年正式颁布实施；国际标准化组织（ISO）于 2008 年成立专门项目委员会 ISO/PC242——能源管理体系项目委员会，并召开多次工作会议；直到 2011 年底制定了针对能源管理的国际标准 ISO50001。

3. 我国于 2009 年 11 月 1 日发布实施 GB/T23331－2009 能源管理体系的国家标准。目前还需要组织专家论证和考察能源生产、应用各环节所有必要的检测和管理标准工作。

5－8－2　发展节能服务业

1. 我国节能服务业旭日东升——众所周知，人口增加的衍生效果就是粮食需求上升和能源消耗增进。西方估计可能在人口达到一定水平后，人均消费维持极低水平（例如每年 150 焦耳）而进入匮乏时代（图 5－24）。能不能如世界自然基金会（WWF）所预期的那样，到 2050 年人类永远告别化石能源而全部

用上可再生能源？如果实际需求趋势舍此无他，则目前我国的节能环保服务业的规模和运作范畴远未能适应形势发展需求。2010 年国家发改委发布的《关于加快推进合同能源管理，促进节能服务产业发展的意见》，近年来我国节能服务业得到蓬勃发展，到 2011 年底，节能服务产业产值已达 1250 亿元，比 2009 年增长 49.5%。2009～2011 年，全国从事节能服务业务的公司数增长了 6 倍，已近 3900 家，其中采用合同能源管理机制的节能服务公司有 1472 家，比 2010 年增加 88.2%，从业人员由 2009 年的 17.5 万人猛升到2011 年的 37.8 万人，增加 116%[141]。这一时段内，节能服务项目投资额从 195.3 亿元增加到 412.1 亿元；全年节能从 952.8 万吨标煤增至 1648.4 万吨标煤；全

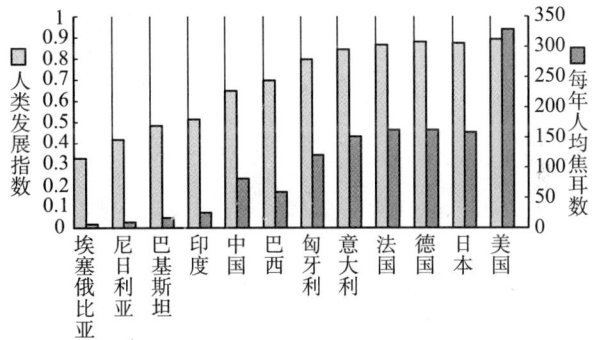

图 5－24　随人口增加，一旦人均能源降到 150 焦耳/年，就只能靠极低消费水平生活了

（据：邓雪梅（编译）. 全球能源——一个始终难解的"结". 世界科学，2011（7），15－20）

年 CO_2 减排量从 2381 万吨增至 4121 万吨。中国工业节能与清洁生产协会在 2012 年 8 月发布的《2012 节能服务公司百强研究报告》中公示的 2012 年百名节能优胜公司，节能绩效全部达 1000 吨标煤以上，第一名节能科技投资公司年度节能达 58 万多吨标煤[147]。

2. 节能服务业面临改革创新——

（1）基本构思：节能服务是能源管理的别动队，也是能源管理的急先锋。能源管理发展的必然趋势是遵从下列原则：以最小的投入获得最大的收益；以全面的改善取代局部的改善；以持久的改善取代临时的改善，形成良好行为模式与习惯，塑造持久的企业文化；从单纯开发节能技术和装备的基本节能工作入手；研究采用低成本、无成本的方法，用系统的管理手段降低能源消耗、提高能源利用效率建构有效的新能源管理体系的思想和概念。

针对组织活动、产品和服务中能源使用或能源消耗，利用系统的思想和方法，在明确目标、职责、程序和资源要求的基础上，进行全面策划、实施、检查和改进。要引入持续改进的管理理念，采用切实可行的方法确保能源管理活动持续进行、能源节约的效果不断保持和改进，实现能源节约的战略目标。要在全过程中以低成本的管理措施，将组织的能源管理工作与法律法规、政策、标准及其他要求进行有机结合，针对组织用能全过程（能源采购、储存以及使用等）和生产运营全过程（生产运营、管理运用和生活运营），对组织的能源因素进行识别、控制和管理，实现降低能源消耗、提高能源利用效率的目的。承包企业的能源优化运用和协助对象企业节能减排和环保达标仅仅是节能服务的业务中一部分任务，而是应兼顾节能环保系统中的所有方面，即作为节能环保软硬措施综合大系统中的各个子系统均应纳入服务之列，不可偏废。

（2）节能服务克服局限性的建议：

①扩大产业规模，提高全民认知度，特别是能满足与能源有关企业的求助需求。

②创新模式，将较典型的节能成功举措以指导书形式分门别类地按不同企业类型纳入规范，让企业有案可查和有计可循。

③扩大服务范围，甚至可以包括能源价格机制核算、理废能力、成本效益分析和营销机制，深入企业管理核心问题。

④建立节能环保基金，特别要支持技术水平高而缺乏资金投入的小微服务企业以及面向产学研金结合的节能环保研发项目。

⑤定期或不定期地协助服务对象企业的诊断，以发挥"旁观者清"的优势。

⑥协助企业取得政策允许的项目补贴，助力创造和完善上市条件和节能环保达标基本条件，协助企业办理 CDM 申请报批的前期准备工作。

⑦参与企业合同范围内的有关战略决策和短、中期计划或规划。

⑧向企业内部、向社会和向当地政府提出有关节能环保的合理化建议，并借此推动服务对象企业的节能减排乃至生态建设的可行性和可持续性措施。一言以蔽之：发挥节能服务业的以节能为本、以企业为家的大爱思想对待节能服务，寓管理于服务之中！

参 考 文 献

［1］王南. 煤矿瓦斯综合利用空间巨大. 中国经济时报, 2010 - 10 - 14, 10 版.

［2］王小龙. 全球化石燃料碳排放量 20 年增长 49%. 科技日报, 2011 - 12 - 06, 1 版.

［3］王乃粒（编译）. 全球石油储量正加速耗尽. 世界科学, 2007（8）, 20 - 21.

［4］邓雪梅（编译）. 全球能源——一个始终难解的"结". 世界科学, 2011（7）, 15 - 20.

［5］吕灿仁. 热泵与节能. 自然杂志, 1981（6）, 426 - 429；从热力学第二定律谈节能, 1982（12）, 901 - 903.

［6］企业联合会等. 2012 年中国企业节能减排状况报告. 内部抽印本（可网传）, 2013 - 07 - 01.

［7］张勤福、卢愚. 我国能源安全症结其实是技术问题. 中国经济时报, 2010 - 12 - 01, 8 版.

［8］岳振. "高碳的未来是没有希望的". 中国经济时报, 2010 - 03 - 25, 9 版.

［9］周雪松. 能源革命可破解内需不足. 中国经济时报, 2012 - 03 - 08, 11 版.

［10］郭锦辉. "2010 中国低碳十大新闻"揭晓. 中国经济时报, 2011 - 03 - 31；2011 年十大低碳新闻事件, 2011 - 12 - 29, 均 9 版.

［11］新华社. 全球能源格局或将改变. 科技日报, 2012 - 10 - 13, 2 版.

［12］戴彦德、朱跃中. 从中日能源效率对比透视中国节能政策. 中国经济时报, 2008 - 07 - 10, 5 版.

［13］中国企业联合会、中国企业管理科学基金会课题组. "十一五"期间我国企业节能减排状况评估报告. 中国经济时报, 2011 - 09 - 26, 5 版.

［14］毛黎. 低碳经济道路曲折但前途光明　美国专家谈节能减排政策和技术创新. 科技日报, 2009 - 08 - 23, 2 版.

［15］记者. 国务院办公厅印发今明两年节能减排低碳发展行动方案硬化指标　量化任务　强化措施. 中国环境报, 2014 - 05 - 28.

［16］刘霞. 美了环境"绿"了城——世界大城市节能减排各有奇招. 科技日报, 2009 - 12 - 22, 8 版.

［17］刘晋波. 加强节能减排　实现可持续发展. 中国经济时报, 2011 - 04 - 14, 11 版.

［18］华春雨、顾瑞珍. 环保部：四方面措施促"十二五"减排目标完成. 新华网, 2012 - 06 - 05.

［19］李晓红. 发展新能源　节能减排应优先. 中国经济时报, 2010 - 11 - 11, 10 版.

［20］严萍等. 院士开出减排"药方"高碳能源低碳利用. 科技日报, 2010 - 05 - 06, 1 版；附－佚名：三部委公布能源央企 2013 年减排考核情况, 2014 - 09 - 17, 5 版.

［21］吴吟. 节能减排提高能效, 推动能源生产和利用方式变革——在第十五届科博会中国能源战略高层论坛上的发言. 国家能源局, 2012 - 05 - 23.

［22］余腾耀. 节能减碳之推动策略与发展. 台湾绿色产业基金会（www.tgpf.org.tw）, 网传 ppt, 2011 - 05 - 31.

［23］陈磊. 科技部、工信部联合发布节能减排科技专项行动方案. 科技日报, 2014 - 03 - 26, 1 - 3 版.

［24］姜晨怡. 科技如何推进节能减排. 科技日报, 2014 - 02 - 07, 7 版；节能减排　严峻形势下如何实现目标, 2014 - 05 - 28；附－陈瑜：节能减排——新技术"唱"重头戏, 2007 - 09 - 26, 均 6 版.

［25］陈健鹏. 当前温室气体减排政策应注意的几个问题. 中国经济时报, 2012 - 02 - 07, 7 版.

［26］张启人. 节能降耗的系统思考. 广东经济, 2008（1）25 - 29.

［27］张智祥. 抓准"症结"才能全面提升我国节能减排水平. 中国经济时报, 2011 - 03 - 07, 11 版.

［28］张雷等．中国结构节能减排的潜力分析．中国软科学，2011（2），42－51.

［29］范思立．节能减排向近邻日本学什么．中国经济时报，2011－01－11，4 版.

［30］周锐．中国评估"十二五"规划实施情况：四指标进度滞后预期．中国新闻网，2014－01－22.

［31］罗晖．我国"十一五"节能减排工作取得八方面成效．科技日报，2011－09－29，3 版；节能减排"十二五"规划正式印发　十大措施保障落实　重点工程总投资超两万亿，2012－08－27，1 版.

［32］国务院．2014－2015 年节能减排低碳发展行动方案．国办发〔2014〕23 号，2014－05－26；附－吕文斌：解读《2014－2015 年节能减排低碳发展行动方案》，中国政府网专访，2014－06－09.

［33］国务院．节能减排"十二五"规划．国发〔2012〕40 号，2012－08－06；关于印发"十二五"节能减排综合性工作方案的通知，国发〔2011〕26 号，2011－08－31.

［34］周英峰．2009——中国能源新变化．科技日报，2010－01－05，10 版.

［35］项安波．完善节能减排市场机制，应对气候变化挑战．中国经济时报，2010－03－03，7 版.

［36］姚润丰等．节能减排——如何转过"拐点"只有市场、政策和监管三者共同发挥作用，才能构成节能减排的长效机制．科技日报，2008－02－27，5 版.

［37］郭锦辉等．"十二五"节能不可掉以轻心．中国经济时报，2011－09－15，8 版.

［38］郭锦辉．清华大学气候政策研究中心研究报告显示"十二五"节能减碳面临四大挑战．中国经济时报，2011－11－10，9 版.

［39］课题组．中国企业节能减排取得新进展．中国经济时报，2013－07－09，6 版.

［40］徐滨．关注金融危机　勿忘节能减排．中国经济时报，2009－04－21，2 版.

［41］钱炜．困难当道仍需前行　参加绿色经济与应对气候变化国际合作会议专家热议减排．科技日报，2010－05－10，1－3 版.

［42］王霆健．金属锥体管成型机——创新为王　打造专业市场新平台——记冯占一研发的实用节能产品．中国社会科学报，2012－12－19，B08 版.

［43］王静宇、张焱．山东企业节能减排进行时——来自山东水泥、煤炭、玻璃行业的调查．中国经济时报，2012－06－11，8 版.

［44］冯国梧．我首座整体煤气化联合循环发电示范电站建成投产．科技日报，2013－04－12，1 版.

［45］申明．新"心脏"让中央空调节能提升 40%．科技日报，2011－12－22，4 版.

［46］刘燕．"十一五"期间单位业务量耗电下降 50%　中国移动节能减排成果显著．科技日报，2011－11－24，3 版.

［47］任欢欢，刘捷．节能低耗的多功能——自能动力机械发电技术．中国社会科学报，2012－11－07，B08 版.

［48］李禾．高效工业锅炉技术节煤潜力达 1 亿吨/年．科技日报，2012－02－22，4 版.

［49］杜悦英．吉林化纤"组合拳"减碳．中国经济时报，2011－01－06，10 版.

［50］束洪福．物理冶金新技术从源头上节能减排．科技日报，2012－05－02，4 版.

［51］何丹婵．磁悬浮中央空调大势所趋　海尔全面掌握节能核心技术．科技日报，2012－12－19；快速对接"磁悬浮"海尔打造节能标杆工程，2013－01－09，均 12 版.

［52］张锐．节能产业是一座"富矿"．中国经济时报，2011－07－07，8 版.

［53］张晔、王亚静．节能减排"膜法"相助　专家认为膜科技用于节能减排前景广阔．科技日报，2012－05－07，6 版.

［54］胡左．我国铜业创造金峰炉熔炼法节能高效　年产 10 万吨铜可节煤 3 万吨减排二氧化碳 10 万吨．科技日报，2009－06－29，1 版.

［55］郭锦辉．明年节能减排需关注四大问题．中国经济时报，2011－12－15，9 版.

［56］课题组．重点行业节能减排取得进展　预定目标尚未实现——2011 年中国企业节能减排状况报告．中国经济时报，2012－07－11，7 版.

［57］柴国荣等．浙能的减排之路．中国经济时报，2012－12－07，8 版.

［58］黄橙．节能减排，炼锌技术新起点．科技日报，2011－07－08，7 版.

［59］刘志伟等．我大功率低温余热回收发电装置诞生．科技日报，2014－07－22，1 版；附－张爱华：钰霖"绿色"电机实现真正节能，2013－04－11，8 版.

［60］许召元等．节能减排管理制度需进一步完善．中国经济时报，2013－04－16，5 版.

［61］马媛媛．循环经济怎样"转"起来——解读《循环经济发展规划编制指南》．科技日报，2011－03－16，6 版.

［62］王婷婷．循环经济新政：调动市场这只手——解读《关于支持循环经济发展的投融资政策措施意见的通知》．科技日报，2010－05－26，6 版.

［63］记者．国家发展改革委有关负责人就《循环经济发展战略及近期行动计划》答记者问．发改委网站，2013－02－17.

［64］卢风，廖志平．中国循环经济建设十年成就和经验．中国社会科学报，2012－09－21，A04 版.

［65］宋琛．循环经济-减少污染的生产和消费方式．科技日报，2007－03－01，9 版.

［66］李海楠．国务院常务会议研究部署发展循环经济"抓什么、干什么、支持什么"都已明确．中国经济时报，2012－12－13，1－2 版；附－刘慧．工业节能重在发展循环经济，2012－02－29，2 版.

［67］吴季松．新循环经济学的理论创新和实际应用．北京航空航天大学经济管理学院，2008，网传 ppt.

[68] 陈杰. 再制造成循环经济新引擎. 科技日报, 2010 - 08 - 04, 11 版.

[69] 张启人. 全面策动循环经济, 综合优化发展目标. 系统工程, 2007, 25 (1), 1 - 8.

[70] 范思立.《循环经济促进法》亟须加快配套法规建设. 中国经济时报, 2011 - 05 - 24; 发展循环经济应兼顾循环和经济属性, 2013 - 06 - 07, 均 2 版.

[71] 国家发改委. 中国可持续发展国家报告, 2012 - 06; 附 - 李禾. 发改委发布《2015 年循环经济推进计划》 让资源循环利用 "叫好又叫座". 科技日报, 2015 - 05 - 07, 6 版; 罗晖. "十二五" 末资源循环利用产业总产值将达 1.8 万亿元, 科技日报, 2013 - 02 - 19, 3 版.

[72] 姜晨怡. 循环经济产业发展有了多重保障. 科技日报, 2013 - 03 - 20, 6 版.

[73] 郭锦辉.《循环经济促进法》的落实有三个薄弱环节. 中国经济时报, 2011 - 05 - 26, 9 版.

[74] 程小旭. 循环经济发展应从试点探索转向全面推广. 中国经济时报, 2012 - 06 - 13, 2 版.

[75] 新华社. 国务院批准《"十二五" 循环经济发展规划》. 新华网, 2012 - 12 - 13.

[76] 管晶晶. 电厂余热利用: 送居民暖气, 还城市蓝天. 科技日报, 2015 - 01 - 21, 3 版; 附 - 龙艳. 陕西橡胶沥青高速路节能环保, 2012 - 02 - 25, 4 版; 靳朝辉. 回收热源 节能环保——记一种用于制冷设备的热源回收装置. 中国社会科学报, 2012 - 08 - 29, B08 版.

[77] 江国成, 顾瑞珍. 节能环保向纵深推进——上半年全国节能环保工作成就综述. 科技日报, 2008 - 07 - 26, 3 版.

[78] 宋莉, 于家豪. 诚信能环——立足节能环保打造智能信息化. 科技日报, 2011 - 07 - 21, 12 版.

[79] 李禾. "十二五" 我国节能减排潜力有多大? 专家表示 更高的能源强度下降目标将使节能环保双赢. 科技日报, 2011 - 03 - 26; 除尘脱硫一体化, 燃煤污染近 "零" 排放, 2014 - 09 - 28, 均 1 版.

[80] 李海楠. 节能环保产业将再迎快速发展契机. 中国经济时报, 2012 - 06 - 14, 2 版.

[81] 李晓红. 节能环保——"十二五" 将从实验室迈入市场——在低碳经济时代, 巨大的市场需求必然会催生节能环保新技术. 中国经济时报, 2011 - 03 - 07, 6 版.

[82] 杜悦英, 张晓霞. 政策 "助跑" 节能环保产业提速. 中国经济时报, 2010 - 10 - 07, 10 版.

[83] 张和平. 中国节能环保产业重点发展领域及路线图初探. 南京工业大学校庆报告, 2011 - 05 - 20.

[84] 范毓蓉, 吴筱. 废弃塑料袋——如何实现环保和节能双赢. 科技日报, 2007 - 04 - 24, 5 版.

[85] 国务院. "十二五" 节能环保产业发展规划. 国发〔2012〕19 号, 2012 - 06 - 16; 关于加快发展节能环保产业的意见, 国发〔2013〕30 号, 2013 - 08 - 01.

[86] 郭锦辉. 节能环保市场广阔 提升技术是关键. 中国经济时报, 2011 - 03 - 07, 6 版.

[87] 广东记者站. 创新驱动广东 LED 产业领跑全国. 科技日报, 2013 - 03 - 05, 10 版.

[88] 王飞. LED 照明何时照亮你我家? 科技日报, 2010 - 06 - 15, 4 版.

[89] 王小龙. 日开发出以铜替代铱生产 OLED 新技术. 科技日报, 2011 - 09 - 01, 2 版; 新一代 LED 灯发光效率可达每瓦 200 流明, 2013 - 04 - 13, 1 版.

[90] 王小龙. 新技术可大幅降低 LED 生产成本. 科技日报, 2012 - 05 - 29, 2 版.

[91] 付常银. 白炽灯五年后退场 LED 发展喜中掺忧. 中国经济时报, 2011 - 11 - 17, 9 版.

[92] 刘霞. 蓝光 LED 引发第二次照明革命. 科技日报, 2014 - 10 - 08, 1 - 3 版; 附 - 陈丹. 日美科学家共享 2014 年诺贝尔物理学奖, 2014 - 10 - 08; 高博: 寂寞的长跑, 为那一抹蓝光, 2014 - 10 - 08, 均 1 版.

[93] 贾婧. 聚焦中国材料科技发展 (一) 一个软件与一部手机互联的 LED 之光. 科技日报, 2014 - 07 - 22, 1 - 4 版; 附 - 吕吉尔 (编译): LED 引领照明新潮流. 世界科学, 2009 (5), 26 - 27.

[94] 杞人. 广东战略性新兴产业发展量增质升 产品技术八成源于自主创新. 科技日报, 2011 - 09 - 09; 附 - 云丹平: 推广绿色照明 广东列阵前行, 2010 - 10 - 20, 均 12 版.

[95] 杨靖. LED 照明——如何打造绿色城市. 科技日报, 2010 - 12 - 02, 5 版.

[96] 佚名. 国内 LED 产品普及: 需先过 "寿命关". 中国城市低碳经济网 - www. cusdn. org. cn, 2013 - 01 - 28, 引自高工 LED.

[97] 李国敏. 新型显示技术——三年跻身世界四强. 科技日报, 2012 - 03 - 06, 9 版.

[98] 束洪福. 减缓全球变暖 无极灯在行动. 科技日报, 2010 - 01 - 05, 10 版.

[99] 严超杰. 节能产品缺乏核心技术 从 "广东模式" 看 LED 照明的普及. 中国经济时报, 2012 - 06 - 04, 11 版.

[100] 佚名. 展望 2013LED 行业面临怎样的机遇与挑战. 中国城市低碳经济网 - www. cusdn. org. cn, 2013 - 02 - 01, 引自 LEDinside.

[101] 陈磊. "十城万盏" 点亮我国照明新兴产业 2010 年我国半导体照明产业规模预计达 1200 亿元. 科技日报, 2010 - 12 - 27, 1 - 3 版.

[102] 陈磊. 半导体照明科技发展 "十二五" 专项规划解读. 科技日报, 2012 - 07 - 13, 1 - 3 版.

[103] 陈磊. 中国亮度. 科技日报, 2013 - 03 - 08, 9 版.

[104] 陈磊, 唐婷. 突破——在产业关键技术点着力——我国半导体照明产业的创新报告之一. 科技日报, 2012 - 01 - 09, 1 - 3 版.

[105] 张建华. 大功率 LED 与半导体固态照明. 世界科学, 2008 (12), 29 - 30.

[106] 张巍巍. 科学家制成彩色高效硅基发光二极管. 科技日报, 2013 - 02 - 20, 2 版.

[107] 国家科技部. 半导体照明科技发展"十二五"专项规划, 2012 – 07 – 03.

[108] 岳瑞生. LED 产业发展存在三个"滞后". 科技日报, 2012 – 03 – 12, 9 版.

[109] 莲梦. 标杆体系初具成效, 催生多项标准制定——广东启动全国首个集成封装（COB）LED 路灯地标制定. 科技日报, 2010 – 10 – 20; 附 – 周烨. 质量评价"解放思想"示范应用"弯道超车"——看广东 LED 照明产业的"标杆体系", 2010 – 10 – 20, 均 12 版; 我国半导体照明产业调研及发展战略思考, 2011 – 03 – 21, 8 版.

[110] 唐婷, 罗晖. 白炽灯将淡出百姓生活. 科技日报, 2012 – 10 – 30, 4 版.

[111] 李禾. 我 OLED 照明能效创同类器件世界纪录. 科技日报, 2013 – 10 – 28, 1 版; 附 – 何丹婵. OLED 掀起新显示技术革命, 2014 – 04 – 09, 12 版.

[112] 胡丽娟. 绿色照明: 节能减排重要抓手. 科技日报, 2015 – 01 – 22, 12 版.

[113] 曾诚. 引导半导体照明节能产业健康快速发展. 科技日报, 2013 – 03 – 20, 6 版.

[114] 蓝建中. 新型高效深紫外线杀菌 LED 灯问世. 科技日报, 2013 – 01 – 12, 2 版.

[115] 王松才. 科学发展特高压电网　认真解决相关问题. 中国经济时报, 2011 – 05 – 05, 5 版.

[116] 王喜文. 美国复制互联网成功模式发展智能电网. 科技日报, 2011 – 02 – 09, 11 版.

[117] 毛晶慧. 闪联布局智能电网. 中国经济时报, 2011 – 01 – 06, 6 版.

[118] 气候组织. 智能电网在中国发展的现状与展望. 政策简报, 2011（3）.

[119] 史立山. 发展可再生能源　需重构电力系统. 经济参考报, 2012 – 02 – 06, 3 版.

[120] 申明. 无线通信技术引领智能电网. 科技日报, 2012 – 10 – 12, 4 版.

[121] 李大庆. 如何向能源可持续发展过渡. 科技日报, 2007 – 11 – 13, 5 版.

[122] 杜华斌. 小电站代表大方向　加热议小型绿色发电项目. 科技日报, 2011 – 05 – 09, 2 版.

[123] 束洪福. 电力系统多尺度全过程仿真与试验系统的创新秘诀——肩负着电网科学规划和安全运行的使命和责任. 科技日报, 2012 – 09 – 05, 3 版.

[124] 束洪福. 航天技术打造的智能电网守护卫士. 科技日报, 2013 – 03 – 02, 3 版.

[125] 李娜. 数字化变电站, 你智能了吗? 科技日报, 2010 – 01 – 08, 5 版; 附 – 李山: 德提出"未来可实现的电力网络"倡议　协调可再生能源和电力网络的发展步调, 2013 – 01 – 17, 2 版.

[126] 吴杰. "十二五"——智能电网的关键五年. 科技日报, 2011 – 04 – 11, 11 版.

[127] 陈杰. 国内火力发电机组再创煤耗新低. 科技日报, 2011 – 02 – 22, 4 版.

[128] 张东霞. 电网技术发展现状和趋势. 中国电力科学研究院网站, 网传 ppt, 2013 – 10 – 19. 附 – 张锐: 智能电网——未来经济增长的新引擎, 中国经济时报, 2011 – 06 – 09, 8 版.

[129] 范思立. 智能电网将成现代社会中枢. 中国经济时报, 2010 – 07 – 27, 1~2 版; 智能电网领跑中国下一轮电网建设, 2011 – 09 – 30, 1 - 2 版.

[130] 范思立. 发展低碳能源重在优化电力结构. 中国经济时报, 2010 – 03 – 09, 1 - 2 版.

[131] 国家科技部/发改委. 智能电网重大科技产业化工程"十二五"专项规划, 2012 – 03 – 27.

[132] 罗冰. 坚强智能电网领跑未来 – 国家电网公司特高压自主创新引领世界电力技术变革. 科技日报, 2011 – 12 – 16, 10 版.

[133] 周雪松. 华能——为"绿色煤电"探路. 中国经济时报, 2013 – 05 – 14, 4 版.

[134] 柯弦. 新能源和智能电网融合是大趋势. 科技日报, 2010 – 11 – 08, 11 版.

[135] 赵春雷（编译）. 拟议中的美国碳排放新规　燃煤电厂或将成为历史. 世界科学, 2012（6）, 30 – 53.

[136] 游雪晴. 未来智能电网期待技术突破. 科技日报, 2013 – 05 – 05, 3 版.

[137] 程小旭. 智能电网投资加速　产业发展需政策合力. 中国经济时报, 2012 – 06 – 07, 2 版.

[138] 瞿剑. 我国火电机组效率与先进国家仍有较大差距. 科技日报, 2010 – 05 – 22, 1 版.

[139] 瞿剑. 智能电网迎来规模化实施契机. 科技日报, 2011 – 09 – 29, 1 - 3 版.

[140] 瞿剑、胡左、魏东. 特高压电网建设提速: "两交一直"同时开工. 科技日报, 2014 – 11 – 05, 1 版.

[141] 人民日报. 2011 年节能服务业产值 1250 亿元. 中国经济时报, 2012 – 01 – 16, 12 版.

[142] 王松才. 专家称实现减排目标关键是建立核算机制. 中国经济时报, 2009 – 12 – 10, 8 版.

[143] 王彩娜. 学术界动议重组能源部　建议新部门定位政策和市场监督. 中国经济时报, 2012 – 10 – 08, 9 版.

[144] 王婷婷. 6 类产品入围节能财政补贴　有望拉动消费 1556 亿元. 科技日报, 2012 – 09 – 11, 5 版; 附节能灯回收, 卡在哪, 2010 – 04 – 21, 7 版.

[145] 牛福莲. 节能减排有望成为稳增长投资重要方向. 中国经济时报, 2012 – 08 – 27, 2 版.

[146] 华凌. 中国能源专家称: 要客观看待《世界能源展望2010》. 科技日报, 2010 – 11 – 23, 2 版.

[147] 李大庆, 何静新.《2012 节能服务公司百强研究报告》显示 3 年间我国节能服务企业增 6 倍节能效果显著. 科技日报, 2012 – 08 – 17, 8 版.

[148] 束洪福. 为实现能耗和碳排放分别下降16%和17%目标　节能服务企业将发挥节能减排重任. 科技日报, 2011 – 03 – 24, 10 版.

［149］张娟．造纸业低碳发展需国家和企业"双驱动"．中国经济时报，2010－11－04，10版．

［150］张娟．降低煤炭价格　提高效率是关键．中国经济时报，2011－04－14，8版．

［151］张亮、李佐军．推进我国能源价格改革面临的主要制约与对策建议．中国经济时报，（上），2012－12－07；（下）2012－12－10；均5版．

［152］林莉君．我国累计节电2050亿度　46项强制性能效标准成效显著．科技日报，2012－10－15，3版．

［153］林永生．国际石油市场结构与石油价格．中国经济时报，2009－05－20，4版．

［154］周子勋．节能减排不能让民生来承担．中国经济时报，2011－01－13，2版．

［155］郭顺姬．节能补贴再次扩容　力促绿色生产．中国经济时报，2012－09－12，2版．

［156］郭锦辉．合同能源管理新政出台　节能减排市场增长加速．中国经济时报，2010－04－07，1－2版．

［157］郭锦辉．节能服务行业　亟待模式创新．中国经济时报，2011－01－24；五大问题阻碍节能服务产业发展，2011－06－24，均1－2版．

第6章

迭出鸿猷崇再生

6-1 化解能源环境积不相能　发展新型能源时不我待

6-1-1 发展可再生能源和新能源　大势所趋

1. 基本分类——新能源或非常规能源，指传统化石燃料之外的各种能源形式，包括太阳能、风能、地热能、水能、海洋能、氢能、空气能、核能和生物质能等可再生能源，据国家能源局2009年6月的解释，也包括在原有常规能源利用基础上开辟的洁净燃煤、液化气、页岩气、煤层气、油砂、致密砂岩油、重油等，以及各种节能低碳新利用途径但不能用常规技术生产、提炼的非常规能源，包括燃料电池、电动汽车用能、可燃冰、智能化电力等，大致归类已见图3-1。相对于常规能源而言，在不同历史时期，由于科技水平不同，新能源有不同内容。利用太阳能和风能的历史要比核裂变能至少早许多世纪，也许原始人类最早所用能源都是取自水、风和太阳。但采用现代化方法加以大规模高效利用则是20世纪初才开始，仍属新能源范畴。利用水能的历史也许比利用太阳能和风能更早，但三者都因太阳光热作用引致的空气流动和水文循环，表现为明显的可再生特点，所以又称为可再生能源。

非常规能源包含的油气资源比传统能源石油和天然气储层深，不易勘探和开采，但目前已发现它们在地球上有巨大储量。现已查明，美国、南美的巴西-巴拉圭-阿根廷、非洲南端和北端、北欧和中亚等地区均蕴藏有巨量页岩气，加拿大有储量极大的油砂。非常规能源的化学结构不同于常规化石燃料，使用时有利于节能环保[27]。

2. 还有一种能源——核聚变能，虽然已在实验室研发了70多年，制造战争慑力量比核裂变原理指导下的原子弹的威力还要大成千上万倍的氢弹也已不在话下，可是要控制那些氢的同位素氘和氚按人类需要慢慢地通过热核反应释放能量却不是一件容易的事。人类的科技发展也许迟早能抵达这一愿景，那就是一条满足人类能源需求而原料取之不尽、用之不竭，环境鹤汀凫渚、风月无边的康庄大道。中国科技大学21世纪之初即已成功建造实验性核聚变装置，但尚难进入发电商业应用；美国劳伦斯里弗莫尔国家实验室（Livermore National Labs）在2009年展示一个通过192束高功率激光聚集到微型氢同位素燃料球产生聚变的发电系统，或者算是核聚变发电的"玩具式"雏形吧[23]！

3. 能源待势乘时——据2012年英国石油公司的《BP世界能源统计年鉴》提示：2011年全球一次能源消费比上年增长了2.5%，其中石油消费占33.1%，虽然利比亚和其他某些地区的石油供应剧减，但全球石油产量仍有增无已，从2008年每天不足100万桶增至110万桶。与此同时，欧盟的天然气消费下降幅度达到创纪录的-9.9%；由于日本福岛核泄漏所致全球核能发电量创纪录-4.3%；但煤炭消费在化石燃料中仍最快增长5.4%。BP公司计划未来10年投资80亿美元建立太阳能、风能和氢能发电厂，转型成全球最大可再生能源公司。据联合国2011年预计，2012年全球可再生能源投资可达4500亿美元，2020年可能上探6000亿美元。统计表明：2000~2012年间，全球风电和太阳能发电装机分别由1793万kW和

140 万 kW 增至 2.8 亿 kW 和 1 亿 kW，分别增长 15 倍和 71 倍。

4. 夯实绿色－低碳经济基础——在全球加强低碳技术创新、努力向低碳经济转型的形势下，企业的竞争力将面临新的挑战，企业家前瞻性的措施将捕捉巨大的商机。低碳经济的转型将改变企业的相对成本、相对价格、需求结构和生产结构，进而改变企业的相对竞争力。企业对低碳经济转型的反应速度和应对能力将影响其自身在若干年后的生存和兴衰。发达国家的大企业已越来越多地意识到应对气候变化对本行业影响的重要性和紧迫性，并力图在对本行业产生显著影响之前采取前瞻性的有效应对措施，通过实际行动来赢得信誉和竞争优势，提升品牌形象，超越其竞争对手。一些跨国公司大力发展低碳技术，创造先行优势。如德国西门子公司在环境和气候领域已坐拥 3 万项专利，发展中国家实行节能减排必须向其购买这些专利技术和产品。

在政策措施和制度安排下催生的碳市场发展，已成为企业未来发展中重大的历史机遇。企业应前瞻性地识别这一趋势带来的重大变革，创新性地为未来市场做好低碳技术和产品服务的准备，成长为低碳发展道路上的巨大赢家。另外，通过调整企业的资产管理和投资战略，投资于迅猛增长并且获利丰厚的低碳经济产业，使企业分享低碳经济的发展成果。还可通过投资碳市场，或利用碳市场为企业低碳转型获取相应资金和技术支持。在发展新能源过程中，政府应引导企业在投资新能源决策中不忘处理好新能源与传统能源的替代关系，特别不忘经济安全和军事安全[6]。欧美发达国家的经验表明：新能源固有的本质特征决定了宜采用分散开发就地利用方式，这样能达到降低成本、提高效率、减少浪费、节省物流和缩短建设周期，易于奏效，对于幅员广袤、农村分散的中国尤其有利[7]。

6－1－2 中国新能源金光闪闪——积极发展新能源和可再生能源

1. 2008～2012 年——西方金融危机之后的 2011 年，我国赶趁发展空隙颇有所向披靡之慨：2011 年全国水电装机容量达到 2.3 亿 kW；光伏发电增长强劲，装机容量达到 300 万 kW；太阳能热水器集热面积超过 2 亿 m²；风电并网装机容量达到 4700 万 kW；同时积极推广应用沼气、地热能、潮汐能等其他可再生能源。2011 年末，非化石能源占一次能源消费的比重达 8%。据国土部测算，我国有 9.3% 国土面积适合太阳能发电。2012 年，我国水电新增装机总量达 2.49 亿 kW，居世界第一；光伏/光热发电装机增至 700 万 kW；风电装机容量一跃增至 6300 万 kW，成为世界第一大风电强国。其间每年减排 CO_2 达 6 亿吨以上。有专家因此担心发展过快会否导致质量差、并网难[24]和产能过剩引发的其他问题[8]，认为并网难兼有技术和体制问题，须靠政策完善体制，而风能宜分散式开发等[9]，当务之急要扩大新能源国内市场以抵消产能过剩[10]。

2. 2013 年 1 月初——全国能源工作会议上确定：2013 年要大力发展新能源和可再生能源，积极发展水电，协调发展风电，大力发展分布式光伏发电。全年新增水电装机 2100 万 kW、光伏发电装机 1000 万 kW、风电装机 1800 万 kW[1]。会上明确：下一步将充分发挥科技支撑引领作用，完善财税优惠政策：（1）因地制宜开发水电资源，妥善处理与环保、生物资源养护、移民安置有关工作；（2）逐步提高核电占一次能源供应比重，加快沿海地区核电建设，稳步推进中部缺煤省份核电建设；（3）加快风电发展，逐步建立较完备的风电产业体系；（4）推进生物质能发展，加快推进秸秆肥料化、饲料化、新型能源化等综合利用；（5）积极推进太阳能发电和热利用，偏远地区推广户用光伏发电系统或建小型光伏电站；在城市推广太阳能一体化建筑、太阳能集中供热水工程、太阳能采暖和制冷示范工程，在农村和小城镇推广户用太阳能热水器、太阳房和太阳灶；（6）积极推进地热能和浅层地温能开发利用，推广满足环保和水资源保护的地热供暖、供热水和地源热泵技术。

2013 年全年大力发展光伏和风电的发电站，通过发展内需以帮助化解上游设备的产能过剩问题。2012 年光伏组建生产企业的产能高达 4000 万 kW，因出口受阻，即使 2013 年国内光伏新增装机 1000 万 kW，也不能从根本上缓解产能过剩。但值得重视的是中欧就光伏贸易纠纷已大致网开了一面，达成了价格承诺协议，是否是双赢之举，尚待时日，但至少已"拨云见日"[25]。风电产业受前期无序扩张等因素影响，风电设备制造企业经营困难，行业巨头裁员风波不断。启动下游发电市场能否拽起产能过剩的光伏和风电产业，尚无定论。2013 年初信息反应利好，一些国有企业摩拳擦掌、跃跃欲试，乘虚挺进光伏、风电领域。

3. 2014 年 6 月 7 日——全联新能源商会和汉能控股集团组成的研究团队在京发布《全球新能源发展报告 2014》，所提供的实效数据显示，2013 年全球总发电量 22513.8TWh，同比增长 4.3%。尽管化石燃料发电量占全球总发电量比重的 70%，但新能源发电依然延续了高速增长的趋势，年发电量同比增速达到 13%，占全球发电量总额的 5.2%；这一年全球光伏市场的新增装机容量达到 38.7GW，累计装机容量达到 140.6GW，其中中国新增装机容量为 12GW，同比增长 232%，接近欧洲 2013 年新增装机容量总和。可见全球光伏市场从核心区域的欧洲逐步向亚洲转移，中国超越了德国，首次成为全球第一大光伏市场[17]。2014 年 7 月 8 日，英国 BP 公司在北京发布的《BP 世界能源统计年鉴》显示：中国能源结构正在快速改进。2013 年，煤炭在中国能源结构中的占比降为 67.5%，非化石能源占比创 9.6% 的历史新高，增速超过 50%。这一年中国能源消费增长占全球能源消费净增长的 49%，不过 2013 年仅增长 4.7%，低于过去 10 年年均增长 8.6%。能源消费量占世界总量的 27.1%[24]。能源消费碳排量 3.58 亿吨，增长了 4.2%。

4. 前程万里——按 2013 年年初公布的我国《能源发展"十二五"规划》，到 2015 年末，新能源和可再生能源消费占一次能源比重必须达到 11.4%，非化石能源发电装机比重达 30%[18]。到 2020 年占一次能源比重将达 15%，相当提供 6 亿吨标煤；2030 年上升至 20%[4]。2012 年末，全国可再生能源上网电量达 6732 亿 kWh，较上年同期增长 27.2%，形成了较完整的太阳能光伏发电制造产业链，且光伏电池年产量亦占全球产量的 40% 以上。"十二五"期内新能源开发的 7 个重点是：（1）核电安全和核电建设；（2）太阳热能利用和规范市场秩序；（3）海上风电和陆上风电运行；（4）扭转光伏产业过度依赖国际市场的局面和大力开拓国内市场；（5）提高煤层气科技基础研究水平和开发利用规模；（6）充分利用客观条件积极研发生物质能和地热能；（7）积极发展纯电动汽车和加速研发推广智能电网与建设示范项目[3,4,17]。对于面临美国能源结构微弱逆转、世界能源产销格局出现微妙转变，我国在适当调整能源战略的时候必能居敬穷理，举一反三[114]。

6 - 2 　能源可再生　经济添翅膀

6 - 2 - 1 　跟踪世界可再生能源发展步伐

1. 2008 ~ 2010 年——2008 年全球可再生能源占能源消费总量的 12.9%，全年能源消费结构如图 6 - 1 所示，而 2009 年的可再生能源消费占比又迅速上升为 16.0%。

面对当前国际新能源产业的竞争态势，特别是因欧债危机造成欧洲各国政府削减光伏补贴和淡化政府投入而引发欧洲光伏市场剧烈波动；美国页岩气开发量急速增加甚至超过了俄罗斯的天然气产能；因新能源领域已成众睹之的，国际贸易摩擦随之层见叠出等现实表现，宜增大研发投入、调整出口结构、着力培育新能源领域的大型跨国公司和拔尖人才等[11]。

中国在全球可再生能源发展中龙骧虎步，全力以赴。

2. 科学发展　切磋琢磨——《中国经济时报》摘引中新社等针对太阳能、风能、核能和生物质能应

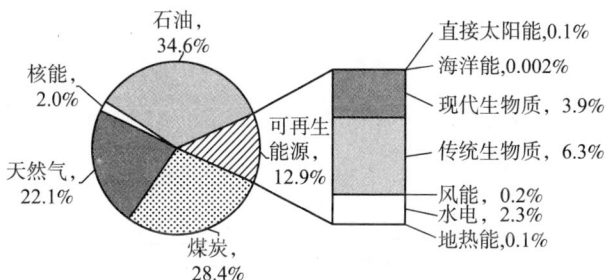

图 6 - 1　2008 年全球能耗量约 492 艾焦耳（1 艾焦耳 = 10^{18} 焦耳），其中，可再生能源占总耗能 12.9%。若不计燃烧传统生物质，则所占比重不到 7%

（据：吕吉尔（编译）. 发展可再生能源是必然趋势. 世界科学，2011（7），21 - 22. 按原图 1 改绘）

对气候变化的优劣势，言简意赅，详见表6－1。但个别表述因过于简单，是否有词未达意的地方。这里不揣谫陋，提示一二。如：太阳能优势中多晶硅采掘、成型和加工中均有碳足迹，是有碳排放的；风能既有噪声污染，就不是无污染了；核电站在设计、制造、营建过程要耗用极大量的水泥、钢材、反应堆特殊材质，均需高额碳排，不能说无碳排放（原文未声明是否指生产过程），且运输途中需特设安全保卫，不是很"方便"；生物质能丰富多彩，有的适于小规模，有的则适于大规模，不宜一概而论。例如，生物乙醇已在巴西普及使用，量大面广，其背景是较大规模的生物质原材料生产。至于说生物质能的技术难题少主要因我们以低效率或甚至直接燃烧也能利用生物质能，文盲也能生产沼气。但若在高科技层次上考量生物质能源的高效低耗开发和利用，就不能说技术难题少了[2]。

表6－1 　　　　　　　　　　　　中新社等归纳初评四大新能源的优劣势[2]

能源类别	优势	劣势	可行性
太阳能	无碳排放和不耗竭（含太阳光和多晶硅原材料）	多晶硅生产中污染能耗较重，不均衡（夜无光）	需降低成本需电力储存和电网配合
风能	零污染无碳排放运营维护费用低	风场资源有限，间歇性和不稳定噪声有碍生物多样性，可能使野生动物"望风披靡"，侵犯其栖息地	需电力储存和电网配合
核能	无碳排放发电成本稳定运输与储存很方便	核泄漏/核废料处理不当伤害极大，热污染较严重，较易引发歧义理解	安全事故防范是压倒一切的要务
生物质能	提供低硫燃料提供稀缺车用燃油技术难题少	热值和热效率很低，运输和储存不便，有跟农民争柴草之虞	适合小规模利用

6－2－2　全球可再生能源发展前瞻

1. 全球可再生能源发展　处实效功——化石燃料是使地球气候变暖的罪魁祸首。经由燃烧过程进入大气的碳排放量每年约为80亿吨。欧洲联合研究中心预测，人类能源结构在21世纪前半期将发生根本性变革，应用化石能源在2025～2030年间将达到最大值，然后可再生能源将逐渐成为主体。世界能源理事会估算，全球陆地可利用太阳能资源超过100万亿kW，可供发电的风能资源超过1万亿kW。

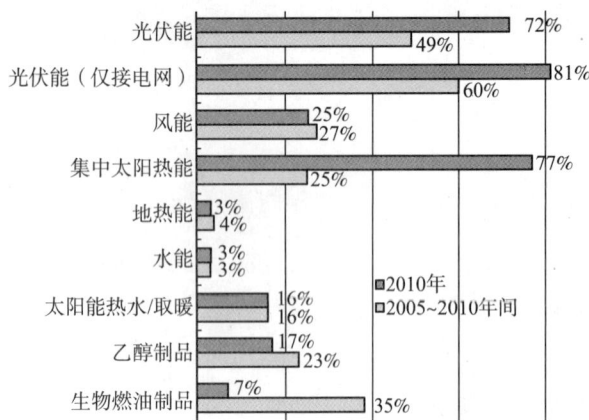

图6－2　2005～2010年全球可再生能源与生物质产品产量年均增长率

（据：REN21. Renewable Energy Policy Network for the 21st Century, France, 2011－06, www.ren21.net）

美国计划，2035年要降减目前使用石油量的50%[27]，使80%的电力来自风能、太阳能、生物质能、水电及核能、高效天然气和洁净煤等可再生能源及非常规能源。欧盟新的政策目标是到2030年实现可再生能源占能源消费总量的20%。德国提出，到2050年可再生能源消费将占全部能源消费的60%，可再生能源电力将占全部电力消费的80%。丹麦更是打算到2050年全部摆脱对化石能源的依赖。日本、巴西等国也都提出了明确的可再生能源开拓目标。图6－2描绘了2005～2010年全球可再生能源与生物质产品产量年均增长率，这样的增长率在经济领域史无前例。图6－3是2010年全球发展中国家、欧盟以及产量在世界排名前5国（水能除外）的可再生能源产量，显见中国与美国基本上属于全球可再生能源研发行列中并驾齐驱的两大先锋！不言而喻，可再生能源的辉煌，取决于四大前提：政策营造宽松环境，科技提供发展保证，投资扮演坚强后盾，传媒发力宣传鼓动。其中核心部分应首推科技和投资，而实战部分得益于有效的政策支持和传媒策动。我国政府雷霆万钧的推动是近年在中华锦绣山河上日新月异发展可再生能源的根本保证。当然，优化政策体制等顶层结构也是必要的[28]。

2. 国外的乐观操心——

（1）IPCC：2011 年 5 月上旬 IPCC 发布《可再生能源和减缓气候变化特别报告》，希冀在各国政府适当帮扶下，到 2050 年人类将能从可再生能源满足约近 80% 的能源需求。该报告假定人类的节能减排效能很高，则到 2050 年 90 多亿人每年仅需 407 艾焦耳能源，比当前 70 亿人每年要消耗 490 艾焦耳少得多。报告举例说明技术的魅力，到 2050 年靠技术支持的风电和太阳能发电可以分别提供 1/5 和 1/3 能源需求。报告同时悲天悯人地估计今天全球遏制气候变暖的行动远未做到差强人意，若继续下去，到 2050 年人类可能要年耗 749 艾焦耳能源，其中可再生能源仅占 15%[31]。果如此，则届时的年均气温就不是仅仅上升 2℃ 了！

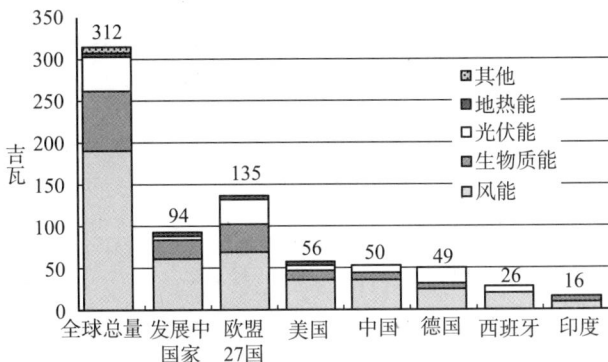

图 6-3　2010 年发展中国家、欧盟及排名前 5 国（水能除外）的可再生能源产量（吉瓦 GW = 10^9W）

（据：同图 6-2）

（2）IEA：2012 年初，IEA 发表《世界能源展望 2011》[(30)]；2012 年 7 月出版《2012 年中期可再生能源市场报告》[26]；2012 年 11 月下旬再发布《世界能源展望 2012》[(30)]。这些报告颇富乐观情绪地指明，全球 2011～2017 年可再生能源贡献的电力将比 2005～2010 年平均增长 60% 以上；包括美国在内的 12 个 OECD 国家和中国、印度、巴西的可再生能源发电量将占 80% 左右。报告说 2011 年全球可再生能源发电总投资已达 2500～2800 亿美元[34]，其中美国和中国居最前列。2013 年 11 月 28 日，IEA 在北京发布《世界能源展望 2013》，预计 2035 年可再生能源将近占全球发电能力增长的一半，其中以风能和太阳能光伏为主的间歇式供电占比 45%。认为中国将是可再生能源发电绝对量增幅最大的国家，超过欧盟、美国和日本增长的总和[34!]。按照 IEA 原设想的新对策方案预测了 2035 年的世界从可再生能源获得电力的最大生产地——中国将昂然独占鳌头（图 6-4）！

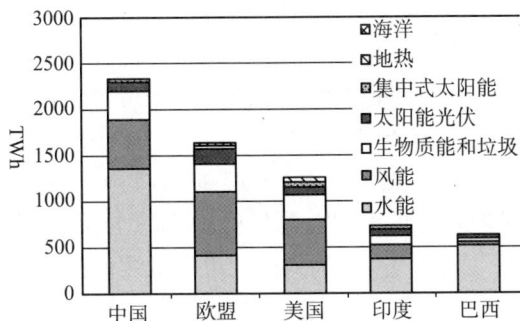

图 6-4　按新对策方案 2035 年从可再生能源获得电力的最大生产地（太瓦时 TWh = 10^{12}Wh）

（据：IEA. World Energy Outlook 2011, IEA/OECD, 2012-02 改绘）

（3）IRENA：2009 年成立、总部设在阿联酋首都阿布扎比的国际可再生能源机构（IRENA）2013 年初召开的全体会议上，为了评估和分类全球能用来产生可再生能源的自然资源，推出世界第一部可再生能源资源分布图册[29]。会上制定了"2030 年全球可再生能源路线图"，预测 2030 年全球能源结构中可再生能源占比达 30% 是可行的，但须加大节能减排力度。如果仍按现在的实施进度，到 2030 年可再生能源所占份额可能只有 21%[36]。

（4）2014 年 6 月初，21 世纪可再生能源政策网（REN21）发表《可再生能源 2014 年全球状况》报告，提示 2013 年全球电能约有 22.1% 来自可再生能源，包括水电 16.4% 和太阳能/风能等 5.7%。对可再生能源 2013 年投资额和发电量，中国均位居世界第一，美国第二[26!]。

（5）发达国家十大可再生能源项目：据《科学美国人》（Scientific American）2009 年 5 月介绍当时在英美等国运营的十大可再生能源发电项目，包括"最大陆地风电场"——美国德州的马谷风能中心峰值发电量 735MW，但后来德国公司在该州建成罗斯科风电场，峰值发电量可达 781.5MW，加上"最大海上风电场"——英国林肯郡的林恩及内道星风电场，设计容量 543.6MW 等。这些在几年后已不是"最大"的了。例如爱尔兰兰斯特兰福特海湾运行的世界"最大海上潮汐能涡轮机"，到 2015 年就被韩国海岸附近的 300 个发电量 1MW 的潮汐能涡轮机超越；美国加州南边"最大太阳能热电厂"，总发电量仅 354MW，而后续拟 2017 年建成的两处太阳能热电站，装机容量将达 2600MW。所以，在发展可再生能源的历程中，这类"最大"项目也许将很快成为小试锋芒的样品了[37]。

6－2－3 我国可再生能源发展 雄心勃勃

1. 发展现状和未来趋向——

（1）生产能力鸟瞰：到 2010 年，可再生能源占我国一次能源消费的 5.5% 以上；2020 年将达 16%；2035～2040 年，我国可再生能源总量将占我国一次能源总量的 25% 以上。要把可再生能源从 5.5% 提高到 16%，水电总装机容量要达到 3 亿 kW，太阳能发电装机 180 万 kW，太阳能热水器总集热面积达到 3 亿 m^2，风电装机目标为 3000 万 kW，生物质发电达到 3000 万 kW，燃料乙醇的年生产能力达到 1000 万吨，生物柴油的年生产能力达到 200 万吨。沼气年利用总量达到 443 亿 m^3，工业有机废水和畜禽养殖场废水资源理论上可以生产沼气 800 亿 m^3，相当于 5700 万吨标煤。在可再生能源中，中国的风电技术进步最快，产业发展亦紧步后尘。2006 年中国风电装机容量达到 133 万 kW，超过此前 20 年的总和；2007 年新增容量约 340 万 kW，风电装机容量达到 600 万 kW，提前 3 年超额完成预定目标。6－1 节已提到：2011 年，全国风电并网装机容量已达到 4700 万 kW，居世界第一。到 2012 年年底，已达 6300 万 kW，并已培育形成较完整的风电设备制造产业体系。2012 年光伏电池产量已超过 2000 万 kW，占全球光伏电池产量的 60% 以上。全国光伏发电装机已达到 650 万 kW，成为全球光伏发电增长最快的国家。生物质发电、生物质成型燃料、沼气利用、燃料乙醇等生物质能源利用量不断扩大，也展现了良好的发展前景。与可再生能源蓬勃发展的同时，煤的洁净化利用上升为新能源的核心任务，而煤炭在能源结构中的占比将进一步萎缩。前文提示，2010 年我国一次能源中煤炭占比 70.8%，到 2013 年已降为 67.5%，若可再生能源加速发展，乐观估计到 2015 年煤炭在一次能源中的占比可能进一步降至 61% 左右。

（2）可再生能源项目：2010 年，中国在可再生能源领域投资 489 亿美元，比 2009 年增加 28%，成为该年度在可再生能源领域的全球投资冠军。其中，风力发电项目增多是可再生能源投资增长的主要原因。据全球风能理事会（GWEC）2011 年 2 月 2 日发布的数据[22]，2010 年中国风能和太阳能市场继续保持增长势头，新增风电装机容量几乎占到全球的一半，约为 1650 万 kW，而同年美国风电新增装机容量 510 万 kW，不足中国新增装机容量的 1/3；风电累计装机容量增长 64%，逾 4470 万 kW，超过美国成为全球风电装机容量最大的国家，也是风能设备的最大生产国。

太阳能光伏产业快速发展。到 2008 年底，中国累计光伏发电容量 15 万 kW，其中 55% 为独立光伏发电系统；太阳能热水器集热面积 2009 年初累计达到 1.45 亿 m^2，占世界太阳能热水器总使用量的 76% 左右[8]。

（3）产业链基本形成：截至 2012 年年底，我国水电装机容量 2.49 亿 kW，太阳能光伏发电装机 650 万 kW，太阳能热水器总集热面积 2.58 亿 m^2，风电并网装机 6300 万 kW，浅层地热能应用面积 3 亿 m^2，各类生物质年利用量 3000 万吨标煤。全国商品化可再生能源年利用量占一次能源消费约达 9%；发电装机规模占发电总装机量的 28%。可见由于我国可再生能源产业近年的蓬勃发展。可再生能源较完整的产业体系和产业链已经基本形成[30]。

2. 我国《可再生能源发展"十二五"规划》——我国今后一段时期，可再生能源开发利用面临的主要问题有：

（1）要解决的最基本问题仍然是技术经济性，实质是科学技术问题。例如水电、核电、光伏材料生产的环境问题、海洋能低成本利用问题等。

（2）市场机制和有关政策不够完善，如风电并网问题、光伏发电分布联网问题、国际贸易摩擦的对策问题、生物质能原材料供应问题、若干项目产能过剩问题等。

（3）可再生能源的综合利用问题有待加强，例如城市化加速而可再生能源的综合部署仍处于草创阶段，"低碳"建筑的大多数仍在"高碳"能源漩涡中肆无忌惮地加价出售。

基于这些背景，《规划》提出的目标是：

①到 2015 年商品化可再生能源年利用量在能源消费中的比重达到 9.5% 以上。

②《规划》期内，可再生能源新增发电装机 1.6 亿 kW，其中常规水电 6100 万 kW，风电 7000 万 kW，太阳能发电 2000 万 kW，生物质发电 750 万 kW，到 2015 年可再生能源发电量争取达到总发电量的 20% 以上。

③到 2015 年，可再生能源供热和民用燃料总计全年替代化石能源约 1 亿吨标煤。

④较大规模形成分布式可再生能源应用。

3. 警示——可再生能源在高速发展中！但人们在揭示前进途中的诸多喜怒哀乐之际，往往偏重发展中的经济、金融、体制、机制和管理方面存在的问题，忽略科技内容和相关可持续发展问题，值得警惕：

（1）珍稀贵金属难以为继：到目前为止，用硅材料制成的太阳能电池的能源转换效率还无法与燃煤、燃油抗衡。一般的太阳能电池的光电转换效率还不到 30%；工艺复杂的多结太阳能电池的光电转换效率可超过 40%。可是太阳能电池广泛使用的原材料成份中的铟和镓却是地壳中含量仅及百万分之 0.25 的稀有金属；性柔质轻的染料敏化太阳能电池用铂做催化剂、利用氢能发电的燃料电池传统方式也是靠铂作为催化剂，而铂在地壳中的含量只有百万分之 0.003，在国际市场每盎司铂约昂贵到 1500 美元。武汉大学曾研发出用镍替代铂作为催化剂的燃料电池，输出电量仅为铂的 1/10[37]；而且我国可开采镍储量也属于珍稀范畴。美国密歇根理工大学开发出一种低成本阴极材料——蜂窝状 3D 石墨烯，能够取代染料敏化太阳能电池结构中的贵金属铂，其光电转化效率基本与原来用铂时锣鼓相当[37]。因此，在生产中研发出更廉价、有效的催化用材料，是提高生产率的当务之急！

（2）光伏产业安全：制造太阳能电池主要原材料是多晶硅和单晶硅。2010 年我国光伏电池产量约占全球总产的 50%，但高纯度多晶硅 95% 以上需要进口。为何说光伏产业是个高耗能、高污染产业？关键在于目前大部分光伏电池都是用多晶硅制造，而生产多晶硅须通过能耗高，排出的尾气和废料污染环境极其严重的工业硅提纯过程。产出大量四氯化硅（$SiCl_4$）以及盐酸、氢气等副产物，按目前国内最好控制水平，生产 1000 吨多晶硅将产出 10 ~ 20 倍 $SiCl_4$。未经处理回收的 $SiCl_4$ 是一种具有强腐蚀性的剧毒物质，对人体眼睛、皮肤、呼吸道有强刺激性，用于倾倒或掩埋 $SiCl_4$ 的土地将变成寸草不生的不毛之地，对安全和环境危害极大。提高这些副产物综合利用水平，决定着高纯硅材料生产的效率和成本。若依靠 $SiCl_4$ 氢化技术回收副产物，则因单独建厂规模过小，其还原炉系统设备、氢化系统设备、大型特殊气体压缩机、自动化控制系统等满足不了连续稳定生产的工艺要求。而且，由于回收利用的成本高昂，有的太阳能厂房没有装设或仅部分安装相关回收设备，副产物难以全部得到回收利用，三废问题也相当严重。处理 $SiCl_4$ 的方法有高温低压热氢化和低温高压冷氢化，后者单位能耗比前者低 5 ~ 7 倍，但目前不是所有多晶硅厂掌握了后者的技术流程。由于我国多晶硅总产量在逐年增加，须严防跨地区运输和排放未经处理的 $SiCl_4$ 废液，给生态环境造成兰艾同焚的破坏。特别是早些年的光伏电池生产格局处于"两头在外"局面，实质是出口绿色产品，而把生产过程中严酷的反绿色 – 低碳一面留在国内[96]。浙江嘉善、四川乐山等地太阳能电池板生产厂周围的空气、土壤和水质污染、农作物枯萎和河流遭毒物浸淫的悲惨境地说明，未经彻底改进的多晶硅生产只能以死灰槁木的环境赤字为代价。多晶硅产量约占全国一半的洛阳中硅高科公司是高效高质处理这一环保问题的先进企业，而且多次受到国家奖励[55]。

中国企业过去生产多晶硅的核心技术是俄罗斯改良西门子生产多晶硅法，该法的产能与美、德、日几家企业垄断的三氯氢硅还原法还有相当差距，主要缺点是气体回收率低，污染大，产出率低，耗能高：1kW 的太阳能电池约需 10kg 多晶硅，需要消耗电能 5800 ~ 6000kWh，高于美、日技术能耗。目前中国企业已通过创新取得初步突破，亟待超过美、日水平！

6 – 3　太阳能光伏发电　功持续任重道远

6 – 3 – 1　光伏发电　无远弗届

1. 大醇小疵——太阳能是太阳内部或者表面的黑子连续不断的核聚变反应过程产生的、向地球辐射的能量，广义的太阳能是地球上许多能量的来源，狭义的太阳能利用包括光电转换、光化学利用、光热利用和光生物利用等几种方式。光化学利用是直接分解水制氢的光－化学转换；光生物利用是通过植物的光合作用转换成生物质。本章讨论的内容专指光电和光热。前者具有电池组件模块化、安装维护方便、使用方式灵活的特点，是目前利用太阳能最广泛的领域。太阳能光热发电是通过聚光集热系统加热介质，再利用传统汽轮机发电设备发电，如果设计和应用得法，可达电、热双丰收。

开发太阳能的优点在于：阳光普照，不择东西；光芒四射，不污环境；能量浩大，永续斯年。全球每年太阳能辐照能量相当于4.9万亿吨标煤。

然而，太阳能开发也存在弱势一面。除前面6－2－3提到的原材料昂贵和生产过程环境污染之虞外，作为可再生能源一个主要环节的太阳能利用还有其本身固有的缺陷：

（1）能流不集中，不易采集：地球北回归线附近，太阳在夏季晴朗天气正午时刻的辐照度最大，垂直太阳光方向$1m^2$面积上可能采集的太阳能约有1000W；但按全年日夜平均就只有200W左右。其中冬季平均只有夏天的1/2，阴天只有约1/5。如此低的能流密度唯有加大辐照采集面积和效率高的收集和转换设备。太阳辐照收集系统除最常见需占用大片远离森林乔木的荒地、坡地、丘陵地带的大面积平板式光伏发电场之外，还要利用附加设备将太阳能源形成集束采集以提高能流密度。已进入普及运行的制式有：用定日器的塔式接收中心采集系统、可线性调焦的柱形抛物面的采集系统和可点状调焦的抛物面采集系统等[63]。目的都是在接收端加大能流密度以提高效率。2014年12月，澳大利亚新南威尔士大学（UNSW）的科学家使用了一种定制的光学带通滤波器强化了能流集束，将太阳能转化率提高到40%，是1989年最好光电系统所获超20%转换率的2倍[66]。

（2）参差错落，晴阴变幻莫测：太阳光辐照强度随天气、地域、位置、时段、晨暮等的影响，极不稳定，因而大规模利用太阳能难度不小。为了促进太阳能利用的可持续性，一般须配备高效率的储能设备，即将高峰收集的太阳能尽量储存起来，以供夜间或阴雨天使用。但目前储能设施仍然是太阳能利用中比较薄弱的环节之一。

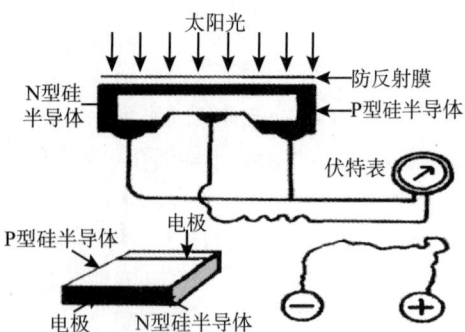

当日光照射硅晶片，造成电子与空穴对流，穿越N型层和P型层之间的界面，从而引发电流。

图6－5 太阳能光伏发电的原理结构示意

（3）效率低和成本高：尽管目前有些关于太阳能利用的研发，在理论上可行，技术上也易成熟，但有些太阳能利用装置，效率偏低，成本较高，所用原材料价昂，经济性尚待逐步提高以与常规能源竞争。近两年光伏电池生产成本正在加速降低中。

光伏发电是利用半导体受太阳光辐照产生的电能。即当太阳光的光子在照射中撞击极薄的N型硅半导体和P型硅半导体表面后，N电子和P空穴因扩散对流而形成电流，然后通过直流/交流变换转成交流电供给用户（图6－5）。串并若干单体组成一个个组件，再形成光伏发电所需电池阵列版以利安装（图6－6）。眼下进入商业化的光伏电池按所用材质分单晶硅、多晶硅和薄膜电池3类，按效率15%计算其发电和节能效果是：每1W太阳能电池在日照强烈、晴天多的西藏高原，每年可发电1.8kWh左右；在日照稍逊的新疆，每年可发电1.6kWh；在广州、上海和我国东南沿海地区每年可发电1kWh左右；在广州，$1m^2$太阳电池常年晴雨可发电150kWh，相当于节省燃煤50kg左右，约减少CO_2排放150kg。按目前工艺水平，每生产1W光伏电池约耗电1.5~2kWh，粗略估计光伏电池生产能耗的回收时间约需2年，而光伏电池使用寿命有25~30年，所以一般认为只要因难见巧地妥善处理生产过程中的环保问题，应该不愁得失乖违。

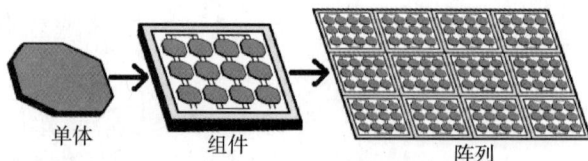

图6－6 太阳能电池单体/组件/阵列组成的电池版

图6－7表示光伏建筑一体化的分布发电和适配并网示意；图6－8是实际采用的多晶硅太阳能平板电

池阵列发电站，发电成本较低，惜效率并不很高且占地较大；图 6 - 9 是中国科学院等离子体物理研究所研发的染料敏化纳米薄膜太阳能电池小型示范 500W 电站，效率和效益均有所提高[145]。

2. 发展现状——21 世纪以来，光伏发电电闪雷鸣地快速发展。到 2011 年，全球太阳能电池年产量比 2001 年增长 6 倍以上，年均增长达 53%；最近 5 年，更超过 55%。2010 年，全球虽遭遇金融危机，太阳能光伏发电领域仍然马不停蹄，日就月将，新增装机容量 18.1GW；2011 年再新增 27.5GW，比上年净增 52%，其中约有 20GW 集中装在欧洲，反映了这一年因福岛核泄漏造孽人类而引起德、意等欧洲国家"弃核求阳"的果断行为。2010 年全球累计光伏发电装机容量已接近 40GW，2011 年全球累计光伏发电装机容量达 69GW 以上[16]，产值 930 亿美元；光伏电池生产集中在中、日、德、美等国，应用市场以德国、西班牙、日本和意大利为主。其中晶体硅太阳能电池仍然占据主流地位，市场份额约 85% 左右；薄膜太阳能电池的市场份

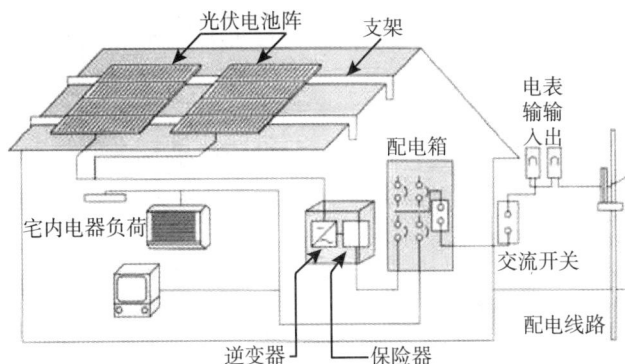

图 6 - 7　光伏分布/并网发电布置示意

图 6 - 8　太阳能发电站的多晶硅电池阵列

图 6 - 9　改进的太阳能薄膜电池结构和材质，效率/效益均较好

额可能接近 15%，薄膜光伏电池所用薄膜基体材料主要有铜铟镓硒（CIGS）和碲化镉（CdTe），后者的产量目前约占薄膜总产量的 60%；其他还有砷化镓、硫化镉等。薄膜太阳能电池可用质轻、价廉的基底材料（如玻璃、塑料、陶瓷等），形成光伏效应的薄膜厚度不到 1μm，运输和安装比多晶硅电池方便多多。但沉淀在异质基底上的薄膜易产生一定缺陷，所以时下的碲化镉和铜铟镓硒太阳能薄膜电池的规模化量产转换效率只有 12% ~ 14%，而理论上限可达 30%，比多晶硅光伏电池的理论效率上限 29% 还稍微多一点。若生产技术改进后能减少碲化镉薄膜缺陷，电池寿命和转换效率都将提高。这就必须仰赖科技界施展奉献精神，早日找出导致缺陷原因，研究减少缺陷和提高质量途径。2010 年，全球光伏发电总装机容量超过 4000 万 kW，其中德国新增装机 700 万 kW。2011 年全球晶体硅电池产量超过 3400 万 kW；薄膜电池产量为 600 万 kW。世界主要发达国家都已制定了到 2020 年的光伏发展路线图。1996 ~ 2010 年全球的太阳能光伏发电利用水平的飙升情景如图 6 - 10 所示。据 IEA 预测，到 2035 年全球光伏发电利用规模将比 2010 年增加 10 倍以上（图 6 - 11）。据前面 6 - 1 - 2 节之 3 提到我国全联新能源商会和汉能控股集团组成的研究团队在京发布的《全球新能源发展报告 2014》，描述 2005 - 2013 年全球光伏发电累计装机容

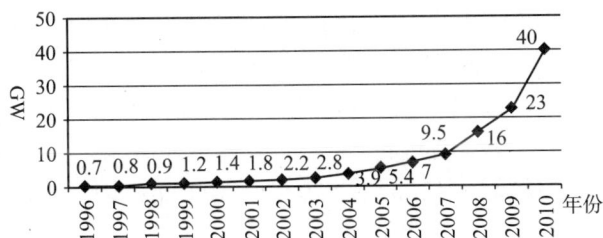

图 6 - 10　1996 ~ 2010 年全球的太阳能光伏发电利用水平飙升情景（GW = 10^9 W）

（据：IEA. World Energy Outlook 2012, OECD/IEA, 2012 - 11 - 12）

量递增态势（GW），增长近 25 倍（图 6－12）。

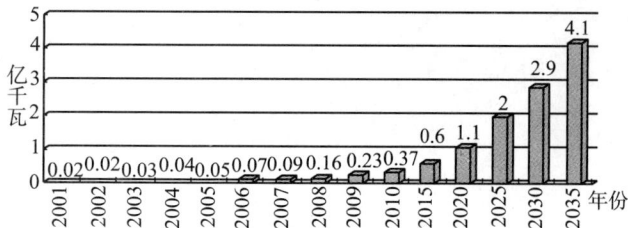

图 6－11　世界太阳能光伏发电量增长态势和
预测未来还将猛升

（据：IEA. World Energy Outlook 2012, OECD/IEA, 2012 －
11－12）

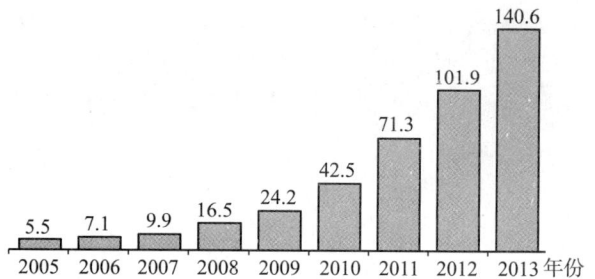

图 6－12　2005～2013 年全球光伏发电累计装机
容量递增态势（GW），增长近 25 倍

（据：汉能研究组. 全球新能源发展报告 2014. 中国财经网，
2014－06－07 的图 2－3 改绘）

6－3－2　我国光伏产业

1. 发展基础——我国有极其丰盈的太阳能资源，无论发展光伏发电还是光热发电，潜力可谓大莫与京；拥有 13.08 亿 m^2 荒漠土地和 200.3 亿 m^2 城市可利用建筑面积，分别具有安排太阳能光伏产业 500 亿 kW 和多晶硅电池 20 亿 kW 的能力；陆地每年接受太阳辐射能理论估计值为 1.47×10^8 亿 kWh，约合 1.7 万亿吨标煤，绝大多数地区年平均日辐射量在 $4kWh/m^2$ 以上，西藏最高达 $7kWh/m^2$。全国 2/3 国土面积年日照 2200 小时以上。

目前，我国太阳能产业规模已位居世界第一，产业包括太阳能光伏发电系统和太阳能热水系统，是全球重要的太阳能光伏电池生产国，也是太阳能热水器生产量和使用量最大的国家。"十二五"时期坚持集中开发与分布式利用相结合，推进太阳能多元化利用。在青海、新疆、甘肃、内蒙古、西藏等太阳能资源丰富、荒漠和闲散土地资源较多的地区，以增加当地电力供应为目的，更适宜建设大型并网光伏电站和太阳能热发电项目。在中东部和华南多山丘陵起伏地区则与建筑结合发展分布式光伏发电系统。与此同时，加大太阳能热水器普及力度，鼓励太阳能集中供热水、太阳能采暖和制冷、太阳能中高温工业应用。在农村、边疆和小城镇推广使用太阳能热水器、太阳灶和太阳房。

2. 光伏发展　云龙风虎——

（1）2010 年：中国光伏发电累计装机容量达 80 万 kW，新增并网容量 21.16 万 kW，累计并网容量已有 24 万 kW，较 2009 年的 2.5 万 kW，猛增 8.6 倍。光伏电池生产量超过 1 万 MW，其中多晶硅电池 4862.9MW，占市场份额 46.62%；单晶硅电池 4575.1MW，占 43.86%；薄膜电池 993.0MW，占 9.52%。这一年，太阳能热水器安装使用量达 1.68 亿 m^2，相当于全年节约化石能源约 2000 万吨标煤。

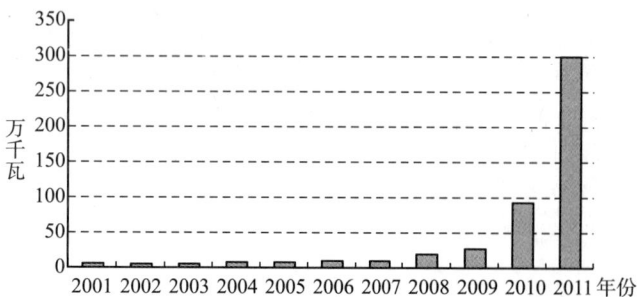

图 6－13　2001～2011 年我国太阳能光伏
发电装机容量飙升态势

（据：科技日报，2012－10－16，5 版的图改绘）

2011 年我国太阳能光伏装机容量达 300 万 kW，同比增长 3 倍以上，光伏电池产量超过 2000 万 kW（20GW），达全球光伏电池产量的 60%。用于光伏发电和电子信息产业的多晶硅 2011 年产量达 8.2 万吨，居世界首位。2011 年中国光伏产业装机容量比 2010 年增长约 2 倍（图 6－13）。到年底，有光伏电池企业约 115 家，总产能

36.5GW 左右，其中产能 1GW 及以上的有 14 家，产能占 53%；100MW～1GW 之间的有 63 家，占产能 43%；余均小微企业。图 6－14 反映了 2011 年起，我国光伏产业遭遇外来市场变故造成的增速滑坡情势。

（2）2012 年：中国太阳能光伏发电装机容量达到 650 万 kW，全年发电量超过 35 亿 kWh，是 2010 年的 8 倍强。（有记者报道 2012 年增幅为 450 万 kW ~ 500 万 kW，数据偏小[48]）。须知这一年 5 月份遭受美国宣布对来自中国的太阳能产品征收约 31% ~ 250% 的 "双反" 贸易保护主义性关税，同年 9 月欧盟委员会也东施效颦发起反倾销调查（迟至 2013 年 7 月初以签署定价协议结束）[48]。2012 年，中国多晶硅名义产能约 18 万吨/年，国内实产 6.4 万吨，同年国内消费 14.3 万吨。

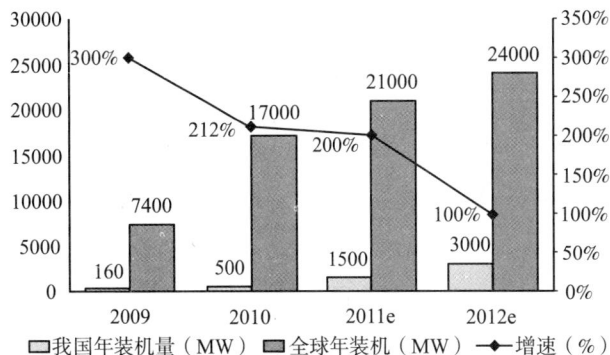

图 6 - 14　我国光伏发电年装机容量

（据：中国经济时报，2012 - 01 - 16，9 版的图改绘）

（3）2013 年上半年：我国电池组件的产能已有 40GW 以上，占全球 67%；产量约 11.5GW，约占全球 67.5%。光伏装机市场需求约 2.8GW，加上日本约 3GW、德国约 1.9GW、美国约 1.6GW，4 国需求总量占全球 60%。根据国家工信部预计，2013 全年全球新增装机容量将达 35GW，其中欧洲 10GW、中国 8GW 以上、日本 5GW、美国 3.5GW。2013 年我国多晶硅产量约达 8 万吨，电池组件产量将超过 23GW，但上半年出口量仅 7.5GW。

（4）据欧洲光伏行业协会统计，2013 年全球光伏电站发展最旺的前 10 名总共新装机容量 37GW，其中按装机占比多少排名依次是：中国 30%、日本 18%、美国 14%、德国 9%、印度 6%、意大利 5%、英国 4%、法国 3%、澳大利亚 2%、西班牙 1%。据《能源》杂志估计，2014 年我国光伏新增装机量 14GW，比上年增加 67%；累计装机容量达 26.52GW[67]。

太阳能发电到 2020 年的规划被确定为：分布式光伏发电 54GW；大型光伏电站 44GW；太阳能热发电 2GW，总计 100GW。

6 - 3 - 3　高识远见　厉精更始

1. 革故鼎新——受欧美债务危机和欧洲光伏补贴持续下调影响，全球光伏市场增速放缓，但我国光伏发展总体目标仍大幅提高。在世界经济不景气、贸易摩擦多发、光伏产业步入调整期背景下，由于 2011 年光伏发电上网电价和产业发展扶持政策的进一步完善，我国国内光伏市场开始逐渐提速，光伏企业加快技术改造步伐，创新发展，提高核心竞争力。

我国光伏发电的制造水平已世界领先，基本形成国产化产业链，形成从多晶硅、硅片、电池、组件等高度一体化集成，为全球最大的光伏产品出口国。近年来，我国光伏产业链各个环节通过协调，设备及原辅材料国产化进程加速。太阳能电池的主要原材料多晶硅的产量从 2005 年的 80 吨增长到 2009 年的 1.6 万吨，硅片的线切割技术居世界领先地位，一些生产设备也开始出口。2010 年，光伏电池产量达到 8GW，约占全球总产量一半，居世界首位，然而中国国内光伏发电市场装机容量仅为 38 万 kW 左右，占全球总装机容量的 3%，意味着光伏组件产品 95% 以上均出口海外。几年前制约中国光伏产业发展的原因很多，如：（1）国家的政策不匹配，市场不规范。（2）国内多晶硅产业分散、发展无序，表现为企业多、分布广、产业聚簇差，核心竞争力弱。美、日等发达国家的对应产业分布集中在 5 ~ 7 个知名度很高、品牌效应挺拔的企业。（3）一些多晶硅企业尚未完全掌握核心工艺技术，在副产物综合利用、生产尾气回收等方面尚待改进。（4）产业 "两头在外"，国内缺少光伏应用环境、市场仍需全方位打开，上游的硅材料绝大部分依靠进口，产业对外依存度过高。（5）光伏发电的技术标准和管理规程不够完善。随着我国硅材料产能的不断释放，目前正加紧开拓国内光伏产品应用市场，这是我国光伏产业发展的关键所在。

2. 政策引导　明效大验——

（1）我国国内光伏市场近年来突飞猛进，政府政策积极引导功不可没[60]。为有效缓解光电产品国内应用不足的问题，在发展初期采取示范工程的方式，实施中国 "太阳能屋顶计划"，加快光电在城乡建设领域的推广应用。青岛市李沧区虎山路小学则是 2007 年 9 月投入使用的首所太阳能小学。

（2）2009 年 3 月财政部会同住建部颁布《关于加快推进太阳能光电建筑应用的实施意见》及《太阳能光电建筑应用财政补助资金管理暂行办法》，对装机容量大于 50kW 的光伏建筑系统，给予每瓦 20 元左右的一次性补贴。2009 年 6 月开始启动的新疆硅业厂房太阳能屋顶面积 1224m^2，建成后年发电量可达 23.12 万 kWh，折合标煤 93 吨。

（3）2009 年 7 月 21 日，财政部、科技部与国家能源局正式启动《金太阳工程》，决定在 2 至 3 年内以财政补贴的方式支持不少于 500MW 的光伏发电项目。这些政策的实施大大促进了我国光伏产业的国内市场发展。

（4）光伏建筑一体化是光伏发电规模化应用的首选方向，是我国政府英明决断的必由之路。光伏建筑一体化实际上也是德、美等发达国家为节能而极力鼓吹和推进的不二法门。

特别因为这种"一体化"能够：①节约建筑成本；②大面积利用太阳能资源；③充分利用建筑物屋顶面积，对节约土地资源有利；④属于典型的分布式能源，对能源安全有利；⑤对解决长期缺电的老少边穷地区的电力供应特别有利；⑥有利于电力网调峰。

（5）"十二五"太阳能总的发展思路是：科技进步，扩大应用；产业升级，拓展市场，提高太阳能热利用贡献率和节能减排贡献率。《"十二五"可再生能源发展规划》指出，光伏发电装机总量目标为 10GW（1000 万 kW）。中国将积极运用财政补贴方式推进"金太阳"示范工程，力争 2013 年起，每年国内光伏发电应用规模不低于 1000MW，以加快国内光伏发电产业的发展。2011 年 5 月 5 日国家发改委能源研究所领导谈到光伏发电，到 2020 年目标至少 50GW。2011 年 3 月国家发改委宣布对太阳电池发电实施上网电价法，每 kWh 电价格 1 元。4 个月后，中国科技部发布了金太阳示范项目，号召同国家电网联网的太阳能电厂在未来 3 年创造 600MW 的光伏产能！而政府补贴将会占到总投资额的 50%。2013 年 8 月下旬，国家发改委决定在保持现有销售电价总水平不变的前提下，适当提高可再生能源电价附加、脱硝电价标准，新增除尘电价，以支持可再生能源发展，鼓励燃煤发电企业实行脱硝、除尘改造，相应改善大气质量[35]。在《关于发挥价格杠杆作用促进光伏产业健康发展的通知》里明确将对光伏电站实行分区域的标杆上网电价政策，并实行按发电量进行电价补贴政策，补贴标准为每 kWh0.42 元。一般认为补贴虽高于预期水平，但求真务实的推广前提首先应给力研发以降低生产成本[108]；然而克服产能过剩、力推光伏发电推广应用的三大关键是：政府特别是地方政府政策和基层用户的支持[122]，电网的积极配合[121]和落实创新开拓的有效技术产业链[202]。单纯依赖政策导向有可能陷入新一轮产能过剩[117]。靠提高准入门槛来抑制产能过剩可能仅能用于短期治标，唯有夯实科技竞争基础才是万应灵丹[122]。

3. 超越规划　突飞猛进——有 3 份国家规划以非约束指标框定到 2015 年太阳能发电和太阳能集热面积指标：《可再生能源发展"十二五"规划》（于 2012 年 7 月 6 日发布）[35]、《太阳能发电发展"十二五"规划》（于 2012 年 7 月 7 日发布）[113]、《能源发展"十二五"规划》[3]，均确定中国将建成太阳能发电装机容量 2100 万 kW，年产能量 250 亿 kWh，年折合标煤 810 万吨；《可再生能源发展"十二五"规划》中还预定太阳能集热面积 2015 年达到 4 亿 m^2。2013 年 7 月 4 日国务院发布《关于促进光伏产业健康发展的若干意见》，发出最令人鼓舞的新的战斗号角：2013～2015 年年均新增光伏发电装机容量 1000 万 kW 左右，到 2015 年总装机容量达到 3500 万 kW 以上[58]。《意见》同时指出，在大力开拓分布式光伏发电应用市场、有序推进光伏电站建设和巩固、拓展国际市场的同时，要控制光伏制造总产能，抑制盲目扩张，新上光伏制造项目应满足单晶硅光伏电池转换效率不低于 20%、多晶硅不低于 18%、薄膜不低于 12%，多晶硅生产综合能耗不高于 100kWh/kg。要加快淘汰落后产能和推进企业兼并重组，着力推进产业结构调整和加快提高技术与装备水平，支持人才培育和积极开展国际合作[58]。根据《意见》的精神，不仅仅是量的超越，更拭目以待质的飞跃！2013 年 8 月，财政部随即发布《关于分布式光伏发电实行按照电量补贴政策等有关问题的通知》，更是从电价补贴上明确了国家对分布式光伏发电项目的电量补贴，补贴资金将通过电网企业转付给分布式光伏发电项目单位。分布式发电必将趁强劲政策阳光一日千里。按照《意见》，当前宜狠抓产品质量、完善客户和产品服务体系、全方位提高企业的经营管理水平和理顺企业跟政府间互动的而不是依赖的关系、穷理尽性地深入开展技术创新、汲取世界最大光伏企业－无锡尚德电力诸多因素导致的破产教训。近年来，光伏并网发电关键技术获重要突破[64]、研发多晶硅生产的物理加热法[61]、光伏生产中所有设备创新设计一浪高过一浪[56]。

2014 年 6 月 7 日国务院发布《能源发展战略行动计划（2014～2020 年）》，要求"加快发展太阳能发电。有序推进光伏基地建设，同步做好就地消纳利用和集中送出通道建设。加快建设分布式光伏发电应用示范区，稳步实施太阳能热发电示范工程。加强太阳能发电并网服务。鼓励大型公共建筑及公用设施、工业园区等建设屋顶分布式光伏发电。到 2020 年，光伏装机达到 1 亿 kW 左右，光伏发电与电网销售电价相当"。

2014 年 10 月，国家能源局下发《关于进一步落实分布式光伏发电有关政策的通知》，明确了政府对分布式光伏发电的长期支持，并出台"全额上网"电站享受标杆电价、增加发电配额、允许直接售电给用户、提供优惠贷款、按月发放补贴等共 15 条新政，重燃起产业研发、建站和投资热潮[60]。

国外在光伏发电领域的科技创新也是日中必彗，日见新猷。特别在改进"捕捉"太阳光、提出电池新设计和提高电池能效等方面常别出心裁，异想天开。例如：瑞士在纳沙泰尔湖建设水上浮动实验室以便能全天候追踪太阳[53]；美国在玻璃上造出柔性太阳能电池和双面均能接收太阳光辐照的新型光伏电池[49]；造出可安装在墙体或窗户的薄膜光伏电池[49]等。

6-4　太阳能光热利用　重系统综合优化

6-4-1　太阳能热能利用途径

1. 利用太阳能直接加热——这是太阳能热能利用的一大侧面，我国自古以来就已利用较原始的手段设法把似火骄阳携带的巨大能量"留住"，例如靠利用和储藏热水。目前使用最多的太阳能收集装置，主要有平板型集热器、真空管集热器和聚焦集热器 3 种。通常根据所能达到的温度和用途的不同，把太阳能光热利用分为低温利用（<200℃）、中温利用（200～800℃）和高温利用（>800℃）［另文说 100℃ 以下热水为低温、100～250℃ 为中温、250～400℃ 为高温[111]］。目前低温利用主要有太阳能热水器、太阳能干燥器、太阳能蒸馏器、太阳房、太阳能温室、太阳能空调制冷系统等，中温利用主要有太阳灶、太阳能热发电聚光集热装置等，高温利用主要有高温太阳炉等。

在太阳能光热利用方面，中国将近 20 年的产业发展和科技发展，不仅在研发、基础理论、设备、终端产品、应用、综合服务等方面，而且整个产业体系都远远超过西方各国，如我国已成为世界上最大的太阳能光热应用市场，也是世界上最大的太阳能集热器制造中心，到 2009 年我国集热器累计推广总面积约 1.45 亿 m²，占世界总量的 76% 左右；年产量达 4000 多万 m²，接近世界总产量的 60%，总销售额约 578.5 亿元；2010 年年产量 4900 万 m²，占世界年产量 80% 左右，保有量为 16800 万 m²，占世界总量 60%，每千人均占有量为 123.5 m²，高于目前德国水平，已成为太阳能热水器的世界超级大国。目前我国太阳能光热产业的自有技术占 95% 以上，在太阳能集热、高温发电集成系统、采暖制冷、海水淡化、建筑节能、设备检测等方面，也拥有国际领先的技术。太阳能光热技术不仅在民用领域，还在造纸、饮料、机械、纺织、食品、养殖等工农业生产方面得到广泛应用。无论是在核心技术还是外观，无论是集热技术、保温技术还是高能效技术、太阳能与建筑一体化技术，都取得了飞速的发展与进步。随着中高温太阳能热水器的开发以及太阳能与建筑一体化技术的日益完善，太阳能热水器的应用领域不再局限于提供热水，正逐步向取暖、制冷、烘干和工业应用方向拓展，市场潜力很大。

2. 规划要求和未来发展——我国《可再生能源发展"十二五"规划》提出到 2015 年增加太阳能热水器集热面积到 4 亿 m²，等于节约燃煤 4550 万吨/年；到 2020 年将增至 8 亿 m²[71]。《规划》提出政府年支持农村公益性太阳能热水器及供热系统建设 200 万 m²，5 年建成 1000 万 m²，建成 1000 个太阳能示范村[35]；城市应用太阳能供热示范面积 1000 万 m²，5 年 5000 万 m²；开发 200 个县，1 万个村，10 万个洗浴采暖示范工程；工农业生产应用工程 100 项。除在工程市场、农村市场、国际市场继续扩大太阳能热水应用外，还要实现 4 个应用格局扩展：户用向集中和工程化扩展、生活热水向采暖和空调扩展、民用向工农业生产应用扩展、低温向中高温扩展。太阳能热利用产业发展需要开展的重点项目为制造业。"十二五"期间将培育 5～10 个年产量为 400 万 m² 大型骨干企业，带动产业链升级。

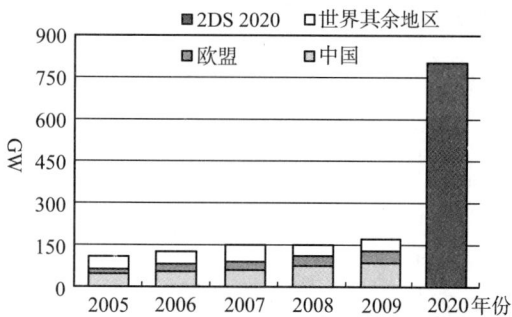

图 6-15　实际太阳能热系统部署和 2DS
对策方案 2020 年目标

注：IEA[30] 特别提示：为达到其 2DS 目标，太阳能热系统必须加速推广部署。

前述统计资料中，2009 年我国光热产品产量已突破 4000 万 m²，约占世界 60%；累积量已达 1.45 亿 m²，占世界总量的 76% 左右。据随后的统计，2010 年太阳能热水器覆盖面积 1.68 亿 m²；2011 年集热面积更达 1.8 亿 m²；2012 年产能增长 6390 万 m²[77]，累计太阳能集热面积接近 2.58 亿 m²，相关企业已有约 2800 家。图 6-15 是 IEA 在 2012 年《世界能源展望》中对全球各主要使用太阳能热能各国的已有规模和按所设计的 2DS 方案预测到 2020 年靠低碳发展必须达到的集热器利用水平[30]。从图示结果已知我国太阳能光热利用规模至少连续 8 年居世界首位。2013 年上半年，国家工信部发布《关于促进太阳能热水器行业健康发展的指导意见》，提出行业优化升级、发挥产业集群规模效应，到 2015 年培育 3 家年产销量 250 万台以上的龙头企业。

近年凭借企业工程技术专家们的聪明才智，出现的结构式样和运作规范却是五花八门，不一而足，有人甚至认为存在良莠不齐、鱼龙混杂的局面[73]。其实，若借"八仙漂海，各显神通"，也许更能拔犀擢象，创新人才得以脱颖而出。2010 年河北泊头市三中的老师发明"光电煤互补供热系统"，克服了因阳光不足所致供暖式微的困惑[80]；广东五星太阳能企业推出第四代镭射蓝膜高效平板太阳能热水器，采用先进的蓝膜涂层，板芯吸热率高达 97%，红外辐射仅 5% 以内，每 m² 集热板每年节约燃煤 150kg，相当于节能 417kWh[52]；2011 年，清华阳光推出集热管自动化生产线、山东德州皇明研发的"线性菲涅尔反射"聚光集热技术，可通过镀膜钢管等相关集成技术实现 100～250℃ 工业供热[74]；2012 年提出在盖板、集光吸热、保温储热和装备等技术方面突破平板型集热器研发滞后的状况，集中力量发展城市建筑适用的平板型集热器是当务之急[78]。在发展太阳能热能利用的同时，2010 年起已开始研发太阳能空气调节应用技术[65]，并已取得初期实质性突破[70]。但据 2012 年 3 月科技部发布的《太阳能发电科技发展"十二五"专项规划》提示："我国的太阳能热利用技术在工业领域的应用还几乎是空白。目前仅有几例应用，太阳能空调应用示范项目约 50 个，缺少大系统的设计、建设和运行经验"[57]。

6-4-2　太阳能光热发电

1. 发展光热发电现况——太阳能光热发电也称太阳能热发电，至今并未形成大规模发展的市场产业，但已有较长时间的试验运行，并正在逐渐形成规模化商业应用。太阳能光热发电在其全生命周期内的碳排放量很低，仅为 18g/kWh；在眼下一般太阳能光伏发电中成本最低，易于快速实现大规模产业化；与现有化石燃料发电站及相应电网系统具有很好的相容性。这是因为光热发电不但可调峰、实现连续发电和无障碍并网，而且达到一定规模后成本优势凸显，开发过程无二次污染，生产的电力质量稳定等具备常规电网的基本要求。同时能在适当调整后用于海水淡化；可为工业过程提供高温热源或者通过适当减压输送的乏汽提供民用热水。发展光热发电能通过产业关联度较高的特点，带动大批边沿性/基础性产业包括制造业和材料工业的转型升级发展，例如既能带动集热管、真空管、反射镜、锅炉、汽轮发电机和相应的专用高质输配电电器的生产，又能促进钢材、水泥、优质玻璃和某些功能性原材料的发展，并因此刺激自动控制技术、纳米材料技术和储能技术的创新研发。

2013 年 8 月，国家太阳能光热产业技术创新战略联盟跟国家可再生能源中心共同编写的《中国太阳能热发电产业政策研究报告》显示我国太阳能热发电行将进入规模化发展[111]。

光热发电发展中采用的结构模式主要有三种：槽式、塔式和碟式，其他还有些改进形式，大都属于这三种规范形式衍生所得。一般对优点较突出的槽式结构情有独钟。2009 年全球运行中光热发电槽式结构占整个聚热发电装置的 88%，该年各国在建项目的 97.5% 均为槽式结构。这一年装机容量达到 70 万 kW，翌年即增至 90 万 kW。后来获数家欧洲金融机构共投资 1.71 亿欧元启动的西班牙 Gemasolar 发电站项目，是全球首座实现全天供电、有较强储热能力的塔式聚光太阳能发电站，比槽式聚光能向燃气轮机输送温度更高和数量更多的高压蒸汽，从而提高了发电量。美国计划将其盐湖面积的 8.3%（约 8000km^2）建成太阳池，为 600MW 的发电机组供热。美国、西班牙、德国、法国、阿联酋、印度等国已经建成或在建多座光热电站。到 2010 年底，全球已实现并网运行的光热电站总装机容量为 110 万 kW，在建项目总装机容量约 1200 万 kW。据 IEA 预测，从 2011 年开始的后续 5 年，全球太阳能热发电年增长率将达 44.9%。到 2013 年 5 月，全球太阳能热发电装机容量已达 2GW，还有 3GW 在建中。大部分电站建在西班牙和美国，其他地区也在考虑发展热发电，北非、印度和南非等已启动了新的项目。到 2015 年太阳能热发电装机量有望达到 10GW。欧盟各成员国 2010 年制定的计划：到 2020 年太阳能热发电装机总容量将超过 7GW，其中西班牙的目标就拟超过 5GW。目前欧盟已在为光热发电程式、机构、运作模式、技术内涵、项目承担资格、认证、测试程序、组件以及系统耐久性试验、调试程序、仿真结果和太阳能场建模等建立通用标准[76]。

2. 中国光热发电概貌——中国太阳能光热发电处于大辂椎轮阶段。《太阳能发电发展"十二五"规划》提出要从 2010 年的"0"起步，到 2015 年在太阳辐照条件好、可利用土地面积广、具备水资源条件地区建成 100 万 kW 示范性光热电站，并预计到 2020 年的建设规模达到 300 万 kW[113]；2013 年 1 月发布的《能源发展"十二五"规划》里，要求的主要任务特别提示"积极开展太阳能热发电示范"。其实我国太阳能光热发电早在"十五"期间已经起步，经过近 10 年的研发探索，对三种聚光集热发电模式进行了广泛而深入的研究，掌握了一批太阳能光热发电的核心技术，如高反射率高精度反射镜、高精密度双轴跟踪控制系统、高热流密度下的传热和太阳能热电高效转换等。2010 年国务院发布《关于加快培育和发展战略性新兴产业的决定》指出：要开拓多元化的太阳能光伏光热发电市场。2012 年 3 月科技部发布《太阳能发电科技发展"十二五"专项规划》指出：我国太阳能热发电技术研究起步较晚，目前尚无在运行太阳能热发电站。"八五"以来，科技部就关键部件在技术研发方面给予了持续支持，"十一五"期间启动了 1MW 塔式太阳能热发电技术研究及系统示范。目前，大规模发电技术已有所突破，部分关键器件已产业化[57]。国外专家甚至提醒我国争取让太阳能集热器与建筑美学构思精义融为一体，也许因此更能美化城市[78]！

2011 年，我国首个光热发电特许权招标项目——内蒙古 50MW 槽式太阳能项目开标，实现了零的突破。由德州华园新能源应用技术研究所掌握核心技术参与的、我国首座 CSP 槽式太阳能示范电站已经一次性试车成功，标志着国产化技术和设备已达到光热发电要求，行将跨入产业化发展阶段。亚洲第一个槽式太阳能－燃气联合循环发电站（ISCC）已于 2011 年 10 月在宁夏破土兴工，2013 年年末投产，计划装机容量 92.5MW，相当于年节约 10.4 万吨标煤[72]。国家发改委 2011 年 6 月下达施行的《产业结构调整目录（2011 年本）》，新增太阳能光热发电作为鼓励类新能源首选项目，可见政府已下定决心鼓励和扶持光热发电，有人估计未来将成为我国主导能源[78]，但是，国内光热发电产业由于产业链不完善，目前仍处于规模偏小、技术路线不成熟等状态，比如槽式光热发电系统的核心部件集热管仍被德国肖特公司与西门子两家公司垄断。由于我国建设经验不足、技术人才短缺、建设周期较长和引进外资及外国成熟技术、规划选址等均需一定时日，也许须推迟到"十三五"才能出凡入圣。目前则存在三大瓶颈：技术、成本和具体政策[79]。

6 – 4 – 3　太阳能光热发电技术规范形式扫描

1. 槽式太阳能光热发电结构——包括聚光集热和换热部分，采用多个槽形抛物面聚光器（见图 6 –

16），将太阳光聚集到接收装置的集热管以形成聚光阵列加热工质（水、水蒸汽和熔盐等），产生高温蒸汽后推动汽轮发电机。结构示意见图 6 – 17。槽式太阳能发电的运行温度约 400℃。美国 Luz 公司从 20 世纪 80 年代起在加州陆续建成 9 座槽式聚光热发电站，总装机容量 3.54MW，年发电量 108 亿 kWh，年均效率最高 15%[75]。其中油罐可用来储藏热能达数小时，以备用电高峰时释放储存的热能。

图 6 – 16　抛物面槽式聚光阵列

2. 塔式太阳能光热发电结构——包括大量跟踪阳光的定向反射镜（定日镜）和装在聚光塔上的接收器部分。镜场设置的定日镜越多，聚光比越高，最高可达 1500，运行温度可达 1000℃

~1500℃。因聚光能量集中度高，转化效率也高，适合并网发电。图 6 – 18 是塔式太阳能光热发电系统结构示意，结构中包括自动跟踪阳光的多面定日镜、跟踪装置、支撑结构、接收器、工质加热器、储能系统、汽轮发电机及其输配电附件等。图 6 – 19 是 2007 年 3 月欧洲首座投入运行的塔式太阳能光热发电站外貌，包括 624 个面积均为 120m² 的大型定日镜和高约 90m 的日光接收塔，获 1.1 万 kW 电力，年供电 1920 万 kWh。我国首座 70kW 塔式光热发电站已于 2005 年 10 月在南京江宁试验性建成并网发电。但塔式因单位容量投资过大，降低造价十分困难，目前在我国几至无人问津境地而陷入停顿状态[75]。

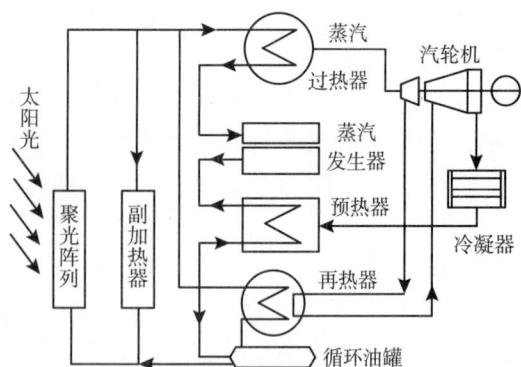

图 6 – 17　槽式太阳能光热发电系统结构示意

（据：太阳能热发电技术的现状及发展趋势，北极星太阳能光伏网，guangfu. bjx. com. cn，2013 – 07 – 15）

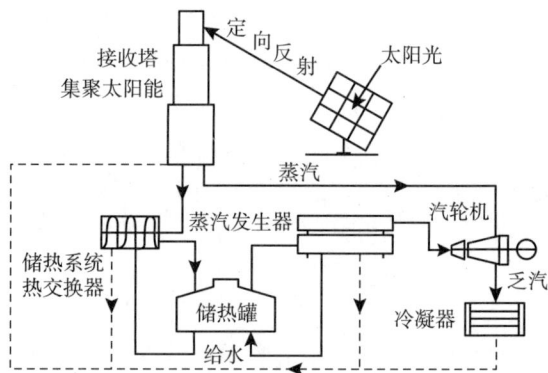

图 6 – 18　塔式太阳能光热发电系统结构示意

（据：太阳能热发电技术的现状及发展趋势. 北极星太阳能光伏网，guangfu. bjx. com. cn，2013 – 07 – 15）

3. 碟式太阳能光热发电结构——碟式是借助多个反射镜组成的抛物面碟形聚光镜，通过定日跟踪旋转，将太阳光通过类似抛物面的焦点聚集到接收器，经接收器吸收热能加热工质，最后驱动汽轮发电机组。旋转抛物面碟形聚光镜很紧凑地将太阳光能高效地集中后加入系统运作，气动阻力小、分散辐射量小，聚光比可达 3000 以上，温度达 750℃，故在三种形式中光热转换效率最高，运行成本最低，用水量最少（每发电 1kWh 仅需 1.4 升水），加上因结构紧凑、占地最少，安装方便，电力输出端的利用灵活，可以独立运行，也可以并网发电。图 6 – 20 是碟式光热发电的一种典型结构，其中包括抛物面碟形聚光镜、高温接收器、跟踪传动装置和发电储能装置等。我国三花控股集团投资 320 亿元计划建设 100 台碟式光热发电站，2013 年底可能完成其中 8 台[75]。

以上三种太阳能光热发电结构类型的优缺点比较见表 6 – 2。

图 6 – 19　欧洲运行中的塔式太阳能光热发电站
（据：同图 6 – 18）

图 6 – 20　碟式光热发电的一种典型系统
（据：同图 6 – 18）

表 6 – 2　　　　　　　　　　　　太阳能热发电三种机构形式的优缺点比较

构造形式	结构组成	优点	不足	适用范围
槽式	槽形抛物面聚光器、集热管、蒸汽发生器、汽轮机和发电机、输配电系统	占地较小，易于产业化；技术较成熟，工程过程较简单，一次投资额较低，成本较低，较易推广	核心部分高温真空管有缺陷、系统整体技术尚待优化；效率较低；聚光仅有 10 ~ 100；工作温度低，运行用水量过大	目前光热发电三种形式中应用最广，适于不同规模与住宅小区近距离光热发电站，光电/光热两全其美
塔式	含：定日镜及跟踪/支架、接收器、工质加热器、储能系统汽轮发电机、输配电控制系统	聚光倍数较高，集能方式简捷，热转化效率高，聚光比可达 1500；运行温度高	跟踪、聚光、集热等技术要求很高；需占用大片荒原；投资要求过大；很难降低造价	太阳能并网发电电热联供系统
碟式	抛物面碟形反射聚光镜、旋转跟踪传动装置、高温接收器、高效储能装置、蒸汽发生器和汽轮机发电机	结构紧凑，占地可以很小，方便建构；转换效率最高，聚光比达 3 千，接收器传热工质可加热至 750℃，运行费用低、用水量极少	技术要求高，难度大，核心技术尚待研发突破；碟形反射聚光镜近距旋转跟踪也存在技术难题	适于分布式小型集中热电联供系统，但目前仍处于早期试验研发阶段；适应日照时间较长地域；结构紧凑

4. 另辟蹊径——塔式太阳能热发电中有一种改进型，将塔顶接收器安装位置上换装一个全效反射镜，然后将接收的太阳光反射到塔基部位上安装的接收器。接收器改变位置将使整个运行操作更灵活方便，而且方便维护和管理。还有另一颇具潜力的设计方案，即人们观察到太阳能热发电并没有全部利用太阳光光谱的全部，例如红色光和红外线具备加热功能，紫色光和紫外线则没有热效应；光伏发电恰好相反，越是靠近光谱的紫色一端对硅型半导体或薄膜的光电效应更敏感，因此可将太阳能光伏发电与光热发电有机地结合在一起，将聚光太阳辐射中的可见光谱实行过滤区分，有利光伏效应的光谱成分射向电池实现光伏发电，将光谱致热部分射向接收器实现热能发电。虽能一举两得，但可以设想装置复杂程度陡升。

6-5 稳妥利用太阳能 灵活决策和管理

6-5-1 安全稳妥 利用太阳能

1. 光伏产业——目前，中国的太阳能光伏产业发展中同样存在许多负面问题。晶体硅材料（包括多晶硅和单晶硅）是制造太阳能电池主要原材料，目前并没有其他材料能替代硅。2010 年我国光伏电池产量约占全球总产的 50%，出口比例仍维持在 95%，而高纯度（99.9999%）多晶硅 95% 以上需要进口。整个光伏产业链主要包括多晶硅原料、太阳能电池、集成组件、发电工程四个相关行业，其中多晶硅和太阳能电池是重中之重。正如前面 6-2-3 节提到过的，多晶硅生产过程兼有能耗高和环境问题，须始终依靠科技和管理加以化解。

2. 多晶硅核心技术——三氯氢硅还原法过去被美、德、日的 6~7 家企业垄断，中国企业较难获得核心技术。国内一些多晶硅生产厂向俄罗斯购买的改良西门子生产法与美、日企业还有相当差距，因未经大批量工业化生产，存在气体回收率低、污染大、产出率低、耗能大等缺点：前面提到 1kW 太阳能电池约需 10kg 多晶硅，需消耗电能 5800~6000kWh，是美、日技术能耗的 1.5~2 倍，这就更增加了我国多晶硅生产成本。前几年，国内多晶硅成本停留在 50 美元/kg，当时国外成本仅 30 美元/kg。何况目前中国还没有完全掌握改良的西门子技术，即闭环生产工艺技术，形成当前的高污染、高能耗、高成本，在国际竞争中举步维艰，迫切希望高科技介入！效仿化石能源发电的超超临界蒸汽发电技术，2014 年年中，澳大利亚联邦科学与工业研究组织（CSIRO）利用太阳能实现"超临界"水蒸汽单位面积 23.5 兆帕加压、蒸汽温度 570℃，同样能像燃煤电厂那样发电[74]。

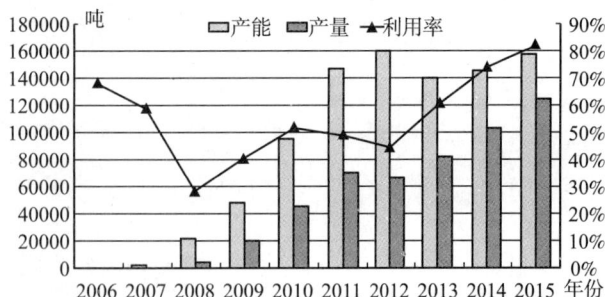

图 6-21 中国多晶硅制造产能/产量与利用率

（据：谢雅楠．光伏企业应借力政策 角逐市场．中国经济时报，2013-09-02，2 版[122]）

图 6-21 描绘我国多晶硅产能、产量和产能利用率消长变化状况，不难看出此前产能过剩而未能通过科技创新和扩大内需调整增进产量以提高富余产能的利用比率。估计在经过"十二五"产业结构调整升级后将如图所示很快提高产能利用率。

3. 全面调控刍议——基于 2012 年光伏产业重整旗鼓的破冰之旅[50]，2013 年专家们提出几条恰中时需的建议，如：加强组织管理；支持兼并重组；通过建大型光伏电站扩大市场需求等[47]。条条均指向我国光伏产业发展中亟待采取灵活决策和优化管理，实质在于完善政府政策正确引导的"顶层设计"[44]。现在，前面提到的国务院《意见》犹如大旱云霓洒下了及时雨[58]，而今当务之急是如何提高自主知识产权在高新核心技术中的占比，能如此才能凸显我国光伏产业的国际竞争力[50]。可是毋庸讳言，《国家能源科技"十二五"规划（2011~2015）》那些经条分缕析、穷原竟委、高才远识的科技项目究竟已经落实或完成了多少？殊难评估。是否宜及时跟踪探查，务必资金及时到位、科技跟进[104]！

6-5-2 因地制宜 与时俱进

1. 我国地方积极性空前高涨——近年来，国内各地都在争先恐后地积极发展太阳能热能利用和光伏发电。2005 年 9 月，上海市政府公布《上海开发利用太阳能行动计划》；2009 年昆明市通过《加强太阳能与建筑一体化推广应用和管理的议案》，要求到 2015 年，昆明太阳能供热系统城镇普及率达 70% 以上，农村普及率达 35% 以上，全市太阳能热水器总集热面积达 1200 万 m^2，要求实现太阳能产业总产值 200 亿元以上；山东"十二五"期间，通过完善产业链和提高技术水平，大力开发建设地面光伏电站项目，全面推进光伏 - 建筑一体化，力争到2015年和2020年并网光伏发电分别达10万 kW 和20万 kW，太阳能热水器总集热面积分别达4000万 m^2 和6000万 m^2；2011年3月在广东河源投产华南地区最大光伏发电站，装机容量为 8100kW。

广东省经信委2011年3月制定《广东省太阳能光伏产业鼓励发展重点领域》，鼓励研发太阳能光伏重大装备，重点发展薄膜太阳能电池成套生产设备及高效晶体硅太阳能电池设备；鼓励开发太阳能电池用上游原材料，重点发展 TCO 导电玻璃、靶材、特种工艺气体、印刷用 Al、Ag 浆及 Ag - Al 浆料等，推动关键原材料本土化供应。

2. 各层次展览会、聚会发挥太阳能功效——例如上海世博园区，集中应用太阳能光伏发电于主题馆、中国馆和世博中心屋顶、玻璃幕墙，与建筑融为一体。据计算，世博园区光伏建筑一体化系统年平均发电量为408万 kWh，可减排 CO_2 3330 吨，是国内面积最大的太阳能光伏电池示范区。

3. 先进企业，风起云涌——2010年，四川甘孜州与中冶集团恩菲工程公司、常州中弘光伏公司签署共建甘孜州炉霍县 1GW 太阳能光伏发电项目协议，总投资200亿元，计划2018年全部建成投产后年均发电量20亿 kWh；同年江苏扬州与保定天威集团签订合作协议，集团投资40亿元在扬州打造国内继保定、成都之后生产太阳能电池组件的第三个基地，预计全部投产后年产值120亿元；到2015年，湖北宜都将建成年产10万吨高纯硅、5万吨多晶硅、1万吨单晶硅、3.2GW 电池组件的产业链完善、工艺先进的太阳能光伏产业基地，建成后太阳能光伏产业销售收入达450亿元，促全市工业增加值翻番。

4. 科技创新为纲，企业积厚流光——当前光伏发电产业或多或少存在一些可以依靠科技创新加以克服的问题：

（1）全行业缺乏技术交流：单（多）晶硅提纯技术常被作为企业法宝讳莫如深，因为纯度决定了光电转换率。全球硅提纯主要技术来自西门子改良法，但宁夏发电集团曾尝试使用冶金物理法。相关技术诀窍是否都纳入商业秘密范畴而无助我国整体技术水平提高？

（2）"两高"产业的隐忧：过去把生产单（多）晶硅认定是"高污染、高耗能"[88]。若按西门子改良法生产多晶硅，历经工业硅—硅化合物—高纯硅化合物工序，每提纯1吨多晶硅产生的废料就达14吨；而每生产1MW 工业硅到光伏电池全过程综合电耗约达220万 kWh。

（3）生产成本：光伏发电1kWh 的成本仍在1元左右，而普通火力发电的民用价格每 kWh 电均在1元以下。降低生产成本将始终是光伏发电产业夙兴夜寐寻求捷径的头等大事。因气候变暖导致恶劣天气反复无常，也许给技术条件较差的高成本企业不啻雪上加霜[106]。美国通过降低安装、管理和获取许可证等软性成本以促进光伏发电硬设备应用，值得借鉴[110]。

（4）产业缺乏整体规划、缺乏行业规范和质量标准以及缺乏完整的技术服务体系[83]，克服这些弱点似乎需要耐心等待。政府激励政策是十足的加速光伏发电发展的正能量[112]。如果为调整光伏发展中遭遇的暂时困惑，将整合期估计为"两年"[124]，是否能依托 6 - 3 - 3 节提到的国务院《意见》超常规加速，缩短整合期？

（5）2011年全球光伏行业遭遇严冬，2012年我国光伏企业遭遇海外需求萎缩和贸易摩擦、多晶硅价格持续下跌[104]，掀起企业停产浪潮[90,108]。专家呼吁强化内需[95,105,107]、制定标准和规范[84]、寻求中东/北非等新市场空间[96]、大范围发展分布式光伏发电能有效缓解光伏能源内需不足的困惑[89,98,99,109,118,122,127]。2012年下半年开始，全国出现光伏电站投资热潮，但有人了解到收益率不够稳定，势必将影响下一轮投资增进[91]。国家战略部署将在大西北加快建设光伏电站，估计将随着需求升级促进光伏产业复苏和持续发展[94]。但2013年初有专家担心我国光伏产业是否回暖，实际上随着产业界的不懈努力，加上欧盟就进口光伏电池产品签订的价格承诺，这一担心已经缓释[92]。

（6）2011年世界前10名最大光伏电池生产企业，中国有5个；产量达全球60%；可是世界主要光伏工业核心设备生产企业中没有中国企业的席位。这一年，全球光伏市场总量，中国仅占1%左右[85]。这就是说，前几年我国光伏企业发展存在三大失调：生产出口与国内应用失调；产业大系统内各子系统产能失调和科技创新着力点轻重缓急失调。要由产能大国转变为光伏工业强国，应当大幅提高生产设备核心技术的自主知识产权比重。

（7）光伏企业走出困境固然需要政府财政支撑，但更有帮助的办法莫过于借助金融手段；补贴生产者不如补贴消费者[110]。光企决策失误，出现债务危机或亏损破产，政府有责任引导企业走出困境，却不宜躺倒在政府"摇篮"里，让政府买单[115]。

（8）2011年初，国家发改委能源专家预计，不出3年，我国光伏产业中所用高纯度多晶硅将能实现自给[116]。其实实现自给的根本保证在于生产技术水平和科技创新能力。光伏生产设备的国产化率已达75%，但核心高端技术装备仍需进口，包括多晶硅生产环节的氢化炉、电池板自动焊接机、高纯石英坩埚等[116]。因此窃以为问题不在时间，而在创新。

（9）发展分布式能源布局：分布式能源技术是重要发展方向，它具有能源利用效率高、环境负面影响小、经济效益好和供应可靠性高等特点，是能源安全、电力安全以及天然气包括页岩气、煤层气等非常规天然气发展战略的汇聚点，也是新能源和可再生能源快速发展的有效载体。

积极发展分布式能源，要统筹传统能源、新能源和可再生能源综合利用，按照自用为主、富余上网、因地制宜、有序推进的原则，实现分布式能源与集中供能系统协调发展。根据常规天然气、煤层气、页岩气供应条件和用户能源需求，重点在能源负荷中心，加快建设天然气分布式能源系统。以城市、工业园区等能源消费中心为重点，大力推进分布式可再生能源技术应用，尽快提高分布式供能比重。在农村、林区、海岛积极推进分布式可再生能源建设，重点解决边远地区生活用能问题。应加强分布式能源和储能技术研发，提高电网智能化水平，营造有利于分布式能源发展的体制政策环境，努力实现分布式发电直供及无歧视、无障碍接入电网。

6-5-3　来自IEA的主流观点

与发达国家的经合组织（OECD）并驾齐驱的国际能源署（IEA）2012年针对太阳能光伏发展路线所作的主要论点值得引为借鉴，兹摘记于下：

1. 到2050年，全球光伏发电累计装机容量达到3000GW，每年发电4510TWh，约占全球电力生产的11%。除了每年可减排$CO_2 2.3 \times 10^9$吨，这一光伏规模将为能源供应安全和社会经济发展带来实实在在的好处。

2. 从2011年到2020年，光伏系统和发电成本预计将减少超过50%。到2020年末，在许多地区、住宅和商业光伏系统将实现首轮电网平价——与零售电价平价。由于实现电网平价，政策框架应促进实现自我维持的市场，逐步淘汰经济激励，但维持电网接入保障和持续的研发支持。

3. 到2030年时，典型的大型公用电力光伏系统发电成本有望降低到7~13美分/kWh。随着光伏技术逐渐成熟，成为一种主流技术并网和电网管理，能源储存将成为关键问题。

4. 光伏产业、电网运营商和公用电力单位需要开发新的技术和战略，将大量光伏发电并入灵活高效的智能电网。

5. 各国政府和产业界必须加大研发力度，以降低成本，并确保光伏做好快速推广的准备，以支持长期的技术革新。

6. 有必要扩大在光伏研究、开发、能力建设和筹资方面的国际合作，以加强学习，避免重复工作。

7. 新兴的主要经济体已经大力投资光伏研究、开发和推广，但还需要加大工作力度，以促进农村电气化和能力建设，多边和双边援助机构应进一步努力，彰显光伏能源在低碳经济发展中的价值。

综上，令人理解IEA贯穿其全部论证内容的主线在于提高光伏、光热发电整体效率和效益的要害乃是力求在近期全线突破科技水平！

6-6　研发太阳能电池　提效理财重环保

6-6-1　太阳能电池　前程似锦

1. 太阳能电池　琳琅满目——能产生光伏效应的材料有许多种，如单晶硅、多晶硅、非晶硅、砷化镓、硒钢铜等，它们的发电原理基本相同，如6-3-1节所述。目前国际上已从晶体硅、薄膜太阳能电池（Thin Film Solar Cell）开始进入化合物太阳电池（Compound Solar Cell）如三结聚光太阳电池（3-juction Concentrator Solar Cell）、有机分子电池、通过生物分子筛选引向合成生物学与光合作用借重生物技术开发的太阳能光伏发电新领域。

2. 现实生产概观——目前光伏发电常用的晶体硅电池主要以单晶硅、多晶硅和薄膜太阳能电池为主，但大批新发现、新材料、新设计正参与百花齐放、群芳斗艳的活泼局面：

（1）单晶硅技术成熟，光电转换效率较高，但生产工序要求严格、技术要求高，原料价昂，生产过程须额外增加精力和成本于环保，从而生产成本问题突出。光电转化率约在20%~25%（24.7%），理论转化率最高可达29%。

（2）多晶硅生产成本较低，技术也比较成熟，但光电转换效率较低，转化率最高18.2%，理论最高可达29%。

（3）薄膜电池采用可粘接的半导体薄膜，形成多晶硅薄膜（Poly-crystal thin film Si）电池。基底材料也可用质轻价廉的玻璃、金属或塑料等，在6-3-1节中说过薄膜厚度可低于1μm，原材料消耗少，生产成本低，例如碲化镉（CdTe）薄膜电池生产成本仅及单晶硅电池的1/4，约每瓦50美分，且弱光性能优良、易于大批量生产、技术要求相对较低，生产过程无特异环境污染问题，但光电转换效率较低，因生产过程可能存在缺陷使然，一般仅在12%~14%之间，且技术稳定性尚待提高，规模生产的技术保证尚不够成熟，为改进和控制生产质量，还需附设一套在线监测和控制系统。眼下碲化镉和铜铟镓硒（CIGS）等薄膜光伏电池市场份额正在向整个光伏电池市场规模的15%左右冲刺。薄膜太阳能电池的基本运行模式中若采用最先进的工艺生产，转换效率还能进一步得到提高。各型薄膜太阳能电池的最高光电转化率是：①非晶硅（a-Si）15.2%；②多晶硅薄膜16.5%；③铜铟镓硒薄膜电池规模化量产最高效率可达15.5%，实验室达19.5%，理论转化率最高可达30%；④碲化镉（CdTe）薄膜电池规模化量产最高转化率达14%左右，实验室达16.5%，理论转化率最高可达30%[59]。⑤其他有：微晶硅薄膜、纳晶硅薄膜、碳纳米管光电池、硒光电池、硫化镉薄膜、硒钢铜薄膜、砷化镓薄膜、有机化合物薄膜、染料敏化纳米薄膜电池等。下面择要略加引申：

①非晶硅薄膜太阳能电池：这种电池通常为叠层结构，在玻璃或不锈钢基板上沉积透明导电氧化物（Transparent Conductive Oxide，TCO）薄膜层–TCO玻璃[170]、非晶硅层（a-Si层）和背电极层（Al/ZnO层）三层薄膜，其中非晶硅层通过磁控溅射法沉积。其光电转化率较低，实验室转换效率只有13%，但因光吸收系数大，薄膜所需厚度比用其他材料薄得多，工艺简单、成熟，生产过程能耗小、成本较晶硅低廉、制备方便，适于大规模生产。

非晶硅薄膜太阳能电池的软肋是：电池受太阳光长时照射会引致效率衰减，即整个电池转化率下降；薄膜沉积速率慢，大规模生产中工效不高；后续加工困难，如Ag电极的处理问题；在薄膜沉积过程中可能因O_2、N_2、C等杂质，将影响薄膜质量和电池工作稳定性。

②多晶硅（poly-Si）薄膜太阳能电池：这种薄膜电池既有晶体硅电池的高效、稳定、无毒、材料资源丰富，又有薄膜电池省材料、成本较低的优点，在光谱长波段有较高光敏性，对可见光能有效吸收，且具有与晶体硅一样的光照稳定性，同时材料制备工艺相对简单，多晶硅薄膜电池技术水平提

高有望使太阳能电池组件的成本获得更多下降，从而使得光伏发电的成本能够与常规能源相竞争。限制太阳能电池转化率的举措很多，为提高转化率最重要的两种方法是提高吸光率和减少电子－空穴对复合。

③铜铟镓硒（CuIn（Ga）Se$_2$－CIGS）薄膜太阳能电池：这类电池是单位重量输出功率最高的太阳能电池。CIGS有优良的抗干扰、耐辐射能力，无持续光辐射引致性能衰退现象，使用寿命长。CIGS电池中所需薄膜厚度很小（一般约2μm）。其吸收系数很高，且有大范围太阳光谱的响应特性。此系列电池可方便地做成多结系统，若有4结，该太阳能电池的理论转换效率极限可能超过50%。2012年11月报道，中科院深圳先进技术研究院联合香港中文大学自主研发的第二代CIGS薄膜太阳能电池核心技术已达国际先进水平[153]。

CIGS薄膜在高于500℃的温度下沉积在涂有钼的玻璃衬底上，并与通过化学沉积形成的硫化镉（CdS）层组成CdS/CIGS异质结。以掺镓的CIS（CIGS）和以CdS为缓冲层制成的太阳能电池光电转化率已高达21.5%。

④有机薄膜太阳能电池：此型电池主要包括：单层结构的肖特基电池、双层p－n异质结电池以及P型和n型半导体网络互穿结构的体相异质结电池。目前认为有机薄膜太阳能电池的作用过程分为3个步骤：光激发产生激子、激子在给体/受体（D/A）界面上分裂、造成电子和空穴漂移及其在各自电极的集结。有机薄膜太阳能电池基础材料价廉、加工容易、可大面积成膜、分子及薄膜性质有可设计性、质轻、柔性等优点，但有机薄膜太阳能电池光电转换效率目前很低、稳定性差，当光电转化率提高到5%以上才可能商业化应用[158]。利用一种有机塑料半导体并五苯构造光伏电池，转化率可意外地提升到44%[159]。

（4）高效多结高聚光太阳能电池是按太阳光的光谱，一般用锗（Ge）衬底，利用金属有机化合物化学气相沉淀（MOCVD）外延工艺在不同波段选取不同带宽的半导体材料做成多个太阳能子电池，最后将这些子电池串联起来形成多结太阳能电池，这样能通过分波段吸收太阳光"综合取胜"，以提高转换效率。砷化镓（GaAs）多结光伏电池的最高效率可达42%以上（目前已达39%），但因生产成本问题尚未能根本突破，商业化正盼望轻骑取胜。高聚光砷化镓太阳能电池产业曾遇到的困难有：芯片生产成本较高，外围封装、透镜和二次光学装置投资额很大；转化率高导致高温效果可能倒逼电池稳定性；市场需求尚待开拓；砷的剧毒特点决定了生产过程中因保证人身安全和环境保护的成本增加。为克服这些困难，厦门的先进企业已作出卓有成效的突破[87]。高效多结（高聚光）化合物太阳电池，如三结聚光太阳电池（GaAs，InPInGaP/GaAsP/Ge）等最高转化率约39%～42%。

3. 坚持薄膜发展战略——在选择光伏电池发展方向的关键路口，我国许多明智的企业领导人锲而不舍、义无反顾地围绕薄膜太阳能电池的结构、制造工艺、设备、投资和企业管理的系统工程式研发与推进，在光伏发电的发展历程中树立了难能可贵的一个个里程碑和书写了标志丰功伟绩的自主知识产权创新专利的功劳簿。

薄膜太阳能电池比晶硅电池生产周期短得多，从原材料（玻璃片）投入到薄膜电池组下线，可以在同一车间完成；设备规模和对应投资少得多，加上生产线全过程无污染（砷化镓太阳能电池除外）等优点，是晶硅电池生产无法伦比的。晶硅从炼硅料投入几十亿元，在历经提纯、制成硅锭、切片到制成电池片模组，整个生产流程分车间完成，能耗节节攀高，原料价格和生产成本远超薄膜电池[56]。虽然薄膜电池光电转化率在大规模量产中暂时弱于晶硅，但目前量产转化率已超过15.5%，理论上最高转化率30%超过晶硅电池的理想转化率29%！加上柔性可弯曲、弱光响应好、光照角度要求低等优点，特别适合分布式电源提供和光伏建筑一体化发展。学界也愈益看好薄膜及其衍生制式的电池将成为未来光伏电池竞争的中流砥柱。

6－6－2　太阳能光伏电池　新花怒放

近几年在各类科技文献中围绕太阳能光伏电池反映的各种创新成果，诚然风起云涌，犹如雨后春笋，文献浩如烟海！这里提纲挈领引述一二。

1. 工艺升级——

（1）CIGS 薄膜太阳能电池的薄膜沉积采用新的喷墨打印技术节约原材料90%[142]；2011 年发明的气相沉积可打印的"墨水"能印在塑料上任意折叠千次以上[143]；

（2）2012 年中发现，多晶硅薄膜太阳能电池所用硅基可通过蚀刻图案增强集光能力，而其厚度可大幅度减少，从而提高了光电转化率和降低了制造成本（高纯度硅约占传统太阳能电池阵列总成本的40%)[160]。

2. 材料新装——

（1）我国科学家曾在 2011 年研制出用于卫星太阳能电池等伸展机构的非晶合金（金属玻璃）材料[157]；早期研发出以半导体和富勒烯为原料的新型透明太阳能电池薄膜，近两年因发现还有更便捷价廉的材料而未进一步跃登堂奥[128]；2011 年英国科学家研发出低成本高效塑料太阳能电池[130]；2012 年初，美国加州大学科学家研制出能吸收可见光和红外线的两层光伏塑料，光电转化率从8.6% 提高到 10.6%[148]；年中又改进为增强光吸收的近红外光敏聚合物太阳能电池，透明度近70%[136]。

（2）纳米材料显神威：一种长约 888 纳米的所谓 M13 病毒，附着在含碳纳米管的光伏电池上，可使光电转化率从8%提高到10.6%[147、129]；将金纳米粒子层植入串联的高分子太阳能电池，由于增强了光吸收，将大大提高电池的光电转化率[135、138]。利用光谱选择性调谐，借助纳米粒子层在电池界面大大提升光吸收率，从而使光伏电池在近红外区转化率增加 11%，达到 35%[137]；2012 年秋美国学者在硅晶片上形成数十亿纳米尺寸的小孔（银纳米岛），变成大减光反射的黑晶硅，电池转化率从 12% ~ 14% 增至18.2%[162]；2012 年冬天，我国复旦大学专家将碳纳米纤维制成光伏电池，被《科技日报》记者誉为"衣服能当'充电器'"[132]。

3. 机理蹊径——

（1）2012 年初，美国加州大学的教授成功将有机高分子薄膜电池的光电转化率通过加层叠放串联运行从原来的8.62% 提高到 10.6%。目前这种叠放串联可增加光照效率的方式已进入商业化应用，而且转化率也已同时获得改善[134]；薄膜电池的薄膜厚度等于或小于可见光波长，捕集光波的能力大大增强[146]；计算机仿真证实，利用单个光子能产生多个电子空穴对载流子，可促晶硅太阳能电池的光电转化率从原来最高15% 陡升到 42%[163]。

（2）2012 年发现，将非晶硅太阳能发电与集热系统结合在一起，不但缓解光致衰减效应，还能结合集热器同时供热，光电转化率也能提高 10%[144、151]。

4. 其他构思——2011 ~ 2013 年，文献上发表的有关太阳能电池发明创造的惊世之作这里不再赘引，均可据章末所附文献标题按图索骥。其中如 2011 年自我修复电池[140]，人造树叶[168]，全光谱电池[141]，有望提高太阳能电池转化率的铁电材料[155]，有望能推广应用在常规环境下发电的石墨烯[133、156]，能大幅提高太阳能电池能效的新敏化剂染料[145]；改变聚合物结构能提高太阳能电池效率[148]，控制电子自旋也能提高有机太阳能电池的效率[152]，2012 年超薄塑基太阳能电池[149]，可印刷微型液体太阳能电池[150]，可使太阳能电池转化率提高的氧化铝（Al_2O_3）电极[161]，低成本染料敏化剂太阳能电池[165]；2013 年初，薄膜太阳能电池光电转化率达到20.4%[154、167]，随后日本研发出以木浆中植物纤维为原料的"纸糊"太阳能电池，虽转化率只有3%，但因简捷、低价，有望集中科技力量在未来时日得到突破性改善[169]；瑞士研发的固态染料敏化太阳能电池（DSSC）的转化率达到15%，性能有望超过目前已有的各式薄膜太阳能电池[145]，未来研发液态金属太阳能电池将渐成热题[152]，多种技术综合并用也许是未来制造商们的热衷话题[49]。

6-7 风力发电 迎风展翅

6-7-1 风力发电 东风劲吹

1. 风电优势——风能是太阳辐射下促使地球表面大量空气流动产生的动能，风能资源决定于风能密度和可利用的风能年累积小时数。风能量丰富、近乎无尽、蕴藏量极大，分布极广泛、干净与缓和温室效应，综合社会效益高。特别是对沿海岛屿，交通不便的边远山区，地广人稀的草原牧场，以及远离电网和近期内电网还难以达到的农村、边疆，所以作为解决生产和生活能源的一种可靠途径，风能有着十分重要的意义。据 2009 年清华大学与美国哈佛大学合作完成的一项研究结论，在提高政策性补贴和改善输电网络并网结构前提下，到 2030 年风力发电足够全国全部电力需求。

风电技术开发最成熟、成本最低廉。风能发电的优点包括：①风能为洁净的能量来源，生产成本逐年下降，在大规模风电地区，风电成本已低于火力发电；②风能设施多为高位安装，对土地、水源和生态环境无碍；③风力潜能无限，能量源源不断，取之不尽；④就地取用，无需搬运；⑤转化效率高，成本低廉；⑥用于广大分散的偏远村落更为有利；⑦设计选择主要看风道，对平地要求不高；⑧风电使用目的易于多样化，设计稍加创新即可适应各种需求，如路灯、灯饰、交通信号、近程通讯，还可以变通用途于提水、灌溉、磨坊、农林种植、渔业养殖、沿海海水淡化、消防、安全监控、预警和报警、危亡救助等需要临时紧急支援而急需能源保证的场合。

风能发电的缺点是：①风电可能影响或干扰生物多样性，侵犯珍稀鸟类活动空间。离岸海上发电虽能提高效率，但同样妨碍各类海上益鸟如海燕海鸥等的生存和繁衍；②风速不稳定，影响其经济性，有的地区必须依赖高效的压缩空气、性能适用的储能设备；③风力发电场需集中使用大量闲散土地，聚集程度高则效益也高，但因此降低土地的其他利用价值；④风电运行中有时发出震耳欲聋的噪声，故须远离住宅区或村落建场，又可能须兼顾珍稀动物和环境保护，须远离公园、旅游区、文物保护点、自然保护区，又应避开被保护的湿地，这样一来，势必会增加投资和运行成本；⑤不同的风电场地域的电力并网条件和难易程度有时判若云泥，不易在建成前预知可否。

当然，瑕不掩瑜，风电毕竟是当今最具规模化开发和市场化利用条件的非水可再生能源。

2. 各国早期风电发展——据估算，全球的风能资源约为 $2.74 \times 10^9 MW$，其中可利用的风能资源为 $2 \times 10^7 MW$，比地球上可开发利用的水能总量还要大 10 倍。人类利用风能的历史可以追溯到公元前，中国人利用风能抽水、碾米、靠风筝探测天气等，已有 1000 多年历史。利用风力发电则是 19 世纪末丹麦人的杰作，但直到 1973 年西方遭遇石油危机，在常规能源告急和全球生态环境恶化的双重压力下，风能作为一种高效清洁的可再生能源才日益受到钟爱。大型风电技术起源于丹麦、荷兰等一些欧洲国家，由于当地风能资源丰富，风电产业受到政府推动，大型风电技术和设备的发展在国际上遥遥领先，海上大容量风电场逐渐发展。1977 年，联邦德国在著名风谷——石勒苏益格·荷尔斯泰因（SCHLESWIG HOLSTEIN）州的布伦斯比特尔科格建造了一处世界最大风电站，风能塔高 150m，玻璃钢制的风扇叶片长 40m，重 18 吨。美国早在 1974 年就开始实行联邦风能计划，至 1990 年美国风力发电已占其总发电量的 1%。近期美国将低风速风电技术作为未来应对气候变化的优先研发领域之一，以实现低风速下的风电发展，一批新型风力发电机组已在夏威夷岛建成运行，年发电量达 1000 万 kWh。1990 年瑞典风电装机容量已达 350MW，年发电 10 亿 kWh。丹麦在 1978 年建成日德兰（Jytland）半岛的风力发电站，装机容量 2000kW，曾统计到 2005 年电力需求量的 10%来源于风能。我国广东南澳岛上世纪初部分风力发电机就是 20 世纪末从丹麦进口的。德国 1980 年就在易北河口建成装机容量 3000kW 的风力电站。英伦三岛濒临海洋，风能十分丰富，政府对风能开发也十分重视，到

1990 年风力发电已占英国总发电量的 2%。日本 1991 年 10 月津轻海峡津轻半岛的青森县建成当时日本最大的风力发电站，5 座风力发电机可为 700 户家庭提供电力。西班牙从 1980 年起在地中海沿岸陆续建造了 450 座风电机（额定容量为 237MW）。到 2008 年，全世界靠风力产生的电力约有 9410 万 kW，供应的电力已超过全世界用能的 1%。全球风电装机容量 2008 年在金融危机中仍逆势增长了 28.8%。

3. 风能技术成熟度——与其他可再生能源相比，风电发展的优势是成熟的技术、较低的成本和较高的效率。全球风力发电产业装机量近 10 年来以 25% 的年增长速度飙升，风电技术不断得到突破。风电技术分为大型风电技术和中小型风电技术，虽然都属于风能技术，工作原理也相同，但是却属于完全不同的两个行业。大型风电技术为大型风力发电机组设计，由于大型风力发电机组都是应用在风能资源丰富的资源有限的风场上，常年接受各种各样恶劣的环境考验，对环境的要求十分严格，因此对技术的高度要求就直线上升。中小型风电技术、受自然资源限制相对较弱，作为分布式独立发电效果显著不仅可以并网，而且还能结合光电形成更稳定可靠的风光互补技术，无论从技术还是价格在国际上都十分具有竞争优势。

近年风电的高速发展离不开电子信息技术的助力作用。例如，2010 年美国雪城大学就对风电所需的智能控制系统做过有实效的研究改进；明尼苏达大学设计风力发电机叶片上开凿排骨状 V 形槽能通过减少风阻提高效率 3%[177、179]。风电的选址问题同样是个更值得研究的科技问题，风电机选址得当能提高使用效率和延长风机寿命[172、190]。我国风电的科技创新提升是否要始终成为发展中的头等大事[14]。

4. 风力发电　风行电照——风力发电机组由风轮、发电机和风能塔三部分组成，靠风力带动风车叶片旋转，再通过变速箱（增速机）提升转速供发电机发电。目前全球最大风力涡轮机发电能力为 7.5MW，大多数普及型的涡轮机容量约 1.5～2.0MW。近年来涡轮机、风车叶片、增速机和传动机构等不断创新改进，风能塔不断增高，发电效能随之不断攀升。风电站及其并网机构见图 6-22。风电场遍布我国大地。

风能转换成电力，理论最高效率约 59%；最高实用效率介于 30%～50% 间；经增速机电设备等消耗部分能量，实际

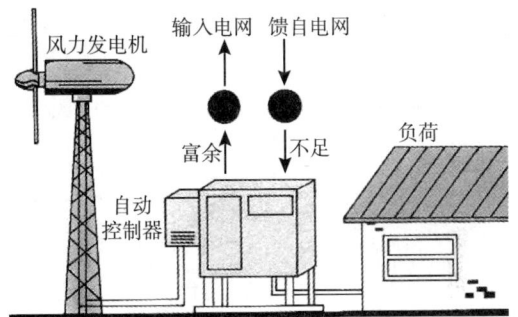

图 6-22　风力发电站雏形示意

电力输出能量介于 20%～45%，取决于风能塔和附属机械设计水平。大多数风车设计为水平轴式，偶有因地制宜采用垂直轴式。理论上风能大小与风速的立方成正比，风速为 12～15m/s 时达到风机额定输出，风速达到 20～25m/s 时须关停以保护风力发电机。其次，风能大小与叶轮直径成正比，要求机械力矩高须采用多叶片，旋转较慢而较稳定，但效率下降。用于发电时一般为 3 叶片以达高效率。风电控制系统普遍采用较先进的电子信息技术。

6-7-2　中外风电发展　天马行空

1. 各国风电持续发展——1996～2010 年间是世界各国奋起研发风能发电的 15 年，主要表现在各国政府不断出台可再生能源鼓励政策，为该产业未来几年的迅速发展提供巨大支撑[210]。从图 6-23 已能窥测全球风电超常规腾飞姿态。据德意志银行最新的研究报告，全球风电发展正在进入一个迅速扩张的阶段，风能产业将保持每年 20% 的增速，到 2015 年时，该行业总产值将增至 2010 年水平的 5 倍。根据预测，未来几年亚洲和美洲将成为最具增长潜力的地区。印度风能也将保持每年 23% 的增长速度，其政府鼓励大型企业踊跃投资发展风电，伴随优惠政策激励风能制造基地建设，目前印度已经成为世界第 5 大风电生产国。而在美国，随着新能源政策的出台，风能产业每年将实现 25% 的超常发展，2010 年美国风电装机容量已超过 2×10^4 MW，年增长率仍在 10% 左右。

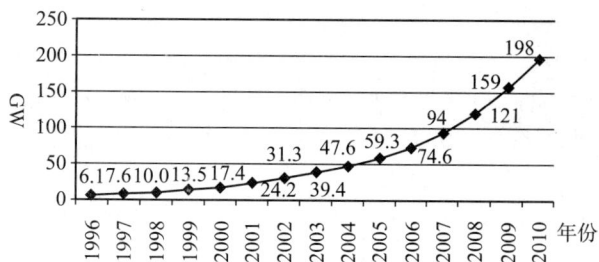

图 6－23　1996～2010 年全球的风能
利用水平（GW＝10⁹W）

（据：IEA. World Energy Outlook 2012，OECD/IEA，2012 -
11 - 12）

的 25%，到 2050 年实现占总用量 50% 的目标。在国内市场逐渐饱和的情况下，出口已成为德国风电设备公司的主要增长点。德国政府将通过价格补贴等手段支持该行业通过技术创新保持领头羊地位。IEA 更对全球未来直到 2035 年风电发展规模的前景作了乐观预测，见图 6－24。国际上提出未来可能利用高空风能，但需及早精心策划、权衡休戚，避免形成海市蜃楼、浮光掠影[198]。

一直以来在风能领域处于领先地位的欧洲国家增长速度将放慢，原预计 2015 年前保持每年 15% 的增长速度。英国、法国等国仍有较大潜力，增长速度将高于 15% 的平均水平。最早发展风能的国家如德国、丹麦等陆上风电场建设基本趋于饱和，下一步主要发展方向是海上风电场和设备更新。德国仍然是目前全球风电技术最先进的国家，其风电设备制造业已经取代汽车制造业和造船业。德国风电装机容量占全球的 28%，而德国风电设备生产总额则占全球市场的 37%。在近期德国制订的风电发展长远规划中指出，到 2025 年风电要实现占电力总用量

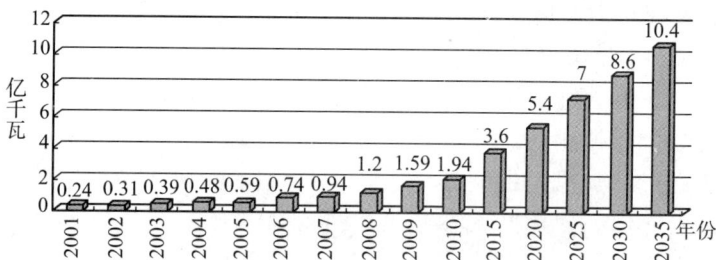

图 6－24　全球风电装机容量增长态势
并预测 2015～2035 年装机容量

（据：IEA. World Energy Outlook 2012，OECD/IEA，2012 - 11 - 12）

全球进展状况是：2011 年，全球风力发电设备新增装机容量 40564MW，较上年增加 21%，全球累计装机总量达到 238GW。其次，全球 75% 的国家均投入规模各有千秋的商业化风电项目，其中 22% 的国家装机容量超过 1GW。2012 年全球新增装机容量初步统计为 46GW。世界风能协会估计到 2016 年全球新增装机容量将达 59GW。到 2020 年全球在岗风电装机容量有望超过 493GW。

2. 我国风力发电　风驰电掣——

（1）资源条件：据《中国风能资源评估报告》测算，全国平均陆地 10m 近地层的风能总储量为 32.26 亿 kW，技术可开发风能资源约 2.53 亿 kW，可利用的近海（水深 15m 以内）风能资源为陆上 3 倍，即约 7.5 亿 kW，合计大于 10 亿 kW（技术可开发量低于此值），超过可利用水能资源 3.78 亿 kW。此外，50 米高空风能资源约有 20 亿～25 亿 kW，80 米高空风能资源增至 45 亿 kW 上下。全国风能资源详查和评价表明，陆上 70 米高空风能资源技术可开发量为 25.7 亿 kW。据国家气象局的估计：全国风力资源的总储量为每年 16 亿 kW，近期可开发的约为 1.6 亿 kW。

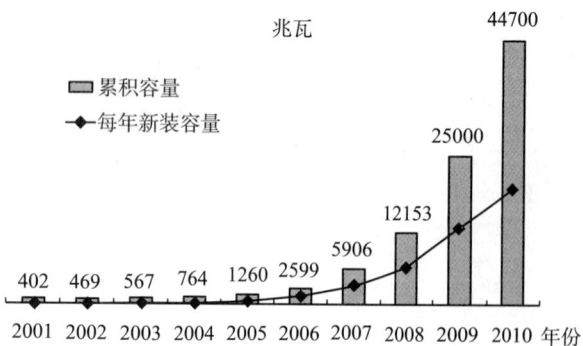

图 6－25　2001～2010 年中国风能装机容量的增长情况

（据：IEA. World Energy Outlook 2012，IEA/OECD，2012 - 11 相关图改绘）

（2）前期发展：1994 年起，中国开始探索设备国产化推动风电发展的道路，推出了"乘风计划"，实施了"双加工程"，制定了支持设备国产化的专项政策，风电场建设逐渐进入商业化。中国是世界上风电发展最快的国家，"十二五"时期，坚持集中开发与分散发展并举，优化风电开发布局；有序推进西北、华北、东北风能资源丰富地区风电建设，加快分散风能资源的开发利用；稳步发展海上风电；完善风电设

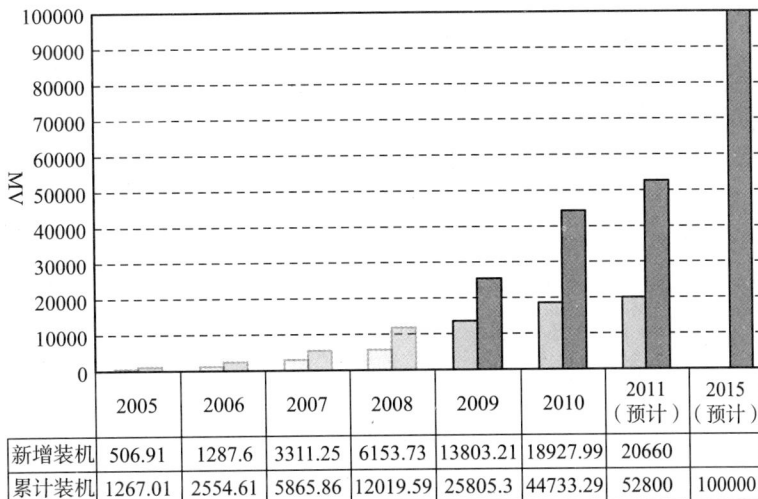

	2005	2006	2007	2008	2009	2010	2011（预计）	2015（预计）
新增装机	506.91	1287.6	3311.25	6153.73	13803.21	18927.99	20660	
累计装机	1267.01	2554.61	5865.86	12019.59	25805.3	44733.29	52800	100000

图6-26　全国风电装机容量

（据：中国经济时报，2012-01-16，9版的图改绘）

备标准和产业监测体系；鼓励风电设备企业加强关键技术研发，加快风电产业技术升级，2010年自主生产设备市场占有率已达70%以上；通过加强电网建设、改进电网调度水平、提高风电设备性能、加强风电预测预报等途径，提高电力系统消纳风电的能力。本世纪前10年中国风电装机容量逐年递增状况见图6-25；2005~2011年逐年新增风电装机容量和累计装机容量以及到2015年末的预测值见图6-26。从1995~2011年中、美、德、丹四国的风电装机容量连续增长态势见图6-27。图中标识非常明显的地方乃是从2009年开始，中国在国际风电马拉松赛跑

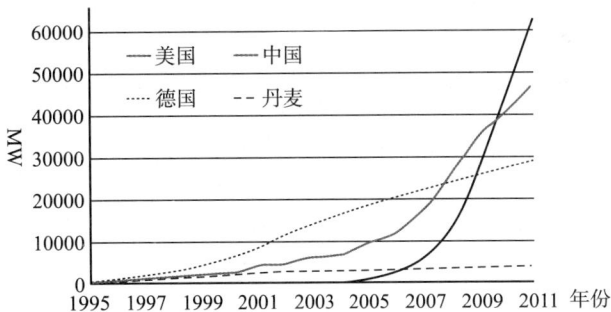

图6-27　1995~2011年几国风能装机
容量变化，中国一马当先

（据：WWEA. Earth Policy Institute 2012）

中曾几何时一鼓作气稳执冠军金牌。全球风能理事会（GWEC）认为，2010年，全球每3台风电机组中就有1台在中国[191]。

（3）发展增速趋稳：2005~2010年间，中国大陆新增安装风电机组数量翻倍增长，基本保持在50%

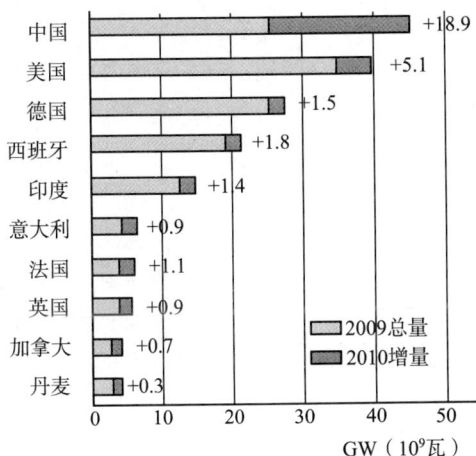

图6-28　2010年风能装机容量最大10国

之上，与之相伴，新装机容量也从2005年后大幅上升，增长率多保持在一半以上。在这个过程中，各个企业跑马圈地暴露出来一系列问题，包括风机质量事故、核心技术制约、上网瓶颈迟未解决、国际竞争力欠强和政策体系亟待完善等问题的存在[207,192]，国家能源局便在2011年8月出台规范性指标，并收回各地的风电审批权[194]。"十二五"期间，风电的发展步入平稳增长期[196]。2006年，《中华人民共和国可再生能源法》的实施，为风电发展迎来了政策利好。目前中国已研制出100多种不同型式、不同容量的风力发电机组，并初步形成了风力机产业。随后的5年，风电产业规模翻番，2004年风电装机容量仅76.4万kW，2005年增至120万kW；2008年达12GW；2009年新增风电装机容量13.7GW，比上年增长113%，累计达26GW；2010年，我国风电新增装机18.93GW，累计装机容量44.73GW，双双超过德、美跃居世界第一位[211,212]（图6-28和图6-29）；2011年，新增风电装机容量

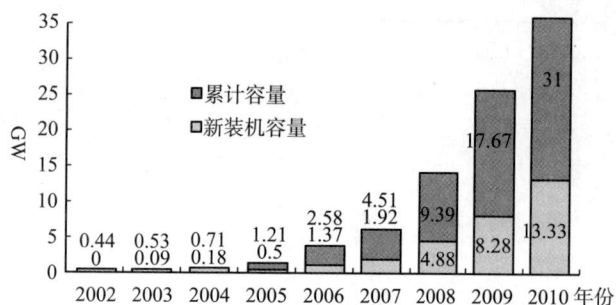

图 6 - 29　我国风能发电能力逐年猛增态势

（据：IEA & Energy Research Institute. Technology Roadmap—China Wind Energy Development Roadmap 2050, IEA/ERI, 2011 - 12, p. 12 F. 1）

17.63GW，累计装机容量增为 62.36GW。不过并网困难依然存在，且提高了技术要求[195]。因此，2011 年风电"弃风"超过 100 亿 kWh，弃风比例超过 12%，相当于损失 330 万吨标煤[208]。其实为某些大中企业建设独立的"非并网风电"是未来破解"弃风"的一大关键举措[184]。2012 年 9 月底，风电装机容量 55.21GW，比上年同期增长 37.2%。由于 2009 年美国金融和欧洲债务相继出了问题，2010 和 2011 两年风电增势放缓情况见列举 2006～2011 年全球风电市场增长状况的表 6 - 3。据国家能源局报告：2014 年前二季，全国风电新增并网容量 632 万 kW，累计并网容量 8277 万 kW，同比增长 23%；上网电量 767 亿 kWh，同比增长 8.8%；全国风电弃风电量 72 亿 kWh，同比下降 35.8 亿 kWh；风电平均利用小时数 979 小时，同比下降 113 小时。这些数据说明我国风电利用率过低，效益不高[200]。到 2015 年，中国风电装机容量将突破 100GW，其中海上风电装机或将达 5GW。2020 年风电装机将达 20000MW；仅风电桨叶就需要 6000～8000 个，总投入将超过 1000 亿元。

表 6 - 3　　　　　　　　　　　　　　　　　　2006～2011 年全球风电市场增长情况

年份	新增装机（MW）	增率（%）	累计装机（MW）	增率（%）
2006	15245		74052	
2007	19866	30	93820	27
2008	26560	34	120291	28
2009	38610	45	158864	32
2010	38828	1	197637	24
2011	40564	4	237669	20

（据：WWEA. Earth Policy Wind Repore 2011）

2011 年全球新增风电装机容量中各国所占百分比是：中国首届一指达 43.46%；其他有美国 16.79%；其余国家 11.99%（含印度 7.44%、德国 5.14%、英国 3.19%、加拿大 3.12%、西班牙 2.59%、意大利 2.34%、法国 2.05%、瑞典 1.88%）。

（4）稳打稳扎：我国中小型风电技术可以与国外媲美。在 20 世纪 70 年代中小型风电技术在风力资源较好的内蒙古、新疆一带就已经得到过初步发展，最初中小型风电技术被广泛应用在送电到乡的项目中为一家一户的农牧民家用供电，随着技术的更新不断地完善与发展，不仅能单独应用，还能与光电组合互补并广泛地应用于分布式独立供电。近些年来随着中国中小型风电技术设施出口稳步提升，在国际上，低风速启动、低风速发电、变桨矩、多重保护等一系列技术得到国际市场的瞩目和国际客户的认可，我国中小型风电技术和风/光互补技术已跃居国际领先地位[173,174]。

然而，尽管我国目前的整机制造能力排在世界先进行列，但与发达国家相比，目前我国国内大型风电技术普遍还不成熟，核心零部件如变流器、轴承、电控系统等仍然依赖进口，对风机的维护和维修方面也缺乏经验[175]。虽然国家政策的引导使国内的风电项目在各地纷纷上马，但多为配套类型，完全拥有自主知识产权的大型风电系统技术和核心技术少之又少。此外，大型风电技术中发电并网的技术还不完善，一系列问题还在制约大型风电技术的发展。由于风电装机过快增长及并网技术未解决[181]，造成风机闲置严重[180,182]，电网建设相对滞后，例如 2010 年新增风电装机中，仅有 14GW 并网，并网总容量约为 31.07GW，发电量只有 500 亿 kWh。一般来讲国外先进水平未并网容量不会超过 10%，而中国一般高达 30% 以上，影响了风电效率和效益水平的提高。风电场建设规划重视不够，也会给风电利用率提高造成掣肘原因[198]。从海外媒体搜集对我国风电发展的友好评价也当受到重视[197]。

2011 年中国并网风电装机容量比上年增长 60%。这一年中国有金风、华锐、国电联合动力和明阳风电四企业跻身全球销量排名前 10 名，占全球风电市场总额的 26.7%。全国风电企业经过 2012 年归并重组，核心竞争力已大大增强。如 2012 年风电并网装机 6300 万 kW[30]；2013 年上半年仍在不断调整中前进[185-187]。

3. 我国地方风电　风流倜傥——

（1）概貌：中国位于亚洲大陆东南、濒临太平洋西岸，季风强盛。风能资源丰富区主要在东南沿海距海岸线 50~100km 的内陆地区及其岛屿，包括海南岛西部、台湾南北两端，占大陆总面积的 8%；较丰富区主要在东北、华北和西北北部地区以及新疆阿拉山地区，占大陆总面积的 18%。加上黄河、长江中下游、青藏高原东部地区等，总共占全国陆地总面积的 50%。东南沿海、内蒙古、青海、黑龙江、甘肃等地区的风能储量均居我国前列，年平均风速大于 3m/s 的天数有 200 天以上。风电是国家可再生能源"十二五"规划重点之一，农业部将中小型风力发电技术列入农村能源十大应用技术之一；科技部于 2010 年 10 月 4 日发布《中国 2010 发展中的清洁能源科技》报告，将风力发电作为调整能源结构，应对气候变化的主要替代能源之一。风电在中国各地方已发展了 25 年。进入 80 年代中期后，先后从丹麦、比利时、瑞典、美国、德国引进一批中、大型风力发电机组。1986 年，山东荣成马兰湾建成较大风电场。紧步后尘，在新、内蒙、鲁、浙、闽、粤建立了 8 座示范性风电场。1992 年全国风电装机容量已达 8MW。新疆达坂城的风力发电场装机容量已达 3.3MW，是全国有名的巨型风电场之一。

到 2011 年底，中国 30 个省市区均无一例外地建立了风电场，装机容量累计超过 2GW 的省份有 9 个。领跑中国风电的内蒙古累计装机 17.59GW；其后的冀、陇、辽等均超过 5GW。风力发电甚至已成辽宁第二大能源[189]。

（2）江苏：是风能资源大省，发展潜力很大。江苏风电产业链齐全，形成了一定的集群优势，具备了一定规模和水平的风电机组制造和配套能力。整机制造约占国内市场 20%，高速齿轮箱占 65%、风机叶片占 58%、轮毂和支撑部件等占 50%。今后，江苏将重点围绕近海风电开发和利用，整合资源，在沿海和近海地区建立 1000 万 kW 的风电基地。

（3）山东：风能资源丰富，可开发的风能资源总储量达到 1.71 亿 kW，仅次于内蒙古和新疆，位列全国第三。山东省风电装备制造总量居全国第二，但产业布局分散，整体竞争力不强。2010 年，可再生能源发电量仅占全省总发电量的 3.95%。"十二五"期间，山东省将加快海岸陆地风资源集中连片开发。山东争取到 2015 年和 2020 年，风电装机分别达 300 万 kW 和 680 万 kW。

（4）广东：南澳是广东唯一一海岛县，从上世纪 80 年代就开始了对风力资源的开发和利用。目前，已有国内外的 6 家公司参与了南澳风电场的开发建设，共安装风力机 132 台，总装机容量为 5.4 万 kW，年发电 1.4 亿 kWh，在全国省区中仅次于内蒙古。

北京国华电力投资超过 2 亿元的珠海高栏风电项目，从 2011 年 7 月 25 日起，66 台 750kW 风力发电机组陆续并网发电。该项目全部达产后，每年将向电网提供电量 9000 多万 kWh。广东省第一个海上风电示范项目——粤电集团开发的湛江徐闻海上风电项目一期工程装机容量 4.95 万 kW，安装 33 台单机 1500kW 风电机组，为广东规模化开发海上风电奠定了坚实基础。2011 年 4 月，国家发改委批准中广核风力发电公司的中广核广东端芬风电场作为清洁发展机制项目。该项目的国外合作方为德意志银行（通过伦敦分行），预计年减排 CO_2e 量为 70042 吨。2011 年 3 月，广东河源市东源县与国电电力广东新能源开发公司为风力发电项目签约，总投资 20 亿元，发电规模 20 万 kW。

（5）甘肃：河西走廊短短几年，3000 余座白色风机拔地矗立，2009 年我国第一座 1000 万 kW 级风电示范基地——甘肃酒泉风电基地开工建设，2010 年酒泉工业园区总产值 234 亿元，同比增长 320%。2011 年甘肃总装机容量已达 550 万 kW，占全省电力装机的 17%。2015 年，甘肃风电装机将达到 1271 万 kW，2020 年达到 2000 万 kW 以上。

（6）我国风电领军师：内蒙古自治区风电的发展成绩更辉煌。到 2011 年 6 月底，全区累计并网风电装机 1278 万 kW，增长 17.6%，风电发电量 157 亿 kWh，占全区总发电量的 10.7%。其中蒙西电网风电装机约760万kW，风电发电量超过全区发电量的12%，已经达到丹麦、西班牙等世界风电发展先进国家的水平，成为真正的"陆上风电三峡"[205]。据知目前已大大超过这些国家的风力发电规模。内蒙古雄心勃勃的目标是到2015年，风电发电量占全部发电量比重直抵15%~20%。

4. 我国近期发展——

（1）近况：据国家能源局发布的"十二五"前三批风电拟核准项目统计，到2013年3月，我国风电拟核准容量和在建容量合计已达到1.4亿kW，考虑拟核准项目与未来实际风电项目建设可能出现的差异，预计到"十二五"末，风电累计装机容量可能达到1.1亿~1.4亿kW，超出"十二五"风电规划1亿kW目标。2012年全年，我国风电发电量超过900亿kWh[209]，并网装机容量已达到6266万kW，这意味着到2015年，我国新增风电装机有可能再翻一倍。风电装机破亿后，并网和消纳难题需要抓紧解决。北极星风力发电网上转播的专家意见切中时需："合理的风电规模，应该结合当地的电源结构、电网结构、用电结构，综合考虑电力系统消纳风电的能力以及电力外送传输能力的现状和未来发展来确定"。"风电消纳难的直接原因是风电与其他电源以及与电网之间的规划衔接、建设布局和协调发展问题。解决方案当是一个系统工程，应采用组合拳，使电力系统为风电提供不断增长的接纳空间。"

（2）前景诱人：根据"十二五"国家风电发展规划，我国将在2015~2020年间建设东北、西北和华北北部与沿海地区的八大千万kW级风电基地。到2015年，累计并网风电装机将超过90GW，年发电量达到1800亿kWh；到2020年，装机容量和年发电量的目标分别是150GW以上和3000亿kWh，风电装机容量将实现每年30%的高速增长[176]。

据《中国风电发展报告2012》预测：2020年中国风电累计装机将达200~300GW；到2030年累计装机容量可能超过400GW，届时风电将占全国总发电量的8.4%，在能源结构中的地位约升至15%[188]。

据国家规划，我国今后风电的发展方向主要包括以下四个方面：①大型高效率风力发电的制造技术；②建设大型风力发电场：全国建设7个1000万kW以上的大型风力发电场，投资每kW约7000元，发电成本每kWh 0.6元以下；③发展多种用途的小型风力电机；④大力发展海上风力发电场。

然而需要警惕的是：我国风能发电量近年增速已持续下滑[191]。虽然反映任何产业的发展总有早期指数型规律上升而渐趋饱和的客观规律，但也无可奈何地体现了因并网难和产能过剩导致"弃风""限电"所然。据中国风能协会统计，2011年我国因而损失风电100亿kWh；2012年损失200亿kWh[191]。更何况风电遭遇为火电让路、电网建设滞后和政策性补贴不及时等阻力而使风电运转失灵[191]。相信在《风电发展"十二五"规划》指引下能在短期内获得柳暗花明又一村的突破[176]。上文引国务院发布《行动计划》里要求"大力发展风电。重点规划建设酒泉、内蒙古西部、内蒙古东部、冀北、吉林、黑龙江、山东、哈密、江苏等9个大型现代风电基地以及配套送出工程。以南方和中东部地区为重点，大力发展分散式风电，稳步发展海上风电。到2020年，风电装机达到2亿kW，风电与煤电上网电价相当"。

6 - 7 - 3 海上风电 乘风破浪

1. 国外发展现状——由于海上风时长、风区广、风力大，所以，一台同样功率的海洋风电机在一年内的产电量，能比陆地风电机提高70%。海上风电因风能资源丰富、风速稳定、环境影响小而颇受技术工程界青睐，但对风机质量和可靠性要求高，特别须承受强风袭击、海水腐蚀、波浪冲击，导致基础结构复杂、技术难度大、前期选址、设计支出和建设成本以及后期安全维护和管理费用远高于陆地风电。据统计，海上风电场总投资中，基础结构占15%~25%，而陆上风电仅占5%~10%。可见欲降低建设成本当首先降减基础设施成本。目前风力发电的成本仅为煤电的2倍、每kWh为0.45~0.6元。2011年底，全球海上风电全年共完成吊装容量242.5MW。据全球风能理事会（GWEC）预测，到2020年海上风机造价将降低40%以上，从而发电成本也将随之降减[16]。2012年，全球海上装机容量已超过5GW。欧盟风能协会预测，到2020年全球风电装机容量将达180GW，其中海上风电约达80GW。英国塔奈特建有目前全球最大海上风电场，含100多座巨型涡轮机，发电量可达3MW。

到2010年底，海上风电还主要集中在欧洲发展，装有308台海上风力涡轮机，容量比2009年增加了

51%。其中价值 26 亿英镑的 5 个风电场装机总量为 883MW，发电量可达 296.4 万 kWh，可为欧洲 290 万家庭提供电力。英国目前海上装机容量达 1341MW，其下依次为丹麦（854MW）、荷兰（249MW）、比利时（195MW）、瑞典（164MW）、德国（92MW）、爱尔兰（25MW）、芬兰（26MW）和挪威（2.3MW）。

2011 年全球海上风电新增装机容量接近 1GW，其中 90% 以上为欧洲新增，尤其集中在北海、波罗的海和英吉利海峡；下余不足 10% 主要是亚洲建设项目，多数在我国。这一年欧洲海上风电累计装机容量 3.8GW，新增装机容量的 87% 在英国。德国在其弃核政策影响下表现出强烈的发展海上风电的决心，许多欧洲国家的政府表态也要积极发展海上风电，包括丹麦、葡萄牙、罗马尼亚、波兰和土耳其等。

2011 年起，世界风电巨头转向大型风机、特别是海上大型风机的研发制造，但业内专家估计要到 2015 年才能进入批量生产阶段。

2. 我国正在夙夜匪懈　悉力以赴发展海上风电——据中国气象科学研究院测算，我国海上可开发风能储量 7.5 亿 kW。海上风能资源占世界的 3/4。在我国陆上风机开发竞争升级的情况下，进军海上风电市场成为主要整机企业的共同选择。中国是继欧洲之后最先拥有海上风电的国家。2009 年，亚洲首座海上风力发电场——上海东海大桥（洋山港）10 万 kW 海上风电示范项目风电场 3 台机组并网发电，2010 年 1 月，全部 34 台 3MW 华锐风电机组顺利完成海上风电场项目 240h 预验收考核，成为我国海上风能开发的典型先驱代表，是我国第一个大型海上风力发电场，总装机容量 102MW，总投资 23.65 亿元。海面以上 90m 高度的年平均风速每秒 8.4m，相当于 3 级海风，设计年发电利用小时数为 2624h，年上网电量 2.67 亿 kWh[193]。

第二大风电整机企业金风科技已于 2007 年在渤海湾中海油的钻井平台试水了海上风机的所有工序。截至 2009 年 6 月，该海上风机已累计发电 500 万 kWh。2009 年 11 月 18 日金风科技投资 30 亿元在江苏大丰经济开发区建设海上风电产业基地项目，并计划将其建设成为国内最大、世界领先的海上风电装备制造基地。华仪电气宣布再融资 11.46 亿元，其中超过 4.6 亿元将投向 3MW 风力发电机组高技术产业化项目，用于备战海上风电；上海电气 2009 年 5 月宣布规模达 50 亿元的再融资计划，其中包括研发 3.6MW 海上风机；湘电风能有限公司通过竞拍，以 1000 万欧元收购荷兰达尔文公司，且并入该公司研究的 DD115 - 5MW 海上风机专利，为进军海上风电奠定了基础；东方电气正研制 3.6MW 海上机型；中船重工（重庆）海装风电充分依托集团公司在海洋工程领域的基础研究和试验基地等优势，整合风电整机和配套设备的研发实力，形成全产业链。现已组织实施了 2MW 近海潮间带批量装机工程，正致力于研发近海 5MW 风电机组，科技部特授牌成立“海上风力发电工程技术研发中心”[206,213]。

2008 年我国已完成并发布了《近海风电场工程规划报告编制办法》和《近海风电场工程预可行性研究报告编制办法》，2009 年完成并发布了《海上风电场工程可研报告编制办法》和《海上风电场工程施工组织设计编制规定》，印发了《海上风电场工程规划工作大纲》。2010 年 1 月，国家能源局在《2010 年能源工作总体要求和任务》中称“2010 年，要继续推进大型风电基地建设，特别是海上风电要开展起来”。同时，国家能源局、国家海洋局联合下发《海上风电开发建设管理暂行办法》，规范海上风电建设。2010 年 3 月，国家工信部发布《风电设备制造行业准入标准》（征求意见稿），其中明确表示，“优先发展海上风电机组产业化”。江苏、浙江两省将成为我国海上风电的重点省份，两省近海风能资源到 2020 年规划开发容量分别为 700 万 kW 和 270 万 kW。此外，全国各地酝酿及在建的海上风电场还包括广东湛江和南澳、福建宁德、浙江岱山、慈溪和临海、山东长岛等。各地海上风电规划全部完成后，国家能源局将汇总形成全国性海上风电规划。

广东和山东、江苏是全国海上风力资源最丰富的省份。广东开发海上风电具有得天独厚的优势，广东省海岸线长达 2268.1km，为全国第一，沿海及岛屿风速大，面积广，风能蕴藏量大，风力资源潜力巨大，其风能储量可与风电大国德国媲美。其风力发电装备是广东省装备制造业升级的重点领域。例如广东中山市正打造包括风力发电等新能源产业的临海装备制造业基地，位于中山的明阳电气是国内著名的风力发电机生产商。按电力部门、气象部门联手初步编制的广东海上风电场工程规划，广东省海上风电装机可达 1200 万 kW，从粤东的南澳、汕尾、揭阳，到粤西的湛江、茂名、阳江，再到珠海等，沿着海岸线布局，将为风电装备制造业带来很大发展机遇。

据《可再生能源发展"十二五"规划》，到2015年中国将建成海上风电站5GW，2015年后进入规模化发展阶段，技术达到国际先进水平；2020年力争海上风电设施达到30GW。但直到2014年初，海上风电装机仅39万kW，国家能源局表示完成规划目标可能有难度[212]。年中发改委下发的通知，虽通知主要规定海上风电上网电价，实际有专家仍在呼吁重视建设海上风电场的投资效益和风险因素[204,212]。2012年年中有专家甚至认为目前大力发展海上风电的时机尚未成熟[183]。毋庸讳言，重视海上风电的经济机制优化、严控任何时候可能出现的建设与维护风险、加速深入研究和深虑浅揭建设和管理中的科技精髓应当是实现海上风电规划的前提。

参 考 文 献

[1] 王彩娜. 新能源产业迎来发展黄金期. 中国经济时报, 2013－01－10, 1~2版.

[2] 中新社等. 四种新能源应对气候变化优劣势. 中国经济时报, 2011－12－15, 9版.

[3] 史立山. 新能源产业要转变发展方式. 中国经济时报, 2012－12－03, 9版.

[4] 史丹等. "十二五"新能源开发七大重点. 中国社会科学报, 2011－05－17, 7版.

[5] 江平. 中国新能源步入快速发展通道. 中国经济时报, 2011－09－08, 8版.

[6] 巩子诚. 新能源的发展与政策建议. 中国经济时报, 2011－09－22, 11版.

[7] 朱敏. 新能源宜分散开发就近利用. 中国经济时报, 2012－06－07, 7版.

[8] 朱敏. 我国新能源发展过快的后遗症不容忽视. 中国经济时报, 2012－07－30, 5版.

[9] 朱敏. 客观认识新能源"并网难"问题. 中国经济时报, 2012－08－15, 8版.

[10] 朱敏. 扩大新能源国内市场已成为当务之急. 中国经济时报, 2012－09－05, 5版；附－胡菊芹. 加快启动新能源内需. 科技日报, 2009－11－20, 1版.

[11] 杨丹辉. 新能源产业——竞争态势与中国对策. 中国社会科学报, 2013－01－21, A06版.

[12] 李晓红. 新能源发展的三大"虚热"症. 中国经济时报, 2010－10－07, 10版.

[13] 杜悦英. 求解新能源产业之惑. 中国经济时报, 2010－05－13, 10版.

[14] 何闻. 发展新能源亟待加快技术成果转化. 科技日报, 2010－12－13, 11版.

[15] 陈磊. 实现新能源并网重大技术突破　我建成世界首座风光储输"四位一体"示范电站. 科技日报, 2012－01－17, 1－3版.

[16] 郑焕斌. 可持续性能源所面临的挑战和机遇. 科技日报, (上) 2012－12－09；(下) 2012－12－23, 均2版.

[17] 研究组. 全球新能源发展报告2014. 汉能控股集团与全联新能源商会, 2014－06－07, 另见中国财经网 www.fecn.net。附－瞿剑：《全球新能源发展报告2014》发布　中国成全球最大光伏市场. 科技日报, 2014－06－08, 1版.

[18] 郭锦辉. 新能源－发展潮与结构调整并行　根据"十二五"规划纲要草案, 2015年非化石能源占一次能源消费比重达到11.4%. 中国经济时报, 2011－03－07, 6版.

[19] 钱炜. 发展新能源, 出路在何方. 科技日报, 2009－03－11, 9版.

[20] 董小君. 加快构建"四张新网"促进我国新能源产业健康发展. 中国社会科学报, 2012－09－19, B03版.

[21] 编辑部. 中国新兴能源产业最新数据公布. 科技日报, 2011－01－31, 11版.

[22] 操秀英. 未来智能新能源亮相世博会. 科技日报, 2010－05－09, 1版.

[23] 鞠海彦 (编译). 2009年十大新能源概念. 世界科学, 2010 (3), 31－32.

[24] 瞿剑. 中国非化石能源增速超50%. 科技日报, 2014－07－09, 3版；如何理解"新能源并网难"？ 2012－10－31, 1－3版.

[25] 王勇. 中欧成功解决光伏贸易争端是双赢之举. 中国经济时报, 2013－08－12, 4版；附－郭锦辉. 中欧光伏贸易纠纷"拨云见日", 2013－07－29, 1版.

[26] 毛黎. 国际能源机构市场报告预计　可再生能源发电量近年将大幅增长. 科技日报, 2012－07－13, 2版；附－永生. 去年全球电力22%来自可再生能源. 新浪财经, 2014－06－24.

[27] 田学科. 非常规能源登场　可再生能源谋变. 科技日报, 2012－02－22, 2版.

[28] 付常银, 孟宪淦: 可再生能源发展需要顶层设计. 中国经济时报, 2012－08－27, 9版.

[29] 安江. 国际可再生能源机构将推出"能源路线图". 科技日报, 2013－01－08；附－安江等. 世界首部可再生能源资源分布图册问世, 2013－01－15, 均2版.

[30] 刘莉. 我国已基本形成可再生能源完整产业链. 科技日报, 2013－08－27, 1版.

[31] 吕吉尔 (编译). 发展可再生能源是必然趋势. 世界科学, 2011 (7), 21－22.

[32] 张平. 可再生能源产业应建立国内外兼顾市场环境. 中国经济时报, 2012－11－26, 9版.

[33] 张一鸣, 郭锦辉. 可再生能源发展加速　上网难题待解. 中国经济时报, 2012－08－13, 10版.

［34］郑焕斌. 2013 – 可再生能源产业仍将阔步前行. 科技日报, 2013 – 01 – 12, 2 版; 附 – 王轶辰. 国际能源署发布《世界能源展望2013》可再生能源将迎来大发展. 经济日报, 2013 – 11 – 28.

［35］国家发改委. 可再生能源发展"十二五"规划, 2012 – 07 – 06; 附 – 海洋局. 海洋可再生能源发展纲要 (2013 – 2016 年), 国海科字〔2013〕781 号, 2013 – 12 – 27; 罗晖. 国家进一步完善可再生能源和环保电价政策. 科技日报, 2013 – 08 – 31, 3 版.

［36］胡亮. 发展可再生能源需加强政策激励. 中国经济时报, 2013 – 01 – 17, 2 版.

［37］胡德良 (编译). 可再生能源都是可持续的吗? 世界科学, 2009 (7), 21; 世界上十个最大的可再生能源项目, 2009 (9), 11 – 13; 附 – 王小龙. 新材料或将取代太阳能电池中的铂. 科技日报, 2013 – 08 – 22, 1 版.

［38］郭锦辉. 可再生能源迅猛发展势头有望持续到2030 年. 中国经济时报, 2013 – 05 – 16, 12 版.

［39］钱炜. 新能源与可再生能源孕育新的产业革命　价格杠杆胜于奖惩制度. 科技日报, 2009 – 10 – 16, 1 版.

［40］黄其励. 可再生能源的战略地位及发展的机遇和挑战. 科技日报, 2010 – 11 – 19, 3 版.

［41］瞿剑. 发展可再生能源不能小打小闹. 科技日报, 2012 – 09 – 02, 1 版.

［42］戴建军. 瑞典绿色电力证书制度促进可再生能源发展的实践及启示. 中国经济时报, 2013 – 05 – 29, 5 版.

［43］王乃粒 (编译). 日趋看好的家庭太阳能发电系统. 世界科学, 2007 (2), 39 – 40.

［44］王彩娜. 顶层设计亟须完善. 中国经济时报, 2012 – 12 – 17, 10 版.

［45］毛晶慧. 中国国际太阳能十项全能竞赛启动. 中国经济时报, 2012 – 07 – 30, 11 版.

［46］毛晶慧. 太阳能驶入低碳经济新拐点. 中国经济时报, 2010 – 01 – 14, 11 版.

［47］付常银. 2013 年中国光伏产业应该采取的措施. 中国经济时报, 2012 – 12 – 31, 10 版; 中核二三新能源进军光伏　资源整合趋势渐显, 2013 – 01 – 14, 9 版.

［48］刘垠. 聚焦中国材料科技发展 (二) 多晶硅反击战: 从受制于人到后发制人. 科技日报, 2014 – 07 – 23, 1 – 3 版.

［49］刘霞. 太阳能产业的下一个技术突破是什么? 科技日报, 2013 – 06 – 25; 太阳能技术将成为低碳社会的一个标签, 2009 – 08 – 09, 均2 版.

［50］华凌. 中国光伏产业如何凸显国际竞争力. 科技日报, 2012 – 05 – 08, 5 版.

［51］宋莉. 中国国际太阳能十项全能竞赛启动. 科技日报, 2011 – 05 – 05, 11 版.

［52］杨语. 太阳能产业成绿色复苏主力. 科技日报, 2010 – 05 – 05, 11 版.

［53］李忠东. 太阳能岛"水上漂"追踪太阳有妙招. 科技日报, 2013 – 02 – 27, 7 版.

［54］李德、范建. 双能4D 变频太阳能系统引领低碳新生活. 科技日报, 2011 – 09 – 08, 12 版.

［55］严大洲、宗绍兴. 我国多晶硅产业定位的思考. 科技日报, 2013 – 06 – 21, 7 版.

［56］胡亮. 全球领先技术抢占中国光伏政策"高地". 中国经济时报, 2014 – 08 – 15, 2 版; 附 – 张娟. 光伏产业核心装备制造的发展趋势, 2011 – 05 – 12, 10 版; 自主技术创新是光伏行业快速发展的引擎, 2011 – 06 – 23, 8 版.

［57］国家科技部. 太阳能发电科技发展"十二五"专项规划. 科技部网站, 2012 – 03 – 27.

［58］国务院. 关于促进光伏产业健康发展的若干意见, 国发 (2013) 24 号, 2013 – 07 – 04; 附 – 佚名: 光伏"国八条"漏洞逐渐显现——"就地消纳"禁锢. 北极星太阳能光伏网, 2014 – 04 – 28.

［59］周雪松. 晶硅还是薄膜? 太阳能产业路线之争. 中国经济时报, 2012 – 12 – 06, 11 版.

［60］胡唯元. 光伏新政　重燃产业投资热情. 科技日报, 2014 – 10 – 09, 6 版; 附 – 郭锦辉: 推广太阳能利用系统亟须政策支持. 中国经济时报, 2010 – 07 – 01, 9 版.

［61］郭启朝、王春. 物理加热法"蒸"出低价太阳能级多晶硅——新工艺低耗能无污染. 科技日报, 2010 – 06 – 22, 1 版.

［62］袁方. 节能降耗向微观领域推进. 中国经济时报, 2012 – 03 – 29, 11 版.

［63］晏国政等. 绿色能源博弈之中国选择. 经济参考报, 2012 – 09 – 24, 2 版.

［64］陶韡烁、王春. 光伏并网发电关键技术研究获重要突破. 科技日报, 2012 – 01 – 30, 5 版.

［65］管晶晶. 太阳能技术应用更广泛吗? 科技日报, 2010 – 09 – 27, 4 版.

［66］房琳琳. 澳大利亚将太阳能转化率提高到40%. 科技日报, 2014 – 12 – 09, 1 版; 附 – 曾锡瑞、刘丽君 (编译). 太阳下的光化学. 世界科学, 1998 (4), 38 – 40.

［67］编辑部. 中国光伏电站发展报告 (图表). 北极星太阳能光伏网, 2014 – 04 – 25.

［68］Philip Ball (徐俊培译). 太阳能捕集器. 世界科学, 1999 (12), 35 – 36 – 29.

［69］William Hoagland (朱鋐雄译). 太阳能技术的利用和开发. 世界科学, 1996 (6), 32 – 34.

［70］马爱平. 太阳能空调能否替代电空调? 科技日报, 2011 – 02 – 09, 4 版.

［71］龙昊. 选择上市引领太阳能热利用产业转型. 中国经济时报, 2012 – 12 – 19, 7 版.

［72］付常银. 太阳能热发电新模式开启. 中国经济时报, 2011 – 10 – 20, 9 版.

［73］向杰. 清华阳光再推光热技术升级. 科技日报, 2011 – 05 – 09, 11 版.

［74］华凌. 太阳能"超临界"蒸汽发电获得成功. 科技日报, 2014 – 06 – 10, 2 版.

［75］李禾. 屋顶式太阳能中高温蒸汽系统试机成功　可替代纺织印染食品加工等行业的燃煤燃油锅炉. 科技日报, 2011 – 05 – 09, 1 版.

[76] 佚名. 太阳能热发电技术的现状及发展趋势. 北极星太阳能光伏网 guangfu. bjx. com cn，2013－07－15；光热发电－新能源的"新焦点"，2013－07－15.

[77] 佚名. 欧盟太阳能热发电战略研究议程2025. 国家能源局摘编自先进能源科技动态监测快报，2013－05－23.

[78] 范建. 我国太阳能热利用呈持续发展态势. 科技日报，2012－12－20；让太阳能集热器与建筑美学融为一体，2014－11－06，均12版.

[79] 赵卫民. 光伏企业发展缓慢　光热太阳能潜力巨大　我国太阳能产业冰火两重天. 中国经济时报，2012－08－20，11版；附－范思立. 光热发电有望成为国内主导能源，2011－05－27，1版.

[80] 郭锦辉. 光热发电升温　三大瓶颈待解. 中国经济时报，2011－06－02，9版.

[81] 曹广欣. 新型太阳能热水器　比传统供热节能70%. 科技日报，2011－01－17，11版.

[82] 马会. 光伏设备补贴50%　逆变器有望最先受益. 中国经济时报，2010－12－07，8版.

[83] 马云泽. 突破新能源产业发展瓶颈. 中国社会科学报，2013－01－14，A06版.

[84] 马爱平. 中国光伏行业如何过"冬". 科技日报，2012－01－31，5版.

[85] 王海滨. 如何由产能大国成为光伏工业强国. 科技日报，2011－03－24，3版.

[86] 毛黎. 2012年光伏市场，好戏看亚洲. 科技日报，2012－01－30，2版.

[87] 付常银. 四大瓶颈制约高聚光太阳能产业发展. 中国经济时报，2011－09－01，9版.

[88] 付常银. 污染易发引发担忧　多晶硅行业亟待创新. 中国经济时报，2011－11－03，9版.

[89] 付常银. 王毅工：中国发展分布式能源势在必行. 中国经济时报，2012－09－03，10版.

[90] 付常银. 停产潮席卷光伏产业. 中国经济时报，2012－11－26，9版.

[91] 付常银. 光伏电站投资热潮兴起. 中国经济时报，2013－01－28，9版.

[92] 付常银. 中国光伏产业是否回暖仍需观望. 中国经济时报，2013－02－25；附－付常银、王彩娜. 风电和太阳能发电上网阻力仍存，2012－04－16，均9版.

[93] 华凌. 太阳能电站何时走入生活？科技日报，2013－02－26，4版.

[94] 李晓红. 光伏企业需挖掘国内市场求发展. 中国经济时报，2012－02－16，11版.

[95] 李晓红. 海外市场萎缩　国内光伏企业多途径求生存. 中国经济时报，2012－03－08，11版.

[96] 李乾韬. 光伏业窘境——绿色产品出口，碳排放留国内. 南方都市报，2011－09－21，4版.

[97] 吴力波. 要加速推进分布式能源产业发展. 科技日报，2013－01－13，2版.

[98] 吴力波. 分布式能源发展态势与新产业变革契机. 科技日报，2013－01－14，1－3版.

[99] 何闻. 国内光伏应用开启加速模式. 科技日报，2011－05－09，11版.

[100] 何晓亮. 多晶硅——告别伪"过剩"时代. 科技日报，2010－11－29，9版.

[101] 陈瑜. 新法让绿色能源产业走得更稳. 科技日报，2009－12－31，6版.

[102] 张娟. 企业忙扩产——光伏行业"洗牌年"或来临；多晶硅长期价格或将回落. 中国经济时报，2011－03－03，9版.

[103] 张娟. 价格下滑渐成趋势　光伏业或因祸得福. 中国经济时报，2011－04－28，9版.

[104] 张娟. 业内人士呼吁：用光伏消费开发国内市场　期盼国家战略推动. 中国经济时报，2011－05－12，10版；附－王松才. 光伏产业迎来利好　行业或持续回暖，2014－11－27，11版.

[105] 张娟. 破解光伏发展瓶颈需调整利益结构. 中国经济时报，2011－05－26，9版.

[106] 张一鸣. 《BP世界能源统计年鉴》显示　中国消费世界七成新增能源. 中国经济时报，2012－07－02，10版.

[107] 张一鸣. 政策暖风难暖分布式光伏发电；九成多晶硅企业停产. 中国经济时报，2012－12－17，9－10版；附－张一鸣. 时璟丽－光伏企业应拓展国内市场，2012－10－15，9版.

[108] 张文晖. 补贴利好当前　技术优势是未来竞争关键. 中国经济时报，2013－09－02，2版.

[109] 张曙光. 光伏企业摆脱困境需理清四个问题. 中国经济时报，2012－11－26，9版.

[110] 郑焕斌. 降软成本　促硬增长－美太阳能光伏发电系统安装成本大幅下降. 科技日报，2012－12－18，2版.

[111] 范建. "大光热"为太阳能产业融合提速. 科技日报，2013－08－15，12版.

[112] 范思立. 政策红利加码光伏发电　激励政策是推广关键. 中国经济时报，2012－10－25，2版.

[113] 国家能源局. 太阳能发电发展"十二五"规划. 国能新能〔2012〕194号，2012－07－07.

[114] 周子勋. 对能源战略调整做好准备. 中国经济时报，2013－01－12，1－2版.

[115] 周雪松. 光企决策失误该不该政府埋单. 中国经济时报，2012－10－11，9版.

[116] 柯闻. 发改委预计－多晶硅将实现自给. 科技日报，2011－03－21，11版.

[117] 赵福军. 如何化解我国太阳能光伏产业产能过剩. 中国经济时报，2013－09－04，6版；附－胡亮. "浮躁"的光伏产业背后，(上) 2009－09－09，1版；(中) 2009－09－10，1－3版；(下) 2009－09－11，1－2版.

[118] 唐梦梦. 分布式发电破解光伏应用困局. 中国经济时报，2012－08－06，10版；附－郭锦辉. "分布式"能否救中国光伏，2013－01－25，9版.

[119] 课题组. 太阳能社区的用电负荷动态分析研究. 北京市建筑设计研究院, 2011 – 12.

[120] 郭锦辉. 光伏产业疯狂扩产背后暗藏隐忧. 中国经济时报, 2010 – 11 – 11; 光伏扩产 – 爆发性增长还是爆发性危机? 2010 – 12 – 02; 中国光伏市场正迈向自给式发电时代, 2012 – 08 – 13, 均 10 版.

[121] 徐冰. 新政出炉, 光伏产业能否拨云见日. 科技日报, 2013 – 09 – 04, 6 版.

[122] 谢雅楠. 抑制产能过剩　光伏业或提高准入门槛. 中国经济时报, 2013 – 04 – 18; 光伏企业应借力政策角逐市场, 2013 – 09 – 02, 均 2 版.

[123] 夏金彪. 光伏业 "大跃进" 需反思地方投资冲动. 中国经济时报, 2012 – 08 – 02, 12 版.

[124] 编辑部. 中国光伏企业面临两年整合期. 中国经济时报, 2012 – 10 – 15, 9 – 10 版.

[125] 新华社叶超等. 从尚德破产案看中国光伏产业走势. 科技日报, 2013 – 03 – 22, 1 – 3 版.

[126] 瞿剑. 我国太阳能发电成本三年降一半. 科技日报, 2011 – 06 – 15, 3 版.

[127] 瞿剑. 分布式新能源大规模并网 "破冰". 科技日报, 2013 – 02 – 28, 3 版.

[128] 王小龙. 以半导体和富勒烯为原料　美研发出新型透明太阳能电池薄膜. 科技日报, 2010 – 11 – 08, 2 版.

[129] 王小龙. M13 病毒可将太阳能电池效率提高三成　病毒确保了纳米管之间不发生黏连. 科技日报, 2011 – 04 – 27, 2 版.

[130] 王小龙. 英开发出低成本塑料太阳能电池. 科技日报, 2011 – 07 – 06, 1 版.

[131] 王春. 我国生产高端薄膜太阳能电池有了 "利器" 性能可与国际一流设备媲美　售价仅为进口设备的一半. 科技日报, 2011 – 01 – 09, 1 版.

[132] 王鹏、王春. 穿在身上的衣服能当 "充电器" 我科学家将碳纳米纤维制成太阳能电池. 科技日报, 2012 – 12 – 16, 1 版.

[133] 毛黎. 美创造石墨烯太阳能电池能量转化率纪录. 科技日报, 2012 – 05 – 26, 1 版.

[134] 毛黎、华凌. 串联起来利用更多太阳能——美 "双层巴士" 太阳能电池再创能量转换记录. 科技日报, 2012 – 02 – 18, 2 版.

[135] 毛黎、张巍巍. 金纳米层可改善太阳能电池转换效率. 科技日报, 2011 – 08 – 18, 1 版.

[136] 冯卫东. 美科学家研发出高透明太阳能电池. 科技日报, 2012 – 07 – 24, 2 版.

[137] 冯卫东. 新技术可显著提高太阳能电池效率. 科技日报, 2013 – 03 – 20, 2 版.

[138] 田学科. 突破有机太阳能电池技术瓶颈. 科技日报, 2012 – 08 – 16, 2 版.

[139] 刘霞. 新型太阳能电池光电转换效率刷新纪录. 科技日报, 2010 – 06 – 18, 1 版.

[140] 刘霞. 美研制能自我修复的太阳能电池. 科技日报, 2011 – 01 – 06, 1 版.

[141] 刘霞. 加研制出全光谱太阳能电池——理论转化效率可达 42%. 科技日报, 2011 – 06 – 28, 1 版.

[142] 刘霞. 喷墨打印技术造出廉价太阳能电池　或引发新一代太阳能技术. 科技日报, 2011 – 06 – 30, 2 版.

[143] 刘霞. 美研制出打印太阳能电池的新 "墨水" 可在纸或其他柔软织物表面打印光伏电池. 科技日报, 2011 – 07 – 16, 2 版.

[144] 刘霞. 新型热光伏电池转换效率大幅提高. 科技日报, 2011 – 08 – 02, 1 版.

[145] 刘霞. 新染料能大幅提高太阳能电池的能效. 科技日报, 2011 – 12 – 17; 固态染料敏化电池转化率达到 15%, 2013 – 08 – 02, 均 2 版.

[146] 刘霞. 美研制出增强薄膜太阳能电池吸光技术　薄层厚度等于或小于可见光波长时的吸光能力不再取决于厚度. 科技日报, 2012 – 01 – 16, 2 版.

[147] 刘霞. 纳米薄膜太阳能电池转化效率达 8.1%. 科技日报, 2012 – 02 – 16, 1 版.

[148] 刘霞. 塑料太阳能电池转化效率再创新高　含能吸收可见光和红外线的两层光伏塑料. 科技日报, 2012 – 02 – 25; 改变聚合物结构可提高太阳能电池效率, 2013 – 08 – 20, 均 2 版.

[149] 刘霞. 比蜘蛛丝还细的太阳能电池 "问世". 科技日报, 2012 – 04 – 12, 2 版.

[150] 刘霞. 可印刷的微型液体太阳能电池问世. 科技日报, 2012 – 04 – 27, 1 版.

[151] 刘霞. 新系统将太阳能发电与集热整合一体　薄膜硅太阳能电池效率有望提高 10%. 科技日报, 2012 – 07 – 28, 2 版.

[152] 刘霞. 五大创新型能源技术突破. 科技日报, 2013 – 08 – 13, 8 版; 控制电子自旋可提高有机太阳能电池的效率, 2013 – 08 – 19, 2 版.

[153] 华凌. 新型铁——空气电池可储存再生能源. 科技日报, 2012 – 08 – 09, 2 版.

[154] 李大庆. 我第二代薄膜太阳能电池核心技术达国际先进水平. 科技日报, 2012 – 11 – 22, 1 版; 附 – 李东栋. 柔性薄膜太阳能电池. 世界科学, 2013 (9), 52 – 53.

[155] 何屹. 科学家揭秘铁电材料的光电机制　有望大幅提高太阳能电池的效率. 科技日报, 2011 – 09 – 22, 2 版.

[156] 何屹. 石墨烯在室温和普通光照下可产生电流　能广泛用于太阳能电池和半导体传感器等领域. 科技日报, 2011 – 10 – 12, 2 版.

[157] 佚名. 我科学家研制成金属玻璃　大型太阳能电池阵有望插上 "中国式的翅膀". 科技文摘报, 2011 – 08 – 18, 8 版.

[158] 佚名. 薄膜太阳能电池的研究现状与发展趋势, 北极星太阳能光伏网 guangfu. bjx. com. cn, 2013 – 08 – 14; 附 – 光伏未来 – 薄膜应用前景广阔, 中国城市低碳经济网 www. cusdn. org. cn, 2013 – 08 – 14, 引自中国经济时报.

[159] 张巍巍. 并五苯可使太阳能电池转化率达 44%. 科技日报, 2011 – 12 – 17, 2 版.

[160] 张巍巍. 蚀刻图案能大幅降低太阳能电池硅用量　表面刻痕大大增加了光的吸收量. 科技日报, 2012 – 07 – 03, 2 版.

[161] 张巍巍. 氧化铝可使太阳能电池转换效率升至10.9%. 科技日报, 2012 – 10 – 13, 2 版.

[162] 张巍巍. 黑硅太阳能电池转换效率达到18.2%. 科技日报, 2012 – 11 – 03, 2 版.

[163] 张巍巍. 特殊硅结构可基于单光子产生多个电子空穴对 能使太阳能电池最大转化效率提升至42%. 科技日报, 2013 – 01 – 30, 1 版.

[164] 张建琛、李静. 我科学家首创出新型太阳能电池. 科技日报, 2011 – 05 – 15, 1 版.

[165] 郑焕斌. 利用廉价氧化铁和水制备氢气存储太阳能 瑞士开发低成本染料敏化太阳能电池. 科技日报, 2012 – 11 – 14; 美研制低成本太阳能存储系统, 2012 – 11 – 23, 均2 版.

[166] 唐先武. 我国最大硅基薄膜太阳能电池项目投产. 科技日报, 2011 – 06 – 16, 1 版.

[167] 常丽君. 薄膜太阳能电池光电转化率创新高. 科技日报, 2013 – 01 – 22, 2 版.

[168] 常丽君. "人造树叶"光合效率达自然树叶10 倍 可为发展中国家提供廉价电力. 科技日报, 2011 – 03 – 29, 1 版.

[169] 新华社. "纸糊的"太阳能电池问世. 科技日报, 2013 – 02 – 19, 2 版.

[170] 滕继濮. 在线TCO 玻璃 – 薄膜太阳能电池离不开你. 科技日报, 2011 – 07 – 22, 10 版.

[171] H. Ti Tien (毕只初译). 新型的太阳能制氢电池. 世界科学, 1991 (12), 37 – 38.

[172] 王小龙. 进化算法可解决风电机选址问题. 科技日报, 2011 – 05 – 13, 2 版.

[173] 王乃粒 (编译). 城市风力发电. 世界科学, 2005 (1), 38 – 39.

[174] 王乃粒 (编译). 风力发电从配角到主角. 世界科学, 2007 (10), 4 – 5.

[175] 王月金、赵海娟. 风电或将成为"绿色泡沫". 中国经济时报, (上) 2009 – 09 – 14, 1 – 2 版; (下) 2009 – 09 – 15, 1 – 3 版.

[176] 王静宇. 风电"十二五"规划 – 产业"强心针"? 中国经济时报, 2012 – 05 – 10, 11 版.

[177] 毛黎. 给风儿插上翅膀——高科技助力风能效率提高. 科技日报, 2010 – 12 – 22, 2 版.

[178] 世界风能协会WWEA. 2010 年度世界风能发展报告, 2011.

[179] 申明. 智能风机大幅提高电力输出. 科技日报, 2013 – 02 – 27, 4 版.

[180] 付常银. 风电企业业绩腰斩 产能过剩隐忧显现. 中国经济时报, 2012 – 04 – 09, 9 版.

[181] 付常银、王彩娜. 风电和太阳能发电上网阻力仍存. 中国经济时报, 2012 – 04 – 16, 9 版.

[182] 付常银. "窝风"严重省份风电新项目审批亮"红灯". 中国经济时报, 2012 – 06 – 11, 10 版.

[183] 付常银. 大力发展海上风电时机尚未成熟. 中国经济时报, 2012 – 06 – 18, 9 版.

[184] 付常银. 非并网风电逐渐走向产业化. 中国经济时报, 2012 – 10 – 08, 10 版.

[185] 付常银. 风电企业颓势继续 年内难迎爆发期. 中国经济时报, 2012 – 11 – 05, 10 版.

[186] 付常银. 国际风能展遇冷 风能产业需从量变走向质变. 中国经济时报, 2012 – 11 – 19, 10 版.

[187] 付常银. 风电全产业仍处调整期. 中国经济时报, 2013 – 01 – 14, 9 版.

[188] 华凌. 我国风电装机容量仍保持世界第一 并网和消纳不畅成为发展瓶颈. 科技日报, 2012 – 09 – 20, 8 版.

[189] 孙仁斌. 风力发电成为辽宁第二大能源. 科技日报, 2012 – 10 – 13, 4 版.

[190] 许谷渊 (编译). 风电预测技术. 世界科学, 2010 (8), 26 – 28.

[191] 李禾. 风电装机容量世界第一是否加剧产能过剩? 科技日报, 2010 – 10 – 17, 1 版; 三大阻力让这里的风机转不动, 2013 – 09 – 01, 1 – 3 版; 我国风电发电量增速持续下滑, 2013 – 09 – 01, 1 版.

[192] 李晓红. 进入风电大机组时代 "质""量"并举促可持续发展. 中国经济时报, 2011 – 05 – 05, 6 版.

[193] 李晓红. 华锐风电加紧布局海上风电. 中国经济时报, 2011 – 06 – 23; 国家能源局强势控风 风电运营商面临整合, 2011 – 06 – 30, 均8 版.

[194] 李晓红. 风电产业能否"风光"再现. 中国经济时报, 2011 – 09 – 14, 7 版.

[195] 李晓红. 风电并网"新国标"颁布 企业面临新挑战. 中国经济时报, 2012 – 02 – 16, 10 版.

[196] 何闻. 美媒品评我国风电产业政策. 科技日报, 2011 – 02 – 14, 11 版.

[197] 张晔. 风电建设"中国速度"喜忧参半 专家认为提高风电利用率需解决三大问题. 科技日报, 2011 – 08 – 04, 3 版.

[198] 张梦然. 高空风能或将在2015 年为人所用. 科技日报, 2011 – 06 – 21, 8 版.

[199] 张一鸣、付常银. 解决可再生能源"窝电"应平衡各方利益. 中国经济时报, 2012 – 06 – 11, 10 版.

[200] 国家能源局. 风电发展"十二五"规划. 中国新能源网, 2012 – 09 – 17; 中国风电发展快但利用率低, 2014 – 07 – 28; 附 – 国家能源研究所. 中国2030 年风电发展展望——风电满足10% 电力需求的可行性研究, 2010 – 04.

[201] 国际新能源网. 中国风电产业中的风能技术现状分析, 2011 – 06 – 24—http: //newenergy. in – en. com/html/newenergy –. html.

[202] 国家科技部. 风力发电科技发展"十二五"专项规划; 2012 – 03 – 27.

[203] 贺靖. 新能源动力发电技术的可行性研究. 中国城市低碳经济网 – www. cusdn. org. cn, 2012 – 09 – 17.

[204] 姜黎黎. 海上风电场经济性及风险因素浅析. 中国经济时报, 2011 – 02 – 14, 4 版.

[205] 赵杰、王文明. "风电三峡"的输电困局. 中国经济时报, 2010 – 10 – 08, 1 – 3 版.

[206] 郭锦辉. 抢滩海上风电高地 多重矛盾掣肘风电"下海". 中国经济时报, 2011 – 06 – 30, 9 版.

［207］郭锦辉. 装机容量跃居世界第一　中国风电业仍需"过五关". 中国经济时报，2011 - 01 - 20，9 版.

［208］郭锦辉.《中国风电发展报告 2012》显示 2011 年弃风损失占风电盈利一半. 中国经济时报，2012 - 09 - 19，1 版.

［209］郭锦辉. 国家能源局副局长刘琦预计　今年风电发电量将超 900 亿千瓦时. 中国经济时报，2012 - 09 - 03，10 版.

［210］编辑部. 我国风电产业迎风起飞. 科技日报，2009 - 06 - 01，9 版.

［211］新华社. 建设世界第一风电大国给我们带来什么. 科技日报，2012 - 08 - 17，7 版.

［212］雷敏. 海上风电装机仅 39 万千瓦　国家能源局表示完成"十二五"目标有难度. 科技日报，2014 - 03 - 20，3 版；附 - 吴佳坤. 海上风电将"直挂云帆济沧海"，2014 - 07 - 17，6 版.

［213］瞿剑. 我国成为世界第一风电大国. 科技日报，2012 - 08 - 16；我国全面掌握海上风电建设核心技术，2012 - 11 - 24，均 1 版.

第7章

决心绿色融经济

7-1 绿色低碳发展 能源清洁安全

7-1-1 发展绿色-低碳经济

1. 经济社会绿色化——

（1）"绿色"进入议程：从3-10节得出的结论是：低碳化并不能保证当然环保，例如6-2-3段提到的"警示"；信息化也并不能保证当然低碳。因此，近来中外学术界最能守经达权地运用的热门术语或关键词条莫过于"绿色"二字！以"绿色社会"、"绿色经济"、"绿色产品"、"绿色规划"、"绿色建筑"、"绿色交通"、"绿色旅游"、"绿色消费"、"绿色生产"、"绿色金融"、"绿色浪潮"[37、38]……为题文江学海的大块文章把科技文坛装点得苍茫翠绿，郁郁葱葱。然而，文献上却较少对"绿色"二字作出确切定义，甚至简单地把"绿色"等同于环境保护。当然，绿色化的核心首先是着力生态平衡和环境友好。但有人见到绿色误以为仅仅是环境保护问题的简称，却是片面理解了。有的先进企业重新定义"绿色"，认为"绿色洗衣机"包括环保、低碳和节能，忘了人是生态系统中的主要一员，没有把个性化、廉价和安装体积及使用便捷等放进定义，未免有失偏颇[75]。生态系统涉及生物与环境（光照、热、声音、空气、水、土壤、岩石、森林、气候、房屋、道路、栖息场所等）的相互关系，因而首先要把人考虑在内，并保证生物多样性。只对非生命的自然系统做文章，把动物尤其是人的健康、生存、权利、感情、文化、喜怒哀乐忧思恐抛诸脑后，是不是有喧宾夺主之嫌？

（2）为什么人类要追求绿色：物理—光学中早已明确，人类的整个进化史就是伴随绿色成长、在绿色中跌宕起伏、亦步亦趋地博取文明的历史。最能说明问题的简单实验就是在人们面前放上流明值相同的红、绿、紫三种颜色的灯，在人们注视下将灯光逐渐挪离，红色和紫色渐次消失在视力所及的地方，唯有绿色可以继续保留很长距离，在眼帘里流连忘返。可见七色可见光谱中，人眼对绿色最敏感。绿色处于可见光谱正中央，波长 5500 埃（1 埃 $= 10^{-8}$ cm）。在人类的进化长河中，绿色始终代表着生命、安全、文明、幸福、爱抚、宽容、同情、和谐、救助、感恩、进取、峥嵘、德化长存、生机永驻……如果一个道貌岸然的学究本来应该为人师表，见他在讲坛上慷慨陈词，但为人却见利忘义、蟹匡蝉緌，这样的行为与绿色背道而驰，殊不足为伍。

（3）绿色经济：以绿色经济命名的学术专著可追溯到 20 世纪 80 年代。英国经济学家皮尔斯（David Pearce）1989 年出版的《绿色经济蓝皮书》首先提出"绿色经济"概念，但局限在生态条件特别是环境条件，并没有触及"文明"，也就是他所主张的绿色经济躲开人类本身的文明行为去就事论事。2003 年英国政府推出"低碳经济"概念，为了刺激全球新能源和可再生能源大踏步发展，也没有顾及人类本身的文明行为。

联合国环境规划署（UNEP）2011 年给出的绿色经济定义言简意赅，直临真谛："绿色经济是改进、提高人类福祉和社会公平，同时显著降低环境风险和生态残缺的经济。质言之，绿色经济可视为是低碳、资源高效型和社会包容型经济。"全球学术界特别认同发展绿色经济必须与社会公平、社会包容结成一体！

"在绿色经济中，那些能降低碳排放及污染、提高能源和资源效率、防止丧失生物多样性和为生态系统服务的公共及私人投资是推动提高收入和就业的驱动力。这些投资需通过有针对性的公共支出、政策改革和法规变革来促进和支持。发展路径应能保持、增强并在必要时重建作为重要经济资产及公共效益来源的自然资本；这对于生计和安全强烈依赖自然的穷人而言尤其重要。"[84]UNEP 这一席话的弦外之音直指绿色经济应以包括穷人在内的人类福祉作为战略目标。言思及此，令人为发展绿色经济而欢欣鼓舞。本来，自有人类文明历史记载至今，从来处处替穷人思前想后、盘算衰多益寡的才称得上真正能流芳百世的伟大人物，只有在那些贪官污吏、投机倒把暴发户面前谄媚阿谀、卑躬屈节欺压穷苦大众而且忘恩负义、挑拨离间的城狐社鼠才是遗臭万年的卑鄙小人！世行的警世之作认为：可持续发展之路必然是包容性绿色增长，全球过去 20 年的经济增长使 6.6 亿人摆脱了贫困，而今仍然有 13 亿人没用上电、26 亿人无卫生设施、9 亿人缺乏清洁安全的饮用水，要发展包容性绿色增长，发达国家就应当义不容辞共建大同和谐世界[3]。世行与我国国务院发展研究中心联合组成的研究小组近期发布的深谋远虑连载长文：《与绿色目标紧密联系的可持续行业政策》和《绿色治理必须与中国的绿色目标一致》更是全方位点赞深层次绿色行业政策及其绿色治理的可持续发展抓手[4, 22]。我国有识之士更为全球化绿色增长精心出谋划策[10]；中国环保联盟确认全球各国发展绿色经济已成新趋势，但步调也许仍然参差不齐[13]！另一方面，2－2 节曾提到，联合国粮农组织 2012 年 6 月发表《2012 年世界森林状况》报告，确认和呼吁发展新型绿色经济的核心抓手理应首推森林。认为发展绿色经济的目的必然首先是提高人类的福祉和生存水平，因而发展森林才是为绿色经济鸣锣开道[1]！诚然言近旨远！

（4）绿色化：即发展绿色低碳技术、环境友好技术、循环经济技术和再生能源技术，降低物耗，节约能耗，净化空气、水源、土壤和森林，实现经济社会发展与生态环境相协调、人与自然和谐相处相协调、人与人和谐共处相协调[29]！人们在清洁、和谐、安全、美好的环境中生存和生活，世界在和平、尊重、互助、包容的环境中建设和发展。综上所述，可以将当前全球万目睽睽的绿色化架构的六大主要领域划分如图 7－1。

我国当前的能源结构中仍以煤炭占 60% 以上维持经济增长。那么，环境友好和资源节约的重点之一就在于煤炭生产和利用过程的绿色化——清洁化。目前比较成熟的洁净煤技术主要有：型煤、洗选煤、动力配煤、水煤浆、煤炭气化、煤炭液化、洁净化燃烧发电技术等。能因地制宜实行煤炭绿色化，实质也就是保证安全、和谐，是建设生态文明所必需。从煤炭开采到利用的全过程均须介入洁净煤技术，意在减少污染排放与提高利用效率。为了提高发电机组效率和降低污染物排放，欧美各国都加紧了对洁净煤技术范畴的超超临界发电技术研发，

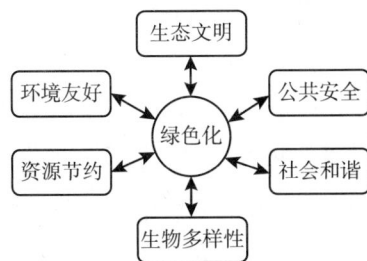

图 7－1 绿色化的内涵

即高温运作时的煤电厂采用先进蒸汽循环以实现更高热效率和更少碳排。截至 2010 年底，我国超超临界机组已成为新建机组的主力机型，成为国际上投运和在建百万 kW 级机组最多的国家。须知该类机组发电效率约 45.4%，远高于亚临界机组的 37.5%。目前，我国已完全自主掌握和推广应用 300MWe 的循环流化床（CFB）锅炉的制造技术。燃煤发电节能技术也在逐步提升，火电供电标准煤耗正明显缩小与世界先进水平的差距。在煤制天然气、浆态床费托合成、煤加氢液化、煤制烯烃等方面已从工业示范进入生产流程，我国在煤直接液化、煤基聚烯烃方面已成为唯一掌握大规模工业绿色化技术的国家[20]。

然而，中国在 GDP 统计中忽略了很多因素。高速发展的实质是建立在"四大牺牲"之上：即牺牲了自然环境、国家资源、社会公平和未来发展。不少地方为了迅速做大 GDP，罔顾对当地环境与生态的破坏，造成的后遗症很难治愈。例如近期还有宁夏和内蒙古部分地区继续向腾格里沙漠排污。从前

绿洲变为沙漠，缘系环境被严重破坏，再向沙漠排污，无异厝火积薪，完全失去了底线。各个地方的GDP统计几乎都没有计入因环境破坏和资源浪费所付出的负向代价，我国的绿色GDP统计远未落到实处[18]。如果保证能源的绿色化也许将增加能源供销成本，如美国家庭使用绿色能源即遭遇价格难题[33]。我国的绿色能源实况是：光伏发电、风电、生物质能发电的成本都比煤电高；全球的绿色经济发展每易遇到资金短板[45]。国际间绿色经济的总体发展态势却是：乐观积极向上为主导方向。欧洲的结论是：2020年将为欧盟创造约50万新就业岗位、2050年凭借绿色能源将为欧盟节约3万亿欧元[34]；瑞典的经验认为：保护环境、保证经济的绿色发展和各种配套举措和必要的金融支撑只要运筹得体都能做到并行不悖[27]！

2. 国际组织推波助澜——

（1）绿色经济倡议：2008年末UNEP牵头推出绿色经济倡议（Green Economic Initiative），宗旨为绿色经济部门投资和环境友好型经济部门提供分析和政策支持。在UNEP内部，绿色经济倡议开展的活动包括：编写《绿色经济计划》报告和相关研究资料；向特定国家提供如何向绿色经济过渡的咨询服务；与大批研究机构、非政府组织、企业和联合国相关机构协同完成绿色经济倡议的各项工作。报告建议每年将全球GDP的2%（1.3万亿美元）投资于十大关键领域以推进绿色经济发展，包括：发展绿色农业、改进建筑业能效、改进渔业、改进林业、改进水源消毒和废水处理与回收等。联合国副秘书长、UNEP执行主任阿齐姆·施泰纳（Achim Steiner）在发布会上说：目前全球还有25亿人每天的生活标准不足2美元，到2050年全球人口可能增至90亿，必须保持经济稳步即绿色增长才能应付贫困带来的问题[12]。

（2）促进绿色新政：2008年10月UNEP推出"绿色新政（New Green Deal）"概念。为了应对发达国家遭遇的金融灾难，提倡大力发展绿色经济和低碳经济以刺激经济增长。

2009年4月初20国集团（G20）峰会开幕前夕，UNEP又发表《全球绿色新政政策概要》，呼吁各国在两年内将全球GDP的1%、约7500亿美元投到提高新旧建筑能效、发展可再生能源、推广清洁能源车辆、发展有机产品在内的可持续农业以及淡水、森林、土壤、珊瑚礁等地球生态基础设施等5个关键领域。

（3）2009年OECD发布《绿色增长宣言》，深入剖析和论证了OECD各国绿色发展中的有利和不利条件；2010年欧盟发布《欧盟2020》，强调欧盟沿着绿色道路发展经济和维护社会稳定的战略方针。

（4）2012年6月，由中国国家发改委、国家气候战略中心、能源基金会和气候基金会联合发起的"国际绿色低碳发展研究计划"（iGDP）在北京正式启动[13]。

（5）2012年10月，丹麦为首的"全球绿色增长联盟"在哥本哈根召开绿色增长论坛，会上交流了包括我国在内的许多发展中国家与发达国家的代表共商绿色发展对策。会上提示：OECD、UNEP和世界银行的研究结果说明，开展绿色转型后，到2030年全球年均能源节约综合潜力有望达8600亿美元[10]。

7－1－2　全面推行绿色经济

1. 绿色发展——绿色发展即通过经济、环境与资源均衡发展的方式，是以绿色技术和清洁能源产业创造新的增长动力和"绿色"就业机会的国家经济发展新模式。其实质是通过激励"绿色"技术创新促进清洁能源产业或绿色产业的发展，从而推动经济发展方式向"绿色"增长转变。绿色发展是在生态平衡、环境保护与社会和谐前提下的发展，尤其首先要突出增加人类福祉和社会公平，要"以民为本"。

改革开放后，因急于推动GDP跃上新阶，客观上形成了高资本、高资源、高能耗、高污染和低效率的经济增长模式，而相应地削弱了环境保护，淡化了地域间、职业间、地位间的人群贫富收入均衡化，弱化了政府的转移支付，忽视了衰多益寡功能[14]。长期以来，对于环境违法行为的惩罚几乎处于轻描淡写、不痛不痒的状态。"十二五"是我国转向绿色发展的序曲时期，环境保护是绿色发展的核心动力部分。这一时期绿色发展的总体目标是：充分依靠科技进步促进经济增长，经济中能源供需量和CO_2e排放大幅下降，主要污染物排放总量明显降减，全国水域 COD 和 SO₂、氨氮、NOₓ 排放总量显著减少，生态文明建设向前跨一大步，每一位中国公民都应该享用同等的环境天赋和生态赐予[39]。"十二五"时期，我国绿色发展的主要着力点在：提高经济增长的科技含金量；大幅降低能耗和碳排；显著减少主要污染物排放总量；明显改善环境质量[44、45]；积极维护生态平衡和弥补生态缺陷；优化和加强社会安全稳定因素，进一步营造和谐、宽容、优美幸福、弊绝风清的社会环境[16、21]！

2. 绿色国民经济核算——众所周知，20 世纪 80 年代后，在世行策划和中科院科学家研究中取得的理性结论，即关于生态环境当年遭到污染蒙受损失的份额须从这一年的 GDP 中扣除，得到符合科学原理的绿色 GDP[6、18]。据 1995 年世行的评估，我国每年因环境污染造成的损失占 GDP 的 5% ~ 7%，后经同样方法测算，2007 年已高达 10%！某些省份靠高能耗、高污染发展，其环境治理成本甚至超过 GDP 的 10%。有专家认为应计入森林核算提供的正值比例，将森林资源及生态服务纳入绿色国民经济核算，这样才能在准确反映经济发展对资源消耗、环境损失和生态影响所付出的代价之余，加上从森林存量到森林流量、从森林开发到森林保护、从森林经济功能到其生态功能所赢得的收益。按国家林业局 2005 年森林资源清查数据，全国共有林地和林木总资产 133535.94 亿元，人均森林财富拥有量已达 10272.94 元。核算中了解到森林每年提供了 5257 亿元林产品，森林生态服务价值达 125239.73 亿元[24]。

3. 绿色环保——近一个世纪以来，科技蓬勃发展和升级推动下的工农业生产带来的负面影响乃至灾难，已经是人们茶余酒后长吁短叹的街谈巷议。特别念及 1984 年印度联合碳化物公司农药厂毒气泄漏事故造成至少 3000 人死亡和数十万人受到不同程度伤害；以及 1978 年美国拉夫运河一家公司掩埋在地下的有毒废物暴露地表，居民被迫迁徙，整个城镇人去楼空。据美国环保署（EPA）的调研，目前生产中的有毒废物大部分来自化工企业。1991 年，美国 EPA 的化学家提出开展"绿色化学"运动，效果十分显著：2009 年美国危险化学废物总量比 1991 年减少了 3500 万吨[2]。

我国近 10 年来的环境保护力度逐年加大，成效甚宏。目前群众中流行的关注焦点有所谓"3P"问题，即 GDP、CPI 和 PM2.5，说白了就是百姓关心经济、物价和环境污染。2013 年 9 月 10 日，国务院顺应民心，发布《大气污染防治行动计划》，要求经过 5 年努力，全国空气质量总体改善，重污染天气较大幅度减少；京津冀、长三角、珠三角等区域空气质量明显好转。力争再用 5 年或更长时间，逐步消除重污染天气，全国空气质量普遍明显改善。到 2017 年，全国地级及以上城市可吸入颗粒物浓度比 2012 年下降 10% 以上，优良天数逐年提高；京津冀、长三角、珠三角等区域细颗粒物浓度分别下降 25%、20%、15% 左右，其中北京市细颗粒物年均浓度控制在 60μg/m³ 左右。

大气污染治理主攻方向还有因地制宜的问题。例如北京市的 PM2.5 治理重点在 VOC（挥发性有机化合物），然后是硫酸盐；而在广东的重点则是硝酸盐[41]。

绿色环保在政府的正确倡导下日益深入人心的同时，须告诫"面是内非"，切不可把绿色环保当作装饰、口号或标签。如某国家重点高新技术企业时刻标榜绿色环保，却陆续在鲁、皖、苏等省制造铅污染事件；摇旗呐喊"要金山银山，更要绿水青山"的某矿业，2010 年居然造成震惊全国的水污染事件。可见绿色环保更要求生产大军务必做到表里如一，皮毛一体[36]。其次，推行绿色环保要兼顾就业岗位，美国工会与环保部门联手，力争实现环保与就业双赢的理想效果[23]。我们对待在绿色环保企业打工的农民工更宜注意双赢。

国家国土资源部近年组织大规模试点建设绿色矿山，下大力气优先保护和治理矿山环境，值得为之欢呼叫好！据《2012 中国国土资源公报》，截至 2012 年底，国家级绿色矿山试点单位达 220 家，在油气、煤炭、有色、冶金、黄金、化工、建材及非金属等行业树立了一批开采方式科学化、资源利用高效化、企业管理规范化、生产工艺环保化、矿山环境生态化的先进典型，起到了较好的示范引导作用（图 7-2）。

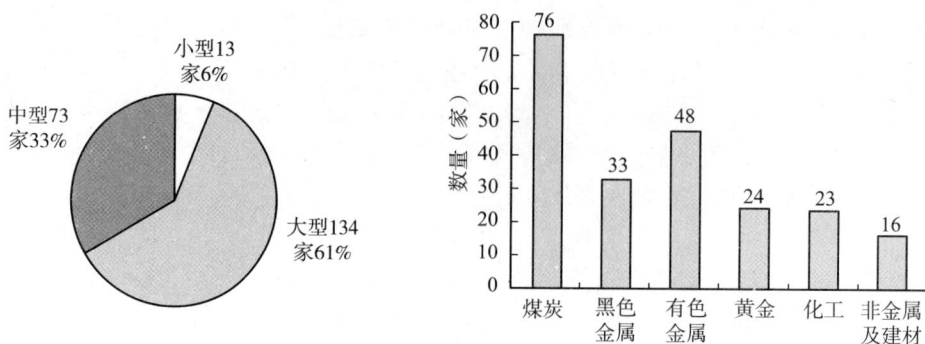

图7－2　第一、第二批绿色矿山试点单位分类及数量、矿山规模分类

（据：国土资源部．2012 中国国土资源公报，p.16）

　　为了脚踏实地推行绿色经济，对一切绿色发展内涵需要洞见症结，权衡得失，庶几能避免坏塘取龟、掘室求鼠的错误。例如据介绍，上海世博从网络设备、建筑及空调环境、照明、综合管理系统、新能源利用五方面入手实施节能方案，比传统建设方式降低能耗约30％，实践了绿色发展[43]，但对所有入围基本设施的碳足迹、对几小时排队参观者的舒适度感受、世博结束后的实用效益等却较少宣讲。大凡绿色建筑不宜只图一时痛快，或者为了作秀而不顾成本。为减少碳排放，发展电动汽车已成定局，但由此构建充电站所需能耗、随之而来的其他环境问题也必须进入系统考量。总之，千条万条，绿色环保总该是优先考虑的第一条！

　　4. 绿色生产——或称清洁生产，在我国早期叫"文明生产"。20 世纪 50 ～70 年代英、美和日本相继发生因生产所用有毒原料、或工艺流程中未经处理的废弃物窜入环境、或生产中从烟囱/下水道甚至经由跑冒滴漏、或生产的成品属于剧毒化学品，最终均造成骇人听闻的环境惨案，经 1972 年初 70 多位国际知名教授组成的罗马俱乐部等明智之士以《增长的极限》和《只有一个地球》等警示箴言向全世界发出紧急呼吁，加上 1972 年 6 月联合国在瑞典斯德哥尔摩召开世界环境大会，将绿色发展、绿色环保、绿色生产理念第一次上升到保护整个地球的高度。清洁生产就不再局限于生产现场的洒扫庭渠、趋庭问答、保持窗明几净等的浅斟低酌，而是在产品设计内涵、生产技术层面、生产场地布局和生产服务机制等多管齐下，系统优化。进入 21 世纪以来，树立防患未然的预警控制为先的生产原则，重点须放在能源生产燃料的清洁处理、产品用料的无害化处理、有毒产品的限制和严管、强化掌控污染的经济举措和明刑弼教/胜残去杀的环保奖惩制度等，每个环节均需要科学技术的深层次介入和纯化。例如，2003 年初，欧盟颁布在 2005 年 8 月 13 日实施《关于报废电子电气设备处理》（WEEE）的指令和在 2006 年 7 月 1 日实施《关于在电子和电气设备中限制使用某些危险物》（ROHS）的指令，目的在于控制日益增长的电子电气产品生产和报废后有毒物质的扩散。前者要求当事企业承担回收责任；后者要求生产中限制使用含铅、汞、镉、6 价铬、多氯联苯（PBB）和多氯联苯醚（PBDE）等 6 种有害人体的物质[20]。

　　在生产中普遍使用清洁能源是发展低碳经济以来的重头戏。绿色或清洁能源包括水电、核电、风电、太阳能光伏发电、地热能发电、海洋能利用、生物质能源、空气能源和氢能等，也包括来自清洁渠道的传统能源技术，如洁净煤技术、沼气、页岩气、煤层气等。绿色能源除了需要微不足道的碳足迹和简略轻松地利用途径提供的高水平技术之外，还涉及政府政策、资本运作、国际合作和现代管理等多方面协进取胜[8]。2002 年我国颁布《清洁生产促进法》；2004 年颁布《固体废物环境污染防治法》；2008 年颁布《水污染防治法》；2009 年颁布《循环经济促进法》以及后来的《国家中长期科学和技术发展规划纲要（2006 ～2020 年）》、国务院《能源中长期发展规划纲要（2004 ～2020 年）》和《能源发展"十二五"规划》等均从不同角度突出发展整体或局部清洁生产的战略意义[5]。

　　5. 反对绿色保护主义——发展中国家一般反对美国的《清洁能源安全法案》授权总统对进口的"高碳产品"征收碳关税，因其实质是架构国际贸易中的碳壁垒，是贸易保护主义的别动队[9]。有人提醒不要把绿色变成"泡沫"，要客观对待"绿色"[26]。实际上更应该以系统观念对待绿色。绿色是愿景、是目标、是人类念兹在兹赖以生存的环境条件，就像人活着首先要有空气和水一样。因此，虽然绿色保护优先，但反对变成"主义"[7]！

7-2　绿色低碳信息化　生态文明现代化

7-2-1　生态文明基本概念

1. 生态文明系统——马克思、恩格斯1848年《共产党宣言》认为：共产主义是"人和自然界之间，人和人之间的矛盾的真正解决"。"是通过人并且为了人而对人的本质的真正占有。因此，它是人向自身、向社会的即合乎人性的人的复归，这种复归是完全的、自觉的和在以往发展的全部财富的范围内生成的"。伟大导师的教导，深刻印证了今天把生态文明提上重要议事日程的理性渊源！按照生态文明的系统观，生态文明应包括环境保护、城乡建设、森林绿化、社会管理、社会和谐、公共安全和系统规划，是现代生态经济、绿色经济、低碳经济、循环经济和可持续发展战略的高度综合优化。现代生态学认为，生态除了深入研究生物（尤其人类）及其环境（光照、热、声音、空气、水、土壤、岩石、森林、气候、房屋、道路、栖息场所等）的相互关系，更重要是研究之间的相互作用、自然生态与人工生态的相互制约、生态系统跟人类的信息传递；文明则是知识和行为的现代化，是人类社会的进步状态。狭义生态文明目标，指人类与自然关系融洽、协调、相互促进、相得益彰。所有涉及保护人类生存环境、保证生物多样性和维持生态平衡以实践可持续发展的行为都是生态文明的具体表达；广义生态文明还应涵盖人类和资源、能源的生态关系（物质文明）；人与自身适应性心理生态和人与人伦理道德生态关系（精神文明）、人与社会的人文生态关系和人与政府、企业、家庭的生态和谐乃至国际间和平共处关系（政治文明），也就是更加着重研究生态系统中人类本身行为对生态系统的反馈作用或影响，以把握正确的宇宙观、社会观、人生观和价值观（图7-3）。

2. 生态保护——生态文明是在人类历史发展过程中形成的人与自然、人与社会环境和谐统一、可持续发展的文化成果的总和，是人与自然交流融通的状态。它不仅说明人类应该用更为文明而非野蛮的方式来对待大自然，而且在文化价值观、生产方式、生活方式、社会结构上都体现出一种人与自然关系的崭新视角。生态文明观的核心是从"人统治自然"过渡到"人与自然协调发展"。在政治制度方面，环境问题进入政治结构、法律体系，成为社会的中心议题之一；在物质形态方面，创造了新的物质形态，改造传统的物质生产领域，形成新的产业体系，如循环经济、绿色产业；在精神领域，创造生态文化形式，包括环境教育、环境科技、环境伦理，提高环保意识。

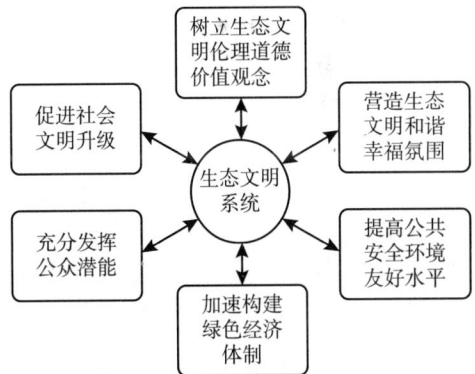

图7-3　构造生态文明系统的六大子系统

社会主义的物质文明、政治文明和精神文明离不开社会主义的生态文明。没有良好的生态条件，人类既不可能有高度的物质享受，也不可能有高度的政治享受和精神享受。没有生态安全，人类自身就会陷入最深刻的生存危机。可见，生态文明是物质文明、政治文明和精神文明的基础和前提，没有生态文明，不可能有高度发达的物质文明、政治文明和精神文明。再者，人类自身作为建设生态文明的主体，须把生态文明内容和要求内蕴地体现在法律制度、思想意识、生活方式和行为实践中，并以此作为衡量人类文明程度的基本标尺。即建设社会主义物质文明，内蕴要求社会经济与自然生态的平衡和可持续发展；建设社会主义政治文明，内蕴包含保护生态、实现人与自然和谐相处的制度安排和政策法规；建设社会主义精神文明，内蕴包含环境保护和生态平衡的思想观念和精神追求。

7 - 2 - 2　生态文明建设

1. 扭转生态环境整体恶化趋势——我国建设生态文明的当务之急是刻不容缓地优先扭转眼下仍然存在的生态环境整体恶化趋势。具体表现在：水土流失严重、生物多样性频遭蹂躏、有害生物入侵致蠹众木折、生态保护监管能力薄弱和信息化水平低下、生态示范水平参差不齐、生态型旅游区屡遭不文明行为糟蹋、因气候反常导致湿地萎缩和森林病虫害加剧、城市违章建筑横行无忌践踏景观、居民社区和公园憩处不文明行为比比皆是、噪声残伤生态环境司空见惯！特别如三北防护林近千公里的林带上大量树木死亡、人为破坏严重[65]！近两千年万里长城的城墙上时不时出现今人镌刻抒怀？寻根究底问责之余，哪一条生态系统蒙羞不是人类不文明行为直接或间接侵扰所然？必须依靠生态文明建设促进生态现代化以重塑国家力量[51]！事实上今天突出生态文明建设无论如何是一场伟大的历史性抉择[50]；是人类社会发展史上最高级的文明形态[54]；中国将成为全球生态文明建设的领跑者[73]。推进生态文明建设首先要向多少年来逆流生活陶冶和教育氛围塑造的带普遍意义的自私心态和个人主义心理宣战，因为人们有时在不知不觉中自行其是而不知所以。例如2015年春节期间，中央台记者饶有兴味地在人群中征询个人的"点赞"焦点，几乎异口同声地都热衷点赞私下周边的与个人出息利害休戚相关的人物或事物，遗憾的是几乎没有人点赞与"民族兴亡，匹夫有责"的大是大非问题，几乎没有人点赞民族团结和国家安全相关的人和事，令人颇感失望！

2. 生态文明建设思路——针对生态文明建设，形形色色的真知灼见洞幽烛微，感人心弦。下面择要提示诸多见仁见智思路：

（1）"建设生态文明，是关系人民福祉、关乎民族未来的长远大计。面对资源约束趋紧、环境污染严重、生态系统退化的严峻形势，必须树立尊重自然、顺应自然、保护自然的生态文明理念，把生态文明建设放在突出地位，融入经济建设、政治建设、文化建设、社会建设各方面和全过程，努力建设美丽中国，实现中华民族永续发展。"2012年11月8日党的十八大报告《坚定不移沿着中国特色社会主义道路前进　为全面建成小康社会而奋斗》第八节"大力推进生态文明建设"的这一段话，令人醍醐灌顶、茅塞顿开，明确了"五位一体"的建设路线中，生态文明建设是经天纬地、万古不变的运筹决策、振兴中华的核心真理指向和战略宏愿！

（2）2010年7月颁发的《国家中长期教育改革和发展规划纲要（2010～2020）》序言里指出："我国正处在改革发展的关键阶段，经济建设、政治建设、文化建设、社会建设以及生态文明建设全面推进，工业化、信息化、城镇化、市场化、国际化深入发展，人口、资源、环境压力日益加大，经济发展方式加快转变，都凸显了提高国民素质、培养创新人才的重要性和紧迫性。中国未来发展、中华民族伟大复兴，关键靠人才，基础在教育。"序言已开宗明义地指明：教育系统是中国未来全面发展经济、政治、文化、社会和生态文明五大建设能否计日程功的关键所系！2013年夏秋之际，教育部部长亲自挂帅掀起全国教育系统生态文明建设高潮，得到全国教育系统热烈响应。

（3）国务院政策研究室提出的建设生态文明六大举措是：加强节能减排；优化能源结构；搞好生态保护；增强环境保护工作力度；积极应对气候变化；搞好相应制度安排。这些行动措置切中时需，是当前发展低碳经济和/或绿色经济的关键步序和主攻方向[64]。不过，惜未涉及生态文明的一大核心内容，即关于如何促进生态平衡前提下的文明行为和文明理念；仅侧重资源节约和环境保护的论述[57]；强化制度保证和绿色转型[54、65、66]亦无不可。

（4）能源领域权威专家倪院士从能源角度看生态文明，首先开门见山地指明我国以煤为主的能源结构导致环境矛盾突出。对气候变暖影响，每年CO_2排放量已达70亿～80亿吨，取代美国成为世界碳排放量最大的国家，因而在国际社会受到压力；我国能源安全问题，目前一半以上的石油消费依赖进口，高企的对外依存度对石油来源提出了严峻挑战。未来使用煤的途径主要是气化、净化、液化、发电和热电联产，生产化工产品等，煤的清洁高效利用是解决我国能源问题的核心[68]。

（5）中国生态文明研究与促进会会长陈宗兴主张求真务实地从发展绿色经济入手来体现生态文明建

设，认为应当立足国情，突出重点，通过发展绿色科技创新，大力培育现代循环农业、生物质产业、节能环保产业、新兴信息产业、新能源产业等绿色新型战略产业，为绿色经济发展奠定坚实基础。认为应大力倡导绿色生活方式，营造和谐的生活氛围，共创生态文明、共享美好未来、共建美丽中国[61]。

（6）国家环保部部长在报告中提示生态文明建设中的体系架构、改革方向和重点任务：

①要健全自然资源资产产权制度和用途管制制度。

②划定生态保护红线。

③实行资源有偿使用制度和生态补偿制度。

④改革生态环境保护管理体制：建立统一监管所有污染物排放的环境保护管理制度，独立进行环境监管和行政执法；建立陆海统筹的生态系统保护修复和污染防治区域联动机制；健全国有林区经营管理体制，完善集体林权制度改革；及时公布环境信息，健全举报制度，加强社会监督；完善污染物排放许可制，实行企事业单位污染物排放总量控制制度；对造成生态环境损害的责任者严格实行赔偿制度，依法追究刑事责任[64]↓。

（7）生态文明本身的考核需以系统工程观点，统筹兼顾，对"五位一体"推动和践行落实效验作出恰如其分的评价和考量[49]。建设生态文明须夯实五位一体系统结构的基础，其中也许对于保证可持续发展来说，最能立竿见影的莫过于经济建设[58]；最能燮理阴阳的莫过于政治建设；最能触及人们灵魂的莫过于文化建设；而最能寸辖制轮的莫过于社会建设。环境与发展的二元对立原是经济建设路线乖戾所然，有人估计强化生态文明建设就能化解[69]，发展循环经济是生态文明建设中影响经济建设的重要一环[72]，而保护环境背后的理论支撑则可追溯到恩格斯《自然辩证法》语重心长的告诫[70]；也可能从两千年前诸子百家的天人合一理论中寻找古人的真理追求[60]。有人再次论及：突出生态文明建设的制度安排，理当首先革除经济建设中唯GDP观念的考核机理[53、66、71]；国土资源部的高层领导更一语破的地指明：面对资源约束趋紧、环境污染严重、生态系统退化的严峻形势，必须树立尊重自然、顺应自然、保护自然的生态文明理念，把生态文明建设放在突出地位。为此须大力节约集约利用资源，推动资源利用方式根本转变，加强全过程节约管理，大幅降低能源、水、土地消耗强度，大力发展循环经济，促进生产、流通、消费过程的减量化、再利用、资源化。为了实现到2020年的各项发展目标，关键在推动经济转型，把改革的红利、内需的潜力、创新的活力叠加起来，形成新动力，且使质量和效益、就业和收入、环境保护和资源节约有新的提升，打造中国经济的升级版[54]↓，营造中国现实优化意义的新常态。

（8）国家林业局2012年末宣布：通过深入开展植树造林活动和重点工程建设积极培育森林资源、大力发展林业相关的绿色产业、全面深化和推进林权制度改革、加强林业生态建设和保护等，积极推动绿色生态建设[40、67]，美丽中国从林做起：我国近10年来，年均增加森林面积400多万 hm^2，占全球新增总量的一半以上，森林覆盖率已从建国初期的8.6%增加到20.36%；2012年10月15日森林大会上宣布：我国到2015年的森林覆盖率将达到21.66%；到2020年森林面积将比2005年增加4000万 hm^2，森林蓄积量增加13亿 m^3，森林覆盖率将增加到23%[52]。

（9）有专家谈及美丽中国的空间特征，首先提及生态文明建设的重点在城镇，关键是因地制宜，发挥比较优势[49]。这是居敬穷理的醒世良言，是看中了当前最值得深厉浅揭的中国社会建设，特别是城市社会建设问题[56]。不过，社会学视野中的生态文明建设不一定非要着眼于环境污染问题，因为社会学研究的重点应该集中于人与人的和谐发展，而并非仅在于推动人与自然的和谐发展[62]。因此，生态文明建设对社会建设的全方位影响是否应遵循的总原则是：以民为社会之本[54、69]、以公平—公正—公开为社会环境之本[66]、以科学发展和科技创新为社会进步动力之本[59]。作者归纳后，认为应体现在十大评价指标范畴之内（图7-4）：

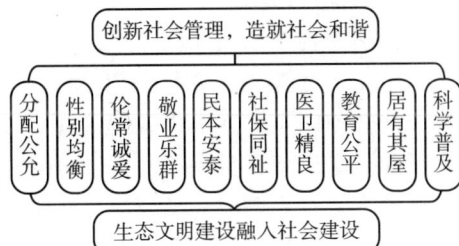

图7-4　生态文明建设融入社会建设

①反映公民收入差别的基尼系数理当进一步下降到0.40左右。须抑制行业、局部悬殊！

②参与国家管理的性别公平，看齐联合国千年指标；杜绝家庭暴力，提高家庭女性地位！

③像道德模范那样孝敬长辈、敬老尊贤、及老及幼，见义勇为，诚信谦让，蔚然成风。

④就业和创业并行不悖，热爱本行，关心集体，团结友爱，互助互帮，寓管理于服务。

⑤提升公共安全水平，法制建设言出法随，忌网漏吞舟，普法宜明刑弼教、顽廉懦立。

⑥社会保险当覆盖全民，特向残疾人、穷苦人、鳏寡孤独弱势群、一线军警家属倾斜。

⑦救死扶伤，精益求精，保护白衣战士，弘扬无私奉献。强化农村医卫、推行全民体育。

⑧推行因材施教、有教无类，尊师重道、秉承《改革与发展规划纲要》，提高师生待遇。

⑨赖有效政策抑制房价泡沫，限买改审计买卖双方，严禁跟风暴利，照顾穷人税负有别。

⑩勤俭因是因非，成功勿托鬼神。项目规划皈依科学原则考量，科学发展观深入人心。

值得庆贺的是：主题为"建设生态文明：绿色变革与转型——绿色产业、绿色城镇和绿色消费引领可持续发展"的"生态文明贵阳国际论坛"2013年年会于2013年7月20~21日在贵阳隆重召开。习近平同志曾为此信贺（见4-2-2节）。会议正式通过"2013贵阳共识"。与会的4000余名中外嘉宾认为，需要重新思考和审视现在的政策、规章、制度以保证"绿色转型"的有效实施[4,5]。

7-2-3 绿色产品 创新研发

1. 绿色产品——所谓绿色产品须符合四大条件：①从设计—工艺部署—备料—物流—生产—库存—销售—投入使用直到维修—报废—垃圾处理整个生命周期所消耗的碳足迹是同功能、同价格产品中最低的；②技术上的性价比是最高的；③对生态环境造成的负面影响是最低的；④为用户提供的使用和维修是最便捷的。例如有一种洗衣机，型号XQ860-JS，中国能效标识在红5档、机面倾斜不利手工附加作业、开关部位包括6个触摸开关分成上百种可能选择的洗衣模式。这种高耗能、"高智能"、用户无法掌握设计要求的洗衣机显然不是绿色产品。海尔靠重新定义"绿色"领航全球家电市场[75,78]。可惜新定义主要针对用户共性而较少虑及不同用户的个性。例如洗衣机若能用多位转换开关预设不同使用要求，让用户一次选择到位；加装面板用于衣领衣袖净刷；允许使用进行中随意按需调整等，也许更能受到用户欢迎，亦即更显绿色。

绿色经济通过绿色产品生产带动整个产业界的绿色增长和结构转型，并在政策支撑、财税优惠跟进、绿色技术全面研发和积极培养各层次绿色高科技人才，促进市场上的生产/消费产品日新月异地扩大绿色产品供应面，务必推动绿色经济成为稳增长和调结构的触媒[83]。制造业借助信息化和推广绿色软件管控能源消耗和面向用户的智能高效生产流程，通过云计算方式大大提高用户的被服务水平，同时借助开源社区（Open Source Community）充分发掘局外人的聪明才智，推动绿色产品设计水平向顶峰迈进[80]。

2. 创新研发思路点滴——

（1）生物质型煤的创新应用：即在煤中按一定比例加入秸秆等可燃生物质和添加剂后压制成型的洁净煤，供工业锅炉和户用炉具作低碳洁净燃煤。生物质型煤可节煤15%~30%，减少烟尘排放50%~70%，烟尘浓度减少61%，SO_2浓度减少42%。而且放松了对煤本身的质量要求，达到劣质煤高效化目的。目前国内生物质原料较丰富的华北和大西北地区已在推广应用[74]。

（2）绿色塑料：塑料是20世纪的奇异发明，是一种用石油和天然气为原料生产的材料，全球年产塑料1.5亿吨以上，其中99%就是用石油、天然气制造的，全世界年耗石油、天然气的7%用来生产塑料。它目前广泛用于日常生活，也普遍用于包装、家具、建筑、汽车、飞机、电子、农业、国防等，也是当前陆上废弃物和海洋成岛垃圾的主要成分。与塑料有关的成分可能对人体健康造成颇大危害，对能源和环境影响均不可忽视[81]。巴西利用甘蔗乙醇生产塑料，其产品废弃物可被环境中的微生物降解，能达到节能环保的双赢目的[79]。

7-3　页岩气旧貌新颜　地热能旧雨新知

7-3-1　页岩燃气　横空出世

1. 天然气批吭捣虚——天然气即天然的以可燃碳氢化合物为主要成分亦即烃类的气体，其中含量最高的主要是甲烷，其次含少量乙烷、丙烷、丁烷、戊烷，还有少量氮气、硫化氢、CO_2 等非烃类非燃气体以及水分。商用天然气成分是甲烷，是将自然界天然气经过纯化加工、脱硫脱水、脱除丙丁戊烷等重烃成分而得。以甲烷为主要成分的天然气是生产合成氨、甲醇、乙炔、炭黑、烯烃、芳烃、氢氰酸、氢气、氯代甲烷、硝基甲烷、脲素化肥等化学品的原料；也是新能源汽车所用压缩天然气（CNG）和液化天然气（LNG）等基础能源。天然气分聚集型和分散型两大类。前者属于常规天然气，包括气层气、凝析气、油溶气等；后者是非常规天然气，包括水溶气、固态气水合物、煤层气、页岩气、致密气等。一般统计数据中提到天然气主要是指常规能源范畴的天然气，而对非常规天然气则直接指明是何种气体，有时在有关数据中加以区分。例如，2012 年我国天然气消费 1471 亿 m^3，其中自产常规天然气 1077 亿 m^3。又如我国《天然气发展"十二五"规划》规定的天然气发展目标是：2015 年国产天然气供应能力达到 1760 亿 m^3，其中常规天然气 1385 亿 m^3，煤制天然气 150 亿~180 亿 m^3，煤层气地面开发 160 亿 m^3；页岩气产量 65 亿 m^3[103]。从泥页岩采掘的非常规液态燃料即页岩油，其提炼和纯化过程基本与原油类似。表 7-1 列出 EIA 近期公布的全球技术上可采页岩资源前 10 位国家的实际储量，我国的页岩气资源储量居全球第一！

表 7-1　　　　　　　　　　　技术上可采掘的页岩资源全球 10 强

页岩油排位	国家	储量（亿桶）	页岩气排位	国家	储量万亿呎³
1	俄罗斯	750	1	中国	1115
2	美国	580	2	阿根廷	802
3	中国	320	3	阿尔及利亚	707
4	阿根廷	270	4	美国	665
5	利比亚	260	5	加拿大	573
6	委内瑞拉	130	6	墨西哥	545
7	墨西哥	130	7	澳大利亚	437
8	巴基斯坦	90	8	南非	390
9	加拿大	90	9	俄罗斯	285
10	印度尼西亚	80	10	巴西	245
	世界总计	3450		世界总计	7299

注：美国资源研究所（ARI）估计的美国资源与表略有出入：页岩油 480 亿桶；页岩气 1161 万亿呎³；1 呎³ = 0.0283m^3。
（据 EIA. International Energy Outlook 2013，2013-07-25，p.31）

2. 页岩气别开生面——页岩气是指赋存于极致密且富含有机质泥页岩及其夹层的岩石，也许还有粉砂岩甚至砂岩和碳酸盐岩层中[95]，以吸附或游离状态存在的非常规天然气，成分以甲烷为主，是一种清洁、高效的能量资源。其中密度达到液体状态即成为页岩油，在页岩气与页岩油之间的略显粘稠状产物或即从大量泥页岩采掘到的密度较大的气态页岩燃料叫致密气，统计时常与页岩气混用。与常规天然气相比，页岩气有初期投入大、开发成本高、回收周期长等缺点，却是分布十分广泛（不像油田那样集中）、技术上可采储量丰富、便于分散加工的绿色能源。近几年随着水平钻井和大型压裂改造技术创新，大幅降低了页岩气开发成本和有效提高了页岩气产量，使页岩气的商业应用地位大为攀升。

（1）美国：在4-4-2节曾提到近年美国的页岩气开发为其带来了颇大经济利益，影响了全球的油气市场格局和缓解了次贷引发的金融危机。美国是世界上最早发现、勘探和进入研发页岩气的国家。1821年，全球第一口商业性页岩气井在美国建成。一家能源公司在纽约州一处井深21米处页岩中钻探，从该处8米厚页岩裂缝中导出天然气。目前已探明有48个州储有页岩气资源，总资源量达42万亿～52.6万亿 m^3。到20世纪70年代中，美国页岩气步入规模化发展阶段，年代末页岩气年产量约达19.6亿 m^3。2002年后，水平井取得巨大成功并成为主流钻井方式。此后，水平钻井和压裂技术仍在不断改进并获推广应用，使得美国页岩气开发成本在近15年间陆续降低了85%，产量因而快速攀升，1999年突破100亿 m^3，2006年突破300亿 m^3 后更显爆发式增长。2009年常规和非常规天然气总产量达6240亿 m^3，首次超过俄罗斯的5823亿 m^3 成为世界天然气产量最多的国家，天然气价格也随之下降35%。2011年页岩气产量超过1700亿 m^3。2012年4月，页岩气价格每MWh又下降30%，仅达7美元，促使电力厂商越来越青睐以燃气替代洁净煤，并开始逐步将燃煤发电站改造成为燃气发电站。

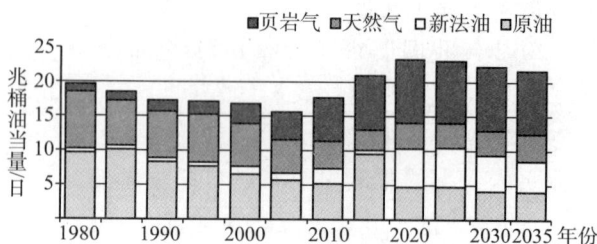

图7-5 美国油气能源结构渐趋减油增气优化
（mboe/d＝兆桶油当量/日）

（据：IEA. World Energy Outlook 2012，2012-12-12改绘）

从20世纪80年代起，美国政府实施了一系列鼓励替代能源发展的税收激励或补贴政策。如1980年《能源意外获利法》规定生产替代能源的"税收津贴"条款，对1979～1993年钻探的非常规油气，包括2003年之前生产和销售的页岩气和致密气实施税收减免，对油气行业实施5种税收优惠；1990年的《税收分配综合协调法案》和1992年的《能源税收法案》扩大了非常规能源的补贴范围；2004年《美国能源法案》规定10年内政府每年投资4500万美元用于主要针对页岩气的非常规天然气研发，特别以科研力量雄厚、经验积累丰盈的纽约州和宾夕法尼亚州作为研发基地，一有成果立即向其他46个州推广；2005年美国《能源政策法案》将水力压裂从《安全饮用水法》中剔除，解除了环保署（EPA）监管权力，从而放松了水力压裂技术推广的手脚。从2005年起，美国政府更加大了政策扶持力度，降低了开采税；在技术上鼓励天然气企业积极开展水平钻井勘探和多级地层水力压裂工序等研发创新[97]。由于水力压裂技术造成大气和/或水源污染，2012年4月18日，美国环保署发布新法规，要求严格控制因水力压裂技术造成的环境问题[90]。但我国科学家认为不会污染地下水源[95]。由于美国近些年对非常规天然气开发的积极给力，2006年页岩气产量仅占天然气总产量的1%，到2012年其产量2653亿 m^3 已占其能源总产量的23%[90]，能源自给率已从69%上升为81%[104]。美国的天然气已从净输入国演变为部分输出国。2012年，美国在页岩气勘探开采中投资6000亿美元，2013年增至6500亿美元[99]。这一年美国页岩气号称取代了俄罗斯成为全球最大油气生产国。专家们认为对我国的能源进口结构也将起到价格和渠道影响[90]！图7-5表明美国油气生产结构的渐趋优化。

（2）加拿大：加拿大是继美国之后世界上第二个热衷页岩气勘探开发国，页岩气生产已有数十年历史。加拿大页岩气资源也十分丰富，且资源分布面积广、涉及地质层位多。据加拿大非常规天然气协会（CSUG）的资源评价结果，加拿大页岩气的资源量大于42.5万亿 m^3。与美国相比，加拿大页岩气开发还处于初级阶段，尚未形成大规模开采产业。近几年，加拿大对页岩气勘探研发兴趣大增，正在形成能源系统的补充项目进入其国家统计中。

（3）英国：芬兰知名工程咨询公司贝利集团（Poyry）研究表明英国近期对开发页岩的兴趣日见高涨，有人担心会不会影响 CO_2 的排放量指标。该公司的专家认为：燃气电厂 CO_2 排放量约为燃煤电厂的一半；因页岩气的开发，将有更多燃煤电厂被燃气电厂取代，因而到2020年，开发页岩气能帮助英国更好地实现减排目标。页岩气对环境的绿色效果和对进口天然气依赖度的降低，均有利于英国的环保和经济复苏。据规划数据，从 2021 年起，英国页岩气年产量预计可达 120 亿 m³，届时将对英国天然气市场产生重大影响[100]。

（4）欧洲（英国以外）：2009 年，国际能源署预测欧洲的非常规天然气储量为 0.35 万亿 m³，其中将近一半蕴藏在泥页岩中，这个数字远低于美国储量。除撒哈拉以南非洲赋存的页岩气资源较少外，全球的页岩气储量欧洲可能是最少的。欧洲页岩气主要集中在英国的威尔德盆地、波兰的波罗的盆地、德国的下萨克森盆地、匈牙利的 Mako 峡谷、法国的东巴黎盆地、奥地利的维也纳盆地以及瑞典的寒武系明矾盆地等[97]。2009 年初，德国国家地学实验室启动"欧洲页岩项目"（GASH）。2010 年，欧洲又启动 9 个页岩气勘探开发项目，其中 5 个在波兰。近两年，许多跨国公司在欧洲地区参与页岩气开发行动。意大利、保加利亚、俄罗斯、乌克兰等国都已跻身页岩气开发的风口浪尖。

（5）其他：2011 年 1 月 25 日，印度 ONGC 公司在靠近西孟加拉邦杜尔加布尔的一口研究和开发井的大约 1700m 深处的 Barren Measure 页岩中发现了天然气；阿根廷的页岩气技术可采资源量为 21.9 万亿 m³，位居世界第二，是南美天然气开发利用前景最好的国家，特别是内乌肯盆地页岩气前景看好，为此吸引了一些世界大油气公司的关注；澳大利亚 Beach 石油公司在大洋洲 7 个盆地中发现了富有机质页岩，前期评价的资源潜力大，计划对库珀盆地的页岩气进行开发，已在新西兰获得单井工业性突破[97]。

由于全球页岩气的主要开发技术手段乃是水力压裂法，世界资源研究所提醒各国决策人：全球有 3.86 亿人生活在已探明页岩气可采储量地区，而有 38% 的页岩气资源分布在干旱地区，均有可能因与人争水和开发缺水限制页岩气资源开发[101]！

3. 中国迎头赶上——我国也在 2011 年年底正式批准页岩油气成为我国第 172 个独立矿种。2012 年 3 月 1 日，国土资源部发布《全国页岩气资源潜力调查评价及有利区优选》，宣布我国页岩气地质资源潜力有 134.42 万亿 m³，可采资源潜力为 25.08 万亿 m³（不包括青藏区、港澳台和后加的储量），比美国的 24.4 万亿 m³ 更多[97]。

我国页岩气资源主要分布在川、黔、滇、桂、苏、浙、新和青藏高原，华北地区也有部分储量。到 2020 年我国天然气年消费可能达到 3000 亿 m³，其中若能提供占 1/3 的页岩气，供需矛盾将能缓解[90]。不过，我国页岩沉积时代较早，埋深多大于 3000m，气藏构造条件复杂，开采难度大；生产中耗水量巨大，大大增加对周围水环境需水压力（"一方水万方气"的开采模式超出我国环境承受能力[98]）；生产过程对环境的化学污染和噪声污染不可忽略，因此在勘探开发起步阶段就应进行系统分析，优化井场选址、辨识环境影响和环境承载能力等[85]。目前，我国页岩气钻井耗时和开采成本分别是美国的 3 倍和 10 倍[107]。若干核心技术尚在力争上游地为打破国外技术垄断、探索根本性突破而夙兴夜寐、孔席墨突。2012 年上半年，我国第一口页岩气水平井水力压裂成功[88]，标志着我国在开采页岩气道路上必能在不久后赶上美国先进技术步伐。近年来，我国成功研制了具有自主知识产权的随钻自然 Γ 测量仪等高技术检测仪表，形成了地质导向双参数随钻测井仪器设计制造技术和地质导向钻井工艺配套技术。井下作业设备如水泥车和固井压裂车等均已实现系列化生产。封隔器、滑套、水力喷射压裂喷嘴等井下工具以及连续油管作业设备也已初步实现国产化。据 2013 年 5 月报导，页岩气开发技术已实现重大突破，初步形成我国自主知识产权的开采配套工程技术。包括研制开发完井工具、钻井流体、核心助剂，以及通过系统分析找出我国与美国页岩油气的对比差异和开展"水平井分段完井机器人"前瞻研究等五大项目均获得重大突破[107]。

目前我国页岩气资源勘探主要集中在四川盆地、鄂尔多斯盆地和西北主要盆地。2009 年与美国签署《中美关于在页岩气领域开展合作的谅解备忘录》，与挪威、BP 等建立联合研究意向，加强了双边技术合作。2014 年初中国石化宣布，在重庆发现的我国首个大型页岩气涪陵气田新增我国页岩气探明储量 1067.5 亿 m³[107]，将提前进入规模化商业开发，预计 2014 年底实现产能 18 亿 m³/年，2015 年将建成产能 50 亿 m³/年。如果建成百亿方产能页岩气田，可每年减排 CO_2 1200 万吨，相当于植树 1.1 亿株[85]！

2012 年 3 月 13 日，国家发改委、财政部、国土资源部、国家能源局共同发布了《页岩气发展规划（2011～2015 年）》，积极推进页岩气勘查开发。同年 9 月，国土资源部选定了 20 个区块进行第二次页岩气探矿权公开出让；10月，下发《关于加强页岩气资源勘查开采和监督管理有关工作的通知》，明确页岩气勘查开采依据"开放市场"原则，充分发挥市场配置资源的基础性作用，促进我国页岩气勘查开发快速、有序、健康发展。

根据上述《规划》，原要求到2015年我国页岩气计划产量应达65亿m^3，2020年力争达600亿～1000亿m^3，届时中国能源需求的10%来自页岩气。英国《金融时报》曾以为我国2012年的页岩气产量仅0.5亿m^3，置疑能否在2015年实现规划，并指出美国每年钻8000口气井，我国过去几年仅约钻了100口勘探井[101]。其实是万事起头难，2012年我国已通过天然气管网销售页岩气1500万m^3，累计销售3000万m^3。但2013年我国页岩气产量仅2亿m^3。据2014年6月7日国务院发布的《能源发展战略行动计划（2014～2020年）》，到2020年，页岩气产量力争超过300亿m^3。可见这是国家实事求是地考虑到我国页岩气资源实际作出的规划调整。

为此，我国势将积极推进非常规油气资源开发利用。加快非常规油气资源勘探开发是增强中国能源供应保障能力的重要手段。中国将加快煤层气勘探开发，增加探明地质储量，推进沁水盆地、鄂尔多斯盆地东缘等煤层气产业化基地建设。加快页岩气勘探开发，优选一批页岩气远景区和有利目标区。加快攻克页岩气勘探开发核心技术，建立页岩气勘探开发新机制，落实产业鼓励政策，建立完整的政策体系，完善配套基础设施，加大R&D投入，实现2015年产量65亿m^3的目标，为页岩气未来的快速发展奠定坚实的基础。若要加大页岩油、油砂等非常规油气资源勘探开发力度，到2013年初勘探页岩气资源的投入仅70多亿元，不啻吹沙成饭，很难满足规划的近期目标要求。所以国家能源局领导提出中国式的页岩气革命须稳步前行[89]。但愿是在快速前进中的"稳步"，是大步流星！据中国地质大学科学家介绍，到2014年4月我国专门进行页岩气勘测的井位共322口，包括调查井108口、探井118口、评价井96口。经水力压裂和测试，日产超万m^3的38口、超10万m^3的18口。2014年末，中国石化报告我国页岩气自主开发的配套技术已初步形成[107]。相信一旦取得在崇山峻岭开发页岩气也轻车熟路的技术突破，我国页岩气资源勘探、研发和开采一日千里的辉煌局面必指日可待！

4. 我国煤层气开发利用——煤层气（煤矿瓦斯）同属非常规天然气之一，既是能付诸利用的优质清洁能源，也是威胁煤矿安全生产的罪魁祸首，过去仅以回避方式增加通风排气以避免事故。可是煤矿瓦斯爆炸事故仍时有发生。例如2013年3月12日贵州六盘水市水城县水矿集团格目底公司马场煤矿发生瓦斯爆炸，25人罹难。新中国成立以来到2012年底，全国煤矿发生一次死亡百人以上特大恶性事故22起，其中瓦斯爆炸事故20起，造成3057人死亡[103]。煤矿瓦斯中，甲烷含量大于90%，1m^3瓦斯所含热量大于8000千卡。第1章已阐明甲烷对大气的温室效应是CO_2的22～23倍。美国、澳大利亚等主要产煤国煤矿瓦斯抽采率均在50%以上，我国"十一五"末的抽采率仅及23%，地面抽采率更少，当时每年采煤排放到大气中的甲烷约达200亿m^3，据测算每利用1亿m^3，相当于减排$CO_2$150万吨。目前我国已加大煤层气开发利用力度，抽采量达到114亿m^3，在全球率先实施了煤层气国家排放标准。我国埋深2000米以浅的煤层气地质资源量约36.81万亿m^3，居世界第三位。抽排瓦斯的甲烷浓度分水岭为25%，分成高浓度瓦斯和低浓度瓦斯。前者主要用于民用燃料、发电和锅炉燃料，利用率可达70%～80%；后者仅能用于发电，但过去往往成本高昂致得不偿失，目前利用率可能仅及20%左右，正在创新利用途径。2010年全国累计施工煤层气井3600多口，煤层气年产量超过7亿m^3，产能超过25亿m^3。经过多年攻关，我国地面煤层气钻探、测试、排采等技术均已取得可心如意的进步。例如羽状水平井已推广应用、一些地区的煤层气地面开发已攻克无法抽采利用、抽采利用成本高的难题。然而直到2014年，推进煤层气开发利用仍存在不少瓶颈问题，如矿业权重叠纠纷不断、部分政策难落实、资金支持力度不足且多怠期、行业标准体系建设滞后等[97]。

扩大煤层气利用，首要目的在于保障煤炭生产安全。1996年国家成立专门的煤层气公司，赋予对外专营权，探索适应我国煤层气资源条件的地面抽采技术。国土资源部相应设置了一些煤层气矿业权，支持煤层气地面抽采发展。2006年国务院办公厅发布《关于加快煤层气（煤矿瓦斯）抽采利用的若干意见》，出台了一系列政策措施，进一步加大煤层气抽采利用力度，强化煤矿瓦斯治理。2007年国土资源部发布

《关于加强煤炭和煤层气综合勘查开采管理的通知》，在保障煤炭工业发展的同时，促进煤层气产业发展。可惜到 2010 年全国矿井地面抽采率刚达 5 亿 m^3，仅达"十一五"规划地面抽采率目标的 1/4。

2011 年 11 月 26 日，国家发改委和国家能源局发布《煤层气（煤矿瓦斯）开发利用"十二五"规划》以指导我国煤层气开发利用、引导社会资源配置、决策重大项目、安排政府投资等。该规划指出"十一五"期间的主要成就有：

（1）2010 年，煤层气产量 15 亿 m^3，商品量 12 亿 m^3。新增煤层气探明地质储量 1980 亿 m^3，是"十五"时期的 2.6 倍。

（2）2010 年，煤矿瓦斯抽采量 75 亿 m^3、利用量 23 亿 m^3，分别比 2005 年增长 226%、283%。

（3）2010 年与 2005 年相比，煤矿瓦斯事故次数、死亡人数分别下降 65%、71.3%，10 人以上瓦斯事故、死亡人数分别下降 73.1%、83.5%。

（4）全面提升了相关科技创新水平，加大了政策引导和管控力度，逐步完善了煤层气研发体系和领导体制等。

该规划提出的发展目标是：到 2015 年，煤层气产量达到 300 亿 m^3，其中地面开发 160 亿 m^3，基本全部利用；瓦斯抽采 140 亿 m^3，利用率 60% 以上；瓦斯发电装机容量超过 285 万 kW，民用超过 320 万户。"十二五"期间新增探明地质储量 1 万亿 m^3。

2013 年 3 月 11 日，国家能源局发布《煤层气产业政策》，明确了煤层气产业发展的政策导向，对科学高效开发利用煤层气资源、促进煤层气产业快速健康可持续发展将凸显瓜熟蒂落的效果。前引《行动计划》调整为"到 2020 年，煤层气产量力争达到 300 亿 m^3"。

5. 致密气开发——早在 1971 年，四川盆地川西地区就已发现中坝致密气田；20 世纪 90 年代中期已知鄂尔多斯、四川、塔里木三大盆地为我国致密气资源丰裕地区。2013 年我国致密气产量已达 300 亿 m^3，占全国天然气总产量 1/4 以上。致密气可采储量为 1.8 万亿 m^3，约占全国天然气可采储量的 1/3。据国家规划，2015 年致密气产量将达 500 亿 m^3，2020 年产量达 800 亿 m^3，届时页岩气产量仅达 200 亿 m^3。有学者呼吁非常规天然气须平衡发展，不宜厚彼而薄此[89]。

6. 预测 2040 年——图 7 – 6 是美国能源信息机构（EIA）2013 年 7 月对中国、美国和加拿大的页岩气生产现状描绘和远至 2040 年的生产状况预测。图中显然低估了我国的未来发展成就，但却值得我们警惕这一尚无法眼前证实的趋势。我国人口规模远大于美国的现实，要求我们的页岩气生产无论如何须厉兵秣马，排除万难，急起直追！

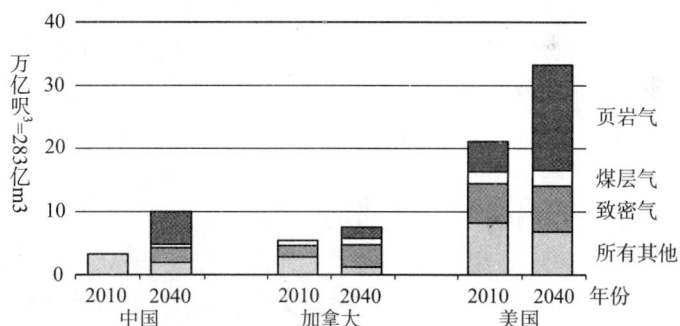

图 7 – 6　非常规天然气（页岩气、煤层气和致密气）产量
（据：EIA. International Energy Outlook 2013，2013 – 07 – 25，p. 32）

7 – 3 – 2　地热能藏器待时

1. 地热资源和利用概况——地热能是地球蕴藏的巨大能源，来自重力分异、潮汐摩擦、化学反应、熔融岩浆和放射性元素衰变等。地热能的储量硕大无朋，离地球表面 5000m 以浅，15℃ 以上的岩石和液体的总含热量，据推算约为 14.5×10^{25} 焦耳，大致相当于 4948 万亿吨标煤释放的热量，约为全球所储煤炭赋能的 1.7 亿倍[91]。每年从地球内部经地表散失的热量，相当于 1000 亿桶石油燃烧产生的热量。仅在美国钻地 10km 所获地热能即达 10×10^{24} 焦耳[102]。1904 年意大利佩斯卡拉（Pescara）地热田 0.55kW 发电装置试验成功，乃利用地热发电的滥觞。1924 年日本开始试验 1kW 地热蒸汽发电，并于 1966 年在松川建成 2 万 kW 商用地热电站；1958 年新西兰的北岛开始用地热源发电（目前为 212MW）；1960 年美国在加利福尼亚州盖瑟地热田建成 1.1 万 kW 发电机组，1980 年初已发展为 90 万 kW，目前输出功率有 1300MW。1980 年全球地热发电装机总量已达 250 万 kW[92]。2011 年回顾全球地热能开发利用逐年拓增情景如图 7 – 7 所示。

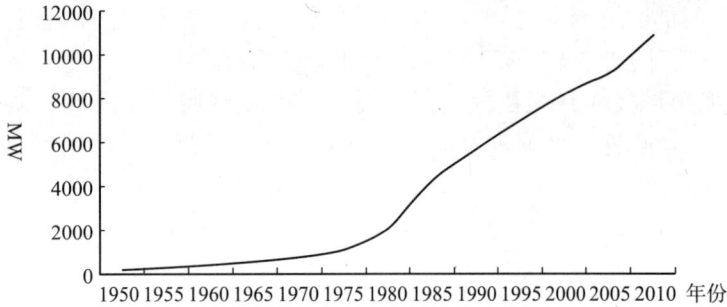

图7－7　全球地热能开发应用规模逐年扩大态势

（据：IEA. Technology Roadmap – Geothermal Heat and Power, 2011）

2. 地热能功过是非——与煤炭、石油、天然气等传统化石能源相比，地热能源量大面广、可再生和基本清洁；与风能、太阳能、潮汐能等相比，地热不受天气、季节变化影响；与页岩气、煤层气等相比，其稳定性、连续性和利用率均大莫与京。况且地热在使用过程中几乎与 GHG 绝缘，天然地成为环保之友。与其他可再生能源相比，地热发电的利用效率可达 72%。

不过地热发电也存在如下缺陷：①地热不易集中供热，蒸汽温度和压力较火力发电低，冷却水用量却多于火电，且造成周围环境热污染；②为降减热污染而引入冷却塔，但西方专家认为有可能引发地震，因而须始终严密监测；③从冷却塔排出的废蒸汽和废水，有可能含有毒成分；④地热虽属于可再生能源，但再生过程较慢；⑤由于取用的水多于回注的水，长期地热发电可能会导致地面沉降；⑥目前地热发电研发成本仍较高；⑦钻孔过程或导水入地下岩石可能引发地震活动[93]；⑧地下水可能将大地深处的盐、硫化物、砷、铅等有害重金属，甚至放射性元素带到地表，也可能污染地下水[93]。当然无关宏旨，这些缺陷常可通过对症下药的科技手段加以回避或化解。

7－3－3　地热能变故易常

1. 地热能功能分类——地热能的利用有地热发电、地热采暖、地热助农、地热医疗、地热旅游等多个领域。一般把高于 150℃ 的称为高温地热，主要用于发电。低于此温度的为中低温地热，通常直接用于采暖、工农业加温、水产养殖、沐浴、温泉疗养度假等。

地热资源按赋存形式分为四种类型：（1）热水型，即地球浅处（地下 100m～4500m）所具热水或水蒸汽；（2）地压型地热能，即在某些大型沉积盆地深处（3～6km）存在的高温、高压流体，其中含大量甲烷；（3）干热岩地热能，由于特殊地质构造条件造成高温但少水甚至无水的干热岩体；（4）岩浆热能，即储存在高温（700～1200℃）浩瀚无际熔融岩浆体中的热能。按地热水的温度区分，地热能可分为高温型（＞150℃）、中温型（90～150℃）和低温型（＜90℃）3 类，高温地热资源主要用于地热发电，中、低温地热资源主要用于地热直接利用。如果更细致划分用途，则进入人类商业应用的按温度等级：

①200～400℃ 直接发电、热电联供或综合利用；

②150～200℃ 双循环发电，制冷，工业干燥，工业热加工；

③100～150℃ 双循环发电，采暖，制冷，工业干燥，脱水，回收盐类，食品工业；

④50～100℃ 采暖，温室培育，家用恒温热水，工业干燥；

⑤20～50℃ 沐浴，温泉疗养，水产养殖，牲畜饲养，土壤加温，脱水加工等。

2. 地热能游刃有余——目前地热能利用的典型方式有三种：地热蒸汽发电、直接利用中低温流体（如地热供暖、地热助农、地热医疗、地热旅游）和地源热泵：

（1）地热发电：目前开发的地热资源主要是蒸汽型和热水型两类，地热发电也区分为两大类。其中，地热发电的主要形式是热水型发电，仍然是利用高温热水将系统内的循环水系变为蒸汽，然后用蒸汽所携带的热能转变为机械能，最后将机械能转变为电能。到 2010 年末，全球已有 24 个国家建有地热电站，其装机总容量和年发电分别为 10715MW 和 612MW，而我国高温地热发电总装机容量仅为 25MW，在世界排名 16 位。我国自 1970 年 10 月第一座实验性地热电站在广东丰顺建成投产后，陆续建成湖南宁乡灰汤、西藏羊八井、那曲、郎久等地热电站。

（2）直接利用中低温流体：地表浅层是个巨大的太阳能蓄热器，收集着 47% 的太阳能，超过人类年用能量的 500 倍，且与地域、资源条件无关。中低温流体可直接用于地热供暖、农业助力、地热医疗等领域。据美国地热资源委员会（GRC）1990 年的调查，世界上 18 个国家地热水的中低温直接利用约相当于

1137 万 kW。

①地热供暖：将地热能直接用于采暖和供应热水是与地热发电并驾齐驱的地热利用方式。这种利用方式简单易行、经济性好，备受各国重视，特别是位于高寒地区的西方国家。后文将说明的地源热泵是目前广泛流行的采暖和制冷功能兼而有之的系统工程。

②地热助农：地热在农业中的应用范围十分广阔。如利用温度适宜的地热水灌溉农田，可使农作物早熟增产；利用地热水养鱼，在 28℃ 水温下可加速鱼的育肥，提高鱼的出产率；利用地热建造温室，育秧、蘑菇培育、种菜和养花；利用地热给沼气池加温，提高沼气的产量等。地热能直接用于农业，其增产助农效果将日益显现。地热干燥是地热能直接利用的重要途径，如生产脱水蔬菜和方便食品等。水产养殖所需的水温不高，一般低温地热水就能满足需要。生产性养殖一般采用地热塑料大棚，以鱼苗养殖越冬为主；观赏性养殖多在动物园放养各种珍稀热带鱼类品种供人观赏。利用地热孵化家禽种蛋、育雏和种鸡喂养等，省电之余还能助幼禽生长加快。

③工业应用：工业生产中需要大量的中低温热水，地热用于工艺过程是比较理想的方案。我国在干燥、纺织、造纸、机械、木材加工、盐分析取、化学萃取、制革等行业中都有应用。

④地热医疗：温泉含有各种矿物元素，充分发挥地热的医疗作用，发展温泉疗养行业已是全球旅游界驾轻就熟业务。温泉浴对关节炎、高血压、胃及十二指肠溃疡、心血管病、神经衰弱、支气管炎及各种皮肤病有良好的治疗效果，并对各种老年病的康复和预防老年痴呆有一定作用。浴疗水温高于皮肤温度，可兴奋交感神经，使皮肤血管扩张，脉搏加速，缓解肌肉痉挛，促进身体新陈代谢，另外温泉浴有明显的降血脂作用，使血管输液功能增强，提高机体内分泌功能和调节神经系统功能，延缓血管硬化，添年益寿。与此同时，又能全面带动地热旅游的发展，在温泉度假村营造生态文明示范区的积极性势将应运而生。

（3）地源热泵：地源热泵原理最早出现在 1912 年瑞士佐伊利（H. Zoelly）的专利文献中，是一种利用地下浅层地热资源，实现向建筑物提供采暖、制冷和生活热水的高效节能环保型空调技术。地下 300m 以浅土壤和地下水中所蕴藏的浅层地热能具有分布广、可循环再生、储量大、热流密度大、容易收集和输送、参数稳定（流量、温度）、使用方便、不受地域限制、不排放任何废弃物、不污染地下水，不影响地面沉降、能效比其他常规供暖制冷技术可节能 50% ~ 60%，运行费用可降低 30% ~ 70% 等优点。有着独特的低碳环保特征。在冬季，把地能中的热量"取"出来，提高温度后，供给室内采暖，同时储存冷量，以备夏用；夏季通过热泵对室内进行降温，同时把室内的热量释放到地下，储存热量，以备冬用，大地在整个循环中起到蓄热器的作用。系统中 70% 能量是从大地获得的可再生能源[94]。

2009 年，世界地源热泵的年利用能量达到 214782TJ（1 太焦耳 = 10^{12} 焦耳），比 2005 年增长 2.45 倍，平均年增长率达到 19.7%；地源热泵的设备容量，5 年间增长 2.29 倍，平均年增长率为 18.0%。

地源热泵的系统分类如图 7 - 8 所示。其中包括地表水源热泵、地下水源热泵和土壤源热泵三类[94、105]：

①地表水源热泵：热源是池塘、湖泊或河溪中的地表水。分开式系统和闭式系统两种方式。在低温地区仅能用闭式系统。地表水源热泵造价较低、泵耗能低、维修方便以及运行成本少，但易受自然条件约束。开式在公用河流里的裸露管道或水中设备易受损害。若河流、湖泊水量过小或过浅，水温将随气候变化较大，易致效率低下，降低制冷或供热能力。这类技术多用于沿海

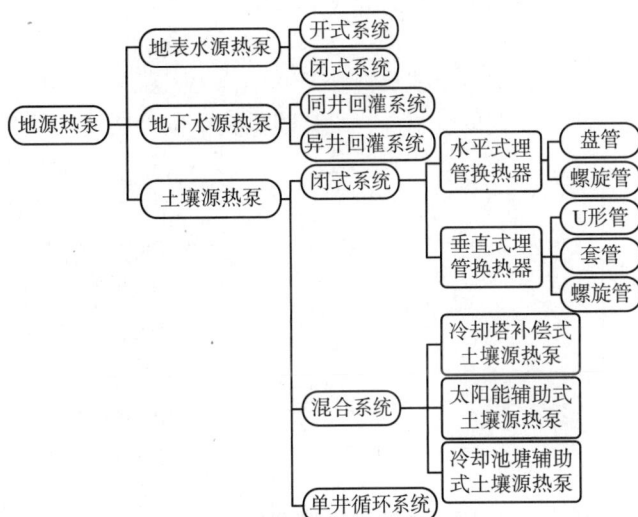

图 7 - 8　地源热泵的类型及其系统结构

（据：袁艳平. 地源热泵研究现状与发展趋势. 中国地源热泵网，www.ayrpw.com，网传 ppt，2011 - 9。引用时略做调整）

城市。

②地下水源热泵：热源是从水井或废弃矿井中抽取的地下水。最常用的系统形式是一侧连接地下水，一侧连接热泵机组（板式换热器）。早期地下水系统采用同井系统，地下水经过板式换热器换热后直接排放，缺点是浪费地下水资源，且易造成地层塌陷或引发地质灾害。后来发展了异井回灌系统，一井抽水，另一井回灌。地下水热泵使用最多的是深为50m以内的浅井，有水井间安排紧凑、占地小、技术较成熟，且造价比下面的土壤源热泵低等优点。缺点是可供的地下水有限、水处理要求严格、抽取的地下水须全部回灌而不能受到污染。现在更多采用的是1抽2回或2抽3~4回技术，目前在东北一些城市采用较多。

③土壤源热泵：是利用地下岩土层中热量进行封闭路径循环的热泵系统。热泵的换热器埋于地下，与大地进行冷热交换。它通过循环液（水或以水为主要成分的防冻液）在密闭地下埋管中的流动，实现系统与大地之间的传热。冬季供热时，流体从地下收集热量，再通过系统把热量带到室内。夏季制冷时系统逆向运行，即从室内带走热量，再通过系统将热量送到地下岩土层中。一种通用的地源热泵空调系统示意见图7－9，其中含用户末端回路、制冷剂回路、地热换热器回路和生活热水回路等。

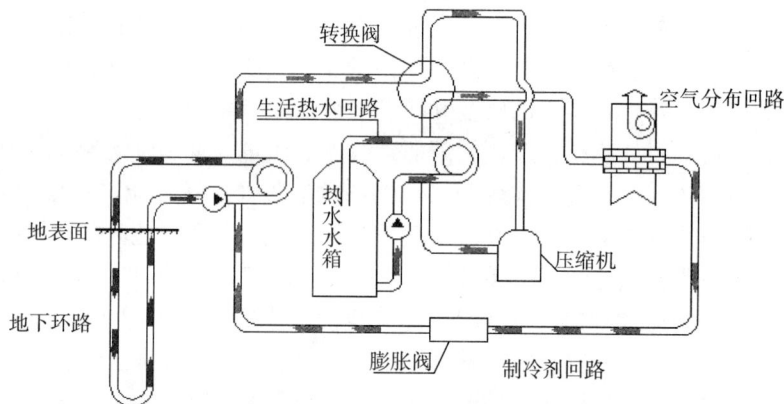

图7－9　地源热泵空调系统的一般结构

（据：山东建筑大学建筑城规学院建筑技术教研室．绿色建筑概论，网传课件 ppt，114 页）

封闭式地下热交换器的布置形式主要有水平埋管和垂直埋管两类。另一种蛇行埋管形式，但不常用。水平埋管换热器有盘管和螺旋管两种形式，一般埋设深度为 1.5~3.0m。造价较低，使用广泛，但需较大场地、运行性能不够稳定、泵耗能高、系统效率较低。垂直埋管换热器采用 U 型管、套管和螺旋管等形式，其埋管深度分浅层（小于30m），中层（30~100m）和深层（大于100m）3 种。这种热泵系统占地面积小、需要的管材少、泵耗能低，单位管长换热量高于水平埋管，但造价较高。

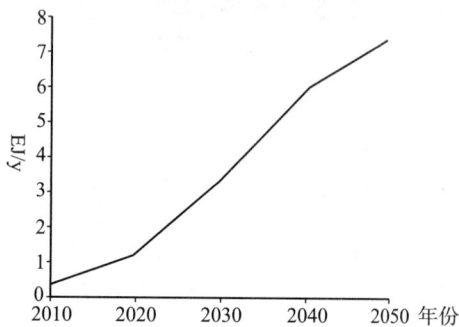

图7－10　IPCC 预测地热资源发电
（1EJ/y＝1 艾焦耳/年＝10^{18}焦耳/年）

（据：IEA. Technology Roadmap: Geothermal Heat and Power, 2011, p. 42, F. 17 改绘）

3. 地热能源利用前瞻——地热具有巨大的发电潜力，预计到 2050 年地热发电装机容量有望达到 70GW，若采用新的技术，则装机容量可以翻一番，届时地热发电可以提供全球 8.3% 的电力供应。美国人对其本国的估测是，到 2050 年的装机容量可达 10GW，相当于 200 个大型火电站的总功率，因而美国政府计划在未来 25 年关停一批旧式电站而代以地热电站[89]。如果用地热发电替代燃煤发电，至 2050 年将可每年减少 CO_2 排放 10 亿吨；若替代天然气发电则可每年减少用 5 亿吨天然气。2011 年 8 月，IPCC 据全球各种地热资源开发利用的数据预测了未来 40 年地热资源利用发电增长态势，载所撰《可再生能源和气候变化缓解》（不包括地源热泵）。IEA 引用后如图 7－10 所示。从此图可预料全球地热资源发展的乐观前景。

7-3-4　中国地热资源开发　异彩纷呈

1. 我国地热能源蕴藏丰富——以中低温地热资源居多，主要分布在地质构造活动带和大型沉积盆地之中，前者资源量较集中，如藏、滇、川和东南沿海以及辽东—胶东一带；后者资源分布面广，如京、津、陕、冀等地区。仅中东部沉积盆地中就探明地下热水资源491.7亿 m^3，蕴涵的能量相当于18.54亿吨标煤。据测算：全国主要沉积盆地2000m以浅储藏的地热能相当于2500亿吨标煤热量。

2. 我国地热能研发加速——我国多数地区均具备开发浅层地热能的资源条件。据初步估算，287个地级以上市每年浅层地热能可利用资源量相当于3.56亿吨标煤，扣除消耗电量，相当于可节能2.48亿吨标煤，减少 CO_2 排放6.52亿吨。全国12个主要沉积盆地地热资源储量折合标煤8530亿吨，全国2562处温泉排放热量相当于每年452万吨标煤。在现有技术条件下，每年可利用热量相当于6.4亿吨标煤，可减少排放 $CO_2$13亿吨。我国大陆3000m至10000m深处干热岩资源相当于860万亿吨标煤，是我国目前年度能源消耗总量的26万倍。在3000多处温泉宝地中，约有2200处温度高于25℃。目前，我国地热资源开发利用在供暖、供热水、医疗保健、洗浴、娱乐、温室、种植、养殖及工业应用等方面均达到一定规模，其中供热采暖占18.0%，医疗沐浴与旅游保健占65.2%，种植与养殖占9.1%，其他占7.7%，初步形成地热产业。但目前我国地热开发利用仍较薄弱，地热能在能源结构中的占比尚不足0.5%。

我国地热中低温利用技术已经达到了国际领先水平，对地热非电直接开发利用已居世界首位，地源热泵在我国也已得到广泛应用。在印尼巴厘岛举行的2010年世界地热大会上发布的信息指出，中国是全球利用地热能规模最大的国家，世界排名第一，其次是美国、瑞典、土耳其、日本、挪威、冰岛、法国、德国和荷兰。世界地源热泵应用的前5个国家是美国、中国、瑞典、挪威和德国。到2010年末，我国浅层地热能供热或制冷面积达到1.4亿 m^2，全国地热供热面积达到3500万 m^2，我国高温地热发电总装机容量25MW，沐浴和种植利用地热热量约合50万吨标煤；各类地热能总贡献量合计500万吨标煤。已经基本形成以西藏羊八井为代表的地热发电、以天津和西安为代表的地热供暖、以东南沿海为代表的疗养与旅游和以华北平原为代表的种植和养殖的开发利用格局。"十一五"时期浅层地热利用面积劲升态势如图7-11所示。2012年我国浅层地热能应用面积已达3亿 m^2。

我国地热开发利用和地热产业规划的长期目标与任务是：高温地热发电装机达到75~100MW；勘探开发高温地热200~250℃以上深部热储主要在藏、滇。力争单井地热发电潜力达到10MW以上，单机发电10MW以上。地热中低温开发利用的长期目标与任务是：地热采暖达到2200~2500 m^2，主要在京、津、冀和环渤海经济区、京九产业带、东北松辽盆地、陕中盆地、宁夏银川平原地区发展地热采暖、地热高科技农业，建立地热示范区。单井地热采暖工程力争达到15万 m^2。

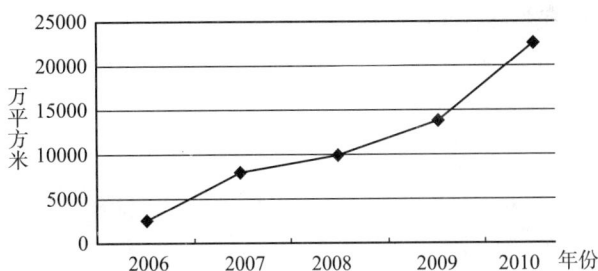

图7-11　我国浅层地热利用面积逐年提高
（据：发改委．中国可持续发展国家报告，2012-6）

作为可再生清洁能源，地热能已纳入《可再生能源发展"十二五"规划》。计划到2015年完成地源热泵供暖（制冷）面积5.8亿 m^2，全国地热能利用总量达到1500万吨标煤，其中地热发电装机容量争取达到10万kW，浅层地热能建筑供热制冷面积达到5亿 m^2，相当于5269万吨标煤。地热能利用总量将占中国能源消耗总量的1.7%，每年可以减少排放 CO_2 等1.8亿吨。2013年3月，国家发改委发布《促进地热能开发利用的指导意见》并成立国家级地热能研发中心。我国企业更在摩拳擦掌，跃跃欲试，形势喜人。据上文所引国务院2014年年中发布的《能源发展战略行动计划（2014~2020年）》要求："到2020年，地热能利用规模达到5000万吨标煤"。

3. 我国各地地热能研发现状——

（1）先进地热能利用浏览：截至2011年3月，我国应用浅层地热能供暖制冷的建筑项目2236个，地源热泵供暖面积达 1.4 亿 m²，80% 的项目集中在京、津、冀、辽、豫、鲁等地。在北京，利用浅层地热能供暖制冷的建筑约有 3000 万 m²，沈阳则已超过 6000 万 m²。2010 年，北京市地源热泵工程安装总面积达 3500 万 m²。奥运工程共建设了 4 个地源热泵项目[106]。安徽全省浅层地热能应用建筑面积已达 732.6 万 m²。该省"十二五"可再生能源建筑应用规划中提出，要推广可再生能源建筑应用面积 8000 万 m² 以上。上海先后制定《浅层地热能调查评价和监测》、《上海市浅层地热能开发利用规划》、《上海市地源热泵系统工程技术规程》等一系列文件，应用浅层地热能规模和技术一直走在全国前列。上海世博会的标志性和永久性保留建筑物——世博轴，采用的就是中国目前最大规模利用地源热泵和江水源热泵技术的中央空调，比燃气空调制热节约 30% 运行费，制冷提高效率 7%、实现节能 21.8%，相当于每天比传统空调系统节电 1 万 kWh。广东为各地的地源热泵发展做了较多贡献，从 2003 年开始地源热泵的制造企业和销售市场逐年上升，目前已成为中国热泵行业最主要的生产基地和消费市场，其热泵企业数约占全国半数以上，且集中了超过 80% 规模较大的企业。据估算，广东热泵产业的产能至少占全国总量的 65% 以上。

天津、沈阳、西安等均为地热供暖的典型领军城市。天津地热资源分布于城区和周边地区的面积占全市总面积 77%，目前地热供暖面积已达全市集中供暖面积的约 15%，促进了该市生态城市建设。河北保定的雄县，利用地热进行集中供暖已经有 20 年，2010 年集中供热面积达 110 万 m²，占总供热面积的 2/3 左右。截至 2010 年底，山东采用制冷与供热兼顾的技术措置，面积达到 800 万 m²，多用于学校、医院、办公场所、展览馆、住宅小区，其中潍坊、日照、临沂、枣庄、淄博等遍地开花。全省有地源热泵生产企业数十家，产品涉及水源、土壤源、污水源热泵机组。

（2）温泉星罗棋布：我国 3000 多个温泉分布在华夏天南地北，各地常以本地的温泉优势自出机杼，如"中国温泉之乡"美誉的地方至少有 7～8 处之多（如福州、重庆、广东清远、南京附近的汤山、湖南的浏阳等）。许多地区围绕温泉做综合开发的文章，而不局限于单一的休闲目的。例如山东临沂市 2011 年 3 月的《地热资源勘查开发利用规划（2011～2020）》要求重点开发以能源利用为主的供暖项目和以休闲、养生为主的旅游度假项目，支持发展新农村建设的地热利用，控制发展单一洗浴、浪费资源的消耗性项目，大力发展浅层地温能，服务城市宜居环境和旅游服务业发展。广东是国内地热资源最丰富、热矿水天然出露点最多的"温泉经济大省"。目前主要以温泉洗浴带动旅游产业发展为主，远未达到国务院关于发展战略性新兴能源产业的要求。为此，广东拟多管齐下，着力推进全省地热资源利用产业化。

7-4 核能安全发电 高科绿色能源

7-4-1 核能发展现状

1. 基本知识——

（1）基础：自然界原子序数最大的元素是铀，据估计铀在地壳中的可采储量约有 526 万吨。天然的铀由 3 种同位素构成，可作为核电燃料的铀－235 仅占其中 0.71%；大部分是铀－238，还有微量的铀－233（约占 0.0058%）。虽然铀－238 不能作为燃料，但其原子核俘获 1 个中子就会变成钚－239，钚－239 却能完成裂变。1 个可裂变原子核在俘获 1 个中子后形成 1 个复合核，复合核经过短暂时间不稳定激化阶段后，分裂成两个碎片，同时放出中子和能量，这个反应过程叫裂变反应。复合核从变形到分裂需要能量，所需的最小能量叫裂变临界能量。

如果入射中子的结合能大于复合核的裂变临界能，则该核易裂变。简言之，核裂变就是 1 个重原子核俘获 1 个中子后分裂成两个轻原子核的过程。每次核裂变均会释出大量能量，同时产生 2～3 个新的中子；新的中子群又更多更广地促使重原子核裂变，形成一种"雪崩式"的"链式反应"。说时迟，那时快，原子弹的爆炸就这么如汤沃雪，变生瞬息。科技鬼设神施，居然在 1954 年，在苏联实现了受控核裂变，这就是后来像雨后春笋般遍布发达国家和部分新兴市场经济国家核电站的心脏——核反应堆。

自然界中只有 3 种核燃料：铀 -235、铀 -233、钚 -239，其中只有铀 -235 是天然的核燃料。其余两种是由钍 -232 和铀 -238 俘获中子后再经 β 衰变分别转变而来，地壳中钍 -232 的储量也有 275 万吨。因此又称钍 -232 和铀 -238 为可转换核素。在这一意义上，核裂变能加上下文将提及的核聚变能，其能源实际效果与可再生能源的贡献初无二致。虽镭 -226、钋 -210 也是天然放射核素，但不适合做燃料。

（2）核电的优势：核电是一种清洁、高效、优质、安全、绿色的新能源[137]。发展核电对优化能源结构、保障国家能源安全具有重要意义。根据国际原子能机构（IAEA）的报告，一座装机容量为 1000MW 的燃煤电厂，每年要耗标煤 250 万吨，所排放的废物有：$CO_2$650 万吨（含碳 200 万吨），$SO_2$1.7 万吨，NO_x4000 吨，煤灰 28 万吨（其中含有毒重金属约 400 吨）；运输燃煤需 1000 列火车；而同样规模的一座压水堆核电站，每年仅消耗低浓铀 25 吨（相当于天然铀 150 吨），运输能力仅需 1 节车皮；所排放的废物为：经处理固化的高放废物 9 吨（体积约 $3m^3$），将被存放于地下深层与环境隔绝的岩井中，另有中放废物 200 吨、低放废物 400 吨。核电厂不排放 CO_2、SO_2 或 NO_x 和烟尘。煤中同样含有放射性物质如铀、钍、镭、钋等，原煤和废渣所含放射性活度远高于经过多层屏障的核燃料。广核集团苏州热工所网站提供的数据是：同为百万 kW 级的电站周围居民所受辐射剂量，煤电厂是核电站的 2.7 倍[120]。铀 -235 的原子核通过链式反应完全裂变放出来的能量是等量的煤在燃烧时释放能量的 270 万倍，且核电站的发电成本比火电厂低 30% 左右，初期计划的系统性投资规模与建设煤电基本上不相上下。

（3）核反应堆：最初用于试验的设施是用石墨砖和含核燃料的石墨块堆砌而成，后来用于发电和核潜艇动力的核反应堆也沿用堆名，分别称生产堆和动力堆。

为便于区分，按所用燃料分天然铀堆、浓缩铀堆和钍堆；按其中中子能量分快中子堆和热中子堆；按所用冷却剂分水冷堆、气冷堆、钠冷堆和有机堆；按所用慢化剂分石墨堆、轻水堆、重水堆、熔盐堆；按热工工质则分压水堆和沸水堆。

IAEA 于 2011 年 1 月公布的数据：全球共有核电站 442 座[141]，其中有 269 座为压水堆，发电装机容量 249GW（2.49 亿 kW），占核电总发电量的 65%。其次，有沸水堆 94 座、气冷堆 23 座、重水堆 40 座、石墨水冷堆 12 座、快中子堆 3 座。到 2013 年 6 月公布的数字，分在运（行）堆、在建堆、计划堆以及暂停堆和永久停运堆等几种类型。2013 年开始，全球又迎来核电发展的高潮（见表 7 -2），高潮的领军国家是中国、俄罗斯和美国。目前技术成熟、安全系数较高的压水堆是各国情有独钟的堆型：在运 437 座中，压水堆占 62.5%；而在建堆 67 座中的压水堆占 80.6%，处于压倒优势，其次是沸水堆。二者的内部结构如图 7 -12 和图 7 -13 所示。我国在建和计划中的堆型，压水堆几乎占 90% 以上。各国核电堆数见表 7 -3，我国台湾省的相应数据则附在表后。

表 7 -2　　　　　　　　　　　全球在运和在建反应堆及其净发电能力

堆型	PWR 压水堆	BWR 沸水堆	GCR 气冷石墨堆	PHWR 加压重水堆	LWGR 轻水石墨堆	FBR 快中子堆	HTGR 高温气冷堆
在运堆数	273	84	15	48	15	2	—
净发电能力 GW	252.2	78.1	8.0	24.0	10.2	0.6	—
在建堆数	54	4	—	5	1	2	1
建成后净发电能力（GW）	53.4	5.3	—	3.2	0.9	1.3	0.2

注：IAEA 说明，上述数据来自 2012 年 12 月 31 日前全球各成员国的通报。
（据：IAEA. Nuclear Power Reactors in the World，2013 -06 各有关数据综合）

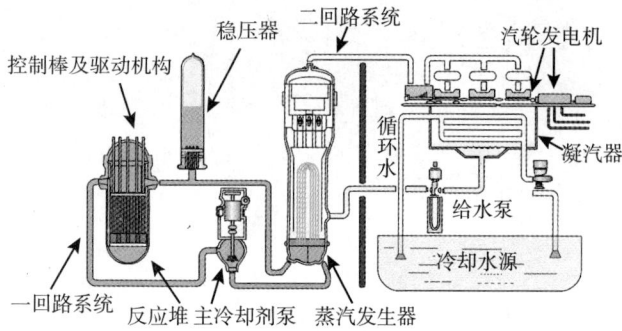

图7－12　压水堆核电站的基本结构

（据：曾旭华授课 ppt 网传课件 142）

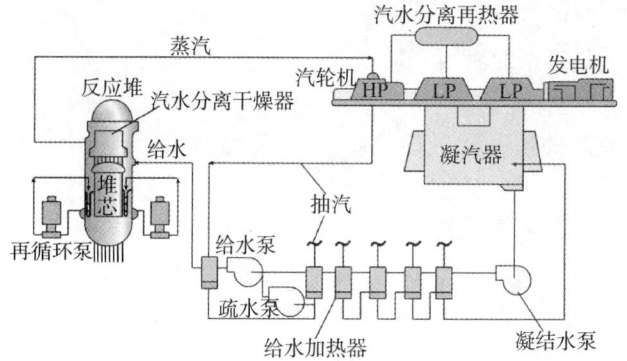

图7－13　沸水堆核电站基本结构

（据：同图7－12）

2. 四代核电形成——核电站的开发与建设开始于 20 世纪 50 年代。1954 年，苏联建成电功率为 5000kW 的实验性核电站；1957 年，美国建成电功率为 9 万 kW 的希平港原型核电站；这些成就证明了利用核能发电的技术可行性。国际上把上述实验性和原型核电机组称为第一代核电机组。国际上新核反应堆方案是核科巨匠们从来废寝忘餐的焦点[129]。

20 世纪 60 年代后期起，在试验性和原型核电机组基础上，陆续建成电功率在 30 万 kW 以上的压水堆、沸水堆、重水堆等核电机组，它们在进一步证明核能发电技术可行性的同时，使核电的经济性也得以证明：可与火电、水电竞争。20 世纪 70 年代，因石油价格暴涨引发的能源危机促进了核电的发展，2013 年世界上商运的 437 座核电机组大部分是在这段时期建成的，是为第二代核电机组。其中如压水堆是把烧结的像 7 号电池大小的 UO_2 芯块装进锆合金管，共组装 200 多根构成燃料组件，组件附有一束控制棒以控制反应速度。

表7－3　　　　各国在运/在建和计划核电反应堆及 2012 年发电能力

国家	在运堆数和总容量（MW）		在建堆数和总容量（MW）		建堆计划数和净发电量（MW）		2012 年生产核电（TWh）和占总发电量的（%）	
阿根廷	2	935	1	692			5.9	4.7
亚美尼亚	1	375					2.1	26.6
比利时	7	5927					38.5	51.0
巴西	2	1884	1	1245			15.2	3.1
保加利亚	2	1906					14.9	31.7
加拿大	19	13500					89.1	15.3
中国	17	12860	29	12860	38	~31770	92.7	2.0
捷克	6	3804					28.6	35.3
芬兰	4	2752	1	1600			22.1	32.6
法国	58	63130	1	1600			407.4	74.8
德国	9	12068					94.1	16.1
匈牙利	4	1889					14.8	45.9
印度	20	4391	7	4824			29.7	3.6
伊朗	1	915			3	~2160	1.3	0.6
日本	50	44215	2	2650	10	~13234	17.2	2.1
韩国	23	20739	4	4980	1	1340	143.6	30.4
墨西哥	2	1530					8.4	4.7
荷兰	1	482					3.7	4.4
巴基斯坦	3	725	2	630			5.3	5.3
罗马尼亚	2	1300					10.6	19.4
俄罗斯	33	23643	11	9297	26	~27779	166.3	17.8

续表

国家	在运堆数和总容量（MW）		在建堆数和总容量（MW）		建堆计划数和净发电量（MW）		2012 年生产核电（TWh）和占总发电量的（%）	
斯洛伐克	4	1816	2	880			14.4	53.8
斯洛文尼亚	1	688					5.2	36.0
南非	2	1860					12.4	5.1
西班牙	8	7560					58.7	20.5
瑞典	10	9395					61.5	38.1
瑞士	5	3278			1	1600	24.5	35.9
阿联酋			1	1345	1	1345	Na	na
英国	16	9231					64.0	18.1
乌克兰	15	13107	2	1900			84.9	46.2
美国	104	102136	1	1165	20	25724	770.7	19.0
总计	437	373069	67	64252			2346.2	平均 14.0

注：①总计量中包括中国的台湾省数据：在运 6 座，5028MW；在建 2 座，2600MW；2012 年共产核电 38.73TW，占该省该年电力总量的 18.37%。②越南计划新建压水堆核电站 2 座，总容量 2000MW。③到 2012 年 12 月 31 日已知纳入计划的反应堆共计 102 座，总装机容量 106962MW。④IAEA 说明，上述数据来自 2012 年 12 月 31 日前全球各成员国的通报。⑤2011 年 9 月我国大陆已经建成运行的核电站有 13 座，总装机容量 1000 万 kW，在建核电站有 28 座，总装机容量 2900 万 kW；2010 年核电占全国发电量的 1.1%。

（据：IAEA. Nuclear Power Reactors in the World，2013 - 6 各有关数据综合整理）

第三代核电设计始于 20 世纪 80 年代，其时核电站按照美国核电用户要求文件（URD）或欧洲核电用户要求文件（EUR）或 IAEA 推荐的新的安全法规设计，但其核电机组的能源转换系统（将核能转换为电能的系统）仍大量采用了第二代的成熟技术，一般能在 2010 年前进行商用建造。按核电发达国家趋向，第三代核电是当今国际上核电发展的主流，以我国从西屋公司引进的 2 项 AP1000（见图 7 - 14）和欧洲先进的单机容量达 175 万 kW 的 ERP 为代表。AP1000 的事故风险比第二代小 100 倍，关键在所设计的软件[123]；我国自主知识产权开发的运行与维护技术已可用于 AP1000 和欧洲 ERP 的现场运作[122、144]；并已证实符合国际标准[119]。与此同时，为了从更长远的核能可持续性发展着想，以美国为首的一些工业发达国家已经联合起来组成"第四代国际核能论坛"（GIF），进行第四代核能利用系统的研发，以快中子堆为代表。第四代是指安全性和经济性都更加优越，废物量极少，无需厂外应急，并具有防核扩散能力的核能利用系统，其目标是到 2030 年后能进行商用建造。这种增殖快堆的特点在于所用堆芯原料是不裂变的 U - 238，靠中子源撞击产生能裂变的钚，运行过程中产生新的易裂变燃料甚至超过已用掉的燃料量，从而在原理上可以不消耗易裂变燃料达到增殖效果。这对于日益稀贵的 U - 235 来说具有特殊的节约资源意义[132]。IAEA 为此编制了《应急准备和响应——（核电）事件和应急通讯工作手册》[145]，有不同文字的译本。四个世代的发展概况见表 7 - 4。

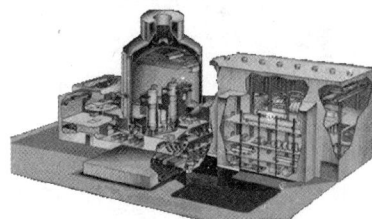

图 7 - 14　AP1000 内部结构（美国西屋电气设计，1250MW 先进压水反应堆）

表 7 - 4　　　　　　　　　　　　　　　**核电发展的四个世代**

世代顺序	20 世纪年代	堆型特点	发展现状	前景估测
1	50～60	原型堆		
2	70 年代至目前	多种堆型纷纷诞生，压水堆为主力堆型	运行业绩好，继续增效延寿，将继续占据全球核电堆型约 30～40 年	仍在较大规模建堆，安全规范将提高
3	90 年代至目前	大幅提高安全性/经济性的新堆型，典型 ACP1000/EPR	安全：经济：额定功率（1～1.5）103MWe 可利用因子 >87%；换料周期 18～24 月；寿命 60 年；建站耗时 48～52 个月。	市场前景看好，经验正积累和推广中，在建 8 座
4	90 年代后期至未来	快堆、改进的其他 6 种堆型	安全性能大幅上升，燃料节约利用，废弃物最少，能有效防止核扩散	估计 2035 年才能商用化

3. 核电近期发展——20 世纪 90 年代起，核电发展速度明显放缓。美国当时专一致力核电站安全维护而不新建；欧洲则热衷讨论核电厂退休。进入 21 世纪后，核电出现了较快发展势头。2007 年 12 月，全球在运反应堆 439 座，比 2002 年的 444 座微量下降，但发电能力却稳步上升，发电总量达 37117GW，占全球总供电量的 16%，许多国家达其总供电量的 1/3。日本因地震引发海啸造成的福岛核电站核泄漏事故后，德、日总共减少 180TWh 发电量，全球核能发电在总电量占比下降到 12%。德国宣布不再新建核电站，现有在运的 9 座核电站按计划到 2022 年全部停运；意大利也宣布弃核。据日本核能产业协会统计，

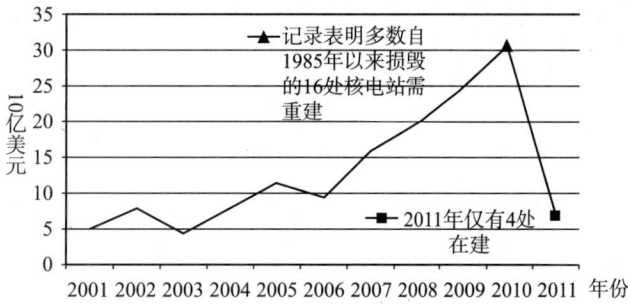

图 7 - 15　2011 年全球核电投资骤减
（据：IAEA）

截至 2012 年 1 月全球在运反应堆仅有 407 座（不含在建堆），而到年底，IAEA 的统计又已增至 437 座（见表 7 - 3）。日本政府 2012 年 9 月曾在《可再生能源及环境战略》草案中提出"早日摆脱核电依赖"，打算到 2030 年把核电从占电力近 40% 降到 15%，然后逐渐实现"零核电"。可是从表 7 - 3 得知，日本居然峰回路转、一仍旧贯，又加码新建和计划再建。但曾令所有核电先进国家瞠目结舌、目瞪口呆的福岛核电事故，却造成这一年核电投资锐减（图 7 - 15）。

4. 生面重开——美国 2005 年通过能源政策法，联邦政府积极鼓励建设新反应堆；英国政府在 2008 年 2 月宣布将投巨资发展核电，在 2020 年前，新建反应堆 6 个，把英国电力供应提高 18%。正在崛起的发展中国家能源需求旺盛，其核能增长最快，1999 到 2020 年间将增长 417%，尤其是发展中的亚洲，据该机构统计，未来 65 座在建或计划立项核电站中，2/3 分布在亚洲。印度运行核电机组 17 个，核电中占比为 216%，计划到 2020 年增加 20～30 个新核电机组。越南也将从无到有，未来数年建成两座核电站。据 IAEA 预测，到 2030 年全球核电所占份额将增加到 27%。据中国核能行业协会 2014 年年中报导，近期各国核动态中值得一提的几件大事是[125]：①俄罗斯 BN - 800 液钠冷却快中子堆首达临界，约 880kWh。开启了铀再利用先机；②美国核能管委会完成对日立 GE 第 3.5 代新型反应堆的审查，显示核技术升级；③日本东芝公司声明支持将在英国 Moorside 于 2024 年建 3 座 AP1000 机组的投资前期准备；④东芝公司计划通过旗下西屋电气公司向保加利亚提交一套核电机组。

表 7 - 5　　　　　　　　　　　　　　全球铀（U_3O_8）产量

2005 年产地	产量（吨）	占比（%）	2012 年产地	产量（吨）	占比（%）
加拿大	13610	28	哈萨克斯坦	13900	27.2
独联体/中国	13150	26	加拿大	9900	19.4
澳大利亚	11340	23	澳大利亚	8500	16.7
非洲	8160	17	纳米比亚	4623	9.1
美国	1360	3	俄罗斯	3611	7.1
其他	1360	3	尼日尔	3208	6.3
na			乌兹别克斯坦	2500	4.9
na			美国	1400	2.7
na			乌克兰	900	1.8
na			中国	750	1.5
na			南非	600	1.2
na			其他	1130	2.1
合计	48990	100	合计	51022	100.0

（注：产量吨均指 U_3O_8 对应的铀当量）
（据：IAEA 统计及日本能源经济所《能源及经济统计要览 2012》整理）

5. 铀源不断——目前全球可用铀资源年消耗 6 万吨，按现有探明储量估算，大约到 50～100 年后就能耗尽，除非抓紧勘探和不断发现新铀矿。新华社报道，国土资源部确认 2012 年在我国内蒙古中部大营地区发现国内最大规模可地浸砂岩型铀矿床[110]，极大地支撑了 2012 年 10 月 24 日经修改通过《核电中长期发展规划（2011～2020 年)》所确立的规划目标。表 7－5 比较了 2005 年和 2012 年的铀资源产量（U_3O_8)，全球出现许多新增产地。

7－4－2 我国核电发展

1. 规模和规划——到 2011 年底，我国已投入运行的核电机组共 15 台、装机容量 1254 万 kW；2012 年在建机组 30 台，装机容量 3273 万 kW，在建规模居世界首位。但目前中国核电发电量仅占总发电供需量的 2.0%，远低于 16% 的世界平均水平。我国基本具备百万 kW 级压水堆核电站自主设计、建造和运营能力，高温气冷堆、快堆技术研发已取得重大突破[2]。国务院曾在 2006 年通过《核电中长期发展规划（2005～2020 年)》，要求"十一五"和"十二五"期间重点建设百万 kW 级核电站。2012 年 10 月调整后的核电中长期发展规划，2020 年中国核电装机目标将达到 8000 万 kW[113]。目前虽然暂把核电选址战略目标放慢，但相信我国核电建设仍将迎来蓬景高潮[131]。2006～2020 年的 14 年里，中国增建 30 座核电站的雄心壮志是不会付诸东流的。初步的建设规模和计划如下：

正商运的核电站有：浙江秦山第三，已建成商运的部分秦山第二和秦山总站；广东大亚湾和岭澳，阳江一期；江苏一期田湾。

在建的核电站有：广东阳江二期，岭东；福建福清，宁德；浙江三门，秦山站和秦山第二扩建；山东海阳；辽宁红沿河。

已报批前期调研或论证的：广西防城港；海南昌江；广东台山；福建福清扩建二期，宁德二期；浙江三门二期；江苏田湾二期；山东海阳二期。

2. 水平——我国核能科学研究起步较晚，但目前大部分设备已可实现国产化，国内核电装备制造实力最强的三大集团分别是东方电气集团、上海电气集团及哈尔滨电站设备集团，基本形成上海、东北和四川三大核电设备制造基地；清华大学和上海交大、西安交大、哈尔滨工大等在核电设计理论和实践方面已逐步跻身世界最前沿；已全盘掌握百万 kW 级的第三代先进压水堆核电站的系统设计方法；通过自主化创造了多个世界第一[129]；初步掌握国际先进工程建设项目管理模式和核安全管理及监督的法规、制度、体系；我国核电站安全运行已基本达到国际先进水平；核燃料生产供应能力已实现核电站燃料组件国内供货；已全面掌握第二代及改进型核电技术和批量化建设百万 kW 核电站的能力。从 2009 到 2010 年，核电装机容量又实现大幅上升，突破 1000 万 kW。"十一五"期间我国核电装机容量增长情况见图 7－16。若从"十五"算起看核电站发电量的增长，则更能怡情悦性（见图 7－17)。不过，第三代核电研发、设计、检验、安全运行和管控的自主开创的计算机软件还需要 5～8 年之久[144]；百万 kW 级的核电机组已在落实安全举措后于 2014 年开工[122,127]；按家计划，到 2020 年我国将建 27 个百万 kW 级核电机组，所需新材料总投资超过 400 亿美元。

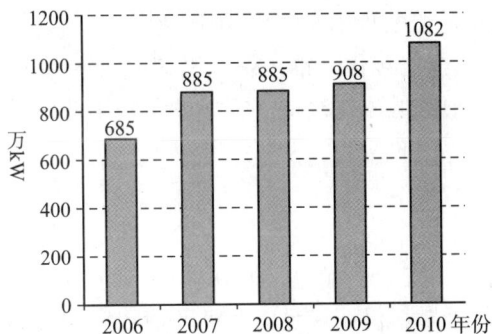

图 7－16　全国核电装机容量增长

（据：科技日报，2012－10－16，5 版的图改绘）

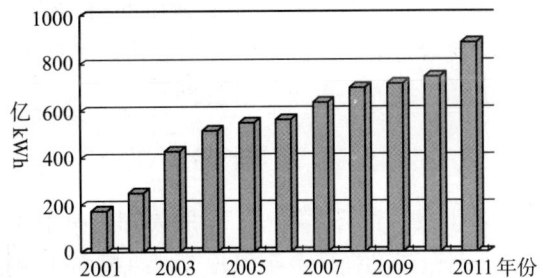

图 7－17　2001～2011 年我国核能发电量增长情况

2011 年底，世界核电规模复苏进行中，中国更走在全球最前列（图 7－18）。2014 年 7 月，中核集团透露，中核建中 400 吨核燃料元件扩建技改工程全线正式投产，实现从年产 400 吨金属铀到 800 吨的翻番跨越，跻身全球前列，可满足 30 座百万 kW 级压水堆核电机组换料需要。2014 年 10 月，我国在运核电机组 21 台，总装机容量 1902 万 kW；在建 27 台，装机容量 2953 万 kW。到 2020 年在运核电机组将达 5800 万 kW。"十三五"期间将陆续启动内陆核电站建设[114!]。20 多年来通过不同渠道为大亚湾、岭澳、秦山、田湾、福清、宁德、红沿河、阳江等核电基地提供了近 9000 组达到国际先进水平的高质核燃料组件。中核集团的中核北方核燃料基地拥有重水堆、AP1000 压水堆、高温气冷堆等 5 条已建或在建核燃料元件生产线[140]，已掌握世界主要类型的压水堆、重水堆等核燃料组件生产技术[117]。此外，中核集团还开发了自主知识产权的 CF 系列核燃料品牌，突破了元件自主设计和锆合金等技术问题[129]，计划在 2017 年陆续实现工业化[122]。有专家深中肯綮地提醒：发展内陆核电当心遇到水源不济问题[138!]。

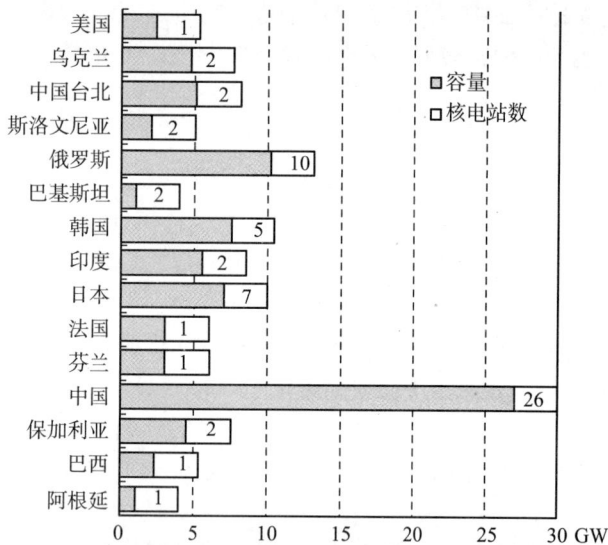

图 7－18　2011 年末全球在建核电站（灰柱为装机容量，数字为在建站数）

（据：IAEA）

3. 近期进展——

（1）广东核电：广东省核电发展一如既往地走在全国前列，提出打造全国首个"核电特区"，批量推进广东核电规模化发展。据规划，到 2020 年争取实现全省核电装机容量 2400 万 kW，在建 1000 万 kW 的目标。除供电多年的大亚湾核电站，2014 年 3 月 26 日阳江核电站 1 号机组正式投入商运。6 台机组全部建成后，年发电量 480 亿 kWh，年减燃煤消耗 1560 万吨，是目前全球最大在建核电站。

（2）后起之秀：2014 年 11 月 22 日，福建福清核电 1 号机组已完成 168 小时示范运行经监管部门批准后即可投入商运。福清 5 号核岛基坑自主创新的三代核电"华龙一号"于 2014 年年末通过国家能源局组织的评审。该设计集中了我国核电设计人才的聪明智慧，采用 177 个燃料组件的反应堆堆芯、多重冗余安全系统、单堆布置、双层安全壳，成为全球首屈一指的安全核电系统设计[122]。据悉先进的"华龙一号"计划到 2020 年底建成。

（3）中国拥有全盘自主知识产权的高温气冷堆核燃料元件已于 2014 年年末在荷兰佩滕核研究咨询集团检测成功，标志着中国又一先进堆型中的关键元件自主研发设计生产能力进入世界先进行列[119!]。该球形燃料元件直径约 6cm，由超高纯度的石墨组成，石墨中密布约 1.2 万个细微包覆燃料颗粒，每个颗粒直径小于 1mm，由热解碳层、碳化硅层等多层包覆来保护 UO_2 燃料核芯。这种包覆结构能保证燃料球内放射性物质不会危害公众安全。据悉该燃料元件即将用于山东石岛湾高温气冷堆核电站示范工程[119!]。2015 年初，百万 kW 级压水堆核电站控制棒驱动系统通过专家评审，表示反应堆的心脏实现了自主化/国产化[129]。

（4）我国目前已建立包括铀矿地质勘探、铀矿采冶、铀纯化转化、铀浓缩、核燃料元件制造、核发电以及乏燃料后处理、高放射性废液废物处理处置、高浓缩铀的低浓化改造等完整的科技工业体系。同时建立了完备和精细的核事故应对系统[114!]。

7－4－3　核电安全　警钟长鸣

1. 安全事故　惊心动魄——众所周知，核电虽然是清洁、安全、绿色，但并非严格意义上的绝对环保，有时甚至造成的损伤会年深月久，纠缠不休。核废料和乏燃料仍携带足以污染环境和影响人类乃至生物健康生存的放射性物质。因而核电的安全保证历来是一切产业运行中的重中之重[125]。经过科学家们凤夜匪懈的努力开拓，核电的安全水平已跃上几个新阶。例如第三代核电的堆芯热工安全裕量 >15%，堆芯损

坏概率 < 10^{-5}/堆年，大量放射性外泄概率 < 10^{-6}/堆年；第四代核电即使发生冷却剂故障而面临堆芯过热熔融危险时，也有内赋救助手段而不用外源应急举措。自从 1954 年有了实验原型核电以来，林林总总、大大小小发生 11 次核事故（见表 7 - 6）。其中有 3 次影响深远，包括三哩岛、苏联切尔诺贝利和日本福岛。三哩岛事故后，美国成立核电运行协会（INPO）以在可能发生事故时协同安全保证措施；切尔诺贝利事故后成立世界核电营运者组织（WANO），均为加强核电安全水平；直到 2013 年 IAEA 总在不遗余力发布核电安全规范/手册。日本遭里氏（Richter）7.9 级地震、引发海啸导致福岛核电站核燃料外泄，给当地日本人民带来巨大灾难受到世界上所有好心人的普遍同情，中国总理甚至冒着被放射线损害的风险去现场表达中国人民的关心。福岛核事故辐射渗透附近 40% 鱼不符食用标准。据英国广播公司（BBC）报道，日本福岛核电站附近海域的最新研究发现，辐射仍在继续向周边环境渗入（中新网 2012 年 10 月 26 日电）。《广州日报》2013 年 8 月 22 日报道，福岛核电站再次泄漏 300 吨巨毒辐射水，是 2011 年以来最严重的单次泄漏，每小时辐射水平是人体每年所能承受上限的 5 倍[111]。如此严酷危情不断，是可忍孰不可忍？福岛核事故后的环境损害速报，更忌讳躲躲闪闪、欲盖弥彰[125]！

表 7 - 6　　　　　　　　　　　世界历次与核电安全有关事件、事故

时间	发生地点	表现	损失和善后
1957 - 09 - 29	前苏联乌拉尔山中秘密核厂核废料库	大爆炸	不详，撤走居民 1.1 万人
1957 - 10 - 10	英国东北岸温斯凯尔核堆石墨堆芯	火灾，放射性污染英全境	至少 39 人因癌症死亡
1961 - 01 - 03	美国爱达荷州实验室核反应堆	爆炸	炸死 3 名工人
1967 - 夏	苏联用于储存核废料的卡拉察湖	干涸致放射性微粒趁风刮往各地	不详，撤走 9000 多居民
1971 - 11 - 09	美国明尼苏达州北方电力公司核堆废水储存设备	库存超限致使 5000 加仑放射性废水流入密西西比河，部分流入圣保罗市饮水系	不详
1979 - 03 - 28	美国宾州三哩岛压水堆核电站二号堆。	因机械故障和人为操作失误发生严重失水事故致堆芯熔化、大部元器件烧毁，放射性冷却水和颗粒外逸	幸好因事故冷却紧急注水装置和安全壳等设施发挥作用，排放到环境中放射性物质含量极小，并无人员伤亡，经损约 10 亿 ~18 亿美元
1979 - 08 - 07	美国田纳西州某处	浓缩铀外泄	1000 多人受伤害
1986 - 01 - 06	美国俄克拉荷马州的核电站	因错误加热发生爆炸	1 工人死亡，百人住院
1986 - 04 - 26	苏联切尔诺贝利核电站	大爆炸和严重泄漏，放射性云团沿上空直抵西欧上空；爆炸力将堆上 2 千吨重盖炸飞，释放微尘比广岛原子弹多 400 倍。	31 人当场死亡，203 人受伤，事故周围方圆直径 30km 的居民 135000 人被迫疏散，上万人因罹各种不治之症夭折
1999 - 09 - 30	日本东京东北部东海村铀回收处理现场	因严重核泄漏，正混合液体铀的工人们受到严重损害	
2011 - 03 - 13	日本福岛第一核电站[142]	因 7.9 级地震引发海啸致堆芯熔化，22 名人员遭严重核辐射污染[124]	核电站方圆 3 公里紧急撤离，影响全球和日本核能 - 能源/减排政策[111、136]

当前对环境造成污染的放射性核素大多来自核电站排放的废物，核电可能产生的放射性废物主要是放射性废水、放射性废气和放射性固体废物。一座 100 万 kW 的核电站 1 年卸出的乏燃料约为 25 吨，其中主要成分是少量未燃烧的铀、核反应后的生成物——锝等放射性核素，核废料中的放射性元素经过一段时间后会衰变成非放射性元素。此外，还有开发铀矿资源造成的废弃物、废水、废渣等污染也不可忽视，对铀尾矿也必须进行妥善处理。处理不好将后患无穷。目前国际上对退役的核电站在规划和投资初期就已做了安排，务必使核电利用善始善终地全方位为人类造福而尽一切可能减少其负面损害。当然，如果将有史以来的核电负面危害，特别是对人身安全的侵袭，与煤矿透水事故、塌方事故、爆炸事故相比，与空难相比，与航运事故相比，与工业生产事故相比，与建筑工地事故相比，与交通事故相比，也许只能认为是微不足道。

2. 我国安全意识全球占先——日本福岛核事故发生后，中国对境内核电厂开展了全面、严格的综合

安全检查。2011 年末，在经过 9 个多月完成对全国 41 台在运和在建核电机组、3 台待建核电机组以及所有民用研究堆和核燃料循环设施的综合安全检查后，振奋全国人心的结果是：所有核电站的安全水平都达到国际上要求的标准，中国核电安全是有保障的[110]，在运核电机组 20 年来从未发生过 2 级及以上核安全事件（事故），主要运行参数优于世界平均值，部分指标进入国际先进行列或达到国际领先水平。今后必将继续坚持科学理性的核安全理念，把"安全第一"的原则严格落实到核电规划、选址、研发、设计、建造、运营、退役等全过程。制定和完善核电法规体系，健全和优化核电安全管理机制，从严设置准入门槛，落实安全主体责任。完善核电监管体系，加强在建及运行核电厂的安全监督检查和辐射环境监督管理。建立健全国家核事故应急机制，提高应急能力。加大核电科技创新投入，推广应用先进核电技术，提高核电装备水平，重视核电安全管理人才培养[137]。

2012 年 7 月，环保部（国家核安全局）、国家发改委、财政部、国家能源局和国防科工局联合制定和发布了《核安全与放射性污染防治"十二五"规划及 2020 年远景目标》，为包括核电在内的全国所有核设施和核技术利用装置的安全保障提出了总体要求："避免发生 2 级事件，确保不发生 3 级及以上事件核事故；新建核电机组具备较完善的严重事故预防和缓解措施，每堆年发生严重堆芯损坏事件的概率低于十万分之一，每堆年发生大量放射性物质释放事件的概率低于百万分之一；消除研究堆、核燃料循环设施重大安全隐患，确保运行安全。"[114] 可见反应堆安全要求与前面提到的第三代核电安全水平的要求一致。2012 年 10 月 24 日，国务院通过《核电安全规划（2011～2020 年）》与《核电中长期发展规划（2011～2020 年）》，这意味着停顿了近 20 个月的中国核电项目进入更高水平的新一轮全面重启。两个规划指明未来 5～10 年中国核能发展方向，提出中国将稳妥恢复核电正常建设，并首次明确内陆地区不安排核电项目。进一步修改《核电安全规划（2011～2020 年）》的原因是国务院对核电安全提出了更高要求，提出要采用"最先进技术和最严格标准"保持和推行我国的核电站及其相关运行中的安全水平。其中要求在"十二五"期间实施安全改进、污染治理、科技创新、应急保障和监管能力建设等 5 项重点工程[133]。自主三代核电技术已于 2014 年 12 月初通过国际安全审查[117]。

7－4－4 核电发展的未来

1. 中国实验快堆工程项目通过科技部验收——中国实验快中子堆工程，于 2012 年 10 月 31 日顺利通过科技部组织的专家验收。实验快堆的建成，标志着我国核能发展"压水堆—快堆—聚变堆"三步走发展战略中的关键第二步取得重大突破，也是我国第四代核电技术研发进入国际先进行列。快中子堆用钚－239 做核心，裂变释放出快中子可将周围的铀－238 变成钚－239，这样就能持续连锁裂变反应而充分利用了铀－238。因此快堆对铀资源利用率高、可嬗变核废料和安全性高等特点，是世界上第四代先进核能系统的首选堆型。中国实验快堆热功率 65MW，电功率 20MW，主要系统设置和参数选择与大型快堆电站相同。实验快堆设备的国产化率可能超过 75%。

"十二五"期间，国家将继续安排快堆关键技术、核燃料循环技术、核安全技术和核技术应用等研究项目。当前须完善监管体系，加快制定核能基本法及核安全专门法；建立完备的监管体制，统一行使核能利用的全部监管职能；加强能力建设和构建实时监控信息系统；加强国际合作和参与国际治理[181]。与此同时，须警惕个别嗜血成性的战争贩子妄图借核讹诈、核威胁重蹈二战覆辙[124]。

前文引《行动计划》指示的"安全发展核电"说："在采用国际最高安全标准、确保安全的前提下，适时在东部沿海地区启动新的核电项目建设，研究论证内陆核电建设。坚持引进消化吸收再创新，重点推进 AP1000、CAP1400、高温气冷堆、快堆及后处理技术攻关。加快国内自主技术工程验证，重点建设大型先进压水堆、高温气冷堆重大专项示范工程。积极推进核电基础理论研究、核安全技术研究开发设计和工程建设，完善核燃料循环体系。积极推进核电'走出去'。加强核电科普和核安全知识宣传。到 2020 年，核电装机容量达到 5800 万 kW，在建容量达到 3000 万 kW 以上"。

2. 反应堆模块化和漂浮核电站——

（1）模块化核电站：大约 10 年前，美国桑迪亚国家实验室（Sandia National Labs）就开始研究把核电反应堆分割成小块，这样便于设计和生产，需要建设电站时按容量大小组合即可，这一方案对于农村分散用户更加适用。目前提出的模块容量规格从 45MW 到 300MW 不等，因美国核管制委员会支持和能源部的积极推进，从 2009 年开始在美国逐渐成为核电发展中热门分支。发展模块化中小型核反应堆不但能缩短建设周期、减轻前期设计和燃料配备工作量、降低成本，而且对于提高安全保障水平特别有利。

（2）漂浮核电站：2009 年 5 月 18 日，俄罗斯圣彼得堡波罗的海造船厂开工建造一种漂浮核电站，以解决海上设施和行动的机动供电供热问题。据说造价低廉，机动性很强[117]。我国在为海上钻井平台提供热源和电源、建设海洋可再生能源基地、为守护钓鱼岛以及研发核潜艇等提供能源后备研发力量时，是否借镜观形，仿其所事。

3. 可控核聚变反应——20 世纪 50 年代，苏联库尔恰托夫原子能研究所的科学家阿齐莫维奇等设计了一个用来研究最轻元素氢的同位素实现核聚变反应的研究装置，是一个带有强磁场的环形真空腔，用俄文首字母拼写成该装置的名称，英文音译为 Tokamak，意译为"Toroidal Chamber with Magnetic Field"，中文音译为"托卡马克"。

核聚变主要循从氢同位素氘－氚在极高温和高压下的聚变反应，即热核反应。氘可大量来自海水，氚可取自锂。因此核聚变燃料主要是氘和锂粉墨登场。海水中氘的含量为 0.03 克/升，按地球上估计有海水 138 万亿 m^3，则世界上氘的储量就有约 40 万亿吨；地球上的锂储量虽比氘少得多，但也有 2000 多亿吨，用以造氚，足够满足人类上亿年对聚变能的需求。这些聚变燃料所释放的能量比全世界现有能源总量放出的能量还大千万倍。按目前世界能源消费水平，地球上可供原子核聚变的氘和氚能用上千亿年。但热核反应可能瞬间发生而引起巨大爆炸，其威力足以使原子弹小巫见大巫而望尘莫及。这就是所谓氢弹，自 1952 年在美国实验成功后，各国科学家殚精竭虑地探求控制热核反应的技法。如果人类真能实现氘－氚的可控核聚变，诗人描绘核聚变成效必赞以"无边落木萧萧下，不尽长江滚滚来"了！人类就将从根本上解决能源问题，也是科学家们梦寐以求搋戈反日的硕果。聚变能源不仅丰富，而且安全、清洁、基本无污染。核裂变可能造成的放射性伤害相对无害的核聚变有本质上的云泥之别。

2006 年，由中国、欧盟、印度、日本、俄罗斯、韩国和美国等 7 个成员国参加的"国际热核聚变实验堆（ITER）计划"正式启动。利用可控聚变能是解决全球能源和环境问题的一个重要途径，而实现聚变反应堆商业化运行需要三个阶段：即建造 ITER 装置并据此进行科学和工程研究；设计、建造与运行聚变示范电站；建造商业化聚变反应堆。ITER 装置是一个能产生大规模核聚变反应的超导托卡马克，其中心是经高度屏蔽的高温氘－氚等离子体环状空腔，屏蔽空腔将吸收核聚变反应产生的所有中子。根据该计划目前的进展，建造于法国南边卡达拉舍的聚变反应堆将在 2019 年 11 月投入试运行，正常运转可能延至 2026 年。这将是人类发展核聚变能的关键突破点[130]。中国科学家是 ITER 研究班子主要成员[139]。参与前期研究德国科学家亚历山大·布拉德肖（Alexander Bradshaw）乐观地说："ITER 的计划若能全面实现，就有把握到 2055 年借助核聚变发电了。"[146]

目前科学家们已开始考虑聚变示范电站的设计。如韩国宣布正拟初步设计聚变示范电站（K－DEMO）；中国也已开始设计"中国聚变工程测试反应堆"，这是介于 ITER 和聚变示范电站之间的重要一步。欧洲聚变发展协会（EFDA）发布欧盟聚变示范电站（DEMO）设计与开发路线图，计划于 2050 年建成一座未来可供工业界使用的原型聚变电站。制定的路线图虽并未排除国际合作，但将所有研究工作限定在欧盟 2014 年到 2020 年聚变预算范围之内[128]。而今所有涉及核聚变的消息都能在科坛引起滚滚波涛，可是接着就是尾生之信，寄望于遥远未来。美国宣称造出世界最大激光器号称"人造太阳"以满足快速点火，但没有同时解决高压环境[128]；几种风险投资正在支持新型核聚变能源研究方案，美国科学家设计出新型核聚变反应堆模型声称发电成本将是 ITER 的 1/10[139]；作为核聚变"新贵"的预案也常见于权威媒体[130]或期刊[112]，可惜几乎所有的信息都是"喜报"，而非"捷报"！科学家和工程师却能坚信人类终有一天会享受到核聚变带来的熠熠金光！2014 年 10 月，美国工程师又设计出新型的核聚变反应堆模型，据称生产同样电力的成本也是 ITER 的 1/10，不过这信息同样是喜报而非捷报，因尚无法进入商用[139!]。

中国科学院等离子体物理研究所在安徽合肥研制的中国自主知识产权"全超导托卡马克 EAST（曾用

名 HT－7U）核聚变实验装置"于 2006 年 5 月 26 日在一次国际会议上亮相。EAST 是"实验性先进的超导托卡马克"英文的缩写词。除 EAST 之外，近年我国还先后建成 HT－7 中型超导托卡马克和 HL－2A 大中型常规导体托卡马克。后者达到最高电子温度 5500 万℃，为国际先进水平。

美国科学家在 20 世纪 60 年代就曾提出核能发电的另类设想。当一个国家的核裂变堆多到像美国那样上百个，也必然要倒逼能源管理机构寻求新的出路。这是因为每年巨量的废燃料—乏燃料的处理和填埋是个直把人弄得焦头烂额的千难万险事。该设想就是建设聚变－裂变混合反应堆——聚变扮演着裂变反应堆中子源的角色，这样可以利用原来无裂变能力的 U－238 在堆内转变为燃料钚－239，循环往复下去，几乎不产生核废料。这就促使我们修改教科书上核能是"非可再生能源"的说教：目前美国提出的混合设计方案有三种：两种采用强磁场聚变方式[115]，另一种采用惯性约束聚变，其关键设施是已于 2009 年 5 月建成和已在试运行的国家点火装置（National Ignition Facility－NIF），运行时令其中配备的 192 道高能激光束聚焦到一个极小的靶标上，靠所产生的数百万度以上高温和同时设计的相应环境足以使包含着氢同位素氚制作的极小燃料球发生核聚变[112]。当然科学往往须通过反复论证、探索、试验、调整后才能成为现实可行。这一过程将会在科学家的马拉松赛跑中一个个拿着接力棒传下去，人类依靠少出废料的大规模核能热电联供，也许现在出生的幸福接班人将来就能在含饴弄孙时心满意足地享受到。

4. 展望——国际权威原子能组织和能源组织对核电的预期始终是抱着乐观态度。在这些令人不得不信服的计算机仿真预测分析数字面前引为自豪的结论是：未来的几十年里，中国将走在全球核电建设的最前列！图 7－19 是按国际能源署（IEA）的新对策方案预测从 2011 年到 2035 年全球各国核电设备具备能力的变化，增长的绝对量中国第一。图 7－20 是美国能源信息署（EIA）预测到 2040 年核电能力增长态势，增量中国第一。EIA 甚至预料到 2040 年各种能源消费占比增长最快的只有可再生能源和核电（图 7－21）。这里值得提醒的是：EIA 和国际原子能机构（IAEA）对直到 2030 年全球核电装机容量增长规模和续增趋势的轩轾结论：容量增长 IAEA

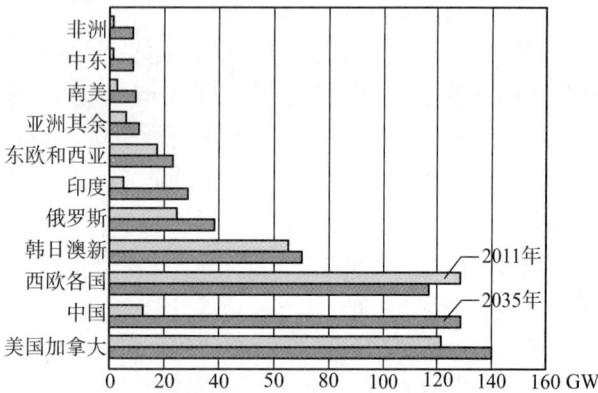

图 7－19　按 IEA 新对策方案，各有关国家核电、能力变化到 2035 年中国与印度的核电设备将有显著的增长

（据：IEA：《世界能源展望 2012》提供的数据绘制）

高耸入云而 EIA 趋缓（图 7－22）；继续增长率 IAEA 估测为直线飙升，而 EIA 抛物线下垂（图 7－23）。前景如何，当实证于来兹。

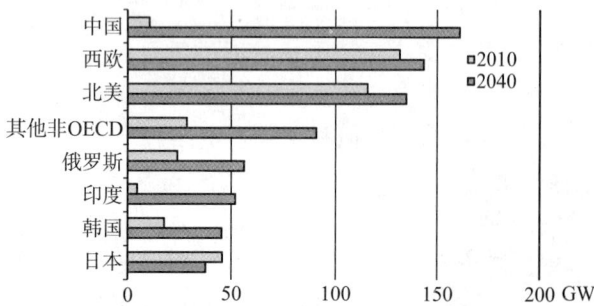

图 7－20　全球核电能力增长态势，增长约总量的 40% 是中国的贡献

（据：EIA. International Energy Outlook 2013，2013－07－25，p. 19）

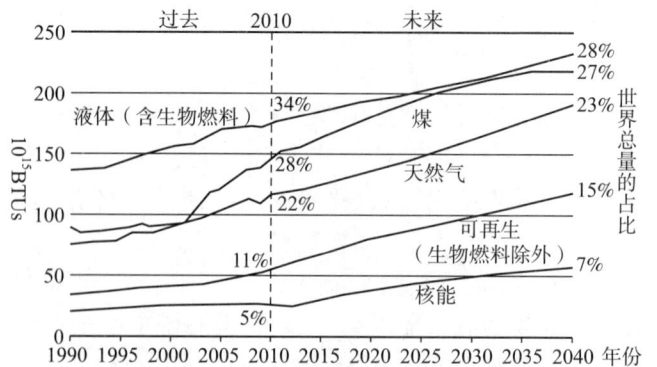

图 7－21　能源消费最快增长来源是可再生能源和核电

（据：EIA. International Energy Outlook 2013，2013－07－25，p. 6）

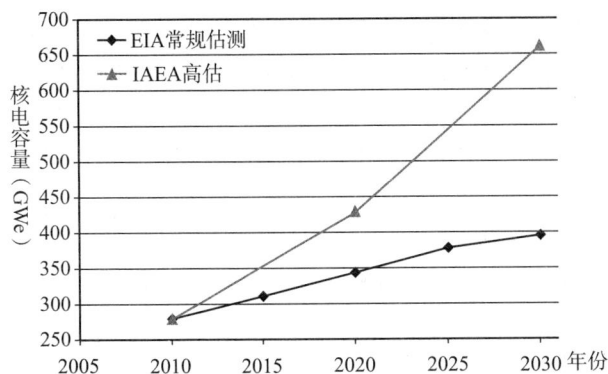

图 7 - 22　预测到 2030 年国际核能利用
总容量的预测差距颇大

（据：David Solan et al.：Economic and employment impacts of small modular nuclear reactors，Energy Policy Institute（US epi），http：//epi. boisestate. edu，2010 - 06. p. 18，F. 3）

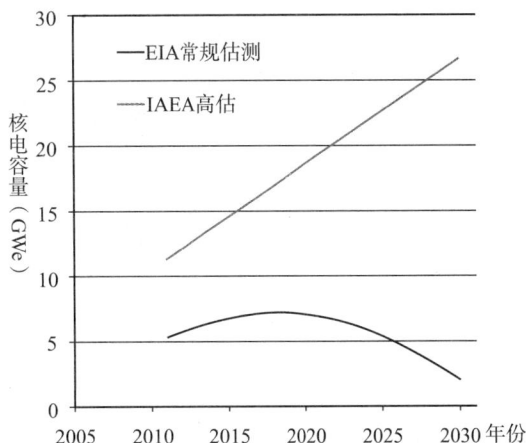

图 7 - 23　世界核能容量续增趋势的
预测结果大相径庭

（据：David Solan et al.：Economic and employment impacts of small modular nuclear reactors，Energy Policy Institute（US epi），http：//epi. boisestate. edu，2010 - 06. p. 18. F. 4）

7 - 5　海洋能源丰盈　期盼巧夺天工

7 - 5 - 1　海洋藏能

1. 海洋能源　金玉满堂——海洋能来源于太阳辐射能与天体间的万有引力，只要太阳、月球等天体与地球共存，这种能源就会再生。海洋蕴藏着巨量清洁可再生能源，包括潮汐能、波浪能、海流能（潮流能）、温度差能、盐度差能、生物质能（微藻能）、海风能和海洋热能等。海洋能有着巨大蕴藏量，且分布浩瀚无涯。据估计前 5 种海洋能的理论可再生总量为 788 亿 kW，技术上可利用功率为 64 亿 kW。海洋面积占地球表面的 70.8%，因而其吸收太阳能的能力远大于陆地，每年累计达 37 万亿 kW，相当于全球用电总量的 3000 多倍[147、148]。据 UNEP 测算，开发利用海洋能和陆地太阳能的综合效益，前者高出 7 倍；开发利用海上风能的综合效益是对应陆地风能的 3.5 倍，比较优势非常明显。全球海洋能资源每年能提供 6000TWh 清洁能源，是核能生产的 2 倍[161]。

2. 海洋能特征——

（1）能量大而单位赋量小，分布广而难集中开发，只要 0.2% 的海洋能得到开发，就能够为全球提供足够动力[162]。

（2）有的海洋能较稳定；有的不够稳定：温度差能、盐度差能和海流能较稳定；不稳定的有变化有规律和变化无规律两种：潮汐能与海流能属于不稳定但变化有规律；波浪能属于不稳定且变化无规律。

（3）海洋能设备安装完开始供热或发电时，对环境基本上没有污染（噪声污染可以人工加以改善）。但不排除为防腐所用涂料的毒理作用。

海洋风能已在 6 - 7 - 3 节初探；海上生物质（微藻类能）将在 14 - 5 - 3 节再提及；海上盐度差能的开发规模较小，故人们提到海洋能往往主要围绕如图 7 - 24 所示四种主要海洋能开发主流形式加以发挥。按照 UN-EP2012 年发表的《蓝色世界中的绿色经济》所论及的

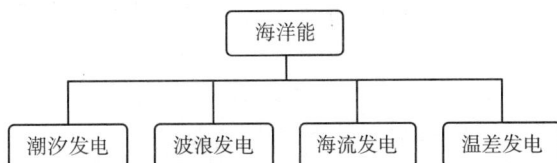

图 7 - 24　海洋能源开发的主要形式

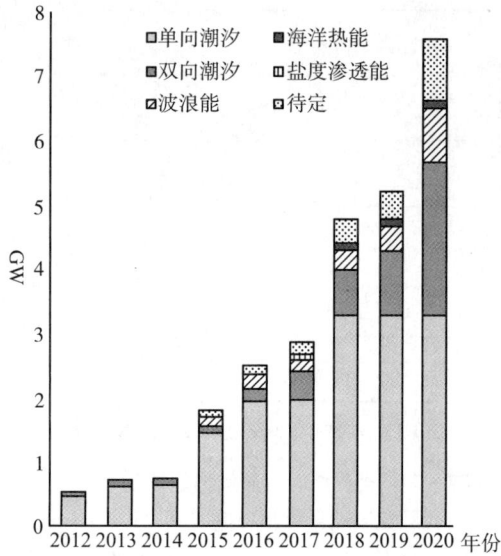

图7-25 海洋可再生能源容量预测

原注：此图是根据选取的若干国家的数据计算得到的结论。

（据：Achim Steiner：Green Economy in a Blue World，UNEP，2012，p. 63）

海洋能源部分结构即到2020年可能形成的快速增长规模如图7-25所示。从图中反映的未来发展趋势可以看出，海洋热能和盐度渗透能所占比例很小，海洋能开拓的主攻方向一如既往地侧重潮汐能和波浪能[152]。

7-5-2 五洲四海 五光十色

1. 潮汐能——

（1）一般开发依据：海水涨落的潮汐现象系地球和月球以及它们之间的相互作用所致。因海水涨落及潮水流动所产生的能量称为潮汐能，是以势能形态出现的海洋能。潮汐发电与普通水利发电原理类似，在涨潮时将海水储存在水库内，以势能的形式保存；在落潮时放出海水，利用高低潮位之间的落差，推动水轮机旋转，带动发电机发电。

海洋潮汐蕴藏着巨大能量。涨潮过程中，汹涌而至的海水伴随极大动能，随着海水水位升高，把巨大动能转换为势能；落潮时，海水奔腾澎湃而去，水位逐渐降低，势能再转为动能。潮起潮落所形成的水位差，即相邻高潮潮位与低潮潮位的高度差，叫潮位差或潮差。潮汐能的量值正比于潮量和潮差。据估计，全球海洋中所蕴藏的潮汐能约有27亿kWh，若全部利用，每年发电量可达33480万亿kWh。

（2）潮汐能发电结构：海洋中一般潮差并不大，只有几十厘米至1米左右。在喇叭状内河入海口处的潮差则较大。一般在海湾或潮汐显著的河口建个拦水堤坝，将海湾或河口与海洋隔开构成水库，再在坝内或坝房安装水轮发电机组，然后利用潮汐涨落时海水位的升降，使海水通过轮机转动水轮发电机组发电。潮汐电站按照运行方式和对设备要求的不同，可以分成单库单向型、单库双向型和双库单向型三种[158]。

①单库单向方式："落潮发电"步骤是：水库注水→等待水库储水直至退潮，库内相对库外形成足够的水头→水库储满的水穿行于水轮机回归大海，直到海水水头降至最低工作点→第二次涨潮时重复以上步骤。当然也可以倒过来让海水从海面向水库注水来推动水轮机发电，即所谓"涨潮发电"方式。但储水库的坝边一般宜设计成斜坡状，因而"落潮发电"方式更有效。

②单库双向方式：步骤是通过水闸向库内注水→等待以使水在库内保持一段时间→利用落潮发电→通过水闸将库中的水泄干→等待一段时间→涨潮发电。无论是单向发电还是双向发电，出力的大小都与水库的深度、潮差以及电站的结构设计有关。至于双库单向方式是为了将注水与泄水操作分别进行，一库进水，另一库泄水，终日保持水位差以保证不间断发电。

（3）潮汐能利用优点：潮汐能日发电两次，可预测性强，是可靠发电方式：

①潮汐能清洁、无污染、不影响生态平衡，是典型的绿色可再生能源。潮水每日涨落，周而复始，永世无穷，可以发展成为沿海地区生活、生产和国防需要的重要补充能源。

②是相对稳定的可靠能源，很少受气候、水文等自然因素的影响，全年总发电量稳定，不受洪水、丰水、枯水季节等气候条件影响。

③潮汐电站的水库都是利用河口或海湾来建造的，不占用耕地，也不像河川水电站或火电站那样要淹没或占用大量的良田，甚至让自然生态遭到一定程度的扭曲，有时须动员和安排移民问题。若用拦海大坝，促淤围垦大片海涂地，把水产养殖、水利、海洋化工、交通运输结合起来，大搞综合利用，对于人多地少、农田稀贵的沿海地区更加吉祥止止。

④潮汐电站不需筑高水坝，即使发生战争或地震等自然灾害，水坝受到破坏，也不至于对下游城市、农田、人民生命财产等造成严重损害。

⑤潮汐能开发一次能源和二次能源相结合，不用燃料，不受一次能源价格的影响。因堤坝比水电站低得多，建造维护较易，营建工期较短，一次投资较少，且发电成本较低，故为典型的经济能源。

⑥机组台数多，不用设置备用机组。

（4）潮汐能利用弱点：潮汐电站有需要补偏救弊的地方：

①潮差和水头在一日内经常变化，若无特殊调节措施时，出力有间歇性，给用户带来不便。但可按潮汐预报提前制定运行计划，与大电网并网运行，以克服其间歇性。采用双向或双库发电、利用抽水蓄能、纳入电网调节等措施，可以弥补这一缺陷。

②潮汐存在半月变化，潮差可相差 2 倍，故保证出力、装机的年利用小时数也低。

③潮汐电站建在港湾海口，通常水深坝长，施工、地基处理及防淤等问题较困难。故土建和机电投资较大，造价有时偏高。采用现代化浮运沉箱进行施工，可以节约土建投资。

④潮汐电站是低水头、大流量的发电形式。涨落潮的水流方向相反，致水轮机体积大，耗钢量多，进出水建筑物结构复杂。而且因浸泡在海水中，海水、海生物对金属结构物和海上建筑物有腐蚀和玷污作用，故需作特殊的防腐和防海生物粘附处理。应用不锈钢制作机组，选用乙烯树脂系列涂料，再采用先进的阴极保护，可克服海水的腐蚀及海洋生物粘附。

⑤潮汐变化周期为太阴日，服从月亮运行规律，月循环约为 14 天多，与按太阳日给出的"日需电负荷图"配合较差。

2. 波浪能——波浪能是指海洋表面波浪所具有的动能和势能。波浪的能量与波高的平方、波浪的运动周期以及迎波面的宽度成正比。波浪能是一种密度低、不稳定、无污染、可再生、储量大、分布广、利用难的能源。波浪能在全球潜力巨大、成本相对低廉。其关键技术问题主要包括波浪的聚集与相位控制技术；波能装置的波浪载荷技术；波能装置建造与施工中的海洋工程技术；不规则波浪中的波能装置的运行优化技术；往复流动中的透平研究等。全世界波浪能的理论估算值为 100 亿 kWh 量级，可利用波浪能 20 亿 kWh，相当于目前全球用电量 2 倍[156]。

波浪能实质上是从风能传递而来。能量传递速率和风速有关，也和风与水相互作用的距离有关。波浪能具有能量密度高、分布面广等优点，是一种取之不竭的可再生清洁能源。尤其是在能源消耗较大的冬季，可以利用的波浪能能量也最大。南半球和北半球 40°～60°纬度间的风力最强。在盛风区和长风区的沿海，波浪能的密度一般都很高。例如，英国沿海、美国西部沿海和新西兰南部沿海等都是风区，有着特别好的波候。而我国的浙江、福建、广东和台湾沿海为波能丰富的地区。

但波浪能是海洋能中最不稳定的一种能源，可供利用的波浪能资源仅局限于靠近海岸线的地方。但即使是这样，在条件比较好的沿海区的波浪能资源储量大概也超过 2TWh。位于苏格兰 Orkney 岛的欧洲海洋能中心（EMEC）认为，1 米高低的波浪能每年平均可发电 20～70kWh。据估计全世界可开发利用的波浪能达 2.5TWh。波浪能可用于发电、抽水、供热、海水淡化以及制氢等。发电是波浪能利用的主要方式，是通过专用装置将波浪能首先转换为机械能（液压能），然后再转换成电能。20 世纪 80 年代初对应技术研发进入高潮，当时西方海洋大国纷纷展开实验。近 20 年来，美、英、日、挪等国均热衷波浪能电站建设。

3. 海流能（潮流能）——主要指海底水道和海峡中较为稳定的流动以及由于潮汐导致的有规律的海水流动产生的动能。潮流能是海洋新能源中相对稳定且可提前预估的一类，是未来最具潜力的清洁再生能源之一。潮流发电系统的一个重要应用领域是为海洋观测和勘探设备供电。将潮汐流产生的电力用于海洋探测，可免除电力传输的昂贵成本，为离岸资源勘探及开发设备提供源源不断的动力支持。同时，水下发电噪声小，隐蔽性强，可用于水下静默监控网络，对海防建设意义重大。海流能的能量与流速的平方和流量成正比。相对波浪能而言，海流能的变化平稳且有规律。一般最大流速在 2m/s 以上的水道，其海流能均有实施开发价值。发电原理是：利用海洋中沿一定方向流动的海水动能发电，海流发电装置的基本形式与风力发电装置类似，故又叫"水下风车"。当海流流过水轮机时，在水轮机叶片上产生环流，导致升力，因而对水轮机的轴产生扭矩，推动水轮机叶片转动，从而驱动发电机工作。加拿大 Blue 能源公司于

2009 年 9 月，开始开发称之为潮汐桥式涡轮的 1MW 设施通过海流发电。在国际上，潮流发电技术已经比较成熟，但潮流发电需要在海下安装、维修设备，费用昂贵。此外还要将电力从海上，经海底电缆输送到岸上电网，而海底电缆的铺设和维修也异常昂贵。因此从科技角度考虑，须克服海下作业难度才能降低成本，以创造大规模开发潮流发电的条件。

4. 海洋温差能——海水温差所含热能，相当 40 亿吨煤燃烧所发热量。海洋温差能是指海洋表层海水和深层海水之间水温差的热能。海洋的表面把太阳的辐射能转化成为热水并储存在海洋的上层，但深层海水（通常 1000 米左右）接近 0℃，这样，在热带或亚热带海域终年形成 20℃ 以上的垂直海水温差。利用这一温差可以实现热力循环并发电。1881 年，法国人提出海洋温差发电概念。1926 年，人们首次进行了海洋温差能利用的实验室原理试验，当年在古巴沿海建成了一座开式循环发电装置。1979 年美国在夏威夷建造了第一座 Mini－OTEC 50kW 试验性海洋温差能转换电站，净功率达 15kW。日本从 1981 年开始建成 3 座岸基式温差电站。印度政府拟将海洋温差能作为未来重要能源之一进行开发，1999 年，在印度东南部海上运转成功了世界首套 1MW 海洋温差发电实验装置。随着对可再生能源的日益重视，美、日、印等均在继续加大对海洋温差能的研发资金投入[153]。

海洋温差发电主要采用开式和闭式两种循环系统。其关键技术问题和困难是：温差太小，能量密度太低。温差能转换的关键是强化传热技术。温差能系统的综合利用是个多学科交叉的系统工程问题。因而就目前情况估计，其商业化开发尚待时日。

5. 海洋盐度差能——据世界能源委员会测算，海洋盐度渗透能总输出功率可达 35 亿 kW；海洋盐差能是指海水和淡水之间含盐浓度不同的化学电位差能，是以化学能形态出现的海洋能，主要存在于河海交汇处。我国的盐差能估计为 1100 万 kWh，主要集中在各大江河的入海口。盐差能是海洋能中能量密度最大的一种可再生能源。通常海水（3.5% 盐度）和河水之间的化学电位差有相当于 240m 水差的能量密度，这种位差可以利用半渗透膜在盐水和淡水交接处实现。其关键技术问题是：渗透压式盐差能发电系统的关键技术是膜技术和膜与海水介面间的流体交换技术。特别是半透膜的渗透流量需要在目前水平的基础上再提高一个数量级，才有可能实现商业化[96]。

除上述五种纵横涵盖海洋能源的现代工程手段外，尚有海洋富含的热能利用途径。其中主要采用海水源热泵，即利用浅层海水吸收的太阳能和深层地热能而形成的低温低位热能资源，并采用热泵原理，通过少量的高位电能输入，实现低位热能向高位热能转移的一种技术。使用海水源热泵技术，将会大大减少煤炭等化石能源的使用，颇大程度消除化石燃料燃烧时排放的废气废水，既节约了能源又实现了环保，是一种低碳节能技术。海水源热泵机组工作原理就是以海水作为提取和转换能量的基本"源体"，它借助压缩机系统，消耗少量电能，在冬季把存于海水中的低品位热能量"取"出来，给建筑物供热；夏季则把建筑物内的热能量"取"出来释放到海水中，以达到调节室内温度的目的[148、155]。

7－5－3　海洋能综合利用现状和趋势

1. 国外现状——

（1）潮汐电站：20 世纪初，欧、美一些国家开始研究潮汐发电。第一座具有商业实用价值的潮汐电站是法国 1966 年在 Brittany 地区的朗斯（Rance）建成当时世界最大的潮汐电站，总装机容量 24.0MW，年发电量 5 亿多 kWh，发电峰值为 24.0MW[3]；2003 年韩国在始华湖（Sihwa）堰堤上开工建设了一处大型潮汐电站，总装机容量 25.4MW，并已于 2011 年 8 月开始运行，超过法国朗斯站发电能力，是目前全球最大的潮汐能电站。为发展低碳—绿色经济，近年来不少国家加大了对潮汐电站的开发力度，特别是英、美及欧洲各国对潮汐能源的开发、利用进行了广泛研究，已完成从理论研究、模型试验到海上样机试验，并逐步向商业化应用迈进。2007 年韩国又动工兴建装机容量达 500MW 的加露林潮汐电站。2009 年加拿大 Fundy 湾部署 1MW 潮汐涡轮，该项目成为 Nova Scotia 公司潮汐能发电试验设施的组成部分。苏格兰的潮汐能蕴含量占世界潮汐能总量的 7%。三面环海，常年风急浪高的苏格兰发出了要打造"海洋能源领域之沙特王国"的口号。世界首个大型潮汐发电站即将在苏格兰伊斯雷岛和吉拉岛海域开建，该潮汐项目预算为

4000 万英镑，建成后发电量可达 10MW。苏格兰政府的潮汐能和波浪能发展目标是到 2020 年达 2GW。苏格兰电力公司已从英国皇家资产管理局得到许可，在拥有世界上最强大潮汐能的苏格兰彭特兰湾海域开发一个总发电能力为 95MW 的潮汐能发电场，可产生 4GWh 电力，绰绰有余地给爱丁堡和格拉斯哥两市供电。

（2）一般海洋能综合利用状况：据 UNEP 估计，目前至少有 85 个国家在为开发海域可再生能源不遗余力[3]，英国、加拿大、葡萄牙、爱沙尼亚、法国、意大利和爱尔兰都积极地发展除风能以外的其他海洋能源利用项目。不过，欧洲各国近来更热衷于发展海上风电、波浪能发电和海流能发电，因为这几种海洋能近来有关键性技术突破。欧盟成员国最关注开发的海洋能源是波浪能和海流能，只有挪威、荷兰热心于盐度差能源。全球海洋风能（包括离岸和在岸）总装机容量已从 2001 年的 18GW 增加到 2011 年 6 月底的 215GW。据全球风能理事会（GWEC）统计，中国从 2006 年到 2009 年的风能发电能力每年翻一番，到 2010 年中国风能装机容量（包括海洋风能）已达 41.8GW，超过美国的 40.18GW。

欧洲当前的海洋能总装机容量约为 6MW，仅相当于两个中等规模陆上风力涡轮机的规模。在英国、葡萄牙和斯堪的纳维亚国家有几个潮汐能和波浪能电站正在运行中。英国是欧洲海洋能资源最丰富的国家，也是最希望推动海洋能发展的国家。英国皇家资源管理局 2010 年批准的波浪能和潮汐能电站项目在未来 10 年内总发电规模可以达到 1.2GW，相当于一个大型核电站的发电能力。

2．我国发展　继往开来——

（1）我国潮汐电站建设：我国 80% 以上潮汐能资源分布在闽、浙两省。1985 年、1988 年两年，我国有关部门两次对我国潮汐能资源进行了普查。普查结果，我国可开发潮汐能资源可达 2000 多万 kWh，年发电量可达 600 多亿 kWh。我国潮汐发电研究、试验起步甚早。1958 年全民大办电力时，沿海不少地方在有潮的小河港汊上建成潮汐电站 40 多座。保留至今的只有浙江温岭县沙山潮汐电站和福建福州沿岸的潮汐水轮泵站。20 世纪 70 年代又建成潮汐电站十几座，其中最大的两座是江厦潮汐试验电站和白沙口潮汐电站。到目前为止，我国正在运行发电的潮汐电站共有 8 座（表 7－7），其中浙 4 座，鲁、苏、桂和闽各一座。总装机容量为 6000kW，年发电量 1000 万余 kWh，仅次于法国、加拿大，居世界第三位。我国目前最大的潮汐试验电站是地处浙江温岭市的江厦潮汐试验电站，从 1980 年第一台机组发电至今，已走过 30 年风雨历程。目前电站总装机容量 3900kW，年发电量保持在 720 万 kWh，截至 2013 年 6 月底累计发电约 1.6 亿 kWh，规模位居世界第三。其主管部门我国最大的新能源发电企业集团——龙源电力集团公司近期选择台州三门健跳港建设万 kW 级潮汐示范电站。装机容量 2 万 kW，年利用 2550h，静态总投资约 6.68 亿元，将是国内最优质的潮汐发电站址之一。2011 年 5 月《福建省"十二五"能源发展专项规划》指出，将推进宁德福鼎沙埕港八尺门潮汐电站和平潭潮汐电站前期工作。根据国家规划，到 2020 年，中国潮汐发电装机容量有望达到 30 万 kW。

我国沿岸总体上属于规则的"半日潮"，近海的潮汐能主要集中在沿岸和海湾区域，潮汐能分布与平均潮差的分布一致，具有重要的开发利用价值。

表 7－7　　　　　　　　　　　　我国运行发电的潮汐电站简况

站名	位置	型式	机组数量	装机容量		年发电量（万度）		建站时间	投产时间
				设计（kW）	实际（kW）	设计	实际		
沙山	浙江温岭	单库单向	1	40×1	40	9.3	8.5	1958	1959.1
岳甫	浙江象山	单库单向	4	75×4	75×1	60	6.2	1970	1972.5
海山	浙江玉环	双库单向	2	75×2	150	31	5~7	1973	1975
江厦	浙江温岭	单库双向	6	500×6	500×1	1070	116	1972	1980
白沙口	山东乳山	单库单向	6	160×6	640	232	/	1970	1978.8
浏河	江苏太仓	双向双贯流式	2	75×2	150	25	6	1970	1978.7
筹东	福建长乐	卧轴轴伸式	1	40×1	40	/	/	1958	1959
果子山	桂龙门港	单库单向	1	40×1	40	/	/	1976	1977.2

我国的潮汐能开发技术研究已有许多成熟经验。小型潮汐电站开发技术已趋稳定。江厦潮汐电站已有效应用我国自行设计制造的双向贯流灯泡型机组，水轮机具有正、反向发电和泄水的功能。为了保证潮汐电站的发电质量，提高经济效益，有些电站也采用了新的电子技术，实行自动运行控制。上述江厦潮汐电站1985年完成的5台装机因利用计算机正确作出潮位预报，保证了机组的最大出力，因而发电能力超过设计水平。不言而喻，江厦站乃是我国海洋能开发史上不愧记载丰功伟绩的里程碑。

（2）一般海洋能开发：我国地处亚洲大陆东部，邻接太平洋，拥有18000多km的大陆岸线。依照《联合国海洋法公约》中200海里专属经济区制度和大陆架制度，中国可拥有300万km² 以上的管辖海域，沿海岛屿6500多个。在沿海地区有4亿多人口，工农业总产值占全国总产值的60%左右。据中国气象科学研究院测算，我国各种海洋能蕴藏总量高达10万亿kW，其中近岸可开发潮汐能就有2000多万kW，年发电量可达600多亿kWh。据估计，蕴藏在海岸线附近、技术上可利用的海水动力能量（包括潮汐能、海流能和波浪能）就达64亿kW，是当前世界对应电站总装机容量的2倍。据IPCC估计，我国仅潮汐能源发电一项，潜在能力就达14GW[33]。

我国海洋热能主要分布在南中国海。潮流、盐度差能等主要分布在长江口以南海域。华东、华南等地区常规能源短缺，而工农业生产密集。至于众多待开发的边远岛屿更是不通电网、缺能缺水。在1亿kWh的潮汐发电量中，80%以上资源分布在闽、浙两省。我国海洋能的分布正与上述需要相适应，可以就地利用，避免和减少北煤南运、西电东输，以及运送燃料的花费和不便。我国若能从海洋能蕴藏储量中开发1%用于发电，其装机容量就相当于我国现在的全国装机总容量。我国的海洋能利用经过了20世纪50年代末以及70年代初两次高潮，得到一些经验教训。20世纪80年代以来，海洋能的开发处于稳步推进时期。

中国波浪能的理论存储量为7000万kW左右，可开发利用量从1000多万kW到3500万kW不等，沿海有效波高约为2~3m、周期为9s的波列，波浪功率可达17~39kW/m，渤海湾更高达42kW/m，建立波浪能即波力发电系统有较大发展潜力。中国波力发电虽然起步较晚，但发展势头良好。微型波力发电技术已经成熟，小型岸式波力发电技术已进入世界先进行列。中国首座波力独立发电系统广东汕尾100kW岸式波力电站于1996年12月开工，2001年进入试发电和实海况试验阶段，2005年第一次实海况试验获得成功。该电站为并网运行的岸式振荡水柱型波能装置，设有过压自动卸载保护、过流自动调控、水位限制、断电保护、超速保护等功能。根据规划，到2020年，中国将在鲁、琼、粤各建1座1000kW级的岸式波浪发电站。中国沿海理论波浪年平均功率约为1300万kW。我国波力发电技术研究始于20世纪70年代，小型岸式波力发电技术已进入世界先进行列，航标灯所用的微型波浪发电装置已日趋商品化。在珠江口大万山岛上研建的岸边固定式波力电站，第一台装机容量3kW的装置早在1990年就已试发电成功，总装机容量20kW的岸式波力试验电站和8kW的摆式波力试验电站也试建成功。2009年3月，我国第一座漂浮式海浪能发电站在浙江温州近海开始建设，建成后年发电量可达10亿kWh，年收入有5亿元。这意味着我国实现了海浪发电的技术突破。

根据中国海洋水温测量资料，中国海域的温差能约为1500万kW，其中99%在南中国海。南海的表层水温年均在26℃以上，深层水温（800m深处）常年保持在5℃左右，温差为21℃，属于温差能丰富区域。

目前观之，无论是国内国外，目前对海洋能的开发利用都尚未进入商业化。比较其他可再生能源，海洋能的开发存在较大难度，如对波浪能的利用需要将电站建在"风口浪尖"上，施工运行风险较高，电站项目需要防漏防压、防止海水腐蚀，海洋能开发的造价成本偏高等。波浪能和潮汐能技术的投资为每MW风力发电的3~4倍，必须得到政府的财政支持。

近年来，我国对海洋能开发利用的重视度大幅提升，在财政部和国家海洋局的共同努力下，我国已设立了海洋可再生能源专项资金项目，2010年度的专项资金为2亿元，这超过了新中国成立以来所有的海洋能技术投资总和，并且在今后将会持续稳定地保持专项资金支持。在"十二五"期间，海洋能开发利用将率先推进万kW级潮汐电站的建设。目前发展海洋能适宜率先发展万kW级潮汐电站和海岛多能互补供电系统；发展海洋能的短期目标应以在沿海发展小型电站为主，而中长期目标应直指在近海领域发展中型电站，以满足更大规模的海洋渔业、海洋石油等海洋资源开发产业的能源所需。我国计划在青岛和海南建立两个海洋能试验基地，以充分利用丰富的海洋能资源。根据规划，到 2020 年，我国计划在鲁、琼、粤各建一座 1000kW 级岸式波浪能电站；在浙江舟山建设 10kW 级、100kW 级和 1000kW 级的潮流电站；在西沙群岛和南海各建一座温差能电站。

2012 年 9 月，国家发布《全国海洋经济发展"十二五"规划》，其中第五章第三节指出："海上风电。优化开发布局，扶持与农渔业兼容发展的潮间带风电建设，积极发展离岸风电项目，提高产业集中度，有序推进海上风电基地建设。加强海上风电输电规划，完善配套基础设施，提高气象保障能力，加强电网并网技术研究。""海洋能。加强海洋能资源勘查，科学选划海洋能利用空间。建设近岸万 kW 级潮汐能电站、近岸 MW 级潮流能电站、海岛多能互补独立电力系统等示范工程，积极推进产业化进程。"[159、160]

一个蓝色的清洁海域、霞光万丈的中华绿色海洋疆域必然能展现在 14 亿挺胸昂首的中国人民面前！

参 考 文 献

[1] 卞晨光．联合国粮农组织呼吁 森林应作为发展新型绿色经济的核心．科技日报，2012 – 06 – 20，2 版．

[2] 方陵生（编译）．化学之绿色环保任重道远．世界科学，2011（2），12 – 14；浮游植物的力量，2012（4），25 – 29．

[3] 世界银行．包容性绿色增长：可持续发展之路．世行官网，2012 – 05 – 09．

[4] 王金照等．与绿色目标紧密联系的可持续行业政策．中国经济时报，2014 – 12，（1）– 8；（2）– 15；（3）– 22；（4）– 29，均 12 版；附 – 王乃粒（编译）．共创绿色世界从我做起，世界科学，2010（6），35 – 36．

[5] 王松才．关乎国家安全 跨越式发展多元清洁能源．中国经济时报，2011 – 05 – 05，5 版．

[6] 王增民．低碳经济下的绿色会计略论．中国经济时报，2010 – 06 – 15，12 版．

[7] 王珍，张全．走出低碳经济误区——谨防绿色保护主义．解放日报，2009 – 12 – 06．

[8] 毛黎．绿色发展 呵护地球 从《美中绿色发展论坛》看清洁能源未来．科技日报，2011 – 06 – 15，2 版．

[9] 付毅飞．绿色低碳发展对我国外贸影响渐深．科技日报，2012 – 11 – 11，3 版．

[10] 刘慧．全球绿色增长论坛敦促各国发展可再生能源．中国经济时报，2012 – 10 – 09，4 版；为全球绿色增长而努力，2014 – 10 – 24，3 版．

[11] 刘霞．用尽现有技术的巨大潜能 介绍20种切实能"呵护"地球的技术．科技日报，2009 – 12 – 27，2 版．

[12] 刘霞．联合国力推绿色经济发展模式．科技日报，2011 – 02 – 24，2 版．

[13] 华凌．"国际绿色低碳发展研究计划"在京启动．科技日报，2012 – 06 – 13，2 版；附 – 佚名．发展绿色经济成全球各国新趋势，中国环保联盟，2012 – 04 – 26．

[14] 宋健．拯救地球 卫护家园．科技日报，2007 – 02 – 08，10 版．

[15] 沈葹．无尽能源 绿色能源．世界科学，2011（4），4 – 7．

[16] 杨靖．绿色发展——推动经济转型升级．科技日报，2013 – 07 – 24，6 版．

[17] 李禾．"绿"技术，解决大难题．科技日报，2008 – 12 – 23，6 版．

[18] 罗天昊．中国急需推行绿色 GDP，中国金融智库，2014 – 09 – 09；附 – 李霞．环境污染与绿色 GDP．中国经济时报，2008 – 03 – 25，8 版．

[19] 李学华．绿色发展路是唯一选择——南非绿色经济峰会侧记．科技日报，2010 – 05 – 29，2 版．

[20] 王煕．中国工业领域清洁生产现状与问题．中国经济时报，2014 – 12 – 05，6 版；附 – 李家柱等．清洁生产和有关国际公约．中国社会科学报，2012 – 05 – 28，B02 版．

[21] 李稻葵等．绿色经济的明天系于政府．科技日报，2010 – 04 – 26，11 版．

[22] 国务院发展研究中心—世界银行中国城市化研究第七小组报告．绿色治理必须与中国的绿色目标一致．中国经济时报，（上）2014 – 11 – 22，10 版；（中）2014 – 11 – 24；（下）2014 – 12 – 01，均 12 版．

[23] 余家驹（编译）．绿色经济——实现环保与就业双赢．世界科学，2007（4），25 – 26；附 – 肖文德．绿色化学 – 21 世纪的科学，2000（3），27 – 28．

[24] 陈磊．专家呼吁积极推进绿色国民经济核算研究．科技日报，2011 – 09 – 25，1 版．

[25] 陈鹏．创新政策与环境政策协同推进绿色创新．世界科学，2012（8），55 – 57．

[26] 张亮．推进绿色低碳发展亟须加强制度建设．中国经济时报，2013 – 04 – 25，5 版；附 – 张娟．各地"低碳热"专家提醒谨防"绿瓶装旧酒"，2011 – 02 – 17，9 版．

[27] 张一鸣．用创新破解绿色困局．中国经济时报，2011 – 03 – 20，6 版；附 – 张生玲，刘学敏．鱼和熊掌可以兼得——瑞典绿色发

展的经验与启示，2014－09－15，4 版.

[28] 张玉台. 在中日绿色经济·资源循环政策研讨会讲话. 中国经济时报，2011－01－10，2 版.

[29] 张军扩. 绿色经济－新兴经济体实现可持续发展的必由之路. 中国经济时报，2012－11－05，5 版.

[30] 张辛欣. 七月清洁能源发电量大幅增加. 科技日报，2012－08－22，4 版；佚名. 我国清洁能源蓄势待发. 中国矿业报，2014－04－22.

[31] 张梦然. 绿色能源之路不平坦——美《国家地理》点评 2011 的"能源故事". 科技日报，2011－12－14，2 版.

[32] 郑友德. 创建"绿色"知识产权制度初探. 知识产权报，2011－03－28.

[33] 郑焕斌. "绿"而不贵现在还比较难 绿色能源进入美家庭遭遇价格难题. 科技日报，2012－06－16，2 版.

[34] 郑焕斌. 2050 年绿色能源将为欧盟节约 3 万亿欧元 到 2020 年可创造大约 50 万个新就业岗位. 科技日报，2012－10－30，2 版.

[35] 郑方能，封颖. 清洁能源国际合作的战略思考. 科技日报，2011－07－11，3 版.

[36] 范媛. "绿色公司"应皮毛一体. 中国经济时报，2011－05－19，9 版.

[37] 林永生. 绿色浪潮席卷全球. 中国经济时报，2009－12－08，12 版.

[38] 尚勇. 绿色浪潮. 科技日报，2009－06－24，3 版.

[39] 周子勋. 探索前进、绿色崛起的中国十年. 中国经济时报，2012－08－07，1～4 版.

[40] 胡利娟. 我将采取四项举措推动绿色经济. 科技日报，2012－11－29，12 版.

[41] 侯美丽. 周生贤：绿色增长，一点负担，一片机遇. 中国经济时报，2012－03－20，3 版.

[42] 侯美丽. 跨国 CEO 们承诺助力中国"绿色增长". 中国经济时报，2012－03－20，2 版.

[43] 海文. 低碳世博打造绿色未来. 科技日报，2010－11－03，12 版.

[44] 夏光. "十二五"环境保护规划的理念创新. 中国经济时报，2010－05－19，5 版；"十二五"时期的环境保护与绿色发展－目标与政策，2011－03－22，7 版.

[45] 董瑞丰，陈莹莹. 全球"绿色经济"面临三块短板. 科技日报，2014－06－26，2 版.

[46] 谢德. 新能源科技助推军队"绿色革命". 中国社会科学报，2013－01－09，B02 版.

[47] 梁志伟. 能源新常态在清洁能源领域的实践. 中国经济时报，2010－12－20，7 版.

[48] 黄海燕. 围绕应对气候变化 构建绿色发展机制. 中国经济时报，2012－04－09，11 版.

[49] 王茹. 生态文明的考核须"五位一体"、系统设计. 中国经济时报，2013－04－04，6 版；附－周宏春. 生态文明建设亟待经济的绿色低碳转型. 经济参考网，2013－02－20.

[50] 王利华. 生态文明——一个伟大的历史性抉择. 中国社会科学报，2013－05－03，A04 版.

[51] 王聪聪. 生态现代化重塑国家力量. 中国社会科学报，2012－08－10，B02 版.

[52] 王晓圆，胡丽娟. 美丽中国从林做起. 科技日报，2013－03－21，12 版.

[53] 刘峰. 以生态文明体制机制促美丽中国建设. 中国社会科学报，2012－12－28，B02 版.

[54] 刘永瑞. 科学发展观与生态文明建设. 中国经济时报，2012－12－28；2013－01－16，11 版；附－刘志强. 生态文明贵阳国际论坛闭幕 呼吁完善制度保证绿色转型. 科技日报，2013－07－22，1 版；许大纯. 健全激励约束机制促进生态文明建设，国土资源部储量司，天津－梅江，2013－11－04，网传 ppt.

[55] 仲武冠. 土地出让金收归中央可为生态文明建设破题. 中国经济时报，2012－12－06，5 版.

[56] 宋莉. 城市发展与生态文明建设高度关联，科技日报，2012－12－27，12 版.

[57] 谷树忠等. 生态文明建设是我国今后发展重要方向. 中国经济时报，2012－11－14，2 版.

[58] 杨承顺，杨卫. 生态文明建设引领经济学革命. 中国社会科学报，2013－05－31，A04 版.

[59] 肖显静. 生态文明视阈中的科学技术转向－近十年中国绿色科学技术创新. 中国社会科学报，2012－09－21，A04 版.

[60] 陈一新. 论生态文明. 中国经济时报，2011－01－05，5 版.

[61] 陈宗兴. 发展绿色经济 建设生态文明. 求是理论网，2012－11－02.

[62] 陈阿江，冯燕. 社会学视域中的生态文明建设. 中国社会科学报，2013－05－31，A05 版.

[63] 张启人. 建设生态文明的系统思考，系统工程，2008，26（1），1－7.

[64] 国务院政策研究室. 如何推进生态文明建设·中央政府门户网站 www.gov.cn，2013－03－29；附－张秋蕾. 环境保护部举行学习贯彻党的十八届三中全会精神专题辅导报告会 周生贤作报告. 中国环境报，2013－12－03.

[65] 罗勇. 美丽中国之梦从绿色转型起步. 中国经济时报，2013－08－01，6 版；附－霍文琦. 生态红线关乎中华民族生存发展. 中国社会科学报，2013－12－20，A02 版.

[66] 周宏春. 生态文明呼唤经济转型. 中国经济时报，2013－02－18；努力开创生态文明新时代，2012－11－30；美丽中国的空间特征应各具特色，2013－04－26，均 5 版；附－周宏春，石磊. 公平性应贯穿于生态文明建设的全过程，2013－03－10，11 版.

[67] 胡丽娟. 五项举措促林业生态文明. 科技日报，2013－01－17，12 版.

[68] 倪维斗. 从能源角度看生态文明，中国科学报，2013－07－29.

[69] 谢金峰. "美丽中国"的生态文明建设思考. 中国经济时报，2013－02－20，11 版.

［70］黄宏．生态文明背后的理论支撑．中国社会科学报，2012－11－30，A07版；附－谢方等．建设生态文明　化解环境与发展的二元对立，2012－12－21，A01版．

［71］程小旭．生态文明建设应突出制度安排．中国经济时报，2012－12－18，2版．

［72］新华社．关注生态文明　发展循环经济．科技日报，2013－03－22，6版．

［73］Roy Morrison：Building an Ecological Civilization，sustainability@ snhu. edu，2012，1－18；罗伊·莫里森（柯进华译）：中国将成为全球生态文明的领跑者．中国社会科学报，2012－09－21，A05版．

［74］向学前．创新技术推动生物质型煤产业化进程．科技日报，2009－04－02，12版．

［75］何丹婵．海尔重新定义"绿色"开启全球家电绿色元年．科技日报，2011－03－23，12版．

［76］何丹婵．中国绿色家电将领航全球市场．科技日报，2011－04－20，12版．

［77］何丹婵．海尔全面开启低碳生活．科技日报，2011－05－04，12版．

［78］何丹婵，王若涵．全球领先绿色低碳产品集体亮相青博会．科技日报，2011－07－13，12版．

［79］张新生．绿色塑料是这样来的　巴西利用甘蔗乙醇生产塑料的实践．科技日报，2011－05－13，2版．

［80］郑重．制造业迎来"绿色"信息时代．天极网信息化频道，2011－05－19．

［81］郑焕斌．"我们需要第二次塑料革命"．科技日报，2013－02－26，8版．

［82］黄茂兴．生态文明建设要有国际眼光．中国社会科学报，2013－05－17，A04版．

［83］辜胜阻，石璐珊．让绿色经济成为稳增长与调结构的引擎．中国经济时报，2012－10－11，5版．

［84］Achim Steiner（阿齐姆·施泰纳）主持，李风亭/伍江/张静等译．迈向绿色经济：通往可持续发展和消除贫困的各种途径－面向决策者的综合报告，UNEP，2011－12，www.unep. org/greeneconomy/．

［85］王洪建．更科学地勘探开发页岩气．中国社会科学报，2013－02－25，A08版；附－李平．页岩气燎原尚需时日．中国矿业报，2014－04－22．

［86］王义方，葛新石．太阳池，自然杂志，1983（12），924－927～941．

［87］刘晓慧，欧德琳．地热能开发利用潜力巨大．中国矿业报，2014－04－22．

［88］史俊斌．我国第一口页岩气水平井压裂成功．科技日报，2012－05－30；附－李艳．页岩气是一种重要的非常规天然气资源，我国页岩气资源潜力巨大，但是——开发页岩气没那么容易，2012－05－06；谢宏．去年我国页岩气产量达2.0亿立方米，2014－03－25；瞿剑．涪陵页岩气田提前进入商业开发，2014－03－25，均1版；赵文智．页岩气是清洁能源的生力军，2010－11－19，3版．

［89］池洪建．非常规天然气开采需相互兼顾　平衡发展．中国经济时报，2014－08－06，5版；附－金晨曦．突破瓶颈：中国式"页岩气革命"须稳步前行，2014－10－24，2版．

［90］刘长松．美国页岩气革命影响世界能源格局．中国社会科学报，2013－04－10，A06版；附－张锐．美国坐上页岩气发展快车，中国经济时报，2013－10－09，5版；杨颖霞，刘恒伟．美国页岩革命与中国能源安全，2013－10－16，11版．

［91］刘积舜，王建高．地热开发应建立国家级平台．科技日报，2010－12－20，7版．

［92］吕灿仁，魏保太．地热发电．自然杂志，1983（2），109－112．

［93］李宏策．地热能何时高调登场．科技日报，2013－03－30，2版．

［94］佚名．试论环保节能地源热泵技术应用研究．中国城市低碳经济网 www.cusdn. org. cn，2012－12－31．

［95］余凌紫．明日天然气从页岩来？科技日报，2012－08－24，5版．

［96］陈德岭．盐度能——一种潜在的能源．自然杂志，1991（4），279－280．

［97］张锐．我国页岩气开发前路漫漫．中国经济时报，2013－11－06；附－李维明．加快落实国家政策切实推进煤层气开发利用，2014－08－07，均5版；张娜．页岩气开发会否威胁传统能源格局，2012－09－20，8版．

［98］张一鸣．"赶集"页岩气．中国经济时报，2012－10－29，9～10版；绿色能源天然气迎来发展黄金期，2013－04－08，10版．

［99］张永兴等．世界能源市场巨变呼唤创新与合作，科技日报，2013－05－11；附－郑焕斌．英咨询机构发布报告认为　开发页岩气有助于实现碳减排目标，2012－10－20，均2版．

［100］张凡．世界页岩气勘探开发一览．中国矿业报，2013－02－18．

［101］范思立．中国页岩气开发亟须政策体系跟进．中国经济时报，2013－05－07，4版；附－郭锦辉．水供应可能会限制六大洲的页岩气资源开发，2014－09－11，12版．

［102］易家康（编译）．地热能开发利用日臻成熟．世界科学，2008（6），22－23．

［103］国家发改委，国家能源局等．《煤层气（煤矿瓦斯）开发利用"十二五"规划》，2011－11－26；《页岩气发展规划（2011～2015年）》，2012－03－13；国家能源局：煤层气产业政策，2013－03－11；附－游雪晴．瓦斯变害为宝　亟须科研支撑，科技日报，2013－03－22，1～3版；王静，杜燕飞．页岩气"十二五"规划发布　2015年产量将达65亿立方米，人民网－能源频道，2013－03－16．

［104］段树军．页岩气革命重塑世界能源格局．中国经济时报，2013－03－25，10版．

［105］袁艳平．地源热泵研究现状与发展趋势，西南交通大学建环系．中国地源热泵网，www.ayrpw. com，网传ppt，2011－09．

［106］晓阳．埋藏在我们脚下的绿色能源．世界科学，2006（9），19－20．

［107］熊聪茹，宗钢．我国页岩气开发技术实现重大突破．人民网－能源频道，2013－05－12；附－董书礼，宋振华．促进我国页岩

气产业发展的若干思考和政策建议.科技日报,2013－08－26,1~3版;瞿剑.我国首个大型页岩气田诞生,探明地质储量1067.5亿立方米,2014－07－18,1版;我国页岩气自主开发配套技术初步形成,2015－01－02,3版.

[108] 人才网编辑.2011~2020年核电中长期发展规划解析.中国核电人才网,2012－11－20.

[109] NEA.核能技术路线图,IEA,2010－07.

[110] 中国工程院项目组.在"核安全观"指导下发展核电.科技日报,2014－10－29,3版;附－王立彬.我国发现国内最大的世界级铀矿,科技文摘报,2012－11－15,8版.

[111] 冯武勇.核事故考验日本减排政策.中国经济时报,2011－04－07,9版;附－胡若愚.福岛泄漏300吨剧毒辐射水,是2011年以来最严重的单次泄漏.广州日报,2013－08－22,A12版.

[112] 冯诗齐(编译).发展核聚变能的障碍已被扫清.世界科学,2010(3),30－31;附－邓雪梅.核聚变"新贵",2014(9),25－27.

[113] 付常银.核电审批或重启　中长期前景乐观.中国经济时报,2012－04－09,9版.

[114] 付常银.核安全"十二五"规划通过.中国经济时报,2012－06－04,10版;附－付毅飞."我国核应急水平世界领先"——国家核应急办副主任解析我国核应急体系.科技日报,2014－05－13,1~3版;我国内陆核电站建设"十三五"期间启动,2020年在运核电机组将达5800万千瓦,2014－10－17,3版;中国核工业的"二次创业",2015－01－17,1~3版.

[115] 池晴佳(编译).混合反应堆——清洁能源的希望.世界科学,2009(10),21－23.

[116] 刘莉.杜祥琬:人类无法弃核.科技日报,2012－05－27,1版.

[117] 刘霞.核电站会越来越安全.科技日报,2011－03－22;附－李山.中国自主三代核电技术通过国际原子能机构安全审查,2014－12－06;中国核电吹响进军世界的号角,2014－12－11,均2版;刘向.中国自主三代核电技术通过国际安全检查,2014－12－06,3版.

[118] 刘慧.安全发展核电是人类的需要.中国经济时报,2011－03－23,6版;附－洪涛.中国核电亟须加快监管体系及能力建设,2014－10－21,5版.

[119] 刘传书.我研发的三代核电技术符合国际标准.科技日报,2012－11－22,1版;附－刘芳.中国高温气冷堆核燃料元件在荷兰检测成功,2015－01－01;附－刘芳.中国高温气冷堆核燃料元件在荷兰检测成功,2015－01－01;王攀.核反应堆有了中国"心",2015－01－07,均1版.

[120] 杜悦英.核电能分未来能源多少羹.中国经济时报,2010－07－01,10版.

[121] 李晓红.核电跃进　核废料处理隐忧浮现.中国经济时报,2011－03－17,8版;中国核电重启之后,2012－11－01,11版.

[122] 陈瑜.我国核电再次扩容.科技日报,2014－07－16;"华龙一号"将凭借什么进入国际核电市场,2014－11－29,均3版;我国已掌握三代核电运行与维护技术　该技术有望于明年应用于AP1000全球首堆,2012－12－06;自主三代核电."华龙1号"拿到"路条",2014－11－05;福清核电即将投入商业运行,2014－11－24;我国大力推进发展乏燃料后处理技术和产业,2014－12－11;三代核电"华龙一号"2020年底建成,2015－01－16,均1版;百万千瓦级－第三代核电的"中国品牌",2013－04－20,1~3版;附－陈杰、曹双:阳江核电站昨投入商运　为世界最大在建核电项目　全部建成后年发电480亿kWh,广州日报,2014－03－27,A6版.

[123] 陈磊,李艳.专家详解第三代核电技术.科技日报,2011－03－17,1版;附－瞿剑.三代核电自主化的完美轨迹——国核技创新案例解析,2014－03－12,9版.

[124] 张娟.世界十大核安全事故.中国经济时报,2011－03－17,9版;附－张焱.核安全须放在核电发展首位,2011－07－07,8版;佚名.核安全是最大的环保.中国环境报,2014－02－25;胡尊锋.值得警惕的潜在核大国　日本发展核武器计划与能力大扫描.科技日报,2013－11－19,12版.

[125] 佚名.近期世界各国核动态一览.中国核能行业协会,2014－07－28.

[126] 张代蕾.核死亡区缘何成为野生动物天堂?科技日报,2013－05－03,5版.

[127] 张显峰.我百万千瓦级核电机组2014年开工.科技日报,2012－11－13;附－张梦然.美国的"人造太阳"正在地平线升起,2013－09－26,均1版.

[128] 郑焕斌."人造太阳"背后的技术挑战——欧盟发布聚变示范电站设计开发路线图.科技日报,2013－01－23;核能开发:激进的核反应堆,2013－09－20,均2版.

[129] 郑晓奕.我国第三代核电自主化创造多个世界第一.科技日报,2011－01－31;附－钟良,刘传书.核燃料组件研发取得重大进展　中国自己的核级锆合金产品完成工艺试制,2014－04－04;王攀.核反应堆有了中国"心",2015－01－07,均1版.

[130] 奇云.人类距离无限清洁能源有多远－受控核聚变的可能与不可能.中国社会科学报,2012－04－23,A08版;附－房琳琳."核聚变"最近怎么了?科技日报,2014－10－20,2版.

[131] 范思立.核电蓝图——2020年前新增投产2300万千瓦.中国经济时报,2007－11－05,3版.

[132] 范思立.快堆商业化仍需时日.中国经济时报,2011－03－06,5版.

[133] 范思立.安全规划是中国核电发展的"安全罩".中国经济时报,2012－10－18,2版.

[134] 环境保护部(国家核安全局)等.核安全与放射性污染防治"十二五"规划及2020年远景目标,2012－07.

[135] 国务院.核电中长期发展规划(2011~2020年),2012－10－24;核电安全规划(2011~2020年),2012－10－24.

[136] 周景彤，李亚芬．日本大地震"震动"全球能源新格局．中国经济时报，2011 - 08 - 02，4 版。

[137] 唐婷．潘自强：核能是清洁、安全、绿色的能源．科技日报，2012 - 08 - 21，1～3 版．

[138] 郭锦辉．日本核电事故给中国警示几许．中国经济时报，2011 - 03 - 17，8 版；附 - 胡亮．不应该发展内陆核电而要靠"水"，2014 - 09 - 26，2 版．

[139] 高博．可控核聚变装置，中国领先世界．科技日报，2012 - 06 - 11，1 版；附 - 常丽君．替代聚变技术悄悄升温——几种风险投资支持的新型核聚变能源研究方案，2014 - 08 - 12，8 版；刘霞．美设计出新型核聚变反应堆模型，2014 - 10 - 15，2 版．

[140] 蒋秀娟．抢占能源战略制高点 - 863 计划扶持快堆能源技术发展纪实．科技日报，2011 - 03 - 30，8 版；附 - 瞿剑．我国全面掌握 EPR 三代核电建造技术，2012 - 09 - 13；5 到 8 年内开发出自主品牌核电"神经系统"，2010 - 10 - 09，均 1 版．

[141] 新华社．全球核电站规模及其分布，中国经济时报，2011 - 03 - 17，9 版．

[142] 曾旭华．核电技术（ppt），长沙电力职业技术学院动力系．网传教材，2010．

[143] 蓝建中．日本政府公布福岛核电站事故最终报告，科技日报．2012 - 07 - 25，2 版．

[144] 蔡金曼，陈瑜．我实验快堆首次满功率并稳定运行 72 小时．科技日报，2014 - 12 - 19，1 版．

[145] IAEA．应急准备和响应——（核电）事件和应急通讯工作手册，2013 - 03。（原注：2012 年 6 月 1 日生效）；附 - NEA & IEA．核能技术路线图，2010．

[146] Harold P. Furth（罗季雄译）．从核聚变中获取能量．世界科学，1996（6），35 - 36；附 - Max Rauner（石左虎译）．世界性项目 - 国际热核试验性反应堆，2003（9），27 - 28．

[147] 方陵生（编译）．来自海洋的蓝色能源．世界科学，2014（7），37 - 39；王海霞．向海洋要能源，向当局要政策．中国能源报，2010 - 07 http：//www.indaa.com.cn/．

[148] 刘旭东（编译）．来自海洋的能源——OTEC．世界科学，1996（2），29 - 30；任少华（译）．开发海洋中的能源，1995（9），27．

[149] 闫勇．破坏、保护、重建与治理——海洋生态系统与人类未来．中国社会科学报，2012 - 09 - 12，B02 版．

[150] 李山．我已经吸了太多的碳　海洋存储二氧化碳的能力已超负荷．科技日报，2009 - 12 - 03；附 - 李宏策．地球工程研究亟待规范 - "海洋施铁肥"等项目引发科学界众怒，2012 - 11 - 30，均 2 版．

[151] 李乃胜．发展海洋低碳技术的几点思考．中国城市低碳经济网 - www.cusdn.org.cn，2012 - 09 - 11；引自中华励志网 - www.zhlzw.com．

[152] 陈萌．冷暖之间发掘海洋无限力量．科技日报，2013 - 01 - 23，7 版；附 - 刘霞．海洋能产业蓄势待发，2014 - 05 - 25，2 版．

[153] 陈瑜．我国完成首次近海海洋环境资源家底普查　海洋灾害总体加重　近海渔业资源整体衰退，科技日报，2012 - 11 - 05，3 版．

[154] 陈恩鉴，刘鹤守．海洋热能及其利用．自然杂志，1982（12），895 - 900～906．

[155] 张长青（译）．海浪发电系统．世界科学，1997（12），29 - 30．

[156] 范建，常丽君．未来新能源会来自海洋吗？科技日报，2008 - 10 - 25，4 版．

[157] 国家海洋局．2013 年中国海洋经济统计公报，2014 - 03 - 11；国家"十二五"海洋经济发展"十二五"规划，2012 - 09 - 16；附 - 童彤．《国家"十二五"海洋经济发展规划》获批实施，多部委酝酿海洋经济新政 - 海洋新兴产业期待发力　海洋经济前景看好，中国经济时报，2012 - 11 - 30，2 版．

[158] 郭成涛．潮汐发电．自然杂志，1982（7），496 - 499．

[159] 夏斐等．大力发展海洋服务业是海洋强国战略的必由之路．中国经济时报，2012 - 12 - 04，5 版．

[160] 徐楠，畅新征．以科技力量支撑海洋强国战略．科技日报，2012 - 12 - 25，5 版．

[161] WWF．为了海洋的健康是时候按下复原按钮了．科技日报，2015 - 05 - 07，5 版；附 - 邰举：海洋的开发：底蕴丰厚　如火如荼——全新意义的海洋产业呼之欲出，2015 - 05 - 14，2 版．

[162] 李宏策．应对气候变化需要健康的海洋——联合国教科文组织举办"世界海洋日"大会；附 - 王心见：联合国呼吁保护海洋使之重焕生机．科技日报，2015 - 06 - 10，2 版．

[163] 华凌．研究称海洋变化已经开始　即使全球变暖被遏制，海平面仍会上升 6 米．科技日报，2015 - 07 - 23，2 版．

第8章

顿悟云天绘彩虹

8-1 信息化发展利器 网络化低碳中坚

8-1-1 持续发展 运转桔槔

1. 信息化推动社会经济发展的时代意义——

（1）固本清源：人人习以为常地能针对发展信息化的时代意义擘肌分理、如数家珍，但很难在小段文字中解释得淋漓尽致。人类文明社会的进步离不开能源、物料和信息三大要素，而其中信息是文明、进步的原动力，信息技术是提升文明水平、促进社会进步的阶梯和桥梁。信息化则是推动社会经济变革的主要力量，提升国家竞争力的战略重点[12]。国际电信联盟（ITU）和联合国教科文组织（UNESCO）于2011年5月共同创立的联合国宽带数字发展委员会（UNBCDD）2012年4月初发表一份报告指出：发展信息通信技术（ICT）有望大幅减少GHG排放。认为按IEA的新对策标准实现到2050年全球气温控制在2℃以内，则到2020年全球GHG排放上限为440亿吨；但按2009年《哥本哈根协议》各国所作承诺的综合效果，全球碳排放将达530亿吨。缺口90亿吨可以通过信息化发展弥补87%即78亿吨，剩下12亿吨也就能施展"追穷寇"的"剩勇"分斤掰两地予以解决。该报告指出：ICT年排碳量占全球总量的2% ~ 2.5%，在ICT中推行宽带技术、电子商务、远程办公、网络教学、手机上网等积极举措，特别是宽带技术在交通、物流、建筑、工业生产等领域的推广应用，估计能有效抑制人类生产生活千头万绪的碳排放途径[3]。其实，早在2008年就有国际非政府组织"全球电子可持续发展倡议"发表过《节能化2020年：在信息时代推动低碳经济》报告，其中结论与BCDD完全一致：采用先进的电子信息技术到2020年足以减少碳排放78亿吨[3]。

其次，任何信息化、网络化、智能化活动都离不开电脑，个人电脑（PC）仍将是电子信息技术领域的"中锋"[117]。从设计、备料、制造到使用的整个过程都有与电脑相关的节能问题[113,116,138]。磁微处理器比硅芯片节能百万倍[156]；采用液态金属能为CPU散热[120]。因此，不能简单地认为电脑节能只是注意关机的简单操作之劳而已。

（2）现实意义：我国东汉时期出生创新造纸术的蔡伦为何在世界上被列为"对世界社会经济发展最有影响的100位人物"中的第6位？大家知道即使今天有了如此庞大的计算机网络地盘和存储手段，世界仍然跟纸张难舍难分。这是因为纸是信息载运和存储的载体，从公历纪年算起，纸是传递信息至少将近两千年来的主要工具。在那以前，人们不难想象靠竹简刻写到布帛传书对于社会信息化造成的高垒深沟，望而生畏。何况即使没有纸张，公元前90年后汉武帝时的太史令司马迁因替投降匈奴的李陵辩解而获罪，遭腐刑后仍毕生靠竹木编简刻书修史达53万字之多，在信息发展史上空前绝后。工业革命初期，美国曾明智地认识到邮政系统在发展中的关键作用。1828年，美国拥有7500所邮局，平均每1万居民就分占着7.4所邮局，同期英国每1万人只有1.7所、法国1万人只有0.4所。由于美国在随后的其他更先进的信息化设施诸如电报、电话、广播、电视、计算机、机器人、遥感、互联网研发中总是抢先于其他工业化国家（只有英国被希特勒的飞机所迫而首先研发了雷达），最后使得美国的科技创新精神深得绝伦逸群之妙。美国 200 年来的政治军事经济社会的决策战略坚定不移地把信息化放在群策之首，才成为一个多世纪以来获得诺贝尔奖项最多的国家。信息化是一国科技持续发展和循环运转的桔槔，是战略决策运用自如的不二法门！

2. 信息化内涵——现代意义的信息化建立在信息与通信技术（ICT）产业发展与 ICT 在社会经济各部门扩散的基础之上，运用 ICT 无胫而行、无翼而飞的特殊科技渗透能力去改造传统生活方式、社会进步要素和经济增长产业结构的全过程。就中国而言，信息化不但改变着前进道路面临的诸多约束条件，对社会结构稳定因素带来挑战，而且也提供千头万绪的发展机遇，使我们有可能在促进科技进步与应用、组织结构优化和自主创新等方面，径情直遂地发挥后发优势。纵观人类进化和社会进步史，物料、能源和信息始终是生存和发展不可须臾离的最基本要素。信息作为资源存在的特殊形态，是保证社会经济可持续发展的水源木本。而今鲜明旗帜、瑰意琦行地推行绿色化和低碳化，足以发挥保驾护航作用无与伦比的信息化理当登堂入室，及锋而试！

统观 ICT 新近发展，对未来的信息技术应用发展趋势，其前瞻结构可表示如图 8-1。信息化发展神速的客观事实可归纳为：①信息时代的支柱技术如微电子技术、计算机技术与通信技术等以呈现万马奔腾之势的超常规速度发展；②PC 与互联网的普及应用在信息化历程中扮演着重要角色，促进了 ICT 在社会经济系统和知识领域中不胫而走的高速扩散；③信息化过程中，社会舆论、商业行为、政府办公和信息公开显得愈益活跃；④ICT 对日新月异的科技创新起到锦上添花、推波助澜的作用。我国成功主办的世博会除了得力于驾轻就熟的组织者，更多取优于绿色化 - 低碳化的电子信息技术[9]。然而，国际电信联盟（ITU）发表的一年一度《衡量信息社会发展》，2011 年对全球 152 个经济体和 2012 年对 155 个经济体的信息化水平（ICT 发展）所作评价，我国 2011 年被排在 80 位[12]和 2012 年排在 78 位[13]。排位前 5 名依次是韩国、瑞典、丹麦、冰岛和芬兰。评价中主要虑及 ICT 的普及水平、介入难易、创新水平等，其中如宽带互联网光纤普及率我国尚处于较滞后的状态。可是，ITU 对中国信息化水平的低估是否涉嫌管窥蠡测、以点代面？2010 年 11 月，我国"天河一号"超级计算机以千万亿次计算速度的绝对优势跻身世界高性能计算机 Top500 的首位；高端容错计算机、网络计算平台软件技术、PB（10^{15} 比特）级海量存储系统与数据处理技术等硕果累累；2002 年 8 月 10 日，我国首枚自主创新通用高性能 CPU"龙芯一号"问世；天津大唐公司以精兵强将，远超美国的大军压阵之势，一举突破系统化移动通信标准 TD - SCDMA 并迅速进入国际网络标准行列，随后于 2012 年初，中国主导制定的 TD - LTE - Advanced 被 ITU 与 LTE - Advanced 和 WirelessMAN - Advanced 技术规范一道入选为 4G 国际标准。信息技术产业化也日趋规范化，基本形成软件、信息安全、集成电路和数字媒体等四类 IT 产业基地[16]。居然 2012 年将中国信息化水平屈列全球 155 个经济体中的 78 位，委实不敢苟同！

顺便提示一下：为了适应企业个性化信息管理借助 YIGO 语言推行的无码解析技术，其中采用数据映射将业务实体直接转化为可执行的业务系统，避开数据库和界面 - 数据库交互，用图形化界面直接表达业务。近来在一批企业中得到成功应用[14]；关于数字化内容产业的发展中，特别应注意融入 2013 年 9 月 10 日国家文化部发布的《信息化发展纲要（2013 ~ 2020 年）》，动漫、网游产业基地建设中须强化产业领域拓展和延伸中的协调管理，强化数字内容的规划引导和政策支持[18]。因为文化的信息化建设是我国社会和谐进程中的一支劲旅，不可等闲视之。

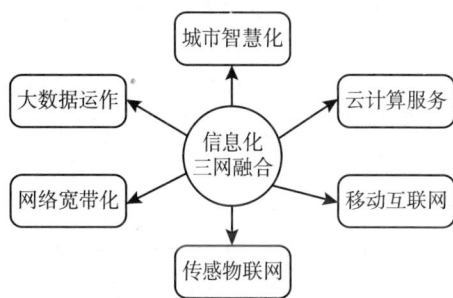

图 8-1　信息化技术应用的前瞻结构

2014 年底，国际电信联盟宣布，目前全球还有一半以上的人口没有条件上网。2015 年初，美国卫星互联网公司 One Web 宣布，计划构建一个覆盖全球的卫星网络，形成世界上最大的卫星媒介的互联网，能使地球上任何角落的居民都能相互通话和传递信息[9]。

8-1-2　我国信息化近期发展和能耗状况

1. 信息互联网络——2015 年 2 月 3 日中国互联网络信息中心（CNNIC）在京发布第 35 次《中国互联网络发展状况统计报告》，表明至 2014 年底，我国网民规模已达 6.49 亿，互联网普及率 47.9%（图 8-2），沿海各省市包括北上广深的网民均早已超过 50%，全国网民规模 2012 年已远超诸发达国家，特别是 2012

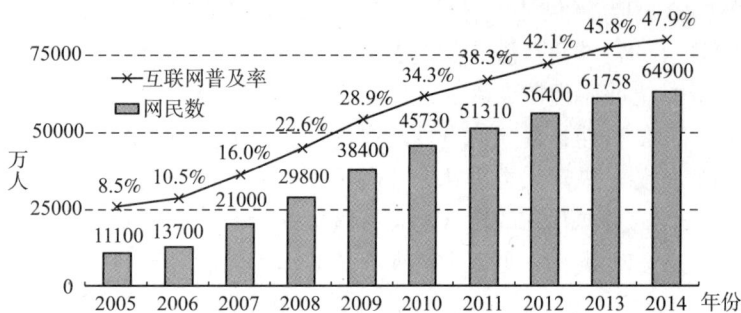

图 8-2　中国互联网发展现状——网民规模和互联网普及率

原注：网民指过去半年内使用过互联网的 6 周岁及以上中国居民。

（据：中国互联网络信息中心：第 35 次中国互联网络发展状况统计报告，2015-02-03）

年我国手机网民规模已达 4.2 亿（图 8-3），有 74.5% 的网民可用手机上网，包括互联网接入和信息服务在内的产业规模达 4500 亿元。微信、飞信、QQ 等即时通信工具已成最时髦手机应用。国家信息中心统计：截至 2012 年底，我国手机即时通信用户数已达 3.52 亿，使用率为 83.9%。手机搜索用户有 2.91 亿；手机上微博的有 2.02 亿；手机观看和下载视频节目的有 1.3 亿；手机游戏用户有 1.39 亿。以手机为移动终端媒介的信息传播载体成为继报刊、广播、电视、互

联网之后的"第五媒体"。这一媒体的神速发展远非前四种所能比拟[8]。2013 年手机上网规模已从上年的 74.5% 上升为 81.0%，很大程度上得益于 4G 宽带移动互联网的提前开通。2014 年手机网民规模已达 5.57 亿，比 2013 年增加 5672 万人，规模升至 85.8%。手机端即时通信使用率达 91.2%。目前，我国是全球最大的互联网市场，有 400 万家网站，全球互联网企业前 10 强中国有 4 家，2014 年仅电子商务交易额即达 2 万亿美元，且将以每年 30% 速度增长；手机旅行预订用户增长 194.6%；手机网购、支付、银行等商务应用分别年增 63.5%、73.2% 和 69.2%。中国互联网企业在美上市近 50 家，总市值 5000 亿美元；

这一年 4 季度阿里巴巴在美国上市，创造了全球史上最大规模的首次公开募股（IPO），融资总额超过 250 亿美元，足证美国股民对中国互联网、中国经济和中国未来的信心[8]。

根据 Gartner 市场咨询顾问公司报告，互联网碳排放总量是全球化石燃料排碳总量的 1%，即 3 亿吨 CO_2，约与英国能耗总量的一半相当。我国互联网规模不及美国，但网民数居全球第一，而低能耗的光纤传输远未就位。循此估算，我国互联网的能耗总量可能已跃居全球鳌头。可以看到：过去 10 年间，我国互联网网民数增加了 20 多倍；互联网网站增加了 10 倍以上；互联网域名数增加了 100 倍；国际出口带宽增加了 360 倍，互联网网页数每年翻一番；计算机拥有量增加了 10 倍以上，2009 年底已达 2.2 亿台。从互联网应用观之，交流沟通类用户急剧增长，像 QQ、微博、微信等每年都以几千万数量级增多。网络娱乐类、商务交易类用户也风生水起，全线飙升。中国互联网的优秀管理水平，已赢得全球一致赞赏[31]。

图 8-3　中国手机上网网民规模及其占网民比例

原注：手机网民指过去半年通过手机接入并使用互联网，但不限于仅通过手机接入互联网的网民。

（据：中国互联网络信息中心：第 31 次中国互联网络发展状况统计报告，2013-01，p.13，图 4，本书引用时已略作调整）

据有关专家研究，中国移动 2010 年通过 50 万个以上的基站及其配套装置节约的耗电量、50% 以上 GSM 网和 55% 以上 TD 网无线设备应用绿色包装年节约木材 15000 m^3；通过推行 SIM 卡再利用、小卡化技术、电子化发卡、远程与空中写卡、采用环保材料制作卡基等，累计减少卡耗 10 亿张、卡基材料 200 吨、白色污染 6000 吨。该公司"十一五"期间单位业务量耗电下降了 50%[118]。当然，免不了有人对此心存疑

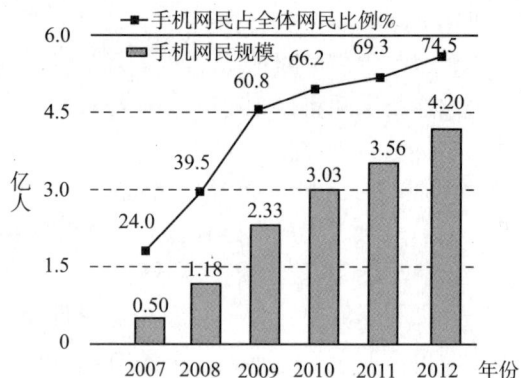

虑，尤其是移动业务中产生的电子垃圾、有害环境的其他设施等没有进入排碳策划范围。论断中预测 2030 年我国全社会通过应用电信系统的 ICT 实现年排放 CO_2 约达 12.98 亿吨的规模，精确程度令人折服[128]。

2. IT 设施使用中的能耗——按上节提示，UNBCDD 估测全球 ICT 设备使用时排放的 CO_2 占全球碳排放总量的 2%～2.5%（约 10 亿～13 亿吨碳排放量），电脑的碳排量 1/4 源于生产制造，其余 3/4 来自使用。各式电脑平均地说，投入使用后每年约产生 0.1 吨 CO_2。上海超级计算中心曙光 4000A 平均每天电费曾达 1 万多元。中石油东方地球物理公司数据中心电费支出每天曾高达 4.8 万元，年电费高踞 1700 多万元。IT 设施中，PC 和服务器年耗电总量占全国用电总量的 5%，一台普通办公 PC，若下班不关机，一年浪费电量最高可达 200～300kWh，全国 IT 系统总耗电量差不多等于三峡电站一年发电总量。大中型企业先进 1U 服务器的功耗可达 600～700Wh，即一年耗电将超过 5000kWh。据 VMware、Microsoft 和 EMC 的相关数据显示，服务器常年利用率仅 5%～15%，直连存储系统的利用率也只有 20%～40%，一般约 30%～35% 左右，而基于 Windows 和 Linux 系统的服务器平均利用效率甚至只有 10% 左右。从数据利用率来看，企业系统中通常有 70% 的数据几乎闲置无存取，即服务器利用率不高。通过物理整合、虚拟化和应用整合可能提高利用率，但对降低电耗的效果甚微。如果保守地按照现在全球服务器总装机量大约 3500 万台，并按每台服务器功耗 400W 计算，则全球全部服务器每小时耗电量可能达 1400 万 kWh；如按每 kWh 电的 CO_2 排放量约为 0.997kg 计算，约合 13958 吨；在常温 25℃ 及标准大气压下，1 吨 CO_2 所占空间为 556m^3，循此类推，全球每小时由服务器排放的 CO_2 将可以覆盖整个超级城市。预计 2020 年全球数据中心碳排量将跃升到目前的 4 倍。前些年数据中心所消耗的数据存储量和网络宽带平均每一年半就翻一番。2025 年全球 IT 电量消耗将达到 2006 年的 9.4 倍，占总用电量的 15%。据统计，我国通信行业以互联网作为通道的基础设施年综合能耗约 300 亿 kWh，相当于 2 座葛洲坝水电站年发电总量[62]。

据 Gartner 市场咨询顾问公司的报告，全球 ICT 总耗电量大约占全球耗电总量的 8%。美国 ICT 耗电量约占全国耗电量的 8%，英国占 10%，根据测算中国的 ICT 产品耗电量占全国耗电量的 3.2%～4%，是美国的一半，且随着中国信息化的快速发展，ICT 的耗电量占比很快就会超过美国。IDC 统计数据显示，亚太地区数据中心电力消耗以每年 23% 的速度递增，超过了 16% 的世界平均增长水平，呈现加速增长态势。当前 ICT 产业正全面进入宽带和移动互联网时代，必须当机立断、厉兵秣马迎接后摩尔和后 PC 规律下的云计算时代、物联网时代、大数据时代和三网交融的 4G 时代。宽带化、虚拟化、个性化、社交化、开放化和智能化正迫使 ICT 行业在低碳 - 绿色战略方向下全盘换代发展[4]。为此，一面在紧跟近年 ICT 领域日新月异的核心技术变革的同时，一面强化碳技术支撑体系的分析和建树，其中须正确构建碳标准体系、减排增效体系、碳监控体系和跟踪碳交易体系，务必在换代转型阶段保证节能环保和贯彻生态文明精神[6]。

3. IT 设施生产中的能耗——生产一台电脑需要大约 1.8 吨化学物质、化石燃料和水（与生产一辆汽车不相上下），所以在信息系统制造环节中的节能降碳更是重中之重。任何 ICT 设备、手段都无一例外地隐藏着十分可观的嵌入式碳排放。国外有专家很有说服力地囊括服务器、网络、终用设备和嵌入碳排 4 类技术过程能耗消长的调研结论（表 8 - 1）。分析此表，不难引以为戒：是否应审慎断言信息化的"绿色 - 低碳本质"[15]！

表 8 - 1　　　　　　　　　对 ICT 各种技术应用门类的能耗和能效实证比较

A 服务器　　B 网络　　C 终用设施　　D 嵌入能耗	能源消费	对能效高低的要求
A1 数据中心外服务器	高	中等
A2 室内服务的合用数据中心	高	高
A3 ICT 服务供方的数据中心	高	高
B1 陆上和海上通信：光缆铜缆	低	中等
B2 无线通信：GSM，WiFi，3G 天线	中等	中等

A 服务器　　B 网络　　C 终用设施　　D 嵌入能耗	能源消费	对能效高低的要求
B3 无线通信：无线电卫星	低	中等
B4 支撑互联架构：路由器，DNS 服务器	高	中等
C1 个人计算设施：座机、手提、笔记本	高	中等
C2 家用无线通信设施：陆地直通电话	中等	低
C3 移动无线通信设施：蜂窝电话	中等	中等
C4 TV 组件装置，机顶盒	高	低
C5 便携媒质（音乐和/或电影）播放器，电子图书	中等	低
C6 数码相机	中等	低
C7 外围设备（扫描器、打印机等）	中等	低
D 嵌入式碳排量 ICT	高	高

注：表内评价标识：低＝低于 35%；高＝高于 65%；二者之间为中等。

（据：Lorenz M. Hilty. Energy Consumed vs. Energy Saved by ICT – A Closer Look，In Wohlgemuth，V.，Page，B.，Voigt，K. （Eds）：Environmental Informations and Industrial Environmental Protection：Concepts，Methods and Tools，23rd International Conference on Informatics for Environmental Protection，pp. 353 – 361，ISBN 978 – 3 – 8322 – 8397 – 1[58]）

我国电子信息制造业生产过程能源消耗总量呈逐年上升趋势。如：1995 年是 950.6 万吨标煤，2010 年上升到 4155 万吨标煤，增加 3.37 倍；占工业能源消耗比重从 0.72% 上升到 1.35%。但发达国家的电子信息制造业的能耗已呈稳定的负增长趋势，而我国却持续正向增长，其原因不外乎发展模式存在求量轻质、产业结构亟待调整和技术水平犹待创新等客观现实。例如目前电子信息制造业共有工业炉窑 3 万余台，能耗占全行业 1/3，而热效率普遍较低，几乎与国际先进水平差距接近 50% 左右[2]。

除上述电子信息技术产业生产中和使用中的节能幅度须常抓不懈，更积极的考量在于充分利用电子信息技术横跨所有的能源领域，借以促进全能源系统趋向整体开源节流。德国近年采取一系列有效措施，推动电子信息技术全方位渗入能源部门，迎接所谓"E－能源时代"，优化能源生产和使用的电子化、信息化、智能化，取得可喜的效果[17]。因此，我国电子信息产业多年来亦面临调整升级[32]和构建和谐产业环境的紧迫需求[33]。实践证明：信息化能全方位助力中小企业转型升级已无疑义[34]；但能够像华为、中兴那样成功打造国际品牌的创新型企业却至今仍处于始轫阶段，亟待突破[36]。于是，信息化与工业化水乳交融式的融合仍然是当前工业学术界的热议主题[37]，其核心始终是力促科技创新拔新领异[39]。

4. 通信系统的能耗——ICT 中的通信行业也是耗能大户。近年来，通信行业能源消耗呈不断上升趋势，其主要原因在于产业规模不断扩大，不断增加的服务器和基站载频消耗了大量水－电－气能源。通信在电子信息行业总能耗中所占比例不断上升，年用电超过 200 亿 kWh，已达或略超整个 ICT 系统用电的 1/4；而固话和移动电话所占比例也仅次于电脑显示器和服务器耗能，分别占 15% 和 9% 的份额。通信设备和机房设备是耗能大户，仅基站空调用电一项，每年用电就已超过 70 亿 kWh。以上尚未计入制造通信及配套设备过程中的碳足迹，实际上其中嵌入式碳排放有过之而无不及。随着中国和全球信息化的发展，带来了对电脑、空调、存储和传输等设备的大量需求以及对电力的大量消耗。2009 年三大电信行业运营商共用电量 289 亿 kWh，占全社会用电量的 0.8%。但电信业务年均增长是 5% ~ 6%，年能耗增长却达 10% ~ 11%，比业务增长高 1 倍。

8 - 2　信息通信产品勿苟碳足迹　信息通信产业义守安全门

8 - 2 - 1　信息通信技术产业碳足迹寻踪

1. ICT 碳足迹——前面已大致浏览了 ICT 各型设施使用中的碳排放或能耗规模。信息技术已经悄然进入社会、经济、生活各领域，导致社会经济发展及生活方式发生翻天覆地变化，发布、传播及接收信息的主要设备如手机、电脑、电视等也已成为生活必需品与人们形影不离。急速增长的信息设备在促进社会经济发展、便捷人类生活同时，也引发因信息设备需求激增产生的碳足迹消长问题。

ICT 快速发展，带来对计算机、空调、存储和传输等设备的大量需求，进而引致电能消费上升。ICT总体碳足迹包括个人电脑及外设、电信网络及设备和数据中心等从"诞生"的第一天起即计入的碳排放。随着 ICT 技术深入和普及，估计从 2007 年起，直至 2020 年，碳排放量每年将以 6% 的速率增长，其中由材料和制造加工产生的碳排放量约占整个 ICT 碳足迹的 1/4，其余部分来自 ICT 设备使用过程（图 8-4）。

尽管发达市场对 ICT 需求预期仍呈增长势头，但发展中国家对 ICT 需求增长潜力更为显著，中国、印度等人口众多的发展中国家尤为突出。例如，2008 年中国的 PC 拥有者仅占人口总数的10%，但到 2020 年这一比率就将增至 30%，这里不排除濒临淘汰的 PC 实体已被功能更优越的虚拟手段所替代，特别是手机及宽带网络应用将增至50%。到 2020 年发展中国家和新兴经济体 ICT 碳排放将比 2010 年超过 50%，主要源于移动网络为中心的网络经济发展（图 8-5）。若再加上 PC 向非发达国家转移，ICT 碳排放将超过 60% 以上。各

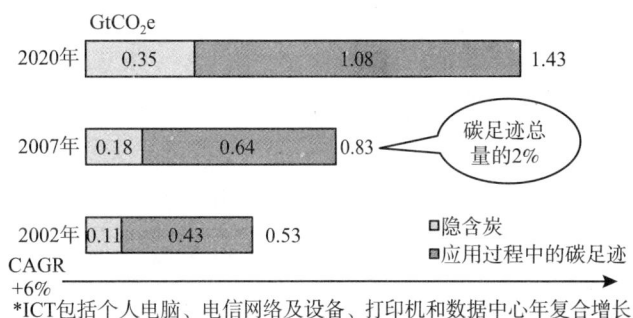

图 8-4 全球 ICT 碳足迹现状和 2020 预测

（据：ICT4EE. High Level Event on ICT for Energy Efficiency, European Commission. http://ec.europa.eu, 2009）

信息设备碳足迹可分成 PC 和外设、数据中心、电信网络和设备 3 部分，移动网络和 PC 数量增长最多，数据中心因存储、计算机的其他 IT 服务需求旺盛而碳排放增长速度更快，电信网络及设备碳足迹在高效能措施作用下保持均衡，同时由于数据中心增长速度加快致使电信部分仅占 ICT 碳足迹较小份额。

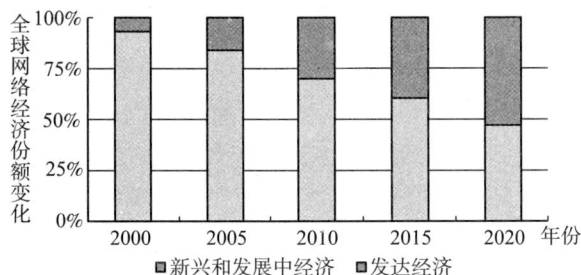

图 8-5 新兴市场和发展中市场的网络经济
在全球占比逐年增进态势

（据：OECD）

2. 终用设备碳足迹——到 2020 年，预计全球 PC 数量将超过 40 亿，终端用户设备碳足迹总量将从 2002 年 2 亿吨增至 2020 年 6 亿吨 CO_2e。自 1986 年以来，PC 的电力需要仅每年均增 0.23%，考虑到多核处理器和更高效供电单元的开发，计算机计算能力每年会提高 45%。到 2020 年，预计电源管理进一步补偿日益增长的 PC 运算需求，整体耗电量可能基本持平。届时两大技术的发展：①在使用材料并无更新情况下，如今市场中 84% 的台式机将很大程度上被笔记本取代，PC 中笔记本占比将增至 74%；②全部阴极射线管（CRT）显示器将被液晶显示器（LCD）等低能耗产品替代。以上两因素是碳足迹减少的主要原因。2020 年碳足迹将上升至 2002 年 3 倍，笔记本将超越台式机成为主要碳排放源，占据全球 ICT 碳足迹份额 22%。

3. 数据中心碳足迹——信息技术及个性化需求下的信息时代，数据存储量大增，获取速度加快，质量要求提高，如冀望无间断观看在线视频的消费者、处理大量数据并形成模型的研究员以及需要大量信息进行决策的企业和政府，生活方式及工作要求转变最终导致数据中心数量大增。

2002 年全球数据中心碳足迹，包括设备使用过程中碳足迹和嵌入碳所有 CO_2e，共有 0.76 亿吨，预计2020 年将增至 2.59 亿吨，是 ICT 碳足迹中增长最快部门。全世界服务器数量将从 2010 年 1800 万台增至2020 年 1.22 亿台，除服务器年增 9%，还会出现高端服务器（大型机）向普及型转轨。服务器类型不同，能耗也不同。由于各种服务器新技术发展，预计数据中心未来几年虽需求日见膨胀，但整体能耗变动不大。数据中心碳足迹总量增长减缓，使用虚拟化技术功不可没。虚拟化是对数据中心如何提供服务的彻底反思。通过整合未被充分利用的资源，如整合低利用率计算机和存储设备使其在整个企业及外部使用，可减排 27%，相当于 1.11 亿吨 CO_2。此外，开发可检测数据中心运行温度技术，检测运行温度较高处直

接予以降温，将减少12%的制冷排放。预计到2020年相应措施可减少碳排放约18%（相当于5500万吨CO_2e）。仅约一半数据中心能耗是用于服务器和存储设备，剩下用于备份、不间断供电器（5%）和制冷系统（45%）。科技进步会带来更多方法减少能源开销，而最简单价廉方法是调高空调温度。同样，在室外温度允许条件下，将外部空气直接引入数据中心可节省大部分制冷成本。若容许数据中心在更宽温度范围下运行，可减少24%制冷能耗。如数据中心使用低电压直流电就不再需要机械备份和不间断供电，从而可进一步节能。随着云计算的发展，数据中心总体能耗可能上升，而ICT领域的整体能耗却可能下降。

4.电信网络和设备碳足迹——电信网络与设备包括移动电话、充电器、交互式网络电视（IPTV）、机顶盒和家用宽带路由器未来将进入普及阶段。2002年，全球电信设备碳足迹为0.18亿吨CO_2e，由于宽带调制解调器和IPTV机顶盒的使用量迅速扩大，预计到2020年将增加近2倍，碳耗达0.51亿吨CO_2e。2002年，全球共有11亿移动用户，到2020年，将增至48亿并成为全球电信碳足迹最大排放源；路由器数量将从2002年的6700万增至2020年的8.98亿，逐渐增加的宽带接入量也有相当影响。宽带接入会逐渐使用IPTV机顶盒，虽然这些技术和产品在2002年尚未市场化，但按照目前趋势发展，2020年将有3.85亿台IPTV机顶盒投入使用，其中一部分是高清晰度机顶盒。与PC和数据中心不同，2020年以后，因设备未接入即自动关闭的智能充电器和1W（或更低）待机标准迅速普及，电信设备的整体能耗将会减少。假定充电器能耗急剧减少，抵消了用户数增加带来的能耗增加，估计因此移动电话的碳足迹仅增加4%。快速发展使宽带路由器和IPTV机顶盒的碳足迹也随之上升。如果智能充电器和待机模式降低了能耗，到2020年，移动电话的碳足迹将仅占电信设备碳足迹总量的很小份额。

随着电信设备需求增长，不可避免地需相应系统支持，增长不仅是新兴经济体中宽带和移动用户增加，也是视频和游戏及其他点对点内容交互服务的分享。电信系统碳足迹，包括正在发生的能源使用和嵌入碳，2002年碳足迹为1.33亿吨CO_2e。预计到2020年将增加1倍多，达到2.99亿吨，年增长率约5%。2020年碳排放将主要来自移动网络、基站和移动交换中心增加。但网络排放量无法仅通过网络中使用的硬件来计算，也无法通过供应商单独提供的网络能耗数据来计算。因此，通过分析电信供应商报告的能耗数据以及移动、固定和宽带用户的增长情况，预计将从2002年23亿增至2020年70亿左右的用户数，总体碳足迹约达2.56亿吨CO_2e。

电信数据具有不确定性。假定运营商提供服务大致相同，从供应商提供的数据可见每年每用户的能耗范围很宽泛，从23kWh到109kWh不等。出现上述结果可能有多个原因，例如提供相似服务的运营商网络配置并不相同；虚拟运营中运营商可能将有能耗的网络传输和交易部分外包，因此发生在外部供应商环节的能耗没有计入运营商自身价值链中；另外，网络供应商能耗取决于业务对象，特别是企业、政府而非消费者的业务部分运营商将依据对象不同而采取不同的网络配置。一般而论，电信运营商对电信网络能耗分布了解甚少，对所采用相互关联设备的影响并不十分清楚，但电信运营商已经开始使用新的网络管理工具，以便更好地了解电信网络能耗分布，了解采用相互关联设备以及他们提供的网络业务对能耗的影响，这样势将显著改善能效。因此，可以将预期的用户联网数量增长作为整个电信网络能耗增长的参考背景。整体而言，由于采用高效措施，预计平均每个用户的电信网络能耗在2020年碳足迹里将减少。例如目前可以获得的移动架构技术包括网络优化软件包，可减少44%能耗；太阳能基站，可减少80%碳排放。通过采用这些措施，到2020年可避免近0.6亿吨CO_2e排放。尽管欧洲一家电信公司数据指出：2003～2005年间，每个单位信息用电都以每年39%的速度减少，但是这远无法抵消每年以50%增速增加的宽带需求所造成的能耗增加。其他电信架构设施也面临同样问题，尽管基站、路由器、交换机及其他网络架构设备的能效预计会有显著改善，但仍无法补偿整体需求的增加所致的能耗问题。总的看，尽管总能耗和对应碳排量将持续上升，但相对而言其增长率将低于设备增加量的增长。

8－2－2 信息化、低碳化、绿色化三足鼎立

1.信息化骈怀绿色化——

（1）信息化并非天然绿色化：据2011年统计，全球每年信息设备使用中约排放3500万吨废气，全

球 IT 设备排放的 CO_2 占全球碳排放总量的 2% 左右（约 10 亿吨碳排量），对环境的污染程度甚至超过了航空业。已知电脑碳排的 1/4 源于生产制造，其余 3/4 来自使用。生产一台电脑需要大约 1.8 吨化学物质、化石燃料和水，与生产一辆汽车不相上下，且不可忽略生产 ICT 产品所需珍稀原材料、存在环保问题的工序、生产中的重金属污染、星罗棋布的载频中转站和服务器的碳耗、普及应用产生的电子垃圾、环境污染和生态破坏；电脑投入使用后，每年约产生 0.1 吨 CO_2。这些都与绿色化相悖。《中国经济时报》记者们走在时代前沿，2010 年 4 月 29 日和 5 月 6 日分别发表《IT"大牌"漠视环保遭质疑》和《IT"大牌"回应环保质疑众生相》两次报道，关注国内外 29 家知名 IT 企业对于行业普遍存在的重金属污染和监管供应链的环境表现持有怎样的态度，对公众的质疑做出怎样的回应，受到社会广泛关注。34 家中国民间环保组织对这些 IT"大牌"的污染也提出了质疑。6 月 24 日，该报义正词严地再次发表了评介报道，揭示经过 50 天沉默后，两家 IT 巨头 IBM 和佳能首度有所回应，但仍有一些著名公司置之不理、或虚与委蛇、或推卸污染企业与己无关、或事出有因查无实据[27]，这些 IT 行业翘楚企业尚且不敢断然否认在生产过程中的环境污染行为，何况那些不见经传的小厂呢？UNEP 在 2012 年年中发布的《全球环境展望第 5 集》（《GEO5》），两次用专栏形式指出中国珠三角地区极其严重的包括铅、汞、砷等重金属污染已经殃及居民健康，造成大面积蔬果食品的重金属污染，主要污染源来自这里举世无双的电子信息行业生产中的污水污物排放。美国硅谷享有全球高新科技策源地的声誉，却鲜为人知其传播环境污染"知识"的另一面[22]。

（2）电磁辐射——隐形杀手：移动电话已成为现代通信的重要组成部分。2009 年底，大约全球有 46 亿移动电话用户。在世界一些地区，移动电话是最可靠的或唯一可使用的日常信息交流工具。鉴于移动电话用户数量极多，必须对任何潜在的公共卫生影响做出调查、了解和监测。移动电话通信通过一个称为基站的固定天线网络发射无线电波。射频电波构成电磁场，与 X 射线或（射线辐射本质相同，在电磁频谱上仅仅频率或波长不同而已。移动电话是低功率射频发射器，运行频率为 450～2700 兆赫，峰值功率为 0.1W/kg～2W/kg，只有低于 1.0W/kg 才能保证对人体危害微不足道，否则射频电磁波一样能破坏化学键，从而在一定强度下给人体造成电磁辐射伤害[28]。WHO 发表的研究成果承认手机辐射可能致癌[19]。一般来说，对人体有否伤害的关键取决于跟手机的接触水平。与手机距离越远，辐射功率和用户射频辐射接触量越小。因此，与身体保持 30～40cm 距离使用移动电话，或发送短信、上网使用"免提"档，射频场接触量远低于手机放在耳边接听。此外，限制通话次数、时间和在接收信号强的地点因通话时传输功率大，均能减少接触量。使用商业装置来降低射频场接触量，并没有证据证明其有效性。对人体健康影响程度也跟手机款式有关，例如直板、袖珍、山寨手机辐射较大[19]。

鉴于对健康的关注和电磁波应用的空前增长，1996 年 5 月，WHO 设立了国际电磁场影响研究计划，从事电磁环境对健康影响的评价。这项计划将集中全球各类研究机构的资源展开研究，以测评频率从 0 到 300 吉赫（GHz）范围内的电磁波对健康的潜在影响。

然而，除手机外，人们生活环境中的射频电磁场无处不在。曾有媒体报道，截至 2010 年，广播电视系统和移动电话系统的发射台已经遍布在各个城市，特大城市移动电话基站之间的距离甚至已小于 300 米。这些基站时刻不停地在发射强度各异的电磁波。尽管环境部门对基站的电磁场强度作了规定，但监测结果尚待公之于众。

曾流行于市的 MP3 音乐播放器对听力损伤一如噪声喧豗，音频侵扰也有害焉[26]。

（3）网络信息安全：2014 年 2 月 27 日，习近平同志主持召开中央网络安全和信息化领导小组第一次会议时指出："没有网络安全就没有国家安全。"会议描绘了建设网络强国的宏伟蓝图，要求有"自己的技术，过硬的技术"[30]。近年我国重要的信息渠道和数据库频频遭到主要来自境外的黑客攻击。例如仅 2012 年上半年，我国数十家政府和企事业单位网站被黑客侵入，15 万以上用户数据泄露。攻击我国企业的 IP 地址，65% 来自国外[1]。有的西方国家居心叵测地炒作莫须有的"黑客威胁"，骇人听闻地非法跨国网上监视，以网络安全之名，行遏制他国发展之实。2009 年 6 月 23 日美国国防部下令增设"网络司令部"，煞有介事地揭开"网络战争"大幕，诚然自欺欺人[23]？我国国家互联网信息办公室主任于 2014 年

12 月初在华盛顿参加第七届中美互联网论坛时发表《沟通中互信　合作中共赢》的主旨演讲，委婉加诚恳地主张彼此欣赏、互相尊重、共享共治、沟通互信、合作共赢[8]，在美国引起很大正面反响。其实，自从 2013 年 6 月，美国代号为"棱镜"的秘密监视项目遭到曝光后，各个国家对于防止"棱镜门"事件重演做了十分周密的防范计划，其中包括互联网加密、加强网络监控和各种技术应对举措[34]。

据媒体揭露，2012 年发生的重大网络信息安全事件有：赛门铁克公告证实两款企业级产品源代码被盗、VMware 确认源代码被窃、Anonymous 威胁干掉整个互联网——攻击 DNS 根服务器、维基解密网站遭受持续攻击、新型蠕虫病毒火焰（Flame）肆虐中东、DNSChanger 肆虐，全球 400 万台电脑被感染、美国电子商务网站 Zappos 遭黑，2400 万用户信息被窃、雅虎服务器被黑，45.3 万份用户信息遭泄露、全球百所大学被黑客入侵，12 万账户信息被窃取、京东商城出现重大漏洞、IE 浏览器惊现漏洞，黑客可跟踪鼠标移动轨迹等。新华社较乐观地认为网络安全挑战与机遇并存，因 2014 年采取的新对策进一步完善了信息安全防护[29]。

在移动互联发展后，网络边界日显模糊，互联网安全面临新的挑战。为维护互联网信息安全，我国 360 公司不遗余力，功不可没。总裁齐向东呼吁对微软停止更新的 XP 操作系统[22]须及时"穿上"该公司研发的 XP 盾甲，加强掌控操作系统安全[30!]。

有专家成竹在胸地预测 2015 年网络攻击的各种新招，认为若将 2014 年的网络攻击形容为"复杂"，则 2015 年的攻击特点将是"隐蔽"，需要对策随之更上一层楼[30!]，强化网络技术支撑体系[24、25!]。我国工业控制系统的信息安全尤需加强监控[22!]。为此，需集中人力、财力发展可信计算技术，以便为国家信息安全自主可控战略保驾护航。而在体制机制上务必保证大力加强网络安全审查制度，特别在当前形成技术包围圈的云计算、大数据和物联网天机云锦似创新激流之中，安全性和可控性尤当列为审查重点[22]。

2015 年 1 月中，我国著名的网络安全卫士 360 发布《2014 中国个人电脑上网安全报告》，从恶意程序统计、挂马钓鱼形势、系统漏洞安全防护等多个角度对 2014 年国内 PC 上网安全做了鞭辟入里的分析，指出全年有超过 2 亿中国网民上网易被各种恶意聊天工具、流氓推广（如篡改首页、插入非法邮件和信息等）带毒外挂程序（盗号、文件感染等）和色情网站（用户常被要求下载特定播放器，实际却是木马文件，最后导致 PC 沦陷）侵犯"中招"[21]。

（4）打击网络犯罪，人人有责：我国网络上病毒、木马、震网、超级火焰往往肆意横行，防不胜防；而个别玩世不恭或鸡鸣狗盗之徒乘虚而入，或是大放谣言而危言耸听；或是揭人隐私、捏造罪愆，掎挈伺诈；或是传播恶意软件，攻击国家要害部门；或是设计流氓软件，扰乱网络秩序。凡此种种，都属于网络信息安全问题，大则直乱宏观经文纬武，小则搅扰微观安居乐业。犯罪团伙甚至在网上散布病毒和盗取 QQ 号和 Q 币[20]。网络犯罪活动袭击重点是金融系统，近年来呈现量大、地广和更加隐蔽的特点，增加了政府部门识别、侦破难度。一旦经济形势出现拐点变局，如 2008 年后发达国家陆续出现债务危机，各种通过网络施展的金融犯罪更是屡见不鲜[24]。2011 年成功破获几起跨国犯罪、缉拿数百名魑魅魍魉和涉案数百万美元的网络犯罪大案，如"三叉戟法庭行动"、"幽灵点击行动"等，初步打击了网络犯罪分子的嚣张气焰[23]。2013 年 10 月下旬又一举拿下电信诈骗团伙，人心大快！通过伪造信用卡消费、取款；伪造高速路 IC 卡逃避应缴路费等更若鬼蜮随形[25]。俄罗斯、巴西、日本等均先后通过立法秋荼密网地打击网络犯罪[29]。

（5）安全隐患，无独有偶：使用电子信息产品并不能闲庭信步，悠然自得，细微故障往往能牵一发而动千钧。例如机场主控计算机"失仪"，能导致多起航班延误[21]；手机病毒泛滥成灾，如国内针对安卓平台的手机病毒竟如饿虎寻羊、连环扑打[1]。北京国泰公司发布的《2010 年中国大陆地区手机安全报告》称：截至 2010 年 11 月，新增手机病毒 1513 个，累计病毒数 2357 个，累计感染手机 800 万部以上，这一数据再次引发人们对手机信息安全的担忧。网络既是人们信息交流宝地，也成了罪犯恣意妄为的温床！为保证信息化兼容绿色化，还需要社会付出大量精力去应对负面龙蛇混杂，其中又是另类碳耗源头了！

2. 三化融合，科技给力——科技助力信息技术低碳化和绿色化：尽管目前 ICT 产业造成的 CO_2 排放量约占全球 CO_2 排放总量的 2% ~2.5%，但随着电脑、手机等产品普及，大规模 3G 基站、数据中心等建设比例将上升，ICT 自身也需凭借技术创新减少自身日益增长的碳足迹，从自身推进绿色行动，打造低碳企业、低碳城市，实现整个社会低碳发展。在科技支撑下，低碳化信息技术不断发展，已形成具有代表性成果，其中被推崇的当属云计算、物联网、移动互联网等新技术。

ICT 对于节能减排的重要意义主要体现在三方面：①信息通信产业自身的发展有助于减少社会经济活动对部分物资的消耗，从而减少生产这些物资的能耗；②将 ICT 应用于其他产业可以带来更大的节能效果，尤其是实现工业用电机和工业自动化设备的节能化；③能以不同方式（如虚拟会议、远程办公、手机银行和手机报纸）提供降减碳排放的服务，甚至能实现 90% ~99% 的减排；智能交通系统（ITS）可以缩减整体交通需求；包括复杂卡车物流管理技术在内的智能运输系统，能将全球每年的碳排放削减 15.2 亿吨；电子医疗或手机医疗可以提供远程监测，并将生理参数用无线传输给医疗专家。采用 ICT 改善建筑设计、营建和管理，有可能减少 15% 的 GHG 排放；建筑物内用更先进的降碳技术去监控照明、供暖和通风系统，则效果更显著；智能电表以及智能电网可以帮助家庭、楼宇、电业部门有效管理能源使用。据统计，目前约有 30% 的电能在输配电过程中损耗，我国电力系统已经全局性展开智能电网建设和管理。

在企业生产管理中，借助 IT 实现管理创新能立竿见影地降低碳排放。例如企业管理采用 ERP，通过流程优化、流程重组，能为企业创造一个全新的管理模式。其中因强化能源管理，助力节能减排；提高单产水平，降低能源消耗；细化成本管理，减少单位成本。另一方面，要研究有效解决超大数据中心的高密度机架的绿色供电、散热、高功耗问题，利用风道设计、智能冷却、能量智控等发展新一代数据处理中心。提高高性能计算机每瓦特性能，需要从芯片级、系统级和基础架构级等多个层面研发节能技术，例如基于多核、低功耗技术的刀片式服务器产品。

研发相应节能芯片尤其可逆逻辑芯片已在探索之中。发展量子计算机、DNA 计算机、神经计算机、演化计算机等，"长江后浪推前浪"，一批绿色 IT 的生力军已经端倪可察。

推进信息化、绿色化和低碳化沿着互动互生、相互促进的方向发展科学技术，让"三化"共融共赢，龙腾虎跃，建设智慧地球，才是可持续发展的康庄大道（图 8 - 6）！

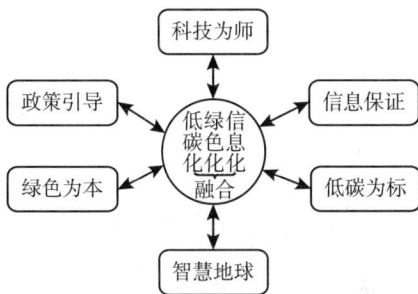

图 8 - 6　绿色、低碳、信息"三化"融合构思

8 - 3　云时代云计算云服务　苟日新日日新又日新

8 - 3 - 1　云计算盖地铺天

1. 云蒸霞蔚——19 世纪末发明电话到 20 世纪初进入普及；第二次世界大战期间出现笨重的无线电话到 20 世纪末以手机通信为滥觞的空间通信系统逐渐成为今天的主要通信工具，铺天盖地的电信系统便当之无愧地被形容为"云"。过去专业性图示中常用云表示电信网，此后借用云抽象表示互联网和底层基础设施。1961 年，美国麻省理工学院（MIT）的约翰·麦卡锡（John McCathy）教授预言计算机将变成全球公共资源，反映当时朴素的"云"设想；1999 年，IBM 借用"云"的形象托词于全球已近普及的电脑互联网络，提出通过网络统一组织梳理和协调卓有成效地运用各种分散的 ICT 信息资源（电脑、数据库、软件和应用运行平台），组成共享资源池（Resource Pooling），借以大规模提升用户的信息处理能力和大幅度提高运营商的服务水平。用户可通过任意形式的终端（PC、平板电脑、智能手机、嵌入式终端设备、消费类电子设备如智能电视等）通过网络与数据中心实现信息交流，获取信息服务。2006 年，美国

谷歌（Google）公司初步建立了电脑"云"物理和虚拟架构。于是，信息量形成的"大数据"（Big Data）犹如汪洋云海，分布式计算和虚拟资源管理的统一运作犹如浩瀚云霄，"云计算"（Cloud Computing）由此得名。所以"云"其实是网络、互联网信息纵横的形象描绘，是基于互联网的超级计算，是一种新的应用和服务模式，其着力点以服务为核心[81]，要求网络宽带化、设置资源池、能快速获取和释放资源、按服务计费。借助远程数据中心，将几万、几十万甚至几千万台电脑和服务器连成一片，依托共享的数据中心和服务器资源实现各自的运算和存储目的。典型云计算模式表现为提供商提供通用网络业务，使用者通过浏览器等软件或其他 Web 服务访问软件和数据都存储在服务器上，连接的电脑甚至不需要硬盘、CPU，借助网卡和网页浏览器（使用智能手机则通过移动互联网）就能完成运算操作。用户无需了解"云"中基础设施细节，不必具有相应专业知识，也无需直接进行控制，最终核心体现于服务之中[46、56]。图 8 - 7是按需租用 IT 资源的云计算模式。云计算物理实体是数据中心，包括"云"的基础单元（云元 - Cloud unit）、"云"操作系统和连接云元的数据中心网络。发展云计算，人们可以借助普适计算同享多台计算机功能[53]。

图 8 - 7　云计算模式

（据：工信部电信院. 云计算白皮书（2012 年），图 1 改绘[82]）

2. 云计算服务范围分类——云计算可分为面向本部门或针对本企业内部提供服务的私有云，面向公众使用的公共云，以及私有云和公共云相结合的混合云等三类。

按服务地域和对象可区分为：

（1）面向城镇的城镇云：是指以城镇云计算数据中心和数据交换平台为基础，以路网监控、智能医院、智能城市管理、市民健康管理等应用为基本云元的综合系统。其运营模式中包括市民、政府、运营商、云应用开发者、云平台搭建方、数据中心建设者等主体。

（2）面向特定局部地域例如高新技术开发区或居民小区等的社区云：除为社区管理提供实时信息交互与监控平台，优化社区管理外，社区云还能以家庭为单位实现家用电器信息互动、共享，居民可通过社区云服务平台，了解生活所需的各类信息资讯，使日常生活更安全、更舒畅。其建设与运营方包括运营商、智能社区开发商、智能家居设备提供商、服务应用软件开发商、应用平台提供商、基础设施建设方等。

（3）面向规模庞大而社会地位特殊的部门，例如教育云：依靠资源实时整合、存储空间无限、超大计算能力等云计算条件，以省市为单位建设大规模共享教育资源库，构建新型数字图书馆，创造教研"云"环境。教育云足以构建网络学习平台、个性化教学环境、减轻教师教学科研负担和提高教学水平、培育学生主观能动的学习能力和启迪学生创新精神，从而达到钟灵毓秀的效果。教育云的服务提供方由云应用开发商、应用平台提供商、基础设施搭建者以及运营商构成，一般均需有资深聪慧的年长教师参与[61、65]。

（4）面向特定行业的行业云：一般说，第一、第二产业的行业云偏重科技服务或外包服务，第三产业如物流、电信、医疗、金融、科技创新[56]等服务行业的各种业务均可在"云"端展开。其运营模式包括行业用户、基础设施搭建方、应用平台提供商、应用软件开发商、运营商组成的服务提供商等[40、51]。

3. 云计算的特征——

（1）按需提供自助服务（On Demand Self - Service），使用主动权交给用户。然后按服务计费，须具备可计量服务（Measurable Service）能力，服务提供者按照用户对资源的使用数量和质量收费。

（2）资源池动态化，具快速弹性（Rapid Elasticity）功能，即提供快速、按需、弹性的服务，用户可以按照实际需求迅速获取或释放资源，并可以根据需求对资源进行动态扩展。ICT 资源共享，不为某用户独有，即"云"中人人平等，或即泛网访问（Broad Network Access）或泛在访问（Ubiquitous Access）。

（3）基础设施抽象化，多数情况下通过软件实现虚拟化，基础设施不受限于任何特定硬件或应用软件，在不影响上层应用程序正常运行时，可更换任何组件，为基础系统提供双向弹性扩展能力。因基础设施强调服务性，虚拟化与自动化配置和管理可提供按需使用。因硬件结构是多对一，而服务对象或功能表现是一对多，是大量用户共享一个从高端到低端覆盖的基础设施——数据中心。基础设施须不断调整和更新，才能满足大量用户需求。

（4）云规模属性：要实现按需使用、弹性扩展、24 小时可靠和云环境下要求的其他性能，建立多用户的基础设施是唯一途径，从谷歌、亚马逊、Facebook 和其他的云服务提供者就可发现云架构具有多用户特点并非偶然。云规模包括广泛的网络连接、足够的带宽资源、开放的应用程序接口等，一个计算架构可以有云计算的其他属性，但如没有云规模部分，它将无法跟上云环境持续快速的发展步伐。

（5）需宽带网络支持：没有宽带传输和高速存储能力，就会落得"望云兴叹"之苦。"云"内节点间亦须通过内部高速网络连接，云计算可让客户享受每秒超千万亿次运算能力。

4. 云计算模式的八大优势——

（1）按需服务，有求必应。例如客户身处"云"中，咨询任何一个中外古今不同档次的问题都能得到差强人意的解答。

（2）全天候不间歇提供服务，适应各种错峰工种和知识阶层；因服务快速便捷，为用户节约了大量等待守候时间。

（3）高超通用性能，适应各种不同的数据终端。

（4）高可靠性和高稳定性，服务提供方能保证信息和数据真实性、客观性。有故障能自动隔离，系统自组织形成高功能服务器，同时又可提供灾难的快速恢复。由于能自动分配资源，能简化服务器的管理和维护工作。若设置完整的法律监督保障，安全措施可一步到位。

（5）经济效益高。例如企业信息化规模达 1500 台服务器以上，建设私有云的投资效果更好；低于 1500 台的中小型用户使用公共云服务有利降低成本[83]。由于减少了服务器数量或无需购买服务器和软件，能借助虚拟化以最大效率利用计算和存储资源，故运行成本大幅度降低。用户硬件成本的降低可能有数十倍之多。

（6）高扩展性。由于网络本身的开放性，便于随时、随地扩展系统的信息设施。

（7）可能超大规模。由于网络各节点基本上能无节制扩张，同一公共云可能覆盖成千上万的电脑和星罗棋布的终端。

（8）因虚拟化资源共享，有利于节约物理实体资源，客观上达到节能减排、促进环保的双重目的。

5. 云计算服务应用类型——云计算构建中如下的 3 层分级均可独立应用，为使用者提供个性化服务。按照云计算服务提供的资源所在层次，可以分为：

（1）基础设施即服务（Infrastructure as a Service，IaaS），例如世纪互联、锋迈正德等服务提供商。由多台服务器组成的"云端"基础设施，作为计量服务提供给客户。它将内存、I/O 设备、存储和计算能力整合成虚拟的资源池为整个业界提供所需要的存储资源和虚拟化服务器等服务，是托管型硬件方式，用户付费使用厂商的硬件设施，例如 Amazon Web 服务、IBM 的 BlueCloud 等均是将基础设施作为服务出租。

（2）平台即服务（Platform as a Service，PaaS），例如中国移动、百度、Google、excite 等全球驰名企业。把开发环境作为服务来提供，是一种分布式平台服务，包括应用服务器、数据库服务器等；厂商提供开发环境、服务器平台、硬件资源等服务给用户，用户在其平台基础上定制开发自己的应用程序并通过其服务器和互联网传递给其他用户。PaaS 能够给企业或个人提供研发的中间平台，提供应用程序开发、数据库、应用服务器、试验、托管及应用服务。Google App Engine，Salesforce 的 force.com 平台，八百客的800APP 是 PaaS 的代表产品。

（3）软件即服务（Software as a Service－SaaS），例如微软、阿里巴巴、金山、瑞星、奇虎360、恩信科技等知名企业。基于互联网提供软件服务的软件应用模式，是21世纪伊始兴起的创新软件应用模式[62]。SaaS是云计算的应用，流程和信息服务，通过虚拟桌面、虚拟办公，实行行业应用等；而云计算则是SaaS的后端基础服务保障。SaaS提供商为企业搭建信息化所需的所有网络基础设施及软件、硬件运作平台，并负责所有前期实施、后期维护等系列服务，企业无需购买软硬件、建设机房、招聘IT人员，只需根据实际需要从SaaS提供商租赁软件服务借助互联网即可使用信息系统，服务提供商则根据客户所定软件的数量、时间的长短等因素收费，并且通过浏览器向客户提供软件。相较传统服务方式，SaaS由服务提供商维护和管理软件、提供软件运行的硬件设施，用户只需拥有能够接入互联网的终端即可随时随地使用软件。以企业管理软件为例，SaaS模式的云计算ERP可让客户根据用户数量、所用功能多少、数据存储容量、使用时间长短等因素不同组合按需支付服务费用，既不用支付软件许可费，也不需支付采购服务器等硬件设备及购买操作系统、数据库等平台软件的费用，也不用承担软件项目定制、开发、实施及维护部门开支，实际上云计算ERP正是继承了开源ERP只收服务费用的最重要特征，是突出服务的ERP产品，因而采用SaaS先进技术是中小型企业的不二之选。目前，Salesforce.com，Google Doc等均提供此类服务。

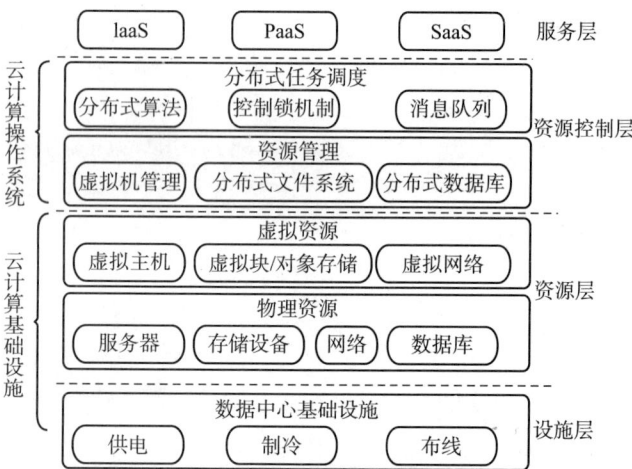

图 8 - 8　云计算技术架构

（据：工信部电信院．云计算白皮书，2012 - 4，图3[82]改绘）

6. 云计算技术平台架构——图 8 - 8 已一目了然地描绘了云计算提供服务过程中所依附的基本技术基础架构。其中处于上层的资源控制层全凭设计优越的云计算操作系统（OS）左右着服务提供商的优质服务内容和服务方式。为此，必须有足够完善的云计算基础设施保证无障碍运行[83]。

被广泛融入产品之中，如 TCL 的智能云电视；为用户带来"云识别、云搜索、云控制、云共享、云社交、云游戏、云办公、云存储"等八大核心云应用[45]；海尔也相继推出基于云计算的3G 终端。美国电信运营商 Verizon 接着提出含 Backup as a Service（后备即服务 - BaaS）、Compute as a Service（计算即服务 - CaaS）和云存储（Cloud Storage）等 3 项云计算补充业务，但尚待完善。其他形形色色的"概念云"却是纷至沓来，摸索前进中。

7. 云计算产业生态链结构——据赛迪智库的研究结论，我国云计算产业经历 2007～2010 年准备阶段后，正处于起飞阶段（2010～2015），并迅速向成熟阶段挺进（2015 年后）。目前实际上已提前跨入云计算产业生态链全面构造境况。在政府推动下[75]，服务提供商协同软硬件、网络基础设施服务商以及云计算咨询规划、交付、运维、集成服务商、终端设备制造商等，共同构成我国全局优化的云计算产业生态系统，全方位满足政府、企业和个人用户的服务需求，其中关系如图 8 - 9 所示[82]。

8 - 3 - 2　云计算碳足迹和安全风险

1. 云计算碳足迹——尽管云计算代表未来发展趋势，通过互联网提供专业服务解决使用

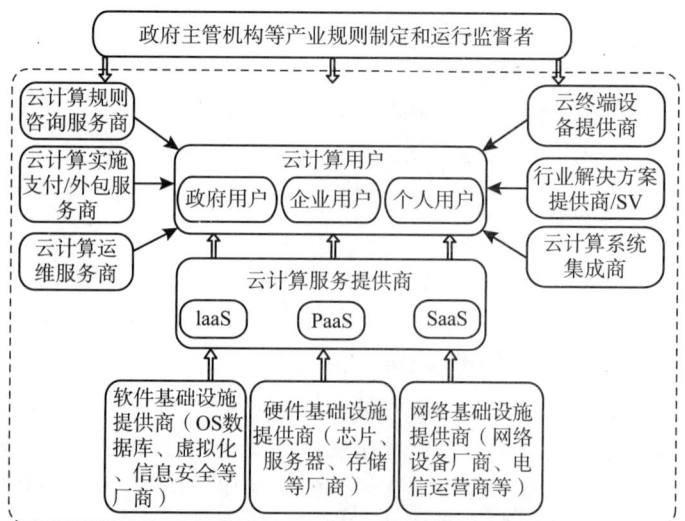

图 8 - 9　我国云计算产业生态链

（据：赛迪智库．中国云计算产业发展白皮书，2011 - 07，图3 改绘）

者技术问题,减少使用基础设备投入成本及维护费用减少资源耗费的碳排放,但天上"云计算"增加,同样需地上配套数据中心,因而在云计算浪潮下地上大型数据中心数量亦随之增加,易盲目投资造成资源能耗浪费[69]。据美国环境保护署(EPA)统计数据显示,大型数据中心消耗能源已占美国能源消耗的1.5%,因能源消耗每年排放 CO_2 量超过阿根廷或荷兰全国 CO_2 排放量。麦肯锡顾问公司研究报告指出,如按目前趋势,到 2020 年 CO_2 排放量将增长 4 倍,达 670 万吨。若依靠科技创新改善数据中心计算机硬件能耗,例如采用磁微处理器代替计算机硅芯片就可节能百万倍[61、63];借助软件优化使用程序及应用环境以降低使用时间;大规模建构宽带网以减少用户享受信息服务的时间;甚至借助政策措施协调各数据中心运作[49],促进数据融合和减少云计算产业的重复布局[56],从而减少资源耗费亦是节能减排的良方[52]。

2. 云计算安全问题——广泛使用的云计算服务将带来数据隐私及安全问题。涉及企业商业机密的数据安全性与企业的生存和发展密切相关,因而云计算数据安全问题将掣肘云计算在企业中的应用推广,如何保护存放在云服务提供商的数据隐私,不被非法利用,不仅需要技术改进,也需要法律完善及管理的协调。总之,借助技术发展与管理协调,云计算的碳足迹消长及安全问题对云计算的低碳化优势仍是大醇小疵。

(1)云计算七大安全风险包括:

①优先访问权外移:因服务提供商采用内部程序以回避物理、逻辑和个人控制,从而在处理过程中敏感数据有可能被盗取。

②管理权限风险:即使数据掌握在服务提供商手中,云中的数据安全及整合等事宜最终仍将由用户自身负责。

③数据储处风险:用户承受服务时,很可能对数据存储处所一无所知,也许存在某个居心叵测去监控别国的国家,服务提供商不见得能承诺隐私保护。

④数据隔离风险:因数据处于共享环境下,各用户的数据加密各有所长,加密等级参差不齐,有可能在查询数据隔离中因加密事故造成数据完全瘫痪。

⑤数据恢复风险:用户不知数据存储地,却须了解当发生反常情况时数据能否在最短时间内完整恢复,但有时这是服务提供商难于保证的。

⑥调查支持风险:由于数据的存储、交换和传递是在恒河沙数的云用户和服务提供商之间进行,因而在云计算领域,几乎不可能调查那些不当行为和非法活动。

⑦长期发展风险:云计算服务提供商如若经营不善,发生破产、兼并、变动股权等可能的意外状况时,须保证不致造成年淹代远存放的数据丢失[44]。

当然,发生严重违法的安全问题有法律约束,但一般性的软件漏洞或技术失误造成的不良后果仍当下功夫予以克服。

(2)云计算安全性能七宗"罪":鉴于云计算归根结蒂是个模式转换,然后才跟上相应的技术匹配[41],而虚拟化则是云计算的基础[77、87],服务是云计算的"灵魂"[81],势必涉及众多的软件技术支持。因而在模式转换过程中,技术不可能在一个早晨立竿见影地把方方面面都弄得天衣无缝,自然有可能爆出足以抵消云计算带来好处的"罪尤"[55],包括用户登录的检查核对机制不够完善;用户自适应处理的使用方法被忽视;用户始终处于云服务提供商的掌控之中;用户的外包机制存在风险而很难追究责任;签署云解决方案不能仅凭信息化部署和安全性考虑;云的安全性不能轻信服务提供商一面之词;云计算的低成本概念本身亦需澄清。

2010 年初,云安全联盟与惠普公司列出另一些通俗易懂的七宗"罪":数据泄漏、共享技术漏洞、内奸作祟、账户和通信等被劫持、应用程序接口不安全、不能正确运用云计算和风险捉摸不定等。这些存在"云端"的数据可靠性可以采取诸如加密、身份绑定、权限限制、边界控制、输出管理、追踪审计等措施一层层布下天罗地网保证数据安全[71]。

此外,云服务可能助长影响网络正常秩序的所谓"洋葱暗网"[72];不能因急切上马而忘了重点须保证节能环保即绿色低碳[73];时时处处注意堵塞漏洞、保证信息安全则是节能环保前提下的首要一环[55、73]。曾有人预测 2012 年将会爆发严重的信息泄漏事件[42]，但事实并非如此。也许这是在科技创新面前，信息严重不安全事件不得不退避三舍了。

可以相信，随着云计算服务的不断扩大、技术研发不断深入，这些疑虑和忧心总会在纵横科技和管理策略面前迎刃而解[45、70、71]。

8-3-3 云计算近期发展掠影

1. 国外云计算——云计算基础设施建设规模不断扩大，美国、西欧、韩国、新加坡和日本等的技术和设备处于领先地位，中国和印度等紧步后尘，且建设速度更高。国外云计算领域的佼佼者仍集中在一些 ICT 产业中纵横捭阖的知名企业，如 IBM、谷歌、亚马逊、甲骨文、惠普、戴尔等，为抢占云计算产业的发展先机纷纷调整战略。

2011 年全球云计算服务规模约达 900 亿美元，占全球 IT 市场总量的 1/40。Salesforce、VMware、Rackspace 等公司均以超过 30% 的增幅高速发展。Gartner 公司较保守估测：到 2015 年全球云计算服务市场规模将达到 1768 亿美元，年均增长率约为 20%。当前，在三类云服务中，SaaS 服务份额占 80% 以上。据 Forrest 顾问公司说，未来 SaaS 服务市场规模的发展速度最快。与云计算相关的资本市场也十分活跃，并购及合作成为企业加强云服务能力的重要手段。

据 Gartner 公司统计，2011 年美国云服务市场规模约占全球 60%，得益于所推行的"云优先"政策[63]，所拥云计算标杆企业，如谷歌、亚马逊、RackSpace、Salesforce、Sun、VMware、Citrix 等具有在云计算领域超强的竞争力。如谷歌公司拥有近百万台服务器，通过引擎服务（GAE）用户数估计已大大超过 1000 万，而且谷歌在搜索引擎服务中最能满足高速、面广和精准要求，凭借研发的"云计算结构和主要关键技术"，对全球的搜索保证海量快速已博得举世瞩目；亚马逊的云服务几乎实现全球覆盖，2011 年已实现云计算总收入 40 亿美元。该公司统计，2011 年欧洲和日本的云服务市场规模分别占全球 24.7% 和 10%。2011 年 2 月，美国制订《联邦云计算战略白皮书》；2011 年 11 月，英国宣布启动政府云服务；德国几乎同时发布云计算行动计划；韩国更推出《云计算全国振兴计划》。全球云计算服务浪潮，在发达国家已可谓汹涌澎湃。

2013 年 9 月 15～17 日，已有 5 年历史的全球云计算大会首次在我国上海举行，无疑对我国云计算产业发展起到追本穷源的推动作用[84]。

2. 我国发展现状——目前中国云服务市场规模仅占全球的 3%。但据赛迪智库统计，2010 年我国云计算市场规模为 167 亿元，2011 年为 288.26 亿元，2012 年已升至 474.48 亿元，同比增长 64.6%。赛迪预计，我国云计算服务将继续整合产业链，构建更大规模的云服务生态系统，年均增长将远大于国际增长率的 20%，2013 年我国云计算市场达 1174 亿元。2012～2014 年的年均复合增长率竟达 55.92%，IT 服务产业的云模式特征将更显著。东方证券团队预测，到 2015 年中国云计算产业链规模将达 7500 亿元至 1 万亿元，在战略性新兴产业中所占份额可望达到 15% 以上。此外，我国各省市 2011 年建成或纳入规划的云计算中心已有 98 个，比 2010 年的 20 个增长了 390%[78]。2010 年中国电信率先启动的"星云计划"，在各试点城市成效斐然[50]。至于有人估计 2010～2013 年我国云计算市场规模年均复合增长率达到 91.5%，由于未稳数据来源，特引此存疑[85]。

（1）服务应用：我国公共云服务在应用广度和深度上不断扩张，三种服务形态各有发展。国内 IaaS 服务刚刚起步，服务规模较小，业务集中在云存储。IaaS 提供商较少，除电信运营商外，提供商有万网、世纪互联、锋迈正德等。PaaS 服务整体上尚处于试验阶段，新浪应用引擎平台（SAE）仍在试用；阿里巴巴的阿里云推出不久，百度应用平台、八百客平台的用户规模仍较小。仅 SaaS 的国内市场上中外公司推出服务种类较丰富多彩，如办公软件、社交网络、客户关系管理（CRM）应用等，但服务范围和普及水平较低。国内市场上的 SaaS 服务产值同比仅增长 30%，而国外连年均保持在 60% 的增长态势，软件跟不上需要，值得深究[71]。中关村在线网站提示号称"四大家族"的云计算服务提供商瓜分云市场，指微软云、甲骨文（Oracle）云、惠普云和华为云，后者特别褒举了我国自主知识产权全球夺冠的华为公司[92]。

与此同时,各种"概念云"层出不穷,真正具有市场价值的应用较少。

(2)产业开拓:我国云计算产业正在不断积蓄发展力量,孕育了一定的产业实力。虽然我国云计算市场规模较小,但年增速已达 60% 左右,且一直保持刚性高速。我国企业通过在软件技术和产品方面的积累,在服务器等 IT 产品制造方面形成较好的产业基础。华为、中兴等电信设备商以及联想、浪潮等 IT 设备商正逐步成为云计算技术、系统和解决方案的"领头羊"。我国国内基础设施产业形成一定规模[76],现有约 70 余万个数据中心,超过全球的 10%,仅 2011 年一年就增加了 6800 个[58]。

(3)技术方面:目前华为、中兴、曙光等公司自主研发的云平台已经具备千台量级物理实体和百万量级虚拟机的管理水平;阿里巴巴、腾讯、百度等公司基于开源平台已在分布式计算领域积累了较好技术基础,形成自有技术体系,具备了构建云平台的技术和提供云服务的能力。中国移动采取自主研发,发布"大云"平台 1.5 版本。中国电信和中国联通加紧进行云计算改造,从 IaaS 角度切入,大幅提升云服务能力[76]。2011 年中,浪潮公司研发成功云计算数据中心操作系统产品"云海 OS"[52];与此同时,无锡联企网络科技公司研发出国内首套云服务平台[56]。这些标志我国产业迎接云计算时代到来的殷实潜力!

云计算在我国潜在市场规模庞大,国际上产业格局尚未定型,我国可以依托既有基础,发挥比较优势,实现云计算快速发展。然而,我国云计算早期发展中也存在亟待调整改进的问题,如:①全国已有超过 20 个省市争相大规模开展数据中心建设,但必须同时调研实际业务需求和应用前景,避免盲目性;②企业在超大规模云计算系统管理、支持虚拟化的核心芯片等若干制约发展的关键产品和技术方面须加大研发力度;③除华为、百度等个别顶尖大企业外,一般大企业领军能力不足,需要产业链适应新形势加以整合和更新;④市场监管制度和规则亟待完善,要求政策的前瞻性和稳定性;⑤作为信息技术的崭新方向,相关各类高级人才的培育已成当务之急。

2013 年 12 月 10 日,清华大学校办紫光企业推出全球第一台"紫云 1000 云计算机",其 CPU 处理器数量可扩充至 65535 个,存储空间可扩充至 85×10^{15} B,吞吐量可达 1.2GB/秒,系统软件包括虚拟模块、大数据模块和自动部署模块等[74]。这一贡献不但开创了我国云服务的实体基础,也成为我国发展大数据技术的开路先锋。2009 年在成都建立的国内首家城市云计算中心曙光公司,多年来已先后在全国 10 座以上大城市作出云计算试点智慧化城市建设的纵深拼搏,取得了丰富经验和博得了一片掌声[52]!

3. 当前我国云计算发展的关键任务——为发展好云计算,我国在当前阶段应将 3 项任务作为推进的重点。即合理有序引导,扶植产业发展;突破核心技术,及时制定标准;完善法律法规,强化监管机制。为此应适当调整政策扶持方式,以"正能量"促云计算产业健康发展[49]。2012 年 10 月 12 日由国家部委专家共同组成的中国云计算安全政策与法律工作组发布《中国云计算安全政策与法律蓝皮书(2012)》,初步提供了可以遵循的政策框架和安全保障的法律依据[80]。毋庸讳言,对应的法律法规不健全势将制约云计算发展[79]。

2010 年,我国已将云计算纳入重点发展的战略性新兴产业"新一代信息技术"范畴。2010 年 10 月,国家工信部会同发改委下达《关于做好云计算服务创新发展试点示范工作的通知》,标志着我国政府已将云计算列入常抓不懈的新型战略性产业。紧接着,科技部于 2012 年 6 月发出《中国云科技发展"十二五"专项规划》的征求意见稿,到 9 月初正式发布,对促进我国云计算的发展起到推陈出新、引人入胜的效果。《规划》提示我国云计算发展面临的挑战和提出的发展目标,言约尽意、切中时需:

(1)《规划》提示需填平补齐的当务之急,如:完善大规模资源管理与调度、大规模数据管理与处理、运行监控与安全保障、支持虚拟化的核心芯片产品和技术;加快提高云计算服务水平和拓展云计算服务规模和品种;须健全云计算标准体系;加强云计算数据安全、隐私保护和安全管理;加速形成云计算产业链和生态环境,加强对传统行业的信息化支撑。

(2)《规划》提出的具体发展目标有[75]:

①建立云计算技术和标准体系,研制技术测评工具与平台,进而开展测评服务;

②大规模资源管理、调度、数据管理、处理、运行监控与安全保障等重大关键技术取得突破,开发按需简约的云操作系统与服务管理平台、EB 级云存储系统、支持亿级并发的云服务器系统、支持云计算中

心网络的大容量交换机，以及相适应的安全管理系统，研发面向区域和重点行业的各类云服务方案；

③充分利用云计算服务，提升各行业的信息化水平，开拓新的业务和服务模式。

根据 2013 年 6 月 5~7 日举行的第五届中国云计算大会上发表的数百篇来自产学研金各个领域的新成果，《规划》的部分发展目标正在因利乘便地向纵深挺进。特别如李伯虎院士的创新突破"云制造"；百度胸有成竹的巨大云服务规模；品高软件面向企业独辟蹊径开拓的品高云等，为本届大会增光不少。自2009 年第一届中国云计算大会至今，几乎每年均有新的突破性进展，而第五届的成果尤其催人奋进。在建设智慧城市、建设现代农业科技智慧城的进程中，云服务将有着特殊优越的信息沟通和优选效果[40]。

8-4　大数据时代陶冶　云计算本质特征

8-4-1　大数据时代　海立云垂

1. 基本概念——"大数据"并非近年才有，早在 1980 年，阿尔温·托夫勒（Alvin Toffler）在所著《第三次浪潮》（*The Third Wave*）中，将大数据赞颂为"第三次浪潮的华彩乐章"。2009 年，"大数据"成为互联网信息技术行业的流行词汇，美国互联网数据中心指出，互联网上的数据每年以 50% 的速率增长，每两年翻一番，目前世界上 90% 以上的数据是近几年发轫趋晟的。据统计，2012 年全球创建和复制的数据量是 2002 年的数据总量的 2 万亿倍。

随着互联网信息技术的高速发展和云时代的到来，大数据营销激发了越来越多的市场魅力，兴趣盎然！由于成千累万的"大数据"，其浩瀚海量、高增长率和多样化的信息资产，迫切需要新处理模式才能具有更强的决策力、洞察发现力和流程优化能力。举例而言，百度一日处理和服务的数据量几乎要向天文数字冲刺：百度日志大数据规模约 100~1000PB；数据总量 10~100PB/日；数据处理量 1000 亿~10000亿字节；网页量 100 亿~1000 亿页；索引 10 亿~100 亿/日；更新量 10 亿~100 亿/日；请求 100TB~1PB/日（注：$P = 10^{15}$；$T = 10^{12}$；$B = $ 字节；即 $P = 1000T$，$E = 100$ 万 T，$Z = 10$ 亿 T；或 $1EB = 10^{18}B$，$1ZB = 10^{21}B$）。

2. 大数据量化规模估测——

（1）举例阐释数据之"大"：美国国会图书馆藏书（151785778 册）（2011 年 4 月：收录数据量235TB）；中国国家图书馆：2631 万册——1EB = 4000 倍美国国会图书馆存储的信息量；600 美元的硬盘就可以存储全世界所有的歌曲；2010 年 32 册重 58.5kg 的《大英百科全书》装进 4G 的 U 盘还有剩余存储空间；《红楼梦》含标点 87 万字（不含标点 853509 字），每个汉字占两个字节：即 1 汉字 = 16 比特 = 2x8位 = 2 字节，则 1GB 约等于 671 部《红楼梦》；1TB 约等于 631903 部；1PB 约等于 647068911 部。淘宝网2010 年已拥有会员 3.7 亿，2012 年有超过 7 亿的注册会员，在线商品 8.8 亿件，每天交易量数千万笔，单日数据产生量 50TB 以上，存储量 40PB[85]。

美国麦肯锡全球研究院（MGI）估计，全球企业 2010 年在硬盘上存储了超过 7EB 的新数据，同时，消费者在 PC 和笔记本等设备上存储了超过 6EB 新数据[91]。国际数据公司（IDC）估计，2011 年全球数据总量达 1.8ZB。预计到 2020 年全球拥有数据量将达 35ZB，亦即将增长近 20 倍[89]。

（2）数据结构分类：在信息社会，信息数据表达方式划分为两大类。一类信息能够用行数据或统一的逻辑结构表示，称为结构化数据，如数字、符号、法律条文等；另一类信息无法用数字或统一的二维逻辑结构表示，如办公文档、文本、图像、声音、网页、XML、HTML、各类报表、申请表、身份证、音频/视频信息等，称为非结构化数据。实践证明，而今人们接触到的非结构化数据已大大超过过去靠公文旅行、文章大块维系社会经济发展格局的数据量。目前业界的共识是：85% 以上的数据都是非结构化数据。对非结构化数据的内容理解仍缺乏实质性的突破和进展。对非结构化海量信息的智能化处理：自然语言理解、多媒体内容理解、机器学习等是实现大数据资源化、知识化、普适化的核心问题。

（3）大数据云操作：在过去，"大数据"通常用来形容一个公司创造的大量非结构化或半结构化数据，但是现在提起"大数据"，却是指解决问题的一种方法，即通过收集、整理形形色色的数据，并对这些数据进行分析挖掘，从中获得有价值信息，最终衍化出一种新的商业模式。云计算的模式是业务模式，本质是数据处理技术。大数据是资产，云为大数据资产提供云存储、云访问和云计算。盘活资产，使之为宏观决策、微观筹划、公众消费服务，是大数据的核心议题，也是云计算的最终方向[97、95]。

3. 大数据来源——大数据思维源于数据挖掘（Data Mining）而远超数据挖掘[100]；源于数据存储和处理技术的规模化升华；是各类数据采集、存储、处理、分析和服务系统融合后从概念到价值的华丽转身结果[99]。主要来自：

（1）互联网企业：社交网络服务（SNS）、Facebook、Twitter、微博、博客、视频网站、电子商务网站等社会化媒体；

（2）物联网、移动设备、终端中的商品、个人位置、传感器采集的数据、二维码技术、基于位置的服务（LBS）；

（3）联通、移动、电信等通信和互联网运营商；

（4）天文望远镜拍摄的图像、视频数据、气象学里面的卫星云图数据等；

（5）科技和文化浩渺无际的人类文明领域。例如我们祖先在中华宝地建造的华夏文明，前清乾隆时代的《四库全书》，数据量之大、涉及面之广，全世界谁与伦比？

8-4-2 大数据研发 探赜索隐

1. Hadoop 研发——Hadoop 是个开源的分布式系统基础架构，由美国 Apache 基金会开发，参与的主角有谷歌、雅虎等。这一基础软件让用户在不了解分布式底层细节的前提下顺利开发分布式应用程序，以充分利用集群的优势实现高速运算和存储。Hadoop 实现了一个分布式文件系统（Hadoop Distributed File System - HDFS）。HDFS 有高容错性特点，设计用于低廉硬件、能提供高传输率访问应用程序运行中的数据，特别适用于有超大数据集的应用程序，即 Hadoop 更适合大数据分析与挖掘，例如 Web 数据分析等，能可靠存储和处理多达 10^{15} 字节；一般认为 Hadoop 提供了在大规模服务器集群中捕捉、组织、搜索、共享以及分析数据的模式，可以支持各种数据源（结构化、半结构化和非结构化），跨越的规模可从几十台扩展到上千台服务器；可以同时并行处理据有数据的各个节点；能自动维护各数据复制件的安全和自动调用计算任务处理可能的分析失误等[150]。

（1）专家应运而生：大数据技术蓬勃发展势头史无前例，美国已出现新型的"数据科学家"最热门职业。北京市科委通过本委实践中的仪器设备市场化开放共享大数据平台建设，大开眼界于科委联系的8700 位专家、1 万家企业享受着各类科技服务、各种实验室和工程中心提供的科技后盾和 500 多项成熟科技项目，加上遍布首都的科技创新机构，已经形成大规模大数据创新资源共享的绝对优势。北京的新型大数据分析服务专家势将应运而生[95]。

（2）排沙简金：大数据确已客观存在，且以雷霆万钧之势扩散，怎样从其中炼出真金，关键还在厉兵秣马地依靠年轻一代人才开发其中的大价值。在美国硅谷，市场上的数据已从原始无序转化为有价资产。如将原始数据转化为智能数据的数据软件公司 Splunk，市值 16 亿美元在短短一年激增到 70 多亿美元[89!]。一般着力点在于将大数据潜力最大化[93!]。有专家认为大数据时代的赢家是：充分准确数据积累和充分信息化建设的政府部门；控制着数据源头的公司或面向全社会的媒体，特别是谷歌、雅虎、亚马逊、百度以及 MOOCs、苹果、果壳等；还有最先掌握大数据精髓、善于把握时代呼吸的高等院校和科研单位或机构[94!]。有学者认为唤醒沉睡的"科学大数据"关键在于突破信息统计环节，要创新统计学科[86]。

（3）触类旁通：美国白宫行政办公室认为在大数据大潮前需学会抓住机遇寻求应用领域，诸如：与物联网融合的工业经济/信息经济领域、医疗保险和医疗补助中心、新生儿重症救助等[91]。为促进数据利用，有专家特别指出须在数据产权界定以制度化和商业化大数据交易和充分利用方面克服阻力和确保信息数据安全，这样才能有效地扩展旁通其他领域[92!]。例如我国生物大数据的搜集和分析处理滞后于美国，20

世纪 80 ~ 90 年代，欧、美、日已分别建立生物数据中心，我国是否宜赶趁大数据炙手可热之际，建立中国特色生物大数据中心[95!]？

（4）即事穷理：2014 年 9 月中科院遥感所项目"对地观测大数据应对全球变化"获联合国"全球脉动"计划奖项[89]；科技部高技术中心开展"大数据技术在文化资源管理中的应用"研究项目，对于挖掘我国悠久历史的万端经纬、瑰意琦行乃至古代失传名医验方、家藏经典大有裨益[94]。谷歌将大数据引入环保[91]；北京市科协与中美创新协会联合主办的大数据研讨会上尤其琳琅满目，引人入胜，会上介绍分析历史大数据可解决城市交通拥堵、传感大数据能精准寻找最佳顾客等[89!]。2014 年 2 月，中关村管委会发布建设全球大数据创新中心的消息，学术界为之振奋有加[91]。2014 年 12 月中，北京大数据交易服务平台正式上线，目的在于优化中国大数据生态环境，提高科技界即事穷理的水平[98!]。专家进一步建议不失时机地从国家层面推动大数据战略[88]，也许其中涉及政府本身利用大数据提升社会服务管理的信息化水平[98!]。

2. 大数据的 6V 优势——

（1）海量（Volume）：非结构化数据的超大规模和增长，占总数据量的 80% ~ 90%，比结构化数据增长快 10 倍到 50 倍，是传统数据仓库的 10 倍到 50 倍。存储量和计算量大如恒河沙数。大脑神经网络等同于"网络的网络（NON）"，是一个更值得深入研究的、结合脑科学现代成果千头万绪的大数据领域[85]。

（2）多样（Variety）：大数据的异构和多样性，很多不同形式（文本、图像、视频、机器数据）无模式或者模式不明显、不连贯的语法或句义。特别因千奇百怪的非结构数据铺天盖地而来，只可能依靠大数据理论探赜索隐、借助大数据处理方法探囊取物，别无他途。

（3）价值（Value）：大量的不相关信息，如对未来趋势与模式的可预测分析、深度复杂分析（机器学习、人工智能 VS 传统商务智能咨询、报告）等。有人估计美国医疗行业可获得的潜在价值超过 3000 亿美元，医疗卫生支出降幅超过 8%。从大而无当、鸿篇巨制的大数据中通过轻车熟路的实效软件省时省力地排沙简金获得问题真谛，也许真能达到价值连城。据统计，数据的实际使用率每增长 10%，行业人均产出增长率估测如图 8 – 10 所示，足见价值所在。

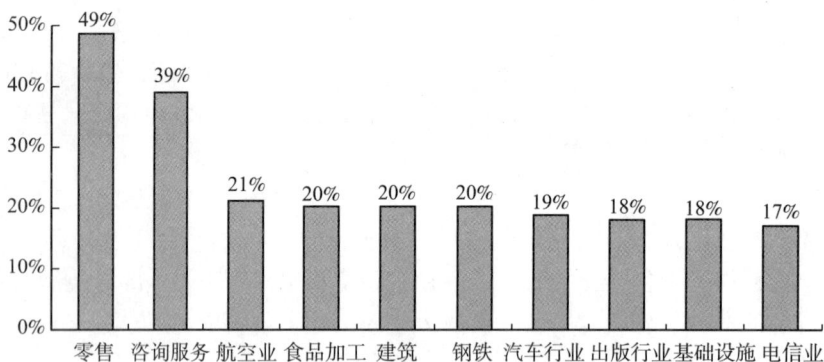

图 8 – 10 数据使用率增长 10%，行业人均产出增长率的估测

（据：赵姗. 大数据时代来临，中国准备好了吗？中国经济时报，2013 – 07 – 01，11 版[92↓]，引 Measuring the Business Impucts of Effective Data）

（4）速度（Velocity）：实时分析而非批量式分析。数据输入、处理与丢弃立竿见影而非事后见效。譬如处理浩如烟海的气象数据，或是面对两军对峙的猖狂敌情，结论须当机立断，容不得拖拖拉拉、摇摇摆摆。

（5）活力（Vitality）：在信息技术研究领域，大数据研究是最近 3 年来研究成果最多、关注力度最强的方向，说明大数据研发方兴未艾、活力强劲，其持续创新活力居信息技术各现存分支之首。原因是大数据的发展依托在神通广大的软件研发基础之上。与数据中心一致，大数据的驱动力来自软件，而无可置疑：软件将改变世界！

（6）预言（Vatication）：全球网络科学家、"无标度网络"理论创立者巴拉巴西（A. L. Barabasi）

在著作《爆发》中曾提出"大数据时代预见未来的思维"，认为人类行为 93% 是可预测的。由于大数据管理带来新的思考途径，有科学家认为大数据或许可以"创造大脑"，意即通过大数据提供的汪洋大海般微量信息的重新发轫预见未来。这就是大数据时代提供的新科研预言能力[86]！有人甚至说大数据是未卜先知的神器[88]。

3. 大数据分析生态架构——大数据的应用不仅仅是精准营销，通过用户行为分析实现精准营销是大数据的典型应用，而大数据在各行各业特别是公共服务领域具有广阔的应用前景。大数据的分析生态系统协调推进的基本组成如图 8 – 11 所示。

4. 大数据产业生态结构——大数据产业生态链的形成因时因地因云计算和数据来源背景而异，一种典型的产业生态链结构的基本内涵如图 8 – 12 所示。

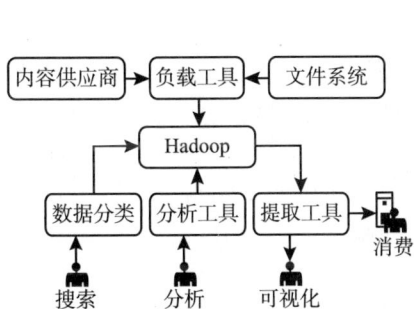

图 8 – 11　大数据架构生态系统概貌

（据：Xindong：Big Data，2013 – 06，p. 20；引 Stephen Watt，Deriving New Business Insights with Big Data）

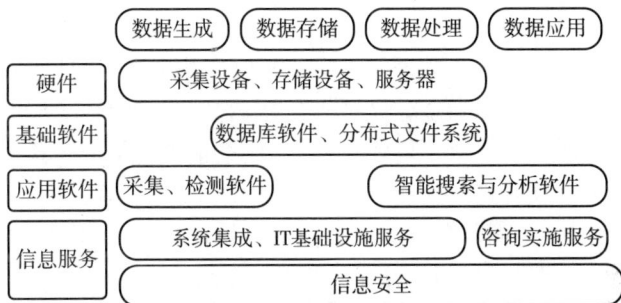

图 8 – 12　大数据产业结构初探

（据：光大证券研究所）

5. 大数据安全防范——在安防领域，一面可应用大数据技术，提高应急处置能力和安全防范能力，一面因大数据分析可带来洞察未来的功效，因而更多的隐私、安全性问题较易事前暴露。不过，自从开展大数据技术研发至今，值得清算有多少密码和账号通过"社交网络"中的大数据交流外溢？例如 2011 年 4 月索尼的系统漏洞导致 7700 万用户资料失窃；2011 年 4 月，iOS 被发现会按照时间顺序记录用户的位置坐标信息；2011 年 CSDN 密码发生泄露事件等，却是在开拓大数据领域中需要严阵以待的数据安全问题[95]。

着眼于数据信息暴涨、支撑大数据存储和运算的 IT 基础设施不足和大数据潜在价值尚需规模化挖掘和提升，我国专家及时提出了中肯的建议：冷静对待大数据热。特别应推动数据隐私保护和公共机构信息公开等立法修法工作。2012 年 12 月全国人大常委会通过《关于加强网络信息保护的决定》，宜在此基础上进一步完善相应的立法[89]。与此同时，迎向大数据时代亟待纳入国家技术战略发展轨道[92]。

（1）平安城市智慧转型：利用传感网络支撑下的物联网提供的大数据，城市安防正从传统模式向平安城市大安防体系、数字城市、智慧城市方向发展，安防视频及相关海量数据与日俱增，需要大数据分析软件及时跟进[94]！

（2）信息安全挑战：大数据时代来临，个人隐私已很难"删除"；个人信息往往成为陌生人觅"友"对象或心怀叵测者寻衅标的，在"云端上"可能遭遇"偷窥"。专家认为大数据时代信息安全面临的挑战愈益复杂，倡议重塑信息保护的三原则，即须明确信息是用户个人资产，不容侵犯；企业有责任提升用户信息安全防护水平，不容泄露；使用用户信息必须经过用户同意，不得隐瞒[90]。

6. 大数据涉及的相关技术扫描——

（1）分析技术：①数据处理：自然语言处理技术；②统计分析：A/B test、top N 排行榜、地域占比；③文本情感分析：数据挖掘；④关联规则分析：分类、聚类；⑤预测分析：预测模型、机器学习、建模仿真等。应当指出：现有的仿真技术难于处理大数据，需要急管繁弦研发新仿真方法[90]。目前大数据技术正朝可视化方向发展，需要更有效的软件支持。

（2）大数据搜集技术：①数据采集：ETL 工具；②数据存取：关系数据库、NoSQL、SQL 等；③基础架构支持：云存储、分布式文件系统等；④计算结果展现：云计算、标签云、关系图等。

（3）大数据存储：①结构化数据：海量数据的查询、统计、更新等操作；②非结构化数据：图片、视频、word、pdf、ppt 等文件存储；③半结构化数据：转换为结构化存储或按非结构化存储方式。

8-4-3　国内外大数据发展现状和趋势

1. 国外发展状态——

（1）美国捷足先登：2009 年 1 月奥巴马上台后，狠抓信息化建设。该年年中要求联邦政府各部门通过"一站式"政府数据下载网站（www.data.gov）全方位开放数据大门，向公众提供五花八门可公开的政府数据[94]。2010 年，美国国会通过更新法案，提高了数据采集精度和上报频度。估计目前该网站已公开 40 万种以上各类原始数据文件，涵盖了农业、气象、金融、就业、人口等近 50 个门类，汇集了数千应用程序和软件工具。数据的集中、开放、共享及对数据的应用支持，极大地方便了美国各界特别是科技界、教育界、产业界和金融界对大数据的利用。2011 年 5 月，MGI 发表了一份报告——《大数据：创新、竞争和生产力的下一个新领域》，大数据领域进一步受到全社会普遍关注。

美国政府将大数据发展提升到国家战略层面。2012 年 3 月 29 日，美国政府宣布启动《大数据研究和发展计划》，同时组建"大数据高级指导小组"，牵动美国国家科学基金、国家卫生研究院、能源部、国防部等 6 个联邦政府部门。

美国电子信息产业中的头面企业如谷歌、EMC、惠普、IBM、微软、甲骨文、亚马逊、脸谱等很早就通过收购或自主研发等方式进军大数据，成为大数据技术在产业界的主要推动者，并快速推出大数据相关的产品和服务，为各领域、各行业应用大数据提供工具和解决方案。IBM 利用大数据技术帮助波士顿解决了长期困扰城市的交通拥堵问题[94]；谷歌利用海量搜索数据，准确预测了 2013 年美国流感爆发。加上一批围绕大数据技术诞生的新创企业，甚至形成了影响全球的企业群簇。

（2）英国紧步后尘：2013 年 5 月初，英国首相卡梅伦在牛津大学成立医药卫生科研中心揭牌仪式上说，中心将通过医疗数据分析促进医学研究和医疗服务的革命性变化。牛津大学积极开展其他大数据应用领域，成为英国开拓大数据研究的领头羊[90]。

（3）其他：2009 年，欧洲一些领先的研究型图书馆和科技信息研究机构建立了伙伴关系致力于改善在互联网上获取科学数据的便捷性。

2012 年 1 月，瑞士达沃斯召开的世界经济论坛上，大数据成为主题之一，会上发布的报告《大数据，大影响》（Big Data，Big Impact）宣称，数据已经成为一种新的经济资源种类，宛如货币和黄金一样。不言而喻，这一比拟带有浓烈的时代气息，耐人寻味。

Gartner 公司估计到 2016 年由大数据带动的信息消费将达到 400 多亿美元。大数据在各行业带动的信息消费每年以超过 10% 增长率增加，教育和制造业每年的增长率达到 13% 以上。国外流行的一种论调，认为大数据纵深发展的结果，将构建全球中枢神经系统。有科学家鉴于大数据揭示未知世界的神奇能力，甚至预言世界运行格局将从此改变[93]。

2. 我国穷原竟委——

（1）2011 年 12 月 8 日工信部发布《物联网"十二五"规划》，提出物联网为信息处理技术 4 项关键技术创新工程之一，其中包括海量数据存储、数据挖掘、图像视频智能分析，均为大数据领域的重要组成部分。全球大数据技术峰会于 2013 年 4 月 26~27 日在北京举行。

2008 年初，Hadoop 成为 Apache 基金顶级项目。也就在这一年，首届中国大数据技术大会在北京举行。2008~2012 年中国大数据技术大会已开过 5 次；第 6 次于 2013 年 12 月 5~6 日又在北京召开。每次会议均起到加速推进我国大数据研发的积极作用，硕果累累。

（2）2011~2016 年市场规模：据计世资讯的观点，2011 年是中国大数据市场的元年，一些大数据产品已经推出，部分行业也有大数据应用案例的产生。预计 2012~2016 年，将迎来大数据市场的飞速发展。

2012 年中国各行业大数据市场如图 8 – 13 所示。从图可知，2012 年政府、互联网、电信、金融的大数据市场规模较大，4 部分约占据市场一半份额。由于各行业都存在大数据应用需求，潜在市场空间非常可观。据计世资讯测算，2012 年中国大数据市场规模达到 4.7 亿元，2013 年大数据市场大约迎来增速为 138.3% 的飞跃，到 2016 年，整个市场规模将逼近 100 亿元（图 8 – 14）。IDC 调研显示，2013 年中国大数据市场可能超过 1.8 亿美元[89]，与计世资讯测算的不相上下。2013 年 4 月在镇江举行的 "2013 中国云计算产业年会" 上，赛迪智库报告称：我国大数据产业链雏形已经初显[92,96]。

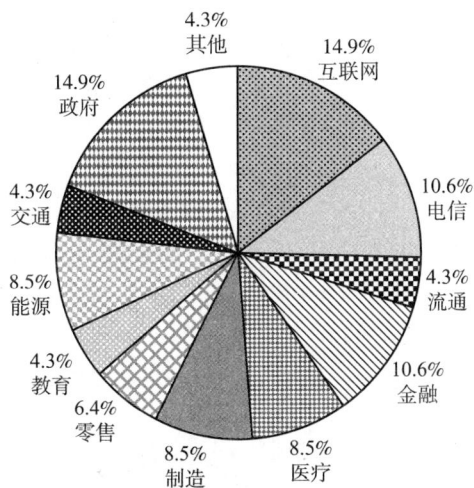

图 8 – 13　2012 年大数据市场中我国各部门所占份额
（据：计世资讯 CCW Research，2012 – 4）

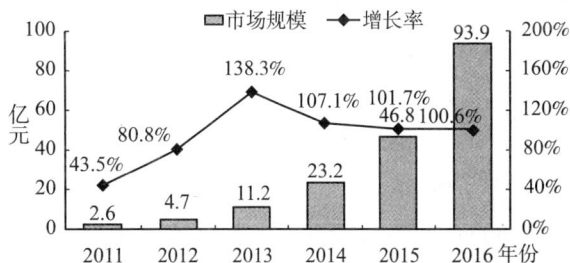

图 8 – 14　2011 ～ 2016 年大数据市场发展预测
（据：计世资讯 CCW Research，2012 – 4）

（3）谨言慎行：近年也有明智之士写过一些告诫学界同仁的直抒箴言，如认为不宜过度渲染大数据的积极作用；隐藏着黑暗的潮动；大数据不是 "灵丹妙药"[87]，奉劝人们切勿一哄而上[88]！不过任何创新科技浪潮奔腾之始，难免危言危行，韦编三绝，困难和障碍免不了，但一不能因噎废食，二不宜逡巡不前，倒是宁可冲锋陷阵、力夺鳌头为上策。

8 – 5　物联网前程似锦　全社会智慧升华

8 – 5 – 1　物联网开拓　策出万全

1. 物联网来龙去脉——物联网（Internet of things）主要指：通过射频识别（RFID）、红外感应器、全球定位系统、激光扫描器等信息传感设备按约定的协议把任何物品与互联网连接起来进行信息交换和通讯以实现智能化识别、定位、跟踪、监控和管理的一种网络物联概念。作为未来互联网的组成部分，物联网建立的关系是人类与物理世界和数字世界建立的某种语义的连接与沟通，是以崭新形式和内容出现的交流和互动[106]。

这里的 "物" 要满足以下条件才能够被纳入物联网的范围：要有相应信息的接收器、有数据传输通路、有一定的存储功能、有 CPU、有操作系统、有专门的应用程序、有数据发送器、遵循物联网的通信协议、在世界网络中有可被识别的唯一编号。

1998 年美国 MIT 的阿斯通（Kevin Ashton）首先提出将 RFID 技术与传感器技术应用于日常物品中形成所谓物联网。

2. 各国物联网发展——

（1）2005 年国际电信联盟（ITU）在突尼斯举行的信息社会世界峰会上发布《ITU 互联网报告 2005：

物联网》，在国际论坛上正式提出物联网概念，指出物与物之间通过互联网主动进行数据交换已经不再遥远，该报告曾断言物联网是通过 RFID 和智能计算等技术实现全世界设备互联的网络。世界上所有的物体从汽车到牙刷、从高楼到项链都能通过互联网实现信息交换。射频识别技术、传感器技术、纳米技术、大脑意识感应技术、触觉技术、智能嵌入技术等将随着物联网技术纵深发展，得到愈益成功的应用，而且新通讯系统可以让无电池的设备也能联网，从此世界上迅速掀起抢占新一轮经济和科技发展战略制高点的竞争[101]！

（2）2008 年 IBM 提出：把能够射频识别的传感器安装到各种实物上，通过互联网连接成"物物相联网络"，形成现代意义的"物联网"，包括移动中的"人物"或"动物"，这样就能在此基础上发展"智慧地球"。2009 年 1 月 20 日奥巴马作为美国第 44 任总统入主白宫，1 月 28 日提出摆脱次贷危机阴影和经济痼疾的两项新战略举措：大力加强新能源和物联网建设。后来又充分肯定 IBM 的"互联网＋物联网＝智慧地球"的新构思，奥巴马指望利用"智慧地球"刺激美国经济复苏。2014 年 5 月，为庆祝互联网诞生 25 周年，美国一个研究项目的成员向 1606 位专家发出问卷，征询 2025 年物联网可能达到的社会经济影响。83% 的专家意见均认为：2025 年，物联网将随处可见，给公众带来极大方便和效率，但付出的巨大代价是隐私丧失、社会分化、出现很多复杂费解的新问题[101]。2015 年年初，在美国拉斯维加斯举行的国际消费电子展上，物联网成了热宠的天之骄子。美国消费电子协会估计，2020 年美国的物联网将形成超过数十亿美元的市场，20% 的宽带家庭至少会买一种与物联网相联的智能家庭设备，如智能门锁、智能室内温控、智能照明等[108]。

（3）2009 年欧洲物联网研究项目工作组制订了《物联网战略研究路线图》，介绍传感网/RFID 等尖端技术和可能的发展趋势。2009 年 6 月欧盟制定物联网行动方案，推出物联网标准战略，确保物联网的可信度、接受度和安全性。2014 年 3 月，德国汉诺威信息及通信技术博览会（CeBIT）展示了智能家居的联网控制，显示出未来无线物联网在社会生活和家居智能化趋势中无所不能的前景[102]。

（4）其他：

①澳大利亚、新加坡、法国、德国等其他发达国家也加快部署下一代网络基础设施的步伐，全球信息化正在引发当今世界的深刻变革。

②日本 U－Japan 战略，希望实现从有线到无线、从网络到终端、包括认证、数据交换在内的无缝链接泛在网络环境，100% 的国民可以使用高速或超高速网络。

③韩国也推进了类似发展。配合 U－Korea 推出的 U－Home 是韩国的 U－IT839 八大创新服务之一。智能家庭最终让韩国公众能通过有线或无线方式远程控制家电设备，并能在家享受高质量的双向与互动多媒体服务。

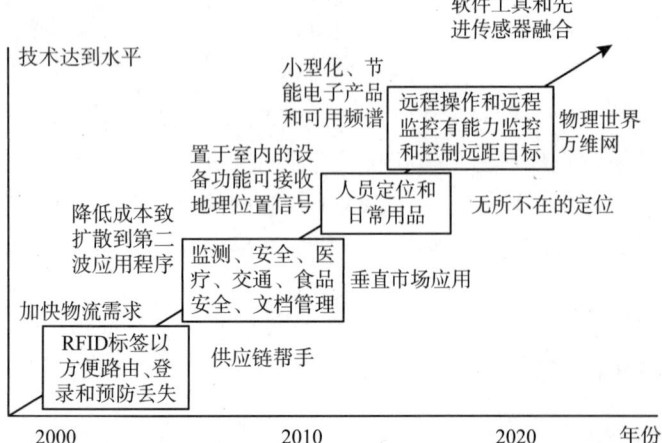

图 8－15　物联网技术发展路线

（据：Wikipedia, The Free Encyclopedia, Jump to Navigation, Search, 引自 SRI Consulting Business Intelligence, 2013）

（5）据美国 Gartner 公司研究，物联网技术在 2010 年之前已在美欧等发达国家初步应用于物流、零售和制药等领域，2010～2015 年希望实现物与物之间互联，到 2015～2020 年将进入半智能化，而 2020 年之后将实现全智能化。据美国研究机构 Forrester 预测，物联网所带来的产业价值将比互联网大 30 倍。按学术界估测，技术概念创新的 4 步升级历程大致如图 8－15 所示。

3. 中国物联网——

（1）2010 年 3 月 9 日教育部网站发出通知：我国拟针对互联网、绿色经济、低碳经济、环保技术、生物医药等国家决定大力发展的重要战略性新兴产业，在高校本科教育阶段设立相关专业。言外之意，将增设物联网专业，以便为重要战略性新兴产业物联网的相关产业培养高素质人才。2010 年 9 月，物联网技术作为新一代信息技术的重要组成部分被列为国家重点培育的战略性新兴产业之一。国家"十二五"规划明确指明物联网将会在如下十大领域内重点部署：智能电网、智能交通、智能物流、智能家居、环境与安全检测、医疗健康、国防军事、精细农牧业、金融与服务业和工业与自动化控制等[106]。

（2）2011 年，中国物联网产业规模达 2627.4 亿元，同比增长 30.2%。其中支撑层、感知层、传输层、平台层、应用层规模分别为 71.9 亿元、577.1 亿元、870.0 亿元、984.3 亿元和 124.1 亿元，各层在整个产业中的占比分别为 2.7%、22.0%、33.1%、37.5% 和 4.7%。相比其他各层而言，物联网应用层的规模明显偏小，说明我国的物联网应用尚处起步阶段。2012 年物联网产业市场规模达到 3650 亿元，比 2011 年增长 38.6%。从智能安防到智能电网，从二维码普及到智慧城市落地，作为被寄予厚望的新兴产业，物联网正四处开花，大步流星地影响着社会生活。随着我国物联网产业发展迅猛的态势和产业规模集群的形成，我国物联网时代下的产业革命也初露端倪。目前，我国物联网技术已融入纺织、冶金、机械、石化、制药等制造工业领域。在工业流程监控、生产链管理、物资供应链管理、产品质量监控、装备维修、检验检测、安全生产、用能管理等生产环节着重推进了物联网的应用和发展，建立了应用协调机制，提高了工业生产效率和产品质量，实现了工业的集约化生产、企业的智能化管理和节能降耗。对于经济发展方式亟需转型的中国来说，以物联网为代表的战略性新兴产业无疑是国家大力培育的新经济增长点。而物联网的一个重要特征就是智能化，即让过去被动的"物"，呈现主动的身份与感知，以增加更多的智能性，这其中孕育着巨大的拓展空间，智能建筑、智能汽车、智能交通、智能行李、智能冰箱、节能管理、医疗信息化、城市一卡通、智能环保、智能市政管理……，物联网呼风唤雨，无孔不入[101]。今后物流、金融、商品流通、物品防伪、人才拔犀擢象、环境保护监测[99]，几乎都离不开 RFID[110]。在推进物联网纵深发展的同时，重温低碳化、绿色化、信息化"三化"融合的观点是有利无害的。不要在震古烁今地推进物联网齐创乾坤伟业之际，把节能环保屈居脑后。

（3）赶趁物联网技术深入研发和产业蓬勃发展，据统计，2013 年中国物联网市场规模已达 4896 亿元；到 2015 年将达 7500 亿元[107]，发展规模和速度将超过计算机、互联网、移动通信等传统 IT 领域。作为信息产业发展的第三次革命，物联网涉及的领域越来越广，其理念也日趋成熟，可寻址、可通信、可控制、泛在化与开放模式正逐渐成为物联网发展的演进目标。而对于"智慧城市"的建设而言，物联网将信息交换延伸到物与物的范畴，价值信息极大丰富和无处不在的智能处理将成为城市管理者解决问题的重要手段。此外，手机物联网是物联网的一个重要组成部分，而手机物联网商务又是手机物联网的一个分支领域。物联网的发展能够带动手机物联网的发展，从而手机物联网商务领域也会相应得到发展。2014 年 10 月在京举行的"2014 第三次工业革命高峰论坛"后，《第三次工业革命》的作者杰里米·里夫金（Jeremy Rifkin）在接受采访时说："未来 25 年，也许所有人都会跟互联网联系，甚至成为物联网的一部分。"[103]。

（4）有专家在 2013 年 9 月 24 日上海金融报上发表题为《发展物联网不可揠苗助长》的文章引人深思。文章说"政策扶持自然是重要组成，但切不可高估政策在行业发展中的作用，更不可过度寄望于政策效果而盲目刺激行业发展，以免揠苗助长。"其实早在 2010 年年中，当时国内学界已进入热议，而产业界尚在摩拳擦掌之际，有关的论点已经跃然纸上。例如有专家告诫发展物联网须警惕重蹈互联网泡沫的覆辙（主要指风电、光伏重复建设）[108]；有人提醒大家注意及早克服那些足以窒碍物联网发展的瓶颈[104]；特别须针对软件产业发展滞后、缺乏统筹管理和互联网安全问题等势将掣肘物联网发展的一面[102]；2010 年末，在物联网产业发展论坛上，有专家进一步呼吁发展物联网须形成政府和市场互动架构或体制，不能腾云驾雾，雾里看花[111]。意在未雨绸缪，先忧后乐。

（5）2014 年 9 月 25 日，"第五届中国国际物联网（传感网）博览会"在无锡开幕，新华社在会上发布了《2013～2014 年中国物联网发展年度报告》。报告认为，2014 年中国物联网产业呈现出新的特点与趋势。我国初步建起"纵向一体"的政策体系，市场主导发展渐入佳境。现有成熟物联网技术、标准以及解决方案的应用，正在交通、环保、医疗、农业、安保、水利、物流、仓储等领域稳步推进[112]。目前我国已初步形成涵盖芯片、元器件、软件、系统集成、电信运营、物联网服务等较完整的物联网产业体系[104]!

（6）2014 年 9 月，国际标准组织正式通过由中国领衔制定物联网参考架构国际标准，标志着我国在物联网领域基础标准研究具有最高话语权[104]。但国家标准化管委会到 2014 年末刚刚批准传感器接口等质量标准，意味着我国物联网发展超前，而它的"神经末梢"传感器基础件发展明显滞后[101]。

8－5－2　强化物联网信息获取感觉功能

1. 传感技术发展现状——物联网通信层是连接智能设备和控制系统的桥梁，分有线通信和无线通信两种方式。其中，有线通信分为短距现场总线和中长距离可支持 IP 网络；无线通信分为短距接入无线网、RFID 和 WIFI/WiMAX 等和中长距离 GSM 和 CDMA、卫星通信技术等两类。在物联网应用中，一般用无线网状网和现场总线网络作最后 1km 接入，一种常用组合是用 GPRS/CDMA 网络和 IP 网等广域网络作长距主干传输。

传感器技术本身变革的三个方向：微型化、智能化和可移动性。因而无线网络化技术应为发展中的重点，特别是适应野外恶劣自然环境条件而能保持高精度、长寿命、高可靠性和长期稳定性，应集防信息泄漏、防被监控、防保密性松懈等功能于一体。目前在利用新的原理、结构、材料来实现微功耗、低成本、高可靠性等的传感技术方面正取得一个个空前突破，包括薄膜技术、光纤、纳米技术、人工假鼻、人工皮肤、人工手腕、人工髋关节等技术，以及动态模拟与动画、高倍率远程数据采集与仿真，为野外特殊环境如沙漠、森林、海洋乃至地震、台风等自然灾害预报与监测提供了质量优越的传感器产品。在不同产业、桥梁、道路和建筑等领域先后成功研发出各种无线网络传感器。

过去，国内对传感器企业的发展重视不够，产业集中度较低，生产工艺装备不够先进，自主创新能力较弱，一般多仿造或二次开发，特别是生产敏感元件的核心技术和工艺过程与工业化国家差距较大。随着物联网技术全面推进，迫切要求传感器技术革故鼎新。目前产品正在向微机电系统（MEMS）工艺技术，无线数据传输网络技术，新原理策动下的新材料制备、纳米技术、薄膜技术、新陶瓷技术，光纤技术、激光技术、复合传感器技术等多学科综合的新型技术方向发展。

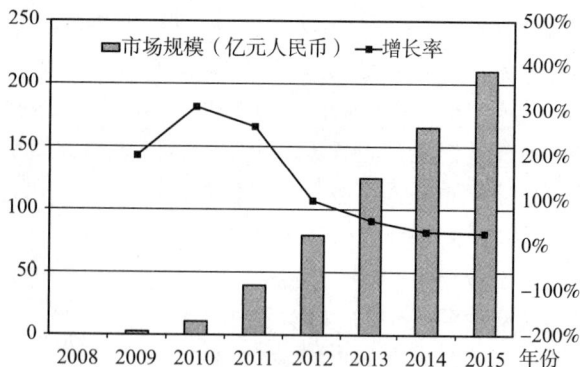

图 8－16　中国无线传感网络市场规模飙升态势

（据：物联网技术及其应用，金华职业技术学院寿康讲座 ppt，2013－06－17）

由于近几年我国传感器生产有了量的突破，传感网市场出现明显急剧上升势头。2010~2011 年，我国传感网市场增长速度显著增进，2011 年我国从事传感器研制企业已达 1600 多家，年产 24 亿只，市场规模超过 900 亿元，其中 MEMS 传感器市场规模超过 150 亿元；机器到机器（M2M）终端数量近 1000 万，2012 年终端数已超过 2100 万，年均增长超过 80%[104]。预计无线传感网络市场规模到 2015 年可能超过 200 亿元，如图 8－16 所示。

2. 无线射频识别 RFID——RFID（Radio Frequency Identification）的应用可以追溯到第二次世界大战期间英国航空部队用来识别本国飞机，以便分清敌我（一说是美国海军 1937 年研发的敌我识别 IFF 系统[105]）。一般认为是 20 世纪 90 年代兴起的非接触式自动识别技术组件，通过射频信号自动识别目标对象并获取相关数据，识别工作无需人工干预，可工作于各种恶劣环境，操作快捷方便。

RFID 无线系统基本结构是由多个标签（Tag；Transponder 应答器）、一个读写器或询问器（Reader）和天线（Antenna）三部分组成。在物联网的构想中，RFID 标签中存储着规范而具有互动性的信息，系统用于控制、检测和跟踪物体，可识别高速运动物体并可同时识别多个标签。通过无线数据通信网络把信息自动采集到中央信息系统，实现物品的识别，进而通过开放性计算机网络实现信息交换和共享，实现对物品的"透明"管理。所以 RFID 是物联网自动识别技术的核心组成部分。通常与 RFID 相关的自动识别技术包括：条形码、接触式 IC 卡、生物特征识别、光学字符识别（OCR）等。其中条形码（Bar Code）技术最早出现在 20 世纪 20 年代，由一组规则排列的条和空、相应的数字组成。当标签进入电磁场区域，读写器读取信息并译码后，送至对应软件系统进行处理。应答器主要包含收发天线、卡片电源、收发模块及识别数据；读写器主要包含收发天线、收发模块及控制电路。应答器接近正发射电磁波的读写器时将它的能量储存起来作为应答器所需电能，并将内部的识别数据以无线电波方式传送给读写器。

　　标签中含天线电路、充电电容器、谐振电容器、电池和微芯片（Microchip），后者控制操作频率、数据传输率、信号调变、加解密、内存读写等操作。微芯片得到所需电能后，将内存数据加密，并以调变信号方式经天线单元传回给读写器，或者将读写器传送来的信号解调和解密成更新的数据存至内存。三种标签的运行优劣条件见表 8 - 2。

表 8 - 2　　　　　　　　　　　　　　　　　　　　　　RFID 标签的三种规范

标签形态	读写距离	特征
被动标签（Passive Tag）	<4 米	依靠外部电磁感应产生电力传送芯片中的产品信息数据，优点是内部无需任何电力，缺点是传输距离比主动标签短
半被动标签（Semi - Active Tag）	~10 米	有效读取距离和精确性皆高，以电池维持标签内集成电路的运作，以读写器的能量实行跟读写器的通信
主动标签（Active Tag）	>100 米	具备内部电力，电子数据通过无线电传递给读写器，适用于高性价比、可重复使用、需要较远传输距离的应用。缺点是体积大且须定期更换电池，能耗大于上面二者

　　读写器的模块组成包括：

　　（1）控制模块：由微芯片、调变、解调等电路组成。功能有：

　　①数据处理：包括数据的编码、译码、检查、存储等，并与主计算机之间通信。

　　②与标签之间的通信管理：唤醒或启动标签、通信机制的初始化、读取与写入数据、安全认证等。

　　③实体的通信：控制收发模块与收发天线发射射频无线电波能量，以实现对标签数据的读取或写入动作。

　　（2）射频模块：发射与接收电磁波的射频收发模块，其中收发机内的发射机功能为发射射频电磁波，用以提供被动式标签所需能量，并读取标签内的数据和写入数据；而接收机的功能是接收标签传回的信号。

　　（3）收发天线：用于收发射频无线电波能量，一般置于读写器机壳内，若读取距离较长，收发天线须独立安装。

　　（4）电源供应器：提供各模块电路板与面板显示灯所需电源，其中又以发射射频无线电波能量的射频模块和收发天线耗电最大。经由变压器调控改变电磁场感应，典型的工作频率为：125kHz、225kHz 和 13.56MHz；若采取微波方式经由电磁波传播，依据雷达原理，发射出去的电磁波遇见目标后反射，同时带回信息，其典型的工作频率：433MHz、915MHz 和 2.56GHz（均据国际标准化组织 ISO 的相应标准）。RFID 在四种频段中的特性见表 8 - 3。

表 8 - 3　　　　　　　　　　　　　　　　　　　　　　RFID 的操作频带与特性

	低频（LF）	高频（HF）		超高频（UHF）		微波（Microwave）	
通信频率	125 ~ 135KHz	13.45MHz		860 ~ 960MHz		2.45GHz ~ 5.8GHz	
系统形态	被动式	ISO14443	ISO15693	被动式	主动式	被动式	主动式
通信距离	0 ~ 50cm	<50cm	<1.5M	3 ~ 10M	>10M	3 ~ 10M	>10M
记忆容量（字节）	64 ~ 1K	8K ~ 128K	256 ~ 512	64 ~ 512	—	16 ~ 64	—
耦合方式	感应	感应		反散射		反散射	
数据传输率	低	高		中等		中等	
成熟度	很成熟	成熟		新技术		开发中	

续表

	低频（LF）	高频（HF）	超高频（UHF）	微波（Microwave）
读写器价格	低	中等	很高	很高
缺点	读取范围受限	金属干扰	湿气、频率太近易生干扰	欧洲部分区域限制系统开发复杂
应用举例	动物、门禁管制及防盗追踪	生产管理、会员卡、身份证、车船机票、旅游卡等	供应链（物流仓储管理与货柜电子封条）	电子收费系统和即时寻址系统

2011 年我国 RFID 产业市场规模已超过 100 亿元，2012 年达 236.6 亿元[104]，低频和高频 RFID 已较成熟。归纳各种一般应用场合，按人、财、物区分如图 8 - 17 所示。

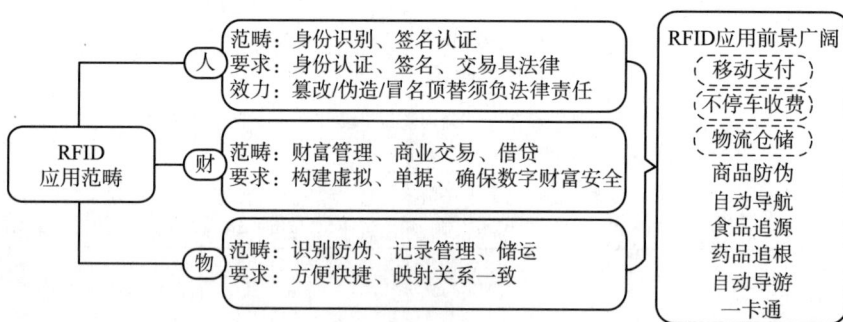

图 8 - 17 物联网射频识别的应用范畴举例

（据：物联网技术及其应用，金华职业技术学院寿康讲座 ppt，2013 - 06 - 17）

8 - 5 - 3 物联网技术架构及其特征

1. 物联网技术应用架构——架构可分为 3 层：感知层、网络层和应用层（图 8 - 18）。

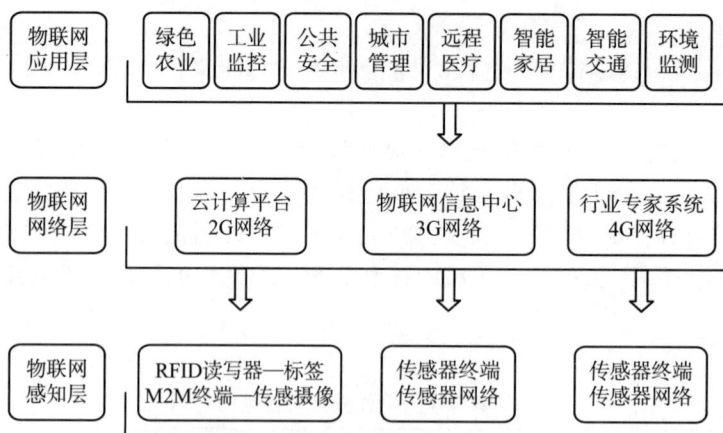

图 8 - 18 物联网技术应用架构

感知层由各种传感器及传感器网关构成，包括 CO_2 浓度、温度、湿度传感器、二维码标签、RFID 标签和读写器、摄像头、GPS 等感知终端。感知层作用相当于人的眼耳鼻喉和皮肤等的感觉神经末梢，是物联网识别物体、采集信息的来源。网络层由各种私有网络、局域网、互联网、有线和无线通信网、网络管理系统和云计算平台等组成，相当于人的神经中枢和大脑，负责传递和处理感知层获取的信息。应用层是物联网和用户（包括人、组织和其他系统）的接口，与行业需求结合以实现物联网的智能应用。无线传感网的市场规模逐年高企，近年飙升态势已见图 8 - 16。

2. 物联网的特征——

（1）感知技术广泛应用：物联网上部署海量的多种类型传感器，每个传感器都是一个信息源，按一定频率周期性地采集环境信息，不断更新数据，因而具有实时性。

（2）建立在互联网上的泛在网络：物联网技术的核心仍旧是互联网，通过各种有线和无线网络与互联网融合，将物体的信息实时准确地传递出去。传感器定时采集的信息需要通过网络传输，由于数量庞大形成海量信息，在传输过程中，为保障数据的正确性和及时性，必须适应各种异构网络和协议。

（3）具备智能处理的能力：物联网将传感器和智能处理相结合，利用云计算、模式识别等各种智能技术，扩充应用领域。从传感器获得的海量信息中分析、加工和处理出有意义的数据以适应不同用户的不同需求，发现新的应用领域和模式。

3. 物联网应用——

（1）对象智能标签：通过二维码、RFID 等标识特定对象，用于区分对象个体，如生活中各种智能卡、条码标签的基本用途就是用来获得对象识别信息，此外智能标签还可用于获得对象物品所包含的扩展信息，如智能卡上的现金余额、二维码中包含的网址和名称等。

（2）环境监控和对象跟踪：利用多种类型的传感器和分布广泛的传感器网络，可以实现对某个对象实时状态的获取和特定对象行为的监控，如使用分布在市区的各个噪音探头监测噪声污染，通过 CO_2 传感器监控大气中 CO_2 的浓度，通过 GPS 标签跟踪车辆位置，通过交通路口的摄像头捕捉实时交通流程等。

（3）对象的智能控制：物联网基于云计算平台和智能网络，可以依据传感器网络用获取的数据进行决策，改变对象的行为进行控制和反馈。例如根据光线的强弱调整路灯的亮度，根据车辆的流量自动调整红绿灯间隔时间等。

物联网用途广泛，如图 8 - 17 所列，遍及智能交通、环境保护、政府服务、教育/学校/学籍/学生/教学/科研/师资管理、公共安全、平安家居、智能消防、工业监测、环境监测、老人护理、个人健康、花卉栽培、水系监测、食品溯源、敌情侦查和情报搜集等多个领域。实现人类社会与物理系统整合，在整合网络当中，存在能力超强的中心计算机群，能对整合网络内人员、机器、设备和基础设施等实施实时管理和控制，甚至能远程控制人们家中的洗衣机或微波炉[109]。在此基础上，人类可以更精细和更能动的方式管理生产和生活，达到"智慧"状态，提高资源利用率和生产力水平，改善人与大自然的关系，共建理想境界的生态文明，促进社会和谐，让人们内心充满爱的喜悦和幸福！

8 - 5 - 4　我国政府引导

2011 年 4 月，国家财政部就曾发布《物联网发展专项资金管理暂行办法》，率先在物联网发展的资金筹措和融资渠道等领域给予了财力管理上的很大支持[103]。2011 年 11 月 28 日，国家工信部制定了《物联网"十二五"发展规划》，并于次年 2 月 14 日公布；2013 年 2 月 5 日，国务院发布《关于推进物联网有序健康发展的指导意见》；2013 年 9 月 17 日，国家发改委、工信部和科技部等联合发布《物联网发展专项行动计划（2013～2015）》。至此，我国顶层行政领导已在高举红旗，号召千军万马为开拓物联网新科技领地、为建设智慧家园而悉力拼搏！

1. 2012 年 2 月 14 日，国家工信部公布《物联网"十二五"发展规划》，制定了 2015 年的发展目标——物联网已成为我国新一代信息技术自主创新突破的重点方向，蕴含巨大的创新空间，物联网的应用将带来巨大的市场需求。赛迪研究中心介绍："未来 3 年我国物联网市场增长率将保持在 30% 以上。"《规划》确立的发展目标是：到 2015 年，我国要在核心技术研发与产业化、关键标准研究与制定、产业链建立与完善、重大应用示范与推广等方面取得显著成效，初步形成创新驱动、应用牵引、协同发展、安全可控的物联网发展格局。包括 500 项以上重要研究成果；培育和发展 10 个产业聚集区，100 家以上骨干企业和在 9 个重点领域完成一批应用示范工程，力争实现规模化应用等[107]。

2. 2013 年 2 月 5 日国务院发布了《关于推进物联网有序健康发展的指导意见》——基本原则是：统

筹协调，创新发展，需求牵引，有序推进，安全可控。近期目标是：到2015年实现物联网在经济社会重要领域的规模示范应用，突破一批核心技术，初步形成物联网产业体系，安全保障能力明显提高[101]。因而要求在持续发展中：协同创新、示范应用、完善产业体系和标准体系，着意安全保障。《意见》提出的主要任务是：①加快技术研发，突破产业瓶颈。②推动应用示范，促进经济发展。③改善社会管理，提升公共服务。④突出区域特色，科学有序发展。⑤加强总体设计，完善标准体系。⑥壮大核心产业，提高支撑能力。⑦创新商业模式，培育新兴业态。⑧加强防护管理，保障信息安全。⑨强化资源整合，促进协同共享[107]。

3.《物联网发展专项行动计划（2013～2015）》——国家发改委、工信部、科技部等部门联合发布的十个物联网发展专项行动计划，包括顶层设计、标准制定、技术研发、应用推广、产业支撑、商业模式、安全保障、政府扶持措施、法律法规保障以及人才培养等。计划方案指示，我国到2015年将在工业、农业、节能环保、商贸流通、交通能源、公共安全、社会事业、城市管理、安全生产等领域展开物联网应用示范，有的领域拟实现规模化推广，包括在公共安全（城市安防）、交通管理（智能交通）、能源管理等部门。近年我国在智能电网应用中已取得根本性突破，工业生产及物流等行业市场起步较早，因而发展比较成熟，在广州、深圳等城市已开始规模化应用。到2015年，工业领域将以流程工业和装备工业为重点，在煤炭、石化、冶金、汽车、大型装备工业中各选择4～5个重点企业开展面向生产过程、供应链管理和节能减排的物联网应用示范，推动传统产业的生产制造与经营管理向智能化、精细化、网络化转变，提升生产和经营效率。需要提醒：切勿忘怀绿色化！

农业领域，将面向农业生产和农产品流通管理精细化需求，选择2～3个国家级现代农业示范区或相关重点区域，组织实施国家精准农业物联网应用示范工程，重点开展大田作物、养殖业和设施农业以及农资服务物联网应用示范，加快实施国家粮食储运监管物联网应用示范工程。粮食储运中的安全问题，始终应放在千头万绪之首！

流通领域，将加快实施国家航空运输物联网应用示范工程、集装箱海铁联运物联网应用示范工程和集装箱电子标签国际航线应用示范工程，组织实施国家远洋运输管理物联网应用示范工程、国家快递物流可信服务物联网应用示范工程，开展进出境（集装箱）检验检疫监管和进出境产品地理标志原产地保护物联网应用示范，提升我国物流领域的智能化管理水平，在城市共同配送方面开展物联网示范应用，推动技术应用和产品标准的统一，加强跨区域、跨行业、跨部门物流信息的交换与共享，推动利用物联网技术进行统计信息的采集和分析挖掘，提升物流运作效率，降低物流成本。

生态环境领域，将开展污染源自动监控应用示范，实现污染源自动监控系统的建设、管理和维护，选择2～3个河湖分布数量较多且水质安全隐患较大的省份，支持地方开展水质量监测应用示范，为实现水质改善提供技术手段；选择若干直辖市和省会城市，支持地方开展空气质量监测应用示范，对火电、钢铁、有色、石化、建材、化工等行业企业进行重点防控和多种污染物协同控制；选择若干城市污水处理厂和火电厂开展污染源治污设施工况监控系统应用示范，提高污染治理监管水平。绿色－低碳应成为企业运作的座右铭！

安全生产领域，将开展煤矿安全设备监管国家物联网应用。借助示范工程以加快实施国家矿井安全生产监管物联网应用，逐步扩大应用规模，利用物联网技术构建覆盖井下人员、设备、环境等的事故预防预警和应急处置系统，实现矿井安全生产信息的网络化采集。民用安全领域则将加快实施国家重点食品质量安全追溯物联网应用示范工程，普及婴幼儿乳粉及酒类应用，建立健全肉类、蔬菜、中药材等重要商品追溯体系，逐步扩大监管食品品种和应用范围。

交通管理领域，将面向交通领域智能化管理和调度需求，选择2～3个大中城市和2～3个内河流域，实施城市智能交通和智能航运服务国家物联网应用示范工程，开展车辆识别、航运服务、交通管理应用示范，提升指挥调度、交通控制和信息服务能力，推动利用物联网技术进行交通统计信息的采集；推广客运交通物联网应用和智能公交系统建设，提升公共交通的协同运行效率和服务能力；开展4～5个具有自主知识产权的车联网新技术应用示范，包括导航定位、紧急救援、防碰撞、非法车辆查缉、打击涉车（特别是醉驾、毒驾、无证驾犯罪）等，促进相关领域的技术创新和产业链发展，提升交通安全和社会服务水平；开展电动自行车智能管理物联网应用示范及推广。我国首列智能化高速列车样车 2013 年年中已竣工下线，其中广泛采用物联网技术，主要设备均安装电子标签，记录设备的出厂时间、故障情况、维修历史等履历信息，为列车往后运行和设备维护提供可靠数据。

城市基础设施管理领域，将面向城市基础设施和管网的精确诊断和一体化管控需求，选择 5 个城市，实施城市基础设施管理物联网应用示范，实现对地下管网、立交桥、井盖设施、无线基站、城市内涝、供排水设施、地下空间安全等状态信息的实时采集、在线监控、集中管理和信息共享，提高城市运行和管理水平。

智能家居领域，将在大中城市选择 20 个左右重点社区，开展 1 万户以上家庭安防、老人及儿童看护、远程家电控制以及水、电、气智能计量等智能家居示范应用，解决制约规模化推广存在的产业链协作不足、成本过高、标准不统一等问题，带动智能家居技术和产品突破，发挥物联网技术优势，提高百姓生活质量。

目前标准化仍然是我国物联网发展的主要瓶颈，且因物联网技术起步较晚，产业整体尚处于初级阶段，物联网远未达到规模应用阶段，同时核心传感器与传感网络技术还亟待整体性梳理和创新，RFID、M2M 等尚有若干关键技术需要创新跟进。如何加快物联网标准的顶层设计，确保物联网标准体系和标准制定的优先级，统筹谋划国际、国家和行业标准体系建设，着力突破基础共性技术和关键核心技术，确保安全和发展的主导权等，已成当务之急。《标准制定专项行动计划》设定的目标是，到 2015 年，研制一批基础共性、重点应用和关键技术标准，同步推进国际国内标准化工作，争取在国际标准化组织/国际电工委员会（ISO/IEC）和国际电信联盟（ITU）等国际组织中取得实质性突破。

《技术研发专项行动计划》提出，将着力突破物联网核心芯片、软件、仪器仪表等基础共性技术，加快传感器网络、智能终端、大数据处理、智能分析、服务集成等关键技术研发和产业化，探索形成创新商业模式，整合创新资源，加强国际合作，培育和打造技术创新链与产业生态链，支持我国物联网产业健康快速发展。到 2015 年将突破智能传感器、物联网大数据处理与智能信息管理、行业应用软件等方面的关键技术，推动物联网技术与新一代移动通信、云计算、下一代互联网、卫星通信等技术融合发展，加快物联网技术创新体系和能力建设，培育形成我国自主的物联网产业链，全面提升我国物联网产业核心竞争力。

物联网产业链包括传感器、芯片制造、设备制造、网络服务、网络运营、软件开发、内容服务、应用标准、行业应用咨询等，运营商将在其中扮演智能信道和运营支撑平台的角色。《产业支撑专项行动计划》提出，将支持与物联网通信功能紧密相关的制造、运营等产业发展，推动物联网运营服务业发展，支持高带宽、大容量、超高速有线/无线通信网络设备制造业与物联网应用的融合，鼓励运营模式创新，大力发展有利于扩大市场需求的专业服务、增值服务等服务新业态，着力推动物联网基础设施服务业、软件开发与集成服务业快速发展。《政府扶持措施专项行动计划》提出，在国家重大科技专项"核心电子器件、高端通用芯片及基础软件产品"和"新一代宽带无线移动通信网"中，加大对物联网技术研发和产业化的支持，重点支持传感器器件、物联网核心芯片、近距离无线通信、M2M 无线移动通信增强、物联网智能终端、物联网测试仪表、物联网网关等相关技术研发和产业化。由此可见，通信技术的进步对于物联网发展来说是不可或缺的。

4. 2013 年 10 月 31 日，国家发改委发出《关于组织开展 2014～2016 年国家物联网重大应用示范工程区域试点工作的通知》，进一步部署重点项目、发展方向和引导各地企业共创物联网的辉煌未来。其中特别指出以市场为导向，以企业为主体；围绕地方经济社会发展实际需求；创新服务模式和商业模式；注重资源整合和信息共享；有效带动上下游产业发展，充分发挥物联网产业关联度强大的特点，加强物联网与云计算、大数据、下一代互联网、移动互联网、TD－LTE、智能终端等新一代信息技术和先进制造技术的融合创新，带动技术融合创新和产业规模发展，形成具有较强竞争力的物联网产业集群。因此，发改委要求与行动计划和前期项目做好衔接，做好与 10 个物联网发展专项行动计划重点任务的衔接，加强与国家创新型城市、智慧城市、云计算示范城市和下一代互联网示范城市等工作的统筹协调推进。特别强调发展中的重点领域包括：

（1）物联网专业服务和增值服务应用示范类项目：支持优势服务企业通过建设物联网应用基础设施和服务平台，提供工业制造、农业生产、节能环保、商贸流通、交通能源、公共安全、社会事业、城市管理、安全生产等领域的物联网应用服务。鼓励地方政府部门、企事业单位向应用服务企业购买服务。

（2）物联网技术集成应用示范类项目：支持有条件的企业围绕生产制造、商贸流通、物流配送、经营管理等领域，开展物联网技术集成应用和模式创新。鼓励企业积极利用物联网技术改造传统产业，提升生产和运行效率，推进节能减排，保障安全生产，促进产业升级，带动物联网产业发展。

8-6 4G 竞赛伴移动互联 宽带淘金促三网融合

8-6-1 移动通信迈向 4G 移动互联开天辟地

1. 移动通信技术发展回顾——固定体与移动体，或移动体之间借助无线电实行通信便是移动通信。无线寻呼系统、无绳电话系统、蜂窝移动通信系统、集群系统、卫星移动通信系统等都属于移动通信系统形式。按使用环境、多址方式、服务范围、工作方式、信号形式等不同而给予不同分类。按使用环境不同分陆上、海上、空中移动通信；依据多址方式可用频分多址（Frequency Division Multiple Access—FDMA）、时分多址（Time Division Multiple Access—TDMA）、码分多址（Code Division Multiple Access—CDMA）；按服务范围分专用网和公众网；按工作方式分同频单工、异频单工、半双工和全双工；按信号形式分模拟网和数字网等。

（1）第一代（1G）模拟系统：模拟蜂窝移动通信系统，始于 20 世纪 70~80 年代。由于集成电路、微计算机和微处理器等的蓬勃发展，加上美国贝尔实验室有关蜂窝系统的理论研究，美、日等国陆续开发出陆地移动电话系统。主要技术是模拟语音频率调制（FM）和频分多址（FDMA），频段为 800/900MHz，提供语音通话。

1G 系统的主要缺点是频谱利用率低，系统容量有限，抗干扰能力弱，通话质量比有线电话差，早期的"大哥大"几乎跟座机差不多大，且其时国际标准化落后，网络制式系统标准多而凌乱，互不兼容，难于跨国漫游，仅能提供语音服务，不能传输数据，不能与综合业务数字网（ISDN）兼容，仅满足局域通话等。目前 1G 已逐步被各国淘汰。

1987 年我国开始发展移动通信，首次在上海开通 900MHz 频段模拟蜂窝系统，到 1995 年实现全国联网。2001 年 8 月，模拟蜂窝网在我国停止运营。但前后已拥有三大蜂窝移动通信网络：由中国移动运营的全球移动通信系统（Global System for Mobile Communication—GSM）网络以及由中国联通经营的 GSM 网络和 CDMA20001x 网络。

（2）第二代移动通信系统（2G）：20 世纪 80 年代末至 90 年代初始轫，伴随数字技术高速发展，通信、信息领域面向数字化、综合化、宽带化发展研了以数字化为特征的数字蜂窝移动通信系统，形成了 2G 系统。系统以数字传输、时分多址和码分多址为主体技术，含低比特率语音编码，通过数字调制和自适应均衡技术，业务表现为电话服务和初步多媒体业务能力，能提供窄带综合数字业务，可与窄带综合业务数字网（N-ISDN）兼容。

2G 系统的不足是系统带宽有限，随着用户/网络规模的不断扩大，频率资源接近枯竭，语音质量差，歌星引吭酷似失声喊叫，限制了数据业务发展，且数据通信速率太低，也无法全面实现移动多媒体业务需求，更因各国标准不统一，无法实现不同制式间的全球漫游。

从 1G 的模拟、单一业务到 2G 的数字、增进业务种类不啻质的飞跃。若按照欧洲通信标准化委员会

（ETST）制定的全球移动通信系统（Global System for Mobile Communication，GSM 俗称全球通）规范构造的 2G 系统已能基本满足语音通话和短信发送。传输速率为 9.6kbps（bps = 比特/秒）；系统频段含：900MHz、1800MHz 和 1900MHz。2000 年全球已有超过 600 家 2G（以及后来 3G）运营商，140 多个主要 GSM 行业制造商和供应商，覆盖了全球 10 亿以上的终端用户，占有约 70% 的市场份额。应用覆盖面主要在美国、加拿大、中国、韩国和日本。按照美国 CDMA 开发组（CDMA Development Group—CDG）提供的主流技术有 CDMA one/CDMA 2000 −1X。

（3）第二代半（2.5G）：在 GSM 移动电话用户基础上增进可交换数据的通用分组无线业务（General Packet Radio Service—GPRS）可认为是 GSM 的功能延展，与过去连续在频道上传输的方式不同，GPRS 是以封包（packet）的形式传输的，用户交纳的费用以传输数据的多寡计价，而非按所用频道大小，理论上显然负担较轻。这么一来，传输速率可以升到 56～114kbps，主要业务内容包括邮件接收和彩信传送（MMS）等。业界称这一移动通信为 2.5G（第二代半）。

在 GSM 基础上，面向主攻目标 3G 进一步改进的模式为演进的增强型数据速率（Enhanced Data Rate for GSM Evolution—EDGE），比 GPRS 更先进一些，传输速率是 GPRS 的 3 倍，最高可达 384kbps。业务可扩展到接收邮件、视频/音乐下载、快速上网等。有人把 EDGE 称为"2.75G 移动通信技术"。

（4）第三代移动通信系统（3G）：移动通信用户急剧增加的压力越来越大，旧制式造成的频率资源日渐捉襟见肘，出现用户对功能升级的要求与日俱增，而扩充系统容量确已迫在眉睫。20 世纪 90 年代中期国际电信联盟（ITU）提出开发第三代移动通信系统以克服第二代系统因技术局限而无法提供宽带移动通信业务的缺陷，全球开始进入 3G 研发热潮。总目标是全球统一频段、统一标准、全球无缝覆盖；要求实现高服务质量、高保密性能、高频谱效率；应运而生地提供从低速率的语音到高达 2Mbps 的多媒体业务。全球风起云涌地开发第三代移动通信，形成了北美、欧洲和日本三大区域性集团，分别推出了 WCDMA、UTRATDD 和宽带 CDMAone 的技术方案。3G 系统于 20 世纪初投入商业运营[130]。

1999 年 6 月 29 日，我国原邮电部电信科学技术研究院（大唐电信）向 ITU 提交了中国的无线传输技术标准即 TD—SCDMA 方案。该标准受到全球各主要电信设备厂商的重视，一半以上的设备厂商都宣布支持 TD—SCDMA 标准。被国际电联批准的标准包括 WCDMA、CDMA2000 和 TD − SCDMA，主流技术均以 CDMA 作基础。2007 年 10 月，ITU 又批准了 WiMAX（Worldwide Interoperability for Microwave Access—微波存取全球互通）无线宽带接入技术，成为第四个 3G 标准。WiMAX 亦即 IEEE 802.16，是一项涉及微波和毫米波段提出的无线城域网（WMAN）技术标准。可惜至今尚无全球统一的 3G 技术标准。

2009 年 1 月 7 日，国家工信部正式向国内运营商颁发了 3G 牌照，对应技术标准分别是：中国移动——TD − SCDMA；中国联通——WCDMA；中国电信——CDMA2000—EVDO（Evolution − Data Optimized—演进数据优化）[121]。

3G 的问世，带来了大量新增业务，如手机上网、可视电话、视频共享、流媒体、概念论证（POC）对讲专网、短信交流、同化交流等，大大拓宽了移动通信的业务范围。

2. 移动通信技术发展前瞻，迎向第四代移动通信系统（4G）——信息消费和产业技术升级诉求与日俱增，人类社会的文明构建伴随着每个人本身的七情六欲虽总是在左支右绌，却总是在社会公允和法制框架下不断追求完美和"随心所欲"，人们对移动通信的期望益发如此：希望有更宽的频带、更广阔的通信容量、更高的传输速率、更坚实的稳定性和可靠性、更令人心旷神怡的个性化、更灵活地从优化人际关系扩展为人机关系。未来通信技术的发展方向是个人通信，即在全球范围内逐步实现全球统一的网络结构，每人一号，在任何时间、任何地点、可以以任何方式、与任何对象进行任何业务的无缝隙、不间断的通信，这是人类为未来通信绘制的理想蓝图。这种为满足人们从语音到多媒体各种综合业务需求的愿望也就顺理成章地在本世纪到来之前提上了议事日程。经过 10 多年科技界和企业界的穷理尽性，终于有登高望远的可能了！信息传输速率从原来的 2Mbps 上升到 100Mbps，提供 150Mbps 的高质量影像服务已不在话下。其中所用的多载波调制（Multi − Carrier Modulation——MCM）技术，将有效突破频率选择性衰落的影响，通过正交频分多路复用（OFDM）成功地实现在无线背景下的高速传输。当然，目前存在诸如符号同步误差、信道估计不足等问题正在从理论上取得突破。其他如软件无线电技术、智能天线技术、宽带 IP 网络、宽带综合业务数据网（B－ISDN）和异步传送模式（ATM）兼容，实现宽带多媒体通信，形成综合宽带通信网技术等，均在一定程度上取得关键成效；另一种极具生命力的主流标准是 LTE（长期演进——Long term Evolution）：300M，全球用户已超过 1 亿[157]。特别是中国自主知识产权的 TD－SCDMA 网络能直接向 TD－LTE 演进，这一 4G 标准也因而获得最大支持[128、152]。上海世博曾成功推出 TD－LTE 的演示网，当时就有人预言那标志着 4G 时代的开创[146]。2011 年初，媒体权威已断言我国 4G 发展已从标准之争转向产业之争，主要仍看好大唐电信的非凡研发能力[126、158]。其次，前述 WiMAX 的技术起点也较高，所能提供的最高接入速度 70Mbps，是 3G 一般能提供宽带速度的 30 倍。由于有中国移动、Intel、Sprint 等大运营商的支持，WiMAX 成为 4G 网络手机标准的呼声仅次于 LTE。目前，已获得国际产业界广泛支持的我国主导 TD－LTE 宽带主流技术已进入全球部署阶段[129]。

4G 集 3G 与无线局域网（WLAN）于一体，并能传输高质量视频图像，其图像传输质量与高清晰度电视不分轩轾。4G 系统以 100Mbps 速度下载，平均速率 40～50Mbps[143]，比目前的拨号上网快 2000 倍，约相当于目前手机传输速度的 1 万倍，上传的速度也能达到 20Mbps，并能满足几乎所有用户需求的无线服务。而且通信更加灵活，4G 手机的功能已能差强人意地媲美一台小型电脑！甚至智能化水平超过传统电脑；兼容性能更加平滑；由于移动灵活而便于提供各种增值服务和实现更高质量的多媒体通信。2012 年 8 月，英国网络运营商 EE 公司获英国电信局颁发的 4G 网络执照，同年 10 月底宣布在英国 11 座大城市启动 4G 服务，成为全球正式投入商业运营的首个 4G 网络[155]。我国也在因势利导，抢占先机。本来"4G 是一场没有终点的速度竞赛"，一语破的，没有言过其实[119]。但愿不致陷入"起大早、赶晚集"的尴尬局面[146]。

3. 移动互联网前挽后推——

（1）现实发展：所谓移动互联网，即通过作为第五媒体的手机直接与互联网联成一体的信息通信机制和结构[118]。目前，在中国的互联网发展神速，网民数已跃居世界第一。2013 年底我国网民数已达 6.18 亿，跃居世界第一；2014 年增至 6.49 亿，普及率达 47.9%（图 8－2）。而 2012 年通过智能手机跟互联网结成一体的网民数已达 4.2 亿，占当年网民总数的 74.5%（图 8－3）；2014 年增至 5.57 亿，占网民总数的 85.8%。

以苹果 IOS 和谷歌安卓（Google Android）操作系统为主导的智能手机、ipad、智能电视技术的不断更新，极大地带动了连接移动互联网的智能无线终端爆炸式增长[144]。到 2011 年底，全球智能手机的出厂数目已经超过了台式机的数量。2012 年上半年我国智能手机生产量达 9500 万部，几乎占我国手机生产总量的 50%[153]。智能电视产销两旺，2012 年中，我国 IPTV 用户已超过 1400 万，基于有线电视的互联网用户超过 600 万，2012 年全年智能电视销量已接近 400 万台。移动互联网产业规模逼近 1 万亿元。据艾瑞咨询公司发布的报告，截至 2012 年 6 月底，中国智能手机用户数已达 2.90 亿，环比增长 15.1%。

除电子政务、电子商务、智慧城市和网络服务形态进一步扩充和创新外，特别表现在：①微博、微信成为信息公开、公共服务和社会管理的有效手段。2012 年微博用户超过 4 亿，使用率高达 70% 以上，大大超过全球平均水平的 43%；②移动电子商务爆发式增长；③移动互联网发展主题趋向"跨界、融合和变革"，基于不同的操作系统已形成贯穿 ICT 制造、软件、信息服务、通信和互联网服务等竞争性领域。互联网企业拟通过手机终端打开移动互联网入口，实现平台化。各互联网企业力争复制和融合各自的核心业务到移动互联网端。移动互联网构建的智能平台如安卓、iphone 和 ipad 等，目前国内基于安卓平台的智能手机已占 60% 以上份额，其用户量和应用还将快速增长。

移动互联正逐渐渗透到生活工作各领域，短信、移动音乐、游戏视频、手机支付、位置服务等丰富多彩的移动互联应用迅猛发展，正深刻改变信息时代的社会生活。越来越多的人希望在移动过程中高速接入互联网，获取急需信息，完成想做的事情[60]。迄今全球移动用户已超过 15 亿，互联网用户也已逾 7 亿。中国移动通信用户总数超过 3.6 亿，互联网用户总数则超过 1 亿[33]。到 2013 年，全世界手机上网用户超过使用电脑上网用户数量，达 17.8 亿[13]。所以，将移动通信和互联网二者融合可谓历史必然。移动通信和互联网已成为当今世界发展最快、市场潜力最大、前景最诱人的两大业务，增长速度让任何预测家都始料未及，两者融合构建移动互联网也成为新兴发展方向，促进与其相关产品、技术及平台的不断创新[18]。

①移动终端：可以在移动中使用的计算机设备，包括手机、笔记本、平板电脑甚至包括车载电脑。随着网络和技术朝着越来越宽带化方向发展，移动通信产业将走向真正的移动信息时代。另外，随着集成电路技术的飞速发展，移动终端已经拥有强大的处理能力，移动终端正在从简单的通话工具变为综合信息处理平台。

②移动互联技术：TD – LTE 即 TD – SCDMA 的长期演进（Long Term Evolution）。作为一种先进技术，LTE 需要系统在提高峰值数据速率、小区边缘速率、频谱利用率，并着眼于降低运营和建网成本方面的进一步改进，同时为使用户能够获得"Always Online"的体验，需要降低控制和用户平面的时延[21, 22]。

③移动互联标准：按前面论及的第四代移动通信及其技术 4G，是集 3G 与 WLAN 于一体并能够传输高质量视频图像以及图像传输质量与高清晰度电视不相上下的技术产品。从所述 4G 系统各特质，应能满足用户几乎所有对无线服务的要求[4]。

④移动互联应用：广电业、电信业及互联网的三网融合将为产业链上的厂商带来新的经济增长利好信息，推动技术进步。目前三网融合开始规模化推广；三网融合试点城市增至 54 座。在云计算协助下，营建集内容存放、版权保护、技术监测、安全播出调度指挥于一体的国家和地方互联互通、资源共享、业务整合、全国统一的广播影视平台，更好地满足用户个性化需求，提升数字化的民生福利，同时减少网络重复建设，降低基础设施电力消耗等资料浪费，形成"绿色"生态产业链[125]。三网融合造成的各个利益方、播控权可能出现争执而陷入僵局[142]，近期因接入技术益发成熟，智能手机成了三网融合的"和事佬"，智能电视大大拓展了三网融合新应用，促使电信企业抓紧了三网融合的新布阵[154]。云计算、物联网、大数据和移动互联技术的发展为三网融合进一步开辟了阳关道。

2012 年 6 月末，我国新增光纤用户 1800 万；移动电话用户超过 10.41 亿，其中 3G 电话用户达到 1.76 亿；用手机介入互联网的网民数达 3.88 亿，成为我国网民第一大上网终端，超过 3.80 亿台式计算机。4G 移动通信进入应用体验阶段，TD – LTE 进入规模试验第二阶段。目前，中国移动互联网的发展现状还表现为：无线宽带广泛构建。从 2010 年起，我国工信部就正式宣布开展 TD – LTE 试验网规模试验，在上海、北京等 7 个城市建设实验网。目前中国电信的 Wi – Fi 业务已有近 800 万户，同时在公众场所布置了 1 万多个网点。2012 年起，中国电信加速部署 Wi – Fi 基站，设备通过严格测试后，在全国 21 个省份启动了新一轮宽带无线网络招标。

（2）应用范围别开生面：伴随移动互联网产业持续稳定快速发展，应用项目覆盖面更日见机杼迭出。近几年来，除了传统的娱乐、游戏等手机应用外，移动社交网络（SNS）、多媒体视频应用、基于定位服务（LBS）的个性化搜索/信息应用以及移动电子商务等正在国家法制法规的行为规范内快速扩展得无边无际（图 8 – 19）。事实上，移动互联网应用远比 PC 互联网更加生机盎然[122, 139]。

（3）未来发展，风月无边：我国未来移动互联网风行电照地发展，必将迎来金碧辉煌、琳琅满目的灿烂局面。中国行业研究网预测到 2013 年，中国手机网民数或将首次超过一般网民数[141]。移动互联网一般应用项目如实时通信、定位服务、新闻浏览、微博微信、搜索引擎、电子阅读、电子邮件、地图导航、游戏娱乐、社交服务、手机银行等，总体取向是：

①实时通信（IM）和搜索引擎仍属主要应用范畴：与传统互联网模式相比，移动互联网同样需要高速即时通信和信息搜索[159]。

②定位服务（Location Based Services，LBS）将是未来主流趋势：未来针对位置服务将是移动互联网中占比较大的应用领域。固定和移动互联网最大的差别在于移动成为本地化和个人化，在定位服务和定位信息上有很大优

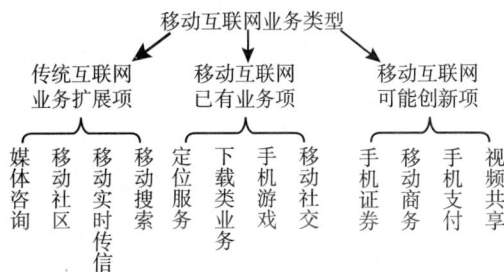

图 8 – 19　移动互联网业务项目类型发展

（据：曹军波．移动互联网的发展及竞争本质，艾瑞咨询集团，www.iresearch.com.cn，2009．本书引用时按近期发展做了部分调整）

势，厂商能将用户位置信息实行更多服务和整合。

③移动电子商务：当前，我国移动电子商务市场发展健康、快速和可靠性高，取得了绝大部分网民的信任。可以预料，用户规模和市场规模都将出现高速发展。2013年的光棍节（11月11日）各个大型电子商务网站的营业额腾云驾雾式火爆就是明证。传统电子商务服务商、电信运营商、新兴的移动电子商务提供商和软件商等移动电子商务主导者已经展开了在移动电子商务相关服务领域的布局，市场呈现万壑争流态势，热火朝天。移动电子商务行业结构也出现良性竞争和结构调整的利好形势，中国移动电子商务已经具备了实现新跨越的基础条件。由此引出的通过互联网进行移动市场营销，发展成另一新课题。

④手机世界：移动手机银行、手机支付、手机金融运作、手机证券操作、手机视频会议、手机谈判、手机谈婚论嫁、手机培训、手机"私塾"、手机……[153]未来的手机依托互联网纵横捭阖，走遍天下。上九天揽月，下五洋捉鳖，行将驾轻就熟，信手拈来！

⑤4G开天辟地：2013年12月4日，工信部发放4G牌照，中国的4G LTE进入高速发展期。中国移动决心在2014年建成全球最大的4G网络，实际上2014年末已建起50万以上基站[117]。学界预言的4G网络普及速度远超3G已成现实[119]！到2014年7月下旬，我国4G用户已达1397万户；光纤接入用户达5393万户[144]！上半年4G手机出货量达4034.9万部[152]！人们期待4G时代给消费者更好的体验[127]、期待一个真正惠民的4G时代[116]，避免遭遇"高技术低服务"的尴尬局面[119]！等，也都步调基本一致地在全国先进省区市落实[125]。至于4G技术对大数据革命的推动力究竟有多大，人们仍在拭目以待[151]！

2014年11月末，中国移动又推出4G车联网产品和服务，能简化4G多功能车机、车载路由诊断设备（OBD），集多功能于一体，成为行车安全、智能化行车的惠民一举[127]。

⑥向5G世界挺进：5G技术即第五代移动通信技术，关键点首推超级容量的带宽速度、高超能效和数据流量大幅提升。5G容量可达4G的1000倍，最高理论传输速度可达每秒数10GB，比目前的4G网络传输速度高数百倍，相当于一部超高画质的电影可在1秒钟内下载完毕。5G弥补了4G的不足处：采取全数字全IP技术，支持分组交换，将WLAN、Bluetooth等局域网技术与4G、3G技术融合[138]！商界估计约在2020年前后投入市场应用。业界认为5G将是全方位联接世界的有效终极平台，并将突破物联网大规模应用的关键瓶颈，例如时延较小（4G在60ms以上）、功耗减少（物联网要求电池寿命延长至10年）、带宽须收窄（须空口技术从LTE宽带的20MHz收窄至180kHz）和高灵敏度（高于LTE标准20dB）等。为了过渡，初步改进的4.5G模式可能到2016年提前面世[128, 138]。据悉韩国也计划到2020年实现5G商业化[158]。

8-6-2　宽带网络日升月恒　移动宽带渐行渐近

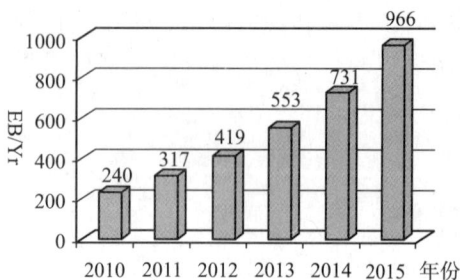

图8-20　全球互联网数据通信量增长趋势
（EB/Yr＝10^{18}字节/年）

（据：Cisco Visual Networking Index）

1. 宽带普及提速工程——最近几年，全球移动通信发展，特别是借助智能化手机进入移动互联网大显身手、风华正茂的年代，互联网上数据通信量的增长犹如雨后春笋，日日增进。图8-20顺势估测未来的增长热态，到2015年全球数据通信量闯过天文数字，规模浩渺无际。没有宽带的数据传输，时间赔不起啊！这是多年来发自业界的愁绪忧虑声音。国际电信联盟（ITU）做过一系列调查统计，将通过互联网传输数据的平均耗时归纳于表8-4。按此表，人们不难看出发展宽带技术的紧迫性。推而论之，节约了时间不但是为了创造财富，更重要的是从信息流程基础节约了碳排、强化了绿色、促进了智能、保证了可持续发展。

表8-4　　　　　　　　　采用不同连接速度下载网上数据的理论时间

下载	56Kpbs（拨号）	256Kbps	2Mbps	40Mbps	100Mbps
简单网页（160KB）	23秒	5秒	0.64秒	0.03秒	0.01秒
国际电联主页（750KB）	107秒	23秒	3秒	0.15秒	0.06秒

续表

下载	56Kpbs（拨号）	256Kbps	2Mbps	40Mbps	100Mbps
5MB 乐曲	12 分钟	3 分钟	20 秒	1 秒	0.4 秒
20MB 视频剪辑	48 分钟	10 分钟	1 分钟	4 秒	1.6 秒
CD/低质电影（700MB）	28 小时	6 小时	47 分钟	2 分钟	56 秒
DVD/高质电影（4GB）	1 周	1.5 天	4.5 小时	13 分钟	5 分钟

（据：ITU）

2012 年 5 月 9 日，我国国务院会议通过了《关于大力推进信息化发展和切实保障信息安全的若干意见》，明确指出我国将加速实施"宽带中国工程"，将在不久后给人民以最快的网速、最廉价的资费，以更融通的信息生活展现在中华大地[134]。前几年光纤宽带遭遇推广难的尴尬局面也将逐步冰消云散[137]；带宽资源面临的稀缺危机或能通过有效的新型信息手段加以缓解[131]。有关的科技举措已在国家宽带网络科技发展"十二五"专项规划中全盘揭示[145]。2013 年 10 月 17 日，国家工信部电信研究院主持在北京举行盛况空前、硕果累累的"2013 新一代宽带无线移动通信发展论坛"，意味着我国宽带移动正向纵深挺进！

2. 联合国宽带数字发展委员会——联合国教科文组织（UNESCO）与国际电信联盟（ITU）于 2010年共同设立联合国宽带数字发展委员会（UN Broadband Commission for Digital Development，UNBCDD），成员由各国政府、企业和国际机构以及与宽带网教育、娱乐等相关的高层人士组成。几年来该委员会为促进全球信息和数据通路畅通无阻、提高人类文明生活水平作了卓有成效的努力。

（1）2010 年 9 月，委员会向联合国秘书长写了一份报告，报告题目是：《2010 年领导人的当务之急：面向用宽带打造的未来》，包括一份高层宣言。宣言为"包容全人类的宽带"发出强烈呼吁。另外，宣言强调了"各国领导人和普通民众支持通过部署国家宽带计划铸造宽带的未来，并充分地意识到，制定技术、创新和私营部门投资等方面的政策对于 21 世纪促进全球发展议程和发展具有极其重要的推动作用"的必要性。委员会特别把促进宽带发展和普及的意义跟保证人权、医疗救助和推进联合国千年发展八大目标挂钩（包括消灭极端贫困和饥饿、普及初等教育、促进男女平等并赋予妇女权力、降低儿童死亡率、改善产妇保健、与艾滋病毒/艾滋病、疟疾和其他疾病作斗争、确保环境的可持续能力、全球合作促进发展）。报告中附上了部分发达国家已制定的宽带发展目标和计划普及的水平（见表 8–5）。

表 8–5　　　　　　　　　2010 年设定宽带具体目标的国家和计划覆盖的人口或家庭的百分比

2Mbps	50Mbps	100Mbps	1Gbps
英国 100% 法国 100% 欧盟指定目标 100%	德国 75% 家庭	澳大利亚 90%；新西兰 75%；丹麦 75%；芬兰 100% 家庭；葡萄牙 35% 家庭；韩国 100% 家庭	新加坡至 2010 年 90% 家庭

（据：ITU）

报告所提到的研究结果显示，投资宽带基础设施有望获得充盈回报。据欧盟委员会的一项分析估计，到 2015 年，宽带可为欧洲创造 200 多万个就业机会，GDP 至少将增加 6360 亿欧元。德国 2010 年初进行的一项研究：预测建设宽带网在下一个 10 年将创造约 100 万个就业机会；巴西一项研究揭示，宽带将就业率提高了 1.4%；国内研究认为，宽带普及率每提高 10%，对 GDP 增长的贡献将增加 2.5%。

据 ITU 估计，2010 年全球宽带用户总数可能已达到 9 亿，且移动宽带成为发展中世界接入技术的唯一选择，因为这些地方固定链路基础设施稀缺，部署成本高昂。

可支付能力与使用率有着紧密的相关性，因而在网络高度发达的西欧、亚太和北美国家，有 30% 的人是宽带用户，而金砖四国（巴西、俄罗斯、印度和中国）的普及率正在日夜兼程及早全面超过 10%，至于最不发达国家的宽带普及率甚至低于 1%。

世界上有 132 个国家为普遍接入和/或普遍服务下了定义，其中 2/3 以上在其定义中包括互联网移动接入。至少有 30 个国家对接入宽带做了明确的强制性规定，包括巴西、中国、马来西亚、西班牙和瑞士等。2009 年芬兰通过了一项法律，自 2010 年 7 月起，每个人都有权获得 1 Mbps 的互联网连接，这是世界首个宣布宽带为一项法定权利的国家。

（2）2011 年 10 月 25 日，ITU 向联合国提出截至 2015 年发展宽带网的 4 项政策性主张：

①普及宽带政策：委员会希望到 2015 年，所有国家都制定一套国家宽带计划或战略，或将宽带纳入其普遍可及和服务范畴。

②让所有人都用得起宽带：委员会认为，到 2015 年，发展中国家的民众应当能够负担得起入门级宽带服务——通过适当的调控和市场力量来实现。同时，每个国家都应该设置关键参数，例如，宽带的支出额应当低于其每月平均收入的 5%。

③让宽带进入千家万户：委员会表示，到 2015 年，40% 的发展中国家的家庭应能使用宽带上网。

④让人们用上互联网：该委员会指出，到 2015 年，全球的互联网用户普及率应该达到 60%。在发展中国家，50% 的居民应该能够通过宽带上网；而对于最不发达国家，这一数值为 15%。

（3）2012 年 9 月下旬，委员会又向联合国大会送上一份分析当时全球宽带发展状况的报告。报告题目是：《2012 年宽带现状：全面实现数字包容性》。报告围绕经济影响、宽带普及率、国家宽带政策以及人口和民宅的连接情况对 177 个经济体进行了国家排名，已有 119 个国家制定了宽带建设和实施计划。报告反映 2011 年末，移动宽带用户数已经是固定宽带用户数的 2 倍。主要采用中文上网的互联网用户数量将在 2015 年超过英文用户。报告概括了世界各地使用宽带借助移动保健、远程教育、移动学习以及移动支付等措施改善着人类各种生活方式与质量的提高和加强着创新的促进和技能的掌握。报告还认为：促进宽带在世界各地的部署显然需要加强跟进政策引导；特别指出为了在全世界范围加速宽带部署，目前价格和成本仍然偏高。2012 年下半年各国政府积极制定政策推动宽带技术发展的国家数和已制订国家宽带计划的国家所占全球国家的比例分别见图 8 - 21 和图 8 - 22。

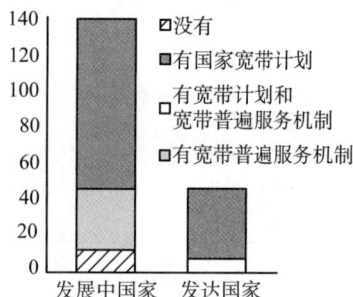

图 8 - 21　政府制定政策推动宽带
技术发展的国家数

（据：中国信息产业网，人民邮电报官方微博，
2012 - 10 - 10）

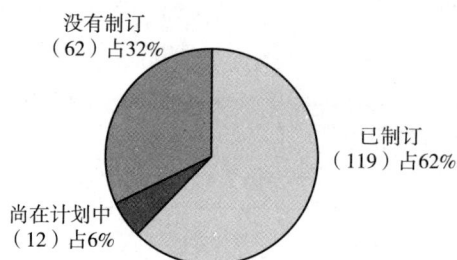

图 8 - 22　2012 年下半年已制订宽带
计划的国家数占全球 62%

（据：同图 8 - 21）

参考文献

[1] 工信部赛迪智库. 融合创新　科学发展——2012 年下半年我国信息化和信息安全走势分析与预测. 中国经济时报，2012 - 08 - 08，5 版.

[2] 于明. 力促我国电子信息制造业能耗拐点加速显现. 中国经济时报，2012 - 05 - 23，7 版.

[3] 卞晨光. 联合国发表报告称　发展信息和通信技术有益全球减排. 科技日报，2012 - 04 - 04；附·赵卓昀. 莫低估"信息"的力量——信息技术可大力推动节能减排，2008 - 07 - 09，均 2 版.

[4] 王静宇. ICT 产业走向换代发展期. 中国经济时报，2013 - 01 - 17，9 - 10 版.

[5] 王煦法. 浅谈信息技术和低碳经济，中国科学技术大学计算机科学技术学院，网传 ppt，2010 - 12 - 01.

[6] 长风联盟技术部. 发挥 ICT 价值与潜能　推动低碳经济发展繁荣，长风开放标准平台软件联盟，2010 - 04，ChangFeng Open Standards Platform Software Alliance.

[7] 卢朝霞. 绿色IT引领新经济发展, 东软集团, 网传ppt, 2009－12－04, www. neusoft. com.

[8] 鲁炜. 沟通中互信 合作中共赢——在第七届中美互联网论坛演讲. 新华网, 2014－12－03; 附－刘燕. 第五媒体仍处于初级阶段. 科技日报, 2010－12－22, 9版; 我国网民规模达六点六八亿, 2015－07－24, 3版。

[9] 华凌. 世界最大卫星互联网计划将启动 可使无网接入的数十亿人用上高速互联网和电话. 科技日报, 2015－01－20, 2版; 附－孙晓红. 信息技术给世博带来了什么? 2010－06－22, 4版.

[10] 宋莉, 于家豪. 诚信能环——立足节能环保打造智能信息化. 科技日报, 2011－07－21, 12版.

[11] 李山. 让能源搭上信息技术的快车 德国依托E－Energy技术创新促进计划建造智能能源网络. 科技日报, 2012－02－14, 2版.

[12] 卞晨光. 全球信息和通信技术发展指数排行榜公布. 科技日报, 2011－09－17, 2版.

[13] 吴陈, 杨京德. 全球信息通信技术持续快速普及. 科技日报, 2012－10－13, 2版.

[14] 何晓亮. 无码技术成为企业信息化新趋势. 科技日报, 2011－01－21, 3版.

[15] 罗朝淑. 未来信息化推崇绿色低碳. 科技日报, 2010－12－02, 10版.

[16] 姜晨怡. 这十年, 信息科技新第一. 科技日报, 2012－10－18, 5版.

[17] 顾钢. "E－能源时代"翩然而至——现代信息技术让能源使用更聪明. 科技日报, 2010－01－14, 2版.

[18] 戴建军. 中国数字内容产业发展的问题与建议. 中国经济时报, 2010－08－24, 12版.

[19] 卞晨光, 王小龙. 世卫组织首次承认手机辐射可致癌. 科技日报, 2011－06－02, 1版; 附－王小龙. 手机有害论又添新证据 研究人员称手机辐射或会破坏化学键, 2011－05－11, 2版; 王瑛. 手机病毒盯上二维码和微博, 2012－11－21, 4版; 邓中豪, 徐岳. 揭秘智能手机安全隐患, 2012－11－27, 7版; 左常睿. 你的手机到底藏了多少毒? 2010－12－22, 4版; 华凌. 手机影响男性生育能力, 2014－06－11, 2版; 田野. 手机致癌堪比香烟 直板机型辐射最大, 生命时报, 2010－03－30.

[20] 丰雷等. 两月内狂盗百万个QQ号. 南方都市报, 2006－12－15, A13版; 附－庄杨杰等. 伪造高速路IC卡逃避路费300万, 2006－08－30, A10版.

[21] 向阳. PC上网安全年度报告出台. 科技日报, 2015－01－21, 10版.

[22] 白阳, 史竞男. 信息安全需要警钟长鸣——专家解析网络安全审查制度. 科技日报, 2014－05－23, 8版; 附－付丽丽. 我国工业控制系统信息安全态势严峻, 2014－12－02, 1版; 李国敏. 2014年重大网络安全事件回顾; 可信计算为国家信息安全自主可控战略保驾护航, 2014－12－24, 11版.

[23] 刘霞. 网络战争的风险正与日俱增——决定网络战争的九大关键因素. 科技日报, 2009－10－18, 2版; 附－安吉. 2011年网络犯罪将继续攀升, 2010－12－22, 9版; 刘旭奕. 我们该怎么应对新的网络黑客? 2012－11－02, 4版; 佚名. 2012年网络犯罪呈六大趋势, 2012－05－23, 10版; 徐海静. 网络暴力的又一受害者, 2012－09－01, 2版; 贾婧. 向危害网络信息安全的行为"亮剑", 2012－12－28, 1版; 蒋秀娟: 如何应对新的网络威胁? 2013－04－19, 4版; 李颖, 李媛. MP3是音乐天使还是听力杀手? 2006－08－19, 4版.

[24] 安吉. 谁能给移动互联网安全感? 科技日报, 2014－10－29, 9版; 严峻经济形势带来信息安全挑战, 2009－02－18, 11版; 思科安全解决方案保障数据中心快速演进, 2012－09－19; 互联网安全工作面临新挑战, 2014－09－24, 均10版; 附－李炜. 安全挑战层层加码 怎能让人不惊心, 2014－07－02; 2014年十大信息安全技术, 2014－07－16, 均11版.

[25] 闵惜琳, 张启人. 社会经济绿色化低碳化信息化协调发展系统思考. 科技管理研究, 2013 (9), 23－35; 附－杜悦英. 面对污染质疑IT"大牌"回应迥异. 中国经济时报, 2010－06－24, 10版; 电子信息产业－亟待绿色升级, 2009－03－12, 12版; 佚名. "低碳"不一定"环保". 光明日报, 2010－12－06, 4版; 胡唯元, 张建军. 技术支撑体系: 构筑信息安全屏障. 科技日报, 2008－03－27, 6版.

[26] 李禾. 比比谁的电脑更节能. 科技日报, 2011－12－08; 附－于春. 计算机能否迈过能耗这道槛? 2007－08－10; 田原. PC是否正在走向消亡? 2011－07－05; 史诗. 计算机如何使用最节能? 2012－08－30, 均4版; 刘燕. "十一五"期间单位业务量耗电下降50% 中国移动节能减排成果显著, 2011－11－24, 3版.

[27] 申梦霞. 让"液态金属"给电脑"防暑降温". 科技日报, 2012－09－05, 11版; 附－常丽君. 寻找耗能最小计算机－磁微处理器将比硅芯片节能百万倍, 2011－07－09, 2版.

[28] 陈军君. 电子信息产业——调整升级是关键. 中国经济时报, 2009－08－25, 1～2版.

[29] 张辛欣, 王宇. 2014年, 互联网将给我们带来哪些惊喜? 科技日报, 2014－01－09, 8版; 附－陈杰. 中国互联网已赢得世界掌声, 2013－05－08, 9版; 李炜. 互联网"四大挑战", 2014－07－16, 11版; 张秀梅. 信息行业－亟待构建和谐产业环境, 2008－04－13, 8版.

[30] 沈昌祥. 网络空间安全战略思考与启示. 科技日报, 2014－10－08, 11版; 附－著智. 2015年需防范的网络攻击新趋势, 2014－12－24, 10版; 焦丽莎. 齐向东: 互联网安全亟须创新. 中国经济时报, 2014－10－07, 12版.

[31] 林莉君, 覃梦妮. 信息化能否助力中小企业转型升级. 科技日报, 2011－07－26, 5版.

[32] 国务院. 2006～2020国家信息化发展战略, 2006－03－19.

[33] 赵雪. 电磁辐射污染怎么防. 科技日报, 2002－10－28, 6版; 附－编辑部. 那些有关电磁辐射的说法是真是假, 2012－12－19, 7版.

[34] 科技日报国际部. 2013年世界科技发展回顾(信息技术). 科技日报, 2014－01－03; 附－张梦然, 陈丹. 2013年国际十大科技新闻解读, 2013－12－26; 王闯. "棱镜门"事件带来的启示, 2013－10－20; 刘霞. 为防止"棱镜门"事件重演 互联网工程任务组计

划建加密互联网，2013－11－20，均2版.

[35] 郭爽. 我们还差多远——中国IT企业打造国际品牌的思考. 科技日报，2013－01－12；中国面临下一代互联网发展机遇期，2013－02－25，均2版.

[36] 课题组. 探析2012年我国工业和信息化发展形势. 中国经济时报，2012－02－13，7版.

[37] 谢孟哲（Simon Zadek）等. ICT产业促进中国低碳经济发展，中国电子学会（CEESC）节能工作推进委员会（DESC），2011－03.

[38] 童有好. 信息化与工业化融合的内涵、层次和方向. 中国经济时报，2008－04－11，8版.

[39] 新华社记者. 敲键盘也得有底线——多国立法打击网络犯罪. 科技日报，2013－01－14，2版；附－胡红梅，谢俊. 网络犯罪的国际治理何去何从，2014－08－29，12版.

[40] 马爱平. 云服务——让国家现代农业科技城更智慧. 科技日报，2012－10－26，7版.

[41] 王鹏. 云计算——是技术还是模式？科技日报，2012－03－30，6版.

[42] 王健（编译）. 2012年云计算发展的六大趋势. 科技日报，2012－08－08，10版；附佚名. 2012年全球云计算领域的七大趋势分析，中国行业研究网www.chinairn.com，2012－01－04.

[43] 王怡. 美发现云辅助浏览器存在漏洞. 科技日报，2012－12－12，2版.

[44] 王健. 云计算的七大安全风险. 科技日报，2012－09－05，11版.

[45] 毛晶慧. 云计算布局加快 安全性待考. 中国经济时报，2010－05－27，6版；"浮云"不再，云计算落地，2011－01－04，T07版.

[46] 记者. "云幸福平台"——不断延伸的公共服务体系. 科技日报，2011－03－25，6版.

[47] 白雪曼. 2012有何值得期待的技术亮点？科技日报，2012－01－18，11版.

[48] 申明. 云计算，你准备好了吗？科技日报，2009－06－15；附：IBM建议将云计算纳入SOA路线图，2012－07－14；云计算带来电脑设计革命，2012－11－05，均4版.

[49] 田杰棠. 调整政策扶持方式 促进云计算产业健康发展. 科技日报，2013－01－21，1～3版.

[50] 安吉. 服务"星云计划"助云计算落地. 科技日报，2010－12－22，11版；附：国内首个"视频"云方案亮相广电展，2011－03－30，10版.

[51] 许飞. 云时代中小企业如何走出困境，科技日报，2011－09－14，11版.

[52] 刘燕. 得大型服务器得天下. 科技日报，2010－04－08，2版；加快构建"中国云"，2011－03－23；中国突破云计算产业核心技术，2011－06－01；"中国云"建设需要本土企业发挥主导作用；"中国云"迎来赶超机遇期，2012－12－19，均9版；浪潮集团布局云计算战略机遇期，2012－08－22，11版；助力社会管理创新 云计算惠及民生，2014－07－29，25版.

[53] 刘霞. 普适计算让你同享多台计算机 计算机技术第三次浪潮席卷而来. 科技日报，2010－12－28，2版.

[54] 华凌. 美用有机分子创建新型铁电性晶体材料 可大幅降低云计算和电子设备成本. 科技日报，2012－08－24，1版.

[55] 朱岩. 云计算的安全性能七宗"罪". 科技日报，2013－02－06，11版；附－安吉. 城市云计算中心需更注重信息安全，2013－09－11，9版.

[56] 过国忠. 无锡开发出国内首套科技创新云服务平台. 科技日报，2011－07－11，6版.

[57] 宋建良. 云计算商务应用打破僵局. 科技日报，2011－07－20，10版.

[58] 宋俊德. 关于云计算的几点思考，中国通信标准化协会，2012－05－17.

[59] 李山. 云计算起步 3D推进 平板争雄 从CeBIT 2011看信息技术发展走向. 科技日报，2011－03－04，2版.

[60] 李宓. 苹果推出云计算服务iCloud. 科技日报，2011－06－08，2版.

[61] 李大庆. 云计算彰显绿色节能特点－中科院"教育信息化项目"通过验收. 科技日报，2011－05－11，3版；附－云计算－织成一张"网"形成一片"云"，2011－09－16，3版；专家分析我国云计算现状 吆喝的多，做应用的少，2013－01－17，1～3版.

[62] 李国敏. 中国广度 联接无限可能 智享极速生活. 科技日报，2013－03－09，9版；附－超级计算云平台 落地要靠云应用，2013－05－22，11版.

[63] 吴韶鸿. 看看美国的"云优先". 科技日报，2013－02－22，6版.

[64] 肖亮. 我国云计算亟待拓展应用广度与深度. 科技日报，2013－04－17，11版.

[65] 何晓亮. 教育信息化"云"影渐现. 科技日报，2012－06－20，11版；附：微博微信又"微网"——首款云计算自主收藏分享搜索网站上线记，2012－10－01，1～3版.

[66] 陈杰. 价值助力"云"落地；别让云计算太过概念化. 科技日报，2012－03－30，11版.

[67] 陈灏. 云计算将像水和电一样影响百姓生活，科技日报，2011－05－27，4版.

[68] 陈国青. 云计算建立绿色经济，搜狐IT，2011－11－29，网传：http://it.sohu.com/20110108/n278750549.shtml.

[69] 张帆. 中国云计算产业布局——小心重复建设. 中国经济时报，2011－06－23，6版.

[70] 张亚勤. 发展云产业要跨越四道坎. 科技日报，2012－03－05，9版；微软的中国云图，2012－11－14，11版.

[71] 张佳星. 大建数据中心还是创新商业模式 云产业到底该如何发展？科技日报，2013－06－17；附－存在"云端"的数据牢靠吗？2013－05－03，均1～3版.

[72] 张巍巍. 一不小心"被暗网"云服务将给"洋葱暗网"带来什么？科技日报，2011－12－22，2版.

[73] 范力．中国云计算安全值得关注．科技日报，2010－05－19，9 版；掌握信息安全技术打拼 E 时代，2012－09－05，11 版．

[74] 林莉君．紫光股份率先推出全球首台"云计算机"．科技日报，2013－12－11，5 版；附－范文．云时代企业信息化建设的关键点．科技日报，2012－03－30，11 版．

[75] 国家科技部．中国云科技发展"十二五"专项规划，2012－09－03．

[76] 郭丰，吴韶鸿．云计算应用与产业的发展现状与特点．泰尔网，2012－12－18．

[77] 晓祁．虚拟化是云计算的基础．科技日报，2012－06－23，4 版．

[78] 徐伟．云计算：亟须防范产业发展风险．中国经济时报，2013－09－26，1～5 版；附－徐伟，赵杨子．我国云计算的现状、问题与对策，2011－08－05，5 版．

[79] 福雯．云计算法律法规不健全制约云计算发展．科技日报，2012－09－12，10 版；附－晏燕．"云计算"的疑云——一边捆着草一边饿死牛，2012－08－23，1 版．

[80] 谢方．云计算带来信息安全隐患《中国云计算安全政策与法律蓝皮书（2012）》发布．中国社会科学报，2012－10－17，A02 版．

[81] 蒋秀娟．在 2011 版《中国云计算产业发展白皮书》发布会上，有关专家指出——云计算的灵魂在于服务．科技日报，2011－07－04，3 版；附－云计算能否缓解节前网络繁忙？2012－09－29，4 版．

[82] 编者．云计算白皮书（2012），工业和信息化部电信研究院，2012－04；中国云计算产业发展白皮书，赛迪顾问公司（CCIC），2011－07．

[83] 薛娟．新一代信息技术：由概念走向商用．中国经济时报，2011－03－07；推出 TV 版乐视网部署云视频战略，2011－05－19，均 7 版．

[84] 编辑部．聚焦云计算，中国经济时报，2013－09－26，5 版；附－编辑部．中国云计算市场规模年均复合增长率达 91.5%．科技日报，2012－03－05，9 版；新华社．亚马逊率先推出音乐云存储服务，2011－03－31，2 版；蔡小斌．虚拟实验发展趋势．中国经济新闻网，2011－05－19．

[85] 方锦清．大数据浪潮冲击下网络科学与工程面临的挑战与机遇．自然杂志，2013（5），345－354；附－吴佳珅．大数据时代，我们的信息怎么保护？科技日报，2013－06－14，6 版．

[86] 左登基．大数据——一场改变未来的信息革命．科技日报，2013－01－04；附－申明．大数据进入实践阶段，2013－05－29，均 4 版；刘晓莹．大数据时代下的新科研，2014－11－06，5 版；冯卫东．用大数据解释 DNA 获重大突破，2014－12－20，1 版。

[87] 田杰棠．冷静面对"大数据"热．科技日报，2013－07－29；附－吴颖．大数据：天使，还是魔鬼？2014－03－12，均 1～3 版；甘沙．大数据不是"灵丹妙药"，2013－11－13，11 版；刘垠．仿真遭遇大数据是挑战还是机遇，2013－09－25，7 版；赵琪．大数据只提供一种解决问题的方法，学者认为不宜过度渲染大数据的积极作用，中国社会科学报，2013－12－13，A03 版．

[88] 李禾．专家建议从国家层面推动大数据战略．科技日报，2014－06－27，1 版；附－高博．大数据：未卜先知的神器　关于大数据的观察与思考（上），2013－11－20；大数据．热潮中切忌一哄而上（下），2013－11－26，均 1～3 版．

[89] 李大庆．我"对地观测大数据应对全球变化"获联合国奖项．科技日报，2014－09－04，1 版；附－张佳星．"大数据"距离"大价值"有多远，2014－01－08，8 版；李禾．大数据下的"精准"生活，2014－06－13，5 版．

[90] 杨雪．大数据时代，拿什么保护个人隐私．科技日报，2014－06－29，2 版；附－李国敏．大数据时代信息安全面临六大挑战，2014－09－29；陈俊，徐海波．互联网迎来"大数据"时代，2012－11－04，均 1 版；郝亚琳等．大数据时代的"信息安全"，2014－03－17，6 版；张文涛，酒己．大数据时代，阿里研究中心 Ali Research，2012－03－13；焦丽莎．2014 中国互联网安全大会：聚焦大数据安全．中国经济时报，2014－10－07，12 版．

[91] 陈一帆（编译）．谷歌将大数据引入环保．世界科学，2014（7），27－28；附－韩义雷．大潮交响曲：建设全球大数据创新中心．科技日报，2014－03－08，7 版；史波波（编译）．大数据：抓住机遇　保存价值，2014－07－19，2 版．

[92] 李克强主持召开国务院常务会议通过《关于促进大数据发展的行动纲要》．科技日报，2015－08－20，1～8 版；附－赵海娟．据金大数据　亟待国家战略支持．中国经济时报，2013－01－22，2 版；姜浩端．数据驱动决策的挑战，2013－07－01；赵姗．大数据时代来临，中国准备好了吗？2013－07－01，均 11 版；谢光飞，李静．抓住大数据发展的关键问题，2014－12－03，1～8 版．

[93] 胡昭阳（编译）．奥巴马政府推动"大数据"研发．世界科学，2013（2），15－16；数据库－波士顿大数据计划，2013（2）16－17；附－胡冬雪（编译）．"大数据"建构全球中枢神经系统，2013（2），21－22；蔡立英（编译）．"大数据"改变我们的生活，2013（2），18－20；刘石磊．英国"尝鲜"大数据时代．科技日报，2013－05－21，2 版；邵宇琦（编译）．最大化大数据潜力，2014－10－08，11 版．

[94] 姜念云，滕继濮．用大数据技术促文化资源管理．科技日报，2013－10－11，6 版；附－范春萍．大数据时代谁是赢家，2014－01－10，8 版；李国敏．大数据助平安城市智慧转型，2013－11－06，11 版．

[95] 涂恬．"数据科学家"正在成为最热门职业．科技日报，2014－06－13，5 版；附－王安，吴红月．依靠大数据平台　打造科研采购新模式，2013－11－28，9 版；吴红月．生物大数据：中国能否与世界同步？2014－02－26，1～3 版；闫傲霜．大数据时代的创新资源共享——从开放政府科技数据资源开始，2014－04－13，1～3 版．

[96] 姜晨怡，胡善庆．沉睡的"科学大数据"如何唤醒．科技日报，2014－06－13，7 版；附－冯伟．大数据时代信息安全面临的挑战与机遇，2013－06－24，1～3 版．

[97] 唐婷．"大数据"会变成另一朵"云"吗？科技日报，2013－01－13，1～3 版；大数据时代，能做成哪些"大事情"；你的一举

一动或被"监视", 2013－01－13, 1 版; 附－王怡. 爆炸信息该怎样安全使用——与大数据有关的那些事儿 (上), 2013－07－19; 姜晨怡. 怎样搭上大数据这班快车——与大数据有关的那些事儿 (下), 2013－07－26, 均 7 版.

[98] 郭玉卿. 我国大数据产业链雏形已经初显. 科技日报, 2013－04－17, 4 版; 附－胡兆珀, 郝艳. 携手共建中国大数据良好生态环境, 2014－12－11, 3 版; 何瑞琪等. 大数据时代, 政府咋用数据? 广州日报, 2014－06－17, A4 版.

[99] 党倩娜, 曹可. 由"概念"到"价值"的华丽转身. 科技日报, 2014－08－10, 2 版.

[100] 曹磊, 陈薇娜. 科学理性拨开大数据的神秘外衣. 科技日报, 2014－08－10, 2 版.

[101] 刘霞. 2025 年物联网带来的机遇与挑战. 科技日报, 2014－05－24, 2 版; 新通讯系统让无电池的设备也能联网 将加速物联网时代的到来, 2014－08－06, 1 版; 附－齐宏彪, 王春. 智能汽车、智能行李、智能交通、智能冰箱……注意, 物联网来了, 2011－04－25, 6 版; 华凌. 物联网: 谁将瓜分到最大一块蛋糕, 2014－06－23, 1～3 版; 申明. 物联网提高我国环保监测水平, 2011－12－20, 4 版; 李禾. 物联网提速 传感器难跨"一步之遥", 2014－12－25, 6 版.

[102] 李广乾. 中国物联网发展战略的误区和困境. 中国经济时报, 2010－08－09, 5 版; 附－王继祥. 物联网技术在物流业应用现状与发展前景. 华夏物联网, 2010－10; 附－李山. 从 CeBIT 看无线物联网发展. 科技日报, 2014－03－19, 2 版; 李炜. 我国鼓励民间资本投向物联网2015 年初步形成物联网产业体系, 2013－02－20, 11 版.

[103] 胡亮. 物联网技术革命给中国带来历史机遇. 中国经济时报, 2014－10－24, 2 版; 附－李国敏. 物联网给你一个"智慧"的地球, 科技日报, 2011－04－13, 11 版; 刘海涛: 物联网的核心究竟是什么? 从智能化到社会化、互联网＋到物联网 X、大数据到大事件, 2015－08－26, 1～8 版。

[104] 陈瑜. RFID 为何好用却推广难? 科技日报, 2010－06－14, 4 版; 我国物联网产业体系已形成市场规模, 2013－06－11, 3 版; 附－过国忠. 我国物联网基础标准研究国际领先, 2014－09－27, 1 版; 我国物联网产业稳步推进, 2014－10－10, 3 版; 过国忠, 孙文荆. 中国有了物联网国际最高话语权, 2014－09－05, 1 版.

[105] 张梦然. 由电子标签构筑的全新社会网络即将出现. 科技日报, 2008－02－21, 12 版.

[106] 林东. 物联生活, 即将走近你我. 科技日报, 2010－11－29, 12 版; 附－吴红月. 健康物联网期待产业模式化, 2013－06－13, 9 版.

[107] 国务院办公厅. 国务院关于推进物联网有序健康发展的指导意见. 国务院官网, 2013－02－05; 附－工信部. 物联网"十二五"发展规划, 2012－02－14; 国家发改委, 工信部, 科技部等. 物联网发展专项行动计划 (2013～2015), 2013－09－17.

[108] 郭爽. 物联网究竟有什么了不起. 科技日报, 2015－01－09, 2 版; 附－章菁等. "物联网"热——机会还是泡沫? 2010－05－18, 4 版.

[109] 黄卫东. "链"接物联网 建设"感知中国". 中国社会科学报, 2012－12－10, A08 版.

[110] 黄岚等. 物联网的"智慧". 科技日报, 2011－08－17, 11 版.

[111] 韩义雷. 学会自己走路 不要长期躺在摇篮里. 科技日报, 2010－12－20, 8 版.

[112] 孙彬. 《2013～2014 年中国物联网发展年度报告》发布. 新华网, 2014－09－26; 附－管晶晶. 物联网发展往何处去? 科技日报, 2010－05－24, 4 版.

[113] 亚新. 2014 年 4G 关键词: 中国市场、融合共赢. 科技日报, 2013－12－25, 10 版.

[114] 工信部电信研究院. 移动互联网白皮书 (2013 年), 2013－02; 开启 4G 元年, 2013 新一代宽带无线移动通信发展论坛, 北京, 2013－10－17.

[115] 王喜文 (编译). 日本出台《日本再生战略》培育 70 万亿日元电子信息产业新市场. 科技日报, 2012－08－08, 11 版.

[116] 杨雪. 期待一个真正惠民的 4G 时代. 科技日报, 2013－12－29, 2 版.

[117] 伦莹莹. 中国移动将建成全球最大 4G 网络 明年年底将超 50 万基站, 引领 4G 移动网络新时代. 广州日报, 2013－12－20, 1 版.

[118] 田学科. 移动——新技术革命大潮将至. 科技日报, 2012－10－17, 2 版.

[119] 田珊珊. 4G——一场没有终点的速度竞赛. 科技日报, 2013－01－01, 4 版; 附－王存福, 赵叶苹. 4G: 如何避免"高技术低服务", 2014－04－11, 3 版; 王晓松. 4G 的"变数"与"战术", 2014－01－10, 8 版; 卢苏燕, 周喆. 我国 4G 网络普及速度将远超 3G, 2014－02－28, 4 版.

[120] 安吉. 我国移动互联网全球竞赛占先机. 科技日报, 2012－10－24, 9 版.

[121] 安吉. 以 4G 技术为核心助推信息化建设. 科技日报, 2013－05－22; 附－京博. 4G 将成国产智能手机"提速引擎", 2014－04－30, 均 10 版.

[122] 刘燕. TD－SCDMA 建立中国科技自信. 科技日报, 2013－02－06; 附－安吉: TD－SCDMA 自主创新的国家力量样本, 2009－03－04, 均 9 版.

[123] 刘燕. 宽带移动通信——从"突破技术"到"开辟市场". 科技日报, 2011－03－05, 9 版.

[124] 刘燕. 打造三网融合绿色生态链. 科技日报, 2011－03－23; 中国移动与大唐签署战略合作协议 协力推进中国标准国际化, 2011－09－14, 均 9 版.

[125] 博闻. 4G 走向融合与多模. 科技日报, 2014－12－17, 10 版.

[126] 刘燕. 中国迈入"4G 新时代". 科技日报, 2013－12－05, 3 版; 4G 时代, 谁能给消费者更好体验, 2013－12－10, 1～3 版.

［127］刘燕. 中国移动推出 4G 车联网产品及服务. 科技日报, 2014 - 11 - 26, 9 版.

［128］刘燕. TD - LTE 国际化全面加速. 科技日报, 2011 - 02 - 16; 5G 将突破物联网大规模应用关键瓶颈, 2014 - 11 - 22, 均 3 版; 4.5G 预计于 2016 年商用部署, 2014 - 11 - 19; 5G 是全联接世界的终极平台, 2014 - 12 - 03; 附 - 飞象. TD - LTE 迎来新利好, 2012 - 09 - 12, 均 9 版.

［129］刘燕. 自主创新成果落地 TD - LTE 全球部署加速. 科技日报, 2012 - 07 - 06, 3 版; TD - LTE 错失全球拓展时间窗担忧消弭, 2012 - 10 - 17, 10 版; TD - LTE 发力专网市场, 2013 - 04 - 10, 9 版.

［130］刘霞. 技术与服务并驾齐驱　国外 3G 发展的现状与经验. 科技日报, 2009 - 01 - 11, 2 版.

［131］刘霞. 抢淘带宽新"黑金"——信息时代将使带宽资源面临稀缺危机. 科技日报, 2010 - 05 - 21, 2 版.

［132］刘霞. 数据中心也玩排列组合　模块化数据中心 5 年内或成主流. 科技日报, 2011 - 10 - 12, 2 版.

［133］刘秀荣. 数字经济一马当先　欧盟大力发展数字化技术推动经济发展. 科技日报, 2010 - 12 - 23, 2 版.

［134］刘菊花. "宽带中国"将给百姓带来什么? 网速更快　资费更低　信息更融通. 科技日报, 2012 - 05 - 12, 1 ~ 3 版.

［135］华凌. 软件技术可让闪存替代随机存储器　有助数据中心大幅降耗. 科技日报, 2012 - 07 - 23, 2 版.

［136］束文. 我国信息化进程走到哪了. 科技日报, 2010 - 09 - 02, 10 版.

［137］苏日娜. 光纤宽带为何遭遇推广难? 科技日报, 2010 - 06 - 29, 4 版.

［138］刘霞. 5G, 拿什么技术打造你. 科技日报, 2013 - 12 - 13, 3 版; 附 - 孙慧姝. 5G 世界, 有啥不一样? 2014 - 10 - 10, 7 版.

［139］李国敏. 移动互联势不可挡. 科技日报, 2012 - 09 - 19, 11 版.

［140］杨天剑等. 低碳通信方案在中国: 减排贡献及减排潜力——基于对中国移动低碳实践的分析, 世界自然基金 (WWF), 2010, http: //www. wwfchina. org/aboutwwf/whatwedo/climate/publication. shtm.

［141］佚名. 移动互联改变世界. 中国经济时报, 2011 - 01 - 04, T07 版; 2012 年中国移动互联网发展现状及未来趋势分析. 中国行业研究网, http: //www. chinairn. com, 2012 - 11 - 07.

［142］佚名. 三网融合为何举步维艰. 科技文摘报, 2011 - 04 - 14, 1 版.

［143］张佳星. 4G 百兆网将给生活带来什么? 科技日报, 2011 - 12 - 28, 4 版.

［144］林雨. 移动智能终端产业如何直面 4G 时代. 科技日报, 2013 - 09 - 02, 1 ~ 3 版; 附 - 高博. 我国 4G 用户已近 1400 万, 2014 - 07 - 26, 1 版.

［145］国家科技部. 国家宽带网络科技发展"十二五"专项规划, 2012 - 09 - 03; 附: 联合国宽带数字发展委员会: 全球宽带报告, 2012 - 10 - 10; 面向用宽带打造的未来, 2010 - 09.

［146］胡唯元. 世博 TD - LTE 演示网能否开创 4G 时代? 科技日报, 2010 - 06 - 21, 4 版; 4G 通信是否会"起大早　赶晚集", 2013 - 02 - 05, 5 版.

［147］姜岩. 信息技术及产业未到"顶峰". 科技日报, 2010 - 05 - 30, 2 版.

［148］姜岩. 世界移动通信呈现三大亮点. 科技日报, 2011 - 06 - 14, 8 版.

［149］姜晨怡. 发展基于网络、惠及大众的信息技术. 科技日报, 2012 - 10 - 18, 5 版.

［150］赵为民. 十项互联网新技术——影响未来十年. 科技日报, 2011 - 12 - 02, 6 版.

［151］段树军. 数据中心建设——防止泡沫　资源优先. 中国经济时报, 2013 - 01 - 22, 2 版; 附 - 薛娟. 4G 的竞争已从标准之争转向产业之争　大唐电信 - 中国 4G 整装待发, 2011 - 03 - 07, 7 版; 焦丽莎. 4G 技术引发大数据革命, 2013 - 12 - 19, 11 版.

［152］唐婷. 通信产业——从设备到标准逐步突破. 科技日报, 2010 - 12 - 10, 1 版.

［153］郭静. 4G 时代, 我的手机很强大. 科技日报, 2013 - 09 - 20, 4 版.

［154］徐鑫. 三网融合呈现新趋势　电信企业加紧新一轮布局. 中国经济时报, 2013 - 03 - 21, 4 版.

［155］黄堃. 英国首个 4G 网络投入运营. 科技日报, 2012 - 11 - 01, 2 版.

［156］雅岩. 天时地利人和: 4G LTE "发展机遇期"到来. 科技日报, 2013 - 12 - 11, 10 版.

［157］雅文. 全球用户超 1 亿 LTE 渐行渐近. 科技日报, 2013 - 08 - 07, 10 版.

［158］薛严. 韩计划 2020 年实现 5G 商业化. 科技日报, 2014 - 01 - 23, 2 版.

［159］操秀英, 杨朝晖. 如何从移动互联网中"搜索"未来. 科技日报, 2013 - 04 - 09, 5 版.

第9章

江山锦绣城乡旺

9-1 城市化浪潮汹涌 城镇化全面提速

9-1-1 世界人口任其自流 城市人口与日俱增

1. 世界人口规模信马由缰——据 UNDP 发表的《人类发展报告 2013》(《HDR2013》) 预测,世界总人口将从 2012 年的 70.52 亿增加到 2030 年的 83.21 亿;美国人口普查局预测 2020 年世界人口将达 76 亿,到 2030 年 83 亿,2050 年 94 亿。近期 2010～2015 年全球人口年均增长率达 1.2%,每年新增人口约 7500 万;许多人口大国如印度、巴西等均放任自流,任达不拘,像中国这样实行严格的计划生育以控制人口超速增长情至意尽、造福子孙的基本国策,几乎在发展中国家绝无仅有。于是,未来全球人口规模也许类似脱缰之马,若 2050 年掠过 94 亿,本世纪末也许逼近 120 亿大关(图 9-1 和表 9-1)。

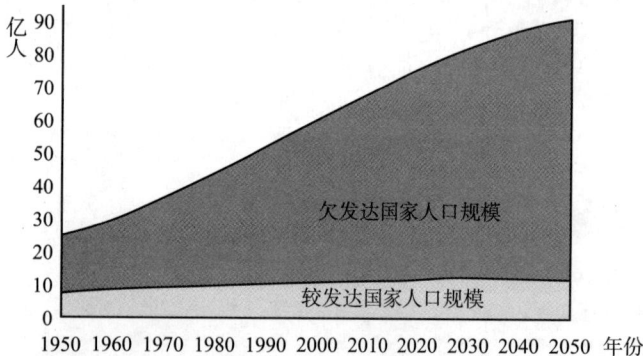

图 9-1 世界人口、欠发达国家未来人口失控态势

(据:联合国人口署:世界人口预测,2006 年修订本)

表 9-1　　　　　　　　　　各国/世界人口规模和城市化率

HDI	国名	总人口（百万）		年均增长%	城市人口占总人口%	
		2012	2030	2010/2015	2000	2012
3	美国	315.8	361.7	0.9	79.1	82.6
5	德国	82.0	79.5	-0.2	73.1	74.1
10	日本	126.4	120.2	-0.1	78.6	91.9
12	韩国	48.6	50.3	0.4	79.6	83.5
20	法国	63.5	68.5	0.5	76.9	86.4
26	英国	62.8	69.3	0.6	78.7	79.7
55	俄罗斯	142.7	136.4	-0.1	73.4	74.0
85	巴西	198.4	220.5	0.8	81.2	84.9
101	中国	1353.6	1393.1	0.4	35.9	51.9
136	印度	1258.4	1523.5	1.3	27.7	31.6
	世界	7052.1	8321.3	1.2	46.7	52.6

注:据我国国家统计局:中国 2013 年末总人口为 13.61 亿;城镇人口 7.31 亿,占比 53.73%。2012 年世界城市人口已达 37.09 亿。
HDI——人类发展指数,由预期寿命、受教育年限和人均收入等综合。
有关城市化速度度量的理论研究,有专家做过精准分析[144]。
(据 UNDP:HDR2013)

2. 世界城市化发展所向无前——从表 9 - 1 已大致了解有关各国城市化规模。据 UNDP 预测, 全球城市人口将由 2012 年的 37.09 亿飙升至 2030 年的 54.09 亿。世界银行在《全球城市扩展动态》中预测: 2030 年发展中国家城市人口将达 40 亿, 发达国家城市人口也将增加 20%。联合国预测, 2050 年全球发达国家城市化率将达 86%、中国也将达 72.9%。

一些发达国家的城市化率均在 70% 以上。2012 年美国城市人口已有 2.61 亿, 到 2025 年将达 3.08 亿[3,9]; 日本领土狭小, 城市化率超过 90%（见图 9 - 2）。放眼世界, 由于发展中国家主要集中在亚非拉地区, 因而这三个洲的近年城市化进程明显提速, 如图 9 - 3 所示。例如, 图中到 2015 年亚洲发展中国家的 100 万 ~ 500 万人口的城市将可能接近 250 座, 2000 年则仅 160 座。据国外学者测算, 城镇化率年均增 1% 需增民居 3 亿 ~ 4 亿 m^2、建设用地 $1800km^2$、生活用水 14 亿 m^3。可见亚洲平民的生活需求在同时间内也将大幅上升[9]。

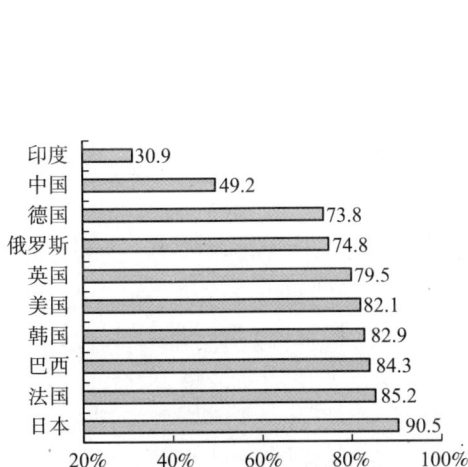

图 9 - 2　部分国家城市化率（2010 年）

注: 2010 年城市化率: 全球平均 50.9%; 发达国家 77.5%; 发展中国家 46.0%; 我国台湾 78.0%。

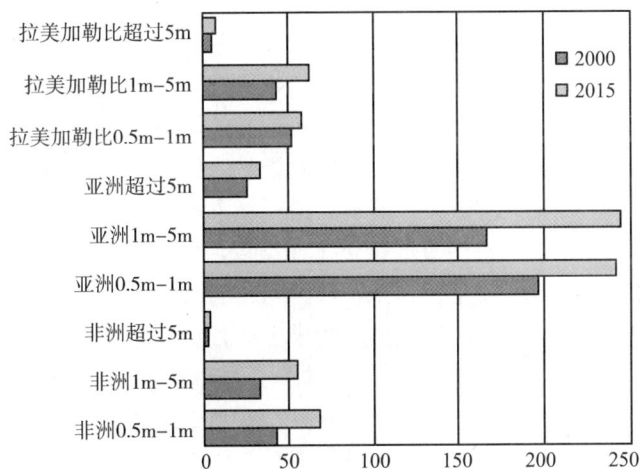

图 9 - 3　亚非拉城市人口速增: 大中城市
人口的城市数（m = 百万）

（据: The Economist, 2007 - 05 - 05, 引自 UN - Habitat, 本书改绘）

9 - 1 - 2　我国城市化/城镇化发展

1. 城市化与城镇化概念——城市化的标志表现为人口从农村朝向城市集聚, 城市化程度的深浅体现一个国家经济、社会、文化、科技水平的强弱, 体现产业、教育、医卫、交通、建筑、商业和消费随着人口和人才大规模集中, 一般形成一定等级的政治中心、新闻中心、文化娱乐中心、物流中心、高等教育中心、科技研发中心和相对云涌相应的物联网、移动互联网、数据中心等。因此, 城市化的进一步发展是城市群汇聚、大中企业集簇、特色专业汇流和各种金融、保险机构助兴。城镇化意味着植根农村、农工联袂、城乡一体、人口渐次增进、土地逐日拓广, 小微企业集中, 产品服务简化, 远景发展也有可能成为高投入、高产出、人口规模达到一定水平的城市[9]。参照我国"九五"计划及随后的历次宏观规划纲要（表 9 - 2）, 不难了解二者在规划中的区别地位。但文献中对城市化和城镇化的深层次理念并无严格划分, 因而本书在一般讨论中亦不拘绳墨, 除非特别指明。

表 9 - 2　　　　　　　　　　　"九五"以来我国国家经社规划中关于城镇化的战略愿景

"九五"计划	有序地发展一批小城镇, 引导少数基础较好的小城镇发展成为小城市
"十五"计划纲要	有重点地发展小城镇, 积极发展中小城市, 完善区域性中心城市功能, 发挥大城市的辐射带动作用, 引导城镇密集区有序发展
"十一五"规划纲要	坚持大中小城市和小城镇协调发展, 提高城镇综合承载能力, 鼓励农村人口进入中小城市和小城镇定居, 把城市群作为推进城市化的主体形态
"十二五"规划纲要	以大城市为依托, 以中小城市为重点, 逐步形成辐射作用大的城市群, 稳步推进农业转移人口转为城镇居民, 增强城镇综合承载能力

2. 我国人口增长慢于预测——20 世纪 80 年代初，我国著名人口学家曾通过系统科学方法预测 21 世纪 30 年代我国人口将达到 16 亿最高峰，然后再在计划生育保证下缓慢回落。据我国近期人口普查结果看，16 亿显然高估了最终规模，也许因为各种政策措施得力，即使放开单独二胎也难以跃上最高预测值。人口保持相对稳定，能在保证人均收入持续增长的同时，减轻就业岗位压力以及教育、住房、食物压力，实在是皆大欢喜的利好氛围。

截至 2013 年底，我国城镇化率已达 53.73%，城镇人口约 7.31 亿。据麦肯锡全球研究所预测，到 2025 年中国城镇化率将达 66%，若届时的全国总人口有 14.2 亿，则城市人口就有 9.37 亿，这也意味着接下来的 12 年城镇将迎来 2.06 亿新增人口。有专家估测到 2030 年我国城市人口将达 10 亿[10]，与前一预测数不相上下。据统计，目前全国流动人口已达 2.36 亿，势将有很大部分通过城镇化转为城镇居民。

3. 我国城镇化快马加鞭——

（1）我国城镇化持续发展：中国正在从一个传统农业大国，转变为城镇化水平与世界平均水平等量齐观的城镇型国家。中央《关于全面深化改革若干重大问题的决定》中第六部分明确指出："坚持走中国特色新型城镇化道路，推进以人为核心的城镇化，推动大中小城市和小城镇协调发展、产业和城镇融合发展，促进城镇化和新农村建设协调推进。优化城市空间结构和管理格局，增强城市综合承载能力。"[1] 城镇化发展包括观念、意义、模式、路径、重点、城乡关系、土地体制和对应社会建设等关键问题的革新，在 2013 年 12 月 13 日中央城镇化工作会议后愈益明晰了。会议指出："城镇化是现代化的必由之路。我国推进城镇化是解决农业、农村、农民问题的重要途径，是推动区域协调发展的有力支撑，是扩大内需和促进产业升级的重要抓手，对全面建成小康社会、加快推进社会主义现代化具有重大现实意义和深远历史意义。"这"在人类发展史上没有先例。城镇化目标正确、方向对头，走出一条新路，将有利于释放内需的巨大潜力，有利于提高劳动生产率，有利于破解城乡二元结构，有利于促进社会公平和共同富裕，而且世界经济和生态环境也将从中受益。"[26] 美国经济学家、2001 年诺贝尔经济学奖获得者约瑟夫·尤金·斯蒂格利茨（Joseph Eugene Stiglitz）曾在访华报告中预言："中国的城市化与美国的高科技发展将是影响 21 世纪人类社会发展进程的两件大事。中国的城市化将是区域经济增长的火车头，将会产生最重要的经济效益。同时，城市化也将是中国在新世纪面临的第一大挑战。"中国作为现阶段人口数超 13.61 亿的大国，21 世纪以来的城镇化呈现持续高速发展势头，年均增长率史无前例（图 9 - 4）。

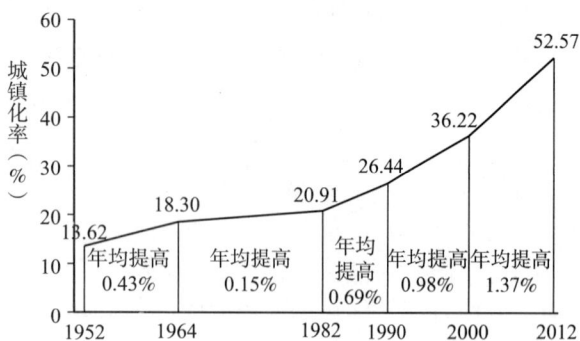

图 9 - 4 21 世纪以来，我国城镇化步伐犹鲲鹏展翅

据预测，到 2030 年前，我国仍将有 2 亿多农村人口需要转移到城镇就业和居住。我国城镇化发展已进入中期阶段，须及时提升城镇化质量。在 GDP 年均增长 7.5% 的前提下，我国城镇化率年均增长约 0.7%；2020～2030 年间我国 GDP 若年均增长 6%～7%，则城镇化率将年均增长 0.5%。

2014 年 3 月 16 日，国务院根据中国共产党第十八次全国代表大会报告、《中共中央关于全面深化改革若干重大问题的决定》[1]、中央城镇化工作会议精神[26]、《中华人民共和国国民经济和社会发展第十二个五年规划纲要》和《全国主体功能区规划》编制发布了《国家新型城镇化规划（2014～2020 年）》[40]（下文简作《城镇化规划》）。其中用直方图描述了我国近年因经济突飞猛进而必然引发社会成员大转移的态势（图 9 - 5）[8]。这与《经济学人》的权威论断同声相应（图 9 - 6）。

（2）初评城镇化带来的社会经济发展红利：

①城镇化是现今经济社会现代化主要标志之一。没有城镇化，就没有经济和社会全面现代化[10]。

②城镇化是经济结构战略性调整的重要环节，大部分产业调整必须与城镇化齐头并进。

③为了扩大内需、释放居民消费潜力，促进供需两旺，城镇化是最佳途径。例如 2009 年的统计数据（图 9 - 7）指出：城乡二元结构不利于耐用消费品的普及应用，关键在于城镇化颇大程度上降减城乡居民

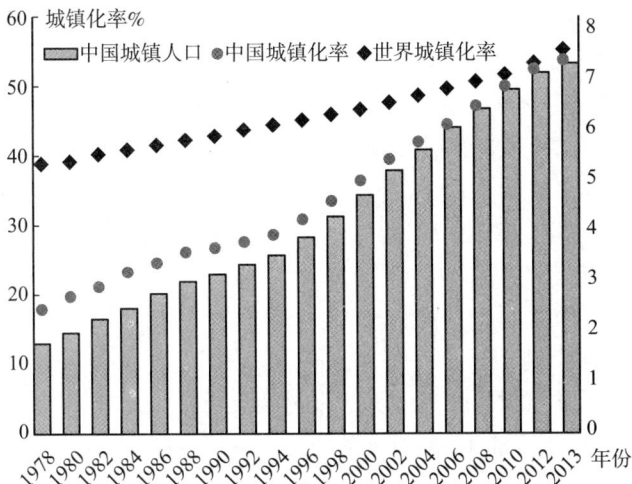

图 9-5 我国城镇化水平急升且渐趋世界水平

（据：城镇化规划，2014-03-16，图 1 改绘）

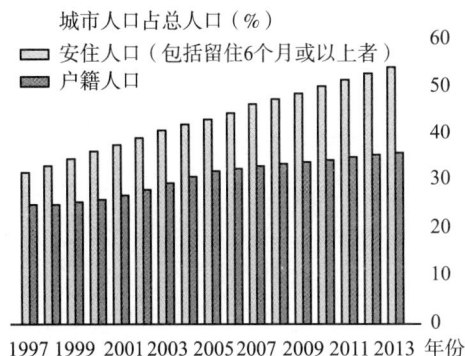

图 9-6 中国城市人口变化

（据：The Economist 2014-03-22, p.64）

总体收入的长期差距扩大趋势。我国城乡居民收入比已从 1990 年的 2.20：1 上升到 2009 年的 3.33：1[39]，但据国家统计局提供的数据，近 4 年此比例已开始连续下降。显然，这种变化至少与近年的城镇化加速趋势正相关。据测算，每年提高 1% 的城镇化率，相当于每年平均有 1200 万农民转入城镇，年投资需求增加 6.5 万亿元以上，居民消费额增加 1200 亿元。另有专家估算：直接消费可拉动 GDP 增长 1.5%。

④扩大国内市场规模，引进外资，加强对外开放，城镇化是首选历程，也因此避免过度向大城市或特/超大城市集中。

⑤由于城镇化集中财富、人才和生产规模，势必带来巨大的投资需求。

⑥城镇化开辟了农业转移人口市民化的正常途径，便于将分散的人居环境、社会保障和生活方式实现由"乡"到"城"的现代转变，使智慧集中，也让管理服务便捷化。

⑦改革与提效户籍管理和优化土地制度，以理顺城市户口与其相关的排他性公共服务。

⑧适应现代信息流、物流、人才流和网络结构的时代要求。

⑨城镇化营建了智力汇聚空间，拓宽了现代化创新机遇和可望提升创新水平，避免了传统模式的创新研发"孤军作战"。

⑩大量高层次的现代科技成就和节能设施便于集中建设和使用。例如发展分布式光伏发电，非城镇化不可[8]。

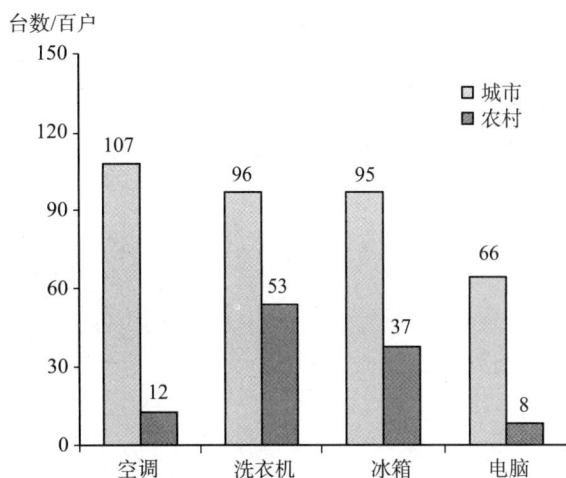

图 9-7 2009 年耐用消费品的普及水平，城乡差别较大

9-1-3 城市化/城镇化发展高屋建瓴，钩深致远

1. 中外城市化率——城市化率从 30% 发展到 60% 的过程，英国约需 180 年，美国约 90 年，日本约 60 年，有人估计我国大约只需要 30 年。有专家估计我国城镇化从 1949 年的 7.3% 和 1978 年的 17.9%，到 2012 年达到 52.6%，仅用了 60 来年走完了西方国家 200 年的城市化历程[15]。2013 年我国城市化率 53.7%；2014 年上升为 54.8%。1978~2013 年，城镇常住人口从 1.7 亿增至 7.3 亿，城市数量从 193 个增加到 658 个，建制镇数量从 2173 个增加到 20113 个。发展的轨迹说明，我国的高速城市化进程是在和

谐、稳定、安居乐业和工农协进的总体氛围中度过的。美国的城市化经历从来是像好莱坞影片"教父"那样地弱肉强食中发展的；巴西近几十年经济迅速发展，农村人口大批向城市迁移，2012 年城市化率已达 84.9%，但如影随形的是枪支、毒品、奸杀、抢劫等各种严酷刑事犯罪。里约热内卢各贫民窟居留人口超过 200 万，缺水断电司空见惯；也在从容应对城市化的印度，刚刚起步就遇到多起诡衔窃辔暴徒轮奸作案甚至致人死地的凶险罪恶行径。如此活生生、血淋淋的发展中大国的残酷现实也给发达国家的明智之士敲起了反思的警钟。目前，全球各发达国家的城市发展都在理性地"回归自然"，都在强调走"生态平衡型"的设计理念与规划路线，普遍持"反大都市化"的最新时代观点。

中国有比较特殊的行政体制和独有的土地制度。中国的行政体制表现在政府守经达权制度，其中资源利用的幅度取决于城市行政级别。于是，2000～2010 年间，京、沪、津、穗的常住人口分别增加了 45%、37%、29%、27%，由于所处行政地位特殊，加上历史渊源的突出优势，极易招致常住人口膨胀，形成大规模吸纳远近人口的核心城市。例如 1983 年中央曾规划要求到 2000 年，北京市人口规模控制在 1000 万人，但 1986 年即提前 14 年人口就已经上升为 1000 万！2005 年，国务院提出北京市人口到 2020 年应控制在 1800 万人，但 3 年后的 2008 年北京市人口规模已提前 12 年"达标"[8]！有专家提出我国城镇化面临三大结构性调整：体系结构、地区结构和空间结构。其中特别强调宜控制"沪、京、渝、穗、津、深、汉"等人口高度集中的超大城市发展[27、31、45]。

2. 城市群优势互补——城市群是当前国内外城市化的主体形态。国际城市化直接反映了一国人口迁徙变化的客观事实，并呈现逐渐向大城市集中的倾向。以大中城市为核心逐步形成的城市群落成为国际城市化中的壮观。欧美在第二次世界大战后高速恢复城市景观之际，也从未脱离人性化轨迹，其城市化发展脉络清晰：村、镇、中小城市、大城市鳞次栉比，相互缠接，并不突出那些煊赫财富堆积长桥卧波、复道行空的孤立城市群。尤其是德国的城市化发展更充分印证，从设计理念到空间结构布局，其战略方向颇有些类似我国今天正倡导的"生态文明型城镇化"特征。

美国东北部以波士顿、纽约、费城、华盛顿等城市为标杆的城市群，在 1.5% 国土面积上集聚了 18% 的人口、创造了 24% 的 GDP。仅纽约一市 780km^2 的土地就集聚了 1800 万人口，创造了全美 10% 的 GDP。美国从芝加哥向东到底特律、匹兹堡的五大湖城市群，在 2.2% 国土面积上集聚了全美 16% 的人口、创造了 18% 的 GDP[150]。太平洋沿岸的旧金山—奥克兰—圣何塞也已形成另一城市群。英国中部的利物浦—曼彻斯特—利滋—设菲尔德延伸到伯明翰、考文垂到伦敦形成的纽带形城市群，在约 18.4% 国土面积上，集聚了全国人口的 65%、创造了 80% 的 GDP[149]，并在 20 世纪初即通过规划立法以规范引导城镇化发展方向[19]。欧洲由大巴黎地区、莱茵、鲁尔城市群和比利时城市群组成的西北部城市群，在欧盟 14 国占 20.2% 的领土面积上集聚了 35% 的人口、创造了 44% 的 GDP。日本由东京、名古屋、大阪 3 城市圈组成的太平洋沿岸城市群，在 26.5% 国土面积上，集聚了 69% 的人口、创造了 74% 的 GDP；其中的大东京地区仅占其国土面积的 4%，却集中了 25% 的人口，创造了近 40% GDP[149]。开罗占埃及国土的 0.5%，而创造的 GDP 超过全国一半。

我国一般以省会城市和资源环境承载力较强的中心城市为依托，培育壮大辐射带动作用强的城市群，促进城镇化健康发展。据统计，目前符合国家规划前提条件的城市群已有 30 组以上。其组群规律一般均形成"大城市—中等城市—小城市—小城镇"的现代城镇体系，随着群体深入，逐步实现城乡交流和融合。质言之，过程是通过合理的城镇体系规划，优化城镇体系和空间布局，创造梯级推进的城镇化发展新格局，带动大中小城市和小城镇协调发展。我国京津唐、沪苏嘉、浙江杭州—富阳—海宁、湖南长株潭、广东穗佛肇、深莞惠、珠中江基本上都是历史渊源形成的城市群。有专家按国家行政区划和自然条件区分全国十大城市群：率先实现国家核心竞争力、接轨世界城市体系国际门户的京津冀环渤海、长江三角洲和珠江三角洲城市群，以及区域性经济中心辽中南、山东半岛、海峡西岸、长江中游（武汉）、中原（郑州）、成渝和关中（西安）城市群。除上述 10 城市群之外，尚有湖南长株潭、环鄱阳湖（南昌）、山西太原周边、江淮间蚌埠—淮南—合肥、北部湾之上南宁—钦州—玉林、吉林中部的长春—吉林—辽源、黑龙江西南的哈尔滨—大庆—齐齐哈尔、新疆天山北的乌鲁木齐—石河子—克拉玛依以及云南昆明周边等逐渐形成的地区经济中心或成为内陆边境地区对外开放与国际合作前沿地区[20]。近来更有专家论及各省省会/自治区首府形成城市群或城镇群的核心凝聚作用，例如内蒙古呼和浩特－包头－集宁周边形成的城镇群。中国的京、沪、穗、津4市的GDP相加不及全国GDP总额两成，但包括这4市在内的全国10大城市群虽仅覆盖全国土地总面积的11%，却集中了全国人口的39.24%，创造了全国GDP的58%[148]。尤其是京津冀、长三角、珠三角三大城市群，以2.8%的国土面积集聚了18%的人口，创造了36%的GDP，成为带动我国经济快速增长和参与国际经济合作与竞争的主要平台。京津冀城市群号称一体化，有多项政策落实促进了城市群布局[16]。图9-8比较了国内外各著名城市的竞争力，或许跟资源吸引力和城市群一体化利用水平有正相关因素，导致城市竞争力出现休戚参差。

城规术语"同城化"是指同一区域内若干城市在空间、经济、社会等方面相互融合、互促共赢、协同发展，循序渐进地发展成"宛如同一城市"的过程。同城化是城市群理论的组成部分，是城市化和世界大城市带发展过程中的一种特殊形态。围绕城市群发展战略，推进区域一体化发展和同城化发展，是城镇化发展到高级阶段的必然结果。城市群乃至"同城化"的发展有利于资源、能源、信息、技术、人才的集中充分利用，有利于发挥地方优势管理能力以力争人尽其才、物尽其用、财赢其利、货畅其流[17]。对于中国这样的泱泱大国和几千年以农立国的历史渊源，大兴以大中城市为核心，以花团锦簇的城镇棋盘形成众星拱月格局是历史必然[26]。但须虑及我国各经济区域发展并不平衡，特别是生态系统本身的特质差别较大，城市群发展也存在东部热、中部温而西部凉的畸形局面，更无法适应城市群发展战略[35]。可是东部的城市化环境压力大，水环境污染成软肋[24]；中部高速城镇化，但大气环境质量反而不及东、西部[54]；西部城市的环境质量与GDP高低有关：GDP越高，环境质量越差[8]，都来自对自然环境问题的诉求。因此，城镇化必须坚持因地制宜[14]。正如《城镇化规划》指出的："我国东部沿海地区率先开放发

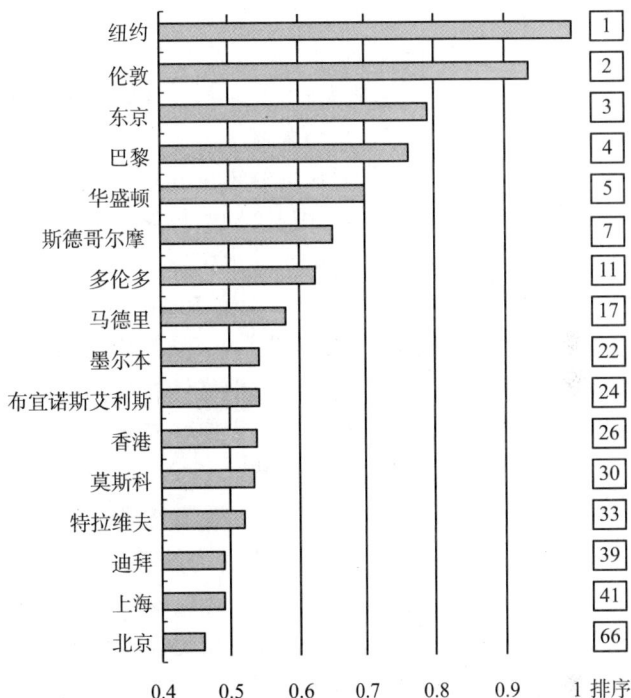

图9-8　世界一些城市竞争力比较（最强者用1表示）

原注：纽约是世界最有竞争力的城市，主要比较所研究500座城市为生成财富而吸引和利用资源的能力。评价时选取9个指标，包括收入、经济增长、创新、就业、物价和在运跨国公司数等。欧洲和北美的城市富有，而中国城市则正以最高的速度逼近中。

（据：The Economist, 2008-08-16；Ni Pengfei公司和中国社会科院公布的研究成果改绘）

展，形成了京津冀、长江三角洲、珠江三角洲等一批城市群，有力推动了东部地区快速发展，成为国民经济重要的增长极。但与此同时，中西部地区发展相对滞后，一个重要原因就是城镇化发展很不平衡，中西部城市发育明显不足。目前东部地区常住人口城镇化率达到62.2%，而中部、西部地区分别只有48.5%、44.8%。随着西部大开发和中部崛起战略的深入推进，东部沿海地区产业转移加快，在中西部资源环境承载能力较强地区，加快城镇化进程，培育形成新的增长极，有利于促进经济增长和市场空间由东向西、由南向北梯次拓展，推动人口经济布局更加合理、区域发展更加协调。"[40]

3. 推进农业转移人口市民化——提高城镇化质量的关键，是使目前在城市中庞大的农民工群体，比较顺利地融入城市，成为在城市中安居乐业的城市居民。"农民工"这一现象的出现，是在城乡二元的户籍管理制度基础之上，劳动用工制度、社会保障制度、土地产权制度等多项制度与其相互依存、共生发展的结果，体现的是这一群体在市民权利、劳动者权利、土地产权权利这三方的权利缺失。因此，应当以权利平等为目标，以梯度赋权为手段，逐步破除上述三方的权利障碍，完善相关法律制度和就业、住房、社会保障等政策体系，使农民工群体在城市中定居成为他们自身理性选择的结果，也使"农民工"这一称

谓逐渐成为历史。据 2012 年初的统计，农民工参加养老保险、医疗保险、工伤保险和失业保险的比例分别只有 18.2%、29.8%、38.4% 和 11.3%，公共服务不均等，成为制约农民工市民化的最重要因素[25]。2011 年，城市户籍人口的比重是 34.71%，与当年的城镇化率 51.27% 相比有 16% 以上的差距；2012 年城镇化率虽已达 52.6%，但户籍人口的比重仍然只有 35% 左右[28]。全国"半城镇化"农民工数有 1.6 亿人以上[21]。因此可以认为，按照统计数据所显示的城镇化率，含有过多水份[44]。事实上，城镇化的关键是农业人口市民化，必须坚决防止"半城镇化"[41]或"伪城镇化"[22]。只有人口城镇化才能成为经济转型的巨大动力[2,47]，否则按逐年上升的城镇化率去虚应故事，做点表面文章也许能掩人耳目，却不能从城镇化红利中受益[50]。所以，专家的结论很清楚：城市化的质量决定中国未来的经济高度[45]。一个高层调研组甚至呼吁"应高度重视城镇化推进时重速度轻质量的问题"[48]。

《中共中央关于全面深化改革若干重大问题的决定》（下称《改革决定》）第 11 条指明："推进农业转移人口市民化，逐步把符合条件的农业转移人口转为城镇居民。创新人口管理，加快户籍制度改革，全面放开建制镇和小城市落户限制，有序放开中等城市落户限制，合理确定大城市落户条件，严格控制特大城市人口规模。稳步推进城镇基本公共服务常住人口全覆盖，把进城落户农民完全纳入城镇住房和社会保障体系，在农村参加的养老保险和医疗保险规范接入城镇社保体系。建立财政转移支付同农业转移人口市民化挂钩机制，从严合理供给城市建设用地，提高城市土地利用率。"[1]

《城镇化规划》也指出："城镇化是解决农业农村农民问题的重要途径。我国农村人口过多、农业水土资源紧缺，在城乡二元体制下，土地规模经营难以推行，传统生产方式难以改变，这是'三农'问题的根源。……随着农村人口逐步向城镇转移，农民人均资源占有量相应增加，可以促进农业生产规模化和机械化，提高农业现代化水平和农民生活水平。城镇经济实力提升，会进一步增强以工促农、以城带乡能力，加快农村经济社会发展。"[40]

城镇化率统计指标高于实际户籍非农业人口占比 15% 左右，城镇人口中 1/3 的流动人口群体无法享受城镇待遇；农民工整体上技术能力缺乏，难以适应产业转型升级的要求；新生代农民工无务农意向，"不融入"或"半融入"城市，成为提高消费、拉动内需的制约瓶颈和社会潜在的不稳定因素；农村精英流失，农业现代化发展受限、农村空心化现象也日益显现；户籍制度以极低的附加成本为城市带来庞大的廉价劳动大军，实质上的不公平，客观需要造成的弱势群体，使农民工的生活充满不确定性，一般不得不撇下父母子女，只身或夫妻分途进城赚取高于农业收成的收入。据我国 2012 年初的统计，农村留守儿童有 5000 万人，留守老人 4000 万人，留守妇女 4700 万人。在现行户籍制度及其相关制度安排限制下，已身为"半城市化居民"的农民工基本上享受不到参政权、社会保障权、子女受教育权等诸多市民所享有的基本权利和福利[51]。新一代年轻农民在力图改变稼穑艰难局面而未果时，往往存弃农从商之想而每每因囊空如洗融资艰涩。因此，为了新一代市民加入新兴消费群体，带动中国经济高歌猛进，享受与老市民同等权益的格局势在必行[61]。

有专家早就著文，认为农民转为市民须满足"三保障、两放弃"条件。所谓保障：农民能在城镇二、三产业就业；全家能在城镇安家下榻；能享受社会公共服务。所谓放弃：耕地承包权和宅基地使用权[184]。可惜文章没有触及一些要害问题：户籍、经适房排队、耕地种植技术经营、社保、医疗保险、子女和抚养亲属待遇、幼儿入园、原宅基地物业房产去留等变构而来的唇齿相依问题。

4. 城镇化的土地基盘——土地制度、权属、使用和管理是城镇化乃至城乡一体化问题的核心。衍生而来的地租，就目前农民个体而言，其整体意义包含农民一生生计的全部成本：房屋、生活费用、工作等。在这轮事关农民生存的土地制度改革设计中，中国如果把土地使用权改革作为突破口，在土地进行确权并实施合理补偿之后，对土地使用权进行私有化、家庭化、集约化的改革，同时对土地管理权实施有效改革，调整其谋取地权利益的偏好，可望释放出大量劳动力和产生巨大的农业效益[22]。据统计，我国农村人均耕地面积 2.8 亩，户均 7.15 亩，全国经营 10 亩以下农户，占家庭承包户的比重高达 85%。据调查，河南省一家农户全家种一年粮食，仅相当于一名劳动力在外打工一个月的收入[41]。据中央《改革决定》第 11 条："建立城乡统一的建设用地市场。在符合规划和用途管制的前提下，允许农村集体经营性建设用地出让、租赁、入股，实行与国有土地同等入市、同权同价。缩小征地范围，规范征地程序，完善对被征地农民合理、规范、多元保障机制。扩大国有土地有偿使用范围，减少非公益性用地划拨。建立兼顾国家、集体、个人的土地增值收益分配机制，合理提高个人收益。完善土地租赁、转让、抵押二级市场。"[1] 亦即从确认农民土地权利入手，允许集体土地直接进入市场，取消剥夺农民的征地环节，打破政府垄断，建立个人、集体、法人和政府多方参与的土地一级市场。为此，《城镇化规划》提出的改革原则是："建立城镇用地规模结构调控机制；健全节约集约用地制度；深化国有建设用地有偿使用制度改革；推进农村土地管理制度改革；深化征地制度改革；强化耕地保护制度。"[40]

中央早已昭示全国：18 亿亩基本耕地（农田）红线要始终严守不动摇[31、34]！可见须坚守的最基本原则是：切不可让城镇化变成新一波掠夺农民土地而招致农业人口生计堪忧甚至流离失所的负面运动。中央三令五申节约土地资源，保护耕地，这是政府有作为的最明智之举。我国城市化扩大占地规模之巨颇令人触目惊心：1990 年占地 12252.9km² 增至 2010 年的 40533.8km²，约占去耕地 17750.4km²，为新增占地 28280.9km² 的 62.76%[10]！

据统计，2000 年至 2010 年全国城镇建成区面积增长 78.5%，但同期城镇人口仅增长 46.1%，同期人均建设用地 133m²，超过国家规定限额 30%。1995～2008 年，城镇建成区面积扩张的速度年均 7%，而城镇人口年均增长率仅略高于 3%，即土地城镇化的速度要比人口城镇化的速度高出 1 倍以上[12]。许多地方忙着城镇化，但并未作好为失地农民提供相应社会保障的同步安排。这种滞后状况亟待改变[60]。过去几年处于自发、粗放和低水平扩张状态的城镇化滞后正在加快解决[33]。有了中央的指路明灯，必能及时补偏救弊。因土地被征用而失地的农民中很多人并没有在就业、教育、医疗等方面享受真正的市民待遇，而仅仅是被"就地城镇化"。相关的户籍转为市民的过程更是相去甚远。有鉴于此，有专家提出城镇化率应剔除虽在城镇中并未真正成为城镇市民的成分，合理地测算出"加权城镇化率"，用这一科学概念重计 2012 年的我国的加权城镇化率，发现比实际的（名义的）城镇化率低 8% 以上[49]。更重要的是必须通过改革来推进我国的新型城镇化发展[42]。要在坚持工业化、信息化、城镇化和农业现代化"四化同步"发展的基础上发展新型城镇化[43、51]。

5. 杜绝赤字造城——我国地方政府目前正处于城镇化建设的风口浪尖，若干地方已演变为"透支财政"支撑下的城镇化。如果对各国城镇化历史询事考言、追本溯源，不难度其本原、窥其堂奥。历史上绝大部分国家的城镇化发展大都是从工业化滥觞演进而来，个别城镇出于凸显旅游（博弈）胜地或专特产业的需要；城乡一体化的蓬勃发展则兼有工业化和农业现代化营造的财源滚滚、积铢累寸；发达国家城市化发展则往往以优先发展农业为前提[52]。不能奢望靠借贷举债在顶层设计架构覆盖下营造某种乌托邦式的"虚拟城镇"。城镇化首先必须是以人为本，如果盲目大规模圈地造城，建摩天大楼、大兴土木，企业寥寥无几，资源寅吃卯粮，信贷告朔饩羊；人居门可罗雀[14、54]。农业银行此前公布的研究报告也指出："部分地方政府可能借新型城镇化之名，行过度投资之实。"农业银行甚至告诫："应警惕投资过热带来新一轮产能过剩。"有专家认为我国城镇化发展既有前期工业化模式，也有后期消费升级推动的非劳动人口城镇化[21]，殊不知消费升级的基础建立在工业化基石上，而体制机制建设滞后使户籍、社保、土地流转等没有跟上城镇化步伐是拉住消费后腿的主要原因[13]。

部分城市的城镇化投资计划甚至被媒体评为"简化成拆迁与征地"。消费者普遍担心，中国的房价或因新型城镇化进一步上涨。因而须着意避免出现投资和房价过热、不以人为本的"造城运动"等负面现象。事实上，只要户籍、土地、财税乃至地方金融平台等各方面的配套完善，人们期待 8～10 年后，中国城镇化一样可以达到优秀水平[40、48]。

城镇化发展的本意是想通过科学有序的建设，拉动消费和投资，实现带动中国经济可持续发展，同时借助经济发展与财力增进，实现全国农民生活水平质的飞跃。但过往状况则主要依靠举债来发展地方经济。例如，完善城镇交通等公共服务基础设施以及对教育、医疗卫生、养老、低收入群体补贴和失业救济等，都需要配付大量财政资金，眼下地方政府财力显然很难承担这一巨额开支。如果依靠信贷快速扩张将对经济稳定造成威胁。据英国《金融时报》分析，我国地方政府债务存量超过 10 万亿元，相当于国民收入的1/5。这些债务中有相当大一部分是短期银行债务，而北京对付这些债务的办法是要求国有控股银行展期。《华尔街日报》则深刻指出，"不管未来中国经济增长模式如何转型，越来越依赖负债来获得增长似乎已成定局。"美国欠中国的债维持其经济繁荣，中国欠国有银行的债发展城镇须防经济滞胀！据新华社报道，国家开发银行预计，未来3年我国城镇化投融资资金需求量将达25万亿元。可见中央提出的城镇化任务中就包含建立多元可持续的资金保障机制。城镇化进程中税种体系的完善也显得格外重要。要逐步建立地方主体税种，建立财政转移支付同农业转移人口市民化挂钩机制。如何在加强改革开放的同时，较大规模吸纳民间资本，特别是公益性服务领域投资和相当的慈善事业将始终是我国推行城镇化历程中必不可少的抓手。城镇化过程投融资机制选择须虑及区域差异，针对不同地区的差别经济结构，采取的融资支持方式是不同的[5]。

多数地方城镇税收不足是个严酷的现实，多少年来地方财政主要靠征用农业土地供工商业和住宅开发，从而使一些地方政府债台高筑，妨碍了进一步支撑城镇化。现行财政制度还由于个别地区侵袭良田给城市让出地盘，而城镇的扩张必然扩大对交通工具的依赖，稍大些城镇的上班族长途通勤导致碳排量攀升，并引起令人窒息的大气污染和严重的交通拥堵，城狐社鼠、鸡鸣狗盗、明偷暗抢行为也乘虚而入。《城镇化规划》要求："创新城镇化资金保障机制：加快财税体制和投融资机制改革，创新金融服务，放开市场准入，逐步建立多元化、可持续的城镇化资金保障机制；完善财政转移支付制度；完善地方税体系；建立规范透明的城市建设投融资机制。"[40]贯彻履行这些规划指示举措，困难自然能迎刃而解。

6. 解决中央—地方和政府—市场的结构性矛盾——毋庸讳言，在城镇化问题上，因中央与地方间的战略布局目标不尽一致：中央抓全局的民生、内需、拉动经济稳中有升方面；地方多突出土地财政、扩权、利益重构。其间轻重缓急难免反映在经济发展的不同领域。《城镇化规划》提出一系列发展城镇化的基本原则中，特别指明："市场主导，政府引导。正确处理政府和市场关系，更加尊重市场规律，坚持使市场在资源配置中起决定性作用，更好发挥政府作用，切实履行政府制定规划政策、提供公共服务和营造制度环境的重要职责，使城镇化成为市场主导、自然发展的过程；成为政府引导、科学发展的过程。同时要统筹规划，分类指导。中央政府统筹总体规划、战略布局和制度安排，加强分类指导；地方政府因地制宜、循序渐进抓好贯彻落实；尊重基层首创精神，鼓励探索创新和试点先行，凝聚各方共识，实现重点突破，总结推广经验，积极稳妥扎实有序推进新型城镇化。"[40]

因此，在城镇化纵深发展过程中须经常以上述基本原则为指针，检验中央和地方政府的仁智燮理关系，做到协调机理，有条不紊。

7. 避免大拆大建，注意保护文物——在我国快速城镇化/城市化进程中，西方国家在城市化曾经走过的弯路不但没能避免，反而以更加放大的形式重现。在城镇拆迁达到高峰的2003年，共拆迁房屋1.61亿 m^2，相当于当年商品房竣工面积3.9亿 m^2 的41.3%。在大拆大建的过程里，大量历史性建筑受到损毁，其中不乏具有较高历史文物价值、多位文物和建筑史专家联名呼吁保存的历史性建筑。一些历史文化名城在大拆大建之后，少了最能代表自己城市特色的历史街区，多了"千城一面"、各地风格雷同的新街区。其结果，"南方北方一个样，大城小城一个样，城里城外一个样"，城镇历史文化血脉被割断，城镇的个性、情趣和韵味也名存实亡。一些城镇历史文化和自然遗产破坏殆尽，淡化了中华优秀传统文化基盘，精神文化严重缺失[10、11]。营造城镇人工旅游点惯常千篇一律地塑造大佛金身、修建庙宇祠寺。罕见中华文化精华再现，现代科学技术精粹升华。至于年画、剪纸、书法、灯笼、皮影、木刻、木偶戏、高脚戏、特色魔术、传统艺术表演、地方特色武术、舞蹈和杂技等非物质文化遗产更应保护、继承和发扬光大，幸勿随城镇化烟消云散、化为乌有[104]。

当前我国面向新海洋时代，城镇化战略更宜提高到兼顾和包容国土周边大量海岛上的城镇化建设和发展[36]，要提防那些侵略成性的阴谋家利用周边海域施展豕突狼奔伎俩。

《城镇化规划》强调要"把以人为本、尊重自然、传承历史、绿色低碳理念融入城市规划全过程。"更要求"注重人文城市建设：发掘城市文化资源，强化文化传承创新，把城市建设成为历史底蕴厚重、时代特色鲜明的人文魅力空间。注重在旧城改造中保护历史文化遗产、民族文化风格和传统风貌，促进功能提升与文化文物保护相结合。注重在新城新区建设中融入传统文化元素，与原有城市自然人文特征相协调。加强历史文化名城名镇、历史文化街区、民族风情小镇文化资源挖掘和文化生态的整体保护，传承和弘扬优秀传统文化，推动地方特色文化发展，保存城市文化记忆。培育和践行社会主义核心价值观，加快完善文化管理体制和文化生产经营机制，建立健全现代公共文化服务体系、现代文化市场体系。鼓励城市文化多样化发展，促进传统文化与现代文化、本土文化与外来文化交融，形成多元开放的现代城市文化。"[40]

8. 强化城镇化的产业支撑——工业化是城镇化的基本动力。没有产业发展作为支撑的城镇化就会成为无源之水、无本之木。因此，应当通过推进产业结构的调整升级，增强吸纳就业的能力，挖掘内需潜力[33]。要合理发展吸纳就业能力较强的部分制造业和现代服务业。要同步提高进城务工人员、农业从业人员和城镇中低收入居民的收入和素质，推动全社会消费结构升级，促进产业结构向更高层次演进，这是扩大内需市场的重要途径[55]。

其次，推进城镇化建设亟待发展若干配套产业，包括：适应新形势的服务业、先进制造业、保障性住宅产业、城市水资源产业、交通运输业、节能环保产业、城镇新能源产业等[21]。广东的 300 多个专业镇建设恰恰是产业群簇优聚的典型，也是适合广东省地方特色的一种创新架构。由于产业相对集中，人才汇集，专业水平不同凡响，较易完成产业转型升级，政策较易贯彻实施，人力资源得以高效高速发挥作用，原材料供需易于做到即时制（JIT），产品市场营销更旺，竞争性的科技创新往往如汤沃雪，信手拈来[58]！对于单一资源型的城镇化，也许可以从广东省的专业镇发展路径得到启发[56]。总之，对于城市发展方式应在现有可持续发展条件的基础上，像广东省的专业镇建设那样因地、因时地开展创新活动，协调推进城镇化[25]。应不拘一格、不落窠臼地创新城镇发展方式，发挥城镇最大潜力和特色[32、38]。事实上，珠三角从中等发达迈向发达的动力渊源很大程度上得益于专业镇的推广开发[57]。

智纲智库的专家提示新型城镇化的五大发展路径，包括产业综合体模式、旅游小镇集群化模式、产城融合一体化模式、旧城改造与更新模式和新型农村社区发展模式[24]。目前我国智库建设正在向广度和深度挺进，是不是请各有关智库的专家们依靠实地调研提出大批符合战略目标因地制宜的各类中小新型城镇的发展模式[17]，或更能有的放矢，有所为而为。

《城镇化规划》指明："根据城市资源环境承载能力、要素禀赋和比较优势，培育发展各具特色的城市产业体系。改造提升传统产业，淘汰落后产能，壮大先进制造业和节能环保、新一代信息技术、生物、新能源、新材料、新能源汽车等战略性新兴产业。"[40]

9-1-4 清除暗礁险滩，给力补苴罅漏

1. 常见发展暗流——城镇化发展过程中也将遇到形形色色由于变故易常导致意想不到和亟待梳理的重规叠矩，如地方政府面临最低生活保障为主的社会救助服务、政府提供的保障性住房分配、城市公立学校的平等就学权等。我国城镇化囿于多渠道因素影响，多年积累的深层次问题随着改革开放全面铺开纵深发展而逐渐浮出水面，且因地异同，不相闻问。

到 2015 年，我国建制镇数超过 2 万，但小镇人口仅约 8000 上下，形成有经济社会特色或专业性强的城镇估计仅约近 30%，每镇平均约有 3 万~5 万人，从形成到成熟期时间较短，平均仅 12 年左右，于是难免出现暗礁险滩不知凡几，有时甚至跋前疐后，煞费周章。例如：

（1）城镇化历程中因人口相对集中，易触发流行病，伤残、孱弱、耄耋、童稚每易造成永久性肝肾损伤。由于生活和医疗条件持续改善，当前人口老龄化趋势加速已成定局，但城镇老年公寓尚难及时到位。西方国家无一例外地由当地保险公司全责构造和管理老龄生活乐园，适龄老人甚至迫不及待地住进老人幸福之家，并接受经常性无微不至的护理照料。我国尤其须力避普遍化的亚健康老龄人现象。目前的状况令人惶惑，是否宜抓紧做些调研：我国 65 岁以上的老龄辈有多少人能在无病无痛的生活状况下轻松地以爱国敬业勖勉后代？

（2）城镇公用设施建设存在滞后现象，有的城镇建制已有 3~5 年，但交通、道路、街道、标志性建筑的门牌、路牌、指路牌还凌乱不堪；个别城镇公用设施仍有残缺不全现象。

（3）由于初期人才知识水平参差不齐，各有所长，难免在技能培训方面出现"有所为，有所不为"的尴尬局面，很难按需提供适应战略产业发展需要的能工巧匠。有人提出每年技术培训 1000 万农民工，努力为农民工做到工作、培训、合同、报酬、参保、维权、住宿、文化、子女教育、发展目标等"十有"。不过，按现有农民工 2.7 亿人计，落实岂不要 27 年？

（4）教育、医疗、科研、文化、体育系统在城镇化初期未尽完善，难免出现捉襟见肘的被动局面。例如河南上蔡县初一教室挤上百人，座位不够，教师须挂上话筒上课，是因为城镇化后农民工子女离开农村上学难造成的教育设施跟不上。

（5）人口相对集中后，人流来源各异，社会治安问题突出，网络犯罪恶招迭出。因城镇新建，精神文明建设滞后，每有"饱暖思邪欲，饥寒起盗心"之虞[149]。

（6）个别地区城镇化过程中仍以牺牲资源和生态环境为代价[43]；而城镇化也会与全球变暖亦步亦趋[3]。有人提出许多城市承载功能过多，却没有揭示何为"过多功能"，可能其中牵涉更多深层次的体制机制问题[140]。

2. 节用裕民，废奢长俭——2013 年，中央发出厉行节约的号召，值得我们这些建设中国特色社会主义的后起之秀重温古训："勤能补拙，俭以养廉"，《荀子·富国》警醒后世"足国之道，节用裕民，而善藏其余"。2011 年我国制定的新的农村贫困标准（农村居民年人均纯收入不足 2300 元），2012 年全国扶贫对象还有 1.22 亿人（按亚行标准则有 2.44 亿）！在城镇化热火朝天发展之际，是否应同声相应地响应中央号召，杜绝贪大求洋、好大喜功，不顾条件、不知甘苦，大搞豪华地标、殚智标新立异的脱离国情现实行为。特别是城市中有违绿色－低碳战略的建设项目更该提早打入冷宫。如辽宁抚顺沈抚新城新建的环状景观地标，号称"生命之环"，平均直径 157m，耗用钢材 3000 吨、安装 LED 灯 1.2 万盏，被群众讥为败家的艺术品，其碳足迹和土地成本乃至在被观赏中的碳耗巨量惊人而无法进入循环应用[4]。讲求城镇化建设质量，适应发展目标、产业多元化和扭转高房价似应成为主攻方向[2]。

当然，为了节约建设地皮，大城市向空中、向高层发展无可厚非，但须权衡得失，是否有碍绿色－低碳发展，切忌一意孤行，自贻伊戚。阿联酋迪拜近年依靠石油美元大刮高层猎奇建筑之风，兴建 7~8 级宾馆；营建高层住宅；海岛独立别墅；乐坏了世界巨富，愁坏了建筑工人，气坏了老弱病残。据悉，全世界起重机的 15%~25% 都集中到了迪拜，高级宾馆每晚 8500 美元……2004 年 9 月动工兴建、2012 年建成的比斯迪拜塔高 818m，170 层，是目前正在营运的全球最高楼；又正动工建造的 Buri Alam 世界大楼，初步设计高达 1200m。然而，迪拜因此深陷债务危机而无力自拔，2015 年 2 月高楼失火而震撼寰宇。我国湖南长沙企业家不甘雌伏，雄心勃勃，拟建 834m 高、220 层的摩天大楼；重庆也规划建造 470m 高的国际金融中心……[4] 高楼遮天蔽日宛如气候变暖的坚甲卫士、资源耗费恰似一马平川里饿虎寻羊。君不见我国上海在陆家嘴环路兴建的上海环球金融中心高 492m；金茂大厦高 421m，现在紧挨着再建上海塔（原名上海中心），设计高 632m，共 127 层，预计 2015 年竣工投入使用，是我国最高城市地标建筑，比台北 101 大厦的 509m 高出 120 多米。2012 年 2 月 16 日曾发现上海环球金融中心旁地面沉降出现 7~8m 长的裂缝。事实上，我国有 50 多座城市长期存在地面沉降，有人警告若不采取持续可控措施，也许 2050 年长江三角洲会随沉降消失。1921~1965 年上海市已下沉 1.69m，幸亏随后当机立断，科学阻遏了沉降速度。否则上海可能早在 2000 年就"下海了"[27]。一些高校领导也净言逆耳，强调探寻低成本、绿色的城镇化道路，要依山伴水，留住原生态，避免被那些不切实际的大型工程设施捆住手脚[23]。

3. 资源型城市发展——2013 年 12 月初，国务院发布《全国资源型城市可持续发展规划（2013~2020 年）》，明确全国 262 座资源型城市（包括地级 126 座、县级市 62 座、县 58 座、市辖区 16 个）到 2020 年的可持续发展目标，提出开发秩序约束、产品价格形成、资源开发补偿、利益分配共享和接续替代产业扶持五大机制。新中国成立以来，资源型城市累计生产原煤 529 亿吨、铁矿石 58 亿吨、木材 20 亿 m³。现在的关键是如何能保证资源枯竭型城市的可持续发展。2001 年宣布辽宁阜新市为全国首座资源枯竭型城市，2008 年、2009 年和 2011 年分别确定 12 座、32 座和 25 座资源枯竭型城市。《在保护中发展，在发展中保护》的解读文章道出了这一规划的精义所在[59]。20 世纪 70 年代，美国丹佛市辖区约离市中心 50km 的金矿资源告竭，市议会广泛征求民意后通过决议，支持该矿所在几万人城镇改营其他与原来矿业截然不同的商业以维持生产/生活，结果就在不久后重新崛起。我国资源枯竭型城镇各具特点，仅作原则性指导是不够的，须加大宣传指导力度，特别宜约请智库深入民间和倾听市民意见积极作出经济转型决策和妥善安排。

4. 服务/管理跟进——有专家特别提出推进城镇化需要高度重视三大管理：城市/城镇规划管理、变农村惯常约定俗成为城镇规则管理和所有涉及交通、市场、环境等的公共管理，认为协调这三大管理是当务之急[61]。国家发改委领导认为：城市服务管理水平不高，空间无序开发、人口过度集聚、公共服务不足、户籍管理、土地管理、社会保障、财税金融、行政管理等体制机制不够完善，制约了农业转移人口市民化和城乡发展一体化[7]。城镇化的宏观管理涉及诸多关键性政策和优化顶层设计[17]。原建设部较早提出城市可持续发展总体上要研究破解城建统筹、资源节约、能源节约、环境治理、交通管理、公用设施完善、改善民生、城市安全和文化繁荣等课题，至今仍有新意[31]。新型城镇化需要有创新的体制机制引领前行，其中包括适用于新型城镇的各种规章制度和运作机制，以及对应的法规，这就应当突破原来设定的思维框架，在新基础上建立户籍、土地、行政、公共服务和管理、财税制度等[6]。因为城镇化既是发展问题，更是改革问题[47]。加强法治，势在必行[98]。

对于城镇化未来的各种经济和社会状况值得重点加以研究和预测，计算机仿真预测是城镇化进程中加强管理的一个举足轻重的环节，正确的预测结果往往是发展战略落实的主要决策依据。例如有专家预测了我国城市化发展到 2020 年能源需求总量约 60 亿吨标煤；2030 年为 100 亿吨标煤[53]。人们可以以此作为分析长期能源供给来源和渠道的架构趋势。

《城镇化规划》要求强化规划管控："保持城市规划权威性、严肃性和连续性，坚持一本规划一张蓝图持之以恒加以落实，防止换一届领导改一次规划。加强规划实施全过程监管，确保依规划进行开发建设。健全国家城乡规划督察员制度，以规划强制性内容为重点，加强规划实施督察，对违反规划行为进行事前事中监管。严格实行规划实施责任追究制度，加大对政府部门、开发主体、居民个人违法违规行为的责任追究和处罚力度。制定城市规划建设考核指标体系，加强地方人大对城市规划实施的监督检查，将城市规划实施情况纳入地方党政领导干部考核和离任审计。运用信息化等手段，强化对城市规划管控的技术支撑。"[40]

这里顺便提一下笔者为我国城市化进程勉付绵力之一隅。1990～1991 年，受国家建设部城市规划司和干部管理学院之邀，为全国大中城市规划局和对应规划设计研究院的朋友们在北京举办了两期《城市规划系统工程》讲习班，每期一个月，每天上午讲授课程内容，下午安排电脑实习，并为讲习班编写了上下两册讲义。全国各地专业人员不辞辛劳来京边学习边研讨，坚定了依靠现代科技从事城镇规划、为子孙万代造福的决心！确知人有远虑，必少近忧。千头万绪，科技先行，先验预测，仿真决策，当推城镇规划之前导。

9-2 建设绿色低碳城镇 维护生态文明家园

9-2-1 城镇环境素描

1. 背景——我国城镇化风行电照，负面因素也将层出不穷。最主要一环乃资源环境约束凸显，生态环境负担加重，区域性复合型大气污染事件频发；江河湖海大多受到各类污染物共存的复合污染，对人体健康造成极大威胁。农村化肥、农药和水污染造成的严重土壤污染直接影响到食品安全和农作物质量；一些城市在前期产业选择上较多考虑短期效益,发展高投资、高耗能产业,造成严重产能过剩和资源环境超重负担。城市诸多基础设施常因资金缺位而延宕正常发展,特别是我国那么多闻名遐迩的大城市,除青岛市外,甚至包括京、沈、穗号称上千年的文化古城,应急排水系统居然屡次屈服于呼啸而来的暴雨洪灾之中。新兴城镇宁无预警?目前,在50个百万人口以上的大城市中,有30个长期受缺水困扰。北京市人均年水资源量仅100m³,属极度缺水;南水北调工程终于在中线开始供水;地下水过量开采多年来已出现大量地下漏斗,谁愿意让子孙后代枵腹画饼充饥?

2. 环境污染,险象环生——

(1)城镇气候:由于城镇下垫面多数是水泥或沥青铺装的街道广场和由疏密相间的高低错落的建筑群形成的屋顶和墙面,以及城市雾障而使热量不易扩散等,形成城市气候有以下特点:气温较高,雾多、云多、降雨多;太阳辐射强度减弱,日照持续时间减少。

(2)大气污染:20世纪90年代以来,单位体积大气中CO_2含量,由一般平均含量0.03%增加到0.05%～0.07%,局部地区可高达0.2%;有毒气体也大量增加,如光化学污染、臭氧、NO_2、乙醛、过氧酰基硝酸酯等影响严重;粉尘及有毒的重金属颗粒,如铅、锡、铬、砷、汞等以及一些放射性物质都有所增加。由于城市中的微尘、煤烟微粒以及各种有害气体,有许多是吸湿性核或冻结核,使水汽凝结形成城市雾障。PM2.5轮番肆虐,竟成了城市居民的隐形杀手。2011年下半年,世界卫生组织(WHO)首次公布了全球1100个城市空气污染的调查报告,北京市的空气质量排在第1035位,在100个首都排名中也屈居下游,成为"污染之都"。2010年11月以来,北京、杭州、合肥等大城市相继变成"雾都",2013年12月,雾霾笼罩华东地区,流连忘返。图9-9比较了国内外部分著名城市2010年大气污染程度,我国城市的大气污染水平高于全球,可窥一斑。

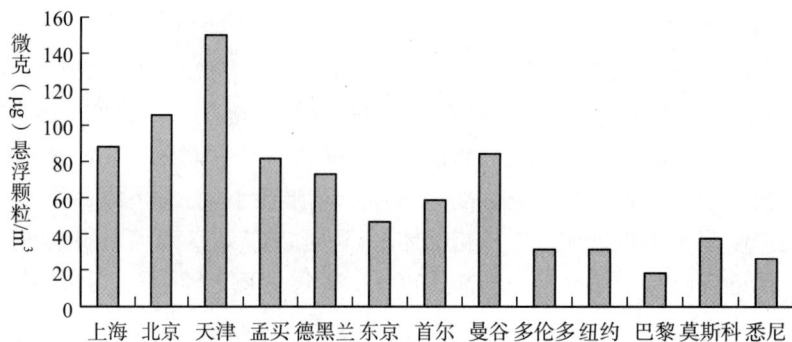

图9-9　2010年全球著名城市的大气污染

(据:世界银行)

(3)热岛效应和城镇风:城镇中人为的建筑物面积占绝对优势,植被较少,消耗于蒸腾的热量少;城市上空污染物质多,形成保温作用层,增加了大气逆辐射;市区风速较弱,热量的水平输送少;同时城镇下垫面的热容量较大,这些因素共同作用使城市内部的气温常比周围高0.5～2℃,加上湿度低、地表辐射少、风速小,从而出现所谓热岛效应[76]。

城镇风亦即"狭管效应"生风,类似流体力学中的阿基米德原理,夹缝中的风速比周围大,通过建筑物拦截和摩擦后,风力虽有所减弱并风向变化,形成城镇建筑物中的"空穴来风",有时风力远大于空旷地带;遭到风雨袭击时还可能造成地动山摇似的风狂雨骤。

(4)城镇水源易污染:由于城镇工业不断发展和城镇人口有增无已,城市排放的大量工业废水、生活污水以及城市地面含污径流,造成城市水源污染。进入水体的污染物超量,超过水体自净能力,使水质的物理、化学乃至生物群落变化,降低使用功能和价值,水体的生物需氧量(BOD)和化学需氧量(COD)超标;水源和地下水水质变坏,饮用水水质下降,危及人体健康和动植物生息。江河湖泊及土壤中已测出10多种有毒有害污染物[102]。

（5）城镇土壤难净化：由于城镇建设和生产/生活活动，衍生大量土壤污染物，例如，有机物质，氮、磷化肥，重金属，放射性元素，污泥、矿渣、粉煤灰，有害微生物等，不一而足。特别是集中生产电子信息技术产品的城镇，如不严格履行环保法规，其重金属污染更甚（重酸雨区的污染不啻助纣为虐）。周围土壤原成份和结构因此发生颇大变化，足以使土壤丧失完整的发育层次，造成树木生长不良，易随风倒伏；园林植被地下根系凌乱不堪，地上茎干弯曲不直，高度侏儒再世、横径身材瘦溜，极易变生枯黄、早衰、病虫害接踵而至。栽培的花卉也出现营养不良、面黄肌瘦、"不成一事即空枝"[146]。

（6）环境噪声：随着城市工业、交通运输业等的飞速发展，城市噪声来源增多，噪声分贝数大增。加上城市人口聚居稠密，个别缺乏群居生息道德者有时大呼小叫、引吭高歌，甚至在公园占地，歌舞升平，而不闻不顾周边居民的休养生息，即使一曲霓裳羽衣也会变成震耳欲聋的蜩螗沸羹。

（7）垃圾危机四伏：垃圾围城居然积重难返，而新产垃圾囤围堆积如山。详见 14 - 4 节。

（8）危象虽多，未雨绸缪为上策：城镇人口集中，蒙受灾害的可能性和严重性随之上升。自然灾害蜂出并作，人为罪愆蜂舞并起，一次地震、一次台风、一场暴雨、一场回禄、一起矿难、一起车祸……如不事先磨练应急，万一事到临头，手忙脚乱，束手无策，当心绿色 - 低碳成果，毁于一旦！生态服务功能和防灾减灾体系亟待进一步加强[102]。

9 - 2 - 2　城镇低碳化规划与评估

1. 城市人均碳排放——众所周知，2010 年中国 GHG 排放占发展中国家排放总量的 50%，全球排放总量的 15%。中国正由一个低能源消耗国家迅速转变为高耗能国家。到 2050 年，中国耗能将占全球能耗总量的 60% 左右。图 9 - 10 比较了全球各著名城市 2010 年的人均碳排量，据估计发电和工业活动分别占城市碳排量的 40%，其余 20% 来自交通、建筑和废弃物。因为电力主要是煤电，碳排放自然远大于其他能源；工业能源除热衷烧煤外，过去大量能耗大户不像发达国家尽可能远离城市，反而是向城市集中，造成排碳量陡升的后果。例如迁址前的北京石景山钢铁厂、坐落于长沙市中心的东风钢厂等。

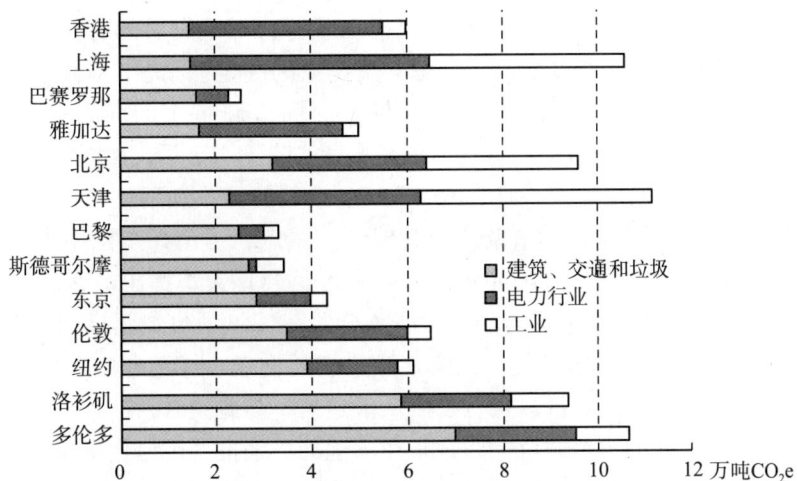

图 9 - 10　部分城市人均碳排放现状

（据：世界银行 2010）

2. 增大森林碳汇——森林碳汇是目前世界上最为经济的"碳吸收"手段。森林和绿化应成为我国建设低碳城镇的首选有效手段，即一面加快植树造林步伐，增加森林碳汇功能；一面强化城镇道路/建筑/住宅的绿化。2009 年 12 月，我国领导人曾在联合国气候变化峰会上宣布，到 2020 年要在 2005 年基础上增加森林面积 4000 万 hm² 和森林蓄量 13 亿 m³。2009 年末国家发改委公布《林业产业振兴规划》，明确指出扩大林业信贷扶持政策。杭州要在全国率先建设具有杭州特点的"六位一体"低碳城市，其中就包括实施城市"绿屋顶"计划。根据该计划，凡新建项目有条件的裙房，首先应实施屋顶绿化，高架立柱、市政干道边坡和挡土墙及河岸驳坎均同步实施绿化覆盖，提高城市立体空间的绿色浓度，降低城市热岛效应。

有条件的城市应在空闲地或公园地营造以乔木为主的森林，增加城市绿化率和碳汇能力，相应起到城市低碳生态的双重效果。在高层建筑屋顶也可栽培阔叶灌木或宽叶花草，但以不妨碍屋顶太阳能设施或储水池、公共空调排风机等设备和不致造成当地水源污染为前提。据专家估计：城市屋顶绿化率如达 70%以上，城市上空 CO_2 含量将下降 80%，热岛效应几近消失。屋顶绿化工程在国外推行已有 30 多年历史，国内上世纪 80 年代就有屋顶绿化工程，目前已经拥有成熟技术、积累了足够经验，但推广尚待各地地方政府更令明号。且须注意屋顶绿化需要对雨水浇洒后的过滤水作出适当的收集处理，或进入建筑物设置的中水系统，否则有可能成为未来的水污染源[75]。

3. 防范嵌入式碳排放——嵌入式碳排放是在低碳化发展过程中隐藏的、与低碳产品结合紧密的碳排放，因为不易从产品中分离出来，这部分碳排放易被忽视。低碳城市的建设应警惕嵌入式碳排放，有效控制嵌入式碳排放的方式可通过真实记录低碳产品全生命周期的碳足迹。随着众多低碳试点城市的推出，嵌入式碳排放可能成为城镇低碳化发展的隐患，直接影响到国内城镇低碳化的实际效果、国际产业分工的话语权以及国家可持续发展的空间。

建立低碳产品全生命周期的碳足迹数据，从低碳产品的全生命周期视角来掌握碳排放量，从而把嵌入式碳排放的负作用控制在较低水平。这样对于国内低碳城镇而言，可以实事求是避免虚夸地建设低碳城镇；对于国际低碳城市建设，因为注明产品碳足迹能使国际产业分工中加工制造的嵌入式碳排放量更加明确，这些嵌入式碳排放量不仅是加工制造环节的国家独自承担，使用这些低碳产品的国家也应承担。这样才能通过国际低碳城镇发展论坛中的话语权，才能体现联合国气候变化框架公约的核心内容"共同但有区别的责任"的原则更有效的执行。例如：我国出口的大量钢铁、水泥产品，其能耗碳排是附着在产品上的嵌入式碳排放，不能将碳排放量全部扣在我国城镇碳排头上，否则是"张公吃酒李公醉"了！

4. 因地制宜低碳化——部分城市结合自身特点也提出了符合低碳发展的有关措施或规划。2010 年 1 月 22 日，苏州人大通过《关于进一步加强苏州生态文明建设的决定》，提出了科学编制生态、文明建设规划、转变经济发展方式、发展低碳经济等 9 项措施；深圳市颁布《深圳国家创新型城市总体规划（2008～2015）》等一系列低碳发展政策，积极创造低碳技术创新环境；昆明编制《昆明工业节能"十一五"规划》，围绕淘汰落后工艺和设备，加强余热、余压、余气的回收利用，执行能耗限额标准、降低能耗物耗；上海倡导绿色生产和生活方式，积极开展低碳经济试点，提出在全国率先建立生态建筑示范城市；保定提出建立新能源制造业之城、太阳能示范城的发展目标；天津提出"大力发展绿色经济、低碳经济，增强可持续发展能力"，在滨海新区与新加坡合作建设生态城项目；北京积极发展低碳经济，全力打造绿色生产、消费和环境体系，提出建设"人文北京、科技北京、绿色北京"的发展目标；重庆决心建立碳排放统计评估体系，开展低碳经济试点，发展低碳建筑。与此同时，广东提出务实发展低碳经济的任务；广州提出建设可持续交通的示范城市，并宣布在不远的将来把城市绿化率从 32% 提高到 40%。

资源型城市、老工业基地、重化工业比率较大城市的低碳转型难度大于一般城市；财税体制不适应低碳转型的部分亟待调整；产业较落后财税收入不足的城镇低碳建设仍须资金/技术支持以提高积极性等，值得在政策支撑上再接再厉[85]。

5. 优化民居建筑建设和改造——据国家规划，"十二五"期间全国城市拟新建 3600 万套保障性住房，但目前因生活水平改善，人均居住面积陡升。据国家统计局：1998 年城市人均住房面积 18m^2，到 2012 年已增至 32.9m^2。因此，今后必须厉行集约、高效的土地利用，坚决限制甚至取缔超标占用房产；政策性抑制投机投资性需求和满足合理住房需求是必须在近期推行的一整套便民利民政策。住房保障是降低城镇化门槛的重要举措，也是构建低碳城镇、保证民众安居乐业、共图低碳发展的必由之路。现在的关键是：

旧型建筑大都不符合低碳 - 绿色要求，能耗高、低碳性能差、因陋就简而不适应现代化诉求，且屋顶空荡未充分利用绿化和/或开发新能源。由于体制机制上的漏洞，住房面积大相径庭，也造成碳排量的畸轻畸重。东京城市面积仅及上海的1/3，但东京人口却达上海的2/3，说明东京的民居面积分配比上海公允较多。

6. 国内城市低碳化行动——中国的城市目前已消耗全国75%的能源，到2030年将上升到83%。于是，如何构建低碳城市并升级为低碳生态城市已成当前风樯阵马地发展低碳城市大潮中的当务之急。2008年，国家住建部和世界自然基金（WWF）合作，以上海和保定两市作为发展低碳城市试点，接着又有珠海、杭州、深圳等100多座城市相继制订了低碳规划或提出低碳化意向。2009年中美合作，以扬州、大连、重庆、珠海为试点的低碳经济城市建设正式启动。2010年3月发表的《吉林市低碳发展计划》是中国首例正式付诸实施的低碳城市规划。将粤、辽、鄂、陕、滇5省和津、渝、深、厦、杭、南昌、筑、保定8市列入国家低碳试点范围。世界银行2012年5月发表的一篇文章说："70%与使用能源有关的GHG排放来自城市，因而中国实现碳减排目标至关重要。据估计中国在未来20年将增加3.5亿城市人口，因而必须立即行动起来，以城市为重点，节能减排，谨行俭用，刻不容缓。"[66]目前国内城镇的发展实践进度参差不齐，有的还处于尝试性阶段，主要集中于低碳园区、低碳产业选择和新能源开发利用等方式的探索，且国内案例城市的发展模式趋同现象突出，许多城市遵循以保定为代表的立足新能源和低碳产业发展的产业主导型模式或以天津中新生态城为代表的新区示范型模式。但愿有更多城镇按本身特色推陈出新地创造低碳化城镇模式。

7. 国外城市低碳化较典型案例——据IPCC统计，当前全球的六种主要GHG排放中，CO_2 约占80%以上；而全球排放的 CO_2 有约75% ~ 80%来源于城市，特别是大城市乃至特大城市。这几年，诸如柏林、斯德哥尔摩、伦敦、芝加哥、西雅图、纽约、旧金山、墨尔本和首尔等相继制订低碳化远景规划[156]。综观国外低碳城镇发展实践，不同城镇的资源禀赋、产业基础及其发展战略常存在颇大差异，一般均选择适合本身特点的低碳发展模式。例如：

（1）美国低碳城市建设：2007年4月，纽约提出了《更大更清洁的纽约计划》，目标是2030年在2005年的基础上减排30%，主要措施包括改善能源规划、降低能耗、扩展清洁电力供应、供电设施现代化等，并通过征收电力附加费，以支持节能；通过降低混合动力车税率，来推广节能汽车等。其全国推行的低碳城市行动计划得到各州普遍响应[44]。美国夏威夷可再生能源的发展水平，在全世界亦属脍炙人口之列。美国芝加哥市政府2008年出台了一份《芝加哥气候行动计划》（Climate Action Plan），要求在2020年前将 CO_2 排放率降低1/4；2050年前将碳排放量削减80%。其中计划在未来12年里对40万个家庭、9200家工厂和高层建筑实行节能改造。同时将伊利诺斯州21处燃煤电厂全面进行改造等。这么一个雄心勃勃的计划能否在未来的岁月里如实地付诸实施？人们正拭目以待[93]。

（2）欧盟低碳行动：欧盟发展低碳城市的一个显著特点就是理念创新与政策创新先行于美国和日本，低碳技术创新跟进日本。欧盟的战略是通过出台有针对性的政策促进具有成本效益的低碳技术创新来加快低碳技术普及的步伐，从而使得相关产业和部门拥有低碳技术的竞争优势。为了推进低碳技术创新成果的实际应用，欧盟一方面加强对低碳经济相关技术的研究，2000 ~ 2006年，欧盟投入20亿欧元进行低碳经济技术研究，2007 ~ 2013年，欧盟计划投入90亿欧元。另一方面，积极创造低碳技术的市场需求，使用排放权交易系统对区域内12000个能源集约型设施的 CO_2 排放量进行管制。在技术创新上，采取加大人力物力投入、整合研发资源、优化投资和协调区域内各成员间的合作与竞争等措施。具体做法是：专门制定"欧洲战略能源技术计划"，人力资源和资金上优先保障低碳技术创新资源的有效投入；在挪威建立了一个 CO_2 分离回收与储蓄研究所，在欧盟各成员国设置研究所据点，同时，以丹麦利索国立研究所和荷兰能源研究中心为核心，成立欧洲能源研究联盟，进行跨学科、跨领域低碳技术创新。

（3）德国弗赖堡（Freiburg）市根据自身发展条件及德国宏观层面的低碳战略规划探索出行之有效的低碳发展模式。如：交通普遍利用电车和公共汽车，推行"环境月票"、设置环形自行车道；其能源以汽电共生发电站为供热能主体、规定新建筑物必须能减少30%的能源消耗；有细致的废弃物减少方案，规定回收使用过后的材料须分类处理；要求生态绿化美化，42%的土地列为保护区，严禁开发挪作非绿化应用，维持天然的栖息地等。

（4）伦敦市的碳排放量已占全英的8%，可能在2025年上升至15%。2007年2月，伦敦提出了《气候变化行动计划》，目标是2025年在1990年的基础上减排60%，措施主要由建立碳定价体系、推广低碳高效技术及改变生活方式3部分构成；英国是应对气候变化展开低碳城市规划和实践的先行者。为推动尽快向低碳经济转型，英国政府批准成立了私营碳信托基金会（Carbon Trust），负责联合企业与公共部门，发展低碳技术，协助各种组织降低碳排放。碳信托基金会与能源节约基金会（EST）联合推动英国的低碳城市规划（Low Carbon Cities Programme，LCCP）。首批3个示范城市（布里斯托、利兹、曼彻斯特）在LCCP提供的专家和技术支持下制定了全市范围的低碳城市规划。伦敦市也就应对全球气候变化提出了一系列低碳伦敦的行动计划，特别是2007年颁布的《市长应对气候变化的行动计划》（The Mayor's Climate Change Action Plan）。伦敦南郊的贝丁顿"零碳社区"在建筑物楼顶和南墙大面积安装光伏发电设施，附建了利用废木料发电和供应热水的小型热电厂[65]。

（5）丹麦萨姆索岛（samso）计划100%使用可再生能源，设置生物能和风力发电设施，实施区域统一供暖；利用风能和生物能源发电，除供应岛上市镇需求外，另有余额可供分售。设置了10座功率230万瓦海上风车，弥补岛上交通工具造成的碳污染，达到碳中和；政府每度电给予0.43克朗保证收购价，前5年另保障风车维修费用。结果使得温室气体达到负142%增长[66、93]；丹麦的哥本哈根是国外综合型低碳城市建设的典型案例。丹麦的绿色发展值得借鉴。欧盟设定新能源发展目标是到2020年可再生能源占比达到20%，而丹麦已在2011年实现了该目标。这是因为丹麦原有的新能源基础举世无双，特别是其风能发展在世界首屈一指。丹麦计划到2020年将可再生能源占比提高到30%。我们在4－4－3节已介绍过丹麦计划到2050年彻底摆脱化石能源的依赖。他们大踏步绿色化的态势值得我国城镇化在生态绿色发展中借鉴[93]。

（6）瑞典斯德哥尔摩的公交车全部使用洁净燃油，同时设立自行车专用道、使用石油须缴纳CO_2排放税，大力推广环保出租车；积极回收有机垃圾以生产沼气燃料；政府补助低碳技术研发；民生中提倡低碳饮食、征收垃圾废弃费；对产业要求每年提报碳排放量，收取排放补偿费，达到额定的节能减排目标者退还缴费[67]。此外，有效的瑞典马尔摩再生能源和哈姆滨湖城资源回收，在世界上引起共鸣。

（7）葡萄牙的普兰尼特谷（Plan－IT Valley）建造全新智能化低碳生态城的经验是：综合取胜。建设中模拟人的自组织系统功能，通过大脑CPU智能控制、植物净水系统、具照相功能的网络设置和高达80%的废弃物回收，形成生态系统的绿色化循环运行[92]。

（8）其他如瑞士策马特低碳交通、巴黎自行车租赁系统、巴西库里提巴生态绿美化、阿拉伯马斯达尔未来城再生能源、马来西亚太子城节水举措等都是近年世界低碳城市发展中值得称道的先进范例。

8. 我国低碳城市发展水平评估——2010年5月，中国社科院、国家发改委能源所和英国查塔姆研究所等5家中外研究机构共同发布了中国首个低碳城市评价标准体系，并以吉林市建设低碳城市为案例形成了详细的规划报告[146]。此标准在界定低碳经济概念的基础上，构建了四个层面的一套标准体系。"四个层面"分别指低碳产出、低碳消费、低碳资源、低碳政策。低碳产出指标包括碳生产力和重点行业单位产品能耗，测量方法与中国现行的单位GDP能耗指标及可能的全国碳排放强度指标一致。低碳消费则通过消费指数考察低碳对个人行为的影响，这一大类包括人均碳排放和人均生活碳排放等两个指标；低碳资源包括非化石能源占一次能源比例、森林覆盖率、单位能源消费的CO_2排放因子等指标；低碳政策重在考察低碳经济发展规划、建立碳排放监测、统计和监管体系、公众低碳经济知识普及程度、建筑节能标准执行率、非商品能源激励措施和力度等五个方面。指标体系是在界定"低碳经济"概念前提下设立的，综合衡量了经济形态、发展模式、核心要素、发展阶段、技术水平、消费模式、资源禀赋等诸多要素，形成了可进行横向和纵向比较的"绝对指标体系"和"相对指标体系"。但指标体系没有包括中国城市目前最薄弱的六大要害问题：低碳科技水平、生产中的碳足迹—碳赔付—碳收支、城市绿化率、低碳交通发展指标、环境低碳化指标、低碳运行管理等。估计在未来低碳城市发展中必将结合生态文明建设和智慧城市升华逐步完善评价指标体系。一般说，图9－11描绘了低碳城市大系统四大子系统中应涉及的主要指标，可作为初始开拓者的大辂椎轮思路。

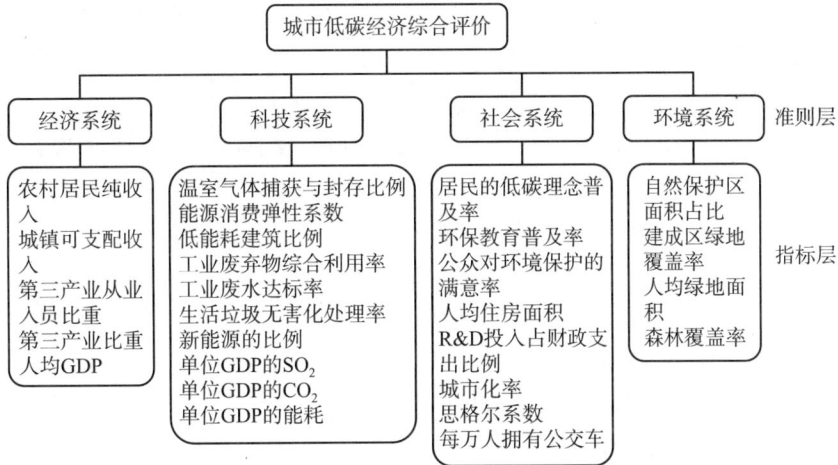

图 9-11　城市低碳经济发展指标体系框架

（据：李晓燕，邓玲．城市低碳经济综合评价探索．现代经济探讨，2010（2）：82-85）

9-2-3　建设绿色-低碳城镇

1. 低碳城镇主要碳源结构——城市的碳源形形色色，比比皆然。分析时自当剥茧抽丝，揪出排碳的罪魁祸首。针对系统结构低碳城市基本上可分为六个子系统，如图 9-12 所示。图中低碳生产包括电力等能源供应；低碳建筑包括建材、建造和使用；低碳交通包括路桥、车辆、物流和管制；低碳生活包括市民消费、旅游、科教文卫体；此外还有包括电子商务的低碳商业；构成低碳城市能源系统结构的这些子系统中包括作为统领全局运作目标的生态文明系统[70]。2008 年北京举行第七届亚欧首脑会议发表《可持续发展北京宣言》，正式提出建立"亚欧生态城网络"的倡议，这一倡议的实施将有助于提高亚欧成员国（地区）生态城发展的能力，促进生态城理念在世界范围推广。"低碳生态城市"包含双层意义："低碳"意味着在生产、生活中使用材料与制造设备、建造施工或是使用建筑物的整个生命周期内，以及所有市民行为中减少化石能源的使用，提高能效，降低 CO_2 排放量；"生态"意味着城市绿色化，其周边地区广泛开展植树造林、培育草地、保护环境、控制污染、强化生态文明建设、杜绝残害野生动物、不鼓励豢养占用人类食物和增加环境污染源以及可能伤害儿童/老弱的宠物、严禁暴力拆迁、施工过程采用环境友好的技术和材料、力争做到零污染、节约自然资源，为市民提供健康—安全—舒适的室内外空间，营建文明、和谐的环境，共享诚信、友善的文明氛围。

2. 绿色城镇化——《城镇化规划》指出："将生态文明理念全面融入城市发展，构建绿色生产方式、生活方式和消费模式。严格控制高耗能、高排放行业发展。节约集约利用土地、水和能源等资源，促进资源循环利用，控制总量，提高效率。加快建设可再生能源体系，推动分布式太阳能、风能、生物质能、地热能多元化、规模化应用，提高新能源和可再生能源利用比例。实施绿色建筑行动计划，完善绿色建筑标准及认证体系、扩大强制执行范围，加快既有建筑节能改造，大力发展绿色建材，强力推进建筑工业化。合理控制机动车保有量，加快新能源汽车推广应用，改善步行、自行车出行条件，倡导绿色出行。

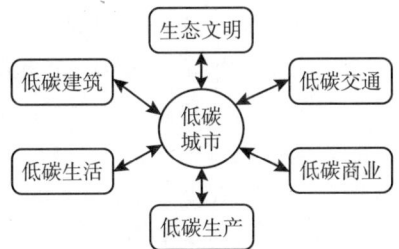

图 9-12　构成低碳城市系统结构的六个子系统

实施大气污染防治行动计划，开展区域联防联控联治，改善城市空气质量。完善废旧商品回收体系和垃圾分类处理系统，加强城市固体废弃物循环利用和无害化处置。合理划定生态保护红线，扩大城市生态空间，增加森林、湖泊、湿地面积，将农村废弃地、其他原污染土地、工矿用地转化为生态用地，在城镇化地区合理建设绿色生态廊道。"同时特别要求"强化生态环境保护制度"，要"实行最严格的环境监管制度。建立和完善严格监管所有污染物排放的环境保护管理制度，独立进行环境监管和行政执法。完善污染物排放许可制，实行企事业单位污染物排放总量控制制度。加大环境执法力度，严格环境影响评价制度，加强突发环境事件应急能力建设，完善以预防为主的环境风险管理制度。对造成生态环境损害的责任者严格实行赔偿制度，依法追究刑事责任。建立陆海统筹的生态系统保护修复和污染防治区域联动机制。开展环境污染强制责任保险试点。"[40]世行副行长在北京中国城镇化国际研讨会上的发言发人深省，苦口婆心地侧重论及加强城镇化中雾霾、水质低下、土地污染等治理问题[35]。有专家反复提醒城市雾霾、人民健康影响、"大城市病"一类源于环境污染造成的城镇化共生现象，当心成为室碍进程的"绊脚石"[42、43]。

3. 我国台北的绿色城镇化——我国台北市要求造价在 5000 万以上台币的住宅须有"绿建筑标章"（Green Building），其中有绿色量指标、基地保水指标、日常节能指标（包括建筑外壳计划、空调计划、照明计划），还有室内健康指标、水资源指标、污水垃圾改善指标等[64]。台北的低碳建设崇尚科技，以人为本，建造房屋，不厌其烦地厘定各种有关低碳化的指标，务必满足低碳—绿色要求。这种科学态度，不失为炎黄子孙处事严谨认真的传统风格，值得借鉴。表 9 - 3 是中国台湾绿色产业基金会在台湾普遍推崇的城市低碳化水平的评估指标，供参考。

表 9 - 3　　　　　　　　　　　　　　　**中国台湾的低碳城市评估**

	效益来源	效益指标
减碳效益	节约能源/节水	减少用电 kWh 数
	减少 GHG 排放	减少 CO_2e 量
	发展绿色电力（智能电网）	减少线损% 或 kW 量
产业效益	促进绿色能源产业发展	再生能源产值 kW
	带动关联产业发展	产值提升幅度%
环境效益	推动都市资源回收	资源回收率%
	美化都市生活环境	每人享有绿地公园面积 hm^2
	改善居住空间	绿色建筑比例%
	强化绿色交通	电动车量/公共汽车量%
社会效益	绿色商店	绿色产品与碳足迹卷标%
	改变民众生活习惯	民众低碳理念普及程度%
	提高城市认同感	居民对低碳城市认同程度%

9 - 2 - 4　城镇化生态文明和生态平衡结构

1. 城镇化生态平衡原则——

生态平衡是生态学的一个重要原则，是指处于顶级稳定状态的生态系统内的结构与功能相互适应与协调，能量的输入和输出之间达到相对平衡，系统的整体效益趋于最优化。物种在生态系统中的功能作用及其时空地位叫生态位，反映了物种与物种之间、物种与环境之间关系给予的生态定位。城市园林绿化植物的选配实际上取决于生态位的配置，直接关系到园林绿地系统景观审美价值的高低和综合功能的发挥。生态学提到互惠共生是为了协调生物间的共生关系。两个物种长期共同生活在一起，彼此相互依存，须力求双方获利。例如一些植物物种的分泌物有利于另一些植物的生长发育，如黑接骨木对云杉根的分布有利，皂荚、白蜡与七里香等在一起生长，相互间促进作用显著；但有些植物的分泌物可能对其他植物的生长产生排斥效果，如胡桃和苹果、松树与云杉、白桦与松树等均忌混种；林下蕨类植物狗脊不利于大多数其他植物的幼苗生长发育。一棵松树整个夏天能向大气排放 142 吨水分，能使周围直径 200m 的气温下降 3 ~ 4℃、湿度增加 15% ~ 20% 。1 亩阔叶林 1 天吸收 CO_2 90kg、排放氧气 50kg。城镇绿化就是城镇与自然天衣无缝的融合，是生态平衡的最高境界[103]。

2. 新型城镇化路网结构——

（1）地下建筑比地面建筑更重要：例如巴黎地下排水系统的规模远比地铁浩大，密如蛛网的排水道总长近 2300km，平均每 50m 就有一个下水口，有 6000 个地下蓄水池，每天要处理多达 5000 万升污水，每年从污水中回收的固体垃圾为 1.5 万 m³。巴黎市民饮用水的 50% 是通过地下管道输入的。巴黎基本上顺着城市马路修建地下排水系统，即每条马路下面都有一条与之平行的排水沟。它通过四通八达的供水管道向城市的每家每户输送自来水；紧挨着供水管道的是同样粗的排水管道，负责将各种生活污水运出巴黎。

（2）生态绿色治理须防止反复。有专家反映：前几年北京、成都、合肥的政府先后均斥巨资进行城市水系整治。不无遗憾的是：北京完成了城西水系治理，开通了水上旅游航线，但护城河、尤其北土城的护城河污染日甚一日，缘于沿此河规划安排了许多公园和绿地；成都府南河整治后，由于后续法规没跟上，一年多后臭气熏天的污染劣象又卷土重来；合肥环城公园靠近住宅区的黑池坝河水发黑，散发刺鼻气味。

（3）上海的雄心壮志值得赞赏：2001 年曾规划把绿化率从 10% 提高到 2020 年的 30%。人们期望一个优美、舒适、和谐、集约、智能、绿色、低碳的大上海傲然伫立在祖国东方！

3. 城镇生态文明结构——城镇生态文明理念贯穿于城镇化发展全过程，将环境友好和资源节约作为城镇化发展的基本准则，全面落实到产业结构转型升级、取缔反人性高档消费行为、城镇规划优化设计和基础设施安排、城镇自然生态系统、法制系统、科教文卫体系统等 6 领域，采取 8 项措施推进中国特色的城镇化道路：

（1）以生态文明理念融合中国特色新型城镇化全过程。念念不忘我们时代的体制背景是：中国特色社会主义市场经济。因此，以民为本，急民所急，历来是中央决策的出发点，也是当前贯穿新型城镇化全过程的座右铭[91]。没有人民意愿的城镇化是空中楼阁，不符合生态文明理念和原则的城镇化是画脂镂冰。2008 年和 2009 两年，国家环保部批准京、沪、津、深等 27 个地区为生态文明建设试点。人们正引颈企盼这些地区的碧水蓝天早日到来[100,103]。中国实现绿色城镇化就是要立足中国国情，厉行节约，包括适应绿色节水系统、绿色－低碳建筑、绿色－低碳交通、绿色－低碳生产和绿色－低碳消费，要杜绝奢侈作风[88,91]。

（2）城镇生态绿化的重要环节在于合理配置植物。首先须提高识别植物优良品种的能力，加强地域性植物生态型和变种的筛选和驯化，构造具有乡土特色和城市个性的绿色景观。重点应选择本地原产而经过培育改良的优良品种，同时谨慎小心有节制地引进外来特色物种，力戒城镇化过程中热衷从国外高价购入奇形怪状的生物物种，以遂物欲猎奇！须防"引狼入室"，引进破坏生态平衡物种。

（3）构建与国土生态安全相适应的城镇化发展空间，重点构建综合的国土生态安全体系，控制城镇无序扩张。因此，须按生态承载力规制城市群与特大城市超量扩张。城镇化发展规划须从国家和区域发展战略前景出发，虑及城市群、特大城市、大城市、中小城市、一般城镇的均衡协调发展。

（4）依托城市内（间）绿色交通体系，促进绿色出行模式。合理安排城镇居民区、商业区、学校、医院、文体、企业、公共服务设施、公共管理机构的布局，优先发展公共交通，视条件许可，必要时建设辐射状或环行状地下或地面轨道交通。

（5）推进城镇产业体系的结构调整与转型升级。以保证生态平衡为主要原则之首，把走集约、智能、绿色、低碳的新型城镇化道路作为产业发展的主导方向。

（6）推行绿色和谐健康的生活方式和消费方式，繁荣足以促进社会和谐与激励后进的文化娱乐活动，减少乃至杜绝无思想内容和缺少文化素养、花里胡哨、推涛作浪、插科打诨、打情骂俏、甚至借调侃讥讽、吵架对骂以哗众取宠的文化节目。

（7）普及城镇生态文明知识，强化生态文明教育。大力宣传个人文明行为准则，倡导和鼓励见义勇为的社会道德行为，发掘和奖励不受约束和不愿人知的美的行为。要强化法治，新型城镇化必须纳入法制轨道，但是否应加快法制步伐[98]？

（8）创新建设城镇生态文明的体制和政策体系。任何政策和法规文件务必做到言简意赅、通俗易懂。

4. 绿色－低碳技术生态城适用范围：一般分为新建生态城市和城市既有生态改造两种类型。前者如天津生态城、曹妃甸生态城、深圳光明新城等；后者如唐山南湖公园改造、淮南瓦斯利用、东莞生态园区松山湖建设和北方地区供热计量改造等。2010年6月，广州从化发展低碳生态旅游引资超过630亿元，属于特色类型。2010年7月初江苏无锡与瑞典政府签署合作建设低碳生态城协议，规划了城市功能、生态环境、能源利用、固废处理、水资源管理、绿色交通和建筑设计等。近些年中国政府已与新加坡、瑞典、意大利、英国、德国、美国、荷兰、丹麦等国建立了低碳生态城市筹划的国际合作关系，前景喜人。相关的案例不胜枚举。

9-3　建设智慧城市　智酬城市规划

9-3-1　智慧城市　风生水起

1. 智慧城市滥觞和蕴涵——

（1）IBM发策：2008年11月6日，美国IBM公司总裁兼CEO彭明盛（Samuel J. Palmisano）在纽约市外交关系委员会发表题为《智慧地球：下一代领导议程》（A Smarter Planet：The Next Leadership Agenda）的演说；2009年1月28日，在美国工商界领袖举行的一次圆桌会议上，彭明盛再次趁机阐明"智慧地球"的轮廓，旋即得到刚就任美国总统的奥巴马积极回应。2009年底，IBM在掀起世界智慧地球热议之余，乘势提出"智慧城市"（Smart City）概念及其软件解决方案，并通过IBM全球机构广泛宣传，其间曾发表《智慧城市在中国》白皮书，提出的响亮口号是："智慧地球　赢在中国"，进一步提升了智慧城市在全球及在我国的认知度，加快了智慧城市建设步伐。初期在我国学术界也不乏政府高官和知名人士发表高见，仅心存疑虑焉[108、118、122]。

（2）智慧城市蕴涵：智慧城市是IBM智慧地球策略中的重要行动组成，是在物联网、云计算、移动互联网、大数据、宽带多媒体信息网络、地理信息系统和全球定位系统等基础设施平台上，整合城市信息资源、建立电子政务、电子商务、劳动社会保险等信息化社区，以及无线智能等新一代信息技术支撑下形成的新型高级普适信息化的城市形态。智慧城市将人与人之间的P2P通信扩展到了机器与机器之间的M2M通信；通信网+互联网+物联网构成了智慧城市的基础通信网络，在通信网络上迭加城市信息化应用。因此，智慧城市的核心是感知（传感）化、互联化、三网融合化、无线化和智能化。其中充分利用现代ICT，汇聚人的智慧，赋予物以智能，使汇集智慧的人和具备智能的物互助互动、互通互补，通过数字化的信息技术提升到以物联网、互联网等通信网络为基础，促进城市中各个功能间彼此协调运作，形成以智慧技术高度集成、智慧产业高端发展、智慧服务高效便民为主要特征的城市发展新模式。

智慧城市是个系统创新、以高度发展的信息技术为核心、能充分发挥产业辐射作用、带动整个经济转型的全新战略构思[140]。据世界银行测算，在投入不变的前提下建设一座百万以上人口的智慧城市，实施全方位的智慧管理，将能增加城市的发展红利2.5~3倍。这意味着智慧城市可促进实现可持续发展目标，投入不变，损耗更小而红利更多。

《城镇化规划》要求："推进智慧城市建设：统筹城市发展的物质资源、信息资源和智力资源利用，推动物联网、云计算、大数据等新一代信息技术创新应用，实现与城市经济社会发展深度融合。强化信息网络、数据中心等信息基础设施建设。促进跨部门、跨行业、跨地区的政务信息共享和业务协同，强化信息资源社会化开发利用，推广智慧化信息应用和新型信息服务，促进城市规划管理信息化、基础设施智能化、公共服务便捷化、产业发展现代化、社会治理精细化。增强城市要害信息系统和关键信息资源的安全保障能力。"[40]

2. 智慧城市目标和路线——

（1）建设智慧城市的目标：促进城市可持续发展，形成良性生态环境，社会和谐，能够无所顾忌地充分发挥人的智慧和机器的智能。

（2）智慧城市的发展路线：一般需要经历三步曲，即从初级阶段的无线化和数字化，发展为侧重关注实体的智能化，最终升华为反映人类聪明睿智的智慧城市[109]。

①数字/无线城市：将城市内的各种信息，包括自然资源、社会资源、基础设施、人文、经济等各个方面，以数字的形式实现无线电移动方式的获取、存储、管理和再现，通过对信息的综合分析和有效利用[114]，为提高城市管理效能、节约资源、保护环境和可持续发展提供决策支持[112、120]。到2012年年底，我国已有311座地级市开展数字城市建设[140]。

②智能城市：在数字城市建设基础上，通过一系列系统工程，将人脑管理、电脑网络、物理设备等统一纳入管理平台；通过引入物联网技术将现实世界与网络结合，通过人脑参与物的决策，全面提升城市生产、管理、运行的现代化水平。

③智慧城市：是在智能城市基础上，城市发展的最终形态！通过多种高新技术的不断发展，通过物联网＋互联网＋云计算及3网融合等技术手段，使现实世界与虚拟世界真正集合；通过人工智能自动分析决策，使城市管理真正自动化、智慧化。

3. 智慧城市的特征——演变为智慧城市的过程特征归纳为以下6点：

（1）数字化演变为"一体化"：整合信息系统，虚拟世界与物理世界，信息化与工业化融为一体；通过透彻感知和泛在互联，以及对大数据实行快速、集中、准确的分析和处理，进而作出科学决策，实现城市的精准化、智慧化管理决策；

（2）传感化演变为"协同化"：城市规划、建设、管理、服务等功能间，政府、企业、居民等主体间更加协同融合，从而实现城市和谐发展，前提是利用遍布各处的传感设备和智能终端，对城市运行的核心系统进行监测和分析；同时利用各种信息资源库及公共服务平台，强化行业、部门间资源整合、信息共享，使城市各个系统和参与者高效协作，达到城市运行的最佳状态；

（3）互联化演变为"互通化"：实现物—物互通、人—物互通、人—人互通，实行政府、企业、居民间互通，在互通中实现城市管理/服务模式创新，前提是通过融合各信息网络，将各种采集和控制信息实行即时无误传递，从而实现人—人、人—物、物—物互联互通；

（4）智能化演变为"智慧化"：城市资源配置和利用符合智慧要求，经济社会活动和决策做到成本更低、效益更好、速度更快、质量更高。为此须加强各种信息资源的利用和创新平台建设，鼓励政府、企业和公众在智慧城市公共服务平台及各系统之上进行科技和业务的创新应用，为城市提供和谐发展动力。整个城市充满理想化的智慧人群、智慧产业、智慧民生、智慧管理、智慧基础设施、智慧生态文明、智慧政府和智慧科教文卫体等软系统，综合地形成智慧城市。

（5）手机化演变为"移动智慧化"：目前人们已进入"后智能手机时代"，手机几乎已能代替城市多数信息传输、控制和交互的智慧过程[130]，特别能形成关键的位置服务平台[136]。

（6）人类智能化演变为"机器人智慧化"：众所周知，城市智慧化不能没有人工介入，但人力的局限性又是个无法逾越的鸿沟：救援、深潜、赴汤蹈火、监控盗匪、搬运危险品、处理黄赌毒之类，非机器人莫属。

9-3-2 智慧城市发展现状和趋势

1. 国外智慧城市建设热——发达国家已在研究如何创新地使用新一代信息技术、知识和智能技术手段重新审视城市的本质、城市发展目标的定位、城市功能的培育、城市结构的调整、城市形象与特色等一系列现代城市发展中的关键问题，特别是通过智慧传感和城市智能决策平台解决节能、环保、水资源短缺等问题。很多国家已经开始智慧建设，主要集中分布在美国纽约周围、瑞典斯德哥尔摩、爱尔兰、英国伦敦、澳大利亚布里斯班、亚洲的新加坡、韩国和日本，且大部分国家的智慧城市建设正在摆脱有限规模，越过小范围探索阶段。

据智库赛迪顾问公司调研：目前，全球各种智慧城市的概念和体系标准丛生，缺乏切实可行的标准和演进路径。例如就智慧城运营模式而言：纽约靠政府自建网络运营；新加坡是政府投资、委托运营商建网运营；日本东京则是运营商独立投资建网运营；有的则根据上述各种模式的一部分取精用弘，并没有统一的智慧城市设计标准规范出台，大都是"八仙过海，各显神通"。

2. 国内发轫鼓舞人心——

（1）前期发展概貌：我国从 2009 年开始，学术界和若干先进城市纷纷投入智慧城市的研讨和规划。2010 年 6 月 2 日上海市政府介入召开的智慧城市论坛，IBM 总裁也欣然来访。2013 年 10 月 30 日国家住建部信息中心会同国家工信部信息司、国家测绘局国土测绘司、国家科技部遥感中心在北京召开了"第八届中国智慧城市建设技术研讨会暨设备博览会"，大会主题是"智慧·创新·服务"，旨在通过各城市信息化建设主管领导与建设界、科技界、IT 界、金融界等业界专家人士的互动研讨，在政府宏观决策指导、政策法规配套、建设运作机制、科技创新攻关、行业应用实践、产业发展思路等方面，激发创新、商讨对策；借助展览的直观性，展示近年来信息技术及物联网、云计算等新技术在城市规划、建设、管理和服务方面取得的成果，推介相关智慧城市建设经验技术、设备及产品，促进我国城市之间、政府与企业之间在智慧城市建设领域的广泛交流与合作，培育智慧城市产业链，共同推进建设行业信息化的健康持续发展；从城市大规模三维模型建设与应用、智慧城市信息资源管理平台建设、城市信息化顶层构架、物联网与云计算、北斗卫星导航系统在智慧城市建设中的应用等方面，引导智慧城市的和谐发展，足见我国在建设和规划智慧城市的技术理论和基础设施方面已日趋成熟。

物联网、云计算、移动互联网、车联网、手机、平板电脑、PC 以及遍布地球各个角落的各种各样的传感器，无一不是海量数据源或是大数据承载方式，而这些平台同时也是构建智慧城市的重要基本要素。在"信息爆炸"时代，为了探讨当前大数据与智慧城市建设的关联，"大数据与智慧城市建设论坛"围绕大数据基础架构与上层应用的生态系统，解决大规模数据引发的问题，探索大数据基础的解决方案，以激发数据挖掘带来的竞争力和社会经济效益。

目前北斗卫星导航系统的应用逐渐显出规模化、标准化趋势，已向民用用户全面开放，成功应用于个人位置服务、气象应用、交通管理、运输管理、应急救援、精密授时、精细农业等多个行业。近期是中国智慧城市建设技术研讨会暨设备博览会首次设立"北斗卫星导航系统在城市管理与运营中的应用"分论坛，博览会也将设立北斗导航系统专题展示区。"北斗卫星导航系统在城市管理与运营中的应用论坛"关注位置服务、定位授时等焦点，围绕北斗导航系统的技术、应用与产业化前景展开深入研讨，阐述与探索北斗卫星导航系统在新一代信息技术、智能信息产业与智慧城市中的定位、作用和发展。

我国许多知名创新企业如中国联通、大唐移动、华为、联想等都在为迅速发展中国的智慧城市不遗余力。上海的知名专家更以真知灼见对智慧城市作了深入探讨[116]。不无遗憾的是各家高论均未涉及我国城市特有的现状中还有人口结构中急剧攀升的老龄化现象，其中处于亚健康状态的老龄人口占大多数；还有为数不少的残疾/残障人口，城市的智慧化没有理由把这些亟待"智慧救援"的亲朋好友抛诸脑后啊！有的城市据说智慧化居全国前列，在交通大道中央营造了誉为"畅通无阻"的 BRT，可是几乎剥夺了行动不便的老龄人和残疾人的出行权利，甚至上医院也被迫"望路兴叹"，徒唤奈何！马路两侧的人行道越"智慧"越窄，许多盲道"丢三落四"，这样的智慧化变得"吹皱一池春水，干卿底事？"。须知智慧城市应更能"感知人"，不但是"宜居的"，更应"宜行的"[158]。智慧城市的"安全可靠"[121]应适用于所有市民。所以，正确的智慧城市发展观[139]首先应顾及处于城市底层的弱势群体，必须保证他们的生存、生活基本权利。无论智慧城市建设的顶层设计[157]，或是制定充分的防灾规划[134]，均请不要忘怀那些即使没有智慧化也需要念兹在兹的市民群众！

（2）政府瑰意琦行：国家发改委发布《国民经济和社会发展第十二个五年规划》、《战略性新兴产业"十二五"规划》；国家发改委、工信部、科技部等：《物联网发展专项行动计划》；国家科技部：《服务机器人科技发展"十二五"专项规划》；《中国云科技发展"十二五"专项规划》；《国家宽带网络科技发展"十二五"专项规划》；国家工信部制订与智慧城市相关的规划超过 10 个，包括《新一代信息技术产业"十二五"规划》、《云计算"十二五"规划》、《物联网"十二五"规划》、《"十二五"信息化规划》、《信息安全规划》、《电子信息产业规划》、《软件业规划》、《通信业规划》，《电子政务规划》、《电子商务规划》等。近期，住建部发布了《关于开展国家智慧城市试点工作的通知》，印发了《国家智慧城市试点暂行管理办法》和《国家智慧城市（区、镇）试点指标体系（试行）》，并已在 2013 年脚踏实地地开展我国智慧城市试点工作。

（3）各地方齐头并进：北上广深等地方政府均出台了明确提出发展智慧城市、引导战略性新兴产业发展的"十二五"规划。专家们也为各城市的智慧化出谋划策，传媒的信息传播支持尤其立见时效，如北京[132、133]、广州[128、134]、镇江[117、139]等。

2010 年 9 月，宁波市出台《中共宁波市委宁波市人民政府关于建设智慧城市的决定》。作为首个以政府名义全面推动实施智慧城市建设的城市，宁波市对我国智慧城市建设起到排头兵的作用。2011 年 9 月 2 日至 4 日在宁波召开"中国（宁波）智慧城市技术与应用产品博览会"，浙江省政府、国家工信部、国家标准化委员会签署了战略合作框架协议，决定联合开展"智慧城市"建设试点，并支持宁波成为"智慧城市"国家综合试点城市。

2011 年底将智慧城市列入"十二五"规划的城市超过 30 座，有近 50 座城市、城区或园区提出了具体的智慧城市建设目标和行动方案、规划。

（4）日升月恒：据不完全统计，2012 年有 150 座以上城市提出了建设智慧城市规划或方案；科技部、工信部、住建部、国家旅游局、国家测绘局等均在本系统分别提出了智慧城市试点。目前：中国智慧城市建设已全面铺开，推进速度较快的已进入建设实战阶段[129]。2013 年有一大批智慧城市、园区和行业出现！新型城镇化建设将进一步加快智慧城市建设的步伐！《光明日报》报道：据不完全统计，目前我国 95% 的副省级以上一级城市、76% 的地级（二级）以上城市，共 230 多座城市提出或在建智慧城市，"十二五"期间计划投资规模超过 1 万亿元。预计在此期间，我国将有 600～800 座城市跻身智慧范畴，新一轮产业开拓和升级机会指日可待[121]。

2013 年 1 月 29 日，住建部在北京主持召开了国家智慧城市试点创建工作会议，会议公布了首批国家智慧城市试点名单共 90 座（含温州、金华、诸暨、杭州上城区、宁波镇海区等），国家开发银行与住建部合作投资智慧城市的资金规模达 800 亿元。2013 年 8 月初又正式补充公布本年度国家智慧城市试点名单，确定北京等 103 座城市、区、县、镇为本年度国家智慧城市试点。其中，市、区 83 座，县、镇 20 座。试点城市将经过 3～5 年的创建期，由有关部门组织评估，对评估通过的试点进行评定。

9－3－3　发展智慧城镇的技术支撑和管控创新

1. 物联网开路——我们已初步了解智慧地球即通过新一代信息技术改变人们的交互方式，提高实时信息处理能力以及传感和响应速度，增强业务弹性和连续性，促进社会各项事业的全面和谐发展。其间把传感器嵌入和装备到电网、铁路、桥梁、隧道、公路、建筑、供水系统、大坝、油气管道等各种实体中，并给予全方位连接，形成物联网。在 IBM 副总裁、政府与公众事业部 CTO 班纳华（Guru Banavar）看来：为适应这种全球性的变化，作为变革技术产物的物联网自然而然地应运而生。整合物联网和互联网，实现人类社会与物理系统的结合，在此基础上人类可以更加精细和动态的方式管理生产/生活，甚至可以通过本身的大脑意念实行掌控，真正达到人类登临的智慧高峰。因此，加快智慧城镇建设步伐，以提高政府的公共管理水平、服务能力和公信力，是新时期社会和谐建设的重要目标，也是促进政府决策科学化、民主化的重要手段。所有这些智慧梦依托按部就班的物联网架构就能如运诸掌，如愿以偿。

2. 云计算实效——云计算作为一种基于互联网的新型服务模式和计算模式，为解决智慧城市建设中大规模分布式数据管理、面向服务应用集成、快速资源部署等问题提供了有力的支撑手段，助力智慧城市的建设和发展。因为智慧城市各类智慧应用的承载和实现，需要云计算的数据计算与综合处理平台的有力支持，从而能大大改善资源部署及应用开发模式，实现统一的服务交付，从而提升资源利用率，降低智慧成本，提高城市智慧水平[118]。

未来具有强大数据分析能力的云计算平台将是智慧城市发展的决定性因素。云计算有利于整合城市的信息资源，能将政府职能与信息技术充分融合，解决医疗、交通、教育、金融、能源供给、社会保障、公共安全等一系列社会管理服务问题；支撑智慧城市建设的智慧云在这些领域表现出多种形态，如市政云、交通云、社区云、医疗卫生云、教育云、金融商务云等。云计算能轻而易举地促进现代服务业的发展，使计算与信息服务走向社会化、集约化、专业化，为人们提供低成本享受信息技术和信息资源服务。云计算通过资源整合、统一管理和高效的资源流转，可以有效降低区域信息化的总体成本。此外，云计算能为数据安全提供保障，由于数据集中存放，避免数据在个人手中可能遗失或者泄露的风险。

3. 大数据支撑——智慧城市的每一个细节都是巨大的数据源，同时智慧城市的运行基础也来源于对大数据的深度分析。云计算平台可以成为智慧城市的大脑，实现对大数据的存储与计算，达到节约运行成本、提高资源利用率等实效[105]。中国正在步入大数据时代，这种重视是由政府层面自上而下实现普及的。大数据的关键在于分享。我国智慧城市发展的瓶颈之一在于信息孤岛效应，各政府部门间不愿公开、分享数据，这就造成数据之间的割裂，无法产生数据的广度/深度价值。大数据在智慧城市民生、辅助政府决策等诸多方面均需快速、精密、高效获取、挖掘和快速应对。某些一线城市已开始将大数据应用到智能交通领域，能及时发现热点事件进行处理等。有专家指出大数据背景下智慧城市急需顶层设计，统一规划、分步骤实施[119、157]。

4. 社会管理创新机制——Web2.0 以后，政府管理从单向向双向互动式发展。这种管理模式对应社会管理创新的一些基本模式。从理念上，更多强调管理和服务，而不是监管。从服务提供上，更多靠一站式服务、集成化服务。从支撑平台上，强调智慧政府。基于这些理念，城市政府依托智慧城市的理论框架，把信息技术产品、资源管理、计算模式整合起来，为社会管理服务提供强有力的保障和支撑。

政府进行社会管理创新，有一个新概念叫"政府2.0"。政府服务2.0模式希望搭建什么样的平台？

（1）智慧城市要以公民需要为本地思考和修正原有社会管理业务模式和管理方式，决不能再使城管蒙羞，要寓管理于服务之中。曾见到某市城管当值人员在监督沿街摊贩的小学生子女放学回来拿起扫帚扫除垃圾的场面受到电视台表扬，其实更应该表彰的城管行为是协同那些幼童一道清扫临街垃圾，而不是对那些不足 10 岁的儿童指手划脚。

（2）提供有选择性的服务，提供可行方案。因为在社区里很难做到完全统一化的服务，特别是很多社会矛盾化解机制往往都是个性化的。另外据京华时报专论，还包括政府和公民之间的服务和互动，允许公民随时随地以各种设备完成与政府之间的交互。同时，在整个过程中要降低政府的成本。

5. 坚持"以人为本"——智慧城市的发展应坚持"以人为本"的理念，固然可让市民成为城市规划和建设的部分核心力量，但仍应以坚持民生改善为主要方向。要形成稳定的智慧城市发展规划，就必须逐渐让市民更多参与城市规划，并最终成为规划主体，因为市民更熟悉本地区的资源丰歉和实际需求。而改进本地民生、营造民生福祉则是其贯彻始终的规划目标。

6. 因地制宜、因时制宜——有些城市在推动智慧城市建设时目标很宏伟，但较少针对本地新型城镇化推进中的实际问题，缺少顶层设计和总体规划，缺乏基本要素资源和支撑能力。在智慧城市建设中，应将城市作为一个整体，掌握其资源条件、区域定位等，制定可行的管理方法，制订创建任务和重点项目的时间节点。每个城市均需因地制宜、因时制宜，推进城镇化及智慧城市建设。为此，初期搞好行之有效和综合运筹的顶层设计至关重要[129]。

7. 补偏救弊　兼权熟计——建设智慧城镇过程难免出现功力略欠、瑕瑜互见的局面：

（1）信息化总体水平缺乏有效规划，尤其是缺乏统一规划，出现重复建设状态[113]或地区间发展进度参差不齐，特别是中西部城镇化相对迟缓[135]；

（2）智慧城市两大要素：网络和应用，但须强化典型应用以提高网络建设水平；

（3）智慧城市建设中各具体工程项目常因袭传统管理办法按职能部门分片包干，因而往往缺乏全局规划，因各自独立信息化，未能发挥综合效应，易于形成信息孤岛或亦导致重复建设；

（4）缺乏完整、科学的标准体系：缺乏统一的城市智慧化标准体系；不同部门组织制订的信息化标准之间可能出现不协调状态[111]；

（5）关键技术领域缺乏自主创新研发，也缺乏结合经济社会发展需求的法律法规[126]；

（6）缺乏针对我国实际需求和要素禀赋的智慧城市理论和方案指导[126]；

（7）需加强适应智慧化的运行管理模式：应提供有中国特色的科学的实用的城镇智慧化建设的总体框架或运行机制的依据；应有适合不同类型城镇使用的建设与运行模式。

（8）就资金、技术、管理、规划等一系列问题尚缺乏清晰部署，切忌盲目跟风[115]，须避免发生市场失灵或政府失灵的尴尬局面[135]。

9-3-4 智慧城镇发展 规划原则巡礼

1. 规划智慧前提——中国智慧城市发展背靠城镇化发展高潮的现实，新城镇开发是未来10~20年中国经济发展的主旋律，而智慧城市必将扮演重要角色，因而趁势深入智慧化发展将有助于降低智慧城镇建设成本和网罗或培育各种为建设智慧城镇急需的高级科技人才。

智慧城市倒逼规划智慧，须紧扣五大前提：①紧跟世界城市智慧化发展前沿；②探索和预测未来智慧城市发展趋势；③跟踪和考查现代化科技基础及其理论基盘；④清理和把握当前我国经济社会中关键的特别是疑难的问题；⑤了解和征集市民当前的最紧迫需求。

2. 智慧城市规划观——智慧城市规划原则是国际性与本土性相结合，体系性和关键性相结合，可持续性和现实性相结合，可获取性和可比性相结合，强调一体化、平台化和整体性的引导。第三届中国智慧城市发展水平评估指标体系见表9-4。可惜这份发展水平的评估指标体系未含智慧城市的科技创新能力和创新人才培育指标，更未重点突出智慧城市的生态文明建设。一般讲，智慧城市发展中的三件大事是：顶层设计、生态文明和科技基础。

表9-4 第三届中国智慧城市发展水平评估指标体系

一级指标	权重	二级指标	权重
智慧基础设施	20	无线宽带覆盖率	10
		云平台建设/应用情况	10
智慧管理	15	一站式并联审批	10
		采用一揽子解决方案	5
智慧民生	20	市民卡覆盖率	10
		政府网站应用水平	5
		一体化民生服务能力	5
智慧经济	15	万人均专利数量	5
		GDP每万元资源消耗率	5
		高新园区产值占GDP比重	5
智慧人群	15	每万人受过高等教育比率	5
		互联网用户普及率	5
		人均电子商务消费额	5
保障体系	15	总体规划或行动纲要制定	10
		体制机制建设与创新	5
加分项	10	典型创新应用	10
合计	110		

3. 国际数据公司（IDC）的观点——"IDC中国"认为，第三平台（云计算、移动、社交、大数据）技术的推广和应用已成为未来ICT市场的新主流，其相关的硬件、软件和服务将进一步深化基础行业的发展，并全面支撑中国智慧城镇的建设。其优点在于：①建设智慧城镇是"智疗"城市病的可行之路；②建设智慧城镇有利于提升城镇化质量。

"IDC中国"认为：宏观方面，中国城镇化区域布局不够平衡，例如：①中国大城市与中小城市或城镇的发展不平衡；②城乡发展不平衡，城乡二元结构尚未消除，城乡发展失衡；③城镇化与新型工业化不平衡，新兴产业发展乏力，内需增长过缓。微观方面，中国城镇化建设常伴随空气污染严重、交通拥堵加剧、用地矛盾频现、水电气等资源紧张、医疗和教育等民生问题突出的局面。根据 IDC 报告《全球智慧城市市场 2013 年 10 大预测》，在 2013 年，智慧城市项目的全球支出中有 70% 将集中在能源、交通和公共安全领域，其中 90% 的项目将至少由国家政府或国际组织提供一部分资助；地方政府将通过移动终端设备和社交媒体实现与市民的交流，从而加快新型市民/政府关系的诞生。以第三平台为技术依托的新型城镇化建设将成为发展智慧城市的引擎，"IDC 中国"给出 2013 年中国智慧城市市场发展的估计：①食品药品安全将统一布局；②移动社交的发展促进公众参与；③战略联盟与市场整合将加速；④智慧城市信息安全日益受到重视；⑤精细化管理的投入将持续增加；⑥借力云计算和大数据的技术优势来拉动新型工业化；⑦环境保护监测市场发力，积极推进绿色建筑和低碳城市建设；⑧跨国公司将加强与其国内企业的合作；⑨物联网相关产业将高速发展。

4. 智慧城市是信息化与城镇化结合的最佳模式——据"IDC 中国"的分析，在各地方政府已发布的"十二五"规划中，涉及智慧城市的总投资约为 1260 亿美元，其中 ICT 投资约为 570 亿美元。基于国家各部委推动智慧城市建设的政策影响，以及智慧城市发展基金的市场预期，中国智慧城镇的试点地区将加快项目建设步伐，2013 年中国智慧城镇的 IT 市场规模估计已达 108 亿美元，较 2012 年的 92 亿美元有较大增长，公共安全、数字城管、智慧医疗、智慧交通等方面的市场增速较快，IT 服务、软件、智能终端、商用 PC 等市场也保持着较高增长率。2013 年智慧城市的建设模式将有突破和创新，资金来源进一步多元化，大型互联网公司势必陆续介入智慧城市建设。由于出现智慧城市服务商新的竞合关系，2013 年出现了领导厂商。物联网和第三方平台技术的应用持续深化，云平台、大数据技术正欣逢更优越的发展环境。由于缺乏法定统一的计量标准，直到 2015 年智慧城市的各相关数据仍在预估之中。

9-4　城乡一体化　农业现代化

9-4-1　健全城乡发展一体化体制机制

1. 城乡一体化战略——

（1）战略目标：《改革决定》旗帜鲜明地指出："城乡二元结构是制约城乡发展一体化的主要障碍。必须健全体制机制，形成以工促农、以城带乡、工农互惠、城乡一体的新型工农城乡关系，让广大农民平等参与现代化进程、共同分享现代化成果。"为此，要求："加快构建新型农业经营体系。""鼓励农村发展合作经济……""赋予农民更多财产权利"和"推进城乡要素平等交换和公共资源均衡配置。"[1]

《改革决定》中明确提出实现"城乡一体化"，表明新一届中央政府不仅将沉积已久的问题当做自己任内要承担的任务，更是将无法量化的"过程"，改为"目标"。把实现中国"城乡一体化"的战略目标确定为自己的战略责任和目标，并落实在今后将实施的制度创新与社会进步的综合实践中，这的确是一次巨大的历史性跨越。在《改革决定》引导下，《城镇化规划》进一步提出"坚持工业反哺农业、城市支持农村和多予少取放活方针，加大统筹城乡发展力度，增强农村发展活力，逐步缩小城乡差距，促进城镇化和新农村建设协调推进。"要"完善城乡发展一体化体制机制"。具体说，就是"加快消除城乡二元结构的体制机制障碍，推进城乡要素平等交换和公共资源均衡配置，让广大农民平等参与现代化进程、共同分享现代化成果。"包括"推进城乡统一要素市场建设"和"推进城乡规划、基础设施和公共服务一体化。"为此，特别强调"加快农业现代化进程"和"建设社会主义新农村"。

城乡一体化的社会实践同声相应地提出消除"二元结构社会"，意味着中国实施城镇化的同时并非孤立地平地一声雷造出成千上万的市镇，而是在一定意义上发展"亦工亦农"格局。未来城镇化面临三大使命：消除"二元结构"社会、建立"新型土地"制度、实施"社会改造"工程。很明显，消除"二元结构社会"是中国实施城镇化的三大使命之首[18]。这说明中央在决策中，不但将"目标揽为己任"，更将

"任务做出排序"。由此可以推断，城镇化的下一步工作，将一反无序状态，在可控轨道上推进。总的政策框架是："多予、少取、放活"以破除二元结构，其中包括创新农业经营体制；发展农民专业合作；培育大批扎根农村的龙头企业和搞活农村金融等[184]。要"让城市融入大自然"，让进入城镇化小天地的农民仍然"望得见山、看得见水、记得住乡愁。"[26]

（2）意义：城镇化是缩小城乡差别、解决中国城乡二元结构、转移农村富余人口支援第二、三产业和化解工农收入长期处于悬殊局面的社会实践过程，而城乡一体化则是为了缩小城乡差别—收入差别—公共服务差别—民居差别、促进战略性工业转型升级、夯实城市化浪潮涌动造成的城乡结合部空虚状态和减轻城市规模过度发展造成的城市病压力所追求的战略目标[171]。

我国城市化/城镇化率2050年将达72.9%，若届时总人口达14.2亿，即城市人口将达10.35亿，而农业人口仍将保有3.85亿，当然比目前的6.4亿农业人口少了许多。农业同样会机械化、信息化、自动化、智慧化，届时的农民技术创新水平足以跟城里的高智商人群分庭抗礼，相信农村将一样诞生院士、教授、工程师。既然智商不相上下，城乡的分水岭自然会变得模糊起来，城乡将东海扬尘，一体共圆中国梦。

2. 城乡一体化前瞻——

（1）预期效果：城乡一体化的纵深发展有利于推进集约、智能、绿色、低碳的城镇化、有利于社会生产力从第一产业向第二、三产业转移，有利于农业生产更全面和更高质地加速现代化。城市用地规模不断扩大的同时疏散了市中心的商业—交通—高楼大厦拥挤现象，基础设施建设水平随之提高，生长在农村而本来智商高超的青少年获得公平方便的高学历教育成才，农民的聪明才智在无所不包的信息资源云中能有更多机会得到发挥；垃圾围城的状况得以部分地缓解；遇到不可抗力的各种灾害能在近郊区提供安全转移的伸缩余地；大批渴求安全静噪环境的如学校、医院、科研院所等单位得其所哉！

（2）可能的掣肘因素：①区域社会发展存在差距，因而各地区城乡一体化进度并不能齐头并进，而是有可能各行其是，偏离一体化初衷；或是出现"同质化"路径，而没有体现因地制宜。②社会事业、公共服务存在参差优劣、良莠不齐，影响一体化效果。③因投资体制改革明显滞后，可能存在盲目投资和低水平扩张[51]。④各地区的资源和环境压力差别颇大，也是影响各地城乡一体化进度和质量的关键因素[30]。⑤城乡一体化应当与城镇化、农业现代化相互促进，相得益彰。孤军深入式或"空巢式"城乡一体化是不可取的[176]。

9-4-2 农业现代化

1. 农业现代化的时代意义和战略方向——在2013年年底召开的中央农村工作会议上，习近平同志指出：农业是"四化同步"的短腿，农村还是全面建成小康社会的短板。中国要强，农业必须强；中国要美，农村必须美；中国要富，农民必须富。农业基础稳固，农村和谐稳定，农民安居乐业，整个大局就有保障，各项工作都会比较主动[41]。会议指出我国农业现代化战略方向是："要加快推进农业现代化，以保障国家粮食安全和促进农民增收为核心，立足我国基本国情农情，遵循现代化规律，依靠科技支撑和创新驱动，提高土地产出率、资源利用率、劳动生产率，努力走出一条生产技术先进、经营规模适度、市场竞争力强、生态环境可持续的中国特色新型农业现代化道路。""走中国特色新型工业化、信息化、城镇化、农业现代化道路，推动信息化和工业化深度融合、工业化和城镇化良性互动、城镇化和农业现代化相互协调，促进工业化、信息化、城镇化、农业现代化同步发展。"[159]现实状况是：工业化正乘风破浪忙升级，信息化正直挂云帆迎换代，城镇化正鼓乐喧天推改革，唯有农业现代化尚在襁褓之中，正聚结力量、寻找靶心。这是因为与农村、农民合称"三农"的农业涉及金银铜铁、柴米油盐，成千累万、千丝万缕。因而其现代化势必牵一发而动全身，亦即农业现代化理应三农整体现代化，农业系统现代化，而不仅仅是麟角凤距、阳春白雪式的现代化。中央要求：农业要强、农村要美、农民要富，三者缺一不可。

2014年12月23日的中央农村工作会议把"转变农业发展方式"列为2015年五项经济工作的主要任

务之一，要求发展数量与质量并重、生态环境可持续发展的现代农业[177]。

2. 农业适应行动——国家制定并实施《农业法》、《草原法》、《渔业法》、《土地管理法》、《突发重大动物疫情应急条例》、《草原防火条例》等法律法规，努力建立和完善农业领域适应气候变化的政策法规体系。加强农业基础设施建设，开展农田水利基本建设，扩大农业灌溉面积、提高灌溉效率和农田整体排灌能力，推广旱作节水技术，增强农业防灾抗灾减灾和综合生产能力。实施"种子工程"，培育产量高、品质优良的抗旱、抗涝、抗高温、抗病虫害等抗逆品种。

其次，进一步加大优良品种推广力度，提高良种覆盖度。强化重大动物疫病防控，建立和完善动物防疫体系，加强动物疫病监测预警，提高动物疫病的预防和控制能力。开展草原退牧还草，草场围栏，人工草场建设，加强草原防火基础设施建设，保护和改善草原生态环境。开展水生生物养护行动，保护水生生物资源和水生生态环境。

3. 农业现代化的基石——科技创新：2013 年我国粮食产量达到 60194 万吨，实现"十连增"，动因得力于高达 55% 以上的科技进步贡献率。与此同时，要在建立新型农业经营体系的基础上促进包含实质性科技含金量的农业现代化[172]，相应地促进创新农业经济持续快速发展[196]。近年我国粮食生产因科技推动而持续获得丰收的态势如图 9－13 所示。

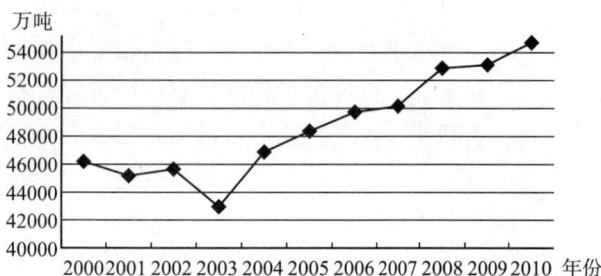

图 9－13　21 世纪以来我国粮食增产优势

（据：发改委．中国可持续发展国家报告，2012－06）

（1）千条万条，提高农业科技水平第一条[183]：产品优质优量、深度加工水平与日争辉、餐饮业粗粮细作、农林牧副渔新秀登场、农副产品物流"车如流水马如龙"，信息上网、技术下载、农技试验推广如临喜庆、农技创新突破如数家珍！减少农业就业人数、提高土地集约化经营规模、提高农业机械化程度等更能增加农业生产效率和附加值。从 20 世纪 80 年代初开始施行的家庭联产承包责任制决定了我国土地以农户家庭经营为基础，每户分到的土地规模虽小，却可发展集体联产以利于大功率农业机械化大展身手。中央农村工作会议特别强调："坚持家庭经营基础性地位，农村集体土地应该由作为集体经济组织成员的农民家庭承包，其他任何主体都不能取代农民家庭的土地承包地位，不论承包经营权如何流转，集体土地承包权都属于农民家庭。"

（2）农业现代化科技核心内涵：要保障农产品有效供给，必须加快改善农业技术和设施装备条件[172、174]。核心重点有：

①优质水利工程：适度、及时、节水浇灌和迅速排涝；笔者曾在内蒙古土默特旗点什气大队大青山下组织打井找水，因没有现代打井设备，焚膏继晷地半个月不见滴水。农业现代化须首先解决开发水源的机械化问题。

②优质高效机械化：翻耕、耙地次数深度适度；土壤整理保水保肥；适度/高度自动化插秧、除草、施肥、防病虫害；收割；曝晒；脱粒；归仓等全盘机械化。

③适度施肥和/或使用农药：防土壤板结、农药残留超标、水源污染等[163]。

④研发适应本地条件的生物工程：如生物防治虫害、水稻杂交、适用的如抗倒伏、抗病虫害但不影响粮食产品的基因工程。

⑤适合本地生产条件的节能物流设备和系统：电动汽车、电动拖拉机、电动农产品加工机械、电动静噪农用机械、静噪除草机、高效优质按需节能环保物流系统。

（3）尊重农民的创新精神：农业科技创新是农业健康发展的基本保障，通过加快科技成果转化和现代化，促进农产品产量和质量升级，能有效推动我国农业的工业化水平提高和城镇化规模提速。例如，依靠科技创新驱动，建立现代农业，将农产品绿色供应链产业化，在提升我国农产品在国际市场上的竞争力的同时，也提高了农民收入，促进了城乡一体化发展。教育部中国智慧工程研究会及时提出农业现代化急需大量智慧型农民和农村干部的呼吁，亟待通过各种途径培训[176]。

9-4-3 国际先进农业科技发展现状

1. 世界新一轮农业科技革命表现在——

（1）各国农业科技创新投入大幅提高；

（2）高新技术包括生物、信息、材料新技术日新月异，特别是近年来物联网、云计算、大数据、移动互联网、宽带视频技术和纳米技术等蜂舞并起，介入农业，花样翻新。

（3）国际科技合作农业创新：各类型、品种、形式的合作研发和竞争比拼层出不穷。

2. 美国农业科技先难后获——

（1）依靠科技树名牌：美国农产总量2002年超过1910年的5倍，主要是依靠科技运作强度和体系结构优化取得的。农业科研经费从1950年的20多亿美元增加到2008年的96亿美元，约占全球农业领域研发投入的20%。美国围绕农业研发的产业群，包括创立了许多国际知名品牌，企业培育优良品种和创新设计高质农机和化学品，所拥有的专利等，也都举世闻名[4-102]。

（2）信息技术创效益：美国农业科技的高度发展和打造精确农业操作，首先得益于广泛利用信息技术和生物技术。最先发挥较大经济效益的信息技术是3S技术，即遥感技术（RS）、地理信息系统（GIS）和全球定位系统（GPS）。在充分利用电脑管理和征集农业技术的基础上，普遍开展生物技术的推广应用[162]。

（3）循环经济保持续：20世纪80年代，美国在发展生态农业、有机农业的基础上提出发展可持续农业，即为克服前者减少化肥施用所致减产而推行作物轮作、农牧混合、水土保持耕作等循环经济理念指导下的新的农业生产模式，实现农业清洁生产、适量用绿色化学品、按"资源—农产品—农业废弃物—再生资源"的反馈式流程组织生产，以最大化资源利用[162,183]。

（4）N_2O 减排：大气中的 N_2O 对热量的吸附作用是 CO_2 的300多倍，美国证明温室效应如此强烈的 N_2O 有70%来自农业生产中所用的化肥。美国科学家设计出一种运算系统能精确计算出所需氮肥施用量，而如果因此导致减产可以通过碳交易市场得到经济补偿[164]。

（5）及时应对农业发展新形势：2012年末，美国总统科技顾问提交的一份报告，指出美国农业当前面临的七大挑战：新病虫害和外来生物入侵管理、水资源利用效能提高、降减农业环境污染、气候变化后的粮食增产、生物燃料/生物能源生产管理、保健食品生产管理和应对全球日甚一日的粮食危机。该报告为此提出加强相应问题的科研规模意见[161]。

20世纪90年代后期，笔者曾在美国畜牧业发达的怀俄明（WYOMING）州考察，那里以生产了全球一半以上的高品质牦牛而闻名于世。牧民们自己设计施工在广袤牧区构建了一条绕行牧区的"土铁路"，绕行一周约需1.5小时，一路上大饱眼福地观赏了风月无边的牧区风景，停站后又能欣赏牧民自编自演富蕴乡土风味的喜剧和招待自酿的美酒加自产的牦牛肉，其乐融融。一个两岁多的小女孩牵着我去欣赏她辛勤饲养的小白兔，"请伯伯给它取个名字吧！"看完这段小插曲，读者也许已有亲临其境的感受。农民的创新更要解脱思想束缚，大胆革故，鼓励标新立异！

美国科学家曾设想在城市中心地段建设垂直农场，将高楼变成绿色农场供应全市的果蔬消费[173]。但果蔬在市中心黄金地段单位面积产值无法跟写字楼金融收支效益比拟，果蔬生产中的环境影响尤其是个窒碍因素。

3. 欧盟农业科技重点——重点研发生物资源，为农业、渔业、畜牧、林业产品、食品安全、海洋产品、生物多样性开发和可持续利用等。

4. 日本农业科技重点——重点研发基因工程技术、新型食品开发与检测、食品安全检测技术、生物环保技术、生物能源开发、生命科学的尖端技术领域、细胞工程和酶工程研发、生物传感器和超微生物反应器等。

9－4－4 三农智慧化扫描

1. 发挥旱涝保收智慧——我国水、旱、土地状况不容乐观，每年农田受旱面积达 2600hm²。1950～2007 年，农业平均每年受旱面积 3.26 亿亩，其中成灾 1.86 亿亩，因旱损失粮食 158 亿 kg，占各种自然灾害所致粮损的 60% 以上。20 世纪 50 年代因旱年均粮损 43.5 亿 kg；90 年代粮损增为 209.4 亿 kg；21 世纪以来粮损更升至 372.8 亿 kg。

全国节水灌溉工程面积超过 4.1 亿亩；通过动植物保护工程，疫病虫害的监控能力有了较大提升，主要粮食作物病虫害专业化统防统治面积达 5.1 亿亩。一大批先进适用的农业技术得到广泛应用。2010 年，农业科技进步贡献率达到 52%，中国主要农作物良种覆盖率达到 96%，农田灌溉水有效利用系数达到 0.5。

推广节水灌溉技术须进行土地平整和条田建设，平整度较好的土地比平整度较差的土地平均节水 10%～20%；要高度重视农业节水技术，根据作物生长周期，需求饱和度进行适时、适量供水，实现节水、增产和增效。此外，大力推广喷灌、滴灌等高效节水农业技术，较大限度的提高水资源的利用率，可大大降低农业生产成本[169]。

全国农村改水累计受益人口达 9.03 亿人，其中，自来水 6.54 亿人，占受益人口总数的 72.4%；手压机井 1.65 亿人，占受益总人口的 18.3%；其他改水形式受益人口 0.84 亿，占受益总人口的 9.3%。已改水受益人口占农村人口 94.3%。

我国耕地面积的 40% 需要通过灌溉维持正常生产。目前全国农田灌溉面积 9.05 亿亩，灌溉用水缺口 300 多亿 m³。因多年来所用漫灌方式，农业用水效率仅及 40% 左右，远低于欧洲发达国家的 70%～80%。近年来我国虽兴修了大量蓄、引、提和调水工程，但因我国特有的水资源时空分布极其不均匀特征，开源和节流必须双管齐下才能保证农业生产和淡水消费两不误[182]。2012 年 12 月 15 日，国务院公布《国家农业节水纲要（2012～2020）》对农业节水的基本原则、目标、体系、区域指导、重点工程推进、组织实施办法等都做了切实可行的具体规定。到 2020 年，全国农田有效灌溉面积将达 10 亿亩，高效用水技术覆盖率达 50% 以上。由于全球气候持续变暖，我国农业水危机并不可能从此一帆风顺，面对农业水危机仍然要有枕戈待旦、见机行事的安排[186]。

总之，应从一切可能途径发展节水农业，包括水资源时空调节、充分利用自然降水、高效利用灌溉水以及提高植物自身水分利用效率等，大力提高水资源利用率和生产效益。华中科技大学研究中心发明的痕量自动化灌溉技术，其中设计了自动测试需水反应机构。痕量灌溉技术具有铺设距离长、适应多种灌溉水质、设施方便等特点，在农业节水领域有较好应用潜力，适于各种土质，可用于大田、园艺、露天果园、荒漠改造、城市绿化等场合。经北京市农委鉴定，认为节水效率、抗堵性能和长距离均匀供水等方面均达到全国领先水平。

2. 推广科学产肥/施肥技术——农业施肥通过影响植被的生物量来影响土壤碳源的供应量和土壤微生物活性，引起土壤碳库的变化。通过对土壤增施有机肥，减缓土壤有机质腐烂，缩短有机粪肥的田间暴露时间，减少土地耕作活动，改善土壤水分管理，可减少 CO_2 大气排放量。通过测土配方施肥，根据作物需求施肥，减少化肥的使用数量，避免农田土壤中氮肥过剩；增加有机肥使用数量，改善农田土壤的通气条件和酸碱度；尽量减少农田土壤耕作，大力栽培地面覆盖植物；使用氮肥硝化还原抑制剂等，可减少 N_2O 排放量。

我国"十二五"期间将建成新型高效肥料技术创新体系，主要环节是针对不同作物品种和不同土壤类型开展"缓控释肥产业化技术"[162]。

大颗圆粒磷铵、尿素早几年已规模生产，而大颗圆粒氯化钾、硫酸钾等钾肥生产也已在 2012 年取得攻关突破[167]。至此我国氮磷钾肥的低碳高效复合肥生产已全生产线铺开。

3. 采用新型农作物育种技术——未来新品种的发展，如培育抗高温、耐干旱、作物生长发育期长的品种，应对全球变化。推广高产作物品种，增加多年生牧草种植，大力栽培木本植物，改进牲畜放牧管理等，以提高耕作土地中的碳素储备水平。培育新型氮素高效利用农作物的农业新品种，是农业生产适应气候变化的一个重要措施。开发培育氮素高效利用水稻品种，减少 N_2O 排放对环境的破坏，有助于全球温室气体排放的控制。

4. 畜禽健康养殖技术——畜禽养殖是温室气体的重要来源。由传统的养殖方式向清洁养殖转变，建设畜禽养殖场，对集约化养殖场畜禽粪便和污水进行无害化处理与肥料化利用，为适应气候变化及降低气候变化影响作出贡献。建设固体粪便有机肥厂，对规模化畜禽养殖场用嗜氧发酵技术处理固体畜禽粪便，无害化处理后制成有机肥。建设液体粪污大中型沼气工程。按生态学"整体、协调、循环、再生"原则，对未采用干清粪方式的畜禽养殖场采取厌氧生物处理技术和物理处理技术结合治理办法，建设液体粪污大中型沼气工程[169、179]。

5. 沼气工程节能减排技术——沼气项目的温室气体减排出自两方面考虑：用沼气可减少依赖薪柴、化石燃料和电能，减少温室气体排放。发酵产生的沼渣可代替常规化肥，减少化肥中温室效应相当于约 300 倍 CO_2 的 N_2O 排放。农村利用沼气能省柴、省煤、省电、省时，更能减少烟雾和粪便污染，是环保护卫大师[167]。

6. 秸秆资源化利用——我国农作物秸秆年产量约 7 亿吨。其中的一半可作为能源使用，折合 1.5 亿吨标煤；树木枝桠和林业废弃物可获得量约 9 亿吨，若 1/3 作为能源使用，可折合 2 亿吨标煤。农村多数秸秆仍被分散燃烧，既污染环境，又浪费资源；既直接排放碳，又加快土壤有机碳分解损失。低碳对策有：

①秸秆还田：秸秆返回农田作为土壤一部分，能抑制土壤有机碳下降，是减少农田 CO_2 排放的最直接有效措施。秸秆返回土壤可释放养分，改善土壤结构，起保水、吸水、黏结、透气、保温等作用，增加土壤肥力，提高土壤调节水、肥、温、气等能力，实践证明可使每亩小麦增产 15kg 以上，玉米增产 25kg。美国秸秆还田率近 90%，我国仅约 33%；美国农业土壤中有机碳量逐年增加，而我国土壤有机碳量逐年减少。

②秸秆综合利用：其过程包括秸秆粗饲料、秸秆发电、秸秆碳化等符合国情的高效资源化利用方式。利用秸秆生产无甲醛系列秸板，可广泛用于高档质轻家具和包装、建材；利用秸秆造纸、生产沼气等。秸秆造纸利用率虽高，但过去传统工艺易造成环境污染，近两年这一世界难题已被我国先进企业攻克。

9 – 4 – 5　发展生态农业

1. 发展生态农业的出发点——美国土壤学家阿尔布莱泽（W. Albreche）1970 年首先提出生态农业的基本思路；美国农学家沃辛顿（M. Wolthington）1981 年给出生态农业的较有局限性的定义：能生态自我维系、低投入、有经济生命力、在环境和伦理及审美方面可接受的小型农业。各国学者各抒己见，赋名不同，甚至等同于自然农业、有机农业、生物农业、无公害农业、可持续农业等，不一而足。但内容则大致相同：削减或不用化肥/农药/动植物生长调节剂/饲料添加剂等人工扭曲动植物生存、生长环境的现代化学品，施用有机肥，采用轮作—间作—免耕方式种植，严格按动植物本身进化所适应的生态需求，反对后患无穷揠苗助长式的催熟、催长，大幅度和大范围节约能源/资源，省工省力，循环发展，走顺天应人的生态平衡之路[176]。

（1）当前农村环境：污染形势相当严峻，特别因农村生活污染治理基础薄弱，面源污染日益劣化，农村工矿污染凸显，城市污染向农村转移也有加大的趋势，因而生态退化尚待有效遏制。土壤圈是碳素的重要储存库和转化器：土壤有机质含有机碳量占整个生物圈总碳量的 3/4；大量施用化肥，加速了农田土壤中有机碳的矿化，进而排放大量 CO_2 和 CH_4 等温室气体。我国水稻土每年排放的 CH_4 占全球 CH_4 排放总量的 10% ~ 15%。

农业生产活动引起各类生态系统的显著变化：毁林开荒、放牧、毁草开垦、草场退化、农田侵蚀性退化、土地沙化等因森林和草场破坏引起大气 CO_2 浓度上升。土壤呼吸使大量有机碳以 CO_2 形式释放到大气中，据估计，全球每年由土壤释放到大气中的碳约为 $(0.8 \sim 4.6) \times 10^{15} g$；土壤呼吸的微量变化将导

致大气中 CO_2 浓度的显著变化。

（2）生态农业发展原理：生态农业是按生态学原理和经济学原理，运用现代科学技术成果和现代管理手段，以及传统农业的有效经验建立起来，能获得较高经济效益、生态效益和社会效益的现代化农业。主要通过提高太阳能的固定率和利用率、生物能的转化率、废弃物的再循环利用率等，促进物质在农业生态系统内部的循环利用和多次重复利用，以尽可能少的投入，求得尽可能多的产出，并获得生产发展、能源再利用、生态环境保护、经济效益等相统一的综合性效果，使农业生产处于良性循环中。中国的生态农业是包括农、林、牧、副、渔和某些乡镇企业在内的多成分、多层次、多部门相结合的复合农业系统。20世纪70年代主要措施包括：实行粮、豆轮作；混种牧草；混合放牧；增施有机肥；采用生物防治，实行少或免耕，减少化肥、农药、机械的投入等；80年代创造了许多具有明显增产增收效益的生态农业模式，如稻田养鱼、养萍，林粮、林果、林药间作的主体农业模式，农、林、牧结合，粮、桑、渔结合，种、养、加结合等复合生态系统模式，鸡粪喂猪、猪粪喂鱼等有机废物多级综合利用的模式。当前，生态农业的生产以资源的永续利用和生态环境保护为重要前提，根据生物与环境相协调适应、物种优化组合、能量物质高效率运转、输入输出平衡等原理，运用系统工程方法，依靠现代科学技术和社会经济信息的输入组织生产。通过食物链网络化、农业废弃物资源化，充分发挥资源潜力和物种多样性优势，建立良性物质循环体系，促进农业持续稳定地发展，实现经济、社会、生态效益的统一[163]。

发展生态农业的首要目标乃是推进绿色农业建设，其中最重要的效果须落实在绿色食品上，特别是粮食及其加工品。不能把绿色农业生产的绿色食品等闲视之，或停留在纸上谈兵。优先发展绿色食品关注食品安全是农业现代化责无旁贷的大事[180]。

2. 生态高值农业五大科技领域——包括植物种质资源与现代育种科技；动物种质资源与现代育种科技；构造资源节约型农业的相关科技；农林牧渔业产出与食品安全科技；农业现代化与智能化农业科技等。涉及的生态工程如：

（1）退耕还林还草工程：据估算，补贴5年退耕成本，长江流域达19887元/hm^2，黄河流域达14686元/hm^2；补贴10年的成本，长江流域达37137元/hm^2，黄河流域达26686元/hm^2。应当看到：植树造林是最简易、最有效的农业低碳化途径。能吸碳排污、改善生态。每亩茂密的森林，每天可吸收 CO_2 67kg，放出氧49kg，可供65人一天的需要[187]。

（2）节能减排：我国是世界最大氮肥生产/消费国，供需量占世界1/3。专家研究指出：每吨氮肥产供输用过程共排放 CO_2 12.85吨[181]。为了节能减排，近来提议使用的办法有包膜控释肥料、测土配方施肥、免耕法、秸秆还田、舍饲圈养和其他生态农业举措等，前述正在研发的缓控释肥技术也属于包膜控释技术一类。

①采用包膜控释肥料：此法可显著降低肥料氮的挥发与淋失，大幅提高肥料养分的利用率，节省肥料，并减少施肥对大气和水环境的污染。与普通对照肥料相比，肥料施用量减少1/3～1/2，氮肥利用率提高10%～15%，作物增产10%以上。

②测土配方施肥：通过土壤测试，了解土壤肥力状况，适应作物需肥规律，建立科学施肥体系，制定作物所需肥料配方，由企业按配方生产，指导农民施肥；可改善土壤理化性能，增强土壤保水保肥能力，节省肥料，增加作物产量；减少作物病害，提高质量，中国试点县的粮食每亩年均增产5%。2007年，中国耕地测土配方施肥覆盖率达30%。

③推广垄作免耕技术：垄作免耕即摒弃传统的铧式犁翻耕的耕作方式而采用免耕，可以保存土壤中的碳含量，有利于增加土壤碳汇；免耕可减少动用农业机械，从而减少化石燃料消耗，减少了 CO_2 排放。随着土壤肥力增大，化肥使用量相应减少。N_2O 是氮肥的主要成分，其温室效应约为 CO_2 的300倍。可见减少化肥使用意味着减少了 N_2O 排放，即减少了 GHG 排放[181]。用秸秆残茬或秸秆覆盖地表，可减少径流50%～60%，减少土壤流失80%，提高水分利用率12%～16%，作物增产13%～16%，生产成本降低20%左右，农民收入增加20%～30%，都是随免耕而来的效益预期。

④舍饲圈养需采用饲草加工调制、饲喂设施设计、饲养管理、瘦病防治等技术。与传统放牧相比，舍

饲圈养能保护草原生态环境，充分利用农作物秸秆资源，根据牛羊生理和生长发育规律配制营养全面的饲料，便于推广良种畜，可提供有机肥，有利于畜牧业集约化、专业化生产，实现可持续发展。

（3）发展低碳农业系统工程：农业生产减排 CO_2 措施：扩大种植覆盖提高农业产量；秸秆养牛过腹还田；推广保护性耕作法；农业机械节能增效；植树造林；开发再生能源，提高能源利用率；农业生产减排 CH_4 措施：减少畜禽粪便 CH_4 排放；减少动物肠道发酵 CH_4 排放（推广秸秆青储、氨化，日粮合理搭配，多功能舔砖或营养添加剂等）；减少稻田 CH_4 排放（推广间歇灌溉、测土配方施肥、种植和选育新的品种等）；其他减排技术：绿肥施用技术；新型农作物育种技术；优良反刍动物品种技术；病虫害防治技术；节水灌溉技术；水产生态健康养殖技术；新型低碳肥料（CO_2 肥料、碳基肥料、碳基钾肥）等[167]。

低碳农业面临的挑战：免耕制度的设备过于昂贵；有机肥料的掩盖储藏成本过高；土壤和肥料测定工作量持续增大；食品质量和食品安全越来越受到关注；农村低碳农业知识远未达普及水平；亟待培育低碳农业推广科技人员。

3. 发展有机农业——大幅度减少化肥农药使用量、减轻农业发展中的碳含量；使用有机肥替代化肥，提高土壤有机质含量；成为新型农业的发展方向，亦即发展生态、有机、高效农业，实现农业可持续发展。开展生态农业和农业循环经济[183]，大幅度减少化肥和农药使用量；用有机肥替代化肥，提高土壤有机质含量。有机系统由于不使用耕地机械而能够减少碳排放约为 $879kg/hm^2/$年。利用生物之间的相生相克关系防治病虫害，减少农药、特别要减少高毒性、高残留农药的使用量。

4. 推动现代生态循环农业——农业部为推动现代生态循环农业与浙江省签署《共建现代生态循环农业试点省合作备忘录》，2015 年 1 月 6 日召开了新闻发布会。据会上介绍，浙江省政府也已公布《加快发展现代生态循环农业的意见》。目前，全国已先后形成 100 多个国家级生态农业示范县，带动 500 多个省级农业示范县，建成 2000 多处生态农业示范点，并多年来共建设 10 座循环农业示范市。据会上透露，现代生态循环农业试点省工作的部分重点有：

（1）治污攻坚：主要针对畜禽养殖污染治理和生态化提升，到 2015 年底实行达标验收。

（2）肥药控减：到 2017 年与 2013 年用量相比，全省氮肥缩减 6%；化学农药缩减 9%；农作物秸秆综合利用率力争达 90% 以上。

（3）循环利用：提高畜禽养殖排泄物、秸秆、食用菌种植废弃物和沼气资源开发利用水平，变废为宝。

（4）示范引领：通过省→市→县的行政机制，形成逐级示范引导的现代化生态循环农业建设规范，总结经验和推广[177]。

由于农业生产机制和结构的变革是一个按部就班过程，不可能一蹴而就。在农业部的积极推动下，人们预期锦上添花的中国生态农业必然会誉满中华。

9-4-6 农业现代化负面思虑，警钟长鸣

1. 农业现代化须防农业生产成本猛升——

（1）消费率直击收入软肋：城市人口的消费率从 1998 年的 63% 逐渐上升到 2010 年的 76.8%，而农村居民的消费率却从 36.9% 下降至 23.2%，这就暗示须防止随着农业现代化却未能达到扩大内需的目标。农村人口消费率下降的导因来自农业收入偏低和农业生产投入加大，农民子女教育支出在农民家庭收入中所占比例偏高。据辽宁省的调研：2011 年农村家庭收入中的 27% 用于购买农业生产资料，约 18% 用于子女教育，两项加起来几乎已逼近收入之半。

（2）农业生产经营条件偏弱：中国的农业劳动力约有 3.5 亿，人均耕地不足 6 亩，远低于法国农户的人均 300 亩和美国农户的人均 3000 亩，甚至低于人口密度高于我国的日本农户的人均 16 亩。人均耕地少，人均农业收入自然低下；而农产一旦单产上升，市场竞争力度加大和因市场饱和而"谷贱伤农"，倒逼收入缩水。除非依靠科技，大大提升农业生产的含金量，通过农产品深加工提高商品单位价值和质量才能抵消这一负面影响[172]。

2. 农药相关技术待哺——我国农药供需量均居世界第一，为防治病虫草（鼠）害，年用（按100%原药计）30万吨以上。但目前农药使用并不科学合理，存在影响收获量、农产品安全质量和生态环境问题。我国夏季高温多雨，病虫严重，年防治面积达60多亿亩次，使用农药量30万吨以上（商品量100万吨以上）。但因植保机械落后（多数处于发达国家上世纪五、六十年代水平的手动圆锥雾喷头）和使用方法不当，不能均匀施药，农药有效利用率不足30%，浪费惊人和环境污染严重。因此，亟待推广高效植保机械和施药技术，加强科技研发和提高管理机制，杜绝农药滥用或超量使用，缩减农药施用前后的碳足迹[165]。进口农药接近剧毒，对人畜造成的伤害屡见不鲜。目前在科技部的支持下，我国科学家研制的低毒杀虫剂"氯氟醚菊酯"占据国内大部分杀虫剂市场；高纯度"甲基嘧啶磷"已成世界防治粮仓害虫的首选；新研低毒农药"噻唑锌"可广泛用于水稻、柑橘、番茄、花生等作物[185]。

3. 避免可能出现的"城荣村衰"——因城镇化而没有加意保持城乡一体化的理想优化结构，个别地区已出现村落空虚、万户萧疏景象，乖违了推进城镇化和维系城乡一体化的初衷，必须在统筹城乡发展前提下整域谋划科学决策，做到城乡两旺、工农共荣[171]。

4. 注意消弭耕地撂荒问题——大片优良耕地因农业生产成本效益矛盾而被撂荒的现象已司空见惯，值得警惕。我们对潜伏的粮食危机不能听之任之，无动于衷，有关农民的切身利益问题更宜不误农时地及时给予解决[182]。

5. 研发生物能源须防得不偿失——使用藻类或秸秆生产生物能源是今后节能开源的主攻方向之一。过去有用饲料玉米生产车用汽油的案例，虽然生产的汽油能够补充一部分能源需求量，却是在牺牲食物的背景下取得的，殊不足采纳和推广应用。

6. 组织和促进有干劲、有文化、有事业心的农民出国到先进农林牧副地区参观访问、学习取经，让新一代农牧民在老农配合下衷中参西地发展我国新型高科技智慧型农林牧副渔业。特别如学习地处沙漠边缘地区的以色列如何发展贫水高产农牧业[188]；学习巴西在农村普遍重视因地制宜推广科研成果、大力发展绿色农业和推广应用绿色能源[189]。美国农业历来以综合化、科技化、机械化、自动化和高效化著称于世，值得我国农民代表抽空前去交流经验、实践心得，以排沙简金、洋为中用。

7. 1956年夏，开国元老林伯渠下基层视察，曾应职工请求题写了一幅墨宝告诫后人："偃武修文安不忘危"。今天在气候条件劣化以及恐怖主义、分裂主义、极端主义猖狂挑衅面前，清醒应对可能造成粮食短缺的农业水危机等问题，无论如何当卧薪尝胆、常抓不懈。报载2020年全国节水灌溉面积占比将超过60%[186]！；国际上有许多策略帮助农业碳排减半[163]！；智慧化城镇的同时，要发展智慧型农业[165]！等，率皆旨在未雨绸缪，防饥未然。

参 考 文 献

[1] 中共中央关于全面深化改革若干重大问题的决定，2013年11月12日中国共产党第十八届中央委员会第三次全体会议通过．

[2] 李伟．城镇化建设重在质量，中国经济时报，2013－04－11，1～2版；附－马会：中国要追求有质量的城镇化进程，2013－03－26，3版；赵海均：城市化质量决定中国未来高度，2010－12－30，2版；沈和：提高城镇化质量需要五大突破，2013－06－20，5～6版．

[3] 卞晨光．联合国发布报告称 城市化与气候变化关系密切．科技日报，2011－05－14，2版．

[4] 王婷婷．城市地标是否一定"高富帅"．科技日报，2012－11－20，5版．

[5] 巴曙松．城镇化过程中的区域差异与融资机制选择．中国经济时报，2013－06－05，5版．

[6] 甘露，马振涛．推进新型城镇化需要体制机制创新．中国经济时报，2012－09－20，5版．

[7] 刘莉．国家发改委主任徐绍史提出 我国城镇化面临五大问题．科技日报，2013－06－28，3版．

[8] 黄俊溢．城镇化进程提速．中国经济时报，2014－08－11，9版；借力城镇化发展分布式光伏发电，2014－11－24，10版．

[9] 刘林森（编译）．城市——未来社会的创新主角．世界科学，2003（3），33－35；附－吕吉尔（编译）．21世纪——一个城市的世纪，2010（12），7－8．

[10] 刘树成．梯度发展和城镇化——中国经济未来发展的两大空间．中国社会科学报，2013－04－10，A06版；附－马献忠．专家建言中国城镇化发展 城镇化是我们手中的一张"王牌"，2012－12－26，A01版；朱淀，段进军．中国城镇化的空间转型－由蔓延到紧凑，2012－12－31，B01版；杨重光．纠正我国城市化中的片面倾向，2013－03－04，A06版．

[11] 刘士林等．中国都市化进程2011年度十大热点问题解读．中国社会科学报，2012－10－26，B04版；解读中国城市发展十大焦点问题，2013－09－18，B07版．

[12] 吴晋娜. 人口的城镇化率更为重要. 科技日报, 2013 - 03 - 09, 10 版.

[13] 朱菲娜. 探讨城镇化发展路径. 中国经济时报, 2013 - 07 - 02, 2 版；附 - 朱菲娜, 程小旭. 新型城镇化必须因地制宜, 2013 - 01 - 30, 1 ~ 2 版.

[14] 刘慧. 中国城市整体起飞. 中国经济时报, 2009 - 06 - 17, 6 版.

[15] 朱丽, 刘莉. 我国城市化 20 年呈指数增长 2 倍多. 科技日报, 2012 - 06 - 13, 8 版.

[16] 吴佳坤. 多项政策落实京津冀一体化 布局城市群 破解"大城市病". 科技日报, 2015 - 01 - 15, 6 版；附 - 朱铁臻. "同城化"是城市现代化发展的新趋势. 中国经济时报, 2007 - 10 - 09；有条件地推进城市圈、城市群的发展, 2007 - 01 - 12, 均 5 版.

[17] 任玉岭. 推进城镇化必须解决好六个问题. 中国经济时报, 2013 - 02 - 20, 1 ~ 4 版；新型城市化的机遇与挑战, 2014 - 12 - 11, 6 版.

[18] 仲武冠. 中国城镇化建设后半程挑战、重点与融资方向. 中国经济时报, 2013 - 04 - 16；附 - 朱敏. 如何更好地发挥城镇化对消费的拉动作用, 2013 - 05 - 13；孙春雷, 焦建国. 城镇化 - 解决中国城乡二元结构的主要途径, 2013 - 01 - 04, 均 6 版.

[19] 刘恩东. 英国推进城镇化建设的主要经验. 中国经济时报, 2013 - 04 - 02, 4 版.

[20] 宋立. 把握新阶段城镇化发展模式与驱动路径的新趋势. 中国经济时报, 2013 - 05 - 16, 6 版.

[21] 李江涛. 推进城镇化建设亟待发展十大产业. 中国经济时报, 2012 - 12 - 04；附 - 张立群. 加快解决城镇化相对滞后问题, 2013 - 04 - 04, 均 5 版.

[22] 李成刚. 城镇化的关键是农业人口市民化. 中国经济时报, 2013 - 05 - 10；探寻低成本、绿色的城镇化道路, 2013 - 05 - 13；均 6 版.

[23] 李海楠. 东部——城市化欠账太多"水环境"成软肋. 中国经济时报, 2010 - 11 - 17；审视城市发展方向, 2011 - 11 - 23；附 - 刘慧. 西部 - GDP 高的城市环境质量下降, 2010 - 11 - 17；童彤. 中部 - 高速城市化　环境质量堪忧, 2010 - 11 - 17, 均 6 版.

[24] 周东春. 新型城镇化五大发展路径. 中国经济时报, 2014 - 12 - 29, 12 版.

[25] 李佐军. 新型城镇化的"拦路虎". 中国经济时报, 2014 - 08 - 25；附 - 肖金成, 袁朱. 中国将形成十大城市群, 2007 - 03 - 29, 均 5 版.

[26] 新华社记者. 中央城镇化工作会议在北京举行. 中央政府门户网站, 2013 - 12 - 14.

[27] 佚名. 广州——以后叫我"超大城市". 广州日报, 2014 - 11 - 21, A1 版；附 - 佚名. 中国 50 余城市地面沉降 2050 年长三角或消失. 科技文摘报, 2012 - 03 - 01, 9 版.

[28] 吴建有. 厘清建设新型城镇化的误区. 中国经济时报, 2013 - 05 - 28, 2 版.

[29] 陈宏伟. 中国城市可持续发展需破解十大课题. 中国经济时报, 2007 - 11 - 16, 1 版.

[30] 陈文玲. 把创新城市发展方式作为国家重大战略. 中国经济时报, 2013 - 09 - 04；陈文玲. 周京 - 创新城市发展方式 协调推进城镇化, 2013 - 01 - 14, 均 6 版.

[31] 张占斌. 推进我国城镇化的基本思路和体制机制. 中国经济时报, 2012 - 11 - 15, 5 版；附 - 李振佑. 新型城镇化需要厘清的八个认识问题, 2014 - 04 - 30, 11 版；周民良. 新型城镇化概念亟须统一, 2013 - 10 - 29, 6 版.

[32] 张孝德. 我国大城市群发展战略的三个误区. 中国经济时报, 2011 - 07 - 07, 11 版.

[33] 张国华. 产业是城镇化的源泉. 科技日报, 2014 - 06 - 23, 11 版.

[34] 单羽青, 马建胜. 高效城市化——一条可行的道路？中国经济时报, 2008 - 03 - 25, 2 版.

[35] 英卓华. 在"中国：推进高效、包容、可持续的城镇化"国际研讨会上的讲话, 北京, 2014 - 03 - 25.

[36] 林拓. 面向新海洋时代的中国城市战略, 中国社会科学报, 2012 - 10 - 17, B08 版.

[37] 林家彬. 我国"城市病"的体制性成因分析, 中国经济时报, (一) 2012 - 05 - 22；(二) 2012 - 06 - 12；(三) 2012 - 06 - 19；均 7 版.

[38] 范剑勇. 创新城镇化模式——转变经济发展方式的新思路. 中国社会科学报, 2012 - 12 - 19, B02 版；附 - 张颢瀚. 探索中国新型城镇化道路, 2013 - 06 - 24, B04 版；张军, 贾栋. 中国城镇化仍可保持较快发展速度, 2013 - 05 - 15, A06 版.

[39] 卓贤. 如何认识中国城镇化的真实水平. 中国经济时报, (上) 2013 - 05 - 27；(下) 2013 - 05 - 28；未来十年我国城镇化水平还有多大的提升潜力, (上) 2013 - 05 - 27；(下) 2013 - 05 - 28, 均 5 版；城镇化过程中的产业转型路径, 2013 - 11 - 11, 10 版.

[40] 国务院. 国家新型城镇化规划 (2014 ~ 2020 年). 中央政府门户网站, 2014 - 03 - 16；附 - 贾兴鹏. 十大关键词读懂国家新型城镇化规划 (2014 ~ 2020 年). 人民网, 2014 - 03 - 18；付丽丽. 新型城镇 科学描绘新生活——解读我国史上首部《国家新型城镇化规划》. 科技日报, 2014 - 04 - 02, 6 版.

[41] 江宜航, 韩俊：推进新型城镇化莫忽视新农村建设. 中国经济时报, 2014 - 02 - 26, 1 ~ 4 版；附 - 周子勋. 通过改革推进我国新型城镇化——访李佐军, 2012 - 09 - 27, 5 版；厘清城镇化发展的八个关键性问题——访周天勇, (上) 2013 - 05 - 22；(下) 2013 - 05 - 23, 均 6 版；经济可持续发展莫忽视半城市化问题, 2011 - 12 - 05, 2 版.

[42] 周雪松. 新型城镇化应该"新"在哪, 中国经济时报, 2013 - 01 - 10, 12 版；中国城市化机遇与问题并存, 2012 - 09 - 17, 1 ~ 2 版；附 - 张倪. 透过城市雾霾　看新型城镇化发展制约因素, 2014 - 03 - 17, 11 版.

[43] 宣晓伟. 推进健康城镇化与中央地方关系的调整. 中国经济时报, (上) 2013 - 05 - 15；(下) 2013 - 05 - 16, 均 5 版；附 - 胡

畔．缓解"大城市病"依赖新型城镇化，2014－09－25，2版．

[44] 赵海娟．低碳城市化的国际实践．中国经济时报，2014－10－20，10版；赵海娟，曹方超．欲拨"霾"见日，中国城市必先低碳转型，2014－10－20，9－10版；赵海娟，张倪．新型城镇化发展路径渐明，2013－12－16，1～10版．

[45] 郭占恒．中国城镇化面临三大结构性调整．中国经济时报，2012－11－16，11版．

[46] 郭全中．创意基因与新型城镇化．中国经济时报，2013－05－09，6版．

[47] 郭顺姬．城镇化既是发展问题更是改革问题．中国经济时报，2013－05－13，1～3版；城镇化需建稳固金融支撑体系，2013－05－20，2版．

[48] 调研组．应高度重视城镇化推进中重速度、轻质量的问题．中国经济时报，2013－04－22，1～2版．

[49] 夏锋．人口城镇化是经济转型最大潜力．中国经济时报，2013－05－08，6版．

[50] 黄勇．统筹要素资源促进城乡一体化进程．中国经济时报，2013－03－20，11版．

[51] 黄锟．中国新型城镇化道路的选择．中国经济时报，2013－01－15；中国城镇化健康发展的基本要求，2014－08－20，均6版．

[52] 梁一新．世界城市化发展模式对中国的启示．中国经济时报，2013－07－25，6版．

[53] 童亚辉．基于城市化的中国未来能源需求预测分析．中国经济时报，2012－09－26，8版．

[54] 程小旭，朱菲娜．推进新型城镇化建设应循序渐进．中国经济时报，2013－01－30，2版．

[55] 程小旭，张倪．提高城镇化质量要解决诸多问题．中国经济时报，2013－03－21，2版．

[56] 编辑部．探索出4条成功路径5种有效做法 广东专业镇驶入转型升级快车道．科技日报，2012－07－27，12版；附－杞人．10年专业镇，6条"广东经验"，2011－01－07；广东专业镇"转战"战略性新兴产业，2011－09－16；杞人，叶青．广东专业镇－镇镇转型升级忙，2011－07－29，均12版；记者．专业镇——"幸福广东"大厦的重要支撑，2011－03－06，11版；余健．广东专业镇转型升级的实践与思考，2012－10－15，1～3版．

[57] 编辑部．国家发改委公布《珠江三角洲地区改革发展规划纲要（2008～2020年）》．广州日报，2009－01－09，A1版．

[58] 简新华．城镇化要改变五大滞后状况．中国社会科学报，2013－03－22，A07版．

[59] 贾婧．在保护中发展 在发展中保护——解读《全国资源型城市可持续发展规划（2013～2020年）》．科技日报，2013－12－29，2版；附－穆占一．煤炭资源型城市发展的探索与出路．中国经济时报，2011－12－01，11版．

[60] 檀学文．新型城镇化道路：进步与困局．中国社会科学报，2013－05－20，A07版．

[61] 魏加宁．当前推进城市化需要高度重视的三大问题．中国经济时报，2013－06－07，5版．

[62] 马小康．低碳城市崇尚科技、自然、以人为本．科技日报，2010－04－25，2版．

[63] 中国可持续能源项目．低碳社区设计导则，美国能源基金会，2011－01－15．

[64] 气候组织．国际视角的城市低碳发展——国际城市气候变化行动计划综述，www.theclimategroup.org.cn，2010－08．

[65] 记者．低碳可以让生活更美好——探访英国贝丁顿零碳社区．科技日报，2012－07－31，8版；附－周小玲．低碳社区典范－零能耗的贝丁顿社区，2012（4），26－27；韦克舍市——远离化石燃料，世界科学，2010（4），24－25．

[66] 刘志林等．低碳城市理念与国际经验．城市发展研究，2009（6），1－3；附－李超骅等．中外低碳城市建设案例比较研究，2011（1），31－35．

[67] 刘亮，辛晓睿．瑞典斯德哥尔摩哈马比低碳社区建设研究．中国城市研究（电子期刊），2011（2），Vol.6，89－96．

[68] 朱菲娜，张李源清．五省八市作为全国低碳试点 专家认为－低碳城市试点亟须激励机制．中国经济时报，2010－08－19，1版；附－张孔娟，闫军．"深圳质量"就是低碳发展，2012－08－27，6版．

[69] 华凌（主持）．建设低碳城市——路在何方．科技日报，2009－09－04，7版．

[70] 李禾．不能"本着低碳初衷干高碳事情"——专家建议各地应因地制宜选择适合的发展模式．科技日报，2011－05－21，1版．

[71] 杨金志．世博科技指引未来城市之路．科技日报，2010－06－17，3版．

[72] 束洪福．中国低碳城市发展绿皮书2011发布．科技日报，2011－03－03，10版．

[73] 吴红月．创建低碳城市避免盲目跟风．科技日报，2010－12－23，10版．

[74] 佚名．运用低碳理念完善低碳城市发展模式．中国城市低碳经济网，2011－11－24，引自求是理论．

[75] 陈丹．屋顶绿化可能成为未来的水污染源．科技日报，2013－12－25，2版．

[76] 张启人，闵惜琳，陈原．发展低碳城市的系统工程思考，系统工程，2011，29（1），1－7；附－张晖等．谁在为城市热岛"添柴加火"？科技日报，2014－07－27，1～3版．

[77] 郑思齐，孙聪．从国际比较看中国城市环境．中国社会科学报，2012－11－05，A06版．

[78] 范建．用媒体视角看低碳城市．科技日报，2011－01－20，9版．

[79] 国家发改委．关于开展低碳省区和低碳城市试点工作的通知，政府网站，2010－08．

[80] 徐匡迪（主持）"中国特色城镇化发展战略研究"课题组．关于新型城镇化发展战略的建议．中国科学报，2013－11－04，8版．

[81] 郭爽．美国城市如何"云开雾散"．科技日报，2012－02－01，1版．

[82] 高博，游雪晴．中国亮出低碳技术路线．科技日报，2010－10－10，1～3版．

[83] 课题组．低碳城市 实践案例，能源基金会中国可持续城市项目，卡尔索普事务所等，2012－05．

[84] 潘海啸等. 面向低碳的城市空间结构. 城市发展研究, 2010 (1), 40 – 45.

[85] 董小君. 中国低碳转型的主要障碍. 中国经济时报, 2011 – 01 – 28, 5 版; 附 – 韩清华等. 低碳理念推动经济发展的 "广元路径", 2011 – 02 – 10, 3 版.

[86] Axel Baeumler et al.: 中国可持续性低碳城市发展 (第一部分), 世界银行, 2012.

[87] 方陵生 (编译). 将城市作为生态系统来研究. 世界科学, 2013 (1), 17 – 19.

[88] 王彧. 仇保兴——中国城市化要实现绿色发展. 中国经济时报, 2010 – 03 – 22, 3 版.

[89] 王建国. 生态原则与绿色城市设计. 建筑学报, 1997 (7), 8 – 12.

[90] 仇保兴. 城市生态化改造的必由之路——重建微循环. 城市观察, 2012 (6), 5 – 20.

[91] 孙兵. 树科学发展理念 走绿色发展之路. 中国社会科学报, 2012 – 12 – 28, B02 版.

[92] 刘霞. 五脏俱全生态城 葡萄牙将建造全新智能低碳城市. 科技日报, 2010 – 11 – 17, 2 版.

[93] 刘慧. 丹麦绿色模式可供国内城市借鉴. 中国经济时报, 2012 – 10 – 25, 8 版. 附 – 方陵生 (编译). 芝加哥绿色城市计划. 世界科学, 2009 (3), 20 – 22.

[94] 严致. 生态城建设话语权在哪里? 科技日报, 2010 – 12 – 05, 2 版.

[95] 杨金志. 世博科技指引未来城市之路. 科技日报, 2010 – 06 – 17, 3 版.

[96] 吴季松. 以科学发展观认识世界城市的水资源与人口. 科技日报, 2011 – 03 – 27, 2 版.

[97] 张倪. 城镇化发展应向绿色转型. 中国经济时报, 2013 – 09 – 23, 10 版; 附 – 张孝德. 从能源革命看未来生态城市, 2011 – 11 – 03, 11 版.

[98] 郑毅. 城镇化与法治化的时代邂逅. 中国经济时报, 2014 – 08 – 08, 6 版; 附 – 李成刚. 新型城镇化建设应纳入法治轨道, 2014 – 07 – 30, 10 版.

[99] 郑思齐, 孙聪. 我国城市有望实现绿色转型. 中国社会科学报, 2012 – 11 – 12, A07 版.

[100] 周越. 工业城市何以留住碧水蓝天? 科技日报, 2013 – 02 – 08, 5 版.

[101] 赵卫民, 韩伟. 新型建材——助力绿色城镇化. 中国经济时报, 2012 – 01 – 09, 11 版.

[102] 赵雪, 刘志强. 我国城市建设面临五大环境瓶颈 – 环保部推广生态文明建设城市发展模式. 科技日报, 2011 – 07 – 21, 8 版; 附 – 胡丽娟. 发展城市低碳 就要提高森林生长量, 2010 – 05 – 04, 10 版.

[103] 高峰. 城市绿化——城市与自然的融合乃最高境界. 中国经济时报, 2012 – 12 – 17, 11 版; 附 – 姚华松. 全方位建设绿色城市. 中国社会科学报, 2012 – 12 – 28, B02 版.

[104] 曹方超. 推进城镇化勿忘 "非遗" 保护. 中国经济时报, 2014 – 08 – 25, 10 版.

[105] 马文. 智慧城市破解城市发展难题. 科技日报, 2011 – 07 – 21; 附 – 赵志伟: 大数据让智慧城市如虎添翼, 2014 – 06 – 25, 均 4 版.

[106] 马丹丹. 城市规划塑造社会关系. 中国社会科学报, 2012 – 10 – 19, A08 版.

[107] 马军等. 城市低碳经济评价指标体系构建——以东部沿海6省市低碳发展现状为例. 科技进步与对策, 2010 (22), 165 – 167.

[108] 王小霞, 谢雅楠. 多数城市承载功能过多. 中国经济时报, 2013 – 02 – 04, 2 版.

[109] 王金平等. 对 "智慧地球" 的分析和认识. 中国经济时报, 2009 – 07 – 28, 11 版.

[110] 尹晶雪. 数字城市——为智慧城市打下坚实基础. 科技日报, 2012 – 08 – 24, 6 版.

[111] 宁朝辉. 智慧城市展示未来新生活. 科技日报, 2011 – 09 – 01, 5 版.

[112] 左常睿. 大数据时代智慧城市需顶层设计. 科技日报, 2013 – 10 – 17; 附 – 申明. 智慧城市离我们到底有多远? 2012 – 10 – 19, 均 4 版.

[113] 刘燕. 无线城市从概念走向具有实际价值. 科技日报, 2011 – 11 – 28, 3 版.

[114] 朱利. 智慧城市, 能为我们带来什么? 科技日报, 2013 – 07 – 19, 4 版; 附 – 朱丽等. 我们需要怎样的智慧城市, 2012 – 07 – 13, 7 版.

[115] 向阳. "数字城市" 的后现代——当城市拥有 "智慧". 科技日报, 2011 – 09 – 07, 11 版.

[116] 庄珺, 赵越. 创新将根本改变一座城市的面貌. 世界科学, 2014 (1), 14 – 18; 附 – 创新型城市建设研究小组. 创新型城市的九大特征 城市要培植创新企业、企业家. 科技日报, 2010 – 10 – 10, 2 版.

[117] 全国低碳经济媒体联盟. 中国低碳城市评价体系, 2011 – 01 – 19, www.clemf.com.

[118] 汤嘉琛. "智慧城市" 建设热潮的冷思考. 科技日报, 2013 – 02 – 07, 1 版.

[119] 李禾. 城市管理如何实现智能化. 科技日报, 2011 – 01 – 21, 7 版; 首个地级城市能效碳效评估数据库开通, 2011 – 04 – 27, 8 版.

[120] 李田. 我国正加速城市智慧发展. 科技日报, 2013 – 01 – 16, 4 版.

[121] 李颖. "智慧城市" 离我们还有多远? 科技日报, 2011 – 09 – 13, 4 版; 附 – 王建斌. 网络信息安全是智慧城市的基石, 2014 – 10 – 16; 吴佳坤. 网络应像水电气一样安全可靠, 2014 – 10 – 16, 均 6 版.

[122] 李广乾. "智慧地球" 是个什么 "球". 中国经济时报, 2010 – 05 – 26, 5 版.

[123] 李恩平. 正确运用城市化速度度量指标. 中国社会科学报, 2012 – 12 – 24, A06 版.

[124] 杨艳. 请关注——Wi－Fi能否助推无线城市的实现? 科技日报, 2011－05－25, 4版.

[125] 巫细波, 杨再高. 广州建设智慧城市前瞻. 城市观察, 2010 (6), 167－173.

[126] 杜悦英. 国内首个低碳城市示范样本浮出水面. 中国经济时报, 2010－03－25, 9版; 一座城市的低碳发展图景, 2011－01－06, 10版.

[127] 肖翠仙, 唐善茂. 城市低碳经济评价指标体系研究. 生态经济, 2011 (1), 45－48.

[128] 佚名. 生态园林城市建设初探. 中国城市低碳经济网 www.cusdn.org.cn, 2012－09－20, 引自论文联盟.

[129] 陈杰. 智慧城市建设将大幅提速. 科技日报, 2014－09－04, 12版; 附－陈和利. 中国联通力推智慧城市发展, 2012－09－05, 10版.

[130] 张克. 绿色经济和建设智能城市指数发布. 科技日报, 2012－09－17, 3版.

[131] 张孝德. 谨防陷入智慧城市建设的陷阱. 中国经济时报, 2011－10－20, 11版.

[132] 张浩然. 优化重组中国城市体系空间结构. 中国社会科学报, 2013－04－15, A06版.

[133] 张启人. 面向21世纪的中国城市规划笔谈会. 城市规划, 1991 (1), 10－11; 张启人 (主持). 城市/区域系统规划理论与方法研究 (科研报告), 国家社会科学基金资助项目94BJB043, 2000.

[134] 金磊. 新型城镇化建设要做好充分的防灾规划. 中国经济时报, (上) 2014－08－11; (下) 2014－08－18, 均11版.

[135] 张泉等. 低碳城市规划, 城市规划, 2010 (32), 14－15.

[136] 郑萍等. 基于低碳交通理念的城市规划策略研究, 华中建筑, 2010 (8), 131－133.

[137] 范建. 以传媒视角对低碳城市作评价 全国低碳经济媒体联盟首次发布《中国低碳城市评价体系》. 科技日报, 2011－01－20, 9版.

[138] 岳振. "智慧地球"击中中国信息安全软肋. 科技日报, 2010－07－21, 5版.

[139] 赵雪. 智慧城市: 智慧必须握在自己手中. 科技日报, 2010－12－05; 附－丁文锋等. 树立正确的智慧城市发展观, 2014－12－15, 均1~3版.

[140] 胡冬雪. 智慧城市研究现状评价及建议. 世界科学, 2013 (12), 58－59.

[141] 赵峥. 城市绿色发展亟须评估体系转型. 中国社会科学报, 2012－09－17, A06版.

[142] 研究小组. 创新型城市的九大特征. 科技日报, 2010－10－10, 2版; 附－陈文玲. 把创新城市发展方式作为国家重大战略. 中国经济时报, 2013－09－04, 6版.

[143] 耿旭静. 全面打造低碳智慧幸福广州. 广州日报, 2011－11－14, A5版.

[144] 徐靖. 如何使我国智慧城市建设变得更"智慧". 中国经济时报, 2013－09－05, 6版.

[145] 唐鹏花. "后智能手机时代"求解智慧城市建设. 科技日报, 2013－03－19, 5版; 附－徐玢. 信息技术如何成为城市发展的引擎, 2010－11－13, 4版.

[146] 全国低碳经济媒体联盟. 中国低碳城市评价体系, www.clemf.com, 2011－01－19.

[147] 课题组. 低碳城市 设计原则与方法, 能源基金会中国可持续城市项目, 卡尔索普事务所, 2012－05.

[148] 课题组. 低碳规划 宜居城市, 能源基金会中国可持续城市项目, 宇恒可持续交通研究中心, 2012－05; 低碳城市 中国新一代城市发展的原则与实践, 2012－06.

[149] 章昌裕. 伦敦都市圈建成的经验. 中国经济时报, 2007－01－04; 巴黎都市圈形成的特征, 2007－01－08; 东京都市圈发展的启示, 2007－01－11; 均4版.

[150] 常丽君. 把气候变化因素纳入城市规划——美芝加哥城市建设蓝图着眼未来. 科技日报, 2013－04－10, 2版。附－雷仲敏, 曾燕红. 城市碳足迹分析与低碳城市建设, 青岛科技大学学报 (社会科学版). 2010 (12), 6－10.

[151] 符怡. 我国智慧城市进入落地实施阶段. 科技日报, 2013－04－30, 4版.

[152] 蒋秀娟. 智能家居、智能医疗、智能环保、智能校园、智能物流、智能交通……未来十年这些设想将在北京实现. 在近日召开的北京青联论坛 "物联世界 智慧北京" ——物联网与智慧城市高端论坛上, "智慧北京"的建设被热议. 请关注－北京离智慧城市还有多远? 科技日报, 2011－04－16, 4版.

[153] 董扬. 关于"智慧北京"的两条建议. 科技日报, 2013－02－25, 10版.

[154] 崔克亮. 城市化进程中的农地改革路径. 中国经济时报, 2013－05－15, 6版.

[155] 编辑部. 巍巍千年城 掌控数码中－解读智慧广州. 科技日报, 2012－03－07, 11版.

[156] 辜胜阻等. 推进智慧城镇化要避免五种偏向. 中国经济时报, 2012－07－11, 7版; 智慧城市建设需协调三方面关系. 科技日报, 2011－12－19, 1~3版.

[157] 滕继濮. 位置服务平台: 建设智慧城市的关键. 科技日报, 2012－07－27; 智慧城市里的机器人, 2013－03－29, 均6版; 附－管晶晶. 智慧城市建设亟待顶层设计, 2014－12－06, 3版.

[158] 操秀英. 全国311个地级市开展数字城市建设 "智慧城市"时代即将到来. 科技日报, 2012－12－31, 1版; 智慧的城市应是宜居的, 2014－10－23; 智慧的城市更能"感知"人, 2014－10－30, 均6版.

[159] 记者. 部署今后一个时期农业农村工作 中央农村工作会议在北京举行, 科技日报载新华社电讯, 2013－12－25, 1~3版; 人民

日报，2013 - 12 - 25，01 版．

[160] 王心见．21 世纪，美国农业面对七大挑战．科技日报，2012 - 12 - 11，2 版．

[161] 王俊鸣．信息技术打造精确农业 - 美国农业信息化发展历程；循环经济让美国农业持续"循环"——美国发展可持续农业做法．科技日报，2006 - 07 - 19，2 版．

[162] 左常睿．"十二五"我国将建成新型高效肥料技术创新体系．科技日报，2012 - 12 - 06，1 版；发展生态农业 建设美丽中国——"十二五"我国新型高效肥料关键技术攻关路线图解读，2012 - 12 - 19，4 版．

[163] 田学科．农业减排，技术方法是关键 美为农业设计"一氧化二氮温室气体减排方法"．科技日报，2012 - 07 - 23；合理施肥可助农业有效减排，2014 - 06 - 18；附 - 林小春．12 种策略可助农业排放减半，2014 - 04 - 28；王小舒．"二氧化碳施肥效应"得到证实，2013 - 07 - 04，均 2 版；毛海峰．变废为宝　二氧化碳可做"碳基肥料"，2009 - 12 - 24，5 版．

[164] 江宜航．我国亟待推广高效植保机械和施药技术．中国经济时报，2012 - 11 - 01，1 - 8 版；附 - 曹方超．"人、物两新"的农业现代化，2014 - 12 - 22，1 - 9 版．

[165] 刘莉．韩长赋：今年农业科技进步贡献率预达 54.5% 科技已成为现代农业发展的主要支撑．科技日报，2012 - 12 - 19，3 版；附 - 梅旭荣．让科学技术助推现代农业发展，2014 - 06 - 13，10 版．

[166] 刘飞驰．关于现代化新农村发展新能源的思考．中国城市低碳经济网 www.cusdn.org.cn，2012 - 08 - 21，引自中华励志网．

[167] 刘志伟．破解造粒技术难题 产出大颗园粒钾肥 低碳高效"复合肥"将造福大地．科技日报，2012 - 09 - 07，1 版．

[168] 吕兴晨．农业经济腾飞从低碳科技开始．科技文摘报，2011 - 10 - 06，8 ～ 9 版．

[169] 朱菲娜．建立新型农业经营体系促进现代农业发展．中国经济时报，2012 - 12 - 31，6 版；附 - 毕美家．畜牧产业化成为农村经济发展亮点，2012 - 12 - 31，5 版．

[170] 李义平．解决中国农业问题 - 把农村建成小城镇——来自西奥多·W·舒尔茨《改造传统农业》的启示．中国经济时报，2013 - 03 - 29，6 版．

[171] 李晓靖．我国新型城镇化和新农村建设协调发展，环球市场信息导报，2013 - 09 - 04；附 - 李大庆．城荣村衰——城镇化背后的隐忧，科技日报，2013 - 04 - 01，1 - 3 版．

[172] 李慧莲，赵海娟．中国农业现代化需解决六大问题．中国经济时报，2012 - 05 - 28，4 版．

[173] 杨先碧（编译）．美国科学家首次提出在城市中建设"垂直农场"的构想 城市高楼变绿色农场．世界科学，2007（10），13 - 14．

[174] 杨克强，刘金．农业现代化亟须智慧型农民和农村干部．中国经济时报，2013 - 06 - 03，6 版；附 - 马爱平．智慧温室到底有多"智慧"？科技日报，2014 - 01 - 06，4 版．

[175] 佚名．浅谈加强生态农业建设几个着力点．中国城市低碳经济网 www.cusdn.org.cn，2012 - 08 - 20，自论文网．

[176] 张汉斌．城镇化、农业现代化与城乡一体化发展的历史视角和现实关注．中国经济时报，2013 - 01 - 03，6 版；附 - 何峰清．城乡一体化进程问题分析，2013 - 03 - 27，11 版．

[177] 李禾．农业部推动现代生态循环农业试点省建设　重拳破解生态农业困局．科技日报，2015 - 01 - 22，6 版；附 - 张珂，杨永杰．农业养殖兴起"低碳风"，科技日报，2010 - 11 - 18，4 版．

[178] 张宁，赵卫民．陈光标进军绿色农业引热议 业内人士分析，我国绿色农业仍处于概念期．中国经济时报，2012 - 05 - 28，11 版．

[179] 范建，何志勇．氮肥提供转换了国人 56% 的蛋白质，却又产生了全国 8% 的温室气体 - 低碳农业成败在"氮"．科技日报，2012 - 05 - 12，1 ～ 3 版．

[180] 林春霞．农业节水重在实效．中国经济时报，2012 - 12 - 21，2 版．

[181] 国务院．全国现代农业发展规划（2011 ～ 2015 年），国发〔2012〕4 号，2012 - 01 - 13；国务院办公厅．全国现代农作物种业发展规划（2012 ～ 2020 年），国办发〔2012〕59 号，2012 - 12 - 26；附 - 周诚．关于"三农"现代化的理论思考．中国经济时报，2013 - 05 - 27，12 版；林凌．"三保障、两放弃"一种可供选择的统筹城乡改革模式，2007 - 10 - 26，5 版．

[182] 周天勇．中国有没有潜伏的粮食危机？中国经济时报，2009 - 08 - 05，5 版．

[183] 姜晨怡，黄智敏．农业发展循环经济，怎样才更高效．科技日报，2013 - 09 - 27，7 版；附 - 李禾．沼气"掉链"难画农业循环经济"圆圈"，2014 - 06 - 17，5 版；姜宝泉，张卫．科技创新支撑首都现代农业发展，2014 - 12 - 17，8 版．

[184] 秦中春．农业农村经济发展持续快速增长．中国经济时报，2013 - 01 - 21，8 版；附 - 韩俊．"多予、少取、放活"破除二元结构，2012 - 12 - 31，5 版．

[185] 高博．聚焦中国材料科技发展（三）中国自研农药：不再"敌敌畏"．科技日报，2014 - 07 - 24，1 ～ 3 版．

[186] 彭东．何处觅清源——不可忽视的农业水危机．科技日报，2008 - 07 - 19，2 版；附 - 关俏俏，宿传义．小滴灌"滴"出高效益，2012 - 07 - 27，4 版；唐婷．2020 年全国节水灌溉面积占比将超 60%，2014 - 10 - 08，3 版．

[187] 瞿剑．全国土壤微生物学术研讨会提出——让农业回归自然，是时候了．科技日报，2014 - 11 - 13，8 版．

[188] 杨志望：科技"浇灌"以色列沙漠农业之花．科技日报，2015 - 05 - 26；附 - 冯志文：以色列的"水秘方"，2012 - 06 - 19，均 2 版；张娜："以色列水行记"——以色列水印象；滴灌，让沙漠开满鲜花．中国经济时报，2011 - 06 - 02，4 版。

[189] 邓国庆：低碳降污染　绿色保健康——巴西农业寻求可持续发展之路．科技日报，2015 - 08 - 13，2 版。

第10章

产业升腾大转型

10-1 经济结构转型 升级任重道远

10-1-1 产业结构战略调整正当其时

1. 能效低下现实——21世纪初的统计核算结果是：中国单位GDP能耗是日本的7倍、印度的2.8倍，大大高于国际平均水平。例如，据2005年的数据，中国燃煤工业锅炉平均运行效率为60%左右，比国际先进水平低15%~20%；中小电动机平均效率为87%，风机、水泵平均设计效率为75%，均比国际先进水平低5%；机动车燃油经济性水平比欧洲低25%，比日本低20%，比美国整体水平低10%；货运汽车百吨公里油耗7.6升，比国外先进水平高1倍以上；内河运输船舶油耗比国外先进水平高10%~20%。又如节能灯的使用，中国是世界第一大节能灯生产国，2005年节能灯产量达到17.6亿只，占世界总产量的90%左右。但70%以上出口，国内使用的比例不高，若把现有的普通白炽灯全部更换成节能灯，全国每年可节电600多亿kWh；国内生产的高耗能、高污染的多晶硅材料95%出口，若能提高技术水平生产太阳能光伏发电成品，能大面积代替火电供应城市用电，就能因此达到节能环保双目的。中国电动机消耗工业用电将近70%，中小型电动机遍及各种工业用途，但2009年达到国家节能评价标准的高效节能中小型三相电动机的市场份额不足3%。若采取有效激励措施予以推广，将市场份额提高到12%，每年就能节电100亿kWh。2012年中国GDP占世界11.4%，能源消耗占世界21.9%，CO_2排放占世界25%，CO_2增量占世界66%，使用全球原油的50.2%，单位GDP产出所用的能耗是美国的4倍，日本的5倍。因此我国产业界应改变能源生产无限制地满足发展需要的一贯做法，须守住能源供需底线，坚持能源与经济协调发展，通过调整和优化经济结构，以综合方式促进既节能降耗，又不窒碍经济较高速稳定增长的理想目标[2、10]。

2. 优化工业结构——从2009年起，我国成为世界第一制造大国，世界500种主要工业品中，中国有220种产品产量居世界第一。2013年，我国成为世界第一货物贸易大国，产品出口地遍历全球230多个国家和地区，工业制成品出口超过90%，初级产品下降到10%以下。但我国第二产业的产出结构中，制造业占比却一直低于40%（表10-1），意指我国工业结构大范围长期处于低端生产状况，以初级加工业为主，生产工艺中车削铸锻冲压刨铣的数控普及率仍然偏低。提高制造业特别是装备制造业在第二产业中比重是我国工业化和信息化进程中务必重点突出的当务之急[1]。

表10-1 我国第二产业产出结构估测（%）

年份	2011	2015	2020年末
采掘业	6.6	4.5	4
轻型加工业	23.5	20	18

续表

年份	2011	2015	2020 年末
原材料加工业	35.7	33	32
机械设备制造业	15.7	17	19
高技术产品制造业	16.9	20.7	25
二制造业之和	32.6	37.7	44
其他行业	2.2	4.8	2

（据：国家统计局，国务院发展研究中心）

工业在中国国民经济体系中占有重要地位，2012 年第二产业增加值达 235319 亿元，GDP 占比 45.3%。中国把调整产业结构、发展战略性新兴产业、改造升级传统产业等作为实现工业可持续发展的主要途径。目前正组织实施一批重点工业产业调整振兴规划，支持企业技术改造，促进淘汰落后产能和企业兼并重组，提高先进生产能力比重和资源能源利用效率[3]。早在 2010 年，新型干法水泥比重已达 81%，浮法玻璃比重达到 87%，高浓度磷复合肥比重达到 76%，离子膜烧碱比重达到 55%。一大批企业集团迅速成长，产业集中度不断提高。这一年，钢铁产业前 10 家企业产量占全国总产量的 48.6%，前 10 家汽车企业产量占 86%，前 20 家水泥企业产量占 45%。产业空间布局得到优化，各类产业集聚区成为工业发展的重要载体。东部省（市）工业园区实现工业产值已占 50% 以上，中西部地区涌现出一批特色产业园区，128 家国家新型工业化产业示范基地创建工作正在有序推进和发挥产业集簇综合取胜的特殊优势[6、7]。

智能制造技术广泛用于工业生产、设备管理、环保监测、能源管理、流程安全保障等。2009～2011 年，我国各条战线运行的机器人从 3.68 万台增至 4.85 万台，年均增长 31.8%。赛迪智库估计 2012 年机器人已有 6 万多台。

专家建言应以更好的制度来保障产业中长期战略的实施。如：清除影响公平竞争、制约产业发展的体制性障碍；构建和优化保证网络化、信息化、自动化和智能化的现代创新产业体系；加强产业政策平台与相应科技政策、财税政策、贸易政策、主体功能区划分政策和城镇化政策等的协调和协进[12]。

3. 面对产能过剩，须加强企业应变能力——第 5 章曾提示：2012 年底，我国钢铁、水泥、电解铝、平板玻璃、船舶产能利用率分别仅为 72%、73.7%、71.9%、73.1% 和 75%[32]。2009 年 3 季度统计，中国 24 个工业行业中已有 21 个行业出现产能过剩，甚至包括某些新兴产业。煤化工、多晶硅、风电设备均在其列。例如当年在扶持政策下蓬勃发展的光伏产业，如今依然深陷产能过剩的泥潭；在购车补贴等一系列刺激政策作用下销量一度冲高的新能源汽车，如今不仅市场需求萎靡，还面临着充电设施不足等问题。其实解决产能过剩的根本出路并不是把车间产业工人转移到服务行业就万事大吉了，关键在于狠下工夫为制造业另辟蹊径和研发高新科技产品[11]。例如船舶产业喜逢 2006～2007 两年的特高增长后如今正转入全球海洋工程建设以及各种类型的海上钻井平台建设热潮中。

4. 企业管理水平亟待整体提升——掌握和变相垄断国民经济要害部门的国有企业效益相对低下。麦肯锡研究所在一份报告中指出：民企和外企创造了中国 GDP 总值的 52% 但只获取了相当于国企所获银行信贷的 27%；企业适应市场变化的能力和自主创新能力普遍较弱，一般缺少自主品牌和世界名牌，某些享誉全球的品牌如同仁堂、王老吉、茅台是前清年代创始牌号。令人困惑不解的是：社会主义大家庭生产的汽车牌号居然远比任何一个发达国家生产的汽车牌号都多得多，多得令人吃惊，令人瞠目结舌，酷似人人学古人孤标独步[71]。

5. 淘汰落后产能和企业——落后的生产工艺仍占有相当比重，个别企业和地方专注短期利益，忽视长期经济效果和提升核心竞争力。表现在：

（1）现有工业结构：突出表现在加工程度和技术含量不高，产品质量低、档次低、附加值低的生产能力严重过剩，缺乏拥有自主知识产权的产品，许多企业只是在跨国公司产业链转移过程中充当一个提供廉价劳动力实行产品生产和组装的角色，仅赚取少量加工费。因缺乏核心技术，致发展形成产业结构低级化、增长方式粗放化和国际分工低端化的格局[4、5]。

（2）近年来企业对技术创新积极性高涨，但绝大多数企业由于自身研发能力局限，走的还是引进和跟随技术创新路子，这样的技术创新虽然也取得一定效果，但在世界性的技术创新竞争中也必然会长期受制于人，难成大器；民营高科技企业深圳华为公司近年在全球企业申请专利的量和质方面首屈一指，成为我国创新型企业之帅[15]。

（3）淘汰工业落后产能的难度很大，任务艰巨，要下大力气提高生产技术和管理水平，改善劳动条件，但如果没有政府的扶持和帮助，单靠企业自身努力，将难以完成技术进步和竞争力提升[30]。

（4）对环境造成严重的、短期内无法扭转的污染或对国家非再生稀有资源造成严重的、不可移易的损害。这样的工业企业往往贪图微观小利而牺牲宏观整体性发展。

6. 国际交流条件缺口——由于我国过去经济增长质量和效益有待提高，国家综合竞争实力不够强大，近年来因贸易顺差持续增长，各种形式的贸易摩擦和冲突日益增多。坚持"走出去"战略实行跨国经营，是某些实力雄厚企业规避贸易壁垒、拓宽发展空间的现实举措。但目前中国"引进来"的配套服务比较完善，"走出去"却缺乏完整的支撑体系。政府职能需从重视审批向重视服务转变，尽快建立一套企业"走出去"经营的规范支撑和服务体系，规避企业境外投资风险，提高我国综合竞争力。

10 - 1 - 2　产业绿色 - 低碳转型

1. 绿色 - 低碳转型的意义——绿色 - 低碳经济发展中产业升级是关键核心因素。不能在借口发展低碳经济的前提下造成环境负担、压力，甚至严重污染。因此，必须首先保证绿色发展，绿色发展和低碳发展应成为如胶似漆、难舍难分、如坝如篱的一对兄弟。绿色 - 低碳经济推动产业升级需要利用两种"效应"，即"鲶鱼效应"和"木桶效应"，要引入高新企业这条"鲶鱼"，对那些以高污染或高能耗模式发展的传统企业形成冲击，促进传统企业的改变与升级；产业环境犹如一只木桶，产业发展水平会被那些短的"木板"限制，要坚决淘汰那些高污染、高能耗的短板企业，扶助节能环保型企业，产业升级的速度才会大大提高。

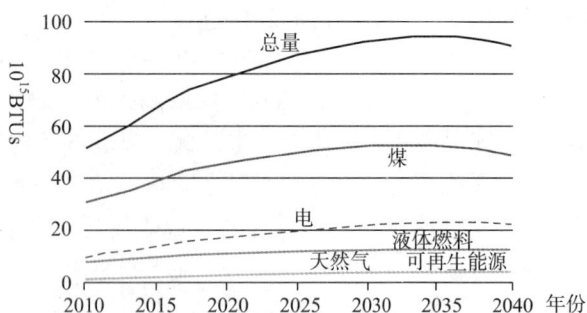

图 10 - 1　中国工业部门能源消耗变化预测

（据：EIA. International Energy Outlook 2013，2013 - 07 - 25，p. 7）

美国能源信息署（EIA）在其《国际能源展望2013》中对我国工业部门直到2040年的各种能耗变化所作预测如图10 - 1所示。我国第二产业的能耗强度要到2035年才能出现下降的拐点，届时能耗总量将达2012年的150%！

"十二五"规划把绿色发展作为经济社会发展的基本原则，这将大大推进中国的节能减排与环境改善，为实现对外承诺提供保障。在气候变化问题上，中国面临的危机远比发达国家曾经遭遇过的更为严重，中国已做了很大努力，但国际社会不为所知。因此，在积极自主减排的同时，应积极宣传中国应对气候变化的成果，适当向发展中国家提供碳资金援助和比较实

用的节能减排技术，让世界了解中国的诚意和努力。同时，建议中国主办一些联合国气候变化国际会议（如COP17），形成有中国域名的国际协议，举办世界性的节能减排博览会，确立中国话语权、扩大中国的影响、提高国际社会对中国减排的认可度[14]。

就目前形势来看，针对中国产业结构中产值结构与就业结构不合理、产业总体素质如信息化与知识化以及网络化与智能化程度不高、高污染与高能耗及高排放严重等主要问题，产业结构升级低碳化应朝替位协调化、结构知识化、排放低碳化方向努力。具体来讲，就是要想方设法提高一次产业的碳汇转化率；千方百计推动二次产业内源性自主创新与外源性技术扩散，把高加工占比化、高知识密集化、高附加价值化与低碳化贯穿在新型工业化的始终；竭尽全力在生活型服务业、生产型服务业与人力资本型服务业（教育、科学、文化、卫生与健康）三个方面增加产值份额且拓展就业空间，使之成为绿色 - 低碳技术、绿

色－低碳产业、绿色－低碳管制的输出源。产业结构升级绿色－低碳化（图 10－2）包括四个方面[29]：

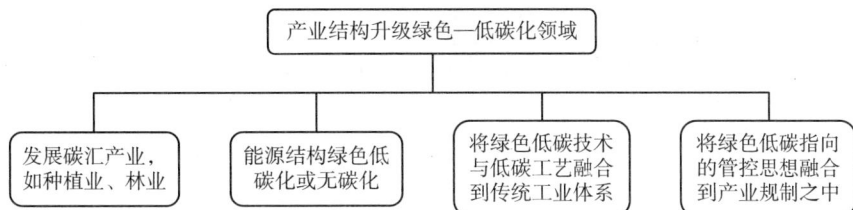

图 10－2　产业结构升级低碳化的领域

（1）将碳汇理念融入一次产业，大力提高碳汇。根据研究成果，种植业与林业是重要的碳汇产业。种植业是季节性碳汇产业，林业是长期性碳汇产业。中国是农业大国，又处在农作物适宜生长的地带，在植树造林和现代化农业方面有丰富的经验，因而中国大力发展种植业和林业具有得天独厚的气候资源和生物资源。从低碳经济的角度看，发展种植业和林业，就是在减少大气中的 CO_2；就是在提高碳转化率，就是在恢复自然资源的多样性和平衡生态系统；发达的碳汇产业还会为中国在国际贸易中进行碳交易制度的实施创造极为宽松的环境，为中国在承接国际产业转移过程中完成工业化三重任务争取更为有利的条件。

（2）将低碳能源融合到能源工业结构调整中，使能源结构低碳化或无碳化。能源结构包括能源生产结构和能源消费结构。中国能源生产结构在演变的过程中存在着不尽合理的地方，适配性能低，有可调整的空间与可能。而中国的能源消费结构存在偏离低碳化的问题，能源消费高碳化急需改变。2009 年中国能源消费总量 28.5 亿吨标煤，比上年增长 4%；煤炭消费量 27.4 亿吨，比上年增长 3.0%；原油消费量为 3.6 亿吨，比上年增长 5.1%。在中国的能源消费结构中，作为 CO_2 排放"主力军"的煤炭一直处于主导地位。而在煤、石油、天然气这 3 类化石能源中，天然气的排碳量最少、清洁度最高。因而在已有化石能源中，要以勘探、开采、开发和购入天然气为中心，建设示范低碳发电站，加大相关的各项支持力度。

在化石能源与可再生能源两者的比较中，中国支持风能、水能、太阳能、生物质能、核能的开发与利用，逐步提高可再生能源在整个能源结构中的比例。在开发风能方面，由于中国东南沿海一带海岸线很长，可学习英国发展近海风能。但是，在中国人口密集和水源拮据的省份要慎重发展核能。生物质能的发展也要考虑粮食安全问题，只能在不影响粮食生产、不消耗粮食成品和不造成安全问题的前提下展开。

为使中国能源生产结构与能源消费结构在最短的时间里得到低碳化升级，还必须改革能源生产管理制度和能源消费管理制度，形成有利于低碳能源生产和高效利用能源的激励机制和惩罚机制。

（3）将低碳技术与低碳工艺融合到传统工业体系之中。要利用已有低碳技术突破传统工业的技术锁定，把高污染、高能耗、高排放的高碳产业改造成低污染或无污染、低能耗、低排放或零排放的低碳工业。低碳技术包括清洁煤技术、可再生能源技术、碳捕获和封存技术、智能电网技术、节能技术、环保技术、建筑新材料技术、新能源汽车技术、新能源飞机技术等。以清洁煤技术为例，目前美国的清洁煤技术最先进，中国要在学习其清洁煤发电技术的基础上，切实提高煤炭的深加工度。

对于进行低碳技术自主创新的企业，政府要建立创新成本补偿机制；对首先采用低碳技术的企业，政府要在其更新落后生产设备时给予适当固定资本更新费用，用以弥补其成本损失。高端服务业领域低碳技术研发过程中的升级和受气候影响最大的农业生产技术的低碳化升级要协同进行，才能使三次产业结构协调发展。否则，单纯的第二次产业低碳化升级会陷入产业链断裂的尴尬境地。

（4）将低碳导向的管制思想融合到产业规制之中，促使企业减碳。产业规制方面，首先，要制定更严格的且与发达国家接轨的产品能耗效率标准与耗油标准，以此来迫使企业向减碳方向发展；其次，要制定限额排放的排污权交易制度。这就要摒弃分配许可量的做法，转为实现排污量的拍卖机制，此种制度可以确保排污者实际支付由于排放的 CO_2 而产生的环境破坏的成本；最后，加强国际范围内特别是与周边国家的减碳协作，是低碳管制国际化问题。同发达国家合作，是为了获得更多更好的低碳技术；同发展中国家合作，是为了最大限度地保护中国的生态平衡[33]。

所谓低碳生产，是指在可持续发展的理念指导下通过技术创新、制度创新、产业创新，对新能源、新技术和现有资源的开发利用，尽可能减少煤炭等高碳能源的消耗，减少温室气体的排放，达到经济社会发展与生态环境双赢的局面。如何实现低碳生产？低碳生产究竟能够给企业带来什么？当不少企业还在为此感到困惑时，我们欣喜地看到，一些中国企业已在实践中交出了他们的答卷。不论是推出了 F3DM 低碳版双模电动车的比亚迪，抑或是坚持通过住宅产业化来降低能耗的万科，他们都用各自的方式走出了一条低碳生产之路[11]。

较之过去，社会环境与自身技术的变化也给低碳生产这一理念提供了更加肥沃的成长土壤。公众环保意识的日渐增强，使越来越多民众在选择商品与服务时，把低碳与否作为重要参考标准。而技术上不断革新，也使得一些低碳产品不再像过去那样昂贵而不实用。因此，坚持低碳生产企业开始逐渐摆脱过去叫好不叫座的尴尬境地，低碳生产价值正显露端倪。

显然，拥有低碳生产能力的企业在市场竞争中将毫无疑问地处于优势地位。在公众眼中，一个履行低碳生产的企业往往还会拥有其他良好的特质：产品质量过关、具有良好的社会责任感等。低碳，已不仅仅只是一个技术概念，还是一种优越的企业形象表现。万科从国内最早的零能耗、零碳排放实验楼，到万科研究中心（东莞）零碳基地的探索中，获有逾百项绿色建筑专利技术，创建了"绿色科研、住宅工业化、全装修"的全绿色体系。这样的成就与作为也帮助万科在市场上塑造了一个正面、积极、负责任的企业形象。同样地，比亚迪则依靠先后推出 K9 纯电动客车、F3DM 双模电动车、E6 纯电动轿车等新能源汽车以及 M6、L3、G3、F6 等多款低碳环保的中高端燃油车，成为几年前全球唯一集纯电动大巴、纯电动轿车和动力电池开发制造于一身的高新技术企业。比亚迪在低碳环保方面所做的努力为其在社会上迅速塑造了一个绿色低碳的健康形象。值得注意的是，低碳环保的生产方式对于企业吸引人才加盟也是重要催化剂，员工在这样的企业中可以免受不良生产环境的危害；而绿色－低碳的生产方式也会使员工对企业未来发展充满信心，更乐意全身心地投入生产和创新中去。

2. 绿色－低碳产业转型模式——据初步论证，产业转型升级可展开为替位、结构、技术、循环、外源和管理六个模式（图 10－3）[23]。

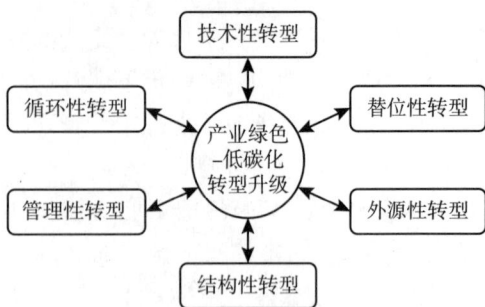

图 10－3　产业转型升级主要类型

（1）替位性转型：发展低碳能源。应逐步提高太阳能、水能、核能、风能、潮汐能等清洁能源的比例，摆脱对化石能源的过度依赖。据统计，在全国太阳能利用最成熟的城市昆明，每年可节约 8 万吨标煤，减排 1.11 万吨 CO_2 和 445 吨 SO_2[14]。为此，各省对发展和推广太阳能利用均极为重视，例如太阳能资源较富的山东，前几年太阳能热水器生产厂家已有 523 家，年销售收入达到 440 亿元，太阳能利用的普及率，跟江浙一样，已达到 20%，且光伏利用较好，"十二五"规划要达到年产值 1000 亿元。广东因气候多雨，光伏方便使用和技术保障均存在一定问题。是否宜从发展高科技产业的角度出发，重视发展太阳能领域的高新技术，如高难度的太阳能塔式、槽式和碟式热发电等？

（2）结构性转型：发展低碳产业。应加快产业结构调整步伐，积极发展知识密集、技术密集、劳动力密集的低碳型产业。发达国家现代服务业在 GDP 所占比重高达 60%～70%。英国近 30 年中经济规模增加了 1 倍，但能耗总量只增加了 10%，这主要得益于产业结构的调整和现代服务业的高度发展[9,12]。

（3）技术性转型：提高能源利用效率。继续推进清洁生产，广泛应用节能技术来改造、创新和变革传统的生产方式和工艺流程，以提高现有生产体系的能源整体利用效率，降低生产环节的碳排放。

（4）循环性转型：建立能源回收的生产体系。废弃物本身就富含了大量的能源，如果不经回收和处理，既污染了环境，也浪费了许多宝贵的能源。据测算，每回收利用 1 万吨废旧物资，可节约能源 1.4 万吨标煤；每利用 1 万吨废纸，可节约木材 3 万 m³，节约能源 1.2 万吨标煤，节水 100 万 m³，少排放废水

90 多万 m³，节电 600 万 kWh[14]。因此，通过循环实现减碳的潜力很大。

（5）外源性转型：借助中外合作、合资、共营项目、兼并外企或延聘外国专家、吸纳国际智力确能促进企业的转型升级，近年国内值得称颂的实例已屡见不鲜。例如 6 - 6 节提到的民营企业北京汉能控股集团公司坚持开发薄膜太阳能电池，牢牢握住全球薄膜太阳能电池市场之牛耳，就是当机立断兼并美、德同行企业的丰功伟绩。

（6）管理性转型：现代管理正经历深刻的实质性转型升级，特点是：以技术本源论为中心向以人本主义为中心转型；从金字塔式等级化管理结构向平台形式扁平化结构转型；从环环相扣的顺序工作方式向综合性寻求次最优（Sub-optimization）并行工作方式转型；从静态的固定组织形式向动态化自动控制 - 信息反馈 - 自主管理方式转型；从旧式的"下服上、少服多、个服整"向上下服从真理转型；从追求 GDP 或账面利润向首先保证绿色 - 低碳发展方向转型；从管理即发号施令向"寓管理于服务之中"转型。在这种全新的管理模式推动下，往往能收到扭亏为盈、效益陡增的意外结果，从而能保证全方位实现环境友好和资源节约的可持续发展战略目标[8]。

10 - 2　战略性新兴产业欣欣向荣

10 - 2 - 1　提出战略性新兴产业的背景

1. 发展战略性新兴产业的国际涛声——战略性新兴产业一般是旨在引进新的生产要素，带动产业结构转轨，相关产业不仅具有创新特征，且通过关联效应，将新技术扩散到整个产业领域，导致整个产业的技术基础更新，并在此基础上建立起新的产业间技术经济联系，为经济增长酝酿新的创新潜力，从而推动经济进入新的发展平台。可见扩散效应和创新效应是战略性新兴产业独有的本质特征。具体地说：

（1）所谓扩散效应：一般反映在前控效应、反馈效应和助推效应等三个特点，能一目了然、按图索骥地从图 10 - 4 所示流程明晰其间关联。

（2）战略性新兴产业产品能产生新的社会需求：战略性新兴产业在为未来产业发挥前控效应的同时，可能为未来产业创造新的需求。产业结构升级与发展伴随着结构总量的扩张。伴随产业升级将不断开拓新的社会需求，扩大市场空间，进一步实现产业升级的战略目标[24, 25]。

（3）战略性新兴产业能吸收最新科技成果和创造更高生产率以及更多附加价值：产业升级应力争最大限度地满足需求、更有效地利用资源，而且能通过技术进步改变产业间的投入产出关系，影响其他产业发展，促进经济系统较全面技术升级[17]。

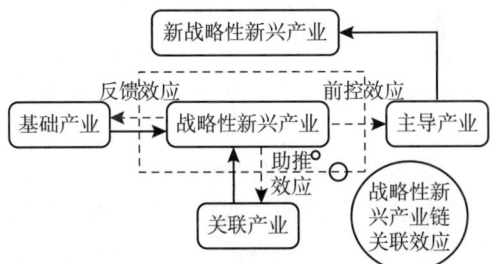

图 10 - 4　战略性新兴产业的扩散效应

2. 中国根深叶茂　待势乘时——中国在借鉴发达国家发展绿色 - 低碳经济经验的基础上，将正在进行的产业结构升级纳入绿色 - 低碳发展战略之中，从农业碳汇化、能源工业绿色化、传统制造业低排化以及绿色 - 低碳指向的产业规制等方面发展绿色 - 低碳经济，促进产业结构升级之间的融合。

（1）着眼长远经济利益，实施协调发展战略。必须加强国家在培育战略性新兴产业过程中的引导功能，尽快形成国家层面的发展战略，明确宏观战略目标、发展重点、时间表和路线图，引导各地战略性新兴产业发展规划的编制，促进形成重点突出、差异发展的战略性新兴产业的区域布局，推动战略性新兴产业的健康协调发展。

（2）促成合理产业组织，实施市场主导战略。必须确立市场在培育战略性新兴产业过程中的主导地位，实现资本与战略性新兴产业的优化整合，支持符合战略性新兴产业发展方向的企业在创业板上市，成立投资银行和金融控股的公司以及设立投资银行、共同基金、风险投资基金、产业投资基金和私募基金等多种融资模式推动战略性新兴产业发展，实现"以政府投资为主"向以"社会投资为主"的有序衔接；同时，发挥市场配置资源的基础性作用和有序竞争的优胜劣汰作用，根据市场需求建立产业进入和退出的有效机制，推动战略性新兴产业良性发展[31]。

（3）突破关键核心技术，实施技术内生战略。必须加快构建新型产学研合作机制，建立以龙头大企业为核心的开放式创新网络的"前端控制"机制，建立产业技术联盟，加强战略性新兴产业创新体系的顶层设计，制定各产业的技术路线图，实施自主知识产权战略，抢占产业链高端环节超前培育和扶植战略性新兴产业，逐步掌握战略性新兴产业技术标准的制订权和主导权，进而迅速占领战略性新兴产业制高点，实现关键技术和核心环节的内生模式。

（4）注重产业关联发展，实施产业融合战略。必须发挥战略性新兴产业的关联带动作用，通过发展战略性新兴产业改造和提升传统产业的技术水平和产品质量，实现产业间的技术互动和价值链接；同时，大力发展现代物流、现代金融、软件服务、工业设计、电子商务等与战略性新兴产业相配套的现代生产性服务业，促成战略性新兴产业与现代服务业的产业融合发展。

（5）从宏观经济角度把握战略性新兴产业的微观发展。虽然发展战略性新兴产业是一个中观产业层面的问题，而其操作更是具有微观技术层面的特点，但对中国现实情况而言，发展战略性新兴产业是经济短期平稳增长和长期持续增长的重要基础。首先，从短期经济平稳增长来看，近几年的经济刺激政策促使中国经济在全球范围内实现了率先复苏，主要投向基础设施和民生工程的 4 万亿巨额投资形成了对经济的有力拉动。未来一段时间，为了防止经济出现下滑或波动，积极财政政策很难在短时间内退出。而随着基础设施投资空间的收窄，仅主要在民生工程投资并无法支撑中国经济的短期平稳增长。因此，加强在战略性新兴产业领域的投资将成为近期中国国内投资需求的主要拉动力量。与此同时，若着眼长期演进历程，经历了 30 多年经济高速增长，包括资本深化、技术引进、体制改革以及城镇化和工业化等在内的诸多经济增长因素势必会逐步进入"效应递减"期，中国潜在增长率开始逐步下降是天经地义，无可厚非的。因此，立足长期经济增长角度，战略性新兴产业必将具有超强的长期推力和关联效应等特点，很有可能成为未来中国经济长期发展新的增长极。唯其是"持之有故，言之成理"，是否宜揆情度理地站在宏观经济全局角度认识培育和发展战略性新兴产业的时代意义，并在实际产业发展过程中认识新兴产业对经济发展的带动作用，以便在发挥宏观经济政策对微观产业培育积极作用上出谋划策。

（6）从经济效益角度把握战略性新兴产业的风险特征。不论从宏观国家层面还是微观企业层面出发，战略性新兴产业的培育和发展都具有较高的风险系数。在国家层面，发展战略性新兴产业就意味着需要巨额的研发投入，而战略性新兴产业具有技术和市场两个不确定性的特征，具有较大的经济风险。同时，在微观层面，企业同样面临着技术和市场的不确定性；而由于存在研究开发和产业化两个方面的正外部性，企业培育战略性新兴产业过程中还面临着"先发劣势"的风险。在中国，培育和发展战略性新兴产业的经济风险尤为突出。首先，作为后发国家，中国发展战略性新兴产业较之发达国家并不具备优势。中国长期采取的是"经济跟随"战略，即通过引进先进技术和承接国外产业转移推进国内工业化，在技术创新和引领产业发展方面既不具备优势也不具备经验；而随着世界主要国家和地区在危机后纷纷采取措施促进新兴产业发展，中国培育战略性新兴产业将面临更大的外部冲击。与此同时，在中国知识产权体系尚未健全的情况下，微观企业介入战略性新兴产业面临巨大的成本风险，战略性新兴产业的产业化过程变得崎岖而复杂。因此，鉴于以上两个层面的风险，中国发展战略性新兴产业必须遵从经济规律，不能冒进盲从；要从现实和长远经济效益出发，实现战略性新兴产业的适度产业化和可持续发展。

（7）从良性竞争角度把握战略性新兴产业的区域布局。从产业发展历程来看，任何产业都经历了一个从创新发展、规模化发展到集约发展的过程。在创新发展过程中，少数掌握新产业技术的企业进行较小规模的生产；随着技术进入成熟期以及产品生产的标准化，越来越多的企业介入生产，形成了较大规模的集体生产；此后，随着产业"优胜劣汰"规律发生作用，重组兼并开始大行其道，产业进入了最终集约化发展的阶段。对于中国而言，"十二五"时期，各地区已经开始大规模培育发展战略性新兴产业，其目的是想以此拉动地方投资，创造"升级版"的"顶礼膜拜 GDP 增长"，可能造成新一轮的技术大引进、雷同式布局、概念炒作、低层次竞争等问题，战略性新兴产业也将出现传统产业的投资"潮涌现象"。这种恶性竞争的结果是使中国战略性新兴产业的发展缺乏明确的主线，产业形成有效产能之后，可能会陷入低层次竞争，不是靠技术赢得市场，而仍然是靠价格占据市场。因此，必须要引导各地区根据当地的比较优势，发展适合地方特色的产业领域，形成布局合理的战略性新兴产业体系，避免恶性竞争带来的物质资源浪费和经济效益流失。

3. 产业发展与相应政策——2011 年 7 月，国家工信部、中国社科院共同发布《中国产业发展和产业政策报告（2011）》[23]，是工信部建制以来针对中国工业发展和产业政策发布的第一份最系统、最权威的报告。其中以"加快工业转型升级、推进工业强国"为主线，首次从生产效率、可持续发展水平、技术创新、国际竞争力和工业增长五个维度构建了工业发展指数，并对中国工业发展的总体水平和各个行业的发展水平进行了评估。在此基础上提出，"十二五"时期，中国工业发展的主题将由"调整和振兴"向"转型与升级"转变。工业发展的方向将呈现重化工业进一步深化、先进制造业加速发展、战略性新兴产业快速培育、信息化和工业化深度融合的显著特征。产业政策的重点要注重统一政策顶层设计与因地制宜实施相结合、淘汰落后与发展先进协同推进、推动兼并重组与促进中小企业健康发展并举、把加强自主创新摆在更加突出的位置、促进产业集聚和区域协调发展。推动工业发展和结构调整要注重统筹协调好政府和市场、外需与内需、工业和服务业、传统产业和新兴产业等方面的关系。

国家正重点开发和利用稀土、锂等战略资源，正抓紧强化统一规划和管理，提高开采技术，为电动汽车产业的持续发展提供基础保障。稀土资源是重要的战略资源，是镍氢动力电池和永磁电机的关键原材料。中国是稀土资源大国，但由于盲目、无序、过度的低水平开发，造成世界范围的供过于求，低价徘徊并受制于人。为此，国家已加紧制定政策，加强调控，建立战略资源储备制度。锂资源的理论储量丰富，但实际上在目前技术条件下的可开采储量有限，所以对锂资源也宜全面规划，科学开采，提高利用率，避免出现锂资源提早枯竭的危象，同时应制定政策，促使电动汽车用锂电池实现回收和循环利用。

10 - 2 - 2　中国战略性新兴产业发扬蹈厉

1. 吹响进军号——2010 年 10 月，国务院发布《关于加快培育和发展战略性新兴产业的决定》，明确将节能环保等七个产业领域作为战略性新兴产业发展方向。启动新兴产业创业投资计划，发起设立 61 个创业投资基金，支持这些领域创新企业的成长。

七大战略性新兴产业是：节能环保产业、新一代信息技术产业、生物产业、高端装备制造业、新能源产业、新材料产业和新能源汽车[21]。这里将较详引申高端装备制造业的通功易事，其他六大新兴产业均将有所侧重地在有关章节专题论述。

上述《决定》提出的总体目标是：到 2015 年，战略性新兴产业增加值要达到 GDP 的 8%；到 2020 年，增加值应达 GDP 的 15%。与此同时，创新能力必将大幅提升，要掌握一批关键核心技术，在局部领域将达到世界领先水平；要形成一批具有国际影响力的大企业和一批创新活力旺盛的中小企业；建成一批产业链完善、创新能力强、特色鲜明的战略性新兴产业集聚区[20]。

为实现上述目标，国家将在财经扶持、税收激励、融资信贷、人才培育、国际合作等方面加大支持力度。战略性新兴产业在未来 5 年的奋斗目标已于 2012 年 5 月 30 日正式确定。要求的产业竞争力包括：

（1）内涵：一国特定产业通过在国际市场销售其产品而反映出的生产力。

（2）产业竞争力衡量标准：市场占有率、赢利率、创造差异性产品的能力。

（3）产业竞争力主要影响因素如：核心技术创新及其综合能力、关键装备制造能力、世界制造业前沿开拓战略方向跟踪能力、市场变化信息立时适应决策能力和架构披榛采兰人才培育的优良环境能力[18]。

2. 我国战略性新兴产业发展简况——

（1）节能环保产业：重点发展新型高效节能、先进环保、资源循环利用。其中将涉及自主研发和通过多种贸易途径引进各类节能环保先进技术，包括碳捕集与封存（CCS）技术和碳捕集—利用与封存（CCUS）技术等。须保证绿色-低碳发展内涵，力促生态文明建设跃上新阶，零容忍借节能环保之名，行践踏生态文明之实。

2011年和2012年能源性能合同等节能服务产业产值分别达1250亿元和1653亿元，各同比增加50%和32%。2012年底，全国节能服务企业已有4175家，职工43万人。但从事环保服务的市场实体相对比较薄弱，建树较少。2013年出现的新气象是大批实力雄厚央企进入节能环保领域。

（2）新一代信息技术产业：全球信息通信技术正向云计算服务、传感网、物联网、移动互联网、三网融合、宽带化、4G化、大数据分析和智慧化发展，技术内容正处于大变革前夜，须重点发展下一代信息网络、电子核心基础产业、高端软件和新兴信息服务。信息网络产业将覆盖和推动传统产业升级、促进整个社会智能/智慧化。2010年我国规模以上IT产业收入和从业人员分别占全国工业的9.1%和9.7%；出口占37.5%。2012年软件产业收入2.5万亿元，同比增长28.5%。2013年IT产业收入12.4万亿元，同比增长12.7%；规模以上电子信息制造业主营业务收入9.3万亿元，同比增长10.4%；制造产值增长11.3%；软件和信息服务业实现软件业务收入3.1万亿元，同比增长24.6%，同年全球对应的平均增长仅为5.7%。通过后者增长强劲态势已足够说明新一代IT产业已摆出焱进姿态！互联网上的全民参与规模更是非同小可。

2015年末，我国信息技术将有质的飞跃。三网融合将完成初建阶段；光纤到户已基本普及；智慧化浪潮将逐渐向农村延伸；智能交通、智能电力网、智慧建筑、智慧城市、移动支付、网络电视、云计算服务、大数据分析均将高速发展！智能生产、智能消费以及教育、医疗、政务、社会管理即将实现全盘智慧化！

（3）生物产业：把生命科学前沿、高新技术手段与新能源技术、工农业核心技术、食品工业技术和现代医药技术紧密结合起来，充分发挥自然生态规律和生物技术前沿的科技综合效能，凸显生命科学纵横驰骋的21世纪科技主帅地位，特别须加快研发适应多发性疾病和新发传染病防治要求的创新药物，突破应用面广、需求量大的基本医疗器械关键核心技术，形成以创新药物研发和先进医疗设备制造为龙头的医药研发产业链，以及发展绿色能源技术、杂交丰裕农产和高效/高质食品工业产品等。生物技术产业包括生物医药、生物农业、生物质能、生物环保、生物经济、海洋生物研发、生物服务外包等分支。2010年生物产业产值1.8万亿元，其中生物医药产值1.1万亿元。未来强化生物医药研发的重点是：化学药物、疫苗、试剂，关注疑难顽症的生物治疗途径等。据规划，到2015年百强新药企业销售收入将占全行业50%，到2020年进入世界百强的企业至少5家。届时广义生物产业市场规模可达6万亿元。

（4）新能源产业：将突出清洁能源和可再生能源利用，积极发展新一代水电、核电、风力发电、太阳能发电、沼气发电、生物质能利用，以及地热利用、煤的洁净利用等。

太阳能光伏发电：太阳能既是一次能源、可再生能源，也是使用中的零碳能源（除外生产过程的碳足迹），无需运输，对环境不造成污染（除非计较所占国土或建筑面积），有着无与伦比的自然优势。目前利用太阳能的技术主要包括：太阳能加热—制冷（Solar Heating and Cooling，SHC），如太阳能热水器和太阳能空调；又如太阳能光伏材料，光伏器件及其制备；太阳能集中发电，即规模型太阳能发电站；其他太阳能应用，如利用太阳能进行废水处理等。

发展太阳能技术研发的前沿主要集中于两大方向：即聚光太阳能发电（CSP）和太阳能光伏发电（PV）。聚光太阳能发电技术，是利用聚光器将太阳光聚焦，并照射加热位于焦点处的热工介质，然后通过热交换产生高温高压热蒸汽，通过蒸汽循环带动常规发电机持续发电。太阳能光伏发电技术，包括高纯多晶硅的制造技术以及四氯化硅污染治理技术、晶体硅的替代研究、薄膜技术等。

我国新能源和可再生能源产业规模已处世界前列。2010年全年水电、核电、风电、光伏发电装机容量分别达21606、1082、2958、26万kW，占总装机容量22.36%、1.12%、3.06%和0.027%。到2010年末，风机总容量已达41.83GW，居世界第一；核电在建规模占全球40%以上；光伏电池产8000MW，占全球产量1/2；到2014年末，我国光伏发电累计装机容量已达26.52GW，比上年增长67%。

到2015年，水电规模250GW；核电39GW，水电—核电在一次能源中占比将从7.5%上升到9.0%。

预计到2020年水电380GW、核电近80GW、风电150GW、光伏发电20GW、生物质发电20GW，总量将约占一次能源总量的 18%。

（5）新材料产业：新材料是中国跃升为世界经济强国和促进产业升级的阶梯，必须首先通过新材料研发升级才能真正改变目前产业总体水平仍徘徊在国际产业链低端的落后局面。为此，须大力发展新型功能材料、先进结构材料、高性能复合材料等领域的研发攻关。其中：

①新型功能/智能材料：稀土功能材料、高性能膜材料、特种玻璃、功能陶瓷、半导体照明材料、高效能源材料、先进超导材料、纳米材料与器件、微电子－光电子材料和器件、半导体照明材料、新型显示材料、高性能电池材料、环保材料等。研发目标是高功能、多功能、人性化、环保、大或超大容量；

②先进结构材料：高品质特殊钢、新型合金材料、工程塑料等。要求轻质、高强、坚固、长寿、环保和低成本。结构/功能一体化的新材料将同时成为发展新趋势；

③高性能复合材料：碳纤维、芳纶、超高分子量聚乙烯纤维等高性能纤维的相应复合材料和军民两用材料等；

④共性基础材料研究：纳米、超导、智能等前沿性领域。前沿性基础材料主要须体现创新、重在应用，引领未来，反映国家的科技水平。

截至 2010 年底，我国新材料产业规模已达 6500 亿元；从 2005 年起直到 2015 年，年均增长 20%。但与发达国家相比，技术研发创新水平差距仍较大。预计"十二五"期间总产值将突破 2 万亿元，年均增长 25% 以上；但技术创新仍需急起直追[27]。

（6）新能源汽车：经过 10 年来自主研发和示范运行，我国电动汽车质量已跨入世界先进水平行列。当前须通过技术经济、市场需求和经济效益三方面反复论证，以确定我国新能源汽车发展的技术路线和市场推进措施，重点放在跨越式兼程发展插电式混合动力汽车和纯电动汽车以及动力源中的佼佼者－燃料电池 3 类，深圳比亚迪于 2006 年研制的电动汽车参加美国底特律国际车展，曾名重一时。到 2010 年，电动汽车示范推广的城市已有 25 座，私人购买国家将给予补贴。2010 年底已有 54 家企业的 190 个车型应市，符合推广条件的新能源汽车累计已有 7181 辆，当时已建成充电站约 100 处；充电桩已有 300 多个。与电动汽车有关的专利申请已突破 3000 多项。2012 年累计销售新能源汽车 12791 辆[26]。

10 - 2 - 3　发展高端装备制造业

1. 机械工业基础——装备制造业的大部分属于机械制造工业的核心组成部分，小部分也是机械工业衍生出来或技术支撑下发展起来的，例如飞机、船舶和机车的关键部件。我国常处于快速发展的机械工业 21 世纪以来尤其获得飞速发展，如图 10 - 5 所示。

机械工业的节能减排技术包括净成形制造技术、摩擦搅拌焊接技术、再制造技术等：

（1）净成形制造技术：指零件成形后仅需少量加工或无需再加工就可用作机械构件以节约材料的先进制造技术。我国机械工业每年用钢量约 5000 万吨，但钢材利用率仅 60%～70%，国际先进水平已达 90%～95%，故节材潜力颇大。

（2）创新的固相连接技术：1991 年英国焊接研究所发明的摩擦搅拌焊接技术，解决了铝合金的可焊性问题，提高了铝合金、镁合金、铜合金、钛合金等轻合金金属材料的连接技术水平，为工业产品的设计和生产提供了新思路和途径，降低了生产成本和提高了生产效率。国内 2002 年开始引进，通过消化吸收及技术创新，至今该技术已广泛用于船舶制造、航空/航天制造、轨道交通、汽车制造、电力网络、电子设备和

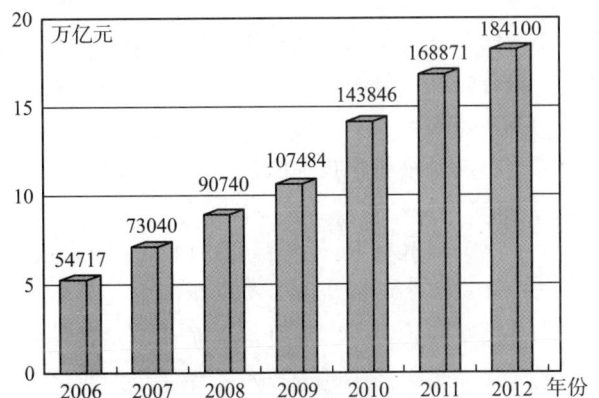

图 10 - 5　2006～2012 年中国机械工业总产值规模发展状况

（据：刘吉兆. 从制造到创造——装备制造业的现状与发展趋势分析和研究，湖南工学院机械工程学院，2013 - 07 - 09，网传 ppt）

能源机构等行业。

（3）再制造技术：利用废旧机械设备零部件进行批量化高技术修复和性能升级，再重新组装成产品，可节能 60% 和节材 70%，用于汽车、工程机械、家用电器、办公设备等领域。2010 年，我国已形成汽车发动机、变速箱、转向机、发电机共 23 万台套的再制造能力。

2. 加快制造业发展——

（1）制造业发展现状：近年来我国制造业发展强劲。据联合国工发组织统计，我国制造业增加值早在 2006 年已占世界制造业的 14%，其中有 172 类产品产量居世界第一位，并成为世界第二制造大国。到 2010 年，按制造业产值衡量，中国已超过美国成为全球制造业排行榜首。

（2）存在的差距：我国制造业与世界先进水平相比存在较大差距。其荦荦大端者有：

①创新能力薄弱：制造业对外技术依存度高达 50% 左右；高科技产品增加值占制造业增加值的比重不足 20%；可靠性技术、基础知识数据库、核心基础部件、智能控制技术、工业应用软件技术和标准技术及产品较多缺失。

②资源消耗大、污染严重：单位产品能耗高出国际先进水平 20%～30%。

③产业结构不合理：国内企业的"服务型"制造收入仅占总收入的 20%～30%，而世界跨国制造巨头则已达 50%～80%；高档制造兼承担服务的装备产品主要依靠进口。

④处于产业价值链低端：增加值上升率约比美国、日本低 23% 左右。据 2009 年统计，中国企业 500 强的汽车和航空/航天制造业赢利水平只是世界 500 强同类企业的 27.8% 和 11.1%。

⑤制造业劳动条件：我国制造业的劳动条件普遍较低，一般车间的文明生产环境处于中间偏下水平，从而影响劳动生产率的提高。笔者于 20 世纪 80 年代初考察过 40 多所遍布美国各地的制造行业，几乎所有安置车钳刨铣基础机械加工车间无一例外地铺着厚地毯、煮着浓咖啡、播着轻音乐……紧张的劳动情绪被相对和谐的车间环境消融了。

（3）制造业基本技术发展趋势：未来几年，先进制造技术将继续从以机器生产为特征的传统制造技术氛围向制造技术与信息技术、新材料技术和新能源技术等交叉融合的数字化新型制造技术迈进。其技术内涵将在不同层次上体现各种新型制造概念，诸如微纳加工、生物制造、高速高精、自动智能、绿色低碳、增值服务、物流联动等。在生产技术结构上形成"五化"状态，即全球化、信息化、综合化、绿色化和服务化。

①制造全球化协同技术塑造了现代化制造产业体系。

②经济全球化及信息网络化，使制造企业突破了传统车间－企业－社会－国家的界限，在全球范围内优化配置资源，融入全球产业链，参与全球协作和市场竞争。制造业信息化技术是信息技术、自动化技术、现代管理技术与制造技术相融合的综合体，也是实现企业"精细管理、敏捷经营"目标，降低制造成本提升国际竞争力的重要手段[19]。

③企业集团从"大而全"转向"专而精"方向的同时，特别重视跟踪科学技术的时代步伐，在制造技术上力图紧跟科学技术的最前沿，从而综合发展本身的制造技术。"综合即创造"成为发达国家最为响亮的竞争口号。

④绿色制造技术：绿色制造（Green Manufacturing，GM）要求改进制造工艺，重视保护环境、减少资源消耗和箕风毕雨地适应人类文明需求，为此须采用节能设备或改造老设备、采用绿色设计与全生命周期评价、采用回收再生实现可再生循环、发展一体化循环经济产业链技术以及加快突破节能减排核心技术。时刻审视和核实任何制造技术的环保与人性化水平。例如生产效高低噪的刈草机比鼓噪轰鸣品种更受城市公园管理人员的欢迎。绿色制造技术就是综合考虑环境影响、资源效率和社会人本效用，也是各国必然提高外贸条件的重要环节。绿色制造技术主要表现为技术标准、技术规范、应用模式等形式[22]。

⑤由于技术进步和先进管理理念的应用，新产品处于生产制造环节的时间只占很小部分，大部分时间处在研发、采购、储存、销售、售后服务等运筹帷幄阶段，制造业正从"生产型"制造向"服务型"制造转型。制造服务化已成为先进制造发展的新内容。

（4）制造业未来科技发展更上一层楼：

①绿色制造科技：包括产品设计绿色化——产品应易拆解、易回收、易修理；材料绿色化——取代污染环境和影响人体健康的材料；制造工艺绿色化，如利用精密成型技术；处理回收绿色化，如推行再制造技术。

②智能制造科技：要求具备：自律能力（据有获取与识别环境信息、自身信息吞吐能力、分析判断和规划自身行为的能力等）；人机交互能力（构造人机一体化的智能系统）；建模与仿真能力（集信息处理、智能推理、预测仿真和多媒体技术于一体）；制造资源可重构和自组织能力；学习能力和自我维护能力（故障自诊断、故障自排除、自主维修能力）。

③特殊制造科技：例如，巨系统制造（极为复杂系统和功能极强设备制造）、微纳制造（微米和纳米量级零件和系统的制造）、特殊环境下的制造（如在激光、电子束、离子束等强能束环境中的制造）、超精密制造（尺寸精度和形位精度亚微米级、粗糙度纳米级的超精密加工技术）、超高性能产品制造（如高温合金（如1300℃航空燃气发动机叶片）、单晶制造技术、高压低温和强腐蚀的海工装备制造）、特殊成型工艺（如增量制造新工艺等）。

④融合集成科技：例如，工艺技术的融合与集成（加工中心如车铣镗模复合加工等）、信息技术的融合与集成（智能设备、数控设备等）、新材料的融合与集成（复合材料和高性能结构材料的集成等）、生物技术融合（仿生组织、结构、功能和性能的生物性制造技术）。

⑤服务性制造科技：包括远程监控与诊断、远程信息传输和控制和事后故障变为事前预测等。

3. 装备制造业——

（1）装备制造业战略地位：装备制造业是国家的战略产业，是制造业的核心组成部分。高度发达的装备制造业，是实现工业化的必备条件，是衡量国家国际竞争力的重要标志，是决定国家在经济全球化进程中国际分工地位的关键因素。装备制造业是为国民经济和国家安全提供技术装备的工业总称，覆盖机械、电子、武器弹药制造业中生产投资类产品的全部产业，包括：金属制品、通用设备、专用设备、交通运输设备、电气机械及器材、电子通信设备、仪器仪表、文化、办公用机械以及国防军事用途设施的制造等。

（2）发展现状：我国制造业经过几十年厉精更始，装备制造业取得了令人可喜的成就，形成了较为完整的产业体系，基本成为推动我国工业发展的中流砥柱，为我国经济发展做出了卓越贡献。最近几年，我国更先后颁布了加速装备制造业发展的各种扶持政策，如"十一五"规划期间实施的国务院《关于加快振兴装备制造业的若干意见》；为了应对世界金融危机冲击，2009 年颁布了《装备制造业调整和振兴规划》；最近更发布《装备制造业"十二五"规划》等。2006～2011 年中美德日的装备制造业总产值如表 10-2 所示。从表中数据得悉，中国于 2009 年的装备制造业总产值已跃居全球第一，是全球独占鳌头的装备制造业大国，但尚未达强国顶峰。

表 10-2　　　　　　　　2006～2011 年中美德日装备制造业总产值（亿美元）

国家	2006	2007	2008	2009	2010	2011
中国	11197	15186	19630	20167	22200	27000
美国	20200	20300	19800	19800	19520	17300
德国	10300	13100	11197	13251	6180 –	—
日本	13900	15000	15022	15600	10270 –	—

注：中国装备制造业（包括航天航空和造船业）规模总量已于 2009 年跃居世界第一。

（据：刘吉兆. 从制造到创造——装备制造业的现状与发展趋势分析和研究，湖南工学院机械工程学院，2013-07-09，网传 ppt 课件，可能因各国统计数据多少有出入，原文无数据来源说明）

（3）我国装备制造业发展成就例证：

①产业规模快速增加，许多主要产品总量已稳居世界前列，如交通运输装备制造业中高铁设施和机车

制造、船舶生产吨位均成为全球第一；多项新能源装备亦获世界第一。

②自主创新能力明显增强：如升级后的"天河－1A"计算机运算速度可达每秒 2570 万亿次，位居世界首位；AC313 大型民用直升机首次试飞成功，填补了研发大型民用直升机空白；全球最大的黑色金属垂直挤压机，即 3.6 万吨黑色金属垂直挤压机由清华大学等联合科研院校研制成功；全球最大单柱容量 1000kV/1000MVA 特高压（双柱）自耦变压器，在中国西电集团公司研发中心问世。

③集聚及集群效应初步显现，现已形成若干各具特色的装备制造业基地雏形：如珠三角 ICT 设备与计算机制造基地已形成智能运作和管理；以上海为中心的长三角汽车和汽车零部件制造基地；东北重大成套装备制造基地、西南西北国防装备制造基地以及中部豫、鄂、湘等大装备优势省区都在各凭优势，革故鼎新。

（4）我国装备制造业亟待转型升级：

①中低档产品和一般加工能力大量富余，企业开工不足，约一半能力闲置，国有大企业经济效益较低，职工就业不够稳定，对社会和谐有一定影响。

②产业结构不够合理：中低档产品和普及型加工能力比比皆然，低端产能严重过剩，而高端产品相对不足。例如 2009 年装备进口总额曾达 1800 亿美元，90% 高档数控机床、95% 高档数控系统、70% 高档数控机床的高级功能部件、100% 的 30MPa 以上液压件、核电泵阀的大部分、80% 集成电路芯片制造装备、70% 汽车制造关键设备等重大成套设备和高技术装备均主要依赖进口。2009 年全行业 57% 的主要机械产品核心技术依靠进口，国内装备制造业有效专利中发明专利只有 13.8%，大部分均属实用新型和外观设计。近年来经我国装备制造业领域不甘示弱的科技人员夙夜匪懈地拼搏创新，上述局面正取得较大改观。

③能源和材料消耗过大：例如 2010 年燃煤发电设备供电煤耗比国际先进水平高 19.1%。

④产业基础亟待夯实强化：目前基础技术、基础材料、基础元器件、基础制造装备、功能部件、自动化控制系统、标准体系等的全面发展仍需全局给力。

（5）装备制造业发展前瞻：

①产品高新技术化：包括：a. 产品数字化：设备在线控制技术、故障远程诊断技术（如混凝土泵车）、远程数控技术（如数控机床）、柔性制造、网络制造、智能制造、全球制造技术等。b. 产品智能化：设备故障仿真、自我诊断、自动调节；智能仪表、智能型汽车起重机等。c. 产品轻量化：纳米材料技术、复合材料技术：如碳纤维材料、合金铝车体等。d. 产品高可靠性：可靠性技术在装备产品中的应用。

②产品制造绿色化：即在保证产品功能、质量和成本前提下，综合考虑环境影响、资源效率和人性化的现代制造模式。包括轻量化、节能减排、资源循环利用、无害化的绿色设计技术；节约资源/能源、最大限度降减三废和噪声等环保条件的绿色工艺技术；以及使用轻量化、重复使用、可降解、天然生物包装材料的绿色包装技术。特定的绿色产品更需严格要求符合特定环保标准，简化产品结构但不降低功能、使用生命周期终了能争取循环使用。

③市场需求个性化：即根据市场特点，提供需求动态多变的市场响应产品，包括适应特定目标、特定环境、特定时间使用的有形产品。市场响应能力应成为企业竞争力第一核心因素，而生产方式则在必要时从系列化大规模生产转变为多品种小批量柔性生产，大批量标准化低成本产品转变为符合用户要求的富有个性的产品。

④产业发展集群化：指在某一主导产业为核心的特定区域里，大量联系紧密的企业以及相关机构在空间上聚集，并形成强劲、持续竞争优势的企业群簇。我国一般由政府策划形成若干功能异同不一的开发区、实验区、工业园区或科学城区，如北京海淀区中关村的电子信息产业集聚；也有如广东、浙江等随产业发展过程而自然形成值得推崇颇富凝聚力的专业镇。

⑤制造服务一体化：即在发展制造业实体的同时，并行不悖地提供优质生产性服务。如企业从单台产品供应商提升为成套设备、集成系统设备供应商，并进而转型为具备工程总承包能力的用户服务供应商。形成的生产性服务业含信息服务、金融服务、现代物流服务、咨询服务－如系统设计、系统成套、工程承

包、远程诊断服务、产品制造、融资租赁服务[16]。

4. 高端装备制造业——即制造业的高端装备，包括：

①技术上高端，体现为现代尖端综合知识密集和多学科融合、交叉、集成；

②价值链高端，特征表现为高附加值；

③产业链的核心部位，发展水平决定产业链的整体竞争力。高端制造涉及传统制造业高端部分和新兴产业高端部分，有很高的产业关联度。

高端装备制造业含重型机械、数控机床、新型农机、飞机、高铁机车、核电设备、造舰船、新武器、航天设施等。特别须重点发展航空装备、轨道交通装备、海洋工程装备、智能制造装备、卫星及其应用。干支线飞机目前能制造 100 吨以下飞机，ARJ21 客机已于 2014 年 4 月 28 日宣布：环球试飞成功。设计制造大型飞机项目已在 2007 年启动，不久后将频传捷报。目前全球运营中的通用飞机有 34 万架，其中美国有 22 万架，而我国仅数千架，亟待扩大设计和生产规模。我国航天技术和规模居全球第四位，仅次于美、俄、欧盟。神 9 与天宫对接成功，突破了新的载人航天技术；嫦娥 3 号成功抵达 38 万 km 外的月球，开展了人类史无前例的科学研究，取得了震撼寰宇、旷古绝伦的科学数据。此外，我国海洋深潜装备设计运行成功，开创了我国深潜新纪元。我国城市轨道交通技术和高铁设施均达国际水平并向外输出，动车最高稳定时速已突破 380km，试运行时速达 416km，高可靠性的信息化安全技术也已进一步完善和提高。

10-3 中国传统产业推陈出新

10-3-1 传统产业 锦上添花

1. 产业能耗评测——我国工业规模尚未能全面满足经济社会需求，传统产业仍占供给国计民生必需品的大部分生产能力。生产所需能源供给不可避免地随着产业规模的逐渐扩大而变得愈益供不应求、日见短绌。美国埃克森石油公司对全球重点耗能领域和有关国家做了有意义的能耗预测，其中对我国的化工、重工、能源产业等未来到 2020 年续至 2040 年的能耗变化做出了常规预测（图 10-6）。

2. 关于产能过剩——《国务院关于化解产能严重过剩矛盾的指导意见》（下称《意见》）中已指明的产能严重过剩产业，大多数都是高耗能、高排放的传统产业，而这些产业在国民经济中有着举足轻重地位和就业人口十分集中的鼎鼎大名。《意见》说："受国际金融危机的深层次影响，国际市场持续低迷，国内需求增速趋缓，我国部分产业供过于求矛盾日益凸显，传统制造业产能普遍过剩，特别是钢铁、水泥、电解铝等高消耗、高排放行业尤为突出。2012 年底，我国钢铁、水泥、电解铝、平板玻璃、船舶产能利用率分别仅为 72%、73.7%、71.9%、73.1% 和 75%，明显低于国际平均水平。钢铁、电解铝、船舶等行业利润大幅下滑，企业普遍经营困难。"[32]有的产业产能过剩还可能涉及其他一些原因，如煤化工产业、光伏发电业、风能产业等。与《意见》提到的钢铁等产业相似，几乎所有产能过剩的传统产业加上极速发展的新能源产业毫无例外地都跟能源消长起伏有关。一般说，产能过剩的同时并没有相应地缩减能源消耗[29]。

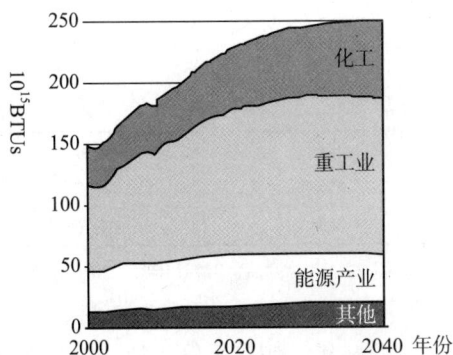

图 10-6 中国工业各部门能源需求

原注：中国 2025 年至 2040 年因经济转型升级和能效提高，工业的能源需求将会降低约 20%。

（据：ExxonMobil. The Outlook for Energy: A View to 2040，2013-08，p.24）

10－3－2 主要传统产业 调整升级

1. 钢铁工业——2009 年我国钢产量 6 亿吨，占全球 43%，18 年来一直位居世界第一；近年技术进步很大，综合能耗已接近国际先进水平。但我国钢铁业的碳排放量在全球钢铁业居于首位（图 10－7）。

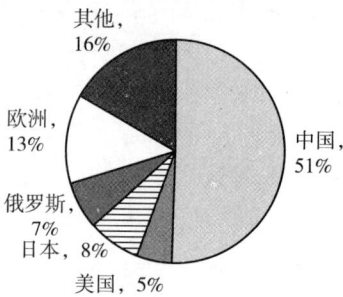

图 10－7 世界各地钢铁业碳排放占比（2011 年）

（据：国际钢铁协会的内部报告，宝钢《环境经营》等文献综合改绘）

近年我国钢铁产量仍在上升之中（见表 10－3），尽管产能仍有 28% 富余。2013 年上半年，钢铁业实现利润 664 亿元，同比下降 49.4%。可见产能过剩而内涵亟待升级。

钢铁行业的节能减排技术包括干熄焦、连续铸锭、高炉煤气顶压透平、高炉喷废塑料、直接还原炼铁、第三代炼铁技术、微波/电弧放热加热直接炼钢技术、企业能源管理系统等。与湿法熄焦相比，干熄焦可回收利用红焦的物理显热，每吨焦回收蒸汽 500～600kg，同时大幅减少熄焦水等污染物的排放量，并提高焦炭质量。连续铸锭简化了生产工艺，提高金属收得率 8%～10%，节约能源，铸坯质量好。高炉煤气顶压透平是通过使高炉煤气流经安装在煤气净化系统下游的膨胀透平机，将高炉煤气压力中的动能转化为电能，节约大量电能，且有助于减少 CO_2 排放。高炉喷废塑料是用废塑料代替焦炭或煤粉的高炉炼铁工艺，有利于降低高炉焦比，减少高炉的石灰用量，减少高炉的产渣量和炼铁成本，提高高炉的生产效率。直接还原炼铁是以气体燃料、液体燃料或非焦煤为能源，在铁矿石（或含铁团块）软化温度以下进行还原得到金属铁的方法，实现了无焦炼铁，代替高炉铁使长流程省去了烧结、炼焦工序，大大降低能耗和污染。第三代炼铁技术是以较低温度，快速进行还原、渗碳、熔融、渣分离的非高炉炼铁技术。整个过程只需 10 分钟，产品含铁量高达 97%，高于高炉炼铁的 96%，可使用高炉炼铁用不了的低级铁矿石和煤炭，新建设备投资仅为高炉的 15%。这个继高炉法、使用天然气的直接还原炼铁法之后的第三种炼铁技术由日本神户制钢公司开发成功，2010 年和美国钢铁大厂合作在美国投建了全球最大的炼钢厂。2003 年在美国研发成功的微波、电弧放热加热直接炼钢技术可替代传统炼钢工艺过程中的烧结、焦化、高炉、转炉等工序，冶炼时间短，能量损耗小，成本低，只需普通无烟煤，温室气体排放大大减少，可节能 25%。钢铁企业能源管理系统通过计算机网络对企业生产过程所用能源进行优化调度和能源消耗在线实时监控，确保生产用能的稳定供应，监控用能设备状况，实现用能设备的集中管理和自动化操作。积极绿化钢铁生产[35]；推动钢铁业借助信息化节能[37]；加强节能减排责任制管理[36、38]等都是近期促进转型调整的积极对策研究[40]。

表 10－3　　　　　　　　　　中国近年钢产持续增进（万吨）

钢产	2010 年	2011 年	2012 年	2013 年
粗钢	63722.99	68528.31	71716.00	77904.1
钢材	80276.58	88619.57	95317.60	106762.2

（据：国家统计局各年统计年鉴，2013 年为统计公报）

2009 年，中国钢铁行业干熄焦普及率已达 70%，大中型钢铁企业的连铸比达 99%。2008 年，我国钢铁行业 1000m² 以上高炉安装高炉煤气顶压透平的比重达 98.6%。宝钢已掌握了成套的高炉喷吹废塑料技术，高炉喷废塑料作为我国钢铁工业的一项清洁生产技术正在推广应用。我国钢铁行业计划从 2009 年开始，3 年内在年产 300 万吨以上的钢铁企业建立能源管理系统，形成年节能 600 万等效煤吨数（tce）的能力。2010 年，钢铁烧结机烟气脱硫设施累计建成运行 170 台，2010 年占烧结机台数的比例提高到 15.6%[41]。

中国钢铁工业协会黄导教授于 2012 年 12 月在北京介绍了我国钢铁工业开展循环经济综合利用的现实举措和节能环保愿景，其结构如图 10－8 所示[42]。发展钢铁工业的循环经济结构不失为化解产能过剩的当务之策[34]。2014 年 7 月，科技部召开的新材料座谈会上，钢铁研究部门的专家介绍首钢在曹妃甸新建钢厂采取产品制造、能源转换和社会废物消纳三管齐下的综合功能建厂方略，形成了可循环流程令钢厂与环境和谐共处的创新发展模式[35]。

2. 石油化工产业——

（1）中国石化产业高速发展：2000~2011 年的 11 年间，中国 GDP 年均增幅为 9.9%；11 年间石油和化工行业总产值年均增长率为 21%，是同期 GDP 平均增幅的 2 倍。

2002~2011 年，行业产值、利润、投资、进出口总额年均增长率分别为 26.7%、44%、28.5% 和 21.1%，是历史上发展速度最快时段之一。有 20 多种大宗产品的产量和消费量位居世界第一。目前已形成 45 个重要子行业，可生产 6 万多个品种。2012 年规模以上企业 2.72 万家，从业人员 707.5 万，全年总产值 12.24 万亿元，完成固定资产投资 1.76 万亿元，进出口总额 6375.9 亿美元，实现利润总额 8176.1 亿元，上缴税金 8631.5 亿元。

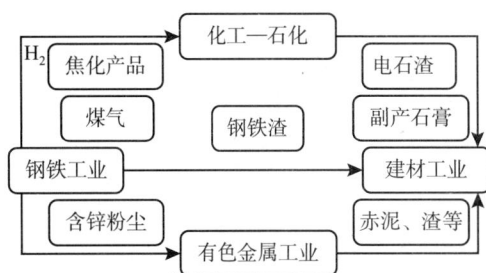

图 10-8　钢铁工业与其他相关流程间材质关联的综合循环利用

（据：黄导. 深化循环经济促进绿色制造　为建设美丽中国做出更大贡献，中国循环经济与绿色发展论坛 2012，中国社科院数量经济研究所，2012-12-15）

2012 年我国原油天然气产量约 3.04 亿吨油当量，主要化学品总量约 4.6 亿吨。2005~2012 年中国石化产值增长状况如图 10-9 所示。

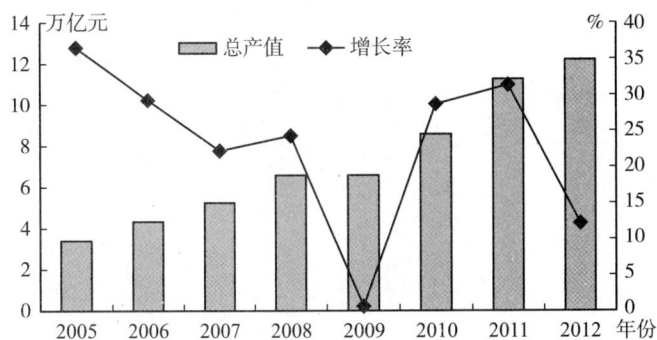

图 10-9　中国石化产业产值和增长率

（据：赵志平. 中国石油化工行业现状与发展，中国石油和化学工业联合会，2013-11-18，网传 ppt）

2013 年前三季度主要经济指标是：主营业务收入 9.59 万亿元，同比增长 9%；进出口总额 4833 亿美元，同比增长 2.0%；完成固定资产投资 1.45 万亿元，同比增长 18.4%；实现利润总额 6063 亿元，同比增长 12.5%；规模以上企业 2.83 万家，从业人员 700 万[45]。

当前的主要矛盾是：安全生产与环保压力增大（2013 年 12 月山东青岛附近发生严重油管爆裂爆燃人员死亡责任事故）、产品竞争较弱、需求不足和部分行业产能过剩突出[43]等。

（2）中国石化节能减排：石油天然气工业的节能减排技术包括五方面：利用油田伴生天然气资源，提高利用率；优化注水作业，推广稠油热采系统节能技术，减少油气集输过程中的损耗；采用高效污水处理方法，回收污水中原油；推广热泵技术，回收油田采出水的低温热量；海洋石油天然气开采，先进的油藏仿真软件和油藏监测的四维地震技术等。

石化工业的节能减排技术也涉及五个方面，分布在炼油、乙烯、合成树脂、合成橡胶、合成纤维原料领域：例如在炼油领域，包括常减压蒸馏装置、催化裂化装置、催化重整（包括半再生和连续重整）、芳烃抽提、加氢装置、延迟焦化装置以及大力推广装置间热联供技术；在乙烯领域，包括采用新技术改造老炉型，新建裂解炉大型化；推广在线烧焦技术，开发加注结焦抑制剂，改扩建中采用先进低能耗分离技术；在合成纤维原料领域：包括催化裂化装置余热锅炉节能改造等。

炼化一体化充分体现循环经济特点：在一个企业里同时进行炼油和化工生产，实现集约化、短流程和安全环保。中国最大的炼油化工一体化项目 2009 年 11 月在福建泉州建成投产，炼油厂产能由 400 万吨扩建到 1200 万吨，年产乙烯 80 万吨、丙乙烯 65 万吨、聚丙烯 40 万吨、芳烃 100 万吨。

（3）中国石化产业未来发展：石油和化学工业在今后几年将呈现各有特点的发展模式：成长型行业以扩大规模、增加品种和满足需求为主，包括天然气、成品油、化工新材料及中间体、精细化工、新能源产业等；成熟型行业以优化结构、提升质量和保持竞争优势为主，包括化肥、传统化工、两碱、橡胶加工、传统精细化工等。高分子材料产量多年来一直位居世界前列。

中国石化行业发展前景是：2010～2020年年均增长率约12%，其中2010～2015年约13%，年均总产值15万亿元。随后5年年均增长率约10%，2020年行业的主营业务收入将达24万亿元。10年间行业将进入中速发展阶段，将从速度效益型向质量效益型转变，其产业结构应由资本密集型、资源密集型和劳动密集型向技术密集型转变。行业整体技术水平不高：因生产工艺和装备技术落后，生产效率、能源和原材料消耗水平与发达国家相比差距较大，我国石化工业能源利用率比发达国家平均低15%，一些产品单位能耗比发达国家高20%～30%。为此，行业正力图在最短时间内：

①推进产品结构优化：目前大宗合成材料、高附加值精细化学品仅占40%；石油和天然气开采、石油炼制、基础化学原料占60%。产品结构需要优化调整[44]。

②促进产业技术升级：石油和化工面临环境压力很大：化工排放废水量在各行业中居首位，废气、废渣排放量在全国前4名之列。

③突破原料制约因素：我国石化工业的主要原料石油和一些化学矿产资源十分贫乏。探明石油可采储量仅占全球的1.2%，而消费量却占9.7%。

④培育战略性新兴产业：高端材料领域自给率低，与我国巨大的市场潜力很不相称。目前我国工程塑料自给率只有需求量的1/3，特种工程塑料所占比例更低；信息网络领域中配套的电子化学品中进口产品超过50%[45]。

（4）化学工业与时俱进：中国化工行业2002～2012年总产值与增长率见图10-10。目前化工市场存在的主要问题是有效需求不足。具体地说：

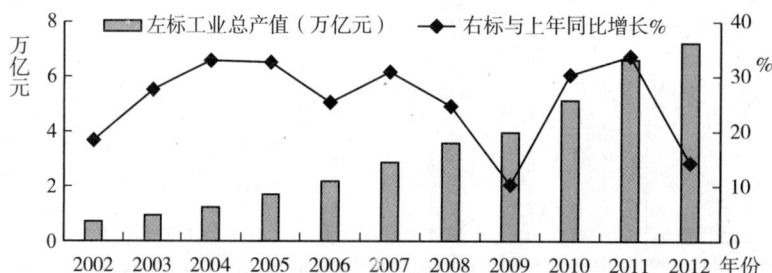

图10-10　中国化工行业总产值与增长率

（据：赵志平. 中国石油化工行业现状与发展，中国石油和化学工业联合会，2013-11-18，网传ppt）

①产能过剩问题：2012年以来，同质化产品市场竞争激烈。纯碱、电石、甲醇、PVC、磷肥等产品价格在历史低位徘徊。到2012年底，产能过剩尿素约1800万吨；磷肥约1000多万吨；氯碱行业总产能突破3800万吨，全年装置利用率仅约70%；聚氯乙烯总产能达到2236万吨/年，而装置利用率仅约60%；电石行业总产能3000万吨，装置利用率约76%。2013年上半年，烧碱装置平均利用率约75%；纯碱装置平均利用率近85%；而聚氯乙烯仅60%；甲醇不足60%。一些过剩行业的企业、特别是新投产企业处于两难境地，开工亏损，不开工更亏损。过剩行业的装置利用率越高，产能释放越大，市场竞争也越惨烈。例如烧碱市场均价是两年多来的最低位；纯碱均价创近三年多来新低。甲醇、聚氯乙烯、氮肥、磷肥等产品的价格低位徘徊，这些行业整体上处于亏损或亏损边沿。总体上说，两好——农药和橡胶；两不好——氯碱和纯碱；三艰难——氮肥、磷肥和电石。

②需求不足问题：2013年以来，国内市场需求大幅减缓。如国内石油表观消费量由2012年的增长5%下降为负增长-0.3%，2009年初国际金融危机爆发时虽出现过类似下滑现象，当时降幅虽更大，但随即开始回升；而2013年则是持续疲软。倒是不再出现油荒、电荒、运荒等现象。主要化学品（原油和橡胶制品除外）表观消费总量增幅仅2.5%，较上年大幅回落超过4%，处于历史低位。因市场需求增长不足，更突出了产能过剩矛盾，导致大宗产品价格低迷不振。

③消费需求新局面：石油/化工产品需求将长期保持3%左右低速增长，快速需求增长局面较难重现；

大宗化工产品如纯碱、烧碱、通用合成树脂等市场容量将变得相对稳定。未来消费增长主力当在专用、特种和精细化学品范畴。其次，政府引导消费的方式将由注重投资转向终极消费，如绿色 - 低碳消费和服务性消费等。未来需求的主要方向将是天然气、精细化工、新材料和节能环保产品。

（5）化学工业节能减排技术：主要涉及合成氨、烧碱、电石、纯碱和黄磷 5 方面。其中，离子膜法制烧碱技术是用离子交换膜、电解质溶液制造高纯度烧碱、氯气和氢气的工艺。与隔膜法相比，综合能耗降低 20%，设备效率高、占地少，单位投资减少 25%，生产稳定，无污染。2009 年我国离子膜法烧碱产量比重为 54.7%。近年科技界倡导的"绿色化学"（《世界科学》2000 年第 3 期和 2009 年第 2 期）前景诱人，可惜尚未形成独立的学科领域。

估计国家对农业的支持力度将进一步加强，但化肥、农药和农膜等农业生产资料的市场需求是否会稳定增长取决于农业科技、生命科学和农田水利等的发展思路和战略重点。降低几种基础性石化资源对外依存度（图 10 - 11）更寄望于地质勘探的划时代突破。

（6）中国塑料工业：塑料工业是跨化学工业和材料工业两大领域的一种特殊行业，也是节能环保和经济/社会绿色 - 低碳发展中十分敏感的行业。塑料是以合成或天然高分子化合物为主要原料，以增塑剂、填充剂、润滑剂、着色剂等添加剂为辅助成分，在一定的温度和压力条件下形成的塑性材料和少量的固性材料。合成树脂、合成橡胶、合成纤维三大合成高分子材料，是构成我们现代社会的基础材料之一，是现代高分子发展的新型材料，目前已全面进入工、农业等各个领域，在高科技领域得到广泛应用，在未来新材料技术革命中，塑料加工业将发挥更加重要的作用。因此我们提出来塑料加工业已经从传统制造业成长为科技含量高的新兴制造业。

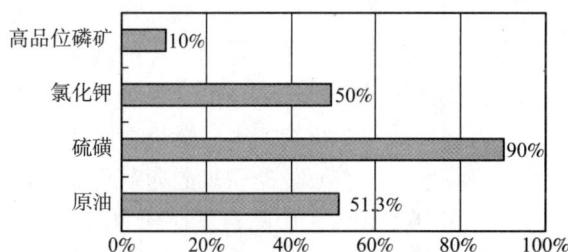

图 10 - 11　几种石油化工资源对外
依存度（2012 年）

注：据政府主持的规划，我国 2011 年原油对外依存度超过 55%[109]。

（据：赵志平 . 中国石油化工行业现状与发展，中国石油和化学工业联合会，2013 - 11 - 18，网传 ppt）

2012 年，规模以上企业（销售额 2000 万元及以上企业）累计生产塑料制品 5781.86 万吨，同比增长 8.99%，比上年同期 22.35% 的增长回落了 13.36%。2012 年塑料制品规模以上企业 13246 个，累计完成工业总产值 16757.29 亿元，居轻工业之首。

2012 年我国塑料制品产量和增长率见图 10 - 12。

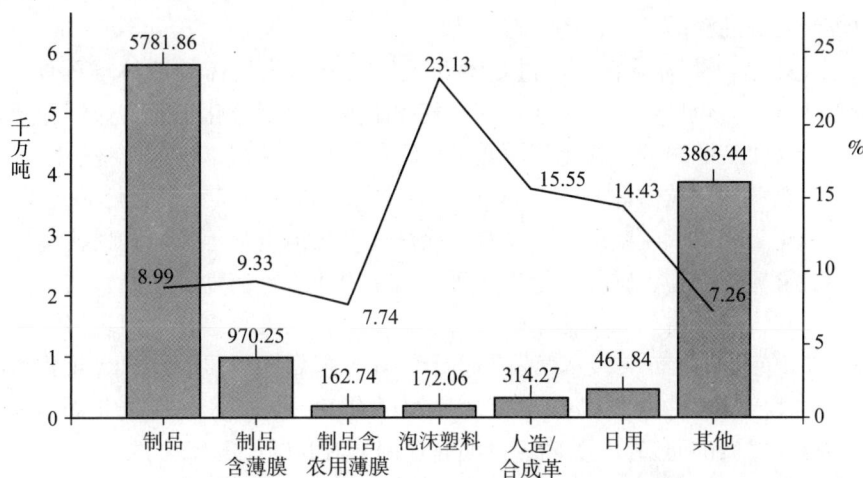

图 10 - 12　2012 年中国塑料制品产量和增长率

（据：马占峰 . 塑料加工业基本现状与发展，中国塑料加工工业协会，2013 - 06 - 05，网传 ppt）

20 世纪后半叶以来，因塑料工业生产过程伴随的环境污染问题、原料生产涉及化石能源消耗问题、塑料薄膜和塑料袋废弃后进入环境往往造成水源永久性阻遏和土壤变质等问题，塑料曾被视为绿色－低碳发展的绊脚石，政府甚至通令全国超市和商业交易过程限制使用塑料袋和快餐店禁用无法被微生物降解的餐具，而且据悉已收到令人满意的效果。

塑料行业新的发展模式必然要走绿色－低碳化改造和高效节能模式，这需要强有力的科技创新。可是据知在塑料行业中的 R&D 投入远比石化产业其他分支为少，因而在塑料行业推行绿色－低碳发展方式的难度较大。专家呼吁在塑料行业的创新开拓方面争取获得政策层面的有力支撑，同时在系统内引入现代信息化先进管理方式，科学设计生产过程，完善产业链各环节的创新[55]。2012 年年中，我国已掌握生物降解 CO_2 基塑料产业化关键技术，已证明能用于一次性医疗和食品包装[55!]。

3. 煤炭工业和煤化工——

(1) 煤炭加工工业：出于节能减排、节约资源的初衷，从 20 世纪 80 年代开始逐渐形成的产业分支领域煤炭加工工业，包括煤炭采掘工程、煤炭洗选加工、燃煤高耗能设备改造、合理综合和循环利用煤炭资源等四个主流趋向。煤炭采掘工程的现代目标是推行洁净煤技术，利用先进选煤技术并推广到煤层气开采、页岩气开采、天然气水合物开采等。洁净煤技术应贯穿于煤炭从开发到利用的全过程，是旨在降减污染、提高利用效率的煤炭加工、燃烧、转化等新技术的总称。采用煤炭加工技术，如洗选煤、型煤、配煤和水煤浆技术，可有效减少原煤的含灰量和含硫量，实现燃烧前的脱硫降灰。如采用先进选煤技术可降低原煤灰分 50% ~80%，脱除黄铁矿硫 60% ~80%，可大量减少煤炭无效运输，电厂和工业锅炉燃用洗选煤，可提高热效率 3% ~8%；用户燃用固硫型煤，不仅可减少 SO_2 排放 30% ~40%，减少烟尘 70% ~90%，还可节煤 15% ~27%。采用先进的煤炭燃烧技术，可有效提高热效率，实现燃烧中脱硫。

1986 年美国推出"洁净煤技术示范计划"，涉及先进的燃煤发电技术、环境保护设备、煤炭加工成清洁能源技术和工业应用等方面。欧盟在建项目有煤气化联合循环发电、煤和生物质及废弃物联合气化（或燃烧）、循环流化床燃烧、固体燃料气化与燃料电池联合循环技术等。日本正在开发的项目包括提高煤炭利用效率的技术、脱硫脱氮技术、煤炭转化技术和粉煤灰的有效利用技术等。

我国国务院于 1995 年建立"国家洁净煤技术推广规划领导小组"，制定了《中国洁净煤技术"九五"计划和 2010 年发展纲要》，涉及煤炭加工、煤炭高效洁净燃烧、煤炭转化、污染排放控制与废弃物处理等 4 个领域的 14 项技术。作为全球第二大发电企业的华能集团极力推广发电效率高、污染物近零排放的清洁煤电科技前沿"整体煤气化联合循环发电系统（IGCC）"，并于 2012 年 11 月在天津商业运行世界第六座 IGCC 电站。其次，华能集团 2010 年在南京电厂建成主蒸汽温度由 600℃提高到 700℃超超临界燃煤发电设置，发电效率由 45% 提高到 50% 左右，耗煤量减少 30%，GHG 排放大幅降减。由此可见，我国传统能源系统首要的煤炭工业的深图密虑，还大有可为。

(2) 煤化工：煤化工是以煤为原料，经过化学加工使煤转化为气体、液体或固体燃料以及化学品，以实现综合利用的工业过程，包括：炼焦工业、煤炭气化工业、煤炭液化工业、煤制化学品工业以及其他煤加工制品工业等。目前在工业领域，煤化工覆盖了广延的工业化领域，例如工业燃气、民用煤气、冶金用还原气、化工合成和燃料油合成的原料气、联合循环发电的燃气、煤炭气化燃料电池、能广泛用于电子、冶金、玻璃生产、化工合成、航空航天、煤炭直接液化及氢能电池等领域的气化制氢等。此外，新技术还发展了液化气源、含氧化合物、碳－化学应用等。由于煤化工须借助多项高精技术，一般其工业进程所需成本较高，设备要求比较严格和某些化学过程又比较复杂，致近年煤化工出现停滞状态，导致产能过剩。2012 年 12 月，国家能源局发布《天然气发展"十二五"规划》，提出到 2015 年我国煤制气产量应达 150 亿 ~180 亿 m^3，占国产天然气的 8.5% ~10.2%。2014 年 7 月，国家能源局发布《关于规范煤制油、煤制天然气产业科学有序发展的通知》，明确煤制油和煤制气对我国能源安全的重要性，为煤化工发展指明了方向。对煤制烯烃、煤制芳烃、煤制乙二醇等也陆续出台了细化政策，煤化工正式步入良性健康发展轨道[46]。

4. 有色金属——有色金属工业是国民经济重要的基础原材料产业，产品种类多、应用范围广、产业关联度高，在经济社会发展以及国防科技工业建设中发挥着根深叶茂的作用。常用的有色金属有铜、铝、铅、锌、镍、镁、钛、锡、锑、汞等十种。其中铜和镍对外依存度较高。据联合国工发组织（UNIDO）统计，我国铜产量居世界第二位，但消费量已跃居第一；镍产量居世界第八位；其余几种产量均居全球第一[48]。十种常用有色金属的总产量已连续 13 年居世界第一，2004 年十种有色金属总产 1430 万吨，2008 年 2519 万吨，2011 年已增至 3435.4 万吨，2012 年更增至 3672.2 万吨，2013 年总产突破 4000 万吨，达 4054.9 万吨，其中电解铜 649.0 万吨，电解铝 2205.9 万吨。仅仅 9 年，十种总供量已超过 2004 年产量的 2.8 倍！重金属铜、铅、锌产量超过 1600 多万吨。但由于产能过剩和生产结构尚待进一步优化升级，2013 年上半年全行业主营业务收入 24409.7 亿元，利润 773.1 亿元，同比下降 12.45%。

据国家具体部署有色产业加快转型升级和推动未来 5 年我国有色金属工业健康发展的《有色金属工业"十二五"发展规划》指出，我国有色金属工业生产持续增长，工艺技术及装备水平有所提高，产品结构有所改善，节能减排已取得初步成效，推进循环经济实现较快发展，产业集中度明显提高，产业布局得到一定程度优化。但：

（1）产业结构不尽合理：随着生产要素的变化，部分产品产业布局亟待优化。电解铝、镁冶炼等产能严重过剩，2010 年开工率分别只有 70%、60%。航空航天用铝厚板、集成电路用高纯金属仍主要依靠进口。企业数量多而分散，实力不够强。

（2）国际竞争日趋激烈：全球经济逐步恢复增长，发展中国家尤其是新兴经济体快速发展，为全球有色金属工业提供了持续的发展空间。同时国际金融危机影响深远，全球经济治理和均衡增长趋势明显，国际贸易保护主义抬头，围绕资源、市场、技术、标准等方面的竞争更加激烈[46]。

（3）国内发展犹待厉精更始：我国正处于经济转型升级、扩大改革开放的关键时期，工业化、城镇化、信息化正在日新月异地全面挺进，为有色金属工业发展带来了更大市场空间。但与此同时，为建设生态文明、强化绿色 – 低碳经济举措，为加强节能环保、节约非再生资源提出了严格的目标和界限，因而必须为有色金属工业进一步加快转变发展方式，为完成国家工业化 – 信息化以及上天下海开拓国力和历练提高国防实力的紧迫目标殚精竭虑。

按规划提出的产量目标是：十种有色金属产量须控制在 4600 万吨左右，其中精炼铜、电解铝、铅、锌产量分别控制在 650 万吨、2400 万吨、550 万吨和 720 万吨。节能减排要求：按期淘汰落后冶炼生产能力，万元工业增加值能源消耗、单位产品能耗须进一步降低。技术创新方面：精深加工产品、资源综合利用、低碳等自主创新工艺技术须取得进展，绿色高效工艺和节能减排技术应得到广泛应用。环境治理方面：重金属污染应得到有效防控。资源保障：须提高资源综合利用水平，且国际合作应取得明显进展。至于结构调整：力争优化产业布局及组织结构，产品品种和质量须基本满足战略性新兴产业需求，产业集聚度应进一步得到提高[49]。

为了开源节流，到 2015 年新增铜精矿生产能力 130 万吨/年、铅锌精矿 230 万吨/年，镍产能达到 6 万吨/年。到 2015 年力争完成 1500 万吨及以上电解铝技术改造，电解铝直流电耗降到 12500kWh/吨以下，年节约电力 100 亿 kWh；完成 120 万吨落后铅熔炼以及 300 万吨铅鼓风炉还原能力改造，年节约标煤 80 万吨；完成骨干镁冶炼企业技术改造，力争年节约标煤 100 万吨。铜冶炼、电解铝、铅冶炼、钛冶炼等主要行业技术指标达世界领先水平。到 2015 年，关键新合金品种开发将获重大突破，重要功能材料取得新创，基本满足大飞机、轨道交通、节能与新能源汽车、电子信息等领域的需求。

重金属污染防治专项目标是：到 2015 年，重金属相关产业结构进一步优化，污染源综合防治水平大大提升，突发性重金属污染事件高发态势得到基本遏制，重点企业实现稳定达标排放，主要流经我国重金属"天之骄子"湖南省的湘江流域及其区域治理取得明显进展，但重金属污染应有效控制。重金属污染防控共分污染源综合治理、落后产能淘汰、民生应急保障、技术示范、清洁生产、基础能力建设、试点解决历史遗留污染问题等 7 类项目。

为实践循环经济，到 2015 年，主要再生有色金属产量将达到 1200 万吨，其中再生铜、再生铝、再生铅占当年铜、铝、铅产量的比例分别达到 40%、30%、40% 左右。

有色金属行业的节能减排技术包括电解铝行业的大容量预焙槽制电解铝、再生铜、再生铝等。大容量预焙槽是指电流强度超过140kA的预焙槽，作为一种高效电解铝工艺，与60kA自焙槽相比，300kA的大型预焙槽的吨铝电耗可降低2000kWh以上。2007年，中国已完全淘汰自焙槽。2009年，160kA及以上大型预焙槽产量比重达90%。再生铜是利用回收的废铜生产的铜，单位耗能为原生铜的55%，可节约能源，减少污染物排放。再生铝是回收废旧铝加工生产的铝，单位能耗仅为原生铝的3.7%，可节约大量能源，主要用于汽车、摩托车、农用机械制造和铝型材加工等。2009年，我国再生铜产量占铜产量的34%，再生铝产量占铝产量的18%[47]。

5. 船舶/海洋工业——

（1）船舶：全球船舶工业产能最大前三名是中国、韩国和日本。2012年前十个月中国按万载重吨计量的造船完工量、新接订单量和手持订单量分别达5733、1263和11473，各占全球41.9%、40.6%和42.8%，遥遥领先于世界各国。然而因2012年以后世界船舶市场结构变化，新造船成交量、手持订单量（含集装箱船和散货船）均大幅下降，典型船舶价格也继续下跌。其中一个隐形因素是货运量需求随着科技向轻型装备发展而降低。但美国等发达国家仍将注意力放在能源相关的船舶建造上，所以油船和液化天然气（LNG）运载船的订货量有所增加。总体上看，虽然造船工业的产能过剩问题已较严重[53]（见图10 - 13），却提供了加强海洋油气资源勘探平台和海军急需船舰建设的好时机。

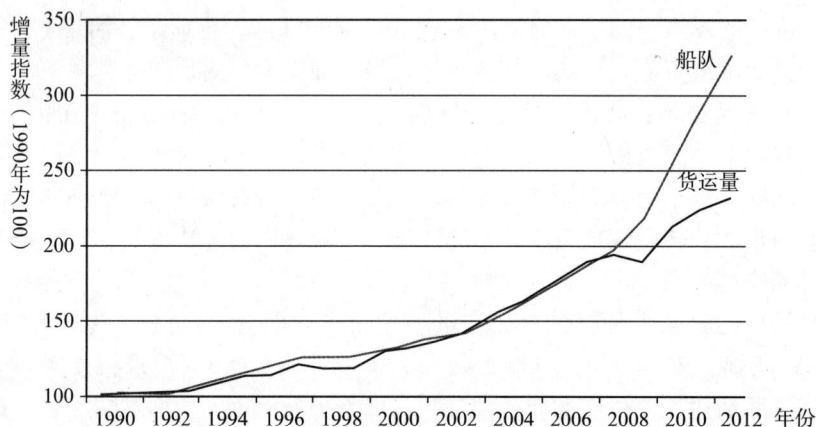

图 10 – 13　船队与海运货物增长中差距日益扩大

（据：全球船舶与海工市场现状及发展趋势，中国船舶工业行业协会，2012 – 12 – 01，网传 ppt）

（2）海洋工程：目前海洋工程主要指加速海洋油气勘探钻井建设所需各类平台设施。近几年全球海洋工程装备市场无论建造移动钻井平台、浮式生产平台或海洋工程船的市场均表现十分活跃，与极其低迷的传统船舶市场形成了鲜明对照。市场成交额均超过500亿美元。订单主要集中在韩国、巴西、新加坡等国，巴西的订单主要来自其国内。

由于地质学精深研究结论是深海油气资源颇丰，因而适于在深海区钻探的移动式钻井平台——浮式钻井船颇受青睐。韩国所获浮式平台订单几乎占全球一半。

我国船舶工业将持续存在产能过剩局面，但行业精英们不甘雌伏，正在海洋工程领域再逞凌云之志。近来连续获得技术要求较高的海洋工程船大量订单和浮式钻井平台部分订单，在其他海工领域也将大显身手。但愿在冲出过剩包围圈、开拓新兴领域时不忘节能环保、绿色 - 低碳内涵和可持续发展方向！

6. 造纸工业——造纸行业的节能减排涉及制浆造纸、碱回收、纤维原料结构调整、能源综合利用等方面。典型的包括高得率制浆技术、低能耗机械制浆技术、高效废纸脱墨技术、中高浓漂白技术和设备，以及林纸一体化技术等。我国造纸产量和纸品消费均居世界第一，但人均耗纸量仅4.2kg，远低于发达国家的25kg/人；我国废纸回收利用率仅30%，明显低于世界平均47.8%。近年进口纸浆、废纸量急剧上升，质量检测和加工水源污染防治等急需跟进。纸制品本身的消毒过滤、检测把关应常抓不懈。目前因资源环境压力持续加大，原料、废纸对外依存度逐年攀高，技术创新和产品品种拓展不足，效益下滑引致增速下降。2013 年前三个季度，全国纸和纸板产量 8766.34 万吨，同比增长只有 0.83%，比 2012 年的增速下降 2.39%；纸浆产量亦较上年同期减少 4.15%[57]。

林纸一体化将造林、营林、采伐、纸浆、造纸结合在一起，促进速生丰产林发展，缓解木浆原料短缺，改善生态环境，有利于节水、节能和集中治污。国际上化学木浆生产，吨浆耗水 30 吨以下、COD 排放量 30~50kg；我国化学草浆生产，吨浆耗水高达 200 吨、COD 排放量达 1350kg。我国从 2004 年发布林纸一体化有关政策规定实施以来，到 2010 年已建成或部分建成的林纸一体化项目合计新增制浆能力 400万吨，新增造纸能力约 158 万吨，配套建成造纸原料林基地 1017 万亩，分别占规划发展目标的 47.9%、17.8%、13.6%。

随着我国教科文事业蓬勃发展、人民生活水平日益提高、城镇化进程加速和各种社会经济交流方式日新月异、纸质替代金属包装等的转换，尽管推广无纸化办公、网上审批、传媒信息化、网上课件培训、网上信息搜索等节约用纸途径，直至号召节约餐巾纸、卫生纸，但用纸量仍将日甚一日。全社会节约用纸是个综合性系统问题，不宜攻其一点，不及其余。

7. 包装工业——包装工业是当前发展绿色－低碳经济过程中处于风口浪尖的节能环保重点行业。权威媒体公益广告震动人心的"每年过度包装价值 2000 亿元"（但不知如何统计得那么精准？）颇令人忧心忡忡。过度包装，浪费资源和占用有效经济空间等弊病，已是尽人皆知，有时甚至望而生畏而徒唤奈何。其实，经济发展，必然需要更多适配耐用的包装跟进。包装工业理应是科技密集型工业，包装是科学焦点，适配的、适度的、轻巧的、安全的、耐用的和便于物流运输的包装科技应当大大发展。如果更向循环经济、一包多用的资源节约和环境友好发展，则利莫大焉！图 10－14 是 2011 年我国包装工业分类产出规模和年均增速状况。包装工业节能减排、环境保护和可持续发展要求应更严于其他行业，却较少见诸媒体报导[56]。有驰名包装公司曾承诺未来的包装完全可以保证绿色化，即 75% 为可再生的纸板，其余 25% 包括铝箔和食品级的聚乙烯塑料。采用无菌纸包装，食品不用添加防腐剂可在常温下保存几个月，因包装内的铝箔可隔氧/隔光。但愿这已经过质量检验而非广告宣传[56]！

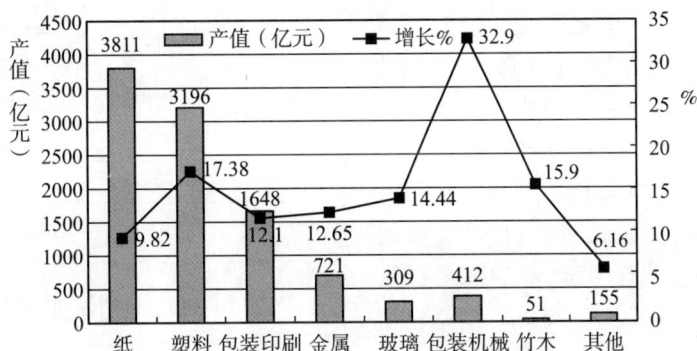

图 10－14　中国包装工业分类产值和年均增速（2011 年）

（据：张耀权. 中国包装工业的现状及"十二五"发展思路，2012－03，网传 ppt）

10－4　中国汽车工业突飞猛进

10－4－1　中国汽车工业万马奔腾

1. 中国汽车产业发展前无古人——汽车业是全球经济的中坚力量和竞争焦点。中国汽车产业经过十多年迅猛发展，21 世纪以来年均增长 27.6%；2010 年汽车销售量居各国之首（图 10－15）；增长率更史无前例，居世界第一[81]。新车年销售量从 2000 年的 209 万辆增加到 2011 年的 1851 万辆，12 年间增长了

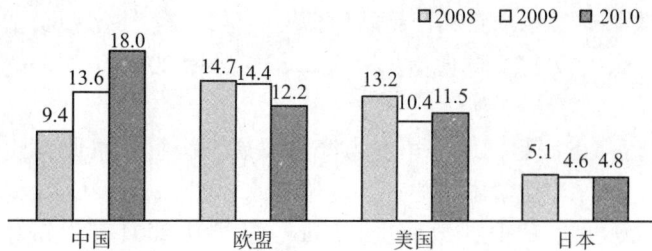

图 10-15 2008～2010 年四个主要汽车市场销售量（百万辆）

（据：Ellen G.，Carberry et al．The China Greentech Report 2011——China's．Emergence as A Global Greentech Leader，Greetech Networks Limited in Collaboration with MangoStrategy，LLC．，2011-6）

将近 8 倍[63]。2009 年民用汽车保有量约为 6300 万辆，2010 年汽车产量占世界 23% 以上；中国已经超过美国和日本，成为全球第一大汽车生产国和消费国[60]。2012 年汽车产量 1927.7 万辆，同比增长 4.7%。其中轿车 1077.1 万辆，同比增加 6.4%；2013 年产量突破 2000 万辆；2013 年年中，我国乘用车保有量已达到 1.1 亿辆，是 1981 年的 60 倍！2014 年底，我国机动车保有量已达 2.64 亿辆，其中汽车 1.54 亿辆，含小型载客汽车 1.17 亿辆，其中私家车 1.05 亿辆，比

2013 年增长 19.89%。全国平均每百户家庭拥有私家车 25 辆，北京竟达 63 辆，穗、蓉等市均超 40 辆。预计到 2020 年和 2030 年将达到 1.5 亿辆和 2.5 亿辆的规模[109]。有专家估计 2020 年全国汽车将超过 2 亿辆[68]，汽车最高保有量可达 4.5 亿辆[66]！

2. 汽车业发展后顾之忧——汽车工业规模的扩大和汽车保有量的增加将直接导致一系列能源和环境问题。根据国务院发展研究中心估计，2010 年和 2020 年，中国机动车的燃油需求分别为 1.38 亿吨和 2.56 亿吨，为当年全国石油总需求的 43% 和 57%。随着油耗量的不断增加，中国石油对外依存度不断加大。2007 年中国成为仅次于美国的石油消费国，石油消费量达 3.46 亿吨，石油对外依存度达到 46%；2009 年中国石油产量 1.89 亿吨，而石油进口量达到 2.04 亿吨，石油对外依存度上升为 52%；2011 年更增为 55%[109]。高居不下的石油对外依存度必将严重威胁中国的能源安全。在环境方面，汽车尾气是大气污染的重要污染源之一，汽车还是重要的碳排放源，其碳排放量占全球碳排放量的 25%，加剧了全球气候变暖[82]。欧盟已形成了乘用车 CO_2 排放/油耗法规体系、基于乘用车燃料消耗量的财税政策、油耗标识这三大控制乘用车 CO_2 排放的支柱政策。相比之下，中国尚未将 CO_2 的排放指标纳入到标准法规体系中；而从油耗标准的角度来看，中国虽然正在制定更加严格的标准，但《第三阶段乘用车燃料消耗量评价方法及指标》（草案）提出 2015 年的燃油标准限值折算成碳排放量后仍高于日本、欧洲和韩国的目标值（图 10-16）[66]。面对日趋严峻的能源和环境问题的挑战以及汽车社会化出现此起彼伏的新问题[61]，大力发展新能源汽车，以电代油，同时加强体制机制创新，才是破解中国汽车社会难题，保证中国能源安全和环境保护的重要战略措施，也是保证中国汽车工业可持续发展的必由之路[70]。

汽车平均 CO_2 排放量（克/千米）
— 法定目标
■ 2008 年实际排放

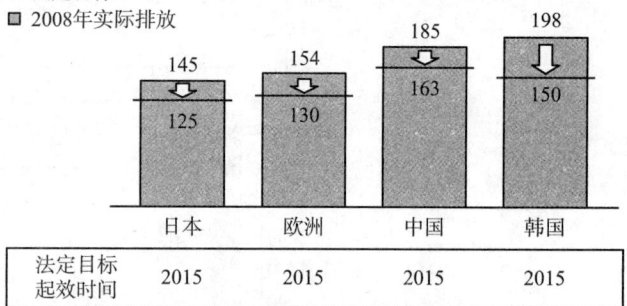

图 10-16 各国近期车辆 CO_2 排放水平目标

10-4-2 新能源汽车概貌

1. 新能源启动绿色汽车时代——汽车在给人类社会带来便捷的同时，不仅消耗大量石油，而且每天排放大量碳、氮、硫的氧化物、碳氢化合物、铅化物等污染物，对人类健康和生态环境造成严重危害。新能源汽车在节能、环保方面的优势显而易见。纯电动汽车以电动机代替内燃机，让汽车不再"喝油"，而是使用清洁的电能，噪音低、污染少，运行和维护成本均远低于传统燃油汽车[79]。若以 1kWh 电费 1.0 元、1 升汽油价值 5～6 元计算，一辆纯电动公交车行驶 100km 大约需 100 元电费，而燃油公交车则需要 200～240 元油费。除纯电动汽车外，其他节能与新能源汽车的运行成本也明显低于传统的燃油汽车。混合动力车相对燃油车分别节油 20.14% 和 17.38%，混合动力客车平均节油率为 18.76%。新能源汽车节约资源的同时，能大幅降低有害气体排放量，电动车则能更理想地达到零排放 GHG 境地，但前提是所充入的电能

本身必须来自可再生能源的产能。如果用火电充当充电电源，就会失之毫厘，谬以千里。发达国家把控制内燃机油耗和 CO_2 排放作为应对气候变暖的重大举措。美国在 2007 年底通过新法案，在 2015 年前轿车平均燃油效率需提高 30%；欧盟也制定强制性法规，要求 2012 年平均 CO_2 排放为 130g/km。目前，欧美发达国家对机动车平均油耗限制逐步加码，已进入技术要求十分严格的阶段（图 10-17）。英国石油（BP）对欧美和中国汽车的未来油耗走势也做过相应评测，如图 10-18 所示。可见汽车领域的总趋势是依靠科技进步，逐年持续降低油耗[62]。

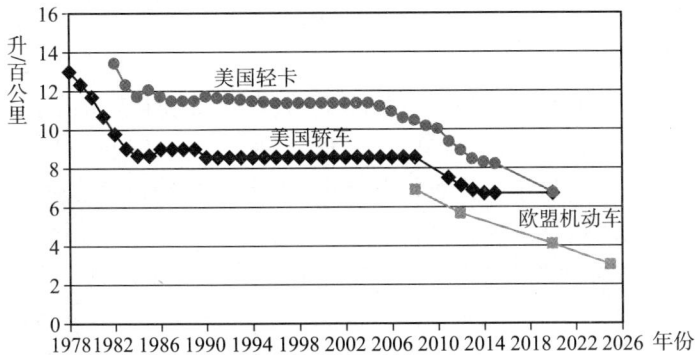

图 10-17 美/欧制定机动车限制平均油耗标准

（据：邢敏．内燃机工业节能减排的现状、问题和建议，中国内燃机工业协会，2013-12-03，网传 ppt）

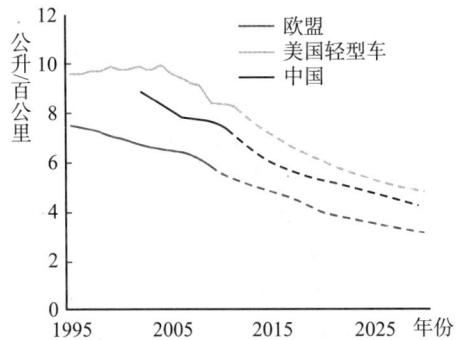

图 10-18 汽车节约油耗趋势

（据：BP：2030 世界能源展望，2013-01，p.30）

我国到 2015 年生产的乘用车平均燃料消耗量将降至 6.9 升/百 km，节能型乘用车燃料消耗量将降至 5.9 升/百 km 以下；2020 年生产的乘用车平均燃料消耗量将降至 5.0 升/百 km，节能型乘用车燃料消耗量降至 4.5 升/百 km 以下；商用车新车燃料消耗量将与国际先进水平接轨。比较这两张图，则到达 2020 年时我国混合动力新能源汽车能耗将媲美甚至优于欧美水平[88]。我国轿车平均油耗达不到目前欧美油耗标准。即使是我国第三阶段油耗限值（草案）也大大高于欧盟 2012 年的油耗限值[65]。而欧盟在 2020 年和 2025 年油耗限值更为严格。

因资源日见短缺、环保日增压力，研发节能与新能源汽车已成全球汽车业发展主题，中国尤为重视："十五"期间启动实施电动汽车重大专项；"十一五"时期进一步启动 863 计划节能与新能源汽车重大项目，2009 年对节能与新能源汽车安排资金补贴和试点推广。在国家积极鼓励推动下，中国节能与新能源汽车在关键单元技术、系统集成技术及整车技术的研发上均取得许多重要进展，一汽、东风、奇瑞、比亚迪、长安等国内汽车领军企业竞相开发出各型节能与新能源汽车。2008 年，595 辆节能与新能源汽车在北京奥运会和残奥会期间成功示范运行。目前估计到"十二五"期末将面临新能源汽车较大规模商业应用，随着节能与新能源汽车技术稳定和成熟，中国汽车业必从高能耗、高污染向绿色环保和低碳节能方向转变[57,58]。同时要注意传统汽车对乘车人和环境严重污染[64]；污染来自车也来自燃料[69]。

2. 新能源汽车及能源类型——采用非常规车用燃料作为动力来源（或使用常规的车用燃料但采用新型车载动力装置），综合运用车辆动力控制和驱动的先进技术形成的技术原理先进、具有新结构的汽车。非常规的车用燃料指除汽油、柴油、天然气（NG）、液化石油气（LPG）、乙醇燃气（EG）、甲醇、二甲醚之外的燃料。新能源汽车包括：混合动力汽车（HEV）、纯电动汽车（BEV，包括太阳能汽车）、燃料电池电动汽车（FCEV）、氢发动机汽车以及燃气汽车、醇醚汽车等[78]。

车用燃气主要有 3 类：压缩天然气（CNG）多用于短途汽车和市郊小区供气；液化天然气（LNG）系低温液态燃料，可常压存储运输；液化石油气（LPG）是炼油厂气或天然气（包括油田伴生气）加压、降温、液化得到的一种无色、挥发性气体，主用于石化原料，亦作为工业、民用、内燃机燃料。其中车用 LNG 能源密度大，单位质量仅为汽油之半，单位热值比汽油高 12%，增大了车辆有效载荷及一次加气后的续驶里程，得以减少加气次数，节省汽车往返加气站时间，正受到各大公司青睐。美国已从世纪之初渐次推广使用生物柴油，并在加油站树立专供生物柴油的加油口标志。

3. 全球新能源汽车近期发展——全球交通领域能耗量比30年前增加了1倍多，所排污染物和GHG占污染物各种渠道排放总量的30%。因此从20世纪90年代开始，汽车动力领域出现持续重大技术创新，特别是90年代初先进柴油车技术获得突破性进展，在欧洲快速实现了大规模商业化应用，其后在全球范围形成了汽车柴油化的潮流。之后，许多国家制定了混合动力车和燃料电池车的研发计划，如法国的混合动力汽车研发计划、美国的燃料电动车示范项目、日本的氢能及燃料电池示范项目等，研发资金大规模投入使得节能环保汽车技术不断创新；进入21世纪后，混合动力技术逐渐成熟，美、日市场已进入初步商业化应用，福特、丰田等汽车公司都将扩大混合动力汽车生产。未来10~20年，国际汽车界普遍判断燃料电池汽车技术将快速发展，并在2020年前后进入商业化应用。

国家工信部规划：到2020年我国主要运行车辆的10%~20%要使用清洁能源。交通运输部节能减排与应对气候变化工作办公室在2011年4月发布了有关推进节能和新能源汽车发展的若干规定，积极推广混合动力、天然气动力、生物质能和电能等节能环保型城市公交车，在有条件的地区鼓励道路运输企业使用天然气、混合动力等燃料类型的营运车辆，鼓励在干线公路沿线建设天然气加气站等替代燃料分配设施；在有条件的港口逐步推广液化天然气、电力驱动应用技术及太阳能、潮汐能、风能、地热、海洋能、空气能热泵等新能源利用技术；提出在气源相对丰富的试点城市，推广试点天然气及混合动力营运车辆，力争试点城市所有二类及以上客运班线天然气及混合动力车辆使用比例达5%以上，试点物流运输企业的天然气及混合动力车辆使用比例达到10%以上，使用天然气动力的城市公交车的比例在现有基础上提高10%以上，港口完成60%以上轮胎式集装箱门式起重机"油改电"。

节能环保目标虽然给新能源交通工具带来了机遇，但也面临严峻挑战。很多节能环保汽车、新清洁能源汽车、电动车与油电/气电混合车虽然比传统汽车在节能和环保上占据一定优势，但成本高昂却如影随形，亟待求助技术创新。例如电动汽车的电池、电机和电控三大关键技术的配套协调尚不够完善；电池价昂而容量太小（德国已实验性突破600km不充电）；电动汽车充电时的原始电能仍大都来自原有高碳的火电而令低碳目标受到质疑（燃油汽车排碳率160g/km，采用源自火电充电的电动汽车仍在120g/km以上）；由于充电设施远不及加油站的普及水平，也是发展待逐步完善的一环[67]。

汽车轻量化已成为汽车材料发展的主要方向；工程塑料、塑料合金、长纤维热塑性复合材料（LFT）发展空间巨大；国内汽车塑料仅占总重的10%左右，国外则已达15%，据说到2015年计划LFT用量将达500kg以上，占25%~30%，因而国内尚有很大发展空间，且工程塑料，复合材料在新能源汽车领域均有很大市场。

10－4－3 发展新能源汽车产业须披荆斩棘

1. 可能的瓶颈难题——当前，中国新能源汽车产业步入了一个新的发展阶段，但是从新能源汽车市场的供给和需求方面考虑，中国的新能源汽车生产要想实现规模化、产业化，还面临着一些瓶颈难题[73、74]：

（1）新能源汽车产业发展战略需明晰化：新能源汽车产业的发展是一个战略问题，不仅关系到中国汽车产业的未来，也是决定中国能源和环境可持续发展的关键问题之一[91]。目前，中国出台了《新能源汽车生产准入管理规则》，在《汽车产业调整和振兴规划》中也涉及了新能源汽车产业的短期目标和任务。虽然已有国务院发布的《节能与新能源汽车产业发展规划（2012~2020年）》和科技部发布的《电动汽车科技发展"十二五"专项规划》，但仍缺乏从新能源汽车整体、侧重科技内涵和技术标准的产业发展规划。目前已有的新能源汽车标准主要是针对新能源汽车的测试、性能和安全等方面，涉及发展路径、电池储能发展方向和各个领域通力合作的政策引导、电池寿命的考核评定等，亟待通过统一标准加以完善[75]。

（2）新能源汽车核心技术水平尚待提高：从20世纪90年代起，国内汽车生产企业就已着手研发新能源汽车，到目前为止，个别领域，比如锂电池开发已处于国际先进水平。然而从整体看，中国新能源汽车核心技术水平仍有待集中优势创新能力打"歼灭战"，力量分散不利于形成绝对竞争优势，同时政府协调统筹创新潜力也该充分发挥才好[109]。

（3）传统汽车的技术差距影响新能源汽车技术研发：目前中国研发的新能源汽车主要是改进传统汽车的动力系统，对汽车底盘的稳定性、舒适性和耐久性等方面研究不多。混合动力汽车技术中仍有很多基础技术来源于传统汽车技术，比如整车电控系统和内燃机动力系统，而国内汽车工业在传统技术上与国外相比几乎还存在近20年的差距[92]。即使国内相对成熟的混合动力技术，与以日系汽车企业为代表的混合动力技术相比，仍有较大差距[77]。

（4）新能源汽车核心零部件技术研发不够：包括整车控制技术、电机驱动系统技术、电池系统技术、动力耦合技术等，国内的汽车企业在这些技术上还未取得产业化的实质性突破，部分国产零部件与进口产品的性能差距较大，电机驱动系统效率较低，电池充电时间过长，使用寿命较短。造成这些现象的主要原因是重点投入不足，同时须克服地方保护主义作祟对新能源客车跃上新阶的遏制作用[93]。国家每年为研发新能源汽车投入了大量经费，但有点像做菜撒胡椒面，申请科研项目的企业或科研院所/高校能各自分得一杯羹，力量分散而项目重复。其次是须强化定向激励政策，专款专用，以获得自主知识产权和创新成果作为资金投入的终极目标，力促技术含金量[59]。

（5）新能源汽车消费环境亟需改善：新能源汽车产业化和规模化要依赖消费市场。中国和欧美日等国在新能源汽车消费环境存在较大差距，中国许多消费者仍对购买新能源汽车心存疑虑。需要政府补贴激励政策提供较优条件，企业对新能源汽车的结构设计、产品出厂质量和售后4S服务等言必信，行必果，取信于消费者，发展纯电动汽车更需要在建设充电站等必备设施中得到其他相关部门或企业的跟进与配合。目前中国虽已出台扶持新能源汽车发展的政策，但对消费者购买的支持力度不够[84]。私人消费是汽车市场的主力军，在美、日、欧等发达国家，政府普遍通过减免各种税收或直接补贴等方式来支持消费者购买新能源汽车。根据市场调查机构Strategy Analytics的预测，由于对消费者购买方面的激励不足，到2015年，中国混合动力汽车占整体汽车产量的比例仍将低于2%，而届时全球混合动力汽车的总产量将达到420万台，日本和欧美市场将会是混合动力汽车增长的主要推动力[80]。

中国汽车市场近年销售量猛增（见图10-15），新能源汽车的销售量也有增进（例如电动车销量，见图10-19）。国家电网已在上海、天津和西安等城市建设电动车充电站试点，并将很快完成27个城市的建设试点工作，打算一年建75座公用充电站、6209个交流充电桩，并建设部分电池更换站。这些措施都将助推新能源汽车从实验室走向市场。可以预见，随着人们环保意识的增强以及国家采取有效激励举措，新能源汽车的价格将能为一般消费者所可接受，新能源汽车的销售量或将有所提升[76]。

2. 加速发展新能源汽车对策措施——

（1）政府宜担负"引路人"的职责：

①科学制定新能源汽车产业发展战略。中国政府应当站在战略的高度，科学制定新能源汽车产业发展规划。这一产业规划应当为新能源汽车产业的发展指明方向，确定中长期目标和发展任务，使新能源汽车企业发展少走弯路[86]。

②及时调整和发布新能源汽车特别是电动汽车的相关安全法规、技术标准、市场准入条件等。中国政府应该全面系统地调研，不断完善新能源汽车技术标准，并尽早出台整套新能源汽车国家技术标准，给相关企业提供一个可供遵循的操作规范。

③完善对新能源汽车企业的激励机制，加大科研经费投入。国家应该重新审视现有相关制度，防止少数企业以"拼装车"骗取国家补助和科研经费。在明确支持自主品牌和自主技术的前提下，加大科研经费投入，把

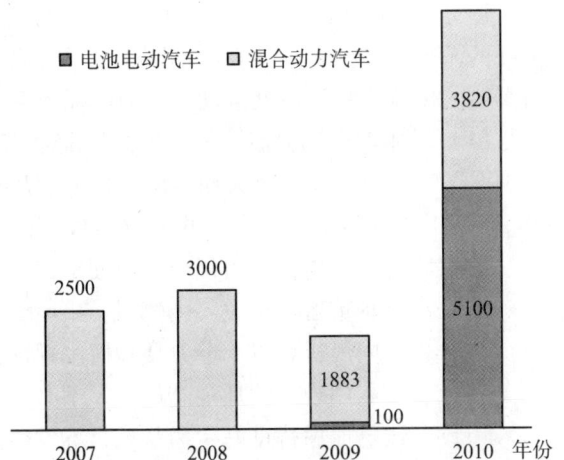

图10-19　中国电动汽车销售（辆）

（据：Ellen. G. , Carberry et al. . The China Greentech Report 2011——China's. Emergence as A Global Greentech Leader, Greetech Networks Limited in Collaboration with MangoStrategy, LLC. , 2011 - 6）

经费分配给真正有自主核心技术的企业，加速相关技术的研发。

④适时颁布鼓励新能源汽车消费的政策。在新能源汽车发展初期，由于成本较高致使整车价格高于传统汽车，因而政府需加大对公共和私人购买的扶持力度，通过减免购置税和消费税或给予现金补贴等方式鼓励消费者购买。由于这一政策一定要体现出对自主品牌的支持，因此需要把握政策推出时机。此外，还要坚持贯彻节能减排政策，限制大排量和超标排量汽车的生产和消费使用；加强节能环保的宣传，转变消费者消费观念，提倡购买节能和新能源汽车[90]。

⑤合理规划插电（充电）基础设施。充电基站的建设前期投资大、风险高，具有强外部性，是适于政府投资兴建的公共产品，政府应当合理规划充电基站的分布。此外，纯电动汽车还面临充电或更换电池这两种商业模式的选择问题，需要在试点中进行方案选优。

据悉，2014年，比亚迪秦插电式混合动力汽车共售出14747辆，成为全国新能源乘用车销量冠军，占当年全国新能源乘用车产量的27%，占插电式车型的88%[85!]。

（2）企业主导创新，提高新能源汽车研发能力：

①新能源汽车企业应加大自主研发力度，加快建设关键零部件产业链。目前，国内混合动力汽车在速度和可靠性等方面的性能尚不及传统汽车，纯电动汽车和燃料电池汽车还只能短程行驶，应进一步加大自主研发力度，掌握核心技术。新能源汽车零部件的研发需要与整车配合，整车的研发也需要零部件的突破，因而零部件企业和整车企业应建立产业联盟，联合进行关键零部件的研发，推动产业链的建设，防止与传统汽车领域关键零部件"空心化"类似的局面再次出现[85]。

②改造传统技术。传统汽车技术是新能源汽车技术的基础，对于混合动力汽车更是如此。而且，在相当长时间内，汽车仍然要靠燃油行驶。因此，中国汽车企业绝不能放松对传统汽车产品的开发和改进工作。虽然中国在传统的发动机技术上明显落后于欧美日等国，但发动机技术正处于突破的前夜，均质压燃技术可以将燃油效率提高20%~30%，如果我们重视这方面的技术升级，5年内将有望实现这一发动机技术的突破[87]。

③积极开展国际技术合作。目前中国新能源汽车的核心技术和国外相比仍有差距，因此有必要进一步提高企业对引进技术进行再创新的水平。要做好技术引进前期的审查和评估，并切实做好技术消化吸收和再创新。

10-4-4　各类型新能源汽车瑕瑜互见

1. 混合动力汽车——混合动力是采用传统燃料，同时配以电动机/发动机以改善低速动力输出和燃油消耗的车型。按照燃料种类的不同，主要有汽油混合动力和柴油混合动力两种。目前国内市场上，混合动力车辆的主流都是汽油混合动力，而国际市场上柴油混合动力车型发展较快。优点有：

（1）采用混合动力后可按平均需用的功率来确定内燃机的最大功率，此时处于油耗低、污染少的最优工况下工作。需要功率大而内燃机功率不足时，由电池来补充；负荷少时，富余的功率可发电给电池充电，由于内燃机可持续工作，电池又可以不断得到充电，故行程和普通汽车一样。

（2）因为有了电池，可以十分方便地回收制动时、下坡时、急速时的能量。

（3）在繁华市区，可关停内燃机，由电池单独驱动，实现"零"排放。

（4）有了内燃机可以十分方便地解决耗能大的空调、取暖、除霜等纯电动汽车遇到的难题。

（5）可以利用现有的加油站加油，不必再投资。

（6）可让电池保持良好工作状态，不发生过充、过放，延长其使用寿命，降低成本。

缺点是：长距离高速行驶一般并不能省油。专家认为混合动力客车是2013年最有希望的产品[94]。

2. 纯电动汽车——电动汽车是主要采用电力驱动的汽车。有关研究表明，同样的原油经过粗炼，送至电厂发电，经充入电池，再由电池驱动汽车，其能量利用效率高于经精炼变为汽油，再经内燃机驱动汽车，因此有利于节约能源和减少 CO_2 排放。其次，电动汽车技术较简单和成熟，装配维修省工省力；普遍适用于有电力供应场所；可充分利用晚间用电低谷电力充电，平衡峰谷发电量使用，有利于提高电网效益。

　　缺点是：目前蓄电池单位重量储能太少，而专用于电动车的锂电池价格高昂，且未形成经济规模；其使用成本与一般汽车相比高低不一，取决于电池的寿命以及所在地的油、电价格；电动车更需要基础设施配套，而这需要各企业联手配合当地政府投入建设才能大规模推广。容量大、体积小的锂电池正在各国加紧研发中，初显替代蓄电池的能力，但突破成本关进入商业化尚待时日[98]。2011 年初，国家电网宣称将电动汽车基本运营模式确定为"换电为主、插电为辅、集中充电、统一配送"，以此解决充电技术和土地资源问题。据调查，换电模式具有很多局限性，电池运输同样需要耗用资源，而且增加成本，有损电动汽车用户利益[96, 97, 99, 100]。

　　电动汽车自 19 世纪末诞生以来，在世界范围内经历了多次起落，受挫的主要原因是动力电池技术未能取得突破。自 1997 年丰田 Prius 混合动力汽车问世后，伴随着动力电池性能的不断提升，电动汽车正进入产业化推进阶段。电动汽车代表着未来汽车技术发展的制高点，世界各汽车巨商纷纷投入巨资研究，抢占技术高地[89]。目前国内电动汽车技术仍在力争与国际一比高低，既大力推进自主创新，形成具有自主知识产权的技术、标准和品牌，也充分利用了全球信息资源，通过多种合作机制，多层次、多渠道开展国际科技合作与交流，从而使国产电动汽车质量不断升级，颇令西方汽车专家和爱好者不得不啧啧连声。渡过国际金融危机后的中国电池电动汽车和混合动力汽车销售量急剧上升情势如图 10 - 19 所示。

　　2012 年 6 月 28 日国务院发布的《节能与新能源汽车产业发展规划（2012 ~ 2020 年）》中提示"到 2015 年，纯电动乘用车、插电式混合动力乘用车最高车速不低于 100km/h，纯电驱动模式下综合工况续驶里程分别不低于 150km 和 50km；动力电池模块比能量达到 150Wh/kg 以上，成本降至 2 元/Wh 以下，循环使用寿命稳定达到 2000 次或 10 年以上；电驱动系统功率密度达到 2.5kW/kg 以上，成本降至 200 元/kW 以下。到 2020 年，动力电池模块比能量达到 300Wh/kg 以上，成本降至 1.5 元/Wh 以下"。[88]

　　2013 年全球电动汽车销量 22.6 万辆，同比增 74%，其中美国销 14.4 万辆，同比增 173%；中国仅销 1.76 万辆，同比仅增 38%，低于全球平均增率，占整体汽车市场比例约为 0.08%。有人认为主要受到严重的地方保护、开车族不习惯和购置成本过高等因[87]。2014 年上半年，国内新能源汽车（包括电动车和插电式混合动力车）生产 20692 辆，销售 20477 辆，比上年同期分别增长 2.3 倍和 2.2 倍，但在成倍上升同时，回顾国务院发布的《节能与新能源汽车产业发展规划（2012 ~ 2020 年）》制定的目标是：2015 年我国新能源汽车销量应达 50 万辆、2020 年达 500 万辆，则 2014 ~ 2015 年两年还应销售 40 多万辆[79]，否则我国相关规划中的节能环保目标、城市大气雾霾治理愿景将变成镜花水月。为此 2014 年 7 月 21 日，国务院办公厅发布《关于加快新能源汽车推广应用的指导意见》，再次明确发展新能源汽车以纯电驱动为主要战略取向，重点发展纯电动汽车、插电式混合动力汽车和燃料电池汽车。提出坚决破除地方保护[91]、放宽行业准入、加大科研支持、统一标准和目录[82]。7 月 30 日国家发改委下发电动汽车充换电设施用电实行扶持性电价政策；随后于 8 月 6 日，国家财税部门和工信部发布《免征新能源汽车车辆购置税的公告》，一时间各种优惠鼓励政策纷纷出台。有专家预测 2015 年新能源汽车将产销 25 万辆[93]，也许对减轻灰霾贡献"不无小补"！

　　2015 年全球电动汽车销售量将达 120 万辆。科技部的规划认为认真解决电动汽车科技难题后，2015 年电动汽车保有量可达 100 万辆[101, 109]，2020 年保有量乐观估计将实现 400 万 ~ 500 万辆，混合动力汽车 1800 万辆，上游电池业受益最大。我国纯电动汽车技术已与国外先进水平相差无几，但使用中可能出现的"危情时刻"却不能不言之在先[110]。目前在推广电动汽车进入民用范畴过程中有关标准完善[101]、税费补贴政策[103]、关联配套产业欠缺[104]、深入调研消费者需求[105]、成本高企问题能否短期化解[106]、如何盘算遍地充电站对农地的冲击[107]、单纯依靠商业模式创新能否真正推动电动汽车产业化[108]、电池质量提升[113]、直接采用太阳能作为充电站电能供应[114]等问题的讨论，至今仍散见于热议之中。

　　据 2015 年年初国家电网公司报道，全程 1262km 的京沪高速沿线已建成 50 座快充站，平均每 50km 一座，每座快充站规划含 4 台 120kW 直流充电机、8 个充电桩，可同时为 8 辆电动汽车充电（现已建一半），30 分钟内充满（80% 电量）。据说 2020 年前将在全国建成适应电动汽车放心行驶遍及全国的 1.9 万

km 快充站系统[115]。

3. 燃料电池汽车——燃料电池汽车是以氢气、甲醇等为燃料，通过化学反应产生电流，依靠电动机驱动的汽车。燃料电池的化学反应过程不会产生有害产物，因此基本上是无污染汽车。此外，燃料电池的能量转换效率比内燃机要高 2～3 倍，因此按能源节约和环境保护评估，燃料电池汽车不失为一种接近理想的机动车。燃料电池汽车相对传统汽车的优点有：（1）零氮/碳排放或接近零氮/碳排放，或即降低了GHG 排放；（2）减少了机油泄漏带来的环境污染；（3）提高了燃油经济性；（4）提高了发动机燃烧效率；（5）运行平稳、几乎无噪声。

近几年来，燃料电池技术已取得重大进展。戴姆勒 – 克莱斯勒、福特、丰田和通用汽车等世界著名汽车制造商均在磨砺以须。美国氢燃料电池汽车示范项目共试验 183 辆汽车，经过 50 万次测试，行驶近600 万 km，积累了 15.4 万小时的行驶数据。结果显示，厂商能在 2014～2016 年间将氢燃料电池汽车推向市场。在研发进程中尚有若干技术性问题需改善提高，如燃料电池组的一体化、燃料处理器和辅助部件的优化等[95]。

按新能源汽车目前相关科技发展水平估测，有专家建议新能源汽车发展路径可以优先考虑节油率已达20.5% 的混合动力汽车，接着若锂离子动力电池性能大幅提升和价格大幅下降，有望到 2020 年其能量密度差强人意地翻番，便于全面推广纯电动汽车，最终快马加鞭地顺应科技攻关重点突破燃料电池汽车发展中的各种难题[111、112]。

4. 氢动力汽车——氢动力汽车是一种真正实现零排放的交通工具，排放出的是纯净水，具有无污染、零排放、储量丰富等优势，因此，氢动力汽车肯定是新能源汽车中较理想的佼佼者。但氢动力汽车与传统动力汽车相比，制造成本至少高出 20%，主要是燃料电池成本高企；加之氢燃料储运条件非常苛刻，按目前技术条件相当困难，因氢分子极易透过储藏装置外壳逃逸；另外，提取氢气需要通过水的电解或利用天然气分解，同样需大量耗能和排碳。

中国长安汽车在 2007 年完成了中国第一台高效零排放氢内燃机点火，并在 2008 年北京车展上展出了自主研发的中国首款氢动力概念跑车"氢程"。

5. 燃气汽车——燃气汽车是用压缩天然气（CNG）、液化石油气（LPG）或液化天然气（LNG）作为燃料的汽车。凭借排放性能好、汽车燃料结构可调整、运行成本低、技术成熟、基本上安全可靠等优点，颇受各国汽车生产商和公共交通部门青睐。但若安全措施稍有松懈，安全隐患也可能伺机爆发。如 2011年 5 月哈尔滨 84 路公交终点站停车场的 6 辆公交车和一辆运输液化石油气罐的货车突然爆炸起火。当然，即使使用传统能源，若忽视安全，听之任之，同样能诱发严重事故。

替代燃料的作用是减轻并最终消除由于石油供应紧张带来的各种压力以及对经济发展产生的负面影响。近期，中国仍将主要用压缩天然气、液化气、乙醇汽油作汽车的替代燃料。汽车代用燃料能否扩大应用，取决于中国替代燃料的资源、分布、可利用条件和质量，以及替代燃料生产与应用技术的成熟程度、能减少环境污染的程度等。替代燃料的生产规模、投资、生产成本、价格决定了跟化石燃料的竞争力。当然，汽车生产结构与设计也必须适应燃料变化地做出相应调整。

6. 燃料乙醇汽车——汽车燃料用乙醇，可提高燃料的辛烷值，增加氧含量，使汽车缸内燃烧更充分，可降低尾气中有害物质排放。用乙醇代替石油燃料的技术已很成熟。目前世界上约有 40 多个国家不同规模地使用着乙醇汽车，巴西的应用规模首屈一指。

10 – 4 – 5　内燃机工业发展概况

1. 我国内燃机工业——内燃机工业是机械工业中一个应用量大面广、产值甚高和科技创新压力和能力均十分突出的分支专业领域，也是发展绿色 – 低碳经济中举足轻重的重要环节，特别是发展新型汽车动力提供的核心。内燃机创新科技的消长成败决定着机动车辆节能环保绿色低碳更新换代的生命线！

内燃机工业是我国重要基础产业，产业链长、关联度高，就业面广，消费拉动大。内燃机是交通运输、工程机械、农业机械以及国防装备的主导动力。我国已成为世界内燃机制造大国。内燃机产品的广泛应用和制造产业的持续发展，对保障国家安全和国民经济健康运行至关重要。但内燃机石油消耗约占全国总消耗量的 2/3，是名副其实的用油大户；环保方面，内燃机废气污染占我国绝大多数城市非供暖季大气污染的 50% 以上，是城市最主要的大气污染源。为保障能源安全，实现可持续发展，我国内燃机必须从传统产业跨入到高新技术产业，从资源消耗型向节能环保型转变。专家预期 2030 年大气中 CO_2 排放量 50% ~60% 来自内燃机。可是，内燃机在可预见将来仍是主要动力源。未来几十年，以化石能源为燃料的内燃机仍然是各种机械装备的主导动力，控制燃油消耗和降减 CO_2 及所附污染物排放已成为全球内燃机产业发展的重要趋势，是全球汽车和内燃机产业应对气候变化、保障能源安全的国际责任。2011 年我国内燃机工业总产值 3700 亿元；总产量 7700 万台；总功率 15 亿 kW。到 2012 年 12 月底，内燃机产品社会保有量为 3 亿台。我国已成为世界内燃机制造大国。2011 年中国内燃机工业生产中 6 类品种的产量占比如图 10 – 20 所示[50]。

我国成为内燃机制造大国后，通过深层次的改革和调整，已开始从量的拓展转向质的提升。产业结构调整、产品更新换代取得进展。经过调整，企业优化资源配置，产业集中度和关联度大大提高。与此同时，产业结构、市场结构、自主品牌均出现创新性变化[50]。

2. 内燃机工业节能减排——国务院《关于加强内燃机工业节能减排的意见》中明确节能减排的 2015 年目标：节能型内燃机产品占全社会内燃机产品保有量的 60%；内燃机燃油消耗率比 2010 年降低 6% ~10%；实现节约商品燃油 2000 万吨；减少 CO_2 排放 6200 万吨；减少氮氧化物排放 10%；采用替代燃料节约商品燃油 1500 万吨[51]。

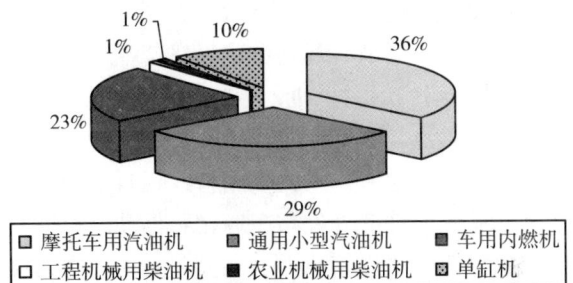

图 10 – 20 中国不同品种内燃机产量分布（2011 年）

（据：邢敏. 内燃机工业节能减排的现状、问题和建议，中国内燃机工业协会，2013 – 12 – 03，网传 ppt）

（1）内燃机节能减排的目标：到"十二五"末，各类内燃机产品燃油消耗率比"十一五"末降低 6% ~10%，节能型内燃机产品当年投放市场超过 60%，满足国家排放标准，实现节约商品燃油 2000 万吨，减少 CO_2 排放 6300 万吨，采用替代燃料节约商品燃油 1500 万吨；建立 50 个以上内燃机整机及关键部件再制造生产基地，实现内燃机再制造率 60%；建立和完善内燃机产品节能减排的政策法规、技术标准。

（2）内燃机节能减排的重点任务：

①轻、微型车用柴油机：轻型商用车柴油机方面，鼓励采用高压共轨、电控单体泵等先进燃油喷射系统，强化应用增压技术并提高普及率，结合废气再循环（EGR）系统和后处理系统控制功能以及在线诊断（OBD）功能，掌握整车的标定和匹配技术，以实现降低燃油消耗的目标。

微型车用柴油机方面，加快推广应用高压共轨燃油喷射系统，以及适应中国柴油油品的燃油滤清系统和增压系统，在确保此类机型动力性和排放指标的基础上，使之具有优良的燃油经济性和高可靠性。

②乘用车所用发动机：汽油机须重点推广应用增压直喷技术，掌握燃烧和控制等核心技术、解决增压直喷汽油机与整车匹配，推动直喷燃油系统、增压器等关键零部件的开发。鼓励发展小排量特别是 1.6 升及以下的汽油机采用增压和直喷技术。

柴油机须重点提高整机热效率，推广应用电控高压燃油喷射系统、高效增压中冷系统、排气后处理系统以及与整机匹配标定技术，实现柴油机节能技术的产业化。鼓励发展 2.0 升及以下乘用车用柴油机电控高压燃油喷射系统、高效增压中冷及排气后处理系统。

③中重型商用车用柴油机：重点开展高效涡轮增压、余热利用、动力涡轮等方面应用，以提高燃料能量利用率。开展提高内燃机机械效率的研发工作，重点推动低摩擦技术开发应用，推进智能化、模块化部件的产业化应用，降低驱动部件能耗，实现部件的合理配置和动力总成的优化匹配，以减少内燃机的实际运行油耗。

④非道路机械用柴油机：针对工程机械、农业机械、排灌机械、固定机械、发电动力等非道路机械的实际工况和使用特点，积极推动动力装置与作业机械之间的优化匹配工作，有效地降低使用过程中的燃油消耗。以高效节能小缸径多缸直喷柴油机替代大缸径（＞105mm）单缸柴油机，大力推广采用成熟的增压及增压中冷技术，针对固定机械和发电动力，积极推广余热回收利用技术。

⑤船用柴油机：重点推进船用中速机电控燃油喷射系统、智能化控制技术、高压比增压器、双燃料、EGR等先进技术的应用，推进船用低速柴油机动力系统余热回收利用技术、柴电混合动力系统先进技术、选择性催化还原（SCR）系统和双燃料技术的应用，提高船用柴油机的能量利用效率，减少船用柴油消耗。

⑥通用小型汽油机及摩托车用汽油机：全面开展摩托车及小型通用汽油机性能优化。针对二冲程产品，开展多气流协调导向性高速扫气道等先进技术产业化应用研究和产品推广；针对四冲程产品，推广应用空燃比精确可控的电控技术。开展摩托车及小型通用汽油机高效传动和动力匹配技术的推广应用。

⑦高效应用替代燃料的内燃机产品：鼓励替代燃料发动机与现有发动机制造体系兼容。鼓励发展柴油/天然气双燃料内燃机、生物柴油内燃机、汽油/甲醇双燃料点燃式内燃机以及柴油/甲醇双燃料压燃式内燃机。重点解决应用过程中耐醇燃料供应系统、天然气供应系统、点火及其电控系统等关键零部件的突出问题。开发适于内燃机应用替代燃料专用润滑油以及专用后处理技术。

⑧关键部件的开发与产业化：推动电控燃油喷射系统关键技术的产业化发展，重点解决喷油器总成、电控执行器、轨压传感器、电控单元生产中的质量控制，确保集成系统有效支撑配套主机的要求。提高增压器制造水平及其自主研发能力，重点解决可变几何截面涡轮、可调多级增压、汽油机增压器、增压器轻量化等关键产品和技术问题。

⑨内燃机制造过程的节能：鼓励采用薄壁铸造、精密铸锻、以及先进的热处理及表面加工等新工艺，实现内燃机生产低能耗、节能节材的绿色制造。鼓励企业在新产品开发和出厂试验等环节中，推广使用具有高效能量回收功能和高动态性能的交流电力测功器，利用和回收内燃机测试过程中产生的余热和电能，实现燃料能源的高效综合利用[52]。

（3）内燃机节能降耗计深虑远：

①我国内燃机产品节能共性关键技术及关键零部件技术基础弱，与国外企业相比，我国制造业的产品研发体系不完善，缺失产品核心技术创新研发这一环节，需要弥补。欧美制造商在日益严格的政府法规压力下，不得不努力开发节能减排核心技术，使内燃机的平均油耗和排放不断下降。国内企业在理解、掌握和发展内燃机产品节能减排核心技术方面同国外厂商有很大差距，使得国产内燃机的平均油耗和排放高于国外同类产品。内燃机燃油消耗率与国际先进水平相比要高10%～20%。内燃机综合能效水平较低；先进内燃机节能产品比例过少；替代燃料内燃机产品发展正处于起步阶段；内燃机绿色制造和再制造基础薄弱，技术水平落后；内燃机产业政策有待进一步健全。

②轻型车用内燃机、非道路移动机械和固定机械用内燃机先进节能产品比例较低，市场保有量中高耗能落后产品仍占相当比例。

③内燃机工业节能减排技术标准体系尚不健全，产品燃油消耗率限值及试验方法标准、燃油消耗量综合评价标准、产品与配套机械燃油消耗评价标准等尚待完善。

④实施国Ⅳ标准，对高压燃油喷射电控系统、涡轮增压系统和尾气后处理系统要求更高。多年来，国内企业能够以较低的价格向国外购买（即外包设计）较旧的产品核心技术进行生产，或测绘仿制国外陈旧的内燃机产品就能满足国内较宽松的油耗排放法规。尽管自主研发产品节能减排核心技术成本较高，且需承担一定风险，但无论如何坚持自主创新，保持柴油机动力的优势竞争地位将始终是我国内燃机工业坚韧不拔的奋斗目标。

随着汽车、非道路移动机械和各种配套机械节能排放法规的实施，对内燃机的性能要求越来越高。内燃机整机和零部件产品市场竞争越来越激烈。我国内燃机企业积极贯彻国家节能减排方针战略，充分调动企业的社会责任心和科技、生产人员的积极性，在实施内燃机行业节能减排技术、提高产品的技术水平等方面取得了一定的成绩。

无可讳言，中国内燃机节能减排的技术开发成果确能及时应用于发动机和零部件产品，提升产品的技术性能水平，及时满足法规升级和市场用户需求。尤其是一批内燃机核心关键技术自主开发的成果也能及时转化成产品，对内燃机节能产品的发展起到积极推动作用。解决我国内燃机节能减排存在的主要问题的重点在于积极解决四大关键：提升内燃机能效水平；大幅降低从备料、运输、投产到终端使用全过程的能源资源消耗；加大科技力量投入全方位积极推进替代燃料的内燃机产品研发和大力完善相关的政策、法规，提高标准制定和自主创新知识产权水平。

参 考 文 献

[1] 工信部赛迪智库"工业和信息化形势分析课题组". 探析 2012 年我国工业和信息化发展形势. 中国经济时报，2012 – 02 – 13，7 版.

[2] 王郁昭. 转变增长方式－以富民强国为主导. 中国经济时报，2011 – 10 – 17，5 版.

[3] 冯飞. 培育竞争新优势，推动产业结构调整升级. 中国经济时报，2011 – 03 – 24，12 版.

[4] 许端阳. 科技创新推动产业变革. 科技日报，2013 – 03 – 22，8 版.

[5] 刘菊花，王思北. 聚焦中国工业经济结构调整新动向，科技日报，2011 – 05 – 03，5 版.

[6] 苏强，李捷. 中国工业亟须"三位一体"的协同创新，中国经济时报，2013 – 11 – 28，6 版.

[7] 李平等. 十大产业调整振兴规划实施效果分析－保增长目标基本实现，调结构任重道远. 中国经济时报，2009 – 08 – 31，5 版；附－陈宏伟（整理）. 十大产业调整振兴规划政策一览表；陈墨. 产业振兴仍要相信市场力量，2009 – 03 – 12，9 版.

[8] 国务院发展研究中心企业所. 当前我国企业转型发展的进展、问题及政策建议. 中国经济时报，2013 – 01 – 11，5 版.

[9] 迪克·梅思纳（Dirk Messner），张文齐（编译）. 以能源转型推动经济转型. 中国社会科学报，2013 – 08 – 21，A06 版.

[10] 段树军，张文晖. 能源消费总量控制　关键在发展方式转变. 中国经济时报，2013 – 01 – 31，1 版；段树军等. 经济转型面临多重挑战，2013 – 04 – 15，2 版.

[11] 课题组. 加快发展方式转变　促进经济平稳运行. 中国经济时报，2012 – 10 – 29，1~5 版.

[12] 魏际刚. 中国产业中长期发展战略问题. 科技日报，2014 – 04 – 14，1~4 版；附－隆国强. "结构升级型"战略机遇期的新内涵，中国经济时报，2013 – 02 – 27，5 版.

[13] 温丽琪. 从低碳经济看全球产业趋势变化. 台湾中华经济研究院，2011 – 03 – 22，网传 ppt.

[14] 辜胜阻，王敏. "十二五"经济转型需改变六大失衡，中国经济时报，2011 – 02 – 11，5 版.

[15] John Whalley（徐行译）. 过去十年中国经济结构大转型. 中国社会科学报，2012 – 08 – 24，A06 版.

[16] 刘吉兆. 从制造到创造——装备制造业的现状与发展趋势分析和研究. 湖南工学院机械工程学院，2013 – 07 – 09，网传 ppt 附：杜悦英. 装备制造业：低位调整如何振兴. 中国经济时报，2009 – 03 – 12，12 版.

[17] 吕铁. 战略性新兴产业的特点. 中国社会科学报，2012 – 09 – 19，A06 版.

[18] 朱敏. 我国主要战略性新兴产业发展现状分析及预测. 中国经济时报，（上）2012 – 05 – 23；（下）2012 – 05 – 24，均 7 版；中国战略性新兴产业即将驶入"快车道"，2010 – 06 – 02，8 版；技术创新与市场培育是战略性新兴产业两大瓶颈，2010 – 06 – 25，5 版；附－杜悦英. 电子信息产业：亟待绿色升级，2009 – 03 – 12，12 版；李艳. 引领战略性新兴产业发展－高技术发展十年回眸. 科技日报，2012 – 11 – 02，1~3 版.

[19] 沈家文. 我国制造业数字化发展进程亟待加快. 中国经济时报，2013 – 12 – 27，6 版.

[20] 李晓红. 国家战略性新兴产业的形成背景和主要内容. 中国经济时报，2011 – 03 – 07，5 版.

[21] 国务院. "十二五"国家战略性新兴产业发展规划，国发〔2012〕28 号，2012 – 07 – 09；关于加快培育和发展战略性新兴产业的决定，2010 – 10.

[22] 周平. 实施标准化战略　推动制造业健康发展，科技部高新技术发展及产业化司，2011 – 09，网传 ppt.

[23] 周子勋. 全面改革与中国大转型（二）. 中国经济时报，2012 – 12 – 05，5 版.

[24] 赵雪. 战略性新兴产业需要"战略"研究. 科技日报，2011 – 01 – 27，8 版.

[25] 赵昌文，许召元. 多策并举促企业转型升级. 中国经济时报，2013 – 04 – 04，10 版.

[26] 柯季文. 我国战略性新兴产业发展现状及对策建议. 科技日报，2013 – 01 – 07，1~3 版.

[27] 贺石昊. 战略性新兴产业发展模式的再思考. 中国经济时报，2013 – 07 – 31，6 版.

[28] 郭锦辉. 中科院报告提醒　战略性新兴产业存在重复建设风险. 中国经济时报，2011 – 03 – 03，9 版；附－郭锦辉，赵海娟. 新兴战略性产业——后金融危机时代制高点，2009 – 09 – 25，1~3 版.

[29] 吕薇. 传统产业改造升级的动力、模式与政策. 中国经济时报。（一）2012 – 08 – 31；（二）2012 – 09 – 07；均 5 版.

[30] 张焱. 落后产能淘汰目标出炉　各行业反应冷热不一. 中国经济时报，2011 – 05 – 19，8 版.

[31] 张厚明. 以调整创新融合加快我国工业转型升级. 中国经济时报，2012 – 08 – 06，5 版.

[32] 国务院．关于化解产能严重过剩矛盾的指导意见，国发〔2013〕41号，2013－10－06；附－李平等．如何看待我国的产能过剩问题，中国经济时报，2009－09－25，5版；徐冰．"超重"行业"减肥"不再难？科技日报，2013－11－06，6版．

[33] 谢建超，张李源清．借低碳诉求走出转型困境．中国经济时报，2011－12－02，1~2版．

[34] 王敏，刘菊花．化解钢铁产能过剩　达标者生存．科技日报，2013－04－10，6版；附－李成刚．钢铁行业新规难解产能过剩困局．中国经济时报，2012－09－05，2版；李晓华等．正确判断我国钢铁行业产能过剩问题，2009－10－27，12版．

[35] 刘晓莹．聚焦中国材料科技发展（四）可循环流程让钢厂与环境和谐共处．科技日报，2014－07－25，1~3版；附－毛芜．积极"绿"化中国钢铁．中国社会科学报，2012－03－12，B02版．

[36] 吕铁，周维富．消费需求下降，企业分化加剧　当前我国钢铁工业形势堪忧．中国经济时报，2009－04－02，11版；附－刘卫民．钢铁行业前景依旧严峻，2013－01－21，8版．

[37] 苏晓洲．我国钢铁业找到信息化节能良法．科技日报，2011－12－02，6版．

[38] 张焱．钢铁行业节能减排的责任落实．中国经济时报，2012－08－20，4版．

[39] 张一鸣．振兴规划促生钢铁行业新格局．中国经济时报，2009－03－12，10版．

[40] 国务院发展研究中心企业所．煤炭钢铁转型调整　新能源高端装备前景看好．中国经济时报，2013－01－10，5版．

[41] 贾银松．钢铁"十二五"发展规划简介，工业和信息部原材料工业司，2011－07－14，网传ppt；附－瞿剑．钢铁工业："这些问题基本上都不存在了"．科技日报，2011－01－03，1~3版．

[42] 黄导．深化循环经济促进绿色制造　为建设美丽中国做出更大贡献，中国循环经济与绿色发展论坛2012．中国社科院数量经济研究所，北京，2012－12－15．

[43] 张一鸣．石化行业振兴规划短期影响有限．中国经济时报，2009－03－12，10版；石化－陷入周期低谷　复苏尚待时日，2009－08－21，1~2版；内外联合　能源巨头携手挺进精细化工，2010－12－23，9版．

[44] 赵志平．中国石油化工行业现状与发展．中国石油和化学工业联合会，2013－11－18，网传ppt．

[45] 马占峰．塑料加工业基本现状与发展．中国塑料加工工业协会，2013－06－05，网传ppt；附－于洋，张兆军．我国掌握生物降解二氧化碳基塑料产业化关键技术．科技日报，2012－07－02，5版．

[46] 国家能源局．我国煤化工步入良性发展轨道，2014－07－28；制约限制中国煤制气发展，2014－07－28；附－郑晓奕．未来怎么用煤发电？——清洁煤电科技前沿探秘．新华网，2014－07－24．

[47] 左铁镛．贯彻科学发展观　发展有色金属工业循环经济．北京工业大学循环经济研究院，2005－11，网传ppt．

[48] 张一鸣．有色金属行业——抓住机遇："走出去"．中国经济时报，2009－03－12，11版．

[49] 魏东．从一片空白到世界第一——我国有色金属工业60年创新发展回顾．科技日报，2009－09－11，9版．

[50] 佚名．有色金属工业"十二五"发展规划，有色金属工业，2012－12－08。网传ppt。

[51] 邢敏．内燃机工业节能减排的现状、问题和建议．中国内燃机工业协会，2013－12－03，网传ppt．

[52] 国务院办公厅关于加强内燃机工业节能减排的意见，国办发〔2013〕12号，2013－02－06．

[53] 佚名．节能减排发展绿色动力．中国内燃机工业协会，2012－06－01．

[54] 杜悦英．船舶工业应势而起．中国经济时报，2009－03－12，10版．

[55] 倪柏明．造船业产能过剩亟待结构调整．中国经济时报，2009－08－20，1~2版．

[56] 张耀权．中国包装工业的现状及"十二五"发展思路．中国包装联合会，2012－03，网传ppt；附－李纹．未来包装将实现100%绿色．科技日报，2011－02－02，4版．

[57] 李禾（主持）．造纸业放缓，创新能否成就转型．科技日报，2014－01－10，7版；附－刘莉，罗晖．政府应带头消费"绿色纸张"，2007－03－16，3版．

[58] 冯飞，石耀东．振兴我国汽车产业的主要思路．中国经济时报，（上）2009－03－04；（下）2009－03－06，均7版；附－王晓明．提高我国汽车产业国际竞争力的对策建议，2009－07－16，5版．

[59] 石耀东，宋紫峰．我国汽车工业自主创新活动取得积极进展．中国经济时报，2013－03－11，12版；我国汽车产业自主创新面临的突出问题：（上）2013－04－01；（下）2013－04－02；我国汽车产业自主创新发展面临的机遇与挑战：（上）2013－04－25；（下）2013－04－26；均5版．

[60] 刘金霞．汽车产能"大跃进"福兮祸兮．中国经济时报，2010－05－27，5版；附－段树军．警惕地方投资冲动带来新一轮产能过剩，2012－08－24，1版；陈彬．"产能过剩"的警钟提前敲响．科技日报，2013－05－13，9版．

[61] 刘晨曦．我国进入汽车社会　亟须从社会角度看待产业发展．中国经济时报，2011－09－14，9版；《2014中国汽车产业发展报告》正式发布，2014－08－12，10版．

[62] 李博洋，顾成奎．生态设计是汽车业绿色升级的重要机遇．中国经济时报，2013－09－19，6版．

[63] 杜悦英．"盛世"中的中国汽车产能地图．中国经济时报，2011－04－18，T14版；汽车行业：曙光初现，2009－03－12，9版．

[64] 陈喆．敲响车内污染的警钟．中国经济时报，2012－02－07，9版；附－佚名．2010年中国机动车排放污染物情况，2011－12－22，9版．

[65] 陈彬．我国汽车行业燃料经济性水平普遍不佳．科技日报，2012－07－30，9版．

[66] 张毅. 中国到底能承载多少汽车? 科技日报, 2011 – 02 – 21, 3 版; "十二五"汽车节能任务艰巨, 2011 – 07 – 25, 3 版; 附 – 姜靖, 戴慧兰. 我国到底能承载多少汽车? 2011 – 09 – 26, 11 版; 邹伟, 程千懿. 我国机动车保有量达 2.64 亿辆, 广州日报, 2015 – 01 – 28, A3 版.

[67] 罗威. 向着绿色汽车产业进发, 以协作模式加快中国绿色汽车发展进程, Synergistics 公司, 2012 – 07 – 19, 网传论文.

[68] 佚名. "十二五"汽车工业发展规划意见. 中国汽车工业协会, 2012 – 09 – 20。网传文件.

[69] 姜靖, 张天骄. 解决污染问题, 车和燃料要综合考虑. 科技日报, 2011 – 09 – 19, 11 版.

[70] 课题组. 从体制机制创新入手破解中国汽车社会难题. 中国经济时报, 2013 – 11 – 18, 5 版.

[71] 董金鹏, 姜靖. 中国汽车品牌太多了. 科技日报, 2012 – 10 – 29, 11 版.

[72] 记者. 发展节能与新能源汽车应坚持"稳中求进". 科技日报, 2014 – 03 – 13, 16 版.

[73] 刘慧. 新能源汽车急需突破技术瓶颈. 中国经济时报, 2012 – 07 – 13, 2 版.

[74] 刘金霞. 低碳汽车的中国路径 – "四轮着地"尚需时日. 中国经济时报, 2009 – 12 – 10, 5 版.

[75] 刘晨曦. 技术路线未定 新能源汽车规划依旧难产. 中国经济时报, 2011 – 09 – 21; 蓝皮书呼吁新能源车发展提速, 2012 – 07 – 17; 混合动力汽车时代加速到来, 2012 – 07 – 31, 均 9 版.

[76] 邢锐. 新能源汽车领域再现"现代速度". 中国经济时报, 2012 – 02 – 14, 10 版.

[77] 向杰. 一半是海水 一半是火焰 – 新能源汽车叫好容易叫座难. 科技日报, 2011 – 06 – 13; "起步不晚、发展不慢、基础不牢、差距存在""面临决战关头"新能源汽车的"中国式焦虑", 2011 – 12 – 26, 均 9 版; 附 – 杨朝晖. 新能源汽车要纯电还是插电? 2014 – 09 – 21, 3 版.

[78] 李辉. 二甲醚汽车研制 – 领先者的创新与困境. 世界科学, 2013 (6), 49 – 52.

[79] 李小千. 新能源汽车革命时代即将到来. 中国经济时报, 2013 – 03 – 18, 5 版; 附 – 赵月若雪. 新能源汽车进入"政策蜜月期", 2014 – 08 – 11, 2 版.

[80] 杜悦英. 利好不断 新能源汽车产业升级难在何方. 中国经济时报, 2010 – 10 – 07; 新能源汽车 – "连横"时代的隐忧, 2010 – 10 – 21, 均 10 版; 盘点中国新能源汽车版图, 2011 – 04 – 18, T15 版; 节能减排打出组合拳 中国汽车业能否"超车", 2011 – 10 – 19, 9 版.

[81] 何文. 中国——全球绿色汽车革命的主基地. 科技日报, 2012 – 10 – 29, 10 版.

[82] 何晓亮. 国务院出台新能源汽车推广应用指导意见. 科技日报, 2014 – 07 – 22; 我国新能源汽车产业突飞猛进, 2012 – 09 – 15, 均 1 版; 新能源汽车——"阴霾"过后的阳光, 2011 – 12 – 12, 10 版; 新能源汽车再不能"起大早赶晚集", 2012 – 03 – 05, 1~3 版; 我国将持续推进新能源汽车发展, 2013 – 09 – 16, 9 版.

[83] 何晓亮, 铆劲. 在新一轮竞赛中发力——中国新能源汽车发展系列报道之一, 科技日报, 2013 – 01 – 07, 1~3 版; 何晓亮等. 中国新能源汽车十年路, 2012 – 11 – 19, 9 – 10 版.

[84] 佚名. 新能源汽车补贴政策出台. 科技日报, 2013 – 09 – 23, 9 版.

[85] 陈彬. 我国新能源汽车将实现批量化生产. 科技日报, 2012 – 07 – 30; 附 – 张宏. 比亚迪秦 2014 年销售近 1.5 万辆位居新能源汽车销量首位, 2015 – 01 – 19, 均 10 版.

[86] 张可. 中国新能源汽车发展问题及对策. 中国经济时报, 2009 – 07 – 23, 5 版.

[87] 张天骄, 戴慧兰. 第四届节能与新能源汽车国际论坛在京召开, 专家指出 – 推广新能源汽车还有一系列问题要解决. 科技日报, 2011 – 07 – 25, 10 版; 附 – 付丽丽. 我国新能源汽车发展面临三大问题, 2014 – 10 – 11, 3 版.

[88] 国务院. 节能与新能源汽车产业发展规划 (2012 – 2020 年), 国发〔2012〕22 号, 2012 – 06 – 28.

[89] 佳宁. 我国新能源汽车不加速不行了. 科技日报, 2013 – 02 – 25, 11 版.

[90] 课题组. 促进我国新能源汽车产业发展的政策分析. 中国经济时报, (上) 2012 – 10 – 30; (下) 2012 – 11 – 01; 均 5 版.

[91] 郭锦辉. 中国节能与新能源汽车需突破发展瓶颈. 中国经济时报, 2011 – 08 – 04, 9 版; 附 – 南辰. 拆掉地方阻碍新能源汽车发展的"窄轨道", 科技日报, 2014 – 05 – 12, 1 版; 发展新能源车须打通"地方保护梗阻", 2014 – 07 – 28, 9 版; 郭宏鹏, 温远灏. 新能源汽车推广遭遇重重难题, 2014 – 09 – 15, 11 版.

[92] 曾才豪. 新能源汽车推广缓慢 国务院发文要求加快推进. 中国经济时报, 2013 – 08 – 20; 新能源汽车迎多项利好 春天不远, 2013 – 09 – 19, 均 9 版; 附 – 盖世汽车研究院. 新能源汽车示范推广操之过急 核心技术研发是根本, 2012 – 06 – 12; 新能源汽车实现产销目标两难, 2012 – 07 – 31, 均 11 版.

[93] 操秀英, 杨朝晖. 新能源客车"提速"还缺什么. 科技日报, 2013 – 04 – 13, 3 版; 附 – 谢卫国, 刘兴龙. 新能源车明年产销有望达到 25 万辆, 2014 – 10 – 27, 11 版.

[94] 王秉刚. 2013 年中国电动汽车的六大趋向. 科技日报, 2013 – 01 – 14, 10 版.

[95] 刘林森. 电动汽车路在何方. 中国经济时报, 2011 – 02 – 23, 12 版.

[96] 网易科技. 电动车真的是"零"排放吗? 科技文摘, 2011 – 12 – 15, 9 版.

[97] 杜悦英. 电动汽车不一定是低碳交通的救星. 中国经济时报, 2010 – 08 – 12, 10 版.

[98] 李晓红. 新能源汽车的低碳之路还有多远——纯电动汽车是未来发展方向, 但巨大的购置成本使其真正实现市场化还需时日. 中

国经济时报，2010－08－12，10 版.

［99］何闻. 舍本逐末的充、换模式之争? 科技日报，2011－07－11，10 版.

［100］何晓亮. 模式之争，依然绕不开利益与现实 7.5 亿很近，100 万很远，科技日报，2011－08－08; 我国电动汽车标准化体系已初步建立，2014－09－22，均 10 版.

［101］何晓亮. "十二五"科学和技术发展规划颁布 新能源汽车将全面实施"纯电驱动"技术转型战略2015 年电动汽车保有量达到 100 万辆. 科技日报，2011－07－18; 电动汽车企业和能源企业 充电标准必须趋于统一，2011－12－19，均 10 版; 中国电动汽车驶向质变的节点，2012－07－13，12 版.

［102］陈彬. 分阶段、有步骤地推进体系建设 构建中国电动汽车标准"大厦". 科技日报，2012－07－13，11 版.

［103］陈玉明等. "政策绿灯"下电动汽车缘何难进家门. 科技日报，2011－11－22，5 版.

［104］张娟. 纯电动汽车产业化需解决六大难题. 中国经济时报，2010－12－23，10 版; 纯电动汽车国标出炉，上海证券报，2012－05－18.

［105］张娜. 中国电动车产业有机会后来者居上. 中国经济时报，2012－10－28，8 版.

［106］张静. 中国电动汽车产业化之路如何实现? 科技日报，2010－11－20，4 版.

［107］张陆，刘林森. 电动时代来临 中国面临挑战. 中国经济时报，2011－02－23，12 版.

［108］张永伟. 以商业模式创新推动电动汽车产业化. 科技日报，2012－12－31，1～3 版.

［109］国家科技部. 电动汽车科技发展"十二五"专项规划，2012－03－27，科技日报，2012－03－03，4 版.

［110］柯宗. 电动汽车的四大"危情时刻". 科技日报，2012－07－09; 附－2013 年新能源汽车蓝皮书称 我国纯电动车技术与国外接近，2013－09－16，均 10 版.

［111］唐婷，李禾. 电动汽车，何时驶入寻常百姓家? 科技日报，2014－06－22，1～3 版.

［112］矫阳. 后来居上犹可为. 科技日报，2012－07－13，9 版.

［113］温超. 混动，纯电动，燃料电池 车用能源转型"三步走". 科技日报，2013－04－15，11 版.

［114］戴慧兰，何晓亮. 太阳能充电站渐走渐近. 科技日报，2011－08－22，10 版; 附－薛娇娇. 电动汽车为何跑不动，2011－09－05，9 版.

［115］瞿剑. 京沪高速快充网络全线贯通 我国电动汽车迎来城际交通时代. 科技日报，2015－01－16，3 版.

第11章

交通建筑寻优急

11-1 公共交通优先 毋忘绿色低碳

11-1-1 公共交通倒逼经济发展

1. 城市交通发展侧面——

（1）城市交通如牛负重：商业、贸易、金融、文化、教育、医疗和政府管控机构集中在城市范围，影响城市经济社会可持续发展举足轻重的基础要素莫过于公有和私有的交通系统和建筑设施。举例而言，出行上班的人因"三急"或车用燃料告罄待加，但行进途中由于交通堵塞而滞留街心，动弹不得，徒唤奈何。据公安部 2010 年末的数据显示，全国 667 座城市，正常情况下约有 2/3 的城市交通在高峰时段出现拥堵。如遇恶劣天气、狂风暴雨、严重雾霾或严重交通事故，拥堵状态也许肩摩毂击、寸步难行。2011年 9 月 17 日，一场小雨导致北京交通"瘫痪"，晚高峰拥堵路段峰值超 140 处。无独有偶，当年 10 月 11日深圳遭遇"黑色周一"，上午 9 时主干道拥堵路段竟达 23 处。有研究指出：中国百万人以上的 50 座主要城市，市民单行上班时间平均约需 39 分钟。按人口计算，15 座城市市民每天上班单行比欧洲多消耗288 亿分钟，折合 4.8 亿小时，人们忙于途中的无谓耗时，不但缩减了业余休闲时间，也牺牲或占用了部分创造财富的社会贡献，抵消了公益劳动。

（2）标本兼治：据不同渠道的研究表明：北京市民平均每月因交通拥堵须负担各种负面代价 375 元；北京每年因交通拥堵负担的社会成本高达数百亿元；广州因交通拥堵付出的代价是年耗 1.5 亿小时，抵消本地 GDP117 亿元，相当于当地 2012 年 GDP13551 亿元的 8.6‰。征收交通拥堵费的主意令人费解，既难治标，更难治本。痛快一时？聊胜于无[13]？

克服/缓解城市交通拥挤堵塞的对策是个系统工程问题，必须综合运用现代科技手段和社会服务职能兼权熟计、统筹决策。习近平同志指出："治理交通拥堵必须标本兼治"；钱七虎院士提出："必须实行面向交通的城市规划模式。……避免城市布局功能单一化，不搞 CBD、金融街、工业区、开发区、大学城等单一功能布局"[55]。

2. 公交系统 优先优化——

（1）优先发展城市公交：1981 年作者曾在长沙市主持大型科研课题《城市交通系统工程优化研究》，课题曾得到当时省、市主要领导的直接支持，有省社科院、市城建局、市公共汽车公司、大批高校和科研院所的专家参与。课题于 1984 年年中结题通过鉴定，课题的两大关键结论是：优先发展公共交通并延伸至城乡接合部、改造和疏通公共交通线路并增建湘江跨水大桥。事后合肥、乌鲁木齐等全国近 20 余座城市前来了解和交流。30 年后的 2012 年 12 月，《国务院关于城市优先发展公共交通的指导意见》发布[12]，指出：近年来，我国城市公共交通得到快速发展，技术装备水平不断提高，基础设施建设运营成绩显著，人民群众出行更加方便，但随着我国城镇化加速发展，城市交通发展面临新的挑战，城市公共交通具有集约高效、节能环保等优点，优先发展公共交通是缓解交通拥堵、转变城市交通发展方式、提升人民群众生活品质、提高政府基本公共服务水平的必然要求，是构建资源节约型、环境友好型社会的战略选择。该意见若能在30年前发布，也许正确引导城市交通发展方向更能及早发挥经纶济世的效果。

全球城市交通汽车严重拥堵如德黑兰、曼谷固不足仿效，但新加坡交通疏理得井井有条；我国香港人口云屯雾集、车辆流水马龙、道路纵横交错却很少发生拥堵，却是什么神机妙算安排得如此有条不紊？最重要的决策措施就是寄望于大处着眼的规模化公共交通系统！

（2）公交部署，系统优化：公共交通的承载车辆并不局限于大型公共汽车，可以因地制宜、因时段制宜选用容积率不同的汽车，增加地铁轨道交通、轻轨交通、无轨或有轨电车以及增加出租车数量和质量、鼓励自行车代步或健步代车。如果城市原规划的主干道往返各有5条或以上车道，可以开辟公汽专道乃至公共汽车快速通道（BRT），但若原来已建成的道路仅仅2~3车道，在此基础上再改建耗资6000万元/km的BRT将因此更造成高峰期交通拥堵，得不偿失[46]！我国到2010年，地级以上城市公共汽（电）车运营车辆数共计45.8万标台，运营线路总长度63.4万公里，当年完成客运总量达670.12亿人次。与此同时，城市快速公交积极发展，13个城市建起了BRT，运营线路里程达514km。但很少公布因交通拥堵造成的经济损失和市民便捷舒适感的升降。个别特大城市建了BRT却没有安排相应服务，市民无所适从，老弱尤甚，系统整体功亏；能耗因加设电梯和照明等而使排碳量和成本上升，有违绿色－低碳发展目标。

落实公交主导的城市交通战略，克服或缓解拥堵顽症，必须始终以绿色—生态—低碳发展为纲，保证安全高效、节能环保、以人为本的可持续综合优化交通系统，发挥交通基础设施对城镇化发展的支撑与引导作用。为此须：①积极推行以公共交通、自行车乃至步行为主导的交通主体结构，大中城市因地制宜地推行轨道交通建设[11]。②积极支持城市空间结构与功能布局的调整，将不分青红皂白的非人本主义房产限购政策改变为支持改善"职住分离"现象和"低收入远住所"矛盾，要学新加坡那样改善不合理起点—终点（OD）出行结构。③实施需求引导型供给策略，通过区别对待的经济手段和行之有效的管控措施，逐步减少城市个人出行过度依赖占用行车道的机动车。④研究决定因地制宜对公交企业的补贴和优税政策，特别要顾及增开老弱免费公汽的规模和车次。⑤以坚强有力的法律手段保证公共交通的绝对安全，切忌网漏吞舟，坚决打击破坏公共交通秩序的犯罪行为。⑥提高公共交通工具的比例与服务质量。包括公交车、地铁车辆、轻轨车辆、小汽车、出租车、自行车与步行构成中国城市的多样化交通方式。有河流运输的城市更需完善码头建设、轮渡设施、跨江桥梁安全。

要考虑备料和生产过程自行车的碳足迹和每辆自行车平均使用寿命内能否全额抵消或中和其碳足迹。在所有的机动交通工具中，公共交通是相对节能的出行方式，不但节约道路资源，减少碳排放，而且有利于环保和资源循环利用（表11-1）。

表11-1 　　　　　　　　　　　　　　　　**机动交通工具能耗比较**

机动交通工具	人均公里能耗（以公汽单车为1）
自行车	0
电动自行车	0.73
摩托车	5.6
轿车	8.1
公汽（单车）	1.0
公汽（专用道）	0.8
地铁	0.5
轻轨	0.45
有轨电车	0.4

（据：仇保兴. 城市生态化改造的必由之路. 城市观察，2012（6），5-20）

11－1－2　低碳交通　节能减排

1. 低碳交通概念——

（1）化石能源汽车交通：汽车工业大发展，交通耗用化石能源必然持续飙升，在总能源需求中已占比 30%。可是汽油每耗用 1 升，释放 CO_2 达 2.2kg；而燃油的内燃机在汽车交通运输过程中，其总能量利用效率却并不很高。据统计，京、沪、穗、深、渝等市机动车排放的 CO_2 占其总排放量的 80% 以上；排放碳氢化合物占总排放量的 60% ~ 90%；氮氧化合物（NO_x）在总排放量中占比最高达 86%，一般在 50% 左右。无论如何烧汽油的机动车污染大气的劣迹斑斑和耗用化石能源的予取予求行径早该成众矢之的了。2005 年国家出台汽车排放尾气的标准，但燃油品质到 2014 年春天迟未达标，也许是促进大气灰霾又一重要诱因[4]。保证世行鼓吹的绿色出行，谈何容易？

（2）政府全方位指引：2010 年底，国家发改委发布《关于开展低碳省区和低碳城市试点工作的通知》，确定先在粤、辽、鄂、秦、滇 5 省和津、渝、深、厦、杭、南昌、筑、保定 8 市开展低碳经济试点工作。2011 年 2 月 2 日，交通运输部发布《建设低碳交通运输体系指导意见》和《建设低碳交通运输体系试点工作方案》，在国家发改委《通知》基础上，增加无锡和武汉 2 市共 10 座有代表性的城市于 2011 ~ 2015 年间开展以公路、水路交通运输和城市客运为主的低碳交通运输体系试点，内容包括建设低碳交通基础设施、推广低碳型交通运输装备、优化交通运输组织模式及操作方法、建设智能交通工程、提供低碳交通公众信息服务和建立健全交通运输碳排放管理体系等 6 方面。《建设低碳交通运输体系指导意见》中确认：中国交通运输行业节能减排工作取得很大成绩，但能源利用效率不高、发展方式粗放格局尚未根本转变、能源消耗和碳排放仍然持续快速增长。加快建设以低碳排放为特征的交通运输体系，是中国实施应对气候变化国家战略的迫切要求，是加快推进现代交通运输业发展的重要主题，是深化交通运输行业节能减排工作的战略任务。其中提出中肯可行的若干具体举措，反射着我国政府职能部门关注低碳交通建设大有作为的指路明灯。按经济学的普及常识，任何举措下的政府指引失灵，归根结蒂是没有百姓参与所致，城市公交建设尤其如此[15]。也许学学新加坡的做法大有裨益。汽车限购本是权宜之计，但在限购期间不见开拓崭新的治堵方案，自然会令人大失所望了[17]。时下把迫不得已的限购限行"双限"举措当作很时髦的"零和博弈"对策，继京、沪、穗、筑、石、津和杭 7 市，素以"创新前沿"著称的鹏城深圳居然在 2014 年年末也掷起了有效期 5 年的限购"急急如律令"[46]！专家队伍的一片唏嘘声，谁都没有苟同"限"字的治堵方策。标榜"市场规律"去解释交通拥堵更有雾里看花之嫌。

2. 交通节能减排途径——

（1）自行车：作为高效节能低碳环保的交通方式，在中国城市发展过程中必须坚持推行使用自行车。有的接近现代化的大城市已大范围建起了自行车租停系统和修建了供自行车畅行的绿色通道。可惜有的城市标榜的绿色通道并不能全市乃至城乡一体地首鼠相接，有的市民甚至在建立所谓绿色通道后数年之久还对其功能和使用茫无所知。

（2）轻型公汽：发展轻型公共汽车是发达国家惯常采用的另类节能减排举措，如图 11－1 所示。

（3）推广应用新能源：前文 10－4 节已较全面论述发展新能源汽车以替代化石能源的机制和途径。当然为此须加紧研发各相应关键部件的适配寻优，如高效内燃机、高容量轻质储能电池、高质安全的传动机构、高效配套的辅助零部件和便捷能源补充新模式等。在运行过程中应在推广新能源公汽同时严格营运车辆准入。其次须严格车辆维修检测，加强监督检查维修企业、稳步实施机动车排气污染强制维护制度。根据上面交通运输部安排的 10 座试点市，到 2015 年，这些试点城市使用天然气动力的公交车比例应在 2011 年基础上提高 10% 以上，其他新能源公交车和出租车再因地制宜发展。

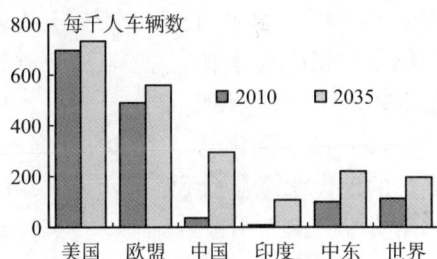

图 11－1　IEA 的新对策方案中轻型公汽现状和预测

（据：IEA. World Energy Outlook 2011，IEA/OECD，2012－02，p.115 F.3.10）

交通运输部认为：各种营运车辆（除城市公交、出租车等，还包括公路上行驶的各种客货车辆）均有运行时间和行驶里程长、能耗量大、安全要求高、管理法规多、服务监督要求严等特点。2010 年中国公路运输和城市客运车辆共有 1297.94 万辆，虽仅占全国汽车总量的 14.3%，但燃油消耗却占了全社会燃油消费量的 40% 左右。值得称道的是：早在 2010 年广州市的 6759 辆公交车和 16700 辆出租车均使用了清洁能源液化石油气，成为世界上公交车使用液化石油气最多、最成功、最安全的城市，使广州机动车尾气排放污染物碳氧化物、碳氢化物和氮氧化物总量分别减少 45%、40% 和 20%。城区内营运车辆尾气排放抽检合格率从 2005 年初的 60% 提高到目前的 90% 以上；水路运输单位能耗也从 2000 年的 5.17 吨标煤/万吨吞吐量下降到 2007 年的 3.51 吨标煤/万吨吞吐量，下降了 32.1%。

（4）发展城市轨道交通：目前世界上已有近 100 座大中型城市拥有地铁，像美国华盛顿、费城等交通并不拥堵的城市，为了积极疏导地面交通和减少地面汽车排气污染而修建四通八达的地铁，并安排十分完备地照顾残疾人和老弱人的乘坐条件；英国伦敦早在 1863 年即已开通地铁；巴黎、柏林等欧洲著名城市均以地铁作为连通城郊的主要公共交通工具。近些年我国在发展城市轨道交通（含地铁、轻轨、悬轨等）的规模、速度和投资额等指标已跃居世界首位。1969 年到 1999 年的 30 年间，我国一共建成投运 146km 城市轨道交通；2012 年底已有 18 座大中城市（含香港）拥有轨道交通，总里程达 2100km；香港以外的投资总额已达 1.23 万亿元；2012 年全年建成地铁 337km，投资额 1896 亿元；2013 年建成 290km 以上，投资 2200 亿元[28]。1999 年到 2014 年的 15 年间，我国新建 2926km 城市轨道交通，累计运营里程 3072km。2015 年到 2020 年，我国计划新建 3108km 城市轨道交通。预计到 2020 年总运营里程将达 6180km[30]。2014 年已批准修建城市轨道交通的 37 座城市，线路里程总长超过 6700km，投资规模超过 3 万亿元。目前这些城市正紧锣密鼓修建轨道交通，还有 20 多座城市规划了轨道交通项目正在报批中。2030 年前，我国城市还将陆续修建的轨道交通总长超过 1 万多公里，估计投资额将超过 4 万亿元。现已有 21 座城市累计建成和投入运行的城轨交通里程超过 2700km，每天运输乘客超过 2000 万人次，年客运总量达 110 亿人次[51]。近年来我国在发展城市轨道交通邻域创新研发了大量新型科技成果，突破了一系列诸如地铁列车车辆电力牵引传动、网路控制、网络化绿色轨道交通等新型关键技术；创造了"政产学研用"协同创新与用户主导创新等成效显著的新型创新组合模式[29]。特别是北车重庆、北车四方等公司对地铁车辆核心部件牵引、制动和网络控制等技术有自主知识产权的创新突破，成为加速发展我国大中城市轨道交通系统的产业后盾[34]。不过，历来创新活动须软件、硬件齐头并进、优势互补。目前包括优化运营调度等能节电 10% 的相关管理软件还正加紧开发或完善[35]。

目前我国城市轨道交通中，84% 是地铁。由于地铁车站密集、常需途经 CBD 致建设成本高昂，工程造价一般为（6~10）亿元/km。轻轨、单轨、有轨电车的工程造价则仅（1.5~3）亿元/km。重庆市根据本身地质条件，已建成总长 170km 的 4 条轨道交通线，其中 2 条地铁、2 条跨座式单轨线，积累了丰富的城市多制式交通系统的成功经验。目前在建的轨道交通线有 178km，到 2017 年建成后的轨道交通总长 350km，其中跨座式单轨交通线 100km[27]。其次，发展城市有轨电车有利于大幅度节能和大范围环保。传统的有轨电车必须在轨道所经空间装置供电"天网"。近期的有轨电车已改进为地面供电，相应技术已于 2012 年年底从意大利引进，并拟先在珠海应用[23]。批准轨道交通的城市越来越多，需借鉴重庆市那样先进的依靠专家认真筹划，优选轨道交通制式，避免陷入盲目跟风[45]。2014 年年底前，广州市海珠区建成的首条有轨电车已开始试运行。

（5）调整优化经济/社会阶层分布状态：例如，有的城市设立教育专区或"大学城"对培育适应市场经济的现代化综合型手脑并用人才并非无懈可击之举。发达国家如美国波士顿的哈佛、MIT，费城的 50 多所大学，旧金山斯坦福大学，洛杉矶的 UCLA；英国伦敦的牛津、剑桥，德国的柏林大学等全球一流高等学府都不是从所谓"大学城"脱颖而出的，不是脱离市场、脱离生活、脱离公众的象牙之塔，更不是人为塑造的"交通孤岛"。我国台湾新竹附近清华、台中的暨大、高雄的中大、台南的成功大学，率皆与社会融为一体，从民间知识源泉汲取营养、灵感和启示，同时将知识经济发展最前沿信息及时向社会传播。如今我国有的城市把高校集中而智力资源仍然各行其是，民间科普受益式微。殊不知公共交通也必然出现冰火两重天的尴尬局面：上课时公汽空驶，车可罗雀；课后、会后师生潮涌般抢上公汽，争先恐后，捷足先登，此时忘却"尊师爱生"了；购买日用品却需长途跋涉，挤上公交去 CBD 搜奇索古。

正如国家住建部领导撰文指出："要重视城市规划的引导作用，编制综合交通的体系规划，处理好可达性与低碳出行的关系。按照轨道交通、自行车道、步行、私车机动车道为次序安排交通空间资源。生态城交通不能被汽车所绑架，而要将提高步行、骑车和使用公共交通出行的比例作为生态城镇的整体发展目标，至少减少50%的小汽车出行。为了实现这个目标，每个住宅的规划和区位设置的标准具体规定为：10 分钟以内的步行距离，能够抵达发车间距较密的公共交通或地铁车站；设置完善的邻里社区服务设施，包括卫生健康、社区中心、小商店等，减少日常服务的远距离出行频率。在生态城镇各种设施的整体布局规划上，不能出现依赖小汽车的规划模式和空间布局。"[81]

（6）重疏导，轻拦截：城市交通系统工程综合优化的基本原则是重在疏导，慎用拦截。传统的城市交通理论习惯将构成城市交通的"人、车、路"三要素作为分析的基础，主张作为整体予以综合研究，但往往因此忽略了作为信息化手段的指路牌、交通提示牌、路灯、路口信号指示、电子眼检测、绿色通道指示和停车场指示等。特别是：

①要推广道路养护新技术和新工艺，一个关键问题是如何改善公交设施[3]。

②多年来，城区校车的安全虽已纳入法制保护轨道，但各地违规操作时有发生；城市救护车、消防车、警车、危化运输车和一切安全应急车辆仍须通过法制确保畅通无阻或缩短在途时间。道路整体安全问题的全方位解决实在是任重道远[8]，可是如何杜绝安全事故？既须绳愆纠谬，寓教化于法制，是否应既杜绝秋荼密网，又须防止网漏吞舟[10]！城市交通的噪声危害也是另类亟待治理的安全问题[14]。

③所有发达国家实现交通文明的首要一环，即：任何情况下的非应急机动车均必须在自由通道上见行人"停车让路"、"礼让行人"。与行人抢道行驶的驾驶人必将受罚或被谴责。可惜我国自出现城市汽车"蜂舞并起"与行人争道的局面以来，极少在高唱"以民为本"的舞台上呼吁尊重行人共享国有道路土地资源的平等权利，遵循"礼让行人先"的原则。须知能如此将大大减少城市恶性交通事故的发案率，达到绿色低碳生态文明和谐的理想境界。借鉴国际经验发展我国城市绿色－低碳交通是否宜首先看到这一点[2]？倡导绿色－低碳交通须优先发展公交和改变出行方式宜首选公交[7]，然则须迅速加强现代化文明和谐公交系统的建设力度，务必建成实事求是、推襟送抱地真情实意的人本化！

④公共交通中的"敬老扶弱"远未达到文明水平，纠纷也时有发生。特别是足以体现文明水平的残疾人停车位、"无障碍通道"、城市引导盲人步行的"盲道"、往往名不副实，特别是在城市中心干道上设置 BRT，为何有的靠近老人聚居区的上下车站竟无电梯上下或只能上不能下，更剥夺坐轮椅的残疾人乘坐 BRT 的权利？闹市中心人行过街的灯光信号，显示绿灯的超短时间是不是要让残疾人和老年人"赛跑过街"啊？须知：亘古通今最值得传颂的文明行为莫过于同情和扶助弱势群体！疏导城市交通切勿忘记残疾人、老年人和孕妇孺子啊！有的城市口号十分响亮动听：要建"低碳智慧幸福交通"[22]，低碳交通首先靠畅通无堵、智慧交通首先保行路无忧、幸福交通首先看文明和谐、诚信友善！公办的"老人公寓"或"养老院"居然宛如城市隔离带藏身处所，孝敬老人或敬老尊贤不得不穿云破雾驱车探路。

⑤有城市规定机动车在交叉路口遭遇红灯超过一定时限必须在停车后熄火。低碳宏观目标宜全国统一，应因地制宜地确定时限大小。汽车停在十字路口不熄火，可与怠速时的排碳污染和能耗水平等量齐观。从驾驶技巧下功夫也能部分地推进公交节能，但当交通严重拥堵，这种技巧显然很难施展[18]。或者借助智能驾驶能部分地取得节能效果[48]。

⑥我国绝大多数城市的总体规划均完成于汽车普及率仅及城市人口不足10%的时期，除极个别城市预见未来交通发展需求而规划了当时超限宽度的道路外，一般均对飞速发展的经济、全面推进的新型城镇化、蓬勃发展的汽车工业和超速上升的汽车私人占有率估计不足，从而普遍感到道路狭窄。国内除北京长安街大道宽松有余外，很少有像美国洛杉矶市区主干道那样多的行车道。有条件的城市可以动员拆让扩宽

或增容改造，如长沙市当年拓宽修筑五一路、挪走市内货运铁路支线开辟芙蓉路等。可是另一方面，也能看到有的城市对公共汽车道不是梳理畅通，而是一味拦截、堵塞、拉伸改道。加上个别城市早期规划把人口峰谷集散视有如无，致体育活动中心、跑马场等忙闲聚散场所被越凫楚乙地坐落到全市最繁华的商业中心区，其交通拥堵自然已积重难返了。是不是交通拥堵总是大城市通病之首？香港的人性化管理赢得的不堵车说明交通拥堵完全可依靠智慧疏通[9]。

⑦所谓重疏导，最粗浅的解释就是尽一切可能让任何排碳量多的机动车减少在路途运行的距离和相应的行驶时间。就是说要创造条件让排碳量越大的车辆越少在路上逗留，促使其早点"回家"！可是有的城市偏偏反其道而行之：本来可以让车辆提早到家却想方设法延长其在途转弯抹角时间，增加其排碳量、能耗量、里程量和折旧，降低其使用寿命、安全水平和环保水平。借口绿色化和安全性却迎来严重高碳化和事故发生概率。

⑧有的城市不去充分利用已有的地下停车场，或者虽有地下停车位却听任停车费节节升高，据说是借此限制人们事无巨细均依赖开车出门；有的城市则把本来已十分狭窄的道路两侧划为停车带，而把本来可行驶公共汽车的道路改为狭窄的"单行线"。因噎废食？挖肉补疮？移东就西？扬汤止沸？既然公共交通处于拥堵阻隔、慢条斯理状态，也许因此成促进过度发展私家小汽车的推动力之一（图11－2）。

⑨许多"国际化、现代化"大城市限购汽车和提高车牌价格等措施，实际在遏制汽车工业"大发展"，助长汽车工业"产能过剩"，实际上限购治堵并非灵丹妙药[5,46,55]。何况我国目前城镇化人口把暂住者都算上，占比仅及56%，不及发达国家平均已达70%以上。据统计，我国城镇人口中每千名成年人据有的汽车数远低于发达国家（见图11－1）。可是过去的建筑所设停车位远未达实际需求和未适应远期发展，今天按人口占比如此稀少的汽车量已经造成"车满为患"和遭遇"无处停车"。当地政府面对这一紧迫窘境是否宜当机立断优先解决这一窒碍公共交通、掣肘私车停靠的瓶颈问题？是否宜通过适当的财力支持促进如美国波士顿、芝加哥那样在闹市区（中心商业区CBD）鼓励房产开发商乃至土豪新贵一族建设高层停车场？建一处停车高楼就能相应改善因被迫将行车道变为停车道所致交通堵塞或迫使双向行车道不得已改为单行道的违心之举。有的城市当局甚至拿出绝世超伦的办法，企图"置之死地而后生"，将CBD周围停车场的每日停车费提高到200元以上，借以"疏导"车流？该决策人若是天文泰斗，肯定给气候反常开出的灵丹妙药是："地球别再转动了"！

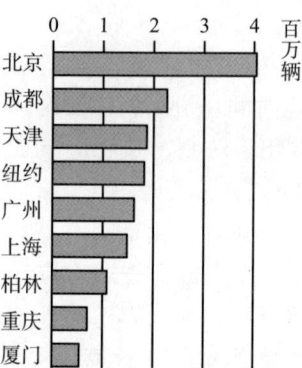

图11－2 世界一些城市私家小汽车的数量比较（2012年）

（据：The Economist "Building the dream"，2014－04－19，Special Report）

下面在论及智能交通系统时将提到，与其说城市交通系统需要优化人—车—路三大交通要素，不如说城市交通系统更需要依靠人—车—路—信息—管理的"五位一体"才能提供智能化的绿色－低碳－生态背景下的文明和谐城市交通系统。其中的管理要寓于服务之中，最要紧的是通过城市交通管理维护社会主义和谐气氛和尊重纳税人共享环境资源的权利！

笔者在20世纪80年代初主持长沙市公交优化课题已深有感触，当时编写的60余万字《城市交通系统工程优化概论》，贯穿全书的主要观点就是"和衷共济－系统工程"才是缓解城市中日益拥挤的交通困局的不二法门！如今更应提醒权贵：与其处心积虑、绞索枯肠、蛮横不讲理地在交通系统施展拦截、堵塞、限行、增压、课费，远不如花点功夫把聪明才智用在千方百计替公众开拓绿色－低碳幸福方便行车出行的康庄大道！

城市规划之初要精心预测经济社会发展趋势和全国主体功能区规划圈定的发展前景，准确估测百年后的变化；已按规划建设成型的城市应依据交通系统供需形势变化做出"重疏导，轻拦截"，恰如其分地调整和次优化；若木已成舟，无面馎饦，就该大处着眼，另起炉灶了。

11-2 建设交通大系统 多制式综合优化

11-2-1 交通大系统异彩纷呈

1. 城乡交通运输 百花齐放——国家交通运输部 2011 年发布《建设低碳交通运输体系指导意见》，2012 年 3 月发布《"十二五"综合交通运输体系规划》，提出国家交通大系统建设目标中各主要子系统（包括公路、水路交通运输、城市客运）能耗及 CO_2 排放强度目标在 2015 年到 2020 年可能的发展规模、实际碳排量和各期能耗预测。交通大系统按运载能力排队依次是铁路和轨道交通设施、公路、海洋/内河航运、航空运输和管道运输（如美国的运煤管道、我国的石油和天然气管道等）。前四种包含货运和客运。

2. 交通大系统发展现状——

（1）铁路运输：美国的铁路客运已日暮乡关（笔者从费城到纽约试乘一次，一节车厢唯我一位乘客，服务生却有两名）。我国 2003~2011 年铁路营运里程和增长速度见图 11-3。

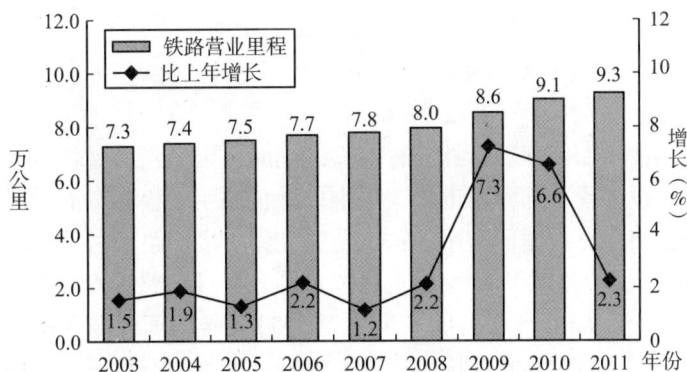

图 11-3 全国铁路营运里程及增长速度

到 2012 年年底，我国铁路营运里程 9.8 万 km，居世界第二位；旅客乘载量 18.93 亿人次，居世界首位；高铁营运里程达 9356km；2012 年 12 月 26 日全程 2298km 的京广高速全线开通[24]，成为全球平均时速 350km 的最长里程高铁，保证长时间高速运行的安全性、可靠性和稳定性、频繁进出隧道、双弓受流、列车高速行驶中的安全控制和制动等科技创新难题均在"中国梦"践行者科技精英面前迎刃而解[41]。截至 2013 年底，全国铁路营运里程已达 10.3 万 km，高铁运营里程已达 1.1 万 km，在建规模 1.2 万 km，且均 100% 中国制造，2013 年最高时速已可达 416.6km。近年来，在高速铁路、高原铁路、重载运输等领域取得了举世瞩目的世界一流技术创新成果，总体技术水平跨入世界先进行列[30,44]。2013 年全国固定资产投资额 6500 亿元，其中基本建设投资 5200 亿元、投产新铁路线 5200km 以上[42]。2014 年年中，中国高铁产业化基地——中国南车四方公司宣布：持续安全运营时速 350km 的 4 亿 km[41]。就在同一时期，我国北车二七装备公司自主设计制造的世界最高端铁路火车头调车机车（DF7G-E）输出欧盟成员国爱沙尼亚[33]。截至 2014 年年底，高铁运营里程已达 1.58 万 km，覆盖 28 个省市自治区。我国建设规模和增长速度，举世无双，高铁交通到 2020 年将建成 12 万 km 以上，总投资 5 万亿元，高速重载轨道材料需求巨大，钢轨总量 1824 万吨，维护更换需钢轨 288 万吨/年；近期在建高速铁路（包括已完成）20 条以上，总里程超过 7300km，超过目前全球高速铁路里程的总和；高速列车的最终保有量将达 1 万辆，目前国内外动车组订单将近 2000 亿元。轨道交通正以"中国制造"的安全可靠、优秀质量和热心服务而名扬四海[30]。

国际高铁发展历程可追溯到 1964 年日本新干线登台。随后日本称时速 200km 以上列车为高速列车；

300km 以上为超高速。但很难有进一步发展空间。法国最高试验性时速曾于 2007 年 4 月 3 日达到 574.3km。眼下世界高铁技术的研究热点在：清洁化、绿色化、智能化[37、47]，不过是否应加上行车安全、生态和谐和人性服务！便捷不仅仅局限在行车路途上，也许在某种意义上更应重视针对乘客旅行环境和沿途生态平衡的优质服务和管理上！对这一命题，我国早期高铁营运系统略嫌不足！我国高铁车厢内严禁吸烟，是深得人心的报本反始之策！

（2）公路运输：据《交通运输"十二五"发展规划》，我国公路网总里程将从 2010 年的 398.4 万 km 增至 2015 年的 450 万 km；高速公路总里程从 7.4 万 km 增至 10.8 万 km；国家高速公路通车里程从 5.8 万 km 增至 8.3 万 km；二级及以上公路总里程从 44.5 万 km 增至 65 万 km；高速公路覆盖 20 万以上城镇人口城市比例从 80% 增至 90% 以上；农村公路总里程从 345.5 万 km 增至 390 万 km[38]。国家发改委、交通运输部 2013 年年中发布的《国家公路网规划（2013~2030 年)》要求到 2030 年国家公路网总规模将达 40.1 万 km，其中普通国道网增至 26.5 万 km，高速公路网发展到 11.8 万 km[31]。

2013 年 5 月，交通运输部发布了《加快推进绿色循环低碳交通运输发展指导意见》，提出到 2020 年初步建成低碳交通运输体系的发展目标，追求的目标是：实现"三低三高"（低消耗—低排放—低污染；高效能—高效率—高效益）和可持续发展（推进方式则要求强化创新驱动、示范推广）。到 2015 年和 2020 年，营运车辆单位运输周转量能耗比 2005 年分别下降 10% 和 16%。营运车辆单位运输周转量 CO_2 排放比 2005 年分别下降 11% 和 18%；城市客运单位人次能耗比 2005 年分别下降 18% 和 26%，其中，城市公交单位人次能耗分别下降 14% 和 22%，出租汽车单位人次能耗分别下降 23% 和 30%；城市客运单位人次的 CO_2 排放比 2005 年分别下降 20% 和 30%，其中，城市公交单位人次 CO_2 排放分别下降 17% 和 27%，出租汽车单位人次 CO_2 排放分别下降 26% 和 37%。

公路的绿色－低碳节能技术如：开展温拌沥青等低碳铺路、废旧路面材料再生利用技术。部分高速公路服务区开展新能源自给建设工程、部分隧道施工中推广绿色照明工程和智能通风照明控制技术。推广废旧路面材料再生利用和公路路面材料循环利用如：①公路工程中废旧路面材料循环利用包括沥青及水泥路面再生利用。②工业废料的应用，如废旧轮胎粉筑路技术等。据《公路网发展规划》，2020 年中国普通国道改高速公路里程将超过 8.5 万 km，年平均将产生接近 5000 万吨旧沥青混合料，若充分回收利用，年可节材料费约 100 亿元；如采用路面循环利用技术进行大中修，可节约石料消耗 20%，减少汽油消耗 32 万吨、沥青 200 万吨、废气排放 2.4 万吨。2011 年，国内研发的"废旧沥青路面材料厂拌冷再生技术"作为公路柔性基层不仅具有良好抗裂性能和水稳定性，还可显著延长沥青路面使用寿命，且节约燃油，降低碳排放。与热拌沥青混合料柔性基层相比，节约一半投资。作为全国首批低碳交通试点城市的保定，在其 643km 的高速公路建设中，每 km 使用废旧轮胎改性沥青材料 264.44 吨，可累计减少 CO_2 排放量 59513 吨；2011~2013 年，还在高速公路建设中全面推广温拌沥青低碳铺路技术，从而节约燃油 255 吨，减少 CO_2 排放 773.11 吨。

2013 年 12 月 25 日，我国首条绿色循环低碳高速公路主题示范项目——成渝高速公路复线（重庆境）建成通车。设计时开展过多项绿色－低碳技术研究；建设时采用温拌沥青混合料技术、橡胶沥青路面、全线电网集中供电取代柴油发电供电、隧道弃渣利用、路域碳汇生态建设等多项技术，同时加强了能源统计监测管理和标准化施工。项目共节能 2.4 万吨标煤，减少 CO_2 排放 61 万吨，隧道弃渣利用率 65.7%，其中因采用废旧轮胎生产橡胶沥青，使有害气体沥青烟排放减少 90%，降低了 50% 的 CO_2 排放。

20 世纪初，发达国家曾对路面循环利用展开研究。目前，美、德、日等旧路面材料已基本实现 100% 循环利用。我国对应研发始于 20 世纪 70 年代。目前我国高等级公路的再生材料中掺入旧料量未超过 25%，国外则早已达 50% 以上；我国沥青路面再生利用率仅 20%，为国外先进水平的 1/5。穷原竟委而论，我国公路建设存在的主要问题是：①技术支撑体系不够完善。②路面循环利用装备生产厂家稀少，高端装备技术水平比较短缺，较多依赖进口装备。③管理和筹划缺乏明确的政策导向，资金支持和投资支撑薄弱，没有对应用路面循环利用技术的政策奖励和财政支持。在限制路面材料废弃、强制回收利用、政府优先采购循环利用材料等方面应加强政府作为，对具有自主知识产权、符合质量要求的路面循环利用相关材料和装备生产企业给予技术开发补助，以降低产品成本，提高市场竞争力。政府部门要出台实质性支持政策，诸如资金补助、信贷担保、项目支持、技术扶助、风险免责等。

公路的低碳节能技术的一个重要侧面就是本书在 5~6 节较详陈述的发光二极管（LED）和有机物发光二极管（OLED）绿色照明新秀。1991 年，美国环保署为提倡环保首先提出绿色照明工程概念，并即推行绿色照明计划，目标是提高照明效率，降低照明用电。我国国家经贸委 1996 年 10 月发动"中国绿色照明工程"。

照明用电一直是高速公路运营中的节能重点。2009 年底，保定已在所辖高速公路服务区内实施 LED 照明改建项目，将照明设备全部改建为节能光源。"十二五"期间，该市在高速公路沿线安装 LED 灯，每年可节电 8000 多万 kWh。公路隧道有缩短公路里程、提高运输效益、扩大地下空间利用、节省用地和保护生态环境等优点，故随着公路建设特别是高速公路建设，修筑公路隧道捷径必将广泛采用。因而实施公路隧道绿色照明科学合理设计标准、正确选择光效高、透烟性强、使用寿命长的绿色照明光源和电器、采用优质高效省电灯具、采用先进的感光电池、可调光电子整流器、电位器等形成智能灯具控制方式等，以提高高速公路网的整体安全水平和科技水平。

（3）内河航运/海洋货运港口建设和水路运输：据《交通运输"十二五"发展规划》，我国内河高等级航道里程从 1.02 万 km 增至 1.3 万 km，内河高等级航道达标率从 54% 增至 70%，五年累计改善三级及以上航道里程从 2700km 增至 3500km；沿海港口万吨级以上深水泊位数将从 2010 年的 1774 个增加到 2015 年的 2214 个[38]。到 2014 年 10 月，内河一级航道已达 12.6 万 km，沿海港口万吨级以上泊位数已增至 2063 个。规划到 2015 年和 2020 年，营运船舶单位运输周转量能耗分别比 2005 年下降 15% 和 20%；营运船舶单位运输周转量 CO_2 排放分别比 2005 年下降 16% 和 22%。我国内河航运的关键部分是港口港区建设，因为港口吞吐能力直接影响内河航运的效益发挥。其次，港区水域的环境保护也是航运系统的重要环节，不可掉以轻心。港口设备技术改造是近年航运建设中的紧迫任务，包括装卸机械、门吊桥吊、供配电设备与照明设施等的技术改造及新技术推广应用。再者，水运基础设施的技术改造与新技术推广应用也正在及锋而试，选择重点港口建设项目，开展靠港船舶使用岸电改造技术和工程，并力争创造条件在港口实施太阳能、地热能、海洋能、潮汐能和风能等新能源项目，做到节能环保双丰收。因为开发了靠港船舶使用岸电的技术装备，前些年美国、加拿大、某些欧洲国家的靠港部分船舶就已试用岸电。我国上海、连云港、广州、青岛、大连、深圳蛇口等港口也对集装箱船、散货船连接岸电技术进行了研发和试用。中远集团、中海集团等大型航运企业的新造集装箱船中，相当大一部分安装了连接岸电的设备。2010 年 10 月 24 日，由连云港港口集团和河北远洋集团共同研发的全球首套高压变频数字化船用岸电系统正式启用，该技术简便、易操作，不需断电和配备专业人员，一昼夜耗电费用仅为原来使用燃油费用的 70%，且赢得零排放效果。中国有世界最大的航运规模，包括 400 多个港口，3 万多个泊位，全年吞吐量 70 多亿吨，航运业是通向节能环保 – 绿色低碳的重要领域。若船舶在中国港口靠泊均使用岸电，每年可减排 1000 万吨 CO_2；如果此举能遍及全球，就相当于减排 1 亿吨 CO_2。港口新能源利用的先进典范如张家港港务集团引进高效节能灯具、路灯专用节电器、利用光控技术、感应控制、时空开关等各类智能开关来控制电能消耗，取得一定节电效果；每天入夜淋浴人数约达千人、常年定时开放的公共浴室，采用新型空气源热泵替代锅炉燃煤能源，建成空气源热泵及余冷、余热回收集成系统，零废气排放、零废渣，系统性能系数（COP）值高、节能、安全、环保；有专家估计液化天然气（LNG）是未来航运业稳操胜算的燃油替代品，由于 LNG 燃烧过程减排硫氧化物近 100%、减排 NO_x 85%~90%、减排 CO_2 15%~20%，且颗粒状废气零排。

在指定的 10 座试点城市中正推进内河船型标准化，2006 年出台的《全国内河船型标准化发展纲要》规定的总体目标是：到 2010 年川江及三峡库区、京杭运河、长江、珠江三角洲及其干流基本实现船型标准化、系列化，平均吨位较 2004 年提高 1 倍，通航设施利用率较 2004 年提高 15%，船舶安全技术性能得到进一步提高，对水环境的污染得到基本改善；到 2020 年，内河船舶实现标准化和系列化，平均吨位较

2004 年提高 2 倍，通航设施利用率较 2004 年提高 30%，船舶安全技术性能向国际先进水平靠拢，对水环境的污染得到根本改善，运输成本明显降低；对享受政府补贴船舶加装热泵、余热回收、减阻、废气处理等节能减排技术装备，同时鼓励推广配备或使用双尾船等节能环保型营运船舶。此外，须选择重点港口建设项目，推进轮胎式集装箱门式起重机（RTG）"油改电"，争取在试点期末，试点港口完成 60% 以上 RTG "油改电"；同时推广应用港口各种机械节能技术和操作方法。

广东是全国内河航道通航里程超过万 km 的四省之一，达到 1.18 万 km。主干河流珠江年径流量 3000m³，约为黄河的 6 倍，但却是支流密布的复合水系，船型复杂，受金融危机、燃油税改革、航道等级快速提高，以及主要港口发展的影响，船型在不断变化之中。根据上述《纲要》，珠江干线的分阶段目标：2010 年，船型标准化率达到 60%，船舶平均吨位达到 400 载重吨；2015 年，船型标准化率达到 70%，平均吨位达到 600 载重吨；2020 年，船型标准化率达 80%，平均吨位达 800 载重吨。

国外专家正为船舶本身装备可再生能源动力在绞尽脑汁。若能在船上应用取之不尽、用之不竭的河海自然能源作为动力，就再不会发生像哥伦布探险"乘风破浪会有时、直挂云帆济沧海"那样迁延时日了！2010 年在德国下水长 31m、最高时速 5 节（9.25km）的世界最大太阳能动力船，最大功率 120kW，纯靠太阳能动力于 2012 年完成环球航行、2013 年两度横跨大西洋。虽然这是个科研试验产品，却为人类提示水运/海运的另一重大节能环保捷径[32]。

（4）航空运输：据《交通运输"十二五"发展规划》，我国民航机场总数将由 2010 年 175 个增加到 2015 年 ≥230 个[38]。2012 年中国民航运输总周转量居世界第二，机队规模持续增长，年末已达 1941 架，含客机 1841 架和货机 100 架。大飞机项目总体投入将达 2000 亿元，近 3～5 年研发支出已达 600 亿元；到 2020 年我国约需新增干线客机 1600 架，总价值 1500 亿～1800 亿美元。据《科技日报》2013 年 9 月 27 日 7 版的报道，中国航空工业集团公司 2013 年 9 月 25 日发布的民用飞机中国市场预测年报指出，虑及运能增长和退役换班需求，未来 20 年我国需新增民航客机 5288 架。目前突出矛盾是技术娴熟的飞行员短缺、航路拥挤。北京已选定第二机场建设基地。

我国航空工业正日夜兼程赶上世界先进水平。将在制造现场脱胎而出拥有自主知识产权的大型中短程商用干线客机 C919 已于 2014 年 9 月 19 日正式进入总装，来自国内外的高精确度的组件正在陆续到达总装现场，预计一年内总装可以按质按量如期完成，到 2015 年底即可升上蓝天，2016 年可能完成试航取证交付运营。2014 年 5 月习近平同志登上行将进入总装的 C919 机驾驶室，激励着现场科技人员，鼓舞着全国共圆中国梦的炎黄子孙[25]！与目前国际航线上现役飞机美国波音 737 和欧洲空客 A320 相比，C919 具有明显的更安全、经济、舒适、环保、节能和低噪[26]。我国自行设计制造的商用飞机 ARJ21 也已于 2014 年 6 月中宣布试飞成功，并于 2014 年 12 月 30 日正式获得中国民航局颁发的飞机型号合格证（即适航许可证）。ARJ21 试飞 6 年，事实上也是为 C919 机探路前锋辉煌之旅[25]！此外，代表着我国航空工业追求节能环保的另一支劲旅是研制新能源动力飞机。2012 年底，上海同济大学与奥科赛飞机公司合作研制的我国首架纯燃料电池无人飞机试飞成功，描绘了我国航空工业另一道亮丽的风景线[39]！

近年部分发达国家也在发展新能源动力飞机方面跃跃欲试，取得一些初步成果。例如 2010 年 4 月试飞成功的全球最大太阳能飞机瑞士太阳驱动号已在 2012 年 5 月完成 2500km 洲际飞行。这架号称零排放、不用燃油的客机给人类化石能源短缺却仍能飞上蓝天带来了希望[25]。2013 年年中，该机又从旧金山横穿美国直达纽约，并计划于 2015 年实现环球飞行；而美国则早在 2010 年已开始研发另一种节能环保的电动飞机[19]！加拿大于 2012 年宣布试飞成功的世界首架纯生物燃料飞机将来能更方便地应用于农业生产[19]！

11－2－2 综合城市群交通系统

1. 综合交通系统——2012 年 3 月 21 日，国务院常务会议通过交通运输部制定的《"十二五"综合交通运输体系规划》。《规划》确定了"十二五"时期的建设目标：初步形成以"五纵五横"为主骨架的综合交通运输网络，基本建成国家快速铁路网和国家高速公路网，铁路运输服务基本覆盖大宗货物集散地和

20 万以上人口城市，农村公路基本覆盖乡镇和建制村，海运服务通达全球，70% 以上的内河高等级航道达到规划标准，民用航空网络进一步扩大和优化，基本建成 42 个全国性综合交通枢纽。其中所谓"五纵五横"是指黑河至三亚、北京至上海、满洲里至港澳台、包头至广州、临河至防城港等五条南北向综合运输通道，天津至喀什、青岛至拉萨、连云港至阿拉山口、上海至成都、上海至瑞丽等五条东西向综合运输通道。"十二五"以来，我国综合交通基础设施发展迅猛。

到 2014 年 11 月，铁路总里程达 10.3 万 km，公路 435 万 km，内河航道 12.6 万 km，沿海港口万吨级以上泊位数 2063 个，民航机场 193 个，综合运输水平不断提升，运输装备专业化程度明显提高。预计到 2015 年末，我国将初步形成网络设施配套衔接、技术装备先进适用、运输服务安全高效的综合交通运输体系。

2. 城市群绿色 - 低碳交通——不同城市群特有的经济地理特色虽然南船北马，东海西山，城际间的千丝万缕联系仍必首先虑及交通系统的结构和物流顺畅，务必从绿色 - 低碳 - 生态的高瞻原则塑造优化交通模式。有专家指出："我国东部沿海城市群已向多中心网络化交通发展模式转变，而内陆地区城市群整体上处于发育阶段，大多是以省会城市为核心的单中心城市群，交通体系基本是单核集中向外辐射的模式，城市群扩大到一定规模时，不适应性表现得越来越明显"[20]。城市群交通发展的总体趋势是交通设施多制式化，其中主要选择快速轨道交通，部分城际距离较短、经济社会关联较密切的地区，如珠江三角洲的几处城市群正接近"同城化"，则不但城际间可以地铁、轻轨、铁路相连，甚至能开通有轨电车或公共汽车，如广州 - 佛山的同城化[43]，形成城际间的"立体交通网"[22]。

（1）国外发展城市群交通主要做法[20、21]：①建立多制式、多样化城际较完整的交通网络。②一般均建立积极协调的统一调度和管控机构。③广泛听取专家意见和传媒信息反馈，尽一切可能采用现代新技术成果。④政府尊重市民反映意见，有效干预城际交通系统运作。⑤注意不同层次交通方式之间的时空衔接。⑥通过合理的交通网络部署，引导和强化城市群的发展方向和疏导大型核心城市存在的交通拥堵现象，客观上抑制城市发展的无序扩张。

（2）我国城市群交通发展宜综合优化的主要问题：①作为城市群核心的城市枢纽综合优化原则尚待进一步掌控。②积极推进核心城市快速交通建设步伐的同时，宜注意采取城际局部高速交通[38]。③鼓励和加强城市群内各市之间的文化交流和产业合作，助力科技优势互补，各市的科技人员应一视同仁地被邀请参与交通网络设计和建设。④强化城市群交通系统的碳足迹研究，促进城市群交通系统各市责任范围的绿色 - 低碳战略实施。⑤若交通网络尚不完善、运输服务水平偏低、体制机制尚未理顺的，有关部门宜更多关注城市群的综合服务水平。⑥穷神知化地研究城市群交通系统的综合优化理论，深厉浅揭地开拓通向城市群交通智能化的路线和捷径。

（3）交通运输部领导在研讨会上指出[371]：目前我国综合交通运输发展仍不够平衡、不够协调，仍存在不可持续的问题。具体而言：①综合交通网还不完善，各种运输方式发展不平衡。②各种运输方式衔接仍然不畅，综合客运枢纽一体化换乘水平有待提升，货物多式联运发展缓慢。③综合运输信息服务、物流信息平台等建设需要加强。④综合交通运输发展的法律法规不健全，标准规范不统一，规划机制不完善[37]。交通运输部部署的 2015 年交通运输工作十大任务中要求提升综合交通运输能力，估计上述不足能很快得到弥补和纠正[6]。

11-3 城市交通管控信息化 交通网络寻优智能化

11-3-1 智能交通系统优化

1. 智能交通 求仁得仁——交通智能化的滥觞：人口数量攀升、世界城市化规模加速、经济涉猎范畴不断扩大、城市交通拥堵日益成为西方国家的通病痼疾，20 世纪 70 年代两次世界性能源危机促使发达国家政府处心积虑依靠日新月异发展中的科学技术提升城市交通运输系统品质和节约交通运输过程能耗，智能交通系统（Intelligent Traffic System，ITS）的盛名便开始在交通科技界应运而生。许多仁人志士对 ITS 寄予厚望，甚至理想化了[1]。

2. ITS 发展 3 阶段——

（1）探索阶段（1976～1995 年）：初期在理论上探索交通智能化的可行性，经过 20 年的悉心摸索，开拓了一系列有关信息仿真和处理的支持软件，部分初步适用的设计和制造系统硬件，但当时因电子通讯技术仍处于大发展前夜，电脑技术未尽善尽美，互联网仍在初创阶段，人工智能技术领域刚起步不久，离实际应用还有不小距离，但自动化水平已有所突破。当时 ITS 综合优化处理能力较弱，实际系统仍在朝乾夕惕、不断摸索前进中。

（2）成熟阶段（1996～2005 年）：此时 ITS 发展较成熟，较完整的系统结构是通过高效的现代化信息/数据通讯传输技术、电子传感技术、自动控制技术、计算机数据处理技术以及人工智能技术和系统工程技术等较有效地综合运用于整个地面交通管理系统，建立起大范围、全方位发挥作用的实时、准确、高效的综合交通运输管理系统。ITS 力求人、车、路三者紧密协调、桴鼓相应，达到信息服务和管理的即时性、动态性和自动化，以便提高交通系统特别是城市交通系统的质量、效率、可靠性、安全性，同时希冀达到节能环保、节约资源及人性和谐的理想目的。不过所用软、硬件仍存在不能尽如人意的缺陷，如即时性、可靠性和安全性尚未达到满意效果。

第二阶段构造的 ITS 基本架构如图 11－4 所示，其中主要由道路智能化、车辆智能化和道路系统智能化三部分组成。其中，道路智能化是指道路的数字化、电子化及自动化，即建设道路传感器设备，智能化控制系统、智能收费系统、车辆导流系统、指挥监管系统等；车辆智能化给车辆装备先进的智能电脑及网络系统，使其具有定位、导航、防撞、自动驾驶、动态更新地图库等功能；道路系统智能化通过建设动态交通数据库系统、需求管理智能化系统、智能化的信息查询系统、紧急援救启动系统等，为交通参与者实时地提供交通信息，方便司机查看交通状况和选择行车路线。

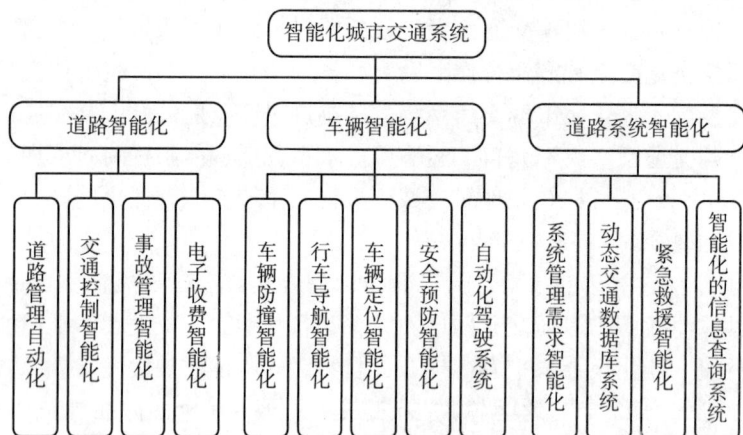

图 11－4　城市 ITS 的基本构架

（3）升华阶段（2006～2015 年）：这一阶段由于信息通讯技术的飞跃发展，云计算、物联网、大数据、宽带移动迈向 4G→5G 和全新媒体手机技术升腾，过去在发展 ITS 过程中几乎一筹莫展的响应速度问题已顺水推舟地迎刃而解。与此同时，卫星遥感技术（SRS）、地理信息系统（GIS）和全球定位系统（GPS）蓬勃发展，对 ITS 也起到推波助澜的作用。眼下的 ITS 简化后的基本构架如图 11－5 所示。

结构图中未注明的关键背景技术是无线网络技术，涉及动态电子地图的及时更新、相关信息的获取和传递。道路系统将为智能化的车辆和道路提供信息支持，各种信息和管理数据库的质量直接影响整个系统的运行品质。因此，智能城市交通系统是否先进还取决于物联网基础上数字化、智能化的道路建设，沿路视频传感器性能直接影响系统运行可靠性和安全性。因此，利用各种先进技术组成的城市 ITS 可让交通参与者通过装备在路上、车上、换乘车站上、停车场上的传感器和传输设备向交通信息中心（道路系统）提供和获取各种信息。同时，行驶中车辆通过车载传感器测定出与周围车辆及道路设施的距离等信息经车载电脑进行处理，向驾驶员报告；而自动驾驶系统可以促成自动导向、自动检测和避障。这些功能的实现将极大地提高交通运行效率，降低交通拥堵和事故发生率，并为所有参与者提供舒适、安全的交通环境。

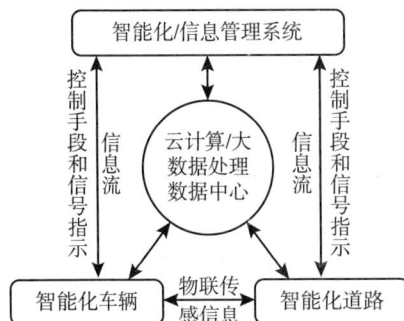

图 11 - 5　智能化城市交通系统
（ITS）整体结构示意

11 - 3 - 2　ITS 国内外发展素描

1. 国外发展效果点滴——20 世纪 80 年代初开始，美、英等国相继建立由粗到细的 ITS，城市车速平均提高了 20%，污染降低了 20%。90 年代开始运用全自动智能物流系统，低碳化效果日渐显露。其中对机动车辆的降耗减排改进、对道路网线布局的运筹规划和对公交需求的人群起点—终点（OD）调查统计运算方法的提高是前期发展 ITS 夯实基础的重要步骤。与此同时，围绕 ITS 迫切需求发展了相应的信息通讯技术和自动化技术。许多著名城市相继建立了现代交通运输信息系统，根据不同路段、时段的道路车辆行驶情况进行快速有效的指挥和疏导，减少各种交通工具的空载率，提高运输效率，改善交通阻塞、污染和超标能耗。为此，有记录表明发达国家的许多城市均通过开展交通拥堵缓解工程，择取该城市重点拥堵区域，科学调节车流时空分布，建立智能停车管理系统，降低动态和静态交通间相互干扰，研究缓解交通拥堵政策和降低 GHG 排放的技术规范。

20 世纪 70 年代西方石油危机突袭和环境灾难频传，发达国家开始采取以提高效益和节约能源为目的的交通系统管理（TSM）和交通需求管理（TDM），同时发展大运量轨道及实施公交优先政策，在社会可持续发展目标下调整运输结构，建立对能源均衡利用和环境保护最优化的交通运输体系。

目前，全球没有统一的 ITS 技术标准，技术发展水平与实用化程度也参差不齐。此外，由于各国技术发展路径和区域化应用需求不同，全球 ITS 市场亦乏统一标准，各国均根据地区需求特点制定相关服务。美国、英国、德国、日本等 ITS 产业发展水平较高，韩国、新加坡、澳大利亚、巴西[57] 等 ITS 建设也紧步后尘。欧洲各国通过 ITS 计划使空气污染减少 25%；美国应用 ITS 计划节约交通油耗 15%，降低 CO_2 排放 15%、氮化物排放 30%。

实施成熟阶段的 ITS 一般按需遴选若干子系统组成综合优化的智能交通大系统：

（1）优质出行者信息系统（ATIS）：此子系统能为出行者提供准确实时的地铁、轻轨和公共汽车等公共交通服务信息，通过电子出行指南搜集各种制式的公共交通设施静态/动态信息，并向出行者实时提供公交和道路状况，协助出行者选择出行方式、时间和路线。

（2）优质车辆控制系统（AVCS）：包括事故规避系统和安全监测调控系统等，使车辆具备自动识别道路障碍、自动报警、自动转向、自动制动、自动保持安全车距、车速和巡航控制等功能。

（3）优质公共交通系统（APTS）：含公交车辆定位系统、客运量自动统计系统、车行信息系统、自动调度系统、电子车票系统、应对需求公交系统及公汽信号优选技术等。例如可利用 GPS 系统和移动通信网络实行定位监控和调度公共车辆，采用 IC 卡实行客运量检测和运行收费等。

（4）优质道路交通管理系统（ATMS）：通过精准监测、控制和信息处理，向交通管理中心和驾驶员提供对交通流实行即时疏导、控制和应急处理突发事件的信息，包括城市集成交通控制系统、高速公路管理系统、应急管理系统、公共交通优先系统、不停车自动收费系统、交通公害减轻系统和需求管理系统等，其中大半适用于城市交通管控。

（5）电子行车收费系统（ETC）：指汽车通过收费站不必停车，即可完成缴纳费用手续。这样能在节假日大大缩短收费时间，在平日也能有效简化通站手续。

（6）营运车辆提效运行系统（CVEOS）：该子系统以提高车辆运营效率和安全性为目的。通过卫星、路旁信号标杆，利用车辆自动定位、自动识别、自动分类和动态测重等设备，帮助车辆调度中心对运营车辆进行调度管理，及时为车辆定位、了解客货负荷情况、移动路线等，以提高车辆使用效率，降低运营成本。

2. 我国 ITS 发展轨迹——早在 20 世纪 80 年代初我国部分重点高校已做过专题报告或开设基本概念讲座。1982～1984 年，笔者主持的《长沙市公共交通系统工程优化研究》项目曾在基本构思上初步探讨有关智能机理和研发途径。随后的里程碑案例如：①1996 年起，我国组团参加每年召开的以学术性研讨和实践经验交流为主的世界 ITS 大会。②1998 年，在国家质量技术监督局指导下，交通部正式批准成立了 ISO/TC204 中国委员会，该委员会把推进中国智能交通标准化作为主要任务。③2000 年，国家有关部委成立全国智能交通协调领导小组，完成"中国智能交通体系框架"、"中国智能交通标准体系框架研究"、"智能运输系统发展战略研究"等一批关系中国智能交通发展的重点项目，并完成"智能交通关键技术开发和示范工程"。成立了国家智能运输系统工程研究中心、国家铁路智能运输系统工程中心、国家道路交通工程研究中心。④2003 年，成立全国智能运输系统标准化技术委员会。⑤2007 年，在北京举行一年一度的世界 ITS 大会。⑥2008 年，北京奥运智能交通系统雏形发挥功效、中国智能交通协会成立。⑦中国物流技术协会认为物联网的发展必将推动中国物流技术大变革，2009 年 10 月，提出"智慧物流"概念，在物流业全面推行智慧物流。⑧2010 年，世博会智能交通服务卓具成效、广州亚运智能交通管控发挥一定功能，成立了国家智能交通产业技术创新战略联盟。⑨2013 年中国大数据技术大会（Big Data Technology Conference，BDTC）于 12 月 5～6 日在北京举行。同时举行首届行业应用峰会"2013 中国智能交通与大数据技术峰会"，标志我国 ITS 研发已进入第三阶段。

3. 我国 ITS 发展实务——

（1）ITS 应用现状：我国京、沪、穗、深、宁、津、渝、郑、中山、长沙、沈阳等市已在 21 世纪以来急管繁弦地开展了 ITS 建设，更多城市也组织力量展开审曲面势的研讨或局部引进子系统企解交通拥堵燃眉之急。不过，ITS 在美国城市的应用率已超过 80%，而中国发展面面俱到的智能交通系统实际上还刚越过褴褛时期。仅以车载导向系统为例，我国机动车安装率只有 3%，而日本已超过 60%，韩国有 40%，欧美有 15%。由于我国智能交通产业化发展尚处于初级阶段，智能交通产业链上各主体条块分割、各行其是、科技力量薄弱分散、缺乏统一规划导向的现实仍亟待擘肌分理、补偏救弊。

（2）产业规模：目前国内从事智能交通行业的企业约有 2000 家，主要集中在道路监控、高速公路收费、3S（GPS、GIS 和 RS）以及系统集成等环节。近年来给力平安城市建设，为道路监控（视频电子眼）创造了巨大的市场空间，目前国内约有 500 家企业从事监控产品的生产和销售，但只能认为是智能交通系统中边缘性子系统，而非 ITS 的主流部分。高速公路收费系统是我国有十分特色的智能交通手段，国内有 200 多家企业从事相关产品的生产，且已取得有自主知识产权的高速公路不停车收费双界面 CPU 卡技术。在上述 3S 领域，国内虽然也有 200 多家企业，但能够实现系统综合功能的企业还不多。一些龙头企业在高速公路机电系统、高速公路智能卡、地理信息系统和快速公交智能系统领域确也占据着举足轻重的地位。可是，如果考虑到目前全国有近一半以上人口正通过加速城镇化向城市集结，则当前人们更多关注城市交通的智能化，特别是多制式公共交通大系统所面临的综合优化难题。

（3）智能交通 节能环保：中国交通运输业石油消费量仅次于工业，占总消耗量 25% 左右；汽油消费甚至占汽油总消费量的 80% 左右。据 2009 年数据，美国汽车年耗燃油 1.8 吨/辆、欧盟 1.5 吨/辆、日本 1.1 吨/辆，中国能源利用率低，汽车年耗油高达 2.3 吨/辆。中国机动车排放污染气体较严重，排放 NO_x 占排放总量 30%，轿车每辆一年排出有害废气比自重大 3 倍。因城市交通拥堵日益严重，有专家估计约有 30% 燃油是在堵车过程中消耗掉的。

可以预期，智能交通足以大幅降低汽车能耗。通过 ITS 控制，交通顺畅势将大大减少车辆途中停滞时间，意味着减少了燃料消耗和废气排量，汽车油耗估计将因此降低 15%。如以中国 1.1 亿辆汽车保有量测算，每年可减少约 3500 万吨燃油消耗，占每年成品油进口量大半；因减少了汽车尾气排放，改善了空气质量。据测算全国汽车发动机空转每减少 1 分钟，就可减少 1000 吨汽油转化的废气排放。由此测算，若全国普遍推行智能交通，足可令 GHG 排放量减少 25% ~ 30%。

可见，建设智能交通系统不仅是当前国际交通运输研究领域的前沿热点问题，更是中国发展绿色－低碳经济、提高产业竞争力、合理规划城市发展和解决民生交通问题的必由之路。

（4）智能交通　技术先行：20 世纪 70 年代中至 80 年代初，主要试验研究城市交通信号控制；80 年代中至 90 年代初，一些大城市如京、津、沪引进消化城市信号控制系统，京引进英国 SCOOT 系统，津、沪引进澳大利亚 SCATS 系统等；90 年代，一些大城市逐渐建设交通监控系统，一些高速或高等级公路建设监控及电子收费系统；GIS、GPS 等技术也在管理、运营等领域应用。"十五"期间，科技部将"智能交通系统关键技术开发和示范"作为重大项目列入国家科技攻关计划。该项目包括共性关键技术、关键产品和技术开发、智能交通工程示范和相关基础研究四大类 16 个课题。已验收课题，获国家发明专利 23 项，制定企业标准 7 项，建立跨省市国道主干线联网电子收费、高等级公路综合管理、城市交通信息采集与融合等示范点 15 个，车载安全装置等中试线 3 条，生产线 4 条，成果转让合同 27 项。当然，"十五"期间，我国智能交通发展虽已取得明显成效，但各市智能交通建设速度参差不齐，各子系统尚未有效协同整合，集成度较低，技术上尚处于各自为政状态。

目前，当研之急的技术项目有：公交优先通行信号系统；快速公交系统建设；客运枢纽智能交通系统；公交智能调度；公共交通网络规划动态评估和决策支持；公共交通网络运营监管和应急指挥平台；公共交通出行信息服务；公共交通视频监控系统；出租车 GPS 运营调度平台。ITS 当前需要抓紧研发创新的一些技术项目是：①机动车特别是公共汽车、轿车和货车的智能化：须进入试验研究；②行驶车辆的道路智能化：须开展探索性研究；③智能化交通服务技术：发展严重滞后，须急起直追；④智能化交通管理技术：核心技术和设备均较落后，且缺乏成套系统技术；⑤智能化综合交通系统：对该系统缺乏深入研究，亟待加强。我国系统工程学界更责无旁贷！⑥交通基础信息获取技术：过去设备依赖进口，亟须国产化；⑦交通自动控制系统：其核心技术需要引进解决；⑧公共交通智能化仿真分析软件开发：现在基本上依赖进口；⑨车路（行人或骑自行车者）协同运行技术：目前基础研究不足；⑩城市车路网线的最优部署和规划，严格禁止个别人大脑发热任意确定单行线、绕行线、回程线，整体优化的仿真结果严禁按管理部门的个人好恶任意更动践踏；⑪克服系统化、集成化成套技术和装备严重不足的现实状况，亟须创新开拓和据有自主知识产权。须避免盲目引进。即使引进，宜通过专家论证，核定适用水平，注意评定价格是否合理。

11 - 3 - 3　ITS 发展前瞻

1. 基础设施预估——适应国情的未来 ITS 需建立下列高质量智能子系统：

①综合优化交通系统：要求资源整合、成立联运组织、设置一体化管理、提高信息化水平和以全盘智能化为最终目标；

②优质出行者信息系统（ATIS）：强化个性化服务和综合服务水平、保证高效出行；

③智能化管控：应用前沿成熟信息通讯技术、新一代交通控制技术，实行多元目标的一体化管理；

④人车路协同与安全：保证大小道路的人行道畅通、发展智能汽车、车载单元、车车通信、车路通信、车路协同、沿路物联视频传感、保证行人绝对安全、优化十字路口信号灯光的设置、杜绝照明的炫光效应、设置交警临时处理事故（含醉驾、毒驾）场所、必要时重新估价道路中央隔离带（绿化带、长距栏杆），防止突发事件伤害行人等；

⑤重点优化公共交通系统：如前述 APTS、公众信息服务、城市交通状况服务、公交优先路况和遥控、一体化公交筹划和管理、公汽普遍装设车载导向系统和自动化驾驶排障等新型公交系统。

2. 智能交通科技前景展望——例如：交通信息服务技术发展迅速并催生相关产业发展；交通安全技术将成为发展中的焦点和难点；综合交通运输协同技术、人车路和谐化[55]、优先为应急/救援/消防/警事/校车保驾护航等备受关注；智能化交通管控技术不断创新提高；汽车的智能化改造、与车路协同智能化发展技术将逐步推行，但需要较长时间更新设计和下线，因普遍改进汽车"个体"势必会牵一发、动千身[58]。

归纳浓缩后的智能化交通系统表现为利用最新信息通讯技术优化包涵人车路以提升综合交通运输效能、加强人性化管控与服务和保证人车路3要素的和谐与安全，见表11－2。

表 11－2 城市 ITS 综合优化人车路的前景描述

	绿色－低碳愿景落实	服务水平步步登高	管理控制有求必应	安全保障如运诸掌
人	优先照顾老弱病残 便捷行人单车车道 停车让路行人优先	出行信息实时服务 综合交通电子票务 个性化服务和引导	以人为本体现服务 人性化管理和指挥 文明行为从我做起	出行安全绝对保证 突发事件紧急救援 安全意识家喻户晓
车	运行通畅节能减排 新能源车逐年增进 车行车停悉听指挥 更新车型协同智能	远程交通信息服务 交通诱导电子导向 一体化的车载设备 重视年检淘汰废车	交通信号依据统计 交通自控避免干预 物联网上车车协同 远程监测中心决策	环境感知预警对策 安全辅助驾驶保障 载运工具维护安全 节能环保及时监测
路	资源配置节约原则 通行能力公交优先 沿路绿化见缝插针 快速公交毋忘残疾	标识标志一目了然 电子收费简单快捷 沿途设置信息反馈 道路安排短捷为上	智能监测即时传递 车路协同稳恒 3S 流量控制统一指挥 道路事故限时抢修	道路安全控制技术 安全防护设施装备 安全预警即报中心 紧急救援专路预设

3. 不断提升智能交通的信息化水平——我国发展 ITS 的关键瓶颈莫过于获取的基础信息严重不足，包括没有一个城市能脚踏实地调查统计市民的出行模式、道路车辆的驾驶往返模式和不同车型的出驶时空模式，从而长期困扰和制约了我国城市智能交通管理与服务的升级。

（1）物联网的应用：要实现真正意义上的大范围、全方位智能化交通管理和服务，必然迫切需要获取大量的基础交通信息。为此，宜择机发展包括车辆电子标签、高可信交通信息获取设备、基于新一代传感器网络的车联网、路联网技术、广域多维智能交通信息网络平台、广域多维智能交通信息集成处理的云计算技术和道路智能监管与应急处置技术等。

智能交通是物联网产品及技术应用的重要领域。在车辆信息、路况信息、交通设施静态及动态信息等的数据采集过程中，交通物联网络的建设成为后台数据存储、分析进而提供信息服务的基础。同时，无线传感器网络技术也能大范围应用于不停车电子收费、交通安全、自动驾驶、停车场管理等分支范畴。毋庸赘述，物联网技术及产品在智能交通领域的应用将日益无远弗届。事实上，物联网技术及产品涵盖先进的信息技术、数据通信传输技术、电子传感技术及计算机软件处理技术等，能够为智能交通的发展提供丰富的交通信息采集设备、检测装置及传感器、通信信息传输设备、信息显示和发布设备、交通控制设备、车辆导航设备、自动收费系统设备、交通控制和管理设备、车辆控制设备、安全设备和预报系统、无线传感器网络软硬件系统等产品。未来的物联网技术及产品在智能交通领域中的普遍应用将愈益发挥更大更先进的鹰瞵鹗望作用。

（2）大数据分析技术应用：大数据分析为智能交通发展带来了新机遇。首先是大数据技术的海量数据存储和高效计算能力，将为实现交通管理系统跨区域、跨部门的综合迈出强劲步伐，将会更加有效地配置交通资源，从而能大大提高交通运行效率、安全水平和服务能力。其次，交通大数据分析将为交通运营、服务、管理、控制、规划以及为主动安全防范带来更加有效的数据支持。再者，基于交通大数据的统计分析能为公共安全和社会管理提供新的理念、模式和手段。大数据背景下智能交通发展面临的问题是：交通数据资源的条块化分割和信息碎片化，即交通数据分散在与交通相关的 10 多个不同部门处置；造成数据种类繁多且缺乏统一的标准；亟待脚踏实地形成基于大数据的交通信息服务产业链、价值链[49]。

大数据时代智能交通的发展趋势，包括：①持续提升交通感知智能化水平，完善网络化的交通状态感知体系；②加强交通数据标准化建设，进一步整合数据资源；③创新交通大数据分析应用，实现基于大数据技术的交通系统高效运营和管理；④建立基于大数据分析的新一代智能交通信息服务系统，改善和提高公众出行的智能化服务水平；⑤构建并完善智能交通技术创新体系，加强交通信息服务产业化进程。⑥通过精准的交通仿真，使智能化公共交通规划更能差强人意[50]。

11-4　信息化物流系统　全局化管控安全

11-4-1　物流系统概貌

1. 物流系统基本概念——物流业是现代服务业的重要组成部分，同时也是碳排放的大户。我国于 20 世纪 70 年代中期引进物流（Logistics）概念。中国物流业发展过去较为粗放，社会化、专业化水平低，经济增长所付出的物流成本较高，全社会物流费用支出占 GDP 的比重约 18% 左右[65]，而美、日低于 10%，中等发达国家平均亦约为 16%。2013 年 10 月有关部门发布《全国物流园区发展规划（2013～2020 年）》，提出到 2020 年基本形成布局合理、规模适度、功能齐全、绿色高效的全国物流园区网络体系。同时指出我国物流业发展水平亟待提高，物流园区建设亟待加速[66]。中国物流业总体上存在的主要问题表现在空驶率高，重复运输、交错运输、无效运输等不合理运输现象较为普遍；各种运输方式综合衔接不畅，抵消了单一运输形成的效能；库存积压大，占地多、仓储利用率低；物流设施重复建设现象较严重；物流信息化程度低：对服务不够重视和误解生产性服务的必要等。粗放和低效率的物流运作模式，造成了能耗增加和能源浪费，同时增加生态环境和土地压力；物流业的名声变成"价低质劣死循环"[65]。据统计，2012 年全国社会物流总额已达 177.3 万亿元；物流业增加值达 3.5 万亿元，占 GDP 的 6.8%，占服务业的 15.3%。其中铁路货物发送量、周转量、港口吞吐量、集装箱吞吐量均居世界第一，快递量居世界第三，但全社会物流费用占 GDP 比重比发达国家高出 1 倍以上，而且多年来居高不下[67]。我国物流成本逐年增进而占 GDP 比重几乎没变，而美国偌大物流量却出现下降趋势（图 11-6），值得寻根究底。

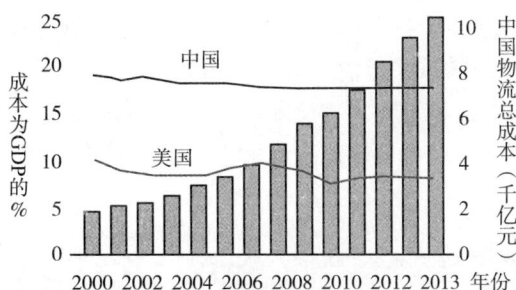

图 11-6　中美物流成本比较

（据：The Economist, 2014-07-12, p.38, 自中国物流年鉴）

很多先进的现代物流系统已经具备了信息化、数字化、网络化、集成化、智能化、柔性化、敏捷化、可视化、自动化等先进技术特征。很多物流系统和网络也采用了最新的红外、激光、无线、编码、认址、自动识别、定位、无接触供电、光纤、数据库、传感器、RFID、卫星定位等高新技术，这种集光、机、电、信息等技术于一体的新技术在物流系统的集成应用就是物联网技术在物流业应用的体现。但我国物流系统尚未普遍应用，在一定范围尚处于徘徊观望阶段。2012 年年中，我国全国交通运输物流公共信息平台正式开通投入使用，标志着我国全国规模的物流信息化设施正跃上新台阶[69]。

营运客货车辆：在气源相对丰富的试点城市，选择大型道路客运企业和 4A 级及以上物流运输企业，推广天然气及混合动力营运车辆，力争在试点期末，试点城市所有二类及以上客运班线天然气及混合动力车辆使用比例达到 5% 以上，试点物流运输企业的天然气及混合动力车辆使用比例达到 10% 以上。不过，专家呼吁应对各种可能发生的跨地域突发事件或灾害的全国性应急物流体系亟待完善[68]。

2. 物流业创新方向一瞥——物流创新是在战略性新兴产业升级发展的同时必须采取的适应步骤。初步设想的创新方向有：物流功能集成化；物流反应快速化；物流服务系列化；物流作业规范化；物流目标系统化；物流手段现代化；物流组织网络化；物流经营市场化；物流信息电子化[62]。为此，一面应大范围扩充物流应用领域，一面引进或强化一系列高新技术的应用。此外，在创新的整个过程，还必须优化物流管控的组织形式，鼓励企业网络化和运输组织模式优化，全面提升运输组织效率[64]。物流业正在全局性厉精更始地共创未来辉煌[71]。专家论述我国物流业中长期发展战略并提出了切中时需的主要发展任务：构建高效物流服务体系；优化物流产业组织结构；促进和带动关联产业协同发展；完善物流市场体系等[72]。值得循此扩大范围展开促进我国物流业纵深战略发展的有益研讨。

在促进战略性产业结构优化升级过程中，有专家提倡发展第三方物流。所谓第三方物流是指生产经营企业为集中精力搞好主业，把原来属于本身处理的物流业务以合同方式委托给专业物流服务企业，通过信息系统与物流企业保持密切联系。其优点在于优化资源配置，企业把更多的资源和精力集中在核心业务上以增强核心竞争力；因企业物流外包，发挥专业化运作优势，能取得最好的生产效果，减少了对物流系统的巨大资金投入，大大节约了投资和成本。但最大弱点是容易受制于人，因过分依赖物流服务商，在供应链关系中处于下风，一旦遇到信用危机，有可能遭遇最终失去客户甚至被淘汰出局的风险。

2014 年 9 月，国务院发布《物流业发展中长期规划（2014～2020 年）》，旨在部署现代物流业加快发展，建立和完善现代物流服务体系，提升物流业科技和管理水平。《规划》要求到 2020 年全社会物流总费用应从 GDP 占比 18% 降为 16% 左右。但专家记者认为兑现这一降幅仍有一定难度[70]。谁都清楚：促进我国积重难返的物流业现代化发展必将多方面带来利好效益。由于物流业"牵一发而动全身"，运输、仓储、装卸搬运等核心部分和综合交通运输系统的优劣休戚、环境保护、包装、保险、各种交通工具选择、超载和走私等违法行为，等等。所以有资深记者认为物流业亟须资源整合而不宜分散管理、各行其是[67]。

11-4-2　绿色－低碳物流系统现代化进程

1. 物流运输能耗背景——物流系统务必一面运作，一面节能。据美国埃克森石油公司的统计分析和预测（图 11-7），各种运力能耗以铁路单日能耗最小，其次是海洋运输；从地区能耗比较，则北美能耗有减少趋势，而亚太地区特别是中国和印度的物流能耗仍在急剧攀升[59]。因此，抓紧建设绿色－低碳物流系统，加强物流信息化、发展物流自动化、推进物流智慧化已是箭在弦上，迫在眉睫！

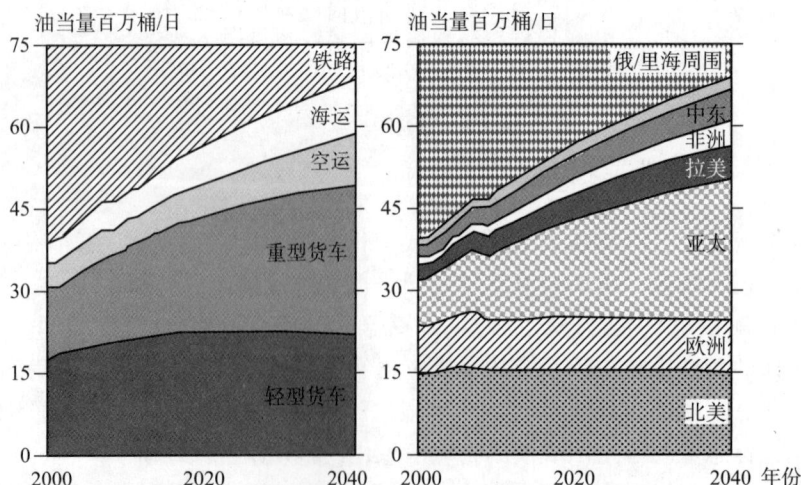

图 11-7　埃克森公司：运力能耗（左图）和各地运输能耗

（据：ExxonMobil：The Outlook for Energy：A View to 2040，p. 16）

2. 调整优化运输模式——

（1）推行甩挂运输：结合国家甩挂运输试点，在有条件的试点城市，以集装箱码头为依托，着手开展海—铁、水—水等集装箱多式联运试点工程，优化物流运输系统，提升整体运输效率。甩挂运输是带有动力机动车将随车拖带的承载装置，包括半挂车、全挂车甚至货车底盘上货箱甩留在目的地后，再拖带其他装满货物装置返回原地，或驶向新地点。甩挂运输把汽车运输列车化可相应提高车辆每运次载重量。与定挂相比，具有单位成本低、运行效率高、周转快等显著特点。甩挂运输可衔接多种运输方式，采用整箱搬运装卸，几乎完全消除货损货差，实现"门到门"运输使企业"零库存"变为可能，利于建立循环经济运输产业，是当今世界先进的主流运输组织方式。甩挂运输市场前景广阔。中国现有载货汽车保有量 920 万辆，如全面实行甩挂运输，企业可减少 50% 以上牵引车购置成本或租赁费用，提高车辆平均运输生产力 30% ~ 50%，降低成本 30% ~ 40%，油耗下降 20% ~ 30%。

当前，中国社会对运输企业发展需求强烈，但甩挂运输发展严重滞后，挂车数量少，拖挂比低。在北美、西欧等公路网络较发达国家，以牵引车拖带挂车组成的半挂汽车列车运输量占总运输量近 80%，拖车与挂车比例基本在 1：2.5 以上。2007 年，中国仅有营运载货汽车 684 万辆，且牵引车仅有 18 万辆，挂车仅 22 万辆，远不能适应甩挂运输发展需要。中国甩挂运输主要集中在华东和华南港口城市用于港口集装箱集疏运，如沪、穗、深、厦等地。公路运输仍以普通单体货车为主，据道路运输企业实践和调查研究结果证明：不合理养路费及报废年限规定、交强险，繁琐年检等挂车管理政策是制约甩挂运输大力发展最主要因素，突出问题包括半挂车保险、牌证管理、检测制度及海关监管等方面。主管部门和行业协会近年正借鉴国内外先进地区成功经验，推出一系列新举措，鼓励和支持发展甩挂运输。

交通部选定浙、江、沪、鲁、粤、闽、津、内蒙、冀、豫 10 省区市以及中外运长航集团、中国邮政集团等作为首批试点省份（单位），从 2010 年 11 月起，正式启动为期 2 年的全国甩挂运输试点工作。粤自 2011 年下半年启动省内甩挂运输试点，主要选择干线循环多点甩挂、集装箱短途多点甩挂、城市两点间甩挂等不同类型的试点项目，包括危险品甩挂、车船滚装甩挂、跨境甩挂等特殊类型的试点项目。

（2）集装箱多制式联运：即以集装箱码头为依托，海—铁、水—水等集装箱多式联运是以集装箱为运输单元，将不同运输方式有机组合，构成连续、综合性的一体化货物运输。海铁联运是多式联运的重要形式。被认为是集装箱海运鼻祖的美国，从未忽视开发建设铁路集装箱多式联运，尤其是双层集装箱货运列车运输。2008 年美国各地港口集装箱吞吐量达 1400 万 TEU，当年美国铁路集装箱运量达 700 万 TEU。广东已初步形成以珠江三角洲为腹地，广州港、深圳港、珠海港、汕头港为枢纽，专业港与综合港相配合，大、中、小港口配套，海陆空交通相连的珠三角港口群体格局，为珠三角航运发展构成得天独厚的基础条件和优势。2013 年，广州港货物吞吐量达 4.17 亿吨，同比增长 12.9%，成为中国第 3 个跨入 4 亿吨的国际大港，完成集装箱吞吐量 1530.92 万 TEU，同比增长 3.83%，生产规模继续保持世界领先地位。"十二五"期间，广州港计划投资约 200 亿元，重点建设出海航道和大型深水泊位，预计可新增吞吐能力 1.5 亿吨、集装箱 600 万 TEU，3.5 万吨级及以上泊位占港口总能力比例将由"十一五"末的 52% 提升至 72%，5 万吨级及以上泊位能力将由 32% 提升至 50% 以上。将优化运输组织，积极发展多式联运以及集装箱、江海直达等先进的运输组织方式。

3. 物流自动化——物流自动化水平的提高给诸如商业连锁、铁路运输、配送中心、民航机场等部门企业带来直接的经济利益。此外，物流技术装备不光是为流通领域服务，也为生产领域服务，广泛应用于汽车业、航运业、航空业、城市交通领域。目前，美、日和欧洲的物流业最发达，其物流自动化技术和装备也最先进。国内的物流自动化水平远落后于美日等发达国家，提高物流自动化水平必能给我国国民经济带来巨大效益。

自动化立体仓库市场空间不断增大。近年来，业间热议自动化搬运概念，但自动化搬运实践仍处试运行阶段。最初纸箱拣选开始实施自动化搬运，目前则已转向高层仓库自动化存取系统（ASRS）。自动化的优势在于：它将资金投资于自动化设备，而不是将资金用来作为机械化搬运系统的人工费用投资。除了减少直接的人员数量以外，自动化系统还提高了操作的速度和准确性。由于自动化立体仓库可以有效增加储物空间，便于货品的流动，在工业生产和物流配送中起到关键作用。仓库作为储物空间不仅有存储作用，在工业生产和物流配送中，仓库作为重要的货品采购运销配送的中继站，如果从管理上提高效率，也能大大促进生产进度。

在仓储环节，自动化立体仓库的大规模普及为 PLC、运动控制、传感器等产品及其构成的综合解决方案提供了大量需求；在仓库中往来穿梭的人工车辆或自动导引车辆也越来越需要完善自动定位及安全功能，例如为安全光幕、厂域无线网络等技术开启了大门；堆放、码垛环节的无人化又为越来越多的工业机器人开辟市场，同时离不开高性能的控制器，以及高精度运控部件；分拣系统对于终端检测识别的要求高而细，RFID、光电传感器生逢其时；而覆盖各个环节的物流信息系统则为整厂甚至跨厂范围内的软硬件集成整合增加了繁多的问题，如何将各司其职的自动化部件及其提供的丰富信息加以管理和利用，如何将灵活的物流信息系统与规整的 ERP、MES 等进行无缝连接，如何实现对物品的实时跟踪、定位以及信息反馈，这些都为自动化新技术提供了用武之地。

当今某些自动化程度较高的物流中心已实现机器人码垛与装卸，采用无人搬运车进行物料搬运，自动输送分拣线开展分拣作业，出入库操作由堆垛机自动完成，物流中心信息与企业 ERP 系统无缝对接，整个物流作业与生产制造实现了柔性化、自动化、智能化。

在产品的智能可追溯网络系统方面，如食品的可追溯系统、药品的可追溯系统等，为保障食品、药品等的质量与安全提供了坚实的物流保障。为破解食品安全的瓶颈，2010 年 9 月 26 日，商务部和财政部办公厅发出《关于肉类蔬菜流通追溯体系建设试点指导意见的通知》，并推动沪、渝、大连、青岛、甬、宁、杭、蓉、昆明、无锡等 10 市作为第一批试点城市开展肉类蔬菜流通追溯体系建设。

4. 物联网智慧化物流系统——

（1）我国应用现状：物流行业应用物联网的两条技术路线即基于 GPS/GIS 技术和基于 RFID/EPC（射频识别/电子产品码）技术。两者均在 1999 年前后提出。随后于 2004～2009 年进入全面推进的成熟应用阶段。2009 年以后，物联网应用全面铺开和技术全面升级。

目前，较成熟的物联网应用得益于中国物流技术协会的大力倡导，已在物流业广泛推广。例如，物联网正助推形成智能化的企业物流配送中心，其中基于传感、RFID、声、光、机、电、移动计算等各项先进技术，建立全自动化物流配送中心，建立物流作业的智能控制、自动化操作网络，可实现物流与生产联动，实现商流、物流、信息流、资金流的全面协同。其实早在 2005 年，物联网就已在广东开始应用，当时粤港双方把 RFID 推动物流通关便利化纳入粤港合作范畴。近年广东尤其广州在物联网标准制定、核心技术研发、产业应用等层面都有所突破，其中 RFID 已得到很好发展，在 RFID 射频标签芯片、RFID 天线、RFID 读写设施、中间传感器等方面形成具有自主知识产权的技术成果和产品，而且物联网 2008 年就已纳入《珠江三角洲地区改革发展规划纲要（2008～2020）》。

（2）物联网应用的技术范围：据专家调研确认，进入物流业应用的物联网技术体系可以划分为三种类型：①感知技术：包括 RFID 芯片制备技术、GPS 技术、传感器技术、视频识别与监控技术、激光技术、红外技术、蓝牙技术等；②网络技术：包括有线与无线局域网技术、互联网技术、现场总线技术和无线通信技术；③智能技术：包括智能计算技术、云计算技术、移动计算技术、ERP 技术、数据挖掘技术和专家决策支撑技术等[60]。

（3）物流业应用物联网前瞻：中国物流技术协会分析认为，物联网在物流业应用的未来趋势可归纳为如下 4 点：

①智慧供应链与智慧生产融合。随着 RFID 技术与传感器网络的普及，物与物的互联互通，将给企业的物流系统、生产系统、采购系统与销售系统的智能融合打下基础，而网络的融合必将产生智慧生产与智慧供应链的融合，企业物流完全智慧地融入企业经营之中，打破工序、流程界限，打造智慧企业。

②智慧物流网络开放共享，融入社会物联网。物联网是聚合型的系统创新，必将带来跨行业的网络建设与应用。如一些社会化产品的可追溯智能网络能够融入社会物联网，开放追溯信息，让人们可以方便地借助互联网或物联网手机终端，实时便捷地查询、追溯产品信息。这样，产品的可追溯系统就不仅仅是一个物流智能系统了，它将与质量智能跟踪、产品智能检测等紧密联系在一起，从而融入人们的生活。

③多种物联网技术集成应用于智慧物流。目前在物流业应用较多的感知手段主要是 RFID 和 GPS 技术，今后随着物联网技术发展，传感技术、蓝牙技术、视频识别技术、M2M 技术等多种技术也将逐步集成应用于现代物流领域，用于现代物流作业中的各种感知与操作。例如温度的感知用于冷链物流，侵入系统的感知用于物流安全防盗，视频的感知用于各种控制环节与物流作业引导等。

④物流领域物联网创新应用模式将不断涌现。物联网带来的智慧物流革命远不是我们能够想到的以上几种模式[63]。

一般而论，物联网在公路、水路运输中同样能游刃有余。公路、水路运输和港口作业的智能化和城市公共交通运营的智能化二者有着物联网应用的共同基础，殊途同归。物联网同样能广泛应用 IC 卡电子标签、集装箱视频设备、卫星通讯网络、路网和港口运行检测等于交通运输行业。图 11－8 比较了物流系统信息化应用技术的有效率，可见在各种应用技术中，应用物联网的电子标签 RFID 和 GPS 表现出很高的运用效能。

5. 绿色－低碳物流系统——

（1）基本出发点：绿色－低碳物流是在物流过程中以低污染、低能耗、低排放为目标，利用能效技术、可再生能源技术和温室气体减排技术抑制物流对环境造成危害的同时，实现对物流环境的净化，使物流资源得到最充分利用。它包括物流作业环节和物流管理全过程的低碳化。从物流作业环节来看，包括低碳运输、低碳仓储、低碳装卸搬运等。从物流管理过程来看，主要是从环境保护和节约资源的目标出发，改进物流体系，全局考虑供应链上正向物流与逆向物流的低碳化。低碳物流

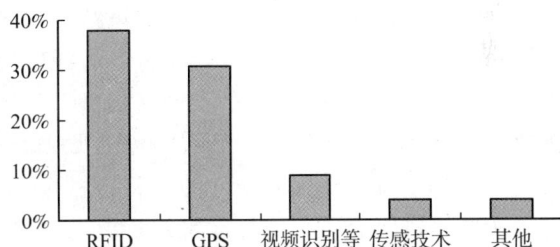

图 11－8　物流系统信息化技术的有效率比较

（据：王继祥. 物联网技术在物流业应用现状与发展前景，中国物流技术协会华夏物联网，2010－10，网传 ppt.）

最终目标是可持续性，实现该目标的准则是经济、社会和环境三者利益的统一。

发展低碳物流，需要根据社会经济发展情况、现行物流行业的现状和存在的问题，以降低能耗、降低污染排放、降低碳排放为目标，实现物流资源的有效配置和充分利用，实现物流管理和服务过程的优化、协调，在同一基础上对各个子系统进行统一建设和实现，建立一个完整统一、管理先进、技术高效的低碳物流系统，从而健康地完成物流发展目标，提升物流的现代化管理水平和服务工作的效率和效益，全面实现经济的可持续发展。

（2）物流绿色－低碳化，主要包括三方面：

①任何物流系统作业均须以保护生态环境为最基本的前提原则。

②降减物流过程的碳排放，涉及车辆动力设备和 CO_2 排放问题。在低碳物流诉求下，国家发改委正在积极研究发展铁路物流的政策，如未来 500km 以上的货物运输尽可能用铁路，实现绿色－低碳物流。

③通过优化方式来运作物流系统，即物流资源整合问题。低碳物流信息化、电子商务化是发展现代物流服务业的必然要求，也是服务低碳社会的有效途径。在物流信息化程度不断提升的基础上，促进物流合理化，推行共同配送，推动废旧物流设施设备的循环利用。低碳物流要实现物流业与低碳经济的互动支持，通过整合资源、优化流程、施行标准化等实现节能减排。

（3）绿色－低碳物流系统基本组成：主要由绿色－低碳化的包装子系统、运输子系统、流通加工子系统、仓储子系统和信息服务/管理子系统共同构成，并行不悖，各司其职。

①绿色－低碳包装子系统：包装材料或用具中容易产生大量的难以降解的废弃物，在较大程度上造成了资源浪费和环境污染。据有关资料显示，70%以上的商品包装为一次性用品，使用后即变为包装废弃物，每年产生约2400万吨包装废料。

包装的绿色－低碳化是物流系统绿色－低碳化的重要环节。绿色－低碳包装是采用保护环境和节约资源的包装，要求提高包装材料回收利用率，有效控制资源消耗，避免环境污染。具体就是以节约资源、降低废弃物排放为目的的一切包装方式，包装产品从原材料选择、包装品制造、使用和废弃的整个生命周期，均应符合生态环境保护的要求，是一种无公害的包装，是物流系统绿色－低碳化的重要内容。按照包装的基本构成，绿色－低碳包装可进一步分解为包装材料的绿色－低碳化、包装方式的绿色－低碳化和包装作业过程的绿色－低碳化。绿色－低碳包装包括了资源循环利用和环境保护双重含意，既以节约资源为目标，重视资源的循环利用；又以保护生态环境为准则，力争废弃物最少化。按照包装产品生命周期的观点，绿色－低碳化原则贯穿包装设计、包装生产和包装废弃物回收利用的始终。因此，从事包装设计的人员不妨创新思维、多辟蹊径，争取做到"一包多用"。例如，某些食品包装能否代以永久性的食品盛具、杯盘碗碟之类；大件包装可否改作货柜、书柜或便携桌椅之类？这样能有效降低物流成本，又能方便客户种桃得李，造就客服双方皆大欢喜，而资源节约更不在话下。何况，能重复利用的包装资助赠送给部分穷苦人等亦是积德善行啊！

②绿色－低碳运输子系统：企业物流在运输路线设计过程中缺乏对既定线路的临时改变或者偏移的应对措施的设计和规划；过多地考虑最短路程成本低、时间短的因素，而对远程运输路线设计不够精细；对零售商户的分布位置、密度，以及客户的订货量考虑不够等。据有关资料显示，全国每年因企业物流过程中的不必要重复运输而消耗的汽油量相当于1500万吨标煤。绿色－低碳物流是以节约能源、减少废弃物排放为特征的物流。绿色－低碳物流的原则是通过有效的物流系统规划和控制，在保证物流服务目标前提下，尽量降低运输途中的能耗和各种废物排放和抛弃，减少运输车辆对道路资源的占用。因此须对运输线路进行合理布局与运筹规划，采用适应、节能的运输方式，使用清洁燃料，选择低污染或新能源车辆。

③绿色－低碳流通加工子系统：由于流通加工具有较强的生产特征，对环境有显著影响。绿色－低碳流通加工采用无污染或低污染的原料、燃料或可再生型、可循环使用型资源，既节约资源又保护环境；采用集中流通加工，通过规模作业方式提高利用率；采用合理的流通加工方式，减少边角余料，有助于节约资源，降减环境污染。绿色－低碳流通加工主要包括两方面：a. 变消费者加工为专业集中加工，以规模作业方式提高资源利用效率，减少环境污染；b. 集中处理消费品加工中产生的废弃物，以避免消费者分散加工造成废弃物污染。

④绿色－低碳仓储子系统：企业仓储设施普遍存在小而全、技术落后等问题，导致仓储成本高、资源消耗大。仓储过程也会对周围环境产生负面影响；仓库布局不合理也将使运输次数增多或构成迂回运输。在仓储建筑选材和货物吞吐方面亦易出现能源浪费，生成毒气、废气和垃圾，以及可能出现噪声污染等。据有关数据显示，仓库货架工业历来是耗能大户，约占全国仓储总能耗的14.71%。绿色－低碳仓储要求仓库布局合理，这样可以减少运输里程和节约运输成本。此外，仓库建设前还应当进行相应的环境影响评价，充分考虑仓库建设和运营对所在地的环境影响。实现绿色－低碳存储，须根据物资性能、特点，分门别类地以适配方法储存。各储存设施设计和制造须保证不致污染环境，日常保管须深图密虑地加强维护和保养，做好防潮、防腐、防水、防漏、防飞扬等操作，特别对危险品、易燃易爆和有毒化学品等须按国家关于危险品保管的专门规定执行，马虎不得！物资保管过程要一丝不苟建立完整信息档案，及时准确掌握产、需、供、耗、存情况。

⑤绿色－低碳物流信息服务/管理子系统：中国企业物流信息化建设程度还处于较低阶段，各种物流信息软件开发商不了解企业物流的信息需求，导致开发和销售的物流软件不能满足企业物流的信息化管理；物流信息平台规模小、信息技术差，效率低；缺乏统一规划，重复建设，标准不统一，信息区域化、分割严重，不能实现资源共享；没有建立自己的管理信息系统（MIS），电子数据交换（EDI）或货物全

球定位系统（GPS）。这就导致企业在物流管理过程中产生诸多失真信息，无法对产品货物实行跟踪定位，甚至诱发决策失误，增加企业产品在途时间，重复运输浪费资源和造成居高不下的回程空驶率。为此，企业物流应加强信息化管理能力，既要提高信息化技术应用，又要加快信息共享步伐。企业为此须加强物流信息化管理技术的应用，构建完整的物流信息数据库，内涵运输、仓储、配送、流通加工、装卸、包装各环节，且须加强各环节信息数据库的高度衔接和综合。同时利用高新信息通讯技术、电子传感技术、电子控制技术和大数据分析处理技术等集成建立智能物流管理系统。例如开发应用 GPS 车辆跟踪定位系统、GIS 车辆运行线路安排系统等技术。利用现有的内部网络系统与全国统一的货运电子商务系统联网，构建全国性乃至国际性的物联网系统，接收和提供全国的货源信息。这样既实现资源共享，又有效减少对流运输、迂回运输和重复运输等非规范运输方式伴生的资源浪费与环境污染。此外，政府须引导建立循环物流系统，以实现绿色－低碳经济所要求的高效、低耗、环保和生态平衡目标，迈向可持续发展。

在物流过程的可视化智能管理网络系统方面，采用基于 GPS 卫星导航定位技术、RFID 技术、传感技术等多种技术，对物流过程中实时实现车辆定位、运输物品监控、在线调度与配送可视化与管理。目前，全网络化与智能化的可视管理网络还没有，但初级的应用比较普遍，如有的物流公司或企业建立了 GPS 智能物流管理系统；有的公司建立了食品冷链的车辆定位与食品温度实时监控系统等，初步实现了物流作业的透明化、可视化管理。

交通运输部首批选定 5 省 10 市进行低碳交通运输体系的建设试点。交通运输的节能减排技术涉及两个方面：在交通基础设施方面，包括温拌沥青、沥青冷再生等低碳铺路技术、隧道通风照明控制技术、隧道"绿色节能通风照明工程"、港区电网动态无功补偿及谐波治理技术等；在运输装卸设备方面，包括港口机械技术改造，如轮胎式集装箱门式起重机（RTG）"油改电"，采用市电供电的龙门起重机等高能效港口装卸设备和工具，轻型、高效、电能驱动和变频控制的港口装卸设备等。此外包括船用热泵技术、低表面能涂料、余热回收技术、气膜减阻技术，以及城市公交和出租车辆的"油改气"技术等。

2011 年 5 月，交通运输部启动了全国"车、船、路、港"千家企业低碳交通运输专项行动。此次专项行动以"车、船、路、港"千家交通运输企业为载体，结合行业特点进一步推进节能减排工作。其中，"车"将大力推广节能驾驶经验，加强营运车辆用油定额考核，严格执行车辆燃料消耗量限值标准，淘汰高耗能车辆，推广新能源和清洁燃料车辆；"船"将大力推广船型标准化，靠港船舶使用岸电；"路"将大力推广高速公路不停车收费，优化运输组织，推广甩挂运输，公路隧道节能和路面材料再生技术，推进太阳能在公路系统的应用；"港"将大力推广轮胎式集装箱、门式起重机、"油改电"和船舶使用的岸电建设。

在航空领域，碳排放是全球航空业关注的核心问题之一。航空减排的做法包括：不断优化航路，让飞机尽量飞直路，减少飞行距离，来减少碳排放。积极支持和鼓励民航企业大力使用先进技术、先进设备、先进机型，节能减排。更长远的减排措施则是可替代燃料的研制。

在航运方面，航运巨头中海集装箱运输公司（中海集运）积极探索节能减排的多种途径，打造低碳航运。具体的措施包括，针对船舶实际情况，运用国内外先进的科学技术，结合大型集装箱船舶的维修工作，分批将船舶的传统防污漆改为新型防污漆，进一步减少船体阻力，每年可节约燃油 11500 吨。对新建的部分大型集装箱船主机气缸油注油器进行改造，将原来的机械式注油器改造成 ALPHA 注油器，并对各轮气缸油使用进行指导和监控，使改造后的各轮气缸油油耗较改造前下降 17%，大大降低了主机气缸油的消耗。此外，众多航运公司开始试水小船换大船、减速航行来降低能耗，减少废气排放。对船只的燃油、装卸设备等也提出了"低碳"要求。

在公路货运方面，作为大型公路运输、城际配送、仓储物流的远成集团有限公司开通广州—海口第三条远成新干线，并开展"倡导低碳绿色物流"活动。将采用新的运输模式，实现"站到站"、"门到门"的公路快运。此外，远成集团在绿色物流方面作出了积极的探索，对物流系统污染进行控制，利用自身先进物流技术，整合集团资源，优化资源配置，通过高效规划和实施运输、仓储、装卸、配送和包装等物流活动的低能耗、低排放管理；同时完成了对所有旧车辆的改装，新购置货车符合欧Ⅲ排放标准，以减少能耗。新干线的运输车辆为全新长途自有运输车辆，并配有 GPS 全程定位跟踪装置，全程运作中采取集团统一指挥，由总调度台统一管理，全面实行集约化管理模式。

11 –5 绿色低碳建筑 智慧幸福家居

11 –5 –1 发展低碳节能建筑

1. 建筑低碳化基本概念——

（1）节能—低碳建筑释义：建筑通常分为民用建筑和工业建筑，其中民用建筑又分为民居建筑和公共建筑。当前建筑节能的重点在公共建筑节能，其次是民居和工业建筑。早年也许特别强调照顾民族特色和设计多样化和艺术化[118]，现在则需要在维持现代城市建筑的设计取舍方向上加入绿色 – 低碳和生态文明之纲。城市建筑刚性碳排放躲不开就消除掉[101]。

节能建筑是按节能设计标准进行设计和建造、使之在使用过程中能耗较低的建筑。其中最关键环节是外墙保温，外墙体使用导热系数较小的建材，令墙体隔热保温，室内冬暖夏凉，以降低能耗。低碳建筑则要求强化节能设计、高效能源利用、减少资源消耗、使用中加强节能排污管理、尽可能减少 GHG 排放、以人、建筑和自然环境的协调发展为目标。低碳建筑利用天然条件和人工手段创造良好、健康的人类活动和居住环境，尽一切可能控制和减少造成自然资源和环境的负担。室内设计以自然通风、采光为原则，减少使用电扇、空调和电照明的可能。因此，低碳建筑须满足三个特征：尽可能减少土地、水等自然资源的占用；充分利用风能、太阳能等可再生能源；严格防止乃至杜绝对生态平衡的负面影响。低碳建筑是一项系统工程，需要全社会各阶层的共同参与，让建筑在全生命周期中都能低碳排。

（2）城市建筑低碳节能：中国是世界上建筑市场最大的国家。随着城镇化加速，我国建筑面积急剧攀升。从 2000 年到 2010 年城市建筑面积持续增进态势如图 11 –9 所示，能耗、污染和 GHG 排放势必日甚一日。

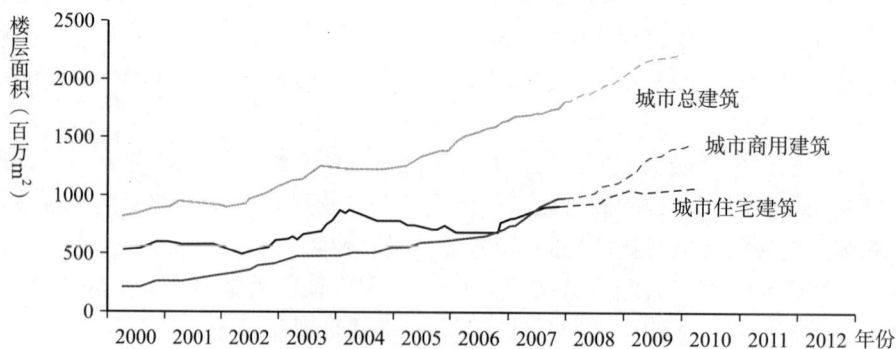

图 11 –9 2000 ~ 2010 年中国城市楼层面积增长

（据：Ellen G. Carberry et al . . The China Greentech Report 2011—China's Emergence as A Global Greentech Leader, Greetech Networks Limited in Collaboration with MangoStrategy, LLC. , 2011 –6）

据 2011 年统计，中国每建 1m² 的房屋平均需要占用土地 0.8m²，耗用钢材 55kg，混凝土和墙砖 0.3m²，排放 CO_2 0.8 吨。中国每年建筑面积约 20 亿 m²，排放 CO_2 约达 16 亿吨。采暖、生活用煤 1.6 亿吨标煤/年，耗电 5500 亿 kWh。目前城乡现存建筑面积粗估约有 560 亿 m²，其中包括"十二五"期间须改造棚户区 1000 万户、完成 3600 万套保障房摊入统计部分。据统计，2013 年我国能耗总量 37.6 亿吨标煤，建筑能耗 10.50 亿 ~11.28 亿吨标煤，占全国总能耗的 28% ~30%[79]（若包括建材生产、建造能耗、生活能耗、采暖空调等，则约占全社会总能耗的 33.3%）。按我国建筑总规模计算，2014 年到 2020 年将增加建筑面积 140 亿 m^2，2020 年将超过 700 亿 m^2。目前城乡 560 亿 m^2 既有建筑中，达到节能标准的仅占 5% 左右，而新建筑仍有 90% 以上属于高能耗。运营过程中的能耗占建筑能耗的 70%，建成后在供暖、照明、空调、家电和炊事 5 个主要方面继续参与耗能，增加煤耗 2.0 亿吨标煤/年，年电耗 8000 亿 kWh以上。仅以煤电一项为例，2010 年全国发电耗煤 16 亿吨，仅城市空调用电即占 43% 以上，电煤消耗约 6.8 亿吨，加之电煤运输中的耗能约 1 亿吨，共计 7.8 亿吨，空调一项就占了全年电煤总额的 46.25%。另一方面，城市商用建筑（含车间、公用写字楼、商铺、办公楼等）近年大有远超城市住宅建筑之势，致使能耗进一步超速上升。也因此促成未来空调和照明所需能源增长率拔高[78]。空调、照明、家电的节能科技创新势成当务之急！据测算，目前建筑业的 CO_2 排放占全国总体碳排放的 43.7%，如今能达到新建建筑国家标准（必须节能 50%）的建筑只占同期建筑总量的约 10%。若现行建筑节能标准达到 70%，就有可能减少 CO_2 排放量 20 亿吨。目前中国单位建筑能耗是同纬度发达国家的 2 ~3 倍，但每年新增建筑仍仅 15% ~20% 执行了建筑节能设计标准。2011 年以后，要求所有公共建筑都要加装外保温层、加快实施合同能源管理、进行能效审核，并且要尽量利用屋顶空间安装太阳能电池板。2012 年中国的大型公共建筑总面积不足城镇建筑总面积的 4%，但总能耗却占全国城镇总耗电量的 22%，为普通居民住宅年耗电量的 1020 倍，比欧洲、日本等发达国家同类建筑多出 1.52 倍。"十二五"时期，中国城镇化、工业化快速推进，大型公共建筑、工业建筑与政府园区也将在许多二、三线城市不断涌现，这将给相关建筑节能服务企业带来前所未有的市场机遇。如按粗略估算，中国城市建筑耗能占城市能源消费总量的比率将从 2010 年的 25% 左右上升至 2020 年的 35%（图 11 – 10）。

中国城市机动车燃油需求量已超过全国总耗油量的 1/3。过去粗放的城市发展模式亟待通过低碳化加以扭转。低碳城市是以低能耗、低污染、低排放为基础的资源节约型和环境友好型城市，低碳生态城市则是在国内外生态环境综合平衡制约下的全新城市发展模式。城市建筑在 CO_2 排放总量中几乎占了 50%，这一比率远高于运输和工业领域。研究表明，全球建筑行业及其相关领域几乎在整体生产/生活领域形成近 70% 的温室效应，从建材生产到建筑施工，再到建筑的享用，整个过程都在排放 GHG。而城市里碳排放，60% 来源于建筑维持本身功能上，因此在发展绿色 – 低碳经济的道路上，建筑的"节能"

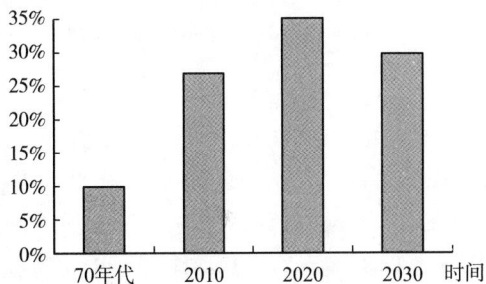

图 11 – 10　我国建筑能耗占总能耗的比重
（据：东方证券研究所）

和"低碳化"简直就是异曲同工。于是，城市的灰霾来自使用化石燃料的机动车、发电站以及耗能巨大的建筑群[110]。

（3）建筑业节能意义与难题：

①建筑业耗能占比巨大：按前面的统计，我国全国城市狭义建筑耗能在全社会耗能中占 30%，但这未能科学地反映建筑真实耗能水平，因为仅仅包含了建设施工获得的成品过程。如果从一项建筑的全过程，包括项目立项、方案制定和选址、初步设计、完成施工图、工程及产品招投标、土地平整、地基工程、建材聚集、运输、建材适应加工、钢材成型、预制板构造、电源布线、宽带通讯网络和电视网/互联网建设、屋架墙体施工、内部装饰工程、系统调试、工程验收、确立管理、试运行，直到交付使用、运行维护，全过程碳足迹和过程能耗锱铢必较。另有专家通过实际调研和电脑仿真亦得出从整体或广义估测的建筑耗能甚至估计占全社会能耗的 64%。因此，给力发展低碳建筑的意义奚啻釜底抽薪[109]。

②许多强制性的建筑节能设计标准虽然制定出来，但这些标准的执行率还比较低，有的迟迟未能严格执行。其实我国城市楼宇的节能空间还大有可为[75]。大城市的建筑污染甚至比中小城市建筑所承受的污染种类和额度更加严重。如城市建筑须避开光污染[74,107]、噪声污染、热岛效应危害、街道风遭遇等。是以一

般大城市公共建筑规划和选址尤须慎重。

③个别地方贪大求洋，骄矜炫富，大量使用远距高档原材料或成批进口高能耗建材。某些建筑设计因曲意逢迎来自国外的典型建筑模式而没有顾及国情特色和节能减排，有可能造成能耗无所顾忌。

④我国建筑保温能力较差，往往造成较多能耗。从长远发展计，考虑因气候变暖势必将增大致冷能耗和降低取暖能耗（图 11－11）。因而推广变频节能空调设施将是今后有意义的致冷节能方向。建筑节能设计[98]、绿色建筑研发和生态城区发展[102]便成为当今资深建筑师们云起龙骧的用武之地了！

⑤建筑耗能对其他耗能行业有着刚性推动作用：中国在电力、钢铁、有色、建材、石化、化工六大高耗能行业中，建材耗能是龙头，对其他行业有巨大牵引推动作用。建筑业的高耗能状况，刚性的推动相关行业的高耗能运行，国家低碳节能的全局被建筑业逆向阻滞。

⑥我国建筑的平均使用寿命不足 40 年，而发达国家的建筑平均使用寿命长达 100 年。建筑的短命相当于造就高碳排放和高能耗行业。可见建筑业的整体低碳须评价时空效果。例如，在设计建筑时要考虑为了拆建时的能耗成本。2012 年 6 月 3 日，沈阳绿岛爆破了亚洲最大的室内体育场。该场建于 2003 年，即楼龄仅 9 年。爆破用费 300 万，尚未计爆后清理所需财力、运力、物力和人力。1982 年开工、1988 年建成的 18 层沈阳市辽宁省科技馆，拿过鲁班奖，钢筋用量超过一般高楼的 50%，2011 年爆破拆除时的炸药用量也因此多得多！青岛市地标建筑——青岛大酒店于 1986 年投入使用，2006 年 10

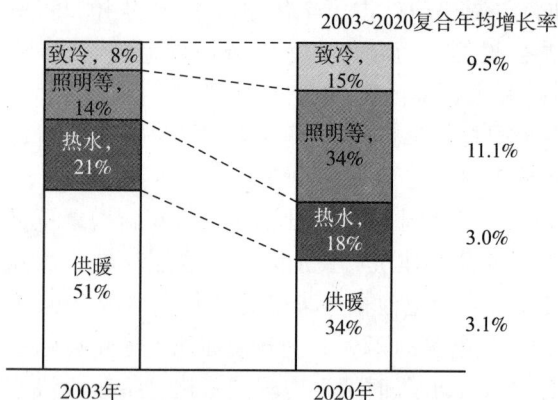

2003~2020复合年均增长率

致冷，8%　　致冷，15%　　9.5%
照明等，14%　　照明等，34%　　11.1%
热水，21%　　热水，18%　　3.0%
供暖51%　　供暖34%　　3.1%

2003年　　　　2020年

图 11－11　2003 和 2020 年中国建筑中使用的能耗比重

（据：Ellen G. Carberry et al . The China Greentech Report 2011——China's Emergence as A Global Greentech Leader, Greetech Networks Limited in Collaboration with MangoStrategy, LLC. , 2011 – 6）

月爆破拆除；2007 年 1 月，杭州西湖边最高楼——浙江大学湖滨校区 3 号楼整体爆破，建成仅 13 年；2010 年 2 月，南昌著名地标五湖大酒店整体爆破，建成仅 13 年；2010 年 3 月，海口建成不满 10 年的"千年塔"爆破拆除，建设费 3000 多万元；2010 年 7 月，北京建国门地段建成仅 20 年的凯莱大酒店停业拆除，拆除该酒店一年前刚投资上千万元装修。

⑦中国大陆现有摩天大楼 470 座，2022 年预计有 1318 座，比 2012 年增长 280%。由"摩天城市网"发布的《2012 摩天城市报告》显示，目前，中国在建摩天大楼还有 332 座，另有 516 座已经完成土地拍卖、设计招标或已奠基。而美国在建及规划的摩天大楼只有 30 座。说明未来 10 年中国将以 1318 座超过152m（约合 500 英尺）的摩天大楼支付超过 1.7 万亿元资金冲向天空。不要置国情于不顾，走火入魔去顶礼膜拜劳伦斯魔咒啊[96]！据统计，全球 10 大摩天大楼有 3 座在中国。预计到 2016 年，中国的摩天大楼数量将是美国的 4 倍。摩天大楼真的像开发商说的"节地、节能、节水、节材、环保"，简直是"天生绿色低碳王国"吗？其实，法国的经验证明：不但不能保证四节一保，而且更令人提心吊胆的是摩天大楼的安全问题[90]！本书章 9 的 9－1－4 节第 2 段曾用标题"节用裕民，废奢长俭"提醒我国现实追求的高楼大厦须重视国情实际，当有所为有所不为。中国最大超高层钢混结构建筑"东方之门"，总用钢量超过12.5 万吨，相当于建造 8 艘瓦良格号航母，总投资 45 亿元；上海世贸国际广场总投资 30 亿元；计划中的济南 CBD 超高层项目投资 100 亿元……[79]。诚然被追求的摩天大楼"长桥卧波，未云何龙？复道行空，不霁何虹？"一派平民百姓望尘莫及的腾云驾雾景象！

不辩自明，未来的房地产竞争必将立足在低碳建筑和下文论述的绿色建筑上[91]。

2. 国际视点——

（1）发达国家：其建筑所需能耗约占全部能耗的 30% ~ 40%，大部分用于供暖、保温。近 30 年来，发达国家在建筑中可再生能源的应用、自然通风采光的设计、新型建筑保温材料的开发、智能控制等方面均取得较大成效，建筑节能技术发展较快。对低碳建筑的技术研究、探索和部署取得一系列实质性进展。

但须警惕不忘中国特色，莫照搬西方模式[108]。

（2）加强预测和预警：IPCC 评估报告认为，低碳建筑是减少 GHG 排放"最具性价比"领域，将引领未来城市建设新趋势；低碳建筑能提供更加舒适的生活环境，这体现在低碳的本质。因为内涵既包括建筑本体，也包括建筑内部及建筑外部环境生态功能系统及建构社区安全、健康稳定生态服务与维护功能系统。建筑业加快低碳节能的社会价值体现在直接关系全社会的耗能和排碳状况，直接影响我们的子孙后代能否可持续发展；其经济价值体现在大幅节约自然资源和高效利用现有资源，缩小对国外资源的依赖，相应地保证国家资源—能源安全。IEA 的研究认为，采用其节能第二方案（见 3-1-3 节）将获得未来大幅度降低碳排（图 11-12）和持续地减少能耗（图 11-13）直至 2050 年的理想预期效果。

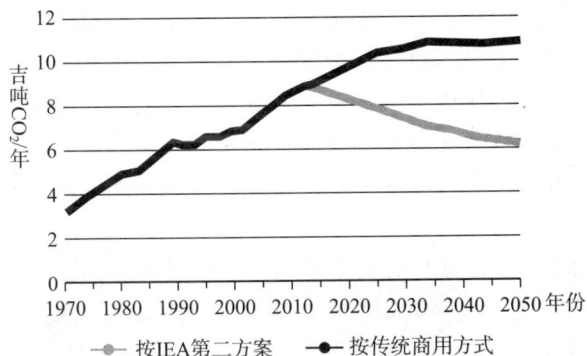

图 11-12　全球建筑年排放 CO_2 总量

（据：IEA. Towards a Green Economy, 2012-11, p. 358）

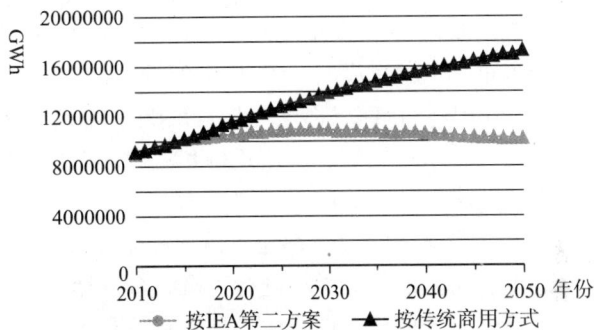

图 11-13　全球建筑年能耗总量

（据：IEA. Towards a Green Economy, 2012-11, p. 358）

（3）英国：英国政府在低碳住宅方面投入了大量人力物力，以期通过改善住宅节能和减排性能实现《气候变化计划书》（*Climate Change Programme*）制定的国家节能减排阶段性目标，并落实在应对全球气候变化。在长期试行建筑研究院（BRE）研发的"生态住宅评估"（BRE'S Eco-Homes）的基础上，英国政府 DCLG（Department for Communities and Local Government）于 2006 年底在住宅市场上推出了"可持续住宅规范"，该规范于 2007 年 4 月正式取代了"生态住宅评估"，成为市场上对新建住宅可持续性评估的唯一国家标准，并试行 1 年，在完成经验积累和细节完善后，于 2008 年开始强制实施，成为新建住宅报批时必须满足的等级要求。在很大程度上，"可持续住宅规范"的颁布和实施体现了英国政府在处理住宅节能和减排问题上的决心和力度。"可持续住宅规范"系统地强调了住宅可持续设计、建造和使用过程中的九类关键问题（总分为 100%）。销售新房产必须有能耗法律认证。

英国伦敦附近的贝丁顿小镇对区内的建筑设计和营造颇费心机，特别关注民居的阳光、空气和水的质量。其节能措施主要反映在建筑本体设计中。例如在小镇设计中采用两个大气通道管，通道之一排出室内污浊空气，另一通道负责输入新鲜空气，该过程中废气里的热量同时对室外寒冷新鲜空气进行预热，最多能挽回 70% 的热通风损失。

（4）德国的能源节约法规定，消费者购买或租赁房屋时，建筑商必须出示一份"能耗证明"，告诉消费者该住宅每年的能耗，新法规还鼓励企业和个人对老建筑进行节能改造，并实行强制报废措施。在柏林，1997 年已提出 75% 的新建筑必须在设计过程中考虑太阳热能利用。在欧洲各国，外墙大多采用外附发泡聚苯板，在德国，外保温建筑占建筑总量的 80%，其中 70% 即采用发泡聚苯板。

（5）法国：法国的建筑节能一般都能达到 75% 以上，其在建筑材料和科技手段上投入很大。在外墙保温材料中，使用 10cm 厚的聚苯，在外窗材料方面，低辐射的 LOEE 玻璃在法国住宅中已经很普及，在住宅使用过程中，法国大部分住宅在能耗方面都做到了精确的自动调节。

（6）瑞典：瑞典马尔默西部旧工业码头区的"明日之城—BoO1 住宅"是真正实现 100% 利用可再生

能源的建筑区，该项目 1995 年开始策划，由欧盟支持，占地 30 公顷，有 1500 住户。住区广泛利用风能、太阳能和地热能发电可以满足小区 99% 的发电量，另外 1% 靠储能电池供电。供热方面，由太阳能板来提供 15% 的供热量，另外 85% 由地热供热；制冷 100% 利用地热。这是世界上第一个完整的、具有一定规模的全部利用可再生能源的小区。建成后，实现了小区 100% 依靠当地的可再生资源（包括风能、太阳能、地热能、生物能等），并已达到自给自足，供需平衡。2001 年"明日之城—Bo01 住宅"，从 80 多个项目中脱颖而出，被欧盟议会授予"推广可再生能源奖"。

（7）奥地利：奥地利政府自 1999 年启动"未来房屋"计划以来，在开发节能建筑技术、被动功能房门窗、光伏技术、保温材料和可再生材料在建筑中的应用技术等方面取得了一系列研发成果，尤其在被动功能房和太阳能房的建造技术方面处于欧洲领先地位。

（8）美国：1974 年，美国明尼苏达州建造了第一座生态住宅建筑，希望能达到完全与环境共生而自给自足的生态循环系统的最高境界。美国环保局对有利于节能的建筑材料授予"能源之星"标志，而其采购法规定政府必须采购"能源之星"认证产品。"能源之星"间接地成为政府强制性行为，是国外产品进入美国市场的技术壁垒。美国绿色建筑委员会（USGBC）于 2000 年建立的"领先能源与环境设计标准认证"（LEED）目前堪称全球最具影响力的绿色建筑评价体系。其中含 5 方面评价要素：可持续性建设场地开发、节水、能效、入选建材和室内环境质量[82、84]。可是，美国也有所谓开创旋转建筑潮流的倾向[76]，这势将徒然增加能耗，殊不足取！

（9）加拿大：加拿大在建筑设计和施工过程中对不同层次的房屋采取了不同的节能技术，将高质量的混凝土、新型的保温材料进行有机结合。墙体一般采用阻燃性发泡聚苯乙烯、玻璃棉或岩棉等保温材料同其他墙体复合而成，性能优异且能有效利用和节省资源。

（10）日本：日本资源匮乏和环境狭小，其全国上下普遍重视节能环保。在 20 多年前即已开展低碳建筑实践，在建筑质量及生活舒适度上提出了"可持续建筑 100 条策略"，涉及建筑能源、材料、环境诸多规范。笔者 1987 年曾在日本爱知县民间考察，目睹许多民居采用冬暖夏凉的木结构（日本绿化率高达 66% 以上，本土禁止采伐树木而以高精尖电子产品跟印尼、菲律宾等东南亚国家换取大量廉价木材，在其国内广泛推行木结构住宅建筑），而且日本许多民居已普遍实行"一水多用"。2008 年 5 月，该国专业研究组织发布面向 2050 年日本低碳社会情境十二大行动报告，其中对住宅行业提出了切实可行的低碳发展路线图。

3. 追求低碳建筑的技术路线——

（1）国家住建部在发布"十一五"期间我国建筑节能重点时强调，要对既有建筑节能改造成套技术、可再生能源建筑应用技术、低能耗大型公共建筑技术、高效集中供热热源和输配系统技术、高效热泵采暖制冷技术加快进行科技攻关，增强自主创新能力。

（2）建筑节能的策略重在建材生产、建筑安装、建筑使用耗能三个重点环节上。其主要技术路线则是减少建筑能源消耗、提高各类能源在建筑寿命期中使用效率及大力开发利用可再生新能源。对非节能住宅建筑、大型公共建筑和党政机关办公楼，实行节能改造。按气候条件和节能方法，对建筑规划分区、群体和单体、建筑朝向、间距、太阳辐射、风向及外部空间环境展开详尽论证研讨后，使建筑朝向获取最适宜日照和自然通风，利用烟囱效应形成自然通风，利用智能化遮阳系统，改善隔热保温性能，从而设计出低能耗建筑[97、98]。

（3）低碳建筑在建造过程中要体现最大限度地节约资源（节能、节地、节水、节材）和保护环境、减少污染。当前低碳建造的主要做法有以下几种（图 11-14）：①材料替代。将高资源消耗、高能耗材料替换为更绿色的工程材料和施工材料；②加强循环利用。模板、施工用水，通过循环使用，减少施工资源消耗；③用新施工技术、施工工具代替老技术、老工艺。减少工程材料损耗与浪费，如：钢筋接头；④资源利用。如收集雨水用于某些施工环节用水。固然，材料替代、循环利用、新施工技术和资源利用是低碳建造的一种体现，但粗放式的建造方式若没有得到根本变革，无异于扬汤止沸。低水平低碳，相当于"浅绿施工"；⑤要求节能减排须多种技术联合攻关，众擎易举。例如变频固体蓄热供暖系统可降低能耗[110]，但不是就此万事大吉，而要事无巨细，条分缕析，先抓主要矛盾，正本清源。

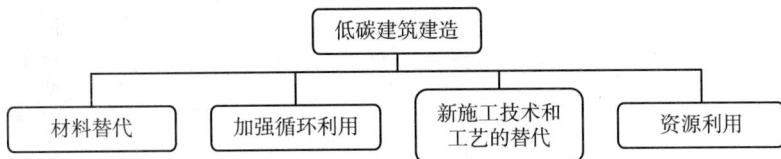

图 11-14　低碳建筑建造的主要做法

（据：贺灵童. 信息化—低碳建造重要抓手，建筑时报，2010-10-25，03 版）

节能建筑技术不仅极大地降低建筑能耗，还具有良好的社会效益。根据国家住建部测算，与非节能型住宅相比，节能型住宅在土建成本上一般仅增加 5%～10%，但每 m² 建筑面积每年能节电 40kWh 左右。按土建成本 800 元/m²、电费 0.5 元/kWh 计算，一套 100m² 的住宅仅增加土建成本 6400 元，却每年节约电费 2000 元。

建造低碳建筑，宜注意配备各种节能设备，例如所用高效室内空调器：采用匹配合理、能耗低的压缩机、变频压缩机、冷凝器、蒸发器以及高效风扇电动机；采用过热控制技术（电子膨胀阀）调节制冷剂流量，模糊控制等。在建筑工程中采用一系列节能建造技术：

①外墙节能技术墙体的复合技术有内附保温层、外附保温层和夹心保温层三种。中国采用夹心保温做法的较多；

②在特定季节，我国城乡建筑的门窗流失的能量约占社会总能耗的 20%，若将门窗节能水平提高到欧洲现行标准，每年最高可节约 4.3 亿吨标煤，相当于全年煤炭总产量的 20%[121]。虽然这些计算数字难免夸张一点，但毕竟提醒了我国建筑节能中的软肋。门窗节能材料如中空玻璃，镀膜玻璃（包括反射玻璃、吸热玻璃）高强度 LOW2E 防火玻璃（高强度低辐射镀膜防火玻璃）、采用磁控真空溅射方法镀制含金属银层的玻璃以及最特别的智能玻璃。

③屋顶节能技术利用智能技术、生态技术来实现建筑节能的愿望，如太阳能集热屋顶和可控制的通风屋顶等。

④新能源的开发利用：太阳能热水器、光电屋面板、光电外墙板、光电遮阳板、光电窗间墙、光电天窗以及光电玻璃幕墙等。有关专家指出，按目前的技术水平计算，综合利用太阳能，全面实现太阳能与建筑一体化及太阳能光热光电综合应用一体化，太阳能热水可替代 15% 的建筑能耗，太阳能采暖、制冷系统可解决 50% 的建筑能耗，光伏发电可节约 30% 的建筑能耗，整个建筑的节能率接近 10%。

11-5-2　发展绿色-低碳建筑

1. 绿色建筑基本概念——绿色建筑的概念最初是 20 世纪 50 年代美籍意大利建筑师保罗·索勒瑞综合运用生态学与建筑学首次提出，从此有时绿色建筑常与生态建筑名词混用。其基本内涵主要包括环保、节能，提供人性化生活空间。2006 年，我国颁布了《绿色建筑评价标准》（GB/T 50378-2006），第一次给了我国绿色建筑的概念定义：即在全寿命周期内最大限度地节能、节地、节水、节材，保护环境和减少污染，为人们提供健康、适用和高效的使用空间，与自然和谐共生的建筑。从 2008 年开始，我国制订了绿色建筑评审的程序和评价的基本要求，把绿色建筑的星级评定分成了运行和设计两个阶段。"十一五"以来，我国绿色建筑工作取得明显成效，原有建筑供热计量和节能改造超额完成"十一五"目标任务，新建建筑节能标准执行率大幅度提高，可再生能源建筑应用规模进一步扩大，国家机关办公建筑和大型公共建筑节能监管体系初步建立[102]。到 2014 年政府投资的公益性建筑和直辖市、计划单列市及省会城市的保障性住房全面执行绿色建筑标准，力争到 2015 年，新增绿色建筑面积 10 亿 m² 以上。到 2020 年，绿色建筑占新建建筑比重超过 30%[103]。

绿色建筑跟低碳建筑相比，内涵和目标基本一致，但侧重点不同。低碳建筑着力于节能减排，主要应对全球气候变暖；绿色建筑强调节能环保[112]；绿色低碳建筑不但要求环境友好，而且要求资源节约乃至接近零碳排放；绿色－低碳－生态建筑除全面节能节约资源和环境绿化优美和被保护外，特别着重人的和谐安居[85]。提到绿色建筑而没有特别声明时，一般就应理解为后者，即意指绿色－低碳－生态建筑的简称。因此，积极推进建设绿色建筑的意义在于：有效节约能源和各种物质资源；为应对大气 PM2.5 以及水源、土壤、噪声和光/热污染乃至城市垃圾劣化环境而全面洁净化和放缓气候变暖；改善人居环境以创造和谐安全的社会基础条件以及增加新的就业机会；提升新兴战略产业内涵；培育新的经济增长点和通过环境优美的新型城镇化营造新的经济增长极；同时促进建筑产业链的科技创新[81]。目前，几乎全部上层学者均认为大规模推进绿色建筑的时机已经成熟[105]，但甚至高等学府师生对绿色建筑漫不经心者也大有人在。一般市民认识存在偏差则司空见惯焉[88]。

2. 绿色建筑的各国发展——国外发展绿色建筑着力点略有不同，取名也有所侧重，但主攻方向基本一致，见表 11-3。

表 11-3　　　　　　　　　　　各国对绿色建筑或类似名称包含的主要概念比较

国家	称谓	英文	定义或意义
中国	绿色建筑 可持续发展建筑 绿色－低碳－生态建筑	Green Building Sustainable Development Building Green - Low Carbon - Ecological Building	· 节能、节水、节地、节材和室内环境保护 · 综合"环境—生态—资源"，强调"社会—经济—自然"可持续发展前提下的建筑 · 在生态平衡基础上探求绿色化、低碳化的建筑
北美	绿色建筑	Green Building	· 能源节约来自效率提升、室内空气品质是环保之首、重视资源/建材效率和环境容量
欧洲	生态建筑 可持续建筑	Ecological Building Sustainable Building	· 维护多样化生态环境、设计以环保优先 · 量化抑制环境负担以保证可持续发展
日本	环境共生建筑	Environment Intergrowth Building	· 低环境冲击（Low Impact）、高自然迎合（High Contact）、适意与健康（Amenities & Health）

国外发展绿色建筑的主要举措有[80]：较健全的法律法规体系保证了绿色建筑的健康发展；政府带头建设办公建筑；采取减免税收、优惠贷款、补贴等金融激励手段；加强专家认证管理；加强社会公开监督和促进绿色科技能力建设等。从 1990 年世界首个绿色建筑标准在英国发布开始，目前很多国家和地区都推出了自己的绿色建筑标准。韩国首尔市政府领头建设绿色市政厅，循环利用雨水/污水、废热用于制热/制冷、可再生能源提供 25% 用能、38% 空闲地用作市民公共文化场地。2013 年将该市 4500 户旧式民居单层窗改为保暖的双层窗，计划 2014 年再改造 1 万户。改造旧居转向节能宜居人性化就是脚踏实地的绿色化[113]。

3. 中国绿色建筑建设进展——我国于 2006 年制定相应的绿色建筑评价标准。中国经济正处于向低碳经济发展的转型时期，建筑行业向"低碳开发"转型大势所趋，"低碳、绿色、环保、节能"成为地产业产生价值和效益的关键环节。我国政府积极倡导和推动绿色建筑建设，卓有成效。每年连续举办国际绿色建筑与建筑节能会议及博览会；开展由政府颁发的绿色建筑创新奖评审；签署《绿色建筑评价标识管理办法（试行）》、《一二星级绿色建筑评价标识管理办法（试行）》；陆续启动《绿色办公建筑评价标准》、《绿色工业建筑评价标准》、《绿色商店建筑评价标准》、《民用建筑绿色设计规范》、《绿色医院建筑评价标准》的编制；加强绿色超高层建筑等评价技术的研究；出台《绿色工业建筑评价导则》等技术文件。率皆显示我国政府发展绿色建筑的信心和决心[81]。随后于 2012 年 4 月 27 日，国家财政部和住建部发布《关于加快推动我国绿色建筑发展的实施意见》[103]；2013 年元旦，国务院转发发改委和住建部的《绿色建筑行动方案》，明确规定"十二五"期间城镇新建建筑严格落实强制性节能标准，完成新建绿色建筑 10 亿 m²；到 2015 年末，20% 的城镇新建建筑达到绿色建筑标准要求[102]；北方采暖地区原有居住建筑供热计量和节能改造 4 亿 m² 以上，夏热冬冷地区原有居住建筑节能改造 5000 万 m²，公共建筑和公共机构办公建筑节能改造 1.2 亿 m²，实施农村危房改造节能示范 40 万套。到 2020 年末，基本完成北方采暖地区有改造价值的城镇居住建筑节能改造。果然一声号令，有立马雷厉风行之势！不过，此前发展颇呈参差不齐，缓急不一态势（图 11 – 15、图 11 – 16）。

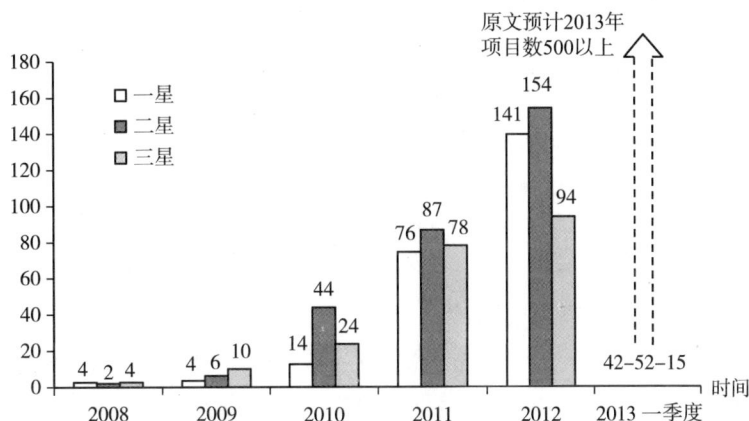

图 11 – 15　2013 年 4 月前我国绿色建筑的快速发展

原注：2012 年项目数和面积均相当于前 4 年总和。

（据：仇保兴. 全面提高绿色建筑质量. 中国城市科学研究会，2013 – 04 – 01，网传 ppt）

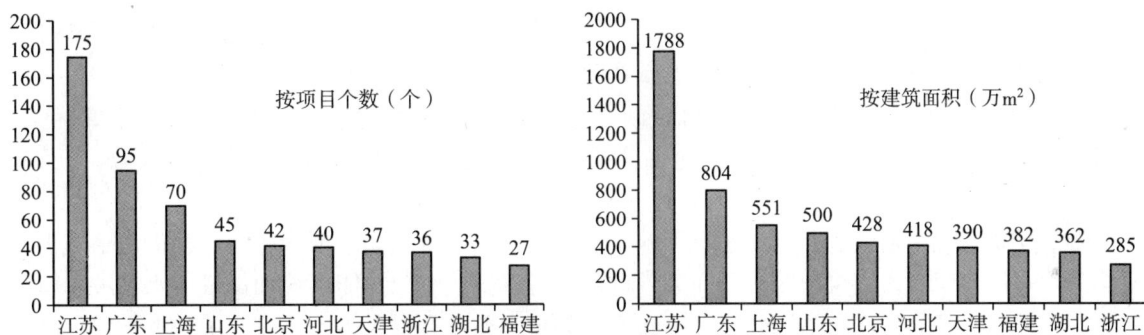

图 11 – 16　截至 2012 年底绿色建筑评价标识地域分布情况

（据：仇保兴. 全面提高绿色建筑质量. 中国城市科学研究会，2013 – 04 – 01，网传 ppt）

目前学界将我国绿色建筑的飞速发展历程划分为三阶段[73]：

（1）浅绿阶段（2004 ~ 2008 年）：此阶段绿色建筑以试点为主，技术兼收并蓄，增量成本较高。这时国内尚未普及绿色建筑评价体系，而领先能源与环境设计评级体系 LEED 已较成熟，故较多应用 LEED 评级体系。截至 2008 年底，国内有 10 个绿标项目、23 个 LEED 项目。

（2）深绿阶段（2008 ~ 2011 年）：此阶段绿色理念已渐介入设计过程，前期因地制宜原则得到广泛应用，并注重运行实效。此时部分绿色建筑是将旧厂房改建为绿色办公建筑，以及在普通建筑中构建生态技术体系。上海世博的生态家居项目即为此阶段杰作。2010 年起，全国绿色建筑增长加快，但绿色建筑仍缺乏特点。此阶段绿色建筑增量成本不断下降，绿色建筑种类不断增多：从早期的住宅和办公楼拓展至医院、商业超高层建筑、科技馆、酒店、学校、公园等多种类型。

（3）泛绿阶段（2012 年起）：绿色建筑从单体建筑向城市发展，开始以全寿命周期评价绿色建筑，社会普遍接受绿色理念。生态（低碳）和智慧化城市推动绿色建筑发展，可再生能源科技水平提速，绿色标准体系不断细化，房地产行业全面启动绿色建筑，有代表性的先驱如深圳的万科集团总部大楼已在 2009 年底建成后，更计划所开发的新房产将绝大部分在新设计思想指导下全方位绿色化[93]。

经过多年研究，我国已建立适合国情的绿色低碳建筑六大技术评价体系：节地与室外环境、节能与能源利用、节水与水资源利用、节材与材料资源利用、室内环境质量及运营管理，有力地推动了绿色建筑技术发展。通过对建筑的节能、节水、节地、节材和室内环境的具体性能进行实测，给出数据，实现定量化检测标准，达到标准的即为绿色－低碳建筑。但目前对发展绿色建筑的社会认知度较弱，改造旧建筑存在阻力；节能标准偏低，配套政策尚待完善和建筑产业化仍处于"游击战"水平，"大兵团运动战"规模有待营建[114]。

4. 绿色建筑总体发展趋向——目前我国发展绿色－低碳建筑呈现的发展态势是[73]：①面向大多数人居需求，重视保障性住宅绿色技术体系，战略方向体现"居者有其屋"；②基础标准成熟，提高运行实效、开展排碳量计量；③到"十三五"规划期末，绿色建筑将成为大中城市和部分小城市公共建筑和大部民居的刚性建设指标；④超高层建筑的绿色－低碳－生态－安全保障研究逐步深入，尤其是高楼消防云梯设置和消防加压水源设计等；⑤创新设计适合国情的高质节能环保的高舒适住宅并形成因地制宜的标准设计[117]；⑥制约绿色建筑一举千里、一倡百和的拦路虎之一是成本较高，如何开拓新技术降低绿色化成本又不致降低质量，成为近期研发披荆斩棘之急需[87]。

5. 绿色建筑的发展箴言——晚近绿色建筑发展面临的若干较突出问题是：城乡建设模式粗放，能源资源消耗高、利用效率低，重规模轻效率、重外观轻品质、重建设轻管理，建筑使用寿命远低于设计使用年限等[102]。由此看来，绿色建筑的定义所谓"全寿命周期"是否须同时厘定周期的长短？否则，寒暑易节、裘葛屡更，辛勤建造的绿色建筑也许会因质量低劣而沦为夭折！其次，定义中"与自然和谐共生"是否须首先强调"与居者和谐共处"？否则，安危相易、邪正相煎，绿色而不得安宁，不知其可也。最后，绿色－低碳建筑是否须积极维护生态文明建设？否则若漠视周边绿化、藐视生物多样，反而被绿色认证，宁非欺世盗名？有专家义正词严地告诫人们：切莫把绿色建筑变成房地产涨价的借口，变成新富帅的炫富标杆。否则，"绿色"又会成为某些孤家寡人好逸恶劳或投机炒作的资本，形成反绿色陷阱耶[111]？在近期对绿色建筑的评估中发现的普遍问题是[80]：①高成本绿色技术实施不理想；②绿色物业管理脱节，维护技术成本高的项目如70%雨水收集系统未投入运行；③约20%常用绿色建筑技术有缺陷而未运用。

学术界对建筑绿色－低碳化开出的药方不外乎采用节能环保技术如屋顶草坪和植物借以形成天然隔热层，或储存雨水用于灌溉。高层建筑屋顶在条件许可时可以安装太阳热能系统和设置中水系统。建筑物规划设计之初均须考虑节能低碳举措，要核算排碳量。如果建筑没有以人为本、没有优先考虑如何因地制宜地满足使用人群的舒适、健康需求；如果孤注一掷地逢迎极少数人太虚幻境般豪华别墅，没有优先考虑改善绝大多数公众的居住条件，这样标榜得天花乱坠的绿色－低碳建筑无异于挂羊头、卖狗肉，是与现实国情背道而驰的。建筑的设计理念须树立绿色－低碳意识。在建筑施工设计图纸上、方案中，屋顶、外立面、楼内的照明、供暖甚至楼外的绿地都必须首先以绿色－低碳原则作为试金石[94]。中国建筑企业需要用绿色－低碳思维重新考虑企业的生存和竞争力的问题，包括怎样应对将来更加严格的环保和排碳的政策法规规定，怎样应对将来产业内部更加苛刻的节能环保标准，怎样应对将来住户对绿色－低碳住宅的舒适度和服务的吹毛求疵[97]。

然而，目前我国建筑能耗约占社会总能耗的1/3左右，但取得绿色标识的项目仅占全国总建筑面积约1%。据国家发改委测算，"十二五"期间节能减排重点工程总投资23660亿元，2020年前用于建筑节能项目的投资至少有1.5万亿元，市场空间巨大，给绿色建筑产业发展带来机遇。

6. 中国台湾的绿色建筑——章9的9－2－3节谈到建设绿色－低碳城镇时的第3段介绍我国台湾绿色产业基金会在台湾普遍推崇的城市低碳化水平的评估指标（见表9－3）。评估指标的背景是我国台湾地区积极推行的绿色建筑。其中较典型的措施有：

（1）强化建筑外壳节能设计：含建筑外壳耗能指标、建筑外壳节能标准的管制范围；

（2）推行旧建筑节能改善服务：推动能源技术服务业（ESCO）、研发奖励优惠及配套措施、引导民间业者主动参与节能；

（3）推广建筑物利用再生能源：研发扩大补助建筑物设置太阳光电设施及建筑物利用太阳能热水系

统推广计划；

（4）建立建筑空调和照明节能设计标准及对应技术规范；

（5）扩大推行绿色建筑：结合都市计划落实执行绿色建筑推行方案、研究将绿色建筑指标中与降低 CO_2 排放有关的指标纳入建筑技术规范；

（6）推行建筑物利用再生建材比率：推动建筑物利用再生建材、发展可循环利用建材；

（7）推广建筑节能应用与示范：主办节能倡导与培训、展示节能建材及省能设备、整合节能教育相关信息，促进社会大众对建筑节能的认知，且扩大应用范围；

（8）调整累进电价之差别费率：扩大电灯用户用电之累进电价差别费率，并论证推动各种类型建筑物用电的累进电价差别费率可行性[104]。

11-5-3　生态建筑和可持续发展建筑浅释

1. 生态建筑以人为本——

（1）生态建筑释义：生态建筑必须以绿色为纲，在满足以人为本的前提下保证节能环保地低碳发展。通常所谓绿色生态城的建设首先须大面积达到城市建筑的绿色化建设规模。

低碳建筑的生态系统包括生物系统和非生物系统。生物系统由人、动物、微生物和植物组成；非生物系统由土地、水、气候等环境系统组成。人是低碳建筑的核心，尽可能少用能源、土地、水、生物资源，提高资源的使用效率；科学地利用废弃的土地、原料、植被、土壤、砖石等材料，变废为宝，产生循环经济效益。土地是稀缺资源，保护农田、节约土地是中国的基本国策。加强土地节约与综合利用，注重生态环保，尊重原生环境开发，充分利用基地周边的自然条件，从建造、运行到拆除再利用，各个环节都对环境不构成威胁，在建筑中力争做到"取于自然，回归自然"[8]。减少环境冲击，减轻环境负荷，营造舒适与健康的环境，将建设运行的资源和不利因素降到最少；减少建筑过程中对环境的损害与污染，因地制宜地利用一切可以利用的因素和高效地利用自然资源，正确处理节能、节地、节水、节材、环保及满足建筑功能之间的辩证关系。低碳建筑是生态环境与建筑的有机结合，在建筑生命周期内最大限度地节约资源、保护环境，为人们提供高效、舒适的建筑空间环境。

一个好的环境绿化应该是城市绿色网络的一部分，直接影响建筑的微小气候改善。绿化能净化空气，美化环境，有益于人们的健康长寿。我们早已认识到绿化体系不单纯是景观要求，更应科学利用景观水体、人工湿地，改善生态环境，要将其功能化、系统化，融入整体小生态圈，通过绿化达到保水、调节小气候、涵养雨水、降低污染、隔绝噪声等目的。

（2）生态节能建筑：生态节能建筑要求以人为本、生态环保、节能减耗为宗旨，充分利用自然条件和人工手段，在为人类提供舒适健康生活环境前提下，将整个建筑及区域的建造及全生命周期内运行的能源消耗、资源消耗及对环境和区域生态链冲击尽可能减至最低水平，使建筑及小区能融入生态循环而达到平衡，实现人、建筑、自然和谐统一[94]。由此可见，生态节能建筑不是单一产品，而是系统的技术集成，是多方面有机整合的复杂产品。要达到一流生态节能设计，需各专业设计整合。国际上新型建筑节能设计，从建筑方案阶段就开始全方位综合统筹考虑，以达到理想效果和节约投资，主要包括五大思路：①规划整体布局；②研究局域微气候环境；③建筑热物理优化设计，包括体形、立面与功能的整合；④内部各技术系统之间的配合；⑤生态能源系统的应用等。于是，建筑师不仅被要求会从事高水平建筑设计，还要对节能、生态等的理念和相应的技术、设备、材料有如数家珍的了解，甚至还兼具环境工程师、智能工程师的基本知识和前沿信息。

生态节能建筑技术系统复杂，整合专业众多，品质要求较高，因此常规粗放式设计、专业配合及实施手段难以满足要求。当前欧美等发达国家在此领域已发展成独立学科——"微气候工程学"，利用先进计算机模拟软件结合工程技术来指导建筑设计，以完成高精度，高要求的生态节能建筑设计，它与传统的设计流程有交叉，但又不是传统的方案或施工绘图公司所能完成的[95]。

（3）水环境：水环境是低碳建筑的重要组成部分，水环境系统是指满足建筑用水水量、水质要求的前提下，将水景观、水资源综合利用技术等集成一体的系统。即采用节水技术与节水材料，开发非传统用水，尽可能节约、回收、循环使用水资源，提高水资源的利用率，减少水资源的消耗、污物水的排放，营造良好的水循环环境生态系统。因此，现代化的给排水专业技能远非设计管道布线而已，其中牵涉的科技知识确需登堂入室。

2. 适应可持续发展建筑——

（1）可持续发展建筑：指在可持续发展理论和原则的指导下进行设计和建造的建筑。不仅关注"环境—生态—资源"，也强调"社会—经济—自然"的可持续发展，涉及社会、经济、技术、人文等方面，内涵和外延更深刻、丰富、宽广[73]。

20世纪90年代，中国可持续发展建筑常以生态建筑代用。英国最早用可持续发展理念评估建筑环境影响，后用生态建筑制定评估标准。美国用绿色建筑等价评估生态建筑，如其绿色建筑委员会使用评估标准LEED来评价建筑的可持续发展特性。"低碳"只是"绿色"的一个方面。绿色建筑的内涵包括降低资源消耗、能耗和对环境的影响，创造健康舒适的居住环境，与周边的自然环境和谐共生等诸多方面的内容。各国绿色建筑标准都把节能和减少碳排放在首要地位。但减少CO_2排放并不等于抵消环境污染，水污染、土壤污染、固废物等都与CO_2排放关系不大。此外，节约土地资源和水资源跟节能减排处于同等重要地位。

（2）健康住宅：世卫组织对"健康住宅"的定义是：使人居者身体上、精神上、社会上完全处于良好状态。具体说[116]：①能引致过敏症的化学物质浓度极低。②尽可能不用易扩散化学物质的胶合板、墙体装修材料等。③设有换气性能良好的换气设备，能随时将室内污染物排出；若住宅是高气密性和高隔热性的，必须有风管的中央换气系统，定时换气。④厨房灶具或吸烟部位须设排气设施。⑤各居室全年温度保持在17～27℃之间、室内湿度在40%～70%之间、CO_2低于1000ppm、悬浮颗粒须少于$0.15mg/m^2$、噪声低于50分贝、全天日照确保3小时以上、有足够亮度的照明、足够的抗天灾能力、足够的人均面积和能确保私密性以及方便护理残疾人和老龄人。⑥新竣工的住宅应等待一段时间才能住进去。

3. 可再生能源跻身绿色－生态建筑——

（1）可再生能源光临建筑业：可能在建筑业普遍采用的以节能为目的的可再生能源有太阳能、风能、地热能、生物质能4种，用于供热和供电。正如7－4节说明的，地源热泵是利用浅层地热的一种地下热交换器的热泵系统。热泵是以消耗一部分高质能（机械能、电能和热能等）作为补偿的装置，使热量从低温热源向高温热源传递。目前在华北、东北已较多用于供热[77]。风能因存在动力不稳定、运行噪声大和占用空间大且不易安装等缺点，已少应用。生物质能的直接应用形式主要是沼气，一般仅适用于底层级住宅或别墅人居，且应用类型除炊事外不易掌控。唯有太阳能与建筑物的有机结合，如果设计部署得法，其优势彰明较著。

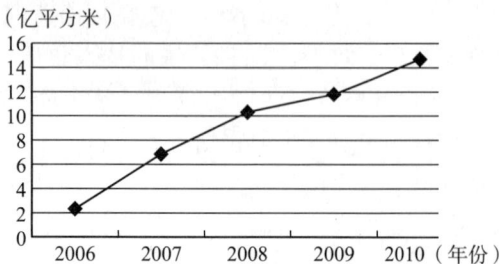

（亿平方米）

图11－17　我国太阳能光热利用
建筑面积逐年上升

（据：发改委．中国可持续发展国家报告，2012－06）

图11－17表示了我国近年建筑业发展太阳能光热利用一往无前的现实。

（2）建筑攀紧太阳能"套马杆"：当前须重点推动光伏建筑一体化（BIPV）建设。太阳能建筑主要是利用太阳能代替化石能源，通过太阳能热水器和光伏阳光屋顶等途径，为建筑物和居民提供采暖、热水、空调、照明、通风、动力等一系列功能。BIPV建筑设计的一般原则是：满足建筑适用性、结构、美学、节能、发电量等要求和必须符合相关规范与标准。其设计思想是利用太阳能实现"零能耗"，建筑物所需的全部能源供应均来自太阳能，常规能源消耗为零。绿色设计理念对太阳能建筑来说尤为重要，将太阳能设施外露部件与建筑立面进行有机结合，实现太阳能设施与建筑材料一体化。

屋顶光伏发电系统和与建筑结合的太阳热水系统的共同点是其太阳能采集部件，光伏系统的太阳电池板和太阳热水系统的太阳能集热器，在屋顶或是在立面墙上均应实现二者协调统一，管线布置须在建筑物中预留电路和水管全部管线通路，适配太阳能循环管线和冷热水供应管路，尽量减少通路上的电量/热量损失；注意电池板和集热器的安装确保建筑物的承重、防水等功能，并充分考虑光伏电池板和太阳集热器抵御强风、暴雨、暴雪、冰雹等的能力，以及对建筑本身的功能和美学冲击，可能对城市景观的影响等。系统运行须保证可靠、稳定、安全，方便安装、检修、维护，适当解决太阳能与辅助能源的匹配及与公共电网并网问题，务必实现系统的智能化全自动控制。设置太阳能热水系统与建筑结合的难度较大，因进出水管与屋顶的结合较难处理。

要实现太阳能设施与建筑的完美结合必须做到同步设计、同步建设和同步施工，房地产开发商也就成了推广太阳能利用的建筑重要一环。可是，由于光伏发电系统成本仍较高，太阳热水系统与建筑的结合尚在摸索改进中，宣传推广旗帜不够鲜明，房地产开发商对太阳能建筑的深入了解尚属阙如，亟待大力宣传太阳能建筑对房地产开发能有效降低建筑能耗、实现建筑节能目标、减少污染物排放、增加楼盘综合品质、增加楼盘销售独特卖点、节约配套设施（锅炉房）用地、减少基础投资、降低物业运营成本、增加物业收益等优点。当然，系统本身的安全、稳定、电梯供电可靠性、系统设施配件组件的寿命和信息化－自动化水平也必须同时做出交待和保证。目前太阳能技术已成建设节能住宅的首选。太阳能建筑关键是把建筑物本身作为系统的组成部件，不但反映当地气候特点，且在适应自然环境的同时充分利用自然环境的潜能，通过整体的设计方法可达到 30% 的节能效率。太阳能建筑的定义和量化指标并不困难，技术也日益成熟。太阳能建筑节能技术还被应用到一些大规模建筑群中，并拓展到沼气、水泵、烘干和空调等领域。

国外如德国汉堡区域供暖项目；澳大利亚悉尼奥运游泳馆的太阳能供热系统、水源热泵系统、天然气锅炉和空调系统；我国如最大的太阳能综合利用工程－济南市唐冶新城是国内外太阳能光热、光伏一体化应用的典范；云南丽江五星级滇西明珠酒店的太阳能热水系统和电锅炉系统为酒店客房提供热水供应和供暖、同时为西餐厅供应热水[106]；实现光伏建筑一体化的保定电谷锦江国际酒店年发电 26 万 kWh，节约104 吨标煤，被誉为会呼吸的建筑[99]等。这些都是值得传播设计和营运成功经验的案例。

11 - 5 - 4　发展智能建筑　强化建筑信息化—自动化

1. 智能建筑基本概念——

（1）智能建筑的早期兴起：1984 年 1 月，美国联合科技集团的 UTBS 公司在康涅狄格（Connecticut）州的哈特福德（Hartford）市与 MIT 的研究人员合作建成了全球首座智能大厦，住户能方便地进行语言通讯、文字处理、电子邮件、市场行情信息、科学计算和信息数据检索等活动。而大厦本身则实现了自动化综合管理，楼内的空调、供水、防火、防盗、配电系统等均由电脑控制，住户享受到当时 80 年代的舒适和安全。当然，拿今天的智能建筑那么高精水平的信息技术和自动化技术相比，充其量只能与 10 年前的智能化手机比拟。随后，欧盟、新加坡、日本等相继建成具当地特色的智能建筑。我国在 21 世纪初几次关于信息化、自动化和人工智能化国际研讨会上已多方参与进行理论探讨。我国许多著名的信息技术企业如天津大唐电讯、深圳华为、中兴等也都尝试为建设我国首批智慧城市献计献策，其中自然要接触到智能建筑的信息化水平和应用问题[83]。

（2）智能建筑内涵：从第 9 章获知：智慧城市是城市物理实体、多元感知与交互网络、智能化系统组织和掌握现代高新技术特别是信息通讯技术和控制论技术的高智商人群共同组成的有机整体。其基本特征包括无线宽带高速的信息化基础设施、精细的传感物联网络、云计算操作下数字化个性化服务和大数据存储、分析与监控的多元化背景、高效安全的信息交互以及城市"车如流水马如龙"的那种雷霆万钧、瞬息万变的高速运作机制的高度智能化。其中自然免不了智能照明：计算机高端利用、无线通信数据传输、扩频电力载波通信技术、计算机智能化信息处理、各种智能化等级加密的数据库、节能环保型电器控制等技术组成的分布式无线遥测、遥控、遥信照明控制系统，实现照明设备的智能化控制。其自动控制系统可利用计算机技术和网络系统，对建筑的通风系统、空调系统、冷冻水系统、供热系统、给排水系统、照明系统、电力系统等实施集中管理和自动监控。特别当地区需要加强安全防卫时，可能采用形形色色的安全软硬件充实系统，例如安全系统服务和管理设置包括：家庭安防报警（防盗门磁－窗磁报警、门厅非法进入报警、可燃或有毒气体泄漏报警等）；公共安防（视频监控、电子巡逻等）。其中需配合综合布线、宽带网络、家庭电子屏、多媒体系统、VOD 点播系统、家庭网关、音响系统、远程医疗系统等先进信息通讯系统；灯光控制、电动窗帘控制、空气清新系统、消防火灾监测和喷淋系统、空调系统等家庭室内自动化系统等[92]。

2. 智能建筑发展前瞻——2013 年 11 月 21 日，2013 第十四届中国国际建筑智能化峰会在上海举行，会议主题是"从智慧建筑到智慧城市"。会上发表的高水平演讲也是自 2000 年后每年一届建筑智能化峰会中涉及的技术面最广、最深刻的一次。人们期望下一届峰会将有更加振奋人心的新型贡献公之于世，其中反映着我国智能建筑发展的弘毅坚定步伐。

智能建筑是参与设计和应用的人群、高超水平的现代化信息通讯技术和建筑所在地生态环境的智能有机结合，建立在建筑设计、行为科学、信息科学、环境科学、社会工程学、系统工程学、人类工程学和现代文化艺术背景下各类学科之上的综合发展与应用。智能建筑将成为新时代的新建筑标志，而且将具有中华民族鲜明的文化特点。中国的智能建筑将面向新的世纪、面向和谐社会的现代化信息通讯技术时代，为实现"中国梦"悉力以赴。

11-6　新型建材需求奔逸绝尘　绿色建材推广山长水远

11-6-1　新型建筑材料

1. 建材一瞥——建材是建造各种土木建筑工程（水利、房屋、道路、桥梁等）所用材料的总称。目前我国所用量大面广的建材以普通水泥、普通钢材、普通混凝土和普通防水材料为主，因为这些材料生产工艺和应用技术较成熟，其使用性能一般劳动力均能运用自如。与发达国家相比，目前我国建材使用中存在的主要问题有：品种少；质量档次低；生产和使用过程能耗大；工程中存在严重浪费问题。一般房屋建筑工程从设计、选址、备料、施工、装饰到投入使用，全程能耗统计主要占比最大的部分就是建材本身的碳足迹及其生产过程的环境污染与碳排放。因此，如何发展和应用新型建材已成发展绿色－低碳建筑的当务之急[124]。

2. 建材的分类——

（1）按使用性能：承重结构材料、非承重结构材料和功能材料。

（2）按使用部位：结构材料、墙体材料、屋面材料、地面材料、饰面材料、基础材料等。

（3）按化学组成：

①无机材料——金属材料（黑色如钢铁；有色如铜铝和铝合金）、非金属材料（胶凝材料如水泥石灰石膏水玻璃、天然石材、混凝土和砂浆、烧土制品如砖瓦玻璃陶瓷、蒸压和蒸养硅酸盐制品）；

②有机材料——植物材料（木材、竹材、秸秆）、沥青材料（石油沥青、煤沥青等）、高分子材料（塑料、橡胶、有机涂料、胶粘剂等）；

③复合材料——有机/无机复合材料（玻璃钢、聚合物混凝土、沥青混凝土、钙塑材料等）、金属—无机复合材料（钢筋混凝土、钢纤维混凝土等）、金属—有机复合材料（彩钢泡沫塑料夹心板）。

据目前产业发展方向估计，各种建材类型中的研发重点要紧跟绿色－低碳建筑发展需求，把握节能环保生态平衡可持续发展方向，因此各种新型复合材料颇受关注和青睐。但从绿色－低碳建材要求，则植物有机建材应为首选发展重点。

3. 新型建材的一般推荐选用原则——

（1）生产建材的原始材料应充分利用工业废料，以达降低能耗、削减嵌入式碳排、节约天然资源等目的[134]。

（2）应保持在生产和使用过程的环保品质，不造成污染[136]。

（3）产品服从可再生循环和回收利用的 5R 法则[122]。

（4）要求产品具有一种或多种专门性能，功能多样化便于满足不同用途，如质轻便于运输、强度足够高不但不易途中受损，而且实际进入组装时可以节省用量和缩小使用尺寸。要求使用中和使用后对人畜不致造成任何可能危害，甚至兼有净化空气、抗病虫害、防静电或强力电磁波损害、用作墙体、门窗时有防燃、防水、隔热和节能等能力[125]。

（5）材料使用寿命符合标准或经久耐用，使用过程能长期保持原来专有性能稳定。

（6）主体产品和配套产品须同步发展，包括性能内涵和经济指标、成本负担基本平衡。

（7）使用任何新型低碳建材应了解该材料的能耗历程和生产过程碳足迹。用低碳建材建设未来须保证整体能源付出必须少于节能所得，而且纳入计算的节能水平应比所用场合的全寿命保质期短得多。夸张点比方：投入 1 吨标煤能源生产的保温材料，在使用后要 100 年才能凑够 1 吨标煤的节能效果去抵消投入使用前消耗的 1 吨标煤，这样的低碳建材就没有推广采用的任何价值了[120、131]。

11-6-2　绿色-低碳建材

1. 绿色-低碳建材基本概念——低碳建筑需要优质的低碳建材支撑，需要在所用建材上有新突破，涉及未来的屋顶技术、屋面技术、涂料技术等；而绿色建筑更要求所用材质不得对人体造成任何程度的伤害。因而按科学发展观的要求，任何新旧入选的建材均必须经过基本的动物试验确保对人畜无害甚至有利。其次对周围环境不得造成任何损害和污染。所用建材应该符合质地轻便易于运输和加工，等效于节能环保功能。例如上海首建低碳办公示范区的"印象钢谷"，其建材在宝钢就地取材，所用钢材再循环性很高，而短途运输节约了碳排放。建筑的立面选择素混凝土及玻璃元素，对素混凝土的施工工艺流程进行优化和技术改进后，原本素混凝土单一结构功能，又被辅以装饰效果，令人耳目一新。节省了一次性瓷砖贴面、花岗岩大理石和粉刷层，避免了开采石材时对大自然造成的人为破坏。而较多采用玻璃元素，既增加了建筑的室内自然采光，节约能源，又增加建筑本身的通透灵动感，坐收室外绿化景观之利。

2. 节约用材常用方法——

（1）充分利用本地材料、可再生循环材料、性能安全可靠的材料。《绿色建筑评价标准》中对何谓"本地材料"有具体定义。

（2）建材行业的节能减排技术涉及水泥、玻璃、建筑卫生陶瓷、墙体材料、石灰、玻璃纤维、节能型耐火材料等多个领域。要推广使用生态水泥及混凝土、新型玻璃、低能耗陶瓷、保温墙体材料、环保涂料、金属复合装饰板、节能门窗、节能薄膜等。

（3）发展钢结构是节能的重要途径，但钢材本身适应绿色建筑的性能与否则需深入研究。

（4）科学合理设计施工，在保证绝对安全前提下采取减少建材用量的有效措施。

（5）室内一次性装修，地面和立面材质经过优选，高楼住宅建筑尤其应考虑使用长期有效一次成型的装修，交付使用后原则上限制或禁止二次装修，除避免增加碳排和能耗，更重要的是杜绝严重噪声污染和室碍社会和谐。

（6）设备常用变频恒压供水系统和节能冰箱、空调、洗衣机、电热水器和微波炉等。

（7）采用节能电梯（小机房、无机房、蝶式马达等）和严格控制用大量净水冲刷周边公共通道地面。

3. 新型建材技术研发思路——与传统的砖瓦、灰砂石不同，新型建材包括墙体材料、防火密封材料、保温隔热材料和装饰管线吊顶材料。贵州六盘水生产新型墙体材料的企业用粉煤灰制造空心砌块，其节能环保和防火安全特点令传统红砖无地自容[133]！研发新技术促进新型建筑支撑包括结构选型与结构材料选用。建筑围护结构包括墙体材料与构造技术、屋面材料与构造技术，均以低碳经济与技术为基础进行突破。在机电设备系统方面彻底贯彻节能措施。彻底降低空调的冷热负荷。一方面在不得不使用化石燃料的情况下，须尽可能采用节能设备。另一方面为了尽量减少设备空运转或无效操作造成能源浪费，须采取适当的自动能源控制技术。目前，需要突破绿色－低碳建筑的关键技术瓶颈主要有：①建材的免烧化，就是用新技术新工艺替代现有建材生产的耗能燃烧。②建材原料降低一次性资源消耗的生态 5R 化。③围护结构热工性能高质化。④建筑施工的综合集成化。⑤可再生能源利用的互补化。⑥建筑构件用材的轻质化。

保证绿色－生态建筑的技术正日趋成熟。例如节能环保的建筑外墙即所谓生态墙就是由三层构成：外层为光伏电池板和玻璃，中间是密闭舱，第三层是水幕玻璃。当然这么一来，造价增大一些，却收到一劳永逸的效果。发展绿色－低碳建筑的关键一环是需要加紧发展绿色建材行业，但前不久有关企业提出发展中的三大制约因素：政策不到位、成本关难迈、用户认知度因检测手段不过关而心存疑虑[124]。

目前城乡住宅建筑总量约有 4000 亿 m^2，而节能型住宅还不足 2%。推广应用绿色高性能混凝土[131]：能大大减少因生产混凝土而造成的自然资源消耗和环境负担，有巨大发展空间；绿色墙体材料；煤矸石砖/页岩砖以及粉煤灰砖/灰砂砖，有利工业及生活垃圾物的处理利用。

4. 绿色－低碳建材开拓情势种种——

（1）在建筑能耗中约有 50% 消耗在门窗幕墙。外墙材料聚氨酯板、聚苯乙烯板、断桥铝塑钢门窗、中空玻璃等，其中如中空玻璃能把热浪、寒潮挡在屋外，有隔音降耗功效；内墙材料纸面/纤维石膏板是暖性材料，热收缩率低，保温隔热性能优越，且有呼吸功能，能调节室内湿度，值得推广应用以取代目前仍在大面积使用的高能耗传统结构材质[138]。此外，发达国家在建材、涂料、粘合剂、密封膏等用于建造和装修的材料上均进行十分严谨的科学分析，对霉菌、潮湿、结露、通风速率、烟气运动等的调研和测试均整理出有关影响人体结论。用于城市低碳化的建材发明、设计和生产，更是近几年的热门。

低发射率玻璃对可见光有较高的透射率，能反射 80% 以上室内物体辐射的红外线，具有良好的阻隔热辐射的功能，并避免反射光污染。2009 年中国这种新型节能玻璃的产量为 2800 万 m^2，广东东莞住宅建筑推广应用，年耗电量减少 60%。加拿大开发的新型玻璃薄膜可以反射各种波长的光线，也有节能和美观效果；美国研制了按需透光的智能玻璃，可控明暗程度、可调整温度和不误节能[126、133]。

（2）传统适宜技术的探索：传统适宜的低能耗低碳围护结构技术方面，有苯板、稻草板、稻草砖等节能技术；竹子建造技术；陶土夹心墙建造技术；木框架填充秸秆砖；木结构填充岩棉等。近年来，中国东北寒冷地区研究开发出的苯板、稻草板、稻草砖等节能材料已在农村节能住房建设中得到推广应用，并不断规范化和完善，现已应用到两层建筑和不同框架结构的农村建筑中。例如黑龙江大庆市林甸县、吉林白山市、辽宁本溪市南芬等地区用草砖节能技术建造的住宅，利用当地大量的农作物废弃物稻秸、草甸草、湿地芦苇等作为建筑墙体原料，大量节约建筑材料，有较好的保暖效果，既可提高住宅舒适度，又可减少空气中碳、硫排放，有效改善农村居住环境。河北的地球屋 001 号，可谓是在农村实施的第一个实验性的低碳样板房。主体结构采用木结构，外围护结构采用 45cm 厚的陶土夹墙，墙体构造是将秸秆跟泥土混合，填到墙壁里，冬天保暖，夏天室内外温差可达 10℃，室内很凉爽，像在窑洞里一样冬暖夏凉。节能窗采用单层玻璃、底膜和传统农村的剪纸工艺制作的所谓三层玻璃窗，防止了热量的散失，造价成本很低。另外采用节能炕、双层炕技术，提供辅助热源，保证冬季室温。这种采用很简单的材料，很低的成本，就能做到节能减排的建筑，极具特色。我国台湾常年气温较高，湿度较大，其绿色建筑采用的特色建材玻璃能起到隔热、防辐射、恒湿、防紫外线等多重作用。

（3）钢材：目前的城市建筑和少量农村民居用量最大的结构建材是钢材和水泥。2012 年我国生产钢材 95317.6 万吨，同比增长 7.6%；2013 年生产 106762.2 万吨，比上年再增 11.7%。从 20 世纪 90 年代末开始，钢材生产量持续增进的原因主要是建筑需要。建筑业需要的钢材一直居各业需量之首（图 11－18）。钢结构的"轻快好省"，将成为绿色建筑发展趋势之一。钢结构可实现"标准化设计、工业化生产、装配化施工和一体化装修"，具节能、节水、节地、节材、环保、减排等特点，且易拆除、部分产品可重复利用、材料可循环使用等[85]。我国建筑业采用的钢材能耗比发达国家高出 10%～25%[89]，假设以 2005 年数据作基数，2020 年中国钢材单产能耗降低 44%、2030 年降低 68%，届时仍比德日目前的能耗强度高 1 倍。因此，建筑节能任务的另一侧面须在建设绿色建筑时节约钢材投入，而在钢铁生产中殚智竭力地降低能耗，因为钢材的碳足迹和冶炼轧制中的能耗均应计入建筑建设全过程的能耗量和碳排量。

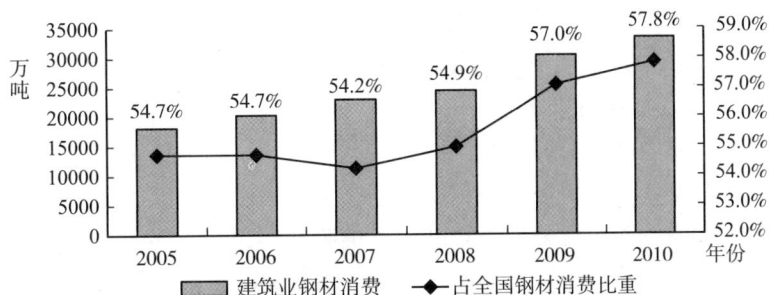

图 11 – 18　近年我国建筑业用钢材占全国钢材消费比重变化

（据：黄导．深化循环经济促进绿色制造　为建设美丽中国做出更大贡献．中国循环经济与绿色发展论坛 2012，2012 – 12 – 15）

（4）水泥：我国是世界水泥生产第一大国，产量比排名第二的印度多 15 倍左右，有水泥生产企业近 5000 家。2012 年共生产水泥 22.1 亿吨，同比增 5.3%；2013 年生产 24.2 亿吨，增 9.3%。但据 2009 年统计，我国建筑使用的混凝土每 m^3 多耗水泥 80kg[89]。过去水泥旧法生产中的能耗较国际先进水平几乎高出 3~5 倍。近年来。一方面大刀阔斧淘汰耗能多污染大的落后产能，仅 2014 年春初河北省即压缩约占全省 40% 的旧式水泥产能。近年来水泥行业的节能减排频传凯讯，推广的技术包括水泥新型干法生产工艺、纯余热发电技术、水泥散装、新型墙体材料、生态水泥、超高性能混凝土等。20 世纪 70 年代兴起的水泥新型干法生产工艺即水泥窑外分解，大大减轻窑的热负荷，实现能量分级利用。与同样直径的湿法窑相比，热耗降低一半左右，并大幅提高产量。目前我国已有日产 2000~10000 吨的多台窑外分解窑投入运行。中国最大水泥企业海螺集团自主研发的余热发电技术国际领先，余热发电供应了自身 60% 的用电量。水泥散装是指水泥在工厂生产出来后，直接用专用车辆运到施工现场，节省包装纸袋用量，避免纸袋破损和残留造成的水泥损耗，可减少水泥用量，保证建筑质量，避免现场搅拌噪音污染和露天堆放造成的粉尘污染。早在 2009 年中国水泥散装率已达到 46.3%。

我国掌握的低碳水泥关键技术可实现减碳 50%[119]。2011 年我国首台由烟台华盛燃烧设备公司研制的水泥回转炉窑富氧助燃节能装置在山东烟台海洋水泥公司投入运行，节煤 11% 以上，全年超过 5000 吨[138、139、140]。国际科技界也风生水起，正殚精竭力研发"绿色水泥"，即针对水泥本身的材质和结构进行历史性更新改造，以便在用于建筑工程后参与建筑节能环保、绿色 – 低碳化过程[132]。若能如愿以偿，则研发生产中的节能举措反而变成次要环节，把注意力转移到水泥本身的配方成份创新成为关注焦点了[119]。

（5）新型节能墙体材料：新型墙体材料包括 3 大类 20 多种，可替代传统能耗高、搬运成本大的黏土实心砖，具有重量轻、性能好、生产能耗降低 40%、施工快等优点，可避免取土毁田，保护了国土资源。2009 年中国新型墙体材料产量已占总产量 52%。利用城市垃圾焚烧灰烬、下水道污泥和石灰石为主要原料的生态水泥，有利于保护生态环境，降低能源、资源消耗，减少污染。中国建材工业早在 2008 年即已利用粉煤灰和煤矸石等固体废料 5.7 亿吨（包括污泥和垃圾焚烧灰烬）生产部分生态水泥。用类似生产方式由法国拉法基公司研发的超高性能混凝土，其性能甚至大大优于普通混凝土，如抗压强度高 6~8 倍，抗折强度高 10 倍，耐火性高 100 倍，具有良好的隔热性能。相应地节约了钢材和水泥等相关建材的使用[129]。

墙体是建筑外围护持结构的主体，所用材料的保温性能直接影响建筑的耗热量，从而间接消长整体能耗。目前，外墙外保温技术中最常用的是聚苯乙烯泡沫塑料（EPS）薄板抹灰技术和胶粉 EPS 颗粒保温浆料技术。EPS 薄板抹灰技术适用于寒冷和严寒地区使用，胶粉 EPS 颗粒保温浆料技术适用于夏热冬冷和夏热冬暖地区。我国原来多以实心黏土砖为墙体材料，保温性能不能满足设计标准。近期推广使用的空心玻璃砖具有透光、保温、隔音、防潮等优点，光较差的地方更适采用。其原理是通过空心玻璃砖的漫散射和内部负压空腔，可使夏季室内在较强阳光照射下，得到足够的光线，而画蛇添足的升温却能回避。到隆冬季节，空心玻璃砖较低的导热系数和负压空腔阻断了大量热量外逸，内外两面温差可达 40℃，却并不影响空气湿度[128]。

（6）门窗节能措施：门窗能耗约为墙体的 4 倍、屋面的 5 倍、地面的 20 多倍，约占建筑围护部件总能耗的 40%～50%。增强门窗保温隔热性能、减少门窗能耗，是改善室内热环境和提高建筑节能水平的重要环节。改善门窗保温性能的同时，户门与阳台门应结合防火、防盗要求，在门的空腹内填充聚苯乙烯板或岩棉板，以增加其绝热性能。窗户最好采用钢塑复合窗或塑料窗，以避免金属窗产生的冷桥。有的地区可设置双层玻璃或多层玻璃，并积极采用中空玻璃、镀膜玻璃，有条件的住宅可采用低辐射玻璃；缩短窗扇的缝隙长度，采用大窗扇，减少小窗扇，扩大单块玻璃的面积，减少窗芯，合理地减少可开启的窗扇面积，适当增加固定玻璃及固定窗扇的面积。

（7）屋顶节能措施。屋顶可采用新型的保温材料，如岩棉、矿棉、玻璃棉、加气混凝土保温块等高效的保温隔热屋面，其传热系数、热惰性指数应满足规定；可在屋顶设置采光窗，它既是采光的需要，也具有吸收太阳能量的功能；有条件的还可设置屋顶花园或采用屋顶绿化的措施，以降低夏季太阳的辐射，不仅美化环境而且有着很好的保温隔热效果。可采用倒置式屋面隔热保温技术，平屋面和斜坡屋面均可用欧文斯科宁挤塑板作为保温层。泡沫聚苯倒置式保温屋面的应用不仅可以满足国家节能规范的要求，而且减少了防水层在不同季节温度下热胀冷缩的现象，延长了防水层的寿命，而且能充分利用太阳能。除以上提到的节能措施外，对地面、阳台加强节能改造，采用空调节能，以及生产新型的节能建筑材料也是有效解决能源消耗，保护生态环境的举措。杭州元光德集团公司研究院设计的吊顶集成带可全部或有选择地集成并整合建筑室内顶部的消防系统、暖通系统、照明系统、弱电系统等设备终端，简化安装手续和延长使用寿命，提高了安全水平，颇受用户欢迎[129]。

（8）人造板：人造板（Wood based panel）以木材或其他非木材植物为原料，经机械加工分离成各种单元材料后胶合而成的板材或模压制品。主要包括胶合板、纤维板和刨花板三大类产品，其延伸产品和深加工产品达上百种。本世纪开始，我国人造板工业犹如脱缰骏马高速发展，现有人造板企业万余家，产能超过 2 亿 m^3，产值 8000 多亿元，是世界人造板生产、消费和进出口贸易的第一大国。2011 年，中国的人造板产量已占世界 50% 以上（图 11 - 19）。2012 年我国人造板产量 2.23 亿 m^3，达世界总产量的 55%，同比增长 6.77%；2013 年 1～8 月产量 1.7 亿 m^3，同比增长 5.35%[136]。目前人造板的一半市场份额为家具所占有（图 11 - 20），而我国的新型城镇和广大农村建筑市场留下应用人造板的巨大空间。须知现代木结构建筑的"碳汇"作用和优异的节能本质是其他任何建筑架构无法抗衡的：一幢典型的北美式木结构建筑，可储存约 29 吨 CO_2，相当于一辆客车行驶 5 年排放的 CO_2（约 12500 公升汽油）。此外，作为板材，脍炙人口的北新建材公司生产的石膏板早已作为绿色建材在全国建筑业应用获得好评[130]。还有一种称之为"生态板材"的丙烯醇类化工产品亚克力板，能作为门窗用材或建筑装饰材料，但因不了解其原始能源投入、化学原料组成的环境友好水平以及生产过程的碳足迹，故在此仅作参考[137]。

（9）塑料管道：建筑的给排水需要大量塑料管道。目前我国塑料管道生产企业已接近 4000 家，产能已达年产 400 多万吨，数十品种，产量居世界前列，年出口少量紧俏产品。国内目前已广泛用在建筑给排水，建筑供暖、城市排水、城市燃气输送、城市自来水、农村人畜饮水改造，农业灌溉和排水、电力、通讯、公路、工业等。塑料管道生产的发展趋势主要有：企业规模化、产品多元化和抗老化、市场国际化、加工设备国产化、原料和辅料专用化[123]，特别须谋求整个企业群体生产过程和产品品牌的全面绿色－低碳化！前景姹紫嫣红总是春！

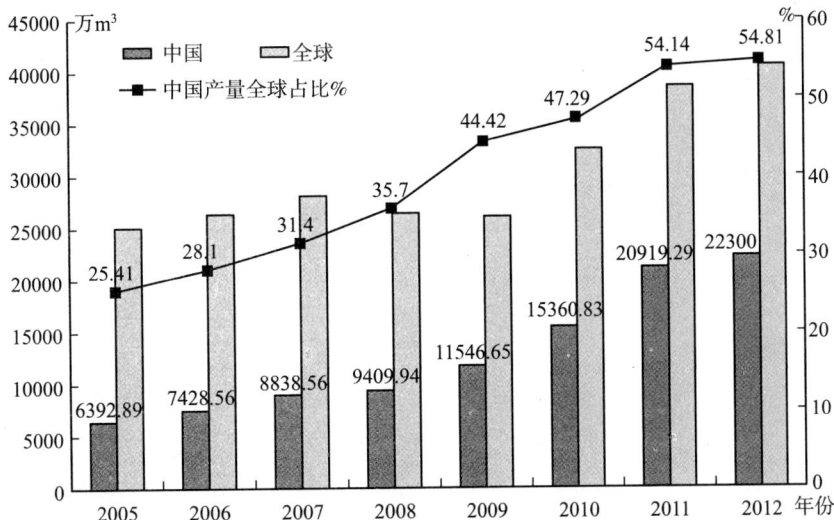

图11-19　中国利用生态材料生产的人造板产量2011年起超过全球50%

（据：钱小瑜．中国人造板现状与展望．中国林产工业协会，2013-11，网传ppt）

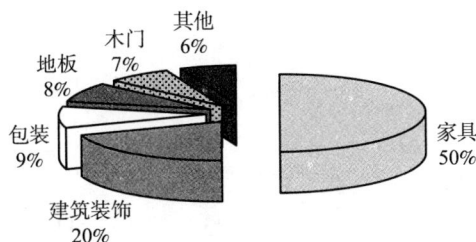

图11-20　人造板主要用于家具和建筑业（2012年）

（据：钱小瑜．中国人造板现状与展望．中国林产工业协会，2013-11，网传ppt）

参 考 文 献

[1] 王梦．科技怎样为交通安全保驾护航？科技日报，2006-11-11，4版．

[2] 牛雄，麦贤敏．借鉴国际经验发展我国城市低碳交通．中国经济时报，（上）2013-01-01；（下）2013-01-08，均5版．

[3] 牛福莲．倡导绿色出行　公共交通设施改善是关键．中国经济时报，2012-09-20，2版．

[4] 世界银行．携手联想推动绿色出行．世行网站，2013-06-14；助推中国城市交通绿色发展；2014-05-15．

[5] 刘金霞．低碳交通遭遇"短板"．中国经济时报，2009-12-24，5版；附-刘晨曦．能源、拥堵、环保重压下　汽车社会亟须破题，2013-01-01，10版．

[6] 国家交通运输部．部署2015年交通运输工作十大任务．中央政府门户网站，2014-12-28．

[7] 华凌．倡导"绿色"交通　改变出行方式．科技日报，2007-09-17，3版；城市交通如何跨越前进，2007-09-23，2版；绿色交通　各有高招，2007-09-23，2版．

[8] 陆鸣．我国道路交通安全建设任重道远．科技日报，2013-09-02，9版．

[9] 张启人．重疏导　轻拦截　治理城市交通基本思路．广州日报，1992~1994年理论版连载；附-蒋洪涛：大城市通病之首-有车不等于有速度，科技日报，2010-10-26，5版．

[10] 林春霞．提高安全系数才是当务之急．中国经济时报，2012-09-06，2版．

[11] 欧国立．集体理性-城市公共交通优先．中国社会科学报，2012-12-03，A06版；附-林春霞：城市公交优先能否根本缓解交通拥堵，2013-01-07，2版；刘垠：公交优先　出行能否一路畅通，科技日报，2013-01-23，6版．

[12] 国务院办公厅．国务院发布城市优先发展公共交通指导意见（国发〔2012〕64号）．中国城市低碳经济网-www.cusdn.org.cn，2013-01-05，引自政府网站，2012-12-29．

[13] 佳宁．交通拥堵费．治标能治本吗？科技日报，2011-09-05，9版．

[14] 赵文红．治理城市交通噪声危害刻不容缓．科技日报，2011-07-20，8版．

[15] 段树军．让百姓参与城市公共交通建设．中国经济时报，2012-10-11，1~8版．

［16］袁伟．交通节能减排技术和政策研讨会报告集．能源基金会（美国）北京办事处，2012－11－14．

［17］覃梦妮．汽车"限购"并非治堵良方．科技日报，2011－08－23，5版．

［18］薛娇娇．公交节能——从驾驶技巧上榨出油来．科技日报，2011－09－05，11版．

［19］王昭，吴陈．世界最大太阳能飞机将横穿美国．科技日报，2013－03－30；附－华凌．零碳航空业滑向跑道 全球最大太阳能飞机"太阳驱动"号抵达跨洲飞行第一站，2012－05－26，均2版；世界首架纯生物燃料飞机10月渥太华试飞，2012－09－22，1版；徐俊培（编译）：电动飞机，世界科学，2010（9），44－45．

［20］牛雄．城市群发展呼唤便捷交通．中国经济导报，（上）2013－03－13，7版；（中）2013－03－15，7版；（下）2013－04－01，5版．

［21］邓涛涛．交通体系内外联动——世界五大城市群的经验．中国社会科学报，2012－06－06，A06版．

［22］叶平生．广州建低碳智慧幸福交通 今后5年将投资约3400亿元打造立体交通网 争当新型城市化发展排头兵．广州日报，2012－05－07，A1版．

［23］齐中熙，刘丽琴．我国首引有轨"无辫"电车技术．科技日报，2012－10－23，4版．

［24］刘旭奕．高铁——一次拉近你我的时空跨越．科技日报，2013－01－03，4版．

［25］佚名．习近平在上海考察登上C919大型客机大飞机承载几代中国人航空梦．广州日报，2014－05－25，A1版；附－为大飞机探路历时6年，ARJ21获民航运输"入场券"，科技日报，2015－01－19，12版．

［26］林莉君．这十年，交通科技新第一；改善公众出行 提升交通安全；实现不同运输方式的无缝衔接．科技日报，2012－10－17，5版．

［27］冷德熙．坚持经济安全环保理念 推进城轨交通因地制宜多制式协调发展－座谈纪要．科技日报，2013－12－31，6～7版．

［28］冷德熙．我国城市轨道交通里程世界第一．科技日报，2013－05－05，1版．

［29］冷德熙（主持）．坚持创新自信，大力推进城市轨道交通行业健康发展座谈纪要．科技日报，2013－09－05，12～9版．

［30］李山．亮出"中国制造"的世界新形象——中国轨道交通企业满怀信心走向世界．科技日报，2014－10－12，2版；附－何义斌．坚持自主创新 打造高速铁路技术品牌，2010－12－20，5～8版．

［31］何晓亮．国家公路网规划发布 我国公路网总规模约40万公里．科技日报，2013－06－24，12版．

［32］李宏策．世界最大太阳能动力船游走塞纳河．科技日报，2013－09－19，2版．

［33］陈建超．"中国造"世界最高端火车头首次驶向欧盟．科技日报，2012－07－30，11版．

［34］张勇．北车掌握地铁核心技术"中国创造"加速替代"舶来品"．科技日报，2012－08－20，12版．

［35］张晖．优化运营调度即可节电10%．而全国地铁无一设计采用 我国轨道交通缺乏节能设计令人深思．科技日报，2011－07－12，3版．

［36］国家科技部．高速列车科技发展"十二五"专项规划．科技日报，2012－04－01．

［37］国家交通运输部．"十二五"综合交通运输体系规划．2012－03－21；附－佚名．综合交通运输规划与发展研讨会"在京召开．中央政府门户网站，2014－11－05．

［38］国家交通运输部．交通运输"十二五"发展规划．交规划发〔2011〕191号，2011－04－13；公路水路交通运输信息化"十二五"发展规划．交规划发〔2011〕192号，2011－04－27．

［39］欧国立，李璐．未来城市群间交通类似城市交通．中国社科报，2013－12－02，A07版．

［40］黄艾娇，王春．我国第一架纯燃料电池无人机首飞成功．科技日报，2012－12－31，1版．

［41］矫阳．我国高速列车自主创新取得阶段性重大成就 总体技术达到世界先进水平．科技日报，2010－06－21，5版；中国昂首跨入高铁时代，2010－10－11，9版；奏响中国高铁最美和弦，2014－06－09，1～3版．

［42］矫阳．我国铁路总体技术水平进入世界先行列 高铁运营里程9356公里居世界首位．科技日报，2013－01－18，1版；高铁发展的历程及创新成就，2012－12－24，12版．

［43］谢建超．城际轨道加速珠三角同城化．中国经济时报，2008－08－08，3版．

［44］曹健林．中国高速列车科技创新的回顾与展望．科技日报，2012－05－30，1～3版．

［45］童彤．城市轨道交通建设切勿盲目跟风．中国经济时报，2013－08－21，2版．

［46］新华社．为何越来越多的城市"限"进去？科技日报．2015－01－05，11版；附－傅旭明．专家质疑快速公交．中国经济时报，2008－05－28，3～4版．

［47］编辑部．世界高铁技术热点：智能化、清洁化、绿色化．科技日报，2012－05－30，8版．

［48］李德毅．没有智能驾驶，就没有智能交通和智慧城市．科技日报，2013－04－15，10版．

［49］吴忠泽．大数据——智能交通发展的机遇与挑战．科技日报，2013－12－23，1～3版．

［50］陈启临．智能技术梳理公共交通．科技日报，2013－09－27，6版．

［51］冷德熙．网络化：绿色轨道交通发展新趋势．科技日报，2014－11－03，12版．

［52］佚名．中国智能交通科技发展现状及展望，2013－06－06，网传ppt．

［53］佚名．2013中国智能交通与大数据技术峰会部分报告，2013－12－5～6，北京，网传文献，market@csdn.net．

[54] 陈奇. 智能交通系统大数据案例分享. 智慧城市论坛, 上海, 企业网 D1Net, 2013 - 10 - 23 ~ 24, 网传文献; 附 - 佚名. 国外城市的治堵之策. 中国经济导报, 2003 - 11 - 20, 9 版.

[55] 钱七虎. 城市交通拥堵和空气污染的治本之策. 科技日报, 2014 - 04 - 21, 1 - 4 版; 附 - 彭鑫. 智能交通. 何时能改变交通拥堵? 2010 - 12 - 02, 4 版.

[56] 编辑部. 智能交通、桥梁工程和船舶技术. 科技日报, 2012 - 10 - 17, 5 版.

[57] 翁忻旸（摄）. 驶往未来绿色城市——巴西库里蒂巴智能公交系统. 科技日报, 2012 - 08 - 14, 8 版.

[58] 滕继濮（制图）. 智能车路协同技术——创造安全快捷智能的绿色交通. 科技日报, 2013 - 08 - 02; 裴欣、滕继濮. 智能车路协同; 人、车、路的对话, 2014 - 06 - 06, 均 6 版.

[59] 王松才. 优化能源开发布局 "十二五" 力解运输瓶颈. 中国经济时报, 2011 - 05 - 05, 5 版.

[60] 王继祥. 物联网技术在物流业应用现状与发展前景. 中国物流技术协会华夏物联网, 2010 - 10, 网传 ppt.

[61] 王耀中. 完善现代物流管理体系. 中国社会科学报, 2012 - 09 - 19, B03 版.

[62] 向杰（主持）. 信息化如何助力现代物流业. 科技日报, 2007 - 05 - 16, 8 版.

[63] 佚名. 物流自动化 一个正在崛起的巨型产业. 中国城市低碳经济网 www. cusdn. org. cn, 2012 - 09 - 29, 自 OFweek 工控网; 附 - 佚名. 简要分析物联网在物流业的四大发展趋势. 比特网, 自 Tranbbs. com, 2012 - 10 - 23.

[64] 张帆. 中国物流业六大变数. 中国经济时报, 2010 - 04 - 15, 11 版.

[65] 张焱. 物流企业重在降低成本 亟待开拓专业市场; 细分的专业领域是物流业的发展方向; 外资物流巨头 "攻城略地" 国内物流业洗牌在即. 中国经济时报, 2012 - 11 - 26, 8 版; 附 - 马龙龙. 中国物流业发展必需冲破价低质劣的死循环. 2014 - 09 - 12, 6 版.

[66] 林春霞, 江宜航. 制约我国物流产业发展的瓶颈何在? 中国经济时报, 2013 - 11 - 08, 9 版; 附 - 赵坚. "物流顽症" 的根源在哪里. 中国经济时报, 2011 - 06 - 23, 11 版.

[67] 国务院. 物流业发展中长期规划（2014 ~ 2020 年）, 国发〔2014〕42 号, 2014 - 09 - 12; 附 - 胡唯元. 物流业亟须资源整合. 科技日报, 2014 - 12 - 04, 6 版.

[68] 段树军. 我国应急物流体系亟待完善. 中国经济时报, 2013 - 05 - 17, 2 版.

[69] 矫阳. 全国交通运输物流公共信息平台建设正式实施. 科技日报, 2012 - 09 - 20, 8 版.

[70] 童彤. 促进物流业现代化发展将多角度利好民生. 中国经济时报, 2014 - 10 - 08, 2 版; 附 - 傅旭明. 物流业振兴需 "多管齐下". 2009 - 03 - 12, 12 版.

[71] 潘英丽. 中国现代物流业发展的时代强音—— "西安倡议" ——三百位物流业领袖同声响应. 中国经济时报, 2011 - 08 - 16, 4 版.

[72] 魏际刚. 中国物流业中长期发展战略思路. 中国经济时报,（上）2013 - 05 - 16;（下）2013 - 05 - 17; 均 5 版.

[73] 山东建筑大学建筑城规学院建筑技术教研室. 绿色建筑概论. 网传课件 ppt。2013 年版.

[74] 卫华. 李晋-绿色建筑探索者. 科技日报, 2013 - 11 - 13, 5 版.

[75] 马爱平. 城市楼宇节能空间到底有多大? 科技日报, 2010 - 07 - 24, 4 版.

[76] 王婷婷. 城市地标是否一定 "高富帅", 科技日报, 2012 - 11 - 20, 5 版。

[77] 王淑芬. "零碳" 住宅畅想未来建筑. 科技日报, 2012 - 03 - 29, 5 版.

[78] 王栗涛. 节能建筑 - 新能源板块中的 "不死鸟". 中国经济时报, 2009 - 06 - 02, 9 版.

[79] 刘垠. 我国建筑去年 "吃掉" 10 亿吨标煤. 科技日报, 2014 - 05 - 15, 3 版.

[80] 仇保兴. 全面提高绿色建筑质量. 中国城市科学研究会, 2013 - 04 - 01, 网传 ppt.

[81] 仇保兴. 我国绿色建筑发展和建筑节能的形势与任务. 能源世界——中国建筑节能网, 2012 - 04 - 04; 城市生态化改造的必由之路 - 重建微循环, 城市观察, 2012（6）, 5 - 20.

[82] 邓雪梅（编译）. 追求绿色节能建筑. 世界科学, 2009（1）, 13 - 16.

[83] 申明. 智慧建筑有效减少碳排放. 科技日报, 2012 - 03 - 29, 4 版.

[84] 吕吉尔（编译）. 传统建筑改造出 "绿色". 世界科学, 2007（4）, 28 - 29.

[85] 宋莉. 绿色建筑迎来新机遇. 科技日报, 2014 - 01 - 16, 12 版.

[86] 李禾（主持）. 绿色建筑究竟 "绿" 在哪儿? 科技日报, 2011 - 09 - 30, 7 版; "微排" 建筑整体节能超过 80%, 2011 - 12 - 12, 4 版.

[87] 李晓红. 绿色建筑迎来机遇期 建筑成本成制约因素. 中国经济时报, 2011 - 09 - 08, 9 版.

[88] 李晓红. 绿色建筑或将变革人居模式 面临发展难题. 中国经济时报, 2012 - 10 - 18, 11 版.

[89] 李彬言. 绿色建筑 低碳攻略进行时. 中国城市低碳经济网, 2011 - 12 - 26.

[90] 李宏策. "空中楼阁" 的高处不胜寒. 科技日报, 2013 - 09 - 03, 2 版.

[91] 杨纯. "低碳建筑" 才是房地产未来竞争力. 科技日报, 2010 - 05 - 29, 3 版.

[92] 杨士元. 中国智能家居的现状和发展. 清华大学自动化系, 网传 ppt, 2010 - 10 - 10.

[93] 严超杰. 绿色建筑时代 政府与企业应该做些什么. 中国经济时报, 2012 - 05 - 14, 11 版.

[94] 佚名. 四大瓶颈阻碍低碳型绿色建筑推行. 经济参考报 - 中国低碳网, 2011 - 08 - 12, http://www. ditan360. com/.

［95］佚名．绿色生态住宅刍议．中国城市低碳经济网，2012－09－03，自论文网．

［96］佚名．十年内我国将有1318座摩天大楼　专家称或陷魔咒．中国城市低碳经济网，2012－09－24，自中国经济网．

［97］佚名．探讨我国建筑业发展低碳建筑的方法与策略．中国城市低碳经济网，2012－08－27，自论文网．

［98］佚名．浅谈新形势下的建筑节能与生态环境．中国城市低碳经济网，2012－09－18，自论文联盟；附－佚名．当前我国建筑节能设计发展现状及其未来趋势分析，2014－04－21，自中国电力电子产业网．

［99］何晓亮．节能减排需要会呼吸的建筑．科技日报，2011－05－16，11版．

［100］陈焰华．可再生能源在建筑中的应用．中信集团武汉市建筑设计院．2011，网传ppt．

［101］陈磊，张于牧．刚性碳排放．绕不过的"坎"儿．科技日报，2009－12－02，7版．

［102］国家住建部．"十二五"绿色建筑和绿色生态城区发展规划．建科〔2013〕53号，2013－04－03；国务院办公厅：转发发改委、住建部：绿色建筑行动方案，中国政府门户网站，2013－01－01；附牛福莲，张文晖．国务院出台《绿色建筑行动方案》，绿色建筑推行上升至国家层面　绿色建筑助力美丽中国建设，中国经济时报，2013－01－09，2版；罗晖．2015年末20%城镇新建建筑须达绿色建筑标准，科技日报，2013－01－15，3版．

［103］国家财政部、住建部．关于加快推动我国绿色建筑发展的实施意见．财建〔2012〕167号，2012－04－27．

［104］余腾耀．节能减碳之推动策略与发展．台湾绿色产业基金会（www.tgpf.org.tw），2011－05－31，网传ppt．

［105］胡亮．绿色建筑发展目标首次以正式文件形式提出　大规模推进绿色建筑的时机已成熟．中国经济时报，2012－05－11，2版．

［106］胡润青，李俊峰．太阳能与建筑结合技术进展和工程实例．中国城市低碳经济网，2012－08－17，自中华励志网．

［107］徐冰．拒绝光污染？到底有多难？科技日报，2013－01－25，5版．

［108］操秀英．发展节能建筑不能照搬西方模式．科技日报，2011－03－31，1版．

［109］滕继濮．缓解建筑能耗增加的压力．科技日报，2011－02－25，6版．

［110］贾婧．变频固体蓄热供暖系统可降低能耗．科技日报，2011－07－30，4版；雾霾频现　建筑节能亟须"绿色行动"，2014－04－01，5版．

［111］翁申霞．绿色建筑的"贵族化"误区．赢周刊，2011－06－09．

［112］矫阳．低碳经济时代．我们该住"绿色"房屋．科技日报，2009－12－21，12版．

［113］彭茜．首尔劲吹"绿色建筑"风．科技日报，2014－01－23，2版．

［114］韩洁，杜宇．发展绿色建筑．还需迈过三道坎．科技日报，2012－05－08，5版．

［115］程大章．智慧城市顶层设计．第14届中国国际建筑智能化峰会，广州，2013－12－10，网传文献，http：//gz.jiaju.sina.com.cn．

［116］新华社．世界卫生组织定义"健康住宅"，中国经济导报，2003－12－10，2版．

［117］操秀英．"十二五"我国加快绿色建筑关键技术研发．科技日报，2011－03－29，1版．

［118］瞿剑．现代城市建筑批判．科技日报，（上）2003－02－18；（中）2003－02－25；（下）2003－03－04；均5版．

［119］王燕宁等．我国掌握"低碳水泥"关键技术实现碳减排50%．科技日报，2010－08－20，1版；附－宋常青．新产品将降低水泥行业30%能耗．2010－12－20，4版．刘华林（编译）．绿色水泥－为消减大气温室效应助力．世界科学，2013（4），50－52；余家驹（编译）．将环保理念"搅拌"到混凝土中．2009（5），13～15．

［120］刘霞．新型热调节材料能为建筑节能35%．科技日报，2011－08－10，2版．

［121］刘廉君，韩义雷．我国门窗流失的能量，约占社会总能耗20%，若把门窗节能水平提至欧洲现行标准，每年可节约标煤4.3亿吨，相当于全年煤炭总产量的20%－咱家门窗咋就成了能量流失"漏斗"．科技日报，2012－08－20，1～3版．

［122］华凌．利用太阳能生产水泥可做到二氧化碳零排放．科技日报，2012－04－27，2版．

［123］杨洪献．国内塑料管道行业现状及前景，中国塑协塑料管道专业委员会，2012，网传ppt．

［124］严超杰．绿色建材行业发展受制　三大难题亟须解决．中国经济时报，2012－09－24，12版；附－刘长发．关于"十二五"建材工业发展思路；中国建筑材料工业规划研究院．2010－04．

［125］李伶俐．防水隔热新材料有效降低建筑能耗．科技日报，2012－12－03，4版．

［126］杜华斌．新型玻璃薄膜可反射各种波长光线既节能又美化建筑外观．科技日报，2010－11－29；附－王小龙．美研制出按需透光的智能玻璃，2013－08－20，均2版．

［127］佚名．新材料使建筑节能35%．科技文摘报，2011－08－18，8版．

［128］佚名．浅谈绿色环保节能幕墙的动态节能技术．中国城市低碳经济网，2012－12－31；建筑与装饰工程环保节能材料的技术分析，2013－01－23；附－徐建光．建筑室内装饰吊顶的发展趋势．杭州元光德研究院www.yougot.cc，2012，网传文献．

［129］陈佳欣．我们要用绿色建筑未来．中国经济时报，2011－11－02，4版．

［130］张一鸣．设计师"献计"低碳建筑．中国经济时报，2010－04－08，8版．

［131］张彦会，张晔．让混凝土经得起历史的检验．科技日报，2014－09－24，5版；附－郑焕斌．打造绿色水泥正逢时，2013－03－19，8版．

［132］赵卫民，韩伟．新型建材－助力绿色城镇化．中国经济时报，2012－11－09，11版；附－张晔．我国首个智能温控调光玻璃在

苏州问世.科技日报,2014－06－27,1版.

[133] 赵英淑(主持).建材行业－如何从高碳走向低碳?科技日报,2010－05－28,7版.

[134] 课题组.推进我国新型墙体材料专项基金发展政策研究——技术报告.财政部财政科学研究所等,2012－04.

[135] 蒋秀娟."绿色生产"促进木门制造低碳化.科技日报,2013－01－18,4版;附－钱小瑜.中国人造板现状与展望,中国林产工业协会,2013－11－21,网传ppt.

[136] 靳朝辉.促进生态经济发展 实现绿色建材崛起.中国社会科学报,2013－02－04,B04版.

[137] 滕继濮.超级节能窗:堵上耗能这扇窗户.科技日报,2014－07－04,5版.

[138] 魏东.我国水泥行业节能降耗有了新式武器.科技日报,2011－04－28,3版;富氧助燃技术开通水泥行业高效节能新路径——为加快实现节能减排十二五规划示范之作,2012－08－29,3版;炉窑火焰温度提高200℃节煤率提高9.32%我国最大富氧助燃节能装置在汝州水泥投入运行,2012－10－23,1版;富氧助燃节能装置成为水泥行业节能减排的新式武器,2013－03－09,10版.

第12章

消费旅游服务兴

12-1　绿色低碳衣食住行　康泰和谐生老病死

12-1-1　生活绿色低碳化意义和发展

1. 人人阻遏气候变暖　节能环保责无旁贷——

（1）生活能源消耗　需求节节攀升：从前几章的讨论已确知当前的全球气候正因人类在现代文明氛围中生产和生活能耗有增无已的形势里助长变暖趋势。本世纪初联合国发动世界各国推行的低碳经济，目标为遏制气候正肆无忌惮地持续升温，实质为开辟新型能源领域、提高能源利用效率和优化能源消费结构，以便为未来焦沙烂石的气候抽薪止沸，核心为能源技术创新、分配体制刷新和人类生存观念更新而改弦易辙。为了稳衡生态、燮理阴阳，十多年来，全世界多数国家都为加强低碳规划、绿色法制、相关战略统筹和科学预测而不遗余力。集思广益凝聚而成的绿色－低碳发展模式，为节能环保、循环利用、构建和谐社会和可持续发展理念提供了可行性和可操作性诠释。

据美国埃克森石油公司参照 IEA/OECD 的相关资料，在 2013 年预测到 2040 年世界能源需求状况，其中由于全球城市化趋势强劲和发展中国家人口激增以及因新兴经济起色明显三大主要动因，在预测期内住宅和商业（产业）能源需求总量将增长约 30%。在此期间，城市人口将从 50% 左右增至 60% 以上；住宅需求增加约 20%；产业能源需求将增长 50%，其中 OECD 各国因改进照明、空调和建筑设施将增加能源需求的 10%；非 OECD 国家因电力需求上升 200% 而令总能源需求增加约 130%。其中中国的产业能源需求 2010～2025 年增 8%，接着到 2040 年减为年增 3%，主要缘于建筑标准和能源管理的实践见效。所有这些预测数字集中描绘在图 12-1 中。

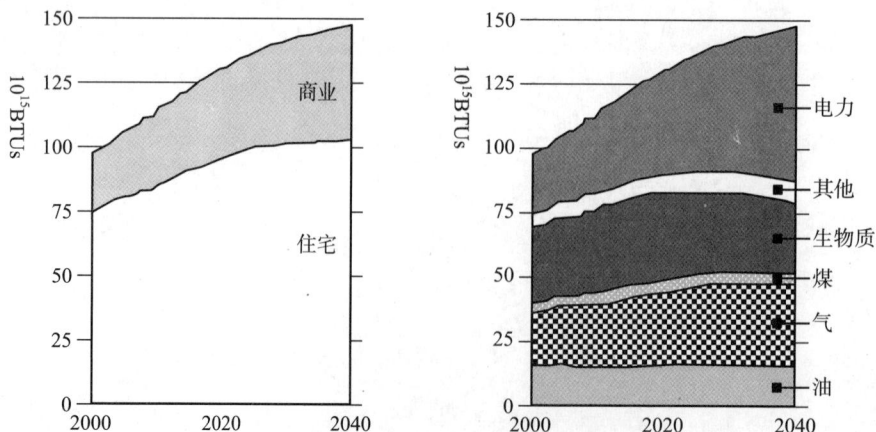

图 12-1　世界住宅/商业（产业）燃料需求和需求能源种类

（据：ExxonMobil. The Outlook for Energy：A view to 2040，p.12）

（2）我国能源需求形势依然严峻：上述埃克森公司涉及中国的预测结果说明未来近 30 年我国的能源需求压力仍不菅泰山压顶，一面需求猛增，一面资源告急。我国早几年因生产中能效较差，加上公众平均生活水平不高，基尼系数偏高，生活能源消耗占比较弱，因而在世界相关对比中处于生产需能遥遥领先状态（图 12 - 2）。随着生产能效迅速提高、生活能需急剧上扬，我国能源家给人足的消费水平不日即可与发达国家一争高下。

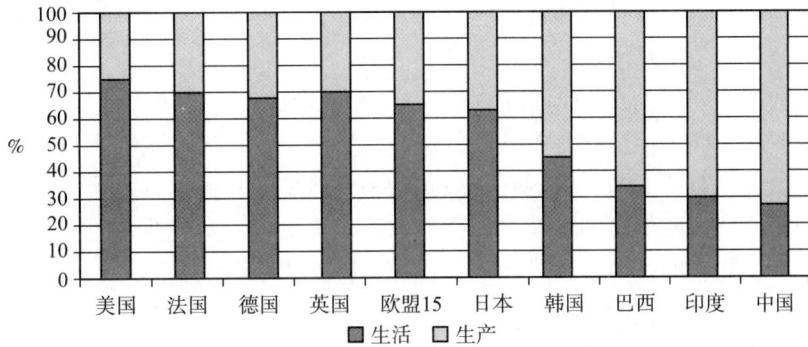

图 12 - 2　2008 年各国城市生产与生活能耗对比

（据：Enerdata's GlobalStat 数据库；或雷红鹏，庄贵阳，张楚. 把脉中国低碳城市发展——策略与方法. 中国环境科学出版社，2011 - 05）

言思及此，我们面临的气候变暖若主要咎由能耗失控的推涛作浪所致，则能否依靠全民优良的勤俭养廉文化传统、中华民族大无畏无坚不摧的果敢精神以及逢凶化吉的聪明才智赢得化险为夷？我们治理暗礁险滩、激励未雨绸缪，庶几能在气温升暖、气候反常、能源短缺、资源匮乏等厄运面前得以缓急相济。

然而，不无遗憾的是：我国国内生活消费市场规模与生产领域相比却有下滑趋势，即占 GDP 的比例呈现持续下落。国际货币基金（IMF）认为这一势头对扩大内需、保持经济增长速度不利，何况住宅消费滑坡尤甚（图 12 - 3），形成适当规模的住宅消费主体愈益被个别群体挤占的尴尬局面。须知住宅消费在"衣食住行"支出项目中占比从来是率马以骥的。发展生活消费的绿色 - 低碳化自然当从住宅大处落墨，否则岂不沦为"侈谈芝麻、忘却西瓜"了？

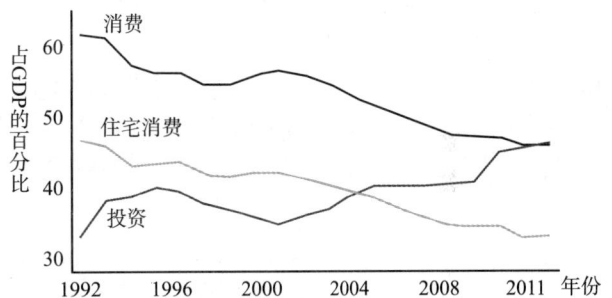

图 12 - 3 中国的国内消费需求

（据：IMF：China Economic Outlook，2012 - 02 改绘）

2. 勤俭持家　丰衣足食——

（1）绿色 - 低碳生活理念：在 25℃ 及标准气压下，1 吨 CO_2 的排放所占空间为 556m³。人们呼吸、取暖、开车排放尾气、乘坐飞机、用电等，都在排碳。据 IPCC 测算，2010 年中国全年人均碳排放量 2.7 吨，可折合成 CO_2 1501. 2 m³。同年美国全年人均排碳量高达 20 吨左右。

倡导绿色 - 低碳生活方式要求遵循"5R 原则"："Reduce"节约资源，减少污染；"Reevaluate"绿色生活，环保选购；"Reuse"重复使用，多次利用；"Recycle"分类回收，循环再生；"Rescue"保护自然，万物共存，也就是通过多种方式和渠道，积极鼓励居民自觉选择低碳消费，促进居民养成低碳消费习惯，在衣、食、住、行、用等方面减少浪费，实现更加健康、安全、符合大自然进化规律的生活节奏。因此，要从大处着眼，小处着手。节能是一点一滴节约积累的结果，环保是一时一地环境治理逐步推行的成果。古人云勤能补拙，俭以养廉，爱惜衣的一针一线、食的一黍一粟、住的一草一木、行的一山一水、用的一生一世，实质就在弘扬中华民族德厚流光、清廉正直的高尚品行。所以建设绿色 - 低碳社会，首先须做到爱护国土资源，热爱自然生态，积极保护生物多样，坚持参与环境绿化。唯如此，才能自强不息，厚德载物。"谁知盘中餐，粒粒皆辛苦"。在全国范围展开节约粮食运动，这是炎黄子孙重拾祖先教诲的现代化行动，值得大大褒扬。如章 3 所论，我国上下正在大刀阔斧防治土壤重金属污染，以便在生产端增产有利健康的粮食。节约了粮食，就是节约了能源消耗，就等于增加地球碳汇。我国 2001 年进口粮食占粮食消费总量的 6.2%，到 2012 年进口量已占 12.9%；2011 年进口粮食 990 万吨，到 2013 年进口粮食多达 2280 万吨，占全球粮食进口总量的 7%[12]。也许未来遭遇全球歉收年份时不得不压缩惹了不少祸的粮食酿酒和"计划外"的耗粮宠物。

（2）普及绿色－低碳消费前景：推动城市低碳消费的发展，首先要求改变人们的思维定式，使低碳消费方式变成人们的一种心境、一种价值观和一种自觉行动，以促进社会经济与生态环境和谐共生。低碳消费是人类深刻反思日益严重的环境污染所做出的崇尚自然、复归自然的理性选择，符合生态文明的价值取向及构建和谐社会的目标要求。在 CO_2 减排过程中广大民众拥有改变未来的力量。然而，在我国低碳消费作为一种全新的理念，尚不为民众普遍认知，这就宜借助引导时代主流价值观念和舆论渗透作用的各种媒体，如电视、网络、电影、广播、报刊特别是移动手机信息等进行单刀直入、沁人心脾的宣教，促请公众充分认识生活消费传统方式的良知良能、优劣取舍，建设绿色－低碳消费的社会环境和文化氛围，清除西风东渐带来的一切腐朽颓靡、得过且过的浪荡行为，藐视"炫耀消费"，淡化"奢侈消费"，戒绝铺张浪费、挥霍无度的败家子作风，人人自觉缩减个人生活中的碳排量。传媒是社会精英人物聚集所在，进行绿色－低碳消费宣教的同时，别忘了以身作则，首先清理自身的"高碳作为"；提供值得信赖而不是杜撰的宣传背景数据等。可惜个别城市里许多街头空地、山明水秀、绿草如茵的公园，唯绿色－低碳科普宣传常感不足。与其告示"严禁践踏草地，否则追究责任"，真的不如与人为善地标识"绿色就是生命"！

生活方式变化的影响力，不仅限于城市居民日常生活中的直接能源消费，还影响上游产品的能源消费和碳排放。通过影响消费者的行为，减少对高碳商品和服务的需求，可带动经济结构的优化。当前，在发达国家和我国台湾流行的产品"碳足迹"标识计划，就是旨在通过将产品全生命周期的碳排放以碳足迹的形式显示在产品包装上，既披露企业碳排放信息，又可引导消费者选择低碳产品，并反馈给企业以在必要时改进产品生产流程和保持产业链低碳化。由于碳标识计划需要对产品全生命周期的碳排放进行核算量化，需要大量的基础测算工作，通常更简单易行的低碳化商品消费是就近实行碳补偿或碳中和。例如购买更加耐用的产品、购买无污染的有机食品、不购买反季节食品等。其基本特点在于适当修正生活方式和消费习惯，引导生产和销售方式的变革。可见绿色－低碳生活方式是绿色－低碳经济的潜在影响力所在。生活和消费方式对碳排放的影响是本质性的，但对绿色－低碳生活方式的研究却显得相对薄弱。主要原因是低碳生活方式涵盖的内容非常广泛，包括文化素养、衣食住行、劳动分工、社会交往、人际关系、休闲娱乐、生老病死等诸多方面，千丝万缕，而研究对象却是南船北马、东海西山的公众。要形成全社会绿色－低碳氛围，做到家喻户晓、潜移默化，并非易事。城市管理中诸如激励举措、相关标准、管控力度、信息标识、培训宣教等政策工具仍在继续深入研究之中。

至于坊间流传的一些认识误区，如疑虑绿色－低碳化是否降低生活质量？是否有损于个人的"身份"、"社会地位"、"知名度"、"花容玉貌"？是否因此"被迫"告别玩物丧志的享受而屈就平民的粗衣粝食？甚至认为绿色－低碳化是大势所趋而不得不随波逐流，私下仍我行我素、顽梗不化，似乎节能环保、降碳抑暖干卿底事？这些错误认识已随着声势浩大的世界潮流纵深传渗而逐渐消弭隐退，绿色－低碳化的生活/消费方式逐渐深入人心的过程，相应起到顽廉懦立、海晏河清的积极效果。

3. 政府作为　如臂使指——

（1）绿色－低碳消费本质：绿色－低碳消费属于"公益型"消费，其健康、环保效用并不单独作用于消费者个人，而是作为一种正能量作用于其他人、组织和社会整体以及生态环境。组织绿色－低碳商品的生产一般需要较高的工艺成本，可能因此影响商品价格。此时政府须通过价格、税收、收费、补贴、奖惩等手段使低碳消费的"外溢"收益或高碳消费的环境成本内化，这样能平衡受推荐的绿色－低碳产品的市场竞争力，并能促使消费者的购买意向自觉向绿色－低碳产品倾斜。

（2）初步政策安排：一般说，法律政策主要对社会规范、态度、来自权威的反馈产生影响；经济政策对改变行为相关的投资决策有积极影响；信息交流政策有最广泛的作用，对意识、知识、态度和自我效能都可产生很强的激励。交流技巧和政策措施的配合使用可以放大或缩小政策影响。例如，面对面的交流与平等沟通对于传播新的消费方式或新的技术手段作用明显，而模范权威示范则会对价值观的改变产生积极影响。因此，政府政策指令与管控手段相结合；市场经济激励手段与产权明晰、税收倾斜、规费明了、补贴清晰、责任明确等相结合；评议认证专家队伍与教育培训和道义劝告手段相结合；组织侧向促进制衡方式（如相应的学会、协会、联合会等）与正面的政策执法/城管队伍/街道办/居委会/物业管理等相结合很有必要。

（3）倡导绿色–低碳消费活动：组织开展节能环保全民行动、全国节能宣传周、全国城市节水宣传周及世界环境日、世界地球日、世界气象日等宣传活动，加大资源环境国情宣传教育，提高公众节能环保意识，为树立绿色–低碳消费基本理念创造和谐社会环境。在每年发布的《中国零售业节能环保绿皮书》中，推进购销双方携手促进绿色–低碳发展。恢复我国商业系统早期那种用留言簿虚心征询顾客意见的优良作风，建立融洽的商家–顾客"绿色共同体"。

（4）坚持政府采购政策：2004 年，中国政府开始实施节能产品优先采购政策；2007 年，建立了政府强制采购节能产品制度。到 2010 年，共发布 8 期节能产品政府采购清单，605 家企业的 26671 个型号、28 种产品纳入了节能产品政府采购清单。政府和民间的节能产品采购行为引导企业生产节能产品，形成了消费引导生产、生产紧跟消费的良性互动。中国政府已从 2012 年开始，通过 3~5 年时间在全国培育和形成上千家零售业节能环保示范企业。

（5）实施标准、认证和能效标识制度：中国不断完善能源效率强制性国家标准体系，已颁布实施数十项能效国家标准，涵盖家用和商用耗能设备。以此为基础，实施节能和环保产品认证以及能效标识制度，增强了消费者选购、使用节能产品的意愿。实施能效标识制度后的 2011 年，已累计节电 2300 多亿 kWh，间接使老百姓节约电费 1000 多亿元，取得了节约能源、引导消费的显著效果。

（6）实施节能产品惠民工程：2009 年 6 月，中国开始组织实施"节能产品惠民工程"，以财政补贴方式推广高效节能产品。截至 2010 年年底，中央财政共安排 160 多亿元，推广高效节能空调 3400 多万台、节能汽车 100 多万辆、节能灯管 3.6 亿多只。据初步测算，直接拉动消费需求 1200 多亿元，实现年节电 225 亿 kWh、节油 30 万吨、减排 CO_2 超过 1400 万吨。

4. 公职人员 责有攸归——在贯彻国民经济和社会的绿色–低碳战略部署的同时，作为指挥全局运作的政府部门公职人员务必在引导公众奔向绿色–低碳未来的战略征途中做到如下三点行为规范，亦即必须身体力行、信守不渝的纪律：

（1）作为政府工作人员参与绿色–低碳即节能环保管理时，始终把自己当作为人民服务的战士，管理是通过服务实现的！通过服务，才能与公众呼吸相通、爱憎相得。

（2）以身作则引领低碳消费，行政职能部门应推出低碳消费行为规范，机关事业单位均宜争当节能、节水、节公车油耗的典范。回忆前些年，如北京市建委和发改委能源审计公示数据令人至今心有余悸："2006 年 11 月至 2007 年 10 月，20 个国家机关的 36 栋建筑，政府公务人员人均年耗电量 3072.5kWh，是北京市居民人均用电量的 7 倍"。

（3）承担社会经济绿色–低碳化的义务宣传员，言行一致，与周围的企业、事业单位、学生和居民个体打成一片、出谋划策或宣讲其中要害问题、或讨论因时/因地制宜的有效举措。

12–1–2 构造绿色–低碳社会 人人格物致知

宣传绿色–低碳化各种有效举措和趋势，普遍采用简单的算术运算方式得出某些现代生活方式的排碳后果，可以假定某个人口集中的群体同时采取低碳措施的效果，然后再推而广之得出警世结论。例如某大学的学生全部不用一次性纸巾改用手帕，节能环保效果明显，推广到全国大学生均用同一方式节能环保，则效果震天动地[3,4]。可是实际上并不可能出现这种万众一心的局面，所以只能用来"纸上谈绿"而已。以下据 IPCC 的 2007 年低碳发展报告、2008 年 6 月 UNEP 对个人低碳生活方式提出若干具体建议的报告以及我国台湾学者和国内知名学者针对衣食住行用各自提出的相关真知灼见，结合作者本人的部分体会，分门别类结合实际作出如下刍荛之议：

1. 绿色－低碳"衣"——

（1）穿着：衣服平均 1 件碳足迹≈5.7kg；穿着适宜的应季服装可以减少空调使用达到节能效果。因年龄或居地变更淘汰的旧衣服有机会时彻底清洗后资助穷人以履行碳补偿。长期不穿戴的衣着用品包括被褥床单衣帽围脖鞋袜等建议免费送往慈善机构集中清理周济穷苦弱势人群，对节约资源和推进社会绿色－低碳化起到和衷共济效果。用过的面膜纸也不要扔掉，用它来擦首饰、擦家具的表面或者擦皮带，不仅擦得亮，还能留下面膜纸的香气。

（2）清洗：洗衣粉平均 1kg≈0.68kg 碳；常用或多用洗衣粉对健康不利；夏季衣少而薄，多用手洗；可推广使用川湘赣等地盛产的植物山茶在榨油后的茶饼加工品，俗称"茶枯"；或者民间习用的乔木皂荚所结荚果。大西北干燥地区衣物常年均可自然晾干，避免使用滚筒式干衣机。洗衣机在同样长的洗涤时间里，弱档工作时，电动机启动次数较多，使用强档反而比弱档省电，且可延长洗衣机的寿命。按转速1680 转/分（只适用涡轮式）脱水 1 分钟计算，脱水率可达55％。一般脱水不超过 3 分钟。再延长脱水时间收效甚微。

（3）疑虑：UNEP 建议不用洗衣机甩干衣服，而令其自然晾干，可减少 CO_2 排放量 2.3kg；但在东南海滨地区常年湿度接近 95％或更高，衣物洗后难干，不如先用头档甩干后再进烘箱。生产洗衣机最后甩干程序为何不能根据环境温度和湿度加以调节？不用水而用超声波的洗衣机是否能满足低碳要求？洗衣机清洗阶段排出的水二次利用机制不在洗衣机机构设计考虑之内吗？

有人建议将废旧报纸铺垫在衣橱的最底层，不仅可以吸潮，还能吸收衣柜中的异味。须知报纸印刷油墨富含对健康不利成分，彩印附带的有害成分更多，宜慎用。

2. 绿色－低碳"食"——

（1）饮食：须全面加强以低碳饮食为主导的科学膳食平衡。低碳饮食，就是低碳的碳水化合物，主要注重限制碳水化合物的消耗量，增加蛋白质和脂肪的摄入量。目前我国国民的日常饮食，是以大米小麦等粮食作物为主的生产形式和"南米北面"的饮食结构。而低碳饮食可以控制人体血糖的剧烈变化，从而提高人体的抗氧化能力，抑制自由基的产生，长期使用有保持体型、强健体魄、预防疾病、减缓衰老等功效。节约粮食，鼓励发展快餐业，提倡分餐制，推进以中央厨房为主的集中生产、统一配送，建立健全餐饮服务标准等行规行约，丰富菜品设计规格。建立健康生活方式：自己种植蔬果，健康安全又环保；健康饮食，多吃蔬果少吃肉。

消费量等价的碳排放量是：粮食 1kg≈$CO_2$0.8kg，节约粮食 1kg，等于节约 0.18kg 标煤，对应减排 $CO_2$0.47kg；白酒 1kg≈$CO_2$1.76kg，啤酒 1 瓶≈$CO_2$0.22kg；煮咖啡两杯≈0.01kg。红肉不利健康：1 头牛年约排放 $CO_2$117kg、1 只羊 1 年排 $CO_2$7kg。1kg 牛肉，约相当排放 $CO_2$36.5kg；果蔬只有其排碳量的 1/9。一个人以红肉为主食的话，年均排 $CO_2$4851kg；白肉年均排 $CO_2$1052kg；素食则年均排 742kg 左右。号召远离汉堡包[8] 不过是为了减少目前全球 15 亿头牛和 17 亿只羊带来的高能耗、高污染和高生态负担。

不买非当季蔬果，因过季蔬果已耗损过多冷藏能源，碳足迹大而新鲜度大打折扣，不利健康。

（2）操作：少用或不用一次性餐具、一次性木筷子（我国从 2005 年开始，限制一次性筷子的生产、流通和使用）。从 2006 年起对木制一次性筷子征收 5％的消费税。若广泛使用一次性木筷子将消耗大量绿色碳汇资源。经测算，免洗竹筷每双等价排放 $CO_2$0.05kg；一次性木筷若全国年减 30％用量，相当于约削减 CO_2 排放 31 万吨。我国每年一次性卫生筷的使用量在 450 亿双左右，消耗的木材为 166 万 m^3，仅此一项就造成 2500 万棵树龄为 20 年的大树被砍伐。实际上将使用过的一次性筷子可作生产再生纸的原料，据统计，3 双一次性筷子可造一张 A4 纸。

餐馆用餐后提倡"光盘"节约饮食资源，获得全国上下普遍赞许和响应。

所谓百哩饮食：据 World Watch 组织调查，北美居民佐餐的食物，许多来自 1500 英里（2400km）以外。每 kg 樱桃从南美洲智利运到广州，运输中约排放 $CO_2$5.91kg。2005 年 3 月，加拿大的史密丝（Alisa

Smith）和麦金诺（J. B. MacKinnon）发起"百哩饮食"运动，即绝大部分饮食限于来自方圆 100 英里以内的本地食物，为的是保证饮食本身的绿色 - 低碳水平，降低运输能耗。

制造 1 升 PET 瓶的瓶身，就须耗掉 0.16125kg 的石油以及 7.36kg 的水，并约排放 93 克的 GHG。据统计，饮水机每天真正使用的时间约 9 个小时，其他时间基本闲置，近 2/3 的用电量因此被白白浪费掉。在饮水机闲置时关掉电源，每台每年节电约 366kWh。那么全国保有的约 4000 万台饮水机每年可节电约 145 亿 kWh，减排 $CO_2$1405 万吨。

冰箱内存放食物的量以占容积的 80% 为宜，放得过多或过少，均费电。食品之间、食品与冰箱之间应留有约 10 毫米以上的空隙。用数个塑料盒盛水，在冷冻室制成冰后放入冷藏室，能补偿开机取物时间所耗电能。

（3）加工：使用少油少盐少加工的烹饪方法。淘米水可用来浇花、可代替"洗洁精"清洗碗筷油腻。

科学使用微波炉：较干的食品加水后搅拌均匀，加热前用聚丙烯保鲜膜覆盖或者包好，或使用有盖的耐热的玻璃器皿加热。炒菜开动抽油烟机，炒完后应随手关机，每天少转 10 分钟，1 年能省电 12kWh。每次加热或烹调的食品以不超过 0.5kg 为宜，最好切成小块，量多时应分时段加热，中间加以搅拌。并尽可能使用高档。为减少解冻食品时开关微波炉的次数，可预先将食品从冰箱冷冻室移入冷藏室，慢慢解冻，这样的附带效益是能充分利用冷冻食品本身的致冷能量。

（4）安全：推行科学简易检测食品毒性方法（旧法试测银筷是否变黑，靠不住）、对过敏性体质慎共用相克食品（鳖与苋菜、花生与葵花籽等）或营养互碍食品（红白萝卜）等；对个别"生猛海鲜"过敏者宜慎用。每出一次事故，节能环保成效前功尽弃。河豚的卵巢、血液、肝脏可能有剧毒；野生有毒植物如毒蝇蕈等，须告诫可能误食。

超市中捆绑蔬菜的胶带，化学物质会残留在蔬菜上，可能伤害肝肾甚至致癌；过高温度长时炒菜易释放致癌物丙烯酰胺；存放过久的蔬菜易生成对人体有害的过量亚硝酸盐[12]。

浙江永康顺通电器厂生产的"绿霸食物垃圾处理器"能有效清理冲洗下水道中食物残渣。经过物理性粉碎后不致产生二次污染和异味[2]。

（5）疑虑：

①条件不足：主张购买本地、季节性食品，但商家很少提供原产地信息；

②实现困难：各方专家建议用手帕代替餐巾纸，因造纸木浆来自经济林木材，主要来源于太阳能光合作用产物；而手帕原料来自矮小的棉花，也是太阳能光合作用产物，也许部分厂家还参进部分化纤，则更多消耗的能源原料乃是由石油加工而来的乙烯经过复杂石化流程获得的聚氯乙烯或聚乙烯等原料。何况手帕需天天勤洗勤晒，水、皂、消毒液、人工等集中作祟，其耗碳规模和耗用资源量远比餐巾纸为甚。

③利弊矛盾：多个文献主张不吃口香糖？咀嚼口香糖有利护牙和清爽口气，还能控制体重和有助消化，尤其有增强记忆力之功效（见《科技日报》2014 - 03 - 24 骑缝）。是否认为口香糖不利节能环保？吐渣污染环境？则须权衡轻重、强调文明咀嚼行为。

④有人建议：煮米饭提前淘米并浸泡 10 分钟，然后再用电饭锅煮，可大大缩短煮熟时间，节电约 10%。每户每年可因此省电 4.5kWh，减少 CO_2 排放 4.3kg。可是：籼稻米在浸泡 10 分钟后往往谷物香味顿逝。故此法可试用于粳稻米。

⑤淘米水可以用来洗手、用来擦洗家具，干净卫生，自然滋润？但经试用后不能节水，因事后仍需用更多清水抹洗，得不偿失。

⑥喝过的茶叶渣，晒干后用做茶叶枕头，舒适和帮助改善睡眠？但效果不明显，且费力费时，对节能减排裨益不大。

⑦少喝瓶装水以利节能环保，但旅行、大型会议有时只能供应瓶装水。

⑧取消一次性餐具，若传染病流行怎么办？只好寄望于一般餐具现场"彻底消毒"！

3. 绿色 - 低碳"住"——

（1）条件：居住面积宜大小适中，便于环保清扫，有利节能、节电、节水，以减少 CO_2 排放。

全国人均住房面积为27m²，3口之家的住房面积在81 m²左右，如果采用集中供暖，1年所排CO_2为3859.65kg；1年用电量估计为2000kWh，所排CO_2为1570kg；1年使用煤气估计1500 m³，所排CO_2为1065kg。仅是家居这几项，1个3口之家1年就排放 $CO_2$6494.65kg，如果是新购物业，装修的碳排放更多。

室内布置应根据客观条件，尽可能提供自然通风、足够采光，以减少使用风扇、空调及照明的频率。整个建筑的能量损失有约50%在门窗幕墙上。中空玻璃不仅把热浪、寒潮挡在室外，还隔绝噪音，降低能耗。纤维石膏板是一种暖性材料，热收缩率小，保温隔热性能好，并具呼吸功能，能调节室内空气湿度。就节约建材、节能节电、碳排放量和建造/使用成本等指标论，小户型均优于大户型。

南方朝南向阳而使用大面积玻璃门隔开阳台时，可在玻璃上贴附一层防红外辐射的塑胶层，可以阻断约30%～45%的太阳热辐射，减少空调开机时间。

（2）设施：保持室内什物简洁规整，做到条理分明、有条不紊，可以促成凉爽惬意的时空快感，清新空气通畅，减少耗能设施使用，提高生活质量。

空调启动瞬间电流较大，频繁开关相当费电，且易损坏压缩机。关机后须等待5分钟才能再次启动。将风扇放在空调内机下方，利用风扇风力提高制冷效果。晚入睡空调使用一段时间后关闭，接着开电扇，可以不用整夜开空调，省电近50%。安装美的牌1马力空调，据称通宵开启仅耗电1kWh。空调在除湿模式工作时亦能贻人凉爽之感，比制冷模式省电；在墙壁加装隔热层，可节约室内空调用电量的35%。

（3）节能减排：家用电热水器应加装隔热装置，热水导管需加保温套。冲澡改用节水型莲蓬头，不仅可以节水，减少冲澡时间，还可以把3分钟热水沐浴所导致的CO_2排放量减少一半；电动牙刷用传统牙刷替代，可减少CO_2排放量48g。要普及推广绿色照明，加大在公共建筑推广节能照明技术力度，提高公共建筑照明自动控制水平，安装节能灯替代旧白炽灯泡。如以家用电器通电1小时计算排碳量，则排风扇排CO_2：0.0207kg；除湿机排0.19665kg；电暖器排0.414kg；电扇排0.04554 kg；节能灯0.01173 kg；日光灯（20w）排0.01725 kg；普通灯泡60W排0.0414 kg，100W白炽灯泡全年耗电876kWh，节能灯泡全年仅耗201.5 kWh，而LED则更少（详见第5章）。

（4）安全：建议在高楼平顶上栽树绿化（？）和安装太阳能光伏热电联供，须虑及楼顶的设施安装，特别是储水池、中央空调的排风机和大面积太阳电池板、水管结构设计、电路布线、对紧靠房顶住户的采光和机构安全影响。特别当利用雨水的构造出现故障时有可能侵蚀近顶多层住户。在楼间空地栽种乔木须虑及底层住户的采光和交通问题等。特别是中等以上大或特大城市的楼宇鳞次栉比、檐牙高啄，楼顶绿帽的左支右绌、互不相容，尤其衍生安全隐患，殊不足取。

（5）疑虑：有人建议加厚天花板达18cm，可减少25%的散热。但须考虑该项装修的耗能量和可持续性，并须通过建设管理部门认可。

门窗缝隙加装挡风条板，防止室内热量流失。这要因地制宜，有条件而为之。

建议使用双键马桶以节约用水。但目前双键马桶能有效使用者太少。先用水洗手，随后将洗手水冲洗马桶做到一水二用，但具有这一用水功能的马桶宛如凤毛麟角；建议不用电动牙刷，何不禁止这些能耗大又无足轻重的产品生产和进口？建议取消洗浴盆堂，全用淋浴，那么残疾人、老年人、童稚幼小怎么办？凡是绿色－低碳化建议，不可忘记社会和谐！

4. 绿色－低碳"行"——

（1）常规：汽车消费对选择交通方式的影响极大，美英等国因公交不旺，私车被锁定在首选出行方式上，但一般并非为了炫耀代步，而在工作守时提效、诚信为怀。我国因人口密集而城规道路偏窄，公交系统比较发达，一旦居民出行依托从公交转入私车，如不采用高智能水平的城乡交通系统，鼓励推动建起"公主私辅"的出行模式，就会很难避免高峰拥堵，甚至诱发交通事故。交通的人—车—路系统优化已在第11章讨论过，管制车辆运输方向宜尽可能避免左转弯，因汽车等待左转时能耗更大[8]。

开车族如果能做到以下几点，也可让驾驶变得更为"绿色"：避免冷车启动、减少怠速时间、尽量避免突然变速、选择合适档位、避免低档跑高速、用黏度最低的润滑油、定期更换机油、高速驾驶时不要开窗、轮胎气压适当。科学用车，注意保养。

建议选购低价、低油耗、低污染，同时安全系数不断提高的小排量混合动力汽车。

开私车不如改乘公交车，除非上班高峰时段公汽或地铁拥挤得犹如"冲锋陷阵"：开轿车 1km 排碳 0.22kg（按人均计每百 km 约 13kg，乘火车人均每百 km 约 1.1kg[45]），公交车 1km 平均 0.08～0.14kg，若距离 8km，则减碳排 1.12kg。

每月少开 1 天车，每车每年可节油 44 升，相应减 $CO_2$98kg。若某省有 1248 万辆私人轿车车主都做到，每年可节油约 5.54 亿升，减排 $CO_2$122 万吨。

1 辆电动自行车替代摩托车年均可减少 CO_2 排放 475.43kg，若全国有 1.2 亿辆电动自行车替代摩托车，形成的减排 CO_2 总量为 5705 万吨，其减排效果等效于 2009 年中国全部轿车的碳排放、等效于全球有 5175 万辆电动汽车替代传统汽车、等效于全球有 1.24 亿辆普通轿车已经成为绿色的混合动力汽车。一辆每年行程 2 万 km 的汽车释放 $CO_2$2 吨。发动机每耗用 1 升燃料，释放 $CO_2$2.5kg；用飞机运输 1 吨进口水果，飞行里程 1 万 km，排放 CO_2 量为 3.2 吨。

（2）健康：要鼓励绿色出行，建立可持续性的公共交通模式，绿色出行是指在人们外出时，尽可能选择高效利用能源和交通资源、少排放污染物、有益健康的出行方式，比如骑自行车，少开车，根据实际需要选择出行方式，尽量使用公共交通。把在电动跑步机上 45 分钟锻炼改为到附近公园慢跑，可以减少将近 1kg 的 CO_2 排放量；老弱妇孺亦可采取散步方式，残疾人用轮椅代步。要坚持公交车站排队上车；反对挤车横冲直闯、避免挤伤碰伤；坚决打击流氓趁机凌辱妇女、城狐社鼠趁机暗扒明抢、蛇蝎虎狼趁机侵犯执勤司机，等等。出行安全第一，否则若人们视公交为畏途，势必使整体能耗和环境污染回升，不啻为渊驱鱼，为丛驱雀。注意开车时根据环境状况开启车窗自然通风，但须首先保证安全。

（3）疑虑：耗用 1 升汽油排 CO_2：2.24kg，用 1 升柴油排 CO_2：2.7kg；轿车排 CO_2：油耗升数 × 2.7kg。另一对汽车运输的计算规范是：捷运排 CO_2 量 1km 0.07kg；公交车排 CO_2 量 1km 0.08kg；轿车排 CO_2 量 1km 0.22kg。

飞机航程 200km 以内：排 CO_2 量 ≈ km 数 × 0.275kg；200～1000km：排 CO_2 量 ≈ 55 + 0.105 ×（航程 - 200）kg；1000km 以上：排 CO_2 量 ≈ 航程 × 0.139kg。

高楼的 3 层楼内可减少电梯使用：每层电梯排 CO_2 量 ≈ 0.218kg。

以上数据均未考虑油质、机型、时空条件。例如公汽放空行驶与满载行车的碳排量显然不能相提并论。

全国车市销量增长最快的是豪华车，其中高档大排量的宝马进口车 2010 年同比增长 82% 以上，大排量的多功能运动车 SUV 同比增长 48.8%。可是不少发达国家家庭普遍愿意使用节能的小型汽车、小排量汽车[3]。

提倡减少商品从产地到销售地的运输距离、商店选址尽量靠近居民区以降低碳排放，这个建议由谁来执行？城市生活多用步行代替乘车则损失的时间如何补偿？上班迟到怎么办？

5. 绿色 - 低碳"用"——

（1）常用：交换、捐赠、改造、回收、利用废弃、陈旧物品，分类处理生活垃圾。

节约用水用能，提倡一水多用，公寓、小区建立中水系统；家用电器不待机使用；洗热水澡 15 分钟（碳排 0.42kg）、吹头发 5 分钟（碳排 0.036kg）。不要一面刷牙，一面任自来水白白流着，要节约用水啊[13]。

（2）俭行：按预算、计划适度购物消费，杜绝浪费；健忘的人，每次出门养成用纸条记事的习惯，避免徒劳往返增加能耗。

一般生产塑料袋的原料聚乙烯等，自然分解时间约 400～1000 年，能使海龟、幼鸟窒息。大多数人每年平均用 167 个塑料袋[9]；全球每年至少有 500 亿只塑料袋四处流散，仅 3% 被回收[8]。因此，必须限制产销和使用塑料购物袋。2007 年，中国政府印发了《关于限制生产销售使用塑料购物袋的通知》，称为中国"限塑令"，在国际社会引起很大反响。据初步统计，"限塑令"实施 3 年，全国主要商品零售场所塑料购物袋年使用量减少 240 亿个以上；累计减少塑料消耗 60 万吨，相当于节油 360 万吨，折合标煤 500 多万吨，减少 CO_2 排放 1000 多万吨。（大多数超市备用塑料袋颇丰，消费者花钱买袋渐成时尚，充盈了商家口袋）。

实施强制回收。在《循环经济促进法》中规定了产品或者包装物的强制回收制度。塑料袋：100 个 = 0.01kg CO_2。少用 1 个塑料袋可节能约 0.04 克标煤，相应减排碳 0.1 克，如果全国减少 10% 的塑料袋使用量，每年相当节约 1.2 万吨标煤，碳减排 3.1 万吨。

用电：1kWh = 0.785kg CO_2；用水：1kg = 0.91kg CO_2；用天然气：1kg = 0.19kg CO_2。家居用煤电平均：1kWhx0.785 = 0.785kg CO_2 实际新能源发电的碳排少得多。家用天然气对应排 CO_2 量：行度 x "排碳强度系数" 0.19kg；液化石油气对应排 CO_2 量：行度 x "排碳强度系数" 0.21kg。家用自来水：生产 1 吨自来水耗电 0.67~1.15kWh，对应排 CO_2 量：自来水表行度 x0.91kg。生活用水尽可能循环利用。

（3）奢侈：减少使用过度包装物，不买过度包装的物品；很多商品都存在着过度包装的情况，很浪费很不环保。在日常购物时，减少购买过度包装的商品，可大大节约能源。1kg 包装纸，耗能约 1.3kg 标准煤，排放 $CO_2$3.5kg。如果全国每年减少 10% 的包装纸用量，则可节煤约 120 万吨，减排 $CO_2$312 万吨。

（4）疑虑：用传统的发条式闹钟替代电子钟，每天约减少 CO_2 排放量48g？可是发条式闹钟不但比电子钟贵许多，且生产闹钟发条所用珍贵合金远比电子钟所用微量电子材料多许多，有乖资源节约初衷，亦离绿色－低碳消费远甚，何况每天还要多个上发条任务。

须知生产塑料袋的能耗比生产纸袋低 40%，产生固体垃圾少 80%，回收 1kg 塑料比回收 1kg 纸所需能量少 90%[9]。所以限塑而改用纸袋是不明智的。限塑而提倡使用 "时尚" 的 "环保袋" 则更需斟酌。因为对 "环保袋" 的规范并无限制，谁能说清楚其 "时尚" 几何？排碳几何？现在坊间流行的环保袋大都富含化纤，成本不菲，碳足迹不小，碳源仍然是石油，且单件所耗远高于薄而轻的塑料袋！与其限塑，不如禁止不能环境降解的塑料袋生产，正如原来环境污染严重的一次性塑料饭盒和餐具等现已卓有成效地实现了环境可降解改造。限制高化纤环保袋生产，势在必行。环保学家推荐用大麻纤维或有机棉制造购物袋，生产时可降低有害污染物排放，且可反复使用[9]。

6. 绿色－低碳文化生活——提倡办公多用电子邮件、MSN、QQ、微博、微信等即时通信工具，少用打印机和传真机。如果全国的机关、学校、企业都采用电子办公，每年减少的纸张消耗在 100 万吨以上，节省造纸所消耗的能源达 100 多万吨标煤。要集中回收废旧电子产品以提高节能环保水平。建议合理使用纸张，如不影响阅读功能，最好双面打印。

电脑使用 1 年间接排放 $CO_2$10.5kg；午餐休息时间和下班后关闭电脑及显示器，这样做除省电外还可以将这些电器的 CO_2 排放量减少 1/3；短时间不用电脑可启用 "睡眠" 模式，能耗可下降 50% 以上；关掉不用的程序和音箱、打印机等外围设备；少让硬盘、软盘、光盘同时工作；适当降低显示器的亮度。用笔记本电脑时，尽量不使用外接设备；关闭暂不使用的设备和接口；关闭屏幕保护程序；合理选择关机方式：需要立即恢复时采用 "待机"、电池运用选 "睡眠"、长时间不用选 "关机"；电池运用时，在 Windows XP 背景下，通过 Speed Step 技术，CPU 自动降频，功耗可降低 40%。

手机一旦充电完成，立即拔掉充电插头，但需手机制造者提供充电完成的音响信号。

对于城市政府和公共管理部门来说，办公环境和办公过程应该全面贯彻低碳消费模式。例如，提倡 "无纸化" 办公，提倡使用节能照明，限制空调开放的时间和温度等。我们提倡城市政府和公共管理部门要当好城市低碳消费典范，并非少消费或者不消费，而是应当在保证办公效率的前提下，用低碳消费方式替代高碳，亦即以生态文明促绿色办公[77]。

发展网上银行和网上结算、支付，以节约纸张和中间能耗。

办公室内种植一些净化空气的植物，如芦荟、龟背竹、仙人球/掌等，可大剂量吸收甲醛等有害 GHG，也能分解复印机、打印机排出的苯，万一家有烟民还能吸收尼古丁。

7. 其他——1 天少抽 1 支烟，每人每年可节能约 0.14kg 标煤，相应减排 $CO_2$0.37kg。全国以 3.5 亿烟民计算，每年可节能 5 万吨标煤，减排 $CO_2$13 万吨。传媒介绍统计结果，说烟民仅 3% 能靠意志戒烟而无反复。事实上，中国烟民中靠无产阶级政治觉悟和坚强意志戒烟者大有人在！

超市耗电量的70%用于冷柜，而敞开式冷柜电耗比玻璃门冰柜高出20%。由此推算，一家中型超市敞开式冷柜1年多耗电约4.8万kWh，相当于多耗约19吨标煤，多排放约48吨CO_2，多耗约19万升净水。

合理回收城市生活垃圾；夜间及时熄灭户外景观灯；在农村推广沼气；积极参加全民植树等，都是为全局性绿色-低碳化社会大厦添砖送瓦之举。也可以采取碳补偿的方法以找赎个人排碳行为对地球大气变暖造成不利影响的"将功补过"自我修复行为。例如捐资给专门机构，用来植树或投资其他减排项目，以抵消自己CO_2排放量。积极参加植树、积极举报破坏环境罪行、积极参与节能项目研发和建设等，都有弥补碳排"过失"的正能量效果。

最值得重点推行绿色-低碳文明行为的，莫过于广义的人生"游玩"，即旅游，其中涉及离家接受社会化服务的交通、住宿、餐饮等需事事处处表现文明行为，详见12-4节。

8. 绿色-低碳化盆栽植物——环境须净化，也需要美化，最好两全其美。可盆育芦荟、吊兰、绿萝、红豆杉、棕竹、常春藤、君子兰、文竹等有益改善环境的观赏植物。

12-2 绿色低碳节能环保 智能家电舒畅身心

12-2-1 绿色-低碳-智能产品联袂而至

1. 源头产品绿色-低碳化——上节主要讨论消费端绿色-低碳生活方式的嫌荐消长，但发展绿色-低碳经济、维持生态平衡的重中之重，必须从源头上虑及生产-销售一方的节能环保贡献，提高企业对消费者"绿色"需求的正确估计，多生产货真价实的绿色-低碳产品，从源头上降低碳排水平，把节能环保行为的重点放在产品质量上[10]。有人认为生产端大幅度降低能耗的空间有限[5]，但生产节能环保成品的潜力仍待挖掘。例如：

（1）玻璃生产能耗比有色金属更多。制造一个玻璃容器比制造一个铝材料容器多耗能40%；使用回收材料制造时，玻璃能耗甚至超出2000%[1]。

（2）非金属半导体材料碳纤维通过远红外线发热，热转换效率高达98%以上，比普通电暖器节能50%，比加热空调节能80%，免除了电磁波辐射。北京中科联众科技公司生产的碳纤维地暖是满足绿色-低碳要求的理想采暖产品[2]。

2. 节能环保产品丰富多彩——

（1）节能微波炉：如2010年格兰仕微波炉已将能效提升10%～25%，其一级能效微波炉的能耗较前降低67%[31]。

（2）绿色洗衣机：早几年，海尔等国内外企业已纷纷推出通过超声波、电磁波、活性氧、臭氧和负离子等去污方式而革除洗衣粉的"洗衣机"，以及靠调控适配的湿度和空气流而不用水的"洗衣机"[18,24]。目前国内洗衣机市场的特点是：专利集中在海尔一家，滚筒洗衣机和高档次波轮洗衣机全部采用变频技术，节能效果十分明显。海尔洗衣机早在2009年已跃居世界市场份额的首位。但随着淘汰落后产能、提高产品环保素质声浪加急，有关洗衣机的节能环保即绿色-低碳水平不断提高的同时，理应关切生态和谐问题，即亟须研究确认节能幅度和人本化绿色水平，特别是价格所反映的成本推知制备附属设施的碳足迹颇高。其次，要满足个性化要求，现有的不论用水与否的洗衣机，其结构设计和操作档次设定仍宜多向用户——尤其是聪慧过人的家庭妇女征求使用方面的意见和建议，问题的目标在于洗衣机个性化基础上的智能化发展[21]。

（3）空调智能化：近年来空调技术更新捷报频传，变频技术渗入空调企业后，专利申请如雨后春笋，模式花样翻新，不一而足。例如，最先推出利用用电峰谷差别的蓄能空调，未变空调本身致冷制式却能通过低谷时段蓄能如冰箱冷冻，再在用电高峰时释放出来达到节电效果[17]。当然，真正要达到实质性空调智能化需要变革压缩技术、变频技术，推进云服务技术在空调系统中的应用。2012 年末，格力电器颠覆性创新推出能效高耗电少的双级压缩 1 赫兹变频空调，冬季制热温度最高可提升 40% 以上，室外温度 -20℃时出风口可达 50℃；室外温度 54℃，致冷量比常规空调提升 25%。一台 1.5 匹格力 1 赫兹变频空调一年节电 471kWh[17↓]。几乎同一时间，海尔抛出新一代磁悬浮轴承离心压缩机的中央空调，其节能环保效果处于全球领先地位。这是继海尔于 2006 年研发我国首台磁悬浮中央空调、2009 年开发第二代磁悬浮中央空调、2010 年推出我国首台风冷磁悬浮中央空调和 2011 年全球首台地源热泵磁悬浮中央空调之后为"中国智造"贡献的又一惊世创新之作。按我国公共大楼面积 12 亿 m^2 计，若全用磁悬浮中央空调，一年可节约制冷电耗 322 亿 kWh，相当于节约 1300 万吨标煤[23]。将家中空调与信息网络相联，接受云空调服务，在调定消费端需求基础上，借助大数据筛选和分析，实现空调与环境特点和用户需求的实时云服务调控，让空调始终处于最佳最吻合实际的理想状态，包括出现故障时及时进入智能化修复捷径。估计这种具有颠覆性商业行为的云空调运作模式能在不远的将来全面铺开[24]。有人断言智能化空调将改变传统空调业，全年空调使用频次较高的珠三角和长三角早已在移宫换羽了[17]。

（4）感应式冰箱：青岛海尔出奇制胜，2014 年推出感应式对开门冰箱。人走近冰箱，人感互动功能启动；环境光照亮度变化时，光感调节启动；冰箱靠本机自感变频已维持最佳运行状态，达到节能、降噪效果[15]。不过，可能冰箱价格稍高，且不宜用于儿童可触摸处。

3. 智能电视和云电视——

（1）互联网液晶电视异军突起：2010 年冬，一个划时代的 TV 变革劈头盖脸而来，令世人惊喜交集。先是谷歌 TV 和苹果 TV 诞生，紧接着互联网电视于 2010 年底上升为智能电视（Smart TV）。智能电视终端应用操作系统与芯片，拥有开放式应用平台，可实现双向人机交互功能。通过自主安装应用程序实现指定功能和增值服务；借助三网介入、3C 融合以满足多样化和个性化诉求[26]。实际上，没有多久，智能电视已经从概念构造转入产品实战，比盘旋了 3 年的 3D 电视市场化快得多。虽然智能电视的硬件功夫足可与电脑媲美，如高速处理芯片与电脑和手机实现互联互通和信息共享，但智能电视毕竟是基于家庭娱乐的共享平台，能吸引消费者的抓手是电影、连续剧、动漫、音乐、游戏、交流互动信息等，这就需要配备更加强有力的操作系统、自由浏览互联网、具强力音视频下载功能和支持新应用模式的软件，像苹果公司推出移动领域的 iPhone 和 iPad 一样地进入智能电视领域。从这一理念出发，2011 年世界电子界巨头除苹果外的韩国三星、LG 以及我国的联想、华为在智能电视和智能手机领域展开了一场软件角逐[35]。

互联网电视应用日益成熟，IPTV 用户和基于有线电视的互联网电视用户均在急剧攀升。赛迪智库估计互联网电视语音识别、电视社交和多屏互动等应用日趋规范化，2013 年全球 IPTV 用户可能已超过 2200 万。人们期待更顺畅地融合有线电视和网络内容，更智慧化的电视电脑互联网的有机结合成为可能[20]。人机互动、4K 分辨率、OLED 显示技术和更贴近用户需求的智能电视将会接踵而来[25,30]。

（2）云电视发展前景万紫千红：未来智能电视竞争的焦点依然是：本土化、人性化、担当强有力信息库/数据库的芯片大数据分析处理能力的云应用服务模式，在线医疗、广延游戏平台、成为在家培育后起之秀的大规模开放式网络课程（慕课－MOOC）与电视显屏的有机结合等[32]。据专家介绍，2012 年已有全球数百万好学者参与这种价廉方便和知识丰盈的课程学习[34]。能上网、能读报、能网上支付的云电视[34] 和通过云电视点餐、看球、订车票/机票[29] 今天已信手拈来。而且，只要你作为消费者一员能想得到与电脑和互联网形成互动机制的智能电视该实现怎样的智能化升级，则也许思绪未央之际，成品已经上市。自从"云电视"于 2011 年底被选入该年度"十大新词"，智能云电视已经不胫而走，成为电子信息产业的最热关键词[22,27]。2012 年双核 CPU 智能云电视问世后，多核智能云电视已经箭在弦上[16]。2013 年 6 月，全球首台 8 核（4CPU ＋4GPU）智能云电视在深圳康佳诞生，标志中国的智能云电视软硬件水平已跻身全球最前列[33]。

2012 年初，在工信部相关部门支持下，消费电子产品信息化推进委员会制定了《消费电子产品信息化指数和产品智商评价通则》，规定产品智商（PIQ）按 10 星级评定，1 级最低，10 级最高。2012 年中评测结果如：创维、TCL、海尔、长虹、康佳、联想、三星等品牌的彩电均达 7 级。涉及指标包括"信息化装备水平、功能用途、易用性、专家系统、自主性、适用性、学习能力、个性化、干预性和协同能力" 10 项[21]。令人遗憾的是所定指标竟没有突出发展战略方向的绿色 – 低碳 – 生态文明内涵。是否应该加上与当前产业发展战略方向一致的智商指标能更确切评价智商。当然，中国智能电视的创新空间还很大[28]，相信智能云电视未来发展必将理性回归，优先虑及节能环保和生态文明。

12 – 2 – 2　智能—信息化产品声誉鹊起

1. 机器人智能超越——机器人最先出现在制造业生产车间，能代替工艺流程中的某一重复安装手续。早期或叫机械手，是机器人的自动化过程最早雏形，有人估计可以追溯到 20 世纪初。以后的研究路线开始按应用场合区分，而共同目标均向提高智商的智能化迈进。工业机器人、物流机器人、仓库储运机器人、汽车生产流程机器人、医疗用微型机器人、保安机器人、深海探测机器人、消防机器人和危急事件处置机器人等，目前在对应领域都有成功应用实例。机器人一般分工业机器人和服务机器人[81]两大类。美国机器人公司 Rethink Robotics 生产了用于车间管理的简易智能机器人。产品名 Baxter，2013 年设计制造，能处理生产用材料、在传送带上装卸货物、检查和测试零部件、实行代替简单手工劳动的机器操作，并能为包装箱装箱和拆箱。该公司希望通过打造低成本制造技术和工序，更有效地增强制造业竞争力。近些年，价格实惠的工业机器人开始在美国流行。机器人能安插在车间里与人一同担负、执行各种简单的操作任务和维护安全工作。在制造业数字化—智能化升腾过程中智能机器人扮演的角色详第 15 章的 15 – 3 – 2 节。

2. 智能手机蜂出并作——智能手机能让人们相互之间高度联系，形成空前便利的移动社交。它是难以置信的实用工具，使得我们能够与遍布全球的人联系，随时了解世界各地的时事动态[6]。手机可用来浏览电子邮件、新闻、股市行情、专用通行证、网上银行购物、支付宝应用和订餐外送服务等；可以足不出户地享受到丰盛美食。手机内的地图能确保我们不会迷路并能在开车时帮助免于车祸[19]。IDC 一项新近完成的调查显示，起床后的 15 分钟内，79% 的智能手机用户会查看手机；48% 的人在健身时使用智能手机；50% 的人在电影院看电影时查看智能手机的 Facebook。此外，发送文本信息比打电话变得更加普遍。不过过度依赖智能手机将会造成一个人的时间出现永远不够用的感觉，智能手机可能促使个人独立思考的机会减少、也就是会让人变得懒散。当智能手机里流露出某些颓废信息或不健康人生观、价值观和世界观，对人的进取心和敬业精神有可能产生较强烈的负面效应。可见智能手机应用对社会的作用之大实在难以衡量。科学家们正在不断地深入研发新的应用项目和领域，目的是使人们的生活变得更加美好，出发点是好的。但谁能品评某个电子游戏宣扬的主人翁造成的影响究竟是良是莠？2011～2015 年我国智能手机保有量和增长率见图 12 – 4，图中后 3 年为预测值和对应增长率，我们看到除 2012 年增长率突破 84% 之外，其后 3 年的增长率仍约在 40% 及以上。

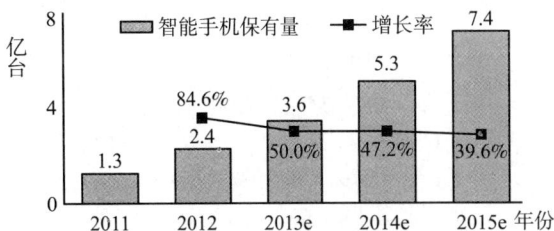

图 12 – 4　2011～2015 年我国智能
手机保有量和增长率

（据：刘宛岚等. 2012～2013 年中国餐饮行业 O2O 发展报告. 品途网，2013 – 07）

图 12 – 5 是 IDC 公司的调研统计结果，2013 年智能手机销售额已达 10 亿台。2010 年 4 个最大智能手机公司卖主是诺基亚（Nokia）、RIM（Research In Motion）现在叫黑莓（Black Berry）、苹果（Apple）和三星（Samsung），他们各自设计了不同的操作系统。从那以后，Nokia 不但放弃了自己的操作系统，而且将他的移动电话软件部分地卖给了微软。黑莓不再名列制造商前茅。三星（采用谷歌安卓 Android 操作系统的最大手机供应者）和苹果还是那么兴旺，尽管最近一个季度智能手机市场表现不够景气。目前最快增长的是价廉的安卓手机，特别在中国和印度。注意 IDC 估计在 2013 年，我国的联想和华为已跻身于世界智能手机生产 4 强之列。2014 年年中，谷歌独出心裁，推出"模块化手机"，用户自己凭借爱好，选择处理器、显示屏、传感器、电池、键盘等我行我素地

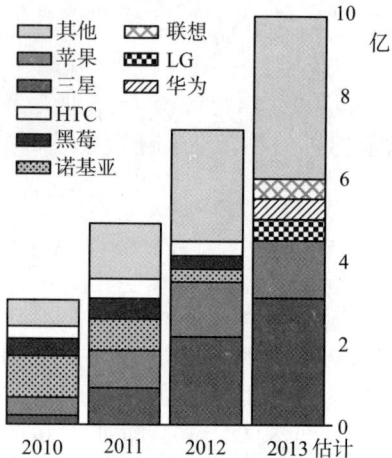

图 12－5 全球智能手机交货数量，各年最强 4 家厂商

（据：The Economist, 2014 － 02 － 07, p. 77 转引 IDC 统计）

实现组装[19]。

3. 智能家电发展前程点滴——

（1）有资深记者认为，目前智能家电产业面临三大问题：创新概念因循，30 年来没有突破；产品设计较少考虑用户需求；产业内部各自为政，欠缺合作交流[24]。实际上还有：新产品的推广应用没有考虑信息技术知识落后的群体接受能力；有许多先例证明当智能化水平提高后，旧有低水平智能化家电被不加说明变相演绎骗局地推销给不知情用户。

（2）所有的家电智能化后，需要配备智能路由器构成的网关，以缓解家庭主妇选择操作家电的压力，方便适时地链接启动所需工作的智能家电产品[24]。

（3）参观一年一度消费电子展（CES）的公众与专家创新知识间鸿沟需采取多元化形式加以弥补。事后在传媒上总结出多少"颠覆性新技术"不如在现场开门见山、洞若观火[25]。

（4）城市生活往往因城市病或其他负面因素导致精神压力上升，要使个人精神长期处于健康和自我平衡状态需要心理上的清和平允。荷兰的一位精神病学家吉姆·范－奥斯（Jim van Os）为智能手机开发的一种应用程序能够记录人们的情绪变化，借以提供缓解精神压力的主观手段，其思路值得仿效[11]。此外，研发形形色色的可穿戴智能设备则可从硬件途径补充城市人口的心性缺失，减轻生活压力[7]。

12－3　倡导绿色低碳网络营销　完善电子商务产销金链

12－3－1　电子商务基本概念

1. 电子商务品质说明——

（1）按信息技术应用范围：全球信息基础设施委员会（GIIC）解释电子商务：是以电子通信为手段的经济活动，可通过这一方式对附加经济价值的产品和服务进行宣传、购买和结算，不受地理位置、资金多寡和零售渠道的所有权影响，企业、公司、政府组织、各种社会团体、一般公民、企业家均可参与，包括农业、林业、渔业、工业、私营和政府的服务业。国际商会认定电子商务（e-commerce）就是对全部贸易活动实现电子化。其中交易各方通过电子手段而非当面交换或面谈方式进行商务交易。其中采用多种技术综合体，如交换数据（如电子数据交换、电子邮件）、获得数据（共享数据库、电子公告牌）以及自动捕获数据（条形码）等。其商务包含：信息交换、售前售后服务、销售、电子支付、运输、组建虚拟企业，贸易伙伴可共同拥有和运营共享商业方式。

（2）按电子商务功能体现：世界贸易组织（WTO）认为：是通过通信网络进行的生产、经营、销售和流通，不仅限于互联网上的交易，而且包括所有利用电子信息技术解决交易问题、降低成本、增加价值和创造商机的商务活动，包括通过网络实现从原材料查询、采购、产品展示、订购到出品、储运以及电子支付等一系列贸易活动。

（3）按电子商务实现过程：IBM 公司指出：广义电子商务（E－Business）是在顺畅的互联网通信和丰富的信息资源紧密结合背景下诞生的动态商务活动。其中包括 3 部分：企业局域网（Intranet）、企业外部网（Extranet）和狭义电子商务（E－commerce）。强调该 3 部分须按部就班，即应首先建立良好的局域网，建立好较完善的标准和各种信息基础设施，才能顺利扩展到外部网，最后扩展到电子商务。

（4）按电子商务管理机制：联想集团指出：电子商务既是一种管理手段，也是涉及企业组织架构、工作流程重组乃至社会管理思想的深刻变革，是一种循序渐进过程：构建企业信息基础设施、实现办公自动化（OA）、建设企业核心业务管理和应用系统（含 ERP 和外部网）、实施客户关系管理（CRM）、供应链管理（SCM）和产品生命周期管理（PLM）等。

2. 电子商务基本定义和特征——

（1）基本定义：现代意义的电子商务经历了两个阶段：基于电子数据交换（EDI）的广义电子商务阶段和基于互联网的一般电子商务阶段。基于 EDI 的广义电子商务（Electronic Business，EB，或叫电子业务）指包括政府机关和企业、事业单位等各行各业的业务交往电子化、信息化、网络化，其中将业务文件按照一个公认的标准从一台电脑传输到另一台电脑的电子传输方法。由于 EDI 大大减少了纸张票据，因此人们也形象地称之为"无纸贸易"或"无纸交易"，包括一般电子商务、电子政务、电子军务、电子医务、电子教务、电子公务等。

一般电子商务（Electronic Commerce，EC，或叫电子交易）是基于互联网（Internet）、企业内部网（Intranet）和增值网（VAN）通过企业与企业（B2B）、企业与消费者（B2C）以及企业与政府（B2A）和消费者与消费者（C2C）等交往架构实行交易活动和相关服务活动，促使传统商业活动各环节实现电子化、信息化、网络化，利用互联网、局域网、外联网、电子邮件、数据库、电子目录和移动电话等，实现电子货币交换、供应链管理、电子交易市场、网络营销、在线事务处理、存货管理和自动数据收集系统。在互联网 Web1.0 时代，常用的网络营销有：电子购物、搜索引擎营销、电子邮件营销、即时通讯营销、BBS 营销、病毒式营销。随着互联网发展 Web2.0 时代，网络应用服务不断增多，网络营销方式也愈益丰富，其中开拓了网上商贸洽谈、电子支付、电子结算等不同层次、不同程度的电子商务活动。社会化媒体营销、移动互联网营销、博客营销、RSS 营销、SNS 营销、微信营销、创意广告营销、网络视频营销、BBS/论坛/口碑营销和网络游戏营销、体验营销、趣味营销、知识营销、论文营销、整合营销、事件营销等风起云涌、一举千里。

质言之，通常提及电子商务主要包括的具体活动内容有广告宣传、咨询洽谈、网上订购、网上支付、电子账户、信息搜索、电子邮件、公告公示、服务传递、意见征询、交易管理等。近年纵深发展的新气象是：智能升级的物流系统与电子商务熔为一炉；新架构的第三方电子商务服务会逢其适。

（2）基本特征：电子商务具有的本质特征归纳起来有：商务性、服务性、集成性、可扩展性、安全性、协调性、低廉性、较易低碳化、较易绿色化、易照顾社会和谐和公平性。更具体地说，可以认为电子商务已经或正在创造社会经济崭新的运作格局和服务内涵：①刷新了商务活动模式；②改变着传统消费习惯；③调整着企业的生产方式；④冲击着企业的经营管理陈规；⑤塑造了史无前例的崭新金融业；⑥打破了旧体制市场深沟高垒般沟壑；⑦促进改变某些政府公务员浮光掠影工作作风；⑧脚踏实地推进国民经济信息化的重要一隅；⑨挑战墨守成规的商务政策和法规；⑩扩充了全社会多样化和多层次就业机会；⑪提升了产业关联度；⑫促使产业结构向人本化多样化转变；⑬加速了产业转型升级的调整过程；⑭强力推进生产和消费双向绿色-低碳和生态和谐方向创新；⑮为残疾人、老年人等需要帮扶人群开辟了新的被服务渠道；⑯形成国家全局可持续发展战略的强劲补充。

12-3-2 我国电子商务蓬勃发展

1. 我国电子商务发展现状——

（1）欣欣向荣的电子商务：我国电子商务服务业和信息技术服务业近年来已形成支撑产业转型升级的强大动力。网上支付服务、电子商务云产品和技术外包服务发展强劲。2001 年我国电子商务市场销售额仅 13 亿元，到 2011 年已达 7852.6 亿元，增长近 600 倍！这一年，我国电子商务交易额已达 5.83 万亿元，其中第三方支付交易规模达 1.7 万亿元以上，2012 年更超过 2.5 万亿元。而 2012 年电子商务交易额更达 8.1 万亿元，同比增长 31.1%。其中 B2B 交易额达 6.25 万亿元，同比增长 27%；网络零售市场交易规模超过 1.3 万亿元，同比增长 64.7%；网购零售额 1.31 万亿元，同比增长 67.91%，占同年社会消费品零售总额的 6.23%。此外在 2011 年，我国工业软件市场也表现强劲升势，规模达 616 亿多元，信息系

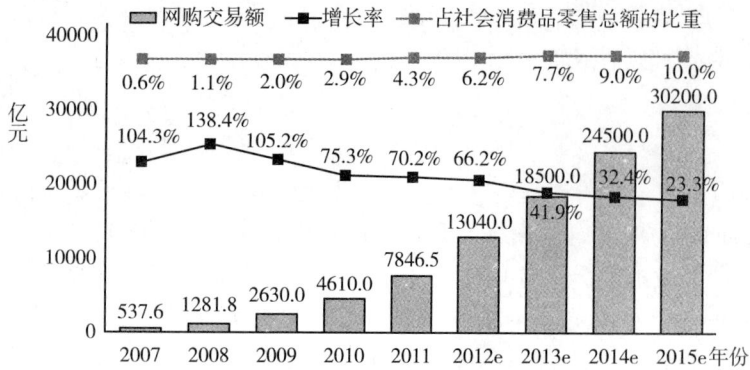

图 12－6　我国网购市场销售规模急升态势

（据：刘宛岚等．2012～2013 年中国餐饮行业 O2O 发展报告，品途网，2013－07）

统集成服务收入达 3921 亿元，比上年提高 28.4%。赛迪智库估计 2012 年二者分别达到 739 亿元和 8180 亿元。2013 年 1 季度，全国电子商务交易额达到 2.4 万亿元，环比增长 8%，同比增长 45%。通过网络购物的销售额飙升态势如图 12－6 所示。

近年来，电子商务迅猛发展，成为促进创业/就业的重要新增长点。根据中国就业促进会的一项研究，2011 年直接从业人员超过 180 万，间接就业人员超过 1350 万。电子商务的竞争焦点已逐渐从价格战转入服务战[40]，其中关键仍反映在人才大比拼，得人得天下！

电子商务的大规模、大幅度、高速度发展的动因，首先是我国政府的大力促进和政策支持，包括 2012 年行之有效的规划[42]和 2012 年八部委促进通知、2013 年 4 月十三部委室的进一步促进快速发展工作通知，加上 2013 年末商务部促进应用的实施意见[43]，特别是 2013 年 4 月 23 日，十二届全国人大常委会第二次会议上，《消费者权益保护法》修正案草案被首次提交审议，并已于 2014 年 3 月 15 日国际消费者权益保护日施行[37]。这是该法出台 20 年之后的首次修改，网购商品七日内退货、大件商品瑕疵举证责任倒置制度和个人隐私保护等内容位列其中。诚然应权通变，处实效功。其次是面向经济/社会的绿色－低碳化要求，发展电子商务才是一了百当之举。

（2）移动电子商务方兴未艾：移动电子商务就是利用手机、PDA 及掌上电脑等无线终端进行的 B2B、B2C 或 C2C 的电子商务。它将互联网、移动通信技术、短距离通信技术及其它信息处理技术实现完美结合，让持有者在任何时间、任何地点进行各种商贸活动，实现随时随地、线上线下的购物与交易、在线电子支付以及各种交易活动、商务活动、金融活动和相关的综合服务活动等。

手机网民在网民总体中的比例为 65.5%。加上使用其他移动终端的网民数量，如此庞大的移动用户规模为移动电子商务的发展奠定了坚实基础。赛迪智库估计 2012 年底，我国移动电子商务用户达到 2.5 亿，市场规模突破 1000 亿元。据中国电子商务研究中心监测数据，截至 2010 年 12 月，中国移动电子商务包括家电、日用品、服饰等实体商品交易总额达到 26 亿元，同比增长 370%，增速强劲。当时预计 2011 年底的交易规模达到 130 亿元，2012 年突破 380 亿元，实际均已超过。近年移动互联网营销快速发展集中表现在移动电子商务的突飞猛进，见图 12－7。

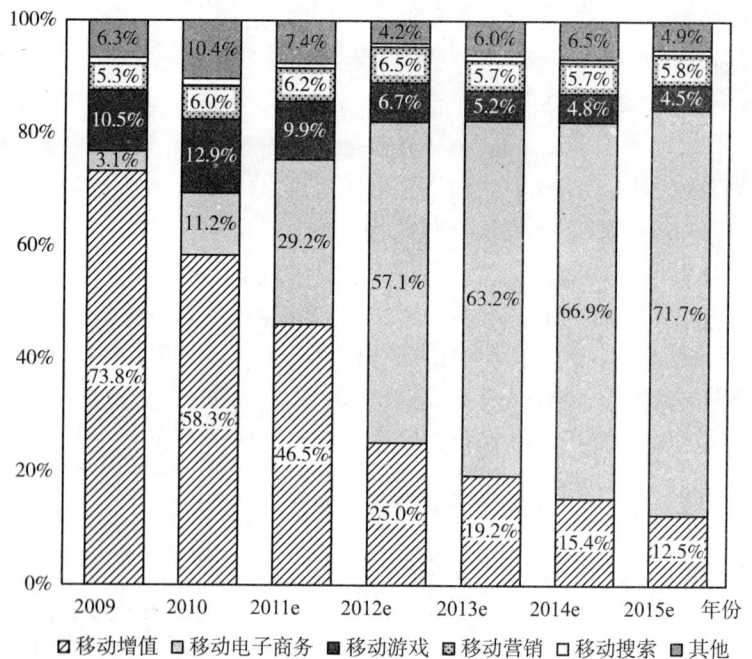

图 12－7　2009－2010～2015 年我国移动互联网行业结构所占比例，预计移动电子商务市场规模将急速扩大

（据：移动电子商务．温州科技职业学院，2012－06，网传 ppt，改绘）

据《2013 年中国网络营销白皮书》，各公司所用营销方式主要有 4 种：传统营销为主、网络营销为辅的占 53.4%；传统营销和网络营销各占一半的占 21.6%；网络营销为主和传统营销为辅的占 22.1%；全部从事网络营销的仅占 2.9%（图 12－8）。可见随着营销结构逐渐向网络转移，近几年网络营销的专一化估计占比将直线上升。

据分析，影响移动电子商务发展的关键因素包括：移动交易过程的安全问题；因无线频谱和功率限制令无线网络带宽较小和连接可靠性较低，超过服务覆盖区域出现盲区或无法接入；应用范围较多集中于获取信息、订票、炒股等个人应用以及 2013 年冬 4G 牌照发放以来，4G 网络资费偏高，导致多数用户对新一代移动技术持观望态度等问题；加上社会环境亟待梳理完善，因国内移动电子商务商业运作环境还不完善，相应的市场机制也不够规范。且市场缺乏必要的信用保障体系，一些企业的信用基础比较薄弱，因消费观念还比较保守，相应地左右着人们参与移动电子商务的积极性和在一定程度上制约移动电子商务的发展。

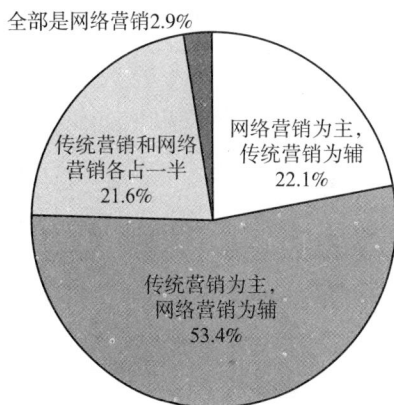

图 12－8　各公司所用营销方式的区分

（据：2013 年中国网络营销白皮书）

移动电子商务商业服务模式的灿烂前景主要取决于用户基数、服务品牌、商户资源和产业创新等 4 个关键性因素。对应这 4 个发展要素，面对中国移动电子商务的市场可以划分出 4 种主要移动电子商务主导方式。即：电信运营商主导方式；传统电子商务提供商主导方式；软件提供商主导方式和新兴电子商务提供商主导方式。4 种方式见仁见智，各具匠心，关键在于统一部署协调，务必心往一处想，力往一处使。

业界普遍认为在未来几年我国移动电子商务必将迎来高速发展时期，特别表现在企业应用成为移动电子商务领域的核心。移动安全性仍然是移动电子商务中需重点考虑的焦点，移动电子商务发展初期主导产业的发展将由技术驱动型转变为服务驱动型，将深入开展移动电子商务产业链整合。移动电子商务各个主导模式势将相互渗透引向重新组合。

2. 大数据技术提高智能水平——B2C 型电子商务本质上是一种零售模式，与面对面交易的传统方式相比具有更易获取消费者数据、商品统计的特点，国内几家大型的电商网站都有着超过千万级别的活跃用户，当当、京东等平均日交易额超过 1 亿，订单量超过 50 万；阿里巴巴旗下的淘宝、天猫的 2012 年交易总额已突破 1 万亿元，相当于 eBay 和亚马逊交易额之和，等于 2012 年全国社会消费品零售总额 210307 亿元的 5%。这些企业内部有着复杂的运营流程，呈现内容清晰的大数据特征，充分利用这些数据将在效率、成本节约上起到排沙简金的效果。可惜个别企业对如此重要的大数据往往漠不关心，海量数据仅用来算些环比、同比、金额、项数之类。2011 年麦肯锡咨询公司报告揭示，全部零售企业仅 21% 使用大数据，21% 的企业还在打算启动。近些年，各个电子商务相关企业人才济济，大数据分析利用已渐升堂入室[40]。据中国互联网协会网络营销工作委员会的白皮书报道，搜索引擎营销和电子商务营销应用大数据技术的规模均已覆盖其营销范围的 30% 以上（图 12－9）。实际从理论上说，商务智能化运筹管理主要包括已有运营过程的绩效分析、企业未来运营决策报告，两者在怀铅提椠、凝神落笔时的关键步骤乃是数据收集和挖掘，其中最便捷的一环莫过于商务运行中大数据的充分利用和统计分析（图 12－10）。普遍认为，只有经过大数据分析和优化网络定制、网络中介和网络平台，才能全面提升电子商务物流服务能力和水平[41]。电子商务智能的体系结构见图 12－11。

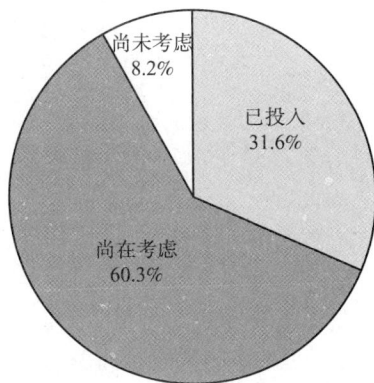

图 12－9　2013 年各公司投入大数据营销的区分

（据：中国互联网协会网络营销工作委员会. 2013 年中国网络营销白皮书，2013－10，www. imcc. org. cn）

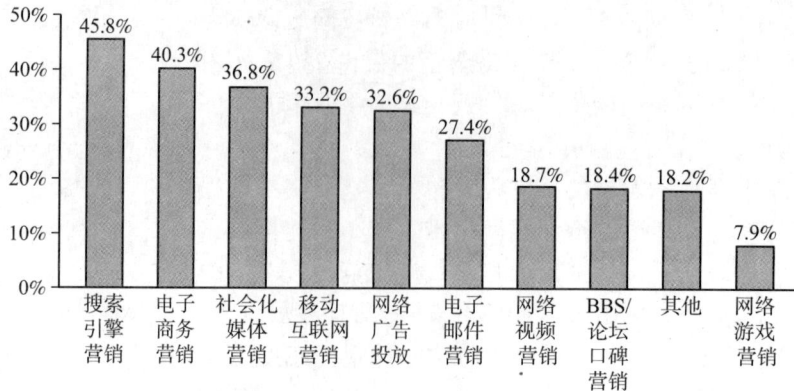

图 12 – 10　2014 年网络营销预测应用大数据技术分布状况

（据：中国互联网协会网络营销工作委员会．2013 年中国网络营销白皮书，2013 – 10，www. imcc. org. cn）

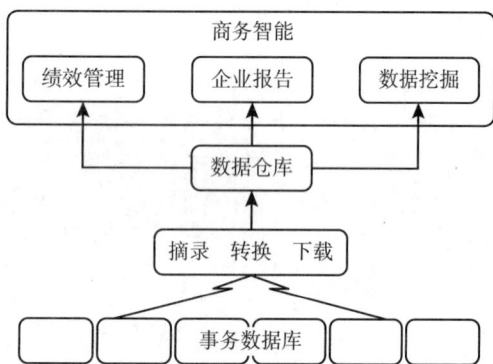

图 12 – 11　商务智能的体系结构

3. 电子商务与物流优化——电子商务的优势在于简化流程、降低成本、提高效益和适应绿色 – 低碳经济的基本要求。电子商务物流系统是企业运用现代技术和管理手段，经过进货、检验、装卸、搬运、仓储、下架、质检、拣选、包装、分类、复核、组配、装车、运输、及送货等流程，及时、定量、按址和无地域限制地将需求品送往各类客户。有形店铺销售依托的物流系统一般不像电子商务都要为每份订单送货上门，因而电子商务的物流成本较高，配送路线的规划、配送日程的调度、配送车辆的合理利用都是个典型的运筹学"农村邮递员或货郎担路线最优化"问题。目前我国主要物流发展模式有三：自建物流、物流联盟和第三方物流。

电子商务企业自建物流系统主要有两种情况：传统的大型制造企业或批发企业经营的 B2B 电子商务网站和电子商务公司本身所建有雄厚资金后盾且业务规模较大。优点是企业易于管控其供应链，便于与供应链保持协调和保护客户隐私。但因此管理成本加大。

物流联盟是制造业、销售企业、物流企业协议建立的物流合作关系，参加联盟的企业保持各自独立性前提下汇集、交换或统一物流资源以利益均沾。除物流联盟之外，还有许多民营快递公司主动寻求与电商企业合作并承担派送快递任务。这些公司一般均诚信为本，且专递速度提高很多。有专家希望快递公司进入电商领域专业化才是最佳选择[38]。

在 11 – 4 节已略论第三方物流的忧深思远。因而企业在进行物流决策时，应根据本身需要和资源条件，综合考虑各种因素，慎重选择物流模式，以提高企业的市场竞争力[41]。

目前优化电子商务物流系统的当务之急在于通过 3G、4G 和未来 5G 极大地推动信息化、智能化[38]。信息路径的通畅才是整个物流系统车水马龙、一路顺风的关键所在。物流配送中心利用信息技术提升管理水平的企业已经越来越多。仓储管理信息强调"零库存"为核心，广泛应用仓库管理系统（WMS）和运输管理系统（TMS）来提高运输与仓储效率。物联网、大数据和云计算技术也已广泛渗透到电子商务各个营销模式里。

4. 电子商务发展前瞻——

（1）电子商务前景预测：据统计，2014 年我国电子商务交易总额已突破 13 万亿元，带动了超过 1000 万人就业。按《电子商务"十二五"发展规划》[42]，到 2015 年，我国电子商务交易额将突破 18 万亿元，其中，企业间电子商务交易规模超过 15 万亿元。企业网上采购和网上销售占采购和销售总额的比重分别超过 50% 和 20%。大型企业的网络化供应链协同能力基本建立，部分行业龙头企业的全球化商务协同能力初步形成。经常性应用电子商务的中小企业达到中小企业总数的 60% 以上。网络零售交易额突破 3 万亿元，占社会消费品零售总额的比例超过9%。移动电子商务交易额和用户数达到全球领先水平。电子商务的服务水平显著提升，涌现出一批具有国际影响力的电子商务企业和服务品牌。赛迪智库估计未来3～5年内，我国电子商务市场仍将维持稳定的增长态势，年均增速超过35%。2013年，中国已超越美国，成为全球第一大电商市场。2013年8月8日国务院发布的《关于促进信息消费扩大内需的若干意见》中重复了上述《规划》中的预测[80]。但国际咨询机构贝恩的预测，中国网购市场有望保持32%的年均增速，到2015年规模将达3.3万亿元[39]。

此外，我国跨国界的国际电子商务正在以雷霆万钧之势乘进一步强化改革开放东风，全面铺开。跨境电子商务有望进一步发挥"中国制造"的产品优势，促进"中国制造"向"中国营销"和"中国智造"加速转变，推动对外贸易转型升级。专家评价电子商务创新对推动经济转型发挥着无可替代的积极作用，以及在发挥电子商务创新作用前提下足以带普遍意义地推动高效率行业改革[44]和打通农村经济转型升级之路[39]！就目前铺天盖地的发展势头已能充分证实这一结论[37,42]。也有专家提醒对电子商务发展须保持理智，需合理规划产业布局，认为其发展将进入清算负面逆流可能阻碍其正常运作的阶段[44]！

全国电子商务交易总额及移动电子商务交易额的逐年高速增长现状和趋势见图12-12。

（2）电子商务日臻完善：为了促进电子商务运营规模与日俱增、低碳化、绿色化和生态文明建树日新月异升华出彩，将近年电子商务发展中出现的可能不足而需补偏救弊的地方引申在表12-1中，供参考。

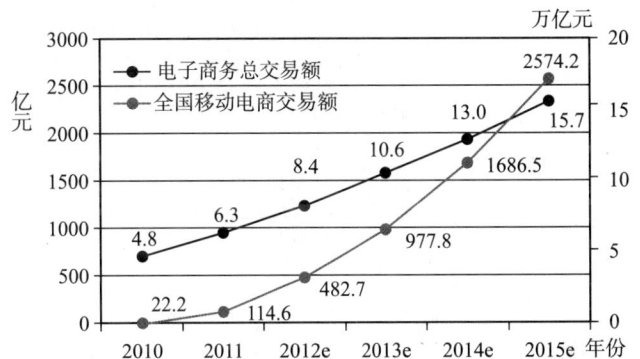

图12-12 全国电子商务总交易额及移动电子商务交易额增长趋势

（据：中国电子商务发展趋势：总结2012 预测2013. CNNIC，2013-03-13）

表12-1   我国电子商务系统可能存在的待优化问题

存在问题	牵涉范围	冰释前景
缺乏统一调研和安全监管	目前仍散见于赛迪智库、艾瑞咨询、互联网中心等智库文件，工信部无电商司统一协调管理，何组织归口何功能管控待明确	发改委和工信部牵头按各部委要求成立统一管理协调机构[42,43]
缺乏运作标准和行为规范	无国内统一的电商范畴内各种营销方式行为规范或标准，更无国际通行的质量、运行结构、隐私保护和安全保证等评价标准。	可否在国际电商交流大会上由我国与会专家提出供研讨的样本
软件适配优化问题	开发工具复杂多变，智能化水平不高，已开发软件的使用寿命不长，软件适应性跟不上电商供需结构变化形势	须借重软件研发界的新秀们，特别是80后90后的专家开动脑筋
商业模式亟待完善	特别是服务能力和水平有待提高，人化本处于初阶，个性化分散摸索，未成体系	宜通过行业协会形式，首先在行业内取得一然后形成升级版得到政府主管部门认可或批准
网络故障或落后	网速低、频带窄、天灾/地震/雷击或人为网络中断；某些网站经营违法产品/服务竟无人过问	要通过规制化服务和管控条例予以约束，打击非法经营行为
企业问题	投融资体制尚未理顺，中小企业常在竞争中败下阵来；外资、合资与内资企业竞争中不宜区别对待	仍然是需要尽早制定与电商有关的企业法规，保护中小微企业成长
认证手续繁琐冗杂	有的商务网登记手续异常繁琐，几经折腾登记却拒绝进站购物	认证管理软件须及时调整改进
物流体系	全国性物流体系仍在酝酿之中，组织实践步履蹒跚	电商物流须统一归口管理，不能电商与物流两张皮，各行其是
网银支付手续繁琐、安全不足	支付宝或网银盾密码和支付手续为安全起见过于复杂，不如像美、日等国直接与信用卡挂钩	个别银行已在试行，但尚未全面放开。有待银行业创新运作方式

续表

存在问题	牵涉范围	冰释前景
客户问题	对互联网运作不够熟悉，特需弱势人群很少介入；介入后条件苛刻，被知难而退；目前大部分电商企业与消费者处于"鸡犬之声相闻，人到老死不相往来"的局面	恢复或开展定期或不定期的供需接触和访谈，了解消费者需求心理，拨正航向。
社会问题	个人隐私、密码被盗、网购商品假冒伪劣和知识产权保护均可能构成社会矛盾，特别是网络交易纠纷较难处理	加强社会宣传，正确对待电商规范，打击违法行为既忌网漏吞舟，又须提防秋荼密网，扩大打击面
人才问题	由于理论基础不够完整，人才培训相对滞后，大批初级人才仅在实践中摸索前进	加强学术交流、研讨，组织编写高水平培训教材，多样化披榛采兰途径
智能化	目前电子商务各个分支的智能化水平参差不齐，信息化内涵尚未全面提升，致个别电商企业在仓储、配送、广告、宣传、客户服务和认证等环节中常感因智能水平不够而捉襟见肘	物流系统，供货网站均须智能化。须配备安全有效实时分析大数据软件和海量云存储库。实现以服务为本、管理为标的机制
理论研究	没有形成一个具深厚理论基础的学术领域，没有因发展电子商务学科成名成家的优秀学者。大数据、云服务技术与平台在电商中的应用刚开始，且多涉及物联网应用分支	通过像研讨云计算、物联网和大数据那样的全国或国际性学术研讨，真理愈辩愈明，理论愈研愈深入
法制问题	消费者权益保护法已于 2014 年 3 月 15 日施行，但未公布施行细则；税收不清晰；退货手续因商而异，去则无门可入；来则望眼欲穿；追究个人隐私泄露的责任无法制可依	估计将出台详尽实施细则，框定赏罚框架，核定惩罚上限和绳愆纠谬界限[37]

其他有关政策措施已在近两年中央各有关部委的促进发展通知中备载[43]。但必须承认，我国电子商务领域的劳动生产率十分低下，远未达国际先进水平。例如，据麦肯锡研究院测算，2011 年我国独立电子商务企业的人均劳动生产率 160 万元仅略高于传统独立零售商人均 120 万元，远低于同期美国人均 540 万元的水平。因此，整个电子商务领域健康发展面临重新洗牌、转型升级的迫切需求[44]。其次，须注意网络口碑传播（Oral Spreading）的影响力与日俱增，往往间接地影响某些商务内容的网络交易额。例如，某时尚花色裙子在网购走红可能是网络口碑传播有意无意做的义务宣传。相应地，网络舆情对我国公民自由平等和社会公正法治的影响日见突出，自然也会影响电子商务的运作质量[75]。

12－4　发展低碳文明旅游　提倡绿色酒店餐饮

12－4－1　发展绿色－低碳旅游

1. 我国旅游业发展现状——2000 年全国旅行社 8993 家；2006 年 16245 家，增长 80.6%；2010 年末更增至 22784 家；从 2000 年到 2010 年增长了 131%。2001～2010 年，国内旅游人次从 7.84 亿增至 21.03 亿，年均增幅约 11.15%；旅行社总收入从 3522.36 亿元增至 12579.8 亿元，年均约增 15.19%；2011 年，国内旅游收入同比增 23.6%。从 2010 年到 2013 年标识旅游业发展状况的 3 大指标见表 12－2。2014 年国内旅游消费猛增至 3.25 万亿元，旅游人次突破 36 亿；出国游也突破 1 亿人次。2009 年年底，国务院通过《关于加快发展旅游业的意见》，将旅游业从"重要产业"提升为"战略性支柱产业"，明确提出大力推进旅游节能减排，5 年内将星级饭店、A 级景区用水用电量降低 20%，倡导低碳旅游方式。鼓励宾馆饭店、景区景点、乡村旅游经营户和其他旅游经营单位利用新能源新材料，节能节水减排，减少 GHG 排放。

表 12 – 2　　　　　　　　　　　　　　　2010～2013 年我国国内旅游业发展状况

年末或全年	旅行社数和同比增（%）		旅游（亿人次）和同比增（%）		旅游收入（亿元）和同比增（%）	
2010	22784		21.03	10.6	12580	23.5
2011	23690	4.0	26.41	13.2	19305	23.6
2012	24944	5.3	29.60	12.1	22706	17.6
2013	26054	4.5	32.60	10.3	26276	15.7

21 世纪以来，由于电子商务和旅游业齐头并进地蓬勃发展，出现了兼营旅游和电子商务的许多著名在线旅行社（OTA），如携程网、芒果网、艺龙网、同程网、途牛旅游网等。他们各具特色，大有后来居上之势。尤其是许多传统模式运作的酒店缺乏全球分销系统（GDS）和预定中心，也有官网知名度不高的单体酒店，不得不依赖这些 OTA 合璧连珠。

很明显，旅游业已成为带动消费增长的重要引擎[57]。但旅游点的文化底蕴依然显得单调从俗，许多旅游胜地的创新配置和服务仍然保持着"老一套"而缺乏新意。例如，山水甲天下的桂林景区之一的漓江游艇上，热情的解说员总是指着这个山像公主，那个山像奔马，却没有饶有兴趣地讲讲古人游漓江的浪漫生涯或遭贬蒙屈的历史故事，还有古今文人的即兴诗词歌赋、远近的灵渠水利或周边的历史文物等。旅游是文化娱乐的起点而非终点，通过旅游，人们渴望一举多得地获得书本上得不到的知识，通过旅游人们还能在感情上懂得中华民族伟大复兴梦的丰富内涵！

2. 绿色 – 低碳旅游——

（1）旅游中的反绿色 – 低碳行为：旅游业一般认为是绿色 – 低碳产业，是"无烟产业"，单位 GDP 增加值能耗为 0.202，仅为工业的 1/11，是应对气候变化、节能减排优势产业；旅游业对全球 GHG 排放负有 5% 的责任，但旅游业中仍存在着奢侈浪费行为，旅游业自身有很大减排空间，是降碳、节能减排重要领域。旅游业又是窗口行业，对展示我国绿色发展的努力、扩大影响及推动低碳和谐教育、传播绿色持续发展理念有划时代意义。但我国旅游业作为"绿色 – 低碳产业"的要求还相去甚远。公共交通供需矛盾仍较突出，私车出游成为节假日拥堵第一要因；旅店宾馆按目前中等收入水平估测，开销偏高，主要缘于水电消耗和一次性牙具成本等居高不下；旅行中杯盘与残羹齐飞、花木共垃圾一色；"书画爱好"树干当纸、"歌星追捧"得其所哉！良辰美景，却常被不文明行为蒙上阴影；赏心乐事，只落得非绿色出游扫兴而归。其中自然由此造成的高额排碳和环境损害使"绿色 – 低碳产业"名不副实[45,61]；其中的碳足迹总量非同小可[62]。另一方面，旅游组织和景区管理亟待整顿理顺，制止乱收费[56]、乱摊派、乱开发地产、脱离旅游胜地为全民所有初衷而违规建设富人别墅和高尔夫球场[57]。若干旅游景点的"5A"评价徒有虚名[56]。旅游交通运输行业的管理亦亟待加强，以适应日益如井喷增长的旅游发展规模[55]。总而言之，旅客规范旅游绿色文明行为须以过得硬的服务为前提和后盾[46]。有人主张进一步促进旅游智慧化去铸造日益全盘信息化的服务结构，殊不知我国还有将近 2 亿休闲在家的老弱妇孺和残疾人，请他们刷二维码去适应智慧旅游的新服务格局无异于海底捞月[54]。

（2）美化旅游环境：2013 年初，国务院办公厅印发《国民旅游休闲纲要（2013～2020 年）》，对全国旅游休闲布局、设施、票价、优惠条件、各类服务和服务质量等均作了具体规定，如此关爱百姓休闲生活，这在世界各国政府中尚属首例[58]。有专家为此提出落实《纲要》要求的四项建议，包括加强普及旅游休闲活动；对资金短缺地区给予扶持；强化市场管理和安全保障以及加强节假日旅游服务等，均十分中肯，有利贯彻《纲要》精神[69]。

近年来印尼、挪威、加拿大等林产丰富国家提倡发展生态旅游，减少森林砍伐，保护绿色环境，力争经济利益与环境保护双丰收，受到全球明智人士普遍推崇和赞许[59,63]。近两年国外游客来华数量下降的一大原因，也许是我国如此丰盈的旅游资源背景却未能营建举世闻名各具匠心的优美胜地。国外的旅游点往往以动态特色取胜，不拘泥于千篇一律的静态模式，各抱地势，独出心裁，给人一种别有洞天、移风易俗之感。美国"二战"时期夏威夷珍珠港舰队全军覆没，原是其没齿不忘的国耻，却将被击沉的驱逐舰长期留在浅水滩里作为旅游一景，实际让游客记住"二战"的悲惨情状和让美国人毋忘国耻。我们为中华民族的生死存亡、前赴后继、"苟利国家生死以，岂因祸福避趋之"的民族英雄形象、古往今来多少科学家和工程技术权威如李时珍、华罗庚等科学泰斗的形象、百多年间为抗击侵略和洗刷国耻建立新中国前赴后继的烈士们应当是我国旅游环境值得人们怀念瞻仰的最美形象[67]。

（3）可持续发展绿色－低碳旅游：绿色－低碳旅游是指在旅游发展过程中，通过运用绿色技术、推行碳汇机制和倡导生态旅游消费方式，以获得更高的旅游体验质量和更大的旅游经济、社会、环境效益的一种可持续旅游发展新模式[64]。绿色－低碳旅游发展的核心理念是以更少的旅游碳排放量和更多的环境净化为代价换得人民的身强力壮和心旷神怡。因此，绿色－低碳旅游是基于生态文明理念[60]，对发展绿色－低碳经济的一种响应模式，即在旅游吸引物的构建、旅游设施的建设、旅游体验环境的培育、旅游消费方式的引导中，一心一意为游客的身心健康着想，也在同时营造了爱国主义宣教和文化环境。这样有意义、有价值的旅游效果远非看几座虚无雕像、抽几支幸运谶签所可比拟。就是说：在营造未来的学习社会历程中，旅游胜地理当成为社会主义大课堂，责有攸归。图12－13说明发展低碳经济引向低碳旅游的逻辑思维过程。由于我国出境旅游人次随经济收入提高而连年增长，据国外预测到2030年，我国每年出境旅客将突破2亿人次[49]，则从现在、从幼儿起就该加强中华美丽文化、道德修养和绿色－低碳生活方式的培育和陶冶，务必将灿烂辉煌、和谐大同的中国梦风范带到全世界！图12－14表示了发展可持续绿色－低碳旅游战略规划的结构方框。其中包含UNEP和世界旅游组织设计供参考的12个可持续旅游评价标准[88]。

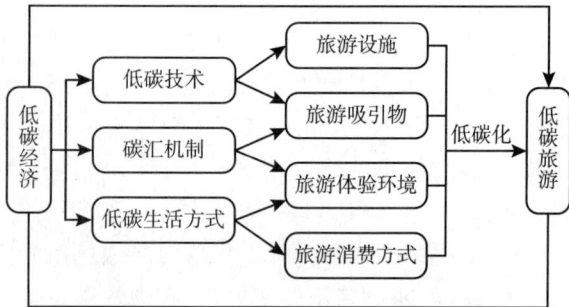

图12－13 低碳经济背景下的低碳旅游

（据：蔡萌，汪宇明. 低碳旅游：一种新的旅游发展方式. 旅游学刊，2010（1），13－17[66]）

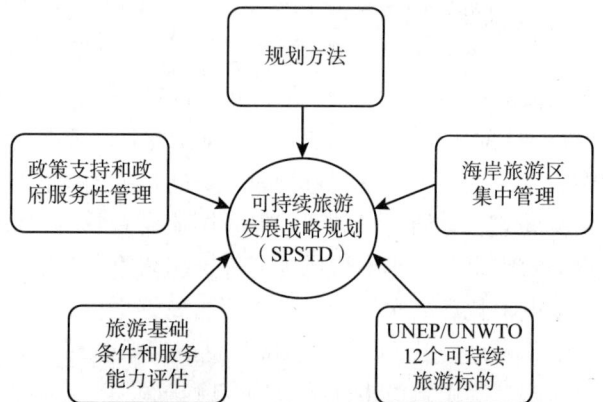

图12－14 旅游战略规划原理

（据：Scott D. et al. （eds.）. Climate Change and Tourism – Responding to Global Challenges, UN World Tourist Organization （UNWTO）& UNEP, 2008；国家旅游局. 中国旅游业"十二五"发展规划纲要，2011－10－11）

12－4－2 酒店和餐饮业的绿色－低碳化

1. 绿色－低碳宾馆——城市中服务业的高碳消费和高碳排放主要集中在宾馆和餐饮服务行业。"绿色酒店"专指酒店发展须建基在保护环境和维护生态平衡之上，符合当地的经济发展状况和道德规范，即通过节能、节电、节水，合理利用自然资源，减缓资源的耗竭；同时减少废料和污染物生成和排放，务使资源得以在酒店内洁净循环利用，促进酒店产品的生产、消费过程与环境相容，降低整个酒店对环境危害的风险[70]。

酒店是碳排放大户，实行低碳旅游，要做好酒店行业碳排放控制。酒店业实施低碳措施涉及诸多方面。在电能方面，可采用太阳能、地热能、风能等新型清洁能源取代传统煤电，推广节能灯具。使用新型建筑材料可在取暖、通风、降温等方面降低电耗。在水资源方面，安装节水设施和净化设施，节约生活用水，将生产和生活废水净化处理后再循环使用。

2010 年 6 月第 8 届广州国际酒店设备及用品展，大批高品质、高科技、绿色环保设备、用品、技术和服务纷纷亮相。展会同期举办"低碳经济下酒店智能网络化高峰论坛"；2011 年 3 月第 19 届上海国际酒店用品博览会，同样以低碳环保为主题，继续秉承"引领中国酒店用品业的未来"理念，与全球知名酒店用品企业携手寻商机、谋发展[72]。虽然前些年我国宾馆入住率在全球占先（图 12-15），但近两年因各地仍在大建宾馆酒店，供大于求，效益有所下降，对绿色-低碳要求可能个别地区有所放松。20 年来，我国酒店增加了 4.5 倍，到 2012 年底，我国星级酒店已有 1.35 万家，还有一批超星级"国宾馆"[48]。

2012 年 12 月我国在京举行了首届饭店文化节；2013 年 6 月又在杭州举行第二届饭店文化节，有全球 20 多个国家和国内（含台湾）各省市大批知名酒店参加，高质综合宾馆、餐饮和旅游结合中国传统文化，别具一格，盛况空前，开启了广延创新营销渠道[47]。2012 年 11 月底，中国饭店协会公布了适用于境内酒店、宾馆、度假村、餐馆、酒家、饭庄的低碳酒店标准和绿色酒店标准，但未见普遍推广施行[49]。

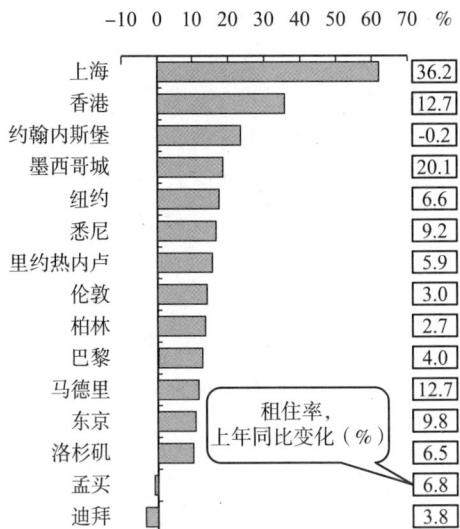

图 12-15　各地宾馆效益比较（2010 年 1~9 月适住客房的收入）与上年同比的变化

（据：The Economist. 2010-10-23，引自 STR 国际）

2. 绿色-低碳餐饮业——

（1）发展现状：中国餐饮行业在全球独树一帜，特色鲜明，饭店文化节上凸显中国乡土名菜，更是名噪一时。国外餐饮业平均利润率均在 10% 左右，中国中高端餐饮的利润率维持在 20%~30% 之间[53]。如唐宫、百胜等高端餐饮连锁集团，采用现代管理手段，效益尤高。如百胜中国 2010 全年营业额达 336 亿元。但近两年全行业向绿色-低碳-生态文明和人本化转型。2012 年全国餐饮业收入总额 23448 亿元，同比增长 13.6%；2013 年达 25569 亿元，增长 9.0%。虽然增长率收窄，但低收入百姓却喜在口中、乐在心里，因餐饮面向平民大众无论如何是优化民生的一个值得大书特书的改革红利（图 12-16）！

（2）存在问题：中国的餐饮与中国人的饮食习惯紧密相关，讲究色香味俱全，烹饪食品的过程需要消耗大量能源，并排放大量 CO_2。因此，改变我国餐饮业高碳消费模式，除了餐饮企业改变能源结构和制作流程外，还需改变人们不健康的生活习惯，而后者的难度大，必须有一个较长的过程。恰似凤凰传奇唱"中国味道"的歌词"摇摆、摇摆"！宾馆的低碳消费除了提供低碳的餐饮，还应像商场、超市的"限塑令"那样，限制提供

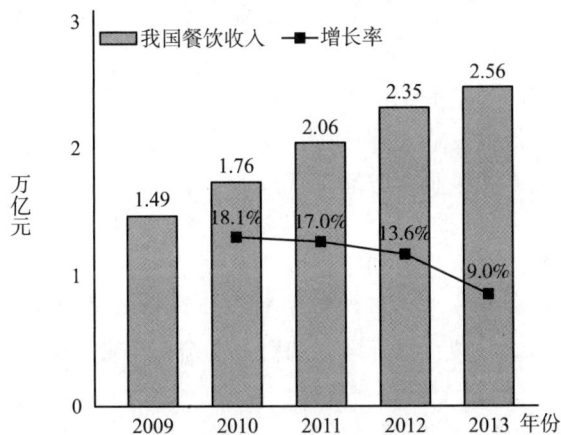

图 12-16　我国餐饮业近年收入增长减缓，但绝对值仍逐年上升

（据：国家统计局历年统计年鉴和最近公报）

"一次性"消费品。餐饮业已成为国内消费需求市场中增长幅度最高、发展速度最快的热点行业。随着国家践行绿色-低碳经济，餐饮行业面临旨在低碳环保经济的全新改革。餐饮业作为大众消费场所，每天需消耗大量资源，同时排放不少大气污染物，并不断产生大量餐厨垃圾，成为高碳排放源。酒店餐饮企业是生活垃圾产生的主要来源之一，一次性用品和豪华装修浪费惊人。同时，酒店餐饮企业的白色污染，泔油、变质食品等回流市场已成为危害市民健康的公害。另一方面，由于全球能源短缺，需求却越来越大，导致能源价格不断攀升，餐饮业能源费用和用水成本也不断呈上升趋势；房租、人工、原材料、确保食品安全、加强消防自检能力和争夺高职管理人才，以及为遏制 H7N9 禽流感蔓延、履行中央相关规定和禁令，餐饮企业数呈现负增长势头。如上海市 2012 年关停 7000 多家，新上 6800 多家[53]。控制成本成为企业

制胜法宝。中烹协提示，有超过50%餐饮企业水、电、燃料费用占营业费用比重在8%～12%，有15.2%餐饮企业费用比重在12%～15%，更有超过5%餐饮企业水电燃料费用的比重在15%以上，仅有26.1%餐饮企业能将水电燃料能耗费用比重控制在8%以下。对餐饮业来说，节能降耗不仅能切实降低企业成本，创造经济效益，而且通过实施绿色环保、降低噪声等举措，也能改善厨师、服务员的工作环境，顺应了低碳饮食、健康餐饮的社会潮流，有利于餐饮企业转变增长方式，实现行业的健康可持续发展。还能体现企业社会责任以塑造良好社会形象。

（3）国外餐饮业绿色－低碳化主要途径：①绿色设计和绿色采购；②重视废弃物循环再利用；③实行节能降耗管理；④鼓励全员参与；⑤积极引导顾客实行绿色消费；⑥完善法规约束和政策激励。

（4）我国饭店与餐饮企业构筑循环经济模式：例如可通过源头控制、产出控制、引导绿色消费和以降耗控制与再生资源循环利用为主要内容的节源过程控制等四部分组成。国家、地方及饭店餐饮行业通过针对性强的法规/政策，与绿色环保消费需求共同从外部对企业发展循环经济助力驱动。同时，从企业外部寻求技术支持，如清洁生产技术、节能节水技术、废物利用技术和污染治理技术等。

12－5　推动生产科技服务　崇尚唯美文明行为

12－5－1　发展服务业　贡献绿色－低碳化

1. 服务业范畴——

（1）第三产业和服务业：1987年我国国家统计局首次对"第三产业"这一概念作了统一的界定，认为第三产业是除农业、工业和建筑业以外的其他各业的总称。但服务业则包括工农业和建筑业所有需要服务的场所。1994年国家统计局在《中国统计年鉴》首次公布我国第三产业（服务业）的分类，包括：农、林、牧、渔服务业、地质勘查、水利管理业、交通运输、仓储及邮电通信业（铁路、公路、管道、水运、航空、交通运输辅助业、其他交通运输业、仓储业、邮电通信业），批发零售和餐饮业（食品饮料烟草和家庭用品批发业、能源材料和机械电子设备批发业、其他批发业、零售业、商业经纪与代理、餐饮业）、金融、保险业、房地产业（房地产开发与经营业、房地产管理业、房地产代理与经纪业）、社会服务业（公共服务、居民服务、旅馆业、租赁服务业、旅游业、娱乐服务业、信息咨询服务业、计算机应用服务业、其他社会服务业）、卫生体育和社会福利业、教育、文化艺术和广播电影电视业（高等学校、普通中学、小学、广播、电影、电视业）、科学研究和综合技术服务业（自然科学研究、社会科学研究、综合科学研究，气象、地震、测绘、技术监督、海洋环境、环境保护、技术推广和科技交流服务业，其他服务业）、国家机关、政党机关和社会团体。

2000年1月，WTO公布的服务贸易总协定（GATS）中框定的国际间进入贸易的服务项目达100多项。为此，我国国家统计局于2002年10月再对《国民经济行业分类和代码的国家标准》（GB/T4754－94）进行了修订，其中重点加强了对第三产业的分类，新增了大量服务业方面的类别，如电信和其他信息传输服务业、计算机服务、软件业、证券业、商务服务业、科技交流和推广服务业以及环境管理业等。2003年国家统计局进一步颁布《三次产业划分规定》。第三产业包括：①交通运输、仓储和邮政业；②信息传输、计算机服务和软件业；③批发和零售业；④住宿和餐饮业；⑤金融业；⑥房地产业；⑦租赁和商务服务业；⑧科学研究、技术服务和地质勘查业；⑨水利、环境和公共设施管理业；⑩居民服务和其他服务业；⑪教育；⑫卫生、社会保障和社会福利业；⑬文化、教育和娱乐业；⑭公共管理和社会组织、国际组织提供的服务。总共14门类，每门类又由若干大类构成，共有48大类。所谓第三产业是指产业范畴除归入第一和第二产业之外的产业群，属于宏观经济概念；而服务业是指各种类型的社会活动中涉及服务方和被服务方的双边关系，属于社会学概念。

2010年，服务业实现增加值17.4万亿元，占国内生产总值的43.2%，对经济增长的贡献率为

38.5%，比 2000 年分别提高 4.2% 和 3.7%；服务业就业人数占全社会就业人数的 34.6%，比 2000 年提高 7.1%，新增就业岗位 6500 万个。高技术服务业已经成为服务业增长的重要引擎，中国的移动通信和互联网用户已居全球首位。

值得称道的是：2013 年我国三次产业增加值占比，第一产业 10.0%；第二产业 43.9%；第三产业 46.1%，即服务业增加值首次超过第二产业。

（2）现代服务业：我国中长期科学和技术发展规划战略研究专题组起草的《现代服务业发展科技问题研究专题报告》，将现代服务业划分为四大类：基础服务、生产和市场服务、个人消费服务、公共服务。

国外一般称现代服务业为"知识密集型服务业"。按国家科技部 2012 年初发布的《现代服务业科技发展"十二五"专项规划》的提示，现代服务业是以现代科学技术特别是信息网络技术为主要支撑，建立在新的商业模式、服务方式和管理方法基础上的服务产业，既包括随着技术发展而产生的新兴服务业态，也包括运用现代技术对传统服务业的改造和提升[82]。2012 年 12 月 1 日国务院印发的《服务业发展"十二五"规划》中重点规划的服务业门类包括：生产性服务业、生活性服务业、农村服务业和海洋服务业。生产性服务包括金融、交通运输、现代物流、高技术服务、设计咨询、科技服务、电子商务、工程咨询、人力资源、节能环保、新型业态和新兴产业等；生活性服务业包括商贸、文化产业、旅游业、健康服务、法律服务、家庭服务、体育产业、养老服务和房地产等；农村服务业要求提升水平；海洋服务业要求拓展服务领域。同时要扩大开放，大力发展服务贸易和改革完善服务业发展体制机制等[79]。2012 年 7 月 11 日公布的《国家基本公共服务体系"十二五"规划》则举世无双对社会主义国家社会基本公共服务体系作了完美无缺的框定和评注。确认其体系一般包括保障基本民生需求的教育、就业、社会保障、养老、医疗卫生、计划生育、住房保障、文化体育等领域的公共服务，广义的还包括与人民生活环境紧密关联的交通、通信、公用设施、环境保护等领域的公共服务，以及保障安全需要的公共安全、消费安全和国防安全等领域的公共服务[78]。根据上述各信息来源，兹综合归纳成表 12－3。

表 12－3　　　　　　　　　　　　　　现代服务业的构成

类型	范畴	分支提示
基础服务	通信服务、信息服务、科普服务、破除迷信、文字服务、公共安全	信息技术服务、数字内容服务、邮政、快递、交通、道路、环境保护
生产/市场服务	生产制造业、金融、交通运输、现代物流、批发、营销、B2B 电子商务、农业支撑服务、中介/咨询专业服务、设计/生产/科技/工程/维修/管理/节能环保咨询、高新技术服务、人力资源	作业外包、节能及外包、环保及外包、工业制造与物流、科技服务、工业设计、商务服务、金融（含银行、证券、保险）服务、营销服务、实践中国梦的其他新兴产业、各种服务新业态
个人消费服务	教育、数字医疗、沐足保健、洗浴、住宿、餐饮、商品零售、文化、娱乐、旅游、体育、房地产、家庭、老龄、残疾人、鳏寡孤独	餐饮、服装、文化陶冶、娱乐、各种合法生活享受、公平旅游、自主选择交通工具、互联网宽带视频、微博、微信自由发表正能量意见、网购
公共服务	数字社区和全社会服务供需范畴、各级政府、各级职能部门公共管理服务、基础教育、公共卫生、医疗体检、公益性信息服务	公共环境卫生、法律咨询和支持服务、安全服务、警力服务、急救服务、广播电视、信息传媒、殡葬服务、墓志服务、就业、计生、住房、文体等

2. 节能环保服务——

（1）国内外发展：西方国家现代产业结构演变的基本规律是：在国民经济结构中，农业比重不断下降，工业比重在持续增长后呈现下降趋势，服务业一直处于增长过程，并居主导地位。如美国从 1970～2005 年，服务业占 GDP 比重从 62.5% 上升到 78.7%，其中生产性服务占 47.8%，居主导地位。我国服务业发展水平滞后，服务业增加值占 GDP 比重过低，除北上广深等市 GDP 中第三产业增加值占比超过 50% 以外，绝大部分省市第三产业比重还较低，不但落后发达国家，也落后发展中国家。2009 年，我国服务业占国内生产总值比重为 42.6%。据世界银行数据，近年来中等收入国家服务业比重为 53%，高收入国家服务业比重为 72.5%，低收入国家服务业比重为 46.1%，后者特别是代表先进生产力的生产性服务业在服务业中占比过低。

中国工业节能与清洁生产协会于 2012 年 8 月发布《2012 节能服务公司百强研究报告》指出：2009 年到 2011 年我国节能服务公司的数量从 506 家增至 3500 家，增长了 6 倍，就业人数从 11.3 万增至 37.8 万，增长 2 倍；年节能量、项目投资额、CO_2 减排量均增长 1 倍左右。

（2）绿色-低碳科技服务业：目前国内绿色-低碳技术尚未形成辅车相依、两得其中的产业规模，因而对应的技术服务处于大辂椎轮、循序渐进阶段，尚难说已经升堂入室了。主要原因是目前若干绿色-低碳技术的核心部分大都掌握在发达国家手中，而且早期比较成熟的低碳技术由于较少适应绿色诉求而可能面临淘汰风险。以节能减排技术为例，全球包括能源的生产、供给、使用等范畴的核心关键技术有 60 多种，其中仍有 30 多种需通过开展国际合作或技术转让才能进入实用。

在传统经济发展模式下，科技服务业的工作重点是为那些能够促进经济增长的科学技术提供助力和专业技术服务。只要能带来经济效益、促进经济增长的科学技术都是服务内容。在绿色-低碳经济发展背景下，科技服务业须有选择性地服务于那些保护环境、促进社会和谐和相应降低 GHG 排放的科学技术，推动这些科技的研究、开发、设计、试验、交流和技术交易等活动。显然，节能环保总体目标下的科技服务业是根据相关技术在研发、孵化、转移、应用和扩散方面的要求，设计科技服务产业链，促进绿色-低碳科技的发展，为我国加速实现全方位绿色-低碳经济提供技术支持服务。广东省的科技服务业的规模和发展水平在全国各省市中名列前茅，特别是其中蓬勃发展的软件科学园，建成仅 5 年即容纳高水平企业 260 多家，就业人数逾 6000 人，年产值超 50 亿元，为珠江三角洲 2000 多家企业提供了卓有成效的科技服务、咨询服务和公共事务服务[76]。

科技服务业中一个特殊的独立的同时是亟须发展的服务业是测试测量服务业，这一特殊服务业既属于科技服务业，也是信息服务业一个关键的重要分支[74]。尤其在产业优化升级、城市智慧化和社会信息化的进程中更迫切需要能通过科学测试手段取得生产运行、材料优劣和研发成效中第一手基本科技数据，以便严控设计关、选材关、工艺关和产品质量关。据统计，我国 2013 年材料测试服务业市场规模达到 1296 亿元，估计 2014 年突破了 1400 亿元[73]。可以断言：未来的经济社会向更高层次发展，测试服务业将始终处于战略先锋地位。

此外，信息服务则是现代化进程中尤其值得加速提高发展水平的一支劲旅。国务院为促进信息消费以扩大内需于 2014 年 8 月 8 日发布若干切中时需的意见，包括强化基础设施建设、推进移动通信发展和三网融合等，目标是到 2015 年信息消费规模超过 3.2 万亿元，年均增长 20% 以上，带动相关行业新增产出超过 1.2 万亿元。[80]

3. 服务贸易兼程并进——2010 年，中国服务贸易进出口总额为 3624 亿美元，占世界服务贸易进出口总额的比重由 2000 年的 2.2% 上升到 5.1%，服务出口和进口排名则分别由第 12 位和第 10 位，上升到第 4 位和第 3 位。计算机和信息、咨询服务等高附加值新兴服务出口的规模优势逐步显现，效益逐步提高。2000 年以旅游、运输等为主的传统服务出口额占比高于 68%，2010 年降低至 55.5%；2013 年估计已低于 40%。为推动我国服务贸易跃上新阶，政府于 2012 年起，每年在国内举办国际服务贸易交易会。增辟几处自由贸易区后，服务贸易将更如鲲鹏展翅，一飞冲天！

12-5-2　发展生产性服务业

1. 生产性服务业旭日东升——

（1）现代服务业的核心：生产性服务业首先是与制造业相关配套的服务业，贯穿于企业生产的上游、中游和下游诸环节中，包括物流、研发、信息、中介、金融保险以及贸易等相关服务内容，主要功能是为生产过程的不同阶段提供服务产品[43]。在生产活动前期为生产者提供咨询、规划、研发、设计、采购、金融、物流等服务；制造过程中为生产者提供财务、物流、计量、检测等服务；在生产活动后期为生产者提供营销、集成、成套安装、调试、备品备件供应、包装、仓储、维修、培训、会展、租赁、物流等服务。目前生产性服务业在我国已进入全面加快发展阶段，其适用范畴和体系界定已进行深入研讨[43]。21 世纪初中山大学建立以李江帆教授为首的中国第三产业研究中心，对生产性服务业做了全面务实性探讨并取得丰硕成果。

（2）涉及领域：生产性服务业主要包括以下五个关键部分：现代物流业、科技服务业、金融保险业、信息服务业以及包括含咨询、代理、广告、培训、劳务中介以及部分要素市场在内的商务服务业[79]。生产性服务业有着明显的知识密集性、产业关联性，是全球价值链的重心，是目前国际产业竞争和升级的突破口。但我国生产性服务业存在结构矛盾和创新短板，例如制造业增加值和生产性服务业增加值占 GDP 比重，我国 32%∶16% = 2∶1；美国 12%∶28% = 1∶2.33；英国 11%∶28% = 1∶2.55。数字说明：我国生产性服务业对制造业发展的贡献明显滞后，其结果势必拉了制造业轻快升级的后腿，在科技服务业中显得很不相称[43]。

20 世纪 70 年代以来，世界范围内生产性服务业发展速度超过了制造业。在制造业增加值和就业比重不断下降同时，生产性服务业增加值和就业比重呈逐年上升趋势。一些发达国家服务业增加值中生产性服务占比已达 40% 左右。我国制造业规模庞大，与生产密切相关的设计、包装、物流、仓储、信息、产品营销、检测、废物处理等服务业需求势将快速扩大。

加快发展生产性服务业，有利于提高资源配置效率，有利于加快产业结构优化升级和转变经济发展方式，有利于提高经济系统的内涵质量和发展效益，有利于缓解当前经济发展与资源、环境约束之间的矛盾，有利于节能环保和统筹人与自然的和谐发展。

2. 生产性服务业前瞻——我国对于发展生产性服务业的政策扶持力度逐步加大，按照上述规划所提要求，"十二五"期间生产性服务业将获得税收、土地、水电等多方面政策支持[79]。假设 GDP 保持 8% 的增速，到 2015 年我国服务业占 GDP 比重提高到 55%、生产性服务业占服务业的比重也将提高到 55%，到 2015 年生产性服务增加值将达到 15.8 万亿元，年均复合增长率（CAGR）将达到 21%。具体到信息服务、商业服务、研发、技术支持等服务行业，这些行业受益于技术进步和需求增长，各自的增长速度将远超服务业整体水平。

（1）构建生产性服务业集聚区：即构建生产性服务业集聚发展的载体。一般围绕区域性现代商贸物流基地、先进制造业基地、特色农业基地和信息交流中心，大力打造中央商务区、现代物流园区、科技创业园区、创意产业园区、软件园区、产品交易市场等多形态的现代生产性服务业集聚区。通过规划布局、政策引导和必要的财政支持，优化土地、基础设施、政策措施、人才、资金等各类资源的配置，引导和支持生产性服务业知名企业的区域性集聚。

（2）重视产业和服务业协进：加强生产性服务业与第一、二产业及生活服务业（含商贸服务业、文化产业、旅游业、健康服务业、法律服务业、家庭服务业、体育产业、养老服务业和房地产业等）联系，有利加快制造业产业升级，促进本身发展。如加快发展服务外包行业，深化专业分工；信息技术服务业，将 ICT 用于企业生产各个环节；在企业间建立信息共享平台以推动上下游企业间合作；在工农生产过程中通过服务提高产品附加值。

（3）增强生产性服务业自主创新能力：例如用信息化改造传统生产性服务业，加快服务业电子化、自动化和智慧化进程，扩大信息技术在生产性服务业领域的应用；建立健全技术创新机制，鼓励生产性服务业企业建设各类研究开发机构和增加科技投入；在有条件的地方建立科技创新平台，形成具有较强创新能力的科技创新网络。发掘高校及科研院所的研发潜力，形成政府支持、产学研一体化的创新体系，培育和发展科技服务中心、创业孵化器、信息服务机构、科技融资机构、科技评估中心、知识产权事务中心、技术产权交易中心、公共科技信息平台等科技创新中介服务机构[83]。

参 考 文 献

[1] 毛黎. 节能不只是随手关灯　美调查发现生活中存在诸多节能观念误区. 科技日报, 2010 – 08 – 21, 2 版.

[2] 刘水. 低碳节能产品全方位覆盖生产生活领域. 中国经济时报, 2013 – 04 – 01, 11 版.

[3] 刘云柏. 低碳经济与百姓日常生活. 苏州市企业信息化促进会, 网传 ppt, 2010 - 04 - 02.

[4] 孙丽萍. 绿色消费的瓶颈与挑战. 中美绿色消费高端论坛, 2013 - 10, greenlandloop@ 163. com.

[5] 张孝德. 需要启动基于消费端革命的低碳经济. 中国经济时报, 2010 - 01 - 06, 5 版.

[6] 张雪娇. 移动社交: 一场愈演愈烈的社交变革. 科技日报, 2014 - 01 - 01, 4 版.

[7] 范圆圆. 可穿戴设备: 一个值得期待的科技新宠. 科技日报, 2014 - 01 - 02, 4 版.

[8] 赵萍. 为了地球, 我们能做些什么. 科技日报, 2007 - 04 - 22, 2 版.

[9] 胡德良 (编译). "生态"手提包的兴起. 世界科学, 2008 (5), 20 - 21.

[10] 郭锦辉. 中国企业低估消费者"绿色"需求. 中国经济时报, 2011 - 01 - 13, 8 版.

[11] 秦雪 (编译). 城市生活压力与精神健康. 世界科学, 2013 (1), 20 - 22.

[12] 徐冰. 谁让绿色蔬菜染上毒? 科技日报, 2013 - 09 - 06, 5 版; 附 - 裴敏欣. 中国土壤污染问题影响国际粮食安全. 财富网, 2014 - 04 - 21.

[13] 钱宏. 拯救地球, 人类亟待摆脱惰性和蒙昧. 中国经济时报, 2009 - 12 - 14, 5 版.

[14] 工信部电信研究院. 移动终端白皮书 (2012 年), 2012 - 04.

[15] 小河. 海尔发布感应式对开门冰箱. 科技日报, 2014 - 07 - 02, 12 版.

[16] 马爱平. 双核智能云电视领跑市场. 科技日报, 2012 - 10 - 12; 多核智能云电视不再遥远, 2012 - 10 - 30, 均 4 版.

[17] 王海. 双级压缩空调能效大耗电少. 科技日报, 2012 - 12 - 20, 4 版; 附 - 自珍. 智能化空调将改变传统空调业, 2014 - 07 - 02, 12 版; 申明: 新"心脏"让中央空调节能提升40%, 2011 - 12 - 22, 4 版.

[18] 刘可. 低碳时代 中国洗衣机产业的隐忧. 科技日报, 2010 - 04 - 28, 12 版.

[19] 吕梦盼. 智能手机将帮你免于车祸之灾. 科技日报, 2012 - 08 - 06, 10 版; 附 - 李炜. 智能手机或将进入"攒"时代, 2014 - 07 - 16, 11 版.

[20] 李宓. 通话更便宜 电视更智能——2013 年个人电子产品发展趋势. 科技日报, 2013 - 01 - 05, 2 版; 附 - 李禾. 节能产品 - 正悄悄进家入户, 2007 - 05 - 30, 6 版.

[21] 李苹. 智能家电时代是否到来? 科技日报, 2012 - 10 - 12, 4 版.

[22] 何丹婵. "云电视"入选"2011 年度十大新词"智能云电视获更多消费者青睐. 科技日报, 2011 - 12 - 21; 云空调颠覆传统商业模式, 2013 - 04 - 03, 均 2 版.

[23] 何丹婵. 海尔磁悬浮领衔中国智造 改写中央空调格局. 科技日报, 2012 - 12 - 26, 12 版.

[24] 何丹婵. 家电智能化的网关战略布局. 科技日报, 2014 - 07 - 02; 2014 智能家电市场问题与机遇并存, 2014 - 11 - 05; 附 - 欣闻. 海尔全球首推"免清洗"洗衣机, 2014 - 08 - 06, 均 12 版.

[25] 佚名. 智能电视发展应与用户更贴近. 科技日报, 2013 - 02 - 20, 12 版; CES 上的 5 大颠覆性新技术, 2013 - 01 - 25, 6 版.

[26] 陈军君. 智能电视开锣进场. 中国经济时报, 2011 - 01 - 06; 智能电视来得更快, 2011 - 06 - 02, 均 6 版.

[27] 陈军君、窦滢滢. 嵌入"健康云"、"同步云"概念 云电视再细分. 中国经济时报, 2012 - 03 - 21, 11 版.

[28] 张延. 智能电视: 一场创意无限的客厅革命. 科技日报, 2014 - 01 - 03, 4 版; 附 - 张家伟. 智能手机迎来新一波潮流, 2014 - 09 - 09, 2 版。

[29] 张毛毛、马爱平. 智能电视, 我的休闲新"宠物". 科技日报, 2013 - 09 - 17, 4 版.

[30] 段有桥. 互联网电视产业的八大趋势. 视频智能电视, 2013 - 09 - 17.

[31] 黄穗. 节能微波炉, 低碳美味兼得. 科技日报, 2010 - 11 - 17, 4 版.

[32] 黄朝艾. 未来智能电视猜想. 中国经济时报, 2012 - 06 - 27, 12 版.

[33] 萧何. 全球首台8核云电视在康佳诞生. 科技日报, 2013 - 06 - 26, 12 版.

[34] 编辑部. 媒体云——让电视能上网、能读报、能缴费. 科技日报, 2012 - 03 - 05, 9 版; 附 - 李强、赵延东. 大规模网络公开课程的发展与挑战, 2014 - 06 - 09, 1~4 版.

[35] 薛严. 内容才是硬道理 智能电视市场竞争新趋势. 科技日报, 2011 - 09 - 14, 2 版.

[36] 中国互联网协会网络营销工作委员会、缔创信, 2013 年中国网络营销白皮书, 2013 - 10, www. imcc. org. cn.

[37] 田杰棠. 电子商务创新对推动经济转型发挥积极作用. 中国经济时报, 2014 - 09 - 04, 5 版; 附 - 田杰棠、戴建军. 发挥电子商务创新的作用 推动低效率行业改革. 科技日报, 2014 - 09 - 29; 刘莉. 网购时代, 退货、个人隐私有了更多保护, 2013 - 10 - 31, 均 6 版.

[38] 李晓红. 物流企业进军电子商务胜算几何. 中国经济时报, 2011 - 05 - 26, 10 版; 附 - 陈杰. 电子商务需要智能化物流. 科技日报, 2013 - 02 - 06, 10 版.

[39] 佚名. 中国电子商务发展趋势: 总结 2012 预测 2013. CNNIC, 2013 - 03 - 13; 盘点分析 2014 年制造业电商新趋势—2013 年电子商务十大热点, 2014 - 01 - 24; 附 - 朱菲娜. 电子商务打通农村经济转型升级之路. 中国经济时报, 2014 - 12 - 30, 2 版.

[40] 张凡. 电子商务——一次轰轰烈烈的消费变革. 科技日报, 2012 - 12 - 31, 4 版; 附 - 安吉. 京东美国成功上市 中国电子商务迎来黄金时代, 2014 - 05 - 28, 3 版; 高冰洋、王春. 以大数据架构电商2.0 的新时代, 2014 - 06 - 23, 7 版.

[41] 张玉泉. 聚焦电子商务物流服务技术. 科技日报, 2013 - 12 - 13, 6 版; 附 - 佚名. 中国电子商务物流系统信息化现状和发展趋

势探索．网传文献，http：//anylw.com.

[42] 国家工信部．电子商务"十二五"发展规划，2012 - 03 - 27；附 - 来有为、石光．我国电子商务呈现出三个方面的重要发展趋势．中国经济时报，2014 - 10 - 14，5 版.

[43] 国家发改委等八部委局办公厅．关于促进电子商务健康快速发展有关工作的通知，2012 - 02 - 06；发改委等十三部委局办公厅室关于进一步促进电子商务健康快速发展有关工作的通知，2013 - 04 - 15；国家商务部．促进电子商务应用的实施意见，2013 - 11 - 21；附 - 来有为．新兴现代服务业成为我国重要的经济增长点，2013 - 02 - 18；我国新兴现代服务业的产业特征，2013 - 02 - 19，均 5 版；附 - 胡红梅．生产性服务业对制造业价值链重构的思考．中国经济时报，2014 - 08 - 29，10 版.

[44] 戴建军．促进电子商务持续创新驱动经济发展，中国经济时报，2014 - 11 - 07，5 版；附 - 侯云春．转型与创新是电子商务企业健康发展的活力源泉，2013 - 11 - 08，12 版；马龙龙．我国电子商务发展将进入"逆回归"时代，2014 - 09 - 19，6 版.

[45] 卞文志．低碳旅游不该仅仅停留于"时尚"重在实际行动．中国经济时报，2012 - 12 - 10，11 版.

[46] 王颖．低碳经济视野下旅游经济发展对策．中国城市低碳经济网，www.cusdn.org.cn，2012 - 06 - 28，自清华学术论文网.

[47] 王婷芳．第二届中国饭店文化节八大亮点．迈点网，2013 - 05 - 27；附 - 陈琳．第二届饭店文化节探寻新形势下酒店如何转型．杭州网，2013 - 06 - 21；附 - 程小旭．我国应加快推进生产性服务业发展，2008 - 05 - 29，7 版.

[48] 王彩霞．酒店业　更多的是挑战．中国连锁网，2013 - 01 - 30.

[49] 中国饭店协会．低碳酒店标准和绿色酒店标准．协会网站，2012 - 11 - 27.

[50] 毛晶慧．四大趋势决定中国旅游产业未来．中国经济时报，2013 - 04 - 11，11 版.

[51] 刘宛岚等．2012～2013 年中国餐饮行业 O2O 发展报告．品途网，2013 - 07，网传 www.pintu360.com。O2O ⇨Online to Offline.

[52] 杜一力．旅游业之变．国家旅游局信息中心/中国旅游报，2014 - 03 - 17～19.

[53] 佚名．2013 年餐饮行业发展现状及未来趋势探讨．中国行业研究网 http：//www.chinairn.com，2013 - 05 - 14；中国酒店业发展现状及趋势分析．中国行业研究网 http：//www.chinairn.com，2013 - 10 - 21.

[54] 张凡．你的旅游够智慧吗？科技日报，2013 - 01 - 15，4 版.

[55] 张宁．旅游交通运输行业管理仍需加强．中国经济时报，2012 - 08 - 06；"5A"名不副实？2012 - 12 - 10，均 12 版.

[56] 张宁．旅游地产——中国新泡沫经济？中国经济时报，2012 - 12 - 24；景区乱收费现象何解，2012 - 08 - 13；附 - 王永雪，赵卫民．旅游景区违规建设之风何时休？2012 - 08 - 06，均 11 版.

[57] 张倪．旅游业成带动消费增长重要引擎．中国经济时报，2014 - 11 - 07，2 版.

[58] 国务院．国民旅游休闲纲要（2013—2020 年），2013 - 02 - 02；国务院关于加快发展旅游业的意见，2009 - 12 - 01.

[59] 郑讴（编译）．发展必以环境为代价？生态旅游或为新出路．中国社会科学报，2013 - 05 - 24，A03 版.

[60] 明庆忠等．低碳旅游 - 旅游产业生态化的战略选择．人文地理，2010（5），22 - 26～127.

[61] 唐承财．低碳旅游 - 生态文明在路上．中国社会科学报，2012 - 12 - 10，A08 版.

[62] 郭乃文，程金宝．旅游与碳足迹．台湾师范大学，2011 - 03，网传文献.

[63] 谢园方，赵媛．国内外低碳旅游研究进展及启示．人文地理，2010（5），27 - 31.

[64] 萧登元．低碳旅游与休闲产业发展趋势．台湾高雄餐旅大学，网传 ppt，2011 - 04 - 02.

[65] 蔡家成．旅游法学习交流．国家旅游局信息中心，2013 - 12 - 16，网传 ppt.

[66] 蔡萌，汪宇明．低碳旅游——一种新的旅游发展方式．旅游学刊，2010（1），13 - 17.

[67] 蔡萌，汪宇明．基于低碳视角的旅游城市转型研究．人文地理，2010（5），32 - 35～74.

[68] 国家旅游局．中国旅游业"十二五"发展规划纲要，2011 - 10 - 11.

[69] 程小旭．落实旅游休闲纲要的四点建议，中国经济时报，2013 - 01 - 15，2 版.

[70] 蒋秀娟，赵茂林．生态环保酒店悄然兴起．科技日报，2011 - 12 - 17，4 版.

[71] 潘佩佩（编译）．未来酒店旅游发展 6 大趋势．迈点网，2013 - 10 - 24.

[72] 薛严．一部手机玩转酒店管理．科技日报，2013 - 03 - 26，2 版.

[73] 才萌．抓机遇　共发展　促进测试服务业做大做强．科技日报，2013 - 12 - 20，3 版；附 - 王晓英、马爱平．测试测量与人们的日常生活息息相关：它关乎空气的清新，水的纯净，食品的安全，手机通话的顺畅，药物的疗效，土壤的肥沃，汽油的品质等．请关注 - 测试测量如何影响我们的生活？2011 - 02 - 22，4 版；北京材料分析测试服务联盟：我国测试服务业的发展现状与特点，2013 - 12 - 13，3 版.

[74] 田杰棠．中国信息技术服务业市场前景分析．中国经济时报，2010 - 10 - 22，5 版；附 - 肖文．利用信息技术发展现代服务业．中国社会科学报，2012 - 09 - 19，B03 版.

[75] 李文明，吕福玉．网络口碑传播的影响力不可小觑．中国社会科学报，2012 - 10 - 31，A08 版；附 - 张春华．网络舆情研究 - 社会学研究新领域，2012 - 10 - 22，A06 版.

[76] 佚名．蓬勃发展的广东科技服务业．科技日报，2014 - 03 - 04，10 版.

[77] 郑军．用生态文明的力量推进绿色办公持久发展．科技日报，2013 - 04 - 25，10 版；附 - 张涛昌：生态型服务与可持续发展综述．中国城市低碳经济网 - www.cusdn.org.cn，2012 - 06 - 21，自论文网.

［78］国务院．国家基本公共服务体系"十二五"规划．国发〔2012〕29 号，2012－07－11；附－郭顺姬．公共服务要公平　引导绿色消费．中国经济时报，2012－05－17，2 版；陈昌盛、蔡跃洲．中国公共服务综合评估报告（摘要），2007－01－22/23，5 版．

［79］国务院．服务业发展"十二五"规划，国发〔2012〕62 号，2012－12－01．

［80］国务院．关于促进信息消费扩大内需的若干意见．中国政府门户网站，2013－08－08；附－刘燕．信息消费点亮通信展．科技日报，2013－09－25，9 版；附－操秀英．如何规范互联网信息服务，2011－02－10，6 版．

［81］国家科技部．服务机器人科技发展"十二五"专项规划．中国政府门户网站，2012－04－01；国家科技部．现代服务业科技发展"十二五"专项规划．中国政府门户网站，2012－01－29．

［82］赵英淑．这十年，现代服务业科技新第一；发展现代服务业　优化产业结构．科技日报，2012－10－25，5 版．

［83］王微．中国城市化进程中服务业发展的主要特点，2014－11－15；加快服务业发展要有新的战略思路和举措，2014－12－01，均12 版；城市化进程中服务业发展面临的问题与挑战，上－2014－11－22，10 版，下－2014－11－24，12 版．

第13章

奇掘财源开碳市

13-1 运行清洁发展机制 完善排放权交易市场

13-1-1 运用清洁发展机制 CDM

1. 清洁发展机制（CDM）回顾——联合国 1997 年 12 月草签、于 2005 年 2 月开始生效的《京都议定书》（KP），体现了为抑制 GHG 排放、减缓气候变暖乃是包括全球发达国家和发展中国家在内的全人类共同责任，但须顾及发展水平而应有所区别。KP 中规定的三种机制中唯有清洁发展机制（CDM）给发展中国家提供了一定的减排 GHG 所需资金或技术的蹊径，亦即允许采用绿色开发机制，促使发达国家和发展中国家共同承担减排 GHG 的义务。这种机制既能使发达国家以低于国内成本的方式获得减排量，又有利于促进发展中国家社会经济可持续发展。对发达国家而言，CDM 提供了一种灵活的履约机制；对发展中国家而言，通过 CDM 项目可以获得一定资金和技术援助，因而被认为是一种"双赢"机制。例如，在 KP 第一承诺期开始的 2008 年，美国境内要减排 1 吨 CO_2 的边际成本需 153 美元，欧盟各国需 198 美元，日本更高达 234 美元。发达国家与发展中国家签订的减排合作项目，每吨碳的平均减排边际成本一般在 20 美元以下。在 KP 第二承诺期尚在扑朔迷离时刻，2012 年年初欧洲 CDM 市场核心产品核证减排量（CERs）价格一度从原来吨碳 5.4 欧元跌到 3.79 欧元，即仅 10 美元了。

所以，CDM 在于促使有能力大量减排的发展中国家将经过努力产生的富余减排量在市场上"卖掉"，而未能实现减排目标或原来 GHG 排放量过高而一时降减艰难的发达国家可以从市场上"买入"减排量以节约其本国减排费用。可见这是一种利用市场机制对 GHG 的排放行为实行"定价"，通过市场中排放量的交易，社会整体上能以较低廉的成本实现减排。CDM 允许其附件 1 缔约方与非附件 1 缔约方协作开展 CO_2 等 GHG 减排项目，对项目委托方，CDM 提供了一种灵活履约机制；对项目执行方，可借助 CDM 获得部分资金援助和先进技术。不过 CDM 只能作为全球减排和技术转让手段之一。实现真正意义上的减排和技术转让还需发达国家承担更多义务。

2. 联合国 CDM 执行理事会（EB）——执行理事会负责监管 CDM 实施，并对成员国大会负责。执行理事会由 10 位专家组成，其中 5 位专家分别代表 5 个联合国官方区域（非洲、亚洲、拉丁美洲和加勒比海地区、中东欧、OECD 各国），1 位专家来自小岛国组织，2 位专家来自附件 1 国家，2 位专家来自非附件 1 国家。执行理事会在 2001 年 11 月马拉喀什政治谈判期间召开首次会议，标志着 CDM 的正式启动。执行理事会授权称之为"经营实体"的独立组织对申报的 CDM 项目进行审查，核实项目产生的减排量，并签署减排信用文件证明使这些减排量成为 CER。执行理事会的另一关键任务就是维持 CDM 活动的注册登记，包括签发新产生的 CER、为征收的用于适应资金和管理费用的 ER 建立管理账户，为每一个 CDM 项目东道国的非附件 1 国家注册一个 CER 账户并予以定期管理。

13－1－2 关于 CDM 项目申/批

1. CDM 项目申/批条件——

（1）CDM 项目申请和批准过程必须满足：

①获得项目须获得代表所有成员国利益的联合国 CDM 执行理事会正式批准；

②须足以促进项目东道国双方的可持续发展；

③在缓解气候变化方面产生实在的、可度量的、长期的效果。

CDM 项目产生的减排量还应该包括任何"无此 CDM 项目"条件下产生的减排量的额外部分。参与 CDM 的国家必须满足一定资格标准。所有 CDM 参与成员国须符合三个基本条件：自愿参与 CDM；建立国家级 CDM 主管机构；已批准 KP 的国家。

（2）发达国家须满足更严格的条件：

①目的在于完成 KP 规定的配额排量：为此须建立国家级 GHG 排放评估体系和国家级 CDM 项目注册机构；提交年度清单报告；为 GHG 减排量买卖交易建立账户管理系统等。

②禁止附件 1 国家利用核能项目产生的 CER 达到减排目标。

③第一承诺期（2008－2012 年）内，只允许造林和再造林（AR）作为碳汇项目，第二承诺期是否放开其他碳汇项目（例如海洋、草原、土壤、农作物等）尚无定论。且在承诺期每一年内，附件 1 国家用于完成他们分配排放数量的、来自碳汇项目的 CER 至多不超出其基准排放量的 1%。碳汇项目还需制定更详尽指南确保环境友好性。

④为使小项目能和大项目一样在 CDM 项目上具有竞争力，《马拉喀什协定》为小规模项目实施建立快速通道，一套简化的资格评审标准——15MW 以上可再生能源项目、在供应方或需求方年节能 15GWh 以上的能效项目、年度排放量低于 1.5 万吨 CO_2e 且具有减排效果的其他项目。CDM 执行理事会（EB）已被赋予一项任务：为小项目快速通道制定执行方式和工作程序，并将其提交给 2002 年 10 月在新德里召开的第八次 UNFCCC 成员国大会（COP 8）。

⑤禁止发达国家挪用官方发展援助资金用于 CDM 项目。即用于 CDM 项目的资金必须是官方发展援助之外的资金。

⑥对 CDM 项目产生的 CER 将征收 2% 的收益税，建立新的"适应基金"，用于帮助对气候变化影响特别脆弱的发展中国家适应气候变化的不利影响。另一项针对 CER 的征税用于弥补 CDM 管理成本。

（3）为保证 CDM 项目在发展中国家公正推行，对于最不发达国家的 CDM 项目将免征用于基金和管理费用的赋税。

2. CDM 项目适从领域——CDM 可包括下列可能的内禀项目：改善终端能源利用效率、改善供应方能源效率、可再生能源、替代燃料、农业（甲烷和氧化亚氮减排项目）、工业过程（水泥生产等减排 CO_2 项目，减排氢氟碳化物－HFC、全氧化碳或六氟化硫等项目）及碳汇项目（暂仅适用造林项目）。适合申报 CDM 项目的范围：①电力可再生能源（水力、太阳能、风力、生物质气化等）、燃料代替、清洁煤技术、高效的电力传输与分配；②能效；③交通；④油气；⑤城市固体废弃物、垃圾填埋；⑥农业：改良耕种方法、减少能源使用、改良肥料管理、改良肥料使用方法；⑦碳汇：造林、再造林（AR）。

3. 我国申报项目步序——项目开展进程大致如图 13－1 所示[18]。包括：

①准备项目设计文件，即识别和计划拟开展的项目活动。初期与买方谈判和签署减排购买意向书，并预估可能的 CERs 数额。

②设计项目文件，描述项目的可行性和可获实效性。包括基准线研究和检测计划、环评批复、本地政府备案、项目设计文件（PDD）等。

③报国家 CDM 指定主管当局（DNA）：由 16 个国家部委局共同组成的国家气候变化对策协调小组，下设七部委联合组成的国家清洁发展机制项目审核理事会，均由国家发改委专门办公室掌控。

④国家批准，通过指定经营实体（DOE）审核后进行登记。

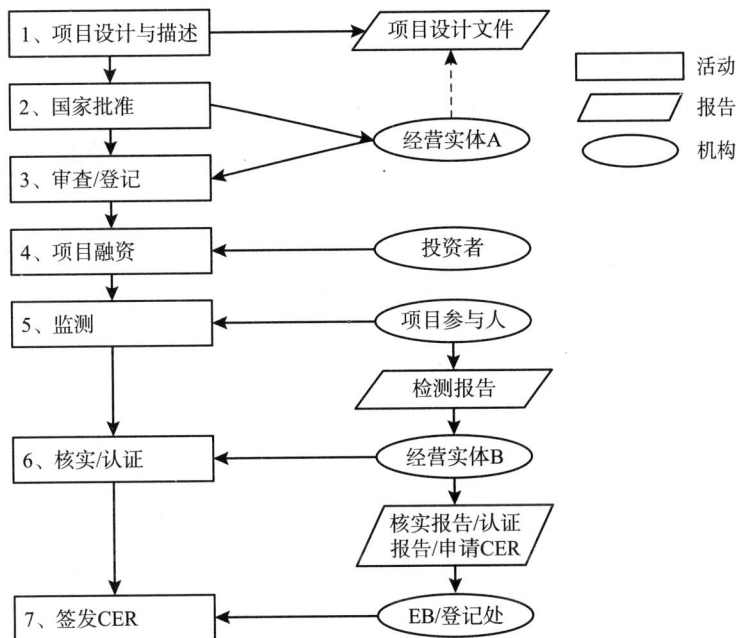

图 13 - 1　开展 CDM 项目基本步骤

（据：环保部环境保护对外合作中心 . CDM 项目的基本程序和周期）

⑤筹集项目进行所需融资，容许项目参与人监测和提出合理化建议，同时报联合国 CDM 执行理事会（EB）。

⑥核算项目交易成本，包括搜求项目成本、专家论证成本、项目文件开发成本、谈判成本、合格性审定成本、登记成本、监测成本、核实成本、收益提成等。通过 EB 指定的经营实体进行核实和认证，获批准登记。

⑦项目进行中按计划签发 CERs。

4. 森林的碳汇功劳：国际社会对森林碳汇作用愈益视如珍宝，例如在德国波恩完成的《波恩政治协议》和在摩洛哥马拉喀什完成的《马拉喀什协定》都将 AR 等林业活动纳入 KP 确立的 CDM，鼓励各国通过绿化、造林来抵消一部分工业源 CO_2 的排放量。2003 年 12 月召开的 UNFCCC 第 9 次缔约方大会，国际社会已将 AR 等林业活动纳入碳汇项目，制定了新的运作规则，为正式启动实施 AR 碳汇项目创造了有利条件。KP 不但规定了 41 个工业化国家的减碳限排额度和时间表，还在相关条款引入了允许通过 AR 以及森林管理等活动获得的碳汇用于抵消工业和能源部门的 GHG 限制减排量。

实施 CDM 碳汇项目符合中国林业发展战略，对加快中国林业生态建设、改善区域生态环境、开发生物质能源和减少贫困均有明显裨益，也为中国林业发展提供了契机。森林碳交易是完全采用市场机制运作的一种特殊生态补偿形式，有利于为中国林业建设筹集大量国内外资金，促进森林生态效益市场化和货币化的进程[38]。典型的固碳林业与碳交易案例，如 2008 年，中国在广西成功开发了全球第一个 AR 碳汇项目，即在广西苍梧、环江两县碳汇项目实施该项目规划造林面积 4000hm²，利用造林能吸收并储存 CO_2（即"固碳"）的功能，通过经 CDM 认可的方法计算后充抵 KP 确定的 CO_2 减排量，由世界银行生物碳基金会（BCF）收购后其碳汇将从 2008 年开始进行交易，销售期为 30 年。碳汇造林全部利用荒山，除了有改善生态、减缓温室效应外，还能帮助山区农民实现脱贫；我国国家林业局与意大利环境和国土资源部签署的中国第一个林业碳汇项目已落户在内蒙古自治区赤峰市敖汉旗。中意双方约定，在第一个 5 年有效期内，意方投资 153 万美元在敖汉旗荒沙地造林 3000 hm²，项目产生可认证 CO_2 减排指标将归意方所有。通过该项目碳汇交易使中国筹集了生态补偿资金，减轻了财政补偿公益林的压力。随着中国重点林业生态工程的实施，植树造林取得了巨大成绩。中国政府于 2001 年启动了全球碳汇项目，对开展造林和再造林碳汇项目及其相关工作给予了充分重视和积极支持。自 2003 年年底国家林业局成立碳汇管理办公室以来，国内推行碳汇项目试点和研究捷报频传。2007 年颁布的《中国应对气候变化国家方案》强调，植树造林、保护森林、最大限度地发挥森林的碳汇功能等是应对气候变暖的重要措施。我国政府更在哥本哈根气候变化峰会上宣布，到 2020 年将在 2005 年基础上增加森林面积 4000 万 hm^2 和森林蓄积量 13 亿 m^3。2009 年年底国家发改委公布的《林业产业振兴规划》中确定将扩大林业信贷扶持政策。

5. 进展概况——

（1）我国一直据有一半以上 CDM 量产 CERs 的卖方市场，2010 年前甚至高达 70% 以上；而欧盟排放交易体系（EU – ETS）则是独领风骚的最大买家。国家发改委 2005 年及时发布了《清洁发展机制项目运行管理办法》，使项目策划、研发、申报、审批、管理等的操作细节有章可循。其步序虽颇似繁文缛节，却是必不可少的卖方质量与买方信任所需。报给 EB 后还须经指定的经营实体 DOE 全面审查和网上公示，最后才能批准注册。这一过程一般最快需 3 个月到半年。我国前期成功注册的项目主要集中在新能源、可再生能源领域，约占 80% 强，符合上述《办法》中第四条的要求；其次是节能减排、提高能效、甲烷回收利用等项目占 15% 左右。这些项目的明显特点是数量多而 CERs 产量少，已注册的项目产生的 CERs 主要来自分解 HFC – 23（三氟甲烷）和抑制 N_2O（氧化亚氮）的项目，由于适应扼制全球变暖趋势（GWP）的诉求，前期项目却易于成功注册或得到 CERs 签发。欧洲特别是英国曾是这些来自低成本信用额度的富裕核证减排量的热心买家，出售这些减排信用的卖家自然能赢得高额利润。不过欧盟委员会已决定从 2013 年起限制上述工业气体 CDM 项目信用额的使用。后期我国申报的项目开始向风能、光伏之外的能源领域延伸，例如江西峡江水利枢纽工程于 2013 年 4 月成功注册 CDM 项目。该工程发电装机容量 36 万 kW，建成后每年可供电 11.42 亿 kWh，项目首期 7 年内预期碳交易收益 3.5 亿元[12]。

经国家发改委批准报审的项目，一般仅有 50% 左右获得 EB 注册[20]。这些也是促成近来国内对 CDM 的热情逐渐"衰退"的主要一面[35]。据世行数据，截至 2011 年 10 月 7 日，中国共有 1613 个 CDM 项目成功注册，占东道国注册项目总数的 45.95%；预计产生 CO_2 年减排量共计 334847563 吨，预计占东道国注册项目年减排总量的 64.40%；据 UNFCCC 网站数据，截至 2012 年 5 月 4 日，全球有 4165 个 CDM 项目共获得 927829927 吨 CERs 签发，其中我国已有 788 个 CDM 项目共获得 552968041 吨 CERs 签发，排在所有东道国的首位，占东道国 CDM 项目签发总量的 59.67%。可见中国是世界 CERs 的最大供应国，也为主要在欧洲的发达国家履行其第一期承诺的减排义务大大降低了成本[14]。

（2）项目持续增长：截至 2011 年 8 月，中国项目批准数达到 3240 个。基于企业的积极响应和中国碳排放市场的巨大潜力，中国成为已注册项目数及签发 CERs 全球第一。到 2012 年，中国在 EB 注册的 CDM 项目中 CO_2 减排总量达 15 亿 ~ 20 亿吨；排除价格波动和扣除中介利润，按国家最低限价 8 欧元/吨（可再生类项目为 10 欧元/吨）的平均市场价格，这些 CDM 项目将带来 105 ~ 140 亿美元的收益。到 2013 年 4 月初，我国国家发改委批准 CDM 项目数已达 4762 个；经 EB 批准注册的 CDM 项目产生的 CERs 购买方有英国、西班牙、奥地利、日本、荷兰、意大利、瑞典、加拿大、卢森堡和世界银行等。以我国首个批准运行项目内蒙古辉腾锡勒风电为例，项目总投资 1737.7 万元，记入期 2004 ~ 2013 年共 10 年，每年 CO_2 减排量为 5 万吨，该减排量签发的 CERs 将销售给荷兰政府，10 年中采购定价为 5.4 欧元/吨，总共可回收资金 270 万欧元。估计该风电场项目目前已产生经济效益超过 10 亿欧元[20]；甘肃 100MW 风电项目中，40 万吨 CERs 按每吨 40 元计算，相当于 1600 万元。例如 2014 年年初成功注册的 15 个项目里，印度有 5 项，中国有 4 项，其他分属于拉美 3 国、亚洲 3 国，均 1 项。但中国的内蒙古、江西等项目计划碳减排总量 353217 吨是印度 5 项计划减排总量 54218 吨的 6.5 倍！所以注册项目数的多少是次要的，更重要的是可能产生和签发的 CERs 吨数。目前各省市的 CDM 项目，以云南、四川、江西、广西和内蒙古等省和自治区注册项目数处于领先地位。

（3）按 2005 年批准生效的 KP，CDM 的第一承诺期为 2008 ~ 2012 年。2011 年德班会议最后达成共识，决定安排 KP 的第二承诺期延续进入 2013 年，并将在 2015 年前签订新法律框架文件，预定到 2020 年开始实施新规定。新规定覆盖所有排放大国以促其履行强制减排责任。这一德班结论为 CDM 机制得以持续发挥效能带来曙光和希望。目前人们仍在观望期待之中。但我国 CDM 的外需面临明显萎缩[29]。其次，

2010 年起，经我国发改委批准报给 EB 的部分风电和水电项目被否，虽据理力争亦不得要领；进入 2013 年 KP 的第二承诺期后，签发难度加大、买家违约时有发生[16]，卖方遭遇零收入风险[17]。此外，由于 KP 附件 1 的部分发达国家转向相互间的排放交易（ET）和共同履约（JI），德班会议后加拿大效尤美国而退出 KP，日本则采取消极态度悍然宣布不支持第二承诺期等，无疑给 CDM 运作抹上一层阴影；发展中国家则在酝酿通过技术升级和强化管理提高节能减排和绿色发展强势来内部消化低碳需求，中、印和巴西等经济发展走在发展中国家前列，还须做好思想和机制准备，以便到 2020 年能从容不迫接受有条件的强制减排约束（按中国代表团团长在德班会议上的发言，须保证 KP 第二承诺期顺利进行、绿色气候基金顺利启动、实际碳排放历史水平和人均水平做到科学评估等条件）。届时中国或须首先表态同意承担有法律约束的减排指标，中国国内须在各行业随之推行和分配强制性减排指标，须用更多精力发展节能减排的实效手段，即借鉴 CDM 提供的排碳信用构思全面铺开国内的碳市场交易[15]。

（4）按 IEA 2012 年的预测[31]，中国的人均碳排量将在 2015 年超过欧洲，历史累计碳排量也将在 2035 年越过全欧，并接近美国水平。也就是说，届时中国已在排碳规模上与经济发达地区等量齐观。这种前提条件高度抽象的预测数据难免偏离实际，但若按全球首屈一指的我国经济高速增长态势和我国能源结构很难在短期内摆脱依赖以煤为主的化石能源，加上我国人口规模也将因生活水平提高、寿命预期大幅提升等因素做粗略定性预估，2020～2035 年排碳量猛增的负面动因不容忽视，除非全民动员，朝乾夕惕，全面增进碳汇建设、厉行绿色 – 低碳宏愿、严惩贪腐、杜绝奢侈浪费、发挥碳补偿功能，别无他法！

6. 履行 KP 机制的问题和决策刍议——

（1）从长期看，协议有关规定不是解决 GHG 的万能方案，不能约束个别经济大国退出协议，甚至为部分工业国家和发展中国家非合理碳交易提供不正当激励，我国应着眼长远和自身环保约束，更加注重环保技改和资金投入，加快发展有利于节约资源和保护环境的绿色循环经济发展模式，迅速发展和践行包括碳排放权交易、环境排污权交易和进一步扩展为环境产权交易的新型经济学领域。

（2）全国性 CDM 交易中心的筹建势将有利于提高减排指标的流动性，能较合理地规范交易行为。这样就能在一定程度上使我国减排交易价格影响国际减排市场的定价，以便最终改变我国目前在国际 CDM 交易中定价权的被动地位。在碳排放交易市场中，全球通用的碳排放交易价格主要有欧盟碳交易所规定的价格和美国芝加哥气候交易市场的价格，我国国家发改委关注欧盟的价格。中国过去由于尚未建立自己的交易规则，碳交易议价能力弱，没有定价权，减排价格一直被发达国家压得很低，在国际市场上处于不利地位[13]。但全国性碳排放权交易市场普遍开市后，这一被动局面正在得到根本扭转。

（3）我国是 CDM 项目主要注册者，也是签发 CERs 额度名列前茅的国家，但在国际排放权交易的裁判权地位尚未长期确立，对于 CDM 项目注册、CERs 核证的有关规则和标准的制定与修改的影响程度与我决决大国的地位并不相称。如果 2020 年后我国接受有条件的约束减排额度，没有相应的主导决策权宁非随人俯仰？

（4）PCDM（规划方案下的 CDM）是指为执行相关政策或达到某一目标而采取的一系列减排措施作为同一项规划方案而整体注册的 CDM 项目。既然 CDM 是个基于单一项目的市场机制，市场参与方自然在开发 CDM 项目时，会把目光更多地集中在投资成本低、减排数额高、能够带来更好商业收益的项目。因此，开发 PCDM 项目势将简化 CDM 项目申报的可行性研究报告和简略大量文字表达，并因此降低前期费用，增强市场吸引力。

（5）CDM 项目获发改委批准后报给 EB，注册成功率虽可达 50% 左右，但签发 CERs 的比率较低，也就是没有实际形成应有的碳补偿效果，或即没有让买方获得可买的碳抵付商品。前已述及，产生大量 CERs 的常出自个别边缘项目。究其原因不外乎在申报项目时较少顾及买方的短期需求变化，或者申报项目对可能获得注册的时间滞后估计不足，没有正确估计未来的市场方向。

13 – 1 – 3 碳排放权交易市场

1. 碳排放权交易的理念驱动——

（1）市场优势：众所周知，1994 年 3 月 21 日正式生效并具有法律约束力的 UNFCCC 是世界上第一个

为全面控制 CO_2 等 GHG 排放，以应对全球气候变暖给人类经济和社会带来不利影响的国际公约。有约束的 GHG 排放机制为碳交易的形成和发展奠定了基础。目前，国际上碳交易已成为面对气候变化的借助市场解决的方案之一。KP 为人类抗争 GHG 排放导致的气候变暖巧设的开物成务之计竟是将全球千头万绪的不平衡碳排放权纳入市场化运作和管控，同时通过 3 种机制以适应不同发展水平的国度。这一理念的延伸迅速扩大为各程国内外的碳排放交易市场，在相当程度上脱离了颇多局限性的 KP 框架，成为碳排放中类似以丰补歉、衰多益寡意义上的机动调剂和补充。碳排放权交易事实上是从 CDM 产生 CERs 得到的启发，CO_2 将像股票、证券那样在市场上纵横捭阖，在既定规范下风流偶傥[2]。还可以发行碳债券、碳期货[4]↓。耗能超限的企业要上新项目，一时能耗降不下来可以花钱去市场购进碳排放权；耗能小的企业可以把多余的碳排放权拿到市场上卖掉；将来个人可以通过开荒植树取得碳补偿效果，相当于获得对等的碳排放权，一样可以拿到市场上卖掉，把卖得的钱再用来买树种、买荒地使用权、再勤奋植树……

（2）履行碳补偿（Carbon Offset 或称碳中和）：这一行为可以启发人类共同责任而自愿参与用正向碳汇建设去抵消或补偿个人的或集体的负向排碳行为，中国绿色碳汇基金会支持车主人捐资造林以补偿燃油排碳，却是千姿百态碳补偿发人深省节目中的一段插曲。可见碳补偿的一种做法就是自愿选择增加所处环境碳汇功能的有益行为，例如参加植树、积极参与垃圾分类、餐馆用餐后自觉"光盘"等；另一种做法是按个人日常活动直接或间接产生的碳排量，估算抵消碳量所需经济成本，然后付款给专门机构，由他们通过植树或其他增加碳汇措施以抵消对应碳排量。

企业更能通过碳补偿行为获得相应的运营效益，如：通过某些指定机构（如基金组织）公开披露企业补偿 GHG 排放的信息以树立企业的现代化形象，显示了企业重视社会责任；提升能源与物料使用效率，降低了运营成本；累计评估减量作为企业的"公益积分"和授予有关奖励时的依据之一；助力企业洞悉和管控由于各种排碳途径造成的有关负债、资产和风险；树立和增长企业碳排放权交易中的信用水平，提供获得有关补贴的条件。

2. 发展碳排放权交易市场——

（1）国际碳排放权交易市场：世界上主要的碳交易市场被欧美发达国家垄断，包括欧盟的排放权交易制（EUTS）、英国的排放权交易制（ETG）、美国的芝加哥气候交易所（CCX）等。2005 年前，欧盟、美国、日本和其他地区的碳排放权交易市场的规范并不统一，各行其是。据访德专家介绍，德国早在 2004 年就已很完善地建立其国内的碳排放交易制度，而且在欧盟内部成为实际推广并卓有成效的一块样板[22]。从那以后，几乎全球均在欧盟碳排放权交易体系（EU－ETS）规范下运转（图 13－2）。2011 年曾有人猜测欧盟实行碳排放权的拍卖交易有可能形成国际趋势，但至今尚未在我国见诸实践[26]。

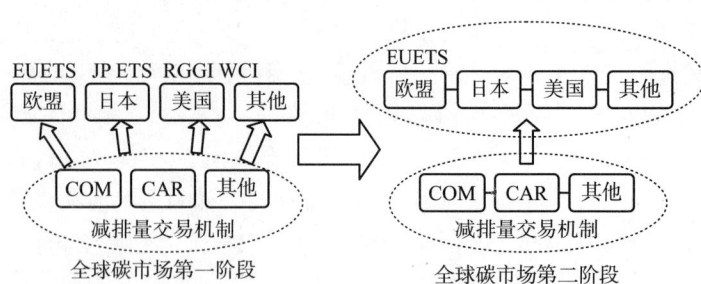

图 13－2　碳交易市场全球化发展两阶段

（据：World Bank. State and Trends of the Carbon Market 2011, 2012）

国际碳市场一般可分为两类：

①在限量与贸易前提下购买被分配或拍卖的减排配额，即按 KP 分配的单位（AAUs）或欧盟碳排放权交易体系（EU－ETS）的欧盟单位（EUAs）。

②基于项目的交易，即发达国家通过共同履约（JI）项目向其他国家购买的减排单位（ERUs）、经认证的减排单位（CERs）或碳汇产生的减排单位（RMUs）。而 CERs 则是由认证的减排额度在发展中国家 CDM 项目中产生。发达国家购买发展中国家的 CDM 便于节约数倍本身必须付出的减排限额资金，并有利于刺激本国产品出口。

（2）碳市场风行电照：据联合国和世界银行的数据，全球碳交易市场潜力巨大，曾预测 2008～2012 年间，全球碳交易市场规模年均可达 600 亿美元，2012 年规模达到 1500 亿美元，可能超过石油市场成为世界第一大贸易市场。但这些预测数据已被讥为过于保守。

进入 21 世纪以来，国际碳市场高速发展。据世界银行《碳交易现状及趋势》报告指出，2006 年在全球 300 亿美元碳交易总额中，有 250 亿美元来自欧盟排放权交易、美国芝加哥交易所、澳大利亚新南威尔士和英国志愿性市场交易。中、印、拉美等主要新兴市场也已成为稳定国际碳市场价格的重要力量。我国在碳市场开发建设时亦不乏跟发达国家合作[27,31]。

全球最大的碳市场是欧盟排放交易体系，2005 年，欧洲成立碳交易市场至今，已形成 1000 亿美元规模。亚洲一些地区和国家也开始探索建立碳交易市场，如东京证券交易所与东京工业品交易所共同联合建立的碳排放权交易所，以及 2008 年年初香港交易所开始推动的碳排放结构性商品交易。随着越来越多市场的兴起，国际碳金融交易迅速发展。自从第一宗碳减排交易成交以来，碳金融的承诺总量和总金额增长都十分迅速。据世界银行统计，2004 年全球碳排放交易额仅 3.77 亿欧元，到 2008 年竟升至 910 亿欧元；另一报告中说：2006 年全球碳交易量为 17.45 亿吨，交易值 312.35 亿美元，2007 年交易量达 29.83 亿吨，交易值增至 640.35 亿美元，到 2009 年仅 CDM 市场就超过 1600 亿美元（图 13 - 3）。

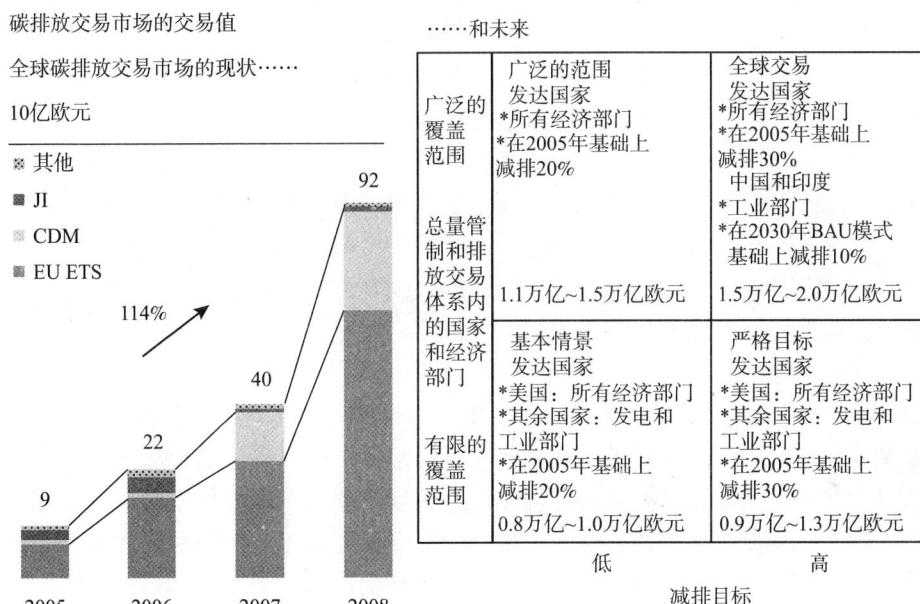

图 13 - 3 碳交易市场的交易额逐年飙升态势

（据：World Bank. State and Trends of the Carbon Market 2011，2012）

3. 志愿市场与零售市场——

（1）市场结构：志愿市场指并非为实现规则目标而购买碳信用额的市场主体（公司、政府、非政府组织、个人）之间进行的碳交易。零售市场是指投资于碳补偿项目，然后以稍高价格出售相对小量部分减排量的公司或组织之间发生的碳交易。碳补偿项目一般可分为两种类型：

①CDM/JI：项目正在或即将在 CDM 执行理事会或 JI 相关管理机构注册，并将有能力生产经核证减排量（CERs）和减排单位（ERUs）；

②非 CDM/JI：项目并非寻求 CDM/JI 注册，而且也不是为实现京都计划或欧盟减排计划，而此类项目所产生的碳信用额称为确认减排量（VERs）。需要注意的是，购买者可志愿购买 CDM 或非 CDM 项目下的信用额。这种志愿行为的划分是以信用额是否用于完成规则目标而言。零售商以自愿或规则目标的方式来出售 VERs、CERs 或 ERUs，目前零售商向志愿市场出售的大部分仍为确认减排量 VERs。

（2）市场规模：鉴于非 CDM 项目零售市场的零散性和缺乏统一注册管理，对市场规模估计将很难准确。虽然世界银行和生态系统服务市场都有非 CDM 项目交易的数据库，但基于上述原因，它们仍很不完备。不过，德国汉堡研究所完成的一份基于现有零售提供商的调查，其中提供了关于志愿市场规模的估计。问卷调研了 31 个重要的服务提供商，18 个已回复。经统计，2004 年这 18 家提供商所提供的补偿额超过 900 万吨 CO_2e，其中 95% 的减排量都是确认减排量 VERs，而 CERs 和 ERUs 合计只占到 5%。但考虑到分析结果仅包含已知的 60% 提供商，该数字并不能准确代表实际所出售的碳补偿。此外，通过对碳市场的跟踪，发现从 2001 年开始志愿碳补偿市场正快速发展，且有望继续扩大。目前，碳补偿市场价格变动幅度很大，每吨 CO_2e 从 5 美元到 35 美元（或更高）不等，主要取决项目所在地和项目质量，还有提供商对价格的掌控。零售市场规模原先较小，现已高倍增长。

（3）可持续发展：在提供和购买非 CDM 信用额的零售及志愿市场上，投资到有较好可持续发展利益的小型项目有更大潜力，因这些小型项目可使项目开发商回避 CDM 注册过程中的繁琐手续和过高交易成本。然而，这种灵活性也可能导致信用度降低和质量得不到保证。一些零售提供商可能选择不太严格的标准和验收过程，而另一些提供商仍可能选取比 CDM 项目标准更高的额外标准和可持续发展目标。这种情况使得购买者很难选择合适的卖主。

提供商更关注如何权衡社会利益与经济利益，即在创造社会效应时，体现社会责任，又能获得丰厚碳利润。一些小型项目对社会有明显的直接利益，如农村的农林、节能项目，但这些项目往往又最难达到预期减排目标，且检测过程既复杂又高成本。相反，一些如垃圾填埋地转化为能源的大型项目，对当地社区利益不大，碳收益却相对确定，且便于监测。这就使得项目开发商采用社区项目与大型项目相结合的方法来降低风险。

（4）项目标准和检验：碳补偿管理有很多标准、方案和方法：①CDM 及 JI 标准：由国际监管机构设置。②黄金标准：由非政府组织（NGO）联合体为能源项目创建。③气候、社区、生物多样性标准：由 NGO 联合体和私人财团以土地为基础的碳汇项目而设。④自主开发标准：由提供 VERs 的单独提供商设立。⑤标签计划：由其他提供商开发。

4. 中国碳交易市场发展——

（1）中国碳交易市场：2008 年后，我国已成立北京环境交易所、上海环境能源交易所和天津排放权交易所等自己的交易市场。为碳排放权供需双方建立沟通平台，确保碳交易市场健全统一。各先进省市均相互交流取经，分别制定了各自行之有效的管理办法。在推行碳排放交易体系时，有专家建议登记注册系统最好是全国统一，不宜分成国家和地方两级；限额分配如借鉴欧盟最初免费发放的做法，须结合我国实际经济环境；建立市场初期宜适当控制价格波动幅度；碳补偿机制的引入值得研究；需建立不同地区市场运作的联结机制等[1]。

据悉国家发改委已启动全国性碳排放权交易市场的建设筹备工作[30]。"十三五"规划期间将建成分布全国的碳市场[5]。2012 年 6 月，国家发改委发布《温室气体自愿减排交易管理暂行办法》。该办法明确了自愿减排的交易产品、交易场所、新方法申请程序以及审定和核证机构资质的认定程序，解决了国内自愿减排市场缺乏信用体系的问题[19]。截至 2014 年 5 月 23 日，我国碳交易累计成交 385 万余吨，交易金额 12501 万元，成为继欧盟之后的全球第二大碳交易市场[61]。方兴未艾的中国碳市场正受到国内外专家们的广泛关注[28]。截至 2014 年 10 月，7 个碳交易试点省市共完成交易 1375 万吨 CO_2，累计成交金额突破 5 亿元。

（2）七省市试点：2011 年 10 月 29 日国家发改委发布《关于开展碳排放权交易试点工作的通知》，确定在京、渝、沪、津、鄂、粤和深 7 省市为首批碳排放交易试点，企业依法取得经核准在指定时间内向环境排放 GHG 或 CO_2 等的"合法"权利，亦即该时段的排放配额。若企业实际排放量超标，必须通过碳交易市场购买超出的部分；企业实际排放低于规定的配额，可以将多余指标到市场出售获利。7 省市碳排放权交易试点的总量规模接近 8 亿吨，覆盖企业约 2200 家，配额量占七省市排放总量的 30% ~ 40%。试点期到"十二五"规划末结束，然后在总结试运行中资格审查、登记注册、交易监督、储备和管控等经验后将于 2016 年起逐步向其他省市和重点行业铺开[30]。

（3）京津匠心独具：北京首先出台《试点实施方案》，2012 年 3 月 28 日率先启动碳排放权交易试点。

随后，天津也顺水推舟，积极推行碳排放权交易市场建设。不过原规定每年 5 月 31 日完成上年度配额上缴，但 2014 年到期日天津控排企业并未如期清理应缴配额，不得不推迟到 7 月 10 日[3]。

（4）深圳得心应手：第十一届高交会期间，深圳、香港两地机构联合发起成立"亚洲排放权交易所"。2010 年 1 月下旬，全国第一个低碳交易市场落户深圳，其碳排放权交易所的运作结构堪称十分完善。2012 年 12 月 30 日市人大常委会通过《深圳经济特区碳排放管理若干规定》，系国内首部规范碳排放市场管理的地方法规。2013 年 6 月 17 日市政府发布《深圳绿皮书：低碳发展报告（2013）》，于 2013 年 6 月 18 日正式上线交易[4]。开市前，深圳已初步完成碳排放交易体系建设，对深圳市年排放量在 5000 吨以上的 635 家工业企业和 197 栋大型公共建筑进行了免费配额分配。分配的碳排放配额约 1 亿吨，约超过 2013~2015 年全市碳排放总量的 40%。2014 年 6 月 20 日为完成履约义务期限，635 家工业企业中有 355 家企业提交了足额配额和完成履约，占控排企业数的 55%[4]。晶报报道与 2010 年相比，2013 年 635 家控排企业的碳排放规模下降了 290 万吨，占 9% 强；制造业增加值增长 775 亿元，增 28%；制造业碳排量比 2010 年下降 25%。这些至少一定程度上是发展碳排放权交易市场带来的好处[4]。2014 年 6 月，深圳进一步与世行国际金融公司（IFC）合作，探索在碳排放权交易市场引入期货交易。

（5）上海瓜熟蒂落：在原建环能所取得丰富经验基础上，碳排放权于 2013 年 11 月 26 日隆重开市。纳入首批控排的企业主要来自钢铁、化工、电力等实体经济排碳大户和宾馆、商场、港口、机场等服务企业[10]。到 2014 年 6 月 18 日已累计成交 105.7 万吨，4138.6 万元，有 118 家企业完成履约，配额清缴量超过 70%[10]。

（6）广东胸有成竹：广东具备探索开展碳排放交易平台的条件；2009 年 6 月，广州环境资源交易所挂牌成立；广州产权交易所、广州环境资源交易所和湛江市国有资产产权交易中心共同组织实施，将广东省内 10 家纤维厂在剑麻加工过程中产生的以往废弃处理的麻渣、麻渣水通过公开市场方式成功转让。2012 年 9 月 11 日广东省碳排放权交易所在广州市联合交易园区揭牌，标识广东正走在全国碳排放交易试点最前列，明确有涉及电力、水泥、钢铁、陶瓷、石化、纺织、有色、塑料和造纸等 9 大行业的 827 家工业企业纳入"控排"（即限制排放额度）范围，年综合能耗 11068 万吨标煤，占全省能耗的 42%，工业能耗的 62.7%[3]。不过，正式开市交易却是北京抢了头筹。广东多年来蓄势待发，早已士饱马腾，箭在弦上。迟至 2013 年 12 月 19 日，广东省确定电力、钢铁、石化和水泥为首批入围配额控排行业。四行业中 2011 和 2012 年任何一年碳排放达到或超过 2 万吨的 202 家企业加上超过 1 万吨的 40 家被列为首批控排企业。按《广东省碳排放管理试行办法》，年排 CO_2 1 万吨及以上的工业企业，年排 CO_2 5000 吨以上的宾馆、饭店、金融、商贸、公共机构等单位均被列为控排对象。每年 7 月 1 日由省发改委按照控排企业和单位配额总量的一定比例，发放年度免费配额。企业年度剩余配额可以在后续年度使用，也可以用于配额交易。可惜到 2014 年 7 月 1 日，企业并未如约履行清偿上年度配额，不得不推迟到同年 7 月 15 日。而且政府主导的一级市场占成交额 98% 以上，市场主导的二级市场成交占比不足 2%。但从 2014 年 5 月起，投资机构和个人已陆续入市。

2014 年 3 月 1 日起，广东省正式实施《广东省碳排放管理试行办法》，根据对企业碳排放量的核查情况，2013~2014 年度，免费发放 97% 的碳排放配额，另外 3% 需企业通过竞价购买。到 2014 年 5 月 27 日，广东碳交易已累计成交 988.66 万吨，成交金额近 6 亿元，据媒体报道已远超国内其他碳交易市场。因当时北京市场累计成交 12.6 万吨、金额 673.2 万元；上海在 2014 年 4 月 29 日仅累计成交 1013.8 万元[3]。

（7）湖北紧步后尘：碳市场也在 2014 年 4 月 22 日开市。2014 年 4 月启动该省碳排放权交易二级市场，与广东省二级市场的冷清形成反差，曾出现供不应求局面，碳价一度涨幅达 10% 逼停。收于 24.85 元。湖北的累积碳成交量、成交额仅次于广东，且单周成交量一度占全国碳市场交易总量的 94.5%。湖北碳市场后来有 25 家机构投资者和 130 多名个人投资者入场，而被纳入控排配额管理的企业只有 138 家。2013 年湖北已与广东建立了碳市场管理切磋琢磨的亲密协作关系。

（8）重庆急起直追：重庆的碳市是七省市碳市中的最后一员，于 2014 年 6 月 19 日进入市场运行操作。确定了254家年碳排量超过2万吨的工业企业实行控排试点交易，碳排量占全市工业碳排总量近60%，配额总量约1.3万吨。2015年前，重庆将按逐年下降4.13%额度，确定年度配额总量控制上限；2015年后，将根据国家下达的碳排放下降目标确定配额总量。开市不足半小时即迅速达成16笔交易，交易量达14.5万吨，交易额445.75万元，均价每吨约30.74元。其中重庆宏烨实业集团有限公司以30.5元/吨的价格从石柱四方化工集团有限公司买入1万吨排放权，拔得头筹[6]。

2014年11月25日在国务院新闻办举行的发布会上，国家发改委气候司司长说要"进一步加快全国碳排放权交易市场建设，争取到'十三五'末能有相对比较成熟的全国碳排放交易权市场。"在我国开展碳排放权交易的条件基本具备，目前中央将碳排放权交易明确列入今年的中央经济体制改革重点任务，国家发改委正按中央改革领导小组要求积极推进，力争尽快出台。

5. 专家献策——碳排放权交易市场原是本世纪之始创造的新型市场形态，经纬万端。为保证我国碳排放权交易市场健康有效地发展，各方面有许多专家曾在报刊、研讨会或各级工作会议上发表过颇富真知灼见的建议，早几年更有专家呼吁加紧构建我国碳交易市场体系[20]；还有专家从政策层面分析，正确地认为碳市场不应成为减排政策的基本出发点（虽然没有人做这种论断）[21]。现结合作者所见，摘其荦荦大端于下：

（1）政府是否应强化支持力度：如：可否实行碳排放权的交易资源的战术储备，政府出资收购碳排放权的交易资源，实行碳排放权交易资源的计划投资。以便灵活地依靠经济手段而非行政命令掌控市场，即用资源来准确掌握一定的市场话语权。其次，亟须制定相应的法律法规以完善国内碳市场运作规范，包括制定灵活的价格调控政策，避免出现恶性竞争和反常压价等行为。我国碳交易的市场价格很大程度上受国家相关政策约束，碳价难以根据市场供求状况自由调节，但完全取消价格调控并不能提高交易效率，要在灵活与公平之间取其重。碳排放权交易的法律保障在快速发展中显得尤其重要[37]。

（2）建立完善的碳交易期货市场。中国的碳交易现货市场交易分散，不能反映未来供求变化及价格走势，建立期货市场可以积极响应国家的政策，有助于价格的形成，为现货市场上拥有供给或者需求的企业提供经营决策的依据。今后应当积极研究国际碳交易和定价规律，借鉴国际间碳交易机制的经验，研究和探索交易制度，建设多元化的碳交易平台，加快构建中国国际碳排放权交易市场。国内碳交易平台的整合是不是不必等到2016年才进入议事日程[23]？市场规则是否宜迅速加以全局统一[23↓]？

（3）碳市场的主要基础之一是实体经济[7]，但并不是全部。广东碳交易市场的配额控排还涉及大批服务行业；深圳、上海则虑及大批碳排量超过一定限度的高楼、宾馆，均非实体经济制造业。所以发展碳市场须用系统观点统筹全局，三次产业都牵涉碳排放权的问题，原则上不可偏废一方。

（4）须遵循诸如客观规律、政府科学引导、统筹协调推进和循序渐进建设等建立碳市场的几个基本原则[8]。可以有许多途径鼓励企业积极参与碳交易，但按市场规律离不开金融手段，而在实际运作时应始终不忘绿色－低碳经济的前提要求，加强生态文明建设中环境友好和人际包容的特定条件[9]。

（5）开展碳普查，加强计量监测，加强GHG排放统计和考核[11]。相应地亟待建立我国自己的碳交易标准体系，特别如碳价、碳排放量、碳补偿方式和方法等[25]。

（6）按照国家发改委2012年6月发布的《温室气体自愿减排交易管理暂行办法》所框定的操作规范，加快全国性自愿减排市场的建设。企业本身的培训、宣教尤显重要[36]。

（7）合理、有效地从碳市场试点向全国铺开，并在保证我国2020年后被指定减排量达标后产出大量CERs的时候，创造条件往KP附件1各国推销。

（8）在2012年12月7日闭幕的多哈气候大会后，有专家痛感我国发展碳交易市场的一大软肋乃是低碳金融远未敷实际需求[24]。

（9）提高学术研讨水平，在学术界和理论上确立碳排放权的商品属性，肯定其作为商品得以在市场上畅通无阻地流通的合法性[32]。特别是有专家认为：碳排放权交易应成为低碳经济发展方式的突破口，应成为节能减排的关键抓手，未来发展更应充分利用其商品本质做到灵活运用、应权通变、循序渐进、止于至善[33,39]。

（10）碳排放权的配额分配，国际经验值得借鉴[34]，但在学习欧盟或美国、澳大利亚、新西兰的既成经验时，总不忘记我国产业管理中的特定条件和背景，不能照搬。

（11）碳交易市场的发展，对我国原材料工业有一定负面影响，特别是可能造成出口竞争力下降。关键在于产业结构本身的优化升级，自愿/自觉地减排，积极开发节能减排新材料，加强国际合作[39]。

13-2　推环境保护市场　促环境产权交易

13-2-1　环保引入市场机制

1. 排污权（Allowance）交易的经济红利——排污权交易制度起源于美国。1960 年，英裔美国经济学家、1991 年诺贝尔经济学奖获得者科斯（Ronald H. Coase）首先通过他的产权与交易成本理论奠定了排污权交易的理论基础[47]，随后 1968 年，美国学者戴维斯（Lance E. Davis）在著作《污染、财富和价格》中对排污权交易进行了详细阐述，继而被美国环保局（EPA）用于大气污染源及河流污染源管理，在实现《清洁空气法》规定的空气质量目标时实现排污权交易。事有必至，理有固然，排污权交易果然为美国带来可观的经济社会效益。据美国总会计师事务所估计，自 1990 年用于控制 SO_2 排放总量起，不但显著控制了 SO_2 排放，改善了环境，而且节约了 20 亿美元上下的治污费用。德、英、澳等发达国家也禁行其后，颇利公益。我国亦在 20 世纪 90 年代开始研究排污权交易体制，2001 年 4 月，国家环保总局与美国环保协会签订了推动我国 SO_2 排放总量控制及排放权交易政策实施的合作研究项目。当年 9 月，江苏省南通市的天生港发电公司与南京醋酸纤维公司达成我国首例 SO_2 排污权交易。2003 年，江苏太仓港环保发电公司与南京下关发电厂达成 SO_2 排污权异地交易。2007 年 11 月 10 日，浙江嘉兴成立我国首个排污权交易中心[45]。但毋庸否认，我国建设排污权交易市场的规模和速度远非我国举世瞩目的 GDP 增长日行千里态势可比，尽管年头月尾的 GDP 有多少靠触目惊心的环境/资源代价动心忍性而得。

2. 环境问题交易初见端倪——我国对直接影响环境的排污权交易走过较长时间的摸索过程。2008 年，中国最早的 3 家环境权益交易机构在北京、天津、上海分别成立。同时，许多地方也在积极探索排污权交易，武汉、杭州、昆明、河北省环境能源交易所相继成立，开始碳排放项目交易和绿色金融项目服务。2009 年 12 月 16 日，北京环交所在哥本哈根发布与法国 BlueNext 合作开发的中国首个自愿减排标准——熊猫标准。2010 年上海世博会期间，由上海环交所和上海人大科学发展研究院共同制订的中国首个自主研发的自愿减排标准——《中国自愿减排标准》正式发布，率先适用于世博减排项目。减排标准的制定为建立中国统一的碳排放交易市场迈出了重要一步。

3. 政策法规支持——中国政府始终把节能减排、控制温室气体排放作为经济社会可持续发展的重要政策目标和长远战略方向，相应制定过一系列法律和政策性规定，如《清洁生产促进法》、《环境保护法》、《清洁发展机制项目运行管理办法》、《应对气候变化国家方案》、《清洁发展机制基金管理办法》等，为节能减排和排放权交易提供法律和政策依据。此外，"十一五"规划还规定了 SO_2、COD 等污染物的控制指标和严格的排污许可证制度，为开展 CO_2 等温室气体的排放权交易奠定了坚实的法律制度基础。2014 年 4 月 24 日修订后颁布的《环境保护法》增加了人们通过市场机制强化我国环保水平的信心和决心。过去因市场治理机制滞后，因促进工业化和城镇化发展，资源和环境等要素价格被人为扭曲，能源价格和原材料价格长期不均衡存在，环境成本被忽视，经济结构性矛盾突出；公众监督机制缺失，政府管制模式是主流，企业和公众成为环保制度的被动承受者，公众参与环境保护行为每易受到抑制甚至打击[41]。到 2015 年 1 月 1 日施行《环境保护法》后，任何企业、单位和个人都被赋予保护环境的义务和责任。于是，环保项目首先涉及像碳排放权那样的受控的限额限时排污权势必能允许进入市场交易：控排配额富余的企业可以在市场上出售富余量，控排配额超标的企业可以在批准条件下从市场购入超额部分的排污权，以便在规定期限内通过环境治理科技手段降低排污量或排放的主污染物。

2014 年 9 月中，国务院办公厅发布《关于进一步推进排污权有偿使用和交易试点工作的指导意见》，提出"排污权是指排污单位经核定、允许其排放污染物的种类和数量……建立排污权有偿使用和交易制度，是我国环境资源领域一项重大的、基础性的机制创新和制度改革"。同时强调推进排污权有偿使用和交易工作，是为了"充分发挥市场在资源配置中的决定性作用，积极探索建立环境成本合理负担机制和污染减排激励约束机制，促进排污单位树立环境意识，主动减少污染物排放，加快推进产业结构调整，切实改善环境质量"。很清楚，排污权有偿使用就能促进污染物总量削减，因为排污单位在合法排污面前并不能随心所欲，必须是有偿使用[46]。这就促其想方设法减少排污以减轻成本负担，进而促使之进行产业结构调整。如果暂时因科技创新没有跟上生产需求，排污量虽在法律允许范围却超过生产允许的排污额度，可以从其他已达标有富余排污权的企业购入本企业排污权欠缺的部分。

4. 垃圾填埋气的环保项目交易例证——北京市安定垃圾填埋场填埋气收集利用综合处理项目于 2004 年通过中国政府批准，是中国政府批准的第一个 CDM 项目，每年平均碳减排 2 万吨左右，目前运行良好，CDM 项目给安定垃圾卫生填埋场的 GHG 减排起到一定推动作用，但到 2013 年 1 月 1 日起 KP 进入第二承诺期，该项目是否继续作为 CDM 项目尚存疑虑，因为填埋气综合利用的方式很多，任何一种方式可能提供的经济/环境效益都比单纯 CDM 项目高。另外，深圳老虎坑垃圾填埋气回收利用项目早在 2011 年 4 月 26 日就已成功注册，直到 2014 年 6 月 18 日刚完成补充文件，项目预计每年碳减排量 196262 吨。

13 – 2 – 2　环境排污权交易市场

1. 排污权交易市场初具雏形——排污权交易，是指在控制污染物排放总量的前提下，允许各污染源通过货币交换，相互调剂排污量。这种制度设计，鼓励企业通过技术进步和精打细算，节约治污费用和减少排放总量，从而有效降低减排成本，达到节能环保双赢。

我国排污权交易比一般碳市早很多，主要针对 4 种污染物的环境排放权，包括 COD 排放权、SO_2 排放权、NH_3 – N 排放权和 NO_x 排放权的计价交易。2014 年初国务院印发的《2014～2015 年节能减排低碳发展行动方案》进一步硬化节能减排降碳指标、量化任务、强化措施，对两年内节能减排降碳作出了如下具体要求：单位 GDP 能耗、COD、SO_2、NH_3 – N 和 NO_x 排放量分别下降 3.9%、2%、2%、2%、5% 以上，单位 GDP 的 CO_2 排放量两年分别下降 4%、3.5% 以上。《行动方案》中特别点明要积极推行市场化节能减排机制。建立排污权交易制度，加强监测预警和监督检查。推进能耗和污染物排放在线监测系统建设，加强运行监测，强化统计预警。完善节能环保法规标准，强化执法监察[42]。排污权对应一定的排污期限，排污权的拥有者只能在排污期限内进行排污。但它可以通过保留或者借用等弹性机制进行跨期交易。

2007 年，津、苏、浙、秦等 11 省（市）获批成为国家级排污权交易试点单位，探索排污权有偿使用和交易制度。据财政部网站不完全统计，试点省（市）累计拍卖排污权收入已有约 20 亿元。浙、湘、晋还出台了排污权抵押贷款办法。浙江有 170 多家企业通过排污权抵押贷款，获得污染治理资金 10 亿多元[44]。

2. 各地实效——

（1）重庆市：其排污权交易比碳排放权交易市场迟至 2014 年 6 月中开市早得多，到 2014 年 3 月已累计完成主要污染物排放权（包括）交易 694 次，成交金额近 7300 万元。以排污吨数代替了排污期限。成交前须经环保局审批同意，以环境能够承受、能限期达标为准，成交价格视污染物性质为转移。一般 SO_2 较低，NH_3 – N 较高，在每吨 0.5 万 ~8.5 万元间波动。

（2）内蒙古自治区：2010 年 8 月确定内蒙古排污权有偿使用和交易试点。2011 年 8 月内蒙古排污权交易管理中心与 4 家企业签订主要污染物排污权交易合同，排污权有偿使用制度正式开始实施。到该年底，已有 55 家企业购买主要污染物排污权指标，总成交额 2000 多万元，含 SO_2 约 1418 吨、NO_x 约 1648 吨、COD 约 76 吨、NH_3 – N 约 5 吨。

（3）湖南省：2008 年底，湖南省就在长沙先期试水，10 余家企业参加了交易所首场排污权拍卖会，长沙矿冶研究院以 11.648 万元的总价，获得长沙造纸厂委托拍卖的 2009 年 52 吨化学需氧量排污权指标。2011 年 4 月，湖南省正式启动排污权交易试点工作，选择在长株潭区域内的化工、石化、火电、钢铁、有色、医药、造纸、食品、建材行业推行排污权交易试点。

2013 年开始，湖南省将排污权交易拓展至湘江流域 8 个市的所有工业企业，以及全省范围内的火电和钢铁企业。交易内容在原来 COD、SO_2 基础上，增加了 NH_3-N、NO_x、铅、镉、砷 5 项。到 2013 年底，湖南省已对试点范围内的 1100 多家企业核定分配初始排污权，其中有近 900 家企业缴纳有偿使用费，共完成排污权市场交易 145 笔，累计收缴有偿使用费 4508 万元，缴费企业占比达 80%。其间交易 COD 排污指标 1435 吨、SO_2 排污指标 10606 吨。按湖南地方规划，2015 年 1 月 1 日开始，湖南告别环境无价时代，全省范围内的所有工业企业均将实施排污权有偿使用和交易[43]。

3. 前瞻——财政部网站透露，国家将争取 2~3 年在全国主要省（市）开展排污权有偿使用和交易试点。相关的指导性文件可能很快出台。其中将支持具备条件的地方开展排污权有偿使用和交易试点，纳入更多排污试点单位。国家将积极推动跨区域排污权交易，特别是跨区域大气污染和共同流域内水污染排污权交易。由发改委、环保部和财政部联合起草的《排污权有偿使用和交易试点工作指导意见》即将问世。

当前存在的主要问题有：因政府热而企业冷，排污权交易中买方多而卖方少；在期限内达到排污量降减目标苦于没有相应的科技支持；限期内排污苦于没有指定的或合适的排污空间；全国性、针对性的法律法规需要全面制定、填平补齐[45]。开展排污权市场交易尤其不可偏废建立健全生态补偿机制，要建设类似提高森林碳汇那样弥补生态平衡的缺失。

排污权有偿使用及其交易至今仍存疑虑之词：如排污指标的分配标准及数据来源，使用和交易的价格核算方式等，都亟待规范。实际操作中，为稳定交易市场价格波动，若政府储备一定的排污指标，是否适当？如何确定储备额度？对跨区域排污权交易，各区域间应如何协调等问题。此外，完善排污权有偿使用及交易需进一步完整的制度建设，排污权本身的确权环节需发放许可证，虽已有 20 多个省（区、市）开展排污许可证核发，但国家应制定统一规范。因而制定国家统一的《排污权核准证发放管理办法》亟须在推行排污权有偿使用及交易体系进程中优先解决[44]。

4. 环境产权交易市场化理论——从生态文明侧重环境保护方面的成就而论，环境问题产权交易是比政府干预和自由市场更加有效的环保手段已不容置疑。环境问题产权交易的开展原可以脚踏实地推进环境加速改善，为环境保护献策添筹，可是没有从正面给排污以对等补偿。虽然政府干预能解决短时的抑制企业排污权扩张，却不能相应给予被污染的环境以足够的清理或弥补。禁令或罚款没有为环境设下绿色通道，徒然为企业生产带来阻遏。生态系统中昭昭在目的环境问题责权利在一定标准品评下加以核验，借以确定环境产权归属。环境成本再也不是公共产品，企业和公民都将因此重视自己的责权利了。因为通过产权交易就能保证维持环境产权的科学合理配置，相应地从根本上建立生态文明的环境友好基石。有鉴于此，我国资深学者林海平博士对此进行了探赜索隐的深入研究，在他的专著《环境产权交易论》[12] 中全面揭示了环境产权交易市场的内在运行规律，为我国各种环境产权和排污权交易市场建设提供了鞭辟入里的逻辑论理和方法论思维[48]。

13-3 建绿色-低碳金融 绘绿色-低碳囵景

13-3-1 绿色-低碳金融旭日东升

1. 绿色-低碳金融产品——轰轰烈烈的绿色-低碳经济建设和忙忙碌碌的碳排放权/排污权交易市场操作面前应运而生的就是碳金融发展，包括碳信贷、碳基金、碳债券、碳期货、碳保险。

国际碳交易正逐渐催生一个新兴的、规模快速扩张的、建立在信用体系上的金融模式——碳金融信贷交易市场，其兴起依托 KP 的约束力，包括直接投融资、碳权指标交易、环境产权交易、银行信贷及其他衍生产品交易等金融活动，利用已核证的减排量（CERs）换取资金利益，服务于限制 GHG 排放等技术和项目，并兼顾环境产权交易项。碳排放权或排污权成为像石油、大豆等可被交易的商品，产生买方获得环境收益、卖方获得资金技术收益、投资者获得资本收益的全赢交易市场。自身无法完成减排任务的国家或企业可通过境外投资减排项目或直接购买获得 CERs。目前，碳金融交易市场在国际上特别在发达国家已呈快速发展之势，碳排放信用、排污权信用之类的环保衍生品逐渐成为西方机构投资者热衷的新型交易品种。

2. 国际发展状况——

（1）联合国倡导：UNDP 较早号召各国银行、证券、保险业责无旁贷地向绿色－低碳经济倾斜。2011 年提出气候金融（Climate finance），估测全球已有约 174×10^6 美元资本流向绿色投资，到 2020 年估计还将增加 80% 以上。如何引导资金流向绿色－低碳融资，建立"绿色金融"（Green finance）机制，已成为全球关注焦点[15↓]。

（2）世界银行送往劳来：在赶趁碳排放权市场建设和秉承绿色－低碳理念构思进一步赋予"碳"即 CO_2e 的商品特质的市场进程中，世界银行集团功不可没。特别是本世纪以来，该行为了不遗余力地推动碳市场全方位纵深发展，建立了多达 28 只面向不同场合、机制、地域和用途的基金（见下文）。

（3）英国绿色投资银行：英国政府早在 2003 年政策咨询报告中即宣布到 2050 年比 1990 年的碳排放水平降减 60%，同时提出 2020 年低碳与绿色产业发展目标。2011 年英国政府估计未来 10～20 年将有超过 2000 亿英镑以上的绿色－低碳投资资金需求规模。为遏制投资障碍、确保资金到位，该国政府于 2011 年接受气候变迁委员会的建议，以 30 亿英镑资本金成立国家绿色投资银行（NGIB），推动约 5500 亿英镑绿色投资需求。2013 年开始正式营运后，主要支持的绿色投资项目有：大型低碳计划项目、中小企业节能计划、创新性绿色－低碳科技示范市场化项目和可再生能源发电计划等。有专家认为伦敦的自愿性碳交易体系（UN ETS）比较符合发展国际金融中心的基本条件[49]，孰知而今任何一个赋名"国际"紧扣经济的机构总是会受到国际政治干预，是否较难统一步调？

（4）其他：由于碳交易市场的迅速发展，给各国企业以及金融业带来了巨大发展商机。目前，全球已有欧盟、澳大利亚、英国、美国芝加哥气候交易所等专门从事碳金融交易。现今很多知名金融机构活跃在这些市场上，包括瑞士银行、摩根士丹利（Morgan Stanley）、巴克利（Barclays Capital）、荷兰银行（ABN AMRO）以及高盛（Goldman Sachs）等。

13－3－2　环视碳金融衍生产品

1. 碳基金——在发展绿色－低碳经济征途中借重了碳排放权和排污权交易市场。为了达到节能减排和节能环保的双重目标，需要整合各项与节能减排和环保相关资金项目，在此基础上，专门设置碳基金，世界银行一直承担了国际碳基金的资金筹集。

（1）国际碳基金概况：碳基金集合投资者资金来购买碳排放权，或直接投资于 CDM 和 JI 项目，基金的收益形式为这些项目所产生的碳排放指标或者现金。现在正变成一种衍生的碳金融投资工具。碳基金增加项目资金融通能力，降低碳贷款或赠款风险，对促进碳金融市场发展具有重要作用。

自 2000 年首个碳融资基金以来，世界银行设立了 4 只旨在培育 KP 机制下碳市场形成和发展的特别基金，包括：原型碳基金（PCF）、社区发展碳基金（CDCF）、生物碳基金（BCF）和伞形碳基金（UCF）；6 只旨在帮助相关工业化国家和地区履行 KP 约束下减排目标的国别基金：荷兰清洁发展机制基金（NCDMF）、荷兰欧洲碳基金（NECF）、西班牙碳基金（SCF）、意大利碳基金（ICF）、丹麦碳基金（DCF）、欧洲碳基金（CFE）；2 只面向 2012 年以后的碳基金：林业碳伙伴基金（FCPF）和碳伙伴基金（CPF）；旨在推广近年得到重视的"从减少采伐森林和森林退化中获得减排的机制"（REDD）以及为后 KP 时期的碳金融提供示范和探索。这些基金通过购买项目所减少的碳排放量（即"碳信用"），为发展中国家的减排项目提供融资支持，基金本身则通过这些项目减排所产生的碳排放交易权而获益。世界银行 2009 年 12 月在哥本哈根会议上发布的报告确认：碳融资基金已成为全球碳市场发展的基石和动力[58]。

2010 年该行建立的市场准备伙伴基金（PMR），意图是为发达国家和发展中国家间建起一道绿色增长投资和削减碳污染的桥梁或联盟。在 2013 年 3 月 13 日该基金第二届全球大会上，中国代表发言时表示希望在 PMR 支持下建立自己的碳交易市场。据悉中国、智利、墨西哥和哥斯达黎加是首批获得 PMR 赠款资助的决心发展碳交易市场的 4 个国家[53]。

（2）碳基金设置和管理：目前国际上购买 CERs 的碳基金和采购机构约有 50 家，主要有 4 种设置和管理方式：

①参与主体。国际碳基金的发起和管理人主要包括商业银行、政府机构、私人金融机构或其他类私人参与者等。ICF 定义了包括政府、私人企业以及这二者混合投资的 3 种投资类型，私人参与者从 2007 年开始逐步成为主要投资人。现有众多碳基金中，超过一半的基金管理人为私人机构，有 1/3 为商业银行，由世界银行管理的基金占了 13%。

②融资方式。主要有 4 种：a. 政府全部承担所有出资，如芬兰、奥地利碳基金等。b. 由政府和企业按比例共同出资，如世行参与建立的碳基金，以及德国和日本碳基金。这种方式比较灵活，筹资速度快，筹资量大，最常用。可由政府先认购，其余份额由相关企业自由认购。c. 由政府通过征税（能源使用税等）的方式出资，英国主要采用这种方式，其好处是收入稳定，且可采用价格杠杆限制对能源的过分使用，促进节能减排。d. 企业自行募集的方式，主要为企业出资的碳基金所采用。总体上，2004 年以前碳基金的融资主要源于政府，由于资本逐利的本质，以及由宽松货币政策催生的流动性泛滥的大环境，目前私人资金已成为最主要的资本源泉。

③投资方式。以往多采用交易碳项目所产生的碳信用，近年来随着私人机构投资者的增加，开始出现直接融资。2008 年，尽管在数量上只有 25 只基金提供直接融资，但却提供了在总金额上高达 54% 的资金来源。目前提供直接融资的碳基金有黄金碳融资基金、韩国碳基金、绿色印度基金、ADB 气候变化基金等，这些方式常被碳市场中有着丰富经验的机构采用。

④基金存续的期限。由于碳基金的成立基石是 KP 所提出的减排目标，而 KP 并没有对 2012 年以后各国的减排义务做出规定，且目前在这一问题上，国际社会也未达成广泛的共识。因此，国际碳排放权交易从 2013 年起的走势将面临一段重新洗牌的不确定时期[63]。

2. 碳债券——

（1）发行方：政府、企业为筹集低碳经济项目资金而向投资者发行的、承诺在一定时期支付利息和到期还本的债务凭证，其核心特点是将低碳项目的 CDM 收入与债券利率水平挂钩。根据发行主体可分为碳国债和碳企业债券。

（2）世界银行的绿色债券：从固定收益投资者那里筹得资金，用以支持有益于减缓气候变化进程的项目，或者帮助由于保护环境而受到利益影响的人们。包括改造电厂和输电设备，建设太阳能和风能发电厂，支持有明显减排效果的新技术，支持提高运输业效率的措施，建设废品回收与垃圾处理以及节能型楼宇，造林和防范毁林的碳减排活动等。已发行 10 多种，第一支是 2007 年 12 月通过荷兰银行发行，以欧元计价，6 年期，面向荷兰、比利时和卢森堡私人投资者的名为"Eco3 + bonds"的较小额度债券。2008 年已发行超过 20 亿美元。

（3）欧洲投资银行发行的债券：第一支环境债券发行于 2007 年，5 年期，零利息，总额为 6 亿欧元，由德国德累斯顿银行发行。所筹资金用于在欧洲投资可再生能源和提高能效项目。第二支环境债券发行于 2009 年，主要针对斯堪的纳维亚半岛的投资者。发行总额为 22.5 亿瑞典克朗，2015 年 2 月到期。其中 17 亿为固定利率，年息 2.95%；5.5 亿为浮动利率，每 3 个月付息 1 次，利率为 3 个月瑞典银行同业拆借利率加上 10 个基点。

（4）美国政府发行的可再生能源债券：美国财政部在 2009 年经济刺激计划中通过绿色债券（"清洁可再生能源债券"）融资 22 亿美元，为可再生能源项目提供低息贷款。这种债券和税收抵免的效果相似，但债券倾向于扶持计划中正在筹资建设的新项目，如太阳能或风电企业。联邦政府以税收抵免的方式对债券持有人支付利息。

3. 碳保险——国际碳保险服务主要针对交付风险。美国国际集团（AIG）、美亚保险（Chartis Insurance）、苏黎世北美（Zurich North America）、阿连保险服务（Alliant Insurance Services）、RNK 资本有限责任公司（RNK Capital LLC）、瑞士再保险公司（Swiss Re）纷纷推出各种产品来管理符合京都议定书的碳交易（CDM/JI）和投资有关的风险。2006 年 Swiss Re 就推出碳保险产品，对 CDM 项目进行中因 CER 核定或发放问题遭受的损失，保险公司将提供投保者预期获得的 CER 或等值现金。近年，AIG、美亚保险也推出类似的碳信用支付保险。2009 年 1 月，苏黎世金融服务集团推出 CCS 责任险和地质封存财务保险（GSFA）责任险产品；同年 9 月，澳大利亚斯蒂夫斯·阿格纽保险承保机构 Steeves Agnew Underwriting Agency 推出世界首例碳损失保险，一旦因自然灾害事件使森林碳汇持有者受损，保险公司将提供投保者要求的等量 CER，保险范围进一步扩大。

13－3－3　中国绿色－低碳金融开拓

1. 我国碳金融建设——

（1）立足碳金融创新：我国虽然是最大的碳资源国家，但在碳金融发展方面却相当滞后。碳金融和碳交易好比是两条腿，没有碳金融的支撑，中国不仅将失去碳交易的定价权，也将又一次失去金融创新的机会。中国碳金融发展不足：据 UNDP 统计，2012 年中国将占联合国全部减排指标的 41%。相比较于欧盟、美国等相对成熟的碳金融体系，中国现缺乏碳排放的二级市场及相应的金融衍生品、保险业务等金融手段的支撑，同时中国现有市场的较强地域性特点使其自身与国际接轨不足，这在一定程度上阻碍资金更合理地分配，使碳排放的定价具有一定盲目性。目前，京、津、沪都还仅限于节能环保技术的转让交易，距离金融性质的碳交所还有一定距离。有专家早在 2009 年就呼吁要把碳金融培养成中国新的金融增长点[50]，可是由于碳市场并非想象的那么活跃，金融产品入市似乎无利可图，因而我国部分金融机构并不十分积极地参与碳市场运作[56]。其实，也许更重要的是那些爱国如家的银行大款们应当在金融创新领域有所开拓，另辟金融赚钱蹊径如何[51]？

早几年兴业银行推出的"低碳信用卡"、光大银行的"绿色零碳信用卡"、浦发银行创造的项目融资、能效贷款、中间信贷、CDM 财务顾问等新产品都曾取得一定实效。此外，农行新设投资部，业务遍及水电、水泥和炼钢节能新技术；建行则在体制创新方面走在商业银行界前沿，也是值得推广效法的创新举措[55]。当然伴随创新也许带来某些营运风险，明智的银行家是不会掉以轻心的[59]。综观我国碳金融市场，尽管存在某些困顿和不足，毕竟瑕不掩瑜，其前挽后推、日新月异之势立马可待[57]！

（2）构建多层次金融支持体系，体现政策激励：首先应开展政策性金融支持引导。政策性金融机构应把握好信贷投向，重点支持发展低碳经济的基础设施投资、低碳技术研发、清洁能源生产与使用等项目建设，积极引导社会资金投入到低碳经济建设中。具体可借鉴日本政策投资银行支持节能减排的经验，向环保表现优异的企业提供环保专项低息贷款，并按企业承诺减排比例实行不同优惠政策。同时，与商业银行合作，开展以信息共享为基础的共同推进面向环境友好型经营企业的投融资活动。

中国是否宜积极学习借鉴国际先进经验、理念和技术，在构建促进低碳产业发展机制的前提下，对产品进行低碳标准的认证，对符合低碳标准的产品在包装上标有低碳环境的标识，以此大力推动国家的产业转型与升级，快速提高企业的创新能力，使越来越多的中国产品通过绿色通道，增强产品的国际竞争力。低碳产品认证是政府用半强制性的政策措施推动企业以创新为手段，努力开发低碳产品技术，以产品为导向，引导全社会消费者向低碳的生活模式转变。低碳产品认证不仅是促使企业走上自主创新的发展之路，也是企业的生存之路。2009 年 11 月 18 日，在南昌召开的首届世界低碳与生态经济大会暨技术博览会高层论坛上，环保部提出将配合国家节能减排和低碳经济试点工作，以中国环境标志为基础，探索开展低碳产品认证，对纳入"气候相关"类的产品技术要求中，增加碳排放的限值要求。对通过认证的产品授予中国环境标志"低碳产品"，以表示该类产品对减少碳排放、保护气候方面的积极作用。2009 年底，中国与德国已首次签约"中德低碳产品认证合作项目"。

政府可以通过推出一些激励的方法和措施保持相当大的碳交易成交量。所以，应该让有能力的国内金融机构从事碳交易，为国内及国外企业提供相关的信息，起到桥梁的作用；同时应采取国家担保的方式，鼓励商业银行发放有关节能减排的贷款，提高国内的投资机构对新能源技术研究和开发的积极性；2007年出台的绿色信贷政策，鼓励银行业金融机构加大对节能减排贷款项目的支持力度，并禁止向高能耗高污染项目发放贷款。但须特别注意的是：在通向节能减排的碳市场运作途中，应当帮助中小企业方便地获取"碳金"[54]。

（3）商业银行绿色信贷：政府宜加强信贷政策引导。按照"区别对待，有保有压"原则，进一步加强信贷与产业、环保等政策的协调配合，通过多种形式的窗口指导，积极倡导绿色信贷理念。金融机构要不断优化信贷投向，创新信贷产品和服务方式，将信贷支持重点逐渐由传统产业向低碳经济领域延伸，努力满足节能减排项目、企业环保改造、新能源与新材料开发、环保产品生产消费等相关各环节的资金需求。

要鼓励商业银行积极参与 CDM 项目的贷款业务，加快推行环保指标在贷款审查中的一票否决制，并力促商业银行积极参与碳排放权交易的中介组织建设，寻求与国外投资银行及国际碳基金的沟通合作，充分掌握国际碳排放权交易信息，在为中国企业参与国际碳交易提供信息咨询和财务决策服务的基础上，拓展其参与市场交易的主体功能。

同时须建立多层次的资本市场体系：①利用资本市场的资本集聚和资源配置功能，积极推动低碳型企业优先上市。通过出台具体政策，鼓励有条件的低碳企业参与资本市场融资。②加快发展多种类型的碳基金。资金来源强调多元化，包括政府专项预算资金、各类保险基金、能源消费税以及排污费等；资金用途侧重低碳技术研发和碳排放交易。③鼓励保险公司通过购买、参与设立风险投资基金，通过在主板、二板市场认购低碳型企业发行的股票、债券等形式参与低碳经济投资。

作为国际碳交易市场的最大供给方，中国为适应国际碳交易新规则，宜实施金融先行的战略决策。2006 年我国兴业银行基于品牌和市场价值与国际金融公司（IFC）合作签署了《能源效率融资项目（CHUEE）合作协议》（即《损失分担协议》），成为国内首家符合国际"赤道原则"推出"能效贷款"产品的商业银行。根据该协议，IFC 向兴业提供 2 亿元的本金损失分担，以支持最高可达 4.6 亿元贷款组合，兴业以 IFC 认定的节能、环保型企业和项目为基础发放贷款，IFC 则为该贷款项目提供相关技术援助和业绩激励，并收取一定手续费。能效贷款不仅是向节能减排企业提供融资支持，更探析节能减排行业的供应链，提供财务顾问服务，帮助能产生减排量的企业发现碳交易价值。到 2010 年 5 月，兴业银行累计发放节能减排贷款 295.52 亿元。浦发银行、中国银行、深圳发展银行、民生银行等也都不同程度地参与碳金融建设，推出了"挂钩海外 CO_2 排放额度期货价格"的理财产品。"赤道原则"是目前国际上最具代表性的绿色信贷准则，即在评估和管理项目融资过程中能最大限度地规避环境风险。国际上几乎 90% 的融资均由赤道银行完成。目前我国政策激励性的绿色信贷仍感不足，有人呼吁应该向兴业银行学习。虽然有自我建设绿色信贷政策标准的交行、建行踵趾相接，但具体的信贷成效尚有待跟进[60]。

2007 年中国在 CDM 市场中的卖方份额高达 62%。与此地位不相称的是，中国 CDM 项目买方并不处于优势，特别是在金融危机后碳价全线跳水，甚至跌破指导价的情况下，窘境更加突出。借鉴国际碳金融交易市场快速发展和碳金融衍生产品创新的经验，中国急需加快环境金融创新，建立碳金融平台，加强碳资产管理，借鉴国际上的碳交易机制，提高交易规模和相关金融资产的流动性，鼓励各金融机构设立碳金融相关业务部门，积极倡导专注于碳管理技术和低碳技术开发领域投资的碳产业基金，支持节能减排和环保项目债券的发行。

近年来，欧美资本加快了对中国这一全球最大的碳排放权交易市场的介入，芝加哥气候交易所进入中国，与天津产权交易中心等合资成立天津排放权交易所，众多国际碳基金也纷纷进入中国寻求业务机会。中国作为碳资产大国，为保持地位的相称，为本国碳资源在世界范围内赢得更多话语权，应借鉴国际经验，建立一个公平、公正、公开竞争的市场机制平台，组建中国自己的碳交易所。同时，中国丰富的碳资源，也为中国赢得了一个挑战和竞争的机缘。从长远来说，中国在 CDM 领域拥有绝对领先的市场份额，有助于中国获取 CDM 市场甚至一级核准减排量的定价权。

2. 我国碳基金的发展——

2005 年 10 月 22 日，国家发改委、科技部、外交部和财政部联合颁布《清洁发展机制项目运行管理办法》，规定 CDM 项目因转让温室气体减排量所获得的收益按不同比例归中国政府和实施项目的企业所有。为管理好这份收入，建议设立中国清洁发展机制基金，并在财政部建立基金管理中心。国内的资金主要来源是财政部门。碳基金由政府主导，投资方向为高碳改造、低碳升级和无碳替代。具体用于：节能减排与新能源技术研发支出；节能减排与新能源技术推广应用支出；节能减排与新能源宣传与服务支出。在具体预算安排过程中，应将每年财政收入增量的一定比例用于该基金。例如广州拟设立的碳补偿基金，就是一种专用于公益性的生态基金。2013 年 10 月，有专家鼓吹发展公私合作伙伴关系（PPP）基金融资，但投入实际运行还有大量前期工作须完善[61]。

自 2007 年以来，中国绿色碳基金先后在北京、山西、大连、温州等地相继启动，规模不断扩大。2010 年 6 月 27 日，国内最大规模的绿色碳基金鄞州专项举行成立典礼，这是目前国内首个县（市、区）级碳汇专项基金。2010 年 5 月，光大银行推出"阳光理财·低碳公益"理财产品；招商银行也推出"绿色金融理财计划"7 天理财产品。中诚信托 2010 年 3 月发行"低碳清洁能源 1 号圆基风电投资项目集合资金信托计划"，发行规模 9000 万元。在证券投资基金业，国内第一个社会责任基金——兴业社会责任股票型基金、国内首只低碳股票基金——汇丰晋信低碳先锋基金亦相继成立。这些创新为客户提供了投资绿色环保类金融产品的机会，也为低碳经济发展提供了资金支持。据统计，2007 年成立的 CDM 碳基金到 2012 年 9 月底已累计完成有偿使用基金总额约近 30 亿元，带动社会资金约 200 亿元，项目直接减排量和减排潜能达年均 CO_2e1000 万吨，效果差强人意。说到底，我们当利用碳金融，引导虚拟经济向实体经济回归，同时积极通过政策激励机制借助碳金融的市场力迅速推动生产、流通和消费等环节的绿色－低碳化[62]。

3. 碳保险——国内保险公司也在积极行动，通过创新来支持低碳产业的发展。2008 年，平安作为首家中资保险公司推出平安环境污染责任险，2010 年 4 月推出"低碳100"行动，这 100 项低碳计划涵盖保险、银行和投资三大业务，其中保险领域包括环境污染责任险、车险费率与环保指标联动的绿色车险、针对气候恶劣地区的小额保险。2009 年 11 月，天平保险也尝试开发环保型车险产品。但国内保险公司针对碳交易、低碳技术开发、低碳运营风险的保险产品开发还处于空白状态。

4. 碳债券——在实施绿色信贷政策的同时，面对国家财政投入有限、资金缺口巨大的节能市场，保理业务也逐步应用到节能减排融资领域。保付代理（简称保理）是基于贸易服务合同的应收账款债权转让，保理资金的所有权和使用权全部转让给贸易合同的卖方，融资关系是"借的不还、还的不借"。央行拟在银行、节能改造企业和技术服务公司三方中推广保理融资业务试点。这是央行在支持节能减排领域的最新尝试，此项工作处在推广和试点阶段。央行研究报告还设想改变国家财政投入节能减排项目的用法——将这部分资金从直接投入项目变为坏账准备金。如果金融机构出现节能坏账，部分将由国家财政予以弥补。在确认应收账款作为债权转让的前提下，技改企业可以在没有计划审批和资金压力的条件下完成节能项目，节能技术服务公司能够扩大同时开工的项目数、加速扩张，金融机构能够从节能市场获得巨大商机。

IFC 发行支持中国清洁能源技术项目的债券：2011 年 1 月 25 日在香港发行了第一支以人民币计价的债券，从离岸金融市场筹资支持中国大陆项目获得成功。年利率 1.8%，5 年期，筹集了 1.5 亿元（约 2300 万美元），帮助北京神雾热能技术有限公司生产自主研发制造的蓄热式高温空气燃烧炉。预计每年可减排 165 万吨的 CO_2，并可为北京和湖北省的贫困地区提供 600 个就业岗位。作为长期的投资者和顾问，IFC 还将帮助神雾了解全球最佳的工业实践并和其他私人公司共同分享成功的经验。2014 年 3 月，IFC 成为首家在伦敦证券交易所发行人民币债券的多边机构，向国际投资者募集了 20 亿元；同年 6 月，IFC 又发行 5 亿元绿色债券，用来支持发电输电设施改造、可再生能源建设等 GHG 减排项目[52]。

13 – 4　税负推行保绿色　财政支持促发展

13 – 4 – 1　碳税及其效果

1. 碳税基础——碳税首先是针对含碳燃料（如煤炭、石油、天然气等化石燃料）在进入市场时按含碳量多寡征收的货物税；也可以是按使用时的排碳量大小征收的排碳税。广义的碳税是针对所有生产和消费过程的碳排量课征的附加税收或费用。各国对碳税征收的规范随其财税管理体制而异。

北欧国家除冰岛外最先于 20 世纪 90 年代初开征碳税。1992 年后，欧盟许多国家开始陆续实施与碳税意义相似的税种。随后北美、日本和澳洲诸国都在跃跃欲试。注意特点是均为发达国家，其产业结构一定程度上"准低碳化"，表现在第三产业占比达 70% 或以上。

碳税是一种具有市场效率的碳减排政策工具。一般认为征收碳税可有三大效果：

（1）可抑制碳排量。因碳排量越少，税负越轻，从而推动企业去生产低碳产品或提供低碳服务；不用行政命令去告诫商业部门多销售低碳产品；

（2）征收碳税可为国家增加税收，以便筹集资金用于发展绿色 – 低碳经济和奖励节能环保有功企业或个人，或者提供新能源产品补贴和增加节能减排项目的 R&D 经费；

（3）有利于突破国际贸易的"碳壁垒"，提升产品出口能力，因按 WTO 要求，强制性碳减排国家对已在原产地课征了碳税的进口产品不能再征收碳关税。

2. 征收碳税主要渠道——

（1）工业企业碳排税：针对 CO_2 排放征收碳税是西方国家控制碳排放的重要手段之一，主要征税对象都是工业企业。

通过引入碳税，可将 GHG 排放的环境成本纳入企业产品成本和市场价格体系，促进社会各方参与节能减排行动：①课征税收类别如能源税、交通税和环境污染/资源消耗税。又如英国开征"气候变化税"，北欧开征一般碳税等；②税收优惠名目如减税、免税、退税、加速折旧等，优惠对象包括特定技术或是含特定技术的商品，以及达到特定标准的企业和工业部门。如德国高效热电联产设施可享有石油税豁免优惠。

（2）机动车碳排税：2005 年 7 月，欧盟委员会建议会员国重构机动车税收体系，旨在通过消除会员国之间机动车转移的现有税收障碍，改善内部市场运作，调整注册税和流转税税基，将乘用车碳排量作为计量要素。为敦促消费者选用低油耗汽车，欧盟要求新机动车经销商为后续买家提供汽车在途油耗和碳排量的有关信息，且信息须显示在汽车商标、宣传海报以及其他宣传资料和运行指南上。2009 年欧洲议会通过了机动车碳排放法规，为新的机动车设定了排碳标准。

机动车碳税可分为一次性税收和常规性税收两个部分。前者是在车辆购置时一次性缴纳的碳税，后者是在车辆使用寿命期内每年定时缴纳的碳税。一次性税收按每辆车计税，无法与基于单位 CO_2 排放量计税的工业碳税进行比对，即难以评价其碳税水平高低。如果假设 OECD 国家机动车使用寿命是 15 年，总行驶里程是 20 万 km，则可把机动车购置一次性碳税换算为单位 CO_2 排放量的碳税。对于私用车而言，多以一次性碳税为主；而商用车则应按常规性碳税逐期课征。

我国学者对是否开征碳税，小心翼翼。认为仅开征单一碳税对节能减排影响轻微[67]；主张针对我国环境污染现状，将注意力集中在生态环境税收方面，即所谓"绿色税收"[74]或"绿化税制"[77]。也有的意见是借助征收碳税环节鼓励经营森林，同样主张碳税应体现其强化生态文明建设的初衷[72]。不过，前些时热切呼声却聚焦在"建议我国适时开征碳税"。认为碳税是有效促进碳减排的一项长效制度安排，是政府积极应对气候变化的重要经济手段。近十几年来，一些发达国家先后实施碳税或相关税收，在促进其国内降低化石能源消耗、减少碳排放方面取得较好效果。为了应对 2020 年可能的限额碳排，适时开征国内碳税很有必要[69]。不过，当前我国产业结构战略大转移的时代任务尚在搅海翻江、箭在弦上，一批高耗能传统产业尚未全线摆脱积重难返的框架，不落窠臼的创新产业犹在冉冉升起，正在形成却未全局形成气候，处在这一改弦更张时刻是否是不顾国情地开征碳税的有利时机？值得商榷！

13－4－2　财税政策支持

1. 低碳财政政策链——主要包括纵向财政政策链和横向财政政策链。纵向政策链包括支持低碳经济发展的财政总体规划、基本财政政策和具体财政政策三个层次；横向政策链包括由各项基本政策构成的第一条横向政策链和各项具体政策构成的第二条横向政策链，所构成链状结构的若干政策环环相扣（图13－4）。

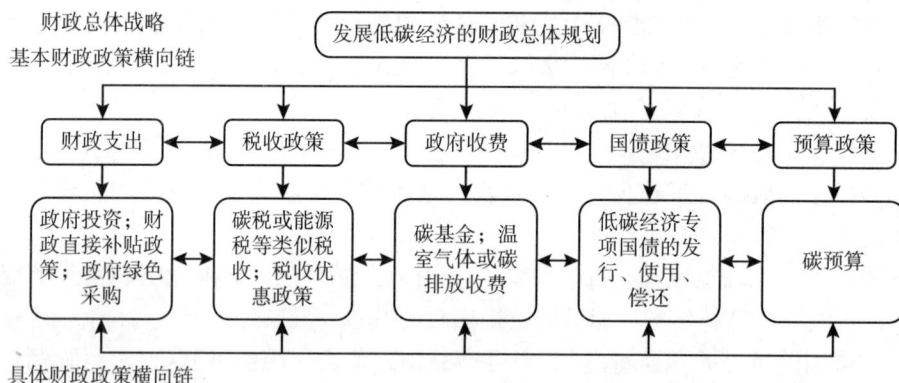

图13－4　发展低碳经济的财政政策链

（据：积极构建绿色财政机制　支持节能减排技术研发. 财政部网站，2011－12－15）

2. 政府绿色采购——纵观全球，世界各国政府采购在 GDP 中所占比例很大，欧盟等发达国家达到15%～25%。20 世纪 90 年代以来，绿色政府采购蓬勃兴起，成为引领可持续消费的首选手段；同时国际社会也不断关注如何借助绿色政府采购制度实际推进劳动保障和弱势群体保护、促进社会包容性发展等社会命题[63]。世界各国尤其是发达国家纷纷通过专门立法或以政令形式强制推行或鼓励绿色政府采购。

各国推动绿色政府采购的方式大致可分为两种模式：①由国家政府确立政策方向，指导次一级政府进行采购。如法国由中央管理机关制定采购计划并向基层部门贯彻；丹麦、日本由国家推出可持续采购国家政策。②以地方团体自发的绿色采购行为先导，政府从属于辅导协助地位。如主要为民间团体参与的负责协调建筑业采购的瑞士联邦建筑物组织会议。采购方式则有如英国的集中采购和如德国的独立采购，前者由专设采购部门执行政府绿色采购、或由几个政府部门实施联合采购以取得批量采购价格优势；后者通过各级地方政府的独立采购在选择产品时更具有灵活性和竞争性[78]。

2008 年，中国政府采购法明确规定，政府采购应有助于实现国家的经济和社会发展政策目标，特别如节能环保。为发挥政府机构节能节水、保护环境的表率作用，促进循环经济和可持续发展，国务院有关部门先后印发《节能产品政府采购实施意见》及节能产品政府采购清单，出台《关于环境标志产品政府采购实施的意见》及"绿色采购清单"——环境标志产品政府采购清单。国内一般可凭借绿色采购清单，增加绿色采购占政府采购的比重。严把政府采购绿色预算关，优先安排节能低碳产品的采购预算，禁绝采购高能耗、高碳排产品。简化低碳产品的采购准入程序，采取优先采购的评审标准。通过减税来降低"绿色产品"采购成本。同时支持建立采购信息数据库，成立绿色采购网络组织，向采购人员提供绿色信息，增加采购人员对绿色采购的认知。推动和保护绿色－低碳产业发展，支持节能环保产品推广，用财政补贴扩大节能环保产品的市场份额[70,71]。

政府采购的好处是采购内容和规范均符合国家绿色－低碳发展需求，碳税便于计算和豁免，漏洞很少。有专家提议为了理顺我国财税体制，须加强生态补偿制度建设和加强对应的税费建设。从优化生态文明建设的更高前提下探讨财税的生态补偿功能，尤宜重视[64]。

3. 工业碳税减免——开征碳税是控制 GHG 排放、促进节能减排的重要战略性决策。根据数据模拟结果，在一定条件下征收碳税会使得产值下降，税率越高产值下降越快。所以，为了保护企业的竞争力，对积极改进技术、积极节能减排的企业恰如其分地建立税收补偿机制。如在资源税上享受优惠，或借鉴荷兰的做法，对企业节能减排的项目实行一定补助，保证企业为节能环保作出较大贡献。

目前中国税收减免措施主要体现在工业企业增值税优惠政策上：

（1）生产品种免征增值税：如中水系统和用水循环、废旧轮胎作为全部生产原料生产胶粉翻新轮胎、生产原料中掺兑废渣比例不低于 30% 的特定建材产品、劳务处理污水等。

（2）增值税随征随退：例如以工业废气为原料生产的高纯度 CO_2 产品、以垃圾为燃料生产的电力或热力、以煤炭开采过程中伴生的舍弃物油母页岩为原料生产的页岩油、以废旧沥青混凝土为原料生产的再生沥青混凝土、采用旋窑法工艺生产并且生产原料中掺兑废渣比例不低于 30% 的水泥（包括水泥熟料）等。

（3）增值税随征随退 50%：例如以退役军用发射火药为原料生产的涂料硝化棉粉、对燃煤发电厂及各类工业企业产生的烟气和高硫天然气实行脱硫生产的副产品、以废弃酒糟和酿酒底锅水为原料生产的蒸汽—活性炭—白碳黑—乳酸—乳酸钙和沼气、以煤矸石—煤泥—石煤—油母页岩为燃料生产的电力和热力、风电和部分新型墙体材料产品。

（4）增值税先征后退：例如在生物工程中以废弃动物/植物油为原料生产生物柴油。

4. 机动车碳排税——中国机动车 CO_2 排放在总排放中的占比低于发达国家，但近年在北上广深等特大城市中已与发达国家大城市不相上下。且中国机动车保有量的增长速度更可谓举世无双、史无前例。毋庸回避，而今中国燃油机动车已是当之无愧的排碳大户。可是，由于某种很难估测的内在原因，我国机动车碳税至今仍停留在纸上谈兵阶段。

推进机动车碳排放税征收是有效促进减排手段之一。借碳税施行，相应地助进民间购买小排量车型和新能源机动车，特别是电动汽车。随着我国城镇化高速发展，如果机动车结构维持原状，交通系统碳排量势必面临指数率增长。因此，开征汽车燃油碳税势在必行。

13-4-3 碳关税制约

1. 美国发轫、欧盟接力——2009 年 6 月，美国众议院通过的《限量及交易法案》以及《美国清洁能源安全法案》规定，美国有权对包括中国在内的不实施量化减排限制的国家进口产品征收碳关税。美国自 2020 年起，将对从发展中国家进口特定高能耗产品征收额外费用，要求进口商为进口的产品购买排放许可证。

从发展中国家的进口征收额外关税即碳关税，具体税率取决于化工、钢材、水泥、玻璃、石灰、某些纸浆和纸制品，以及铝、铜等某些有色金属等产品生产过程中 CO_2 的排放数量。美国认为碳关税政策的出发点不外乎是以"绿色"壁垒为屏障的保护主义；是借环保之名，行狭隘保护主义之实[65]；是进一步诠释了美国国家利益至上包括政治、军事、环境、资源、经济、贸易的新安全观。

无独有偶。欧盟从 2012 年起对所有展翅欧洲上空的 2000 多家外国航空公司纳入其"碳管制"范围，超过碳排量上限的被强迫缴纳航空碳税。全程大部分并不在欧洲，却要把碳税交给欧盟；欧盟碳管制只是为了改善欧洲的环境，而非着眼改善全球环境[68]。

2. 各方影响分析——

（1）碳关税对出口的影响：根据世界银行报告，如果美欧全面实施碳关税，中国出口产品将面临平均 26% 的关税税率，出口量可能下滑 21%[79]。产生巨大不良影响的原因主要是：欧盟和美国是中国第一和第二大出口市场，根据海关总署的数据，2009 年分别占出口市场总额的 19.8% 和 18.4%，两者接近 4 成。从出口的产品结构看，中国对美欧出口商品中，建材、化工、钢铁、有色金属、塑料制品、机电、轻工和纺织等高碳产品占 50% 以上，其碳排放值相对较高。如果碳关税平均以 10 美元/吨按 2011 年向欧美出口量的 50% 测算，碳关税将近 110 亿元，占贸易额的 1.28%[76]。

（2）碳关税对国内经济的影响：国内学者曾运用一般均衡模型测算碳关税对中国的影响。结果表明：

如果美国及欧盟开始征收碳关税，以每吨 30 或 60 美元的税率计算，可能使中国工业部门总产量降 0.62% ~1.22%，就业率降 1.22% ~2.39%，且以上冲击可能在 5 ~7 年甚至更长时期持续影响。运用同样模型测算，在上述条件下，将使中国 GDP 下降 0.021% ~0.037%。

（3）航空碳税对我国民航业的影响：据欧盟数据测算，欧盟航空碳税在 2012 年能使中国民航业成本增加 7.9 亿元；预计到 2020 年当年成本上升至 37 亿元；从 2012 到 2020 年将一共造成中国民航成本增加 179 亿元[73]。

有专家以"碳关税：与其一味反对不如积极应对"为题发表了对策建议，文中主要强调 3 点：加快构建国内的低碳化社会；开征碳税；积极利用有关国际贸易准则捍卫合法权益[66]。易露霞教授等发表的"应对碳壁垒策略研究"从更广阔的视野论证了我国夯实绿色－低碳化经济内涵、提升科技创新实力、加强低碳产品出口才是应对碳关税的不二法门[75]。这与后来发表的其他专家对策恳谈精义相似[76,79]。

13－5 驱顽兽何如监禁 兴捕集利用封存

13－5－1 碳捕集与封存（CCS）

1. CCS 基本原理——CCS 技术雏形先是 20 世纪 70 年代在美国试用 CO_2 驱油来提高石油采收率（EOR）。经过近 40 年发展，逐渐形成气候变化背景下控制 GHG 排放的重要手段。CCS 技术是将 CO_2 从工业或能源产业的排放源中分离出来，输送并封存在地质构造中，促其长期与大气隔绝。

CCS 的目标、落脚点、体系结构、材料、技术措施、安全隐患和相关政策法规等是近年来令决策者、科学家、经济管理专家颇费周章的重大课题。针对传统的燃煤发电开展 CCS 是个立竿见影的好办法，可是因技术难度较大、成本高昂和国内尚无普适的成功经验而不易很快奏效。

据统计，全球每年有约 300 多亿吨以 CO_2 为首的 GHG 排入大气，其中有约 40% 来自发电厂、23% 来自运输业、22% 来自水泥厂、钢铁厂、石化等高耗能企业。如何促使让地球变暖的 GHG 能按人类意愿循规就范是赋予碳捕集与封存技术的崭新时代使命。

2. CCS 开拓现状——运用 CCS 技术可有效减少来自大型发电厂、钢铁厂、化工厂等排放源产生的 CO_2 排放量[94]，减排效果十分显著。通用的 CCS 技术过程含 CO_2 的捕集、运输和封存三大环节，见图 13－5[93]。

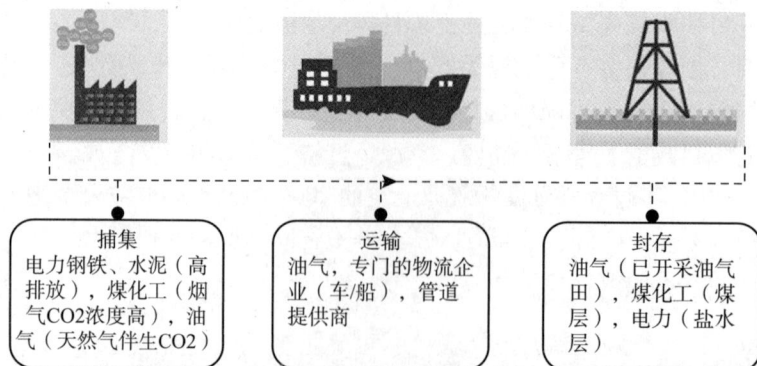

图 13－5 CCS 的 3 个技术环节（主产业链）

（据：气候组织. CCUS 在中国：18 个热点问题，2011－04）

（1）CCS 类型：主要有 4 种不同类型的 CO_2 捕集系统：燃烧后分离（烟气分离）、燃烧前分离（富氢燃气路线）、富氧燃烧和工业分离（化学循环燃烧），每种技术特点及成熟度如表 13－1 所示。

表13-1 碳捕集技术特点和发展现状

CCS捕集技术	技术特点	发展现状
工业分离	利用工业材料分离固碳，技术成熟，但应用有限	成熟市场
燃烧后分离	过程简单，但CO_2浓度低，化学吸收剂较昂贵	技术可行
燃烧前分离	CO_2浓度高，分离容易。但过程复杂，成本较高	技术可行
富氧燃烧	CO_2浓度高，但压力较小。步骤较多，供氧成本高	示范阶段

（2）国外发展：IEA在2012年提供的全球各国开发CCS项目的计划现实如表13-2所列，其中包括正在筹划、调研和认同开拓的国家及其项目数。中国当时主要在调研、认同阶段，还没有进入可被验收的运行、操作项目。据IEA估计，2010年全球CCS减排贡献仅占总排量的约1.5%，预计2020年占3%，2030年10%，2050年达19%。IEA认为只要技术和安全问题得到顺利解决，到2030年世界8G各国可能要建200座以上的CCS电厂[102]，而未来中国的CCS将领先全球[96]。兹举发达国家几例如下：

①挪威本是个能源结构优化走在全球最前列的国家，其水电曾占发电总额的95%以上。1996年开始，挪威国家石油公司已在北海斯莱帕油田成功完成捕集和封存1000万吨以上的CO_2[89]。

②2010年，加拿大科学家提示碳捕集的新型材料研发方向，却未见大规模实际应用[95]。

③2012年6月，英国研究人员研发的一种新多孔材料能够在生产现场高效捕集CO_2，但亦未见现场实际生产应用的相关报道[107]。2014年3月，英国政府宣布与壳牌公司合作，启动了全球"首个"燃气发电站的碳捕集工程，每年能为50万用户提供清洁能源，还能捕集CO_2 100万吨[92]。

④2012年2月，美国伊利诺伊州成功向该州一盆地地下约2100米砂岩中注入总数达100万吨的CO_2[85]。

（3）国内发展：中国的能源结构以燃煤为主的年代还要延续若干年。例如有专家介绍的仿真预测结论：到2030年中国燃煤发电仍将占发电总耗能规模的54.5%；到2050年也还占47.2%[86]。因而在未来几十年，节能减排仍然是我国应付气候变暖的当务之急。在世界各国联手加强CO_2减排和开拓CCS的号角吹响后，中国科技界如响斯应，首个旨在捕集与封存CO_2的研究专项——"广东省CO_2捕集与封存可行性研究项目"2010年12月已取得阶段成果。项目分析广东省的能源需求和CO_2排放状况，研究广东省近海沉积盆地的CO_2封存地质条件，设计了广东省碳排放控制系统模拟的初步模型和情景等。此项目研究小组已建立我国第一个为项目服务的专家网络及网站，与有关政府机构和中外企业建立联系。

表13-2 大规模碳捕集计划（2011年）

范围	阶段	阿尔及利亚	澳大利亚	保加利亚	加拿大	法国	德国	意大利	荷兰	新西兰	挪威	中国	波兰	韩国	罗马尼亚	西班牙	阿联酋	英国	美国
工业应用	运行	1			1						2								
	操作		1		1														2
	筹划				3	1			1							1			4
	调研		2		1					1									4
	认同											2							
发电站	运行																		
	操作				1														1
	筹划				1			1	1	2			1		1	1			5
	调研		2		1		1				1	2	1	1			1	6	4
	认同		1	1								2		1					1

（据：IEA. Tracking Clean Energy Progress – Energy Technology Perspectives 2012 excerpt as IEA input to the Clean Energy Ministerial, OECD/IEA, 2012）

国家对 CCS 技术发展给予高度重视，CCS 作为前沿技术已列入国家中长期科技发展规划；在国家科技部 2007 年发布的《中国应对气候变化科技专项行动》里，CCS 作为控制 GHG 排放和减缓气候变化的技术重点列入专项行动 4 个主要活动领域之一。"十一五"期间，国家 863 计划也对发展 CCS 给予很大支持。2007 年 6 月国家发改委公布《中国应对气候变化国家方案》中强调重点开发 CO_2 捕集与封存，加强国际间气候变化技术研发、应用与转让。

中国与国际社会一起积极开展 CCS 研究与项目合作。2007 年启动"中欧碳捕集与封存合作行动（COACH）"，12 家欧方机构和 8 家中方机构参与了 COACH 行动。2007 年 11 月 20 日，启动了"燃煤发电 CO_2 低排放英中合作项目"。2008 年 1 月 25 日，中联煤层气公司（简称中联煤）与加拿大百达门公司、香港环能国际控股公司签署了"深煤层注入/埋藏 CO_2 开采煤层气技术研究"项目合作协议。自 2002 年以来，中联煤和加拿大阿尔伯达研究院已在山西沁水盆地南部合作，成功实施了浅部煤层的 CO_2 单井注入试验。

2010 年 9 月已启动内蒙古神华集团鄂尔多斯 100 万吨/年煤液化制油生产线每口井每年约捕集 CO_2 10 万吨，输送至 17km 外地下约 3000m 区域内封存[106]。这将是亚洲规模最大的同类工程，对我国上千家煤转化企业的低碳化进程势将起促进作用。神华集团公司 CCS 的减排贡献在 2050 年预计可提高到 19%。

中国希望 2016 年开设首家 CCS 电厂，2014 年开始建厂，2016 年完工并投入使用。位于天津滨海新区的 CCS 发电厂一期工程相关前期工作已经展开，最终能在气化煤燃烧前去除其中 CO_2，不过该厂头几年仍将作为供应清洁能源的发电厂。

3. 碳的捕集分离——近期大规模 CO_2 捕集首先是从燃煤电厂的集中碳排得手的[82]。在选择捕集系统时，燃气流中 CO_2 浓度、燃气流压力以及燃料类型（固体还是气体）都是需考虑的重要因素。大量分散型的 CO_2 排放源难实现碳捕集，因此其主要目标一般集中于化石燃料发电、钢铁、水泥、炼油、合成氨工厂的 CO_2 集中排放源。据 IPCC 估算，到 2020 年全球捕集 CO_2 潜力是 26 亿~49 亿吨/年。也有人考虑把分散在大气中的碳零零星星积少成多加以收集，当然成本也许成为主要矛盾[97]。利用一种多孔晶体材料能吸附其体积大 80 倍 CO_2 气体的特殊性质，制备低成本 CO_2 捕集器[81]；美国莱斯大学研究发现，可以充分利用燃煤电厂过去散逸周围环境的废热捕集 CO_2[90]。2013 年 2 月在美国宣布：煤燃烧时 99% 的 CO_2 能被捕集[83]。2014 年 9 月，日本科研人员研发出一种能从空气中滤除 GHG 的廉价聚合物薄膜，即可以高效捕捉 GHG[84]。除工业分离外，常用碳捕集分离系统有三类：

（1）燃烧后系统：将燃烧后烟气中 CO_2 与 N_2 分离。化学溶剂吸收法是当前最好的燃烧后 CO_2 收集法，具有较高捕集效率和选择性，且能耗少和收集成本较低。化学吸收法利用碱性溶液与酸性气体之间的可逆化学反应。由于燃煤烟气中不仅含有 CO_2、N_2、O_2 和 H_2O，还含有 SOx、NOx、尘埃、HCl、HF 等污染物。杂质存在会增加捕集与分离成本，因此烟气进入吸收塔前，需进行预处理，包括水洗冷却、除水、静电除尘、脱硫与脱硝等；烟气在预处理后，进入吸收塔，吸收塔温度保持在 40~60℃，CO_2 被吸收剂吸收，常用溶剂是胺吸收剂（如一乙醇胺 MEA），然后烟气进入水洗容器以平衡系统中水分并除去气体中的溶剂液滴与溶剂蒸汽之后离开吸收塔；吸收了 CO_2 的富溶剂经热交换器被抽到再生塔顶端，吸收剂在温度 100~140℃ 和比大气压略高的压力下得到再生，水蒸汽经过凝结器返回再生塔，而 CO_2 离开再生塔，再生碱溶剂通过热交换器和冷却器后被抽运回吸收塔。除了化学溶剂吸收法，还有吸附法、膜分离等方法。

（2）富氧燃烧系统：用纯氧或富氧代替空气作为化石燃料燃烧的介质。燃烧产物主要是 CO_2 和水蒸气，另外还有多余氧气保证燃烧完全，及燃料中所有组成成分的氧化产物、燃料或泄漏进系统的空气中惰性成分等。经冷却水蒸汽冷凝后，烟气中 CO_2 含量在 80%~98%。高浓度 CO_2 经压缩、干燥和净化进入管道存储。CO_2 在高密度超临界下通过管道运输，其中的惰性气体含量需降至较低值以避免增加 CO_2 的临界压力造成管道中的两相流，其中的酸性气体也需去除。此外 CO_2 需经干燥以防在管道中出现水凝结和腐蚀，并允许使用常规炭钢材料。在富氧燃烧系统中，因 CO_2 浓度较高，捕集分离成本较低，但供给富氧成本较高。氧气生产主要通过空气分离法，使用聚合膜、变压吸附和低温蒸馏。

（3）燃烧前捕集系统：存在两阶段反应：首先是化石燃料同氧气或蒸汽反应，产生以 CO 和 H_2 为主的混合气体（称合成气），与蒸汽反应称"蒸汽重整"，需高温下进行；液体或气体燃料与 O_2 反应称"部分氧化"，固体燃料与 O_2 反应称"气化"。待合成气冷却后再经蒸汽转化反应使合成气中 CO 转化为 CO_2，并产生更多 H_2。最后，将 H_2 从 CO_2 与 H_2 的混合气中分离，干燥混合气中 CO_2 含量可达 15%～60%，总压力 2～7MPa。CO_2 从混合气体中分离并捕获存储，H_2 被用作燃气联合循环的燃料送入燃气轮机，进行燃气轮机与蒸汽轮机联合循环发电。这一过程也就是考虑碳捕集和封存的煤气化联合循环发电（IGCC）。从 CO 和 H_2 的合成气中分离 CO_2 的方法还有：变压吸附、化学吸收（通过化学反应从混合气中去除 CO_2，并在减压与加热情况下发生可逆反应，类似从燃烧后烟道气中分离 CO_2）、物理吸收（常用于具有高 CO_2 分压或高总压的混合气分离）、膜（聚合物膜、陶瓷膜）分离等。

4. 碳的运输——运输是连接 CO_2 排放源和封存地（利用地）的纽带，CO_2 运输方式主要有罐车、管道和船舶运输，其中罐车运输又分为公路罐车和铁路罐车两种。碳运输的典型技术考虑如图 13－6 所示。在碳运输过程采用的运输方式优劣比较见表 13－3，不同运输方式的技术经济消长见表 13－4。

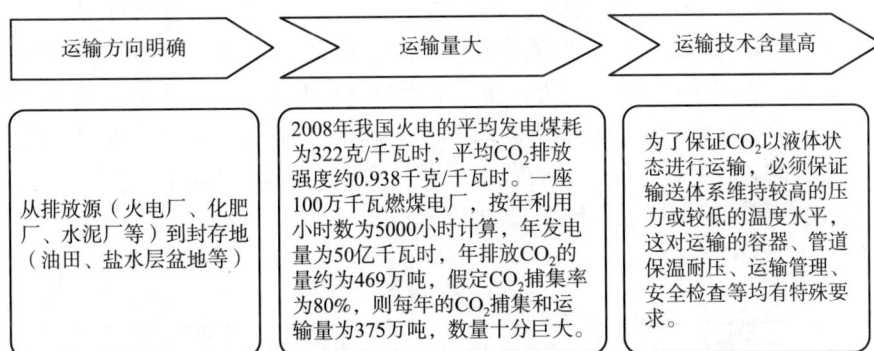

运输方向明确	运输量大	运输技术含量高
从排放源（火电厂、化肥厂、水泥厂等）到封存地（油田、盐水层盆地等）	2008年我国火电的平均发电煤耗为322克/千瓦时，平均CO_2排放强度约0.938千克/千瓦时。一座100万千瓦燃煤电厂，按年利用小时数为5000小时计算，年发电量为50亿千瓦时，年排放CO_2的量约为469万吨，假定CO_2捕集率为80%，则每年的CO_2捕集和运输量为375万吨，数量十分巨大。	为了保证CO_2以液体状态进行运输，必须保证输送体系维持较高的压力或较低的温度水平，这对运输的容器、管道保温耐压、运输管理、安全检查等均有特殊要求。

图 13－6　CO_2 运输具有运输量大、运输方向明确和技术含量高的特点

（据：气候组织. CCS 在中国：现状、挑战与机遇，2010－07）

表 13－3　　　　　　　　　　　　　　　　　　运输方式比较

方式	适合条件	优势	劣势	成熟度
公路罐车运输	小批量、非连续性运输	规模小、投资少、风险低、运输方式灵活	运输量小、距离近	技术成熟，有运输商
铁路罐车运输	量大、距离远，且管道运输体系还未建成时	量较大、距离较远、可靠性较高	调度和管理复杂、受铁路接轨和铁路专线建设的限制、需要相关的接卸和储运配套	技术成熟
管道运输	适合大容量、长距离、负荷稳定的定向运输	输送量大、输送稳定、运输距离长、受外界影响小、可靠性高	成本高、投资大、运行成本高	技术成熟，美国和加拿大已有 CO_2 管道运营
船舶运输	大规模、超长距离或海岸线运输	输送量大、目的地灵活、可超远距离运输	成本高、投资大、运行成本高。需要配套的储库和接卸设备。受气候条件影响大	技术成熟（可借鉴液化石油气运输船设计）。目前还没有大型 CO_2 船舶运输，但 CO_2 的性质与液化石油气性质相似，液化石油气运输船舶建造经验及运输经验均可借鉴

（据：气候组织. CCS 在中国：现状、挑战与机遇，2010－07）

表 13 - 4　　　　　　　　　　　　　**CO₂ 各运输方式技术经济比较**

项目	公路罐车运输	管道运输	船舶运输
一次性投资额	较少	高	高
工艺复杂程度	简单	复杂	复杂
运输规模	较小	大	大
运营费用	低	高	高
单位运输成本	高	低	低

（据：气候组织 . CCS 在中国：现状、挑战与机遇，2010 - 07）

5. 碳的封存——碳封存即将捕集、压缩后的 CO_2 运输到指定地点进行长期封存的过程。目前，主要封存方式有地质封存、海洋封存和碳酸盐矿石固存等。另外，一些工业流程也可在生产过程中利用和存储少量被捕获的 CO_2。但从普通电厂排放、未经处理的烟道气仅含有大约 3% ~ 16% 的 CO_2，可压缩性比纯 CO_2 小得多。从燃煤电厂出来经压缩的烟道气中 CO_2 含量也仅为 15%，在此条件下储存 1 吨 CO_2 大约需 $68m^3$ 储存空间。因此，只有把 CO_2 从烟气里分离出来，才能充分有效地对它进行地下处理。将 CO_2 封存到地下后，为防止 CO_2 泄漏或迁移，需密封整个存储空间。因此，必须选择合适的具有良好封闭性能起"盖子"作用的封存盖层，以确保把 CO_2 长期封存地下不会泄浮大气。较有效的办法是利用常规地质圈闭构造，包括气田、油田和含水层。由于前两种是人类能源系统基础的一部分，人们已熟悉构造和地质条件，所以利用它们来储存 CO_2 较便利合算；而含水层非常普遍，因此在储存 CO_2 方面具有很大潜力。技术发展阶段按碳封存地点和方式不同而不同，见表 13 - 5。

表 13 - 5　　　　　　　　　　　　　　**碳封存技术对比**

方式	技术	研究阶段	示范阶段	经济可行性	成熟化市场
地质封存	强化采油（EOR）				√
	天然气或石油层			√	
	盐沼池构造			√	
	提高煤气层（ECBM）		√		
海洋封存	直接注入（溶解型）	√			
	直接注入（湖泊型）	√			
碳酸盐矿石固存	天然硅酸盐矿石	√			
	废弃物料		√		
工业利用					√

（据：CSS 小知识 . 中国能源网）

包括中国在内的许多国家对碳的封存还缺乏相应的法制保证[80]。

（1）地质封存技术：即直接将 CO_2 注入地下地质构造中，如油田、天然气储层、含盐地层和不可采煤层等。据 IPCC 估算，全球 CO_2 的地质封存潜力至少有 2000 亿吨。地质封存取决于地质构造的物理和地球化学的俘获机理。CO_2 注入后，储层构造上方的大页岩和粘质岩起到阻挡 CO_2 向上流动的物理俘获作用，这个不透水层即"盖层"（caprock）。毛管力提供的其他物理俘获作用可将 CO_2 留在储层构造的孔隙中，然而，许多情况下储层构造的一侧或多侧保持开口，以便 CO_2 在盖层下作侧向流动。随着 CO_2 与现场流体和寄岩发生化学反应，地质化学俘获机理开始发挥作用。如 CO_2 在现场溶入水中，充满 CO_2 的水密度越来越高，会沉伏于储层构造中而不是浮向地表。此外，溶入的 CO_2 与岩石中矿物质发生化学反应形成离子类物质并转化为碳酸盐矿物质。与地质封存关联的另一种处理方式是 CO_2 再利用，即美国早期采用 CO_2 注入接近枯竭的油田以提高石油采收率，此方案有吸引力，因额外采收的原油能部分地补偿 CO_2 的封存成本。不过这类油田地理分布不匀而不易图功，且冗余油层开采潜力毕竟有限。

不可采煤层也可用以封存 CO_2，因其可吸附于煤层表面，但是否可行则取决于煤床的渗透性。封存过程中产生的甲烷可加以利用，即所谓煤层气回收增强技术（ECBM）。含盐地层中主要是高度矿化盐水，并无利用价值，有时用于存放化学废弃物。盐碱含水层的主要优点在于有巨大储存容量，且地理分布较广，便于 CO_2 运输。但不像油田或煤层，在含盐地层中封存 CO_2 并不能产生任何有经济价值的副产品，无异于提高了封存成本。且技术界曾对此构造中封存 CO_2 是否会泄漏心存疑虑，但另有研究表明可利用几种吸附机理使 CO_2 固定在盐层下。到 2005 年共有 3 个工业级 CO_2 地质封存项目正在运行：挪威 Statoil 公司开发位于北海的 Sleipner 天然气田 CO_2 封存项目运行时间最长，早已于 1996 年投产，建有世界上首个工业级 CO_2 捕集设施，处理方法是用醇胺溶剂从天然气中吸收 CO_2 并通过回注钻孔封存于深达 1000m 海床下的含盐地层中，处理能力约为每天 2800 吨；加拿大 Weyburn 项目开始于 2000 年，将美国北达科他州 Beulah 的大型煤气化装置中捕集的 CO_2 输送到加拿大 Saskatchewan 省东南部的 Weyburn 油田，用于提高采油率，目前每年注入 CO_2 约为 150 万吨；本世纪初位于阿尔及利亚的 In Salah 项目，与 Sleipner 类似，也是将从天然气中分离的 CO_2 注入地下，年封存量约 120 万吨。

（2）海洋封存技术：由于 CO_2 可溶于水，通过水体与大气自然交换作用，海洋一直以来都在默默地吸纳人类活动产生的 CO_2。海洋中封存 CO_2 的理论潜力可以是无限，但实际封存量仍取决于海洋与大气的平衡状态。仿真分析表明，注入海洋的 CO_2 将与大气隔绝至少几百年，注入越深保留数量和时间亦越长。CO_2 海洋封存主要有 2 种方案：一种通过船或管道将 CO_2 输送到封存地点，并注入超过 1000m 的深海令其自然溶融；另一种将 CO_2 注入超过 3000m 的深海里，由于 CO_2 密度大于海水，因此会在海底形成固态 CO_2 水化物或液态 CO_2 的"湖"，借此大大延缓 CO_2 分解到地面环境的过程。海洋封存尚未进入实战阶段，据传已有小规模示范试点或研究项目。

CO_2 海洋封存令人忐忑不安的顾虑是也许会造成环境问题，例如对海洋生物多样性的负面影响。一项针对 CO_2 升高对海洋表面生物影响的试验研究证实，随着时间推移，钙化速度、繁殖/生长、周期性供氧以及活动性均有所下滑，而死亡率却上升。某些生物对 CO_2 少量增减即有灵敏反应，在接近临界点时可能造成死亡。CO_2 升高对深层带、深渊带、海底带生态系统可能产生的影响更缺乏深入了解。尽管这些区域的海洋生物相对稀少，但珍稀物种居多，承受所处环境的变化效应需要更多考察和研究以发现潜在影响。由于 CO_2 与水反应生成碳酸（H_2CO_3）会提高海水酸性，为加强封存效果，可在封存地点溶入碱性矿物质如石灰石等，以中和酸性的 CO_2。溶融的碳酸盐矿物质可将封存时间延长约 1 万年，同时将海洋 pH 值和 CO_2 分压变化降至最低。然而，该方法需大量石灰石和材料处理所需的能源。海洋封存的另一问题是溶解的 CO_2 最终仍将回归大气圈，迫使子孙后代另谋出路。看来这种方法并非一劳永逸，难免遭贪图一时痛快、最终伊于胡底之讥。

13-5-2　CCUS

1. CCUS 的提出——CO_2 本来是有用的化工原料（如生产尿素、合成醇、合成酸）、工程用料（如焊接）、农林工程（如植物气肥、果蔬保鲜）、消防灭火以及致冷剂（如食品工业所用 99.99% 干冰），从 20 世纪初就已广泛用于工业过程。用化学溶剂萃取应用 CO_2 也已屡见不鲜[84]。中国结合本国实际提出 CCUS 概念，即在 CCS 原有 3 个环节基础上增加 CO_2 利用环节，主要方式包括 EOR、ECBM、食品级 CO_2 精制及其他工业利用方式。目前全世界已普遍接受 CCUS 概念，CO_2 利用也引起政府当局重视[105]。

CCUS 商业化可能带动的产业链非常庞大，可分为 3 主要层次：主产业，次产业和支持产业。其中，主产业涉及 CO_2 捕集、运输和封存全流程，该产业链商业模式将决定整个 CCUS 产业发展；次产业主要是 CO_2 利用和设备、技术、材料供应商，及项目管理、封存监测和事故应急等服务提供商，该产业链是主产业链的收益者，包括：

①CO_2 利用：油气（EOR、EGR）、煤炭（ECBM、煤制油气）、食品、农业、各工业领域；

②设备、技术、材料供应商：化工（吸收或吸附剂）、大型设备制造（捕集设备和注入设备）、油田服务（封存潜力评估、注入及注入后监测）、科研机构（技术改良和合作研发）；

③支持产业涉及 CCUS 项目融资和管理，包括商业银行、风险投资等融资，保险和再保险的风险控制

以及项目管理、协调、沟通机构等。

2. 进展——CCUS 的关键环节是碳的捕集分离，然后集中加以利用，变废为宝，在条件许可时择地封存。2012 年初，国家科技部宣布正式实施《"十二五"国家碳捕集利用与封存科技发展专项规划》[103]。《规划》对我国快速发展 CCUS 和树立我国创行 CCUS 取得世界各国学术界和产业界的一致认同起到前挽后推的积极效果。不过，实际进入应用的碳毕竟只是丛林一木，所以科技投入和工程大辂可能仍需侧重CCS。

2008 年，中石油与北大等高校合作，在吉林大情字油田附近的长春气田展开 CCS 研究和实施。在长春气田实行天然气内碳的捕集分离，通过管道注入油田。初期在油田试验区开挖 5 口注入井，每井每年注入 CO_2 6 万吨以提高采油率，计划到 2015 年增加原油产量 100 万吨，前后 1 年中已注入 CO_2 10 万吨[100]，同时年封存 CO_2 120 万吨[104]。

2009 年初中国华能集团北京高碑店热电厂每年捕集 CO_2 约 3 万吨，随后于 2009 年 7 月启动的华能集团上海石洞口第二热电厂全球最大燃煤电厂碳捕集项目，并在 2009 年末步入调试，建成后每年可捕集 10 万吨高纯度 CO_2。两项目捕集的 CO_2 均用于食品工业。

2010 年中，中美清洁能源研究中心碳捕集实验基地在北京东郊高碑店建设了 1 座 3000 吨级碳捕集试验基地；2011 年 12 月，华中科技大学的 3MW 碳捕集实验基地在武汉科技城建成，该基地每年可捕集 CO_2 上万吨。技术内容是通过化学反应捕集煤燃烧过程产生的 CO_2 转化为农业肥料或开采石油的催化剂[88]。山东科技大学首创微藻固碳塔式反应器固定烟道中的 CO_2，再通过生物技术手段制取生物油。

3. CCS 和 CCUS 安全性估测——

①发电厂或其他工业设施增添 CCS 设备将被迫增加发电成本，并最终有可能转嫁给用户而促使电费上涨。

②若封存地下的 CO_2 发生泄漏，有可能严重污染地下饮用水[98]。

③由于碳封存的高成本和复杂的工艺步序，有可能制约其推广应用[101]。

④目前依靠特定地质条件、土壤和海洋 3 渠道实现碳封存，须选择有"上盖"的地质构造；有深海条件的海洋和植被较丰盈的土壤。然而，土壤中捕集的碳有可能再次释放到大气中，当心得而复失[99]。不宜盲目认为存碳于土壤是"避免地球变暖的最佳战略"[108]。

⑤据 2012 年美国国家研究委员会提出的警告，大量 CCS 地下碳封存可能诱发难以逆料的地震风险[91]。我国各大型盆地 200 万年来地质变化，据专家论证只有 8 处地质条件诱发地震可能性较小的盆地适合封存，在选择碳封存地域时务必谨慎小心[87]。

参 考 文 献

[1] 王遥. 我国碳排放交易体系设计的十点建议. 中国社会科学报, 2011 - 12 - 27, 6 版.

[2] 二氧化碳也能像股票般交易. 北京晚报, 2012 - 10 - 29.

[3] 广东等地碳交易履约期推迟. 每日经济新闻, 2014 - 06 - 17；广东碳交易累计成交总量近千万吨. 财新网, 2014 - 05 - 30；附 - 佚名. 粤碳市场最快月底开放个人交易. 中国低碳网, 2014 - 04 - 23；卢文洁. 粤年底前启动碳排放权交易. 广州日报, 2013 - 10 - 29, A7 版；耿旭静、高国辉. 广州碳排放权交易所开市　全国最大碳排放交易市场首日成交 12 万吨, 2013 - 12 - 20, A1 版；谢建超等. 碳排放权交易试点广东先行. 中国经济时报, 2012 - 09 - 12, 1 ~ 2 版.

[4] 记者. 近七成深圳上市公司完成碳排放履约义务. 证券时报, 2014 - 06 - 23；记者. 启动碳交易　释放新红利——深圳试点中国首个碳排放权交易所. 人民日报, 2013 - 06 - 17；记者. 深圳碳交易满年：635 家企业碳排放下降 370 万吨. 中国经济网, 2014 - 06 - 24；记者. 深圳碳市场拟试水期货交易. 财新网, 2014 - 06 - 12；佚名. 深圳 635 家碳交易管控单位履约仅四成. 晶报, 2014 - 06 - 20.

[5] 记者. 碳交易市场机制增强自主减排动力. 经济日报, 2014 - 06 - 24；记者. 碳交易试点节能效果明显. 国际商报, 2014 - 05 - 28.

[6] 记者. 我国七个省市碳排放交易全面上线. http：//www.ditan360.com/自经济日报, 2014 - 06 - 23；记者. 我国已成为继欧盟之后全球第二大碳交易市场. 金融时报, 2014 - 06 - 13；记者. 国内最后试点 6 月上线　中国碳交易体系逐步完善. 大智慧阿思达克通讯社, 2014 - 06 - 17；佚名. 7 省市开展碳排放权交易试点. 中国经济时报, 2012 - 01 - 16, 12 版, 引自新华网.

[7] 杨志. 准确把握实体经济是碳市场建设的基础. 中国社会科学报, 2011 - 12 - 27, 6 版.

［8］李佐军．中国建立碳市场应遵循五个原则．中国经济时报，2011－08－18，9 版．

［9］李佐军、张亮．鼓励企业积极参与碳交易的对策建议．中国经济时报，2012－10－10，5 版．

［10］李治国．上海正式启动碳排放权交易191 家企业率先纳入配额管理．经济日报，2013－11－28；附－佚名．上海市碳排放市场交易量突破百万吨．上海市发改委网站，2014－06－23.

［11］杜悦英．中国碳市场发展面临三重难题 专家认为，打破碳市场分割、制定碳核算、完善政府监管是中国碳市场能力建设需要解决的问题．中国经济时报，2010－10－14；"碳认证"试水中国市场，2010－12－23，均10 版．

［12］肖春根、张长根．江西峡江水利枢纽工程成功注册 CDM 项目．新华网，2013－04－13.

［13］佚名．中国碳交易现状，小康·财智网 www.xzbu.com/3/view－1393393.htm，2012－04－12.

［14］佚名．完善我国碳交易定价机制的研究．中国论文网，2012－07－10.

［15］佚名．中国 CDM 项目的最后八年？EU－ETS，2012－03－07；台湾绿色经济与碳交易市场．绿色论坛，2012－12－01，网传 ppt；附－王新前．我国应探索建立国内清洁发展机制．中国经济时报，2010－06－08，12 版；陈炳才等．建立中国自己的碳排放交易制度，2011－01－10，5 版．

［16］佚名．中国风电 CDM 项目步入严冬，天津大学研究院 资源与环境课题组，2013－04－08.

［17］佚名．卖"碳"囧途 中国企业 CDM 项目遇零收入风险，高工·新产业，2013－05－04.

［18］佚名．CDM 项目开发步骤，中国碳排放交易网，2014－04－14.

［19］佚名．我国碳排放交易制度及未来发展动向研究分析报告．中国城市低碳经济网 www.cusdn.org.cn，2013－05－23，自低碳工业网．

［20］佚名．浅谈中国 CDM 新现状．北方经济，2012（2），www.xzbu.com/2/view－2255087.htm.

［21］陈健鹏．中国并不迫切需要碳市场——对我国构建碳排放权交易市场的初步分析．中国经济时报，2011－04－25，5 版．

［22］陈炳才等．德国的碳排放交易制度．中国经济时报，2011－01－21，5 版．

［23］张焱．一边是碳交易规则不完善，一边是各地争建环境交易所 国内碳交易平台有待整合．中国经济时报，2011－03－10，11 版；碳排放权交易的市场规则有待完善，2011－06－30，9 版．

［24］张汉斌．我国碳交易和碳金融市场将经历长足发展过程．中国经济时报，2012－12－20，5 版．

［25］张佳星．碳交易——中国亟待建立自己的标准体系．科技日报，2011－03－10，1 版．

［26］张娟、岳振．欧盟碳排放权拍卖交易或成国际趋势．中国经济时报，2011－07－18，4 版．

［27］张小军、唐明．中澳将在建立碳市场领域加强合作 中国国家碳市场有望成为世界最大碳排放交易机制．科技日报，2013－03－28，2 版．

［28］林伯强．方兴未艾的碳交易所．中国经济时报，2010－12－09，9 版．

［29］林宇威、李慧明．德班会议后中国碳市场展望 国内碳市场进入启动时期．中国社会科学报，2011－12－27，6 版．

［30］国家发改委．将建立全国碳排放权交易市场．中国城市低碳经济网，www.cusdn.org.cn，2014－04－14，自中国新闻网．

［31］国研中心"应对气候变化研究"课题组．建立碳市场的国外经验与启示．中国经济时报，2011－07－01，5 版．

［32］周健奇．六大障碍导致中国碳市场"先天不足"．中国经济时报，2011－10－20，9 版．

［33］宣晓伟．碳排放权交易应成为转变发展方式突破口．中国经济时报，2011－08－08，8 版；中国碳交易市场的未来发展，（上）2012－08－31；（下）2012－09－07；均5 版．

［34］宣晓伟、张浩．碳排放权配额分配的国际经验及启示．中国经济时报，（上）2013－05－20；（中）2013－05－21；（下）2013－05－23；均5 版．

［35］项目主持．浅谈 CDM 市场运行的现状及特点．中华论文联盟 www.papers8.cn，2012－07－08.

［36］郭锦辉．碳交易——中国企业亟须"国内练兵"．中国经济时报，2011－01－13，8 版；国家认证认可监督管理委员会向中国经济时报独家解读"十二五"低碳产品认证制度 中国需尽快研究建立碳排放评价制度，2011－05－19，9 版．

［37］郭锦辉．中国碳排放权交易合法性急需解决－访周宏春．中国经济时报，2011－06－23，1～9 版．

［38］徐冰．森林碳汇能否减缓全球气候变暖？科技日报，2011－12－02，5 版；附－朱丽．林业碳汇："光合作用"也赚钱，2011－08－17，7 版．

［39］傅强、李涛．碳排放权交易市场的探索．中国城市低碳经济网，2012－09－14.

［40］蔡柏奇等．"碳交易"对我国原材料工业的影响．中国经济时报，2013－06－27，6 版．

［41］国务院办公厅．关于进一步推进排污权有偿使用和交易试点工作的指导意见，国办发［2014］38 号，2014－09－15.

［42］记者．建碳排放和排污权交易制度．经济参考报，2014－05－27；记者．新环保法为碳交易市场"添火"．长江商报，2014－05－27.

［43］刘立平等．湖南将告别环境无价时代 2015 年所有工业企业实施排污权有偿使用和交易．中国环境报，2013－12－13.

［44］财政部．将在主要省市试点排污权交易．中国城市低碳经济网，www.cusdn.org.cn，2014－03－26，引自财新网．

［45］佚名（中国社科院法学所）．对我国排污权交易问题的思考．中国城市低碳经济网，www.cusdn.org.cn，2013－01－17.

［46］李禾．排污权可像商品一样买入卖出．科技日报，2014－09－18，6 版；附－瞿剑．"合法排污"是与非，2014－12－30，3 版；

张焱．排污权商品化呼唤"义务分解"．中国经济时报，2011－05－05，7 版．

[47] 张启人．我国环境保护的市场化路径选择．学术研究，2012（7），157－158．

[48] 张启人．生态文明的市场化路径选择．南方日报，2012－08－09，封 2 版．

[49] 王遥．以低碳经济为基础发展国际碳金融中心．中国社会科学报，2012－03－12，B02 版．

[50] 王元龙．把碳金融培养成中国金融业新增长点．中国经济时报，2009－12－30，5 版．

[51] 王卉彤．为低碳经济插上金融"双翅"．中国社会科学报，2012－05－16，B04 版．

[52] 世界银行．IFC 今天发行 5 亿元人民币绿色债券．国际金融公司，2014－06－17．

[53] 世界银行．为碳市场注入新活力，"市场准备伙伴基金"为应对气候变化提供解决方案．世行官网，2013－03－13．

[54] 杜悦英．莫让中小企业求"碳金"屡现尴尬．中国经济时报，2011－12－01，10 版．

[55] 吴静．银行在低碳金融中的创新与风险防范．中国城市低碳经济网－www．cusdn．org．cn，2012－06－12．

[56] 佚名．为哈金融机构对碳交易不"感冒"，中国低碳网 http：//www．ditan360．com/，自文汇报，2014－05－09．

[57] 罗洪．我国碳金融市场现状与发展趋势．现代经济信息，2010（8），南开大学国经所，2011－04－07．

[58] 邹公弟，尚军．世界银行称——碳融资成为全球碳市场基石．科技日报，2009－12－10，2 版．

[59] 贺海波，曾海燕．支持低碳经济发展的金融创新问题研究．人民论坛，2013－11－11．

[60] 郭锦辉．环保部政研中心专家称——鼓励性绿色信贷政策严重不足．中国经济时报，2010－12－16，10 版．

[61] 贾康，王泽彩．应对气候变化：PPP 模式融资机制研究．地方财政研究，2013（8）．

[62] 黄海燕．围绕应对气候变化　构建绿色发展机制．中国经济时报，2012－04－09，11 版．

[63] 曾梦琦．国际碳交易市场发展及其对我国的启示．金融市场，2011（413），62－65．

[64] 刘辉．生态文明视野下构建生态补偿机制的财税考量．中国经济时报，2013－05－17，6 版．

[65] 刘轶芳．揭开"碳关税"的真面目．科技日报，2009－12－10，2 版．

[66] 朱敏．碳关税——与其一味反对不如积极应对．中国经济时报，2010－07－23，5 版．

[67] 杜悦英．碳税对减排作用有限．中国经济时报，2010－03－18，9 版．

[68] 杨骏等．欧盟"好意"何以惹人怨——浅谈欧盟的航空"碳管制"．科技日报，2011－05－18，2 版．

[69] 苏明等．建议我国适时开征碳税．中国经济时报，2013－08－05，12 版．

[70] 佚名．积极构建绿色财政机制　支持节能减排技术研发．中国城市低碳经济网（http：//www．cusdn．org．cn/）引自财政部网站，2011－12－15．

[71] 佚名．中国低碳经济发展的财税政策研究．财政部科研所，2011－03－31．

[72] 张焱．从碳税征收环节鼓励森林经营——访李怒云．中国经济时报，2010－11－04，10 版．

[73] 张焱．航空碳税之争焦灼　全球性解决方案或出台．中国经济时报，2012－06－28，11 版；制定全球性方案是"航空碳排放税"解决之道，2012－09－20，12 版．

[74] 张文晖．绿色税收——制度保障生态文明建设．中国经济时报，2013－01－29，2 版．

[75] 易露霞，安砚贞，李忱．应对碳壁垒策略研究．经济研究参考，2010（40），2－4．

[76] 耿建东，傅以钢．积极发展低碳科技　应对"碳关税"博弈．科技日报，2012－06－11，1~3 版．

[77] 韩洁，何雨欣．透视"低碳"时代的中国"绿化"税制．科技日报，2010－01－30，1~3 版．

[78] 傅云威．澳大利亚——谁将为"碳税"埋单？科技日报，2012－07－03，2 版．

[79] 薛魁忠．从国际贸易法谈我国应当如何应对碳关税．中国城市低碳经济网 www．cusdn．org．cn．，2013－02－06，自论文联盟．

[80] 王润（编译）．"我们需要对二氧化碳计价"．世界科学，2007（1），9－10．

[81] 王润（编译）．低成本捕获二氧化碳．世界科学，2008（4），10－11．

[82] 王乃粒（编译）．捕获燃煤电厂排放的二氧化碳．世界科学，2008（5），23－24．

[83] 王心见．煤燃烧产生的二氧化碳 99% 可被捕获．科技日报，2013－02－08，2 版．

[84] 刘燕庐．新聚合物材料可高效"捕捉"温室气体．科技日报，2014－09－10，1 版．

[85] 毛黎．地下封存碳　项目做示范——美伊利诺伊州开始实施碳收集和封存试验项目．科技日报，2012－02－25，2 版．

[86] 记者．中国发展碳捕获与封存技术面临多重挑战，财经网－中国低碳网，2010－11－01．

[87] 刘莉．"赶碳入地"安全吗？科技日报，2010－04－15，5 版．

[88] 刘志伟，李剑华．我国最大碳捕获实验基地建成．科技日报，2011－12－27，4 版．

[89] 华凌．CCS——迈向低碳时代的加速器　挪威二氧化碳捕获与封存技术示范项目参观记．科技日报，2009－09－06，2 版．

[90] 华凌．燃煤电厂可利用"废热"捕获 CO_2．科技日报，2013－04－02，2 版．

[91] 华凌．地下大量封存二氧化碳可能诱发地震．科技日报，2012－06－20，1 版．

[92] 任众．英国启动全球首个燃气发电站碳捕集工程项目．珠江环境报，2014－03－08，4 版．

[93] 沈少锋，毛恒松．二氧化碳地质封存工艺技术及注入泵开发应用．中国城市低碳经济网 www．cusdn．org．cn，2012－10－22．

[94] 苏小云．减排前沿：碳捕获和存储技术．中国社会科学报，2011－08－22．

［95］杜华斌.加开发出寻找碳捕获材料新方法　为高效率、低能耗捕碳材料的设计提供了可靠手段.科技日报，2010－11－01，2 版.

［96］杜悦英.CCS 将成为减排份额最大的单项技术.中国经济时报，2010－08－19，10 版.

［97］吴烨（编译）.大型空气净化器——减少二氧化碳排放总量的新途径.世界科学，2007（10），14－15.

［98］佚名.美研究人员称碳捕捉与封存技术可能污染饮用水.中国日报网，2010－11－16，另见 www.ditan360.com.

［99］郑焕斌.土壤中捕获的碳会再次释放到大气中　早期存储于土壤和植物中的碳已有大约一半释放.科技日报，2012－11－12，2 版.

［100］赵凤华.我国成功实施二氧化碳收集与埋存.科技日报，2009－11－29，3 版.

［101］赵春雷（编译）.碳储存的高成本可能制约其自身的应用.世界科学，2008（12），15.

［102］胡德良（编译）.任重道远的碳存储技术.世界科学，2009（5），11－13.

［103］科技部.“十二五”国家碳捕集利用与封存科技发展专项规划.科技部网站，2013－01－17.

［104］徐玢.李小春：专心为地球“降温”.科技日报，2009－12－09，5 版.

［105］钱炜.先利用再储存，中国式的碳捕集之路.科技日报，2009－10－19，1～3 版.

［106］梁钢华.我国首个捕集封存二氧化碳研究项目取得阶段成果.新华社，2010－12－25.

［107］黄堃.英研发出可捕捉二氧化碳的新材料.科技日报，2012－06－13，2 版.

［108］Arthur Wallace（游修龄译）.避免地球变暖的最佳战略－储碳于土壤.世界科学，1995（7），32－34.

第14章

运筹管控伴征程

14-1 强化能源管控 坚持持续发展

14-1-1 擘肌分理 政策先行

1. "十二五"规划实施状况凝睇——

（1）规划实践：3-8-1节曾提到，《中华人民共和国国民经济和社会发展第十二个五年规划纲要》的第一篇第三章规定的24个主要目标，到2014年初进行的中期评估结论：绝大部分实施进度好于要求，可是氮氧化物总量减排、非化石能源占一次能源消费比重、单位 GDP 能源消耗和 CO_2 排放强度等4项指标完成进度滞后于预期[13!]。国家能源发展"十二五"规划提出到2015年实施能源供应强度和消费总量双控制，能源消费总量控制目标40亿吨标煤，相当于一次能源供应能力约43亿吨标煤，其中国内生产能力达36.6亿吨标煤；石油对外依存控制在61%以内；用电6.15万亿 kWh，单位 GDP 能耗比2010年下降16%。能源综合效率提高到38%，火电供电标准煤耗下降到323g/kWh。规划提出2015年将全面实施新一轮农村电网改造升级，实现城乡各类用电同网同价。行政村通电，无电地区人口全部用上电[17]。"十二五"前3年，全国单位 GDP 能耗和碳排放累计下降9.03%和10.68%，节约能源3.5亿吨标煤，相当于 CO_2 减排8.4亿吨；COD、NH_3-N、SO_2、NO_x 排放量分别下降7.8%、7.1%、9.9%、2.0%。"十二五"非化石能源主要发展目标见表14-1。

表14-1   "十二五"非化石能源发展规划数据摘要

指标	单位	2010 年	2015 年	年均增减
非化石能源消费占比	%	8.6	11.4	2.8[a]
全社会用电量	万亿 kWh	4.2	6.15	8.0%
单位 GDP 能耗	吨标煤/万元	0.81	0.68	-16%[a]
核电	万 kW	1082	4000	29.9%
天然气电	万 kW	2642	5600	16.2%
风电	万 kW	3100	10000	26.4%
光伏发电	万 kW	86	2100	89.5%

注：单位 GDP 碳排量累计降减—16% a；上角标 a 表上限。
（据：国家能源发展"十二五"规划（2011~2015），2011-12-21）

国家发改委指出：GDP 年均增长目标7%将会超预期完成；2013年每万人发明专利拥有量达到3.65件，超过规划要求的3.3件；中国森林蓄积量相关指标已提前完成规划目标。但要求单位 GDP 能耗5年间须降低16%，而前3年仅降减了指标的54.3%；非化石能源占一次能源消费比重应从2010年的8.3%

提高到 2015 年的 11.4%，年均增长 3.1%，而实际到 2013 年底仅提高到 9.4%；NO_x 排放量下降率前 3 年只完成 5 年总任务的 20%；单位 GDP 的 CO_2 排放强度要求累计下降 17%，但前两年仅累计降低 6.6%，差距尤其明显[131]。要实现"十二五"目标，后两年单位 GDP 能耗须年均降低 3.7% 以上，NO_x 排放量须年均下降 4.2% 以上，远高于前 3 年平均降幅。

（2）用能弱势：能源消费过度依赖煤和油，化石能源和部分矿产资源对外依存度逐年攀高，经济发展面临巨大资源压力：2012 年中国能源消耗 36.2 亿吨标煤，比上年增长 4.0%；其中煤炭占 66.4%（世界平均水平低于 25%）、油占 18.9%、天然气占 5.5%、清洁能源（水力、核电、风电等）占 9.2%。目前能源消耗总量已与美国相当，占全球 15%。预计 2020 年能源消耗将增至 47～50 亿吨标煤。国际能源署（IEA）和美国能源信息署（EIA）分别作出的分析和预测如出一辙，见图 14-1 和图 14-2，即我国目前能源消耗总量已超过美国。

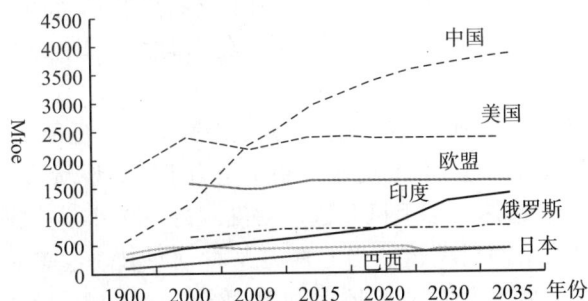

图 14-1　几个国家（或组织）一次能源需求
总量变化趋势

（据：LPIEA. World Energy Outlook 2012，2012-12-12 的图改绘）

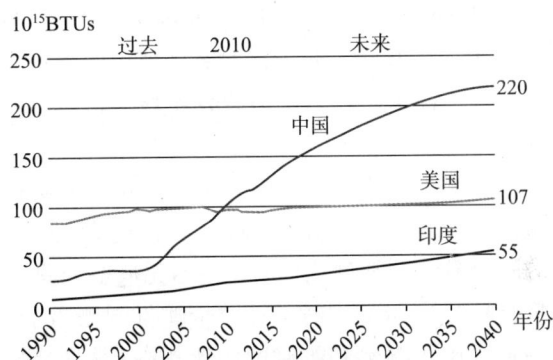

图 14-2　到 2040 年中国能源需求将比美国多 1 倍；
如果印度的 GDP 也能较快增长，则届时其能
源需求仍仅略多于美国的一半

（据：EIA. International Energy Outlook 2013，2013-07-25，p.5）

（3）先天下之忧而忧：我国油气人均剩余技术上可采储量仅为世界平均水平的 6%，石油年产量暂时仅略高于 2 亿吨，常规天然气新增产量仅能满足新增需求的 30% 左右。目前化石能源对外依存度尚在持续上升。石油自 1993 年开始净进口占比 6%，本世纪初对外依存度增至 26%；2012 年原油生产 2.07 亿吨，进口 2.71 亿吨，表观消费量 4.78 亿吨，对外依存升至 56.7%；同年原煤生产 36.5 亿吨，进口 2.89 亿吨，表观消费量 39.39 亿吨，进口量占 7.3%；2013 年原油生产 2.09 亿吨，进口 2.82 亿吨，表观消费量达到 4.91 亿吨，对外依存 57.4%；原煤（含褐煤）生产 36.80 亿吨，进口 3.27 亿吨，表观消费量 40.1 亿吨，进口量占 8.2%。煤炭和天然气对外依存度亦均在持续增进。如 2012 年天然气对外依存度已有 25.5%，到 2013 年陡升至 31.6%。在这一规模下，天然气已增至 2.5 亿使用人口。由于我国油气进口来源相对集中，进口通道较窄，能源安全保障压力之大，不言而喻。

汽车/高铁高速发展之际，特别宜关注原油进口。2014 年初，中国石油集团经济技术研究院发布的《2013 年国内外油气行业发展报告》预计，2014 年石油（成品油）和原油净进口量可分别达 3.04 亿吨和 2.98 亿吨，较 2013 年分别增长 5.3% 和 7.1%[2]。我国将首次超越美国而成世界上最大的石油进口国。自 1993 年首度成为石油进口国以来，石油对外依存度由 6% 起步一路跟进，2001 年达 26%，2009 年升破 50% 大关，目前已逼近 60%，但估计到 2015 年对外依存度不致突破规划指标 61%。2013 年，我国中石油、中石化、中海油为代表的国有能源企业明星在海外市场峥嵘逐鹿，以 222 亿美元的并购总金额跻身世界能源市场，崭露头角。庆幸之余，必然对未来化石能源供需形势常存厉行节约之想。

2. 后进追先进　策励靠新猷——

（1）现代化需求较劲：由于工业化发展、战略性产业转型升级和城镇化进程加速促进基础设施建设需求强劲，从各个经济环节推动能源消耗。特别是，中国不但成为世界加工制造基地从而对能源资源需求

形成高度依赖，而且国际产业界往往将环境污染因素偏高、人力成本偏大、企业占地偏多和生产安全常存隐患的制造业挤进中国市场，造成掣肘中国经济社会的绿色化－低碳化总体目标要求。可是另一方面，中国生产力的能效、质量偏低：中国产出占世界产出的比重与能源/资源消耗所占比重并不相称。2012 年我国经济总量在世界占比是 11.4%（若按购买力平价核算则已达 15.0%），但消耗着全球能源 21.3%、水泥 54%、钢材 45%、铜 43%。2013 年煤炭占能源消费比重达 65.9%，生产能效大大低于世界平均水平，主要工业产品能耗比国外先进水平高 10%～20% 以上，一些落后技术设备仍在使用。可见我国淘汰落后产能、提高生产能效和进一步选择清洁能源的任务早已迫在眉睫，可是我国资源利用效率偏低却是个长期顽梗不化的隐患，内销产品质量问题此起彼伏，工业排污量竟比发达国家高出数倍。

（2）循环经济和节能减排亟须强化：5-4 节已详述循环经济在我国卓有成效的开展现状，已知资源回收率和综合利用率近年有所提高，但若干可利用回收的资源仍有待见几而作[15]。据估计中国每年约有 500 万吨废钢铁、20 多万吨废有色金属、1400 万吨的废纸及大量的废塑料、废建材等尚未能全额回收利用。统计和估测结果是：中国 45 种重要矿产资源中，目前能保证需要的仅 23 种，按现有消耗规模，到 2020 年有可能仅剩 6 种。届时若遭遇枵腹生产、面对无米之炊，岂能徒唤奈何？加上化石燃料消费逐年上升，而当前生产和消费领域的节能气氛缓急不匀，管控政策步履蹒跚。泱泱大国，莫忘涓滴不塞，终成江河！

（3）提防绿色－低碳经济的信息化、智慧化战略发展"马失前蹄"：中国虽实现快速增长，但能源/资源超负荷开发，为国家矿藏技术上可开采储量增添巨大压力；电子信息化本该集中全力于战略性新兴产业的转型升级和智慧化发展，但不无遗憾的是几乎年轻一代都热衷于手机升级、动漫网游，中小学生网恋痴情比比皆然的同时，社会情趣氛围侧重通讯消费和茶余酒后消遣。当心西方某种信息技术垄断把知识追求引入新型精神腐蚀的死胡同！推进绿色－低碳发展尤其对节能环保利莫大焉[5]，但战略/政策基盘方位正能量[4]当常守不懈。各种以开发区命名的主体功能区一开始建立就宜铭记迈向绿色－低碳前途的方向标[6]。

（4）相关政策机制亟待完善：随着当前煤炭价格走低，财政奖励的激励作用弱化，企业节能改造积极性不高。燃煤电厂，特别是落后的 NO_x 指标，脱硝电价政策出台时间较晚，脱硝工程建设滞后。黄标车和老旧车淘汰及畜禽污染防治激励措施不足。加上节能基础工作薄弱，节能环保标准不完善，个别标准缺失或未及时修订，滞后于工作需要。更何况执法能力偏弱，守法成本高、违法成本低的问题并未有效解决。节能计量、统计、监测工作有待加强。这些都是当前节能减排管控中需要深谋远虑加以克服和完善的问题。

进一步讲，发展绿色－低碳产业急需的关键科技，切忌重拿来主义、轻自主创新，单纯急商机、追利润、陷入鼠目寸光。如太阳能光伏电池所需多晶硅片生产，两头在外，承揽严重污染环境的工序却仅获微利，否则因产能过剩、环保问题丛生、外贸交往反而滋生诸多荆棘；生产铅蓄电池的企业，多少次为环保迁厂、多少次在工厂四周依然儿童血铅严重超标，铅污染难题年深月久，为何总是如蚁附膻而缺科技对付绝招？

电动汽车的发展已可谓"神速"，但如今充电站设置问题、统一标准问题、安全标准问题、续驶能力问题、中途维护保养问题等仍须步步到位。若充电能源仍从化石燃料电源的输配电"三级跳"而来，岂不是改善了环保却未降碳，嵌入的碳足迹谁来买单？免征消费税的"政策绿灯"波澜壮阔，推广电动汽车的相关科技手段是否应旗鼓相当？

14-1-2 励精图治 政策创新

1. 发展绿色－低碳经济的政府作为——政府的作用在于通过高瞻远瞩和审时度势确立的经济发展战略方向和政策主张进行实际指导和监督[7]：

（1）政府不越位：充分借助市场配置资源的基础性作用，政府既不包办代替，亦不繁规缛矩。做到有章可循，有法可依。

（2）政府不爽位：充分发挥政府服务和管理的双重功能，要寓管控于服务之中。官员须廉洁奉公，勤于调查研究，以身作则，避免先入为主，妄言妄听。

（3）政府不易位：充分发挥政府为发展绿色－低碳经济的组织和引导地位。要组织专题专家论证，决策前听众参评，网上征询活动和定期/不定期政府代表官员决策报告会或官民互动交流会议。2013年6月17日中国首个"全国低碳日"展开了盛况空前的宣传展览，公益影像展"低碳发展·绿色生活"以及"低碳中国行"等普及教育活动起到了光彩夺目、美不胜收、深入浅出、深入人心的效果[16]。不过，也许该口号改为"绿色发展·低碳生活"更贴切发展着力点和推动普及面！

曾有专家断言：影响当前中国低碳转型的主要因素是观念[8]。也许说白了，观念的准确树立远非学术界或产业界所能胜任，关键还在于政府的积极作为。在市场经济范畴内，市场失灵往往殃及局部，政府失灵则能波及整体。技术创新更需要有良好的政策环境[11]，同时宜有相应的法律法规来保证可持续发展的长效机制[13]。有学者建议推行节能认证的管理制度[10]，可是至今没有见到像我国台湾省那样采用产品碳足迹标签方式公开节能认证成效；有专家认为中国需要有自己的碳标签[25]。呼吁谋求绿色－低碳时代新崛起的专家曾主张加快构建绿色金融体系[14]，这也是世界银行的一贯主张，可惜至今未见到我国金融界值得称道左右逢源的表现。政策创新除恰当简化CDM审批过程、推广碳排放权和排污权交易制度、征收碳税和按需减税补贴之外，更应加强监管和立法[1]。

2. 绿色创新已成全球新发展趋势——有学者十分中肯地论述过：绿色创新是绿色发展与转型的关键和动力。实现绿色发展与转型本质上是对传统发展模式的变革与创新。这种绿色创新往往是全方位的，涉及技术、政策、制度、组织、文化、管理等多个维度，涵盖宏观、中观和微观三个层面，甚至是革命性的或根本性的。因此，向绿色发展过渡并非一蹴而就，而是一个系统变革的过程，受到多重因素的制约和影响。其中，绿色技术创新又是绿色创新的核心和关键，在推进节约资源、减少污染排放方面通常发挥着先导性作用。认为制定中国绿色发展与转型综合战略规划，应符合中国国情的绿色发展与转型的路线图，以统筹协调政府部门的相关政策和利益相关者的行动，为推动绿色发展与转型提供依据[9]。须知社会包容性是建设绿色经济更重要的一面，可惜国内著名文献几乎均未涉及。其实"和谐、诚信、友善"是社会主义核心价值观的行为箴言，是建设绿色创新社会的精神支柱。

14-1-3　通权达变　兼权熟计

1. 热情推动科普　多唱下里巴人——在我国近年能源系统中宣传、规定或规划的文字，已是连篇累牍、大块文章，可是功能环节、执掌部门究竟施行了多少？对公众反映和建议究竟采纳了多少？值得深究。重温2015年2月底发布的柴静公益作品《穹顶之下》可见一斑。

（1）绿色－低碳经济科普工作并未深入浅出普及民间：有关的科普著作更如凤毛麟角。还有人把而今的科普文献说了许多不是，为何不宣扬正能量说些"是"？哪有一般科普写得天机云锦、淋漓尽致？与其训其短，不如颂其长。建议鼓励科普以动员广大民众参与绿色－低碳经济社会建设运动，要支持节能环保类科普读物"万紫千红总是春"才好！

（2）花了不少精力办的各具特色的研讨会、展览会，却很少在群众中铺开讲台。如今文艺界尚且下乡表演，难道把节能环保变成少数人孤芳自赏的阳春白雪？某次作者在广州参观一年一度的"大型低碳展览会"，见会上特设"专家讲座"厅，很想进去虚心聆听新知，却以"事先未登记"实因衣着朴素被拒之门外。加强绿色－低碳化的学术讲座切勿闭门却扫啊！

（3）节能环保在教育系统的宣传教育远未到位，当你走访某个学校校园就能感觉到若干跟国家节能环保政策相左令人惊诧的氛围：用纸？剩饭？洗碗用水？

2. 统筹兼顾　综合取胜——发展绿色－低碳经济，力争环境友好前提下按质按量节能减排，说到底是个不折不扣天人相应的系统工程问题。历史上有多少值得回味的、深思的、疑虑的、告诫的、向往的、传颂的和永驻记忆的大事小事、难忘经历。举例来说：

（1）《史记·河渠书》载：公元前300年战国后期的西蜀郡守李冰为降伏岷江水旱之患，历时数十春秋踏勘山水，设计建成由鱼嘴（分水堰）、飞沙堰和宝瓶口 3 个主要配套工程组成完整的都江堰水利灌溉系统。优化了资源利用，巧夺天工。该工程经新中国成立后自动化更新改造，进一步发挥着为福成都平原上万公顷农田的巨大贡献。

（2）北宋科学家沈括（1031～1095）所著《梦溪笔谈》记载：宋真宗大中－祥符年间，京城汴梁（今河南开封）皇宫失火，大片宫殿烧成废墟。灾后，真宗赵恒命晋国公丁渭组织修复。丁渭先从宫前挖渠取土、筑窑烧砖，所成沟渠引汴水形成河道以运送建筑材料直抵宫门。皇宫得以及时修复，将瓦砾泥头填复沟渠，恢复街道。不但省去大量投资、劳力、物料，工期也大为缩短。节约了有效资源，神机妙算。

（3）我国改革开放前，某省一林业县境内有一条清可见底、富渔舟之利的河流，上游砍伐的林木历来编成木排不费机动能源，顺流而下直抵大江。上级布置发展小水电，只得拦河筑坝建了个效能低微的小电站。为保证木排运能和沿河客运，不得不沿河岸修筑一条三级公路、牺牲渔舟之利换来微薄电能竟因水能丰歉悬殊而无法并网，开发短暂微能而付出了可持续全能，同时迫使渔民改业，船民改行，烧着汽油、耗费稀缺能源跑运输，年需能几乎超过从小水电所获能源当量数十倍！加上上游林业县生态从此遭殃难复，运输成本陡升，优美山川和天然旅游资源改容更貌，得不偿失一至于此！

（4）洞庭湖地处长江中游心脏要地，吸纳宣泄长江洪峰保护武汉三镇以及长株潭现代化城市群的天然水库。唐朝刘长卿的七律所说"汉口夕阳斜度鸟，洞庭秋水远连天"，可知宋以前就已把武汉与洞庭相依为命了。直至新中国成立之初面积仍有约 2500km^2（据 1984 年初国务院发展中心原主任马洪同志主持鉴定、作者参与的维护洞庭湖生态环境规划项目）。宋仁宗庆历年代文坛巨匠范仲淹在 1045 年写的《岳阳楼记》，曾描绘洞庭湖风和日丽之际："上下天光，一碧万顷；沙鸥翔集，锦鳞游泳……渔歌互答，此乐何极！"直到建国时，虽湖床长期缺乏疏浚，湖面上升，周围农田地势低洼被迫广修堤垸，但仍不失其"衔远山，吞长江，浩浩荡荡，横无际涯；朝晖夕阴，气象万千"地扼守一方发挥生态功能。当时洞庭湖渔舟灌溉之利带动三湘为福湖区，直挂云帆在任何风向时均能从湘江/资江交汇的临资口北上，经洞庭湖过城陵矶转入长江直达武汉。运输木材则捆扎成排一样经洞庭湖顺流而下直抵武汉，途中借水力、风力辅以人力稳便如车，怡然自得。然而，20 世纪 50 年代开始，沿岸不顾生态破坏，组织围湖造田，继而于 1958 年"大跃进"，迎接文化大发展，国内造纸厂急需大量纸浆，为节约外汇，有人提出用部分苇浆/荻浆代替进口木浆，代用浆最高可到 40%。于是，在洞庭湖内原来的淤积小沙洲上发展芦苇/芦荻。不久，湖上许多航路为枝桠茂盛、迎风招展的苇荻占领。帆船行驶航路阻塞、视野缩窄，被迫改装成机帆船，人力变能耗；畅通无阻的木排匿迹，木材只得上公路靠能耗运输；澧水洪涝下泄后形成水下泥丘，每易因洪峰宣泄受阻造成堤垸崩塌，农业减产；我国独有的珍稀鱼类中华鲟、"贵客"白鳍豚陆续谢绝登门；改革开放前经政府下决心治理，原已基本绝迹的"瘟神"血吸虫因其寄主钉螺在苇荻根部营造的"小生境"加速繁殖，血吸虫呼朋引类，卷土重来，许多湖区水域成了新生疫水。上世纪 70 年代后期，作者曾住到湖滨的岳阳钱粮湖地区考察 3 个月，当地被疫水侵袭，多发肝癌、直肠癌，手术后切除直肠、肛门改道，苦不堪言。经过 30 来年的违反科学筹划，洞庭湖到 20 世纪 80 年代初湖面已缩小了一半。幸亏在规划落实后，一些倒行逆施已得到初步遏制。可惜生态规律是：一经破坏，要么无法恢复，要么须经过百年艰苦逆转才可能毕其功于万一。此例告诫人们：人类的任何生产活动必须心明眼亮、谨慎小心，千万别随心所欲，任意篡改妄动年淹代远、风云演变而来的平衡生态系统，否则当心换来大自然的无情报复！

（5）某市经济高速发展，迎来经常性道路车辆拥塞、交通事故踵趾相接，原来城市规划缺乏预见性，没有规划筹建高层的或广延的地下停车场，经济活动频繁之际，免不了道路车水马龙，车道缩窄。为了交通"安全"，采取拦截围堵策略、设置单行道、用加长行车路程的办法将车流引向"纵深"、让机动车转弯抹角，有的地段甚至禁止自行车通行。其结果：环境污染大大加深（如该市全年灰霾日数在全国大中城市中居前，全年日照时数在全国居后，空气中 NO_2 含量全国居首）、能源（油）/物质（车）消耗大大增加、城市活动效率/效用大大降低。由于在途运行的车辆数剧增，本来已不堪重负的道路拥挤状况一发不可收拾，恶性交通事故发生的概率也因此上升。这么一来，节省警力的初衷非但没有实现，交警们十分辛苦地疲于应付形形色色的道路交通问题则无时或已。可见这种一厢情愿的孤立型管理决策方式已不适应现代化城市要求，除非统筹城市建设和发展的各种因素，权衡利弊、综合取舍，才有可能进入良性循环。笔者曾在20世纪80年代初跟一批专家对城市交通系统优化作过初步研究，90年代初又两次为全国城规系统领导们作过较长期讲习，对城市交通系统总结出四句箴言："重疏导，轻拦截；重调研，轻武断。"而今发展循环经济尤其须总览全局，系统优化，避免可能的负面影响，特别要杜绝徒劳无功、射珠弹雀的措置。要像古人那样精心策划、集思广益，维民所止，止于至善！

14-2 强化能源科技深谋远虑 改进体制机制革故鼎新

14-2-1 强化能源管理 坚持技术创新

1. 推行碳管理 试行碳标签——

（1）背景：2008年夏天，100家市值最大上市公司收到一份问卷调查：问及气候变化与相关法规给企业带来哪些风险与机遇？企业怎样核算GHG排放量及其强度？企业的燃料需求及其成本消长？是否已参与碳排放市场交易[23]？问卷来自碳信息披露项目（CDP）。可是有传媒揭示：2008年只有5家公司认真填写了问卷，有20家提供了部分相关信息，17家拒绝参与，58家不置可否；2009年填写问卷者增至11家，提供部分信息的减为18家，拒绝参与者增至27家，仍有44家不动声色。CDP在2011年11月公布了一项对中国企业碳信息情况的最新调查，在受邀参与问卷调查的这100家上市公司中，只有不到5成愿意接受碳盘查。这也说明并非所有企业都能正确认识绿色-低碳经济发展的重要性，更不用说其中的科技含金量了！这一现实充分说明：我国的领军企业中真正认识到碳盘查、碳管理优势者尚处于萌芽阶段。与本企业主营业务休戚相关的——积极参与；认同低碳发展理念并积极尝试减碳管碳的——积极跟进；出口加工型企业为了迎合买方低碳条件积极"被低碳"管理。只有不遭遇这三条，便"事不关己，高高挂起"了[24]。可见我国推行碳盘查、碳信息披露、碳管理到碳控制，本身仍处于深入组织、重点宣讲和推广过程，不能希冀绿色-低碳发展停留在阳春烟景、大块文章！实行碳标签也许能促使对碳管理漠不关心的企业非步入碳信息全过程掌控不可！2013年成立的"中国低碳联盟"肯定会动员全体产业界杜绝胡天胡帝！

（2）管碳即管能：对企业碳的寻根究底，本质上就是一目双睛的能源管理。言近旨远的权衡乃是：低碳化过程需要技术支撑，更需要管理跟进[18]。所以早几年就有专家指出：发展新能源的同时尽管技术如何高超，仍须加快理顺管理体制。例如项目审批不能与电网规划脱节、新能源上网电价须力求统一、应有相应的政策提高电网公司发展新能源发电的积极性等[27]。实质在于促进新能源发展，即在于通过适当的政策/体制创新开源节流、降碳增效。从宏观格局考虑，能源危机管理曾有专家认为：须区别对待战略性危机和突发性危机，须深刻体现中国资源禀赋特征的管理体系和机制，须注意国际上对中国能源需求的过分夸大等[21]。也就是从"有远虑、少近忧"的观点出发探讨我国能源的宏观管理。至于从微观角度研究能源管理的真知灼见就更多了，其中例如包括能源领域是否应当坚持采用约束性指标[28]；怎样克服合同能源服务性管理的各种障碍[31]等。

2. 能源技术创新 力拓清洁能源——

（1）大力发展可再生能源：清洁能源包括风能、光伏、水力、核能、氢能、空气能和地热能，更包括原属于化石能源范畴但经过清洁化处理的传统能源。2012年初美国智库皮尤研究中心的研究报告《谁正在赢得清洁能源竞赛》表明，2010年世界各国对清洁能源的投资超过2430亿美元，创造了历史新高，比上年增长30%。其中中国在2010年以544亿美元和同比39%的增幅跃居全球清洁能源投资榜首。美国商务部甚至预测，2020年中国清洁能源市场将达到1000亿美元。我国清洁能源市场获得快速开拓，得益于我国政府为减排作出的目标承诺以及由此强力推行的各种激励与约束政策。按中国的新能源规划，到2020年，

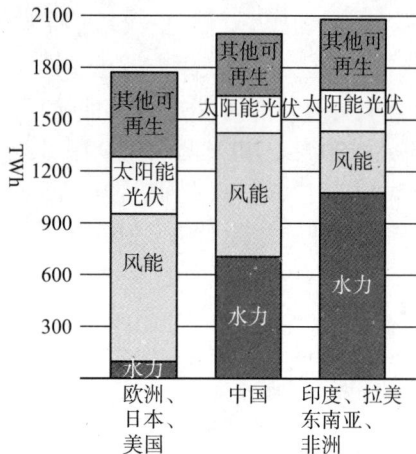

图 14-3　2011~2035 用于发电的新增可再生能源占比

（据：IEA. World Energy Outlook 2013，2013-12）

中国一次能源消费的 15% 来自非化石能源，由此形成的巨大商业空间举世无双。2013 年 IEA 所作全球直到 2035 年用于发电的新增可再生能源预测见图 14-3，我们看到中国大力发展清洁能源未来规模一侧。

（2）抓紧提升清洁能源科技水平：流光溢彩的市场背景形成的强烈反差是，中国除在电动汽车领域具有一定技术创新能力外，其它清洁能源技术存在全局性短缺。联合国北京办事处的《低碳发展报告》揭示，中国为了降低电力、交通、建筑、钢铁、化学等庞大的工业领域碳排量必须发展清洁能源，其中需要的关键性核心技术多达 60 多项，而中国目前仅掌握其中 30% 左右。世界自然资源研究所研究结论也是：中国面对基准减排情景所需 60 多种技术仅掌握 20来种，难道可以通过外贸换技术[17]？由于技术能力的短板，中国企业开发本土清洁能源市场的产业冲动受到了抑制，也给在核心技术上占据上风的欧美国家留下了垂涎欲滴的商业空间。由于全国发电能力必须加速扩充以应付高速增长的经济和日益提升的社会消费（图 14-4），但从图获悉，因技术提高较慢而被淘汰的旧电站占比远逊于发达国家。加上我国发展可再生能源因技术引进付出的成本较高，几年前在光伏发电中尤为突出（图 14-5）。

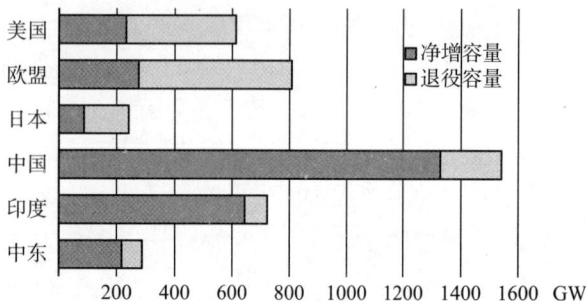

图 14-4　2013~2035 新增和退役的发电容量比较

原注：中国和印度几乎总共增进世界新发电量的 40%；OECD 增容的 60% 用于替代退役的发电能力。

（据：IEA. World Energy Outlook 2013，2013-12）

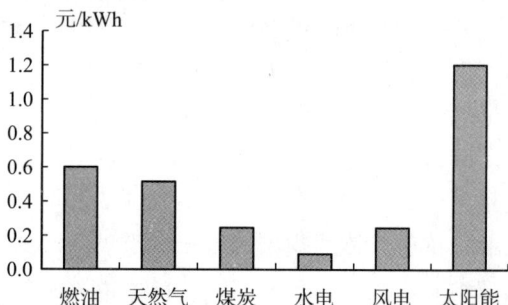

图 14-5　传统能源与可再生能源 2011 年发电成本比较

（据：有关经济数据综合）

3. 落实节能减排行动　提高能源实效水平——

（1）5-1-2 节里曾引用英刊《经济学人》对全球各用能单位的能效作过描述，并在图 5-1 中做了比较，确知国内存在的能效低微状况亟待革故鼎新。2014 年 5 月下旬，国务院办公厅印发《2014~2015 年节能减排低碳发展行动方案》，成为近期我当机立断采取的约束性指标、量化任务和强化措施的政策亮点，通过结构加速调整、技术加速创新和管理进一步强化，争取到 2015 年末获得节能减排、环境改善和技术进步的阶段性丰收。

（2）《行动方案》具体目标：2014~2015 年，单位 GDP 能耗、COD、SO_2、NH_3-N、NOx 排放量每年分别下降 3.9%、2%、2%、2%、5% 以上；单位 GDP 的 CO_2 排放两年分别下降 4%、3.5% 以上。节能指标，按 2014~2015 年 GDP 年均增长 7.5% 测算，两年内需节能 3.2 亿吨标煤。据国家发改委解释，主要依靠 3 条政策捷径发挥上述节能潜力：产业结构调整、推动技术创新和强化管理。通过推广能源管理系统、实现精细化管理，须节能 2000 万吨标煤。至于 NOx 减排目标，这两年须净削减 180 万吨。通过实施燃煤电厂和水泥熟料生产线脱硝改造、加强运行监管等，可减排 260 万吨；实施"煤改气"、淘汰落后产能、淘汰黄标车、油品升级等，可减排 140 万吨。合计减排 400 万吨，抵消新增量后力争净削减 240 万吨。《行动方案》的近期行动内容是：

①产业结构调整在于淘汰落后产能、遏制高耗能行业新增产能、发展服务业和战略性新兴产业，目标节能

1.69亿吨标煤。为积极化解产能严重过剩，加大落后产能淘汰力度，2014年将完成钢铁、电解铝、水泥、平板玻璃等重点行业"十二五"淘汰任务，落后产能翌年再淘汰一批。其次将加快发展低能耗低排放产业，力争到2015年服务业和战略性新兴产业增加值占GDP比重分别大约达到47%和8%，节能环保产业总产值达到4.5万亿元，形成新的经济增长点。关于调整优化能源结构，须严控煤炭消费总量，降低煤炭消费比重，京津冀、长三角、珠三角等经济发达地区及产能严重过剩行业新上耗煤项目，实行煤炭消费等量或者减量置换，京津冀地区2015年煤炭消费总量力争实现比2012年负增长。全面推进清洁能源开拓，推广使用型煤、清洁优质煤，增加天然气供应。同时通过大力发展可再生能源，务必到2015年可再生能源在一次耗能中占比达到11.4%。

②推动技术创新在于实施节能技术改造、推广节能技术产品、推行合同能源管理等，预计发掘1.47亿吨标煤节能潜力。a. 在节能领域实施节能技术改造、节能技术装备产业化示范、合同能源管理等节能重点工程，形成节能能力6500万吨标煤。b. 在减排领域推动脱硫脱硝工程建设，完成4万m^2钢铁烧结机安装脱硫设施、3亿kW燃煤机组实施脱硝改造、6亿吨熟料产能的新型干法水泥生产线安装脱硝设施，新增SO_2减排能力230万吨、NOx减排能力260万吨以上。新增日处理能力1600万吨的城镇污水处理设施，规模化畜禽养殖场和养殖小区配套建设废弃物处理设施，分别新增COD、NH_3-N减排能力200万吨和30万吨；同时将加快更新改造燃煤锅炉，实施锅炉节能环保综合提升工程，淘汰落后锅炉20万蒸吨，推广高效节能环保锅炉25万蒸吨，形成节能能力2300万吨标煤，分别减排SO_2和NOx能力40万吨和10万吨。c. 加大机动车减排力度，如按期淘汰黄标车和老旧车。又如脱硫脱硝、淘汰燃煤锅炉、淘汰黄标车和老旧车的任务均随方案具体量化到各个地方。d. 加强技术创新，加快节能减排共性关键技术及成套装备研发生产，鼓励建立以企业为主体、市场为导向、多种形式的产学研战略联盟。e. 加快先进技术推广，完善节能低碳技术遴选、评定及推广机制。

③强化管理则要修订能效标识管理办法，将实施能效标识的产品由28类扩大到35类。制定节能低碳产品认证管理办法，将实施节能认证的产品由117类扩大到139类。强化电力需求侧管理，完善配套政策，推广电能服务。加快建设推动重点用能单位能耗在线监测系统，要求2015年基本建成。

落实《行动方案》的政策有三抓手：a. 指标硬化：《行动方案》进一步明确必须确保实现节能减排约束性目标基础上，还要求各地区严格控制能源消费增长。2015年规模以上工业单位增加值能耗必须比2010年降低21%以上（原目标21%左右）；b. 任务量化：《行动方案》将节能减排非常关键的几项任务，如燃煤锅炉淘汰、火电脱硝、钢铁烧结机脱硫、水泥脱硝、黄标车及老旧车淘汰等任务分解到地方，有的以附表形式表达。对工业、建筑、交通运输、公共机构等领域节能减排提出了量化任务要求，如2014～2015年上万家企业要完成1亿吨标煤的节能任务；c. 措施强化：《行动方案》所有8项任务中的5～8项即强化管控举措，包括进一步加强价格、财税、融资等政策扶持，推行市场化节能减排机制，加强监测预警和监督检查，落实目标责任，明晰了地方、重点地区、相关部门、企业主体的责任。

4. 增强产业技术创新能力——

（1）创新指数：2014年3月，中国科技发展战略研究院发布《国家创新指数报告2013》，显示中国的创新能力在全球40个科技能力举足轻重的国家中排名第19位，比上年提高1位。所依据的创新指数包括5类与科技创新有关的数据：创新资源、知识创造、企业创新、创新绩效和创新环境[26]，据核算大致与OECD近年比较全球主要国家创新水平所用评价系统相近，但与国家统计局发布的《中国创新指数（CII）研究》中着眼创新环境、创新投入、创新产出和创新成效4个分指数相去较远[22]。

（2）全球产业技术创新趋势：全球经济增长于2008年末跌入谷底（图14-6），唯有中国一枝独秀。全球企业研发投入和专利授权到2010年出现反弹，2011年国际专利授权数增长率达到近10

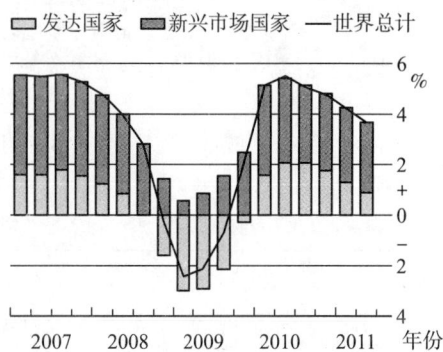

图14-6 2007～2011年世界GDP大起大落（相对上年的变化）

注：世界GDP是按占世界90%的GDP数额的52个国家的数字汇总而来，GDP按购买力平价PPP加权。

（据：The Economist，2011-09-24t）

年最高点。其中特别是新型信息通讯技术，举凡大数据技术、智能制造、3D 打印、智能机器人以及新能源技术、纳米和石墨烯等新材料技术、纵深挺进中的生物技术等忘乎所以的飙速发展，迅速改变了金融危机带来的全球经济创伤。例如大数据每年为美国医疗服务业节省 3000 亿美元，为欧洲公共部门管理节省2500 亿欧元；生物技术到 2030 年对化工等产业和药品生产以及农业作出巨大贡献。2011 年，美、欧和日本投入的 R&D 经费接近全球总投入的 2/3。智能化生产将大规模进入生产阵线，上至军事装备，下至幼儿园学前教育和掌管，智能化信息技术几乎比比皆然、无孔不入。中国技术创新势必面临推进信息技术深度应用，抢占新兴产业制高点，同时应大力加速促进传统产业转型升级[19]。在促进产业技术创新过程中，需要重点培育创新领军企业[22]。不过，一旦确立国内众望所归的创新首善企业，须敦促其承担时代责任，不要独善其身，而当兼济天下！为了赶上时代前进步伐，近期推进强力的科技体制改革[29]，扫清阻碍企业创新的种种负面影响[20,30]，正当其时！

14 – 2 – 2　坚持正确方向　贯彻革命精神

1. 能源系统　亟待革新——尽管我国能源发展取得了可喜成就，但仍存在巨大能源需求压力，供给存在较多制约因素，供需格局出现诸多新变化，国际能源形势存在许多新变数。同时，能源生产/消费对生态环境造成较严重损害、我国能源领域的总体技术水平仍处相对落后状态。因此必须从国家发展和安全的战略高度，审时度势，借势而为，找到顺应能源大势之道。很明显：能源产业技术创新是当务之急的"标"，那么"本"是什么？答案是革命！

2. 发扬民族优秀传统　推动能源系统革命——2014 年 6 月，习近平同志在中央财经领导小组会议上特别就推动能源系统的创新革命决策提出了 5 点要求[2]：

（1）推动能源消费革命，抑制不合理能源消费；

（2）推动能源供给革命，建立多元供应体系；

（3）推动能源技术革命，带动产业升级；

（4）推动能源体制革命，打通能源发展快车道；

（5）全方位加强国际合作，实现开放条件下能源安全。

14 – 3　绳趋尺步有法可依　绳愆纠谬有条不紊

14 – 3 – 1　绿色 – 低碳法制建设

1. 完善绿色 – 低碳社会经济的法制体系——

（1）全国人大通过并经国家主席明令颁布的法律文件见表 14 – 2。注意正规法律文件公开引用时，所有法律名称均须冠以"中华人民共和国"。

表 14 – 2　　　　　　　　　发展绿色 – 低碳经济有关主要法律名称

类别	名称
生态资源	森林法（修正）、草原法（修正）、水法（修正）、土地管理法（修正）、水土保持法（修正）、矿产资源法（修正）、矿山安全法（修正）
能源/可持续	煤炭法（修正）、电力法（修正）、节约能源法（修正）、可再生能源法（修正）、循环经济促进法
环境保护	环境保护法（修正）、环境影响评价法、大气污染防治法（修正）、水污染防治法（修正）、海洋环境保护法（修正）、固体废物污染环境防治法（修正）、清洁生产促进法（修正）、放射性污染防治法
其他相关法	科学技术进步法（修正）、产品质量法（修正）、标准化法、刑法（修正）、安全生产法（修正）、建筑法（修正）、旅游法

（2）行政法规：包括：①为执行法律而指定的实施细则或条例，如《电力供应与使用条例》；②对有关工作中出现的新问题或尚未制定相应法律的某些重要领域所制定的单行法规，待立法时机成熟再上升为法律的临时性、试行性或过渡性法规，如《民用核设施安全监督管理条例》、《核电厂核事故应急管理条例》。

（3）行政规章：国务院有关部委，包括国务院授权的各直属机构依法制定的有关规范性文件，如住建部制定的《民用建筑节能管理规定》。这类规章数量很多，专门性较强，能填补许多应立法而尚未成熟的法律空白。如因没有《风能法》，国家能源局制定了《全国风能资源评价技术规定》。这类文件也包括采用列举法对绿色－低碳经济概念实行阐释和相应规定或指导的"通知"或"意见"，如国务院出台的《国务院关于进一步加强淘汰落后产能工作的通知》等行政规章文件；又如工信部、发改委等 18 部委出台的《关于印发淘汰落后产能工作考核实施方案的通知》等。这类文件也许因理解时"各取所需"，有可能出现偏差。若能从法律角度对相关概念做更完整描述，使下级政府、学术界、社会组织和公众更准确、统一地认知和理解，避免在把握同一法规时因理解不同造成执行力度、执行范围、执行侧重点或宣传视野上的乖违。

（4）地方性法规或规章：这类属于地方法制范围的文件各有千秋，因地制宜。特别因我国环境/资源/气候和经济发展条件千差万别、各有所长。1°地方性法规：如《天津市节约能源条例》、《广东省节约能源条例》、《陕西省煤炭石油天然气开发环境保护条例》等。2°地方规章：如《广东省发展应用新型墙体材料管理规定》、《广东省人民政府关于建设节约型社会发展循环经济的若干意见》、《广州市人民政府关于大力发展低碳经济的指导意见》等。

（5）相关国际条约：经国家人大常委会正式批准加入的国际条约、公约和议定书，与国内法具有同等法律效力。例如我国加入的《联合国海洋法公约》（UNCLOS）、《联合国气候变化框架公约》（UNFC-CC）、《生物多样性公约》（CBD）、《京都议定书》（KP）、《核事故及早通报公约》（CENNA）、《核材料与实物保护公约》（CPNMF）、《核事故或辐射紧急情况援助公约》（CANNA）、《核安全公约》（CNS）、《防止海洋石油污染国际公约》（TPMOP）、《保护臭氧层维也纳公约》（VCPOL）和《关于消耗臭氧层物质的蒙特利尔议定书》（MPODS）等。

（6）其他规范性文件：如国务院部委的通知、指示、意见、批复和相关法律名词和概念的解释，也包括有关法律的立法/司法解释（如最高人民法院有关司法解释）等。

2. 我国环境/生态保护立法 责有攸归——

（1）环境/生态保护法制：环境法的基本理念是确立环境法指导思想和基本原则的理论基础。由于所指环境总有间接和抽象的特点，从而在立法文字中带有明显的目的色彩，但本质上属于基本原则。通过研究各国环境立法的目的，从理论上可以把环境法的目的一分为二：①基础的直接目标，即协调人与环境的关系，保护和改善环境；②最终的发展目标，包括保护人群健康和保障经济社会可持续发展两个方面。作为被保护的客体，法律当尊重环境本身的价值和利益。2014 年 4 月颁布并于 2015 年 1 月 1 日开始施行的修正后《环境保护法》，从原有的 47 条增加到 70 条，不但明确环境保护为基本国策（第四条），而且增加了强力治理条款，遵从环境的第一性地位，任何人和单位均必须无一例外地为保护环境、维持生态平衡承担义务和责任。

据国家环保部《2013 中国环境状况公报》，我国 2013 年全年强化环境执法监管。持续开展环保专项行动及安全大检查，全国共出动环境执法人员 183 万人（次），检查企业 81 万家（次），查处环境违法问题及风险隐患近 1 万个。开展重点地区大气污染防治专项执法检查，仅 2013 年 11 月就出动执法人员 7 万多人（次），检查企业 3.8 万家，查处环境违法问题近 1.1 万件；对京津冀及周边地区开展专项督查，查处违法问题近 200 件。开展华北地区地下水污染专项检查，检查企业近 2.6 万家，查处环境违法问题 558 件[73]。

（2）环境保护优先于经济发展：现代环境经济学的研究证明，人均收入增加后，环境污染水平亦将逐渐高企。但当经济发展达到一定水平将会出现拐点，此时因人们物质生活达到很高水平而精神生活存在诸多不足，开始认识人类自身造成的环境污染和生态缺陷给社会经济发展造成的危害，从而促使一批有识之士奋起揭示人类主观行为的严重影响，确立环境/生态不可移易的地位。待觉悟人群增多，环境宜人程度就会逐渐改善。环境保护法律虽然名义上面向全民，实际上应当更多规范、规约以更多引导、约束公众行为。就这一意义而言，环境保护法律比其他法律、法规更显理顺社会发展的基础功能，本身有十分明确的"教育"特征。正如《环境保护法》（修正）第六条"公民应当增强环境保护意识，采取低碳、节俭的生活方式，自觉履行环境保护义务。"法律要求人民采取正确的生活方式并没有超出法律应有的本原论。

（3）"环境基本法"：从表 14－2 的环境保护类包括《大气污染防治法》（修正）、《水污染防治法》（修正）、《清洁生产促进法》（修正）等可以估计到：目前作为"基本国策"的《环境保护法》（修正）显然是保护环境和维护生态平衡的基本法构架，在其下还可能衍生出涉及环境/生态保护但若干尚未列入法律范畴的其他分支类型的法律，如土壤污染防治法、生物安全和防止有害生物入侵法、有毒化学品污染防治法、湿地生态保护法、自然保护区维护管理法等。

（4）存疑和不足：可惜《环境保护法》（修正）用了某些学术界尚存争议的名词，容易导致歧义诠释。例如上面引用的"低碳生活方式"，目前对"低碳不一定环保"几乎已成定论，这就能予标榜"低碳行为"而行污染之实的伎俩引致负面借口。又如第四十二条提到"电磁辐射污染"，但没有明确其前提条件。因不是所有的电磁辐射都被纳入污染源之列，否则如今已在生活中普及的手机都会误为"违法"运行了！此外，与环境保护类匹配的法律体系，往往原则性突出而可操作性不够，有效实施和运作较难，可以用作较好的培训教材却不易作为司法依据，不利于发挥法律对环保投资和开拓环保产业的引导效应[32]。

3. 我国能源法制建设　因势利导——

（1）能源法制回顾：2002 年 6 月 29 日全国人大常委会签发《清洁生产促进法》（修正），首次颁布石油等 3 行业清洁发展标准，为许多行业设定减排目标，并淘汰生产过程中落后产能产品，提高资源综合利用率，使生产过程清洁化和低能耗化。

1995 年 12 月，全国人大常委会审议通过《电力法》。

2005 年 2 月，全国人大常委会审议通过《可再生能源法》，2009 年 12 月通过《可再生能源法》（修正），并于 2010 年 4 月 1 日起实施。修正案加大了对风能、太阳能光伏等低碳产业的扶持政策，规定了可再生能源的发展规划制度、专项基金制度、财政补贴和税收优惠措施，促进可再生能源开发和利用，提高生产/生活中非化石燃料的比重，减少碳排放。

1997 年 11 月 1 日全国人大常委会通过《节约能源法》，2007 年 10 月 28 日，全国人大常委会修订通过《节约能源法》，其中对工业节能、建筑节能、交通运输节能做出详细的规定，对能效标示、节能产品认证、节能标准加以明确，以推动社会节约能源，提高能源利用效率，保护和改善环境，促进经济社会全面协调可持续发展。此外，国务院还制定了《民用建筑节能条例》和《公共机构节能条例》两个行政法规，规范我国低碳建筑和公共机构节能中的活动。

2008 年 8 月全国人大常委会通过《循环经济促进法》，保障在生产、流通和消费过程中进行的用能减量化、再利用、资源化，要求最大限度地减少温室气体的排放。

2011 年全国人大十一届四次会议审议通过的《国民经济和社会发展"十二五"规划纲要》要求："非化石能源占一次能源消费比重达到 11.4%，单位 GDP 能源消耗降低 16%，单位 GDP 的 CO_2 排放降低 17%"，为我国绿色－低碳经济发展规定了明确的奋斗目标[35]。

（2）已颁法律修正诉求：原有《电力法》加上 7 项行政法规：电力设施保护条例、大中型水利水电工程建设征地补偿和移民安置条例、水库大坝安全管理条例、电网调度管理条例、电力供应与使用条例、长江三峡工程建设移民条例、电力监管条例；以及相关规章如：电力市场运营基本规则、电力市场监管办法等。虽说电力管理体制早已改革，而电力法尚未作出适配修正。目前由于多元化管理体制（发改委、能源局、电监会、国资委等）、供电、输电、配电之间面对节能问题、一次能源供应渠道多元化问题、特高压电网和直流电网建设参差不齐问题乃至厂网分离、电价改革、煤炭市场化改革等的现实问题,亟须法律跟进[42]。

原有已废止的《石油及天然气勘查、开采登记管理暂行办法》、《石油、天然气管道保护条例》、《成品油市场管理暂行办法》以及相关的对外合作条例等,是否宜合并升格为《石油天然气法》?早期曾起草过《石油法》,后因撤销石油部、国家能源委员会和因当时体制改革尚未到位,存在政企不分以及指令性计划管理的尴尬局面而作罢。

(3)再修正相关法:《节约能源法》(修正)主要涉及节能管理、合理使用与工业、建筑、交通运输、公共机构和重点用能单位节约能源、节能技术进步、激励措施、法律责任等内容。由于能源消费增长快、能效过低的问题仍然比较突出,能源资源开发和供应对经济增长和环境保护造成的压力日益显现,进一步修正原《节约能源法》(修正)很有必要。除了保留原法中已起到积极效果的政策性、倡导性和原则性条款外,需细化其中实际践行的节能规定,适当加强处罚力度和增进刑事责任的条款。同时应向节能科技创新成果增加奖励条款;在推行节能举措时严格执行国家新的与能源节约相关的标准等。1996 年 8 月通过《煤炭法》后,于 2009 年 8 月作第一次修正,2011 年 4 月作第二次修正,2013 年 6 月作第三次修正。可是《煤炭法》(修正)仍存在与煤炭市场化现状不相适应,缺少有关资源综合利用的规定,矿区安全问题例如透水、爆炸事故仍时有发生,有时咎由人为;特别是穷凶极恶的奸究竟能丧尽天良利用矿区安全松弛诱杀矿工兄弟谋财,可见仍有"网漏吞舟"的法治缺陷。如果某些地方政府官员甚至与煤矿老板结成违法的利益关系网尤其令人发指!

(4)亟待新颁能源分支法:2005 年我国《可再生能源法》审议通过后,初步消除了可再生能源投资的风险,大大增强了社会各界对发展可再生能源的市场信心,可再生能源市场规模迅速扩大。例如 2006 年底,风电吊装完成装机容量 133 万 kW,比过去 20 年的总和还要多;太阳能光伏发电生产能力达到创纪录的 30 万 kW,比 2005 年增长 15 万 kW,超过世界对应生产能力的 10 倍;各类投资主体纷纷增加了对可再生能源产业的投入,一些民营企业也开始大规模进入可再生能源市场,风险投资和民间资本也开始进入可再生能源投资市场。到 2008 年底,我国已拥有 70 多家风电设备制造企业和大批配套厂商;年生产能力超过 100 兆瓦的太阳能光伏电池制造企业超过 15 家,其中 2 家进入世界十强;太阳能热水器制造企业发展到 3000 多家。

然而,近年迅速发展的新型可再生能源,在开发和利用中缺乏针对性十分明确的法律规定,如核电、光伏发电、风电、地热发电、海上新能源,甚至包括在我国已年深月久成熟发展的水电却仍遭遇许多开发运行前后的法律诉求。2011 年日本福岛地震引发海啸后的核泄漏;2014 年 8 月 3 日水力资源蕴藏丰富的滇黔川三角交会地带、遥望金沙江的昭通鲁甸地震等,都给立法机构凭添了新题目。《可再生能源法》(修正)虽政策性和倡导性很强,但是否宜加强可操作性和违法治理举措?至于机器人是否须纳入司法体系则更是待理新题[34]。

关于生物技术和生命科学蓬勃发展的今天出现的生物质能原料来源的争论问题、转基因产品和衍生品进入食品、饲料、粮食生产环节和药物生产等的法律和科学依据更需要及早通关。

14-3-2 克服不足 综合取胜

1. 能源"基本法"刍议:我国在 20 世纪 90 年代卓有成效地积极开拓能源领域的系列法律,一如上述。当时就曾提议制定引领能源全局的基本法即《能源法》。后来为了首先适应国家能源系统面临万马奔腾高速发展形势而确立能源各独立分支的急需,争取做到局部的(如煤炭)或矛盾突出的(如能耗超限亟须节约能源)部分先予立法。2007 年 12 月开始,国家发改委公布能源法征求意见稿,向社会公开征集意见。2009 年 1 月初,《能源法》(草案)送审稿提交国务院,将在条件成熟时在国务院常务会议上审议通过后提请全国人大常委会审议[37]。2014 年 6 月 7 日国务院发布的《能源发展战略行动计划(2014~2020年)》实际上是《能源法》所对应的行政管理法规和战略目标的前期表达。

拟议中的《能源法》是居世界首位的我国庞大能源系统必须遵守的基本法、综合法、政策法,必须是在全面涵盖、突出重点、注重协调的总体思路指导下构建的法律框架，对所有能源领域局部立法起号令和纲领作用。因而必须遵循习近平同志言简意赅提出的四方面革命意愿，促进能源领域的原有法律作必要修正，为今后能源各分支立法指出统一意志的原则和必须皈依的圭臬[36]。

当然，《能源法》也必须接触实际，不宜空洞无物，虚无缥缈，过于抽象化、政策化。有专家建议索性将《能源法》一分为二：分为《能源管理法》和《能源产业法》，以避免公私法混杂、政府与产业及市场关系浑然一体的缺点。

2. 气候变暖法制：2009 年全国人大通过《关于积极应对气候变化的决议》，表明我国应对气候变化的态度、坚持的原则和所处的立场，提出"要把加强应对气候变化的相关立法作为形成和完善中国特色社会主义法律体系的一项重要任务，纳入立法工作议程"[41]。适时修改和完善与针对气候变化、环境保护相关的法律，也就是出台配套法规，并根据实际情况制定新的法律法规，为应对气候变化提供更加有力的法制保障[43]。"要把应对气候变化方面的工作作为人大监督工作的重点之一，加强对有关法律实施情况的监督检查，保证法律法规的有效实施"。这一规定对建立我国低碳经济法律体系具有重要意义[38]。在建立绿色－低碳社会经济背景下的法制架构务必坚持绿色为本，低碳为标！特别要以法律条款强调绿色的含义包括环境友好、生态平衡、人民福祉和社会包容。

14－4 垃圾围城谋出路 涤瑕荡秽变故常

14－4－1 垃圾后浪催前浪 循环利用拥话题

1. 垃圾题材 别有天地——

（1）基本概念：一般提到垃圾，专指生活消费过程废弃的有形物。工业生产和第三产业如医疗卫生系统产出的垃圾一般特名为固体废弃物，医卫和其他场所废弃的固态物因可能造成环境污染、疾病传染、腐蚀性、有毒化学品、可能引爆易燃和引起各种其他伤害而赋名"危险废弃物"。在民间对固体废弃物均混称垃圾，有时对没有科学甄别区分的固体废弃物也理解为与垃圾同义。个别文献将工业固体废弃物、生活垃圾和危险废弃物戏称"垃圾三兄弟"[85]。至于废弃的液体混称污水，虽治理方式方法与垃圾处理截然不同，但在考虑环保举措时往往相提并论[74]。

（2）UNEP 提示：据 UNEP 的《GEO－5》指出：随着大量新型化学物质涌入市场，还会产生新的化学废弃物。在很多地区，有害废弃物流都是与市政或固体废弃物混合在一起，然后通过倾倒或露天燃烧方式进行处置。这样就引发了环境和社会正义问题，因为大多数受这种不负责处理方法影响的人们通常都是在垃圾倾倒厂附近生活和工作的贫困人口。由于废弃物的全球性转移，一个国家或地区生产的材料可能在另一个地方使用，然后作为废弃物在第三个地方进行管理。电气和电子设备就是一个很好的例子。电子垃圾处理很好地诠释了事情的两面性，包括含有阻燃剂及贵重金属的毒性物质和塑料的处理。初始设备的使用可能有利于保护人类健康，支持人们的生计并创造工作机会，同时还会对废弃物转化为资源予以推动，从而支持经济发展，提高能源效率，保护自然资源。但是，如果废弃物管理工作执行不力或不当，则会对人类健康产生严重影响，严重伤害环境。延长电气或电子设备的使用寿命，并在这些产品中减少有害物质的使用是降低废弃物负担及相关危害的一个途径。

（3）全球一般现状：UNEP 指出：废弃物管理不当会相应加大所产生的不良后果，如污染环境、威胁人身健康，损失材料和能源等。联合国人居署在最近的城市固体废弃物管理报告中提到，全球固体废弃物管理面临的挑战越来越大，并充分说明了所面临的各种问题的复杂性和多样性，包括在不了解相关进展的情况下很难实现目标，例如报告中称"减少废弃物是可取的，但是很明显，不能对所有地点都进行监测"。城市废弃物是一国所产废弃物总量的主要构成部分，每年人均产生废弃物 0.4～0.8 吨。随着对各种废弃物进行联合处置，废弃物的复杂性也升格了。目前城市固体废弃物中的可生物降解成分约占 50%，电子废弃物（电子垃圾）约占 5%～15%。废弃物管理工作也随着产生范围和多样化来源而变得愈益复杂。此外，城市废弃物进行无害化处理需要相当的市政预算支持。

从 1980 年开始，OECD 各国产出的城市废弃物数量急剧上升，仅 2007 年就估计超过 6.5 亿吨，平均每人产 556 kg。在大多数有相关参考数据的国家，随着经济发展，人们的富裕程度提高了，消费模式也跟着改变，因此每人产生的废弃物数量也相应增加了很多。城市废弃物数量与最终进行处理的废弃物构成取决于国家的废弃物管理措施。虽然各国在实施相关措施方面有了一定改进，但只有少数几个国家成功地减少了需要进行最终处理的固体废弃物量。

2012 年 11 月 6 日 UNEP 在日本大阪举行的"废物管理全球伙伴关系"会议上发表报告称，由于人口膨胀、城市化、经济发展以及缺乏妥善的回收和治理，城市生活垃圾问题正在日益恶化为一场全球性危机，对环境以及人类健康构成严重威胁。UNEP 呼吁各国对废物管理工作实行创新改革，以可持续发展方式"变废为宝"，并创造新就业机会。该署的最新报告指出，随着世界经济发展，全球中产阶级人口将大幅上升，到 2030 年将翻一番达到近 50 亿人。然而，该人群对更多产品和服务的需求也将同时导致城市生活垃圾增加。如果不采取紧急有效行动，到 2025 年，全球城市垃圾的数量将从目前的每年约 13 亿吨上升至 22 亿吨，环卫系统将因此不堪重负，并将迫使政府花费更大的财力/物力进行补救治理。目前城市公共垃圾处理系统已经跟不上城市扩张和工业化发展的快速节奏。

垃圾收集和处理的不够完善导致疫病蔓延，有害工业垃圾或医疗垃圾往往混迹在普通生活垃圾之中，对清洁工、周围社区以及生态环境均造成巨大危害。不健全的废物管理还将导致一系列社会问题，如引起污染风险，增加贫民与毒物的接触。垃圾回收利用甚至可能被滥用以掩饰犯罪活动，特别是部分发展中国家堆置和填埋垃圾场地常暴露在光天化日之下，不但臭气四溢、蚊蝇蛊鼠肆虐，而且为生活所迫，贫民常以捡拾垃圾为生，被迫暴露在铅、汞等毒物危害之下。UNEP 呼吁各国政府高度重视，不断改进城市垃圾管理，使之成为绿色经济与可持续发展的重要组成部分。

由于工业生产方面的某些资源投入会不可避免地以废弃物形式进入环境，从而产生有害影响，因此为了减少自然资源的使用和废弃物产生量，需要实施综合性政策，通过废弃物回收利用和其他操作为实现可持续经济发展提供支持。目前关键的工作重点是逆转当前的废弃物生成趋势，这需要采取有力措施减少垃圾数量和危害水平。

（4）各国垃圾处理：例如：

①美国：2005 年美国城市垃圾已达 2.45 亿吨。1980 年，其城市垃圾仅回收利用 9.6%，2005 年已增至 32%，促使全美碳排减少 4900 万吨[55]。到 2008 年，美国城市产生固体垃圾达 2.5 亿吨，其中 1.35 亿吨（54%）做填埋处理，仅部分地通过地下气井收集到少量沼气；只有 33% 进入循环利用，如用来焚烧发电。但与此同时的欧洲丹麦的垃圾，有 42% 进入循环利用，仅有 4% 用于填埋[55]↓。后来坚持循环利用，到 2011 年垃圾回收再生原料已超过 1.35 亿吨，产生综合经济效益 870 亿美元[50]↓。

②加拿大：热衷于利用垃圾从事新技术研发，如将垃圾填埋场产生的 CO_2、CH_4 和农业废气转化为液体燃料初加工品[49]。利用报废的电子产品进行细致分解后，通过电子显微镜分析各个组件的精细高技术专利来源，以所谓逆向工程发掘其中能为其所用的科技内涵[60]↓。

③西欧和英、德：1995～2003 年间，西欧各国的城市垃圾增加了 23%，达人均 577kg。此时英国城市垃圾回收利用 27%，而奥地利和荷兰已达 60%。英国热心回收和研发回收渠道的非营利组织"废品与资源行动计划"（WRAP）统计英国每年因回收垃圾可减少 CO_2 排放 1500 万吨上下，补偿了 350 万辆轿车的排碳量[55]。伦敦有发电能力达 100MW 的垃圾电站，日吞垃圾 60 万吨。德国早在 1904 年已开始实施城市垃圾分类收集。2013 年，德国人口 8270 万，年产垃圾近 3000 万吨。但几年间已呈明显的负增长趋势。2011 年德国所有社区中的垃圾，有 45% 回收利用，37% 焚烧，其余基本上转化为堆肥[50]。垃圾回收利用比率居西欧之首，2014 年中，垃圾回收利用率已高达 62%[50]↓。据报道，欧洲除希腊外几乎所有国家都能做到垃圾负增长。原因在于那里的循环经济受到普遍重视，依靠科技把垃圾变废为宝。德国紧跟美国，是西方最早利用垃圾发电的国家。目前有总容量 1000MW 的 50 座垃圾电厂。由于垃圾负增长，近些年不得

不从国外购入垃圾维持电厂进料。

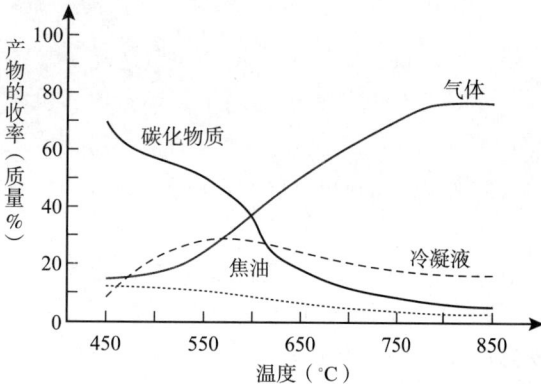

图 14-7　城市生活垃圾热分解产物
比例与温度的关系

④日本：东京从 1989 年至今一直呈现垃圾负增长状态。但日本主要靠垃圾焚烧。报道称有的焚烧炉竖井高达 40m，容量达 8000m³，一次装入垃圾 2400 吨，焚烧时炉内最高温度可达 850～950℃。产生的热可直接用于发电，或者化为灰烬废气[50]。由于温度高达 850℃后，炉内的垃圾大部均已气化，最后通过冷凝液也可获得一定量的焦油（图 14-7）。日本能源不足，垃圾也充当可燃材料加以利用，目前有垃圾发电厂 149 座，不过总容量仅 557MW。日本环境净化依靠政府倡议管理，上下齐心。垃圾处理交给地方自治，各出心裁，结果促成日本较清新空气质量[58]。只是后来对福岛核泄漏造成的环境污染处理失算，令其环保成就黯然失色。

此外，几个发达国家（如美、加、德、英等）对厨余油的回收提炼比较重视，我国 2000 吨地沟油加工成的生物柴油曾被荷兰航空公司买去作为廉价航空燃料。德国将地沟油加工生物柴油之外，还用于制造化学品和有机肥料[81]。

2. 垃圾围城　尺短寸长——

（1）我国一般现状：2011 年我国城乡年产生活垃圾已达 1.46 亿吨，且以 6%～7% 的年速递增；城市人均年产废弃物 400kg，总量以 8%～10% 的年速递增。据 2012 年环保部/住建部数据，我国城乡历年垃圾累计堆存量已高达 64.6 亿吨，侵占土地 5.6 万 hm²，合 84 万亩。其中约 1.5 亿吨垃圾露天存放，2/3 的城市被"垃圾围城"。据 2006 年统计，中国 668 个城市，垃圾处理率不足 20%。2010 年底，全国城市、县城生活垃圾年清运量 2.21 亿吨，生活垃圾无害化处理率 63.5%。按中国环保产业协会城市生活垃圾处理委员会的统计，2011 年，全国 657 个设市城市（包括直辖市、副省级城市、地级市、县级市）生活垃圾处理率为 91.1%，其中 20.1% 为直接堆放或简易填埋。以这一年城市垃圾清运量 1.64 亿吨计算，仅这些城市当年已堆积未处理的垃圾近 5000 万吨[51]。据统计，2004 年中国城市产生的固体废弃物超过 1.9 亿吨，超过美国；到 2013 年，全国工业固体废物产生量为 327701.9 万吨，综合利用量（含利用往年储存量）为 205916.3 万吨，综合利用率为 62.3%；预计到 2030 年将达 4.8 亿吨，为同期美国固废产出量的 2 倍[88]。2013 年全国设市城市生活垃圾清运量已有 1.73 亿吨，无害化处理能力 49.3 万吨/日，无害化处理量 1.54 亿吨，无害化处理率已达 89.0%[73]。可见我国政府近些年正在下大力气整治"垃圾围城"。

2012 年 9 月 23 日，国家发改委环资司有关负责人在东盟博览会上表示，目前我国有上百个城市、近千个县没有生活垃圾处理设施。"十二五"期间，将重点关注生活垃圾无害化处理，国家将投资 60 亿元专注有效处理，并将推出利好政策鼓励企业投资。各地方政府也将有 450 亿元投资鼓励垃圾清洁处理[51]。

"垃圾围城"对公众身体健康的危害已尽人皆知。据《南方都市报》报道，广东省东莞市虎门镇远丰村是一个有 400 余人的村庄，村后有座垃圾山，10 年间 12 人因患癌症死亡，被包括央视在内的众多媒体冠以"癌症村"称号。"垃圾围城"日益严重，但我国此前的整体垃圾处理能力还相去甚远。如北京市原有垃圾处理设施的总处理设计能力日均约 1.03 万吨，每天缺口有 8000 余吨。近两年，各级政府正对此重点补天浴日。

不过"垃圾围城"并非独行其是，而今已无可奈何蔓延到了农村。环保部领导就环保问题作报告时指出，全国 4 万个乡镇、近 60 万个行政村大部分没有环保基础设施，每年产出生活垃圾 2.8 亿吨，不少地方还处于"垃圾靠大风刮走，污水靠阳光蒸发"的原始状态。

（2）国内回收利用现状：据了解，目前世界上通行的垃圾处理方式主要有填埋、焚烧和综合利用（再生循环利用）三种。现代化不允许含二恶英废气外逸的垃圾焚烧马丁炉一般结构如图 14 - 8 所示。当前，我国大多数城市都把填埋作为首选。但众所周知，我国是一个土地稀缺的国家，特别是在人口密集、垃圾产生量大的城市地区，填埋方式将受到越来越多的限制。也许最好的处理办法是先焚烧然后再填埋，这样会大大减少填埋量，减少对土地的占用。同时垃圾焚

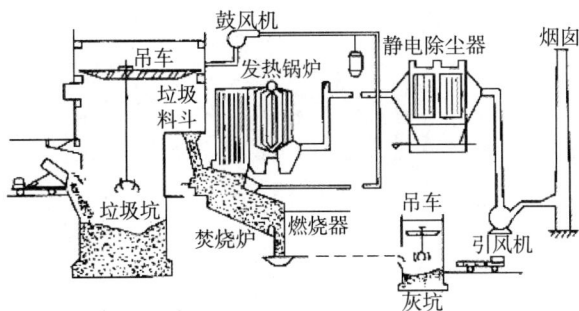

图 14 - 8 焚烧垃圾的马丁炉系统结构

烧发电也能够"变废为宝"，实现资源的循环利用。但现实的困境是很多地方担心垃圾焚烧带来大气污染，焚烧场周边的居民抵触情绪很大。实际上，我国目前的技术已经可以实现燃烧后每 m^3 空气中二恶英的含量不超过 0.1 纳克，符合欧盟的环保标准。

以广州市为例：近年已大大加快城市固体废弃物发电综合利用步伐，制定和逐步实施垃圾丢弃、储存、运输、处理法规，建立合理、规范的垃圾分类回收、运输、垃圾处理收费制度，积极推广应用垃圾焚烧发电技术、垃圾填埋气发电技术、废弃物成型燃料技术，促进城市垃圾处理规模和水平的提高。到 2010 年固体废弃物焚烧发电装机容量达 8 万 kW，城市生活垃圾无害化处理率达到 86.2% 以上；2020 年力争总装机容量达到 30 万 kW，年发电量占广州市社会总用电量超过 2%，城市生活垃圾无害化处理率达到 92% 以上。

3. 电子垃圾，趋利避害——

（1）UNEP 观点：2012 年《全球环境展望（GEO - 5）》指出，未来 10 年随着家用数码产品激增，世界将面临被电子垃圾淹没的危险。美国是世界上最大的电子垃圾产出国，大约每年产出 330 万吨电子垃圾。其后是中国，每年的废弃量约为 260 万吨。该展望还预测，到 2020 年，中国电脑方面的垃圾将比 2007 年增长 400%，手机垃圾则更增长 600%。2020 年前，进口高级电子产品也将快速增长。越来越多的电子垃圾堆积，对环境造成严重破坏。

UNEP 较早发布的专项报告《回收——化电子垃圾为资源》估计：每吨电路板、手机各含黄金 200g 和 300g，而金矿石平均品位仅 5g/吨。诚然，废弃手机乃至所有的电子/电器设施无疑都是不折不扣的隐形杀手。废旧手机电池污染水平是一般干电池的百倍；焚烧聚氯乙烯（PVC）塑料外壳产生含氯气体甚至致癌的二恶英；塑料中的重金属来自含铅和镉的颜料和稳定剂，印刷线路板含溴阻燃剂，能侵蚀人体健康和引起甲状腺功能紊乱和内分泌失调，甚至影响神经和免疫系统[90]。废旧家电二次污染的危害远超甲醛。因此，须慎防拆解提纯过程造成环境二次污染。如果管理不善，将剩余残渣随便抛弃，则犹如救经引足，适得其反[64↓]。

一些发达国家近年纷纷出台法律法规，专为对付废弃手机的处理难题[53↓]。

（2）我国实况：据 2014 年年中统计，我国每年产生 230 万吨电子垃圾，其中废弃电脑、电视机和洗衣机各 500 万台，电冰箱 400 万台，且以 5% ~10% 年速增进。到 2020 年，全球年产电子垃圾 2 亿吨，一半产自中国[64]。我国平均每年淘汰近 7000 万部手机，50% 的用户一二年之内要更换手机，近 20% 的人一年不到就要更换一部手机，造成大量危害环境的新型电子垃圾。2011 年我国共产生工业固体废弃物 325140.6 万吨，综合利用量（含利用往年储存量）199757.4 万吨，综合利用率 60.5%。同年回收废旧家电 8200 余万台，拆解处理 7500 余万台。中国又是世界上最大的电子垃圾输入国，全世界年产约 2000 万至 5000 万吨电子垃圾，其中 70% 输入中国，竟被国外谴称中国是世界电子垃圾桶[91]。这些垃圾经拆分处理后剩余废料可能直接污染环境。

中国再生资源回收利用协会于 2012 年 12 月初在京主办"城市矿产"博览会，专指城市被废弃的电子垃圾、退役机电设备、报废汽车以及各种废用黑色和有色金属、塑料、橡胶等，若悉心发掘，岂非"超级金矿"面世[79]？据称我国"十二五"期间可开发实现节能 11.55 亿吨标煤，CO_2 减排 7.2 亿吨[79]。据

研究，一部废手机的可回收材料中有黄金 0.01%、铜 20%～25%、塑料 40%～50%（漏了不锈钢？）。按总重万吨算，可提取黄金 1000kg、铜 2000 吨、银 30 吨……这笔引人入胜的账单曾在媒体广为传颂[53,64]↓。不过未闻开发过程中需要耗用多少能源和水土资源？准备多少钢筋铁骨的设备？投入多少人力和运输工具？有没有算过投入/产出明细？特别是由此产生的环境污染及其治理，是否宜侧重揭示？

广东省汕头市潮阳区贵屿镇号称"世界电子垃圾之都"，全镇 15 万成年人，有 12 万从事电子垃圾处理，每年处理电子垃圾数百万吨，交易额达 7500 万美元。贵屿虽由穷变富，但绝大部分地表水和浅层地下水铅含量严重超标，甚至供起码洗涤用的自然水域也已绝迹，镇上卖水车踵趾相接，人民健康受到无情摧残，仅孕妇流产率就比全省平均水平高 6 倍[78]。

（3）采取措施，积极应对：据国家环保部《2013 中国环境状况公报》，为完善废弃电器电子产品处理基金政策，2013 年共安排补贴 6.29 亿元，处理五类废弃电器电子产品超过 4000 万台[73]。环保部对外合作中心与 UNDP 共同开发的"通过环境无害化管理减少电器电子产品持久性有机污染物和持久性有毒化学品排放全额示范项目"也已于 2014 年 7 月正式启动，标志我国电子垃圾污染环境问题即将迎来减污降碳的明天[64]！

专家建议：颁行统筹兼顾的政策，积极引导二次污染环境作坊式拆解电子垃圾为"正规军"回收处置[79]；加强有效监管和合理利用，建立长期持续废旧家电回收管理体系，靠制度保障回收/拆解产业链运行，靠税收优惠政策扶持电子垃圾的科学合理回收和循环利用[59]。许多著名记者也著文提出若干处理电子垃圾的真知灼见[71,87]，或者提出遏制电子洋垃圾涌入我国的建议[72]，一般均提出强化管理的有效抓手，较少提及科技手段。

14-4-2　靠科技分门别类　运匠心点石成金

1. 发展高新技术分拣垃圾——欲求垃圾资源化，须首先提高垃圾分类效率，这是学术界很早就曾大声疾呼的焦点[69]。目前在我国各大中城市靠强制千家万户自行分类投放垃圾，推行了十余年而效果不太理想，做了大量宣传却很难落到实处。特别是生活垃圾，种类纷纭杂沓，难于在彩色宣传广告里如数家珍、细大不捐。如若实行垃圾强制分装或采取税赋收费[80]，估计难于实行的原因在于管理当局本身也不一定能分清千变万化、千头万绪的垃圾归类。早在 2000 年，京、沪、穗、深、杭等就被列为首批生活垃圾分类试点城市。然而至今，很多城市中的垃圾分类工作依然举步维艰，甚至陷入名存实亡的境地。《中国青年报》社会调查中心于 2011 年进行的一项调查显示，垃圾分类之所以很难推行，受访者眼中最重要的原因是"人们难以养成垃圾分类的习惯"（63.0%）。其他原因还有：政府不重视（62.1%）；政府投入不够（61.4%）；分类标准复杂，很难掌握（54.3%）等[51]。

国内报刊近些年连篇累牍的文章加上学界茶余酒后的议论竟很少策动科技界千军万马厉精更始，发挥科技潜力理顺分门别类→区别处理→循环利用→再生用途→变废为宝的"五步曲"，做到人尽科技处置垃圾之才；物尽其用；财赢其利，货畅其流。

早在 20 世纪 90 年代初，挪威一家饮料盒生产厂委托该国科学与工业发展基金会（SINTEF）研制靠分光术识别不同材料从垃圾堆自动分拣能再生加工的包装用纸板，获得成功后于 1996 年开始在欧洲市场应用。随后 21 世纪初开始，美国研发了涡流分离机首先将金属和玻璃等硬性非金属以及大量软性非金属垃圾分离出来，然后通过光谱分拣机准确识别纸质、塑料、木质、棉纺织品等各类非金属垃圾。于是，在美国大片地区已推行"单流"投放垃圾，不再设置占地、占时间、费运力、并仍离不开更多人工的多桶式垃圾收集方式[55]。

2. 提高政策水平　发挥管理优势——

（1）探索垃圾处置方向：目前学术界对生活垃圾、厨余垃圾、工业废弃物、危险废弃物的处置原则、思路、方法和侧重点进行了有益的探索。例如：

①关注原则性方向：如重视人文差别，尊重地方实践和推进厨余和非厨垃圾的"干湿两分法"，但尚未触及具体操作[67]。

②餐厨垃圾的油脂处理转化生物柴油过程须虑及运输/生产成本和利润差距，产业化不能长期依赖政府补贴[68]。

③垃圾资源化综合利用有助发展循环经济，但需要健全回收体系以避免有头无尾[70]。

④坚持减量化。如餐馆餐后打包清盘、限制过度包装、三公消费，提倡文明、绿色消费。立意在于从源头上减少垃圾产生量[45]。当然强化源头分类的关键仍在加强管理，但很少有作者提出具体如何操作[45!]。例如台北山猪窟垃圾卫生填埋场，1994年每天填埋垃圾2501吨到2009年降至59吨，除部分进入循环处理，主要在于垃圾减量，得力于有效管理[44]；无锡市新区新安街道实行有效的生活垃圾源头分类，很有成效，实则仍为得益于街道管理[57]。

⑤有专家批评"少数城市管理者注重'花瓶工程'、在'枕套上绣花'，而不重视下水道、水处理、垃圾处理等环境设施建设，对已建成的垃圾填埋场或焚烧厂管理不善，臭气弥漫，影响公众对政府的信任，甚至透支政府的信任。"致各地因垃圾填埋或焚烧造成的二次污染激发当地百姓反对。为此亟需提高市政管理能力[75]。有的地方居民反对建设垃圾电厂，关键在于不能仅有促进焚烧垃圾电厂的政策，还需有保证电厂焚烧的垃圾须经过严格无害化处置、不致造成二恶英外逸等保护政策和力保周边居民健康和环境改善的政策出台[66,82]。像广州等超大城市推行垃圾分类不宜如分配政治任务般先定出完成分类日期，还是应首先动员科技界研究怎样采取科技手段执行分类标准方为上策[83]。也许靠科学分选到位，垃圾减量，再辅以生活垃圾分类才能最终完美地解决"垃圾围城"[84]。据知广州市至今对举足轻重的"废品回收业"听之任之，没有脚踏实地地疏导统管。

⑥要求垃圾处理扶持政策落到实处，各地垃圾处理费用普遍偏低的现象希望及时调整[61]。对垃圾后端处置的政策思路需有所调整，不能仅仅简单地调整处理费用，要把各个地方为有条不紊高效处置垃圾围城的政策综合起来，便于每个环节都有规可循[62]。

（2）污水和垃圾处理规划：2012年5月，国务院办公厅分别印发了国家发展改革委会同住房城乡建设部、环境保护部编制的《"十二五"全国城镇污水处理及再生利用设施建设规划》和《"十二五"全国城镇生活垃圾无害化处理设施建设规划》。我国《国民经济和社会发展第十二个五年规划纲要》将提高城镇生活污水、垃圾处理设施建设作为提升基本环境公共服务、改善环境质量的重大民生工程，提出"城市污水处理率和生活垃圾无害化处理率分别达到85%和80%"的总体要求。上述两规划是落实《规划纲要》的重要支撑和指导各地加快城镇污水、垃圾处理设施建设和安排政府投资的重要依据。

《"十二五"全国城镇生活垃圾无害化处理设施建设规划》针对目前处理能力缺口较大的问题，重点加强能力建设，鼓励采用焚烧等资源化处理技术，确定了加快处理设施建设、完善收运体系、加大存量治理力度、推进餐厨垃圾分类处理、推行生活垃圾分类、加强监管能力建设等六方面主要任务，总投资2636亿元，规划到2015年全国设市城市和县城生活垃圾无害化处理率分别达到90%和70%以上，生活垃圾焚烧处理设施能力占全国城市生活垃圾无害化处理能力的35%，其中东部地区达到48%[74]。

3. 科技创新 资源再生——

（1）发电：垃圾中含有热量多、热值高的有机可燃物，据估算每2吨垃圾与1吨煤所含热量相近，我国若能将垃圾充分有效用于发电，每年可节约用于发电的燃煤5000万吨左右。垃圾发电可通过两种方式：早期用厌氧细菌经发酵处理和生物降解后生成沼气后燃烧发电。目前荷兰的垃圾发电主要采用这种投资少、造价低、使用管理方便和技术成熟的方式[86]；另一种是近年采取的直接焚烧方式，一般生活垃圾先通过无害化和筛选，制成固体燃料；至于工业垃圾则可直接燃烧。结合垃圾作为生物质能源的形式之一，将在14-5节再提及我国近年发展状况。垃圾焚烧可能带来的环境问题已逐步提高科技内涵加以克服或避免[46,48,76]，但污染排放数据曾存在欠缺透明现象[63]。

（2）填埋：垃圾经过焚烧之后体积是原来的1/5，重量只有原来的1/15，可以有效减低填埋容积。我国台湾省早几十年就通过填埋方式在高雄海岸侧实行填海增地，扩大了城市领地，曾对后来的经济发展起到帷幄添筹的作用。但注意填埋前必须进行100%彻底无害化处理，以免污染地下水、传播病菌/病毒、造成城市饮用水源污染等。有机物质经生物降解作用，将分解产生大量垃圾填埋气，一般含CH_4 55%，

CO_2 40%，还有少量 O_2、N_2、CO、H_2S 等，易燃易爆，恶臭熏天，导致大气污染。垃圾填埋气可以直接排放、燃烧供热和发电。北京环卫集团创新研制的技术装置是将垃圾填埋气进行高效收集后，经脱氧、脱硫、干燥和压缩全封闭地转化为液化天然气用于汽车动力。2010 年建成的示范工程年处理规模 560 万 m^3。为汽车加满整箱气能行驶 450km。该技术设备可年产液化天然气 239.4 万升，对应着每年碳减排 5.21 万吨[65,92]。

（3）生活垃圾转变成气和油：上海金山工业区弘和环保科技公司与同济大学合作，2012 年成功开发了将生活垃圾转化为燃气和柴油。操作时通过预检，分清大件作二次粉碎，然后上料机将通过初检的垃圾送入反应器，在预设温度、压力和添加剂作用下，垃圾中有机成分被转化成气和油，分别收集与储存。不参与反应的无机物和金属排出反应系统后进入分选机，分别做其他用途的产物处理。此系统于 2013 年 10 月 29 日在京通过专家鉴定[60]。

（4）热解工艺：北京神雾环境能源科技集团公司 2012 年底研发成功无热载体蓄热式旋转床热解工艺（费－托法 FT），避开焚烧发电可能造成环境污染和资源浪费的风险，通过热解工艺从垃圾中获取油、气和固体炭资源。热解油可替代化石燃料或用于提取特殊化学品；热解气用途与天然气同；热解固体炭可制橡胶炭黑替代品，衍产活性炭可广泛用于化工、医药和环保[52]。

（5）台湾措施：我国台湾省推动资源再生：配合"垃圾零废弃"策略，透过源头减量，资源回收与强制分类等方法，一般废弃物资源回收率已超过 40%。台湾工业废弃物资源回收率为 78%，2015 年回收目标为 82%，2020 年为 85%。1998 年台湾成立"资源回收管理基金会"，发布应强制回收的废弃物项目，并制订补贴办法。同时积极辅导推动资源再生产业的发展。一般废弃物资源回收有效解决垃圾处理问题，认为不应满足于增加垃圾处理容量，如兴建焚化炉、掩埋厂等，而应推行"垃圾减量"、"强制分类"以及"资源回收"等才能有效解决垃圾带来的问

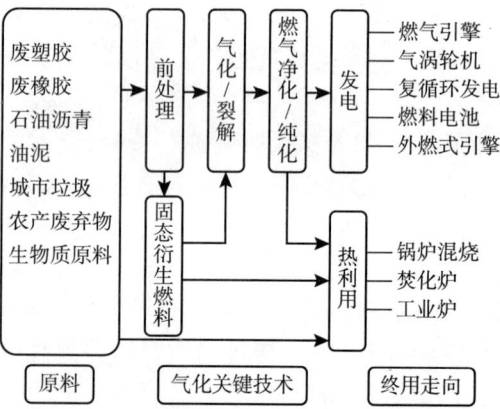

图 14－9 中国台湾用城市垃圾实现气化利用

题。台湾经垃圾处理转化发电和热利用的总体流程归纳如图 14－9 所示。例如其中处理废旧轮胎的复杂细化工艺过程可大致如图 14－10 所示。

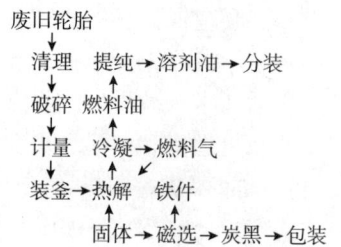

图 14－10 废旧轮胎干馏热解生产工艺流程

（6）转化数据：①废纸返新——废纸 1 吨可生产好纸 850kg，节约木材 300kg，比常规产纸减少 75% 污染、减少垃圾填埋空间 $3m^3$。②废塑料循环加工再用，最多可再生 10 次之多。③废钢铁 1 吨掺入回炉炼钢，等效于产 0.9 吨好钢，节约适用矿石冶炼成本的 47%，缩减空气污染的 75%[85]。

4. 关于危险废弃物——

（1）有毒化学品：2－1－2 节曾论述过有毒化学品对环境造成的不可逆伤害。据 UNEP 分析，全球有近 10 万种各种人工化合物、百万计的各种用途化学品和不计其数的副产品，全球市售化学品多达 248000 种，2009 年世界上销售化学品最多的国家是中国，多达 5800 亿美元；其次是美国，也有约 4800 亿美元。许多化学品正在使人类走入不能自拔的死胡同！尤其是威胁人类繁衍生殖能力。研究证实，由于化学品污染，男子的性功能普遍衰退。20 世纪中叶，男性平均精子量 6000 万个/毫升，到上世纪末已减少到 2000 万个/毫升；UNEP 认为，有毒化学品的生命周期特点决定了其最终与人类和生态系统的接触方式。有毒物质的释放不仅存在于化学品生产过程中，还存在于含化学品的产品使用过程和最终处置过程中。生命周期考虑有助于在相关物质的可持续生产与消耗过程中采取综合性方法。从化学物质提取和生产/制造，到消耗/使用和最终处置，这些资源使用的整个周期过程中都会产生不良环境影响，既包括各种意想不到的副作用，如内分泌紊乱，会直接干扰到大多数动物的成长和发展，还包括对人类造成的影响，人们发现，

经常用相同属性的替代化学品可能会产生意外或不良后果。生命周期分析也有助于加深对这些影响的了解，但作为一个非常有用的工具，分析起来当然很复杂。

需要引起关注的最新材料是合成生物材料和纳米材料。随着各种新技术不断发展，新化学品不断应用，在投产之前需用不同方法进行系统性、综合性评估。在化工设计和采用清洁生产程序中应用绿色化学原则可能有助于预防后期阶段可能产生的问题。由于化学品数量众多，具有多样性和生命周期复杂性等特点，不可避免地造成了一种后果，即人们对化学品影响的科学认识、有关化学品管理的管制计划落后于科技和经济的发展。

（2）贫穷和暴露于化学品：弱势群体在条件较为贫穷的条件下，因不安全的化学品使用和废弃物处置不善会产生很多不良影响，包括死亡、健康危害和生态系统退化。有毒和有害化学品暴露风险提高主要对贫困人口具有影响。由于贫困人口的职业、生活水平低下、不了解接触相关化学品和废弃物具有的不良影响等原因，因此经常面临相关风险。很多贫困人口会参与到非正规部门经济中，可能会因此接触到新的毒性危害，如电子垃圾。相关风险不仅与暴露下的毒性剂量有关，还涉及到多个重要因素，如年龄、营养状况，或同时暴露于其他化学品。儿童由于成长和发育速度较快，并且在相对体重方面具有更大的暴露风险，因此特别容易影响身体健康。

世界卫生组织（WHO）的一项研究表明，2004 年因在环境中暴露于化学品导致的死亡人数达 490 万。因使用固体燃料造成的室内烟雾、室外空气污染和二手烟是造成这些死亡案例的罪魁祸首。研究结果表明，虽然人们已经认识到了化学品的危害，但还是有所低估，因为很多化学品的数据还不完整。全球化学品生产、化学品交易和使用及随之产生的有害废弃物都在不断发生变化，但并没有采取相应的控制措施，因此向环境释放有害化学品的风险加大了。据估计，仅在欧洲、美国和俄罗斯就有 200 万个污染地点。虽然现在很难了解发展中国家和转型期经济体的相关数据，但实际结果很令人担忧[64]。

（3）强化危险废弃物处置：我国于 1989 年加入《控制危险废物越境转移及处置的巴塞尔公约》（Border control of hazardous waste transfer and disposal of the Basel convention）。2013 年出台的《全国危险废物和医疗废物处置设施建设规划》确定的危险废物集中处置设施建设项目建成 41 个，医疗废物集中处置设施建设项目建成 253 个。推动落实《"十二五"危险废物污染防治规划》，启动危险废物专项整治工作，继续推动实施《危险废物经营许可证管理办法》，继续开展危险废物规范化考核，开展"进口固体废物专项整治"行动，加强与有关国家之间关于废物越境转移控制的信息交换和联合查证合作，阻止 19 批次固体废物向中国非法出口。由于发布《关于下放和加强进口废五金类废物加工利用企业认定工作的通知》、《关于完善废弃电器电子产品处理基金等政策的通知》，制定出台《进口废塑料环境保护管理规定》。启动生活垃圾分类、存量垃圾治理示范工作，推动城市生活垃圾分类和存量治理[74↓]。英国垃圾有用船倒入公海的历史，2007 年其生活垃圾又侵入我国佛山，受到谴责[82!]。早年我国个别地区进口洋垃圾失控，有的将洋垃圾中有用的部件拆下，无用的随便抛弃，造成土壤重金属严重污染，目前这种现象已严格禁绝。

国家环保部披露：截至 2011 年底，全国持危险废物经营许可证的企业约 1500 家，年利用处理量略大于 900 万吨。可是到 2015 年，全国危废产生量将超过 6000 万吨。为增强处理能力，2012 年 12 月在京成立了"危险废物无害化处置与资源化利用产业技术创新战略联盟"（简称"危废联盟"）以加速扭转危废处理能力严重不足的拖沓局面[53↓]。

5. 其他侧面热点——

（1）"第八大陆"：也在 2-1-2 节提到过在美国夏威夷海岸与北美洲海岸间因垃圾集聚形成的、几乎属于人类发明的塑料之类无法被微生物降解的"高技术垃圾"组合而成。美国一个科学家队伍到这个新的"第八大陆"进行了考察。他们实地测量这片海洋垃圾新大陆的大小有 140 万 km^2，聚集的垃圾超过 700 万吨[77]。他们认为即使耗尽美国的财力也不可能清理掉这里的塑料垃圾。美国非营利组织——海洋远航研究所制定的"海星计划"拟将那里沉积的数百万吨塑料垃圾打捞上来，依靠最新技术促其转化为燃料或进入塑料的循环应用[77]。不过，5 年过去了，暂时"杳无音信"。

1972 年，我国批准加入与海洋垃圾有关的公约《防止因倾弃废物及其他物质而引起海洋污染的公约》

（The prevent for dumping wastes and other substances and cause of Marine pollution convention）。因而对海洋污染问题，我国有责任关注和参与清理。

（2）太空垃圾：据 2011 年 9 月美国全国研究委员会的报告，地球运转轨道上的太空碎片已达到相互碰撞的临界点，数量超过 1.6 万块。必须及时采取航天领域的有效措施以避免对宇航员和航天器造成威胁[47]。清除这类垃圾的难度显然比对付城市垃圾有"天壤之别"！

（3）污水处理：我国"十二五"规划纲要提出规划期末城市污水处理率达到 85%。2012 年 5 月出台的《"十二五"全国城镇污水处理及再生利用设施建设规划》针对目前污水处理的薄弱环节，重点推动城镇污水管网配套建设、污水处理设施建设、污水处理厂升级改造、污泥处理处置、污水再生利用设施和监管能力建设等 6 大主要任务，总投资 4300 亿元，规划到 2015 年分别新增管网、升级改造、污泥处理处置和再生水规模 15.9 万 km、2611 万吨/日、518 万吨/日和 2675 万吨/日。专家指出必须分别不同的污泥特点采取不同的再生利用方式，避免技术错位，折足覆餗[48]！目前全国污泥的 60%～80% 未经处理进入填埋，所含铅、镉、砷、铜等重金属对土壤和地下水的污染不容忽视。应该按上述《规划》要求，通过均化调理＋固化实现无害化处理[80]。

美国纽约市环保局针对该市每天 13 亿吨废水、1200 吨污泥，也绞尽脑汁通过技术把污水变成可燃甲烷[54]。

（4）建筑垃圾：伴随城镇化加速，建筑垃圾必然与日俱增。目前城市垃圾总量中，建筑垃圾约占 30%～40%；每万 m^2 建筑约产生建筑垃圾 600 吨左右[56]。目前在全国各不同建筑工地上的建筑垃圾回收再生各有所长，但一般存在再生成本较高、标准体系和相关法规不够协调，回收再生产品的技术含量较低，需加强质量监管等。建筑垃圾经营管控须鼓励各特许经营部门协调联动，利用利益杠杆协调矛盾，政府对建筑垃圾产出、运输、处置和利用等环节的管控政策也需要克服缺位和滞后的弊端[56]！应当看到，各个发达国家对建筑垃圾的再生利用颇有独到之处，特别是在德国和日本被广泛推广应用的再生混凝土[56]。

14-5 奋进生物工程精微领域 迎接生命科学光华世纪

14-5-1 生物质能源 百里半九十

1. 基本概念——生物质能是绿色植物通过叶绿素将太阳能转化为化学能，即把水、空气、无机盐等较简单小分子物质合成糖类、蛋白质、脂肪等较复杂大分子物质，以三磷酸腺苷（ATP）的形式把能量储存在生物质内部，每克分子 ATP 储存能量约达 12000 大卡。据 IEA 估计，如果将地球的宜林地全部实施种植能源，每年通过太阳能转化到植物的生物能约相当于 990 亿吨标煤。2012 年全球使用的煤炭、石油、天然气约为 130 亿吨标煤，可见生物质能源具有全面替代化石能源的潜力。据生物学家估算，地球陆地每年生产 1000 亿～1250 亿吨生物质，海洋年生产 500 亿吨生物质。我国现有农业/林业废弃物，每年产生的生物质原料约相当于 7 亿吨标煤（院士说农业秸秆是 6.87 亿吨，可用于能源的 3.44 亿吨；加上林业废弃物 1.97 亿吨[102]）。据《中国农村地区生物质发电项目》报告，我国每年可利用农业剩余物 5 亿～6 亿吨，可用作能源的约有 2.4 亿吨，相当于 1.2 亿吨标煤；若计入农产品加工副产品，则可作能源利用的生物质总量达 3 亿吨，相当于 1.5 亿吨标煤。林业生物质资源，包括薪柴、森林废弃物、枝桠维修副产品等总量 3.68 亿吨，可作能源利用的有 1.61 亿吨，相当于 9200 万吨标煤[113]！另据统计，我国林产品每年产生废弃物 1500 万 m^3；2015 年畜禽养殖粪便 32 亿吨，可产沼气 1950 亿 m^3，相当于 3.1 亿吨标煤[111]。作为农林大国，我国农业耕地、林业宜林地总面积约 100 亿亩，其中宜林地就有近 40 亿亩，如果实施种植能源至少每年还可贡献约 10 亿吨标煤的生物质能源。一般地说，生物质能名称的由来是由于能量得自植物或动物的有机质转化而来，所以把"生物有机质能源"简作"生物质能"。因此，生物质能可开发潜力巨大，可以承担起部分或全部替代化石能源的使命与责任[118]。

原始人靠渔猎、野果为生就是最早的粗犷式利用生物质能生存，后来中国古代神话里的有巢氏筑室安居、燧人氏钻木取火，神农氏种粮尝药、伏羲氏文字传宗等，都是在逐渐促生物质能利用升级。然而几千年过往烟云，只有今天才促使人类彻底认清生物质能的来龙去脉，在此基础上形成了以基因工程、细胞工程、蛋白质工程、微生物工程、酶工程、生物医学工程以及脑科学等为主要分支学科的生命科学及其生物产业工程技术。

生物质产业是利用可再生和循环利用的有机物质，包含以种植、养殖、林业、农业产品加工和生活等有机废弃物，以及利用边际性土地种植的能源植物等为原料，以现代科学技术从事生物质能源和生物基产品生产的现代绿色产业。发展生物质能源，可以替代传统化石能源，推动实现能源利用绿色转型；发展生物材料和生物基化工产品，可以替代传统化工产品，大量减少污染物排放；生物质产业通过对农林废弃物和边际性土地资源的有效利用，不存在与传统产业争夺原料和市场的问题，还可以延伸农业产业链，增加农业附加值。可以说，发展生物质产业，对于构建绿色产业体系、实现绿色发展，具有重要的战略意义。

虽然不同国家单位面积生物质的产量差异很大，但地球上每个国家都有某种形式的生物质。一般地说，被纳入现代生物质、供产生物质能源的"原料"包括：①木质废弃物和林业垃圾；②农副产品（木薯、秸秆、工业性甘蔗渣）；③城市垃圾（经无害化处理的固体废弃物和可供焚烧的厨余固废如端午节吃粽子丢弃的苇叶、中秋节吃月饼丢弃的纸盒包装、咖啡渣、茶叶渣、地沟油等）；④生物燃料（包括自然转化的沼气和能源型作物）；⑤海藻和浮萍；⑥细菌。在个别国家或地区不放过大量分散但可全方位收集的若干传统生物质：⑦家用薪柴和木炭；⑧稻草和糠壳；⑨非林木的其他植物性废弃物；⑩畜禽的粪便。

评价生物质能经济性须虑及生产成本和能源投资，所需的水和肥料以及开发利用对土地利用和人口分布状态的整体影响。若大规模开发利用生物质资源，须注意保护生物多样性和信守自然保护策略、监护环境敏感区，保证国家环境保护基本国策脚踏实地贯彻执行。

2. 生物质能的优势和弱势——

（1）优势：

①典型可再生能源：生物质能系太阳能通过植物光合作用再生，为可再生能源之一。

②遍布大地海洋：资源丰富，可保证其永续利用。几乎所有有机物均可用作原料。其中包括糖质原料、淀粉原料、木质纤维素原料、非食用油脂原料等。原料分一次性自然原料和二次性垃圾原料，不但城市可以利用，缺乏化石能源供应的地区或农村均可发展生物质能。

③总量极为丰富：估计全球每年通过光合作用储存在植物的枝、茎、叶中的太阳能总和，相当于人均可获电能 30 万 kWh，略等于现今世界人均能量消费的 20 倍，或相当于世界现有人口食物能量的 120 倍。可见生物质能源的年产量远超全球总能源需求量。

④极有利于环保：生物质的硫含量、氮含量低、燃烧过程中生成的 SO_2、NO_x 较少；生物质作为燃料时，由于它在生长时需要的 CO_2 相当于它排放的 CO_2 的量，因而对大气的 CO_2 净排放量近似于零，可有效地减轻温室效应。燃烧产生的污染远低于化石燃料，并使许多废物、垃圾的处置问题得以降减和解决。

⑤价格低廉易得：若干原料来自农林废弃物和城市垃圾，为生物质能源工业化提供的原料如甘蔗、木薯、杂草和海藻等，价格远比产地其他粮食作物低廉。

⑥技术要求较低：较易转化为其他便于利用的能源形式，如燃气、燃油、乙醇等。技术上难题较少。

⑦有利节能降耗：例如被废弃的能源载体得以充分利用，社会总体能耗自然将全面下降。

⑧有利绿色低碳经济发展：例如生物柴油作为交通燃料的排碳量远低于化石加工产出的柴油，对环保利莫大焉！

（2）弱势：

①规模偏小：因原料难于集中，较难大规模利用；植物仅能将极少量的太阳能转化成有机物；

②单位土地面积的有机物能量偏低；缺乏适合栽种植物的土地；

③有机物的水分偏多（50%～95%），运输成本难于降低。

④资源过于分散，原料供销合同往往很难兑现。

⑤对集体的公益性行为秉公持正素质要求甚高。初期开发牵动千家万户，易招致闲言碎语，莫衷一是。

14－5－2　发展生物质能　大开方便之门

1. 未来生物质能　行将异彩纷呈——有四种方式较全面论述生物质能的科技开发内涵和开发利用途径。即：①从源头上分别原料归类以区分收集、运输和处理、提纯、加工的同异；②从处理、加工的技术程序上划分不同类型原料的工艺特点和加工要求，例如主要分直接燃烧、热化学转换和生物化学转换等三种途径；③从实际应用角度区分生物质能的固体、液体和气体三种终用形式；④主要的三种实际应用途径：发电、转化能源形式和直接民用。

一般说，生物质主要加工处理途径有三：

（1）生物质直接燃烧：这在今后相当长时间内仍将是我国生物质能利用的主要方式。例如在农村改造热效率最高只有10%的传统烧柴灶为热效率可达20%～30%的节柴灶，因技术简单易行、节能效果明显，被国家列为农村新能源建设的重点任务之一。

（2）生物质热化学转换：即在一定温度和压力条件下，使生物质气化、炭化、热解和催化/液化，能生产气/液态燃料和化学品等技术。

（3）生物质生物化学转换：如生物质—乙醇转换和生物质—沼气转换等。乙醇转换是利用糖质、淀粉和纤维素等原料经发酵制成乙醇；沼气转换是有机物质在厌氧环境中，通过微生物发酵产生一种以甲烷为主要成分的可燃性混合气体即沼气或生物气。

直接燃烧除外的各种不同来源和利用方式所得终端使用能源产品汇总在图14－11中。

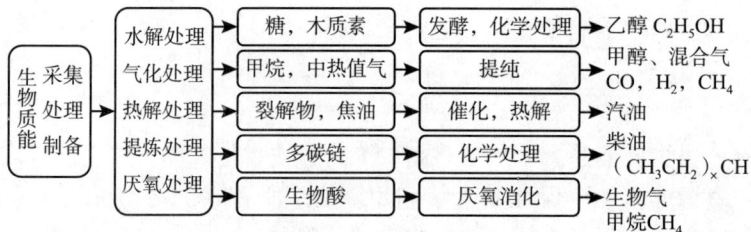

图 14－11　生物质能获得终用产品的工艺过程及其类型

2. 生物质固体燃料——

（1）固化成型：利用固体生物质燃料一般通过生物质成型、生物质直接燃烧和生物质与煤混烧等三条途径。成型燃烧燃料是把生物质固化成型后用于略加改进的传统燃煤设备，即将低品质的生物质通过干馏制取的木炭和生物质挤压成型的固体燃料转化为高品质易储存/运输、能量密度高的生物质颗粒状、球状或饼状燃料，保持了生物质挥发性高、易着火燃烧、灰分及含硫量低、燃烧产生污染物较少等优点。由于热效大为提高，能效可达45%，接近标准煤能效（7000大卡/kg）的70%以上。其实直接燃烧有低成本、低风险等优点，但效率相对较低，还会因燃烧不充分而污染环境。采用现代化的锅炉燃烧技术，适用于大规模利用生物质；垃圾焚烧也可采用锅炉燃烧，但由于垃圾品位低、腐蚀性强等弱点，资金投入和技术要求高于一般锅炉燃烧。不过通过技术改进，垃圾直接燃烧的能效确已显著提高，能效已越过30%。

固化成型需通过压缩技术，主要包括螺旋挤压式成型、活塞冲压成型和压辊式成型，前两种技术比较成熟，应用较广。但一般成型技术需将生物质加热到80℃以上才能使其就范，能耗较高，增加了生物质成型燃料的成本。目前研究是否能借助某种粘结剂以降低成本争取常温成型，兼有节能减排效果。本世纪初，我国清华大学和意大利比萨大学相继分别开发出生物质常温（<40℃）成型技术，显著降低生物质

成型工序成本。因生物质水分较高（有的高达60%左右），热值较低，燃烧过程还要考虑结渣和腐蚀等问题。所以原料脱水预处理、提高单机生产能力等环节仍需深图密虑，以臻尽善。

1970 年芬兰研发流化床锅炉，目前该技术已炉火纯青，成为生物质燃烧供热发电工艺的普适技术。适合大农场或大型加工厂大规模废物集中处理，不适过于分散的生物质收集和运输，否则成本太高。

（2）生物质与煤混烧：烧煤电厂利用木材或农作物的残损废弃物与煤炭混合燃烧不但能提高农林废物利用率，而且能降低燃煤电厂 NO_x 排放。我国广东等省已有多家锅炉厂家生产生物质和煤混烧的链条炉和流化床炉。

3. 生物质液体燃料——

（1）生物质液体燃料锦瑟年华：生物质固化成型利用三途径的魅力均比不上最显龙腾虎跃、引人入胜的液态生物质能源。而今交通运输领域乃至产业科技专家无不对生物汽油、生物柴油、燃料甲醇/乙醇等了若指掌，耳熟能详。生物质经气化或液化过程再经化学合成得到生物质燃油（BTL）、提炼和转化植物所含低分子量碳氢化合物所得"绿色石油"，在燃烧时一般不会产生 CO 和 SO_2 等有害成分，加工处置过程几乎不污染环境，被认为是理想的清洁能源。21 世纪以来，全球发展绿色 – 低碳经济热情日益高涨，生物燃料生产规模也在与日俱增（图 14 – 12）。

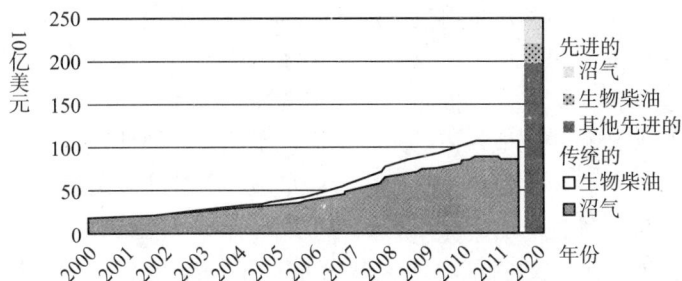

图 14 – 12　世界生物燃料生产及 2DS 目标

（注：2DS 为温升 2℃目标，参看 3 – 1 – 3 节）

（据：IEA. Tracking Clean Energy Progress – Energy Technology Perspectives 2012 except as IEA input to the Clean Energy Ministerial, OECD/IEA, 2012 改绘）

生物质液体燃料包括替代汽油的燃料乙醇和替代石油基柴油的生物柴油，可作为交通燃料，不仅能解决能源安全问题，还有利于减少 GHG 排放，并可作为基本有机化工原料，开辟生物能源的全新发展方向。1973 年西方石油危机后，人类就在寻找可以替代石油的燃料。而生物质液体燃料正是理想抓手：优势在于原料可再生；净排放 GHG 近于零；可替代石油生产人类所需化学品。21 世纪以来，全球燃料乙醇和生物柴油增产态势见图 14 – 13。

（2）燃料乙醇：甲醇、乙醇由植物纤维素转化而来，环境污染很小。特别是甲醇燃烧时的碳氢化合物、NO_x 和 CO 的排放量很低，转化效率较高。有发展潜力的原料如快速成长林木、供生产乙醇的糖和淀粉作物、含碳氧化合作物、草本作物、水生植物等均可作为燃料乙醇的初级原料。燃料乙醇是一种优良的汽油添加剂，运行中能兼有净化空气作用，而且节约石油，部分弥补石油对外依存度。20 世纪 30 年

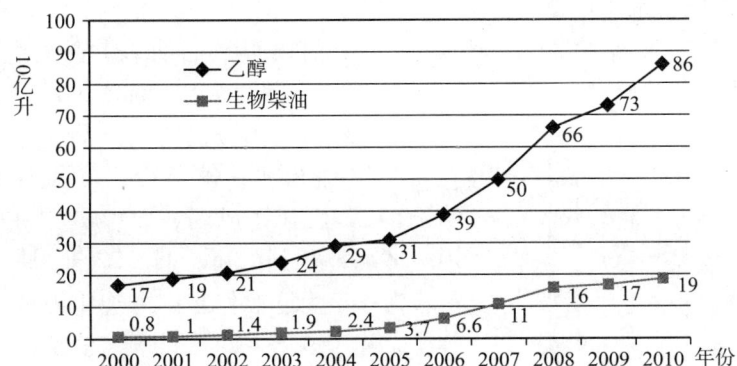

图 14 – 13　全球燃料乙醇和生物柴油生产上升态势

（据：IEA. World Energy Outlook 2012）

代，乙醇作为汽油添加剂首先出现在美国，但没有得到大范围推广。1973 年西方石油危机后，燃料乙醇产业得以快速发展。早在 2004 年世界乙醇产量已达 2760 万吨，大部分均作燃料乙醇使用。2010 年，我国燃料乙醇年产已有 102 万吨，产量和应用量仅次于巴西、美国，居世界第 3 位。

燃料乙醇的原料多种多样，过去国外主要以粮食基淀粉如玉米、小麦等为原料，还有诸如甘蔗、糖蜜、甜菜等糖质原料，亦有木质纤维素类植物，如采用非经济类木材[97]。无论采用何种原料，其乙醇生产工艺大同小异。乙醇的生产基本上都是通过微生物对葡萄糖的发酵得来。在乙醇生产中，为了加速蒸煮、糖化、发酵的反应速度，需要粉碎固体原料，通常分为干法和湿法两种。美国以玉米为原料的湿法生产

中，玉米油、蛋白饲料和玉米谷朊粉等副产品的收入占玉米自身价格的 60% 或以上；干法生产所得副产品收入在同等条件下通常占玉米成本的 45%。湿法生产须处理大量污水，能耗/成本较高。

目前燃料乙醇生产成本总体上处于较高水平，而纤维素乙醇的生产成本则较低。为降低乙醇成本以便与石油基燃料产品在价格上稳操竞争优势，一直是专业技术专家和企业家的重重心事，而原料成本几占产品总成本的 70%；其次是能耗常居高不下，为此寻求非粮原料另辟蹊径者大有人在。2012年，新加坡研究人员培育一种新酵母，可把植物废

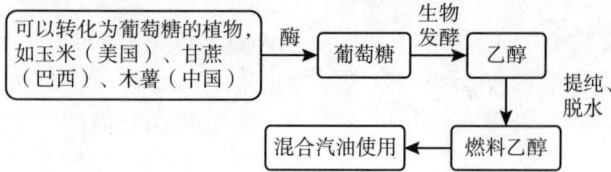

图 14－14　掺入燃料乙醇的生物汽油生产流程

料中木糖转换成乙醇，有助杜绝用粮食做原料[131]。图 14－14 是燃料乙醇掺入车辆用汽油的一般流程。图中提示中国利用木薯生产燃料乙醇[101]，据报道关键技术均被河南天冠集团突破，且设备投资、原料消耗和生产成本均取得全线丰收，大大超过国外技术水平[120]。中国是全球第一大薯类生产地，年播种 1.5 亿亩，总产 1.5 亿吨，占世界 75%，完全能以木薯为主要原料发展燃料乙醇并进而开拓生物柴油。此外，适于盐碱地和沙化地种植的甜高粱应该是我国大西北优先种植的生物质资源品种[102]。

围绕燃料乙醇生产，还有大量边缘科技研发需要开拓。例如人们发现深海虾体内存在能高效分解锯末和废纸等物质的酶，如能成功利用这种酶就能较轻松吸收枯木和废纸进入燃料乙醇生产线[138]。

（3）生物柴油：1983 年问世的生物柴油是以动植物油脂为原料，用甲醇或乙醇在催化剂作用下经脂交换形成的一种长链脂肪酸单烷基酯，在工业应用主要是脂肪酸甲酯。天然油脂多由直链脂肪酸的甘油三酯组成，与甲醇酯交换后，分子量降至接近柴油。这些长链脂肪酸单烷基酯可生物降解，降解性能好，高闪点，无毒，挥发性有机化合物（VOC）低，有优良燃料性能、润滑性能和溶解性，十六烷值高、可低温发动机启动、硫含量低、能降低油耗、提高动力性能，也是制造可生物降解高附加值精细化工产品的原料。生物柴油原料来源广泛，可利用各种动、植物油作原料，甚至可用咖啡渣[108↓]、细菌[105]、大肠杆菌[106↓]做原料。

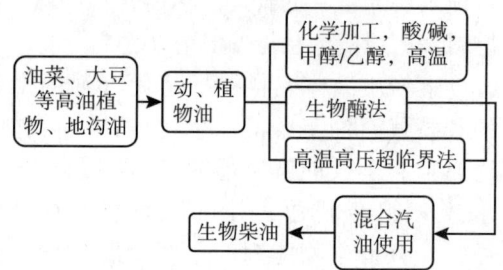

图 14－15　生物柴油生产流程

做原料。用作石油基柴油代用品时柴油机无需任何改动或更换零件；加之生物柴油储存、运输和使用均很安全、热值很高；加工过程中还可衍生经济价值较高的副产品；与石油基柴油相比，排烟少，可降低 90% 的毒害空气成份，CO 减排约 10%（加催化剂的可减排 95%）；原料若为一年生能源作物则可连年种植收获，若为多年生的油料木本植物亦可维持数十年的经济利用期，因而符合可持续性战略原则，且经济效益甚高；车用生物柴油动力源的大气污染指数较化石柴油降减 80% 以上。因此，大力发展生物柴油对经济/社会可持续发展、推进能源替代、减轻环境压力、控制城市大气污染均有重要意

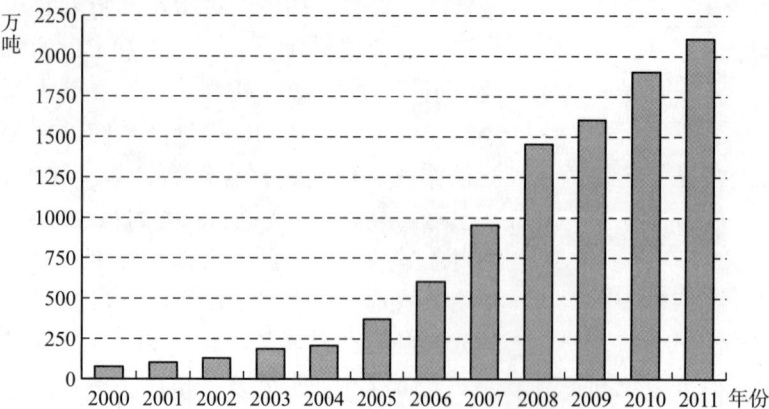

图 14－16　2000～2011 年全球生物柴油产量

（据：张一鸣. 生物柴油生产企业"吃不饱". 中国经济时报，2013－03－04，9版）

义。图 14－15 表达了一般生物柴油的生产流程；图 14－16 描绘了 21 世纪以来全球生物柴油产量扶摇直上态势。美国几个州的城市路边已树起专供生物柴油的自助加油站。

面对生产生物液体燃料，有专家计算出玉米乙醇减排 GHG 比汽油少 22%，而甘蔗乙醇则相当汽油减

排的 56%，纤维素乙醇减排 91%，生物柴油可减排 68%[98]。人们也从直觉认为须力避人畜可吃的粮食原料、少用占地较多的经济作物、多用秸秆、速生能源林等富纤维素植物生产燃料乙醇。麦肯锡咨询公司曾在报告中预测，2020 年中国纤维素乙醇将可替代 3100 万吨汽油，减少碳排 9000 万吨，创造 320 亿元收入和 600 万就业岗位[65]。

4. 生物质气体燃料——生物质气体燃料包括沼气、生物质气化、生物质制氢等，工业化生产沼气以及沼气净化后作为运输沼气制油燃料（GTL）是近期内发展生物质气体燃料的现实可行技术。气化燃料是将可燃烧生物质如木材、锯末屑、秸秆、谷壳、果壳等在高温条件下经过干燥、干馏热解、氧化还原等过程产出可燃混合气体，主要成分含 CO、H_2、CH_4、C_mH_n 等可燃气体及 CO_2、O_2、N_2 等不可燃气体以及少量水蒸汽。不同的生物质资源气化产生的混合气体成份大同小异；混合气体与煤、石油经过气化后产生的可燃混合气体与煤气的成分大致相同。为了加以区别，俗称"木煤气"。另外，气化过程还有大量煤焦油，系生物质热解释放出的多种碳氧化合物所组成，亦可作燃料使用。

沼气最初于 1778 年被意大利物理学家沃洛塔发现，1883 年诞生了最早的气化反应器，以木炭为原料，气化后的燃气驱动内燃机，促进了早期汽车和农业排灌机械产业化发展。其主要供利用的成分为 CH_4。据有关专家估计：平均每 kg 生物质能源蕴藏热能约 3000 大卡；每 kg 稻壳约蕴藏 3200 大卡；而每 m^3 沼气约蕴藏热能 5000 大卡。后经分析，确知有机废物如淀粉、脂肪、蛋白质等经过嗜氧消化和厌氧消化两个阶段，在嗜氧菌和厌氧菌作用下能分解出 CH_4[129]。沼气是在极严格的厌氧条件下，有机物经多种微生物分解与转化作用所生，乃高效气体燃料，其主要成分包括 CH_4（55% ~ 70%）、CO_2（约占 25% ~ 35%）和极少量 H_2S、H_2、NH_3、磷化三氢、CO、N_2、水蒸汽等。沼气发酵过程一般可分为 3 阶段，即水解液化、酸化和产生 CH_4 阶段。沼气发酵是生物质能转化最重要途径之一，不仅能有效处理有机废物，降低 COD，还有杀灭致病菌、减少蚊蝇孳生等功能。此外，沼气发酵作为废物处理手段，不但节能，尚可副产优质肥料。能转化成沼气的生物质包括畜禽业排污物、工厂废物/废水、植物类（青草、水葫芦、作物秸秆），以及生活垃圾、废水处理厂污泥等。

综上所述，从目前生物质能资源状况和技术发展水平看，生物质成型燃料的技术已基本成熟，作为供热燃料将继续保持较快发展势头。大型沼气发电技术成熟，替代天然气和车用燃料也成为新的使用方式。生物质热电联产，以及生物质与煤混烧发电仍是今后一段时期生物质能规模化利用的主要方式。低成本纤维素乙醇、生物柴油等先进非粮生物液体燃料的技术进步，为生物液体燃料更大规模发展创造了条件，以替代石油为目标的生物质能梯级综合利用将是主要发展方向。生物质能及相关资源化利用的资源将继续增多，油脂类、淀粉类、糖类、纤维素类和微藻，以及种植能源作物（植物）等都是生物能利用的潜在资源。

14 - 5 - 3　生物质发电　水陆谋资源

1. 生物质能发电——

（1）生物质能源转化技术包括直接燃烧方式、物化转换方式、生化转化方式和化学转化方式。生物质发电主要是利用农业、林业、工业废弃物以及城市垃圾等为原料，采取直接燃烧或气化的发电方式。典型的生物质发电包括农林废弃物直接燃烧发电、农林废弃物气化发电、垃圾焚烧发电、垃圾填埋气发电、沼气发电。从国际上生物质能利用技术发展状况看，发电是生物质能利用最容易扩大规模，实现商业化发展的方式。

2011 年我国生物质发电装机容量已达 450 万 kW。一座装机容量 2.5 万 kW 的生物质能电厂，每年替代煤炭折合标煤 8 万吨、碳减排 15 万吨。

（2）生物质能发电的特点：

①生物质能发电的重要配套技术是生物质能的转化技术，且转化设备必须安全可靠、维护方便。

②利用当地生物资源发电的原料必须具有足够数量的储存，以保证永续供应。

③发电设备的装机容量一般较小，且多为独立运行方式。

④利用当地生物质能资源就地发电、就地利用，不需外运燃料和远距离输电，适用于居住分散、人口

稀少、用电负荷较小的农牧业区、山区、"老少边穷"地区。

⑤城市粪便、垃圾和工业有机废水对环境污染严重，用于发电，化害为利，变废为宝。

⑥生物质能发电所用能源为可再生能源，污染小、清洁卫生，对环境保护有利。

（3）发电模式：生物质能表现形式多样化促成生物质原料转换成能源的装置迥异，发电厂的种类既多且杂。生物质发电的重点是农业生物质发电、林业生物质发电、大中型沼气工程发电和垃圾发电，包括垃圾焚烧发电厂、沼气发电厂、木煤气发电厂、薪柴发电厂、蔗渣发电厂等。利用生物质能发电关键在于生物质原料的处理和转化技术。除了直接燃烧外，利用现代物理、生物、化学等基础科学，可将生物质资源转化为液体、气体或固体形式的燃料或原料。目前研发的转换技术主要分为物理干馏、热解法和生物、化学发酵法等，包括干馏制取木炭技术、生物质可燃气体（木煤气）技术、生物质厌氧消化（沼气制取）技术和生物质能生物转化技术等。从能量转换的观点和动力系统的结构来看，与火力发电基本相同。一种是将生物质原料处理后，形成液体燃料直接进入内燃机驱动发电机发电；一种是将生物质经热解气化

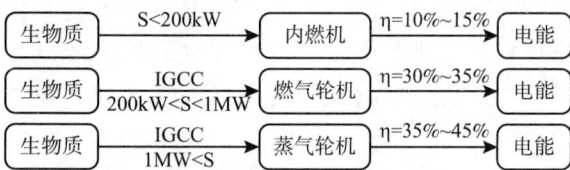

图14－17　生物质发电规模和结构

（IGCC—整体气化联合循环；η—效率；S—规模）

（原料转化为沼气）后通过整体气化联合循环技术（IGCC）构成集成式生物质气化器和喷气式燃气轮机（BIG/STIG）联合发电装置，如沼气发电厂；还有一种是将生物质原料经IGCC处理后送入锅炉燃烧把化学能转化为热能，产出的高温高压蒸汽进入蒸汽轮机驱动发电机发电，如垃圾焚烧发电厂。3种发电模式可能的电力容量和发电效率η如图14－17所示。

早在2007年，中国生物质能发电装机容量已有200万kW，到2009年底，全国投产、在建和开展前期工作的生物质能发电项目已有170多个，装机容量超过300多万kW；到2010年底，生物质能发电装机容量增长了25%左右，达400万kW，主要利用甘蔗渣、固体生物质能、有机废物和沼气（包括禽畜粪便）发电。放眼世界范围，我国生物质能发电产业虽然发展迅猛，但发电能力依然较低，生物质能发电装机容量在可再生能源发电装机容量中只占1.0%的份额，远低于世界平均水平25%，且生物质能发电的盈利能力亟待提高。在国家相关政策的激励和扶持下，未来我国生物质发电产业的前景必然灿烂辉煌。据《可再生能源"十二五"规划》，到2015年我国生物质发电装机容量将达1300万kW。

到2012年年底，我国已在京、沪、粤、浙、鲁、豫等22个省区市建起超过130座垃圾发电厂，已积累了较丰富的技术和管理经验[86]，标志着我国生物质能源的纵深开拓。

2. 生物质资源　曲径通幽处——

（1）海洋藻类：作为一种数量巨大的可再生资源，藻类是生产生物质能源的重要原料。地球上的生物每年通过光合作用可固定800亿吨碳，仅海洋中的藻类，产生的生物质总量就达550亿吨。

①微藻能源：微藻种质资源丰富，世界各地报道的海洋微藻超过4000种，具有光合作用效率高、生物产量高、生长繁殖快、生长周期短和自身合成油脂等特点。海洋微藻柴油开发技术具有显著的特点和巨大的商业开发价值[119]。a. 可工程培养海洋微藻，能大量固定CO_2；b. 微藻热解所得生物质燃油热值高，生产的能源不含硫，燃烧时不排放有毒有害气体，不污染环境；c. 产油率高，微藻含有较高的脂类（20%~70%）、可溶性多糖等，能用于生产生物柴油或乙醇；d. 光合作用效率高（倍增时间约3~5天），一周就可收获一代，因此产量极丰；e. 易于加工，微藻没有叶、茎、根，浑身是宝，不产生无用生物量；f. 不占用可耕地，海洋微藻更不占用农田[125]。

20世纪90年代，美国推出"微型曼哈顿计划"，发展海洋微藻能源技术。已开发出海洋工程微藻，建立了主要包括绿藻和硅藻的富油微藻库。其中工程小环藻的脂质含量超过60%，推算每亩年产相当1~2.5吨柴油，为高油脂藻种培育开辟了一条新技术途径。美国科学家推算，微藻产油可望有效解决能源危机，利用20万hm^2的海涂或近海滩培养微藻，每年可生产75亿加仑生物柴油，因而在其国内即可生产出足够的生物柴油以满足交通运输需求。2009年，中国科学家更中流击水，独特创制微藻固碳塔式反应器，可以利用烟道气中的CO_2制取生物柴油[128]，比美国更显捷足先登！

蓝藻通过光合作用固定或吸收 CO_2，产出乙醇、氢、正丁醇、异丁醇并可转化为生物柴油。既有助于遏制 GHG 肆虐，又能助力能源增容[108]。言外之意，是促使 CO_2 直接转为液体燃料[116]。实验室中早期较成熟的技术即用蓝藻制取燃料乙醇[111]。实践证明，微藻制取生物柴油比用蓝藻制取乙醇要困难些，其后端处理须经过干燥、破壁等流程。2008 年 6 月，我国首套蓝藻产沼气设备在无锡市南洋农畜业公司点火发电。这一设备投产后年消耗蓝藻 3 万~4 万吨，1 吨蓝藻可发电 40 kWh 以上。

②大藻能源：以海带为代表的大型藻类可以制造燃料乙醇。目前在实验室条件下，通过微生物发酵过程，已建立起海带生产乙醇的工艺流程。开发大型海藻生物质能具有一定优势：a. 产量高，可大规模繁殖；b. 不占用土地与淡水资源，不会冲击粮食安全；c. 大型海藻的栽培可以有效吸收 CO_2 和富营养化元素，抑制赤潮发生；d. 大型海藻木质素含量比陆地植物少得多，藻体柔软、机械强度不高，易破碎和消化，故能降低燃料乙醇生产成本；e. 整个藻体均可用于生物质能源开发，余料可综合利用。大型海藻浒苔本是使海洋水体富营养化的环境污染元凶，2010 年复旦大学却用来制造生物柴油获得成功[130]。

我国海域可用来发展海藻生物质能源的空间十分广阔。按 2.5 吨（干重）/亩的大型海藻、微藻产量计算，利用我国 1% 的海域培养大型海藻就可以生产 1.3 亿吨乙醇，可以替代 20% 的现有石油需求，减少 5.5% 的碳排；利用 11% 左右的海域，可以满足全部现有石油需求，并减少 1/4 以上的碳排。当然须优选多油藻类品种和掌控繁殖，不能任其疯长！

（2）内河水域浮萍：内河湖汊在不影响航运、渔业、体育运动和旅游的前提下可以发展适用的浮萍原料。水生植物浮萍约有 40 种，系最小的开花植物之一，富含淀粉，生长速度几乎是玉米的 64 倍。所含淀粉经发酵降解可生产燃料乙醇和生物柴油，而且生产加工程序简单易行，成本远低于玉米。用养猪场废水培养的一种浮萍酶解后可产生高达 96.2% 的葡萄糖，每克可产乙醇 0.485 g，其经济性、环保性、打捞工量、运输成本和机械粉碎成本均具压倒优势[110]。

（3）转基因光合细菌：2010 年发现将光合细菌（PSB）进行基因工程改造后能产生单糖和乳酸，有望借此生产可生物降解塑料、日用化学品以及生物燃料[96]。光合细菌广泛分布在海洋和淡水环境，将来可能应用于畜牧、农业、渔业和环保领域。最近于 2014 年 6 月发现嗜热木聚糖酶细菌通过基因工程实行遗传改造后，能直接将以柳枝稷、巴茅根等木质纤维素植物为原料的生物质转化为燃料乙醇[106]。这与巴西用甘蔗生产的乙醇生产生物可降解塑料初无二致。此外，利用平流层高空存在的多品种细菌能形成高效发电系统。这些成果虽尚处于研究初阶，却有极大诱惑力。如果真像科学家设想的那样，将来有数十亿种微生物为我们发电[132]。科技界早就设想通过基因工程全面迎接步履维艰的可再生能源一统天下的花花世界[96]。他们断言：借助细菌、真菌和酵母菌能大大提高木质纤维素和水生藻类生物的利用效率，靠生物质能全方位替代化石能源也许不是太遥远的事[140]。届时煞费苦心的能源专家真能高枕无忧了！

14-5-4　全球生物质能　开发利用透视

1. 国外发展　各显神通——

（1）世界一般进展：按 IEA 的观点，在世界能源消费格局中，中国的煤液化/气化和非化石可再生能源消费在全球具有举足轻重的地位，但中国生物质燃料在总体能耗中占比则微不足道；按美国能源信息署（EIA）的观点，中国的煤液化首屈一指，卡塔尔的天然气液化独占头鳌，唯独生物质燃料称雄全球的两国是巴西和美国，巴西和美国的生物质燃料以及中国煤的液化将在 2040 年增加的非油能源供应中满足将近 65% 的增长总量。（图 14-18）。世界五大生物柴油生产国是德国、美国、法国、阿根廷和巴西，他们在 2010 年生产的生物柴油占世界总

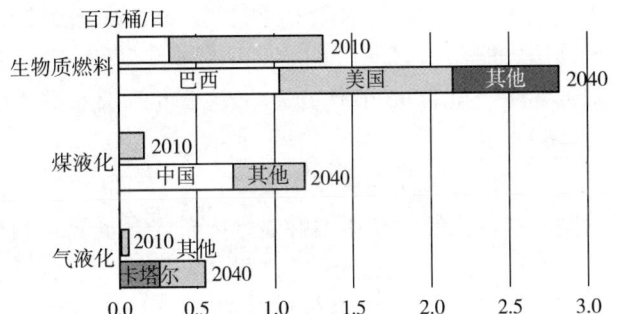

图 14-18　2010~2040 年全球非石油液态能源生产状况

（据：EIA. International Energy Outlook 2013，2013-07-25，p. 12）

产量的68.4%。2011年全球生物柴油产量突破了2000万吨，已建和在建生物柴油装置一年产能接近4000万吨。到2010年底，全球生物质发电装机容量超过6000万kW。欧美等发达国家自20世纪70年代以来相继开展了生物质气化技术的研究。近期研究主要集中在将生物质转换为高氢燃气、裂解油等高品质燃料，并结合燃气轮机、蒸汽轮机、燃料电池等转换方式转换为电能，为21世纪的电力供应作技术储备。

21世纪前10年，西方各国生物质发电已成滥觞。2009年，全球燃料乙醇总产5859亿吨，替代汽油消费的5.4%，碳减排8757万吨[102]。2010年底，全球生物质能发电装机容量已约达6200万kW。目前，OECD各国生物质能装机容量约占全球生物质能电力装机容量的一半。2011年，全球有410万辆压缩天然气汽车，8300座加油（气）站。同时沼气正在悄悄取代天然气而成为交通燃料。2010年，全世界生物质成型燃料产量超过1500万吨，规模化利用主要集中在欧洲和北美地区，主要用途是作为供热燃料。

欧美国家主要采取财政补贴、税收优惠等措施推进生物质能发展。据IEA估计，本世纪中叶采用新技术生产的各种生物质替代燃料都将闪亮登场，可能将占到全球燃料总耗的40%以上。

（2）国际生物质能应用状况和规划一角：

①北美和拉美：全球生物质能发电，美国居首，到2010年非城市地区已累计装机容量1040万kW，约占全球总量18.1%，年发电量约480亿kWh。美国生物质直接燃烧发电约占生物质发电量的70%。2010年，美国拥有约40座燃煤/燃气联合电厂。美国生物柴油生产量占全球生产总量的32.8%。

2010年全球生物液体燃料使用量约8000万吨，其中，燃料乙醇6800多万吨，乙醇汽油在巴西、美国已大规模使用。美国在20世纪70年代末，制定了"乙醇发展计划"，开始大力推广车用乙醇汽油。到2010年，全美国已有500万辆以燃料乙醇为燃料的灵活燃料车辆（FFVs）。

美国2010年8月颁布的《能源法案》中宣布，计划到2012年生产2200万吨燃料乙醇，到2025年拟从中东进口的石油减少75%。提出到2020年生物燃料占交通燃料的20%、生物质液体燃料将超过1.1亿吨，替代化石石油制品达40%左右[118]。美国生物质能发电的总装机容量已超过10000MW，单机容量达10~25MW。美国和巴西的燃料乙醇使用量占全球总量70%以上。美国主要用玉米生产乙醇，2010年已超过227亿升。目前燃料乙醇已占该国汽车燃料消费量的50%以上。巴西早在20世纪80年代即推出"生物柴油计划"，原料用其丰产的蓖麻油。2010年使生物柴油在化石柴油中的掺入比达到5%，2020年将达20%。美国大部分生物质能发电来自木材、农业残留物焚烧和工业部门热电联产燃料。截至2011年4月中旬，550多家电厂使用垃圾填埋气作为燃料，合计装机容量达到170万kW。

巴西生物质能发电（几乎全部来自热电联产）稳步增长。截至2010年底，其发电装机容量达到780万kW，发电量为280亿kWh。值得提示：由于巴西从1975年起即通过法律规定在汽油中按一定比例添加乙醇，1991年再次通过法令规定在全国加油站的汽油里添加20%~24%的燃料乙醇。结果迎来2006年巴西历史上首次能源进出口量平衡。目前巴西能源利用总量中，生物质能占1/4以上。

②欧盟：欧盟各国主要利用农林废弃物、养殖场废弃物生产沼气，以及利用城市生活垃圾发电。欧洲的生物质热电联产已很普遍，能源利用效率高，生物质与煤混燃发电较多，秸秆直接燃烧发电技术、生物质流化床锅炉发电技术已十分成熟。欧盟提出到2010年生物燃料占交通燃料5%、2020年占10%的目标。据美国农业部2010年7月提供的数据，2009年欧盟生物柴油生产厂有256家，生产能力231亿升，生物柴油实际产量为96.1亿升，占全球生产份额的49.8%，生物柴油进口量仅19.5亿升，消费量却高达116.6亿升。

据"欧盟战略能源技术规划"，到2020年，生物能源在欧盟能源总消费量中的占比至少要达到14%。欧盟一些国家制定车用燃料中生物燃料含量的强制性标准，推动生物液体燃料在交通领域的使用。近年来，欧洲沼气产业发展迅速，沼气经提纯压缩后可进入天然气管道，也可供车用动力。2011年欧盟沼气产201.7亿m³，欧盟各国沼气发电总量达3290亿kWh，比上年增加17.4%。欧盟各国中：a. 德国：2009年，德国沼气发电量和其他生物质能发电量分别约占欧盟对应量的50%和30%。21世纪前10年，德国生物质能发电量年均增长超过22%。2010年，德国生物质能发电量约287亿kWh，对应装机容量490万kW，生物质能发电装机容量在全球占比10.2%。截至2010年底，德国生物质能占该国电力总消费量的 5.5%，生物质能发电成为仅次于风电的第二大可再生能源供电。2010 年沼气发电装机容量增长超过 20%，能够为 430 万户家庭提供电力，到当年底，已建成大型沼气工程 6000 多处，沼气发电量约 138 亿 kWh。2011 年产沼气 101.4 亿 m^3，占欧盟当年产量的 50.3%，沼气发电装机容量 2559MW，总发电量 1940 亿 kWh，比上年增加 19.9%，占欧盟对应量的 59.0%。2012 年沼气净化提纯能力达每小时 11.78 万 m^3，远高于美国的 7.37 万 m^3 和瑞典的 2.65 万 m^3 [95↓]。b. 2008 年，英国斥资 4 亿英镑，在威尔士南部塔尔波特港废弃的海港开始建造一座生物质能发电厂。主要使用木屑作为燃料，计划发电能力是 350MW，所产生的绿色电力可供威尔士一半的家庭使用。建成后，该厂将成为全球最大清洁能源发电厂，每年可以减少 350 万吨的 CO_2 排量。c. 960 万人口的瑞典颗粒燃料年使用量为 120 万吨，20% 提供集中供热，人均燃料占有量为 120kg，居世界首位；目前其生物质成型燃料已广泛用于供热和工业锅炉。在沼气开发与利用方面瑞典独具特色，利用动物加工副产品、动物粪便、食物废弃物生产沼气，还专门培育了用于产沼气的麦类植物，产气率最高可达 300 升/kg 底物。瑞典用沼气替代天然气。将沼气净化去除 CO_2 等杂质后，甲烷纯度达到 97% ~ 98%，再经压缩得到车用甲烷供汽车使用，并开发一列斯德哥尔摩至海滨使用沼气燃料的火车。2010 年底，瑞典全国有 5000 多辆沼气汽车，加油（气）站逐年成倍增加，已达 70 余座。在瑞典交通车辆的燃气动力中，沼气占 58% [95↓]。瑞典规划目标是到 2020 年交通实现基本不再使用化石燃料。d. 挪威拥有丰富的水能、风能、石油和天然气；是全球第五大石油出口国和第二大天然气出口国，天然气出口占欧洲市场 20% 份额；也是全球第六大水电国家，全国使用电力的大半来自水电。近年来，挪威大力推动发展生物质能源产业，成为能源输出国中一道靓丽的风景线。目前，挪威在全球各国人类发展指数（HDI）排序中连续几年位居榜首，足见挪威的经济社会能源建设成就已令人类刮目相看（中国 2012 年居 101 位，2013 年 90 位）。挪威能源产品包括电力、小区供热、取暖油、煤炭、天然气、生物质能源、汽油（柴油）等 7 类，发挥了能源系统综合取胜的优势。2011 年，能源 44% 来自石油，50% 来自水力，只有 6% 来自生物质能源。近几年，挪威也在紧锣密鼓发展生物质能，规划到本世纪中叶全部使用可再生能源 [134]。

③亚太地区（中国以外）：2010 年地区生产的生物柴油占全球产量的 4.4%。2010 年，日本生物质能发电量约 100 亿 kWh（不包括与煤炭混燃）；几个燃煤电厂已发展成燃气/燃煤联合发电站；生物柴油年产量可达 40 万吨；日本环境省宣布到 2030 年所有车用汽油都将更换成含生物柴油和燃料乙醇的燃料。印度正积极开发麻疯果生物柴油，在英国石油公司（BP）协作下，5 ~ 10 年内达到 1000 万吨/年的生产能力。2010 年印度生物质能发电装机容量全球占比已达 4.7%，生物质能发电新增装机容量约 30 万 kW，累计装机容量 300 万 kW，正在大力迎头赶上世界水平。2009 年，泰国沼气发电装机容量比上年翻番，达到 5 万 kW；2010 年进一步增长 37%，达到 7 万 kW，这一年泰国固体生物质能发电累计装机容量已超过 130 万 kW。2004 年，菲律宾政府在马尼拉以北奎松市帕亚塔斯镇建成一座 100kW 的沼气发电站，2008 年被联合国有关机构确认为 CDM 中的项目。在此后 10 年内，这个占地 $10hm^2$ 的垃圾场年均碳减排 11.6 万吨。马来西亚大力推进以棕榈油为原料生产的生物柴油，生产潜力达 2000 万吨/年。亚太地区最大生物柴油生产国是澳大利亚，2010 年拥有约 10 座燃煤/燃气联合电厂。

2. 国内发展　夙夜匪懈——

（1）发展喜讯：自 20 世纪 70 年代以来，中国先后实施了一大批生物质能利用研究项目和示范工程，涌现了一大批优秀的科研成果和应用范例，并在推广应用中取得了可观的社会效益和经济效益。近年来我国沼气开发利用呈日升月恒之势。2011 年沼气产量越过 200 亿 m^3，比上年增加 25% 以上。除农村个户家用沼气外，拓广发电和交通应用已成今后第一要务。近几年特别在废弃物处理、发酵、脱硫等工艺流程中，坚持自主创新，研制了各种适合中国条件得心应手的关键设备，形成了商业化生物质燃气发电机组和生物质燃气提纯、压缩等成套设施 [95↓]。

我国秸秆数量大、种类多、分布广。综合利用这一宝贵资源，推进秸秆能源化利用，是节约利用资源、防止环境污染、促进结构调整、发展循环农业，推进农业和农村节能减排、增加农民收入的重要举措。用秸秆开发沼气还能解决非养猪农户的沼气原料问题，对推广沼气应用意义也在积厚流广，不可等闲视之。

中国坚持"统筹兼顾、因地制宜、综合利用、有序发展"的原则发展生物质能等可再生能源。在粮棉主产区，有序发展以农作物秸秆、粮食加工剩余物和甘蔗渣、甜菜渣等为燃料的生物质发电。在林木资源丰富地区，适度发展林木生物质发电。发展城市垃圾焚烧和填埋气发电。在具备条件的地区推进沼气等生物质供气工程。因地制宜建设生物质成型燃料生产基地。发展生物柴油，开展纤维素乙醇产业示范。

生物质能开发利用技术的发展虽不能与风电相比，但因生物质能多渠道资源来源，利用方式和产品种类也很多。当前，中国正因地制宜，结合技术特点和当地资源条件，有区别有重点地推动生物质能开发利用技术的发展。由于受粮食产量和耕地资源制约，生物液体燃料主要鼓励以甜高粱茎秆、薯类作物等非粮生物质为原料的燃料乙醇生产，以及以小桐子、黄连木、棉籽等油料作物为原料的生物柴油生产；充分利用沼气和农林废弃物气化技术，提高农村地区生活用能中的燃气比例，并把生物质气化技术作为解决农村有机废弃物和工业生产有机废弃物环境治理的重要措施。中国生物质资源十分丰富，拥有充足的可开发非化石基能源作物，同时还有各种荒坡、荒草地、盐碱地、沼泽地、沙化地等渴望开发利用。多年来，各级政府一直关注生物质资源的综合利用，积极探索生物质资源的高效利用。

（2）生物燃油生产：目前，中国生物柴油产量估计已突破 120 万吨。按国家规划，2020 年生物柴油产量将达 200 万吨。我国生物柴油研发虽起步较晚，但发展速度较高，部分科研成果已达国际先进水平。目前已研制成功利用菜籽油、光皮树油、大豆油、麻疯树油、米糠油脚料、工业猪油、牛油、棉籽油等作为原料，经过甲醇预酯化和再酯化生产生物柴油的生产工艺。

我国每年从餐饮业收集的地沟油约有 2000 多万吨，全国每年废弃或闲置的动植物油总量约有 1 亿吨，按 1 吨动植物油约提炼 800kg 生物柴油计算，可产 8000 多万吨生物柴油。2011 年甚至有人确认 1 吨地沟油能产出 980kg 生物柴油[115]。随着我国人民生活逐年有所改善，餐饮业进一步发展，地沟油行将呈惊涛裂岸之势。此外，地沟油制生物柴油项目至少到 2020 年前可进入国际碳交易市场，出售碳减排量指标，增收效益。我国生物柴油生产当前面临的问题包括生产能力薄弱、成本高、能耗大、生产工艺冗杂等，尚需逐步解决地沟油的分离、精制、废碱液处理技术。部分存在原料成本高、资金投入少、市场准入难、缺统一技术规范等问题。

燃料乙醇产业在我国的发展经历了三个阶段：初期试点（20 世纪 90 年代中期至 2000 年）、稳步发展（2000～2005 年）和非粮乙醇发展（2006 年至今）。目前，我国燃料乙醇生产技术已基本成熟，黑、吉、辽、豫、皖 5 省及鄂、冀、鲁、苏部分地区已部分实现车用乙醇汽油替代普通无铅汽油。目前，我国燃料乙醇生产正朝着多元化原料方向发展，如薯类、纤维素等。在新疆、内蒙古等地，我国自行培育的具高抗逆性和可以在全国种植的甜高粱，每 hm^2 能产燃料乙醇 6 吨，比甘蔗高 30%，比玉米高 3 倍。我国积极应用转基因技术选育和开发能源作物原料，已开发出利用甜高粱茎秆汁液等生物质制取乙醇的技术工艺，并建设了年产 5000 吨乙醇的甜高粱茎秆制取燃料乙醇工业示范工程；纤维素废弃物制取乙醇技术已进入规模投产阶段。此外，我国还开展了研究生物质原料的高压蒸汽爆破预处理技术、纤维素酶制备技术、大规模酶降解技术、戊糖己糖同步乙醇发酵技术、微生物细胞固定化技术、在线杂菌防治技术以及副产品木质素的深度加工利用技术等。这些研究目前在我国已处于实战阶段，但水解技术与国外相比仍有一定差距，且经济性有待提高。

世界著名咨询公司科尔尼曾在 2010 年前做过相关研究，发现中国乙醇生产成本比美国高 17%，而销售价格反而比美国低 18%。中国乙醇生产效率较低，如生产 1 吨乙醇费水 12.0 吨、耗玉米 3.3 吨，而美国仅需水 1.8 吨、玉米 2.8 吨。我国为节约粮食，转战木薯、纤维素，但木薯乙醇项目效益不高，纤维素乙醇技术亟待创新，行业投资倾斜竞争压力和科技力量去留尚存枝节。为限制粮食生产乙醇，国家出台《生物燃料乙醇及车用乙醇汽油"十一五"发展专项规划》，对各种原料的年加工量和产业布局做了详细安排。目前"非粮为主"的燃料乙醇开发已形成绝对优势。

据专家推断，2010 年中国生产生物燃油约近 600 万吨，含燃料乙醇 500 万吨、生物柴油 100 万吨；估测到 2020 年，将年产生物燃油 1900 万吨，含燃料乙醇 1000 万吨、生物柴油 900 万吨。

根据对甘蔗、木薯、红薯、马铃薯、玉米和小麦等六种农作物作为乙醇原料的优势分析，结论为甘蔗和木薯的综合优势领先。广东得天独厚，恰好是甘蔗和木薯主产区。通过推广优良新品种，广东推广种植能源甘蔗 105 万亩可供 60 万吨乙醇生产、推广种植木薯王 66 万亩可供 30 万吨乙醇生产，即可解决生产燃料乙醇 90 万吨的原料需求。

国家林业局《全国能源林建设规划》、《林业生物柴油原料林基地"十一五"建设方案》规划"十一五"期间，我国培育林业生物质能源林 80 多万 hm^2，以满足 600 万吨生物柴油和装机容量 1500 万 kW 年发电原料供应的林业生物质能源发展目标。重点在滇、川、黔、渝等省市发展小桐子 40 万 hm^2；冀、秦、皖、豫等省发展黄连木 25 万 hm^2，在湘、鄂、赣等省发展光皮树 5 万 hm^2，内蒙、辽、新等省区发展文冠果 13.3 万 hm^2，并推动这些地区合理布局生物柴油产业化项目。国家林业局发布的《全国林业生物质能源发展规划（2011～2020 年)》则更加强了林业废弃物支援国家生物质能的实质发展[124]。

据估算，我国生产生物沼气的资源具有年产 2330 亿 m^3 的可实现潜力[116↓]。

飞机用的高质量汽油在飞行中仍大量向大气平流层排碳，对地球变暖温室效应强于地面约 4 倍。估计航天/航空系统也将不可避免地须开发利用生物燃料新途径。2008 年 2 月 24 日美国添加 50% 的生物燃油试飞成功[107]。近年来我国在开发"生物航煤"领域已跨进世界先进行列。2013 年 4 月 24 日一架东方航空公司的空客 A320 机经过将近 1 小时 25 分试飞，成功燃耗生物航煤 1.7 吨。赋名"1 号生物航煤"供飞机使用的生物液体燃料的主要原料有椰子油、棕榈油、麻疯子油、亚麻油、微藻油、餐饮废油和动物脂肪等[114]。几年来我国更通过木质纤维素高效厌氧消化，取得了生物航空燃油工艺有自主知识产权的根本性突破[95]。

（3）国内生物质能发展规划：到 2014 年 10 月为止，国家针对或涉及生物质能发展的有关规划如表 14-3 所示。

表 14-3　　　　　　　　　　　　包含发展生物质能的有关国家规划

规划名	颁布时间
《可再生能源中长期发展规划》	2007-06-07
《可再生能源发展"十二五"规划》	2012-07-06
《生物质能发展"十二五"规划》	2012-07-24
《能源发展"十二五"规划》	2012-10-24
《生物产业发展规划》	2012-12-29
《国家能源科技"十二五"规划（2011～2015）》	2013-02-01
《全国林业生物质能发展规划（2011～2020 年）》	2013-05

中国生物质资源丰富，单就农林废弃物、能源林业和其他能源作物的储量就等价于每年 9 亿吨标煤。可替代石油的生物质原料，如薯类、高粱、甘蔗、木本油料、秸秆和各种植物纤维素原料的储量可相当于年产 2.7 亿吨石油。目前，中国有机废弃物可转换为能源的潜力约 5 亿吨标煤，预计将来潜力可达 7 亿～10 亿吨标煤，约为当时能耗的 15%～20%。中国是人口大国，又是经济迅速发展的国家，面临着经济增长能源短缺和环境污染治理/保护的双重压力，可利用的生物质能资源已面临从传统生物质（农作物秸秆、薪柴、禽畜粪便、生活垃圾、工业有机废渣与废水污泥）迅速向专门开拓的新种植资源进军。

国务院于 2007 年 6 月 7 日通过的《可再生能源中长期发展规划》，确定了生物质能源产业发展目标：到 2010 年，生物质发电应达到 550 万 kW（实际达到 400 万 kW）；生物乙醇年利用量 200 万吨；生物固体成型燃料达到 100 万吨，农村户用沼气池达到 4000 万户，沼气年利用达到 190 亿 m^3，建成大型沼气工程 6300 处；生物质能年利用量占到一次能源消费量的 4%；初步实现生物质能商业化和规模化利用，培养一批生物质能利用和设备制造的骨干企业。到 2020 年，生物质能发电装机达到 3000 万 kW；生物燃料乙醇年利用量达到 1000 万吨；生物柴油年利用量达到 200 万吨；沼气年利用量达到 440 亿 m^3；生物质固体成型燃料年利用量达到 5000 万吨；生物质能年利用量占一次能源消费量的 10%。2009 年 6 月国家出台的《促进生物产业加快发展的若干政策》中已明确表明：将对批准生产的非粮燃料乙醇、生物柴油、生物质热电等给予支持。2010 年 9 月，国务院颁布的《关于加快培育和发展战略性新兴产业的决定》明确提出，要因地制宜开发利用生物质能。2011 年 3 月发布的"十二五"规划明确，"大力发展沼气、作物秸秆及林业废弃物利用等生物质能"。到 2015 年，我国生物质发电装机容量达到 720 万 kW，生物质液体燃料达到 700 万吨，沼气年利用量达到 240 亿 m^3，生物质固体燃料达到 120 万吨。2011 年 4 月 26 日，国家发改委发布的《产业结构调整指导目录（2011 年版）》明确提出，鼓励生物质纤维素乙醇、生物柴油等非粮生物质燃料生产技术。非粮生物质燃料生产技术开发及应用也成为本次目录中新增新能源板块的鼓励项目之一。国家能源局提出通过合理布局生物质发电项目、推广应用生物质成型燃料、稳步发展非粮生物液体燃料、积极推进生物质气化工程，到 2015 年生物质发电装机达到 1300 万 kW，集中供气达到 300 万户，成型燃料年利用量达到 2000 万吨，生物乙醇年利用量达到 300 万吨，生物柴油年利用量达到 150 万吨。农村能源消耗总量将降至 4.4 亿吨，其中优质清洁能源和新能源所占比重将大幅度提升，优质清洁能源占农村能源的比重将提高到 40%，新能源所占比重将提高到 25%。《生物质能发展"十二五"规划》明确指出："十二五"时期生物质能发展主要指标有：生物质发电 1300 万 kW，年产 780 亿 kWh，折标煤 2430 万吨/年；沼气用户 5000 万，年产 190 亿 m^3，折标煤 1500 万吨/年；生物质成型燃料 1000 万吨，折标煤 500 万吨/年；生物液体燃料（含燃料乙醇、生物柴油和航空燃料）500 万吨，折标煤 500 万吨/年[123]。

中国生物质能发展的增长速度、人才凝聚、投资引力和科技创新等方面不及风能、光伏、水电那样令人熟能生巧，特别是经济效益，虽同为可再生能源独领风骚一方，却不如其他领域来得立时见效。果然，OECD/IEA 对 2011 年直到 2035 年美、欧、东盟、中国的可再生能源发展前景预测，特别对中国的预测细分领域看得出未来中国生物质能的研发和产业规模远不及国外，也远不及国内其他三个可再生能源领域（见图 14-19、图 14-20），这是值得密切注视的未来趋势。退一步看，生物质能是可再生能源中受气候条件、环境变化和地质因素影响最小的、牵动全民生活内容最多的一个分支。我国《生物质能发展"十二五"规划》所定"十二五"发展目标也与巴西相关目标相去甚远。请关注图中的警示。

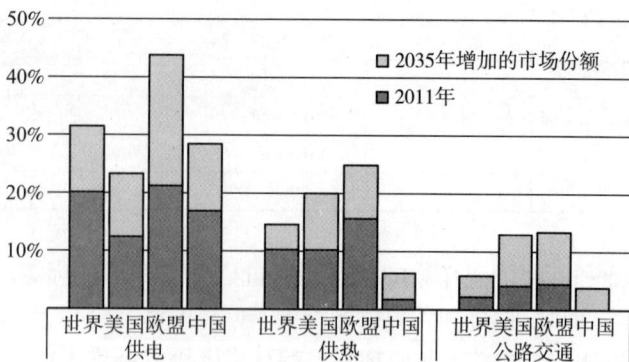

图 14-19 IEA 新决策情景一次能源需求总量中可再生能源%

注意：生物质能有利于大幅提供交通燃料，而中国几乎是从零起步。

（据：IEA. World Energy Outlook 2013, Fig. 6.1）

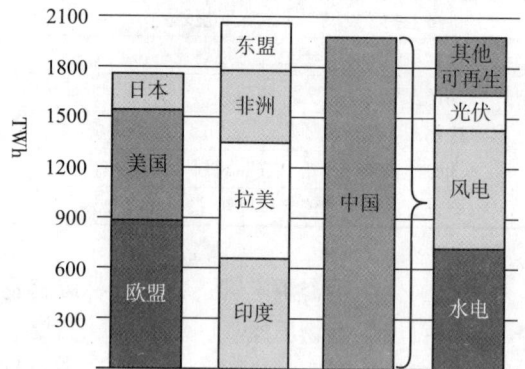

图 14-20 IEA 预计 2011~2035 年来自可再生能源的发电增量

注意：中国增量冠全球，但增量没有特别指望生物质能。

（据：IEA. World Energy Outlook 2013, Fig. 6.2）

我国在生物质能源发展进程中，一些发展思路、管理法规和政策措置均在不断改革摸索中前进。举凡原料制约、设备落后、市场不够规范等问题[113]尚未获得全盘解决；发展中的核心问题仍在原料和技术[121]，但原料数量不足、渠道不畅[121↓]，技术人才稀缺、高校专业培育不足，以及技术研发、设备检测认证、技术标准体系[113↓]等问题仍有待补偏救弊。生物质电企原存在的原料收集障碍[99]和政策不协调影响资金脱节问题，需要全局落实解决[127]。但须告诫电企坚持自力更生，不能依赖政府补贴[100]，同时须及时培育生物质能源科技龙头企业，在基本统一方向上展开关键研发和亦步亦趋地落实产业政策和规划[100]↓。

　　3. 钩深致远　悬悬在念——2008 年前后，个别传媒甚至包括热心反映全球能源形势的世界银行[136]对生物燃料可能做出的开源节流贡献心存疑虑，据称发展生物燃料会导致全球粮价上涨 75%；有的甚至为此大声疾呼：不要以"新能源"之名破坏地球[137]！有人则警告美国别把生物燃料继科技泡沫之后发展成又一泡沫[106]！其实发展生物燃料必须兼顾利弊[126]，也就是既要满足清洁能源需求，又须关注耕地短缺、粮食式微和森林破坏。生物燃料包括生物柴油和燃料乙醇，后者与一般乙醇有别，未充分燃烧的燃料乙醇排入大气易变成乙醛，导致化学反应而损害人体健康[104]。事实上多年来围绕生物燃料能否作为传统能源的替代一直争论不休[133]；生物产业的发展，无论自主创新和资金筹措，或是政策配套[11]，都仍有许多待解决的生物质能战略发展问题[103]↓。

　　集中在 2008 年各方敲响的警钟，提出的许多擘肌分理的议论见多识广，值得认真思考。但归纳起来，主要有：反对早期专用玉米生产燃料乙醇，造成粮食短缺而粮价步步攀升；燃用乙醇汽油将增加臭氧浓度并导致肺部受损[93]；砍伐森林生产生物柴油无异于挖肉补疮。值得高兴的是：几年来这些问题已基本上不存在了：除美国仍在部分地用过剩玉米生产燃料乙醇或转为生物柴油之外，其他国家耗粮生产几已绝迹，促成了粮价回稳。粮价上涨主要是气候变暖、自然灾害愈演愈烈，全球粮食减产，人口规模依然快马加鞭所致，岂可把罪责推给生物质能发展，演绎张冠李戴？靠林业废弃物支持生物质能发展恰恰是促进护林、造林的现代版众星捧月；责难乙醇汽油燃烧时的排放乙醛之类气体事实上远不及传统燃煤、燃油对环境破坏那么昭然若揭。总之，一项发展背景错综复杂、牵涉因素万缕千丝的系统工程既不宜攻其一点不及其余，也不宜悲观失望，自贻伊戚。

14-5-5　生物产业　旭日东升

　　1. 生物产业　捷报频传——

　　(1) 意义：随着经济发展，人民生活迅速改善，医疗条件日就月将，我国人口老龄化趋势与日俱增；人口规模逼近 14 亿，食品/粮食安全压力加大；能源/资源短缺挑战有增无已；生态环境绿色诉求层见叠出；节能减排任务急如星火，亟待加速研制新临床药物，新作物品种；研发新种植技术，新生物燃料；开拓新环保技术，新生物质能源。动员科技界游刃生物产业，大显聪明才智，此其时矣！早几年人才流动难、企业融资难、成果转化难的困境已在一定程度上得到解决[112]。

　　(2) 成就：我国"十二五"规划期间将相继建成一批生物科技重大基础设施，治疗性疫苗与抗体、细胞治疗、转基因作物育种、生物能源作物培育等一批关键技术取得突破，人用高致病性流感疫苗、分子诊断试剂、超级水稻、聚乳酸等一批创新产品得到推广应用，产业化项目大幅增加，市场融资、外资利用和国际合作取得积极进展，在规划前段，生物产业产值以年均 22.9% 的速度增长，2011 年实现总产值约 2 万亿元；2013～2015 年，产值年均增速将保持在 20% 以上。到 2015 年，生物产业增加值占国内生产总值的比重比 2010 年翻一番，工业增加值率显著提升[122]。生物医药、生物农业、生物制造、生物能源等产业初具规模，出现一批年销售额超过 100 亿元的大型企业和年销售额超过 10 亿元的大品种，我国在生物技术研发、产业培育和市场应用等方面已初步具备实效基础[117]。

　　我国生物医药产业发展很快，抗生素、疫苗、维生素产量、柠檬酸等有机酸工业产量均居世界第一；生物技术人才初步形成规模队伍，全国重点实验室近 200 个、研发人员 2 万多人，规模不断扩大，经济效益持续大幅上升，产业发展后劲较足，集中度进一步提高，产业竞争格局形成，总体发展呈良好态势。同时，中国生物制药行业国际化步伐近年明显加快，出现若干新的亮点，中外合作渠道进一步扩大，中国生物制药正厉兵秣马力争进入国际主流市场。在产品开发和技术水平上，中国西药和中药生产并行不悖，推陈出新，近年在许多新药开发方面取得一系列创新突破，传颂全球。由于我国海岸线很长，海洋资源丰富，能从中开发出大量抗病毒、抗癌、抗衰老、抗心脑血管病和许多疑难病症的新型药物。

　　在生物技术领域，中国成功研制了 20 多种基因治疗药物，开发了全球第一个注射用重组葡激酶、重组人血管内皮抑制注射液；2009 年 2 月，全球第一支获准生产的甲型 H1N1 流感病毒裂解疫苗研制成功并得以使用。

中国超级杂交水稻研究居世界前列，分子标记育种处于国际领先水平，2011 年超级稻实现了亩产 900kg，2014 年突破 1000kg 的目标。研制了一批新型绿色农药，如烟碱型乙酰胆碱受体拮抗剂——环氧虫啶能防治对传统烟碱杀虫剂有抗性的害虫；研制动物用全新疫苗达 28 种之多[95]↓。

2. 生物技术　环保应用——

（1）生物技术发挥环保威力：

①生物技术处理垃圾废弃物是降解破坏污染物的分子结构，降解的产物以及副产物，大都是可以被生物重新利用的，有助于把人类活动产生的环境污染减轻到最小程度，这样既做到一劳永逸，不留下长期污染问题，同时也对垃圾废弃物进行了资源化利用。

②利用发酵工程技术处理污染物质，最终转化产物大都是无毒无害的稳定物质，如二氧化碳、水、氮气和甲烷气体等，常常是一步到位，避免污染物的多次转移而造成重复污染，因此生物技术是一种既安全又彻底消除污染的手段。

③生物技术是以酶促反应为基础的生物化学过程，而作为生物催化剂的酶是一种活性蛋白质，其反应过程是在常温常压和接近中性的条件下进行的，所以大多数生物治理技术可以就地实施，而且不影响其他作业的正常进行，与常常需要高温高压的化工过程比较，反应条件大大简化，具有设备简单、成本低廉、效果好、过程稳定、操作简便等优点。

所以，当今生物技术已广泛应用于环境监测、工业清洁生产、工业废弃物和城市生活垃圾的清理，有毒有害物质的无害化处理等各方面。

（2）现代生物技术在环境保护中的应用：

①生物净化污水：污水中有毒物质的成分十分复杂，包括各种酚类、氰化物、重金属、有机磷、有机汞、有机酸、醛、醇及蛋白质等等。微生物通过自身的生命活动可以解除污水的毒害作用，从而使污水中的有毒物质转化为有益的无毒物质，使污水得到净化。当今固定化酶和固定化细胞技术处理污水就是生物净化污水的方法之一。固定化酶和固定化细胞技术是酶工程技术。固定化酶又称水不溶性酶，是通过物理吸附法或化学键合法使水溶性酶和固态的不溶性载体相结合，将酶变成不溶于水但仍保留催化活性的衍生物，微生物细胞是一个天然的固定化酶反应器，用制备固定化酶的方法直接将微生物细胞固定，即是可催化一系列生化反应的固定化细胞。运用固定化酶和固定化细胞可以高效处理废水中的有机污染物、无机金属毒物等，此方面国内外成功的例子很多，如德国将能降解硫磷等 9 种农药的酶，以共价键结合法固定于多孔玻璃及硅珠上，制成酶柱，用于处理含硫磷废水，去除率达 95% 以上；近几年我国在应用固定化细胞技术降解合成洗涤剂中的表面活性剂直链烷基苯磺酸钠（LAS）方面取得较大进展，对于含 100mg/L 废水，降解率和酶活性保存率均在 90% 以上；利用固定化酵母细胞降解含酚废水也已实际应用于废水处理。

②生物修复污染土壤：重金属污染是造成土壤污染的主要污染物。重金属污染的生物修复是利用生物（主要是微生物、植物）作用，削减、净化土壤中重金属或降低重金属的毒性。其原理是：通过生物作用（如酶促反应）改变重金属在土壤中的化学形态，使重金属固定或解毒，降低其在土壤环境中的移动性和生物可利用性，通过生物吸收、代谢达到对重金属的削减、净化与固定作用。污染土壤的生物修复过程可以增加土壤有机质的含量，激发微生物的活性，由此可以改善土壤的生态结构，这将有助于土壤的固定，遏制风蚀、水蚀等作用，防止水土流失。

③消除白色污染：废弃塑料和农用地膜经久不降解，估计是形成环境污染的重要成分。据估计我国土壤、沟河中塑料垃圾有百万吨左右。塑料在土壤中残存会引起农作物减产，若再连续使用而不采取措施，十几年后不少耕地将颗粒无收，可见数量巨大的塑料垃圾严重影响着生态和环境，研究和开发生物可降解塑料已迫在眉睫。利用生物工程技术一方面可以广泛地分离筛选能够降解塑料和农膜的优势微生物、构建高效降解菌，另一方面可以分离克隆降解基因并将该基因导入某一土壤微生物（如根瘤菌）中，使两者同时发挥各自的作用，将塑料和农膜迅速降解。同时，还需大力推行可降解塑料和地膜的研发、生产和应用。

有些微生物能产生与塑料类似的高分子化合物即聚酯，这些聚酯是微生物内源性贮藏物质，可以用发酵方法生产，由此形成的塑料和地膜因有可被生物降解、高熔点、高弹性、不含有毒物质等优点而在医卫等领域应用前景甚好。为了降低成本、提高产量，人们正在用重组 DNA 技术对相关的微生物进行改造，其中一个研究热点是采用微生物发酵法生产聚 - β 羟基烷酸（PHAs），研究人员正设法构建出自溶性 PHAs 生产菌种，即将 PHAs 重组菌进行发酵，在积累大量的 PHAs 后，加入信号物质，产生裂解蛋白，使细胞壁破坏，PHAs 析出，以简化胞内产物 PHAs 的提取过程，降低提取成本。

④清除化学农药污染：一般情况下，使用的化学杀虫剂约 80% 会残留在土壤中，特别是氯代烃类农药是最难分解的，经生态系统造成滞留毒害作用。因此多年来人们一直在寻找更为安全有效的办法，而利用微生物降解农药已成为消除农药对环境污染的一个重要方面。能降解农药的微生物，有的是通过矿化作用将农药逐渐分解成终产物 CO_2 和 H_2O，这种降解途径彻底，一般不会带来副作用；有的是通过共代谢作用，将农药转化为可代谢的中间产物，从而从环境中消除残留农药，这种途径的降解结果比较复杂，有正面效应也有负面效应。为了避免负面效应，就需要用基因工程的方法对已知有降解农药作用的微生物进行改造，改变其生化反应途径，以希望获得最佳的降解、除毒效果。要想彻底消除化学农药的污染，最好全面推广生物农药。

所谓生物农药是指由生物体产生的具有防止病虫害和除杂草等功能的一大类物质总称，它们多是生物体的代谢产物，主要包括微生物杀虫剂、农用抗生素制剂和微生物除草剂等。其中微生物杀虫剂得到了最广泛的研究，主要包括病毒杀虫剂、细菌杀虫剂、真菌杀虫剂、放线菌杀虫剂等。长期以来并没有得到广泛的使用。现在人们正在利用重组 DNA 技术克服其缺点来提高杀虫效果，例如目前病毒杀虫剂的一个研究热点是杆状病毒基因工程的改造，人们正在研究将外源毒蛋白基因如编码神经毒素的基因克隆到杆状病毒中以增强杆状病毒的毒性；将能干扰害虫正常生活周期的基因如编码保幼激素酯酶的基因插入杆状病毒基因组中，形成重组杆状病毒并使其表达出相关激素，以破坏害虫的激素平衡，干扰其正常的代谢和发育从而达到杀死害虫的目的[116]↓。

3. 生物医药领域难题闪视——

（1）14 - 4 节曾引述了 UNEP 论证的一段话：研究证实，由于化学污染，男子的性功能普遍衰退。20 世纪中叶，男性平均精子量 6000 万个/毫升，到 20 世纪末已减少到 2000 万个/毫升；我国人口本身的生产质量随着气候变暖也在急剧下滑，男性精液中精子数量正以每年 1% 的速率下降，而畸形、劣质、低活力精子数量大大增加。在积极营造节能环保优良氛围的同时，加强生命科学和医学科学研究已刻不容缓。实际上，不仅仅来自化学品污染侵袭，例如，成年男性不宜经常把手机放置在裤兜里，因射频电磁辐射对精子质量产生负面影响[109]!。

（2）疑难怪症疫苗或治疗药物：进入 21 世纪以后，由于气候变暖、环境污染积重难返，若干疑难怪症鼓噪而至，本已绝迹的高死亡率传染病卷土重来，或是已被制服的病毒居然摇身一变，死灰复燃！还有些多少年来侵犯/折磨人类的细小生物［如嗜血致痒的尘螨（疥虫）、咬人致死的蜱虫（壁虱）、恙虫等］，这类常见病虫害随着气候变暖呼啸而至，生物医药研究至今空中楼阁，并不敏感。至于对付艾滋病、非典型肺炎、禽流感、癌症以及埃博拉病毒之类的生物医药远未能赶上这些病症的医治步伐。特别是：多少年青一代以身试法，染上毒瘾而无力自拔，断送美好前程，自贻伊戚，自取其咎！

参 考 文 献

［1］王茹. 以政策创新推动低碳经济发展. 中国经济时报，2013 - 03 - 18，6 版.

［2］积极推动能源生产和消费革命. 京华时报，2014 - 06 - 14；推进能源革命的四个方面. 21 世纪经济报道，2014 - 06 - 17.

［3］刘强. 中国应对气候变化形势与政策. 国家应对气候变化战略研究和国际合作中心，2013 - 12，网传 ppt.

［4］李凌. 中国绿色能源战略与可持续发展. 中国经济时报，2008 - 06 - 17，6 版.

［5］李佐军. 中国推进低碳发展的五个"有利于". 中国经济时报，2011 - 09 - 29，9 版.

［6］李海楠. 低碳理念和新兴产业渗透主体功能区. 中国经济时报，2010 - 03 - 24，6 版.

［7］杨朝飞. 中国绿色经济发展机制与政策创新. 环境保护部，网传 ppt，2011 - 12 - 17.

［8］肖浩宇，王春．首部《中国低碳经济蓝皮书》发布——影响当前中国低碳转型的主要因素是观念．科技日报，2012 - 06 - 15，9 版．

［9］发展绿色经济成全球各国新趋势．中国环保联盟 www. epun. cn/huanbao/54485. htm，2012 - 04 - 26.

［10］陈炳才，陈安国．我国应对气候变化的战略建议．中国经济时报，2009 - 12 - 23，5 版．

［11］林春霞．技术创新更需要良好的政策环境．中国经济时报，2012 - 09 - 14，2 版．

［12］国家发改委．中国应对气候变化的政策与行动 2011 白皮书，2011 - 11 - 22；中国应对气候变化的政策与行动 2012 年度报告，2012 - 11 - 20；中国应对气候变化的政策与行动 2013 年度报告，2012 - 11 - 04。均见当时中央政府门户网站．

［13］中华人民共和国国民经济和社会发展第十二个五年规划纲要；附 - 周锐．中国评估"十二五"规划实施情况：四指标进度滞后预期．中国新闻网，2014 - 01 - 22；周宏春．中国发展低碳经济的现实意义及政策建议．中国经济时报，2009 - 12 - 28，5 版．

［14］高德胜．中国应谋求在低碳时代新的崛起．中国经济时报，2010 - 01 - 11，5 版．

［15］郭锦辉．国家发改委应对气候变化司长苏伟："十二五"低碳发展有六个重点．中国经济时报，2011 - 03 - 31，9 版．

［16］章轲．2013 年中国应对气候变化和低碳发展十大新闻．中国低碳网，2014 - 05 - 02，http：//www. ditan360. com/.

［17］鲍丹，宋嵩．"十二五"单位 GDP 能耗降 16%．人民日报，2013 - 01 - 25；附 - 董小君．中国低碳战略的两件大事和七项对策．中国经济时报，2010 - 01 - 15，5 版．

［18］马霞．低碳智慧化，靠技术更靠管理．科技日报，2010 - 07 - 05，5 版．

［19］王忠宏．全球技术创新趋势及中国的对策．科技日报，2013 - 08 - 19，1~3 版．

［20］王春，郑远．中国急需打造完备的创新生态系统．科技日报，2012 - 11 - 05，1~4 版．

［21］李江涛．我国能源危机管理的三大误区．中国经济时报，2011 - 03 - 23，5 版．

［22］李成刚．增强创新能力应构建现代产业体系．中国经济时报，2013 - 04 - 25，6 版；附 - 余江．新技术突破与产业变革的机制分析．科技日报，2013 - 02 - 18，1~3 版．

［23］杜悦英．碳信息披露——中国企业准备好了吗．中国经济时报，2010 - 06 - 24，10 版．

［24］杜悦英．碳管理启航．中国经济时报，2010 - 07 - 08，10 版；企业碳管理——初尝螃蟹的味道，2010 - 07 - 22，9 版．

［25］何晓亮．中国需要自己的碳标签．科技日报，2011 - 01 - 31，11 版．

［26］陈磊．中国创新指数排名升至世界第 19 位．科技日报，2014 - 03 - 29，1~3 版．

［27］张永伟．发展新能源的同时应加快理顺管理体制．中国经济时报，2009 - 08 - 31，5 版．

［28］范思立．能源领域的约束性指标还要不要．中国经济时报，2010 - 12 - 20，7 版．

［29］范思立．技术创新驱动中国　科技体制改革夯筑强国路．中国经济时报，2012 - 09 - 12，1~8 版．

［30］宣晓伟．什么阻碍了中国的创新．中国经济时报，2012 - 11 - 02，5 版．

［31］郭锦辉．合同能源管理的发展有三大障碍．中国经济时报，2011 - 05 - 05，7 版．

［32］毛如柏．中国环境法制建设对环保投资和环保产业的影响．中国城市低碳经济网，www. cusdn. org. cn，2013 - 01 - 11.

［33］记者．环境保护法自 2015 年 1 月 1 日起施行．中国政府门户网站 www. gov. cn，新华社，2014 - 04 - 25.

［34］国务院办公厅：安全生产"十二五"规划，国办发〔2011〕47 号，2011 - 10 - 01；附 - 冯卫东．机器人也应有个"司法体系"安全问题已成为机器人使用的一个焦点．科技日报，2009 - 06 - 29，2 版．

［35］叶荣泗．"十二五"规划与能源法治．中国经济时报，2011 - 09 - 22，11 版．

［36］申瑞娟．构建我国低碳经济法律体系的立法思考．中国城市低碳经济网，2012 - 12 - 18，www. cusdn. org. cn.

［37］杨解君．大陆能源立法的现状与检讨，网传 ppt，2011 - 09.

［38］佚名．构建"低碳经济"法律保障机制之思考．中国城市低碳经济网 - www. cusdn. org. cn，2011 - 04 - 27.

［39］张鹏．论低碳技术创新的知识产权制度回应．科技与法律，2010（3），29 - 32.

［40］课题组．中国已有相关法律与应对气候变化内容分析，能源基金会中国可持续城市项目．中国政法大学气候变化与自然资源法研究中心，2012 - 07.

［41］黄海燕．有的放矢谈气候变化法律起草相关问题．中国经济时报，2012 - 05 - 21，11 版．

［42］黄海燕．碳减排市场化机制的立法探讨．中国经济时报，2012 - 04 - 16；2012 - 04 - 23；2012 - 06 - 25，均 10 版．

［43］詹姆斯·博伊德．法律政策对发展低碳经济的作用重大．科技日报，2010 - 04 - 25，2 版．

［44］马媛媛（主持）．破解中小城市垃圾围城　路在何方？科技日报，2010 - 12 - 10，7 版．

［45］王茹．"垃圾围城"困局如何破解？中国经济时报，2013 - 01 - 31，6 版；附 - 田婷．"垃圾围城"，城市如何突围？科技日报，2010 - 06 - 24，4 版．

［46］王茹．垃圾焚烧——希望还是隐患？中国经济时报，2013 - 02 - 28，6 版．

［47］王小龙．太空垃圾数量已达"临界点"碎片数量超过 16000 块．科技日报，2011 - 09 - 03；从植物中提取可降解聚合物获得成功，2013 - 06 - 20，均 2 版．

［48］王彩娜．垃圾焚烧发电需摆脱政策依赖；垃圾焚烧发电的环保之争．中国经济时报，2012 - 06 - 18，1~9 版；专家建议污泥发电需"因泥制宜"，2012 - 07 - 02，10 版．

［49］冯卫东．加投资绿色燃料生产新工艺．科技日报，2013 - 09 - 03，2 版．

［50］记者．垃圾焚烧也能变成大好事——看垃圾处理先进国家如何一举多得．科技日报，2014－02－28；新华社记者：全球垃圾分类面面观，2014－07－01，均2版．

［51］记者．调查称中国超三分之一城市遭垃圾围城．中国青年报，2013－07－22．

［52］左常睿、裴培．创新技术让城市垃圾"变废为宝"．科技日报，2012－10－23，4版．

［53］刘垠．一吨废弃手机意味着什么？1亿部废弃手机如何变废为宝？科技日报，2012－11－25，1～3版；2015年我国危险废物产生量将超6000万吨，2012－12－15，3版．

［54］刘霞．污水"变身"新能源．科技日报，2011－02－12，2版．

［55］吕吉尔（编译）．垃圾回收利用的历史和未来．世界科学，2007（10），9－12；欧洲在垃圾中找到清洁能源，2010（7），7－9－6．

［56］朱玉龙．中国建筑垃圾回收再利用经济价值的探索．科技日报，2012－11－26，8版；附－张盖伦：建筑垃圾"渴望"被回收的资源，2014－08－19，5版．

［57］朱建良、耿言虎．整合社区资源促进环境治理．中国社会科学报，2012－08－03，A08版．

［58］宋宁而．日本垃圾处理的地域自治经验．中国社会科学报，2012－08－03，A08版．

［59］严超杰．电子垃圾回收行业如何完成华丽转身．中国经济时报，2012－05－21，11版．

［60］李禾．给生活垃圾找条"回去"的路．科技日报，2013－11－01，6版；附－杜华斌．"开膛破肚"电子产品为了啥 逆向工程已成世界专利战的秘密武器，2011－01－29，2版．

［61］李晓红．垃圾处理扶持政策有待真正落地．中国经济时报，2011－06－23，9版．

［62］李海楠．实现垃圾处理目标或需扭转政策思路．中国经济时报，2013－12－25，2版．

［63］李桐林、李禾．2/3垃圾焚烧厂污染排放数据成"秘密"．科技日报，2013－05－04，3版．

［64］李禾．环保部启动电子废物无害化处理项目．科技日报，2014－07－02，1版；附－佚名．中国年废弃手机可提取1500公斤黄金．科技文摘报，2012－04－12，9版；家电二次污染 危害远超甲醛，2012－08－16，13版．

［65］陈萌．挖掘废弃物中的能量宝藏．科技日报，2013－09－04，7版．

［66］陈彬．关注"废弃物回收再利用"系列报道之一 都市遭遇垃圾围城之痛．科技日报，2009－05－11，9版．

［67］陈阿江．探索城市生活垃圾处置新方向．中国社会科学报，2012－08－03，A08版．

［68］张宁．餐厨垃圾处理产业化尚待时日．中国经济时报，2012－08－27，11版．

［69］张娟．垃圾资源化急需垃圾分类效率提高．中国经济时报，2011－03－31，9版．

［70］张焱．垃圾资源化助力循环经济发展．中国经济时报，2011－05－05，7版．

［71］张周来．"铜垃圾"变废为宝．科技日报，2013－02－18，4版．

［72］张厚明．阻止国外电子垃圾涌入我国的四点建议．中国经济时报，2013－12－16，6版．

［73］国家环保部（主持）12个部委局参编，2013中国环境状况公报，2014－05－27．

［74］国务院办公厅．"十二五"全国城镇污水处理及再生利用设施建设规划，国办发［23］号，2012－05－11；"十二五"全国城镇生活垃圾无害化处理设施建设规划，国办发［24］号，2012－05－11．

［75］周宏春．我国的城市垃圾危机．中国经济时报，2010－04－01，11版．

［76］周远翔，刘梦飞．点燃的是垃圾 输出的是能源．科技日报，2012－08－07，6版．

［77］金叶．谁制造了"第八大陆"？科技日报，2009－10－30，5版．

［78］赵义．电子垃圾——全球化的阴暗面．青年商旅报，2011－03－08．

［79］赵英淑．"城市矿产"，隐藏在身边的"超级金矿"？科技日报，2012－12－07，5版．

［80］高敏．无害化处理 资源化利用 让污泥变废为宝．科技日报，2014－08－29，9版．

［81］高峰．变废为宝 循环利用——发达国家如何处理厨余垃圾．中国经济时报，2012－12－31，11版．

［82］郭锦辉．新规搅动千亿垃圾处理市场．中国经济时报，2011－04－28，9版；附－记者．英国生活垃圾侵入佛山．南方都市报，2007－01－17，A07版．

［83］倪明，全杰．（广州）2015破解垃圾围城．广州日报，2012－04－07，A1版．

［84］黄橙．追踪垃圾的意外之旅．科技日报，2011－01－12，7版．

［85］蒋洪涛．大城市硬伤之首：垃圾有处理不等于合理．科技日报，2010－11－16，5版．

［86］蔡爱富．垃圾发电．世界科学，1997（10），40－41．

［87］操秀英．正规大企业"吃不饱"个体小作坊"吃不了"－我国每年上亿台废旧电器何处去．科技日报，2011－07－31，1～3版；附－李禾．缺少环保又省钱的处理技术；废旧家电处理看国外谁买单，均同日1版．

［88］薛飞．垃圾无害化处理呼唤"中国式"技术．中国知识产权报，2008－01－16，10版．

［89］鞠海彦．废品处理中的科技应用．世界科学，2009（7），17－18．

［90］Bruce Piasecki et al.（陶家详摘译）．废塑料的焚烧处理．世界科学，1998（12），30．

［91］Ivan Watson（古雷译）．中国：世界的电子垃圾桶．科技文摘报转自青年参考，2013－06－13，4版．

［92］Phlip Ball（王宛君译）．垃圾：转化为生物煤气．世界科学，2000（9），29．

[93] 卜勇. 生物燃料——可能没有想象的"绿". 科技日报, 2013－01－30, 7版; 附－易家康（编译）: 生物燃料有那么绿色吗? 世界科学, 2008（6）, 19－20.

[94] 于洋, 张兆军. 我国掌握生物降解二氧化碳基塑料产业化关键技术. 科技日报, 2012－07－02, 5版.

[95] 马爱平. 科技创新推进生物质燃气产业商业化. 科技日报, （一）2013－08－19; （二）2013－08－20; （三）2013－08－21; 均1～3版; （四）2013－08－22, 3版; 世界生物质燃气产业发展现状与趋势——访生物质能源产业技术创新战略联盟, 2013－09－08, 2版; 绿色农药崭露头角——记国家863计划之农业生物制剂创制技术, 2013－12－23, 3版; 绿色能源点亮美好生活——记国家863计划之农林生物质高效转化技术, 2014－01－01, 3版.

[96] 方陵生（编译）. 源自基因工程的新一代生物燃料. 世界科学, 2009（5）, 8－10; 附－毛黎. 用转基因光合细菌生产单糖好处多 减少二氧化碳排放降低生产成本. 科技日报, 2010－06－30, 1版.

[97] 王乃粒（编译）. 用木材生产乙醇－开发生物燃料的新途径. 世界科学, 2007（6）, 34－36.

[98] 王乃粒（编译）. 绿色梦想正在实现－生物质能发展动向. 世界科学, 2008（2）, 2－7.

[99] 王彩娜. 补贴难解生物质能发电难题. 中国经济时报, 2012－04－16, 9版.

[100] 王彩娜. 生物质发电企业患上政府补贴依赖症; 生物质能科技企业盈利模式现隐忧; 生物质能源产业政策和规划重在跟进落实. 中国经济时报, 2012－11－19, 9－10版.

[101] 王涛等. 木薯变"石油"的科技乐章——记天津大学生物质能源技术跨越之路. 科技日报, 2012－12－06, 1～3版.

[102] 石元春. 粮食! 石油! 生物燃料? 解决中国石油与"三农"两大心腹之患的战略思考. 科技日报, 2008－06－08, 1～2版.

[103] 石元春. 生物质能源是低碳能源的主力. 科技日报, 2010－04－25, 2版.

[104] 田学科. 研究称生物燃料也有排放问题. 科技日报, 2011－08－08, 2版.

[105] 刘丹. 美教授从细菌获取生物燃油. 科技文摘报, 2011－03－24, 8版.

[106] 刘霞. 生物燃料会是下一个泡沫? 科技日报, 2009－05－03; 科学家合成出可替代柴油的生物燃料, 2011－11－03; 英用大肠杆菌制造出"生物化石燃料", 2013－05－08; 美将生物质能直接转化为乙醇, 2014－06－24, 均2版.

[107] 刘晓莹. 生物燃料飞行还有多远? 科技日报, 2011－10－14, 5版.

[108] 华凌. "多面手"蓝藻可将CO$_2$转为五种燃料 既有助于减缓全球变暖又可维持能源供应. 科技日报, 2013－09－07; 附－佚名. 借助转基因蓝藻的光合作用 二氧化碳可直接转为液体燃料, 2009－12－14, 均2版.

[109] 华凌. 咖啡渣可用于制造生物柴油. 科技日报, 2014－06－19, 1版; 手机影响男性生育能力 射频电磁辐射对精子质量产生负面作用, 2014－06－11, 2版.

[110] 朱晔荣等. 新型能源植物浮萍生物质能的研究与开发. 自然杂志, 2013（5）, 359－364.

[111] 杜悦英. 藻类的双向炼金术 在基因工程的妙手中, 藻类不仅能够有效吸附大量二氧化碳, 还能制成生物液体燃料. 中国经济时报, 2010－07－15; 生物质能源亟待发力, 2010－09－02, 均10版.

[112] 李大庆. 人才流动难 企业融资难 成果转化难 我国生物产业自主创新面临多方制约. 科技日报, 2007－03－03, 3版.

[113] 李志军. 生物柴油发展思路与政策建议. 中国经济时报, 2008－04－08, 8版; 发展生物质能源需要解决的几个问题, 2010－12－16, 11版; 附－李禾. 能源"童话"与现实的艰难"对接". 科技日报, 2009－12－22; 把污染源变成新气源, 2014－11－26, 均5版.

[114] 杨雪、张晶. 开启生物航煤的商业化进程. 科技日报, 2013－06－16, 2版.

[115] 来建强. 1吨"地沟油"产出980公斤生物柴油. 科技文摘报, 2011－09－08, 9版.

[116] 佚名. 生物质能源基础及技术发展. 中国城市低碳经济网 www.cusdn.org.cn, 2012－09－04, 自中华励志网; 现代生物技术在环境保护中的应用和前景, 中国城市低碳经济网, 2012－12－18; 生物质能源迎来发展春天. 经济日报, 2014－03－18.

[117] 何建昆. 我国生物产业进入了大规模发展新阶段. 科技日报, 2012－07－12, 12版.

[118] 陈义龙. 抓住生物质能源的发展机遇. 人民日报, 2013－07－15.

[119] 陈卫东. 小微藻有望解决生物柴油原料短缺大问题. 科技日报, 2011－02－21, 1版.

[120] 陈铁等. 木薯原料制燃料乙醇关键技术获突破. 科技日报, 2012－12－31, 5版.

[121] 张一鸣. 发展生物质燃料的关键是原料和技术－访两院院士闵恩泽. 中国经济时报, 2012－03－05, 9版; 生物柴油生产企业"吃不饱", 2013－03－04, 9版.

[122] 国务院. 生物产业发展规划, 国发（2012）65号文, 2012－12－29; 附－新华社. 国务院发布《生物产业发展规划》. 科技日报, 2013－01－07, 1版.

[123] 国家能源局. 生物质能发展"十二五"规划, 2012－07－24.

[124] 国家林业局. 全国林业生物质能源发展规划（2011～2020年）, 2011－10－19/2013－05－28.

[125] 姜靖. 微藻制油－"吃"二氧化碳, "产"生物柴油. 科技日报, 2012－03－29, 5版.

[126] 姜晨怡. 顾此切勿失彼－发展生物燃料必须兼顾利弊. 科技日报, 2008－02－06, 2版.

[127] 赵杰、王文明. 生物质发电——问道摇摆中的朝阳产业, 政策不配套苦了生物质电企. 中国经济时报, 2010－04－12, 7版.

[128] 赵凤华、信永华. 我国首创微藻固碳塔式反应器 烟道气中的二氧化碳可制取生物油. 科技日报, 2009－12－31, 1版.

[129] 徐顺庆、徐志江. 生物能及其利用. 自然杂志, 1981（9）, 671－676.

［130］陶韡烁，王春．复旦大学用大型海藻制成生物油 污染元凶有望变身新兴能源．科技日报，2010－06－25，1 版．

［131］黄堃．新型酵母可将木糖高效转化为乙醇．科技日报，2012－07－23，2 版．

［132］常丽君．"人造树叶"光合效率达自然树叶 10 倍 可为发展中国家提供廉价电力．科技日报，2011－03－29，1 版；高空"超级细菌"可成发电新能源 菌群形成了一种新型超级发电生物膜，2012－02－28，2 版．

［133］章小星．新能源与新争议．中国经济时报，2008－04－16，6 版．

［134］谢屹．挪威大力发展生物质能源产业．中国能源报，2013－10－17．

［135］蒋秀娟、马俊虎．非粮食乙醇能否解决石油危机？科技日报，2008－06－18，4 版．

［136］编辑部．生物燃料导致粮食危机 推动粮价上涨了 75%；能源与肥料价格的上涨只让粮价上涨了 15%．广州日报，2008－07－06，A7 版，据新华社电．

［137］彭玉磊．生物燃料——以"新能源"之名破坏地球．广州日报，2008－04－06，A8 版．

［138］蓝建中．一种深海虾的酶有望用于生物燃料生产．科技日报，2012－08－17，2 版．

［139］滕继濮．我农作物秸秆综合利用新技术攻克世界性难题．科技日报，2013－01－25，6 版．

［140］Louise O. Fresco（方陵生编译）．更理想的生物质能．世界科学，2009（8），15．

［141］IEA．交通用生物燃料技术路线图 2011．巴黎，2011－12（中文译件）．

第15章

高瞻战略凝规划

15-1 发展氢能经济 探索深邃能源

15-1-1 氢能在望 轻歌曼舞

1. 基本概念——元素周期表中的首位、原子序数为 1 的氢是理想的能量载体。

（1）氢作为能量载体的优点有：

①燃烧时只生成水和微量氮化物，可以不产生包括 CO_2 等的任何污染物；燃烧时产生的氮化氢经过适当处理后也不会造成环境污染。

②氢气与传统能源相比，能量密度和热效率高。在所有气体中，氢的导热性能最好，比大多数气体的导热系数高 10 倍以上，在能源工业中氢是难得的传热载体。飞机使用氢能，比常规燃料的效率高 38%；氢气内燃机汽车效率是汽油燃料的 2.5 倍；氢燃料电池效率最高可达 80%[19]。

③标准状态下，氢的密度为 $0.0899g/m^3$；常温常压下为气态，在超低温 -252.7℃ 和高压下可变成液体；若压力增大至数百大气压，液氢可变为金属氢。

④由于质轻，运输成本低。

⑤氢是自然界无所不在普遍分布的元素，估计氢构成宇宙质量的 75%。除大气中充盈着氢，主要以化合物形态储存在水里，而水是地球上无穷无尽的物质。按重量计，氢在水分子中占 11%；地球上海水有 1.37×10^{18} 吨，含氢量 1.5×10^{10} 吨。地球化石燃料总储量燃烧时能发出 5.55×10^{19} 大卡的热量，而全部氢能发出 5.1×10^{23} 大卡热，即所生总热量是地球上全部化石燃料所能发出的总热量的 9000 倍。

⑥除核燃料外，氢的发热值比所有同重化石燃料、化工燃料或生物燃料都要高，为 34000 大卡/kg，是汽油发热值的 3 倍。

⑦氢的同位素氘和氚是聚合反应核电站以及威力强胜原子弹百倍的氢弹的基本原料。

⑧氢燃烧性能好，点燃快，与空气混合时有宽广的可燃范围。

⑨氢的利用模式多，既可以通过燃烧产生热能，在热力发动机中发出机械功，又可以作为能源材料用于燃料电池，或转换成固态氢用作结构材料。用氢代替煤和石油，不需对现有的技术设备作重大改造，现有的内燃机稍加改装即可使用。此外，氢还是生产氨、甲醇、合成燃料的原料，可供石油深加工和生产高辛烷值发动机燃料[9]。

⑩氢燃烧后生成的水又可用作制氢的基本原料，即可供反复循环使用。

（2）氢作为能源载体的难处有：

①氢易燃易爆，需耐高压（100~200 大气压）的容器储运或无隙可乘的管道输送，应用时需要严格的操作规程和较熟练的操作人员，严禁违规操作和严防事故发生。混入空气的氢不但易爆炸，而且爆燃威力甚大。用高压钢瓶储氢，即使加压到 150 个大气压，压入的氢气尚不足氢气瓶质量的 1%；储存液态氢

须保持温度在 $-253℃$，如若绝热不良，液态氢就会沸腾气化对容器加压[16]；近年流行的通过如含锆、钒、锑、铬、镍等的合金吸纳储氢的办法，又应虑及所用合金的使用价值和成本[27]。

②从大规模电解水获得纯氢需要大量的能源和精准设备，单质储存或利用合金锆、稀土镍合金、镍钛合金等大量吸纳氢气需要昂贵的吸纳材料，因成本限制很难工业化和商业化。

③目前全世界已在实验室开发生产氢的途径不下数十种，但大都因某一关键环节过不了关而无法进入大规模生产/应用阶段。例如：通过水蒸汽促进天然气（CH_4）还原：

$$CH_4 + 2H_2O \rightarrow CO_2 + 4H_2$$

通过水蒸汽被固体可燃性矿产（烟煤、褐煤或泥煤）还原生产氢：

$$C + 2H_2O \rightarrow CO_2 + 2H_2$$

都产生副产物 CO_2，这与发展绿色-低碳能源的初衷背道而驰。

④通过电解水生产 1kg 氢气约需 10 升水和电力 40kWh，一年生产 1000 亿 kg 氢气约需 10 亿 m^3 水和 4 万亿 kWh 电。除非选用最经济的低成本方式生产氢能，否则得不偿失[4]。

2. 开源开路　势在必得——综上所列，多少年来人们梦寐以求的氢能利用，关键在于寻求高效获取、高能输出、储运方便和安全可靠的氢能生产、保管、运输和利用的精湛项目，从各方科技专家提出的各种可行方案中，择其善者而从之。

（1）污水变氢气：2000 年哈尔滨建筑大学的老师成功地利用微生物从污水中分解收集氢气，向水中添加一定量的催化剂，能在阳光照射下利用光化学反应分解水分子为氢和氧[19]。2011 年哈尔滨工业大学的老师进一步实现了 $4℃$ 低温下微生物污水池内电解制氢，无需光照，而是用很低的电压（$0.2 \sim 0.6V$）加在池内安装的阳极和阴极之间[24]。后者曾建议设计家用电器处理厨余污水和副产氢气作燃料，但迄未见商品化报道。2012 年 5 月，美国加州大学圣巴巴拉分校也开发利用太阳能从污水中成功分解出氢气，所循思路与世纪初哈尔滨两大学的研究成果如出一辙[11]。

（2）太阳能制氢：2011 年 8 月，美国杜克大学的老师发明可铺设在屋顶的高效太阳能制氢系统，催化剂用纳米颗粒，反应物质主要是水和甲醇。由于设计精巧，镀有铝和氧化铝的一组真空管能吸收高达 95% 的太阳热能，使真空管内温度达到 $200℃$，管中高温液体在催化剂作用下源源不断产生氢气[2]。2013 年 8 月，德国亥姆霍兹柏林材料与能源中心与荷兰代尔夫特理工大学成功合作研发了价廉的太阳能电解水制氢法，其中用特殊的金属氧化物做阳极和价廉的钴磷酸盐做催化剂，同样实现了利用太阳能电解水制氢过程[13]！

（3）低价催化剂：传统的电解水制氢采用昂贵的铂作催化剂，成本居高不下。2012 年年底前，法国研究人员用钴催化剂代替铂，包括用钴纳米粒子组成的催化电极。据称正进一步研究这种低成本催化前提下利用太阳能光合作用进一步降低成本[23]。2012 年 11 月，美国罗彻斯特大学的学者用纳米晶体与低价的镍催化剂结合，改进了光照制氢系统，能以更低成本生产更多氢气。在美国，铂价是镍价的 3000 倍[22]！2013 年初，美国能源部太平洋西北国家实验室采用铁基催化剂代替铂快速高效地制氢发电，大大降低了制氢成本[12]。2014 年末，美国斯坦福大学的化学专家发现硫磷化钼可做铂催化剂的代用品，而且在持续稳定降低电解水成本的同时能形成大规模存储太阳能的脸颊机构[15]。

（4）纳米硅产氢：2013 年 1 月，美国布法罗大学学者发现，不需加热只需加水，直径约 10nm 的硅球颗粒见水即生成氢气，副产硅酸无毒。产生氢气的速度比直径 100nm 的硅粒快约 150 倍，比大块硅快 1000 倍。认为可用于燃料电池，作为移动通讯、GPS、电脑和照明的供电[11]！

（5）甲醇储运氢：2013 年 2 月德国罗斯托克大学的老师开发一种可溶解的钌基催化剂，能在 $65 \sim 95℃$ 和常压下有效地将存储在甲醇中的氢气释放出来。甲醇吸收的氢气约为本身重量的 12.5%，但以往释氢方法须加温 $200℃$ 和 $20 \sim 50$ 个大气压。不过，改进的方法在实验室每分钟仅能得几毫升氢气，催化剂稳定性不够，且反应中副产 CO_2 须处理[22]！英国科学和技术设施委员会（STFC）的研究发现用氨进行分解制氢也许更价廉和可靠[7]！

（6）光合作用启示：2013 年 6 月，英国格拉斯哥大学的老师注意到植物光合作用将水分化解成氢和氧的过程，采用所谓电子耦合质子缓冲法成功从水中分离了氢和氧，比眼下的电解制氢法成本低廉，提高了安全水平。不过，这一思路要大踏步从实验室走出来进入规模应用还有不少路程[20]。

（7）高效光解制氢：2013 年 6 月，有记者专访以色列理工学院的科学家，他们采用纳米薄膜催化剂实现新的光解制氢，其中将光伏发电与光解水制氢有机结合起来，借助超薄的铁锈（Fe_2O_3）薄膜来捕捉光，达到高效率和低成本的光解制氢目的。在学术期刊上发表的论文《用超薄材料捕获共振光实现水裂解》曾引起学界关注[5]。同年 8 月，美国科罗拉多大学波德分校也宣布用太阳光有效地将水分解为氢和氧，仅所用聚光和工作温度不同[61]。

（8）廉价氢燃料：2013 年 7 月初，美国威斯康辛大学麦迪逊分校的科学家宣布水制氢可以用二硫化钼结构的催化剂代替昂贵的铂，能有效参与水的电解制氢，而成本大幅度降低[6]。此外，该校的老师还在 2014 年 7 月下旬类似上面第 6 款受树木光合作用启发开发出新型高效太阳能制氢技术[21]。

（9）环保制氢法：2013 年 7 月下旬，德国 BASF 公司研发了一种更环保的制氢法，使用自制催化剂，令所获氢气与 CO_2 结合，以制造化学品和燃料。采用化石燃料天然气作为动力的机动车，燃烧过程排放大量 CO_2，而新法则否，整个过程可将 CO_2 减少一半。不过，该公司没有公布其自制催化剂的内涵[71]。

（10）2013 年 12 月，法国里昂的研究人员开发出以氧化铝作催化剂的水和橄榄石在高温高压下制氢的技术，但需设置 200 ~ 300℃ 高温和 300 个大气压以上的压强环境。要求的条件太高是否适合未来大规模制氢需求，值得商榷[61]。

可见，不论何人研发制氢，不外乎从环境要求、催化剂材料、储运条件、能源收支和成本审计几方面开拓进取，可是虽然经过各国科学家急管繁弦地大力研发，至今仍未能找到大规模生产氢能最理想的可持续的、高效的、经济的、安全的、大规模存储氢能的技术方案。

15 – 1 – 2　燃料电池　氢能发电

1. 燃料电池　众星捧月——

（1）基本原理：燃料电池普适应用的基本形式是以氢为燃料的化学电池，利用物质电化学变化释放出的能量直接变换为电能。燃料电池基本构造由燃料极（阳极）、空气极（阴极）和聚合物隔膜（质子交换膜）3 部分组成，中间充满离子导体的电解质。当向燃料极充入氢气，氢气在金属催化剂作用下变成氢离子，同时释放出电子；电子沿着燃料极与空气极间的外电路流向空气极，形成电流；在空气极的氧得到电子的同时，亦因金属催化剂作用而形成氧离子；氧离子与经电解质中流过来的氢离子实行反应，结合为水。

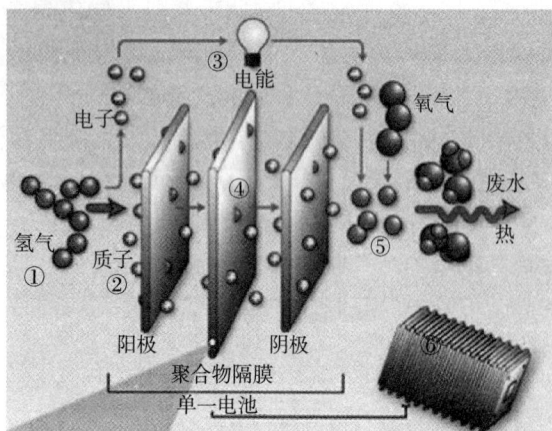

图 15 – 1　燃料电池工作原理结构

只要持续向燃料极、空气极提供氢与空气就能得到连续不断的电流，燃料电池也就是一种利用水电解制氢的逆反应原理的"发电机"。由一个燃料极和空气极及电解质、燃料、空气通路所组成的一组电池称为单体电池；多个单体电池的重叠，称为电堆。实用的燃料电池均由电堆组成（图 15 – 1）。目前，发达国家的许多著名公司几乎悉力以赴，犹如奥运会上的马拉松接力赛跑，谁都想独占鳌头[10]。

（2）燃料电池的优点是[26]：

① 不受热力学卡诺循环的限制，能量转换效率高。

② 能源清洁，对环境无污染，且噪声低。

③ 积木化模块结构、集聚功率较高。既可集中供电，也可分散发电。

④ 高温型燃料电池可实现热电联供。

⑤ 视应用场合，一般无需单独建造发电厂，节约了土地资源。

⑥特别适于交通车辆应用，且一般投资效益较高。

燃料电池用途广泛，特别是氢能燃料电池，可与太阳能电站，风力电站等建成储能站，也可建成夜间电能调峰电站，可望比抽水储能电站占地少，投资低。从加强环境保护考虑，更是一种值得推广的新能源。这里着重指出的是，大力开发以氢能燃料电池为动力的新一代汽车已成为各大汽车公司的首要使命。

（3）其他应用方式：

①氢燃烧产生蒸汽后发电：与常规火电厂相似采用汽轮机为热动力机，区别在于用紧凑、高效、无污染的燃烧室蒸汽发生器取代锅炉。

氢与氧按化学比例配合，直接送入燃烧室燃烧（最高温度可达 2800℃），同时向燃烧室喷水以增加蒸汽流量并适当降低蒸汽温度，满足汽轮机的要求。

②氢直接用作燃料发电：在普通内燃机中以氢为燃料，内燃机直接带动发电机发电。此外，也可将氢直接作为工质，利用其他热源（如太阳能）加热氢，在较低温度条件下（如 $100 \sim 150℃$）就可得到稳定的高压（$10 \sim 15MPa$）氢气流，直接进入氢气轮机带动发电机发电。这种发电方式，可以使得低温热源得到充分利用。

各种燃料电池随所用电解质和催化剂不同而异其用，各有关类型及特性见表 15-1。其中因 PAFC、MCFC 和 AFC 的电解质非固态且有腐蚀性，应用面受限；SOFC 和 PEMFC 尤受欢迎。发展氢能燃料电池目前面临的深入科研任务不外乎：①材料研发：含催化剂（如多元合金催化剂、核壳催化剂、非贵金属催化剂），聚合物隔膜/质子交换膜（导电与降解机理研究、高性能膜的开发）、极板、绝缘端板等；②膜电极的选用、制备和性能稳定性提升；③电堆设计；④系统集成；⑤实际运行，含加氢站设计、建设和运行管理等[24]。2014 年底，美国犹他大学的专家研制出首枚使用酶促成燃料直接转化电能的新型燃料电池，可在室温下发电，可为手握电子设备供电[15]。

表 15-1　　　　　　　　　　　　　　　　燃料电池分类和特性

类型	磷酸型	熔融碳酸盐	固体电解质	碱性	固体高分子/质子交换膜	直用甲醇
英文缩写	PAFC	MCFC	SOFC	AFC	PEFC/PEMFC	DMFC
运行温度℃	150~220	600~700	800~1000	60~80	60~100	≈100
电解质	磷酸溶液	熔融碳酸盐	固体氧化锆	苛性钾	全氟磺酸膜	全氟磺酸膜
反应离子	H^+	CO_3^{2-}	O^{2-}	OH^-	H^+	H^+
可用燃料	天然气、甲醇、液化丙烷、液化石油气、石脑油	同左	同左	纯氢	氢、天然气、液化丙烷、甲醇	甲醇
电极	多孔质炭精，铂催化剂	多孔质镍，不需铂催化	氧化镍等无需催化剂	—	—	—
特点	限制 CO 含量	可含 CO，镍系金属催化剂	可含 CO	—	严格限制 CO 材料广、启动时间极短、可小型化轻量化	—
适用场合	分散用电，热电联供，农村	分散用电，热电联供，电站	分散用电，热电联供，中型电站	移动电源	分散、移动电源、小型电站	移动电源
系统发电效率（%）	40~45	45~60	50~60	≈45	≈60	≈50
安全警示	CO 中毒	—	—	—	CO 中毒	CO 中毒

（据：刘汉民．燃料电池——一种全新的能源．世界科学，1994（11），11-12）

2. 科技进展和竞争焦点——

（1）国外点滴：2010 年底，美国哈佛大学宣布两项研发成果：在 SOFC 类型中用特制纳米级陶瓷薄膜包裹层代替铂电极，将原来高温运行状态降至 300～500℃；2011 年 9 月，美国南加州大学研发成功安全有效提取和储氢的方法，即利用硼烷氨络合物以稳定固体形式存储氢，为在任何大气环境中保持氢源稳定，且可重复使用[7]。在扩大对固体电解质燃料电池的研发方面，2012 年在美国又陆续取得若干实质性突破[2!]。

2013 年 2 月，韩国现代汽车公司建成世界首条燃料电池电动汽车生产线，计划于 2015 年前生产 1000 辆；2013 年年中美国福特等公司的氢燃料电池汽车示范项目共试验 183 辆汽车，经过 50 万次测试，行驶近 600 万 km，积累了 15.4 万 h 的行驶数据。结果显示，厂商能在 2014～2016 年间将氢燃料电池汽车推向市场；美国燃料电池叉车已累计销售数千辆。2014 年末，大众集团在洛杉矶车展上推出奥迪 A7、高尔夫和帕萨特 3 种车型的氢燃料轿车[18!]。欧盟、日本近年将氢燃料电池用于家庭电热联供，卓有成效。2014 年末，日本丰田正式销售氢燃料汽车"未来"，加满 1 箱液氢只需 3 分钟，可跑 650km。但目前成本与汽油车相当；东芝公司则致力氢燃料电池发电设备；川崎重工侧重液氢低成本开发后供船舶使用[71]。美国和加拿大等将燃料电池广泛用于移动通信基站作为寿命长、备电时间久、维护便捷、环境适应性好和零污染的备用电源；美国则扩大应用范围于需要稳定持续发电的固定电站、军用电源等[24!]。我国专家根据丰田的氢燃料电池汽车大踏步上市，认为对汽车业来说并非某种车型的转向，而是十足宣告了未来汽车的燃料发展总体方向，其优点集中表现在彻底的节能环保功勋[10]。

2012 年 4 月，德国汉诺威工业博览会上的氢能展厅聚集了 20 多国 120 多家参展商，涵盖了与氢能利用有关的各个领域。德国交通运输部资助成立的国家氢能与燃料电池组织（NOW）在会上展示了许多近年研发的精美氢燃料电池产品。德国奔驰公司 2011 年即已完成其 3 辆 B 级燃料电池车环球之旅，证实了燃料电池车的技术可靠性和安全性。为了推广燃料电池车辆的应用，德国计划 2017 年前在全国建成 1000 处加氢站，助力实现燃料电池动力汽车的大规模市场化[13]。

（2）国内创新：我国自 20 世纪末开展先进燃料电池研发以来，节节显效，战果辉煌。上海交大、浙大和中科院大连化物所、武汉理工大学等的研究班底已逐步形成人才优势，近年硕果累累[18]。但我国燃料电池尚未形成完整的产业链，部分关键材料和零部件需要进口。2008 年奥运会期间，23 辆燃料电池汽车示范运行 7.6 万 km；到 2010 年世博会期间，提高到 196 辆车和 91 万 km。2012 年京、沪已建成 4 座含固定式和移动式加氢站[14]。2014 年 9 月初，上汽集团自主研发的 3 辆荣威燃料电池车开上高速公路，是即将市场化的氢燃料电池轿车市场化前夕的"路考"旅程。上汽作为目前国内唯一能生产氢能燃料电池汽车的企业，计划年底推出 55 辆车入市，2015 年完成百辆计划，成为上海市计划 13000 辆氢燃料电池车生产计划的主力[1]。

15－1－3　海底能源矿　未来可燃冰

1. 天然气水合物——

（1）基本知识：300m 以下深海和陆地永久冻土层蕴藏的巨量能源可燃冰，也称气冰、固体瓦斯，学名为天然气水合物，化学式 $CH_4 \cdot 8H_2O$，系天然气固体状态，主要成份为甲烷和水，所以有的文献称之为甲烷水合物[15]。据国际天然气潜力委员会估计，海洋可燃冰蕴藏总量约 $(1.8～2.1) \times 10^{16} m^3$，即所含碳量约相当于已知全球化石能源含碳总量的 2 倍[17]。

（2）可燃冰能源利弊：可燃冰具有的明显优势是：①能量密度集中，约为煤炭的 10 倍。$1m^3$ 可燃冰燃烧时能释放 $164m^3$ 的天然气[3]。②资源量极大，全球储量分布较均匀。已知 20.7% 地球陆域和 10% 海底均有丰富储量。③开采设施和技术适配后，综合效益有望超过化石能源的开采水平。④集中开采得手后可安排常规交通运输和管道运输模式。⑤燃烧后无残渣，使用过程环保易达标。

但也能估计到利用可燃冰可能遇到的难点和弱势：①开采利用过程的安保水平须特别加强，因 CH_4 散逸空中不但加剧温室效应，且易造成局部人群中毒和引发火灾；②不易选准最佳开采地域或海域，唯恐徒劳无功；③无论陆上冻土带，抑或深海域，开采所需设备精良，钻探工作量大，成本很高；④遇到资源分布较分散的开采地点，采集、集运、分途储运难度较大，当心得非所望；⑤目前缺乏系统理论研究、较典型的开发技巧、有效的相应环保举措。

有人告诫 CH_4 侵入海水不但造成海洋环境变化，还有可能引发海啸[3]。出现这种后果的可能性也许微乎其微，可是有文献断言 8000 年前令北欧遭到浩劫的大海啸就是海床陡然温升造成可燃冰大量释放 CH_4 惹的祸[11]。美国科学家 10 年前已敲响警钟：存量浩如烟海的西伯利亚冻土带浅层可燃冰一旦遭遇因气候变暖而部分融化放出比 CO_2 温室效应强 22 倍的 CH_4，后果谁敢设想？

2. 可燃冰资源调查和开采前景——

（1）国外争先恐后：原苏联地质学家早在 1946 年即已证实西伯利亚冻土带存在巨量可燃冰层，20 世纪 90 年代初就曾初步估计其可燃冰世界储量为 $(1 \sim 139) \times 10^{15} m^3$，而预估俄罗斯储量是：陆地 $100 \times 10^9 m^3$；近海水域 $5 \times 10^{12} m^3$。1970 年开始，中西伯利亚高原北疆诺里尔斯克附近梅索亚哈矿区工业取用当地冻土可燃冰，也许是世界开发并利用可燃冰的先声[9]。现已查明：西伯利亚冻土带的 27 个油气田都分布有可燃冰层[17]。

日本因能源奇缺，对可燃冰的开发利用比其他国家更积极。1994 年，日本通产省组织实施为期 5 年的可燃冰研究计划。1997 年初，日本国家石油公司（JNOC）与加拿大合作，在后者西北部三角洲进行了第一次试钻。由于日本没有其国内的冻土层，不得不向近海或与他国合作实行深海钻探[15]。

现已查明，美国太平洋和大西洋专属经济区内的可燃冰蕴藏量为 $90 \times 16^{12} m^3$；加拿大北部水域有 $50 \times 10^9 m^3$；日本周围水域有 $40 \times 10^{12} m^3$；印度周边有 $122 \times 10^9 m^3$。21 世纪初，美国和日本即已计划到 2010 ~ 2015 年实现海洋可燃冰工业开采[9]。不过最后偏逢开采的技术设备和工艺复杂性超过预期，也许目前尚在筹划阶段。日本却已宣布基本掌握经济可行的开采技术[25]，已明确提出到 2016 年实现商业开采，美国则拟提前在 2015 年实现。部分发达国家也正从观望转入实际行动[8]。初步查明：全球共发现 155 处可燃冰产地，冻土区有 10 处[115]。

（2）我国急起直追：我国可燃冰调查起步较晚，落后发达国家约 30 年[17]。20 世纪后半叶主要有个别专家略作信息了解。在国家自然科学基金和 863 计划支持下，有相关研究曾指出我国西沙海槽、东沙陆坡、台湾西南陆坡、南沙海槽、冲绳海槽等均可能蕴藏大量可燃冰资源。本世纪开始因能源压力日见增强，渐次受到政府和学界重视。在中国地质调查局部署下，1999 年起开始进行实质性调查研究，在国土资源部统一组织和负责实施的国家下达调研专项的执行时间为 2002 ~ 2010 年，有广州海洋地质调查局、青岛海洋地质研究所和国家海洋局共同参与。项目包括我国海域可燃冰资源调查与评价、勘探开发技术、环境效应等内容[21]。2004 年 5 月，国家可燃冰研究中心在中科院广州分院正式成立，计划这一年即跻身世界先进行列[9]。

2009 年 10 月，我国第一艘可燃冰综合调研船“海洋六号”在广州海洋地质调查局仑头码头正式投入运行，标志我国可燃冰调研向纵深发展的又一里程碑。2011 年年初，科研项目《南海北部神狐海域可燃冰钻探成果报告》通过终审，证实在目标区 $22 km^2$ 内有可燃冰矿层平均厚度约 20m，储量约 $194 \times 10^8 m^3$。估计近年内将展开试验性陆上可燃冰开采[3]。其次，在南海东北部 $55 km^2$ 钻探控制区内可燃冰气体储量超过 10^3 亿 m^3 [115]。但国土资源部的有关计划指出，目前我国海陆两边的资源勘探差距甚大，亟待加速[25]。

15 - 2　材料工业推陈出新　兴盛成果风华正茂

15 - 2 - 1　工欲善其事　必先利其材

1. 基本概念——材料是人类赖以生存和发展、用来制造机器、构件、器件和其他产品的物质基础。信息、材料（物料）和能源是社会生产力的三大组成部分，是现代文明的支柱。随着高新技术兴起，人们把新材料技术、电子信息技术、可再生能源技术和生物技术并列为新技术革命的主要创新方向。跨进五光十色的材料殿堂也许是叩响科技大门的必由之路[351]。

材料科学是研究材料的组织结构、性质、生产流程和使用效能，以及它们之间相互关系的科学。材料科学是一门与工程技术密不可分的应用科学，而且也是近代高等数学、物理、化学和系统科学等基础学科的理论结晶。

（1）材料学科分类：作为材料学科，一般按实际应用特点分为：

①结构材料：以力学性质为基础，使用场合以受力机构为主，兼及表面光泽度、热导率、抗辐射能力、抗氧化、抗腐蚀能力、韧性、抗弯强度、加工难易等，一般要求轻质、高强、坚固、长寿、环保和低成本。如钢材、合金材料、工程塑料以及用作构件的复合材料等。

②功能材料：主要利用材质的物理、化学性质或生物现象等对外界变化产生的不同反应，一般要求高功能、多功能、人性化、环保、大或超大容量。如半导体传导材料和照明材料、稀土功能材料、高性能膜材料、特种玻璃、功能陶瓷、超导材料、光电子材料、磁性材料、生物医学工程材料等。高纯硅半导体材料使人类进入信息化时代；高性能碳纤维复合材料引发航空工业设计理念、物流供应链、维修服务等的革命性变革。

③结构/功能综合型新材料：能承担结构和功能的双重任务，成为近年材料科学领域的突起新军。如地铁车厢的结构件在暗处发出余辉指示路径，既构造车厢，又发挥照明功能。

④前沿性基础材料：如记忆合金、超导、富勒烯、碳纳米管、石墨烯等。这类材料专业功能性强、理论高超、实验条件严格、创新水平不同凡响、常能触类旁通，举一反三，集中专利申请和授权，反映国家科技实力。有的文献将上面的③和④合称先进新材料，简称新材料。我们曾在10－2－2节中介绍过国家《关于加快培育和发展战略性新兴产业的决定》中确定的新材料未来发展的战略目标。

据文献分析，目前有关材料的科研攻关力量，85%集中在功能材料和新材料。

（2）其他分类：

①由于不同领域的用途各异而根据专业性质区分：如化工材料、电子信息材料、宇航材料、能源材料、生物医用材料、智能化材料、建筑材料等。建筑材料用途比较专一，故已提前在11－6节讨论。其他材料往往用途交叉而存在混用状态。

②按材料本身的物理化学性质区分：如金属材料、无机非金属材料、有机高分子材料和复合材料等。

2. 大力发展新材料产业——

（1）关于新材料产业：一般说，运用新概念，新方法和新技术，合成或制备出具有高性能或具有特殊功能的材料即可列入新材料范畴。如用聚丙烯腈原丝经过专门的碳化工艺制备而成的碳纤维就是一种全新概念的新材料。另外，有的新材料是对传统材料的再开发，使性能获得重大的改进和提高，如纳米改性、稀土改性等。工程塑料改性目前较活跃，品种增多，性能也在不断提高。所以说，新材料产业包括：新材料产品本身形成的产业、配套的新材料加工制造与装备制造产业、传统材料技术提升的产业、质量保证与验证体系及其他服务性产业等[48]。日本发现黝铜矿可将热能高效转化为电能[54]，则黝铜矿理应纳入新材料研究范畴。据统计，2010年全球新材料产业产值已高达8000亿美元，近4年约飙升了2/3强。目前我国长三角、珠三角和环渤海三个新材料产业集群区的新材料企业总数约超过1.2万家，国际领先或国际先进企业如雨后春笋，百花争艳。

按国家规划，2020年新材料产业将成为国民经济的先导产业之一；国家将在财政支持、税收激励、信贷和融资、对外合作、人才培养等方面加大扶持力度；战略性新兴产业相关材料产业将得到重点支持，如新能源材料、半导体照明材料、新型显示材料、高性能电池材料、稀土功能材料、高性能纤维及其复合材料等；前沿性基础材料研究将得到加强，如超导材料、纳米材料与器件、功能与智能材料、新型微电子和光电子材料等。

（2）传统工程材料须在高新科技引领下进入全方位革新局面：品种繁多的合成材料是当今使用最广泛的工程材料，特别是三大合成材料纤维、塑料、合成橡胶，而黏合剂、涂料也属于合成材料范畴。进入

21 世纪以来，金属材料、高分子材料、无机非金属材料、有机合成材料等四大类工程材料几乎占据材料领域的大半壁江山。工程学界则将 21 世纪的高新技术材料分列为先进新材料、电子信息材料和生物技术材料三范畴，认为先进新材料中的先进陶瓷材料、高分子基质材料和潜力巨大的碳科技材料（包括富勒烯、碳纳米管、石墨烯等）将是未来 30 年内世界材料生产和技术竞争的焦点，其渗入传统工程材料的速度和力度也势将与日俱增。

（3）绿色－低碳经济离不开新材料：例如开发新能源材料以实现能源结构向可再生和循环利用转型；开发高效节能材料包括轻质高强结构材料和生产/消费节能的功能材料；开发节能环保材料如支撑生态建筑、环境友好材质、绿色低碳包装、环境吸收/降解材料、环境修复和环境净化材料等；绿色制造用材包括无污染、少污染和资源高效利用的制造过程。

为适应绿色－低碳经济的持续健康发展，开拓新材料须四方面给力：

①产业结构调整升级给力：加速新材料产业结构调整，压缩初级材料加工业，促进传统产业的绿色－低碳升级改造，优化产业结构和区域布局。

②技术创新和绿色制造给力：加强技术创新，发展高效、低耗、无污染或少污染的新材料生产，以技术创新推动产业发展，以先进技术装备和管理，提高产品技术含量和竞争力。

③商业模式创新给力：新材料必须面向市场需求，从单调的产品原始功能设计向系统优化设计转变，向综合构思、部署、标准化生产、规制市场营销模式转变[48]。

④跟踪高新科技理论与实践给力：新材料往往诞生于原子物理、固体物理、无机化学、有机化学、物理化学、计算机科学和生命科学等科技基础理论领域，全球从事新材料研发的科学家几乎无时无刻不在开拓进取，许多创新硕果和开发商机每每稍纵即逝，必须紧迫跟上时代步伐[30]。特别是近年对碳科学的探赜索隐、无穷无尽，也许一面排碳，一面又须靠碳为中心的新材料才能营建未来理想的绿色－低碳世界[39]。

具体而言，人们希望先进新材料尽可能达到的理想功能如：①兼具结构能力和多种专业功能；②具有感知、自我调节、记忆或反馈某种性能的智能；③制作和废弃过程中做到环境友好；④多利用有循环效用的可再生资源；⑤关注材料的使用寿命。

3. 新材料产业重点发展分支扫描——

（1）新能源材料：包括大尺寸、高转换率、低成本的薄膜太阳能电池材料；锂离子电池、镍氢电池、燃料电池等大容量/高功率/长寿命/安全环保/快速充电/廉价的新能源汽车动力电池材料；压力容器大锻件、主管道、蒸发器传热管、堆内构件、屏蔽电机泵等优质核电站材料等。目前晶硅电池占主导地位，薄膜和聚光光伏正处于高速发展前夕，未来太阳能电池材料将跻身巨大的发展空间。2012 年年中，美国西北大学开发的创新型热电材料可将 15% 至 20% 的废热转换为电力，其转换效率居世界首位[37]。

（2）新电子信息材料：包括微电子、光电子、半导体集成电路和各新型元器件基础产品所用材料，总趋势是大规格、高均匀性、晶格高完整性以及元器件向薄膜化、多功能化、片式化、超高集成度和低能耗，如大尺寸高纯硅芯片和速度达数十亿次的新型金属材料芯片；光刻胶；高纯化学试剂；封装以及引线框架/环氧模塑料/键合丝等微细加工材料；低维化（超薄/纳米）、非均质化、非线性化的用于光电子信息转换、处理和储存的材料；半导体照明（LED）和有机半导体照明（OLED）相关先进材料；高档和海量储存材料；介电陶瓷、压电陶瓷、铁电陶瓷、半导体陶瓷、微波介电陶瓷等陶瓷信息功能材料，如小型化、多层片式化、集成化和多功能化片式元件如片式电容器、电感器、片式变压器、电阻元件等。

（3）航空航天材料：要求轻质/高强结构材料和大规格、多品种、高性能、按需优质的碳纤维复合材料如碳纤维、树脂体系、低成本一体化成型技术材料以及钛合金、高温高强钛合金、铝合金材料等。

（4）生态环境材料：新功能材料如隐身材料、透波材料、电磁屏蔽材料、新型工程塑料；结构/功能一体化材料如自适应、自调节、自诊断、自修复、记忆型智能化结构材料；高铁交通及新能源汽车材料如高铁重载交通新型钢材：铁轨、桥梁、轮轴、弓架材料；工程塑料、特种塑料、阻燃改性塑料、合成纤维、有机氟材料、有机硅材料、Ⅰ型和Ⅱ型液晶聚合物等节能环保化工材料；治沙、固沙、生态修复、蓄水渗膜等环境治理及生态工程材料[56]等。主要包括：①适应绿色－低碳经济发展的新材料：如生物可降解材料，CO_2 气体的固化或 CCS 所需材料，SO_x、NO_x 催化转化材料，废物循环利用各环节所需材料、环境污染修复技术相关材料，材料制备加工中的洁净技术以及节省资源、节省能源的材料。②开发能使经济可持续发展的环境协调性材料，如仿生材料；环境保护材料；氟里昂、石棉等有害物质的替代材料；绿色新材料等。③材料的环境协调性评价技术。

（5）智能材料：是继天然材料、合成高分子材料、人工设计材料之后的第四代材料，为了使传统意义的功能材料和结构材料之间的界线逐渐消失，实现结构功能化、功能多样化。近年来国外在智能材料研发方面取得许多技术突破，如英国宇航公司利用导线传感器，可以测试飞机蒙皮上的应变与温度状况。

在高温下处理成一定形状的金属急冷下来，在低温相状态下经塑性变形成另一种形状，然后加热到高温相成为稳定状态的温度时通过马氏体逆相变恢复到低温塑性变形前形状的现象，即所谓形状记忆效应。一般具有这种效应的金属是由两种以上的金属元素构成的合金，如最早的金－镉（Au－Cd）合金、后来发现的钛－镍（Ti－Ni）合金等，故称为形状记忆合金。英国开发出一种快速反应形状记忆合金，寿命期可有百万次循环，且输出功率高，以它作制动器时的反应时间只有 10 分钟。美国在喷气式战斗机油压系统中，用钛－镍形状记忆合金制成管接头套，在低温下扩径，随即装套。随着温度回升到室温，接头套即自动箍紧。用这种接头，从未发生过漏油、脱落或破损等事故。

钛－镍形状记忆合金可用来制造人造卫星的天线和能量转换热机等，当卫星进入轨道后，借助太阳热或其他热源能可在太空中将天线展开。形状记忆合金在医学领域也有广泛应用，利用其超弹性可以制造血栓过滤器、脊柱矫形棒、牙齿矫形弓丝、人工关节和人造心脏等。用钛－镍合金制成牙齿矫正弓形丝，操作简单、方便、有良好生物兼容性以及耐腐蚀等。

4. 先进新材料机遇与挑战——

（1）机遇：到 2015 年，我国非化石能源的消费比重达到 11.4%，到 2020 年将达 15%，未来 10 年将累计增加投资 5 万亿元，每年增加产值 1.5 万亿元；到 2015 年，我国光伏装机容量要达到 500 万 kW，到 2020 年达到 2000 万 kW。据 2014 年 7 月在四川举行的《中国材料大会 2014》预测：我国 2015 年新材料产值将超过 2 万亿元，并已初步形成稀土功能材料、先进储能材料、光伏材料等新材料产业体系[51]。2005 年我国材料领域科技论文数跃升世界第一；2008 年我国材料领域发明专利申请数全球第一；直至 2012 年的 10 年发展成就显示：我国钢铁、有色金属、稀土、水泥、玻璃、聚乙烯、化学纤维等百种材料产量达世界首位；光纤产量已连续 8 年居全球首位，估计到现在为止已生产近 6 亿 km^{55}。这些成就的取得是全国科技人员和产业界在政府正确培育和指引下的灿烂硕果，特别是材料科技奋发有为的结晶。

①生物质能材料：2010 年我国可供生物质能材料约 4 亿吨，到 2015 年可达 5 亿吨，资源丰富，潜力可观。到 2050 年，计划生物质能在非化石能源消费量中的占比将达 40%，但目前尚未形成较大规模产业；重点发展生物质能转化/培植能源作物/燃料乙醇/生物柴油/生物汽油；今后将重点推进农村沼气工程/生物质能科技支撑工程/农作物秸秆能源化利用示范基地建设工程/能源作物品种选育和种植示范基地建设工程等重点工程。

②生物医用材料：2008 年全球约为 240 亿美元，年增长 8% ~10%；2004 年，我国介入性治疗市场总值达到 30 亿，年增长高达 20% ~30%；组织修复材料与器件国内市场规模约 150 亿，年增长率约 15%；健美/整容市场发展很快，带动有关材料发展。

③电子信息材料：半导体照明材料 2006 年到 2012 年间市场年均增长率为 14.6%，估计 2012 年产值达 123 亿美元；2012 年多晶硅材料已占硅片总市场 50%；其重点是发展大尺寸片材；今后几年，国家将投资 3000 亿元发展物联网、4G 网、智能手机及三网融合，为我国光纤产业带来更多机遇。

④新型化工材料：各种化工助剂每年进口 1000 亿美元；重点发展煤脱硝剂，减少碳排，我国每年耗煤量巨大，脱硝剂成为环保新热点材料；有机硅材料市场北美、欧洲和亚洲约各占 1/3，中国占 20%，我国有机硅年均增长率 20% 左右。

（2）挑战：我国新材料产业正在实现由资源密集型向技术密集型的跨越。以高能耗换取高产值的局面行将结束。新材料产业还当逐步实现由劳动密集型向经济密集型的转移；以往高产值靠廉价劳动力换取、人员培训力度不高、产业结构调整迟缓、自主创新能力较弱，产品仿制多于自创、核心技术受制于人，且新材料产业不同程度上存在环境污染问题[29]。此外，企业管理忙闲苦乐不匀，先进管理偶易流于形式，个别靠政府支持、上级指示和"流年时运"过日子[47]。各国在新材料创新开拓征途上，近年来处于各抱地势，厉兵秣马的竞争氛围之中[45]，今后，我国新材料产业必须依靠自主创新，走原创之路[46]。

5. 超导材料及其应用——

（1）超导渊源：1911 年，荷兰物理学家海克·卡茂林－昂尼斯（Heike Kamerlingh－Onnes）发现汞和一些金属在绝对零度（$0°K \approx -273℃$）附近某一临界温度时电阻突然消失为零，这一惊人发现有可能引发一系列材料理论变革，昂尼斯因此获得 1913 年诺贝尔物理学奖。1973 年科学家找到铌锗合金的超导临界温度 $23.2°K$；1986 年德、美科学家发现镧－钡－铜的氧化物陶瓷在 $43°K$ 呈现超导现象，并因此获 1987 年诺贝尔物理学奖。在那以后，发现高温超导势如破竹：先是美籍华人朱经武、中国赵忠贤研究组等相继发现特种材料在 $78.5°K$ 和 $98°K$ 呈超导特性，1987 年底再次发现铊－钡－钙－铜氧化物陶瓷材料的超导临界温度上升到 $125°K$。20 世纪 90 年代后期发现的超导材料最高临界温度已达 $138°K$。21 世纪以来，科技界仍在处心积虑地寻觅室温超导[41]。

（2）超导应用：目前能够在工业上实用的超导材料可分为合金型和化合物型两大类，合金型主要有比较成熟的铌钛合金，早已达到商品化和列入工程材料范畴。化合物型超导材料主要以铌－钛 NbTi、铌三锡 Nb_3Sn 和钒三镓等为代表的实用超导材料已实现商品化。过去由于常规低温超导体的临界温度很低，须在价昂的液态氦（$4.2°K$）系统中使用，掣肘超导的推广应用。近年来随着高温超导的陆续研发，已普遍进入液态氮（$77°K$）温区，甚至可能更高。但高温超导材料的稳定性，尤其是成材工艺问题尚未完全解决，所以临界温度较高的超导体大都还在商业化前夜。近来高温超导材料成材工艺已有所突破，可以断言超导技术将在能源、交通、电子技术等方面发挥巨大威力[41]。

利用超导材料的零电阻特性，超导电缆在理论上可以无损耗地输送电能。而常规输电即使采用高压线，线损仍相当可观，因此，电能的输送将是超导体最重要的应用之一。利用超导材料制造变压器，可以大幅度降低激磁损耗、缩小体积、减轻质量、提高效率。用常规导体制成的发电机，由于导线发热和散热技术以及材料的强度等限制，单机功率极限为 2000MW，如用超导发电机则至少可提高 $5 \sim 10$ 倍，而且体积小、质量轻。未来特大容量的发电机势必考虑超导化。

（3）超导磁体：超导磁体不仅是常规（铜线绕成）磁体的替代品，因兼具许多常规磁体无法比拟的优点，其应用领域十分广阔。例如超导储能装置可将夜间多余的电能送进巨型超导磁体，需要时再导出；在核磁共振成像（NMRI）技术中采用超导磁体，不仅体积小，场强高，还可大大改善系统的灵敏度和分辨率。其他在超导磁体及大型加速器磁体等多个领域也获得广泛应用。

高能物理研究所用的加速器中，需要大型超导磁体，用作粒子的加速、探测、聚焦和存储等。最早在高能加速器上使用超导磁体的是美国的费米实验室，他们制造的世界上第一台超导加速器，能量为 $8 \times 10^{11} eV$，用了近 1000 块二极超导偏转磁体和四极集束超导磁体。全超导托卡马克高能加速器——超导磁体在数十立方米的广阔空间内产生超强磁场作为热核反应的"磁炉"，关系核聚变的成败。

图 15－2　时速达 430km 的全球第一条商业化运营超导磁悬浮列车

时速达 430km 的全球第一条商业化运营超导磁悬浮列车见图 15－2。

15－2－2　出奇制胜　探骊得珠

1. 纳米科技　异军突起——

（1）纳米技术渊源——量度客观实物几何尺寸的基本单位是米（m），10^{-3}m 为毫米（mm），10^{-3}mm 为微米（μm），10^{-3}μm 为纳米（nm），即 1nm＝10^{-9}m。物质原子间的距离平均约有 $0.2 \sim 0.3$nm，研究

0.1～100nm 长度范围内的物质电子、原子和分子的运动规律和特性，了解这一尺寸范围表现的独特材质和性能以便为人所用，是 19 世纪以来科技界梦寐以求的出奇制胜之想。自 1981 年发明了扫描隧道显微镜以后，为研究该范围内的物质特性并进而直接以原子或分子来构造具有特殊性能的产品大开方便之门。一门通幽洞微的纳米科技学从此引动全球科技界的千军万马，夙兴夜寐！1990 年 7 月，第一届国际纳米科学技术会议在美国巴尔的摩举行，昭示纳米科技的正式诞生。

（2）纳米技术范畴：在纳米尺度下隔离出来的几个、几十个可数原子或分子，显著地表现出许多新的特性，而利用这些特性制造具有特定功能设备的技术，就是纳米技术。纳米金属材料是 20 世纪 80 年代中期研制成功的，后来相继问世的有纳米半导体薄膜、纳米陶瓷、纳米磁性材料和纳米生物医学材料等。一般说，纳米技术主要研究纳米材料的结构形成及其特异功能；发展纳米生物学和纳米医药学；纳米电子学和纳米动力学。颗粒尺寸在 1～100nm 的微粒称为超微颗粒材料，是处于原子簇和宏观物体交界的过渡区域，从通常的关于微观和宏观的观点看，这样的系统既非典型的微观系统，亦非典型的宏观系统，是一种典型的介观系统，具有表面效应、小尺寸效应和宏观量子隧道效应。当人们将宏观物体细分成超微颗粒（纳米级）后，衔华佩实地显出许多奇能异性，其光学、热学、电学、磁学、力学以及化学方面的性质跟大块固体相比发生显著差异。纳米技术的广义范围可包括纳米材料成型技术、性能检测技术、纳米加工技术、纳米应用技术以及一往无前的科研刨根问底几个方面。其中纳米材料成型技术侧重功能性纳米材料的生产（超微粉、镀膜、纳米改性材料等），性能检测技术包括测定化学组成、微结构、表面形态、物理、化学、电导、磁性、传热及光学等性能；纳米加工技术包含精密加工（如能量束加工）及扫描探针技术等；纳米应用技术近可涵盖衣食住行消费生活，远及工交系统、航空/航天、环境治理等，日居月诸，用途千万。2003 年美国科普新书《纳米王国》乐观地预言 5～15 年将出现的新兴纳米技术，一部分被该书谈言微中了[43]。

2. 纳米材料特性——

（1）特性变异：铜、银等良导体在构成纳米尺度的微粒后将失去原来导电/导热特质。铁钴合金等磁性材料，减小至 20～30nm，磁畴就变成单磁畴，铁磁性要比原来强 1000 倍。这一特性，可用于制造微特电机，也有人设想用于供给磁悬浮高速列车的强磁场。又如金的常规熔点为 1064℃，当金颗粒尺寸达 2nm 时，熔点降为 327℃ 左右。纳米材料的比热容也比晶体物质或非晶态物质明显增加。

由于纳米微粒（1～100nm）的独特结构状态，令纳米材料表现出光、热、电、磁、吸收、反射、吸附、催化以及生物活性等方面的特殊功能。用量虽少，却赋予材料意想不到的高性能，附加值很高。如纳米复合高分子材料、纳米抗菌、保鲜、除臭材料等，由于尺寸小到比血液中的红血球还小 1000 多倍，比细菌小几十倍，气体通过其扩散的速度比常规材料快几千倍。纳米颗粒与生物细胞膜的化学作用很强，极易进入细胞内。2012 年，美国人甚至利用纳米粒子开发出冰水直接接收太阳能转换成蒸汽，且综合能效达到 24%，远高于光伏电池常规能效 15%[32]。

（2）光学特点：所有的金属在超微粒状态下均呈黑色。尺寸越小，颜色愈黑。金属超微粒对光的反射率很低，一般低于 1%，大约几微米的厚度就能完全消光。与大块材料相比，纳米微粒的吸收带普遍存在"蓝移"现象，即吸收带向短波方向漂移。由超微粒构成的纳米固体材料也显示很好的吸波性。2014 年初，加拿大科技界开发的新型固态光敏纳米粒子——胶体量子点可同时获得最佳光电性能，将来有可能用于开发更价廉、柔性太阳能电池、气体传感器、红外激光器等。不过太阳能转换效率暂时仅达 8%，与理论效率 42% 相去甚远[33]。

（3）力学性质：材料的力学性能取决于材料的显微结构，由超微粒构成的纳米固体材料，接口占有显著比例，其显微结构明显不同于晶态和非晶态材料。因此纳米固体材料的力学性质和传统材料相比区别明显。例如传统陶瓷材料在通常情况下呈脆性，而用纳米超微颗粒压制成的纳米陶瓷材料却具有良好的韧性，这是因为纳米材料具有大的接口，而接口的原子排列相当混乱，原子在变形外力作用下容易迁移，因而表现出极佳的韧性和一定的延展性，使陶瓷材料具有新奇的力学性质。

3. 纳米材料特异功能——

（1）储氢特性：15－1 节已阐明，氢能源在下一代能源利用中将占有极其重要的地位，尤其在宇航领域，所有器件的工作都需要能源，因而氢能源在宇航业中的地位势必举足轻重，而储氢材料又在氢能源转化过程中功似驾驭全局。可见纳米储氢材料无疑将扮演重要的角色，体积小和质量轻更符宇航要求。据美国 NASA 报告，用于宇航的材料，每减轻 500g，就能节约成本几十万美元。不难估计纳米储氢材料是未来能源领域最受青睐的材料之一！

（2）热电特性：纳米热电材料具备使热能和电能相互转换的功能，其应用已经拓展到空间技术、军事领域、医疗器械、石油化工等领域。

（3）纳米氧化锌及新型紫外光源材料：

①蓝色 LED 芯片和可被蓝光有效激发的发黄光荧光粉有机结合组成白光 LED。一部分蓝光被荧光粉吸收，激发荧光粉发射黄光。发射的黄光和剩余的蓝光混合，调控它们的强度比即可得到各种色温的白光，蓝光芯片主要材料是 p 型掺杂的氮化锌，制造技术是分子束外延（MBE）。

②将红、绿、蓝三基色 LED 组成一个像素（pixel）也可得到白光 LED。

③用紫外光（波长可调）激发红、绿。蓝三基色荧光体有机结合组成白光 LED。

（4）低维长余辉材料：长余辉荧光粉（俗称夜光粉）能接收自然光（日光）和各种光源（日光灯、白炽灯等）的能量，将光储存起来，然后在相当长时间内释放出可见光的新型光致蓄光型自发光材料，是一类重要的新型能源材料和发光材料，利用太阳光或其他光源储存光能到夜晚发光的特性，可作为绿色节能光源和装饰美化生活内容，在建筑装潢、交通运输、军事设施、消防应急、日用消费品、纳米尺度标记等均能应用（图 15 - 3）。

（5）其他特性；在纳米介观状态下尚存在诸如光偏振特性、润滑特性、催化特性、分子分离特性、场发射功能、纳米温度指示和 AFM 针尖性能等一系列标新立异的特性。

图 15 - 3　地铁站内长余辉
消防逃生指示系统

4. 纳米材料的应用前景——

（1）磁性材料：海龟在美国佛罗里达州的海边产卵，但出生后的幼小海龟为了寻找食物，却要越过大西洋游到英国西海域求得生存和生长。长大后的海龟还要再回到佛罗里达州的大陆架产卵。来回一趟约需 5 ~ 6 年。海龟能在几千海里大洋中不挂云帆却能乘风破浪游弋绝尘，靠的是头部内天生的纳米磁性材料，准确无误地为之导航。生物学家在研究鸽子、海豚、蝴蝶、蜜蜂等生物为什么从来能迷途知返、引类呼朋？也正因为发现这些生物体内同样有着纳米磁性功能材料随时为之拨正航向。

实际使用的纳米磁性材料大都来自人工制造。纳米磁性材料具有十分特别的磁学性质，纳米粒子尺寸小、具单磁畴结构和很高矫顽力，用来制成的磁记录材料不仅音质、图像和信噪比好，而且记录密度比 $\gamma - Fe_2O_3$ 高几十倍。目前用作高储存密度的磁记录磁粉，大量用于磁带、磁盘、磁卡等。磁性纳米微粒还可作光快门、光调节器、病毒检测仪等仪器仪表材料；抗癌药物磁性载体、细胞磁分离介质材料；复印机墨粉材料以及磁墨水和磁印刷材料等。超顺磁强磁性纳米颗粒还可制成磁性液体，用于电声器件、阻尼器件、旋转密封及润滑和选矿等领域。磁流体是用强磁性超微粒外包裹一层长链的表面活性剂，稳定地分散在基液中形成胶体，具备稳固的强磁性和液态流动性。磁流体在旋转轴密封和磁液扬声器等领域均有应用。

（2）传感器：纳米超微颗粒很有魅力的应用场合是传感器，如用 $n - ZnO_2$ 膜制成的传感器，能成功用于可燃性气体泄露报警器和湿度传感器。将金超微颗粒沉积在基板上形成的膜可用作红外线传感器，金超微粒膜的特点是对可见光直至红外线整个频谱吸收率都很高。大量红外线被金属膜吸收后转变成热，由膜与冷接点之间的温差可测出温差电动势，从而可制成辐射热测量仪。纳米二氧化锆、氧化镍、二氧化钛等陶瓷对温度变化、红外线以及汽车尾气均极敏感，可用以制作温度传感器、红外线检测仪和汽车尾气检测仪，检测灵敏度远高于普通同类陶瓷传感器。

（3）催化功能：纳米超微粒的表面有效活性中心多，从而提供了做催化剂的基本条件，成为极好的催化剂。通常的金属催化剂铁、钴、钯、铂等制成纳米微粒可大大改善催化效果。以粒径小于 0.3μm 的镍和铜－锌合金的超微粒为主要成分制成的催化剂可使有机物氢化的效率达到传统镍催化剂的 10 倍。纳米铜粉在冶金和石油化工中是优良催化剂：在高分子聚合物的氢化和脱氢反应中，纳米铜粉催化剂有极高的活性和选择性；在汽车尾气净化处理过程中，纳米铜粉用作催化剂可以用来部分代替贵金属铷和钼。镍或铜锌化合物的纳米粒子对某些有机物的氢化反应是极好的催化剂，可替代昂贵的铂或钯催化剂。纳米铂黑催化剂可以使乙烯的氧化反应的温度从 600℃ 降低到室温。氢基清洁能源依靠光催化制氢反应时，用黑纳米粒子可以稳定提速[34]。

（4）光学/通信材料：纳米微粒有特异的光学特性，表现在光学非线性、光吸收、光反射、光传输过程中的低能耗等多方面，促使纳米材料制备的光学器件在生产和消费领域获得广泛应用，在 IT 通信和光传输方面据有特殊地位。纳米微粒作为光纤材料已显出其罕见优越性，可以大幅降低光导纤维传输损耗，降减通讯系统整体能耗。2014 年 7 月，美国国家标准技术研究所（NIST）的科学家用银、玻璃和铬造出一种纳米结构的新型超材料，形成可见光的一条单行道，在被遏制的光路上完全成为"黑体"，可望用于高灵敏探测器[49]。

纳米微粒主要制成薄膜和多层膜以用作红外反射材料，所制红外膜包括透明导电膜和多层干涉膜。例如用 $n-SiO_2$ 和 $n-TiO_2$ 微粒制成的多层干涉膜，总厚度为微米级，衬在灯泡罩的内壁，透光率好，且红外线反射能力强。

（5）医学和生物工程：纳米微粒一般比生物体内的细胞、红血球小得多，血液中红血球的大小为 6000～9000nm，而纳米粒子只有几个纳米大小，这就为生物/医学研究提供了崭新的研究方向，如利用纳米微粒进行细胞分离和制成特殊药物或新型抗体进行局部定向治疗等。纳米微粒可以在血液中自由活动。如果把各种有治疗作用的纳米粒子注入到人体各个部位，便可以检查病变和进行治疗，效果要比传统的打针、吃药好。其实早在 2010 年，美国西北大学已研发出金属有机骨架纳米材料，可以像一般食品内服，对人体/环境无害[38]。

使用纳米技术能使药品生产过程愈益精细，并在纳米材料的尺度上直接利用原子、分子的排布制造具有特定功能的药品。纳米材料粒子将使药物在人体内的传输更为方便，用数层纳米粒子包裹的智能药物进入人体后可主动搜索并攻击癌细胞或修补损伤组织。使用纳米技术的新型诊断仪器只需检测少量血液，就能通过其中的蛋白质和 DNA 诊断出各种疾病。通过纳米粒子的特殊性能在纳米粒子表面进行修饰形成一些具有靶向，可控释放，便于检测的药物传输载体，为身体的局部病变的治疗提供新的方法，为药物开发开辟了新的方向。

利用纳米技术制成的微型药物输送器，可携带一定剂量的药物，在体外电磁信号的引导下准确到达病灶部位，有效地起到治疗作用，并减轻药物的不良反应。用纳米材料制成的微型机器人，其体积小于红细胞，通过向病人血管中注射，能疏通脑血管的血栓。清除心脏动脉的脂肪和沉淀物，还可清除泌尿系统的结石等。此外，纳米材料还能用作细胞分离和内部染色、广谱抗菌、智能靶向引导以及介入性诊疗等[38]。2014 年 7 月，美国一所医院与一处研究所合作开发的新型纳米药物传送系统可以方便强骨抑癌药物的体内传递[28]。

（6）纳米复合材料：纳米技术也广泛用于复合材料制备。如把金属的纳米颗粒置入常规陶瓷中可大大改善材料的力学性能；将金属超微粒掺入合成纤维中可防止带静电；在塑料中掺入金属超微粒可不改变其强度而控制电磁性质等。超微粒也有可能用作有梯度或倾斜功能的原材料，如令材料的耐高温表面为陶瓷，与冷却系统相接触的一面为导热性好的金属，形成陶瓷与金属的复合体，就能用于温差达 1000℃ 的航天飞机隔热材料、核聚变反应堆的结构材料等。因为航天用的氢氧发动机，燃烧室的内表面需要耐高温，而外表面须与冷却剂接触。如果制作时在金属和纳米陶瓷之间成分渐变缓行，功能"前倨后恭"持续发生变化，就能让金属和陶瓷紧密结合在一起而形成梯度倾斜功能。

（7）纳米制造和纳米机械：随着纳米科技升腾，微机电系统设计/制造计日程功，制造技术与加工技术已由亚微米层次进入原子、分子级的纳米层次。如国外已研制直径仅 1～2mm 的静电发动机、米粒大小的汽车、微型光调器，并计划研制微电机化的坦克、纳米航天飞机、微型机器人、纳米微型飞机（机器蝇）等。纳米机器人是根据分子水平的生物学原理为设计原型，设计制造可对纳米空间进行操作的"功能分子器件"，其潜在用途广泛，特别在医疗和军事领域。采用纳米材料技术对机械关键零部件进行金属表面纳米粉涂层处理，可以提高机械设备的耐磨性、硬度和使用寿命。精细高强度纳米齿轮如图 15-4 所示。2014 年初，美国一所大学的科学家造出比一粒盐小 500 倍、每分钟转速 18000 转的纳米发动机，当注入人体可以控制胰岛素来治疗糖尿病，攻击癌细胞而不伤害健康细胞[49]。早在 2011 年，美国科学家已成功研发可商用的纳米发电机，能分别给 LED 和 LCD 供电[34]。

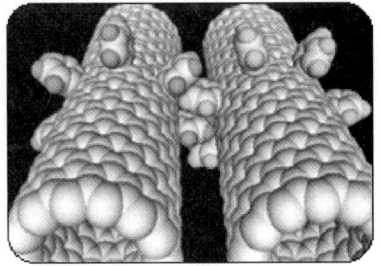

图 15-4 纳米齿轮

（8）纳米陶瓷材料：传统的陶瓷材料中晶粒不易滑动，材料质脆，烧结温度高。纳米陶瓷的晶粒尺寸小，晶粒容易在其他晶粒上运动，因此，纳米陶瓷材料具有极高的强度和高韧性以及良好的延展性，这些特性使纳米陶瓷材料可在常温或次高温下进行冷加工。如果在次高温下将纳米陶瓷颗粒加工成形，然后做表面退火处理，就可以使纳米材料成为一种表面保持常规陶瓷材料的硬度和化学稳定性，而内部仍具有纳米材料的延展性的高性能陶瓷。2014 年 9 月，美国科学家研制成既坚硬又轻质的纳米陶瓷，据说可用于制造更轻更坚固的飞机和电极[34]。

（9）纳米半导体材料：将硅、砷化镓等半导体材料制成纳米材料，具有许多优异性能。例如，纳米半导体中的量子隧道效应使某些半导体材料的电子输运反常、导电率降低，电导热系数也随颗粒尺寸的减小而下降，甚至出现负值。这些特性在大规模集成电路器件、光电器件等领域发挥重要的作用。

利用纳米半导体粒子可以制备出光电转化效率高的、即使在阴雨天也能正常工作的新型太阳能电池。由于纳米半导体粒子受光照射时产生的电子和空穴具有较强的还原和氧化能力，因而能氧化有毒的无机物，降解大多数有机物，最终生成无毒、无味的 CO_2 和水等，故可借助纳米半导体粒子利用太阳能催化分解无机物和有机物。

（10）纳米电脑：微电子器件纳米材料可用于下一代的纳米电子器件，使未来的电脑、电视、卫星、机器人等的体积变得越来越小。由于集成电路技术、微电子学、信息存储技术、电脑语言和编程技术的发展，使电脑技术发展神速。如果采用纳米技术来构筑电脑零部件，则将来电脑就是某种"分子电脑"，在节约自然资源和能源方面必能令人咋舌。

（11）纺织工业：在合成纤维树脂中添加纳米 SiO_2 及其复配粉体材料、纳米 ZnO，经抽丝、织布，可制成杀菌、防霉、除臭和抗紫外线辐射的内衣和服装，可用于制造抗菌内衣、用品，可制得满足国防工业要求的抗紫外线辐射的功能纤维。化纤布挺括结实，但有烦人的静电现象，加入少量金属纳米微粒就可消除静电现象。用工程纤维可制出防水、防污和无皱的布。经纳米技术最后处理的布可减少洗涤。

（12）环境保护：①供环境治理用的纳米膜能探测出因化学和生物制剂造成的污染，并能过滤这些制剂以消除污染。②纳米材料制成的多功能塑料，具抗菌、除味、防腐、抗老化、抗紫外线等作用，可用于电冰箱、空调外壳的抗菌除味塑料。③纳米材料做的无菌餐具、无菌食品包装用品已经面世。利用纳米粉末，可以使废水彻底变清水，完全达到饮用标准，纳米食品色香味俱全，并有益健康。图 15-5 即 2013 年新出品的纳滤"护生杯"（Lifesaver），其中采用纳米材料过滤饮水，能去除水中的细菌、病毒、包囊、寄生虫、真菌等微生物水载病原体。④住宅墙面需定期清洗，纳米涂料的耐洗刷性可提高 10 倍。玻璃和瓷砖表面涂上纳米薄层，可以制成自洁玻璃和自洁瓷砖而免除擦洗，对公共建筑外墙涂层保护尤其有利[50]。含有纳米微粒的建筑材料能吸收对人体有害的紫外线。⑤纳米材料可以提高和改进交通工具的性能指标，间接提高交通安全水平。纳米陶瓷有望成为汽车、轮船、飞机等发动机部件的理想材料，能大大提高发动机效率、工作寿命和可靠性；纳米球润滑

图 15-5 纳滤技术的护生杯

添加剂可以加入机车发动机，以节省燃油、修复磨损表面、增强机车动力、降低噪声、减少污物排放、保护环境，直接提高交通系统质量水平。此外，2014 年中，德国学者发现纳米金刚石能有效杀除细菌[38!]。美国能源部下级机构的科研人员研制出多功能纳米粒子，有助更低廉更环保生产绿色柴油[34!]。

（13）能源应用：最先进的纳米技术计划和能量有关的项目有：储存，转换，减少材料和改进能源生产方法以及普遍节能举措（例如利用纳米材料的绝热效能大面积节约散逸的热能和增加可再生能源）；用更有效的点火或燃烧系统以及在运输过程用较轻和较强的纳米材料即可降低能耗。采用纳米技术的 LED 或量子笼原子（quantum caged atoms）可大大减少照明能耗。现有最好的太阳能电池 40% 转化太阳能为电能，商品则仅能转化 15% ~20%。用具有连续带缝的纳米结构可帮助增加光的转换率。

（14）2014 年中，美国科学家研发用悬浮在水中的纳米微粒来存储照片、视频和其他文档信息。据报道，这种名叫“湿计算”的数据存储方法有望用于增强人脑的记忆功能[34!]。

（15）2014 年上半年，美国 MIT 等的科学家采用一种以纳米微格做基础的新方法，将结构承重深入到“介观”尺度，制造出极其坚固的质轻、硬度/强度高的结构材料[49]。

15 - 2 - 3 富勒烯与碳纳米管 后起之秀

1. 富勒烯/C60——

（1）富勒烯渊源：人类对碳的同素异形体如石墨、钻石、无定形碳（如炭黑和炭）等习以为常，一旦发现石墨以外还别有洞天的碳同素异形世界，发现碳的同素异形体异彩缤纷，神奇莫测，足令世人大开眼界。1985 年美国科学家罗伯特·科尔（Robert Curl）和理查德·埃里特·史沫莱（Richard Errett Smalley）以及英国化学家哈罗德·沃特尔·克罗托（Sir Harold Walter Kroto）用大功率激光束轰击石墨使之气化，用 1MPa 压强的氦气产生超声波，使被激光束气化的碳原子通过一个小喷嘴进入真空膨胀，并迅速冷却形成新的碳原子，从而得到了 60 个碳原子组成的 C60 分子。1989 年，德国科学家霍夫曼（Donald Huffman），克拉策门（Wolfgang Krätschmer）和福斯迪罗伯劳斯（Konstantinos Fostiropoulos）等人首次报道了大量合成 C60 的方法，并用质谱、X 射线分析等实证了 C60 的笼型球状结构（图 15 - 6）。由于联想到建筑学家巴克敏斯特·富勒（Buckminster Fuller）设计的加拿大蒙特利尔世界博览会球形圆屋顶薄壳建筑与纳米尺寸下 C60 类似的足球体结构，因而将其命名为巴克明斯特·富勒烯（Buckminster Fullerene），简称富勒烯（Fullerene），而 C60 又特别简作巴基球。

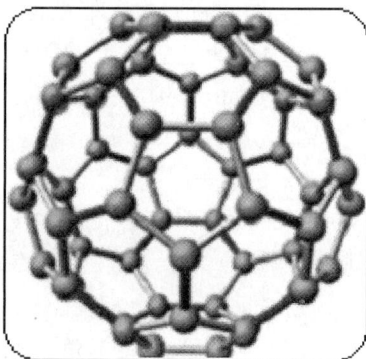

图 15 - 6　C60 分子结构

实际上任何由一种碳元素组成，以球状，椭圆状，或管状结构存在的物质，都可称之为富勒烯。自从 1985 发现富勒烯之后，不断有新结构的富勒烯被预言或发现，并超越了单个团簇本身。后文述及的碳纳米管就是一种非常小的中空富勒烯管，存在单壁和多壁之分。最小的富勒烯是 C20，有正十二面体的构造。没有 22 个顶点的富勒烯，之后都存在 C2n 的富勒烯，n = 12、13、14…所有富勒烯结构的五边形个数为 12 个，六边形个数为 n—10。例如 C28、C32、C240、C540、C70、C78、C82、C84、C90、C96 等都属富勒烯结构。非常规富勒烯尽管结构上不稳定，但是在富勒烯研究中却非常重要。因为一方面许多非常规富勒烯是合成常规富勒烯的前体和中间产物，研究其结构和性质对于了解富勒烯的形成机理非常重要；另一方面非常规富勒烯的同分异构体数目是常规富勒烯的近 100 倍，如果能够通过某种方式对富勒烯进行修饰使其稳定下来，则无异于打开了一座新材料宝库的大门。富勒烯与石墨结构类似，但介观结构迥异，有与常规石墨截然不同的特异性能和禀质。科学家发现的富勒烯因此被推向一个崭新的科学殿堂。1985 年的 3 位先驱科学家也因此获得 1996 年诺贝尔化学奖。纯粹的碳原子构造出来的奇形怪状居然表现出“碳世界”如此奥妙的物质世界，印证了生命科学所谓任何地球生命组织都离不开碳的论断。未来也许能让高碳材料营建低碳生活[42]。

（2）富勒烯/C60 的初步理化性质：

①C60 分子对称性：其结构是由二十面体截去十二个顶角而得，碳原子占据 60 个顶点位置。这是三维几何空间可能存在的最对称分子。C60 的密度为 1.7g/cm³。

②富勒烯溶解性：C60 不溶于水，在正己烷、苯、CS₂、CCl₄ 等非极性溶剂中有一定的溶解性。富勒烯在常规溶剂以外的大部分溶剂中溶解度很差，通常用芳香性溶剂，如甲苯、氯苯，或非芳香性溶剂 CS₂ 溶解。纯富勒烯的溶液通常是紫色，浓度大则是紫红色，C70 的溶液比 C60 的稍微红一些，因为其他在 500nm 处有吸收；其他的富勒烯，如 C76、C80 等则有不同的紫色。富勒烯是迄今发现的唯一在室温下溶于常规溶剂的碳的同素异形体。

③硬度超过钻石；韧度（延展性）比钢强 100 倍。天然钻石的硬度接近 150GPa，超硬的富勒烯硬度在 150 ~ 300GPa 之间[37]。

④导电/超导：C60 分子的导电性优于铜，重量只有铜分子的 1/6。在 C60 固体中掺入碱金属 A，形成 AₓC60（A = 钾、铷、铯）晶体，A 原子处于 C60 点阵的间隙位置，并呈现完全离子化状态。研究表明：A₃C60 为面心立方结构，呈超导相。A₁C60 为体心正交结构，而 A₆C60 为体心立方结构，都属非超导相。碱金属掺杂的 C60 有金属行为，1991 年，在 C60 的结构仅仅被证实一年多，就发现掺钾的 C60 呈超导性，临界温度是 18°K；之后发现大量的金属掺杂富勒烯亦呈超导性。研究表明超导转化温度随着碱金属掺杂富勒烯的晶胞体积而升高。铯可以形成最大的碱金属离子，因此铯掺杂的富勒烯材料被广泛研究，有报道 Cs₃C60As 在处于高压下 38°K 时有超导性。Cs₂RbC60 则在常压下 33°K 时是最高超导转化温度。掺杂富勒烯超导体的可能应用包括磁悬浮列车，基于约瑟夫逊结和更新更快设计原理的高速计算机开关器件、长距离电力输送、超导发动机和发电机、作物理研究的大型磁铁（如超导超级对撞机）、超导计算机的电子屏蔽以及基于超导量子干涉器件（SQUID）的电子设备等方面。不过到目前为止，关于 C60 固体超导特性的完整理论尚付阙如。

⑤光导体：光导材料是复印机、传真机和激光打印机的基本部分，旧的光导材料使用硒作为感光剂，较为先进的有机光导聚合物已经代替了硒材料。美国杜邦公司的研究人员发现用 1% 的 C60（可能是 C60 和 C70 的混合物）掺杂的 PVK 聚合物是一类全新的高性能光导体，类似的产品已经应用于静电复印技术中。这种光导材料具有良好的性质，其图象分辨率相当或优于其他材料，而寿命远远高于含硒材料，其性能实际上已经可以比拟最好的商用光导体。这使得掺杂富勒烯材料在印刷及光通信等方面将获得广泛应用。

⑥化学修饰：如使 C60 分子笼内俘获其他原子或分子，称为内修饰；使其在分子笼外俘获其他原子或分子，称为外修饰；在表面进行原子替代，称为表面修饰。

C60 能够进行的化学反应很多，例如 C60 的氢化和脱氢反应、C60 的卤化反应、C60 的自由基反应、C60 的亲核加成反应以及富勒烯的骨架扩大反应等。因此富勒烯的化学修饰为合成种类繁多的新化合物铺平了道路。

⑦C60 还有很弱的抗磁性，本身的对称性决定了其非线性光学特性。C60 和 C70 等富勒烯都是良好的非线性光学材料，C76 甚至还具有光偏振性。富勒烯分子中不存在对非线性光学性能有干扰作用的碳－氢键和碳－氧键，与其他非线性光学材料相比，性能更加优越。C60 薄膜具有很高的光学效率，这一性质使得 C60 在激光光学通信和量子计算机方面有着重要的潜在应用。此外，C60 和 C70 溶液还可作为光学限制器，该溶液只允许低强度的光通过，光强增强后，溶液将快速变得不透光，其饱和阈值与其他任何已知的光学限制材料相比差不多或更好。

⑧其成分是碳，设想能从废弃物中提取残余的碳，有利整体减碳。

（3）富勒烯/C60 潜在应用前景：20 世纪 80 年代中期以 C60 为代表的一系列富勒烯材料的发现开辟了材料科学的一个全新领域，形成了一门蓬勃发展的交叉学科——富勒烯科学。C60 的发现被认为是化学史上继高温超导体之后最鼓舞人心的事件。材料科学家们将 C60 誉为“新材料皇后”。所具一系列特异性质，能跻身在光学、半导体、超导和微电子等领域占据广阔的用武之地，断言富勒烯问世将导致材料科技革命并非哗众取宠。

①润滑剂、研磨剂和制造超硬切削刀具：C60 具有特殊的圆球形状，是目前发现的最圆分子，而且 C60 的结构又有特殊稳定性。在分子水平上，单个 C60 分子异常坚硬，曾有人提议用来作"分子滚珠"。这种异常坚硬性极可能使之成为高级润滑油的核心材料。将 C60 完全氟化得到的 F60C60 是一种比氟化石墨更优良的润滑剂。

C60 的特殊形状和抵抗外界压力的超强能力，有希望转化成一类新超高硬度的研磨剂。

在正常情况下，C60 晶体同石墨一样柔软，这是因为其结构中两个 C60 分子球心间的距离空隙较大，约为 1nm。但是当把它压缩到小于原体积的 70% 时，预测它将变得比金刚石还坚硬。这种经压缩的 C60 晶体有可能用来制造超硬切削刀具。

②半导体材料：目前硅、锗和 GaAs 是常用半导体材料，C60 固体是一种直接能隙半导体，在某些方面类似非晶硅。有人在 GaAs 衬底的（110）面上成功地制出了 C60 – K_3C60 异质膜，由于 C60 膜和 K_3C60 之间无 K 的扩散，故该异质膜结构有着清晰而稳定的接口，这就有可能制出优质微电子器件。

③软铁磁材料、储氢材料：有望掺杂成不含金属的软铁磁材料替代昂贵的金属磁体。

④作为非线性光学材料的应用。实验研究发现，C60 薄膜具有很大的三次非线性响应，有人对 C60 苯溶液进行实验，发现很大的超快三次非线性响应。C60 的这种非线性光学性质使其成为集成非线性光学装置的理想材料。

⑤作为超导材料的应用。前已提示，在 C60 固体中适当掺杂碱金属可以形成超导体。美国哈佛大学的科学家把金属铷掺入 C60，使超导临界温度提高到 29°K，又有报导掺铊、铯的 C60 固体，其超导临界温度高达 48°K，进入了高温超导材料行列。有人预言 C60 有可能成为临界温度大于 100°K 的高温超导体。作为一种新的化合物，研究其电、磁、光等应用是非常重要的，实际上 C60 就是因为掺杂碱金属在一定条件下具有超导电性，其电荷转移复合物有铁磁性而引起人们极大兴趣和关注。

⑥富勒烯衍生物金刚石薄膜：有可能直接在室温下加高压将 C60 转化成为金刚石，加工成金刚石薄膜。这在军事上的应用价值难能可贵，如用于坦克表面抗冲击覆盖层，用于制成潜望镜窗口，半导体晶片，高硬度表面齿轮，金刚石－纤维合成材料以及高温和防辐射电子器件等。

⑦抗艾滋病毒和攻癌药物：美国病毒药物学家发现，C60 对人体免疫缺乏病毒（HIV）有杀伤作用，且不伤宿主细胞。HIV 蛋白酶是一种导致艾滋病的病毒，C60 能抑制 HIV 的生长，使其对人类细胞丧失感染能力。估计 C60 还能为研究抗癌药物提供有希望的线索。

⑧富勒烯具有很丰富的化学特质，其衍生物在化学范畴的应用也必十分广阔。除作为催化剂载体、制成高能电池及抑制病毒外，还有利用富勒烯有选择地吸收某些种类气体的特点，用在工业上作气体杂质清除剂。此外还可以作为有机溶剂以及在医学上作为影像剂等。

2. 碳纳米管（CNT）——

（1）碳纳米管渊源：在富勒烯研究推动下，1991 年，日本电子公司（NEC）基础研究实验室的饭岛澄男（Sumio Lijima）在高分辨率透射电子显微镜下检验石墨电弧设备中产生的球状碳分子时，意外发现了由管状的同轴纳米管组成的碳分子，这就是目前已脍炙人口的碳纳米管（CNT），又名巴基管，是中空富勒烯管[58]，一种具有特殊结构，径向宽度尺寸只有几个纳米，轴向尺寸为 μm 量级，即长度能达 1μm 甚至 1mm 的一维量子材料（图 15 – 7）。管子两端通常是封口的，但也有终端开口的，还有一些是终端部分封口。碳纳米管是一种非常独特的材料，是石墨中一层或若干层碳原子卷曲而成的笼状"纤维"。按石墨层数的不同，碳纳米管分为单壁（或单层）碳纳米管（SWNTs）和多壁（或多层）碳纳米管（MWNTs）。多壁管在开始形成的时候，层与层之间很容易成为陷阱中心而捕获各种缺陷，因而多壁管的管壁上通常布满小洞样的缺陷（图 15 – 8）。与多壁管相比，单壁管直径大小的分布范围小，缺陷少，具有更高的

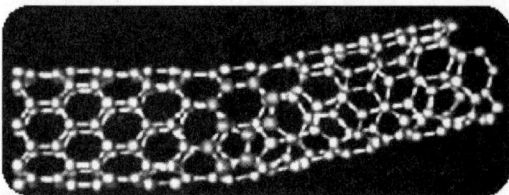

图 15 – 7　碳纳米管

均匀一致性。单壁管典型直径在 0.6 ~ 2nm，多壁管最内层可达 0.4nm，最粗可达数百纳米，但典型管径为 2 ~ 100nm。

（2）碳纳米管基本性质：

①碳纳米管一般结构特点：碳纳米管作为一维纳米材料，重量轻，六边形结构连接完美。近些年随着碳纳米管及纳米材料研究的深入，其应用前景不断扩展。碳纳米管主要由呈六边形排列的碳原子构成数层到数十层的同轴圆管。层与层之间保持固定的距离，约 0.34nm，直径一般为 2 ~ 20nm。并且根据碳六边形沿轴向的不同取向可以将其分成锯齿形、扶手椅型和螺旋型 3 种。其中螺旋型的碳纳米管具有手性，而锯齿形和扶手椅型碳纳米管没有手性。采用电弧法，在石墨电极中添加一定的催

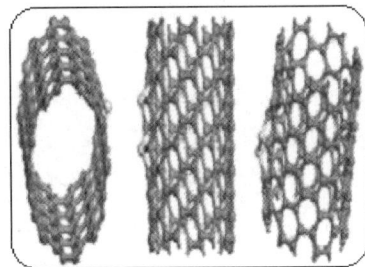

图 15 - 8 有缺陷的碳纳米
管或残次石墨烯

化剂，可以得到仅有一层管壁的单壁碳纳米管。碳纳米管的结构虽然与高分子材料的结构相似，但其结构却比高分子材料稳定得多。

1993 年，日本电气公司基础研究室在细微的碳纳米管中填入铅，从而制成世界上迄今最细的丝，这种丝只有两三个原子那么粗，具有纳米尺度。有人推测这种细丝可能在电子器件制造上得到应用。理论计算表明，碳纳米管可吸附大小适合其内径的任意分子。专家希望通过改变石墨层片卷曲成管的方式调节碳纳米管的直径，使其有选择性地吸收分子，从而改变其电学/力学性能。人们正试图制成单晶碳纳米管，并用以造出分子水平的微型零件用于医学或其他目的。

②碳纳米管一般物理数据：碳纳米管的熔点（预计）3652 ~ 3697℃（其熔点是已知材料中最高的）；沸点（未确定）；密度在20℃时 $2.1g/cm^3$；外观为黑色粉末；产品无爆炸性危险；无气味。具有许多异常的力学、电学和化学性能，因独特的分子结构引致奇特的宏观性质，如高抗拉强度、高导电性、高延展性、高导热性和化学惰性（因为它是圆筒状或"平面状"，没有裸露原子被轻易取代）。

科学家预言碳纳米碳管将是未来最佳纤维的首选材料，也将被广泛用于电子工业的超微导线、超微开关以及纳米级电子线路等；北京大学用单壁碳纳米管做出了世界上最细的、性能最好的扫描探针，获得了精美的热解石墨的原子形貌像；利用单壁短管作为场电子显微镜（FEM）的电子发射源，拍摄到过去认为不可能的原子像；利用原子力显微术（AFM）探针将纳米级原子排列成中文"原子"（图 15 - 9）。

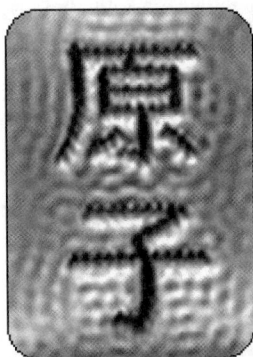

图 15 - 9 我国科学家
在纳米领域用 AFM
针尖排出的中文
"原子"字样

（3）碳纳米管面向应用的典型性能：

①力学性能：有极高的强度、韧性和弹性模量。碳纳米管无论是强度还是韧性，都远远优于任何纤维材料。碳纳米管的质量是相同体积钢的 1/6 到 1/7，强度却比钢高 100 倍；抗张强度达到 50 ~ 200Gpa，是钢的 100 倍，对于具有理想结构的单壁碳纳米管，其抗拉强度约达 800GPa。碳纳米管由于纳米中空管及螺旋度的共同作用，具有极高的强度和理想的弹性，其弹性模量可达 1TPa，与金刚石的弹性模量相当，约为钢的 5 倍。弹性应变最高可达 12%，约为钢的 60 倍。

碳纳米管的硬度与金刚石相当，却拥有良好的柔韧性，可以拉伸。在工业上常用的增强型纤维中，决定强度的一个关键因素是长径比，即长度和直径之比。材料工程师希望得到的长径比至少是 20:1，而碳纳米管的长径比一般在 1000:1 以上，特殊制造的复合材料甚至可达 10000:1，是理想的高强度纤维材料。碳纳米管因而被称"超级纤维"。

莫斯科大学的研究人员曾将碳纳米管置于 1011MPa 的水压下，由于巨大的压力，碳纳米管被压扁。撤去压力后，碳纳米管像弹簧一样立即恢复了形状，表现出良好的韧性。这启示人们可以利用碳纳米管制造轻薄的弹簧，用在汽车、火车上作为减震装置，如此能大大减轻重量。

②电磁性能：因碳纳米管结构与石墨的片层结构相同，故有良好的导电性能。对单根碳纳米管的导电性能的理论计算和实测结果表明，由于结构的不同，碳纳米管可能是导体，也可能是半导体。进一步研究

表明，完美碳纳米管的电阻要比有缺陷的碳纳米管的电阻小一个数量级或更小。碳纳米管的径向电阻大于轴向电阻，并且这种电阻的各向异性随温度的降低而增大。理论预测其导电性能取决于其管径和管壁的螺旋角。当管径大于 6nm 时，导电性能下降；当管径小于 6nm 时，可被当作有良好导电性能的一维量子导线。有些碳纳米管本身还可以作为纳米尺度的导线，利用碳纳米管或者相关技术制备的微型导线可以置于硅芯片上，用来生产更加复杂的电路。在一定条件下，碳纳米管表现出特别优异的导电性，电导率通常可达铜的 1 万倍。由于其管状结构和较高的介电常数，并且可植入磁性粒子，呈现出较好的高频宽带吸收特性，在 2~18GHz 范围内介电损耗极低。比传统的铁氧体、碳纤维和石墨优越，加上它的低密度、耐腐蚀、耐高温、抗氧化等优点，是极好的吸波和屏蔽材料。可见碳纳米管可能在大规模集成电路、超导线材、电子器件和航空/航天技术领域大显身手。

也可以利用碳纳米管的优异性能改进传统充电电池的工作。例如锂离子电池正朝高能量密度方向发展，因此要求材料具有高的可逆容量。碳纳米管层间距略大于石墨的层间距，充放电容量大于石墨，且碳纳米管的筒状结构在多次充、放电循环后不会塌陷，循环性好，碱金属如锂离子和碳纳米管有强的相互作用。用碳纳米管做负极材料的锂电池，首次放电容量可达 1600A·h/g，可逆容量为 700mA·h/g，远大于石墨负极理论可逆容量 372mA·h/g。2014 年 9 月，美国西北大学的研究人员将碳纳米管太阳能电池光电转换效率提高到 3% 以上。将来继续攀升到 10% 以上即可商业化应用了[28]。碳纳米管中的电子比硅晶体管更快速传输数据，但要形成碳纳米管晶体管须保证其特高纯度以获取高效率，保证阵列控制的超高精度以使塞进芯片的大量碳纳米管能有条不紊地各司其职。2015 年 1 月中，美国威斯康星大学麦迪逊分校的专家开发出的新型高性能碳纳米管晶体管突破了上述两大瓶颈，获得开关速度比普通硅晶体管快 1000 倍的效果[28]。

另外，碳纳米管轴向磁感应系数与径向磁感应系数不同。

③传热性能：碳纳米管具有良好的传热性能，缘自其很大的长径比，表现为其沿着长度方向的热交换性能十分优越，而在其垂直方向的热交换性能较低。通过合适的取向，碳纳米管可以合成各向异性的热传导材料。其次，碳纳米管有着较高的热导率，只要在复合材料中掺杂微量的碳纳米管，该复合材料的热导率就有可能得到改善。2011 年中，美国科研人员曾将偶氮苯分子覆入碳纳米管形成复合材料，发现能量密度大超传统锂离子电池，成为新型高效的太阳热能储存材料[28]。

此外，碳纳米管还有良好的光学性能。

④场发射阴极材料：碳纳米管具有极好的场致电子发射性，该性能可用于制作平面显示装置取代体积大、质量大的阴极电子枪。美国加州大学科学家证明碳纳米管具有稳定性好和抗离子轰击能力强等良好性能，可以在 10^{-4}Pa 真空环境下工作，电流密度达到 0.4A/cm^2。用碳纳米管制成的电子枪与传统的电子枪相比，不但具有在空气中稳定、易制作的优点，而且工作电压较低和发射电流大，适用于制造大的平面显示器。

⑤复合材料增强体：碳纳米管是目前可制备出的具有最高比强度的材料。若以其他工程材料为基体与碳纳米管制成复合材料，可使复合材料表现出更好的强度、弹性、抗疲劳性及各向同性，给复合材料性能带来很大改善。用碳纳米管材料增强的塑料力学性能优良、导电性好、耐腐蚀、屏蔽无线电波；使用水泥做基体的碳纳米管复合材料耐冲击性好、防静电、耐磨损、稳定性高，不易对环境造成影响；碳纳米管增强陶瓷复合材料强度高，抗冲击性能好；将碳纳米管作为复合材料的纤维增强体，可表现出极好的强度、弹性和抗疲劳性；碳纳米管上由于存在五元环的构陷，增强了反应活性，在高温和其他物质存在的条件下，碳纳米管易在端面处打开，形成管道，极易被金属浸润、跟金属形成金属基复合材料。这种材料强度高、模量高、耐高温、热膨胀系数小、抵抗热变性能强。在碳纳米管的内部可以填充金属、氧化物等物质，这样碳纳米管可以作为模具，首先用金属等物质灌满碳纳米管，再把碳层剥蚀掉，就可以制备出最细的纳米尺度的导线，或者全新的一维材料，在未来的分子电子学器件或纳米电子学器件中得到应用。聚合物容易加工，采用传统加工方法即可将聚合物/碳纳米管复合材料加工成结构复杂的构件，加工过程不致破坏碳纳米管结构，故可降低生产成本。

⑥超级电容器电极：超级电容器的出现使得电容器的极限容量骤然上升了 3～4 个数量级。其工作原理是基于电极与电解液接口形成所谓双电层空间电荷层，在双电层中积蓄电荷就能实现储能。与类似镍氢电池/锂离子电池等充电电池的传统电容器不同，有着更高的比功率和更长的循环使用寿命，这类超级电容器必在移动通信、信息技术、电动汽车、航天和国防科技等方面获得广阔应用。目前一般用多孔炭作为超级电容的电极材料，不但微孔分布宽（对存储量有贡献的孔不到 30%），且结晶度低，导电性差，导致容量小，而碳纳米管结晶度高、导电性好、比表面积大、微孔大小可通过合成工艺加以控制，比表面利用率可达 100%，满足超级电容器电极材料的全部要求。

⑦传感器：利用碳纳米管对气体吸附的选择性和碳纳米管的导电性，可以做成气体传感器。不同温度下吸附氧气可以改变碳纳米管的导电性。在碳纳米管内填充光敏、湿敏、压敏等材料，可制成纳米级的各种功能传感器。纳米管传感器势将大大激发工程师们的灵感。

⑧医疗：碳材料的血液相溶性非常好，21 世纪的人工心瓣都是在材料基底上沉积一层热解碳或类金刚石碳。但是这种沉积工艺比较复杂，而且一般只适用于制备硬材料。介入性气囊和导管一般是用高弹性的聚氨酯材料制备，通过把具有高长径比和纯碳原子组成的碳纳米管材料引入到高弹性的聚氨酯中，可以使这种聚合物材料一方面保持其优异的力学性质和容易加工成型的特点，一方面获得更好的血液相溶性。实验结果显示，这种纳米复合材料引起血液溶血的程度和激活血小板的程度都会降低。此外，碳纳米管也可用于诊断、治疗、修复人体器官或更换组织的生物材料、环保材料和催化剂材料等。

⑨碳纳米管触摸屏：碳纳米管可以制成透明导电的薄膜，用以代替氧化铟锡（ITO）用作触摸屏材料。先前的技术中，科学家利用粉状的碳纳米管配成溶液，直接涂布在 PET 或玻璃衬底上，但是这样的技术至今没有进入量产阶段；目前可成功量产的是利用超顺排碳纳米管技术；该技术是从一超顺排碳纳米管阵列中直接抽出薄膜，铺在衬底上做成透明导电膜，就像从棉条中抽出纱线一样。该技术的核心——超顺排碳纳米管阵列是由北京清华－富士康纳米中心于 2002 年最先发现的新材料。

首次于 2007～2008 年间成功被开发出、并由天津富纳源创公司于 2011 年产业化，至今已有多款智慧型手机上使用碳纳米管材料制成的触摸屏。与现有的 ITO 触摸屏不同之处在于：ITO 含有稀有金属"铟"，碳纳米管触摸屏的原料是甲烷、乙烯、乙炔等碳氢气体，不受稀贵矿产资源约束；其次，铺膜方法做出的碳纳米管膜具有导电异向性，就像天然内置的图形，不需要光刻、蚀刻和水洗等工序，大量节约水电，符合节能环保要求。工程师更开发出利用碳纳米管导电异向性的定位技术，仅用一层碳纳米管薄膜即可判断触摸点的 X、Y 坐标；碳纳米管触摸屏还具有柔性、抗干扰、防水、耐敲击与耐刮擦等特性，可以制做出曲面的触摸屏，具有高度潜力以应用于穿戴式装置、智慧家具等产品。

⑩其他性能扫描：a. 新微型电脑：据物理学家组织网说，英国广播公司 2013 年 9 月 26 日报道，美国斯坦福大学的老师在新一代电子设备领域取得突破性进展，首次采用碳纳米管建造出计算机原型，比基于硅芯片模式的计算机更小、更快且更节能。b. 微型机件应用：碳纳米管的小尺寸和高的机械强度使得它可以作为扫描探针显微镜的探针。纳米管的细尖极易发射电子，用于做电子枪，可以制成几厘米厚的壁挂式电视屏，这是电视制造业新的方向。此外，早在 2011 年，美国科学家已研制成碳纳米管增强型风电叶片，其强度是碳纤维的 5 倍，寿命超过传统材料 7 倍。这是碳纳米管高质用于可再生能源的有力一招[28]。c. 超导效应：在空气中将碳纳米管加热到 700℃ 左右，使管子顶部封口处的碳原子因被氧化而破坏，成了开口的碳纳米管。然后用电子束将低熔点金属（如铅）蒸发后凝聚在开口的碳纳米管上，借助虹吸作用，金属便进入碳纳米管中空的芯部。由于碳纳米管的直径极小，因此管内形成的金属丝也特别细，成为纳米丝，所生尺寸效应具有超导性。因此，碳纳米管加上纳米丝可能成为新型的超导体。现已查明：直径为 0.7nm 的碳纳米管具有超导性，正在进一步研究中。d. 原子质量秤：碳纳米管还给物理学家提供了研究毛细现象机理最细的毛细管，给化学家提供了进行纳米化学反应最细的试管。碳纳米管上极小的微粒可以引起该管在电流中的摆动频率发生变化。利用这一点，1999 年，巴西和美国科学家在进行纳米碳管实验时发明了世界上最小、精度为 10^{-17}kg 的"秤"，能称量十亿分之一克的物体，相当于计量一个病毒的重量；随后德国科学家更研制出能称量单个原子质量的秤。

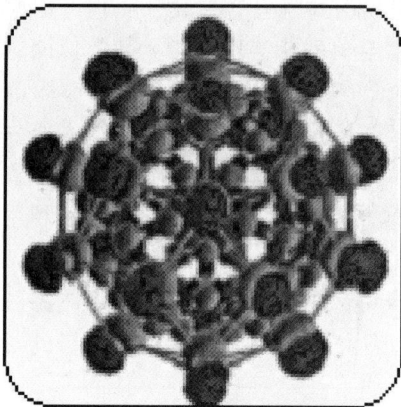

图 15－10　纳米管孔洞结构有利于储氢

（4）阙疑问题：

①关于碳纳米管储氢功能：碳纳米管由于其管道结构及多壁碳管之间的类石墨层空隙，科学家认为是最有潜力的储氢材料，可能是未来燃料电池汽车氢气储运材料的最佳选择。已经证实，碱金属嵌入碳纳米管会极大地提高其储氢性能。例如一般纳米管与碱金属的复合材料能形成规则的孔洞结构，如图 15－10 所示。

多孔结构提高了电化学的催化能力和储氢能力。有学者认为碳纳米管重量轻，有中空结构，可以作为储存氢气的优良容器，储存的氢气密度甚至比液态或固态氢气的密度还高。适当加热，氢气就可以慢慢释放出来。试图用碳纳米管制作轻便的可携带式储氢容器不是不可能。1997 年，A. C. 狄龙（A. C. Dillon）等报道了单壁碳纳米管的中空管可储存和稳定氢分子，相关的实验研究和理论计算也相继展开。据推测，单壁碳纳米管的储氢量可达 10%（质量比）。此外，碳纳米管还可以用来储存甲烷等其他气体。

另一观点认为碳纳米管并无法用于储氢，原因是：①假如作为容器储氢，无法对其进行可控的吞吐；②用于氢气吸附时，吸附率实际上不超过 1%（质量比）。后来相继在国际权威学术刊物《科学》和《自然》上发表过针锋相对的文字，似乎"碳纳米管不能用于储氢"占上风。这里问题焦点在于能否控制所储氢气的吞吐？也就是能否找到控制方法控制单壁碳纳米管？这道世界性难题已被北京大学李彦教授研究团队攻克，该团队在全球首次提出单壁碳纳米管生长规律的控制方法，成果已于 2014 年 6 月 26 日发表在《自然》杂志上。言思及此，或许在科技魔力介入下，以某种金属基或其他物质基聚合的碳纳米管复合材料竟是震古烁今的优秀储氢能手！

②关于天梯的设想：碳纳米管及其复合材料很轻、很坚实。密度小而强度大。用这样轻而柔软、又非常坚实的材料做防弹背心是最理想的。若用来做绳索，便是唯一可以从月球上挂到地球表面，而不被自身重量或两个星球引力拉断的绳索。如果用来做成地球到月球的天梯，人们到月球探险要比阿波罗登月轻而易举得多。设想的"太空天梯"实际上是从距离地面 3.6 万 km 的同步卫星向地面垂下一条缆索，并沿着这条缆索修建往返于地球和卫星间的电梯。为了保持平衡，卫星背向地球的一侧也需架设数万 km 的缆索，这样整条缆索将长达 10 万 km。从理论上计算，制作缆索的材料强度必须达到钢强度的 180 倍。随着纳米技术的发展，科学家们不断开发出质量轻、强度高的碳纳米管纤维材料，现有的此类纤维材料的强度已达到所需强度的 1/4，这使修建"太空天梯"逐渐成为可能。用做太空天梯的高强度碳缆即通过共价键将富勒烯吸附在碳纳米管外形成的称作纳米"芽"的结构。这种古人在《封神演义》和《西游记》描述过的太虚幻境或《天方夜谭》信口开河时的玄想也许在现代材料科技超高速发展声中变成了琼楼玉宇般的现实！

果然，英国《自然·材料》2014 年 9 月 21 日发表美国宾州大学的化学家生产超细钻石纳米线，其强度和硬度超过目前最强的碳纳米管和聚合材料，记者以副标题《使建造"太空天梯"成为可能》发表在《科技日报》2014 年 9 月 23 日上，不禁为之雀跃[49]！不过，如果真要付诸实现，意想不到的超天价成本将是唯一难题。

15－2－4　纳米科技及产业化发展

1. 国外纳米科技研发进展概况——

（1）美国：

①美国国家科学委员会（National Science Board）于 2003 年底发布"国家纳米技术基础网络计划"（National Nanotechnology Infrastructure Network－NNIN），由该国 13 所大学共同承担建构全国纳米科技与教育网络体系。计划于 2004 年 1 月启动，为期 5 年。5 年间至少投资 700 亿美元科研经费，用于项目投资和人员培训。

②2001 年，美国将纳米计划视为下一次工业革命的核心，并最早成立纳米研究中心。

③研制 DNA 检测芯片：2004 年 1 月，美国惠普公司宣布研发出用来快速检测 DNA 的纳米级芯片，改进了 DNA 检测原按光学原理的繁复"基因微芯片法"，改由电路芯片处理。

④治理地下水污染：纳米微粒（nanoparticles）技术设施的中心用铁芯，内层由防水性极佳的复合甲基丙烯酸甲脂（poly methl methacrylate - PMMA）覆盖，外层由亲水的化学品（sulphonated polystyrene）包围，外围用多层纳米聚合物覆盖。因亲水性外层使纳米微粒溶于水，内层防水层则能吸引污染源三氯乙烯（trichloroethylene）。纳米微粒中的铁芯使得三氯乙烯产生分裂，从而促使污染源逐渐分裂成无毒物质。

⑤癌症纳米科技计划：21 世纪初，美国国家癌症中心（NCI）提出癌症纳米科技计划（Cancer Nano-technology Plan），大规模组织其国内科技力量联合攻关，务求在短期内突破治疗和预防癌症的关键纳米科技。

（2）加拿大：滑铁卢大学是全球最先设立主修纳米科技工程的大学，2005 年起招本科生，2010 年设立纳米科技工程硕士班，2012 年建起量子纳米中心。多伦多大学也已建立纳米科技工程学科。贵湖大学则已设立纳米科学系。说明加拿大的纳米科教领域已居世界前列。

（3）欧盟：

①欧洲在全球最早启动纳米科研，但早期缺乏资金支持。2004 年 5 月，欧盟委员会（European Com-mission - EC）对欧洲地区与国际社会发表一系列有关于纳米科技的专门计划，其中包括研究与开发、基础建设、教育与培训、创新和社会范畴 5 部分，曾预计 2010 年前可望为欧洲创造上百亿欧元经济收益。要求议题中包括公众健康、安全、环保以及保护消费者。2004～2006 年欧盟展开的第六期架构计划中，纳米科技与新兴材料研发的经费约为 13 亿欧元，而 2007～2013 年的补充计划则大幅提高了对应研发经费。

②欧洲纳米科技计划接受资金支持的方式部分属于国家型计划。欧洲有多个跨国研发机构，例如奥地利、挪威和英国等接受泛欧工业研发网络专门提供的无条件研发补助，目的是将研发成果发展为产品。比利时、德国等还包括贷款和补助。

③在德国，2001 年起专门建立纳米技术研究网。以汉堡大学和美因茨大学为纳米技术研究中心，政府每年出资 6500 万美元支持基础研究。德国科技部曾多次对纳米技术未来市场潜力作过预测，曾预测市场的突破口可能在信息、通讯、环境和医药等领域，借以引导科研方向。

（4）日本：

①2001 年，日本设立纳米材料研究中心，把纳米技术列入新 5 年科技基本计划的研发重点。

②日本综合科技研究组织理化学研究所（RIKEN，简称理研）各部门分布在全日本 7 个区域。作为主要基地的和光园区设立了以长期观点培育研究计划的发现研究中心（DRI）并执行小型计划、以自上而下方式进行动态的中期及中等规模计划的新领域研究系统（FRS）和实行中/长期大型计划的头脑科学中心（BSI）等 3 个研究中心。早在 1986 年起该所即已开始从事纳米科学研究，但完整的纳米科研计划则从 2002 年始，初期曾选定 18 项纳米科研计划分别在各研究中心陆续展开。

③日本科技政策顾问委员会宣布：在 2004 年财政年度，纳米科技预算比上年增加 3.1%，达到 8.8 亿美元。4 个优先发展项目是信息与通信、生命科学、环境和纳米科技。

④日本文部科学省的纳米科技研发经费一直保持很高水平，2005 年后从 2.3 亿美元一路年增 3% 以上，研究重点是纳米基础研究和医药类应用研究。

（5）韩国：

①韩国政府宣布 2001～2010 年 10 年间为纳米科技研发投入韩币 2,391 兆元（约合 20 亿美元），国家计划主要目标要求在某些竞争性领域取得世界第一和开拓产业成长市场，同时明确发展重点集中在电子元件等核心关键技术领域。

②韩国高等科技研究院（KAIST）于 2001 年设立纳米制造中心，在其后 6～9 年内投入 1.65 亿美元进行实践性纳米科技开发。近年来韩国的纳米科技专利应用项目表现大幅增长态势，纳米科技创新产业同时获得蓬勃发展。

③韩国产业资源部曾在 2004 年预测，随后 9 年国际市场对纳米纺织品的需求将呈快速增长态势，交易额最高可望达到约 400 亿美元。认为到 2007～2012 年，国际市场对纳米纺织品的需求额分别可达 240 亿美元和 397 亿美元。该部曾估计：2004 年韩国市场对纳米纺织品的需求金额为 19 亿美元，占国际市场需求总额的 12.1%；到 2012 年，需求将达 72 亿美元，增长到此时国际市场需求总额的 18.1%，实际发展情势基本相符。

④韩国的纳米科技发展重点集中在微电子产业，各高等学府和产业均注意发展新世代微电子设备。韩国的著名三星公司下设先进科技研究所，为纳米领域的微电子开拓竭心尽意。

2. 国内进展概况——

（1）中国最先将纳米科技列入"973 计划"。挂靠在国家科技部和中科院策划和领导成立的"国家纳米科学中心"，然后又牵头成立了"纳米技术专门委员会"。

（2）中国政府透过中科院主导众多纳米科技研发计划，多数强调半导体制造技术和发展以纳米科技为基础的电子元件。同时有特别中国意义的是研究利用纳米材料保存考古文物。多年来已成功开发出相关创新产品，包括利用纳米材质的新式冷气机。近年来，纳米抗菌功能已广泛用于古老文物的"护肤养颜"，这是我文明古国的独有热门应用范畴[44]。

（3）在国内，许多科研院所、高等院校也组织科研力量，开展纳米技术的研究工作，并取得了一定的研究成果，例如：

①中科院物理研究所科学家研发的定向碳纳米管阵列合成。其中利用化学气相法高效制备出孔径约 20nm，长度约 100μm 的碳纳米管。并由此制备出纳米管阵列，其面积达 3mm×3mm，碳纳米管之间间距为 100μm。

②清华大学科学家完成的氮化镓纳米棒制备。其中首次用碳纳米管制备出直径 3～40nm、长度达 μm 量级的半导体氮化镓一维纳米棒，并提出碳纳米管限制反应的概念。另与美国斯坦福大学合作，在国际上首次实现硅衬底上碳纳米管阵列自组织生长。

③中科院固体物理研究所科学家完成准一维纳米丝和纳米电缆。其中利用碳热还原、溶胶－凝胶软化学法并结合纳米液滴外延等新技术，首次合成了碳化钽纳米丝外包绝缘体 SiO_2 纳米电缆。

④山东大学的科学家完成用催化热解法制备纳米金刚石，其间用催化热解法使 CCl_4 跟 Na 反应，制备出金刚石纳米粉。

⑤2014 年 8 月，中国科技大学的科学家将研发的纳米新材料"纳米之星"注入患乳腺癌的小鼠体内，在肿瘤处加用近红外激光照射，4 天后癌症消失[49]！

3. 纳米产业化和市场化——在产业化发展方面，纳米粉体材料中的纳米碳酸钙、纳米氧化锌、纳米氧化硅等几个产品已形成相当市场规模；应用纳米粉体较广泛的纳米陶瓷材料、纳米纺织材料、纳米改性涂料等也已初步实现产业化生产，纳米粉体颗粒在医疗诊断制剂、微电子领域应用已从实验室逐步向产业化生产转移。纳米粉体材料在美、日、我国等少数几个国家初步实现规模化生产外，纳米生物材料、纳米电子器件材料、纳米医疗诊断材料等产品仍在积极开发研制中。纳米技术基础理论研究和新材料开发等应用研究都得到了快速拓展，并在传统材料、医疗器材、电子设备、涂料等行业中正逐步得到推广应用。随着纳米技术产品逐步走向市场。据非官方统计，本世纪初基于纳米产品的营业额已超过 500 亿美元。

除纳米粉体材料外，2010 年全球纳米新材料市场规模约达 22.3 亿美元，与上年同比增长 14.8%。随后几年，各国对纳米技术应用研究的投入大幅提升，纳米新材料产业化进程与日俱增，市场规模放量增长。

据美国国家自然科学基金（NSF）估计，2010 年全球纳米技术市场已达 14400 亿美元，其未来应用可能远超计算机工业。纳米复合材料、塑料、橡胶和纤维改性，纳米功能涂层设计和应用，将给传统产业推进革故鼎新提供新的活力，举凡纺织、建材、化工、石油、汽车、军事装备、通信设施等都将免不了喜逢纳米引发的"材料革命"。我国纳米布料、服装已批量生产，像电脑工作装、无静电服、防紫外线服装等纳米服装均已入市。加入纳米技术的新型油漆，不仅耐洗刷性提高了十几倍，而且无毒无害无异味。

15-2-5　石墨烯　材料新贵

1. 石墨烯（Graphene）渊源——石墨烯是一种由碳原子构成的单层片状结构、只有一个碳原子厚度蜂巢网格式组成的二维新材料。原来石墨烯一直被认为是假设性的结构，以为无法单独稳定存在，直至2004 年，英国曼彻斯特大学教授安德烈·海姆（Andre Geim）和康斯坦丁·诺沃肖洛夫（Konstantin Novoselov）在实验中成功地从石墨中分离出石墨烯，证实了不但可以单独存在，而且后来被证明是在材料世界有着得天独厚、一枝独秀特异性能的宠儿。由于从此开拓了一片全新功能的材料新秀，揭示了纳米材料领域的结构功底和开拓新路，功不可没，两人因"在二维石墨烯材料的开创性实验"，共同获得 2010 年诺贝尔物理学奖。有人甚至怀疑石墨烯是否有能力改变整个电子行业，颠覆一个市值高达 2 万亿美元的庞大市场[57]？

2. 石墨烯物理性质——

（1）石墨烯是由碳原子之间相互连接成六角网格紧密排列构成的蜂窝状二维单层石墨，厚度仅为 0.335nm，为目前世界上存在的最薄的材料，是构造其他碳质材料的基本单元，如包裹成零维的富勒烯、卷成一维的碳纳米管、堆叠成三维的石墨；一般 10 层以内还算作石墨烯，超出这个厚度只能算石墨了。

（2）石墨烯理论上有世上材料无与伦比的比表面积 $2630m^2/g$。

（3）石墨烯是最坚硬的纳米材料，刚度高于碳纳米管和金刚石，比钢硬 100 倍以上。

（4）石墨烯最抗拉，可弹性拉伸 20%，弹性模量 1100GPa，断裂强度 130GPa。

（5）石墨烯热导率最高，高达 5300W/m·K；导热性比铜强 10 倍。

（6）石墨烯常温下电子迁移率超 $15000cm^2/(V·s)$，最高可达 $2×10^6 cm^2/(V.s)$ @300K，比碳纳米管和硅晶体都高，而电阻率只有 $10^{-8}Ω·cm$，比铜、银都低，导电性比硅好 100 倍。为世上电阻率最小的材料，故电子迁移的速度极高，有极大载流能力，电流密度比铜高 6 个数量级。

（7）石墨烯几乎完全透明，可见光单层透过率≥97%，吸收光≤2.3%，但不透气。

3. 碳价值回归——石墨烯，富勒烯，碳纳米管以及石墨都是碳的同素异形体。石墨是由多层的石墨烯堆积而成的，石墨的层与层之间是由范德华力结合的，而同一网层中的碳原子是由特殊的单键结合，因此层与层间的距离比同一网层中碳原子的间距大，石墨的层与层之间是较松散的结构。碳纳米管的主体管部分可以看作是由一部分石墨烯片层卷曲而成，两端各由半个富勒烯封口。碳纳米管有着奇特的导电性质，将因石墨烯形成碳纳米管时的卷曲方式不同而呈现出金属性和半导体性。另外，正由于碳纳米管跟石墨烯如此亲密的关系，碳纳米管的各种性质，石墨烯大都同样具有，而表现的特性功能有过之而无不及。富勒烯是由石墨烯上的一部分弯曲成足球状得到的，它是由 60 个碳原子以 20 个六元环和 12 个五元环连接而成的具有 30 个碳碳双键（C=C）的足球状空心对称分子，分子中剩余的电子在球状分子中形成大 π 键，因此富勒烯有芳香性。从 C60 的图 15-6 可以看出富勒烯分子笼状结构具有向外开放的面，而内部却是空的，这就有可能将其他物质引进该球体内部，以显著改变富勒烯分子的物理和化学性质。石墨烯有着众多的奇特性质，单层的晶体能够稳似泰山地存在已足以让人们惊诧得目瞪口呆，人们发现石墨烯片层实际上并不平坦，而是波纹起伏，这反而能解释石墨烯为什么能够稳定存在，成为碳素世界之母。

不过，石墨烯能大规模付诸制备投产的技术较难开发，人们不得不另辟蹊径去寻找替代品，亦即以石墨烯的优越性能为蓝本，研发"仿真材料"。如不久前英国采用超薄的二硫化钼（MOS_2），并称之为过渡金属二硫族化合物（TMDCs）。新材料与石墨烯一样具备极佳导电性能和超强硬度，且有发光特性，能够超过 $1000m^2$ 大面积生产能力，极易商业化[40]。2014 年 5 月，科学家又发现砷化镉合成三维材料亦具超强导电性能，可做石墨烯替代品[28]。

4. 石墨烯可能应用——

（1）石墨烯同时具有导电和透明双重特性，由于在自然界其它材料这两种特性很难同时出现，因而石墨烯隐伏着空前的应用前景，例如用作监视器、显示屏、太阳能电池和触摸屏的透明电极等。智能化可穿戴电子产品、航空部件、宽频光电探测器、防辐射服、传感器和能量存储等也都是石墨烯众多热门应用范畴的一部分。安德烈·海姆甚至在论文中断言，石墨烯里的电子酷似没有质量，是以恒定的速率移动，这和无质量光子的行为极其相似，不管石墨烯中的电子带有多大的能量，电子的运动速率均约为光子运动速率的 $1/300$，即 $10^6 m/s$。石墨烯中的电子行为直接形成了恒定的导电性能，不管石墨烯里有多少个电子，其导电性能并无差别。用石墨烯制造太阳能电池有着需要稀贵金属氧化物造成的成本高昂和效率较低的缺陷，氧化石墨烯却有良好的透明性和导电能力，成本大降，可用来制造性能优异的太阳能电池[34]，不过人们仍在追求直接用石墨烯达到低成本、高效率的途径[40]。

（2）由于硅材料制造的芯片尺度已经几乎达到了极限，寻找合适的制作芯片的材料已经是科学家们当前面对的难题；同时，为了使计算机芯片更加强大，速度更快，工程师们一直在追求生产更小的晶体管，减短电子驱动机器开关时需要移动的距离，最终，科学家们得出了以一个分子来制作一个晶体管的设想。将来，一台电脑可能只是由单一的一个石墨烯片制成。科学家寄希望于石墨烯终极应用即用来生产晶体管，构成电子设备的长寿、轻质、节能和环保基本部件，成为绿色－低碳经济终用电子信息技术的依托。

（3）正由于石墨烯的透明、良导特性，适合用来制造透明触控屏幕、光板、甚至是太阳能电池。可替代旧有锂电池以提高充电速度和蓄电水平，增加使用寿命和避免污染。

（4）石墨烯优良的导电性、可弯折、机械强度好，可做功能保护涂料、透明可弯折电子元件、锂离子电池、传感器、超大容量电容器等。石墨烯片层是单层原子，即使一个外来分子与之接触，可能个别性质将因此发生变化。石墨烯这一性质可用以敏感地探测到该分子所属物质，这意味着能用来制作灵敏的探测装置或是传感器。美国科学家研发一种采用残次石墨烯能分辨单一气体分子的超高灵敏度传感器，对气体分子的吸收能力比传统化学传感器强 300 倍[40]。

（5）因石墨烯电阻率极低，可用来发展更薄、导电速度更快的新一代电子元件。在石墨烯中，电子能够极为高效和高速地迁移，而传统的半导体和导体，例如硅和铜远没有石墨烯表现得好。由于电子和原子的碰撞，传统的半导体和导体用热的形式释放了大量能量。据统计分析，2013 年一般的电脑芯片被这种微观方式浪费了 72% ~81% 的电能。石墨烯则不同，其电子能量无损耗，这是材料世界里罕见的优良特性。

（6）用石墨烯形成的微孔滤膜，可用于大规模海水淡化，但因成本可能太高，经济上暂时不见得能推广。多孔石墨烯薄膜可高效分离氢气，可为氢气分离和提纯卖力[36]。

（7）将微型氮化镓（GaN）棒植于石墨烯薄膜表面形成可弯曲的、能随意折叠变形和伸缩的 LED 屏幕材料。实验中折叠 1000 次后发光性能无明显退化[57]。

（8）控制水域重金属污染，过去靠廉价的活性炭、沸石以及有超强吸附能力但价昂的交换树脂和碳纤维。2014 年引进氧化石墨烯吸附技术，其吸附游离重金属能力比活性炭高出 10 多倍而成本较低[57]。

（9）能作人工光合作用高效催化剂。可望用于燃料电池、塑料工业和制药[36]。

（10）石墨烯是供制造幻想中"太空天梯"理想化又轻、又薄、又坚实、又柔顺的材料；用石墨烯制成纳米二冲程发动机，可为纳米机器人提供动力[36]。其柔顺坚强性能是用作防弹衣的理想材料[49]。

5. 石墨烯研发进展——

（1）国外：

①美国：2006~2011 年，美国 NSF 安排石墨烯研究项目多达 200 项左右。近年研发出石墨烯纳米表面涂层的柔性光伏电池板、石墨调制器、导电油墨、大面积柔性触控屏、石墨烯电容器以及高速晶体管等。据悉研究重点项目有石墨烯复合材料、电子器件、场效应晶体管和连续制备工艺等[35]。

②欧盟：2008~2010 年资助多项研发石墨烯基纳米电子器件；2013 年将石墨烯列为"未来新兴旗舰技术"。英国早已建立国家石墨烯研究所，2011 年更将石墨烯列为重点发展方向。2014 年 8 月爱尔兰科学家发明将石墨烯融入橡胶的技术，使橡胶具有导电性，从而制造用于可穿戴设备的橡胶传感器。若将石墨烯橡胶制成的橡皮筋嵌入衣服中，可检测到如呼吸、脉搏、血压等人们最轻微的活动，从而可应用于婴儿猝死症和成人睡眠窒息症等疾病的检测预警，还可用于运动员动作监控及康复治疗。2014 年 9 月报道，

一个欧洲研究团队又成功合成了二维材料锗烯（germanene）为未来打开量子计算机的大门跨前了一大步[36!]。

③日本：学术振兴机构（JST）自 2007 年起即已对石墨烯相关研发实行重点资助。经产省则重点支持碳纳米管和石墨烯批量合成技术研发[36!]。

④韩国：各政府部门均大力支持石墨烯研发，特别是教育科学部门、产业通商资源部和原知识经济部等，积极安排具体项目和投入大量资金。前不久，三星已成功用石墨烯于触摸平板显示器和透明可弯曲显示屏。

⑤澳大利亚：从石墨烯得到启发，研制出由氧化钼晶体制成的新型二维纳米材料。新研制出的这种材料厚度仅 11nm，内部电子能以极高速度运动。由于石墨烯缺乏能隙，用以制造晶体管无法实现电流开关，但氧化钼材料本身拥有能隙，将它制成类似石墨烯薄片后，电子既高速运动，又具半导体特性而适合制造晶体管。新材料内的电子极少因受阻散射，因而可研制出尺寸更小、数据传输速度更快的电子元件和产品。目前该研究组已用新材料造出纳米尺度的晶体管。

（2）国内：

①我国科技口和企业都在 2010 年后闻风而动，形成产学研石墨烯攻关开发一体格局。2013 年 7 月，政府出面、产学研积极参与，成立了中国石墨烯产业技术创新战略联盟。该联盟又与欧洲光电基金会（Phantoms Foundation）合作，在宁波市政府支持下于 2014 年 9 月在宁波举办"全球首次以推动石墨烯产业化为目的的国际性会议"。会上发起成立国际石墨资源交易中心；发布全球石墨烯领域产业化成熟技术，并现场开展对接活动；新产品发布会发布国内外石墨烯及其应用领域的新产品。会上成立全球石墨烯创新联盟（总部设在中国），争取国际石墨烯产业的话语权。

②到 2012 年底，我国发表石墨烯领域相关国际论文 6308 篇，申请的专利 1471 件，均居世界首位[40]。2012 年下半年，中国科技大学利用原子力针尖诱导的局域催化还原反应，实现在单层氧化石墨烯上直接绘制纳米晶体管器件成功，该技术可用来直接绘制线条宽度可控的纳米电路，昭示有望实现以碳为主要材料的集成电路。这就说明我国在石墨烯科学领域也早已处于高科技前沿阵地[40!]。

③目前石墨烯相关产业已在江浙深沪鲁闽辽黑诸省和渝市全面铺开，生产内容包括电容式触屏手机、石墨烯粉体、石墨烯薄膜、石墨烯纳米涂层的柔性光伏电池板等。当前有必要更加紧密地跟高等院校和科研院所合作，探赜索隐，窥视堂奥，充分利用石墨烯性能优势开拓未曾涉猎的处女地！

④据 2015 年 3 月 3 日《科技日报》1 版报道，全球首批 3 万部量产石墨烯手机在重庆问世，系中科院有关研究院所研发，由重庆墨希科技公司量产。该类手机具有上述有关石墨烯薄膜的所有优点，如触摸屏有高灵敏触控性能，97% 透光率，色彩还原真实以及石墨烯电池能量密度较高和寿命提升 50% 等。

15 - 2 - 6　纳米科技涉猎范围的负面影响

1. 纳米材料潜在危害概略——和生物技术一样，纳米科技也可能存在某些负面的健康/环境/安全问题。比方其尺寸小是否会让生物的自然防御系统失效？是否生物能够降解可能的毒性或副作用？等等。

要讨论纳米材料对健康和环境的影响，须区分固定纳米粒子和"自由"纳米粒子。固定在纳米尺寸上的纳米粒子合成物、纳米表面结构或纳米组份对健康和环境影响不是纳米粒子的独立效应，影响也相对较小；而自由纳米粒子可能是纳米尺寸的单元素、化合物、复杂复合体上覆盖的一层保护性纳米粒子，可能遇到适配的环境条件逸出，造成意想不到的负面影响。其次，不同尺寸的纳米粒子对健康和环境的影响并不相同，而自由粒子的尺寸有时规格繁杂，并不统一，区别对待则颇费周章。

2. 若干毒理研究结论——

（1）健康影响：有高度活性的纳米颗粒通过吸入、吞咽、从皮肤吸收和医嘱注入等 4 条途径进入人体。某些个例中甚至能穿越血脑屏障。基本上，纳米颗粒的行为取决于其尺寸大小、形状和同周围组织相互拮抗或渗透的作用。有可能导致过量巨噬细胞，诱发防御性发热和降低机体免疫力。也有可能因留存体内无法降解或降解缓慢，在器官里集聚生变。当表面积很大的纳米粒子暴露在组织或体液中可能立即吸附体内的大分子，势将影响体内新陈代谢过程。已经实践确认，眼睛接触碳纳米管可能引起眼部不适。2012年证实，裸鼠体表局部皮肤接触原料单壁碳纳米管能造成皮肤过敏。当使用体外培养的人皮肤细胞做实验性接触，若两个单壁碳纳米管和多壁碳纳米管同时进入细胞，造成亲释放炎性细胞因子，氧化应激降低细胞生存能力。2012年，美国科学家研究证实碳纳米管对某些水生生物有毒[53]。科学家早已警告纳米颗粒可能对人体健康造成威胁或石棉状碳纳米管可能引发癌症[53]，通过空气吸入纳米微粒尚无案例证明是否导致形成肺癌，但大量吸入则按传统毒理结论，有可能造成尘肺、肉芽肿或间皮瘤。至于从口食入，至少会刺激消化道，但尚无相关实验结果报道。

科学家在白鼠腹腔内注射5000mg/kg（体重）的C60剂量后毒理研究证明无中毒现象。还有科学家也发现给啮齿动物口服C60和C70混合物2000mg/kg（体重）的剂量后没有中毒、遗传毒性或诱变性现象，其他一些人的研究同样证明C60和C70无毒性，甚至有科学家发现对啮齿类动物注射C60悬浮液不但未引起急性或亚急性毒性，反而一定剂量的C60会保护他们的肝免受自由基伤害。2012年10月，科学家的论文《持续喂服小鼠C60使其寿命延长》表明，口服富勒烯能将小鼠的寿命延长1倍而未发现任何副作用，确认纯C60没有毒性。但另一些科学家将碳纳米管注射到小鼠腹腔内出现了石棉状病灶，却不能因此断定碳纳米管有类似石棉的毒理特性。科学家发现小鼠吸入纳米C60并无毒副作用，而同样条件下注入石英颗粒则引起严重炎症。

（2）环境影响：主要担心纳米颗粒可能会造成未知的危害。对水生生物的不利影响：2012年8月24日，美国密苏里大学和美国地质勘探局共同完成的研究显示，碳纳米管对某些水生生物是有毒的。因碳纳米管并不单纯是碳，用于其生产过程中的镍、铬和其他金属会残留下来成为杂质。这些残留的金属和碳纳米管能减缓某些种类水生生物的生长率甚至导致死亡。密苏里大学的教授认为，在碳纳米管未来发展前景问题上，必须慎重和有准备地进行权衡。人们还没有充分了解其对环境和人类健康的影响，应防止它作为大规模生产材料进入环境中。美国加州大学（UCLA）的科研人员发现：石墨烯氧化物纳米颗粒能通过地表水迅速传播，如果流入内河湖塘将会对生物造成潜在危害。如果人类偶然摄入了石墨烯，会切开人体细胞并破坏其内容物[36]。

碳纳米管由于其巨大的表面积和表面疏水性，对共存污染物尤其是有机污染物具有很强的吸附能力。碳纳米管对污染物的吸附不仅会改变污染物的环境行为，也会影响自身的环境行为。因此，要以科学态度关注工程中大量应用碳纳米管或纳米技术导致广泛存在于环境中的环境风险[53]。

（3）社会安全：纳米技术的使用也存在社会学风险。在仪器的层面，也包括在军事领域使用纳米技术的可能性。在结构层面，纳米技术的评论家们指出纳米技术打开了一个由产权和公司控制的新世界，就像生物技术操控基因的能力伴随着生命的专利化一样，纳米技术操控分子的技术带来的是物质的专利化。过去几年，获得纳米尺度的专利像一股淘金热。2003年，超过800nm相关的专利权获得批准，这个数字每年都在增长。大公司已经垄断了纳米尺度发明专利。例如，NEC和IBM这两家大公司持有碳纳米管这一纳米科技基石之一的基础专利。碳纳米管具有广泛的运用，并被看好对从电子和计算机、到强化材料、到药物释放和诊断的许多工业领域都有关键的作用。碳纳米管很可能成为取代传统原材料的主要工业交易材料。但是，当它们的用途扩张时，任何想要制造或出售碳纳米管的人，不管应用是什么，都要先向NEC或者IBM缴费以取得许可证。我国在石墨烯领域的专利申请数已跃升全球第一，迫切需要相关专利授予权独占世界鳌头，以巩固纳米领域世界话语权并确保我国发展纳米科技和产业化的安全水平和得心应手。

因此，纳米粒子对健康/环境/安全近期和远期的行为表现显然需要继续深入研究，尤其需要在国内掀起有关的实质性毒理研究，以率先确定不同的体质因素、环境因素和社会因素对实现中国梦和维持世界和平发展的纳米影响。否则，"为虺弗摧，为蛇若何"，苦心孤诣才能苦尽甘来，防微杜渐、措置裕如才是科技研发正道！

15 – 3　数字智能制造　提升实体经济

15 – 3 – 1　制造业智能化初探

1. 中国制造业天从人愿——10 – 2 – 3 节曾较详陈述国家战略性新兴产业中的高端装备制造业发展现状和趋势。这里不厌其烦，为了进一步穷理尽性，从一般制造业改造升级背景盘算我国制造业通过信息化、数字化和智能化全面革故鼎新的可行性和可持续发展性。

2008 年缘自美国一场惊心动魄的金融危机导致发达国家和部分发展中国家工业生产急剧下滑。美国 2009 年制造业产出下降 15%；日本、欧盟甚至巴西制造业景气指数均大幅下滑，唯独中国和印度逆势增进。直到 2010 年，美日欧尚未复苏，而中国却增产了 3 成以上！其间变化如图 15 – 11 所示。2008 年我国装备制造业产值已超过美国居全球第一；2010 年制造业增加值占世界 19.8%，居世界制造大国之首；2011 年，中国制造业产值已逼近 2 万亿美元。截至 2010 年底，包括手机、彩电等消费类电子产品、微机、汽车、工程机械、发电设备、数控机床、船舶、高速列车等 220 多种现代生产/生活制造品产量均居世界首位。特别如电子信息产品、大飞机、高铁机车/铁道、北斗卫星、神舟 – 天宫宇航系统、四代核电、超高压交流/直流电网、天河计算机、深潜蛟龙、高吨位自由锻造压机、世界首台 5 万吨热挤压机、首台非接触感应供电式无人驾驶移动搬运机、无损检测用驻波电子直线加速器[78]、多轴联动超精密数控机床等，誉满天下。近期，我国制造业仍保持强劲扩张态势[80]。2012 年 12 月 19 日在京举行的设计红星奖颁奖典礼折射我国制造业科技进步与发展的亮丽风

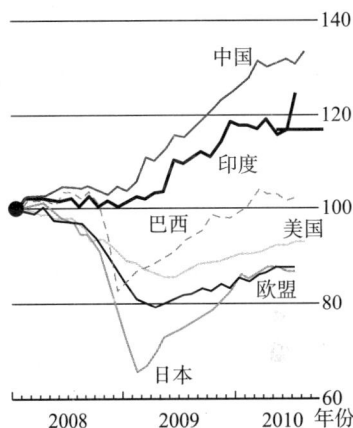

图 15 – 11　金融危机后各国工业生产升减状况（2008 – 01 = 100）

（据：The Economist，2010 – 09 – 16，引自 Haver Analytics）

景[76!]。据工信部统计，2013 年，我国电子信息产业收入达 12.4 万亿元，进出口总额 1.33 万亿美元，占全国进出口总额的 32.0%[74!]。

2. 绿色制造　义无反顾——

（1）全球节能减排压力：根据美国世界资源研究所的研究和统计，1850 ~ 2005 年间全球的 CO_2 排至大气后，少则 50 年长则 200 年不会消失，全球碳排放积累过多，节能减排的压力更大。尽管中国的人均累计排放量远低于世界人均水平，但对于处在工业化发展攻坚阶段、作为世界工厂或"代工车间"的中国来说，仍承受着来自外界的减排压力。这种压力要求中国必须迅速改变过去几十年实行的以耗竭资源、牺牲环境为代价的粗放型制造业为代表的经济发展模式，将制造业的发展与节能减排的约束指标相结合，从而实现中国制造业发展模式的转型。2010 年 12 月 10 日中国科技部召开了制造业信息化科技工作会议，对制造业信息化工作进行了深入讲解和部署，要求加强自主创新，让制造业向绿色化、信息化转型，迎来全新的绿色制造业时代。

（2）勇夺和坚持制造强国地位：受到如图 15 – 11 所示制造业萎缩的强大压力后，发达国家开始重整旗鼓，提出强调实业经济的"再工业化"战略。2010 年 8 月，美国总统签署《美国制造业促进法案》，目的在于提升美国制造业竞争力[75]；2011 年 6 月和 2012 年 2 月，美国又先后制定《"先进制造业伙伴"计划》和《先进制造业国家战略计划》，决心抢占智能电网、清洁能源、新型汽车、空间运能、生物和纳米技术、新型机器人、先进功能和结构材料等 21 世纪先进制造业制高点；德、英等国也紧步后尘，相继制订重振制造业的各种行之有效的政策举措或系统规划。面对发达国家重振制造业新形势，我国制造业增大了高端化难度和产品出口竞争和压力，削弱了我国制造业传统优势地位[62]。英国《经济学人》2010 年 9 月一期引述的各国制造业活力比较，2010 年德、美、英、法、俄和印度等国制造业同比复苏逆转，我国

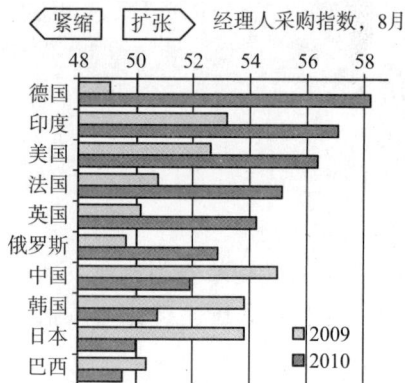

图 15－12　各国制造业活力比较
（据：The Economist，2010－09－04）

以及韩、日、巴等则比上年活力下降（图 15－12）。部分专业性很强的消费品，例如体育运动用品，制造业因产销停滞呈空心化趋势[69]。2009 年，经理人采购指数有 11 个国家低于 50，而 2010 年在 25 个国家中只有 3 个国家低于 50，中国虽在 7 月份剧烈滑坡，8 月份突返扩张至 51.9，再次处于竞争地位。为发展先进制造技术朝向"绿色－低碳化、信息网络化、数字智能化和综合服务化"的高端挺进，必须始终在现代化制造业发展中稳恒创新升级，永执制造业先进开拓之牛耳[76]。尤其绿色化的意义在于：发展制造业要坚持节能环保，开拓进取，和谐竞争。总之，制造业健康发展直接影响产业结构调整质量，本身需根据形势变化及时作出动态调整[64]。

（3）世界经济格局的调整：目前全球已进入网络信息时代，价值链中与制造业紧密相连的各个环节正朝着全球化方向迈进，单纯的制造业已不再处于产业支配地位。随着全球化浪潮快速席卷世界每个角落，众多发展中国家被嵌入到高技术全球"产业链"中，而发达国家由于在科技和资源整合能力上的优势使其拥有了对国际经济链条的相对控制力。2011 年以来，美国福特汽车、科尔曼、NCR、ET 水系统、AmFor 等制造企业开始将生产线或工厂撤离到我国以外劳动力成本较低地区[62]。可见中国正处于全球制造业竞争热局中的风口浪尖。须知逆水行舟，不进则退。理当厉精更始，夯实基础，提高质量品牌[72]，强化综合实力[60]，加大发展趋势预测[63]，增加科技创新投入，新兴制造业兴起亟需政府引导、扶持和必要的财力/物力/技术支持[70]。

15－3－2　制造业数字化—智能化

1. 制造业龙飞凤舞——

（1）世界数字化—智能化制造业发展情势：所谓数字化—智能化制造是指通过虚拟现实、信息网络、数据库和知识库等的支持，按用户需求收集相关资源、产品、工艺、智能化信息并加以综合分析和重组，适时设计加工，产出用户称心满意的产品，常面临批量小、工序复杂、要求严格、需期短而智能化水平高等特点。前面提到美国先后制定《"先进制造业伙伴"计划》和《先进制造业国家战略计划》，实质在于力争短期内利用其科技优势将制造业推向信息化、数字化和智能化。德、英等国也掀起一场夯实和提升以制造业为主的实体经济智能化高潮。目前全球制造业的发展趋势明显地向个性化、数字化和绿色化科技内涵强势倾斜并因此带来产业的深刻变革[72]。中国工程院领导提醒大家，美国学者除强调即将到来的新工业革命的核心技术是"制造业数字化"，认为美国信息技术具有压倒优势，应该通过大力发展和广泛应用以数字化和智能化为核心的先进制造技术，实现制造业的革命性变化。同时尖锐地指出，新技术的出现，很可能导致中国制造业在未来 20 年中出现美国在过去 20 年所经历的困境[74]。因此，我国应充实自主创新梯队，加强顶层设计，创建公共服务平台以充分发挥人才优势[59]。要把中国制造全方位迅速向"中国智造"转型[72]！。

（2）我国制造业数字化－智能化发展现状与后劲：我国已具备发展数字化－智能化制造业的产业基础，如机器人技术、感知技术、智能信息处理技术[61]和柔性制造技术等，但全行业没有全面掌握必要的智能化基础知识；智能化的高端装备制造业虽已初步形成，却没有达到足以参与国际竞争的规模。

2012 年 3 月 27 日，国家发布《智能制造科技发展"十二五"专项规划》，认为我国制造业存在的问题是：主要以跟踪模仿为主、自主创新为辅；产品组装为主、功能创新为辅；系统集成为主、部件攻关为辅；应用研究为主、基础研究为辅。基础支撑技术薄弱，产品附加值低，制造过程中的资源、能源消耗大，污染严重。特别指出：①高端装备对外依存度高；②关键支撑技术及核心基础部件主要依赖进口；③工业化与信息化融合程度低。该专项规划确定的发展目标是：①建立智能制造基础理论与技术体系；②突破一批智能制造基础技术与部件；③攻克一批智能化高端装备；④研发制造过程智能化技术与装备；⑤系统集成与重大示范应用[73]。为达到抢占智能化制造技术制高点，须同时发展制造业信息化云计算[66]和

3D 打印技术[74]。

(3)数控机床：科技进步是影响美国数控机床产业的主要因素，智能化、高速化、精密化是美国机床工业的发展主流；德国强调人才和产品质量；日本先仿制后创新，大力发展新型数控机床[75]。2010 年后，全球数控机床技术专利申请均超过 4000 件；至 2012 年，全球数控机床专利申请前三个国家是日、德、美[75!]。有专家总结全球数控机床的主攻方向是高速、精密、集成、绿色化[75!]。

我国自 2003 年起成为世界数控机床进口和消费量最大国，对高档数控机床的需求量多年来一直维持 30% 以上的增长率[75!]，相关专利申请量全球排名第五。不过专利申请较集中在高等院校，企业和研究机构略嫌不足。客观建设和发展情况令人乐观，20 世纪 90 年代末已逐步掌握数控机床数控系统中枢，目前已基本与世界先进技术保持同步。

(4)盾构数字－智能化：自 20 世纪 90 年代以来，我国铁路交通和城市地铁加速建设以解决人口大国日益增长的城际和市内交通问题。建设中影响施工进度的最大路障莫过于地下和隧道工程。为了提高工效、缩短工期和贯彻安全性，必不可少的是高度自动化、信息化、数字化、智能化的掘进工程机械，即盾构。先进的盾构可以保证地下安全掘进，地面准确指挥；激光导向误差很小，故障排除前靠信息化准确指示，一般故障靠自动化及时排除。前端硕大无朋的刀盘披荆斩棘，后面是长几十上百米运送土石的履带，刀盘刀具经过数字化设计，适应千变万化的地质结构。毫无疑问，盾构制造业是我国先进高端制造业的代表和缩影，集中了我国制造业科技攻关之大成，无怪乎《盾构装备自主设计制造关键技术及产业化》课题获 2012 年度国家科技进步一等奖。2012 年 11 月，我国制造领域的科技尖兵"盾构及掘进技术国家重点实验室"通过科技部验收投入正式运行。继 2013 年入选国家"创新人才推进计划——重点领域创新团队"之后，2014 年 9 月 22 日，第五届全国杰出专业技术人才表彰大会上，该实验室又荣获"全国专业技术人才先进集体"称号[65!]。

我国到 2020 年规划地铁项目 176 个，里程 6200km，约需盾构机 300 台次以上；未来 5～10 年规划新建铁路 17000km，其中隧道约 2000km，约需盾构机 200 多台次[65]。该实验室正摩拳擦掌跨越式开辟绿色化、数字化和智能化新征程，吹响了新战斗进军号[65!]。

2014 年 3 月 17 日，中国南车在南非约翰内斯堡与南非国营运输公司签订价值超过 20 亿美元的电力机车销售合同，是我国轨道交通行业签署海外最大订单。2011 年中国北车制造地铁车辆获法国订单后，2014 年 10 月 23 日，美国麻萨诸塞州交通局正式批准向中国北车采购 284 辆地铁车辆。据此，中国城市轨道交通装备制造的产品，除满足国内高速发展的地铁项目，国外销售渠道已遍及亚洲、欧洲、北美洲、南美洲、非洲和大洋洲。高质产品的全球信誉得力于坚强的科技创新后盾[67]。

(5)矿山装备技术创新：2014 年 12 月 16 日公布第三次全国经济普查主要数据。显示截至 2013 年底，我国规模以上高技术制造业共 26894 家，实现利润总额 7233.7 亿元，占全部制造业利润总额的 13.1%。其中特别如引领我国重型矿山装备制造业龙头老大的洛阳中信重工，近年立足技术创新，创造了一个个制造业标新立异的奇迹。2013 年，中信重工的国外总销售额已占国际市场的 50% 上下，成套产品和工程总包约占 60%，新产品销售约占 70%。所产大型智能高效研磨机是适应日益贫化的矿山资源自主创新设计的关键设备，迫使国外设备在国内降价四成；有自主知识产权的高压辊磨机解决多年来困扰低品位矿的多个难题等[79]。

(6)智能机器人：章 12 的 12－2－2 节谈到智能—信息化产品时初步提示过智能化机器人的应用。已知机器人一般分工业机器人和服务机器人两大类。工业机器人有机械手、半自动和全自动之分，属于高端装备制造业一个突出的分支，许多工业场合的安全、产品质量、功效和能效，例如汽车、危险品、海底和隧道作业机械、芯片、光伏、LED、生化制药、航空/航天设施和需要高精度的部分特殊工业生产行业，非机器人莫属；服务机器人包括专业性和消费性两个子类，专业性如军事（无人驾驶飞机、自动战车、无人驾驶汽车、边境守卫）、公共安全、海底深潜勘探、特种医疗、手术机、边境守护等；消费性包括助老助残、婴幼护理、教育培训、智能幼教玩具、家政、文娱、家园住宅清洁等。美国长于专业性机器人，日本擅于仿生、拟人服务机器人[77]。我国急需的服务机器人离产业化还有一段距离，在我国特大城市中的应用普及率还很低。2013 年 12 月，美国 IT 界巨擘谷歌公司一反热衷信息领域常态，陆续收购 8 家机器人公司，大有转战机器人行当之势。

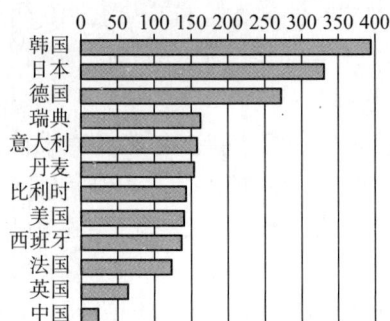

图 15－13 2012 年制造业每万从业人员拥有的工业机器人数

（据：The Economist，2014－03－29，p.50"Robots－Immigrants from the future"特别报告）

据国际机器人联合会（IFR）统计，2005～2012 年全球工业机器人的年均销售增长率为 9%，同期中国工业机器人的年均销售增长率达到 25%，2012 年底中国超越韩国成为仅次于日本的全球第二大机器人市场，占全球市场 15%。2013 年全球机器人市场规模已达 342.7 亿美元；中国购买并组装了 36560 台工业机器人，同比增长 30.4%，首次超过日本成为全球最大工业机器人市场[117]。其中外资机器人普遍以 6 轴或以上高端工业机器人为主，几乎垄断了汽车生产、焊接等高端行业领域，占比竟达 96%。而国产机器人主要应用在搬运和上下料工序，处于行业低端。目前全球每万名工人拥有的工业机器人平均约 55 台；韩、日、德等国则多达 250～400 台；美、意、我国台湾则约 150 台；我国大陆每万名工人平均拥有工业机器人仅 21 台（图 15－13）。

目前我国制造业正加快发展工业机器人以重点突破一批面向国民经济重要产业的"数控一代"产品和智能制造装备，其中要求工业机器人的智能化水平大幅提高，相应的信息科技必须全面跟进[62]。目前综合性专业设计人才奇缺；国产机器人质量、寿命和可靠性较外资品牌差距较大，平均寿命仅 8000 小时左右，外资品牌却可达 5 万～10 万小时，关键问题往往在传动结构件的精度以及智能核心部件存在缺陷。因此，国产机器人从本体到关键零部件，几乎有约 80%～90% 的核心部件需进口解决。2010 年 7 月，第三军医大学重庆新桥医院与中科院沈阳自动化所联合研发了自主创新世界首台脊柱微创手术机器人，表明我国机器人技术水平早已跨入世界领先行业。

要虑及中国作为劳动力大国，工业机器人须向人工无可替代的应用场合发展，不宜一般地以机替人。要注意机器人产业应为高端装备制造业数字化、智能化的主要发展方向之一，在绿色－低碳经济总体框架下做好机器人全产业发展规划，坚决避免产业低水平重复、产能过剩、排挤一般常规工种的人工岗位[77]。

2012 年 4 月 1 日国家科技部发布的《服务机器人科技发展"十二五"专项规划》中曾预测全球个人/家用机器人市场规模将由 2009 年的 870 万台增至 2010～2013 年的 1140 万台；服务机器人产值将由 2010 年约 171 亿美元增至 2025 年的 517 亿美元。而我国将在机器人服务领域不断涌现各类热门产品。特别现阶段应对地震、洪涝灾害和恶劣天气、矿难、火灾、极限作业、反恐防暴、社会安防等将发挥服务机器人的巨大威力。

2014 年 5 月，我国机器人企业近 400 家，其中工业机器人企业 353 家，用于救援、医疗、危觅、探险等更高智商的高质智能型服务机器人的研发、设计和生产尚须加强[117]。

据我国工信部领导介绍，2014 年我国销售工业机器人共 5.7 万台，同比增 55%，相当于全球销量的 1/4，市场规模世界第一，其中珠三角市场规模又约占全国 1/3[118]。但制造品牌的机器人虽有 1.6 万台，大多仍为中低档技术水平的机器人[118]。虽然机器人行将进入普及和智能化 2.0 阶段，但步入高端与人为善仍需较长时日[119,120]。

2. 德国"工业 4.0"——在德国工程院、弗劳恩霍夫协会（Fraunhofer－Gesellschaft）西门子公司和恩德斯豪斯（Endree－Hauss）公司等德国学术界和产业界的推动下，德国政府于 2013 年 4 月推出"工业 4.0"战略，意在采用先进数字化制造技术和物联网技术等，从设计、采购、投产、销售到服务一条龙产业链智能化。弗劳恩霍夫协会在其下属应用与综合安全（Fraunhofer AISEC）、实验软件工程（Fraunhofer IESE）、制造工程和自动化（Fraunhofer IPA）、光电子、系统技术与图像处理（Fraunhofer IOSB）和材料流与物流（Fraunhofer IML）等研究所全面引入"工业 4.0"概念[68]。所谓"工业 4.0"是指制造业领域技术的前赴后继、前因后果发展的 4 阶段：①工业 1.0：在 1860～1895 年以水力和蒸汽机械承担制造任务；②工业 2.0：1896～1970 年以电动机和内燃机为主要动力机械做基础，引入了自动化技术；③工业

3.0：1970～2013 年以大规模应用电子/微电子技术力促制造业的自动化、信息化为标志；④工业 4.0：2014 年及以后，人类将以绿色－低碳技术和纳米技术等为基础，全方位大规模地推进先进制造业技术质的飞跃，建设全盘数字化、智慧虚拟网和综合智能化的所谓"控制论实体生产系统"（Cyber‑Physical Production System‑CPPS）。美国在 2013 年 12 月热议的"控制论物理系统"（Cyber‑Physical System‑CPS），实际上也是 CPPS 的翻版，其概念如出一辙[68!]。其实，中国科技自动化联盟早在 3 年前即已推出基于工业大数据智能化概念的"智慧工厂 1.0"，本质上仍在于深度融合智能科学技术、信息通信技术、自动化技术，以便围绕数据、信息和知识建立核心竞争力，塑造全新的工业生态系统。因此，工业 4.0 的现实意义可以归纳为四个特色表征：智能工厂的竞争园地；数字化制造领军企业的比武擂台[68]；工业复兴的先锋阵地；制造业新工业革命的进军号角[71]。

究竟德国的 CPPS，或美国的 CPS，或我国的"智慧工厂 1.0"何时能升堂入室？人们正满怀期望，拭目以待。

15‑4 优化能源战略结构 规划聚焦开源节流

15‑4‑1 全球能源产销形势扫描 气候变暖须从能源说事

1. 全球能源消费现实——

（1）可持续能源消费模式：据 UNDP《HDR2014》提供的数据，2013 年世界总人口已达 71.6210 亿人；到 2030 年世界人口将达 84.2490 亿人。2013 年我国人口已达 13.8560 亿人（不计台湾省为 13.6072 亿人），2030 年将达 14.5330 亿人。人口激增、福祉改善和局域消费模式，三大最直接的能源需求上升要因迫使人们不得不认真考虑能源消费的可持续问题。例如，一个有趣的命题是在 2003 年能源消费水平上预测 2050 年的能源消费，则对巴西、中国、印度和欧盟的未来能源消费水平须计入两种典型的消费模式：最节能的日本模式和最费能的美国模式。图 15‑14 透视了这四个地区的人口、福祉和消费模式后所作预测，模式不同将导致能耗迥异[99]。

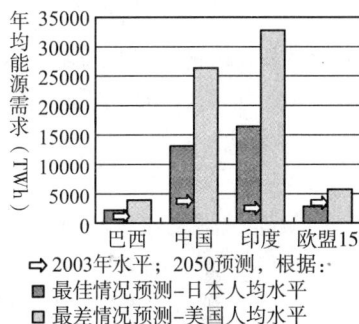

图 15‑14 2050 年年均能源需求预测

（据：Hon. Eileen Claussen et al. (eds.). Energy Efficiency in Buildings, World Business Council for Sustainable Development (WBCSD)，2011）

（2）能源消耗绝对量有增无已：据统计，2009 年世界能源需求总量约为 120 亿吨油当量，其中用于发电的燃煤消耗占 56%，用于工业、建筑、交通和发电等的化石能源占能源消耗总量的 87%，到 2030 年仍将占 81%。因抑制碳排的技术远未令人满意，IEA 估算出相应碳排放约有 290 亿吨。在 3‑1‑3 节已了解到，按 IEA 的测算，如果因循传统能源消费模式，则到 2035 年能源需求将增加到 180 亿吨油当量，碳排 430 亿吨，届时年均气温可能上升 4～6℃。若采取积极应对措施，即如 IEA 设想的 2DS 新方案，则到 2035 年借助大幅增进可再生能源比例，能源需求可能缩减至低于 170 亿吨油当量和碳排低于 360 亿吨。这样的乐观估计取决于全人类的和谐共进，万不失一。图 15‑15 是排除了可能发生的负面阻遏事态回首和展望跨越 80 年的一次能源需求。

2. 中国的能源压力——图 15‑15 显示了中国能源需求上升既快又多在全球遥遥领先态势，这一方面说明中国在 80 年间国计民生的划时代崛起，一方面也提示了未来 15 年可能需要比其他国家在能源系统调整结构、技术升级、节能减排和绿色－低碳发展中遴选更多价值含量高的科技手段和投入更优越的人力、物力、财力。特别须举直错枉，杜绝瓶罄罍耻。

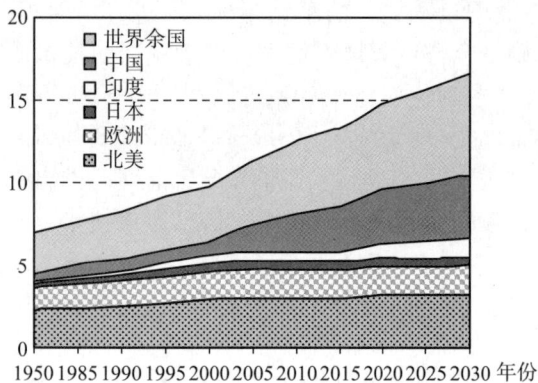

图 15 – 15　一次能源需求预测

（Gtoe = 10 亿吨油当量）

（据：IEA. World Energy Outlook 2011，IEA/OECD，2012 – 02 改绘）

中国的发电装机容量已在 2010 年后居世界首位。据英国石油公司（BP）2013 年《BP 世界能源统计年鉴》提供的数据，中国 2013 年能源消费结构中，煤占 67.5%、石油 17.8%、天然气 5.1%。但我国火电仅年消耗煤炭资源的 52.8%，远低于美国的 93.3%、德国的 83.9%、韩国的 61.7%；我国的其余 47.2% 主要消耗在钢铁、金属冶炼、水泥、锅炉和北方民间取暖。秋后城市霾污激增，无疑与此有关。把文章重点做在燃煤身上是科技工作者的责有攸归。2012 年，BP 在《2030 世界能源展望》中预计中国将在 2020 年后化石能源消费增长显著放缓，可再生能源建设将显著增速[89]。2014 年 9 月 17 日，国务院批复《国家应对气候变化规划（2014 ~ 2020 年）》，再次提出要求到 2020 年实现单位 GDP 的 CO_2 排放比 2005 年下降 40% ~ 45%、非化石能源占一次能源消费比重达 15% 左右，森林面积和蓄积量分别比 2005 年增加 4000 万 hm^2 和 13 亿 m^3。权威媒体已认定 2013 年是中国能源产业的转型年[115]。毋庸赘言，能源界的头等任务是开源节流，而最关键的一环在于节能减排的科技须尽速"更上一层楼"。体制方面，如 2012 年 6 月鼓励民间资金投向能源、9 月鼓励分布式光伏发电规模化、10 月页岩气第二轮公开招标、年底取消电煤双轨制等；2013 年电煤并轨后相关体制改革、重提电力体制改革等[110]，显现政府到产业间增强了互动性，中国能源领域正再接再厉迎接新的挑战。2014 年我国能源需求形势以稳中求进为主旋律，需求增速稍有回升，与经济结构稳步调整和增速适当放慢两得其便[87]。关键仍在加紧夯实内功，增强内力。

15 – 4 – 2　节能增效　环保相伴

1. 节能环保　一举两宜——自 2012 年 6 月 16 日，国务院发布《"十二五"节能环保产业发展规划》后，2013 年 8 月 1 日，国务院再发出"加快发展节能环保产业的意见"，从改善民生和加快生态文明建设理念出发，提出了四条切实可行的主攻方向：①加快节能技术装备升级换代，推动重点领域节能增效；②提升环保技术装备水平，治理突出环境问题；③发展资源循环利用技术装备，提高资源产出率；④创新发展模式，壮大节能环保服务业。其中特别指出近期大力优扩投资机制，加强人才培育及扩大和提高产业规模/技术水平等。

据 IEA 资料显示，全球于 20 世纪 80 年代粗放形成的环保产业，至今已成为驾轻就熟的完整产业。据百度网站的有关信息，全球环保产业市场规模已从 1992 年的 2500 亿美元扩大到 2013 年的 6000 亿美元，年均增长 8% 左右。

我国为了节能和环保双管齐下，2013 年 10 月，国务院首先在化解产能严重过剩矛盾方面提出了即事穷理的指导意见，一语破的地指出传统制造业产能普遍过剩，特别是钢铁、水泥、电解铝等高消耗、高排放行业尤为突出。已知 2012 年底，我国钢铁、水泥、电解铝、平板玻璃、船舶产能利用率分别仅为 72%、73.7%、71.9%、73.1% 和 75%。行业利润大幅下滑，同类行业居然仍有一批在建、拟建项目。长此以往，势必加剧市场恶性竞争，造成行业亏损面扩大、企业职工失业、银行不良资产增加，特别是能源/资源反常大幅透支、生态环境随之恶化。意见明确：中国将强化环保硬约束监督管理，加强环保准入管理，对产能严重过剩行业企业强化执法监督检查。此外，对钢铁、水泥、电解铝、平板玻璃等高耗能行业，其能耗、电耗、水耗达不到行业标准的产能，实施差别电价和惩罚性电价、水价。

2014 年 7 月，国家工信部公布 2014 年 15 个行业首批淘汰落后和过剩企业名单，包括炼铁、炼钢、焦炭、铁合金、电石、电解铝、铜（含再生铜）冶炼、铅（含再生铅）冶炼、水泥（熟料及磨机）、平板玻璃、造纸、制革、印染、化纤、铅蓄电池（极板及组装）。其中涉及 381 家水泥企业，钢铁业共淘汰落后和过剩产能 4686.1 万吨，涉及 44 家炼铁企业、30 家炼钢企业。值得庆幸的是：同年国家发改委公布的 80 个鼓励社会资本参与投资示范项目中有 36 项属于节能环保工程[111]。一收一放，迎来绿色－低碳生态文明。

2. 开源广辟　积厚流广——

（1）审时度势　开辟新源：中国能源资源短缺，经济高速增长后，唯恐入不敷出、捉襟见肘，多少年来，始终处心积虑地围着"开源节流"上狠下功夫。目前，我国已在光伏发电、风能发电、水力发电等领域冠夺全球，核电、地热、潮汐、波浪、温差等其他非化石能源亦在开花结果，利用厚生。在已广范传颂的开源捷报荦荦大端者举例如下：

①2014 年 6 月神华集团国华电力舟山电厂新建 35 万 kW 燃煤机组试运行 7 天后证明煤电能够"近零排放"。其中主要采用最新节能环保煤电技术，包括高压变频技术和高效烟气脱硝、高效静电除尘、烟气海水脱硫、湿式电除尘等综合技术[116]。

②2014 年 10 月报道，浙能集团近年发挥技术威力，决心在浙江所属各电厂基本实现超低排放。在浙江省政府部门积极支持和配合下，2017 年年底前所有新建/在建煤电机组均须采用烟气清洁排放技术[85!]。

③2012 年 7 月，陕西宝鸡海浪集团利用煤炭洁净燃烧技术直接加热溴化锂达到冬季取暖、夏季制冷、余热供洗浴用热水三重目的的中央空调，低耗、微排、节约资源，深得节能环保之妙[90]。

④2013 年 6 月，陕西榆林西部煤炭技术研究中心用低阶褐煤成功生产出煤浓度达 63.8% 的水煤浆，使褐煤大踏步进入煤化工应用，结束了过去用工业湿法制备水煤浆最大浓度从未超过 48% 的历史，为提升节能降耗减排环保跨出关键一步[103]。

⑤2012 年中，美国加州大学科学家通过电生物反应器将 CO_2 转化为液体燃料异丁醇[98]，异丁醇可做化学品平台，可生产约 40% 石化产品和 100% 烃类燃料，即能用来作为替代汽油的内燃机燃料以及其他一些化工产品[84]。

⑥2012 年底，美国犹他州立大学等通过基因工程改变了一种固氮酶蛋白的结构，能用来将 CO_2 转化为 CH_4[112]。

⑦2013 年初，美国德州大学研究人员借助氧化铜纳米棒和阳光促使 CO_2 转化为燃料甲醇[86]，早在 2009 年，新加坡的科学家就曾研发过用 CO_2 直接转化为甲醇的工艺，但曾遭到德国专家的质疑，认为所用催化剂烷基硅酮耗能过大，生产时需加压，得不偿失。2014 年初，美国斯坦福大学等组成的国际研究小组筛选出新催化剂镍－镓化合物（Ni_5Ga_3），据称能有效地在低能耗低压下工业化生产甲醇[86!]。

⑧2014 年二季度，德国航空航天中心宣布：利用阳光、水和 CO_2 可合成出能用来生产煤油的液态烃。制造过程需要的 2000℃ 可获自太阳能聚光接收器[104]。

（2）因地制宜　空气取能：大气本身在任何温度下均储藏着一定量的潜热，温度越高，同一等级的大气蕴藏的热量越多。将十分分散的空气潜热通过专用机器加以收集为我所用，就是近年在我国产业界悄然兴起的空气能热水器的基本思路。

空气能热水器，又称热泵热水器，也称空气源热水器，是采用制冷原理从空气中吸收热量来制造热水的"热量搬运"装置。自 19 世纪法国科学家卡诺创立卡诺循环理论后，热泵的理论根据就是实现了一种逆向卡诺循环，即致冷空调中的热量受体是大气，而热泵完成着逆向空调机制，即反过来把大气潜热集中到热水箱来，其中通过让工质不断完成蒸发（吸取环境中的热量）→压缩→冷凝（放出热量）→节流→再蒸发的热力循环过程，从而将环境里的热量转移到水中。空气能热水器是通过"冷媒"（制冷剂）吸收热量、"压缩机"提升温度、"热交换器"传递热量、"控制系统"控制运行的机器，由于机器的运行需要由电能驱动，所以空气能热水器需要消耗少量的电能。空气能热水器的耗电量是 0.80kWh/100 升水，是电热水器 1/10，燃气热水器的 1/3，所以应归入节能环保可再生能源应用产品[83!]。由于被利用的空气能直到零下15℃均可使用，所以这种设备对地域和环境无特别要求。空气能热水器寿命一般可达15~20年。据科技资料，世界第一台使用的水源热泵系统是1912年在瑞士建成的。2013年年中，我国"空气源热泵三联供机组"技术已获发明专利授权；5月1日，国家住建部批准了该机组的行业标准，目前已在全国范围实行[83]。

太阳能热水器储存的水用完之后，很难再马上产生热水。电力热水器也需要较长时间升温，而空气能热水器只要有空气，温度在0℃以上就能24小时全天候供给热水。即使用完一箱水，较短时间就能再生成一箱热水。因所用"热交换器"是转换惰性气体传递热量，故能从根本上消除电热水器漏电、干烧以及燃气热水器使用时产生有害气体等安全隐患，克服太阳能热水器阴雨天不能使用及安装不便等缺点，因而具有安全、节能、长寿、杜绝有毒气体等优点。不过，每加热1吨水约耗电5~6kWh，电能来之不易地区不如用天然气。其次，在综合考虑空气能热水器应否大张旗鼓地推广生产和应用时，不能不虑及整个设计、备料和生产流程中的能耗和环境影响，庶几能在节能环保标准达标时站稳脚跟。

（3）乘气体能源　广拓资源路：气体能源包括常规天然气、页岩气、煤层气、煤制CH_4、沼气、可燃冰等，系清洁能源族。全球天然气资源比石油丰富，据估算可满足世界需求120年；煤层气主要成分类似天然气，产量约达天然气的1/5；可燃冰全球总储量是全部化石能源总量的2~3倍，如果开发技术成熟，可供人类利用1000年以上；沼气源于生物质能，其内涵主要成份与前面几种类似，即主角为CH_4。CH_4除用于直接燃烧转化为热能外，还能广泛应用于化学工业[92]。气体能源有利用效率高、使用时可降低污染物和碳排放、方便输运和经济安全的优点。章4曾提及，美国自本世纪初以来大力发展页岩气，石油自给率已从2005年的30.1%提高到2012年的54.5%；能源自给率也从69.2%提高到81.0%。2050年全球气体清洁能源可采资源量约1500万亿m^3，按目前消费水平约可用500年。

我国石油和天然气对外依从度连年攀升，由2010年53.7%和15.9%增至2012年的58.0%和29.3%，近两年油/气/煤进口量又有新的增进。但我国气体能源资源量较丰富，地质资源量约220万亿m^3，可采资源约132万亿m^3，相当1056亿吨油当量。我国天然气地质资源量约52万亿m^3，可采资源量约32万亿m^3；页岩气资源量类似天然气，可采资源量约25万亿m^3；深2000m以浅煤层气地质资源量36.8万亿m^3，可采资源量约10.8万亿m^3。此外，2020年煤制CH_4可能达2000亿m^3；可燃冰地质资源量约83万亿m^3。总之大有潜力可挖。而今须政策跟进、人才培育、技术强化、投资倾斜和体制结构优化[105]。

15－4－3　能源发展战略　规划弘济时艰

1. 利析秋毫　烘云托月——

（1）能源碳排结构　需要知己知彼：论证绿色－低碳经济征途的能源发展战略，忌头疼瞅头，就事论事，当学会汉张仲景著《金匮要略》里说的"上工治未病，知肝传脾，当以实脾"。谈及能源发展战略规划，是否宜将绿色－低碳理念耿耿入怀，环环相扣？兹先从产业结构比较有关各国碳排强度说起[82]。

英、德、意、日等国第二产业比重均比美国高，第三产业均低于美国，但美国碳排放强度却远高于其他各国；巴西二产比重约比日本低6%，三产比重与日本持平，但巴西碳排放强度却约高于日本3%以上；韩国二产比印度、俄罗斯都高，可是碳排放强度却低得多；韩国二产比美国高出15%，但碳排放强度仅高出不到1.5%。尽管发达国家二产在本国占比小，但GDP中的二产产出量却比转型国家高。例如2008年美国二产仅占24.2%，但产值却有34374.5亿美元；中国GDP 43261.87亿美元，二产接近50%，但产值仅21025.3亿美元；日本二产的经济占比32.4%，但二产产值达15906.03亿美元；印度二产最小，而GDP总值也只有12174.9亿美元。理论上日本的碳排放绝对量应该高于印度，但事实却相反。可见只有当技术水平基本一致时，这种影响作用导致的微小差异才能显现出来。表15－2列出2008年碳排放最多14国的碳排放强度，由此推断中国的能源战略首先需虑及节能减排。

表 15 - 2　　　　　　　2008 年碳排放最多 14 国的碳排放强度（吨/万美元）

国家	排放强度	国家	排放强度	国家	排放强度
世界平均	6.23	俄罗斯	12.19	日本	2.74
乌克兰	26.87	印度尼西亚	11.36	德国	2.68
中国	16.69	巴西	6.06	意大利	2.47
印度	15.22	韩国	5.91	英国	2.42
伊朗	14.7	美国	4.90	法国	1.92

注：碳排放强度 = 碳排放量吨/GDP（PPP）。

碳排放主要来自化石能源，不同化石能源的碳含量不同，煤的碳含量最高，为 25.5kg/GJ，石油和天然气的碳含量分别为 19.26kg/GJ、15.3kg/GJ。从表 15 - 3 看出，德国用煤占比大于美国，用油和气的占比则小于美国，但碳排放强度反而低于美国；俄罗斯用煤量少于美、日、德、英、韩，用油占比亦小于西方发达国家，天然气用量占比最大，其他非化石能源如水能、核能等的用量占比亦高于英、美，但碳排放强度却远超英、美等。巴西和伊朗的数据也说明，固然能源结构与碳排放量有重要关系，但并非决定排碳量大小的关键因素。关键是能源系统的科学技术水平。俄罗斯的科技水平突显在航天领域，工业和民用能源系统节能减排技术水平的提高相对慢了一步。

表 15 - 3　　　　　　　　　　14 国能源消费结构（2008 年）

国家	石油	天然气	煤炭	核能	水电	国家	石油	天然气	煤炭	核能	水电
中国	18.8	3.6	70.2	0.8	6.6	英国	36.2	38.1	18.2	6.6	1.0
美国	39.9	25.2	24.3	8.1	2.5	乌克兰	11.8	40.9	29.9	15.4	2.0
俄罗斯	18.2	57.1	13.7	5.2	5.8	伊朗	48.4	49.1			
印度	31.8	9.4	51.4	1.0	6.8	印度尼西亚	46.1	26.0	24.3		3.6
日本	44.2	15.7	24.2	12.2	3.7	意大利	45.8	39.7	10		4.9
巴西	46.2	10.0	6.3	1.4	36.1	法国	35.8	15.4	4.6	38.6	5.6
德国	36.2	24.0	27.7	10.2	2.0	韩国	46	14.2	25.5	13.8	0.5

能源强度在一定程度上反映一个国家的生产和消费技术水平，是衡量能源利用效率的指标，用来评价一个国家在一定时期内单位 GDP 的能耗，既可用单位 GDP 所耗能源多少，也可用单位能耗的产出 GDP 大小表达。国际上常以能源强度与碳排放强度对比直接表示各国节能减排规模高低，间接启示其经济结构本身可能存在的不适应或痼疾（图 15 - 16）。

另一种分析手段是对一定历史时期一国碳排放总量的比较，从而了解该国能源发展战略的休戚盈虚。基于这一思路，图 15 - 17 比较了中、印、日、美和欧洲的 21 世纪前 110 年和预测后 25 年因耗能累计的碳排放总量。很明显，中国后 20 年用能过程的减碳压力处于全球迎战气候变暖策略行动的风口浪尖！如果计入世界在各个历史时期的累计碳排总量，则我们从

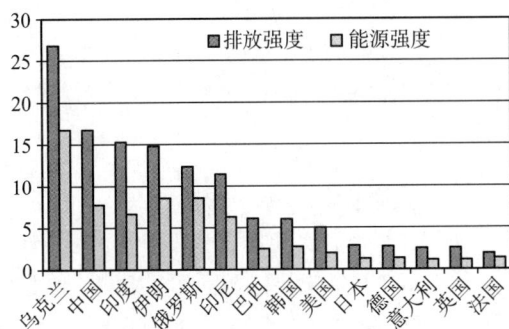

图 15 - 16　2010 年各国碳排放
强度与能源强度对比

（据：IEA）

图 15 - 18 看出 2013 ~ 2035 年节能减排压力主要集中在发达国家之外的发展中和转型国家（非 OECD 各国）。显然，一个主要原因在于非 OECD 各国在未来 26 年中能源消费的节节攀升（图 15 - 19）。

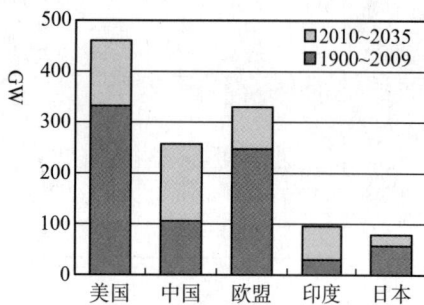

图 15－17　中、印、日、欧、美来自能源的累计碳排放
（据：IEA. World Energy Outlook 2011，IEA/OECD，2012 － 02 改绘）

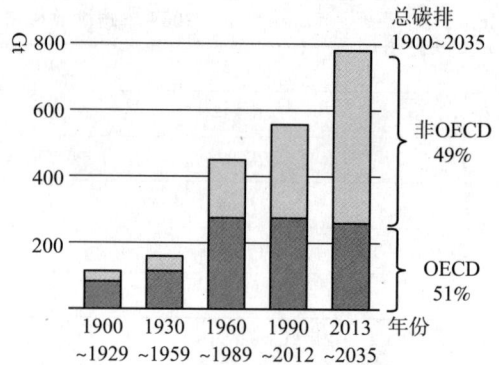

图 15－18　全球与能源有关的累计碳排放量
（原注：虽然非 OECD 各国的碳排到 2035 年人均碳排量尚仅及 OECD 的一半，但按 2℃ 温升方案显然过快增进）
（据：IEA：World　Energy　Outlook　2013，2013 －11）

（2）节能减排的技术战略方向：据 IEA 估测，在基本认定 2035～2050 年世界能源供需状况的电脑预测数字，并与 BP 和 EIA 相应预测数据进行比对核实后，论及从 2010 年直到 2050 年的能源发展轨迹，如果按 2050 年地球大气温升不超越 2℃ 的新对策方案，提议 40 年间需要在几个主要技术领域加以保证：碳捕集与封存（CCS）、可再生能源、核能、能效、燃料变革和提效等方面。当然，据 IEA 声明，也许 40 年间还会出现形形色色的新能源和节能增效的技术举措，但所提示的几种按现行科技水平能稳操胜券的路线应当是足以从技术角度保证新对策方案达标的手段（见图 15－20）。

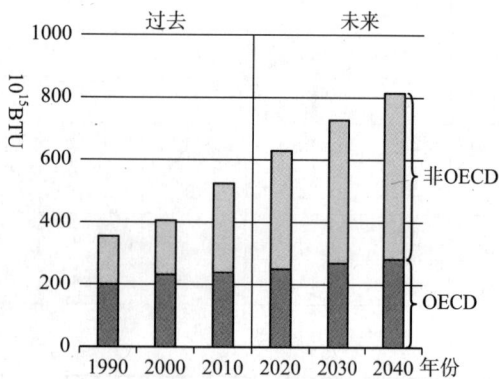

图 15－19　世界能源消费节节攀升态势
（据：EIA《International Energy Outlook 2013》2013 － 07 － 25，p.9，F.1）

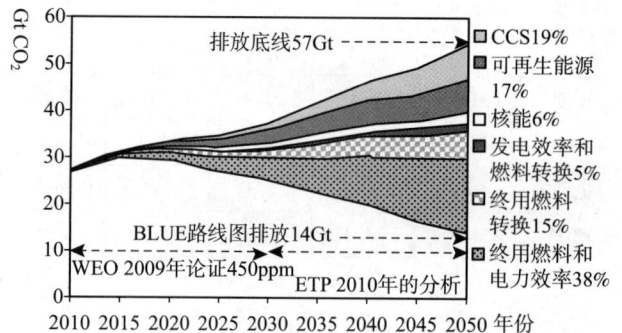

图 15－20　到 2050 年促 CO₂ 排放达标的能源技术平台
（据：IEA. International Low － Carbon Energy Technology Plateform，2011）

2. 源远流长　心手相应——

（1）世界一次能源供应变化来龙去脉：《BP2030 年能源展望》通过尺幅千年之技展现了 60 年全球 3 化石能源和 3 非化石能源需紧锣密鼓开发的能源起伏增减态势如图 15－21 所示。根据图中描绘的情景，可知全球能源供需的总量百分比变化是：石油下滑、煤炭占比有所波动、天然气占比渐升；核能持平、水能渐趋饱和、可再生能源增率强劲而占比持续攀高。另一预测结果是来自 IEA 描述的绝对增量，如图 15－22 所示，即按 1987～2011 和 2012～2035 两个时段看供需总体趋势。显见后时段相对前时段大幅增进的能源是可再生能源、天然气和核能，萎缩的是煤炭和石油，这与中国今天的能源发展战略目标遥相呼应。

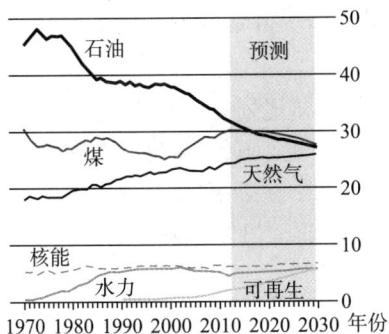

图 15 - 21　世界能源使用（%）的现状和预测

（据：《BP2030 年能源展望》）

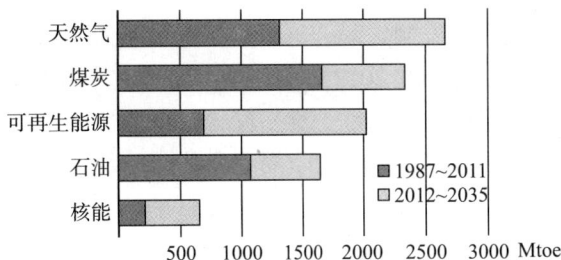

图 15 - 22　全球一次能源需求增长态势

（据：IEA：World　Energy　Outlook　2013，2013 - 11）

（2）一次能源供需增量渠道：从 IEA 提供的 2009～2035 年世界一次能源增量来源，如图 15 - 23 可知未来 30 年几乎 80% 以上的增量均来自非 OECD 国家，亦即发展中国家（中、印、巴西、墨西哥、阿根廷和中东诸国）和转型国家（包括俄罗斯和独联体各国）。OECD 各国的煤炭供需甚至是战略优化的负增长。

其次，各地域一次能源供需占比的变大很明显向中、印等发展中国家倾斜。OECD 国各在一次能源供需总量中的占比将从 1975 年的 60% 下降到 2035 年的 40%，见图 15 - 24。据预测，世界一次能源需求总量 2035 年将达 16730Mtoe，比 2010 年需求量递增了 35%。

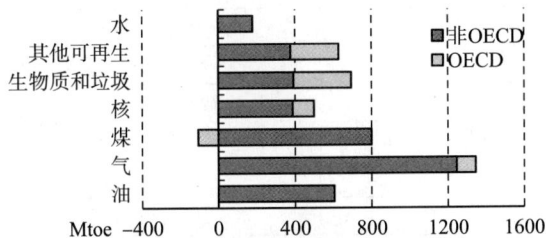

图 15 - 23　按 IEA 温升 2℃新对策方案用能源类型表示的世界能源供给增量（2009～2035 年）

（据：IEA. World Energy Outlook 2011，IEA/OECD，2012 - 02 改绘）

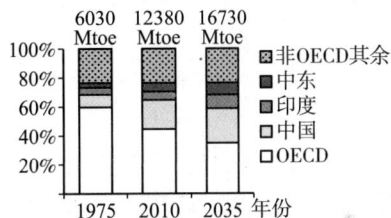

图 15 - 24　全球能源需求占比现状和2035 年预测（Mtoe - 兆吨油当量）

注：全球能源需求从现在到 2035 年约增加 1/3，主要是中国、印度和中东的生活条件改善所然。

（据：IEA. World Energy Outlook 2012，2012 - 12 - 12 改绘）

（3）不同领域用能增进状况：到 2035 年不同应用领域所需一次能源增量如图 15 - 25 所示，预测显示直到 2035 年，可再生能源、水能、核能均主要用于发电；建筑需求主要吸纳生物质能和天然气；尽管正在大力发展电动汽车或新能源汽车，油仍将主要满足交通运输；煤的很大部分资源量仍然用于发电，一部分煤和天然气供给工业用途，例如煤化工。

3. 若有远虑　必少近忧——

（1）准确预测　化险为夷：《礼记·中庸》的千古箴言有云："凡事预则立，不预则废。言前定，则不给；事前定，则不困；行前定，则不疚；道前定，则不穷"。制定能源中长期战略规划，理当结合中国特色，通过国内外发展现状、发展背景和条件，联系已有规划执行中的优势潜能和偏差不足，以专家们认可的大数据定量

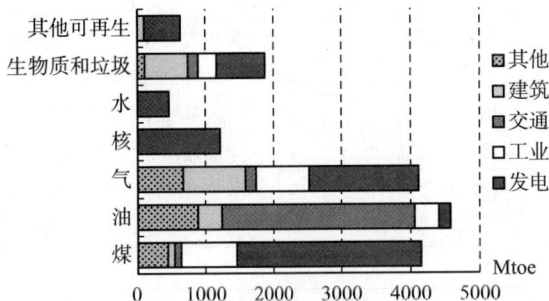

图 15 - 25　按 IEA 的温升 2℃新对策方案能源和应用领域 2035 年世界一次能源需求

（据：IEA. World Energy Outlook 2011，IEA/OECD，2012 - 02 改绘）

预测和理性化定性预估为基础，编撰图文并茂、数据翔实、高度可行性、可持续性和实事求是、经得起时间考验的创新战略规划。

我国政府制定的、与"十二五"能源系统创新升级相关的各个主导规划、专项规划和对应的科技规划绝大部分均在 2012 年完成或发布，其中的战略方向主要体现在主导规划中。不过，当注意到表 15 – 4 的各层级能源规划后不难发现，有时是战略指引性规划落后于专项规划，因而应力争先出台的专项发展方向与后通过审批的能源全局战略基本一致。进入"十三五"规划期之前，但愿能在"十二五"规划实践经验基础上提早作出创新驱动的能源规划[89]。

表 15 – 4   国家"十二五"发布的与能源直接相关的规划

国家部门	规划名称	发布时间
国务院	"十二五"节能环保产业发展规划	2012 – 06 – 16
国务院	节能与新能源汽车产业发展规划（2012 – 2020）	2012 – 06 – 28
国务院	节能减排"十二五"规划	2012 – 08 – 06
国务院	核电中长期发展规划（2011～2020 年）	2012 – 10 – 24
国务院	核电安全规划（2011～2020 年）	2012 – 10 – 24
国务院	"十二五"循环经济发展规划	2012 – 12 – 12
国务院	能源发展"十二五"规划	2013 – 01 – 01
国家发改委	可再生能源中长期发展规划	2007 – 08 – 31
国家发改委	核电中长期发展规划（2005～2020 年）	2007 – 11 – 21
国家发改委	煤层气（煤矿瓦斯）开发利用"十二五"规划	2011 – 11 – 26
国家发改委	页岩气发展规划（2011～2015 年）	2012 – 03 – 13
国家发改委	煤炭工业发展"十二五"规划	2012 – 03 – 22
国家发改委	可再生能源发展"十二五"规划	2012 – 07 – 06
国家发改委	天然气发展"十二五"规划	2012 – 10 – 22
国家科技部	太阳能发电科技发展"十二五"专项规划	2012 – 03 – 27
国家科技部	风力发电科技发展"十二五"专项规划	2012 – 03 – 27
国家科技部	电动汽车科技发展"十二五"专项规划	2012 – 03 – 27
国家科技部	智能电网重大科技产业化工程"十二五"专项规划	2012 – 03 – 27
国家科技部	半导体照明科技发展"十二五"专项规划	2012 – 07 – 03
国家环保部等	核安全与放射性污染防治"十二五"规划及 2020 年远景目标	2012 – 06 – 01
国家住建部	"十二五"绿色建筑和绿色生态城区发展规划	2013 – 04 – 03
国家能源局	国家能源科技"十二五"规划（2011～2015 年）	2011 – 12 – 21
国家能源局	"十二五"电力规划	2012 – 03 – 19
国家能源局	太阳能发电发展"十二五"规划	2012 – 07 – 07
国家能源局	水电发展"十二五"规划（2011～2015 年）	2012 – 07 – 07
国家能源局	生物质能发展"十二五"规划	2012 – 07 – 24
国家能源局	中国风电发展"十二五"规划	2012 – 09 – 10
国家林业局	全国林业生物质能源发展规划（2011～2020 年）	2011 – 10 – 19/2013 – 05 – 28
海洋局	海洋可再生能源发展纲要（2013～2016 年）	2013 – 12 – 27

（2）找准差距 迎头赶上：与发达国家相比，中国能源科技水平存在一定差距：自主创新基础较薄弱，授权专利较申报专利的比重还不够高，核心和关键技术落后于世界先进水平，某些关键技术和装备仍须依赖国外引进。中国对未来 10～30 年的国内外能源系统发展规模缺乏数量分析和预测，对世界能源走势缺少话语权，难免以接近想当然的定性估摸代替科学结论。目前中国正厉兵秣马，加强科学预测，加强调查研究，找准差距，加快建设和完善适合中国特点的、政产学研财一体化的能源科技创新体系。2011年年底，国家能源局出台《国家能源科技"十二五"规划（2011～2015 年)》。这一首部能源科技专项规

划，确定了勘探与开采、加工与转化、发电与输配电、新能源等四大重点技术领域，全面部署建设"重大技术研究、重大技术装备、重大示范工程及技术创新平台"四位一体的国家能源科技创新体系。有关能源科技创新的规划部分，尤其应把握好我国自身的近年能源科技伟大成就，诸如全球首套用于电网光伏发电功率预测系统、超超临界发电机组、实验快堆等[114]。

保证我国能源供需安全的核心说到底是科技问题[97!]。产业和能源必须相辅相成、相映成趣地协调发展，二者之间的相得益彰靠的是灵活机动和高屋建瓴的能源科技内涵[81]。推动能源系统体制机制改革的关键，首先是树立市场为主、政府管理为辅的运行格局[88]，然后有序建立安全、绿色、高效的能源系统[81]。

（3）战略凝规划 更上一层楼：牵涉国家能源规划的不同层次、领域和科技范畴，一般说须结合我国的现实条件和科技创新目标，才能悉力以赴，立见成效[108]。2014 年中，国务院发布《能源发展战略行动计划（2014～2020 年)》，指出战略方针与目标是：坚持节约、清洁、安全；加快构建清洁、高效、安全、可持续的现代能源体系。重点实施四大战略：①节约优先战略：到 2020 年，一次能源消费总量控制在 48 亿吨标准煤左右，煤炭消费总量控制在 42 亿吨左右。②立足国内战略：到 2020 年，基本形成比较完善的能源安全保障体系。国内一次能源生产总量达到 42 亿吨标准煤，能源自给能力保持在 85% 左右，石油储采比提高到 14～15，能源储备应急体系基本建成。③绿色低碳战略：到 2020 年，非化石能源占一次能源消费比重达到 15%，天然气比重达到 10% 以上，煤炭消费比重控制在 62% 以内。④创新驱动战略：到 2020 年，基本形成统一开放竞争有序的现代能源市场体系[102]。

①可再生能源部署：国家正大力促进清洁能源分布式利用，坚持"自用为主、富余上网、因地制宜、有序推进"的原则，积极发展分布式可再生能源。在能源负荷中心，加快建设天然气分布式能源系统。以城市、工业园区等能源消费中心为重点，大力推进分布式可再生能源技术应用。因地制宜在农村、林区、海岛推进分布式可再生能源建设。制定分布式能源标准，完善分布式能源上网电价形成机制和政策，努力实现分布式发电直供及无歧视、无障碍接入电网。"十二五"期间建设 1000 个左右天然气分布式能源项目，以及 10 个左右各类典型特征的分布式可再生能源示范区域。政策加码，能源规划上马，一系列具体调整亟须跟进[101]。在国际性能源盛会后[96]或宏观能源规划问世后[102!]，相关组织者或权威媒体及时召开行业专家列论和建议，大有助于我国能源系统各层级规划创新优化意图立竿见影。

②能源工程领域：2010 年中国自主设计建设的世界首个 ±800kV 特高压直流输电工程——云广特高压支流输电工程双极建成投运；万米深井钻探能源装备的关键技术全部实现自主创新，成为第二个拥有万米钻探装备的国家；2009 年，中国自主开发、设计并制造的 IGCC 示范项目正式开工，"绿色煤电"计划取得了实质性进展。

2011 年我国非化石能源占一次能源消费的比重已达到 8.1%。经过努力，估计到 2020 年比重逼超 15% 的前景目标应能稳操胜券。

③加强能源科学技术研发：在地质、材料、环境、能源动力和信息与控制等基础科学领域，超前部署一批对能源发展具有战略先导性作用的前沿技术攻关项目，争取在能源基础科学研究领域取得突破。依托行业骨干企业和科研院所，以应用为导向，鼓励开展煤矿高效集约开采、非常规油气资源勘探开发、高效清洁发电、海上风电、太阳能供热/发电、先进油气储运、大容量高效率远距离输电等先进适用技术研发和应用。继续实施"大型油气田及煤层气开发"、"大型先进压水堆及高温气冷堆核电站"两个国家科技重大专项，推进关键技术创新，增强能源领域原始创新、集成创新和引进消化吸收再创新能力[113]。考虑能源发展战略并非一定要求面面俱到，但分支领域必应在保证战略考虑的整体性时不可或缺。

④推进能源装备技术进步：依托重大技术装备工程，加强技术攻关，完善综合配套，建立健全能源装备标准、检测和认证体系，提高重大能源装备设计、制造和系统集成能力。进一步完善政策支持体系，重点推进大功率高参数超超临界机组、燃气轮机、三代核电、可再生能源发电机组、非常规油气资源勘探开发等关键设备技术进步，积极推广应用先进技术装备。加强对能源装备产业的规划引导，防止低水平重复建设[100]。

⑤实施重大科技示范工程：围绕能源发展方式转变和产业转型升级，在大型先进压水堆、高温气冷

堆、煤层气开发利用、页岩气勘探开发、煤炭深加工、储能、智能电网等领域，加大资金、技术、政策支持力度，建设重大示范工程，推动科技成果向现实生产力转化。

⑥完善能源技术创新体系：依托大型企业、科研机构和高校，在煤炭资源勘探、煤层气开发利用、页岩气勘探开发、海洋工程装备、大型清洁高效发电设备、智能电网技术、先进核反应堆技术等领域，继续建设一批国家能源技术创新平台，加强自主研发和核心技术攻关。完善国家对技术创新平台的支持政策体系。充分发挥企业的创新主体作用，做好创新成果的推广应用。引导科研机构、高等院校的科研力量为企业技术创新服务，更好地实现产学研有机结合。完善科技评价和奖励制度，建立和完善能源创新人才的培养体系和激励机制[97]。

目前国家能源局正高瞻远瞩地组织力量科学编制"十三五"能源规划[89]，所依据的发展方针和战略方向坚持按 2014 年 6 月国务院发布的《能源发展战略行动计划（2014～2020 年）》[102]。毋庸置疑，能源战略应在科学－绿色－低碳高效能源的战略下发展[95]。符合我国现阶段能源建设发展的战略方向可概括为：加快调控转型，强化节能优先[93]，实行总量控制，保障合理需求，优化多元结构，实现绿色低碳，科技创新引领，系统经济高效[94,100,102]。为此，国家在制定各层次和各类型能源规划时，原则上须遵循大力节约能源、增强能源供给保障能力、调整优化能源结构、改善人民生活用能条件、加快能源科技自主创新、扩大能源国际合作、高度重视能源安全和加强战略性－前瞻性－综合性重大能源问题研究。能源科技创新和能源安全是发展绿色－低碳经济架构下能源系统的不二战略。

参 考 文 献

[1] 马亚宁，王春. 只吸氢气零污染　南北两线"万里行"中国造燃料电池车开始"路考". 科技日报，2014－09－04，1 版；附－方留民（译）. 未来能源在海底. 世界科学，2001（2），23～22.

[2] 王小龙. 美开发出高效太阳能制氢系统　可吸收高达 95% 的太阳热能. 科技日报，2011－08－11；把"绿色电站"搬回家　美开发出小规模高校固体氧化物燃料电池，2012－06－12；受树木光合作用的启发　美开发出新型高效太阳能制氢技术，2014－07－28，均 2 版.

[3] 王婷婷. 可燃冰利用——心急吃不了热豆腐　专家指出我国将于近年开展陆上实验性开采. 科技日报，2011－01－06，5 版.

[4] 冯卫东. 氢经济是一只水老虎——科学家对可持续氢经济产生怀疑. 科技日报，2007－11－06，2 版.

[5] 冯志文. 新型光解水制氢或催生光伏技术革命. 科技日报，2013－06－08，2 版.

[6] 刘霞. 新成果有望带来廉价氢燃料. 科技日报，2013－07－04；新型太阳能—热系统成水制氢利器，2013－08－03；法科学家找到制氢新方法　高温高压下水和橄榄石可生成氢，2013－12－10；附－顾钢. 德发明太阳能电解水制氢新工艺　纳米材料电极可使能量转化率达 80%，2015－05－26，均 1 版。

[7] 刘霞. 美在氢燃料电池技术上获新突破. 科技日报，2011－09－02；甲烷供电手机还遥远吗？固体氧化物燃料电池研究获两项重大进展，2010－11－22；德研发出一种更环保的制氢方法　整个过程可将二氧化碳的排放减少一半，2013－07－25；用氨制氢储氢廉价简单，2014－07－01；附－乐绍延，许缘. 日本大力开发应用氢能源，2014－12－25，均 2 版.

[8] 刘石磊. 发展"未来能源"——世界在行动. 科技日报，2012－01－19，2 版.

[9] 刘吉成（编译）. 天然气水合物——未来的动力原料. 世界科学，2004（9），31－32；氢能－梦想还是现实？1995（3），37－38.

[10] 许艳华. 氢燃料电池汽车不是转向是未来. 科技日报，2015－01－05，10 版；附－刘林森. 燃料电池－21 世纪大步进入市场. 世界科学，2002（4），31－33.

[11] 华凌. 利用小规模的太阳能设备　废水中也能低成本提取"可再生"氢气. 科技日报，2012－05－26；只需加水可使纳米硅瞬间产氢气　有望作为未来便携式设备能源供给的一种方式，2013－01－24，均 2 版.

[12] 华凌，史诗. 铁基催化剂可降低燃料电池成本. 科技日报，2013－02－19，1 版.

[13] 李山. 让氢能带来清洁生活. 科技日报，2012－04－28；利用太阳能电解水制氢技术取得进展，2013－08－22，均 2 版.

[14] 何晓亮. 燃料电池技术——5 到 10 年将产业化. 科技日报，2012－03－07，9 版.

[15] 张盖伦. 新型催化剂可与铂媲美廉价制氢　低成本、大规模存储太阳能或成可能. 科技日报，2014－11－08；新型燃料电池能在室温下发电，2014－12－04，均 2 版.

[16] 周晓芳（编译）. 绿色能源——氢的储存方法介绍. 世界科学，2006（9），25－26.

[17] 金庆焕. 未来的新能源——天然气水合物. 科技日报，2010－11－19，3 版.

[18] 柯宗. 我国燃料电池技术接连获突破. 科技日报，2014－09－01，10 版；大众集团公布三款氢燃料车，2014－12－08，12 版；附－祝汉民（编译）. 燃料电池——一种全新的能源，世界科学. 1994（11），11－12.

[19] 科技日报国际部. 2014 年世界科技发展回顾－能源环保. 科技日报，2015－01－05，2 版；附－索鸿英. 氢能－新能源中的一颗明珠. 世界科学，2000（5），35.

［20］徐冰．向光合作用"学习"科学家找到更加安全高效的氢能制备方案．科技日报，2013 – 06 – 06，5 版．

［21］梁钢华．我国海洋可燃冰调查取得四大突破．科技日报，2011 – 01 – 03，1 版．

［22］常丽君．纳米晶体结合镍催化剂可提高光照制氢产量　使生产氢气的成本大大降低．科技日报，2012 – 11 – 10；新催化剂让氢气的运输和释放变轻松，2013 – 03 – 01，均 2 版．

［23］黄涵．法新研究可降低氢能源生产成本．科技日报，2012 – 11 – 01，2 版．

［24］滕继濮．微生物电解池——污水变氢气．科技日报，2011 – 03 – 18；聚焦氢能燃料电池技术（图说），2013 – 07 – 26，均 6 版．

［25］操秀英．可燃冰商业化应用之路还有多远．科技日报，2013 – 03 – 26，5 版．

［26］Brian M. Barnett et al.（陈勇摘译）：燃料电池的前景．世界科学，1993（4），59 – 60 ~ 33；附 – Josepoh Haggin（张长青译）．燃料电池开发迈入新阶段．1996（10），33 – 34．

［27］Nicholas C. Thomas（吴泽民译）．氢——未来的燃料．世界科学，1990（9），32 – 35；附 – Philip C. Craver（陈焕文译）．氢 – 未来取之不尽的能源．1990（12），43 – 44．

［28］王小龙．美制成碳纳米管增强型风电叶片　强度是碳纤维的 5 倍　寿命是传统材料的 8 倍．科技日报，2011 – 09 – 01；碳纳米管太阳能电池效率提升 3 倍，2014 – 09 – 05；新合成三维材料具有超强导电性能，2014 – 06 – 05；碳纳米管晶体管向商用迈出重要一步　突破两大难关　开关速度比普通硅晶体管快 1000 倍，2015 – 01 – 16，均 1 版；美开发出新型纳米药物递送系统　纳米药物可强化骨骼抑制骨癌，2014 – 07 – 09；美开发出太阳热能储存新材料，2011 – 07 – 20；附 – 郑焕斌．美研制低成本太阳能存储系统，2012 – 11 – 23，均 2 版．

［29］王松才．技术落后制约新材料行业发展．中国经济时报，2011 – 03 – 07，8 版．

［30］王海滨．新材料与现代科学技术深度融合．科技日报，2012 – 08 – 20，5 版．

［31］王婷婷．发挥新材料技术先导和产业基础作用；促进高新产业发展带动传统产业升级．科技日报，2012 – 10 – 24，5 版．

［32］冯卫东．蒸汽也可从冰水中直接产生　美利用纳米粒子开发出直接将太阳能转换成蒸汽的新技术．科技日报，2012 – 11 – 21，2 版．

［33］冯卫东．新型光敏纳米粒子可同时获得光电最佳性能　太阳能转换效率最高可达 8%．科技日报，2014 – 06 – 12，1 版．

［34］刘霞．首个可商用的纳米发电机问世．科技日报，2011 – 03 – 31，1 版．美研制出多功能纳米粒子　让制造绿色柴油更便宜更环保，2014 – 05 – 14；黑纳米粒子可为光催化制氢反应提速　有望成为基于氢的清洁能源技术的关键，2013 – 04 – 22；液体中的纳米粒子可用于存储信息，2014 – 08 – 13；美研制出坚固轻质的纳米陶瓷，2014 – 09 – 16；氧化石墨烯能用来制造更好的太阳能电池，2014 – 10 – 25，均 2 版．

［35］佚名．四大领域成为石墨烯研发重点．科技日报，2014 – 08 – 13，6 版。附 – 刘海英．奇妙的材料世界，2013 – 05 – 04，2 版．

［36］华凌．石墨烯可作为人工光合作用高效催化剂．科技日报，2012 – 07 – 19，1 版；石墨烯家族又添新"表亲"欧洲研究团队成功合成二维材料锗烯，2014 – 09 – 13，2 版；附 – 王小龙．科学家用石墨烯制成纳米二冲程发动机，2014 – 05 – 17，2 版；彭爽娟（译）．"神奇材料"石墨烯可能成为环境污染物，2014 – 05 – 14，7 版；王建高等．新型多孔石墨烯薄膜可高效分离氢气，2014 – 06 – 21，1 版．

［37］华凌．创新型热电材料转换效率创世界纪录　可将 15% 至 20% 废（余）热转换成电力．科技日报，2012 – 09 – 21；新方法合成的富勒烯硬度超钻石，2014 – 09 – 17，均 2 版．

［38］李霞．纳米材料在医学中的妙用．世界科学，2004（11），24 – 25；附 – 郭洋．研究发现纳米金刚石可杀菌．科技日报，2014 – 06 – 17，2 版；佚名．美研出可食用的纳米材料．科技文摘报，2010 – 09 – 23，8 版．自科技日报，2010 – 09 – 09．

［39］李丽云等．新材料创造新生活．科技日报，2012 – 09 – 14，4 版．

［40］张景安．抓住石墨烯发展的重大机遇．科技日报，2014 – 03 – 03，4 版；附 – 杨保国，吴长锋．我实现在单层氧化石墨烯上直接绘制纳米功能器件　以碳为主要材料的集成电路有望实现，2012 – 11 – 25；王小龙．残次石墨烯可造超灵敏"电子鼻"，2014 – 09 – 24；超薄二硫化钼强力挑战石墨烯，2014 – 09 – 25，均 1 版；马爱平．石墨烯可望低成本规模化生产，2014 – 11 – 06，12 版．

［41］郑焕斌．室温超导——梦想不再遥远．科技日报，2006 – 11 – 09，12 版。附 – 王德丰．超导技术在能源科学中的应用．自然杂志，1984（5），374 – 376 ~ 369．

［42］孟宪军，王春．高碳材料带来低碳生活．科技日报，2011 – 08 – 04，8 版．

［43］张晔等．纳米世界里常温金属当面团揉．科技日报，2014 – 10 – 15，1 版．

［44］赵建国．纳米新材料为古老文物"护肤养颜"．中国知识产权报，2008 – 12 – 24，9 版．

［45］科技日报国际部．2013 年世界科技发展回顾—新材料．科技日报，2014 – 01 – 06，2 版．

［46］段浩，袁洋．中国新材料产业必须走原创之路．科技日报，2013 – 06 – 16，2 版．

［47］郭锦辉．新材料产业亟须两大转型．中国经济时报，2010 – 10 – 07，10 版．

［48］唐见茂．十二五新材料产业发展规划展望．中国新材料研究学会，2012 – 09 – 01，网传 ppt．

［49］常丽君．超轻纳米结构埃菲尔铁塔般通透坚固，有望使相同重量的材料在硬度方面刷新纪录．科技日报，2014 – 06 – 21；新材料每克表面积达 800 平方米创下新纪录，2013 – 07 – 19；比盐粒小 500 倍　转速每分钟 18000 转美制造出世界最小最快纳米发动机，2014 – 05 – 22；新型超材料给可见光一条"单行道"，2014 – 07 – 03，均 1 版；美科学家造出最细钻石纳米线　使建造"天空天梯"成为可能，2014 – 09 – 23；石墨烯可作防弹衣材料，2014 – 12 – 15，均 2 版．

［50］高敏．纳米材料：小身材涵盖多领域．科技日报，2014 – 08 – 14，5 版．

［51］盛利．2015 年新材料产值将超过 2 万亿．科技日报，2014 – 07 – 09，8 版．

［52］蒋秀娟，张刚银．"纳米"－该用怎样的眼光去关注？科技日报，2006－12－20，4版．

［53］董映璧．俄专家提醒－纳米颗粒对人体健康威胁不可忽视．科技日报，2008－04－22；附－冯卫东．科学家首度发现石棉状碳纳米管可引发癌症，2008－06－02；毛黎，陈丹．碳纳米管对某些水生生物有毒，2012－08－24，均2版；游学晴．纳米技术会影响环境安全吗？2007－12－18，5版；易家康（编译）．纳米技术会置世界于险境吗？世界科学，2009（2），18－19；卜晓明．纳米技术可能危害健康，南方都市报，2007－11－27，A23版．

［54］蓝建中．黝铜矿可将热能高效转化为电能．科技日报，2013－02－18，2版．

［55］编辑部．这十年，材料科技新第一．科技日报，2012－10－24，5版．

［56］疏达．材料生态制备技术．世界科学，2008（7），25－27．

［57］Katherine Noyes（朴成奎译）．石墨烯商业前景狂想曲．财富中文网，2014－05－18；附－刘园园，滕继濮．氧化石墨烯治理重金属污染．科技日报，2014－08－01，5版；刘燕庐．氮化镓植于石墨烯可制成弯曲LED材料，2014－09－27，2版．

［58］Valerie Jamieson（徐俊培译）．纳米管－将会改变世界面貌的中空碳丝．世界科学，2003（11），38－39．

［59］王影．加快进行数字化制造的战略部署．科技日报，2014－03－31，1～3版．

［60］巴曙松．制造业转型－寻找新的土地需求增长点．中国经济时报，2012－08－14，3版．

［61］左世全．我国智能制造业发展战略思考．中国经济时报，2012－08－13，5版；附－左世全，金伟．美国重振制造业，我们怎么办？科技日报，2012－08－12，2版．

［62］刘霞．你的下一个好朋友或许就是机器人．科技日报，2014－11－18，8版．

［63］任泽平．未来十年我国制造业发展前景展望．中国经济时报，2013－07－03，5版．

［64］宋紫峰．制造业健康发展是产业结构调整关键．中国经济时报，2013－01－21，8版．

［65］李禾．30家企业"杀"入盾构行业，多而不强，大而不精 盾构业亟待提高准入"门槛"和安全标准．科技日报，2012－09－19，6版；附－乔地，申阳．开辟盾构数字化智能化新征程，2014－08－06，5版；跃上世界盾构之巅，2014－09－27，3版．

［66］李伯虎．制造业信息化的发展动态——云计算．中国经济新闻网，2011－05－19．

［67］冷德熙．从国产化到国际化——中国城市轨道交通装备产业发展15年回眸．科技日报，2014－11－13，3版；附－杜悦英．装备制造业－低位调整期如何振兴．中国经济时报，2009－03－12，12版．

［68］芮明杰．"工业4.0"：新一代智能化生产方式．世界科学，2014（5），19－20；附－陈志文．"工业4.0"在德国：从概念走向现实，2014（5），6→13；王健．从全球制造业变革看工业4.0的提出，2014（6），5－7；智慧工厂1.0是基于中国制造显示提出的转型理念，2014（6），15～18→7；江世亮，李辉．德国的"工业4.0"其实就是美国的CPS，2014（5），12－13；胡红梅．德国"工业4.0"对我国两化深度融合的启示．中国经济时报，2014－08－04；罗文．德国工业4.0的中国启示，2014－08－06，均6版；黄艾娇，王春．国内首个"工业4.0—智能工厂实验室"落成．科技日报，2014－11－17，5版；刘晓莹．工业4.0：智能工厂的黎明，2014－12－10，1～3版；数字制造领军企业眼中的工业4.0，2015－01－02，3版．

［69］何倩．中国制造业的空心化趋势．中国经济时报，2012－10－25，5版．

［70］张文魁．我国制造业的发展趋势与政策．中国经济新闻网，2011－05－19；附－张茉楠．产业转移加速中国制造业格局调整．中国经济时报，2009－12－23，5版；张李源清．广东－优质制造促工业转型，2011－09－17，6版．

［71］刘润生．"工业4.0"，直指新工业革命．科技日报，2014－11－14；确保下一轮制造业革命就在美国发生；欧洲全面部署工业复兴战略，同载8版；附－高博．工业4.0热潮背后：中德同忧制造业，2014－12－17，1～3版．

［72］张丽娟，刘润生．迎接孕育中的产业变革——全球制造业发展趋势分析．科技日报，2014－11－14，8版；附－邵立国等．世界制造业发展新趋势及启示．中国经济时报，2014－11－14，6版；浦炎，费平．中国制造向"中国智造"转型，2014－11－17，7版．

［73］国家科技部．智能制造科技发展"十二五"专项规划．科技部官网，2012－03－27．

［74］周济．制造业数字化智能化．中国工程院，2012－09－18；附－张辛欣．我国成为全球最大电子信息产品制造基地．科技日报，2014－07－02，1版．

［75］赵蕴华等．主要发达国家数控机床产业特点及促进政策．科技日报，2013－06－14；李志荣等．我国数控机床产业进入转型升级攻坚期，2013－06－14；张旭等．全球数控机床产业全新布局，2013－06－14；张涛等．全球数控机床技术领域发展态势，2013－06－14，均8版．

［76］袁志勇．实现从制造大国向创造强国的跨越；先进制造技术 跨越式发展．科技日报，2012－10－23，5版；附－柯维．制造大国的设计大思维－2012中国设计红星奖折射中国科技进步与发展，2012－12－21，8版．

［77］程楠．由谷歌收购机器人公司看制造业变数．科技日报，2014－07－27，2版；附－沈应龙．国际服务机器人产业的趋势与未来．世界科学，2014（8），20－22；服务机器人距离产业化还有多远？2014（9），37－39；佚名．中国机器人产业发展现状和发展趋势．中研网网传文档，2014－09－28．

［78］编辑部．这十年，先进制造科技新第一．科技日报，2012－10－23；创新驱动 引领经济发展方式转变，2012－10－26，均5版．

［79］乔地．矿山装备前沿技术引领中国工业转型升级．科技日报，2014－11－19，5版；附－陈炜伟，王希．我国高技术制造业蓬勃发展，2014－12－17，3版．

［80］高敬，刘铮．我国制造业保持扩张态势．广州日报，2014－03－02，A1版．

[81] 李伟. 推动能源革命, 有序构建安全、绿色、高效的能源系统——在 2015《财经》年会上的演讲. 中国经济时报, 2014 - 11 - 28, 1~5 版; 附 - 丁刚. 中国产业和能源协调发展的战略思考, 2009 - 02 - 16, 5 版.

[82] 方陵生 (编译). 未来能源 - 自给自足和量身定制. 世界科学, 2008 (11), 10~12.

[83] 王怡. 节能新生力——空气源热泵三联供技术. 科技日报, 2013 - 06 - 19, 3 版; 附 - 刘志伟. 为空气而狂——赵克和他的 "空气源三联供", 2014 - 09 - 15, 5 版; 朱会伦, 盛利. 用空气 "取能制热" 变为现实, 2009 - 07 - 09, 1 版; 曹丙利. 开发洁净新能源, 我们可以利用真空吗? 2010 - 11 - 10, 8 版; 陈军君. 空调及热水器巨头齐进入　空气能热水器市场蓄势. 中国经济时报, 2011 - 05 - 12; 姚兰, 赵卫民. 空气能热水器领跑节能市场　企业仍需加深优势解读, 2012 - 11 - 12; 空气能热水器助力节能环保新生活, 2012 - 12 - 17; 赵卫民. 热水器行业 "新三国时代" 来临　空气能成新贵, 2012 - 12 - 31, 均 11 版。郭锦辉. 空气能应被列入可再生能源范围, 2011 - 12 - 15, 9 版; 赵春雷 (编译). 来自稀薄空气中的电能. 世界科学, 2010 (8), 28~29; 佚名. 中国空气能供热技术发展, 西奥多空气能热水器 www.gztheodoor.com, 2012 - 04 - 13, 自 E - Works.

[84] 王亮. "反向燃烧"——二氧化碳变燃料? 科技日报, 2012 - 10 - 26, 6 版.

[85] 王茹. 煤的清洁利用是调整能源结构的重点. 中国经济时报, 2013 - 04 - 26, 6 版; 附 - 宗浙. 超低排放将成煤电 "新常态", 2014 - 10 - 07, 4 版.

[86] 毛黎. 美研究将二氧化碳转化成甲醇的新途径. 科技日报, 2013 - 02 - 27, 1 版; 附 - 华凌. 经庞大计算机数据库筛选后发现新催化剂可在低压下将二氧化碳转为甲醇, 2014 - 03 - 17; 顾钢. 二氧化碳直接生产甲醇可行性遭质疑, 2009 - 04 - 24, 均 2 版.

[87] 邓郁松. 2013 年我国能源需求增速将有所回升. 中国经济时报, 2013 - 03 - 18, 7 版.

[88] 刘满平, 景春梅. 我国能源体制机制改革的逻辑和思路. 中国经济时报, 2014 - 12 - 01, 6 版; 附 - 佚名. 全球节能市场规模达每年 3100 亿美元, 中国城市低碳经济网 www.cusdn.org.cn, 2014 - 10 - 09, 自新浪财经.

[89] 安蓓, 赵超. 我国启动 "十三五" 能源规划编制工作, 中央政府门户网站 www.gov.cn, 2014 - 06 - 25.

[90] 史俊斌. 熊熊炉火烧　楼房凉意爽　国内首创燃煤直烧溴化锂技术实现冷热双制. 科技日报, 2012 - 07 - 20, 1 版.

[91] 杨靖. 创新驱动　先进能源技术发展迎来跃升期. 科技日报, 2012 - 10 - 16, 5 版.

[92] 李辉. 转化甲烷, 为缓解能源和资源问题而努力——单永奎教授研究成果记. 世界科学, 2012 (1), 22~25.

[93] 李大庆.《中国能源中长期 (2030、2050) 发展战略研究报告》发布　节能提效合理控制能源需求居能源战略之首. 科技日报, 2011 - 03 - 01, 3 版; 未来 30 年能源格局, 工程院怎么看? 2014 - 12 - 21, 1~3 版.

[94] 杜祥琬. 中国能源可持续发展的一些战略思考. 科技日报, 2010 - 11 - 19; 能源科学发展观研究概要 - 中国工程院重大咨询项目《中国能源中长期 (2030、2050) 发展战略研究》报告要点, 2011 - 03 - 03; 附 - 谢克昌. 科学合理　未雨绸缪　一项具有全局性、前瞻性和挑战性的能源战略研究成果, 2011 - 03 - 03, 均 3 版.

[95] 刘燕华. 能源转型的关键是发展能源服务业. 科技日报, 2014 - 11 - 30, 2 版.

[96] 陈静. 能源战略高层论坛助力科博会　中国能源战略 - 探索中稳步前进. 中国社会科学报, 2011 - 05 - 24, 3 版; 附 - 佚名. 提高我国能源技术水平的战略设想, 中国城市低碳经济网 - www.cusdn.org.cn, 2011 - 06 - 29.

[97] 张孝德. 应对新能源革命三个误区与创新战略转型. 中国经济时报, 2010 - 05 - 31, 5 版; 附 - 张勤福, 卢愚. 我国能源安全的症结其实是技术问题, 2010 - 12 - 01, 8 版.

[98] 张巍巍. 二氧化碳变为液体燃料技术问世. 科技日报, 2012 - 04 - 09, 2 版.

[99] 郑焕斌. 可持续性能源所面临的挑战和机遇. 科技日报, (上) 2012 - 12 - 09; (下) 2012 - 12 - 23, 均 2 版.

[100] 林伯强. 中国能源战略及政策调整新方向. 中国社会科学报, 2011 - 05 - 17, 7 版; 附 - 曹新. 重构中国能源发展战略. 中国经济时报, 2011 - 08 - 10, 5 版.

[101] 范思立. 政策再加码　可再生能源亟待统一规划. 中国经济时报, 2012 - 08 - 16, 2 版; 能源规划落地　改革难度与力度空前, 2013 - 01 - 25, 1 版.

[102] 国务院. 能源发展 "十二五" 规划, 国发〔2013〕2 号, 2013 - 01 - 01; 能源发展战略行动计划 (2014~2020 年), 国办发〔2014〕31 号, 2014 - 06 - 07; 附 - 王金涛等. 读能源 "十二五" 规划. 中国经济时报, 2013 - 01 - 28, 9 版; 张倪. 能源战略行动计划将成节能减排 "先手棋", 2014 - 11 - 25, 2 版.

[103] 胡左. 我国攻克褐煤应用世界难题　褐煤制备气化用水煤浆浓度达 60% 以上. 科技日报, 2013 - 07 - 01, 1 版.

[104] 雷敏等. 总量控制　结构调整　市场改革 - 点击能源发展 "十二五" 规划三大亮点. 科技日报, 2013 - 01 - 25, 1 版.

[105] 郭焦峰等. 加快发展气体清洁能源是我国可持续发展战略的重要选择. 中国经济时报, 2013 - 12 - 04, 9 版.

[106] 袁方. 节能降耗向微观领域推进. 中国经济时报, 2012 - 03 - 29, 11 版.

[107] 倪维斗. 我国的能源现状与战略对策. 科技日报, 2007 - 01 - 25; 附 - 何祚庥. 解决能源短缺问题的根本出路在哪里? - 读倪维斗先生《我国的能源现状与战略对策》后的几点思考, 2007 - 02 - 08, 均 1~3 版; 毛宗强. 没有气体能源的战略是不完整的能源战略——读《我国的能源现状与战略对策》有感, 2007 - 03 - 05, 11 版.

[108] 能源事业部. 政府、协会、企业三方预判 2012 能源趋势 - 能源行业年初微调查. 中国经济时报, 2012 - 02 - 06, 9 版.

[109] 能源研究所. 提高我国能源技术水平的战略设想, 中国城市低碳经济网 www.cusdn.org.cn, 2011 - 06 - 29.

[110] 能源版全体成员. 辞旧——2012 年能源记事; 迎新 - 2013 年追踪热点. 中国经济时报, 2013 - 01 - 07, 9 版.

［111］倪元锦，刘斐．中国加速淘汰落后与过剩产能助力绿色发展．中国城市低碳经济网，2014－07－29，自新华网．

［112］常丽君．温室气体或可直接转化为燃料　二氧化碳转化碳氢化合物研究初获成功．科技日报，2012－11－17，2版．

［113］韩文科．我国的能源战略重点及发展展望，2013中国经济形势解析高层报告会，2012－12－23，网传ppt．

［114］编辑部．这十年，能源科技新第一．科技日报，2012－10－16，5版；附－编辑部．中国能源产业转型年．中国经济时报，2013－01－07，9版．

［115］刘莉．打破常规才有更多"非常规"专家学者论非常规能源．科技日报，2014－11－25，5版．

［116］瞿剑．神华技术实现燃煤发电比燃气发电更清洁．科技日报，2014－06－26，1版；今年上半年能源消费凸显四大亮点，2015－07－28；全球能源互联网．幻想还是现实，2015－07－24；附－陈炜伟．能源局：四大措施推动太阳能热发电，2015－08－01，均3版．

［117］中国电子学会．机器人产业如何从"跟跑"转向"并行""领跑"——解读《智享机器人时代——我国机器人发展之路》．科技日报，2015－04－20，4版；附－尚勇．加快机器人科技和产业创新　迎接即将到来的智能社会浪潮，2015－04－20，1－3版．

［118］杨春南，蔡国兆，欧甸丘．珠三角崛起"机器人大军"．科技日报，2015－07－03，8版；附－刘垠．我工业机器人市场规模世界第一，2015－06－06，1版；吴长锋，杨保国．服务机器人产业化研究获重要进展，2015－07－09，3版．

［119］赵承等．机器人四问．科技日报，2015－08－31，1－3版；附－刘晓莹．机器人离我们的生活还有多远？2015－07－06，1－3版；附－钟贵锋．逐渐走入家庭的智能机器人，2015－08－03，5版．

［120］付丽丽．机器人产业2.0时代，我们该如休布局．科技日报，2015－08－08，1－3版；未来十年，美国或将重当世界机器人霸主，2015－08－08，1版．

第16章

科技纵横万代红

16-1 绿色低碳信息智慧璧合珠联 时代潮流前沿科技别开生面

16-1-1 电子信息技术和产业优势及其发展

1. 电子信息技术优势的总体评价——

（1）助力节能环保：章 7 虽从电子信息技术和产业局部表现有可能未兼顾节能环保，在实际生产过程中有可能大量耗用化石能源和稀缺金属等非再生资源。但经过近些年寻求低耗低污染新材料、改进生产工艺、积极开发可再生能源和大力推广循环经济生产方式，正从技术革新层面获得全面改善。事实上，在节能环保战略实践中电子信息技术可能发挥的、无法靠其他技术替代的功能主要有三方面：

①信息技术本身的固有优势：自然资源的节约潜力较大；各行业装备和运行速度非其他技术范畴可比；操作技术等级要求严格使用环境的质量要求却易于满足；技术/产业的综合效益比较明显，是虚拟经济无法替代的核心技术和智能化/智慧化的基础；

②依靠信息技术能够驾轻就熟地优化资源配置；

③能借以提升管理效能、提高节能环保水平和降低生产流程成本：例如据调研统计，信息技术可使企业物流成本降低 20% ~40%[21]。

（2）全面节能减排：据 IEA 的测算，发展高品位的信息通信技术，可望大力推动节能减排，提高世界经济的能效和碳效。到 2020 年，信息和通信技术可削减 78 亿吨 GHG 排放，相当于目前全球碳排放的 15%，并同时节约 9000 亿美元以上。

信息通信技术（ICT）对于节能减排的重要意义主要在于：ICT 产业本身的快速发展有助减少社会经济活动对部分物资的消耗（例如用纸量，从而减少森林砍伐量），并进而减少生产这些产品的能耗。其次，ICT 应用于其他产业可以带来全面节能效果，特别在：

①工业电机和自动化设备节能：据 IEA 测算，全球从 2010 年充分利用 ICT 进行技术改造，提高工业设备能效，则到 2020 年有望减少 9.7 亿吨 CO_2 排放，节能价值 1072 亿美元。

属于工业活动一部分的物流系统提效减排：据 IEA 测算，全球利用 ICT 提高货物运输和存储过程中的能效，实现物流业节能，则到 2020 年有望节能价值高达 3266 亿美元。包括复杂卡车物流管理技术在内的智能运输系统，能将全球每年的碳排放削减 15.2 亿吨。

②建筑业节能减排：建筑业耗能水平仅次于工业。据 IEA 和 EIA 分别测算，全球实现智能化建筑技术有望到 2020 年每年减少碳排 16.8 亿吨，节能价值 3408 亿美元。若在北美洲优化建筑设计、改进建造用材和工艺以及对应的工程管理，有可能减少 15% 的 GHG 排放。一般说，建筑物可以采用更为精准的技术来监控照明、供暖和通风系统，选用节能设备，对建筑地域、朝向和绿化实行绿色-低碳化设计。EIA 估计，智能化后，美国的商用建筑行业每年能源费用可能降低近 30%。

③电网节能化：电力系统从能源运输、发电、变电、输电、配电和用电，环环相扣，步步为营，处处监控，事事精心，加上个别国家输电距离甚远、高压线路电压过低导致线损超限。若在电网所有环节有效地引进 ICT 强化监控管理、在高精尖 ICT 支持下采用特高压交流甚至直流输电，则到 2020 年全球有望减少 20.3 亿吨碳排，节能价值达 1246 亿美元。我国科技部也在 2012 年 3 月制定了《智能电网重大科技产业化工程"十二五"专项规划》。

除在行业内部存在节能机缘外，也有若干其他可能的减排机遇，如通过电信远程上班、网络视频电视会议、网上购物、网银支付、网上下载内容以替代纸面传递、一卡通等方式，将实体虚传或流程"去物质化"。总之信息化可形成政府管理新模式、产业发展新模式和居民生活新模式，目的在于降低能耗、节约成本、提高运作效率。各种替代方式均能或多或少呈现减排效应。同时，ICT 技术也能通过近年创新增效，减少自身的碳足迹。

2. 我国 ICT 产业　如虎添翼——

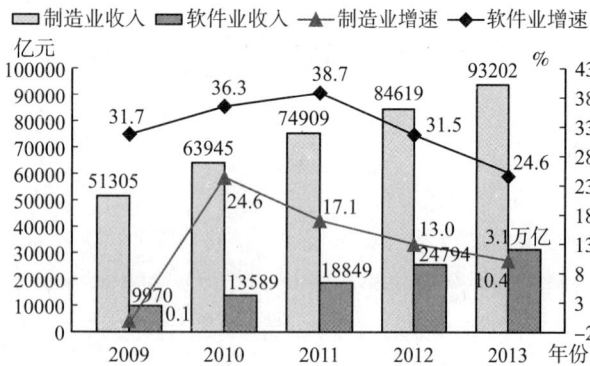

图 16－1　我国电子信息产业收入水平

（据：工信部运行监测协调局 . 2013 年电子信息产业统计公报，2014－03－04）

（1）收入水平概貌：2009～2013 年我国电子信息产业收入水平如图 16－1 所示。从图看出，我国电子信息产业硬件制造部分在西方金融危机之际大幅飙升到 24.6%，随后增长率下滑，但仍保持约 10% 的增长率。近年我国软件业增速明显加快，2011 年达 38.7%，近两年虽略有下降，但仍保持 20% 以上的增长率，而且软件业收入绝对值呈持续增长态势。这意味着我国软件出口量增大和虚拟经济建设规模正在迅速扩充。

（2）2014 年 3 月，我国工信部领导透露：国家将从 4 方面继续推动 IT 产业发展：①推进宽带网络基础设施建设，推动城市百兆光纤工程，加强三网融合；②提升信息产业核心竞争力，推动设立国家产业投资基金，夯实产业基础，发展新一代移动通信如物联网、大数据等战略性新兴产业；③加强引导，强化信息技术深化应用，推动制造业高端化和服务化；④提高互联网行业管理水平[12]。

（3）国家财政部对发展我国 ICT 产业始终给予全方位实际财力税收支持，近年更加大了支持力度，随着产业向高新尖端挺进，政策配套协调也随之加强和调整。2012 年末，专家提出改进财政政策支持的五条建议，虽原则性强而具体举措弱，仍不失为发挥财政推动我国当前亟待创新发展和优化 ICT 产业结构的支撑点：①加大财政投入力度，优化财政投入方式；②完善税收扶持政策，健全相关法律法规；③灵活运用政府采购，提高财政支出效益；④创新财政管理机制，提高资金使用效率；⑤多方统筹细致规划，构建政策支持体系[7]。

（4）绿色－低碳信息化：近年来企业信息化历程中，一般强调信息化应用过程中优化环境和降低能耗，如设计 IT 产品应不断追求低耗高效。企业低碳信息化建设的设计思路常概括为"五个更高、一个更低"，即电力使用率更高、空间使用率更高、设备利用率更高、安全稳定运行时间更高、工作效率更高和运营成本更低。具体而言，低碳信息化设计思路包含"五个一工程"，即企业总部或分部只建设集中部署所有信息化设备以有效降低财力和人力的"一个中心机房"；中心机房部署"一个数据中心"来实现数据集中存储以有效提高管理效率；将业务整合集中部署，将业务系统大集合，采用单点登录，易于管理并提高安全性的"一套完整应用"；针对多个业务系统，进行统一管理、部署和备份，让数据挖掘更加彻底的"一个数据库"；用来简化职能部门，业务分工更明确，人员管理更简单，维护速度更快捷，从而降低运营成本的"一个专业维护小组"。当然，为了追求绿色，任何企业还必须首先虑及企业内部的和衷共济，福祉公平，互学互帮，敬业乐群，创造和谐互助的绿色氛围。

3. 近期国内外 ICT 热点钩玄——

（1）近场通信（NFC）：国外早几年已用 NFC 于铁路票价支付系统。2012 年的智能手机首次出现近距离无线通信，两只手机相互碰撞一下就能交换对方的部分指定信息。谷歌/三星支持的安卓模式手机也能实现轻碰即交换少量数据。这种高频近距离（10cm 以内）无线通信提供了大量原来意想不到的特异功能。在电梯里、建筑物过道、走廊、停车场和公共交通站点布置各式各样的 NFC 标签，其中含有不同阶层人群所需的五花八门数据资料以及消费市场千变万化的商业信息，供人们利用随身携带的手机或其他专用 NFC 接收工具到相关地点各取所需[20]：

①无接触支付：例如无接触信用卡近距支付要比按键网络支付安全得多。2012 年年末，中国移动开发的智能语音门户产品"灵犀"和 NFC"手机钱包"问世，目前已有建行、浦发等多个银行加入合作，许多城市已用于公交、一卡通等绿色－低碳又便民的无接触支付[41]。

②病痛治疗信息交换：如医生可利用 NFC 标签查询病人病史和治疗史，还能通过扫描寻求最佳治疗方案。

③数据传输：除上面提到的互碰手机传递短暂信息外，还能连续转送多页课文、论文和专利文件等。

④目标查询：如扫描 NFC 标签可了解商家促销优惠、多倍积分、商品折扣等，以及在车上探查路线、优化路径，商品的绿色－低碳质量等。

⑤社交媒体：如将自己手机上的个人信息输给约定的某一 NFC 标签以传递现状给好友或汇报给亲人等[24]。

（2）智能手机多样化应用：

①2011 年，美国科学家研制的全双工技术，使手机等无线设备可用同一频率跟无线基站交流和获取信息，一反过去须用两个频率分别实现手机信息输出和接收。这种全双工无线网络技术在不再新建发射塔前提下倍增了无线网络吞吐量[10]。估计这一技术已在全球得到推广，并将全面覆盖信息网络系统，其技术渊源势将加速三网融合的进程。

②不久后，智能手机可以为老龄人群、残疾人的健康安全提供全方位护理，为监护儿童提供可靠信息咨询和及时通报。未来智能手机将成为人类的永恒伴侣、助手和监护人[5]。远景估测认为：20 年后智能手机将拥有超级计算机的能力[22]。

③交互式个人网络电视（IPTV）在 2009 年底被德国研发出来，系统成功地建立电视、手机、机顶盒和电脑之间灵活的通信联系，在这些设备间营造了虚拟的开放生态网络系统。2011 年估计全球有 5400 万家庭使用 IPTV[18]。由于智能手机的智能化水平腾云驾雾，估计不久后可能在全球达到普及水平。

④人机交互式的交流和数据传递、相映成趣、相得益彰，将成为 IT 发展趋势的总特征：例如已成现实、性能优异的多点触摸屏，语音识别功能，能跟踪客户地理位置的 GPS 接收能力，以及跟踪设备运动状况完成姿态感应的紧凑型磁力计、加速度计和陀螺仪等的组合功能等[4]。有人精义入神地把人类所面临充盈退迩的人机交互誉为"耳提面命的智能时代"，认为目前人机交互技术正成为各国发展电子信息技术的关键所在[29]。

⑤高等学校或职业学校的专业课件将通过智能手机传递给学生，也许用不着很多年，原来专业文化知识较欠缺的人群能借此方式迅速提高技术水平；高龄或残疾人群可以在家学习和在体制允许时获得正式授予的学位。

（3）印刷柔性可穿戴电子信息技术产品：近些年，电子信息技术领域追求的另一创新方向是所谓可穿戴 IT 设施，亦即能以延伸的电脑数据处理功能脱离办公桌随身带在身上作地理位置转移。人们熟知的 U 盘、个人数字助理（PDA）或称掌上电脑、眼下脍炙人口的智能手机，还有行将家喻户晓的可穿戴电脑，残疾福音的仿生手臂技术和"目空一切"的谷歌智能眼镜（Google Glass）等都是可穿戴信息设施之例。其核心工艺是借助印刷电子技术制备的柔性可穿戴产品，最先应用于医疗，随后推广到电子标签、物联网 RFID、显示器、纸电池。所用印刷油墨主要是无机纳米材料。据预测，全球印刷电子市场规模到 2020 年可达 600 亿美元，估计 2030 年更升至 3000 亿美元。我国深圳可穿戴设备产业正在及锋而试，迎接新的发展契机[15]。

2012 年 6 月 28 日，谷歌公开其最新发明智能眼镜，一副宛如普通视力矫正眼镜居然能涵盖声控、导向、摄影、视频通话、上网、文字信息处理、收发送邮件、浏览短信和新闻评论等功能。其中含有一块右镜侧上方微缩显示屏、镜外侧平行放置的 720 像素摄像头、一个位于太阳穴上的触摸板，还有微型扬声器、微型话筒、陀螺仪传感器和可用 6 小时的内置电池[15]。不过，2014 年 11 月 6 日《广州日报》转新华社报道，谷歌智能眼镜也许有可能产生视觉盲点，但需进一步验证。

穿戴式健身追踪器：由于信息技术的发展，生活内容变得丰富无比，因此科技人员研发了一种穿戴式的健身追踪器。只需像手表一样戴在手腕根部，就能记录日常生活中的体力消耗、步行数据、健康水平、睡眠质量、生理反应乃至心脏状态。类似中医探试两手的寸关尺血脉跳动（左脉心肝肾、右脉肺脾命）来估测全身病灶，通过检测信息也可了解全身。

（4）室内定位系统：进入高层复杂大楼的寻址，用全球定位系统（GPS）往往不能给出正确答案，不得不采用室内定位系统（IPS），无线射频室内定位技术一般有：射频识别技术、蓝牙技术、ZigBee 技术、红外线 IPS、超声波定位技术和无线局域网络（Wi－Fi）技术等。一般必不可少的室内导向功能技术常用于展览会、大型交易会、世博会或仓库库位查询等。目前有关产品各具特色，但很少能一器多用，即在频繁更改室内环境时不能有效运转，或至少尚未形成像 GPS 那样地构成一条完整成熟的产业链[19]。

16－1－2　新型电脑扫描

1. 量子计算和量子电脑——

（1）基本概念：量子或光子计算机就是用没有质量的量子代替有质量的电子，力学性质遵循量子力学规律，可进行高速数字逻辑运算，以及存储和处理量子信息。其中光的互联代替导线连接，光硬件代替电子元件，光运算代替电运算。有人估计运算速度比传统电脑约快 1000 倍，且存储量大、能耗低。2009 年，加拿大 D－Wave 系统公司宣称已开始生产量子计算机，2012 年销售的价值 1000 万美元的量子电脑，据说客户有谷歌、美国宇航局、全美大学太空研究协会等。

量子电脑的基本元件叫量子比特，即原子自旋等粒子的量子状态，类似传统电脑数据计算单位的 0 和 1。在量子效应作用下，量子比特可以同时具有截然相反的两种状态，所谓量子叠加。1 呈 2、2 呈 4、3 呈 8……测量一个量子比特的行为可能影响其计算潜力，但能使用量子纠缠获取信息，此时粒子连接在一起，观测其中一个粒子的属性可以揭示另一粒子的相关信息。目前在美、日、欧展开的研究工作中，有的借助离子阱中的离子制造量子比特，有的利用超导材料铼和铌铺展在半导体表面，已在超导低温时出现量子行为[11]。

（2）国外进展：2014 年《华盛顿邮报》报道：美国国家安全局（NSA）正加紧研制性能极强的量子计算机，企图借此破解任何密码和加密算法以拦截和监听全世界任何通信数据和上网记录。与此意图相反，2004 年 6 月采用量子密码技术的通信网络在美国波士顿 BBN 公司与哈佛大学间建成和投入使用，据称是当时世界唯一绝对安全的保密通信网，因为基于量子密码通信不同于传统"公钥加密技术"，而是利用"量子纠缠"原理一旦加密即无法解除原定的量子状态。如果将来在全球构建新型的量子通信网，则从理论上说未来的通信将会是名副其实的"绝密通信"了[11]！2014 年年中，英国《每日邮报》报道，美国科学家借用量子力学中的量子纠缠现象，使光子像固体粒子一样活动，将光束变成固体，这种管控光子行为的技术为研制量子电脑展现了一线曙光。随后，曾在早两年实现硅片单原子自旋量子比特的澳大利亚南威尔士大学宣布所依傍的硅量子计算中量子比特运行准确率接近 99.99%，相干时间超过 30 秒，即每 1 万个量子运行过程仅出现一次误差[11]。奥地利科学家的量子物理领域研究也很出色，多偏重理论基础部分，能实现约 20 个量子比特，简单的量子逻辑门和可纠错的量子寄存器，但估计进入实用原型须 5～10 年[11]！2014 年 11 月左右，英国政府决定从原来集中研究量子电脑和超精原子钟等领域扩展，拨出 1.2 亿英镑给 4 个科研团体，重点研究从环境感测到安全通讯等的量子工业应用[28]。

跟踪电子信息化科技的动向正朝着量子信息科技策动的军事辅助手段转化，注意到未来可能的信息化战争无论如何要在绝对机密的前提下展开，量子密钥保证下的量子通信和精确无误的量子计算也许决定着某次军事对抗行动中的胜败双方[6]。

（3）我国进展概况：近年来我国一流科学家在量子计算技术和量子通信系统研究中一直处于先进科研行列，处于世界同步发展阶段。2004 年以来，中国对量子纠缠制备与操纵的研究，屡屡被评为国际物理学的年度最大进展之一。2010 年，中科大和清华团队成功地在 16km 长度实现量子传输，证明用卫星传输纠缠光子就可以实现通信，是量子通信技术走向实用的重要一步。由于量子通信研发的国际竞争十分激烈，未来 5~10 年可能实现上千 km 级的量子通信，包括通信网络和基于卫星的量子通信。中国的进度超过了所有对手[106]。但在量子电脑研究领域，我国缺乏中长期规划，资金投入和力量配备远不及美、日等发达国家。由于量子计算必须在相干的操控多个逻辑比特时才能显出巨大威力，故作为长远目标应发展具有可扩展性的量子计算技术。据中国工程院信息与电子工程学部的战略研究认为：量子计算的目标是 20 年内研制出实用性（可计算量子比特达到 100 位）量子电脑[2]。

2. 特异电脑家族一瞥——

（1）DNA 电脑：利用 DNA 双螺旋结构和碱基互补配对规律进行信息编码，将运算对象映射成 DNA 分子链，借助生物酶生成各式各样的数据池，然后按特定规律将初始问题的数据运算高度并行映射成 DNA 分子链可控生化反应过程，最后采用诸如聚合链反应 PCR 超声波降解、亲和层析、克隆、诱变、分子纯化、电泳和磁珠分离等分子生物技术监测目标运算出结果。美国哥伦比亚大学研发的 DNA 电脑证明其并行运算能力每秒可并行操作 10^{22} 个 DNA 串，运算速度可达每秒 100 万亿次浮点运算，不过仍不敌我国国防科大研制的"天河二号"运算速度每秒 3.39 亿亿次于万一。当然，DNA 电脑的超低能耗（普通台式电脑的 10 亿分之一）、极高数据存储容量（DNA 螺旋结构有天然的数据存储功能，密度可达每吋 18Mbits），可在极小空间存储海量信息。早在 2009 年初，美国科学家已利用大肠埃希菌制成的细菌电脑也是通过改变大肠埃希菌的 DNA 实现编程的[41]。

（2）演化电脑：1975 年美国密歇根大学的教授创立模拟遗传选择——优胜劣汰，适者生存生物进化规律的计算模式，所谓遗传算法（GA）。GA 是一种整体性优化搜索算法，简单实用，适合并行分布处理，特别适合解决复杂网络和非线性问题。也有人跟所谓"神经电脑"相提并论，这里不再赘述。

16-1-3　ICT 领域未来前沿展望

1. 值得重视的国内预见——由中科院、新华社、中证指数和高校共建的国家金融信息中心指数研究院定期发布 IT 业景气表征、评价排队、定价基准和交易标的。2014 年年中发布的"新华（大连）软件和信息技术服务业发展指数"是从综合环境、产业实力、创新能力和发展潜力四方面对国内 19 座软件开发实力雄厚的城市进行的客观评价，同时对比世界科技园区的现实发展。该指数表明：我国这两年在 IT 业中发展占比不断上升，特别是云计算技术、软件即服务（SaaS）、移动技术和大数据等对软件产业影响日见增进。显示我国 2013 年的软件和信息技术服务业发展呈 6 个特征：产业规模继续扩大，收入略降；东部地区占比持续领先，东北增幅日显；业内就业人员大增，研发人才占比略减；软件业主体为内资企业，出口稳中有升；软件企业仍为投资热点；软件百强企业引领作用有减弱趋向[30]。

2. 近期 ICT 点滴展望——

（1）公共显示技术：2015 年超高分辨率显示屏将突破多重共显技术，如在同一显示屏上同时用 Skype 实行远洋视频通话、进行网页浏览、信息全球搜索并运行商业应用软件而互不干扰，画面可不经压缩、画质高清；通过指纹或虹膜扫描实现个人分辨的技术可以从近在 1m 扩展为远距离探查，检查站处理时间将大为缩减[16]。

多功能大面积显示屏为出行提供了有问必答的信息万应台。纽约地铁走廊设置了触屏设备和相应 Wi-Fi 网。该市在 5 个区地铁站配置了几十台新触摸屏信息终端以展示地铁规划工具、服务更新和延误信息以及当天新闻/广告。每台 1.2m 的触摸屏设备均配有传感器、摄像机、话筒和 Wi-Fi，以方便乘客跟交通运输管理局（MTA）通信[117]。

（2）电子技术产品的感觉系统升级：2012 年年底，IBM 公司发表的报告预估到 2017 年模拟人类视觉、听觉、触觉、嗅觉和味觉 5 大传感功能的电子信息技术感觉系统将获得颇大成功。即 5 年后：

①视觉：电脑能根据图像所代表的背景解读所描绘的意义。例如看到某人睁大眼睛的照片能识别有无眼疾等。

②听觉：能辨别和分析各种特质的声音，如地震发生前判断地幔深处出现的异常声音以协助紧急预报。

③触觉：可以通过手机屏幕间接地却是"真实地"触摸实物。

④嗅觉：通过特制传感器"闻出"并经电脑分析有毒气体种类和浓度，嗅出环境中被监控含颗粒污染物的致霾气源。

⑤味觉：拥有"数字味蕾"的电脑能满足人们对千变万化食物的味道追求，同时说明烹调方法。不过 IBM 没有解释对实际食品怎样能在电脑里对号入座地找到所需信息，即所谓味觉认知是离机操作的[17]。

（3）电子集成电路节能创新：例如包括：

①单电子晶体管多值逻辑电路中最小的运算模块即单电子半加器。因尺寸小、能耗低和运行速度高，半加器逻辑单元有可能成为下一代太比特级纳米电子器件以及电脑和移动设施的存储器和 CPU 中的元件。2012 年 11 月下旬物理学家组织网报道，仅用 5 个单电子晶体管就造出 1 个半加器。但当时这一技术是在比绝对零度略高点的低温下完成的，也许后来正在追求室温下的类似成果[23]。

②通过集成电路概率修剪技术和运用概率运算法则让新型芯片尺寸更小、效能比更高、速度更快和更节能，或者用砷化铟替代硅用于制造未来的电子设备也已达到上述目的，都是近年来积极改进硬件设计制造过程提出的几个创新方法[9]。

3. 计算技术典型应用前瞻（2014～2020 年）——[13]

2014 年指纹识别：中央数据库存有每人指纹，标明个人信用等级、银行账号等个人特征信息，收支操作一瞬间；已开发可降解式无线网络植入系统给药装置，将可能进一步完善后推广应用远距离输送急救药物[91]。

2015 年按病人体征和病况扫描，实现电脑诊治；加强型导向系统，汽车挡风玻璃附加虚拟信息层，引导安全行车和直抵目的地；图像信号控制从遥控器、触摸屏渐变为个人意念控制；无人驾驶汽车和飞机渐入佳境，汽车智能水平急速提高，开车渐被信息化左右[14]；3D 打印延伸为打印电脑。

2016 年教育形式产生质的变化，借助智能手机可以在家中听课和释疑；纳米电机等新型医疗机件逐渐进入人体发挥治疗效果；心脏起搏试验体外掌控。

2017 年软件开发速度比 2014 年提高 1000 倍；数据安全度大幅提高，扫除最凶狠的木马已不费吹灰之力；由于信息技术水平大大提高，医疗机构抢救或救助能力节节刷新；网络防火墙已能做到天衣无缝；通过思维和意念操纵电脑、电视和电器已进入市场化阶段，通过思维操纵数字图像甚至删改图像细节也已不在话下[3]。

2018 年电子课本进入普及阶段；大数据云计算技术以及 3D 打印技术开始进入家庭；有效的盲人、聋人和四肢残疾人的生理救助电子技术开始进入普及阶段。

2019 年医疗保健水平将出现划时代飞跃；智能手机的信息渠道扩展功能足以让纸载报刊信息量自愧不如；城镇化纵深发展的同时，家庭和个人的信息技术需求成倍上升；科学调研和市场统计基本上可以依靠数据中心的高智能扫描获取。

2020 年司法办案水平因信息技术扩展而大幅增效；贪腐账户、非法所得的藏匿、贪官踪迹几乎靠高智能电子信息技术立时三刻破案；三网已基本熔为一炉，几乎没有与互联网绝缘的城镇居民。

2020 年以后：信息可以转化为能量的过程是否能在某次局部战争中化为某种抗御外侮的能力[8]？2013 年中国机器人市场名列全球第一，但提高机器人的智能水平和适应特殊工作环境的能力尚需时日，估计 2020 年后中国国产高智能机器人也将逐步进入全球翘楚之列。

4. 电子信息技术前沿热点发展领域——2013 年 10 月，美国电工与电子工程师学会（IEEE）计算机分会学刊《Proc. IEEE - Computer》公布 2013 年炙热发展的尖端科技领域（《Top Trends for 2013》），所列出的项目提纲挈领，极具启发性。其中包括：

①物联网（Internet of Things）；②网络安全（Cybersecurity）；③大数据可视化（Big Data Visualization）；④科学与工程中的云计算（Cloud Computing in Science and Engineering）；⑤适应云的移动计算（Mobile Computing Meets the Cloud）；⑥互联网检查和控制（Internet Censorship and Control）；⑦互动公共显示（Interactive Public Displays）；⑧下一代移动计算（Next - Generation Mobile Computing）；⑨三维成像技术和多媒体应用（3D Imaging Techniques and Multimedia Applications）；⑩安全临界体系：下一代（Safety - Critical Systems：The Next Generation）；⑪可靠性（Reliability）；⑫用于康复的触觉技术（Haptics in Rehabilitation）；⑬多核存储一致性（Multicore Memory Coherence）。

16 - 1 - 4　把握颠覆性技术　点赞创新性奇招

1. 技术颠覆性——1995 年美国哈佛商学院的教授写过一本书叫《颠覆性技术的机遇与浪潮》，意在提醒人们研究开发和推广应用的某项新型技术，有可能一梦醒来，面目全非。果然美国柯达公司 2011 年就已研发出数码相机原理与结构，却不料被别人抢占商机，柯达相机和胶卷被打入冷宫，没有意识到数字化摄像颠覆技术迅速占领市场的魔力，百年来在摄像牛市占据首席的柯达公司不得不在 2012 年宣布破产。2004～2012 年间，美国国防部专设的预测研发机构牵头，召开过九次颠覆性技术年会，唯恐遗漏某种足以空前绝后的超前技术，被其他国家抢先掌握后构成威胁。

2. 预估世界颠覆性技术——2013 年 5 月，美国麦肯锡全球研究所（MGI）提出"2025 年前可能改变经济生活的 12 种颠覆性技术"，包括：①移动互联网；②知识型工作自动化；③物联网；④云计算技术；⑤智能机器人；⑥新一代基因组技术；⑦自动或半自动交通工具；⑧储能技术；⑨3D 打印技术（快速成型技术）；⑩先进纳米材料；⑪先进油气勘探开采技术；⑫可再生能源技术[123]。

3. 可能成为未来主攻方向的八大科技领域——①大数据革命和高能效计算进入物理、医疗和生命科学领域，如核子物理计算、医疗保健、人口统计、环境监测、粮食掌控、DNA 测序。②合成生物学研究，包括生物学基本元素探查、新用途设备和流程设计、深入并改造基因工程，为人类带来新医疗手段、热量和食物。③再生医学，其中融合组织工程学、材料学和物理学，在人体外生成移植组织的可再生源，以取代目前临床更换或再生受损人体器官或组织的方法。目前全球再生医学产业产值超过 5 亿英镑，预计 2021 年将超过 50 亿英镑。④农业科学为提高农业生产力、保障土地利用多样化、保证水资源量和土壤质量而不懈努力。联合国粮农组织曾预言 2030 年全球粮食需求将增加 40%，2050 年将增加 70%，要深入和广泛研究抗旱/抗病虫害/高产农产品。⑤储能技术，包括用于个人电子设备的锂电池、车辆动力需用的电池和存储电网电力的储能设施。⑥先进材料，包括在原子尺度上开发的"超材料"、用于航空航天和道路车辆的特殊材料、建筑中保护住户健康的专用材料、核裂变/聚变所用保持超热等离子体稳定状态的新材料、与石墨烯相关的材料制造技术等。⑦机器人和自主系统，即发展脱离人工控制的智能机器人。⑧卫星、空间技术繁荣商业化应用[87]。

4. 2020 年前可能进入商用产品的颠覆性技术——如：①大数据直捣生物基因、证券扫描、贪腐追踪和地震预报等的数据分析；②柔性（折叠）或可携带智能数字化产品；③不用戴辅助效果眼镜的 3D 显示技术；④太空旅游在美欧试行商业化；⑤轻型高效石墨烯电子材料问世；⑥一次性完成的 CCS 简易存碳技术；⑦直接催化转换的碳燃料；⑧海洋油气资源开发技术进入深层实战阶段；⑨农业无人机进入多功能智慧化阶段；⑩超级隐私智能手机。

5. 2030 年前的新技术影响——①信息技术：包括数据解决处理方案，社交网络技术，智慧城市；②自动化和制造技术：包括机器人、自动交通工具、3D 打印；③资源技术：包括转基因作物、精准农业、水资源先进管理、生物能源和太阳能等可再生能源的纵深发展；④医疗技术：包括疾病管理、人体机能提高和优化等[121]。

6. 2035 年前可能新增进入实战的颠覆性技术——如：①量子计算机。②引力波通信和利用。③大规模核聚变发电站核心技术。④无线发电"输电"和/或充电。⑤2012年前人类可用意念控制机械手臂取物[103]，迟至2035年前将可用个人意念全方位控制家电使用。⑥2012年已开发出具备简单认知能力的虚拟大脑[103]，但还不是提高具体人脑本身的认知能力，其中涉及的人类记忆能力的开发，将到2035年促使人类记忆量和记忆永续能力大幅增长的技术设备进入试用。⑦人类残疾、生理缺陷的修补、修复技术已接近炉火纯青。⑧除非新生疑难恶疾，包括目前严重侵害人类健康和生命的诸如癌症、艾滋病、禽流感、埃博拉、加拿大军团病、乌干达马尔堡、里夫特山谷热、阿根廷溢血热、日本脑炎、美国西尼罗病毒以及亚非流行的疟疾、非典型肺炎、我国广东的登革热和诸如病毒等将应有尽有十分有效的疫苗或预防药物问世。但宜充分利用前期已有成果，如2012年美国已上市的早期艾滋病预防药物[103]以及2013年我国科学家成功研发的人感染H7N9禽流感病毒疫苗株[99]等，老年痴呆症患者将会逐年下降[102]。⑨城市上空值班巡逻的直升飞机震天价噪声开始鸦雀销声。⑩氢能应用进入工业领域，燃料电池和高量储能设施进入普及阶段。

7. 颠覆性技术与突发奇想或传统神机妙算的结合——

（1）美国有线电视网（CNN）2014年3月列出某些能"重塑世界"的想法，其中包括：民用无人驾驶飞机或航天器可能充斥美国乃至世界领空；通过互联网控制别人的思想；主要靠电脑灵活控制的无人驾驶车辆以及人工智能可以反过来教电脑学会思考等[96]。

（2）"颠覆性技术"不可能否定传统技术，但可能并存或补充：

①尽管3D打印甚至4D打印发展神速，但限于材料制备和原始设计水平的复杂性，至少50年内不可能全方位代替传统制造业生产。

②虽然无人驾驶汽车和飞机已成数字化技术的前沿，但今后仍不可避免地须服从人工指挥，全盘对乘、驾、控和管实行无人化、自动化，也许只能放进安徒生童话集补遗续篇了。

③颠覆性技术设计、运作和利用层次构成的贫富悬殊和社会阶层分野，只有社会主义国家才有可能通过诸如衰多益寡、平衡福祉获得最优解决方案。

④得力于新型技术的推广应用，我国水源污染状况将有明显好转，改善土壤重金属污染状况将与时俱进，大气悬浮颗粒PM2.5等的污染将逐步消退，但这将永远是子孙万代的生存发展大事，不能因技术的局部逞能就放松了环境安全警惕。

⑤新发现卵子干细胞能增加女性"老年得子"的概率[94]，但并没有虑及女性的更年期综合征以及年迈后的其他变数，所以对某一新技术的发现后果须一分为二地加以评价，不宜只顾一点，不及其余。这恰似预测未来食物短缺结束却不管气候将怎样窒碍粮食生产[102]。

⑥2014年上半年，英国牛津大学的研究员在美国《大众科学》（Popular Science）撰文，列举5个科技发展领域如果误入歧途或被极端分子利用，就有可能造成吐丝自缚甚至自掘坟墓而毁灭人类自己的后果。包括：核能的战争利用、生物工程引发的流行性传染病、超级智能制造的爆炸性超智机器人、纳米技术通过源源不断的自我复制功能最终将耗尽整个地球资源和由于各种新技术的未知负面因素的累计放大等[96]！这位研究员杞人忧天式的顾虑无论如何能在高超的人类智商、情商、胆商面前迎刃而解，逢凶化吉。

8. 若干优异创新成果值得开拓——

（1）美国《科学美国人》评选的2014年十大科技成就：基因精灵——基于细菌"记忆"的DNA编辑技术可能颠覆医学界，但也有"失控"隐忧；可重新编辑的细胞——通过挤压加以控制；透明的生物（老鼠实验）——一项对身体世界颇有启发的方法能加速生物医药研究；唾液燃料电池——唾液可能成为医疗设备的可再生能源来源；视觉矫正屏幕——自动适应使用者视力的智能手机和iPads屏幕；原子尺度的乐高积木——堆叠1个原子厚的材料能创造出全新属性物质，开创无限可能；超硬的可回收塑料——可用在汽车和飞机上的足够强壮的环保聚合物；用声波进行无线充电——通过空气发射电流的有效方法；用低级废热充电的电池——美国1/3废弃能源能用来发电；纳米粒子摄像机——为快捷随性的应用而制造的电子显微镜级分辨率[5]。这些引为自豪的创新发明首先是科技前沿领域的蛮拼内容，也是现实生活中的常规诉求。其中无线充电技术与下面提到的《时代》周刊推崇相同，说明智能ICT设施随心所欲的充电需求是生活中的一大绝技。

（2）美国《大众科学》评选出 2015 年美国十大值得关注的科技动态：虽然其中涉及海上风电发展、超速数据传输、广义相对论检验、空间站对接、机器人开源革命和虚拟现实头盔等，大多数读者特别关注治疗和预防埃博拉病毒的药物和疫苗"到达西非"[10]；《科学》杂志和《自然》杂志的 2015 年科学展望中认为埃博拉疫苗临床试验计划于年初展开后，预计结果将在 6 月公之于众（见《世界科学》2015 年第 2 期）。也许这些恰恰反映人类最关心的世界大事仍然是人类健康生存和发展的绿色环境。

（3）《科技日报》国际部资深记者解读 2014 年国际十大科技新闻中特别令人拍案叫绝的几条新闻是：美国国家点火装置（NIF）释出能量首次超过燃料吸收能量，类脑芯片"叫板"超级计算机，找到"光变物质"的简单方法，人际脑电波通讯首获成功，中国探月返回试验器成功返回地球和人类探测器首次登陆彗星[27]。因为这几条新闻昭示了人类即将成功开辟崭新巨大规模的科技天地。

（4）《科技日报》国际部资深记者解读 2014 年国内十大科技新闻中特别令人兴奋不已的内容是：甲烷直接高效生产乙烯、芳烃和氢气，杂交水稻大田亩产破 1000kg，"高分二号"卫星观测分辨率精确到 1m，"天河二号"荣膺世界超算"四连冠"[27]！因为这几条新闻显示了中国梦的前程万里！

（5）《科技日报》国际部年初发表的《2014 年世界科技发展回顾》连载记叙文的主题鲜明、拔新领异、洞幽烛微、叹为观止。其中：（科技政策）俄罗斯政府批准 2030 年前科技发展预测，确定优先科技发展方向；（基础研究）美国依赖人才济济的高校科研团队把宇宙科学、理论物理、生命科学和信息科学推向新的更高水平；（生物医学）各国均有进展，在基因工程、细胞工程、蛋白质工程、微生物工程、酶工程和生物医学工程领域各有所长，国际间合作有所强化。近来脑科学研究成果突飞猛进；（航空航天）美国的无人机和火星探索，俄罗斯稳定的太空技术现状常是人们茶余酒后谈助；我国已成功研制新型航天器"发动机"，确保卫星在轨可靠运行 15 年！（能源环保）热点在氢能利用和受控热核聚变。俄罗斯一公司发明环保耐用的氢气发电移动电源，日本开发出用于 ITER 关键部件的高效超导体；（信息技术）美国研制接近人脑的计算体系，德国加强大数据和信息安全研究，日本开发了智能手机安全系统；（新材料）是 21 世纪以来各国研发进展最快最宽最深入的科技领域。美国在纳米、生物、金属和非金属材料领域均有长足突破，英国仍在石墨烯研究和应用方面处于领先地位，德国研制化工基础上的诸多新材料，法国的纳米管海绵可吸收污染物，日本研发了高耐热生物塑料，以色列将纳米材料成功引进先进医疗过程、运用新粒子材料设计量子计算机[26]。跟踪全球与绿色－低碳经济紧密相关的热门领域，有利于促进我国的科技水平提升和超越世界初露端倪的一些科技新兴领域。加强科技预测、提高可信度仿真和大数据分析技术水平势将成为未来我国科技前瞻全面发展的首选抓手。

9. 若干值得推敲的科技导引命题——

（1）美国《时代》周刊介绍：无线充电技术、3D 打印、智能手表、智能手机、多功能冷却器、智能戒指、取代笔记本的平板电脑和方便出行的电动汽车、个性化药箱、实时手语翻译器、自拍棍、智能传感篮球等都是与众不同、丰富生活内容的发明，但其中车载核聚变反应堆的可行性和安全性值得怀疑；帮因犯放松的蓝屋似乎没有必要；可食用的包装袋似乎没有人敢当作方便食品享用；预防失明的超级香蕉和对抗埃博拉的过滤器有效性有多大？磁悬浮滑板离地 1 尺高可能不适于在儿童群中推广[6]。

（2）有热心人士归纳 200 多位各行知名专家对当前科技发展重点提出的高见，凝练出 10 项具有变革潜质的前沿技术范畴，这些尖端科技领域十之八九属于前沿性微观新材料和 ICT 热门纵深发展领域："碳基纳米材料、半导体纳米材料、突破衍射极限的光学光刻技术、激光微纳制造、光电子集成芯片技术、后摩尔时代三维互连集成及芯片设计、碳化硅电力电子器件技术、量子通信技术及与经典通信的融合、轨道角动量通信技术、泛在感知与全分布控制技术"[24]。可惜未涉及与当前我国经济社会发展亟待深谋远虑的主要科技短板领域，如绿色发展中的环境保护、低碳前提下的资源节约和能源开发、生态文明建设和维护、自然灾害的预报和防治等方面。

16 – 2　3D 打印技术　演绎创新思维

16 – 2 – 1　3D 打印技术　拓展制造智能

1. 基本概念——

（1）3D 打印技术基本流程：3D（维）打印制造技术即增材制造或堆积制造（AM），也有的文献叫增量制造、积层制造或快速原型制造，所用打印机称为快速成型机。3D 打印制造是智能制造领域的一大分支，通过与打印机类似的操作方式按软件确立的程序逐步快速叠加原材料，直至按原设计成型和达到制造预期的产品功能。传统的机制部件是大块原材料通过铸造冲锻车钳刨铣抛磨多道工序，通过模具冲压，从整料中挖掘、切割、磨削，剔除边角余料组装成被部件标准检定认可的产品，3D 技术则是从无到有、层层加码，哪怕所需产品奇形怪状，或是功能远非机械产品可比，一样能照猫画虎，雕梁画栋。所以传统机制工序是材料由多变少，废弃垃圾造成资源消耗和回收能耗的切削成型；3D 制造则是由小变大，没有垃圾产生和无需富余资源供给的叠加成型。因此发展 3D 打印制造符合绿色－低碳经济的战略目标。

具体操作程序是：以电脑设计模型做基准，借助软件分层离散和数控成型系统，通过激光束[27]等方式将塑料、合金等特制粉末实现逐层增积粘结和叠加成型，最终形成使用的产品。其工作步序有五：通过电脑辅助设计（CAD）软件绘制预想产品的三维模型；模拟软件将 3D 模型离散成分层形式，编造成特定电子文档传递给快速成型机；然后在预定成型区域借助激光束或喷注特殊树脂胶水实行逐层扫描熔化和加固；实现逐层叠加；最终完成产品制造。按照成型机和材料各异，3D 打印技术的内容一般有粉末材料选择性高能激光束烧结或熔化成型（SLS），丝状材料熔融沉积制造（FDM），液态光敏树脂固化成型制造（SLA）和叠层实体制造（LOM）等几种[37]。

2013 年美国科学家又提出 4D 打印概念，即在打印前配料时，注意加入指定的形状记忆合金粉末，可在成品出台并进入实用时根据事前给定的程序，在客观条件达到时实现预定的结构变形，例如必要时需要加强火力，原打印杀伤力弱的枪炮可以立即增强后变为短兵相接的工具[491]。

（2）特点：3D 打印正重塑商品制造的方式，同时也推动了创新。3D 打印使得制造业更加靠近群众生活，甚至将推动医疗领域翻天覆地的突破。例如 2013 年美国人用 3D 打印机制造出有史以来最小的人类肝脏。美国市场上出现 3D 打印机，从而形成了 3D 打印生产的物品交易市场。这种异军突起的全新生产/消费模式也许会在未来时日席卷全球。有人估计到 2025 年 3D 打印技术潜在的经济影响将达 2300 亿~2500 亿美元[37]。

图 16 – 2　3D 打印制造现场

3D 打印把传统制造业的集中制造改变为分散制造，工场制造改变为家庭制造，将局限于机械零部件的制造扩充为无穷多的大小整件和零件。从打印模具，到打印各种玩具、小提琴、工艺品、加工工具、人体器官、骨骼、假牙、食品、服装、毛衣、高跟鞋、建筑物或模拟件、家具、教学用品、汽车、飞机部件和个性化订购产品等[35]。图 16 – 2 是实验室所用快速成型机以及按图片提供的纪念塔经过软件设计加工后打印出来一模一样的复制品。

（3）优势：3D 打印成型制造的主要的潜在优势或魅力可归纳如下：

①对特殊形状与功能的产品，或必须以传统机制手段加工成型的产品，3D 打印简化了设计、制造程序。例如美国研究人员利用 3D 打印机造出沙粒大小的微电池，其电化性能可以媲美商用蓄电池[65]。

②对于特定的标准化产品，3D 打印技术可以大幅降低生产成本[43]。而且原来除塑料消费品外，金属制品和金属打印机价格令人望而生畏，但 2013 年年末，低成本 3D 金属打印机终于出炉[46]。

③3D 打印技术应用的灵活性到了无远弗届的程度，因而遇到头脑敏捷的人士几乎任何能想到的应用场合或神奇妙算的产品请该技术出马献技都能应付裕如。2014 年底，科学家已能用纳米像素实行 3D 彩色

打印了[65!]。

④打印三维的地理信息系统也已不在话下。三维的逼真地图、房地产的三维沙盘模型、旅游领域的全景公园或古迹的缩微复制版等，目前均已是现实打印版[57]。

⑤生活必需品的打印复制已从神话变成现实，包括衣食住行的方方面面，甚至可以一天之内打印一套住宅、巧克力、方程式赛车、时装鞋袜之类，应有尽有[66]。例如2012年16名比利时工程师利用3D打印机造出一辆全尺寸F1赛车，并经测试达标[56]（图16-3）。

⑥助力医疗中的手术前后精准诊断和复制人体部分，如运诸掌。2013年初，来自澳洲的脸部患癌厨师的半边脸被手术切除，靠三维扫描获得的面部实况，经3D打印还原半边脸恢复了原型面貌[57]。2013年初，美国康奈尔大学等研究人员用3D打印与含有牛耳活细胞的凝胶制出新型人工耳，外观和功能均可与真耳媲美[65]。2013年11月美国生物技术公司Organovo用3D打印技术造出部分肝脏，测试认为功能与人体肝脏几乎一致，证明可部分替代人体测试，有助加快新药研制[39]。2013年末，英国剑桥大学研究人员用3D喷墨打印技术成功打印出眼内神经节细胞和神经胶质细胞[65!]，此成果的进一步深化，有可能借助打印人类视网膜多种细胞为移植或修复视网膜创造前提条件，是盲人可能复明的福音。2014年7月，南京医科大学附属医院利用3D打印技术成功地帮一位先天性马蹄内翻足完成足踝复位的高难度手术，解除了患者51年的痛苦[60]。

（4）战略意义：发展3D打印技术，各国部分政坛和大部分学坛人士都把它视为第三次工业革命的序幕或开场白[41]，2012年《经济学人》用大量篇幅对此作了全面鼓吹。其战略价值主要有：

①为节约资源、提高能效、提高加工制造速度提供了全新渠道；

②促进了CAD、CAM、激光技术、光化学、材料科学和计算机科学等围绕3D打印所需综合技术门类的研发；

③刷新了科技领域运用系统工程原理优化制造工程实际的管理逻辑思维能力；

④活跃了市场对本来仅停留在想象的若干产品的营销实绩，特别是复制可能救助病危伤员的内脏器官或市场奇缺的工程抢险用的零部件；

⑤可望借以推动绿色-低碳经济发展，助力修复某些生态系统缺陷或危象。

2. 发展现状——

（1）全球发展状况：2011年，英国国内设立多处3D打印研究中心，并持续给予经费支持。2012年7月，美国"太空网"透露，美国宇航局和国防部正测试3D打印机新品，看能否让绕地球飞行的飞船能同时制造易损零部件；2012年8月，美国政府在积极推动3D打印技术加速发展前提下，宣布成立国家3D打印创新研究所，首期投入R&D和应用经费7000万美元[40]；2013年5月，美国国家航空航天局（NASA）出资研发3D食品打印机，打算借此部分地解决粮食短缺[55]；2013年6月，传该局将发送首个太空3D打印机，以保证太空任务的可靠性和安全性[34]；2014年7月开发出一种新型3D打印机，可在一个部件上混合打印多种金属或合金的零部件，以适应飞行器或航天器随时更换多种零部件的需要[33]；2014年9月，该局下属机构试用3D打印技术制造太空摄像机获得成功、打印的火箭发动机喷嘴试行点火亦获成效[65!]；2013年2月欧洲太空总署（ESA）计划让机器人随带3D打印机到月球上，将月亮上的原始土壤变为建筑材料，40年后建成人类在月球上第一处基地[67]；2013年10月公布一项新计划，试图将3D打印引入"金属时代"，要求生产的金属部件轻盈、坚固、廉价和耐用，并能承受核聚变反应堆内或火箭喷嘴旁3000℃上下的高温，项目投入资金达2000万欧元[53]。日本在几种科技学术刊物上发表的相关论文，数量和水平都反映出其国内在这一领域具有较强的竞争力。面向蓬勃发展的3D打印技术，中国则被西方看成是"最

图16-3　曾为世界最小最快3D打印机，用来打印了一辆F1赛车

（据：3D打印成就万能制造机梦想推动新工业革命，千龙网，2012-09-18）

有发展潜力的地方"[45]，也许其中暗含向我国推销产品和材料的商业意图。

2011 年底，全球已累计销售 4.9 万台工业级 3D 打印机，其中 3/4 产自美国，其他有欧洲各国、以色列和中国生产的各占比 10.2%、9.3% 和 3.6%，日本产量与中国相近[44]。这一年，全球使用 3D 打印成型技术的不同畛域如图 16 – 4 所示。可以看出在各行业中，汽车工业中的应用独领风骚，几乎占 1/3 弱。2013 年年中，美国《时代》周刊将 3D 打印产业列为美国增长最快的十大工业之一。预测全美销售额 2015 年可能有 37 亿美元，2020 年将达 52 亿美元[63]。2013 年消费电子领域的打印技术占主导地位，市场份额 20.3%；汽车工业占比下降为 19.5%，生物医学占 15.1%，工业和商用机器占 10.8%。各区域消费占比分别是：北美地区 40.2%、欧洲 29.1%、亚洲 26.3%。亚洲主要集中在日本（占 38.7%）和中国（占 32.9%）[63]。可见美国仍居有 3D 打印技术的前沿地位。

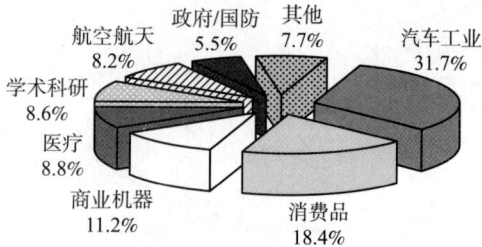

图 16 – 4 2011 年全球应用 3D 打印
技术的各分支领域

（据：冯飞．第三次工业革命内涵及影响．2013 中国经济形势解析高层报告会，2012 – 12 – 23）

（2）我国发展 3D 打印简况：20 世纪 90 年代，致力于 3D 打印制造技术，我国几乎与国外同步展开。目前在航空航天、汽车制造领域应用已相当普遍，近年在生命科学中的开拓渐趋成熟。

有关地区纷纷成立 3D 技术研究院（如 2013 年 12 月江苏江宁建立全国首家 3D 打印研究院[59]、青岛将建全国最大的 3D 打印产业研究院[36]）、高校（清华、西安交大、华中科大、西北工大和北航等）、专业公司（如北京隆源、殷华；陕西恒通；湖北滨湖；昆山有 20 多家企业）和部分汽车公司（神龙、长安福特、奇瑞、东风等）均先后进入 3D 打印热点技术研究领域，核心着力点在使用有效廉价材料和新型工艺。但我国研制开发资金正加大投入前提下，正从设计改进和样机研发阶段向架构高水平成型打印机市场迈进，2011 年我国研制成全球最大 3D 打印机。个别企业生产的便携式桌面成型机已远销国外[35]。

（3）我国开拓　计深虑远：

①加强基础理论、微观成型机理、创新设计方法和关键工艺技术等的精义入微研究，为下一步披荆斩棘，深耕易耨。

②营造 3D 打印技术的创新体系，包括技术和信息资源共享、建设公共技术平台、推广技术兼容和建立相关技术标准等[31]。近期宜加强产业联盟和行业协会建设，促进人才培训和加强科普[35]。为了打通产业链，3D 打印大赛有必要实现"产学对接"[38]。

③加大产业化政策扶持力度，从 R&D 投入、财税优惠到人才培育等从政府层面作出重点倾斜和跟踪督促。

④对成立 3D 打印技术研究院的地方给予超常规人、财、物和舆论支持。

⑤用于 3D 打印技术的特殊材料，目前如钛粉、不锈钢粉等金属粉，粘接、定型所需液态树脂、树脂粉、尼龙粉、蜡粉等材料国内供不应求，价格过高，常需依靠进口。发展 3D 打印，国内材料瓶颈须及早攻破[62]。

⑥制定国家级增材制造技术中长期发展规划，特别须与绿色 – 低碳 – 生态文明 – 智能城镇化紧密结合，协同发展。因此，须始终顾及锐意环保和节能减排，与生态文明建设并行不悖。

16 – 2 – 2　悉心竭虑　精益求精

1. 审曲面势　憧憬未来——

（1）追求美好生活：

①2014 年 9 月，美国芯片制造商英特尔抛出 3D 打印开源机器人"吉米"，利用相应软件，"吉米"可对话、跳舞、翻译、发出微博等[32]。我国沿此思路，是否宜抓紧开发适应中国需要的功能优异的开源机器人，特别是人口老龄化严峻趋势面前迫切需要老幼护理、生活不能自理的残疾人日常起居扶助等的机器人。3D 打印虽擅长锦上添花，更需要雪中送炭！

②3D 打印人体器官若用于体外三维显示或用于辅助诊断较易实现，用于不致影响全身生理状态的成

果（如种植假牙之类）需要熟练程度较高，若用于人体组织、支架、骨骼、器官则需要有高超技术支撑，有精密可靠的测试手段保证，有科学标准作评价把关，因此目前我国需要层层设卡，特别在试行重要器官移植、诊治时力求如愿以偿，万无一失[61]。例如2013年国外已报道用3D打印制成真实的人类心脏[34]，但未见实际移植的报道。

③利用3D打印技术原则上确能再现古代文物，包括整理、修复出土文物或按文史资料重现伟大文明古国的精华[64]。目前需国家文化部门出面，在全国文史系统掀起利用3D打印恢复中华民族历史文化面貌的高潮。

④打印耗时：在制造某些产品，哪怕是简单玩具时可能因材料提供不及时，或程序设计不合理，耗费时间太多[50]。其次是技术要求的原材料目前供应渠道并不通畅，须提防不计成本贪大求洋，得不偿失。要斤斤计较和优化3D打印的设计方案，务必在开展增材制造时有效降低打印材料成本，同时满足所需物理强度、受力稳定性、自平衡性和可打印性[54]。最好再加上节约时间、保证打印过程的绿色-低碳要求。因此，科研梯队里是否应设立强力的科技情报人员，随时掌握国内外在设计方案、新型材料和专业应用的先进范式，为我所用。2012年年末，英国华威大学研制出简单廉价的新型导电塑料复合材料，甚至能用作家庭作坊的3D打印流程，是个值得仿效作为3D打印技术新常态利用的材料实例[48]。

⑤我国3D打印技术和产业尚未形成成熟的商业模式，与公共网络和科研团队链接较松散，行业门户资讯、电子商务和个性化定制服务等均尚在踯躅起步，亟待赶上时代步伐[42]。有专家指出当前3D打印技术的最大难题是市场运用，显然系市场化水平不足所致[68]。

（2）3D打印"双刃剑"：2013年5月，美国某公司利用3D打印技术成功造出AR-15半自动步枪的弹匣和相关部件，随后在互联网上公布，用3D打印的手枪实现了试射[67]。2013年11月美国Solid Concepts机构用3D打印技术打出一支新式手枪并试发了50颗子弹，这种骇人听闻的消息促使人们对无限制地发展3D打印技术开始有了绝非杞人忧天般的忡忡忧心[58]，因为要提防躲在暗处处心积虑以扰乱社会治安为乐事的城狐社鼠又可能作奸犯科、为虎作伥，当心那些国际上破坏和平稳定的丑恶的极端军事势力又多加一层后备增援能力。不过，2014年7月，美军正绞索枯肠研究3D打印技术用于制造导弹弹头，足以提高导弹的杀伤威力、摧毁敌方目标的准确性和随心所欲的设计灵活性[58!]。

2. 两条补充信息——

（1）重视发展，但冷静看待：德国的3D打印专家提醒人们：3D打印的初期投入较大，成本很高，许多实例说明发展3D打印技术远非一蹴而就的事，免不了还要有"闻胜勿骄、闻败勿馁"的自我告诫。专家指出：把3D打印技术能带来第三次工业革命的说法是夸张的。认为3D打印技术应首先用来补充生产工具和设计新工具。德国专家认为在3D打印热潮面前须保持稳中求进的态度，冷静对待和不断创新[51]。另外对3D打印引发制造业革命的专家观点也基本上与德国专家看法一致[52]。

（2）4D打印，变化如神：2013年3月，美国MIT的研究人员提出4D打印技术，即在三维基础上加上时间维，意思是打印的成品本身具有一定的硬件智能，可以随时间和实际环境变化而变。其间诀窍是在3D打印过程所用材料加入能自动变形的复合材料，该复合材料能在不同刺激下被重新配置[49]。一种简单易行的办法是将形状记忆纤维（或记忆合金粉）混入3D打印材料，打印成型后的复合材料内纤维的方位和位置决定着形状记忆效果，如折叠、卷曲、拉伸或扭曲等，可以对复合材料加热或致冷进行控制。利用4D打印技术，可用来制造可逆转或可调谐的三维表面和固体，可应用于电动汽车、飞机和天线等领域[47]。

16-3　第三次工业革命　高科技砥柱中流

16-3-1　第三次工业革命　呼啸而至

1. 第三次工业革命　呼之欲出——

（1）苗头日显：20世纪初，爱因斯坦的《狭义相对论》问世，演绎了质能互动关系；释疑了光电的微粒效应，确认物质的波动－粒子双重性，曾经惊诧整个学术界。当时的工业背景正处于蒸汽机没落、铁路运输、内燃机和电动机覆盖工业交通界的鼎盛时期。物理学家初步破解了原子世界奥秘，揭示了微观量子力学规律，确定了核裂变和聚变的物质能源渊薮；无线电专家设计了雷达、航空专家设计了喷气式飞机、管理专家发明了运筹学、控制论/信息论催生了电子计算机[32]、生命科学家探查了生命基元 DNA、工业界开始了新型机械和机器人攻关、核电站犹如雨后春笋拔地而起、航天界吹响了登月寻踪和宇宙探秘进军号[35]！20 世纪两次世界大战令千万生灵涂炭，人类觉醒科技的双刃效应：水可载舟亦可覆舟。

不宁唯是。科技领域层峦叠嶂、风起云涌、乘风破浪、一日千里的同时，工业－产业－制造业遇到了窒碍前进的五大瓶颈：环境急剧恶化，资源/能源日绌，气候温室蒸腾，疑难顽疾流行和人口有增无已[33]。1972 年西方敏感人士组成的"罗马俱乐部"大声疾呼《增长的极限》已经来临，人类不停地开拓科技新领域、制造新机器、推行新产业、挖掘新材料和开辟新思路，为发展付出了高昂代价，必须避免走进无力自拔的死胡同，一面风樯阵马、马不停蹄，一面改弦更张，拨正航向，朝着风恬月朗、海晏河清的理想胜地疾驰。

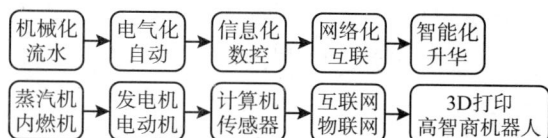

这就是即将被第五次科技革命（图 16－5）带动发轫的全球第三次工业革命的滥觞所在。

机械化流水 →	电气化自动 →	信息化数控 →	网络化互联 →	智能化升华
蒸汽机内燃机 →	发电机电动机 →	计算机传感器 →	互联网物联网 →	3D打印高智商机器人

图 16－5 制造业随着五次科技革命更新换代

（2）争做第三次工业革命弄潮儿：促成一代工业革命的科学技术是一个群策群力的紧跟时代需求的创新性花团锦簇，从来不是单一的科技标杆能够纵横捭阖、吞吐气候的。第一次工业革命是蒸汽机、内燃机、飞行器、电动机、电话、照明灯泡、电影、电报、电磁波理论、细胞学说、遗传学说、相对论、原子学说、量子力学、放射性物质、坦克、汽车、航海轮船、新式常规武器等的优势互补，综合取胜；第二次工业革命是原子能利用、计算机、智能软件、数字化制造、机器人、互联网、物联网、云计算、大数据、移动通讯、激光扫描、遥感、GPS、人造卫星、航天科技、DNA、干细胞操作、生物克隆、杂交水稻、有机农业等科技实践编织出的五彩缤纷蓝图。没有任何一样贡献工业革命的发明、发现不是科技领域协同攻关的结果。例如，没有电子显微镜的发明，DNA 的发现无论如何只能是纸上谈兵！

2. 众说纷纭 见仁见智——

（1）科技挂帅 产业跟进：杰里米·里夫金（Jeremy Rifkin）2011 年 9 月发表《第三次工业革命》一书[13]，认为：19 世纪第一次工业革命：以蒸汽机，铁路和火车、报刊、杂志、书籍等通信手段及相关产业的大量出现为标志；20 世纪第二次工业革命：出现电话、无线电通讯和电视等通信技术，电气化和内燃机；21 世纪第三次工业革命：以互联网技术与可再生能源的结合为代表。当然原著更深入地探讨了第三次工业革命的来龙去脉。

2009 年和 2011 年，美国政府发布《国家创新战略》，2009 年 12 月曾提出《复兴美国制造业政策框架》，其中心思想是鉴于房地产泡沫引发的金融危机显示的沉痛教训乃是实体制造经济与经济的虚拟成分或网络经济很不相称，必须立足于为重整制造业"雄风"发展实体科技，构筑创新金字塔，其中包括以清洁能源、生物技术、纳米技术、先进制造、空间技术、健康医疗、教育技术为重点，放开脚步开发页岩气能源以减少石油进口，突破国家优先领域指标。这些政策的效果已初见端倪。据调查，美国运输、计算机及电子产品等多个行业近 37% 的企业高管正在考虑将工厂撤出中国。例如通用电气、世界最大工程机械厂商卡特彼勒、消费品巨头佳顿均已迫不及待地将产品生产撤回其国内；福特汽车把在中国和墨西哥的分厂迁回本土；靠咖啡连锁在中国捞金的星巴克也把制造陶瓷杯的副业从中国撤回[84]。

关键在于深入探讨我国新一轮产业变革面前应当及时把握和加速发展的核心科技领域，以便在外资迁返后仍能自出机杼，应付变局。有专家提议应特别注重研发的领域有：①大数据、云计算、移动宽带、以智能终端为特色的下一代网络技术；②以基因工程和干细胞技术为基础的生物工程和新医药生命科学领域；③可再生能源和其他新能源技术；④3D 打印技术[73]。显然着眼点在于科技挂帅，产业跟进。

（2）发展战略 工业科技：欧盟委员会多次公开表示，欧洲需要第三次工业革命。2009 年 12 月发布战略文件《欧洲 2020：智慧、可持续、包容性增长》（Europe 2020, Europe Strategy for Smart, Sustainable, Inclusive Growth）。其中提出三大战略重点：推行知识和创新的智慧增长；以提高资源利用效率、加强生态环境保护、强化竞争力为基础的可持续增长；以提高就业率和消除贫困为目标的包容性绿色增长。其中确立优先发展领域包括信息技术、节能减排、新能源、先进制造、生物技术等。

（3）刷新生产　不落窠臼：2012 年 4 月 21 日的英国《经济学人》杂志用了两篇评论文字详细论证第三次工业革命的因果关系。编辑保罗·麦基里（Paul Markillie）甚至断言第三次工业革命一旦使制造过程数字化，将会改变许多原有的认知模式，例如会改变商品的制造方法，改革就业政策，促使某些生产实务或模式回归富国。该两文认为：18 世纪后期的第一次工业革命，在英国凭借蒸汽机优势和花红柳绿的纺织工业，以机器生产替代了手工为主的作坊式制作；20 世纪前半叶，在美国赶趁亨利·福特（Henry Ford）的汽车生产大规模流水作业生产方式开创了第二次工业革命。前两次工业革命培育出富人和促进了城市化。第三次工业革命的核心是正在逐步广延的数字化制造、新软件、新材料、新工艺、机器人和网络服务，重要特征将是大量个性化生产、分散式近距生产方式取代大规模流水线。产品中的劳动力工资成本不再成为企业核算的主要内容，例如第一代 iPad 的出厂价 499 美元，劳动工资成本仅 33 美元，拿到中国组装的附加费用仅有 8 美元。波士顿咨询机构（Boston Consulting Group）预言，到 2020 年，美国如今在交通、电脑、金属和机械加工中从中国进口产品的 10%～30% 将会在其国内靠分散的家庭作业解决，届时将每年增进美国的出口额 200 亿～550 亿美元。上述两文中，3D 打印技术被捧为第三次工业革命首要的开创性制造技术。2014 年 10 月 4 日出版的《经济学人》又以更大篇幅、以特稿增刊形式、以醋畅淋漓笔调和豁目开襟的标题"第三次巨浪"（The Third Great Wave）对第三次工业革命及其数字化内禀可能给未来的经济社会带来的深刻影响做了较前不同的分析，其中涉及劳动分工的变化、家庭经济的形成及对房地产和消费的影响、贫富悬殊程度变化、网络造就人才和 MOOCs 的作用、艺术的世界性传播等等。该文作者认为第三次工业革命带来的世界生产和生活的变革也许比人们能想象到的变化来得更加深刻。

国内的专家对我国的现实条件和未来走向做了十分中肯的分析论断，提出了我国为迎接第三次工业革命宜采取的 6 条对策：提高全社会的理性认识、实实在在地加速发展战略性新兴产业、大力支持核心技术攻关、加快推进体制机制改革、健全财税金融扶持机制和加快人才培养[71]。围绕生产内涵与方式的变革，国内专家论述了第三次工业革命的 5 种典型变革：能源生产与使用的创新变革、生产方式的结构性变革、制造模式的实质性变革、生产组织方式的体制性变革和生活方式出现消费－生产混同一体化变革[78]。还有的专家针对杰里米·里夫金关于第三次工业革命的阐释和提法提出异议，认为工业革命的重要判据是生产方式发生了能够被大范围推广的颠覆性革新，而现实状况并非如此[78!]。其实，学术界所认同的有关第三次工业革命的提法更确切说是它的"前夜"而非朝乾夕惕、万马奔腾的"革命活动"。

（4）估测影响　迎头赶上：中科院院长指出：新科技革命可能在 6 领域首先突破。这里所提新科技革命也就是本书作者理解的第五次科技革命，或直接联系第三次工业革命对应的科技纵横内容。所说先突破的 6 领域包括：基础科学问题（涉宇宙演化、物质结构、意识本质、暗物质、暗能量等）、能源与资源领域、信息网络领域（涉量子计算、量子通信、量子仿真、量子网络、后 PC 时代的电脑、后 IP 时代的互联网、云计算等）、先进材料和生产领域、农业领域和人口健康领域[75,77]。

我国制造业的产值组成分 3 部分：轻纺工业和日用品约占 32%；包括石化、橡胶、冶金、非金属等的资源加工约占 33%；机械、电子类制造业约占 35%。国内专家认为发展 3D 打印有可能压缩第一部分的出口，因各进口国将优先用来自行印制较简单的产品[81]。这与前面《经济学人》文章中提示的发达国家的交通、电脑、金属和机械加工部分将因推行 3D 打印技术而减少进口量同声相应。

（5）对策谋略　深谋远虑：研究中国现代化内涵和方向的知名专家认为衡量一国的现代化最关键的莫过于是否能亦步亦趋地跟上世界科技革命的步伐。所估计的第五次科技革命和第三次工业革命的持续时间大致是 1945～2020 年，中国复兴要抓住后续的第六次科技革命，即约在 2020～2050 年间生命科技、信息科技和纳米科技交叉融合的新型工业革命[76]。遗憾的是预计中国要到本世纪末才能把现代化水平推向世界 10 强之列，是不是太迟了点？

为了营造第三次工业革命的产业强势，我国科技发展战略研究院的专家高高举起发展生命科技的大旗，令人欣羡。专家们建议：发展战略须突出两个重点领域[70]：

①建设生物技术强国、产业大国，打造 10 万亿元大生物产业：其中包括生物制药、医疗服务、生物医学工程（医疗器械）、保健品、健康管理服务、生物农业、生物能源、生物制造、生物资源、生物服务等。

②新能源技术进入国际一流，力争成为新能源产业大国。专家们开门见山、直通堂奥地突出科技革命发展核心以应对第三次工业革命，表现出我国学者坦荡心怀和直抒己见的风貌。此外，为了适应第三次工业革命带来的资源配置格局变革、制造企业向社会变革和大型流水线生产企业向平台型企业变革，必须从内容和作风上变革传统管理模式[69]。

（6）传道授业　开拓进取：第五次科技革命和第三次工业革命的研讨论述波涛一浪高过一浪，但资深专家们常叹息有关的信息和论争总是迟迟进入高等学府的讲坛。也许人才培育是一切有效战略对策之首，拔犀擢象的功夫不能单纯寄望于出国留学，我国高校师资的考核为何总停留在教学规矩、教案工整、开会迟到……之类，从不问掌握了几多新知识、新概念、科技革命新内容？有记者问：中国教育能否赶上第三次工业革命浪潮？能否为适应第三次工业革命的到来在课堂上推行新型教学方法？毋庸讳言，教育创新已成当务之急[72]。

3. 理清是非曲直　慎勿画虎刻鹄——

（1）"中国能否充当第三次工业革命的领军"？"中国要抓住第三次工业革命的契机，完成弯道超车"！做出这样的判断或愿景本来是出于发奋图强的好心，但是不是而今更重要的事乃是披榛采兰地选拔人才和营造创新氛围为中国科技腾飞去"冲锋陷阵"？中国失去了赶趁第一次工业革命的机遇，就必须清算清王朝苟且偷安、扼杀戊戌变法和追究民初军阀混战，卖国求荣而置科技发展于不顾；失去跟上第二次工业革命浪潮的机会，就当对日寇侵华、反动派与人民为敌、新中国成立后极"左"思潮和浮夸风盛行等作出深刻的反思和检讨。亩产几吨粮？十几年赶上英国？事实上成了我国科技发展中的笑料。真正的科技创新只能是一步一个脚印，可以服从规律地加快创新，却不宜乖违科学原理地虚谈高议。须知我国产业战线生产的大多数新型产品的核心技术至今仍有 60% 以上来自国外。

（2）既然推动第三次工业革命的科学技术必然体现在综合取胜，"综合才能创造"！"综合就是创造"！那么，举出任何一种科技表现誉之为"推动第三次工业革命的主力军"则未免有失偏颇。3D 打印技术；自动控制软件；云计算、大数据和物联网；三网融合；智能家电、智能机器人、智能电网、智能建筑、智能交通、智慧城市；思维控制电器；智慧地球；无人驾驶汽车、无人驾驶飞机、人造卫星、探月工程、宇宙飞船都是第三次工业革命的划时代标志性技术领域，却不能说哪个技术领域"压倒一切"。

（3）如果说第三次工业革命的主流是能源－资源革命不无道理，在开展节能减排和发展清洁能源、可再生能源、新能源的背景下全面推进低碳型经济结构是时代必然。可是低碳化正在向纵深挺进的当儿，提出我们正将迎来"后碳社会"则是不是为时过早？首先我们将下大力气告别"冗碳"而不是把碳"赶尽杀绝"。其次，我国作为约束性可持续发展条件承诺到 2020 年整体排碳量将比 2005 年水平减少 40% ~ 45%，显然 6 年后达到这个目标要求需要从现在起付出脚踏实地的巨大努力。遗憾的是，几年过去了，我们看到的鸡毛蒜皮节碳举措不少，而司空见惯的大手笔节能节纸节电举措却显得相形见绌。例如：宣传节约用纸是当务之急，可是房地产开发商大张旗鼓的随报广告成吨地消耗高级纸张为何竟熟视无睹？为何无车日依旧车水马龙，无烟日照样烟雾缭绕？行车拥堵是高排碳的现象之一，优化治理"人车路管"的交通系统为何不从人路管三方着手？存车位靠侵占马路扩充？步行人行道缩窄而盲道式微？电视愈益"高清"而开机愈益"迟钝"？值得表彰的先进事迹都是"单干户"所为？那么多爱国敬业的先进集体和钢铁般前赴后继的战斗团队为何少见传颂？总之，低碳的前提必须是同舟共济的绿色和谐社会氛围，是廉洁奉公、居敬穷理的诚信友善人际关系。

（4）新一轮工业革命的优化目标不得不记取前两次工业革命曾经给人类带来社会进步的同时，也带来负面祸患甚至灾难，而必须以促进整个社会和谐、资源节约、环境友好、以民为本的实践而不再漫无边际地虚浮夸大。仅仅说低碳经济是第三次工业革命的主攻方向显然过于武断，因为许多低碳举措往往有损环境，甚至足以令生态失衡而掣肘可持续发展理念。有专家断言信息化本质是低碳的，确实值得深究。一般说，人们期盼的是希望建设能保证生态文明的绿色经济，换言之，就是既保证生态平衡不遭破坏和社会文明得以发扬光大、加上社会和谐、杜绝贪腐、共享改革开放红利、环境友好、资源节约和人民个人心情舒畅、政治局面生动活泼！只有这样，第三次工业革命才能深入人心，才能得到广大人民尤其是广大科技人员的拥护和为之悉力以赴！

（5）有专家提出第三次工业革命带来的影响使市场需求更为个性化、定制化和多元化，但就中国特色而言，占比绝对优势的需求是否仍应为传统衣食住行模式？认为创业更容易的基本功在于能否充分利用互联网接触更新的资讯和前沿信息及观点[80]，是否突出了网络效能却冷淡了真正获得系统知识和信息的渠道？

16-3-2　构筑能源互联网

1. 能源互联网释义——杰里米·里夫金在《第三次工业革命》第二章谈及智能电网的特异功能，引出了能源互联网构想。我们曾在 5-7-3 和 5-7-4 节不厌其详地讨论过智能电网在未来发展绿色-低碳经济的产业功效和科技内涵中异彩纷呈的战略效果。能源互联网本身是在智能电网规划设计和建构实践基础上的进一步扩大视野和优化概念的产物[74]，实际上是将传统发电升华为整体发电，将局域电网升华为全国乃至全球广域互联的电能网络[82]。能源互联网的主角是可再生能源和新能源，将采集的大量分布式能源和储存设施联系起来，通过智能化-自动化管理，形成能源和信息双向流动的能源对等交换和共享网络。网络覆盖的能源可以包括所有非化石能源家族的每个成员，如光伏、风电、地热发电、潮汐发电、温差发电、盐度发电、小水电和生物质能发电等。

2. 加速发展能源互联网——2014 年 7 月，我国国家电网公司掌舵人在美国华盛顿特区盖洛德国家会议中心举行的 IEEE 电力与能源协会（PES）年会上首次提出构建贯通洲际的全球能源互联网设想[83]。这篇题为"构建全球能源互联网，服务人类社会可持续发展"的署名文章立即轰动了会上和会后能源学海。

营造我国广袤幅员上的能源互联网确非易事，其中涉及几十门学科、动员几百上千位科学家和组织数以万计的从业人员悉心规划、悉力以赴；若为建设更加雄伟诱人的环球大规划网络则更是如此。不过发展能源互联网仍当擘肌分理、按部就班，一步一个脚印，总不能一步登天。工信部赛迪智库指出我国构建能源互联网的关键技术瓶颈有四：高效低耗能源采集和转换设备严重不足；尚难确定互联传输能源所需接近室温超导材料取得突破的确切时日；大小规模能源互联互通技术并没有齐上档次；能源创新廉价高效存储材料有待纵深开拓研发。为此，赛迪智库提出应理性看待能源互联；应制备和储备与能源互联网建设所需的技术和设备，最后做到万事俱备，只欠一气呵成；以及做好智能电网的基础工作，积极研发智能电网实现大数据广域传输的技术和设备，并协助当事机构推动能源互联网跟广电、互联网、电信网形成 4 网融合[79]。国家科技支撑计划项目"风光储输示范工程关键技术研究"（2010 年 7 月～2013 年 7 月），依托国家"金太阳工程"风光储输示范项目建设，开展关键技术研究，掌握风光储输集成优化设计关键技术和源网协调技术，提高电网接纳可再生能源的发电能力，可理解为建设能源互联网的前期项目准备之一[74!]。

3. 我国未来能源发展压力不小——据国家电网公司掌舵人分析，我国发展智能电网以构建能源互联网的前景辉煌，但须认真应对挑战：

（1）总量供应压力仍在继续增大，如 2012 年我国能源消费总量已达 36.4 亿吨标煤，石油、天然气对外依存度分别约达 58.0% 和 29.3%，2013 年起，这两个百分比仍在缓慢上升；

（2）先天资源配置和后天生产力分布轻重倒置，70% 以上煤炭、水电、风能、太阳能资源集中在大西北，远离中东部负荷中心平均达 1000km 以上，电网建设压力远高于大多数发达国家；

（3）传统生产力落后和产业结构亟待调整优化升级，务必很快赶上日、欧能效水平，化解用能提效压力切忌随世偃仰；

（4）政府向世界郑重承诺的到 2030 年或更前排碳达到顶峰以及届时非化石能源供应占比达 20%，要求越过原规划；

（5）生态环境保护压力并不轻松，尤其是煤电与 PM2.5 污染仿佛结下了不解之缘，洗心革面的洁净煤处理和低阶煤利用压力已成永世无穷话题[74]。

4. 展望未来　三大急务——

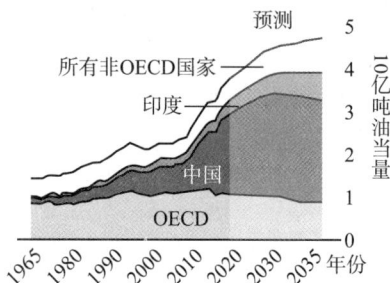

图 16-6　中、印和其他国家燃煤的需求

（据：The Economist，2014-04-19，p. 53，引自 BP）

（1）煤炭洁净利用：据 BP 预测，直到 2035 年我国能源结构中不得不仍以燃煤为主，而且用量在全球首屈一指（图 16-6）。因此，燃煤绿色－低碳化必然是今后若干年我国能源领域的头等大事！加快开发煤炭液化、气化、煤基多联产集成技术，以及特殊气质天然气、煤制气以及生物质制气的净化技术，煤炭清洁高效转化技术，实现规模化、产业化应用。在发电与输配电技术方向，大力突破 700℃超超临界机组、400MW 等级 IGCC 机组关键技术，完善燃气轮机研制体系，突破热端部件设计制造技术，实现重型燃气轮机和微小型燃气轮机的国产化，掌握火电机组大容量 CO_2 捕集技术。实现 F 级重型燃气轮机的商业化制造和分布式供能微小型燃气轮机的产业化。实现大容量、远距离高电压输电关键技术和装备的完全自主化，提高电网输电能力和抵御自然灾害能力，在智能电网、间歇式电源的接入和大规模储能等方面取得技术突破。开展超导输电技术的应用研究，掌握更高一级特高压直流输电技术和电工新材料先进技术以及相应的装备技术。

（2）强力发展可再生能源：①提高太阳能电池效率，并实现低成本、大规模产业化应用；发展 100MW 级具有自主知识产权的多种太阳能集成与装备并网运行技术；发展以光伏发电为代表的分布式、间歇式能源系统，发电成本降至常规电力水平；研发多塔超临界太阳能热发电技术，实现 300MW 超临界太阳能热发电机组商业应用；研发光伏并网逆变器单机最大容量超过 1MW，使我国在光伏应用领域达到国际先进水平。②"十一五"规划期间，我国已从无到有地掌握了 1.5～3.0MW 风电机组产业化技术，实现了风电机组产业国产化。风机叶片、齿轮箱、发电机等部件的制造能力已接近国际先进水平，满足主流机型的配套需求，并开始出口。轴承、变流器和控制系统的研发也取得重大进步，开始供应国内市场。目前正开发 6～10MW 风电机组整机及关键部件的设计制造技术，实现海基和陆基风电的产业化应用，并力图早日达到国际先进水平；海上风电已解决机组安装、电力传输、机组防腐等技术难题，建成独立运行光伏和风/光互补电站超过 1000 余座，推广光伏和风/光户用系统数十万套。③开发储能和多能互补系统的关键技术，实现可再生能源的稳定运行。④开发以木质纤维素为原料生产燃料乙醇、丁醇等液体燃料及适应多种非粮原料的先进生物燃料产业化关键技术，实施二代燃料乙醇技术工程示范。⑤开发农业废弃物生物燃气高效制备及其综合利用关键技术，进行日产 5000～10000m³ 生物燃气规模化示范应用；实现先进生物燃料技术产业化及高值化综合利用。

值得称道的是，中国发展绿色－低碳经济的坚定决心表现在对可再生能源及减排项目的投资规模上，早已赶超美国成为全球第一大清洁能源投资国。例如，2009 年中国在清洁能源方面投资超过 346 亿美元，而位居第二的美国为 186 亿美元。目前，全世界每 3 台新增风电机组中就有 1 台在中国，在近年最热时段，中国每两小时就有 1 台风电机组安装到位，在关键的风电机组控制系统和叶片设计方面已逐步摆脱进口依赖。

（3）加速核能安全利用：快堆技术在我国核能"热中子堆、快中子堆、聚变堆"三步走发展战略中起着承先启后的关键作用，对核能的可持续发展举足轻重，一般讲，大规模核能发展须靠快堆技术和闭式燃料循环系统支撑。为加速推动快堆技术成果转化和产业化，科技人员旰食宵衣、自主研发，终于在 2010 年 7 月实现首次临界，2011 年 7 月实现 40% 功率水平并网发电试验。由于实验快堆是国家 863 计划能源领域重大项目，乃钠冷快堆工程技术发展的头一步。该堆采用先进的池式结构，实验发电功率 20MW，是目前世界上为数不多的具备发电功能的实验快堆。其主要参数和系统设置接近快堆电站，适宜向下一步示范快堆电站跨越。我国实验快堆还采用了负反馈设计、非能动安全系统等安全设计，其安全特性指标已达到第四代先进核能系统的安全目标要求。

消化吸收三代核电站技术，形成自主知识产权的堆型及相关设计、制造关键技术，并在高温气冷堆核电站商业运行、大型先进压水堆核电站示范、快堆核电站技术、高性能燃料元件以及商用后处理关键技术等方面取得突破；建成具有自主知识产权的大型先进压水堆示范电站等，是今后若干年我国安全利用新型核能电站的主攻方向。为此，高性能燃料元件已全盘实现国产化，动力堆乏燃料后处理中间试验工厂也已完成热试。在铀（U_3O_8）浓缩技术方面已取得重大突破，实现了产业技术的升级换代。掌握了地浸铀采冶技术，并已成功应用于实际工程；具备自主设计建造300MW、600MW和二代改进型1000MW级压水堆核电站的能力，并加紧开展三代核电自主化依托工程建设。同时，我国已自主研发了10MW高温气冷实验堆，正在建设200MW高温气冷堆示范工程。基本形成从铀矿地质勘探、铀矿冶、铀转化、铀浓缩、核燃料元件制造、乏燃料后处理到放射性废物处理处置等较完整的核燃料循环技术体系和工业体系[74]。眼前的当务之急是积极培育高等科技人才，加强建站地质条件和水源环境的深层次勘查，做好宏观综合规划和微观实务安排。特别须强化各类自然和人为灾害的应急处理细则以及周边平民百姓的安全科普教育等。

16-4　弘扬正能量奋力耕耘绿色低碳经济　共圆中国梦创新开拓遒迤科技纵横

16-4-1　持续增长　振兴在望

1. 经济增长　所向无前——从图16-7、表16-1和图16-8能一目了然地认识到我们伟大祖国的GDP增长和R&D支出增进远远快于人口增长率，因此人均GDP从而人均福祉得以迅速提高。

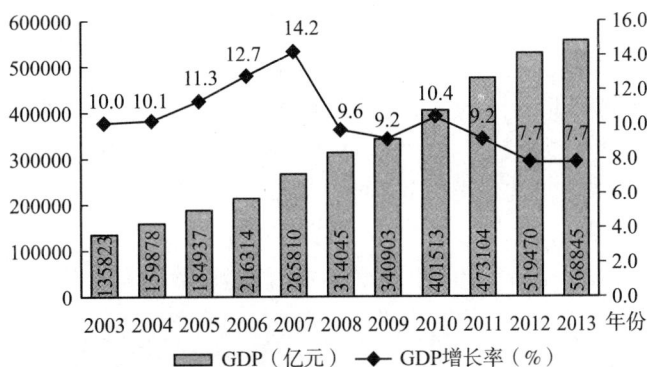

图16-7　中国GDP及增长速度变化趋势

（据：中国统计年鉴2012；2013年国民经济和社会发展统计公报）

表16-1　　　　　　　　　　　　　2012年经济发展现状比较

HDI	GDP	人均GDP	R&D支出	消费物价指数
1 挪威	315.5	62858	1.7	114
5 美国	15965.5	50859	2.9	118
6 德国	3375.2	41966	2.8	113
14 英国	2207.0	34694	1.8	123
15 韩国	1474.9	29495	3.7	123
17 日本	4465.4	35006	3.4	99
20 法国	2369.9	36074	2.3	112

续表

HDI	GDP	人均 GDP	R&D 支出	消费物价指数
79 巴西	2840.9	14301	1.2	141
91 中国	14548.6	10771	1.7	125
135 印度	6245.4	5050	0.8	181

注：HDI—人类发展指数；GDP—按 2011 购买力平价（PPP），10 亿美元人均 GDP—按 2011 购买力平价（PPP），美元；R&D 支出—占 GDP 百分比，最近年份数据；消费物价指数——以 2005 年为 100。按 PPP 换算后，数字与国内统计稍有出入。

（据 UNDP. HDR2014）

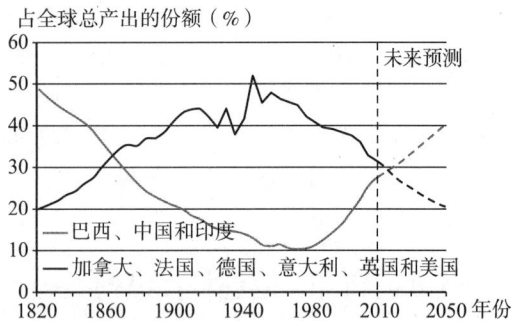

图 16 - 8 中国、巴西和印度三国的 GDP 之和将从 1950 年占世界 10% 增加到 2050 年的 40%；目前已与图中 G6 国总产相当

（据：Khalid Malik（主编）.2013 年人类发展报告，UNDP, 2013，图 3 - p.13）

2. 国富民强　寰球共济——根据 2014 年 6 月英国《经济学人》增刊综合国际著名 Haver 咨询机构、IMF 和该刊的智库所作预测分析，得出图 16 - 9 显示的两年内全球经济增长变化态势。结论表明：中国仍然在全球经济增长中一马当先。仅由于原基数较大和经济正处于调整转型升级和压缩部分产能过剩时期面临的新常态，增长率应有轻微缩窄。另一方面，据《经济学人》编辑部征询多方专家意见后得出结论：2009～2014 年 1～2 季，如图 16 - 10 所示的世界经济（GDP 总额占世界 90% 的 54 个主要经济规模国家）增长总体表现中，毋庸置疑的明显特点是金砖 4 国（巴西、俄罗斯、印度和中国）的综合增长率占据了世界增长的主要部分。2014 年 1～2 季世界经济总体增长 2.6%，但图示增长因素主要来自金砖国家。可是巴西经济已昭示明显下滑；俄罗斯因受到西方"制裁"和卢布贬值而经济暂时受累；欧元区仅仅增长了 0.7%；唯独中国一枝独秀。所以《经济学人》的编辑结论是：前 2 季世界经济增长的 45% 来自中国的贡献。《经济学人》对中国未来几年定量加定性分析所得的经贸发展以及人口、收入和市场预测增长率及相关绝对数字，如表 16 - 2 和表 16 - 3 所列，与 2015 年 1 月 15 日世界银行发布的预测数据基本一致：中国 2015 年 GDP 增长率 7.1%，2016 年 6.9%，对世界经济增长的贡献率超过 1/3。中国自己的专家意识到我国经济增长动力机制主要来自创新驱动的效率升级和价值链提升，其效果甚至影响全球的经济增长格局[89]。2015 年 3 月 5 日李克强总理在十二届人大三次会议上所作政府工作报告中预期 2015 年 GDP 增长 7% 左右，与表 16 - 2 的预测一致。事实胜于雄辩，中国将在高效高质绿色－低碳的低能源－低资源消耗新常态下满怀信心地高歌猛进，可持续发展！

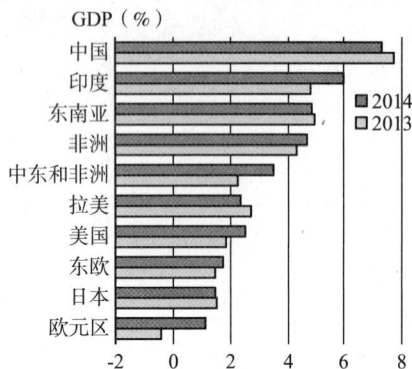

图 16 - 9 近两年 GDP 变化

（据：The Economist. Corporate Network，2014 - 06，p.6. 原注预测截止日 2014 - 05 - 20）

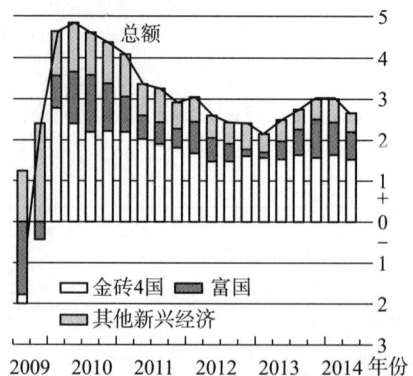

图 16 - 10 2014 年 1～2 季度中国贡献全球 GDP 增长的 45%，图示为 3 类国家产出%

注：基于 GDP 总额占世界 90% 的 54 国所作估测，按 PPP 加权。

（据：The Economist，2014 - 09 - 13，p.93，综合 Haver 分析机构、IMF 和《经济学人》）

表 16 - 2　　　　　　　　　　　　　2013～2018 年中国经贸现状和预测（%）

相对 GDP 的实际变化　　年份	2013	2014	2015	2016	2017	2018
实际 GDP 增长	7.7	7.3	7.0	6.8	6.3	6.0
私人消费	7.9	8.0	7.9	7.9	7.4	7.2
政府消费	7.5	7.6	7.8	7.7	7.6	6.8
固定资产投资总额	8.6	7.0	6.8	6.4	5.7	5.2
商品/服务出口	8.2	8.5	7.9	7.3	6.8	6.8
商品/服务进口	9.5	8.8	8.5	8.6	7.8	7.0
国内需求	8.1	7.3	7.2	7.3	6.7	6.0

（据：The Economist. Corporate Network，2014 - 06，p. 8. 原注预测截止日期 2014 - 05 - 20）

表 16 - 3　　　　　　　　　　2013～2018 年中国人口、收入和市场现状和预测

人口、收入、市场规模　　年份	2013	2014	2015	2016	2017	2018
人口（百万）	1350	1356	1361	1366	1371	1375
失业率（%）	6.6	6.3	6.0	5.7	5.6	5.0
GDP（按市场汇率，10 亿美元）	9324	10377	11615	12829	14038	15209
人均 GDP（按市场汇率，美元）	6910	7650	8530	9390	10240	11060
人均私人消费（美元）	2540	2840	3220	3620	4020	4430
GDP（按 PPP，10 亿美元）	13572	14808	16121	17557	19068	20707
人均 GDP（按 PPP，美元）	10050	10920	11840	12850	13910	15060
实际可支配收入增长（%）	8.5	8.1	7.2	7.1	6.6	6.4

（据：The Economist. Corporate Network，2014 - 06，p. 8. 原注预测截止日期 2014 - 05 - 20）

据 2015 年 1 月 20 日国家统计局发布的 2014《中国经济年报》，全年 GDP 同比增长 7.4%，CPI 上涨 2%，固定资产投资增长 15.7%，消费品零售总额增长 12%，进出口总值增长 2.3%，城镇就业人员比上年末增加 1070 万，广义货币 M2 增长 12.2%，城乡居民收入实际增长 8%，粮食总产量实现"十一连增"，前 11 个月财政收入增长 8.3%。要科学认识当前经济发展阶段性特征，准确把握经济发展新常态。具体表现在：消费需求和结构明显升格；新技术产品投资需求大增，目前我国已成对外资本净输出国，出口商品依然看好和国际收支基本平衡，生产能力和产业组织方式趋于优化升级，生产要素逐渐向科技内涵转移，市场竞争已迅速转标为规范化，市场竞争逐步转向以质量型、差异化为主，人民期待良好生态环境，正从上限开始标本兼治，对症下药；从资源配置模式和宏观调控方式估计，政府下大力气抑制和化解产能过剩，从全面把握总供求关系新变化，科学进行宏观调控[127]。此外，我国的科学技术水平正在快马加鞭，持续增进，整个经济生产质量已非十年前的低水平可比，正在向较高质量的高附加值产品产量转化，产业转型升级需要有时间适应和有过程调整。另外，由于基数增大，统一增长额的对应 GDP 增长率自然会有所下降；过去因环境污染付出的增长代价较大，推进绿色增长后势必需要剔除环境负担造成的负增长因素。

16 - 4 - 2　开拓进取　璧合珠联

1. R&D 投入——改革开放以来，特别是最近几年，我国 R&D 经费投入逐年攀升（图 16 - 11），到 2013 年已超过 GDP 的 2.0%。近年来我国对能源研发的投资也远较其他国家为盛。例如 2008 年几个非 IEA 成员国的政府用于能源 R&D 经费

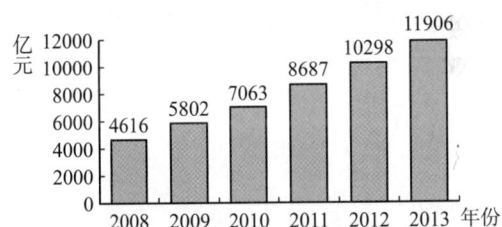

图 16 - 11　2008～2013 年中国
R&D 经费支出逐年提高

原注：全球公共能源部门研究开发与部署（RD&D）的支出仍然在 RD&D 总预算中占少量份额，支出水平近来（2012 年）甚至已从最高支出的 2009 年降下来了。

注：过去 RD&D 是 IEA 成员国的数据，从 2007 年起包括巴西的；在 R&D 总额中能源 RD&D 的份额仅含 IEA 成员国。由于数据分类不够精确，在 R&D 总支出中能源占比存在低估。某些与能源相关的支出有可能列进其他项的 R&D 支出，例如"能源与环境"或"一般大学基金"等。尽管如此，能源份额大致显出降低趋势和保持较低。

（据：IEA. Tracking Clean Energy Progress - Energy Technology Perspectives 2012 except as IEA input to the Clean Energy Ministerial，OECD/IEA，2012，部分按国家统计局和科技日报公开数据做了修正）

支出（按市场汇率，亿美元）：巴西 9.5，中国 40，印度 1，墨西哥 0.5，俄罗斯 0.5，南非 1.3。

我国财政近年 R&D 投入具体数字及预测见表 16－4。实际上，在建设创新型国家过程中，科技投资除中央和地方各级财政和各部委/厅局渠道，还有企业自主投入（例如深圳华为公司年投科研经费达数亿规模）、风险投资、银行贷款、资本市场融资、科技保险资金等。所以进入 R&D 资金投入部分远非国家财政数据所能全面反映的投入规模。国家发改委提示的全社会在本世纪前 10 年研发投入增长 7 倍（图 16－12）。1978～2012 年国家财政科技支出共增长 100 倍以上[129]，虽然 2013 年底有专家指出科技投资在 GDP 中占比还很小[125]。据国际自然出版集团 2014 年 11 月发布按加权分数式计量的自然指数（Nature Index），中国的科研产出水平和质量位居全世界第二，仅次于美国，高于近邻日本和韩国[88]。英国皇家学会估计，中国科技论文数量可能已在 2013 年超过美国，到 2020 年在全球占比将达 22%[98]。应当估计到：由于 R&D 经费投入的逐年提高，科技创新加快的同时，GDP 中服务业或即第三产业的产出比重也将逐年攀高[97]。

2013 年，我国全社会研发支出达 1.19 万亿元，其中企业占比 76%，支出额是 2006 年的 4.3 倍[85]。

表 16－4　　　　　　　　　　　近几年我国 R&D 财政经费投入逐年攀高

年份	R&D 投入（亿元）	比上年增加（%）	占 GDP（%）	章末文献号
2010	7062.6	21.7	1.76	
2011	8687	23.0	1.84	129－3
2012	10298.4	18.5	1.98	129－4
2013	11846.6	15.0	2.08	129－5
2014	13623.6	15.0	2.12	预估
2015	15394.7	13.0	2.21	〃
2020	18935.4	6.8	2.52	〃

（据：国家统计局等．2010～2013 科技经费投入公报[111]和有关规划）

2. 发明专利跃升——2012 年 12 月世界知识产权组织（WIPO）发表《2012 年世界知识产权指标》显示，2011 年全球专利申请增长 7.8%。中国专利申请受理量 526412 件，超过了美国的 503582 件和日本的 342610 件，居世界第一位[86]（图 16－13）。2012 年中国专利申请 652800 件，仍居世界第一；美国和日本分别为 542800 件和 342800 件[86]！

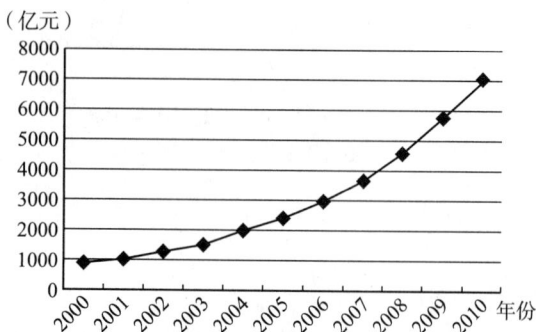

图 16－12　21 世纪前 10 年我国全社会研发投入
（据：发改委．中国可持续发展国家报告，2012－06）

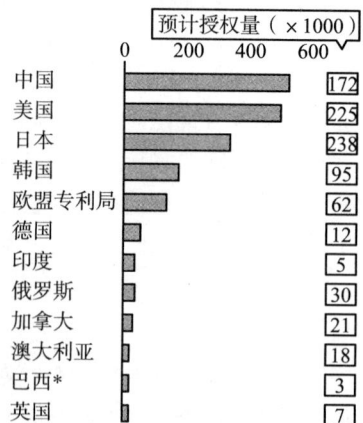

图 16－13　2011 年世界专利申请（×1000）

注：按照全球设有 125 个办事机构的世界知识产权组织（WIPO）的数据显示，2011 年中国申请的专利数世界第一，共计有 526412 份申请，超过了美国和日本。全球专利申请比上年增长了 7.8%，突破 200 万件大关。中国比上年增长了 7%，在 2009 到 2011 年间的全球增长量中，中国的贡献占 72%，美国占 16%。2011 年中，几乎授权专利达 100 万件，日本获授权最多。不过，估计全球有效专利 790 万件中，美国有 210 万件以上。

（据：The Economist，2012－12－15，p. 89，引自 WIPO）

与科技投入大幅增加相对应，中国科研产出亦大幅增长。2011 年发明专利授权量达到 172000 件，同比增长 27.4%；2012 年发明专利授权 217105 件，同比增长 26.1%，在授权专利 1255000 件中，发明专利占 17.3%，其他为实用新型和外观设计[101]。当然，专利不等于创新[86！]，但发明专利则否。应当说，发明专利是评价创新成就的主要标志之一。到 2010 年底，我国企业发明专利申请数已占到国内发明专利申请总数的 53%。据 2014 年中的统计，国内有效发明专利达 59 万件，是 2006 年的 8.1 倍，其中企业发明专利超过 55%。

实施绿色增长战略要求制定一套政策工具组合，包括绿色 – 低碳科技体制与技术标准、激励研发和推广绿色技术的措施及相关财政金融、公共采购等公共政策的协调。绿色知识产权包括绿色专利、绿色商标和绿色著作权，发展绿色 – 低碳经济过程中，三者不可偏废。

"绿色专利"是指对太阳能、混合动力汽车、风能、燃料电池汽车、潮汐、地热、生物燃料、CCS 以及核能等新能源方面的"绿色"技术授权的专利。面对数量飙升的"绿色"技术专利申请，美国专利商标局于 2009 年 12 月首创并实施"绿色专利"申请快速审查试点计划，英、澳、日、加、韩、西班牙、以色列等国专利局纷纷效仿。"绿色专利"快速审查程序的建立，将大大缩短"绿色专利"申请审查周期，推动"绿色"产业的发展进程。企业选择注册"绿色商标"不但能带来经济效益，更能获得环境友好口碑。当然若申请注册"绿色商标"，除审查"显著性"，更应审查对应商品生产和销售是否真正环境友好。"绿色著作权"涉及更广泛的范围，包括环境资源科普读物、文物保护、城市雕塑、建筑造型、动漫构思、艺术表演、一般著作的绿色效果等。

根据我国"十二五"科技发展主要指标（表 16 – 5），有关专利的指标已经提前完成。据统计分析，我国 2003 ~ 2012 年的 GDP 科技进步贡献率已超过 50%，比 2000 ~ 2005 年间的贡献率约提高 8%[104]。

表 16 – 5　　　　　　　　　　　　　　"十二五"时期科技发展主要指标

指标	2010 年	2015 年
研发经费与国内生产总值的比例（%）	1.75	2.2
每万名就业人员的研发人力投入（人年）	33	43
国际科学论文被引用次数世界排名（位次）	8	5
每万人发明专利拥有量（件）	1.7	3.3
研发人员的发明专利申请量（件/百人年）	10	12
全国技术市场合同交易总额（亿元）	3906	8000
高技术产业增加值占制造业增加值的比重（%）	13	18
公民具备基本科学素质的比例（%）	3.27	5

（据：科技部，2012 – 10 – 24）

3. 工欲善事　先利基础——

（1）创新机构和环境建设：截至 2010 年，中国已建成各类国家（重点）实验室 333 个，国家工程中心 391 个，国家工程实验室 91 家，国家认定企业技术中心 729 家，国家野外科学观测研究台站（网）105 个。同时，一批多层次的资源整合共享网络体系和实物平台、野外观测研究与示范体系逐步完备，各类科学数据、自然科技资源保存已初具规模，农作物种植资源保存量居世界第二。2001 ~ 2011 年，我国在创新产业化环境建设方面[126]，在观测与导航科技条件方面[128]，都可谓日臻完善。

2014 年 11 月，我国首个全国性互联网——中国教育和科研计算机网（CERNET）从原接入的 108 所高校和科研机构扩大到 2000 多所；节点学校 41 个，覆盖全国 200 多座城市；用户从 3 万人增加到 2500 万人；主干网从最初 64K 增长到 100G，光纤高速传输网达 3 万多 km，成为全球最大的国家学术互联网[85！]。这是我国超级科研创新条件的坚强后盾。

（2）基础研究：作为科技发展创新开拓的风向标，我国近年基础研究领域高水平成果层出不穷、络绎不绝，国际影响力显著提高。例如标识国际基础研究突出成果的科学文摘 SCI 收录的科技论文数量，中国已连续 5 年居全球第二。2008～2012 年的基础研究投入年增 22.6%，2012 年已达 498.8 亿元。在生命科学、信息科学、能源科学、材料科学、环境科学、农业科学以及载人航天、海洋深潜、超级电脑、量子物理、纳米技术、高速铁路、南水北调、高层建筑等领域的基础研究，有口皆碑，在世界科坛话语权逐年提高[124]。

（3）人才规模：我国科技人力资源总数，从 2001 年的 2600 万人增至 2014 年的 6800 万人，平均年龄 36.8 岁[93、104]；2014 年中，我国研发人员总量达 360 万人年，其中企业占 77%[85]；科技人力资源总量和研发人员总量均居全球第一。

我国科技人才水平呈金字塔状，但结构不尽合理，世界级科技大师、尖子人才、领军人物一面严重缺乏，一面奇才湮没无闻或不谋于位，没有充分发挥聪明才智。

谈到我国去发达国家的留学生状况是：数量稳居世界第一（1978～2014 年出国留学深造的学生共 351 万人），但学成归来参加祖国建设的学生占比较低。截至 2012 年底，我国累计出国留学人数 264 万人中，回国仅 109 万人，占 42% 弱[107]！；在国外学习理工科的留学生，近年有大幅下滑趋势，值得教育行政部门适当加以引导和调整。图 16－14 是英国《经济学人》引述的各国赴美留学生高潮期的占比数量比较。据外电报道，中国学生依然是海外留学市场主力军。2013 年美国关于海外留学生的年度《开放门户报告》发布，中国再次蝉联冠军，成为全美 3，500 余所认证大学最多且增长最快的生源地。在美国大学全部 90 万名外国留学生当中，有 23.5 万人来自中国内地（不包括港台地区）。其中，中国本科留学生的增速一直领先，2012 年同比增长达 26%。然而，令很多美国大学担忧的是，来自中国的研究生数量增长出现放缓，尤其是理工科学生。此前 7 年，中国赴美研究生的年增长率一直保持在两位数，但 2013 年却骤跌至 5%。与此相反，首次攻研的印度留学生则急剧上升。早几年，国家科技部的领导就曾著文特别提出"引人重于引资"的明智观点，但指出截至 2009 年，中国出国留学人员 162 万，回归 49 万，仅占 30%；自 1985 年起，清华理工生的 80%、北大的 76% 去了美国；2002 年在美获得科学工程博士学位的留学生，到 2009 年仍滞留在美国的占比：中国 92%、印度 81%、台湾地区 43%、韩国 41%、日本 33%、巴西 31%、泰国 7%。2009 年中国公民移居美国的 6.5 万移民中，绝大部分是技术移民[122]。

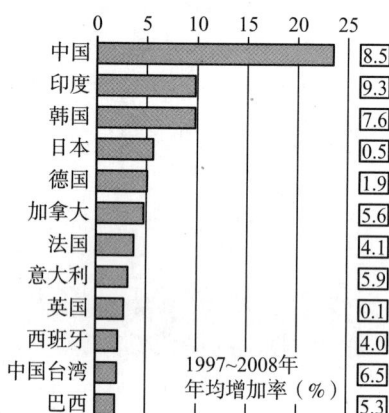

图 16－14　2007～2008 年各国赴美高校留学生数和 1997～2008 年均增加率

（单位：留学生数 x1000）

注：据 OECD 智库统计，2007～2008 年赴美高校留学生增加总数 106123 人，其中 40% 来自三个亚洲国家：中国、印度和韩国。中国首屈一指，共有 23779 人；而印度和韩国均仅约 1 万人。但注意到自 1997 年以来，直到 2008 年，赴美高校留学生的年增加率却以印度最高，这意味着该国正衔枚疾走地在追赶中国赴美留学生规模。

（据：The Economist，2009－12－19，p.195）

作者前几年曾参与的《国家中长期教育改革和发展规划纲要（2010～2020 年）》前期论证，在最后公布的纲要第 21 章中特别要"支持扩大公派出国留学规模"！可是"支持扩大"的同时，还应当重点研究靠什么政策才能稳定吸纳学成归国的留学英才！

16－4－3　花团锦簇　万紫千红

1. 心仪新异　万壑争流——

（1）天河二号：2010 年 11 月 17 日美国新奥尔良市超级计算机 2010 国际会议上，国际超级计算 TOP500 组织发布第 36 届世界超级计算机 500 强排行榜，我国国防科大研制的"天河一号"超级计算机以其优异性能和运算速度跃居世界第一[120]。"天河一号"装了国产的中央处理芯片 CPU 和图形处理芯片 GPU，展现中国微电子工业的潜在威力。经 TOP500 的专家实地考察，证实"天河一号"每秒浮点运算峰速 4700 万亿次，常速 2566 万亿次，为 2010 年全球之冠。2013 年 6 月 17 日在德国莱比锡第 41 届世界超级计算机 500 强排行榜揭晓，我国国防科技大学研制的"天河二号"超级计算机又以每秒浮点运算峰速

5.49 亿亿次、常速 3.39 亿亿次继续跃登世界榜首。2014 年 6 月 23 日，在上述地址再次发布世界超级计算机 500 强排行榜，"天河二号"再次荣登榜首，获世界超算三连冠，计入"天河一号"，则天河系列超级计算机第四次登上世界超算之巅。目前"天河二号"在国家超算广州中心为国内外用户提供服务，涉及生命科学、材料科学、大气科学、地球物理、能源科学、宇宙探析、经济科学、基因测序、污染防治、高通量药物筛选和高超声速发动机燃烧仿真，以及在各种复杂信息技术服务领域均大显身手。2014 年 11 月 17 日在美国新奥尔良市召开的第 44 届世界超算 500 强排行榜，"天河二号"以浮点运算速度每秒 33.86 千万亿次荣获全球超算四连冠。接着在世界超级计算机大会上又宣布"天河二号"高性能共轭梯度基准测试排行榜上再列第一，成为世界超算双料领先冠军[105]；又据 VR World 英文网站 2015 年 4 月 7 日披露，美国官方"终端用户审查委"确认"天河一号"和"天河二号"超级计算机被有效用于核爆炸模拟；2015 年 7 月 13 日在德国法兰克福召开的国际超级计算大会上宣布；超算 TOP500 组织发布的第 45 届世界 500 强排行榜上，天河二号超级计算机系统再次位居世界第一！[105]↓

（2）2010 年 8 月下旬国家科技部和海洋局宣布，我国第一台自行设计和组装的"蛟龙"号载人深潜器成功完成 3000m 海试，最深达 3759m，超过世界海洋平均深度 3682m，成为继美、法、俄、日后第 5 个掌握载人深潜 3500m 以上技术的国家，为进一步深海了解地质状况和探矿、追踪深海生物、开发可燃冰等创造了游刃有余的条件。2012 年 6 月 24 日，在西太平洋马里亚纳海沟地区，"蛟龙"号创造了世界最深的深潜记录：7000m，达到 7062m[119]。2014 年 11 月 25 日，"蛟龙"号首次赴西南印度洋开展科考，这是航次史上最远、时间最长、天气和海况更复杂多变和海底条件错综怪诞的一次。

（3）2010 年 9 月 28 日沪杭高铁试运行时速 416.6km；12 月 3 日京沪高铁枣庄至蚌埠段试运行时速达 486.1km，居世界首位[120]。已在 11-2-1 节介绍，2013 年底，我国铁路营运里程已达 10.3 万 km，高铁运营里程 1.1 万 km（2014 年达 1.58 万 km），在建规模 1.2 万 km。国外已开始向我国订购高铁配件或运行车辆，估计将很快向国外推出工程设计和设施服务。

（4）2013 年 6 月 11 日，"神舟 10 号"载人飞船从酒泉卫星发射中心，将 3 名航天员送上太空，成功与"天宫 1 号"对接；6 月 26 日顺利返回预定地面。在太空期间，实现给全国 6000 万学生讲授太空课程。同时亦标志我国是继俄罗斯和美国之后世界第三个掌握载人空间对接技术和遥距视频宣讲科普内容的国家[99]。

（5）2013 年，代号"鲲鹏"的"运-20"大型运输机，以载重量超过 60 吨、最大起飞重量 220 吨的优异功能一举试飞成功，成为全球十大运输机群的新秀。制造过程中采用了世界最先进的 3D 打印技术[99]，显示我国在制造先进机型方面利用前沿高新科技的敏捷步伐。

（6）2013 年 12 月 14 日，"嫦娥 3 号"及所带"玉兔"号月球探测器登上离地球 38 万 km 的月亮虹湾预定区域，展开了新一轮月球之谜的新探索[99]。

（7）2014 年 11 月国防科工局透露，我国火星探测工程有望在 2020 年实现。探测器将采用直接转移方式飞向火星，时间约需 10 个月到 1 年。初步计划到达火星后将通过深空探测获取表面地貌、土壤特征、物质成分、水冰、大气、电离层磁场等大量科学数据[112]（2013 年 9 月前后，美国 NASA 发射的"好奇"号火星探测车抵达火星上一座山脉基底，极有可能找到火星上宜居地盘的踪迹[100]）。

（8）2014 年 12 月 7 日，"长征四号乙"运载火箭将中巴地球资源卫星 04 星送入轨道，完成长征系列火箭第 200 次发射任务，成为世界上步美、俄后而成功率超过 95% 的第三个发射运载火箭 200 次的国家，标志我国航天事业已以实力宣告跻身全球 3 强之列。特别是共需时 37 年的前 100 次成功率为 93%；仅需 7 年的后 100 次发射的成功率达到 98%，超过美国（97%）和俄罗斯（91%），与欧洲的 98% 并列世界第一。据悉将在 2030 年前新火箭取代旧型火箭，整体发射效率和成功率必然将更进一步提高[112]！

（9）2015 年末，我国自主创新制造的无人驾驶地铁车辆将首先在北京投入运营，即在没有司机和乘务人员介入下实现自检、自动唤醒、自动发车离站、优化控制上下坡行驶、精准到站停车、自动启闭车门等全套运行操作[102]！

（10）我国低成本、高强韧性、环境友好和节省合金元素的微晶钢（超级钢）科技水平和产量均已居世界第一。2013 年初，我国 1000kV 特高压交流输电关键技术、成套设备与工程应用获国家科技进步特等奖。中国高铁建设速度和规模举世无双。2014 年我国杂交水稻亩产突破 1000kg[95]。一桩桩令人喜跃抃舞的消息激动着每个炎黄子孙的心灵[90]！

2. 即事穷理　止于至善——

（1）生存环境　犹待优化：据联合国开发规划署 2014 年的人类发展报告《HDR2014》，包括我国在内的一些国家的生存环境摘录于表 16－6，可以看出各国的生存环境瑕瑜互见，其中特别应关注化石能源供应占比（我国仅比日本稍小）、森林的国土面积占比仅优于英国、受自然灾害平均人口数全球居首。三者均决定着我国的生态系统安全。

表 16－6　　　　　　　　　　　　　　　　　生存环境比较

国家	一次能源供应 2012 年（%）		人均碳排量 2010 年（吨）	森林面积 2011 年 占国土面积（%）	生活在退化土地 上的人口占比（%）（2010 年）	天灾百万人口中 年均受灾人数 （2005~2012 年）
	化石	可再生				
挪威	57.3	47.8	11.7	33.3	0.2	41
美国	83.6	16.3	17.6	33.3	1.1	5691
德国	80.2	20.4	9.1	31.8	8.1	3
英国	85.1	14.4	7.9	11.9	2.7	1049
韩国	82.8	17.2	11.5	64.0	2.9	289
日本	94.8	5.2	9.2	68.6	0.3	795
法国	49.1	52.4	5.6	29.2	3.9	881
巴西	54.6	44.2	2.2	61.2	7.9	4236
中国	88.3	11.7	6.2	22.5	8.6	68601
印度	72.3	27.6	1.7	23.1	9.6	11130
世界	81.4	18.6	4.6	31.0	10.2	24203

（据：UNDP：HDR2014）

（2）倡导绿色创新：ICT 对于节能减排的重要意义主要体现在 3 方面：①信息通信产业自身的发展有助于减少社会经济活动对部分物资的消耗，从而减少生产这些物资的能耗；②将 ICT 应用于其他产业可以带来更大的节能效果，尤其是实现工业用电机和工业自动化设备的节能化；③往往能以不同方式（如虚拟会议、远程办公、手机银行和手机报纸）提供降减碳排放的服务，甚至能实现 90%~99% 的减排；智能交通系统（ITS）可以缩减整体交通需求；包括复杂卡车物流管理技术在内的智能运输系统，能将全球每年的碳排放削减 15.2 亿吨；电子医疗或手机医疗可以提供远程监测，并将生理参数无线传输给医疗专家。采用 ICT 改善建筑设计、营建和管理，有可能减少 15% 的 GHG 排放；建筑物内用更先进的降碳技术去监控照明、供暖和通风系统，则效果更显著；智能电表以及智能电网可以帮助家庭、楼宇、电业部门有效管理能源使用。据统计，目前约有 30% 的电能在输配电过程中损耗，我国电力系统已经全局性展开智能电网管理的研发。

在企业生产管理中，借助 ICT 实现管理创新能立竿见影地降低碳排放。例如企业管理采用 ERP，通过流程优化、流程重组，能为企业创造一个全新的管理模式。其中因强化能源管理，助力节能减排；提高单产水平，降低能源消耗；细化成本管理，减少单位成本。

要研究有效解决超大数据中心的高密度机架的绿色供电、散热、高功耗问题，利用风道设计、智能冷却、能量智控等发展新一代数据处理中心。提高高性能计算机每瓦特性能，需要从芯片级、系统级和基础架构级等多个层面研发节能技术，例如基于多核、低功耗技术的刀片式服务器产品。研发相应节能芯片尤其可逆逻辑芯片。

（3）强化有余　弥补不足：与发达国家相比，我国科技成果管理体制不够完善，科技投入不够集中，共享成果的程度较低，资源使用效率不高[85]。由于各种原因，科技成果转化率过低，有专家甚至认为很多成果不是成果[93]。不过有的文献在论述中没有定义"成果"。加上项目目标与实际投入水平不匹配,成果有时被打折扣;科研项目审批程序也许有某种不尽合理的潜规则。实际上,如欧洲工商管理学院发布的2012 年全球创新指数表明,在 141 个国家和经济体中,反映创新投入转化为创新产出的"创新效率"指标,中国位列第一;美国智库信息技术和创新基金会对 1999~2009 年间 40 个国家创新效率的排名,中国也位列第一[113]。鉴于我国科学家和一般科技人员间存在的知识鸿沟,是否应注意鼓励前者花费一定精力从事科普,以带动后续力量速上新台阶。为了尊重科技创新规律,有专家十分中肯地建言大力完善绩效评价体系,借鉴发达国家的类似做法,提出适应我国现实条件的建议[97]。我国科技领域的知名学刊不少,但很少像英美的 *Nature*,*New Scientist*,*Discover*,*Popular Science*,*Science*,*Scientific American*,*Technological Forecasting & Social Change* 以及每期均含科技的 *The Economist* 等国际性权威学术杂志;或者就像日本的著名学术期刊《システム/制御/情報》(或《エネルギー・資源》),专题论文前先刊登几篇重头文章,由热门领域佼佼者主笔深入浅出地畅叙该领域来龙去脉,令人度长絜大,心领神会,促成学刊为科技创新积极提供询事考言,信息后盾。

3. 策划集思广益　丰盈智库功能——

(1) 智库运筹决策:所谓智库(Think Tank)或思想库,顾名思义就是集中式智囊团加智慧化组建,后者是知识型褒然举首的人才与大数据分析处理程序有机结合软件/硬件的高效运作。智库非咨询公司,亦非大公司专为本身设立以装点门面为目的的专家顾问组织。发达国家的智库一般均为民间的、高水平的专业人士筹组而成。经济或宏观战略领域较著名的智库如美国兰德公司、布鲁金斯学会、传统基金会、布鲁盖尔研究所、彼得森国际经济研究所、亚当·斯密研究所、查塔姆社、卡托研究所、米尔肯研究所等;在环境/能源领域的有名智库如美国世界资源研究所等。

智库面对的宏观战略问题通常是一国或一地区面临模棱两可、扑朔迷离的政治经济形势或甚至军事紧迫行动前,急需采取的正确决策方案。例如对美国来说,当年出兵越南援助反人民武装,遭到越南人民坚决抵抗和唾弃而陷入四面楚歌困境时,作为智库的兰德公司给了政府明智果断的突围决策建议:撤离越南! 以及海湾战争、伊拉克战争、核战略、"冷战"思维、"星球大战计划"等均是在美国智库主导研究下的结论左右美国政府战略方向成为当机立断的决策[118]。除一国的宏观战略和大政方针外,还有的智库主要针对当前国家或指定地方急需重点投资研发的产业发展项目,特别是需重点支持的创新发展方向和因产能过剩或技术落后应当及时实行转型升级或压缩乃至淘汰的生产分支;因国际上热门发展而前景看好或竞争力须迎头赶上的科技分支应以怎样的人力/物力/财力投入才能跟上甚至超越国际先进水平;教育部门应当及时增设哪些专业以培养未来急需的高级人才或压缩某些专业培养规模以避免未来因人才过剩出现就业岗位爆满问题;研究部门须及时提议强化某些门类的科技竞争、社会变迁、金融导向、消费走势、经济泡沫、人口结构变数、社会思潮等的未来变化趋势的研究,提供当政决策参考,其中特别要以许多优秀的科研力量集中在绿色 – 低碳经济的稳步发展战略和生态文明建设举措的研究方面。

可见,智库集中表达一个国家的核心价值观精义所在,反映一个国家丰富的思想宝库、雄厚的文化渊源和聪颖的预见能力,其居敬穷理、洞幽烛微的本领和远见卓识、言约旨远的论证代表着一国合纵连横或纵横捭阖、卓荦超群的软实力,也是体现综合国力随机应变核心能力的晴雨表,是决策科学化和民主化的试金石。因此,一份神机妙算、揆情度理的智库产品必然满足三大能力:预测力、逻辑力和创新力;必然不屑于三种失势行为:人云亦云的照猫画虎、无远虑而有近忧的鼠目寸光和只顾一点不及其余的盲人摸象。国内外许多成功的智库多以虚怀若谷、广开贤路为第一要务,以秉承先进的研究经社系统(即控制论、信息论和系统论等)的系统科学与工程方法论为理论基石。其中最基本的系统观念不外乎:全局综合观、循序渐进观、信息引导观、价值体现观和环境适应观。

作者 1983 年初曾应邀到湖南财经学院讲学,当时为师生们编写过讲义《计量(数量)经济学原理和经济控制论》,其中免不了用了一些数学模型。如果采用开环方式去预测未来某一经济指标(例如预测我国未来化石能源的产销需求量),难免通过正向累加变量数值得出不符实际的需求量过度增长结论。正确的预测必须加入新技术和新产销格局形成的负反馈,正像《经济控制论》基础上发展的《系统动力学》

提供的多因素仿真分析一样，如果计入可再生能源增长、压缩高耗能产业需求、提高能效和全方位提高能源系统科技水平等等正能量去抵消传统化石能源应用过量，则煤炭/石油的产销需求自然不升反降。

（2）全球智库发展现状：

①美国宾州大学研究世界智库的小组于2010年初公布2009年全球169个国家的智库共有6305家，其中北美1912家（美国有1815家），占30%；欧洲1750家，占28%；亚洲1183家，占19%[118!]。

②2013年1月，该小组又公布了《2012年全球智库发展报告》，全球共有智库6603家，其中北美洲1919家（美国1823家），欧洲1836家（欧盟共1457家，其中英国288家、德国194家），亚洲1194家（中国429家、印度269家、日本108家），拉丁美洲和加勒比地区721家，非洲554家，中东与北非地区339家，大洋洲40家[115]。

③2014年初，该小组又发布《2013年全球智库发展报告》，全球智库数又增为6826家，其中北美洲1984家（美国1828家），欧洲1818家（英国287家），亚洲1201家（中国426家）。

④眼下，全球智库正处于激烈的市场竞争中。世界智库中约有2/3产生于20世纪80年代或以后。美国现有智库中有90.5%是1951年后成立的，1980年以来智库数量翻了一番。进入21世纪以来，世界范围内每年新成立的智库数量各有消长，智库进入内部调整升级和提高/配备先进信息手段阶段。智库之间存在的激烈竞争主要反映在科技水平的竞争，信息处理能力的竞争，预测能力和仿真技术的竞争，有的综合水平较强的智库改弦易辙变为专业化策略以提升核心竞争力，实际上是在日新月异的科技背景和在传统经社环境外遭遇另一个完全改容更貌的网络世界需要重新策划自身的运转机构和机制。

（3）中国智库发展　风起云涌：2013年4月，习近平同志对"建设中国特色智库"作出重要批示。批示包含四个重点：智库作为国家软实力重要组成部分；智库发展滞后应找出差距；目标要建设"中国特色新型智库"和探索新型智库的组成形式和管理方式。为的是给中央的科学决策提供高质量智力支持[118]。同年11月12日《中共中央关于全面深化改革若干重大问题的决定》的第八节"加强社会主义民主政治制度建设"（28）款中特别指出要"加强中国特色新型智库建设，建立健全决策咨询制度。"[92]2014年7月8日，习近平同志主持召开的经济形势专家座谈会上发出了重要指示：智库机构及智库人物"谏言参与"中国高层决策的现象将会越来越多[118!]。2014年10月27日，习近平同志在中央深改组第六次会议上强调，要重点建设一批具有较大国际影响力的高端智库，他精义入神地指出："我们进行治国理政，必须善于集中各方面智慧、凝聚最广泛力量。改革发展任务越是艰巨繁重，越需要强大的智力支持"[120!]。

在中央号召下，我国充实提高了许多人才济济的智库，例如国家工信部赛迪智库、北京大学国际战略研究中心、清华大学卡耐基－清华全球政策中心、天则经济研究所等，同时获得加强的智库如长策、盘古和瞭望智库等。为政府决策立下了丰功伟绩。中国工程院的研究项目"中国工程科技中长期发展战略研究"就是一份典型的一字千金的智库辉煌报告[93!]。

2014年2月10日，教育部颁发《中国特色新型高校智库建设推进计划》[120]，在我国发展中国特色智库历程中打响了部委级的头一炮。2014年7月28日在山西大学举行的"全国高校社科科研管理研究会2014年度工作会议"上，建设中国特色新型高校智库成为会上热议焦点。本来，全国智库研究人才的80%集中在高校，高校应成为新型智库的排头兵[120!]。高校智库队伍的领军者是分布在70余所高校的151个教育部人文社科重点研究基地。在此基础上，按照"国家急需、世界一流、制度先进、贡献重大"的总体要求，2013年以来，全国高校挂牌成立了40多家哲学社会科学协同创新中心，高校与实务部门间加强了联系，科研的问题导向愈益鲜明。据教育部社科司统计，2010年以来，我国高校社科界为党和政府科学决策、民主决策出谋划策2.4万份，有1.3万份被采纳；承担企事业单位委托研究项目达5.6万项以上。2015年元月20日，国务院办公厅印发《关于加强中国特色新型智库建设的意见》，提出了新型智库必须具备的八大标准，要求重点建设50~100个专业化高端智库。《意见》指出，凡属智库提供的咨询报告、政策方案、规划设计、调研数据等，均可纳入政府采购范围和政府购买服务指导性目录[120!]。

目前我国智库规模仅次于美国，但官办智库占95%，民办很少，总体结构不够平衡[118!]；部分民办智库资金来源单一，难于引进高级人才；个别智库的人才结构偏于专业化，例如有的经济研究所几乎清一色经济人才，特别缺乏法律人才、理工科技人才、兼通文理人才，往往在对付课题研究时出现捉襟见肘的尴尬局面；国际化人才每付阙如，既对国际事务了如指掌，又基本掌握两门外语能力的人才更是难得；懂得外语固然是好事，但智库的才华还必须表现在本国语言的文字功夫上，如果不能文以载道，言之成理，则一份文不对题的报告，也许后果被束之高阁。引进人才特别要杜绝出现"黄钟毁弃、瓦釜雷鸣"那种倒行逆施局面。

16 – 4 – 4　战略当弘扬正能量　规划宜共圆中国梦

1. 绿色 – 低碳可持续发展战略——

（1）总体战略目标：国家战略是从国家宏观角度出发，为实现国家总目标制定的方针策略。中国1994 年发布第一个国家级 21 世纪议程《中国 21 世纪议程——中国人口、环境与发展白皮书》就已意识到人口制约与环境发展间的矛盾，将环境保护及环境改善问题作为国家发展战略，成为中国早期关注人口与环境发展的纲领性文件。2003 年提出的"科学发展观"、建设"资源节约型"和"环境友好型"社会指导思想在"十一五"规划中得到体现。2007 年发布的《中国应对气候变化国家方案》和《中国能源状况与政策白皮书》将可持续的科学发展观融入到中国应对气候变化及能源资源发展控制中。2010 年 10 月18 日《中共中央关于第十二个五年规划的建议》以树立绿色、低碳发展作为基础理念，积极应对全球气候变化，把大幅降低能耗和 CO_2 排放作为约束性指标，有效控制 GHG 排放，指导国家整体发展进程。"十二五"规划对我国能源系统、结构和节能提出要求"坚持节约优先、立足国内、多元发展、保护环境，加强国际互利合作，调整优化能源结构，构建安全、稳定、经济、清洁的现代能源产业体系"，重点围绕实现中央提出非化石能源比重增加和碳减排两个能源结构调整目标展开，目标包括到 2015 年，煤炭在一次能源消费中的比重将从 2009 年的 70% 以上下降到 63% 左右，天然气、水电与核能以及其他非化石能源的电力消费比重将从目前的 3.9%、7.5% 和 0.8% 上升到 8.3%、9% 和 2.6%；非化石能源占一次能源消费比重提高到 11.4%，单位 GDP 能耗和 CO_2 排放分别降低 16% 和 17%，主要污染物排放总量减少8% ~ 10%，森林蓄积量增加 6 亿 m^3，森林覆盖率达（估计可能超过）21.66%。

（2）未来发展：依据中国绿色 – 低碳发展路线图的初步设计，推行低碳经济，大力实施产业升级和结构调整，发展清洁生产，努力减少碳源，增加碳汇，进一步加大碳中和、CCS 的自主创新力度，全面实施循环经济、清洁发展机制，提倡绿色消费。在这些系统性措施下，到 2030 年中国的 CO_2 排放总量将可能出现"拐点"，万元 GDP 碳排放可能降到 1 吨以下，人均碳排放不超过 3 吨，这样就能基本实现绿色 – 低碳经济的第一阶段战略目标。《中华人民共和国国民经济和社会发展第十二个五年规划纲要》[91]把经济绿色发展定位为"十二五"国民经济和社会发展的重要核心内容之一，是党中央、国务院在"十二五"期间激励"绿色"技术创新，促进"绿色"产业发展，实现经济发展方式转变的重大战略。

（3）信息化科技保证：在绿色化前提下发展智慧城市、智慧建筑、智慧交通、智慧电网、智慧物流、智慧生活和智慧消费等。智慧城市的建设设想，包括内容牵涉电脑系统智慧化、大数据、云计算、虚拟化、物联网、商业智能、数据仓库、健康管理等。利用 ICT 认识碳生命周期的演化规律，为探测控、碳排放评估、碳交易市场提供可靠的技术支撑；运用 ICT 对现有主要能耗行业的生产设备、工艺流程实现最优化，以提高全要素生产率和单位能源利用率，减少碳排放；利用 ICT 改变工作和生活方式，如借助互联网、虚拟现实、视频电话、移动智能设备、电子书阅读器等，可以随处办公、参与虚拟会议、无纸阅读；通过蓬勃发展的电子商务在不增加环境成本前提下扩大企业营销渠道，提升企业业务效率和资源利用率，通过绿色 ICT 实现节能降耗、减低成本；应用云计算及其 SaaS 极大地提高电脑设备使用效率和大幅度减少 ICT 设备本身的碳排放。

（4）开拓绿色 – 低碳技术创新机制：绿色 – 低碳技术创新是低碳经济发展的主要力量，主要涉及电力、交通、建筑、冶金、化工、石化等部门的清洁高效利用等有效控制温室气体排放的新技术，以及大型风力发电设备、高性价比太阳能光伏电池技术、燃料电池技术、生物质能技术、氢能技术等可再生能源和新能源技术。目前我国新能源技术与欧、美、日等发达国家相比，尚有一定差距；混合动力汽车的相关技术也正争取达到或超过国际水平；在冶金、化工、建筑等领域节能和提高能效的系统控制技术，都在争取短期内迅速达到或超过发达国家的水平。目前我国政府已在政策导向上构建以能源技术为中心的技术创新体制，按系统工程方法把市场、科研、生产、营销各个环节紧密联系起来，形成有利自主创新的机制。

（5）发掘关键技术潜力：在国家提出积极发展战略性新兴产业后，我国产业界近年集中全力探求、开拓和普及各种高效设备技术、新型低碳水泥、钢铁制造技术、CCS、超高效柴油汽车、先进电动汽车、燃料电池汽车、高效飞机、生物燃料飞机、超高效空调、LED 照明、家用可再生能源、热泵、高绝热建筑、高效电器、整体煤气化联合循环发电（IGCC）、燃料电池、陆地风电、近海风力田、光伏发电、热能发电、先进核电、先进新一代呼叫中心、天然气联合循环（NGCC）、生物质能可燃乙醇和生物柴油、智能电网、循环经济技术乃至个人快速交通、室温超导体电线、近河海城市潮汐发电或波浪发电、锂空气电池、低碳建材、隔热玻璃等。

2. 弘扬正能量　共圆中国梦——

（1）科技创新体系建设：我国政府在《国民经济和社会发展第十二个五年规划纲要》[91]基础上，近年制定的《国家"十二五"科学和技术发展规划》[110]、《"十二五"国家自主创新能力建设规划》[109]、技术市场"十二五"发展规划[114]、"十二五"国家重大创新基地建设规划[115]等，正通过规划从不同角度为强化我国科技创新和提升成果转化率/利用率调动一切积极因素悉力以赴。为保证规划实施，中共中央、国务院发出了《关于深化科技体制改革加快国家创新体系建设的意见》[127]。在国家通过指导意见和相应规划所蕴含的正能量积极带动下，一片热情奔放的科技创新龙腾虎跃情景已成当今时代中华民族引为自豪的新常态。

（2）牵住科技创新牛鼻子：化解难题需要高超的智慧和精准的历练。在历次深入调研和各次重要会议上，习近平同志强调，针对经济运行中的突出问题，要更加注重定向调控，有效实施一些兼顾当前和长远的政策措施，加快深化改革开放，着力推动结构调整，妥善防范化解风险，不断改善民生工作，促进经济持续健康发展[108]。

创新驱动发展战略为中国经济核心竞争力提升打下坚实的基础。根据安排，中央财政新兴产业创投引导资金规模得到成倍扩大，国家新兴产业创业投资引导基金加快设立，更有效破解创新型中小企业融资难题[108]。

（3）共同坚守理想信念：习近平同志在 2013 年 3 月 17 日十二届全国人大一次会议闭幕时曾说："中华民族具有 5000 多年连绵不断的文明历史，创造了博大精深的中华文化，为人类文明进步作出了不可磨灭的贡献。经过几千年的沧桑岁月，把我国 56 个民族、13 亿多人紧紧凝聚在一起的，是我们共同经历的非凡奋斗，是我们共同创造的美好家园，是我们共同培育的民族精神，而贯穿其中的、最重要的是我们共同坚守的理想信念。"

他在 2013 年 12 月 30 日中央政治局第十二次集体学习时谈到："中国梦的宣传和阐释，要与当代中国价值观念紧密结合起来。中国梦意味着中国人民和中华民族的价值体认和价值追求，意味着全面建成小康社会、实现中华民族伟大复兴，意味着每一个人都能在为中国梦的奋斗中实现自己的梦想，意味着中华民族团结奋斗的最大公约数，意味着中华民族为人类和平与发展作出更大贡献的真诚意愿。"

后来他在 2014 年 2 月 24 日中央政治局第十三次集体学习时再论及："把培育和弘扬社会主义核心价值观作为凝魂聚气、强基固本的基础工程，继承和发扬中华优秀传统文化和传统美德，广泛开展社会主义核心价值观宣传教育，积极引导人们讲道德、尊道德、守道德，追求高尚的道德理想，不断夯实中国特色社会主义的思想道德基础。""培育和弘扬社会主义核心价值观必须立足中华优秀传统文化。牢固的核心价值观，都有其固有的根本。抛弃传统、丢掉根本，就等于割断了自己的精神命脉。博大精深的中华优秀传统文化是我们在世界文化激荡中站稳脚跟的根基。中华文化源远流长，积淀着中华民族最深层的精神追求，代表着中华民族独特的精神标识，为中华民族生生不息、发展壮大提供了丰厚滋养。中华传统美德是中华文化精髓，蕴含着丰富的思想道德资源。不忘本来才能开辟未来，善于继承才能更好创新。对历史文化特别是先人传承下来的价值理念和道德规范，要坚持古为今用、推陈出新，有鉴别地加以对待，有扬弃地予以继承，努力用中华民族创造的一切精神财富来以文化人、以文育人。"

2015 年 3 月 5 日下午，在十二届全国人大三次会议参加上海代表团审议《政府工作报告》时习近平同志特别指出："创新是引领发展的第一动力。抓创新就是抓发展，谋创新就是谋未来。适应和引领我国经济发展新常态，关键是要依靠科技创新转换发展动力。必须破除体制机制障碍，面向经济社会发展主战场，围绕产业链部署创新链，消除科技创新中的'孤岛现象'，使创新成果更快转化为现实生产力。实施创新驱动发展战略，根本在于增强自主创新能力。人才是创新的根基，创新驱动实质上是人才驱动，谁拥有一流的创新人才，谁就拥有了科技创新的优势和主导权。要择天下英才而用之，实施更加积极的创新人才引进政策，集聚一批站在行业科技前沿、具有国际视野和能力的领军人才。"（《科技日报》2015 年 3 月 6 日）。习近平同志字字珠玑、一言九鼎的高瞻远瞩论述，是在开拓绿色 - 低碳经济各种花团锦簇的科技内涵中应当始终遵循的座右铭、划时代的行动准绳。因此，全国教育科技界理当始终以社会主义核心价值观作为一切正能量的基本出发点，以中华民族的价值体认和价值追求，为全面建成小康社会、实现中华民族伟大复兴、脚踏实地地建设完美无缺的绿色 - 低碳经济社会及其丰富多彩的科技堂奥，以及为人类和平与发展作出更大贡献而不懈地团结奋斗。

参考文献

［1］王心见. 全球互联网用户年底有望达 30 亿. 科技日报，2014 - 05 - 07，2 版.

［2］中国工程院信息与电子工程学部. 中国工程科技中长期发展战略研究（信息领域报告摘要）. 科技日报，2013 - 01 - 17，8 版.

［3］毛黎. 人类可通过思维操纵数字图像. 科技日报，2010 - 10 - 29，1 版.

［4］冯卫东. 人类与机器的对话——以人为中心和自然交互方式将是发展趋势的总特征. 科技日报，2009 - 06 - 02；眺望未来的手机人生　未来智能手机将成为人类的永恒伴侣、助手和监护人，2012 - 12 - 11，均 8 版；美利用大肠埃希菌制成细菌计算机　运算速度远高于以硅为基础的计算机，2009 - 07 - 28，2 版；附 - 安吉. 智能手机多样化应用再成焦点，2012 - 12 - 12，10 版.

［5］房琳琳. 那些让我们自豪的创新——《科学美国人》评选出 2014 年十大科技成就（一）科技日报，2014 - 12 - 07，（二）2014 - 12 - 21，均 2 版.

［6］刘霞.《时代》周刊盘点 2014 年 25 项最佳发明. 科技日报，（一）2014 - 12 - 02；（二）2014 - 12 - 09，均 8 版.

［7］史菁. 财政政策支持信息技术产业发展研究. 中国城市低碳经济网 - www. cusdn. org. cn，2012 - 11 - 16.

［8］刘燕. 一条网线改变中国——记中国互联网 20 年历程. 科技日报，2014 - 04 - 21，1 ~ 3 版.

［9］刘霞. 美首次研制出全双工无线网络技术　不新建发射塔就可使无线网络吞吐量加倍. 科技日报，2011 - 09 - 13；附 - 王小龙. 美开发出可降解式无线植入装置　为连接无线网络给药系统铺平了道路，2014 - 11 - 29，均 2 版.

［10］刘霞. 2015 年，我们的期待与愿景——美《大众科学》杂志评选出十大最值得关注的科技动态. 科技日报，2015 - 01 - 18；美推出基于概率运算的新型芯片　尺寸更小　效能比更高　速度更快，2010 - 08 - 23，均 2 版；砷化铟可替代硅制造未来电子设备，2010 - 11 - 24；概率修剪技术让芯片更快更小更节能，2011 - 03 - 18，均 1 版.

［11］刘霞. 条条道路通"量子"科学家各显身手研制量子计算机. 科技日报，2010 - 11 - 10；新设备能将光束变成固体　技术可用于研制量子计算机，2014 - 09 - 15；附 - 李山. 量子世界的研究先锋，2014 - 11 - 18，均 2 版；胡冬（编译）. 美国国安局加速研制量子计算机　若成功，可破解全世界任何密码和加密算法，2014 - 01 - 05；房琳琳. 硅量子计算又创两项新纪录，2014 - 10 - 14，均 1 版；于笑潇. 量子通信　绝密的未来通信，2013 - 12 - 20，6 版；石海明，曾华锋. 走进信息化战争 2.0 量子信息科技重新涂抹战争面孔，2012 - 12 - 18，12 版；常丽君. 英拨巨款将量子研究推向工业应用，2014 - 12 - 04，2 版；屈平，文芳. 量子密码技术与通信安全，世界科学，2004（8），36 - 38.

［12］刘传书. 我国将从四方面推进 IT 产业发展. 科技日报，2014 - 03 - 31，1 版.

［13］邢鸿飞（编译）. 预见计算技术的未来（2012 ~ 2030）. 世界科学，2012（2），9 - 16；2012（3），10 - 15.

［14］吕梦盼. 汽车越来越智能，开车越来越"傻瓜". 科技日报，2012 - 08 - 06，11 版.

［15］华凌. 将科技穿戴在身，酷！——未来计算机、机械设备的发展趋势. 科技日报，2012 - 08 - 29，2 版；附 - 陈磊. 中国印刷电子能否"刷"出新兴产业，2014 - 11 - 17，3 版；李来，刘传书. "小时代"迈步"大时代"，2015 - 01 - 05，8 版.

［16］朱岩. 盘点 2012 年 IT 七大技术热点. 科技日报，2013 - 01 - 09，11 版.

［17］沈晓卫. 认知系统时代计算机具备感官能力. 科技日报，2013 - 02 - 05，4 版；附 - 陈丹. 计算领域将步入认知系统时代 - IBM 预测 5 年内电子产品将具有 5 大认知功能，2012 - 12 - 20，2 版.

［18］李山. 德研出 IPTV 开放生态系统　可联通并兼容电视、手机和电脑. 科技日报，2009 - 11 - 24，2 版.

［19］吴佳坤. 室内定位系统（IPS）——不只是定位. 科技日报，2012 - 09 - 21，6 版.

［20］佚名. NFC 在哪些领域显身手？科技日报，2014 - 09 - 12，7 版.

［21］陈庆修. 节能降耗减排　信息技术可发挥独到作用. 中国经济时报，2013－09－18，10版；附－范思立. 我国应尽快出台电磁环境国家标准，2012－11－08，2版.

［22］张梦然. 是什么将在25年后改变世界？——2036年IT领域大事预测. 科技日报，（上）2011－07－12；（下）2011－07－19；均8版.

［23］张巍巍. 科学家首次研制成功单电子半加器　为低能耗超高密度超大规模集成设计打下基础. 科技日报，2012－11－24，2版.

［24］姜念云，滕继濮. 十项具有变革潜质的前沿技术　谁将改变我们的生活？科技日报，2015－01－09，5版.

［25］范力. 掌握信息安全技术打拼E时代. 科技日报，2012－09－05，11版.

［26］科技日报国际部. 2014年世界科技发展回顾. 科技日报，（科技政策）2015－01－01；（基础研究）2015－01－02；（生物医学）2015－01－03；（航空航天）2015－01－04；（能源环保）2015－01－05；（信息技术）2015－01－06；（新材料）2015－01－07，均2版.

［27］房琳琳，陈丹. 2014年国际十大科技新闻解读. 科技日报，2014－12－29，2版；附－高博，吴佳坤. 2014年国内十大科技新闻解读，2014－12－29，3版.

［28］常丽君. 寻找耗能最小计算机——磁微处理器将比硅芯片节能百万倍. 科技日报，2011－07－09，2版.

［29］蒋秀娟. 人机交互——一个"耳提面命"的智能时代. 科技日报，2013－01－02，4版.

［30］瞿剑. 云计算大数据带动软件市场结构调整. 科技日报，2014－06－20，3版.

［31］工信部赛迪装备工业所课题组. 我国堆积制造业应提前进行战略部署. 中国经济时报，2012－11－27，5版.

［32］马丹. 门外汉也能轻松打造机器人　英特尔3D打印开源机器人即将上市. 科技日报，2014－06－28，2版.

［33］王小龙. NASA开发出混合3D打印技术　可在一个部件上混合打印多种合金或金属. 科技日报，2014－07－31，2版.

［34］王婷婷. 3D打印，还有什么不可能？科技日报，2013－06－13，5版.

［35］王忠宏，李扬帆. 我国3D打印产业现状及发展建议. 中国经济时报，2012－10－19，5版.

［36］王建高等. 青岛将建全国最大3D打印产业研究院. 科技日报，2014－06－22，1版.

［37］区和坚，滕继濮. 3D打印：一种典型的数字化制造技术. 科技日报，2013－10－18，6版.

［38］毛晶慧. 打通产业链3D大赛实现"产学对接". 中国经济时报，2013－12－19，11版.

［39］刘霞. 3D打印肝脏薄片功能上逼近人体肝脏　可部分替代人体测试，加快新药研发进程. 科技日报，2013－12－21，2版.

［40］左世全. 如何推进我国3D打印产业化发展. 中国经济时报，2013－10－24，6版.

［41］付丽丽. 3D打印，下一次产业革命？科技日报，2012－12－16，1～3版.

［42］付丽丽，王建高. 3D打印缺乏成熟的商业模式. 科技日报，2014－06－22，1版.

［43］白瑜. 3D打印技术可大幅降低生产成本. 科技日报，2012－10－29，2版.

［44］刘燕. 3D打印技术改变工业未来. 科技日报，2013－01－16，11版；附－

［45］刘慧. 3D打印产业："中国是最有发展潜力的地方". 中国经济时报，2013－05－16，1～3版.

［46］刘霞. 低成本开源3D金属打印机问世. 科技日报，2013－12－04，1版.

［47］刘霞. 将"形状记忆"纤维混入3D打印材料　4D打印造出"变形金刚"复合材料. 科技日报，2013－11－02，2版.

［48］华凌. 新材料助推3D打印家庭作坊登场. 科技日报，2012－12－03，1版.

［49］华凌. 4D打印技术呼之欲出. 科技日报，2013－10－23，2版；附－沈国际等. 4D打印技术军事应用前景广阔，2014－11－24，12版.

［50］朱利. 3D打印能否迎来一波创业潮？科技日报，2013－06－28，4版.

［51］李山. 冷静看待3D打印热潮－访德国3D打印专家和相关技术公司. 科技日报，2013－03－04，2版.

［52］杨朝晖. 3D打印引发制造业革命尚需时日. 科技日报，2014－07－05，3版.

［53］张梦然. 欧空局公布新项目3D打印将进入"金属与探空时代". 科技日报，2013－10－17，2版.

［54］吴长锋，杨保国. 中国科大提出3D打印优化设计方案. 科技日报，2013－09－25，1版.

［55］何屹. NASA出资研发3D食品打印机　以期一劳永逸地解决粮食问题. 科技日报，2013－05－24，2版.

［56］佚名. 3D打印成就万能制造机梦想　推动新工业革命. 千龙网，2012－09－18.

［57］陈启临. 3D打印"打进"地理信息产业. 科技日报，2013－07－12，6版.

［58］张梦然. 打印枪支，暴露3D打印技术的双面性. 科技日报，2013－05－08；记者携3D打印枪顺利通过列车安检，2013－05－15，均2版；美军研究用3D打印技术制造导弹弹头，2014－08－01，1版.

［59］张晔，李亚男：探秘全国首家3D打印研究院. 科技日报，2013－12－16，6版.

［60］张晔等. 我国首次将3D打印成功用于足踝手术. 科技日报，2014－07－20，1版.

［61］张旭东等. 3D打印人体器官离我们有多远？科技日报，2014－06－22，1～3版.

［62］姜晨怡，姚山. 3D打印，材料之路怎么走？科技日报，2013－11－01，7版.

［63］殷媛媛. 全球3D打印技术发展的新趋势. 科技日报，2013－06－02，2版.

［64］徐冰. 3D打印何以再现千年文物？科技日报，2013－08－09，5版.

［65］常丽君. 3D打印人造耳可媲美真耳. 科技日报，2013－02－22，1版；美利用3D打印机制造出沙粒大小微电池，2013－06－20；

3D打印眼神经细胞首次实现，2013-12-21；3D打印的火箭发动机喷嘴点火成功，2014-09-03，均2版；美尝试用3D打印技术制造太空摄像机，2014-08-08；科学家用纳米像素实现3D彩色打印，2014-11-22，均1版.

[66] 董来.3D打印生活无死角.科技文摘报，2013-01-17，9版，自《环球》2013（1）.

[67] 程科，鲁璐.3D打印-助推未来军事新变革.科技日报，2013-07-23，12版.

[68] 程小旭等.3D打印产业发展喜忧参半.中国经济时报，2013-06-03，2版.

[69] 王钦.第三次工业革命与管理变革.中国社会科学报，2013-04-24，A06版.

[70] 王宏广等.第三次工业革命及我国的应对策略.科技日报，2013-03-25，1~3版.

[71] 冯飞.第三次工业革命内涵及影响，2013中国经济形势解析高层报告会，2012-12-23，网传ppt.

[72] 李国敏.拿什么迎接第三次工业革命？科技日报，2013-02-27，11版；附-毛晶慧.中国教育如何迎接第三次工业浪潮.中国经济时报，2013-05-09，12版.

[73] 刘峰.应对新一轮产业变革应避免四个误区.科技日报，2013-01-13，2版.

[74] 刘振亚.智能电网与第三次工业革命.科技日报，2013-12-05，1~3版；附-佚名.这十年电力能源科技的发展与改革.世界风力发电网，2012-10-17，转自科技日报.

[75] 李大庆.白春礼-新科技革命可能在六大领域首先突破.科技日报，2013-01-01，1版.

[76] 李大庆，何传启.中国现代化怎样抓住科技革命机遇.科技日报，2013-03-01，7版.

[77] 杨骏，华义.迎接新一轮技术革命的冲击波.科技日报，2012-12-27，2版.

[78] 芮明杰.第三次工业革命的起源、实质与启示，C3D World，2012-09-18；附-吴中宝.给"第三次工业革命"泼泼冷水.科技日报，2013-04-19，8版.

[79] 郑长征等.能源互联网离我们还有多远？中国经济时报，2013-02-04，6版.

[80] 郭全中.第三次工业革命带来七大影响.中国经济时报，2013-04-22，6版.

[81] 彭顷砡等.从新兴制造业的兴起看发展能源互联网的必要性.科技日报，2012-10-22，1~4版.

[82] 慈松.抓住能源互联网发展机遇　加快中国经济和产业发展的战略转型-《第三次工业革命》一书作者杰里米·里夫金先生一席谈.科技日报，2012-10-08，4版.

[83] 瞿剑.国家电网公司董事长提出　构建全球能源互联网.科技日报，2014-07-31，3版.

[84] RAY.拥抱智慧IT迎接"第三次工业革命"，e800，2012-09-18.

[85] 万钢.优化科技资源配置　实施创新驱动发展战略.科技日报，2014-08-14，1~3版；附-刘燕.世界最大国家学术互联网在我国建成，2014-11-26，1版.

[86] 卞晨光.世界知识产权组织最新报告显示　中国专利申请量跃居全球第一.科技日报，2012-12-13；附-吴建有.专利不等于创新.中国经济时报，2013-12-20，均2版.

[87] 方陵生（编译）.乔治·奥斯本谈八大科技之未来.世界科学，2013（1），9-13.

[88] 王怡.自然指数发布：中国科研产出全球第二.科技日报，2014-11-14，1版.

[89] 王一鸣.中国经济增长的动力机制正在发生变化.科技日报，2014-06-01，2版.

[90] 王忠宏.全球技术创新趋势及中国的对策.科技日报，2013-08-19，1~3版.

[91] 中华人民共和国国民经济和社会发展第十二个五年规划纲要.科技日报，2011-03-17，3~5-8版.

[92] 中共中央关于全面深化改革若干重大问题的决定.科技日报，2013-11-16，1~2~3版.

[93] 中国科协党组.把科技创新思想化作创新驱动发展的自觉实践.科技日报，2014-08-12，1~3版；附-中国工程院项目组.中国工程科技中长期发展战略研究（综合报告摘要），2012-12-26，8版；任玉岭.急需增强改变科技成果转化率过低的紧迫感，中国经济时报，2014-11-25，6版.

[94] 冯卫东.新兴技术引领创新未来.科技日报，（上）2012-05-15；（下）2012-05-22；8版.

[95] 申明.中国速度.科技日报，2013-03-04；附-李艳.中国尺度，2013-03-10；李国敏.中国广度　联接无限可能　智享极速生活，2013-03-09；贾婧.中国强度，2013-03-11；瞿剑.中国高度，2013-03-12，均9版.

[96] 刘霞.有望重塑世界的十大想法.科技日报，2014-03-25，8版；《时代》周刊盘点2014年25项最佳发明（一）2014-12-02，8版；可能致人类灭绝的五大生存危机，2014-07-20；30年后的世界什么样？2011-05-15，均2版.

[97] 杨洪涛.尊重科技创新规律　完善绩效评价体系.科技日报，2014-11-17，1~3版；附-刘光富.加快科技创新，推进可持续发展进程，2012-09-09，2版.

[98] 刘润生.中国：在"多极"世界中迅速崛起.科技日报，2013-03-22，8版.

[99] 吴佳珅，高博.2013年国内十大科技新闻解读.科技日报，2013-12-26，3版.

[100] 何积惠（编译）.2013年值得期待的十大创新亮点.世界科学，2013（2），9-12.

[101] 何建昆.我国发明专利授权大幅增长.科技日报，2013-03-12，10版.

[102] 张梦然.10年后，我们的世界什么样？——科学家预测未来10年全球科技重大创新.科技日报，2014-07-11，2版；附-张勇."中国制造"无人驾驶地铁车将驶入北京，2014-12-08，11版.

[103] 陈丹，张梦然. 2012 年国际十大科技新闻解读. 科技日报，2012－12－28，2 版.

[104] 陈磊. 数字彰显中国科技力量——十年科技进步综述. 科技日报，2012－10－10，1～3 版.

[105] 林小春."天河二号"荣获全球超算四连冠. 科技日报，2014－11－18，1 版；附－陈磊，唐先武. 世界超级计算机500强最新排行榜出炉　天河二号摘得世界超算"三连冠"，2014－06－24，1 版；李雯等."天河一号"运算速度跃居世界第一，2010－11－18，1～3 版；唐先武等. 天河二号：刷新中国速度，2013－06－18，3 版；王握文等. 天河二号成为世界超算双料冠军，2014－11－21，1 版，肖平，宗边."天河二号"开辟云超算时代，2015－04－24，12 版；王握文，于冬阳，唐先武. 天河二号世界超算"五连冠"，2015－07－14，1 版.

[106] 张显峰. 中国科技 10 年跃升之路论丛（一）从规划到凸显. 科技日报，2012－09－17，1～3 版；刘莉.（二）从追赶到同行，2012－09－18，1～3 版；高博.（三）从跟跑到领跑，2012－09－19，1～4 版；马爱平.（四）从示范到支撑，2012－09－26，1～3 版；陈磊.（五）从面向到引领，2012－09－27，1～2 版；李艳.（六）从国计到民生，2012－09－28，1～2 版；张梦然.（七）从国内到海外，2012－09－29，1～3 版.

[107] 张启人. 高瞻远瞩，迈向 21 世纪——可持续发展特别是城市可持续发展战略及其在祖国大陆的实践，系统工程与可持续发展战略，中国系统工程学会编. 科学技术文献出版社，1998，3－12；论新经济与可持续发展. 中国可持续发展（香港），2001（3），33－39；附－吴晶等. 逾150 万人出国未归，留学"逆差"近 7 万人. 科技日报，2013－10－25，8 版；杨靖. 反映我国高端人才市场供应方的真实状况——解读《中国留学回国就业蓝皮书》（上），2015－01－22，7 版.

[108] 张宿堂等. 引领中国经济巨轮扬帆远航. 新华网，2014－08－14.

[109] 国务院."十二五"国家自主创新能力建设规划，国发〔2013〕4 号，2013－01－15.

[110] 国家"十二五"科学和技术发展规划. 科技日报，2011－07－14，5－8 版；国家中长期科学和技术发展规划纲要（2006～2020年），2006－03.

[111] 国家统计局，科技部，财政部. 2010 年全国科技经费投入公报，2011－09－28；2011 年全国科技经费投入公报，2012－10－25；2012 年全国科技经费投入公报，2013－09－26；2013 年全国科技经费投入公报，2014－10－22.

[112] 付毅飞. 中国火星探测工程有望 2020 年实施. 科技日报，2014－11－28，1 版；付毅飞等. 44 载"长征"路——我国成为世界上第三个发射运载火箭 200 次的国家，2014－12－08，1～2 版.

[113] 柯立平. 如何看待中国的科技创新产出. 科技日报，2013－01－22，1～3 版.

[114] 科技部. 技术市场"十二五"发展规划，国科发高〔2013〕110 号，2013－02－05；科技部，发改委."十二五"国家重大创新基地建设规划，国科发计〔2013〕381 号，2013－03－01.

[115] 郝时远. 中国智库在全球智库排名中的启示. 中国社会科学在线，（一）2013－09－18，（二）2013－09－28，（三）2013－10－09.

[116] 科技部基础研究管理中心. 解读 2012 年度中国科学十大进展. 科技日报，2013－03－09，8 版.

[117] 科技日报国际部. 2012 年世界科技发展回顾. 科技日报，（科技政策），2013－01－01；（基础研究），2013－01－02；（生物技术），2013－01－03；（能源环保），2013－01－04；（航空航天），2013－01－05；（新材料）2013－01－07；（信息技术），2013－01－08；均 2 版.

[118] 胡鞍钢. 建设中国特色新型智库的实践与总结. 上海行政学院学报，2014－07－09；附－钟晶石. 中国需要建设一批一流智库. 中国经济时报，2012－01－11，1～4 版；王辉耀. 中国智库国际化的实践与思考. 中国行政管理，2014（7）；杜军玲. 让官方智库与民间智库"比翼双飞". 人民政协报，2014－05－21，11 版；商灏. 学者王莉丽：中国智库急需提升智力资本. 华夏时报，2014－11－07.

[119] 高博，胡唯元. 2012 年国内十大科技新闻解读. 科技日报，2012－12－28，3 版；附－高博，韩士德. 解读 2010 国内十大科技新闻，2010－12－28，4 版.

[120] 教育部. 中国特色新型高校智库建设推进计划. 教社科〔2014〕1 号，2014－02－10；附－王斯敏. 我国智库建设进入井喷期　高校成为新型智库排头兵. 光明日报，2014－07－28，1 版；余晓洁，施雨岑. 中国打造新型智库体系——一文读懂《关于加强中国特色新型智库建设的意见》. 科技日报，2015－01－21，1～3 版.

[121] 梁偲，王雪莹（编译）. 全球趋势 2030 - 新技术的影响. 世界科学，2013（2），4－8.

[122] 梅永红. 中国科技发展的几个战略命题. 科技日报，2010－07－08，3 版.

[123] 游光荣等. 应重视颠覆性技术发展. 科技日报，2013－07－22，1～3 版；刘霞. 2014 年十大具有颠覆性的新兴技术（一）2014－06－17；（二）2014－06－24；（三）2014－07－01，均 8 版；方陵生（编译）. 改变未来经济和人类生活的 12 种颠覆性技术. 世界科学，2013（8），5－8.

[124] 游雪晴. 我基础研究在世界科学论坛话语权逐年提高. 科技日报，2013－12－11，3 版.

[125] 吕红星. 我国的科技投资所占比重还很小. 中国经济时报，2013－11－15，11 版.

[126] 编辑部. 这十年，产业化环境建设新第一；创新驱动　引领经济发展方式转变. 科技日报，2012－10－26，5 版.

[127] 新华社记者. 习近平在上海考察时指出　谁走好了科技创新这步先手棋，谁就能占领先机赢得优势. 科技日报，2014－05－25；去年中国 GDP 突破 60 万亿元，稳居世界第二　中国经济年度表情 2014：喜·乐·忧·盼，2015－01－21；中共中央，国务院印发. 关于深化科技体制改革加快国家创新体系建设的意见，2012－09－24，均 1～3 版；中央经济工作会议在京举行，2014－12－12，1～4 版.

[128] 滕继濮. 这十年，观测与导航科技新第一；服务国家全球战略　支撑可持续发展；了解空间　进入空间　利用空间. 科技日报，2012 – 10 – 19，5 版；2013，那些可圈可点的技术，2013 – 12 – 26，6 版.

[129] 操秀英. 国家财政科技支出 35 年增长超百倍. 科技日报，2013 – 12 – 10；附 – 刘莉. 全国财政科技支出 7 年年均增长 22.73%，2013 – 10 – 23，均 1 版；贾婧. 去年我国 R&D 经费增长 23%，2012 – 10 – 26，1 – 3 版；徐林. 科技事业取得重大突破：研发总量支出超过欧盟，2014 – 02 – 07，7 版；陈磊. 我 R&D 经费投入强度首破 2%，2014 – 10 – 23，1 – 3 版.

附录

部分单位及十进制单位倍数/分数

单位缩写	英文原文	中文表述	附注
bcm	(Gas) billion cubic metres	(气体) 10亿立方米	
b/d	(Oil) barrels per day	(油) 桶/日	
Boe	barrel of oil equivalent	油当量桶数	
bpd	barrels per day	每日桶数	
Btu	British thermal units	英制热量单位	
CV	Calorific Value	卡路里值	
gce	gram of coal equivalent	克标准煤 (克煤当量)	
g CO_2/km	grammes of carbon dioxide per kilometre	每公里二氧化碳克数	
g CO_2/kWh	grammes of carbon dioxide per kilowatt-hour	每千瓦小时二氧化碳克数	
Gj	Giga joule	吉焦耳	$=10^9$ 焦耳
Gt	Gigatonne	吉吨	$=10^9$ 吨
Gtoe	Gigatonnes of oil equivalent	油当量吉吨数	
GW	GigaWatt	吉瓦	$=10^9$ 瓦
GWh	GigaWatt-hour	吉瓦 – 小时	
GWth	GigaWatt thermal capacity	吉瓦热容量	
GWP	Giga Watt per Photovoltaic	吉瓦/单位光伏面积	
hm^2 (Ha)	square hectometer (hectare)	公顷	1公顷 = 15市亩
J	Joule	焦耳	
kb/d	(Oil) thousand barrels per day	(油) 千桶/日	
kcal	kilocalorie	千卡	1 calorie x 10^3
kg	kilogram	千克 (公斤)	
kgce	kilogram of coal equivalent	千克煤当量	
km	kilometre	千米 (公里)	
km^2	square kilometre	平方公里	1km^2 = 100公顷
kt	kilotonne	千吨	10^3 吨
kW	kiloWatt	千瓦	10^3 瓦
kWh	kiloWatt-hour	千瓦 – 小时	俗称"度"
kWth	kiloWatt thermal (capacity)	千瓦热 (容量)	
L	Litre	升	
L/100km	Litre per 100 kilometres	每百公里耗油升数	
mb/d	(Oil) million barrels per day	(油) 百万桶/日	
Mboe	million barrels of oil equivalent	油当量百万桶数	
MBtu	million British thermal units	百万英制热量单位	
mcm	(Gas) million cubic metres	(气体) 百万立方米	
Mj	Mega joule	兆焦耳	$=10^6$ 焦耳
mpg	miles per gallon	每加仑哩程	
Mt	Mega tonne	兆吨 (百万吨)	$=10^6$ 吨
Mt/a	Mega tone per annual	兆吨/年	
Mtce	Million tons of coal equivalent	兆吨煤当量	= 0.7Mtoe

单位缩写	英文原文	中文表述	附注
Mtoe	Million tons of oil equivalent	兆吨油当量	
MW	MegaWatt	兆瓦特	10^6 瓦
MWh	MegaWatt-hour	兆瓦－小时	
MPa	MegaPa	兆帕（压强单位）	
MPG	Miles Per Gallon	每加仑英里	
PJ	Petajoule	拍焦耳	$=10^{15}$ 焦耳
PKM	Passenger per KiloMetres	每公里乘客数	
ppm	parts per million	百万分之一（体积）	
scf	standard cubic foot	标准立方呎	
t	tons	吨	$=10^3$ kg
t/d	tons per day	吨/日	
tce	tons of coal equivalent	煤当量（等效煤）吨数	
TEU	Twenty-foot Equivalent Unit	20 英尺换算单位（国际标准集装箱单位）	
Tj	Tera joule	万亿焦耳 = 太焦耳	$=10^{12}$ 焦耳
TKM	Tonnes per kilometre	每公里吨数	
toe	tonnes of oil equivalent	油当量吨数	
TWh	TeraWatt-hour	万亿瓦－小时	太瓦/小时
V	Volt	伏特（电压单位）	
W	Watt (1 joule per second)	瓦特	1 焦耳/秒

十进制国际标准单位倍数/分数称谓

倍数	名称	中文简称	英文简写	约数	名称	中文简称	英文简写
10^1	deca	十	da	10^{-1}	deci	分	d
10^2	hecto	百	h	10^{-2}	centi	厘	c
10^3	kilo	千	k	10^{-3}	milli	毫	m
10^6	mega	兆	M	10^{-6}	micro	微	μ
10^9	giga	吉	G	10^{-9}	nano	纳	n
10^{12}	tera	太	T	10^{-12}	pico	皮	p
10^{15}	peta	拍	P	10^{-15}	femto	飞	F
10^{18}	exa	艾	E	10^{-18}	atto	阿	a
10^{21}	zetta	泽	Z	10^{-21}	zepto	仄	z
10^{24}	yotta	尧	Y	10^{-24}	yocto	幺	y

例1：1 太瓦小时（TW·h）=10^6 兆瓦小时（MW·h）

1 TW·h = 输入等值 0.39 兆吨标煤 = 输入等值 0.23 兆吨标油

例2：半导体特性随纯度而异。硅太阳电池对硅的纯度要求是 99.9999% 以上，称为 6 个"9"或 6N，这里 N 是英文 9（nine）的第一个字母。制造集成电路的半导体级硅的纯度要求须有 11 个"9"即 11N。1cm³（厘米³）的硅晶体中大约有 5×10^{22} 个原子 =50 泽原子。

化学名词简表

符号	英/拉丁文全名	中文名
a－Si	Amorphous silicon	非晶硅
BPA	Bisphenol－A	双酚 A
C	Carbon	碳
CdS	Cadmium sulphide	硫化镉
CdTe	Cadmium telluride	碲化镉
CFCs	Chlorofluorocarbons	氯氟烃
CH_3CH_2OH	Ethanol	乙醇
CH_3OCH_3	Dimethyl ether（DME）	二甲醚
CH_3OH	Methanol	甲醇
CH_4	Methane	甲烷（沼气）
Cl	Chlorine	氯
CIGSS	Copper Indium/Gallium diSulfide/（di）Selenide	铟化铜/二硫化镓/（二）硒醚
CO	Carbon Monoxide	一氧化碳
CO_2	Carbon Dioxide	二氧化碳
c－Si	Crystalline silicon	结晶硅
Cu	Copper	铜
$CuInSe_2$	Copper indium diselenide	二硒醚铟化铜
DDT	dichlorodiphenyltrichloroethane	二氯二苯三氯乙烷
DME	Dimethyl Ether	二甲醚
DNA	Deoxyribonucleic acid	脱氧核糖核酸
ESC	Emgryo Stem Cells（or ES Cells）	胚胎干细胞
Fe	Iron	铁
GaAs	Gallium arsenide	砷化镓
H_2	Hydrogen gas	氢气
H_2O	Water	水
H_2S	Hydrogen Sulphide	硫化氢
HC	Hydro Carbon	碳化氢
HCFC	Hydrochlorofluorocarbon	含氯氟碳氢化合物
HCH	hexachlorocyclohexane	六氯环己烷
HFCs	Hydro Fluoro Carbons	氢氟碳化物
HFCs	Hydrofluorocarbons	氟代烷烃（氢氟烃）
HFC－23	Trifluoromethane hydrofluorocarbon 23	三氟甲烷氢氟烃 23
HSC	Hemopoietic Stem Cells	造血干细胞
K	Potassium	钾
MEA	Monoethanolamine	一乙醇胺
Mg	Magnesium	镁
N	Nitrogen	氮
N_2	Nitrogen gas	氮气
N_2O	Nitrous Oxide	氧化亚氮（笑气）
Na	Sodium	钠
NaS	Sodium-sulfur	硫化钠

续表

符号	英/拉丁文全名	中文名
NH$_3$	Ammonia	氨
Ni	Nickel	镍
NiCd	Nickel-cadmium	镍－镉
NOx	Nitrous Oxides	氮氧化物
O$_2$	Oxygen gas	氧气
O$_3$	ozone	臭氧
P	Phosphorus	磷
PAH	polycyclic aromatic hydrocarbons	多环芳烃
PBDE	polybrominated diphenyl ethers	多溴联苯醚
PCBs	polychlorinated biphenyls	多氯联苯
PCT	polychlorinated terphenyls	多氯三联苯
PET	Polyethylene Terephthalate	聚对苯二甲酸乙二醇酯
PFCs	Perfluorocarbons	全氟化碳
PHA		聚羟基脂肪酸酯
SARS		冠状病毒
SC	Stem Cell	干细胞
SF6	Sulfur Hexafluoride	六氟化硫
Si	Silicon	硅
SiC	Silicon carbide	碳化硅（金刚砂）
SOx	Sulfur Oxide	硫氧化物
SO$_2$	Sulphur dioxide	二氧化硫

缩写词一览表

2DS	2℃ Scenario	2℃情景
10YFP	10 – Year Framework of Programmes on Sustainable Consumption and Production	可持续消费和生产规划的 10 年构架
AAUs	Assigned Allocation Units（under KP）	指定配置单位（按京都议定书）
AAUPA	AAU Purchase Agreement	排放配额单位购买协议
ACC	Adaptation to Climate Change	适应气候变化
ACES	American Clean Energy and Security Act（2009）	美国 2009 清洁能源和安全法
ADB	Asian Development Bank	亚洲开发银行
ADEME	French Environment and Energy Management Agency	法国环境与能源管理机构（缩写词按法文）
ADP	Ad Hoc Working Group on the Durban Platform for Enhanced Action	强化执行德班平台特设工作组
AEO	Annual Energy Outlook	年度能源展望
AEPC	Alternative Energy Promotion Centre	新型能源促进中心
AF	Adaptation Fund	适应性基金
AFC	Alkaline Fuel Cell	碱性燃料电池
AFM	Atomic Force Microscopy	原子力显微术
AGECC	（The UN Secretary – General's）Advisory Group on Energy and Climate Change	（UN 秘书长）能源和气候变化顾问组

AHTEG	Ad Hoc Technical Expert Group	特别技术专家组
AIDS	Acquired Immune Deficiency Syndrome	（艾滋病）获得性免疫缺乏综合症
AM	Additive Manufacturing	堆积（增材）制造（即3D打印技术）
AMAP	Arctic Monitoring and Assessment Programme	北极监测和评估计划
AMI	Advanced Meter Infrastructure	先进仪表基础设施
AmI	Ambient Intelligence	泛在智能
APEC	Asia – Pacific Economic Cooperation	亚太经济合作（组织）
API	American Petroleum Institute	美国石油研究所
APP	Asia – Pacific Partnership on Clean Development and Climate	亚太清洁发展和气候伙伴计划
APPM	Average Price Per Minute	每分钟均价
APT	Advanced Persistent Threat	高级持续性威胁（网络攻击）
APTS	Advanced Public Traffic System	优质公共交通系统
AR	Afforestation and Reforestation	造林与再造林
AR4	4th Assessment Report（of the IPCC）	（IPCC）第4次评估报告
AR5	5th Assessment Report（of the IPCC）	（IPCC）第5次评估报告
ARI	American Resource Institute	美国资源研究所
ARI	Agricultural Research Institute	农业研究所
ARTS	Advanced Rural Transportation Systems	优质乡村运输系统
ASEAN	Association of Southeast Asian Nations	东南亚国家联盟
ASRS	Automatic Storage and Replace System	（高层仓库）自动化存取系统
ASS	（logistics），Automatic Sorting System	（物流）自动分拣系统
ASYCUDA	Automated System for Customs Data	习用数据的自动化系统
AT&C	The Aggregate Technical and Commercial	集成技术和商业
ATIS	Advanced Traveler Information System	优质出行者信息系统
ATMS	Advanced Traffic Management Systems	优质交通管理系统
AVC	Automatic Voltage Control	自动电压控制
AVCS	Advanced Vehicle Control System	优质车辆控制系统
AWG – KP	Ad Hoc Working Group on Further Commitments for Annex I Parties under the Kyoto Protocol	京都议定书附录1部分进一步义务的特别工作组
AWG – LCA	Ad Hoc Working Group on Long-term Collaborative Action	长期合作行动特别工作组
B2A	Business-to – Administrations	企业对政府（行政）
B2B	Business-to – Business	企业对企业
B2C	Business-to – Consumer	企业对客户
BAS	Building Automation System	建筑（楼宇）自动化系统
BBOP	Business and Biodiversity Offsets Programme	商业和生物多样性弥补规划
BBS	Bulletin Board System	电子公告栏
BC	Black Carbon	黑炭
BCA	Building and Construction Authority（Singapore）	（新加坡）建筑和建设当局
BCF	Biological Carbon Facility（WB）	（世行）生物碳基金
BDS	Business Development Services	企业发展服务
BDTC	Big Data Technology Conference	大数据技术大会
BEAP	Biomass Environmental Assessment Program	生物质环境评估规划
BECCS	Bio – Energy with Carbon Capture and Storage	带碳捕集与封存的生物能源
BEP	Best Environmental Practice	最佳环境实践
BEST	Benchmarking and Energy – Saving Tool	对标与节能工具
BEV	Battery Electric Vehicle	纯电动汽车

BF	Blast Furnace	高炉
BFBC	Bubbling Fluidized – Bed Combustion	沸腾式流化床燃烧
Bio – CCS	Biomass with Carbon Capture and Storage	生物质能附带碳捕集与封存
BIPV	Building Integrated Photovoltaic	（太阳能）光伏建筑一体化
BIR	Bureau of International Recycling	国际回用局
BMF	Biomass Moulding Fuel	生物质固体成型燃料
BMP	Best Management Practices	最佳管理实践
BMS	Building Management System	建筑管理系统
BOCM	Bilateral Offset Credit Mechanism	双边补偿信用机制
BOD	Biological Oxygen Demand	生物需氧量
BOF	Basic Oxygen Furnace	氧气顶吹转炉
BP	British Petroleum	英国石油（公司）
BPRT	Blast furnace Power Recovery Turbine	高炉动力复原涡轮机
BREEAM	Building Research Establishment Environmental Assessment Method	建筑研究机构环境评估法
BRIC	Brazil, Russian Federation, India and China	巴西、俄罗斯、印度、中国（金砖四国）
BRIICS	Brazil, Russia, India, Indonesia, China and South Africa	巴西、俄罗斯、印度、印度尼西亚、中国和南非
BRT	Bus Rapid Transit	快速公交
BSI	British Standards Institute	英国标准协会（研究所）
BTL	Biomass – To – Liquids fuel	生物质燃油
BWR	Boiling light Water cooled and moderated Reactor	（核电）沸轻水冷却和慢化堆
CAA	Clean Air Act (United States)	（美）清洁空气法案
CAAGR	Compound Average Annual Growth Rate	复合年均增长率
CAAM	China Association of Automobile Manufacturers	中国汽车工业协会
CADDET	Centre for Analysis and Dissemination of Demonstrated Energy Technologies	能源示范技术分析与发布中心
CAGR	Compound Annual Growth Rate	年均复合增长率
CANARE	Convention on Assistance in the Case of a Nuclear Accident or Radiological Emergency	核事故或辐射紧急情况援助公约
CAS	Chinese Academy of Sciences	中国科学院
CAS	Complex Adaptive Systems	复杂自适应系统
CASME	China Association of Small and Medium Enterprises	中国中小企业协会
CASBEE	Comprehensive Assessment System for Building Environmental Efficiency	建筑物综合环境性能评价系统
CBA	Cost – Benefit Analysis	成本效益分析
CBD	Convention on Biological Diversity (UN)	（联合国）生物多样性公约
CBM	Coal Bed Methane	煤层气
CBR	Crude Birth Rate	毛出生率
CCA	Climate Change Agreement	气候变化协议
CCA	Carrying Capacity Assessment	运载能力评估
CCBS	Climate, Community, and Biodiversity Standards	气候、社区和生物多样性标准
CCECA	Committee of China Energy Conservation Association	中国节能协会节能服务产业委员会
CCERs	Chinese Certified Emissions Reduction	中国核证减排量
CCGT	Combined – Cycle Gas Turbine	组合循环汽轮机
CCICED	China Council for International Cooperation on Environment and Development	中国环境与发展国际合作委员会（简称国合会）
CCIY	China Coal Industry Yearbook	中国煤炭工业年鉴

续表

CCP	CO$_2$ Capture Project	二氧化碳捕集项目
CCPP	Combined Cycle Power Plant	组合循环发电装置
CCS	Carbon Capture and Storage (Sequestration)	碳捕集与封存
CCT	Conditional Cash Transfer	附条件现金转移
CCTs	Clean Coal Technologies	洁净煤技术
CCTV	China Central TeleVision	中国中央电视台
CCUS	Carbon Capture, Utilization and Storage	碳捕集、利用与封存
CCX	Chicago Climate Exchange	（美）芝加哥气候交易所
CDC	Centers for Disease Control and Prevention (United States)	（美）疾病控制与预防中心
CDCF	Community Development Carbon Facility (WB)	（世行）社区发展碳基金
CDF	Clean Development Facility	清洁发展设施（基金）
CDG	CDMA Development Group	码分多址开发组
CDIAC	Carbon Dioxide Information Analysis Centre	二氧化碳信息分析中心
CDM	Clean Development Mechanism (under the Kyoto Protocol)	清洁发展机制（按京都议定书）
CDMA	Code Division Multiple Access	码分多址
CDP	Carbon Disclosure Project	碳信息披露项目
CEC	Capital and Energy Costs	资本与能源成本
CEDAW	Convention on the Elimination of all Forms of Discrimination Against Women	消除一切形式歧视妇女公约
CEEPR	Center for Energy and Environmental Policy Research	能源与环境政策研究中心
CEFR	China Experiment Fast Reactor	中国实验快堆
CEIT	Countries with Economies In Transition	经济转型各国
CEM	Cation Exchange Membrane	阳离子交换薄膜
CENNA	Convention on Early Notification of a Nuclear Accident	核事故及早通报公约
CEO	Chief Executive Officer	首席执行官
CERs	Certified Emission Reductions (KP)	核证减排量（按京都议定书）
CERT	Committee on Energy Research and Technology	能源研究与技术委员会
CES	Consumptive Electronics Show	消费电子展
CFB	Circulating Fluid Bed	循环流化床
CFBB	Circulating Fluidized Bed Boiler	循环流化床锅炉
CFBC	Circulating Fluidized Bed Combustor	循环流化床燃烧室
CFCA	China Financial Certificate Authority	中国金融认证中心
CFE	Carbon Fund of Europe (WB)	（世行）欧洲碳基金
CFL	Compact Fluorescent Lamps (light bulb)	紧凑型荧光灯（照明灯泡）
CGSS	China General Social Survey	中国社会综合调查
CHP	Combined Heat and Power	热电联产（供）
CHUEE	China Utility-based Energy Efficiency Finance Program	（国际金融公司）中国节能减排融资项目
CI	Consumers International	消费者国际
CI	Conservation International	保护国际
CICEIA	China Internal Combustion Engine Industry Association	中国内燃机工业协会
CIF	Climate Investment Funds	气候投资基金
CIO	C Congress of Industrial Organizations	（美）产业工会联合会
CISA	China Iron & Steel Association	中国钢铁协会
CITES	Convention on International Trade in Endangered Species of Wild Fauna and Flora	濒危野生动植物种群国际贸易公约
CLA	Consumer Lifestyle Approach	消费方式分析

CLRTAP	Convention on Long-range Transboundary Air Pollution	长距跨境空气污染公约
CMA	China's Meteorological Administration	中国中央气象局
CMIF	China Machinery Industry Federation	中国机械工业联合会
CMM	Coal Mine Methane	煤矿甲烷（瓦斯）
CMP	Conference of the parties serving as the Meeting of the Parties to the Kyoto Protocol	作为京都议定书缔约方会议的缔约方大会
CMS	Convention on the Conservation of Migratory Species of Wild Animals	野生动物迁徙物种保护公约
CNC	Computer Numerical Control	计算机数控
CNG	Compressed Natural Gas	压缩天然气
CNN	Cable News Network（US）	（美）有线电视网
CNNIC	China Internet Network Information Center	中国互联网络信息中心
CNS	Convention on Nuclear Safety	核安全公约
CNT	Carbon Nano Tube	碳纳米管
$CO_2 e$	Carbon Dioxide Equivalent	二氧化碳当量（等效二氧化碳）
COACH	Cooperation Action within CCS China – EU	中欧碳捕集与封存合作项目
COAST	Collaborative Actions for Sustainable Tourism	可持续旅游协作行动
CoC	Chain of Custody	监督链
COD	Chemical Oxygen Demand	化学需氧量
COE	Cost of Electricity	电力成本
COP	Conference Of the Parties（UNFCCC）	（联合国气候变化框架公约）缔约方大会
COP	Coefficient of Performance	（循环）性能系数
CP1	First Commitment Period under the Kyoto Protocol	京都议定书第一承诺期
CP2	Second Commitment Period under the Kyoto Protoco	京都议定书第二承诺期
CPA	CDM Programme Activity	清洁发展机制计划行动
CPF	Carbon Partnership Facility（Fund）（WB）	（世行）碳合作基金
CPFR	Collaboration，Planning，Forecasting and Replenishment	协同供应链（含合作、计划、预测和补给）
CPG	Captive Power Generation	自备发电
CPI	Consumer Price Index	消费者物价指数
CPLI	Carbon Performance Leadership Index	碳绩效领导指数
CPNMF	Convention on Physical Protection of Nuclear Material and Facilities	核实物和核材料保护公约
CPPS	Cyber – Physical Production System	控制论实体生产系统/信息物理制造系统
CPS	Cyber – Physical System	赛博实体系统/控制论物理系统
CPS	Central Processing System	中央处理系统
CPV	Concentrating PhotoVoltaics	集中式光伏发电
CRC	Carbon Reduction Commitment	减碳承诺
CRED	Centre for Research on the Epidemiology of Disasters	灾害流行病学研究中心
CRI	Copenhagen Resource Institute	哥本哈根资源研究所
CRM	Customer Relationship Management	客户关系管理
CRP	Conservation Reserve Program（United States）	（美）自然保护区计划
CRT	Cathode Ray Tube	阴极射线管（示波管，X 射线管）
CSD	Commission on Sustainable Development	可持续发展委员会
CSDR	China Sustainable Development Strategy Report	中国可持续发展战略报告
CSIA	China Semiconductor Industry Association	中国半导体行业协会
CSIR	Council of Scientific and Industrial Research	科学与工业研究会议
CSP	Concentrating Solar Power	聚光太阳能发电
CSP	Conservation Security Program（United States）	（美）确保安全计划

CSR	Corporate Social Responsibility	（企业）共同社会责任
CSTD	Commission on Science and Technology Development（UN）	（联合国）科学技术委员会
CTF	Clean Technology Fund（WB）	（世行）清洁技术基金
CTO	Chief Technical Officer	首席技术官
CVEOS	Commercial Vehicle Efficient Operation System	营运车辆提效运行系统
CWEA	China Wind Energy Association	中国风能协会
CZM	Coastal Zone Management	海岸带管理
DAC	Development Assistance Committee（OECD）	（经合组织）发展援助委员会
DCF	Danish Carbon Facility（WB）	（世行）丹麦碳基金
DCS	Distributed Control System	分布式控制系统
DDFC	Direct Dimethyl-ether Fuel Cell	直接二甲醚燃料电池
DEC	Dongfang Electric Corporation	东方电力公司
DECC	Department of Energy and Climate Change（United Kingdom）	（英）能源和气候变化部
DEMO	DEMOnstrational fusion plants in the European Union	欧盟聚变示范电站（德文英译）
DES	Distributed Energy System	分布式能源系统
DESA	Department of Economic and Social Affairs（UN）	（联合国）经济社会事务局
De－SOx	Flue Gas De-sulfurization	燃煤锅炉烟气脱硫（技术）
DEWA	Division of Early Warning and Assessment（UNEP）	（联合国环境规划署）早期预警和评估处
DEWA	Dubai Electricity and Water Authority	迪拜电力和水资源机构
DFID	Department for International Development（UK）	（英）国际开发部
DFIG	Double Fed Induction Generator	双向进料感应发电机
DGNB	Deutsche Guetesiegel Nachhaltiges Bauen	德国可持续建筑委员会
DH	District Heating	地区供热
DHC	District Heating or Cooling	地区供热或制冷
DHW	Domestic Hot Water	本地热水
DI	Decoupling Index	解耦指数
DJSI	Dow Jones Sustainability World Indexes	道琼斯可持续性世界指数
DLR	Deutsches Zentrum für Luft-und Raumfahrt（German Aerospace Centre）	德国航天中心
DMS	Distribution Management System	配电管理系统
DNA	Deoxyribo Nucleic Acid	脱氧核糖核酸
DOE	Department Of Energy（US）	（美）能源部
DOE	Designated Operational Entity	指定经营实体（申报 CDM 时）
DOT	Department Of Transportation	运输部
DPI	Department of Public Information（UN）	（联合国）公共信息部
DRC	China－Development Research Center of the State Council	中国－国务院发展研究中心
DRC	Development and Reform Commission	发展与改革委员会
DRE	Distributed Renewable Energy	分布式可再生能源
DRI	Direct Reduced Iron	还减铁素
DRR	Disaster Risk Reduction	灾害风险降减
DSA	（On－line）Dynamic Security Analysis	（在线）动态安全分析
DSSC	Dye－Sensitized Solar Cell	染料敏化太阳能电池
DVB	Digital Video Broadcasting	数字视频广播
DVD	Digital Video Disk	数字视频光盘
EA	Environmental Assessment	环境评估
EAF	Ecosystem Approach to Fisheries	渔业生态系统法
EAM	Enterprise Asset Management	企业资产管理

EAP	Environmental Action Programme of the EU	欧盟环境行动计划
EAST	Experimental Advanced Superconductive Tokamak	实验性先进的超导托卡马克（中国核聚变实验装置品牌）
EB	Executive Board of the CDM	清洁发展机制执行理事会
EB	Electronic Business	电子业务（广义电子商务）
EBI	European Bioinformatics Institute	欧洲生物信息研究所
EBRD	European Bank for Reconstruction and Development	欧洲复兴与开发银行
EC	European Commission	欧洲委员会
EC	Electronic Commerce	（狭义）电子商务
EC	Energy Consumption	能源消费
ECA	Energy Conservation Act	能源节约法案
ECBM	Enhanced Coal Bed Methane	增强的煤层瓦斯
ECBP	EU – China Biodiversity Project	欧盟－中国生物多样性项目
ECE	Economic Commission for Europe（UN）	（联合国）欧洲经济委员会
ECESA	Executive Committee on Economic and Social Affairs（UN）	（联合国）经济和社会事务执行委员会
ECF	European Climate Fund	欧洲气候基金
ECIM	Enterprise Common Information Model	企业公共信息模型
EDGE	Enhanced Data Rate for GSM Evolution	GSM 演进的增强型数据速率
EDI	Electronic Data Interchange	电子数据交换
EDI	Energy Development Index	能源发展指数
EE	Energy Efficiency	能源效率
EEA	European Environment Agency	欧洲环境署
EEI	Energy Efficiency Index	能效指数
EF	Ecological Footprint	生态足迹
EFDA	European Fusion Development Association	欧洲聚变发展协会
EFTA	European Free Trade Association	欧洲自由贸易联盟
EG	Ethanol Gas	乙醇燃气
EGEC	European Geothermal Energy Council	欧洲地热能理事会
EGR	Exhaust Gas Recirculation	废气再循环
EGS	Enhanced（or engineered）Geothermal Systems	加强的（或工程化）地热系统
EHS	Environment，Health，Safety	环境、健康与安全
EIA	Energy Information Administration（USA）	（美）能源信息署
EIA	Environmental Impact Assessment	环境影响评价
EICC	Electronic Industry Citizenship Coalition	电子产业公民联盟
EIE	Europe Intelligent Energy	欧洲智能能源
EIO	Economic Input – Output	经济投入产出
EIONET	European Environment Information and Observation Network	欧洲环境信息与观察网络
EIP	Eco – Industrial Park	生态工业园区
EISA2007	Energy Independence and Security Act of 2007（US）	（美）2007 年能源独立与安全法
EKL	Energy Knowledge Library	能源知识库
ELI	Environmental Law Institute	环境法律研究所
EMC	Electro – Magnetic Compatibility	电磁兼容性
EMC	Energy Management Contracting	能源管理合同（合同能源管理）
EMEC	European Marine Energy Centre	欧洲海洋能源中心
EMEP	European Monitoring and Evaluation Programme	欧洲监测和评价规划
EMG	Environment Management Group（UN）	（联合国）环境管理组

EMS	Energy Management Solutions	能源管理解决方案
EMS	Energy Management System	能源管理系统
EMS	Environmental Management System	环境管理系统
ENRM	Environmental and Natural Resources Management（WB）	（世行）环境和自然资源管理
EOR	Enhanced Oil Recovery	提高石油采收率
EPA	Environmental Protection Agency（US）	（美）环境保护局
EPA	Economic Partnership Agreement	经济合作协议
EPA	Environmental Performance Assessment	环境性能评估
EPBD	Energy Performance of Buildings Directive（EU）	（欧盟）建筑能源性能指导书
EPC	Electron Product Code	电子产品码
EPFIs	The Equator Principles Financial Institutions	采用"赤道原则"的金融机构
EPI	Energy Performance Indicator	能源性能指标
EPI	Energy Policy Institute（US）	（美）能源政策研究所
EPIC	Electronic Privacy Information Center（US）	（美）电子隐私信息中心
EPPA	Emission Prediction and Policy Assessment	排放预测和政策评估
EPR	European Pressurized water Reactor	欧洲压水堆
EPRI	Electric Power Research Institute（US）	（美）电力研究所
EQIP	Environmental Quality Incentives Program（US）	（美）环境质量刺激计划
ER	Energy Ratio	能源比
ER	Emission Reduction	减排
ERB	Edmonds – Reilly – Barns Model	能源经济模型
EREC	European Renewable Energy Council	欧洲可再生能源委员会
ERI	China's Energy Research Institute	中国能源研究所
ERMA	Environmental Risk Management Authority	环境风险管理机构
ERP	Enterprise Resource Planning	企业资源计划
ERUs	Emission Reduction Units（KP）	减排量单位（按京都议定书）
ESA	Environmentally Sensitive Area	环境敏感地区
ESA	European Space Agency	欧洲太空总署
ESCAP	UN – Economic and Social Commission for Asia and the Pacific	联合国－亚太经社理事会
ESCO	Energy Service Company	节能服务公司/能源管理公司
ESI	Emerging Strategic Industry	战略性新兴产业
ESI	Environmental Services Index	环境服务指数
ESP	Environmental Service Program	环境服务规划
ESS	Earth System Science	地球系统科学
EST	Energy Saving Trust	节能信贷
EST	Environmentally Sound Technology	环境优质技术
ET	Emissions Trading	排放交易（按京都议定书）
ETAP	Environmental Technologies Action Programme	环境技术行动计划
ETC	Economic and Trade Commission（China）	（中国）经济与贸易委员会
ETC	Electronic Toll Collection	电子（不停车）收费系统
EU	European Union	欧盟
EU – 15	Austria, Belgium, Denmark, Finland, France, Germany, Greece, Ireland, Italy, Luxembourg, Netherlands, Portugal, Spain, Sweden and the United Kingdom	欧盟15国（奥地利、比利时、丹麦、芬兰、法国、德国、希腊、爱尔兰、意大利、卢森堡、荷兰、葡萄牙、西班牙、瑞典、英国）

续表

EU - 27	Austria, Belgium, Bulgaria, Cyprus, Czech Republic, Denmark, Estonia, Finland, France, Germany, Greece, Hungary, Ireland, Italy, Latvia, Lithuania, Luxembourg, Malta, Netherlands, Poland, Portugal, Romania, Slovakia, Slovenia, Spain, Sweden and the United Kingdom	欧盟27国（除15国外，加保加利亚、塞浦路斯、捷克、爱沙尼亚、匈牙利、拉脱维亚、立陶宛、马耳他、波兰、罗马尼亚、斯洛伐克、斯洛文尼亚）
EUAs	European Union Allowances (KP)	欧盟配额（按京都议定书）
EUEEP	China End Use Energy Efficiency Project	中国终端能效项目
EU - ETS	European Union Emissions Trading Scheme/System	欧盟排放交易方案/体系
EUR	European Nuclear Power User Requirement Documents	欧洲核电用户要求文件
EV	Electric Vehicle (including plug-in hybrid electric vehicles and battery electric vehicles)	电动汽车（含带插座和电池的混合式电动汽车）
EVDO	Evolution - Data Optimized	演进数据优化
FAO	(UN) Food and Agriculture Organization	（联合国）粮食与农业组织
FBR	Fast Breeder Reactor	（核电）快中子反应堆（液态钠冷却）
FCC	Federal Communications Commission (US)	（美）联邦通信委员会
FCEV	Fuel Cell Electric Vehicle	燃料电池电动汽车
FCPF	Forestry Carbon Partnership Facility (WB)	（世行）林业碳合作基金
FCV	Fuel Cell Vehicle	燃料电池汽车
FDD	Frequency Division Duplexing	频分双工（全双工）
FDI	Foreign Direct Investment	外国直接投资
FDM	Fused Deposition Manufacturing	（3D打印）熔融沉积制造
FDMA	Frequency Division Multiple Access	频分多址
FEM	Field Electronic Microscopy	场电子显微镜
FGD	Flue - Gas Desulphurization	烟气脱硫
FIT	Feed - In Tariffs	食品进口关税
FM	Frequency Modulation	频率调制
FM	Equipment Management	设备管理
FOB	Free On Board	离岸价格
FoEI	Friends of the Earth International	国际地球之友
FON	Friends of Nature	自然之友
FONAG	Fund for the Protection of Water	水资源保护基金
FYP	Five - Year Plan (Programme)	五年计划（规划）
G2	Green Scenario 2	绿色情景2
G7	Group of Seven (Canada, France, Germany, Italy, Japan, United Kingdom, United States)	七国集团：加、法、德、意、日、英、美
G8	Group of Eight (Canada, France, Germany, Italy, Japan, Russian Federation, United Kingdom, United States)	八国集团：加、法、德、意、日、俄、英、美
GA	Genetic Algorithm	遗传算法
GAPS	Global Atmospheric Passive Sampling	全球大气观测计划
GATS	General Agreement on Trade in Services	服务贸易总协定
GATT	General Agreement on Tariffs and Trade	关贸总协定
GBC	Green Building Council	绿色建筑理事会
GBEP	Global Bioenergy Partnership	全球生物能源合作
GCCSI	Global Carbon Capture and Storage Institute	全球碳捕集与封存研究所
GCF	Green Climate Fund	绿色气候基金
GCM	Global Climate Model	全球气候模型
GCM	General Circulation Model	大气环流模型

GCOS	Global Climate Observing System	全球气候观察系统
GCR	Gas Cooled，Graphite Moderated Reactor	（核电）气冷石墨慢化堆
GCV	Gross Calorific Value	卡路里总值
GDP	Gross Domestic Product	国内生产总值
GDS	Global Distributing System	全球分销系统
GE	General Electric Company	通用电力公司
GEF	Global Environment Facility	全球环境基金
GEMS	Global Environmental Monitoring System	全球环境监测系统
GEO	Global Environment Outlook	全球环境展望
GEOSS	Global Earth Observation System	全球地球观测系统
GER	Green Economy Report	绿色经济报告
GFDRR	Global Disaster Reduction and Recovery Fund（World Bank）	（世行）全球减灾与恢复基金
GHG	Greenhouse Gas	温室气体
GHP	Geothermal Heat Pump	地热能热泵
GIIC	Global Information Infrastructure Council	全球信息基础设施委员会
GIS	Geographic Information System	地理信息系统
GIS	Green Investment Scheme	绿色投资方案
GM	Genetically Modified	遗传变异
GM	Green Manufacturing	绿色制造
GMO	Genetically Modified Organism	转基因生物体
GMT	Global Mean Temperature	全球平均气温
GNI	Gross National Income	国民收入总值
GNP	Gross National Product	国民生产总值
GNSS	Global Navigation Satellite System	全球卫星导航系统
GNT	Green Network Technology	绿色网络技术
GPA	Global Programme of Action for the Protection of the Marine Environment from Land-based Activities	保护海洋环境免遭内陆活动影响的全球行动纲领
GPI	Genuine Progress Indicator	真实进步指标
GPRS	General Packet Radio Service	通用分组无线业务
GPS	Global Positioning System	全球定位系统
GPS	Geographic Positioning System	地理定位系统
GRC	Geothermal Resources Council	（美）地热资源委员会
GREET	Greenhouse Gases，Regulated Emissions，and Energy Use in Transportation Model	汽车全生命周期温室气体排放与能耗模型
GREMI	European Innovation Team	欧洲创新研究小组
GSCC	Gas Turbine Combined Cycle	燃气轮机联合循环
GSHP	Ground Source Heat Pump	地源热泵
GSM	Global System for Mobile Communication	全球移动通信系统
GTCC	Gas Turbine Combined Cycle	燃气轮机联合循环
GTL	Gas – To – Liquids fuel	沼气制油燃料
GTEM	Global Trade and Environment Model	全球贸易和环境模型
GUPES	Global University Partnership on Environment and Sustainability	全球环境与可持续发展大学联盟
GWEC	Global Wind Energy Council	全球风能理事会
GWP	Global Warming Potential	全球变暖趋势
GWP	Global Water Partnership	全球水伙伴
GWSP	Global Water System Project	全球水系统计划

HDFS	Hadoop Distributed File System	Hadoop 分布式文件系统
HDI	Human Development Index	人类发展指数
HDPE	High Density Polyethylene	高密度聚乙烯
HDR	Human Development Report	（UNDP）人类发展报告
HDTV	High Definition Digital TeleVision	高清晰度数字电视
HEIF	High – Education Innovation Fund	（英）高教创新基金
HEV	Hybrid Electric Vehicle	混合动力电动汽车
HFC	Hybrid Fiber – Coaxial	光纤和同轴电缆的混合网络
HFCV	Hydrogen Fuel Cell electric Vehicle	氢燃料电池电动车辆
HICs	High Income Countries	高收入国家
HIV	Human Immunodeficiency Virus	人体免疫缺乏病毒（艾滋病毒）
HIV/AIDS	Human Immunodeficiency Virus/Acquired Immune Deficiency Syndrome	人体免疫缺乏病毒/获得性免疫缺乏综合症
HLIAP	High – Level Intergovernmental Advisory Panel	高级政府间顾问组
HP	Hewlett – Packard	惠普（美国电脑公司）
HPP	Hydro Power Plant	水力装置
HSE	Health, Safety and Environment	健康、安全和环境
HSR	High – Speed Rail	高速铁路
HTGR	High Temperature Gas Cooled Reactor	（核电）高温气冷堆
HTTP	Hypertext Transfer Protocol	超文本传输协议
HUD	Department of Housing and Urban Development	住宅和城市发展部
HV	Hybrid Vehicle	混合驱动汽车
HVAC	Heating, Ventilating and Air – Conditioning（Cooling）	供热、通风与空调（暖通空调系统）
HVC	High Value Chemicals	高值化学品
HVDC	High Voltage Direct Current	高压直流电
HWGCR	Heavy Water moderated, Gas Cooled Reactor	（核电）重水慢化气冷堆
HWLWR	Heavy Water moderated, boiling Light Water cooled Reactor	（核电）重水慢化沸轻水冷却堆
IAEA	International Atomic Energy Agency	国际原子能机构
IAEG	Inter – Agency and Expert Group	跨机构和专家组
IAI	International Aluminium Institute	国际铝学会
IAP	Indoor Air Pollution	室内空气污染
IATA	International Air Transport Association	国际航空运输协会
IBA	important bird area	重要鸟类栖息区
IBRD	International Bank for Reconstruction and Development	国际复兴开发银行（即世界银行）
IC	Industrialized Countries	工业化国家
ICANN	Internet Corporation for Assign Names and Numbers	国际互联网名称和编号分配公司
ICAO	International Civil Aviation Organization	国际民航组织
ICAP	International Carbon Action Partnership	国际碳行动合作组织
ICARDA	International Centre for Agricultural Research in the Dry Areas	国际干燥土壤农业研究中心
ICEV	Internal Combustion Engine Vehicle	内燃机车
ICF	Italian Carbon Fund（WB）	（世行）意大利碳基金
ICHET	International Centre for Hydrogen Energy Technologies	国际氢能技术中心
ICLEI	International Council for Local Environmental Initiatives	国际地方环境行动委员会
ICM	Integrated Coastal Management	集中海岸管理
ICOLD	International Commission On Large Dams	国际大坝委员会
ICRAF	International Center for Research in Agroforestry	国际农地森林研究中心
ICRISAT	International Crop Research Institute for the Semi – Arid Tropics	国际半干旱热带地区农作物研究所

ICT	Information and Communication Technology	信息与通信技术
ICTSD	International Centre for Trade and Sustainable Development	贸易与可持续发展国际中心
ICZM	Integrated Coastal Zone Management	综合海岸带管理
IDA	International Development Association	国际开发协会
IDC	Internet Data Center	互联网数据中心
IEA	Integrated Ecosystem Assessment	生态系统综合评价
IEA	Integrated Environmental Assessment	环境综合评价
IEA	International Energy Agency	国际能源署
IEC	International Electrotechnical Commission	国际电工技术委员会
IECP	Integrated Energy and Climate Programme	综合能源与气候规划
IEEE	Institute of Electrical and Electronics Engineers	电工与电子工程师学会
IEN	Intelligent Energy Network	智慧能源网
IEO	International Energy Outlook	国际能源展望
IETF	Internet Engineering Task Force	互联网工程任务组
IFAD	International Fund for Agricultural Development	国际农业发展基金
IFC	International Finance Corporation	（世行）国际金融公司
IFF	Institute For the Future	未来研究会
IFI	International Financial Institution	国际金融机构
IFOAM	International Federation of Organic Agriculture Movements	有机农业发展国际联盟
IFPI	The International Federation of the Phonographic Industry	国际唱片业协会
IFPRI	International Food Policy Research Institute	国际粮食政策研究所
IFRS	International Financial Reporting Standard	国际金融报告标准
IGA	International Geothermal Association	国际地热能协会
IGCC	Integrated Gasification Combined Cycle	整体气化联合循环（发电）
IGCP	International Geoscience Progiamme	国际地球科学计划
IGDP	International Green low carbon Development research Plan	国际绿色低碳发展研究计划
IGES	Institute for Global Environmental Strategies	全球环境策略研究所
IGRAC	International Groundwater Resources Assessment Centre	国际地下水资源评估中心
IHA	International Hydropower Association	国际水力协会
IIASA	International Institute for Applied Systems Analysis	国际应用系统分析研究所
IICD	International Institute for Communication and Development	国际通讯与发展研究所
IIED	International Institute for Environment and Development	国际环境与发展研究所
IISD	International Coastite for Sustainable Development	国际可持续发展研究所
IISS	International Institute for Strategic Studies	国际战略研究所
ILBM	Integrated Lake Basin Management	湖泊流域综合管理
ILEC	International Lake Environment Committee	国际湖泊环境委员会
ILO	International Labour Organization	国际劳工组织
IM	Instant Messaging	实时传信
IMF	International Monetary Fund	国际货币基金组织
IMO	International Maritime Organization	国际海事组织
IMPACT	International Model for Policy Analysis of Agricultural Commodities and Trade	国际农产品及其贸易政策分析模型
INBO	International Network of Basin Organizations	国际流域组织网
INEX	International Network for Educational Exchange	国际教育交流网
INPO	The American Institute of Nuclear Power Operation	美国核电运行研究所
IOA	Input – Output Analysis	投入产出分析

IOC	International Oil Company	国际石油公司
IOC	Intergovernmental Oceanographic Commission of UNESCO	联合国教科文组织的政府间海洋委员会
IOT	Internet Of Things	物联网
IP	Internet Protocol	互联网协议
IP	Intellectual Property	知识产权
IPAT	Impact = Population x Affluence x Technology	影响 = 人口 × 富裕水平 × 技术
IPBES	Intergovernmental Science – Policy Platform on Biodiversity and Ecosystem Services	生物多样性和生态系统服务政府间科学政策平台
IPCC	Inter-governmental Panel on Climate Change	政府间气候变化专门委员会
IPM	Institute of Policy and Management	（中科院）政策管理研究所
IPM	Integrated Pest Management	集中害虫管理
IPO	Initial Public Offerings	首次公开募股
IPR	Intellectual Property Rights	知识产权
IPS	Indoor Positioning System	室内定位系统
IPTV	Interactive Personality TV	交互式个人网络电视
IQ	Intelligence Quotient	智商
IQM	Integrated Quality Management	集中质量管理
IRENA	International Renewable Energy Agency	国际可再生能源机构
IRP	Integrated Resource Planning	综合资源规划
IRR	International Rate of Return	国际投资收益率
ISCC	Integrated Solar Combined – Cycle	一体化太阳能联合循环（系统）
ISDN	Integrated Service Digital Network	综合业务数字网
ISDR	International Strategy for Disaster Reduction	国际减灾策略
ISEAL	International Social and Environmental Accreditation and Labelling	国际社会和环境认证和标签
ISES	International Solar Energy Society	国际太阳能学会
ISO	International Organization for Standardization	国际标准化组织
ISWM	Integrated Solid Waste Management	集中固体废物管理
IT	Information Technology	信息技术
IT	Institute for Tourism	旅游研究所
ITC	International Trade Centre	国际贸易中心
ITER	International Thermonuclear Experimental Reactor	国际热核（聚变）实验性反应堆（计划）
ITMF	International Textile Manufacturers Federation	国际纺织品生产联合会
ITMS	Intelligent Traffic Management System	智能化交通管理系统
ITPGRFA	International Treaty on Plant Genetic Resources for Food and Agriculture	粮食和农业植物遗传资源国际条约
ITPO	Investment and Technology Promotion Office	投资和技术推动办公室
ITS	Intelligent Traffic System	智能交通系统
ITTO	International Tropical Timber Organization	国际热带森林组织
ITU	International Telecommunications Union	国际电信联盟
ITUC	International Trade Union Confederation	国际贸易联合同盟
IUCN	International Union for Conservation of Nature	国际自然保护联盟
IUGS	International Union of Geological Sciences	国际地质科学联合会
IWM	Integrated Watershed planning and Management	综合流域规划和管理
IWMI	International Water Management Institute	国际水源管理研究所
JI	Joint Implementation	共同履约（按京都议定书）
JISC	Joint Implementation Supervisory Committee	联合履约监督委员会
JISF	Japanese Iron and Steel Federation	日本钢铁联合会

JIT	Just In Time	即时制
JNOC	Japan's National Oil Company	日本国家石油公司
JRC	European Commission Joint Research Centre	欧洲委员会联合研究中心
KEITI	Korea Environment Industry and Technology Institute	韩国环境产业和技术委员会
KM	Kyoto Mechanism	京都机制
KP	Kyoto Protocol	京都议定书
KPO	Knowledge Process Outsourcing	知识流程外包
LBS	London Business School	伦敦商学院
LBS	Location Based Services	定位服务
LCA	Life Cycle Assessment	生命周期评价（评估）
LCA	Life Cycle Analysis	生命周期分析
LCCC	Low Carbon City Program in China	中国低碳城市规划
LCCP	Low Carbon Cities Programme	（英）低碳城市规划
LCD	Life Cycle Design	生命周期设计
LCD	Liquid Crystal Display	液晶显示器（屏）
LCE	Low Carbon Economy	低碳经济
LCOE	Levelized Cost Of Energy（or Of Electricity）	能源（或电力）均一化成本
LCS	Low－Carbon Society	低碳社会
LCV	Light－Commercial Vehicle	轻型商用车辆
LDC	Least Developed Country	最不发达国家
LDC	London Dumping Convention：Convention on the Prevention of Marine Pollution by Dumping of Wastes and Other Matter	伦敦倾销协定：防止倾倒垃圾及其他物质污染海洋公约
LDCF	Least Developed Countries Trust Fund	最不发达国家信托基金
LDPE	Low Density Polyethylene	低密度聚乙烯
LDV	Light－Duty Vehicle	轻型汽车
LED	Light Emitting Diode（lamp）	半导体照明（发光二极管照明）
LEED－NC	The Leadership in Energy and Environmental Design－New Construction	领先能源与环境设计－新建设
LEZ	Low Emission Zone	低排放地区
LFG	Landfill Gas	垃圾填埋地气体
LHV	Lower Heating Value	低热值
LICs	Low Income Countries	低收入国家
LME	Large Marine Ecosystem	大洋生态系统
LMICs	Lower Middle Income Countries	低－中等收入国家
LNG	Liquefied Natural Gas	液化天然气
LOEE	Loss of Energy Expectation	能源缺失预期
LOM	Laminated Object Manufacturing	（3D打印）叠层实体制造
LPG	Liquefied Petroleum Gas	液化石油气
LPG	Liquid Propane Gas	液化丙烷气
LRET	Large-scale Renewable Energy Target	大规模可再生能源目标
LSEV	Low－Speed Electric Vehicles	低速电动车
LTE	Long Term Evolution	长期演进
LTMS	Long Term Mitigation Scenario	远期缓解情景
LWGR	Light Water cooled，Graphite moderated Reactor	（核电）轻水冷却石墨慢化堆
M&A	Mergers and Acquisitions	兼并和收购
M&E	Monitoring and Evaluation	监测和评估
M&V	Measurement and Verification	（节能绩效）测试与验证

续表

MA	Millennium Ecosystem Assessment	千年生态系统评估
MAC	Marginal Abatement Cost	边际减排成本
MCFC	Molten Carbonate Fuel Cell	熔融碳酸盐燃料电池
MCM	Multi – Carrier Modulation	多载波调制
MDGs	Millennium Development Goals	千年发展目标
MEA	Multilateral Environmental Agreements	多边环境协议
MEMS	Micro – Electro – Mechanical Systems	微机电系统
MEP	Ministry of Environmental Protection	环境保护部
MEPS	Minimum Energy Performance Standards	最低能源性能标准
MEPS	Minimum Efficiency Performance Standards	最低效率绩效标准
MER	Market Exchange Rate	市场汇率
MES	Mutual Energy Support	相互能源支持
MGI	Modern Grid Initiative	现代电网活动计划
MGI	McKensey Global Institute	麦肯锡全球研究所
MHS	Micro – Hydropower Systems	微型水力系统
MIIT	Ministry of Industry and Information Technology（China）	（中国）工业与信息化部
MIS	Management Information System	管理信息系统
MIT	Massachusetts Institute of Technology（US）	（美）麻萨诸塞（省）理工学院
MITI	Ministry of International Trade and Industry（Japan）	（日）通商产业省
MLF	Multilateral Fund for the Implementation of the Montreal Protocol	实现蒙特利尔协议的多边基金
MMV	Measurement，Monitoring and Verification	测量－监测和验证
MOC	Ministry of Commerce（China）	（中国）商务部
MOCVD	Metal – Organic Chemical Vapor Deposition	金属有机化合物化学气相沉积
MOF	Ministry of Finance（China）	（中国）财政部
MOHURD	Ministry of Housing and Urban – Rural Development（China）	（中国）住房与城乡建设部
MOOCs	Massive Open Online Courses	大规模开放式网络课程（慕课）
MOR	Ministry of Railways（China）	（中国）铁道部
MOS	Market Operation Services	市场运营服务
MOST	Ministry of Science and Technology（China）	（中国）科学技术部
MPA	Marine Protected Area	海洋保护地区
MPODS	Montreal Protocol on Ozone Depleting Substances	消耗臭氧层物质的蒙特利尔议定书
MRET	Mandatory Renewable Energy Target	指令性可再生能源目标
MRF	Material Recycling Facility	材料再循环技巧
MRI	Magnetic Resonance Imaging	（核）磁共振成像
MSC	Marine Stewardship Council	海洋管理工作委员会
MSE	Management Standard for Energy	能源管理标准
MSEs	Micro-and Small Enterprises	微小企业
MSME	Micro，Small and Medium Enterprises	微小和中等企业
MSW	Municipal Solid Waste	城市固体废弃物
MTB	Monetary Trade Balance	货币贸易平衡
MWCNTs	Multi – Walled Carbon NanoTubes	多壁碳纳米管（多层碳纳米管）
NAFA	National Forest Authority	国有林业管理局
NAFTA	North American Free Trade Agreement	北美自由贸易协定
NAPA	National Adaptation Programmes of Action	国家适应行动计划
NASA	National Aeronautics and Space Administration（USA）	（美）国家航空航天局（简称宇航局）
NBSAP	National Biodiversity Strategies and Action Plans	国家生物多样性战略和行动计划

NCAR	National Centre for Atmospheric Research	国家大气研究中心
NCBI	National Center for Biotechnology Information	（美）国家生物技术信息中心
NCCC	National Coordination Committee for Climate Change	国家气候变化对策协调委员会
NCDMF	Netherlands Clean Development Mechanism Fund（WB）	（世行）荷兰清洁发展机制基金
NCPC	National Cleaner Production Centre	国家洁净生产中心
NCV	Net Calorific Value	净热值
NDRC	National Development and Reform Commission（China）	（中国）国家发展与改革委员会
NEA	National Energy Administration（China）	（中国）国家能源局
NEA	Nuclear Energy Agency（an agency within the OECD）	原子核能源署（OECD 内的机构，简称核能署）
NEC	National Energy Commission	国家能源委员会
NEC	Nippon Electronic Company	日本电子公司
NECF	Netherlands－European Carbon Fund（WB）	（世行）荷兰欧洲碳基金
NEDO	New Energy and Industrial Technology Development Organization	新能源工业技术发展组织
NEP	Net Ecosystem Productivity	净生态系统生产力（碳储蓄）
NEPA	National Environmental Protection Agency（China）	（中国）国家环境保护总局（后升格国家环境保护部）
NEPA	National Environment Policy Act（US）	（美）国家环境政策法案
NEPI	National Energy Policy Institute	（美）国家能源政策研究所
NERC	Natural Environment Research Council（United Kingdom）	（英）自然环境研究理事会
NFC	Noise Feedback Coding	噪声反馈编码
NFC	Near Field Communication	近场通信（近距离无线通信）
NG	Natural Gas	天然气
NGCC	Natural Gas Combined Cycle	天然气联合循环
NGIB	National Green Investment Bank（UK）	（英）国家绿色投资银行
NGL	Natural Gas Liquids	天然气液化
NGN	Next Generation Network	下一代网络
NGO	Non－Governmental Organization	非政府组织
NGV	Natural Gas Vehicles	天然气汽车
NHTSA	National Highway Traffic Safety Administration	国家公路交通安全管理
NIC	Newly Industrialized Countries	新型工业化国家
NIF	National Ignition Facility	（美）国家点火装置（用于核聚变反应实验）
NIPF	National Industrial Policy Framework	国家工业政策框架
NIST	National Institute of Standards and Technology	（美）国家标准与技术研究所
NIT	Network and Information Technology	网络与信息技术
NMRI	Nuclear Magnetic Resonance Imaging	核磁共振成像
NMT	Non－Motorized Transportation	非机动车运输
NMVOC	Non－Methane Volatile Organic Compounds	非甲烷挥发性有机化合物
NOAA	National Oceanic and Atmospheric Administration（US）	（美）国家海洋和大气管理署
NOC	National Oil Company	国营石油公司
NON	Networks Of Networks	网络的网络（超网络）
NPA	Natural Protected Areas	自然保护区
NPV	Net Present Value	净现值
NRDC	Natural Resource Defense Council	自然资源防护协会
NREL	National Renewable Energy Laboratory（US）	（美）国家可再生能源实验室
NSA	National Security Agency	（美）国家安全局
NSB	National Science Board	（美）国家科学委员会

NTIS	National Technical Information Service（US）	（美）国家技术信息服务
NTTC	National Technology Transfer Center（US）	（美）国家技术转让中心
NZEC	China – EU Cooperation on Near Zero Emissions Coal	中欧煤炭利用近零排放合作项目
OA	Office Automation	办公自动化
OC	Organic Carbon	有机碳
OCGT	Open – Cycle Gas Turbine	开式循环燃气轮机
ODS	Ozone – Depleting Substance	消耗臭氧层物质
OECD	Organization for Economic Co-operation and Development（Australia, Austria, Belgium, Canada, Chile, the Czech Republic, Denmark, Estonia, Finland, France, Germany, Greece, Hungary, Iceland, Ireland, Israel, Italy, Japan, Korea, Luxembourg, Mexico, the Netherlands, New Zealand, Norway, Poland, Portugal, the Slovak Republic, Slovenia, Spain, Sweden, Switzerland, Turkey, the United Kingdom and the United States）	经济合作与发展组织（澳大利亚、奥地利、比利时、加拿大、智利、捷克共和国、丹麦、爱沙尼亚、芬兰、法国、德国、希腊、匈牙利、冰岛、爱尔兰、以色列、意大利、日本、韩国、卢森堡、墨西哥、荷兰、新西兰、挪威、波兰、葡萄牙、斯洛伐克共和国、斯洛文尼亚、西班牙、瑞典、瑞士、土耳其、英国、美国）
OELD	Organic Light – Emitting Diode	有机发光二极管
OFDM	Orthogonal Frequency Division Multiplexing	正交频分多路复用
OM	Organic Matter	有机物
OPEC	Organization of the Petroleum Exporting Countries	石油输出国组织
OPRC	International Convention on Oil Pollution Preparedness, Response and Cooperation	国际防止石油污染、反应和合作公约
OPT	Ocean Power Technologies（US）	（美）海洋电力技术（公司）
OPV	Organic PhotoVoltaic	有机光伏
ORNL	Oak Ridge National Laboratory	橡树岭国家实验室
OTA	Online Travel Agent	在线旅行社
OTC	Over-the – Counter	柜外（交易）
OTEC	Ocean Thermal Energy Conversion	海洋热能转换
PA	Protected Area	保护区
PaaS	Platform-as-a – Service	平台即服务
PACE	Property Assessed Clean Energy	属性评估清洁能源
PAFC	Phosphoric Acid Fuel Cell	磷酸电解质燃料电池
PAS	2050 Publicly Available Specification	2050 年公用规范
PC	Personal Computer	个人计算机
PCDM	Programme for CDM	规划方案下的 CDM
PCF	Prototype Carbon Fund（WB）	（世行）原型碳基金
PCF	Product Carbon Footprint	产品碳足迹
PDA	Personal Digital Assistant	个人数字助理（掌上电脑）
PDD	Project Design Document	项目设计文件（指申报 CDM）
PDI	Power Density Index	功率密度指数
PE	Primary Energy	一次能源
PEC	PhotoElectro Chemical	光电化学
PECVD	Promotable Equipment for Chemical Vapor Deposition	增强型化学气相沉积设备
PFBC	Pressurized Fluid Bed Combustion	加压流化床燃烧
PHEV	Plug-in Hybrid Electric Vehicle	插电式混合动力汽车
PHWR	Pressurized Heavy Water moderated and cooled Reactor	（核电）加压的重水慢化和冷却堆
PIQ	Product Intelligence Quotient	（电子）产品智商
PITI	Pollution Information Transparency Index	污染源监管信息公开指数

PLC	Power Line Communication	电力线通讯
PLC	Programable Logic Controller	可编程逻辑控制器
PLDV	Passenger Light – Duty Vehicle	公共轻型客车
PLM	Product Lifecycle Management	产品生命周期管理
PM	Particulate Matter	悬浮颗粒
PM2. 5	Particulate Matter with a diameter of 2. 5 micrometres（0. 0025 millimetre）or less	直径等于或小于 2. 5 μm 的悬浮颗粒
PM10	Particulate Matter with a diameter of 10 micrometres（0. 01 millimetre）or less	直径等于或小于 10 μm 的悬浮颗粒
PMG	Permanent Magnet synchronous Generator	永磁同步发电机
PMR	Partnership for Market Readiness	市场准备伙伴（基金）
PNT	Position Navigation and Timing	定位导航和授时
POC	Proof Of Concept	概念论证
POI	Proof of Identity	恒等性证明
POME	Palm Oil Mill Effluent	棕榈油厂废水
POP	Persistent Organic Pollutant（Stockholm Convention）	持久性有机污染物（斯德哥尔摩公约）
POS	Point Of Sale	销售点
PPP	Public – Private Partnership	公私合作伙伴（关系）
PPP	Purchasing Power Parity	购买力平价
PRIS	Power Reactor Information System	核电反应堆信息系统
PROVIA	Programme of Research on Climate Change Vulnerability，Impacts and Adaptation	气候变化危害、影响和适应研究规划
PRTR	Pollutant Release and Transfer Register	污染物排放与转移登记（制度）
PS	Producer Services	生产性服务业
PSFP	PolyStyrene Foam Plastics	聚苯乙烯泡沫塑料
PSP	Pumped Storage Plants	抽水蓄能电站
PSU	Public Service Unit	公共服务单位
PT	Public Transport	公共交通
PTB	Physical Trade Balance	实体贸易平衡
PV	PhotoVoltaic	太阳能光伏（发电）
PVC	PolyVinyl Chloride	聚氯乙烯
PWR	Pressurized Water Reactor	（核电）压水堆
PWR	Pressurized light Water moderated and cooled Reactor	（核电）加压轻水慢化和冷却堆
QSAR	Quantitative Structure – Activity Relationships	定量结构－活动关系
R&D	Research and Development	研究与开发
RAMS	Reliability – Availability – Maintainability – Safety	（衡量高铁系统品质的综合指标族）可靠性－可用性－可维修性－安全性
RCRA	Resource Conservation and Recovery Act	资源节约与再利用法
RD&D	Research，Development and Deployment（Demonstration）	研究、开发与部署
RDD&D	Research，Development，Demonstration and Deployment	研究、开发、策划与部署
RDF	Refuse Derived Fuel	垃圾衍生燃料
RE	Renewable Energy	可再生能源
RED	Reversed Electro Dialysis	反向电渗析
RED	Renewable Energy Division（IEA）	（IEA）可再生能源分部
REDD	Reducing Emissions from Deforestation and Forest Degradation	（发展中国家）减少森林滥伐与退化所致排放

REEEP	Renewable Energy & Energy Efficiency Partnership	可再生能源和能源效率组合
REEFS	Resource – Efficient and Environment – Friendly Society	资源节约型、环境友好型社会（即两型社会）
RE – H/C	Renewable Energy Heating/Cooling	可再生能源加热/致冷
REMP	Renewable Energy Master Plan	可再生能源总体规划
REN21	Renewable Energy Policy Network for the 21st Century	21世纪可再生能源政策网络
REPI	Resource and Environmental Performance Index	资源环境综合绩效指数
RES	Renewable Energy Systems	可再生能源系统
RFF	Resources For the Future	（美）未来资源研究所
RFID	Radio Frequency Identification	射频识别/电子视频标签
RIFS	Research Institute of Fiscal Science	财政科学研究所
RIS	Regional Innovation System	区域创新系统
RMUs	Removal Units	清除量单位
RNE	German Council for Sustainable Development	德国可持续发展委员会
RoHS	Restriction of Hazardous Substances	危险物质的限制
ROI	Return On Investment	投资回报
RoW	Rest of the World	世界其他地区
RPS	Renewable Energy Portfolio Standard	可再生能源配额标准
RS	Remote Sensing	遥感
RSB	Roundtable for Sustainable Biofuels	可持续生物燃料圆桌会议
RTA	Roads and Transport Authority（Dubai）	（迪拜）道路与运输管理局
RTG	Rubber Typed Gantry Crane	轮胎式集装箱门式起重机
RTT	Radio Transmission Technology	无线传输技术
RTU	Remote Terminal Unit	远程终端设备
SaaS	Software-as-a – Service	软件运营（软营）
SAICM	Strategic Approach to International Chemical Management	国际化学品管理战略方向
SAM	Sustainable Asset Management	可持续资产管理
SAMC	State Asset Management Company	国有资产管理公司
SAMI	（China）State Administration of Machinery Industry	（中国）国有机械制造管理
SASAC	State-owned Assets Supervision and Administration Commission（China）	（中国）国有资产监督管理委员会
SAT	State Administration of Taxation（China）	（中国）国家税务总局
SBI	Sustainable Business Institute	可持续工商研究所
SC	Super Critical	超临界
SCADA	Supervisory Control And Data Acquisition	监视控制与数据采集（系统）
SCBD	Secretariat of the Convention on Biological Diversity	生物多样性公约秘书处
SCER	Secondary Certified Emission Reduction	二次核证减排量
SCF	Strategic Climate Fund	战略气候基金
SCF	Spanish Carbon Fund（WB）	（世行）西班牙碳基金
SCI	Sustainable Commodity Initiative	可持续商品开拓
SCM	Supply Chain Management	供应链管理
SCOPE	Scientific Committee on Problems of the Environment	环境问题科学委员会
SCOR	Supply – Chain Operations Reference model	供应链运作参考模型
SCP	Sustainable Consumption and Production	可持续消费和生产
SCR	Selective Catalytic Reduction	选择性催化还原
SC/USC	Supercritical/ultrasupercritical	超临界/超超临界
SD	System Dynamics	系统动力学

续表

SD	Sustainable Development	可持续发展
SDC	（UK）Sustainable Development Commission	（英）可持续发展委员会
SDI	Sustainable Development Indicator	可持续发展指标
SDR	Special Drawing Rights	特别提款权
SDS	Sustainable Development Strategy（EU）	（欧盟）可持续发展战略
SEA	Strategic Environmental Assessment	战略环境评价
SEG	Shanghai Electric Group	上电集团
SEGS	Solar Electric Generating Station（California）	（美国加州）太阳能发电站
SEI	Strategic Emerging Industries	战略性新兴产业
SERC	State Electricity Regulatory Commission	国家电力监督管理委员会
SETC	State Economics and Trade Commission（China）	（中国）国家经济与贸易委员会
SEWA	Self－Employed Women's Association	自就业妇女协会
SFC	Static starting Frequency Converter（pumped storage units）	（抽水蓄能机组）静止起动变频器
SFM	Sustainable Forest Management	可持续森林管理
SG	Smart Grid	智能电网
SGER	Specified Gas Emitters Regulation	特定气体排放器调控
SGHWR	Steam Generating Heavy Water Reactor	（核电）蒸汽发生重水堆
SHC	Solar Heating and Cooling	太阳能加热与制冷
SHP	Small-scale Hydropower Plant	小规模水能装备
SI	Suitability Index	适应性指数
SIP	Sustainable Industrial Policy	可持续产业政策
S&L	Standards and Labelling	标准与标签
SIS	Strategic Information System	战略信息系统
SLCF	Short－Lived Climate Forcer	短时气候驱动力（炭黑、甲烷、对流层臭氧等）
SLM	Sustainable Land Management	可持续土地管理
SMAP	Short-and Medium-term Priority Environmental Action Programme	短－中期优先环境实施规划
SMART	Standards，Monitoring，Accounting，Rethinking，Tools	标准、监控、计算、反思、工具
SMC	Sound Material Cycle Society	测试材料循环学会
SME	Small and Medium-sized Enterprise	中小企业
SMEP	Small and Micro Enterprise Programme	小、微企业规划
SMR	Small Modular Reactors	小型组合件反应堆
SMS	Smart Machine System	智能机器系统
SMS	Short Message Service	短消息服务
SNA	System of National Accounts	国家会计体系
SNOW	Supply Chain Network Optimization	供应链网络优化
SNS	Social Networking Services	社交网络服务
SOA	Services Oriented Architecture	面向服务的体系结构
SOA	State Oceanic Administration（China）	（中国）国家海洋局
SOE	State－Owned Enterprise	国有企业
SOFC	Solid Oxide Fuel Cell	固体氧化物燃料电池
SOIS	Sustainability Oriented Innovation System	面向可持续性创新体系
SOM	Soil Organic Matter	土壤有机物质
SPB	Sustainability Policy Banks	可持续发展政策银行
SPF	Strategic Programme Fund	战略项目基金
SPFC	Solid Polymer Fuel Cells	固体高分子燃料电池

SPSTD	Strategic Planning for Sustainable Tourism Development	可持续旅游发展战略规划
SRES	Special Report on Emission Scenarios (of the IPCC)	(IPCC) 关于排放情景的特别报告
SRES	Small-scale Renewable Energy Scheme	小型可再生能源方案
SRM	Solar Radiation Management	太阳辐射管理
SRREN	Special Report on Renewable Energy Sources and Climate Change Mitigation (IPCC)	(IPCC) 可再生能源和气候变化缓解特别报告
SRS	Satellite Remote Sensing Technology	卫星遥感技术
SS	Sustainable Scenario	可持续情景
SSA	Sub – Saharan Africa	撒哈拉以南非洲
SSB	Mobile FM and Single Side Band channel	移动调频和单边带信道
SSP	Space-based Solar Power	按空间计的太阳能发电
SST	Sea Surface Temperature	海洋表面温度
ST	Sustainable Tourism	可持续旅游
SUV	Sport Utility Vehicle	运动效用汽车
SUV	Sub-urban Utility Vehicle	城郊多功能车
SWCNTs	Single – Walled Carbon NanoTubes	单壁碳纳米管（单层碳纳米管）
SWH	Solar Water Heating	太阳能热水
T21	Threshold 21 model (Millennium Institute)	阈值21模型（千年目标）
TBM	Tunnel – Boring Machines	隧道钻机
TCDD	TetraChloroDibenzo-p – Dioxin	二恶英
TCE	Ton of Coal Equivalent	煤的等价吨数
TCO	Transparent Conductive Oxide	透明导电氧化物（镀膜玻璃）
T&D	Transmission and Distribution	输电和配电
TDD – LTE	Time Division Duplexing – Long Term Evolution	时分双工－长期演进
TD – LTE	Time Division Long Term Evolution	分时长期演进
TDM	Traffic Demand Management	交通需求管理
TDM	Transport Development Management	运输开发管理
TDMA	Time Division Multiple Access	时分多址
TDP	Tourism Development Plan	旅游发展计划
TD – SCDMA	Time Division – Synchronous Code Division Multiple Access	时分同步码分多址
TEAP	Technology and Economic Assessment Panel (the Montreal Protocol)	技术与经济评估小组（蒙特利尔议定书）
TEAW	Total Ecosystem Accessible Water	生态系统可存取的淡水总量
TEEB	The Economics of Ecosystems and Biodiversity	生态系统和生物多样性经济学
TEU	Twenty-foot – Equivalent Units	传输扩展单元
TFC	Total Final Consumption	最终总消费
TFCA	TransFrontier Conservation Areas	跨国自然保护区
TFP	Total Factor Productivity	全要素生产率
TCG	The Climate Group	气候组织
TNA	Technology Needs Assessment	技术需求评估
TNC	TransNational Corporation	跨国公司
TNC	The Nature Conservancy	自然保护（协会）
TOCC	Traffic Operations Coordination and Command Center	（北京）交通运行协调指挥中心
TOT	Transfer – Operate – Transfer	移交－运营－移交
TPA	Third – Party Access	第三部分存取
TPED	Total Primary Energy Demand	一次能源总需求
TPMOP	International Treaty to Prevent Marine Oil Pollution	防止海洋石油污染国际公约

续表

TRI	Toxics Release Inventory（US）	（美）有毒物质排放清单
TRIPS	Agreement for Trade－Related aspects of Intellectual Property rights	与贸易有关的知识产权协议
TRL	Transport Research Laboratory（UK）	（英）交通研究实验室
TRR	Technically Recoverable Resource	技术上可回收资源
TRT	Blast Furnace Top Gas Recovery Turbine Unit	高炉煤气余压涡轮发电站
TSCA	Toxic Substances Control Act（United States）	（美）有毒物质控制法案
TSM	Traffic System Management	交通系统管理
TSP	Total Suspended Particulates	总悬浮颗粒物
UCF	Unbrella Carbon Fund（WB）	（世行）伞形碳基金
UCG	Underground Coal Gasification	煤炭地下气化
UHV	Ultra－High Voltage	超高压
UK－ETS	United Kingdom Emissions Trading Scheme	英国排放贸易计划
ULCOS	Ultra－Low CO_2 Steelmaking	超低二氧化碳炼钢
UMICs	Upper Middle Income Countries	较高中等收入国家
UN	United Nations	联合国
UNAID	United Nations Agency for International Development	联合国国际开发署
UNBCDD	UN Broadband Commission for Digital Development	联合国宽带数字发展委员会
UNCCD	United Nations Convention to Combat Desertification	联合国防治荒漠化公约
UNCED	United Nations Conference on Environment and Development	联合国环境与发展大会
UNCITRAL	United Nations Commission on International Trade Law	联合国国际贸易法委员会
UNCLOS	United Nations Convention on the Law of the Sea	联合国海洋法公约
UNCSD	UN Committee on Sustainable Development	联合国可持续发展委员会
UNCTAD	United Nations Conference on Trade and Development	联合国贸易和发展会议
UNDESA	United Nations Department of Economic and Social Affairs	联合国经济与社会事务部
UNDESD	United Nations Decade of Education for Sustainable Development	联合国为可持续发展的教育10年
UNDP	United Nations Development Programme	联合国开发规划署
UNEP	United Nations Environment Programme	联合国环境规划署
UNEP/GPA	UNEP－The Global Programme of Action for the Protection of the Marine Environment from Land－Based Activities	UNEP－从陆地活动转向海洋环境保护的全球行动规划
UNEP－PCFV	UNEP－Partnership for Clean Fuels and Vehicles	UNEP－清洁燃料与清洁车辆伙伴关系
UNEP－SBCI	UNEP－Sustainable Buildings and Climate Initiative	UNEP－可持续建筑和气候对策
UNEP－SEFI	UNEP－Sustainable Energy Finance Initiative	UNEP－可持续能源金融机构
UNEP－WCMC	UNEP－World Conservation Monitoring Centre	UNEP－世界保护监测中心
UNESCAP	United Nations Economic and Social Commission for Asia and the Pacific	联合国亚太经社委员会
UNESCO	United Nations Educational，Scientific and Cultural Organization	联合国教科文组织
UNESCWA	United Nations Economic and Social Commission for Western Asia	联合国西亚经社委员会
UNF	United Nations Foundation	联合国基金
UNFCCC	United Nations Framework Convention on Climate Change	联合国气候变化框架公约
UNFF	United Nations Forum on Forests	联合国森林论坛
UNFIP	United Nations Foundation for International Partnership	联合国国际合作基础
UNGC	United Nations Global Compact	联合国全球团结机制
UN－HABITAT	United Nations Human Settlements Programme	联合国人类定居规划
UNHCR	The United Nations Refugee Agency	联合国难民署
UNIC	United Nations Information Centre	联合国信息中心
UNICEF	United Nations Children's Fund	联合国儿童基金会
UNIDO	United Nations Industrial Development Organization	联合国工业发展组织

UNITAR	United Nations Institute for Training and Research	联合国培训和研究学院
UN – REDD	United Nations collaborative initiative on Reducing Emissions from Deforestation and forest Degradation in Developing Countries	联合国为减少发达国家因森林滥伐与退化所致温室气体排放的倡议
UNSD	United Nations Statistics Division	联合国统计局
UNU	United Nations University	联合国大学
UNU – MERIT	United Nations University Maastricht Economic and Social Research Institute of Innovation and Technology	联合国大学创新与技术的马斯垂克特经济与社会研究所
UNU – WIDER	United Nations University World Institute for Development Economics Research	联合国大学发展经济学世界研究所
UNWTO	United Nations World Tourism Organization	联合国世界旅游组织
USA	United States of America	美利坚合众国
USAID	United States Agency for International Development	美国国际开发总署
USC	Ultra – Super Critical	超超临界
USCAR	United States Council For Automotive Research	美国汽车研究理事会
USDOE	US Department of Energy	美国能源部
USEPA	United States Environmental Protection Agency	美国环境保护署
USGBC	U. S. Green Building Council	美国绿色建筑协会
UV	UltraViolet	紫外线
V2G	Vehicle to Grid	电动汽车与电网互动（技术）
VAN	Value Aided Network	增值网
VAT	Value – Added Tax	增值税
VBWF	Volume Based Waste Fee	按量的垃圾规费
VCPOL	Vienna Convention for the Protection of the Ozone Layer	保护臭氧层维也纳公约
VCS	Video Conference System	视频会议系统
VCS	Voluntary（Verified）Carbon Standard	自定（确认）碳标准
VCU	Voluntary（Verified）Carbon Units	自定（确认）碳单位
VDSL	Very-high-bit-rate Digital Subscriber Loop	甚高速数字用户环路
VER	Volunteer Emission Reduction	志愿碳减排（按京都议定书）
VERs	Verified Emission Reductions	确认减排量（按京都议定书）
VKM	Vehicle KiloMetres	车辆公里数
VOCs	Volatile Organic Compounds	挥发性有机化合物（污染物）
VPN	Virtual Private Network	虚拟专用网（远程办公工具）
vPvB	very Persistent and very Bioaccumulative	高积累、高持久生物毒性物质
VRB	Vanadium Redox Battery	钒氧化还原电池
VRP	Vehicle Routing Problem	（物流）车辆路径问题
VSBK	Vertical Shaft Brick Kiln	竖轴砖窑
VSD	Variable – Speed Drive	变速传动装置
WANO	World Association of Nuclear Operators	世界核电营运者协会
WAP	Mobile Web Pages	手机网页
WAP	Wireless Application Protocol	无线应用协议
WARMAP	Wide – Area Protection Monitoring Analysis Detection System	广域监测分析保护检测系统
WBCSD	World Business Council for Sustainable Development	世界可持续发展工商理事会
WB（G）	World Bank（Group）	世界银行（集团）
WCD	World Commission on Dams	世界水坝委员会
WCDMA	Wideband Code Division Multiple Access	宽带分码多工传输技术
WCED	World Commission on Environment and Development	世界环境与发展委员会

续表

WCRP	World Climate Research Programme	世界气候研究计划
WDR	World Development Report	世界发展报告
WEA	World Energy Assessment	世界能源评估
WEEE	Waste Electrical and Electronic Equipment Directive	废弃电工和电子设备指南
WEF	World Economic Forum	世界经济论坛
WEM	World Energy Model	世界能源模型
WEO	World Energy Outlook	世界能源展望
WFD	Waste Framework Directive of the EU	欧盟废弃物框架指令
WFGD	Wet Flue Gas Desulfurization	湿法烟气脱硫
WFN	Water Footprint Network	水足迹网络
WFP	World Food Programme（United Nations）	（联合国）世界粮食计划署
WHC	World Heritage Convention	世界遗产公约
WHO	World Health Organization	世界卫生组织
Wi – Fi	Wireless Fidelity	（无线局域网）无线传输
WIPO	World Intellectual Property Right Organization	世界知识产权组织
WIS	Water Information System	（淡）水信息系统
WLAN	Wireless Local Area Network	无线局域网络
WMO	World Meteorological Organization	世界气象组织
WMS	Warehouse Management System	仓库管理系统
WNF	World Nature Fund	世界自然基金会
WRAP	Waste and Resourses Activity Plan（UK）	（英）废品与资源行动计划组织
WRI	World Resources Institute	世界资源研究所
WSA	World Steel Association	世界钢铁协会
WSN	Wireless Sensor Network	无线传感网络
WSSD	World Summit on Sustainable Development	世界可持续发展峰会
WtE	Waste-to – Energy	垃圾能源化
WTO	World Trade Organization	世界贸易组织
WTO	World Tourism Organization	世界旅游组织
WTTC	World Travel and Tourism Council	世界旅行与旅游理事会
WWEA	World Wind Energy Association	世界风能协会
WWF	World Wide Fund for Nature（formerly called the World Wildlife Fund for Nature，which remains its official name in Canada and the United States）	世界自然基金会（原名世界自然野生生命基金，但在加拿大和美国仍沿用其原办公名）
XML	Extensible Markup Language	可扩展标记语言

中文参考书目

［1］中国工程科技发展战略研究院．2014 中国战略性新兴产业发展报告．科学出版社，2014.

［2］中国气象局国家气候中心．气候变化绿皮书——应对气候变化报告（2013），社科文献出版社，2013.

［3］中国科学院可持续发展战略研究组．2011 中国可持续发展战略报告——实现绿色的经济转型．科学出版社，2011.

［4］丹尼尔·尤金（Daniel Yergin）（刘道捷译）．能源大探索：风、太阳、菌藻．（中国台湾）时报文化出版企业公司，2012.

［5］加来道雄（Michio Kaku）（张水金译）.2100 科技大未来——从现在到 2100 年，科技将如何改变我们的生活（Physics of the Future：How Sciences Will Shape Human Destiny and Our Daily Lives by the Year 2100）．（中国台湾）时报文化出版企业公司，2012.

［6］许靖华（甘锡安译）．气候创造历史．（中国台湾）联经出版事业公司，2012.

［7］齐晔（主编）.2010 中国低碳发展报告，科学出版社，2011；中国低碳发展报告（2011～2012）——回顾"十一五"展望"十二五"．社会科学文献出版社，2011；中国低碳发展报告（2013）——政策执行与制度创新．社会科学文献出版社，2013.

［8］宇恒可持续交通研究中心主任王江燕等（编译）．可持续交通发展研究．人民交通出版社，2012.

［9］芮明杰．第三次工业革命与中国选择．上海辞书出版社，2013.

［10］陈原，闵惜琳，张启人．创新经纬——技术创新理论和方法，化学工业出版社，2012.

［11］张启人．通俗控制论，中国建筑工业出版社，1992.

［12］林海平．环境产权交易论，社会科学文献出版社，2012.

［13］杰里米·里夫金（Jeremy Rifkin）（张体伟、孙豫宁译）．第三次工业革命 新经济模式如何改变世界．中信出版社，2012.

［14］周宏春．低碳经济学——低碳经济理论与发展路径．机械工业出版社，2012.

［15］胡鞍钢．中国创新绿色发展，中国人民大学出版社．2012.

［16］姚宏宇，田溯宁．云计算：大数据时代的系统工程．电子工业出版社，2013.

［17］唐方方等．气候变化与碳交易．北京大学出版社，2012.

［18］清华大学建筑节能研究中心．中国建筑节能年度发展研究报告 2012，中国建筑工业出版社，2012.

［19］维克托·迈尔-舍恩伯格，肯尼思·库克耶（盛杨燕，周涛译）．大数据时代：生活、工作与思维的大变革．浙江人民出版社，2013.

［20］世界银行，国务院发展研究中心联合课题组.2030 年的中国：建设现代、和谐、有创造力的社会．中国财政经济出版社，2013.

［21］联合国环境规划署．全球环境展望 5——我们未来想要的环境．UNEP，2012.

［22］张启人．当代新技术．人民日报出版社，1988.

外文参考文献

［1］任佩瑜. Integrated Management of Low-carbon Economy & Smart Scenic Area Informationization，科学出版社，2012.

［2］About GEI：What is the "Green Economy"？UNEP，2010.

［3］Achim Steiner（阿齐姆·施泰纳）. Towards a Green Economy：Pathways to Sustainable Development and Poverty Eradication，迈向绿色经济——通往可持续发展和消除贫困的各种途径－面向决策者的综合报告，UNEP，2011－12，www. unep. org/greeneconomy/. Achim Steiner：Measuring Water use in a Green Economy，UNEP，2012. Achim Steiner：Green Economy and Trade Trends，Challenges and Opportunities，UNEP，2013.

［4］Aklin Michael，Johannes Urpelainen：The Strategy of Sustainable Energy Transitions：Political Competition and Path Dependence，a seminar audience at Columbia University，2011－02－03，http：//ssrn. com/abstract＝1754742

［5］Andreas Schäfer：Introducing Behavioral Change in Transportation into Energy/Economy/Environment Models，The World Bank Development Research Group Environment and Energy Team & Sustainable Development Network Office of the Chief Economist，2012－10，Policy Research Working Paper 6234.

［6］Andrew P. Morriss et al.，7 myths about green jobs & green jobs myths，University of Illinois－Law & Economics Research Paper No. LE09－007 and Case Western Reserve University Research Paper Series No. 09－14 & No. LE09－001 and No. 09－15，2009－03，http：//ssrn. com/abstract＝1357440 & http：//ssrn. com/abstract＝1358423.

［7］Anton Bondarev，Christiane Clemens，and Alfred Greiner：Climate Change and Technical Progress-Impact of Informational Constraints，Bielefeld University 33501 Bielefeld？Germany，2013－01，http：//ssrn. com/abstract＝2207947.

［8］Anuradha Rajivan et al.：Asia－Pacific Human Development Report－One Planet to Share Sustaining Human Progress in a Changing Climate，UNDP，2012－04.

［9］Axel Baeumler，Ede Ijjasz－Vasquez and Shomik Mehndiratta：Sustainable Low－Carbon City Development in China（中国可持续性低碳城市发展），The World Bank，2012－05－03.

［10］Barbosa，Luiz C.：Change by necessity：Ecological limits to capitalism，Climate change，and obstacles to transition to an environmentally sustainable economy，2009－08，http：//ssrn. com/abstract＝1458114.

［11］Brad Carson1：The Economics of Renewable Energy，The University of Tulsa，2012－03，. ssrn. com/abstract＝2014773

［12］Burleson，Elizabeth：From Coase to Collaborative Property Decision－Making：Green Economy Innovation，TUL. J. TECH. & INTELL. PROP.，2011（14），http：//ssrn. com/abstract＝1887144.

［13］Calkins，M.：Materials for Sustainable Sites：A Complete Guide to the Evaluation. Selection，and Use of Sustainable Construction Materials；John Wiley & Sons：Hoboken. NJ. USA. 2009.

［14］Carbon Finance at the World Bank：State and Trends of the Carbon Market 2011，World Bank，2011－10.

［15］Cees Withagen and Sjak Smulders：Green Growth－Lessons from Growth Theory，The World Bank Development Research Group Environment and Energy Team & Sustainable Development Network Office of the Chief Economist，2012－10，Policy Research Working Paper 6230.

［16］Chen Chaoqun：Researches on application of the renewable energy technologies in the development of low-carbon rural tourism，Energy Procedia，2011（5），1722－1726.

［17］Climate Innovation Centre：A new way to foster climate technologies in the developing world？UNIDO & DFID，2010－10.

［18］Commission of the European Communities：Impacts of Information and Communication Technologies on Energy Efficiency，http：//ec. europa. eu，2008.

［19］Corey，Kenneth E. and Mark I. Wilson：Urban and Regional Technology Planning——Planning Practice in the Global Knowledge Economy，Routledge Press，London and New York，2006.

［20］Daniel Peat：The wrong rules for the right energy：the WTO SCM Agreement and subsidies for renewable energy，ENVIRONMENTAL LAW & MANAGEMENT PUBLISHED BY LAWTEXT PUBLISHING LIMITED，2012－12.

［21］Dipankar Dey：Climate change and the rising importance of the indigo economy，the Annual BIE Bulletin，2009. http：//papers. ssrn. com/sol3/papers. cfm？abstract_id＝1021236.

［22］Edenhofer，Ottmar and Ramón PichsMadruga，Youba Sokona：IPCC Special Report on Renewable Energy Sources and Climate Change Mitigation，IPCC（Intergovernmental Panel on Climate Change ——Working Group III－Mitigation of Climate Change），2011－05－09.

［23］Ellen G. Carberry（柯凯丽），Randall S. Hancock（汉瑞德），Alan S. Beebe（毕艾伦）：The China Green－Tech Report 2011—China's Emergence as a Global Greentech Market Leader，The China Greentech Initiative（中国绿色科技）—Strategic Insights，Industry Collaboration，Market Acceleration，Greetech Networks Limited in Collaboration with MangoStrategy，www. China－Greentech，com. 2011－06.

［24］ EIA：International Energy Outlook，2013.

［25］ Gaurav Raizada, et al.：Carbon Credits – Project Financing the 'Green' Way 2006 – 06 – 28. SSRN：http：//ssrn. com/abstract = 987651.

［26］ GeSI（Global e – Sustainability Initiative）：SMART 2020：Enabling the low carbon economy in the information age，A Report by The Climate Group on behalf of the GeSI，United States report Addendum，2008，http：//www. gesi. org.

［27］ Gilbert E. Metcalf：Tax Policies for Low – Carbon Technologies，National Tax Journal，2009（12）– 03，519 – 533.

［28］ Glenn D. Schaible and Marcel P. Aillery：Water Conservation in Irrigated Agriculture – Trends and Challenges in the Face of Emerging Demands，United States Department of Agriculture（USDA），Economic Information Bulletin Number 99，2012 – 09，http：//ssrn. com/abstract = 2186555.

［29］ Hodas, David R.：International law and sustainable energy：A portrait of failure，Widener University School of Law，2010 – 06，http：//ssrn. com/abstract = 1648906.

［30］ ICT4EE：High Level Event on ICT for Energy Efficiency，European Commission. http：//ec. europa. eu，2009.

［31］ IEA：World Energy Outlook 2012，OECD/IEA，2012 – 12 – 02/2013 – 12 – 15 and Energy Technology Initiatives – Implementation through Multilateral Co-operation，OECD/IEA – Energy Technology Network，2010 – 05.

［32］ Ignazio Musu：Green Economy：great expectation or big illusion? Working Papers of department of economics of Ca' Foscari University of Venice，No. 01/WP/2010，ISSN 1827 – 3580.

［33］ IPCC：气候变化 2007 – 综合报告，UNEP – WMO，2008。

［34］ ISO 14064 – 1：2006，Greenhouse gasses—Part 1：Specification with guidance at the organization level for quantification and reporting of greenhouse gas emissions and removals，2006.

［35］ Jeffrey R. Vincent：Ecosystem Services and Green Growth，The World Bank Development Research Group，Environment and Energy Team & Sustainable Development Network Office of the Chief Economist，2012 – 10，Policy Research Working Paper 6233.

［36］ Jeni Klugman（主编）：2011 年人类发展报告——可持续性与平等：共享美好未来，UNDP，2011. ISBN：9780230363311.

［37］ Jerome C. Glenn and Theodore J. Gordon：The Millennium Project——Issues and opportunities for the future，Technological Forecasting and Social Change，61 – 02，1999 – 06.

［38］ Ji Han et al.：Innovation for Sustainability：Toward a Sustainable Urban Future in Industrialized Cities，Sustain Sci（2012）7（Supplement 1）：91 – 100，http：//ssrn. com/abstract = 2031532.

［39］ Jian Hou et al.：Developing low-carbon economy：Actions，challenges and solutions for energy savings in China，Renewable Energy，2011（36），3037 – 3042.

［40］ Jiang Kejun（姜克隽）：Energy and Emission Scenario up to 2050 for China，Energy Research Institute（能源研究所），2010。

［41］ Kandeh K. Yumkella et al.：Looking to the Future—Energy for a Sustainable Future，UN Secretary – General's Advisory Group on Energy and Climate Change（AGECC），UNIDO，2010（4）.

［42］ Kandeh K. Yumkella et al.：The Cooperation between UNIDO and The Global Environment Facility，UNIDO，2012 – 10.

［43］ Kee – hung Lai，Christina W. Y. Wong：Green logistics management and performance：Some empirical evidence from Chinese manufacturing exporters，OMEGA，2012（40），267 – 282.

［44］ Kei Gomi, Yuki Ochi, Yuzuru Matsuoka：A systematic quantitative backcasting on low-carbon society policy in case of Kyoto city，Technological Forecasting & Social Change，2011（78），10，852 – 871.

［45］ Kessides, Ioannis N. & David C. Wade：Toward a Sustainable Global Energy Supply Infrastructure——Net Energy Balance and Density Considerations，The World Bank Development Research Group Environment and Energy Team，

2011 – 01.

［46］ Keith H. Hirokawa：Three Stories about Nature：Property, the Environment, and Ecosystem Services，Mercer Law Review No：62，Albany Law School，2011 – 04，http：//ssrn. com/abstract = 1809035.

［47］ Keith H. Hirokawa and Aurelia Marina Pohrib：The Role of Green Building in Climate Change Adaptation，ALBANY Law School，USA，2012 – 12，http：//ssrn. com/abstract = 2143224.

［48］ Kolk, Ans & Jonatan Pinkse：Business and climate change：Key strategic and policy challenges，Amsterdam University，2010，http：//ssrn. com/abstract = 1876387.

［49］ Kostkax, Genia. et al.：Barriers to energy efficiency improvement：Empirical evidence from small-and medium-sized enterprises in China，Frankfurt School，UNEP Collaborating Centre for Climate & Sustainable Energy Finance，Working Paper Series No. 178，2011 – 10.

［50］ Kydes, A. S.（ed.）：Energy Modeling and Simulation，North – Holland Publishing Company，Amsterdam，New York and Oxford，1983.

［51］ Labelle, R. and Rodschat, R. & Vetter, T：ICTs for e – Environment：Guidelines for Developing Countries with a Focus on Climate Change，International Telecommunication Union（ITU），2008.

［52］Lai，Kee-hung and Christina W. Y. Wong：Green logistics management and performance：Some empirical evidence from Chinese manufacturing exporters，Omega，2012（40），267－282.

［53］Lemmet，Sylvie and Timo Makela：Global Outlook on Sustainable Consumption and Production Policies－Taking action togethe，UNEP，2012－05.

［54］Lev，Benjamin et al. ：Analytic Techniques for Energy Planning，ibid. ，1984.

［55］Li J. and Colombier M. Managing Carbon Emissions in China through Building Energy Efficiency. Journal of Environmental Management，2009，（90）：2456－2447.

［56］Lincoln L. Davies：Beyond Fukushima：Disasters，Nuclear Energy，and Energy Law，BRIGHAM YOUNG UNIVERSITY LAW REVIEW，2011－12－20，http：//ssrn. com/abstract＝2008401

［57］Liu Chuanjianga and Feng Ya：Low-carbon economy：Theoretical study and development path choice in China，Energy Procedia，2011（5），487－493.

［58］Lorenz M. Hilty：Energy Consumed vs. Energy Saved by ICT－A Closer Look，In，Wohlgemuth，. ，Page，B. Voigt，K. （Eds）：Environmental Informations and Industrial Environmental Protection：Concepts，Methods and Tools，23rd International Conference on Informatics for Environmental Protection，pp. 353－361，ISBN 978－3－8322－8397－1.

［59］Maclean，D. and St. Arnaud，B：ICTs，Innovation and the Challenge of Climate Change，International Institute for Sustainable Development，2008.

［60］Malte Schneider，Holger Hendrichs & Volker H. Hoffmann：Navigating the global carbon market，An analysis of the CDM's value chain and prevalent business models，Energy Policy，2010（38），277－287.

［61］Maria van der Hoeven（Exec. Director）：World Energy Outlook 2011，OECD/IEA，2012－02.

［62］Mark A. Cohen and Michael P. Vandenbergh：The Potential Role of Carbon Labeling in a Green Economy，Law School，Vanderbilt University，2012－04，http：//ssrn. com/abstract＝2041535

［63］Mark A. Dutz and Siddharth Sharma：Green Growth，Technology and Innovation，The World Bank Poverty Reduction and Economic Management Network，Economic Policy and Debt Department，2012－01，Policy Research Working Paper 5932

［64］Martin Janicke and Klaus Jacob：A Third Industrial Revolution? Solutions to the crisis of resource-intensive growth，Environmental Policy Research Centre，Freie University Berlin，Forschungsstelle Für Umweltpolitik（FFU－环境政策研究中心）报告，2009－02.

［65］Messerlin，Patrick A. ：Climate change and trade policy——from mutual destruction to mutual support，The World Bank，2010－07，Policy Research Working Paper 5378.

［66］Meyer，C. ：The greening of the concrete industry，Energy，2009（31），601－605.

［67］Michael Toman："Green Growth" An Exploratory Review，The World Bank Development Research Group－Environment and Energy Team，Policy Research Working Paper 6067，2012－05.

［68］Miller，Donald and Gert de Roo（eds. ）：Urban Environmental Planning，Ashgate Publishing Limited，Hants（England）and Burlington（USA），2005.

［69］Mohamed El－Ashry（Chief ed. ）：Renewable energy policy network for the 21ST Century，France，2011－06，REN－21，www. ren21. net.

［70］Mohammad A. Zaidi et al. ：愿景2050——商界新议程，世界可持续发展工商理事会，2010－02，www. wbcsd. org.

［71］Morriss，Andrew P. et al. ：7 myths about green jobs，University of Illinois Law & Economics Research Paper No. LE09－007 and Case Western Reserve University Research Paper Series No. 09－14，2009－03，http：//ssrn. com/abstract＝1357440.

［72］Morriss，Andrew P. et al. ：Green jobs myths，University of Illinois etc. ，2009－03，http：//ssrn. com/abstract＝1358423.

［73］Nalin Kulatilaka：Green Revolution 2. 0－Opportunities and Challenges in the Green Economy，011－09，http：//ssrn. com/abstract＝2238481.

［74］Nancy Olewiler：Smart environmental policy with full-cost pricing，University of Calgary－The School of Public Policy，Canada，2012－03. from www. ssrn. com.

［75］Ockwell，David G. et al. ：Intellectual property rights and low carbon technology transfer：Conflicting discourses of diffusion and development，Global Environmental Change，2010，www. elsevier. com/locate/gloenvcha.

［76］Ottmar Edenhofer，Ramón PichsMadruga，Youba Sokona：IPCC Special Report on Renewable Energy Sources and Climate Change Mitigation，IPCC（Intergovernmental Panel on Climate Change——Working Group III－Mitigation of Climate Change），2011－05－08.

［77］Pacala，Steve and Robert Socolow. Stabilization wedges：solving the climate problem for the next 50 years with current technologies. Science，2004，305，968－972.

［78］Perincherry Vijay：A framework for evaluating regional impacts of broadband internet access：Application to telecommuting behavior，2011，from http：//ssrn. com/abstract＝1489377.

［79］Price，Rohan B. E. and John K. S Ho：How China's deskilled factories will lead to a low carbon world：who wins，who loses? University of

Tasmania Law Faculty & City University of Hong Kong Law School, 2011 – 06, http：//ssrn. com/abstract = 1838922.

[80] Quito, Ecuador：ICTs and Climate Change, ITU (International Telecommunication Union) background report, 2009.

[81] Rasmus Lema, Axel Berger and Hubert Schmitz：China's Impact on the Global Wind Power Industry, German Development Institute, Discussion paper 16, 2012 – 12, www. die-gdi. de.

[82] REN21：Renewable Energy Policy Network for the 21st Century, France, 2011 – 6,

[83] Robert V. Percival：China's "Green Leap Forward" Toward Global Environmental Leadership, University of Maryland – School of Law, Vermont Journal of Environment Law, 2011 (12), 632 – 657. http：//ssrn. com/abstract = 1955928.

[84] Robert W. Taylor et al. ：Making global cities sustainable：Urban rooftop hydroponics for diversified agriculture in emerging economies, OIDA International Journal of Sustainable Development, 2012 (7), 17 – 27.

[85] Rohan B. E. Price, John K. S Ho：How China's deskilled factories will lead to a low carbon world：Who wins, who loses?, 2011 – 06, http：//ssrn. com/abstract = 1838922.

[86] Ruth Greenspan Bell and Dianne Callan：The Social Cost of Carbon in U. S. Climate Policy, World Resources Institute, 2011 – 07.

[87] Sam Fankhauser et al. ：Who will win the green race? In search of environmental competitiveness and innovation, Centre for Climate Change Economics and Policy and Grantham Research Institute on Climate Change and the Environment in University of Needs, Munich, Germany, 2012 – 09, http：//ssrn. com/abstract = 2176164.

[88] Scott D. et al. (eds)：Climate Change and Tourism – Responding to Global Challenges, UN World Tourist Organization (UNWTO) & UNEP, 2008.

[89] Shahrokh Fardoust, Justin Yifu Lin and Xubei Luo：Demystifying China's Fiscal Stimulus, The World Bank Development Economics Vice Presidency Office of the Chief Economist, 2012 – 10, Policy Research Working Paper 6221.

[90] Sheheryar Banuri and Catherine Eckel：Experiments in Culture and Corruption – A Review, The World Bank Development Research Group Macroeconomics and Growth Team, 2012 – 05, Policy Research Working Paper 6064.

[91] Simpson, Chris M. (ed.)：The Road to Rio + 20——For a development-led green economy, UNCTAD, 2011.

[92] Sirini Withana et al. ：The future of EU environmental policy：challenges & opportunities, A special independent report commissioned by the All – Party Parliamentary Environment Group, Institute for European Environmental Policy, 2012 – 01, http：//ssrn. com/abstract = 2017571.

[93] Soumitra Dutta and Irene Mia：Global Information Technology Report 2009 – 2010：ICT for Sustainability 2010 – 2011, The Business School for The World, World Economic Forum, http：//www. weforum. org, 2011.

[94] Stefan Dercon：Is Green Growth Good for the Poor? The World Bank Development Research Group, Environment and Energy Team & Sustainable Development network Office of the Chief Economist, 2012 – 10, Policy Research Working Paper 6231.

[95] Stefan Heng et al. ：Green IT—More than a passing fad!, Deutsche Bank Research, 2011 – 01, www. dbresearch. com.

[96] Steiner, Achim (ed)：Towards A Green Economy—Pathways to Sustainable Development and Poverty Eradication：A Synthesis for Policy Makers, UNEP, 2011 – 12.

[97] Steiner, Achim：Green Economy in A Blue World, UNEP, 2012 – 03.

[98] Stephan Singer et al. (汉文版高云鹏译)：能源报告——2050 年, 100% 可再生能源, 世界自然基金, 2010, WWF, ISBN 978 – 2 – 940443 – 26 – 0。

[99] Tao Wang, Jim Watson：Scenario analysis of China's emissions pathways in the 21st century for low carbon transition, Energy Policy, 2010 (38), 3537 – 3546。

[100] The Project Team：Appraisal of Implementation Results of the National Standard "Limits of fuel consumption for light duty commercial vehicles", China Automotive Technology and Research Center, 2011 – 03。

[101] The World Bank：：World Development Report 2011—Conflict, Security, and Development, ISBN：978 – 0 – 8213 – 8500 – 5.

[102] UNDP：China Human Development Report 2009/10—China and a stainable Future, Towards a Low Carbon Economy & Society, 2010 – 4, Beijing：www. ren21. net. China Translation and Publishing Corporation, ISBN 978 – 7 – 5001 – 2498 – 6.

[103] UNIDO：Renewable Energy in Industrial Applications—An assessment of the 2050 potential, UNIDO, 2010.

[104] UNIDO：Negotiating the transfer and acquisition of project-based carbon credits under the Kyoto Protocol, UNIDO, Veinna, 2007.

[105] UNIDO：Industrial Energy Efficiency Projects in the Clean Development Mechanism and Joint Implementation—Energy Management Standards in Industry, Proceedings of the UNIDO/CTI Seminar on Energy Efficiency and CDM, Vienna International Centre, 2007 – 03 – 21 ~ 22, http：//www. unido. org/en/doc/61189.

[106] Urjit R. Patel：Decarbonisation strategies—How much, how, where and who pays for $\Delta \leqslant 2\,℃$?, BROOKINGS GLOBAL ECONOMY & DEVELOPMENT, Working paper 39, 2010 – 03.

[107] Vandeweerd, Veerle et al. ：Readiness for Climate Finance, UNDP, 2011 – 12.

[108] Vicki – Ann Assevero and Sonali P. Chitre：Rio + 20 – An Analysis of the Zero Draft and the Final Outcome Document "The Future We Want", United Nations and Civil Society Partners, The Green Impresario New York City, 2012 – 11 – 19, http：//ssrn. com/abstract = 2177316.

［109］Vijay Perincherry：A framework for evaluating regional impacts of broadband internet access：Application to telecommuting behavior，Iron-bridge Systems，2011 – 12，http：//ssrn. com/abstract = 1489377.

［110］Wagner G. et al.：Docking into a global carbon market：Clean Investment Budgets to finance low-carbon economic development：THE ECONOMICS AND POLITICS OF CLIMATE CHANGE，Oxford University Press，2009.

［111］WBCSD：A World of Sustainable Cities – WBCSD Urban Infrastructure Initiative，World Business Council for Sustainable Development，2010 – 10.

［112］Weber T. A. ，Neuhoff K. ：Carbon markets and technological innovation，Journal of Environmental Economics and Management，2010，60（2），115 – 132.

［113］Williams，Katie（ed. ）：Spatial Planning，Urban Form and Sustainable Transport，ibid. ，2005.

［114］Working Paper：Global Industrial Energy Efficiency Benchmarking—An Energy Policy Tool，UNIDO，2010 – 11.

［115］World Bank：State and Trends of Carban Pricing，World Bank Group—Climate Change，ECOFYS，2014 – 05.

［116］Xiaomei Tan & Deborah Seligsohn（Eds）：Scaling Up Low-carbon Technology Deployment – Lessons from China，World Resources Institu-te，2010，ISBN 978 – 1 – 56973 – 751 – 4.

［117］Yumkella，Kandeh K. ：Energy for a Sustainable Future，SUMMARY REPORT AND RECOMMENDATIONS，THE SECRETARY – GENERAL'S ADVISORY GROUP ON ENERGY AND CLIMATE CHANGE（AGECC），UN，2010 – 04.

［118］ZhongXiang Zhang：China in the transition to a low-carbon economy，Energy Policy，2010（38），6638 – 6653.

［119］Zmarak Shalizi and Franck Lecocq：Climate Change and the Economics of Targeted Mitigation in Sectors with Long – Lived Capital Stock，Policy Research Working Paper，Sept. ，2009.

［120］Zoellick，Robert B. and Li Wei：China 2030—Building a Modern，Harmonious，and Creative High – Income Society，The World Bank & Development Research Center of the State Council，the People's Republic of China，2012.

［121］山本克也. 高度道路交通システム. システム/制御/情報，1996（6），234 – 238.

［122］辻毅一郎. 都市エネルギーシステムの将来展望. システム/制御/情報，2000（7），360 – 366.

［123］平冈正胜. 废弃物処理とダイオキシン问题の现状. エネルギー・资源，1998（2），110 – 121.

［124］高羽祯雄. 21 世纪の自动车と道路交通. システム/制御/情報，1996（6），223 – 227.

［125］唐泽豊. ロジスティクスと环境问题. システム/制御/情報，2000（7），354 – 359.